Linear Algebra and Optimization for Machine Learning

线性代数与优化

机器学习视角

[美] 查鲁 · C. 阿加沃尔（Charu C. Aggarwal）著
薄立军 译

机械工业出版社
CHINA MACHINE PRESS

图书在版编目（CIP）数据

线性代数与优化：机器学习视角 / (美) 查鲁·C. 阿加沃尔 (Charu C. Aggarwal) 著；薄立军译．北京：机械工业出版社, 2025. 5. --（数学应用系列）．
ISBN 978-7-111-77705-2

Ⅰ. O151.2；TP181

中国国家版本馆 CIP 数据核字第 2025SR3868 号

机械工业出版社（北京市百万庄大街 22 号　邮政编码 100037）
策划编辑：刘　锋　　　　责任编辑：刘　锋　章承林
责任校对：赵　童　任婷婷　张雨霏　马荣华　景　飞
责任印制：张　博
北京铭成印刷有限公司印刷
2025 年 6 月第 1 版第 1 次印刷
186mm×240mm · 31.25 印张 · 680 千字
标准书号：ISBN 978-7-111-77705-2
定价：149.00 元

电话服务	网络服务
客服电话：010-88361066	机　工　官　网：www.cmpbook.com
010-88379833	机　工　官　博：weibo.com/cmp1952
010-68326294	金　　书　　网：www.golden-book.com
封底无防伪标均为盗版	机工教育服务网：www.cmpedu.com

TRANSLATOR'S WORDS

译者序

机器学习是人工智能的一个重要领域，涉及统计学、计算机科学、最优化理论、概率论和脑科学等诸多学科，致力于理解和构建“学习”方法，即利用已有数据不断改善和优化自身性能的方法. 1952 年，人工智能领域的先驱亚瑟·塞缪尔 (Arthur Samuel) 最早提出机器学习一词. 随着近些年计算机科学和互联网技术的日益成熟，机器学习发展迅速，已经在金融学、互联网、量子力学、生命科学、航空航天等诸多领域得到了广泛应用. 例如，一些机器学习技术已经被应用于人脸识别、人脸支付以及身份认证等领域，比如支付宝的 Face ID、阿里的 Alipay 和 ETC 等. 在过去几年中，机器学习技术也在医疗和经济复苏等方面发挥了重要作用，如电子病历、智能影像识别、经济预测等. 机器学习无疑是当下最受关注和最重要的学科领域之一.

本书从机器学习视角系统地介绍了线性代数、最优化理论以及相关的机器学习示例和求解算法，主要聚焦于线性代数及其应用和最优化理论及其应用两个主题. 对于前者，本书侧重讲解线性代数的基础知识以及它们在奇异值分解、矩阵分解、相似矩阵（核方法）和图分析等中的应用，提供了许多诸如谱聚类、基于核的分类和异常值检测等机器学习方面的应用示例. 而后者从最优化理论的视角探究机器学习中最基础性的问题——最小二乘回归及其相关算法. 本书每章正文都提供了大量相关问题，可以帮助读者加深对相关概念的理解，并且章末还提供了丰富的习题，便于读者巩固所学知识. 本书可作为计算机科学与技术、信息与计算科学、数据科学和数学与应用数学等专业高年级本科生或低年级研究生学习机器学习的入门参考.

本书重点关注与机器学习紧密相关的线性代数与最优化理论，同时教授读者如何利用这些理论知识来处理机器学习中的相关应用，它可以作为掌握机器学习中关键模型和最优化方法的一本基础性教材. 对经验丰富的机器学习从业者来说，本书也可以帮助他们从一个新的视角，全面而系统地了解基本的线性代数和最优化方法. 这也是译者选择将本书介绍给中国读者的原因. 由于译者水平有限，书中难免有疏漏与不妥之处，恳请读者批评指正.

PREFACE

前　　言

“数学是上帝用来书写宇宙的语言.”——伽利略

机器学习的初学者经常面临缺失线性代数和最优化理论方面的基础知识的挑战. 然而，现有的关于线性代数和最优化理论的课程内容并不是针对机器学习的. 因此，初学者通常需要完成比机器学习所需的更多基础课程的学习. 此外，与其他以应用为主题的问题相比，机器学习问题更频繁地使用了最优化和线性代数中的某些思想和处理技巧. 于是，从机器学习的特定视角介绍线性代数和最优化理论具有重要的价值.

从事机器学习的研究者在探究机器学习应用的解决方案时通常会潜移默化地拾取线性代数和最优化理论方面的缺失部分. 然而，这种非系统方法并不令人满意，因为机器学习的首要聚焦点是在新的情况和应用中以一种可推广的方式来学习线性代数和最优化知识. 因此，我们重置了本书的重点，将线性代数和最优化理论作为本书所要介绍的主要内容，而将机器学习问题的求解方法作为机器学习的应用. 换句话说，本书通过将机器学习问题的求解作为示例来讲授线性代数和最优化理论方面的知识. 在此指导思想下，本书重点关注与机器学习紧密相关的线性代数和最优化理论，同时教授读者如何运用这些理论知识来处理机器学习中的相关应用. 附带的好处是，读者可以掌握机器学习中的几个基础性问题及其求解方法. 通过学习本书内容，读者还将熟悉许多以线性代数和最优化为中心的基本机器学习算法. 尽管本书并非旨在提供有关机器学习内容的详尽介绍，但它可以作为掌握机器学习中关键模型和最优化方法的“技术入门”指南. 甚至对于经验丰富的机器学习从业者来说，从新的视角全面而系统地了解基本的线性代数和最优化方法也大有裨益.

本书的内容组织如下：

1. 线性代数及其应用：这几章聚焦线性代数的基础知识以及它们在奇异值分解、矩阵分解、相似矩阵（核方法）和图分析方面的常见应用，提供了许多诸如谱聚类、基于核的分类和异常值检测等机器学习方面的应用示例. 线性代数方法与机器学习示例的紧密整合使本书区别于现有的线性代数教材. 显然，本书的重点是介绍机器学习中与线性代数最相关的概念，并同时给读者讲授如何应用这些概念.

2. 最优化理论及其应用：许多机器学习模型都是作为优化问题提出来的，其中人们试图最大化回归和分类模型的准确性. 从最优化理论的视角，机器学习的最基础性问题本质上是一个最小二乘回归. 有意思的是，最小二乘回归问题同时出现在线性代数和最优化理论中，它是将这两个领域相互联系起来的关键问题之一. 最小二乘回归也是支持向量机、Logistic 回归和推荐系统的基础. 此外，降维和矩阵分解的方法也需要用到最优化方法. 这里还讨论了计算图中优化的一般观点及其在神经网络反向传播中的应用.

本书每章的正文提供了大量相关问题的练习，章末还提供了丰富的习题. 每章正文中的问题应该在学习本章内容的过程中解决以巩固对相关概念的理解. 对于每章正文中的这些问题，书中提供了相关的求解提示，可以帮助读者进一步掌握问题中所涉及的相关概念. 每章末尾的习题旨在帮助读者巩固所学知识.

下面的符号说明将贯穿全书. 在符号顶部加一个上横线表示一个向量或者一个多维数据点，例如，$\overline{X}$ 或 $\overline{y}$. 一个向量或多维点可以用小写字母或大写字母来表示，但字母顶部会有一个上横线. 两个向量的点积用中心点来表示，例如，$\overline{X} \cdot \overline{Y}$. 用一个没有上横线的大写字母来表示一个矩阵，例如，$\boldsymbol{R}$. 设有 n 个 d 维数据点，那么用 $\boldsymbol{D}$ 表示所有数据点所对应的 $n \times d$ 数据矩阵. 于是，$\boldsymbol{D}$ 中的每个个体数据点都是 d 维行向量，用 $\overline{X}_1, \cdots, \overline{X}_n$ 来表示. 对应所有数据点在某个分量上的元素所形成的向量是一个 n 维列向量. 例如：n 个数据点的类变量 $\overline{y}$ 是一个 n 维列向量. 在观测值 y_i 顶部加一个符号 ˆ, 即用 $\hat{y}_i$ 来表示 y_i 的预测值.

查鲁 • C. 阿加沃尔
于美国纽约州约克敦海茨

ACKNOWLEDGMENTS

致　　谢

首先要感谢我的家人在我撰写本书时给予我的爱和支持. 我从高中阶段就开始学习最优化和线性代数的基础知识 (如微积分、向量和矩阵)，并在本科/研究生阶段以及研究生毕业后从事学术研究的过程中不断积累这些知识. 因此，我要感谢多年来教授我知识的众多老师和与我并肩从事研究的合作者. 这里无法一一表达我对他们的感激之情.

我最初接触到向量、矩阵和微积分等基础知识是在高中，其中我清楚地记得是 S. Adhikari 和 P. C. Pathrose 两位老师教授我这些课程. 事实上，我对数学的热爱就是从那时开始的，我要感谢这两位老师让我逐渐爱上这些学科. 我在印度理工学院坎普尔分校攻读计算机科学学士学位期间，R. Ahuja 博士、B. Bhatia 博士和 S. Gupta 博士教授了我一些线性代数和最优化理论方面的知识. 尽管线性代数和最优化理论是数学的两个不同但相互关联的方向，但 Gupta 博士的教学方式总能从一个统一的视角来讲授这两个方向的内容. 当我从事机器学习方面的研究时，我能够充分理解这种集成观点对发展机器学习理论及其应用所带来的价值. 例如，人们可以同时从线性代数和最优化的角度来处理诸如方程组求解或奇异值分解等问题，并且这两个角度在不同的机器学习应用中提供了一种互补的观点. Gupta 博士的线性代数和数学优化课程对我在博士期间选择数学优化作为我的研究方向产生了深远的影响. 我所选择的这个研究方向在当时计算机科学专业的本科毕业生中并不常见. 最后，在麻省理工学院的研究生学习期间，我有幸从几位从事相关专业研究的杰出教授那里学习了线性优化和非线性优化方法. 我特别感谢我的博士导师 James B. Orlin 在我攻读博士学位期间对我的指导. 此外，Nagui Halim 在十年的时间里为我所有书籍的撰写提供了大量支持，对我的工作给予了赞扬. 经理 Horst Samulowitz 在过去的一年里一直支持我的工作，在此也要对他的帮助表示感谢.

这些年来，我也从合作者那里学习到了很多机器学习方面的知识. 人们通常只有在实践应用中才能意识到线性代数和最优化理论的真正用途，我有幸与许多不同领域的研究人员一起就广泛的机器学习问题进行了合作与探讨. 本书中对线性代数和最优化具体方面的许多关键点都源自与他们在合作过程中积累的宝贵经验. 特别地，我要感谢 Tarek F. Abdelzaher、Jinghui Chen、Jing Gao、Quanquan Gu、Manish Gupta、Jiawei Han、Alexander Hinneburg、Thomas Huang、Nan Li、Huan Liu、Ruoming Jin、Daniel Keim、Arijit Khan、Latifur Khan、Mohammad M. Masud、Jian Pei、Magda Procopiuc、Guojun Qi、Chandan Reddy、Saket Sathe、Jaideep Srivastava、Karthik Subbian、Yizhou Sun、Jiliang Tang、Min-Hsuan Tsai、Haixun Wang、Jianyong Wang、Min Wang、Suhang Wang、Wei Wang、Joel Wolf、Xifeng Yan、Wenchao Yu、Mohammed Zaki、Chengxiang Zhai 和 Peixiang Zhao.

几位专家也评阅了本书. Quanquan Gu 对第 6 章提出了一些建议. Jiliang Tang 和 Xiaorui Liu 检查了第 6 章中的几个部分，并给出了一些更正和改进的建议. Shuiwang Ji 设计了问题 7.2.3. Jie Wang 检查了本书的几章，并给出了更正. Hao Liu 也提出了一些建议.

最后，我要感谢我的女儿 Sayani 在我已经决定不再写书的时候鼓励我写这本书，是她给予我撰写本书的信心. 我还要感谢我的妻子对本书图片所做的部分修正.

CONTENTS

目　录

CHAPTER 1

第1章

线性代数与优化: 导论

“不管在哪个工程领域，你都需要学习同样的基础科学和数学. 然后，你也许会学到一些如何运用它的知识.”

——诺姆 · 乔姆斯基 (Noam Chomsky)

1.1 引言

机器学习是从包含多个属性 (即变量) 的数据中建立数学模型，以便从其他变量预测某些变量. 例如，在癌症预测和诊断应用中，每个数据点可能会包含从运行的临床检查中获得的变量，而预测的变量则可能是关于患癌的一个二元诊断. 这样的模型有时可以表现为变量之间的线性或非线性关系. 通过优化 (最大化) 模型和观测数据之间的 “吻合性”，以数据驱动的方式来发现这些关系. 这可以归结为一个优化问题.

线性代数是研究向量空间中线性运算的学科. 向量空间的一个例子是二维空间中所有可能的笛卡儿坐标相对于被称为原点的不动点的无穷集合，而每个向量 (即一个二维坐标) 都可以被视为该集合的一个元素. 尽管维数通常大于 2，但这种抽象非常符合机器学习中将数据表示为多维点的方式. 而在机器学习的术语中，通常称这些维数为属性. 例如，医学应用中的每位患者可能由包含许多属性 (如年龄、血糖水平和炎症标记物等) 的向量表示. 在许多应用领域中，通常对这些高维向量应用线性函数来提取它们的解析性质. 这种线性变换的研究是线性代数的核心.

尽管在二维或三维中可视化点/运算的空间几何结构很容易，但在更高维中这样做会变得很困难. 例如，可视化一个对象的二维旋转很简单，但很难可视化一个 20 维对象及其相应的旋转. 这是与线性代数相关的主要挑战之一. 然而，通过一些实践，人们可以将空间上的直观转换到更高的维数. 线性代数可以看作一种广义形式的 d 维笛卡儿坐标几何. 正如人们可以用二维解析几何来求平面上两条直线的交点，人们也可以把这个概念推广到任意维数的情况. 由此产生的方法被称为用于求解方程组的*高斯消元法*，它是线性代数中的经典算法之一. 实际上，线性回归问题也是线性代数、最优化和机器学习的基础，它与方程组的求解也密切相关. 本书将特别关注与机器学习应用相关的线性代数和最优化理论.

本章的组织结构如下. 1.2 节将介绍标量、向量和矩阵的定义以及重要的运算. 1.3 节将仔细讨论矩阵与向量相乘的本质，并将其解释为关于向量简单变换的复合. 在 1.4 节中，我们将介绍机器学习中的基本问题，这些问题将在本书中被用作应用示例. 1.5 节将讨论最优化理论中的基础知识以及它与不同类型机器学习问题的关系. 1.6 节将进一步总结本章内容.

1.2 标量、向量与矩阵

我们首先介绍标量、向量和矩阵的概念，它们是与线性代数相关的基本结构.

1. *标量*：标量是指在大多数机器学习应用中通常从实数域中提取的单个数值. 例如，机器学习应用中的年龄等属性的取值就是标量.

2. *向量*：向量是数值数组 (即标量数组). 每一个这样的数值也被称为*坐标*. 数组中的单个数值称为向量的*元素*、*分量*或*维数*，而分量的数目则称为向量的维数. 在机器学习中，向量可能包含与*年龄*、*工资*等数值相对应的分量 (与数据点相关). 一个 25 岁的人，每小时挣 30 美元，有 5 年的工作经验，这个人的三维向量表示可以写成数组 $[25, 30, 5]$.

3. *矩阵*：矩阵可以看作是包含*行*和*列*的数值的矩形数组. 要访问矩阵中的元素，必须指定其行索引和列索引. 例如，考虑机器学习应用中包含 n 个个体的 d 个属性的数据集. 每个个体分配一行，而每个属性分配一列. 在这种情况下，我们可以定义一个数据矩阵，其中每一行都是一个 d 维向量，其包含 n 个个体中的每一个个体的所有属性. 这样一个矩阵的*大小*则被表示为 $n \times d$. 矩阵的一个元素用一对索引 (i, j) 来访问，其中第一个元素 i 是行索引，而第二个元素 j 是列索引. 行索引从上到下递增，而列索引从左到右递增. 因此，矩阵的第 (i, j) 项的值等于第 i 个个体的第 j 个属性. 当我们定义一个矩阵 $\boldsymbol{A} = [a_{ij}]$ 时，指的是用 a_{ij} 来表示 $\boldsymbol{A}$ 的第 (i, j) 项元素. 进一步，定义 $\boldsymbol{A} = [a_{ij}]_{n \times d}$ 指的是 $\boldsymbol{A}$ 的大小为 $n \times d$. 当一个矩阵具有相同的行数和列数时，则称其为*方阵*. 否则，称其为*矩形矩阵*. 行多于列的矩形矩阵被称为高矩阵，而列多于行的矩阵则被称为宽矩阵或胖矩阵.

标量、向量和矩阵可能包含复数. 本书偶尔也会讨论与机器学习相关的复值向量.

向量是矩阵的特例，而标量是向量和矩阵的特例. 例如，标量有时被视为 1×1 “矩阵”. 类似地，当一个 d 维向量是一个*行向量*时，其可以看作是一个 $1 \times d$ 矩阵. 当它是*列向量*时，它也可以被视为一个 $d \times 1$ 矩阵. 在向量定义中添加单词“行”或“列”表示该向量是矩阵的行还是矩阵的列. 在默认情况下，向量在线性代数中都假定为列向量，除非另有规定. 我们在一个变量上面添加一个横杠用来表示它是一个向量，例如，用 $\overline{y}$ 或 $\overline{Y}$ 表示有 d 个分量

的行向量 $[y_1, \cdots, y_d]$. 在本书中，标量总是用小写字母表示，比如 a 或 δ，而矩阵总是用大写字母表示，比如 $\boldsymbol{A}$ 或 $\boldsymbol{\Delta}$.

在科学研究中，向量通常从几何的角度被可视化为一个量，比如速度，它既有大小也有方向. 这样的向量称为几何向量. 例如，想象这样一种情况，其中 X 轴的正方向对应于方向东，而 Y 轴的正方向对应于方向北. 于是，一个人同时以 4 m/s 的速度向东移动，以 3 m/s 的速度向北移动，他实际上是沿直线以 $\sqrt{4^2+3^2}$ m/s = 5 m/s (基于勾股定理) 的速度向东北方向移动，此即为该向量的长度. 这个人的速度向量可以写成从原点到 $[4,3]$ 的有向线. 该向量如图 1.1a 所示. 在这种情况下，向量的*尾部*位于原点，而向量的*头部*位于 $[4,3]$. 科学研究中的几何向量可以有任意的尾部. 例如，我们在图 1.1a 中展示了相同向量 $[4,3]$ 的另一个例子，其中尾部位于 $[1,4]$，而头部位于 $[5,7]$. 与几何向量相比，线性代数中只考虑以原点为尾部的向量 (数学结果、原理和直观解释都保持不变). 这不会影响数学表达. 线性代数中的所有向量、运算和空间均使用原点作为重要的参考点.

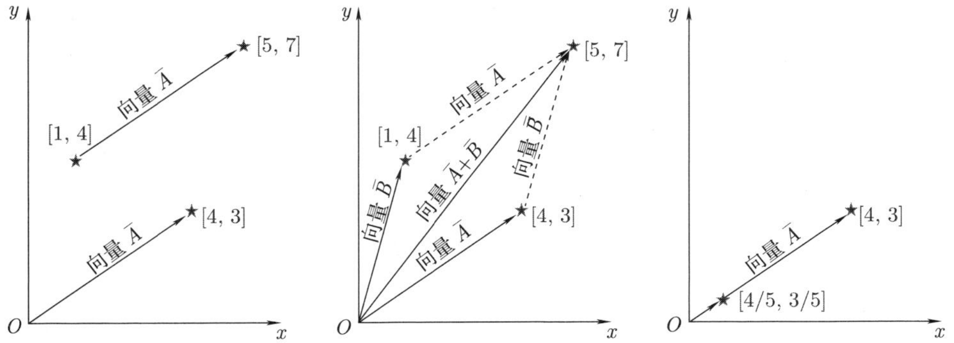

a）非原点出发的向量（不被允许） b）向量加法 c）向量规范化

图 1.1 向量定义的示例及其基本运算

1.2.1 标量与向量间的基本运算

具有相同维数的向量可以进行加减运算. 例如，考虑在零售应用中的两个 d 维向量 $\overline{x} = [x_1, \cdots, x_d]$ 和 $\overline{y} = [y_1, \cdots, y_d]$，其中第 i 个分量表示第 i 个产品的销售量. 在这种情况下，总销售量的向量为 $\overline{x} + \overline{y}$，其第 i 个分量为 $x_i + y_i$：

$$\overline{x} + \overline{y} = [x_1, \cdots, x_d] + [y_1, \cdots, y_d] = [x_1 + y_1, \cdots, x_d + y_d]$$

同样，向量减法运算被定义为

$$\overline{x} - \overline{y} = [x_1, \cdots, x_d] - [y_1, \cdots, y_d] = [x_1 - y_1, \cdots, x_d - y_d]$$

由于 $\overline{x} + \overline{y} = \overline{y} + \overline{x}$，故向量加法具有交换性 (与标量加法一样). 当两个向量 $\overline{x}$ 和 $\overline{y}$ 相加时，原点、$\overline{x}$、$\overline{y}$ 和 $\overline{x} + \overline{y}$ 分别表示一个平行四边形的顶点. 例如，考虑向量 $\overline{A} = [4,3]$ 和

$\overline{B}=[1,4]$. 这两个向量的和为 $\overline{A}+\overline{B}=[5,7]$. 这两个向量的加法如图 1.1b 所示. 很容易验证 $[0,0]$、$[4,3]$、$[1,4]$ 和 $[5,7]$ 这四个点在二维空间中形成一个平行四边形，向量的加法是平行四边形的一条对角线. 而另一条对角线平行于 $\overline{A}-\overline{B}$ 或 $\overline{B}-\overline{A}$，这取决于向量的方向. 注意到，向量的加法和减法在线性代数中遵循与几何向量相同的规则，只是向量的尾部总是以原点为起点. 例如，向量 $(\overline{A}-\overline{B})$ 不应再绘制为平行四边形的对角线，而是绘制为与对角线方向相同的以原点为起点的向量. 然而，这种对角线的抽象仍然有助于计算 $(\overline{A}-\overline{B})$. 可视化向量加法的一种方法 (以速度为解释) 是，如果一个平台以 $[1,4]$ 的速度在地面上移动，而一个人以 $[4,3]$ 的速度在平台上行走 (相对于平台)，那么这个人相对于地面的总速度是 $[5,7]$.

向量与标量的乘积可以定义为将向量的每个分量与标量相乘. 考虑向量 $\overline{x}=[x_1,\cdots,x_d]$，通过因子 a 对其进行缩放：

$$\overline{x}'=a\overline{x}=[ax_1,\cdots,ax_d]$$

例如，如果向量 $\overline{x}$ 包含每种产品的单位销量，那么可以用 $a=10^{-6}$ 将单位销量换算成以百万计的销量. 标量乘法运算只是缩放向量的*长度*，但并不改变其*方向* (即不同分量的相对值). 向量“长度”的概念可以根据向量的范数更加规范地定义，这将在下面进行讨论.

向量相乘可以与*点积*的概念相联系. 两个向量 $\overline{x}=[x_1,\cdots,x_d]$ 和 $\overline{y}=[y_1,\cdots,y_d]$ 之间的点积定义为各分量相乘的总和. 如果用 $\overline{x}\cdot\overline{y}$(中间有个点) 来表示 $\overline{x}$ 和 $\overline{y}$ 的点积，那么其形式化定义为

$$\overline{x}\cdot\overline{y}=\sum_{i=1}^{d}x_iy_i \tag{1.1}$$

考虑两个向量 $\overline{x}=[1,2,3]$ 和 $\overline{y}=[6,5,4]$. 于是，这两个向量的点积计算如下：

$$\overline{x}\cdot\overline{y}=(1)(6)+(2)(5)+(3)(4)=28 \tag{1.2}$$

点积其实是更一般的“*内积*”运算的特例，其保留了欧几里得几何的许多基本运算规则. 包含点积运算的向量空间称为*欧几里得空间*. 点积是一种满足交换律的运算，即

$$\overline{x}\cdot\overline{y}=\sum_{i=1}^{d}x_iy_i=\sum_{i=1}^{d}y_ix_i=\overline{y}\cdot\overline{x}$$

点积还继承了标量乘法的分配律，即

$$\overline{x}\cdot(\overline{y}+\overline{z})=\overline{x}\cdot\overline{y}+\overline{x}\cdot\overline{z}$$

一个向量 $\overline{x}=[x_1,\cdots,x_d]$ 与其自身的点积称为平方*范数*或欧几里得范数. 范数定义了向量的长度，我们用 $\|\cdot\|$ 来表示：

$$\|\overline{x}\|^2=\overline{x}\cdot\overline{x}=\sum_{i=1}^{d}x_i^2$$

该向量的范数是其坐标到原点的欧几里得距离. 在图 1.1a 所示的图例中，向量 [4,3] 的范数为 $\sqrt{4^2+3^2}=5$. 通常，通过将向量除以其范数可以将向量*归一化*为单位长度：

$$\overline{x}' = \frac{\overline{x}}{\|\overline{x}\|} = \frac{\overline{x}}{\sqrt{\overline{x}\cdot\overline{x}}}$$

以范数缩放向量并不会改变其分量的相对值，而这些分量则定义了向量的方向. 例如，原点到 [4,3] 的欧几里得距离为 5. 将该向量的每个分量除以 5 从而得到向量 [4/5,3/5]，虽然这使向量的长度变为 1，但并不会改变其方向. 这个缩短的向量如图 1.1c 所示，它与向量 [4,3] 重叠. 我们称这样的向量为*单位向量*.

欧几里得范数的一个推广是 L_p-范数，用 $\|\cdot\|_p$ 表示：

$$\|\overline{x}\|_p = \left(\sum_{i=1}^{d}|x_i|^p\right)^{(1/p)} \tag{1.3}$$

这里 $|\cdot|$ 表示对标量取绝对值，而 p 是一个正整数. 例如，当 $p=1$ 时，所对应的范数被称为 Manhattan 范数或 L_1 范数.

向量 $\overline{x}=[x_1,\cdots,x_d]$ 和 $\overline{y}=[y_1,\cdots,y_d]$ 之间的 (平方) 欧几里得距离实际上是向量 $\overline{x}-\overline{y}$ 与其自身的点积，即

$$\|\overline{x}-\overline{y}\|^2 = (\overline{x}-\overline{y})\cdot(\overline{x}-\overline{y}) = \sum_{i=1}^{d}(x_i-y_i)^2 = \text{Euclidean}(\overline{x},\overline{y})^2$$

点积满足 Cauchy-Schwarz 不等式. 根据该不等式可以得到，两个向量之间的点积不会大于它们长度的乘积：

$$\left|\sum_{i=1}^{d}x_iy_i\right| = |\overline{x}\cdot\overline{y}| \leqslant \|\overline{x}\|\|\overline{y}\| \tag{1.4}$$

要证明 Cauchy-Schwarz 不等式可以先证明：当 $\overline{x}$ 和 $\overline{y}$ 为单位向量时，$|\overline{x}\cdot\overline{y}|\leqslant 1$(即当变量为单位向量时，该不等式成立). 这是由于 $\|\overline{x}-\overline{y}\|^2=2-2\overline{x}\cdot\overline{y}$ 和 $\|\overline{x}+\overline{y}\|^2=2+2\overline{x}\cdot\overline{y}$ 都是非负的. 这只有在 $|\overline{x}\cdot\overline{y}|\leqslant 1$ 时才能实现. 但通过观察点积与潜在变量的范数呈线性关系，因此可以将这个结果推广到任意长度的向量.

问题 1.2.1 (三角不等式) *考虑由原点、$\overline{x}$ 和 $\overline{y}$ 构成的三角形. 利用 Cauchy-Schwarz 不等式证明边长 $\|\overline{x}-\overline{y}\|$ 不大于另外两条边的长度之和 $\|\overline{x}\|+\|\overline{y}\|$.*

证明上述问题的一个提示是：三角不等式的两边都是非负的，故该不等式成立当且仅当其两边同时取平方后不等式仍然成立.

Cauchy-Schwarz 不等式表明两个向量之间的点积不大于它们长度的乘积. 事实上，这两个量之间的比值就是这两个向量之间夹角的余弦 (其总是小于 1). 例如，人们通常将一个二维向量的坐标表示为*极坐标形式*$[a,\theta]$，其中 a 是该向量的长度，而 θ 是该向量与 X 轴的逆时针夹角. 于是笛卡儿坐标为 $[a\cos(\theta), a\sin(\theta)]$，而该笛卡儿坐标向量与向量 $[1,0]$(X 轴) 的点积为 $a\cos(\theta)$. 又例如，考虑长度分别为 2 和 1 的两个向量，它们相对于 X 轴的 (逆时针) 角度分别为 60° 和 −15°. 这些向量如图 1.2所示. 这些向量的坐标分别为 $[2\cos(60), 2\sin(60)] = [1, \sqrt{3}]$ 和 $[\cos(-15), \sin(-15)] = [0.966, -0.259]$.

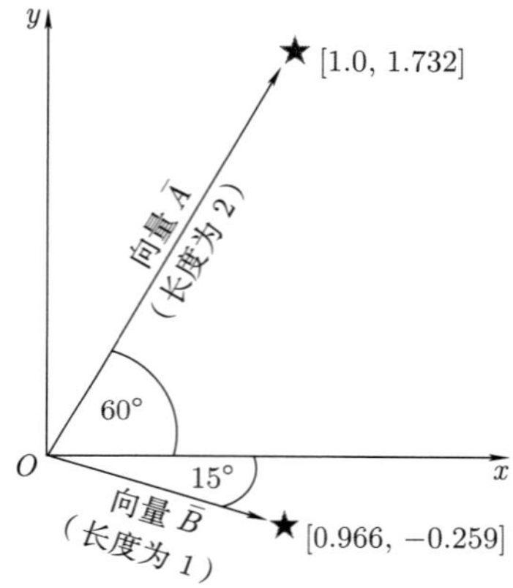

图 1.2　向量 $\overline{A}$ 和 $\overline{B}$ 角度的几何表示

两个向量 $\overline{x} = [x_1, \cdots, x_d]$ 和 $\overline{y} = [y_1, \cdots, y_d]$ 之间的余弦函数可以通过代数方式定义为这两个向量经过归一化后的点积：

$$\cos(\overline{x}, \overline{y}) = \frac{\overline{x} \cdot \overline{y}}{\sqrt{\overline{x} \cdot \overline{x}}\sqrt{\overline{y} \cdot \overline{y}}} = \frac{\overline{x} \cdot \overline{y}}{\|\overline{x}\|\|\overline{y}\|} \tag{1.5}$$

用代数方式计算 $\overline{x}$ 和 $\overline{y}$ 之间的余弦函数为 $\cos(\theta)$ 具有常规的三角函数解释，其中 θ 是向量 $\overline{x}$ 和 $\overline{y}$ 之间的夹角. 例如，图 1.2中的两个向量 $\overline{A}$ 和 $\overline{B}$ 之间的夹角为 75°，其范数分别为 1 和 2. 于是，通过代数方式对 $[\overline{A}, \overline{B}]$ 计算得到的余弦函数应该等于期望的三角函数值 $\cos(75)$:

$$\cos(\overline{A}, \overline{B}) = \frac{0.996 \times 1 - 0.259 \times \sqrt{3}}{1 \times 2} \approx 0.259 \approx \cos(75)$$

我们可以使用欧几里得几何中的*余弦定律*来理解为什么两个向量之间的代数点积会等于三角余弦值. 考虑由原点、向量 $\overline{x} = [x_1, \cdots, x_d]$ 和 $\overline{y} = [y_1, \cdots, y_d]$ 构成的三角形. 我们想要求得 $\overline{x}$ 和 $\overline{y}$ 之间的夹角 θ. 这个三角形的欧几里得边长分别为 $a = \|\overline{x}\|$，$b = \|\overline{y}\|$ 和

$c = \|\overline{x} - \overline{y}\|$. 而余弦定律则提供了如下根据边长来计算夹角 θ 的公式：

$$\cos(\theta) = \frac{a^2 + b^2 - c^2}{2ab} = \frac{\|\overline{x}\|^2 + \|\overline{y}\|^2 - \|\overline{x} - \overline{y}\|^2}{2(\|\overline{x}\|)(\|\overline{y}\|)} = \frac{\overline{x} \cdot \overline{y}}{\sqrt{\overline{x} \cdot \overline{x}}\sqrt{\overline{y} \cdot \overline{y}}}$$

上面的第二个关系式是通过将 $\|\overline{x} - \overline{y}\|^2$ 展开为 $(\overline{x} - \overline{y}) \cdot (\overline{x} - \overline{y})$，然后利用点积的分配律得到的. 几乎所有欧几里得空间的奇妙几何性质都可以从代数上追溯到点积和三角余弦之间的简单关系. *像点积运算这样的简单代数方法暗含了许多复杂的欧几里得几何关系.* 本章末的习题表明，许多基本的几何恒等式和三角恒等式都可以很容易地应用点积的代数运算来证明.

如果两个向量的点积是 0，那么称它们是*正交*的，并且它们之间的夹角为 90°(对于非零向量). 我们视向量 $\overline{0}$ 与每个向量都正交. 如果一组向量中的每一对向量都是相互正交的，且每个向量的范数均为 1，则称该组向量是*规范正交*的. 规范正交方向往往是有用的，这是因为它们可以被用于在不同正交坐标系中使用一维*投影*进行点的变换. 换句话说，我们可以相对于改变的方向集来计算数据点的一组新的坐标集. 这种方法在解析几何中称为*坐标变换*，在线性代数中也经常使用. 向量 $\overline{x}$ 在单位向量上的一维投影运算可以由这两个向量之间的点积来定义. 它有一个自然的几何解释，即 $\overline{x}$ 在单位向量方向上到原点的 (正或负) 距离，因此我们可以将其视为该方向上的坐标. 考虑二维坐标系统中的点 $[10, 15]$. 现在假设已知规范正交方向 $[3/5, 4/5]$ 和 $[-4/5, 3/5]$. 于是，我们可以通过计算 $[10, 15]$ 与这些规范正交向量的点积来用由方向 $[3/5, 4/5]$ 和 $[-4/5, 3/5]$ 形成的新坐标系表示点 $[10, 15]$. 因此，新坐标 $[x', y']$ 定义如下：

$$x' = 10 \times (3/5) + 15 \times (4/5) = 18, \qquad y' = 10 \times (-4/5) + 15 \times (3/5) = 1$$

我们也可以使用新的坐标轴和坐标来表示初始向量：

$$[10, 15] = x'[3/5, 4/5] + y'[-4/5, 3/5]$$

将向量变换为新的表示的这类变换是线性代数的核心. 在许多情况下，数据集的变换表示(例如，用 $[x', y']$ 取代二维数据集中的每个 $[x, y]$) 往往具有很好的性质，这些性质在机器学习应用中被广泛使用.

1.2.2 向量与矩阵间的基本运算

一个矩阵的转置是通过翻转它的行和列来获得的. 也就是说，转置后的矩阵的第 (i, j) 项元素等于原始矩阵的第 (j, i) 项元素. 因此，一个 $n \times d$ 矩阵的转置是一个 $d \times n$ 矩阵. 我们用 $\boldsymbol{A}^{\mathrm{T}}$ 来表示矩阵 $\boldsymbol{A}$ 的转置. 一个矩阵转置运算的示例如下：

$$\begin{bmatrix} a_{11} & a_{12} \\ a_{21} & a_{22} \\ a_{31} & a_{32} \end{bmatrix}^{\mathrm{T}} = \begin{bmatrix} a_{11} & a_{21} & a_{31} \\ a_{12} & a_{22} & a_{32} \end{bmatrix}$$

很容易看到矩阵 $\boldsymbol{A}$ 的转置的转置 $(\boldsymbol{A}^{\mathrm{T}})^{\mathrm{T}}$ 就是原始矩阵 $\boldsymbol{A}$. 与矩阵一样，行向量可以转置为列向量，反之亦然.

与向量一样，矩阵只有在大小完全相同的情况下才能进行加法运算. 例如，只有当 $\boldsymbol{A}$ 和 $\boldsymbol{B}$ 的行数和列数完全相同时，我们才能将 $\boldsymbol{A}$ 和 $\boldsymbol{B}$ 相加. 于是，$\boldsymbol{A}+\boldsymbol{B}$ 的第 (i,j) 项元素就是 $\boldsymbol{A}$ 和 $\boldsymbol{B}$ 第 (i,j) 项元素的和. 矩阵加法运算也具有交换性，因为它继承了其单项元素的标量加法的交换性. 因此，我们有

$$\boldsymbol{A}+\boldsymbol{B}=\boldsymbol{B}+\boldsymbol{A}$$

零矩阵或空矩阵是类似于标量值 0 的矩阵，它的所有元素均为 0. 我们通常将它简单地写为“$\boldsymbol{O}$”. 它可以与相同大小的矩阵相加，但并不影响该矩阵的值：

$$\boldsymbol{A}+\boldsymbol{O}=\boldsymbol{A}$$

注意，矩阵、向量和标量都有各自零元素的定义，这是遵循上述加法恒等式所必需的. 通常将零向量写为“$\overline{0}$”，即 0 的上方有一个横杠.

很容易验证两个矩阵 $\boldsymbol{A}=[a_{ij}]$ 与 $\boldsymbol{B}=[b_{ij}]$ 之和的转置为它们转置的和，也就是说，我们有下面的关系式：

$$(\boldsymbol{A}+\boldsymbol{B})^{\mathrm{T}}=\boldsymbol{A}^{\mathrm{T}}+\boldsymbol{B}^{\mathrm{T}} \tag{1.6}$$

通过计算上述方程两边的第 (i,j) 项元素均为 $(a_{ji}+b_{ji})$ 就可以证明这一结果.

一个 $n\times d$ 矩阵 $\boldsymbol{A}$ 可以与一个 d 维列向量 $\overline{x}$ 相乘得到 $\boldsymbol{A}\overline{x}$ 或与一个 n 维行向量 $\overline{y}$ 相乘得到 $\overline{y}\boldsymbol{A}$. 当 $n\times d$ 矩阵 $\boldsymbol{A}$ 与 d 维列向量 $\overline{x}$ 相乘得到 $\boldsymbol{A}\overline{x}$ 时，将矩阵 $\boldsymbol{A}$ 的每一行的 d 个元素与列向量 $\overline{x}$ 的 d 个元素进行逐元素相乘，然后将这些逐元素的乘积相加便得到一个标量. 注意，该运算与点积相同，只是需要将 $\boldsymbol{A}$ 的行向量转置为列向量，从而可以将其严格地表示为点积. 这是因为点积是在相同类型的两个向量 (即行向量或列向量) 之间定义的. 在这个过程的最后，将计算得到的 n 个标量排列成一个 n 维列向量，其第 i 个元素就是 $\boldsymbol{A}$ 的第 i 行与 $\overline{x}$ 的乘积. 一个 3×2 矩阵 $\boldsymbol{A}=[a_{ij}]$ 与一个 2 维列向量 $\overline{x}=[x_1,x_2]^{\mathrm{T}}$ 乘积的示例如下：

$$\begin{bmatrix} a_{11} & a_{12} \\ a_{21} & a_{22} \\ a_{31} & a_{32} \end{bmatrix}\begin{bmatrix} x_1 \\ x_2 \end{bmatrix}=\begin{bmatrix} a_{11}x_1+a_{12}x_2 \\ a_{21}x_1+a_{22}x_2 \\ a_{31}x_1+a_{32}x_2 \end{bmatrix} \tag{1.7}$$

我们也可以对一个 $n\times d$ 矩阵 $\boldsymbol{A}=[a_{ij}]$ 左乘一个 n 维行向量来得到一个 d 维行向量. 一个 3×2 矩阵 $\boldsymbol{A}$ 左乘一个三维行向量 $\overline{v}=[v_1,v_2,v_3]$ 的示例如下：

$$[v_1,v_2,v_3]\begin{bmatrix} a_{11} & a_{12} \\ a_{21} & a_{22} \\ a_{31} & a_{32} \end{bmatrix}=[v_1a_{11}+v_2a_{21}+v_3a_{31},v_1a_{12}+v_2a_{22}+v_3a_{32}] \tag{1.8}$$

显然，矩阵和向量之间的乘法运算是不满足交换律的.

将一个 $n \times d$ 矩阵 $\boldsymbol{A}$ 右乘一个 d 维列向量 $\overline{x}$ 来得到一个 n 维列向量 $\boldsymbol{A}\overline{x}$，通常被解释为从 d 维空间到 n 维空间的线性变换. 线性变换的精确数学定义将在第 2 章给出. 现在，我们需要读者注意到乘法的结果实际上是矩阵 $\boldsymbol{A}$ 的列的加权和，其权重为向量 $\overline{x}$ 的标量分量. 例如，我们可以将式 (1.7) 的矩阵-向量乘法重写为如下形式：

$$\begin{bmatrix} a_{11} & a_{12} \\ a_{21} & a_{22} \\ a_{31} & a_{32} \end{bmatrix} \begin{bmatrix} x_1 \\ x_2 \end{bmatrix} = x_1 \begin{bmatrix} a_{11} \\ a_{21} \\ a_{31} \end{bmatrix} + x_2 \begin{bmatrix} a_{12} \\ a_{22} \\ a_{32} \end{bmatrix} \tag{1.9}$$

这里，一个二维向量被映射成一个三维向量，作为矩阵列的加权组合. 因此，$n \times d$ 矩阵 $\boldsymbol{A}$ 有时用它的 n 维列 $\overline{a}_1, \cdots, \overline{a}_d$ 的有序集 $\boldsymbol{A} = [\overline{a}_1, \cdots, \overline{a}_d]$ 来表示. 这就产生了如下使用 $\boldsymbol{A}$ 的列和系数的列向量 $\overline{x} = [x_1, \cdots, x_d]^{\mathrm{T}}$ 表示的矩阵-向量乘法：

$$\boldsymbol{A}\overline{x} = \sum_{i=1}^{d} x_i \overline{a}_i = \overline{b}$$

以 $\boldsymbol{A}$ 的列作为方向 (可能是非正交的)，每个 x_i 对应于第 i 个方向 $\overline{a}_i$ 的“权重”，其也被称为 $\overline{b}$ 的第 i 个坐标. 这个概念是对 d 维向量 $\overline{e}_1, \cdots, \overline{e}_d$ 定义的 (正交) 笛卡儿坐标的推广，其中每个 $\overline{e}_i$ 是一个坐标轴方向，它的第 i 个分量为 1，而其余分量均为 0. 对于由 $\overline{e}_1, \cdots, \overline{e}_d$ 所定义的笛卡儿坐标系统的情况，$\overline{b} = [b_1, \cdots, b_d]^{\mathrm{T}}$ 的坐标就是 $b_1, \cdots, b_d$，因为 $\overline{b} = \sum_{i=1}^{d} b_i \overline{e}_i$.

两个向量之间的点积可以看作是矩阵-向量乘法的一个特例. 在这种情况下，一个 $1 \times d$ 矩阵 (行向量) 与一个 $d \times 1$ 矩阵 (列向量) 相乘，所得到的结果与这两个向量的点积得到的结果相同. 然而，一个细微的差别在于点积是在两个相同类型的向量 (通常是列向量) 之间定义的，而不是在一个行向量的矩阵表示和一个列向量的矩阵表示之间定义的. 为了将点积实现为矩阵和矩阵之间的乘法，我们首先需要将其中一个列向量转换为一个行向量的矩阵表示，然后通过将“宽”矩阵 (行向量) 排序在“高”矩阵 (列向量) 之前来执行矩阵乘法. 所得到的 1×1 矩阵就是点积的结果. 例如，考虑矩阵形式的点积，它可以通过一个行向量与一个列向量的以矩阵为中心的乘法来获得：

$$\overline{v} \cdot \overline{x} = [v_1, v_2, v_3] \begin{bmatrix} x_1 \\ x_2 \\ x_3 \end{bmatrix} = [v_1 x_1 + v_2 x_2 + v_3 x_3]$$

矩阵乘法的结果是一个包含点积的 1×1 矩阵，是一个标量. 显然，只要我们转置第一个向量以将“宽”矩阵置于“高”矩阵之前，而不用考虑点积中向量的顺序，总是可以得到相同

的 1×1 矩阵：

$$\overline{x}\cdot\overline{v}=\overline{v}\cdot\overline{x},\quad \overline{x}^{\mathrm{T}}\overline{v}=\overline{v}^{\mathrm{T}}\overline{x}$$

因此点积满足交换律.

然而，如果把“高”矩阵排在“宽”矩阵之前，那么我们得到的是这两个向量的*外积*. 两个三维向量的外积是一个 3×3 矩阵！在向量形式下，外积定义在两个列向量 $\overline{x}$ 和 $\overline{v}$ 之间，一般用 $\overline{x}\otimes\overline{v}$ 来表示. 然而，用向量乘法的矩阵表示来理解外积会更容易些，其中第一个向量被转换为一个列向量表示 (如果需要)，另一个向量被转换为一个行向量表示 (如果需要). 也就是，“高”矩阵总是排在“宽”矩阵之前：

$$\overline{x}\otimes\overline{v}=\overline{x}\,\overline{v}^{\mathrm{T}}=\begin{bmatrix}x_1\\x_2\\x_3\end{bmatrix}[v_1,v_2,v_3]=\begin{bmatrix}v_1x_1 & v_2x_1 & v_3x_1\\ v_1x_2 & v_2x_2 & v_3x_2\\ v_1x_3 & v_2x_3 & v_3x_3\end{bmatrix}$$

与点积不同，外积可以在两个不同长度的向量之间执行. 通常，外积定义在两个列向量之间，并且在计算矩阵乘法之前将第二个向量*转置*为一个包含单行的矩阵. 换句话说，在矩阵乘法中，第二向量的第 j 个分量 (d 维) 变为第二个矩阵 (大小为 $1\times d$) 的第 $(1,j)$ 个元素. 第一个矩阵就是由列向量导出的 $d\times 1$ 矩阵. 不同于点积，外积不满足交换律，运算的顺序不仅与最终矩阵中的值有关，还与最终矩阵的大小有关：

$$\overline{x}\otimes\overline{v}\neq\overline{v}\otimes\overline{x},\quad \overline{x}\,\overline{v}^{\mathrm{T}}\neq\overline{v}\,\overline{x}^{\mathrm{T}}$$

向量之间的乘法，或矩阵与向量之间的乘法，都是两个矩阵乘法的特殊情况. 但是，为了将两个矩阵相乘，需要考虑对其大小的某些限制. 例如，一个 $n\times k$ 矩阵 $\boldsymbol{U}$ 仅能与一个 $k\times d$ 矩阵 $\boldsymbol{V}$ 相乘，因为 $\boldsymbol{U}$ 的列数要与 $\boldsymbol{V}$ 的行数相同. 所得到的矩阵大小为 $n\times d$，其第 (i,j) 项元素值对应于 $\boldsymbol{U}$ 的第 i 行与 $\boldsymbol{V}$ 的第 j 列的向量点积. 注意，乘法中的点积运算要求潜在向量的大小要一样. 两个向量之间的外积是矩阵乘法的一个特例，其中 $k=1$，而 n 和 d 可以是任意值；类似地，内积也是矩阵乘法的一个特例，其中 $n=d=1$，但 k 可以是任意值. 考虑 $\boldsymbol{U}$ 和 $\boldsymbol{V}$ 的第 (i,j) 项分别为 u_{ij} 和 v_{ij} 的情况. 那么，$\boldsymbol{UV}$ 的第 (i,j) 项由下式给出：

$$(\boldsymbol{UV})_{ij}=\sum_{r=1}^{k}u_{ir}v_{rj} \tag{1.10}$$

下面是一个矩阵乘法的示例：

$$\begin{bmatrix}u_{11} & u_{12}\\ u_{21} & u_{22}\\ u_{31} & u_{32}\end{bmatrix}\begin{bmatrix}v_{11} & v_{12} & v_{13}\\ v_{21} & v_{22} & v_{23}\end{bmatrix}=\begin{bmatrix}u_{11}v_{11}+u_{12}v_{21} & u_{11}v_{12}+u_{12}v_{22} & u_{11}v_{13}+u_{12}v_{23}\\ u_{21}v_{11}+u_{22}v_{21} & u_{21}v_{12}+u_{22}v_{22} & u_{21}v_{13}+u_{22}v_{23}\\ u_{31}v_{11}+u_{32}v_{21} & u_{31}v_{12}+u_{32}v_{22} & u_{31}v_{13}+u_{32}v_{23}\end{bmatrix} \tag{1.11}$$

注意到，前面的两个矩阵-向量和向量-矩阵的乘法都可以看作这种更一般运算的特例. 这是因为一个 d 维行向量可以看作一个 $1 \times d$ 矩阵，而一个 n 维列向量可以看作一个 $n \times 1$ 矩阵. 例如，如果将这种特殊的 $n \times 1$ 矩阵乘以一个 $1 \times d$ 矩阵，那么将得到一个具有某些特殊性质的 $n \times d$ 矩阵.

问题 1.2.2 (外积的性质) 如果将一个 $n \times 1$ 矩阵乘以一个 $1 \times d$ 矩阵 (即这两个向量之间的外积)，证明我们得到的 $n \times d$ 矩阵具有如下性质：(i) 每一行是其余每一行的倍数；(ii) 每一列是其余每一列的倍数.

我们也可以证明矩阵乘积可以分解为更简单矩阵的和，其中每个矩阵都是两个向量的外积. 我们已经看到矩阵乘积中的每个元素本身就是从矩阵中提取的两个向量的内积. 那外积呢？事实上可以证明，整个矩阵是 k 个外积之和，其中 k 是两个相乘矩阵的公共维数.

引理 1.2.1 (作为外积和的矩阵乘积) 一个 $n \times k$ 矩阵 $\boldsymbol{U}$ 与一个 $k \times d$ 矩阵 $\boldsymbol{V}$ 的乘积为一个 $n \times d$ 矩阵，该乘积矩阵可以表示为 k 个外积矩阵之和. 这 k 个矩阵中的每一个都是一个 $n \times 1$ 矩阵与一个 $1 \times d$ 矩阵的乘积. 每一个 $n \times 1$ 矩阵对应于 $\boldsymbol{U}$ 的第 i 列 $\boldsymbol{U}_i$，每一个 $1 \times d$ 矩阵对应于 $\boldsymbol{V}$ 的第 i 行 $\boldsymbol{V}_i$. 于是，我们有

$$\boldsymbol{U}\boldsymbol{V} = \sum_{r=1}^{k} \underbrace{\boldsymbol{U}_r \boldsymbol{V}_r}_{n \times d}$$

证明 设 u_{ij} 和 v_{ij} 分别是 $\boldsymbol{U}$ 和 $\boldsymbol{V}$ 的第 (i,j) 项. 可以证明，该引理中的等式右侧求和中的第 r 项对求和矩阵中的第 (i,j) 项贡献了 $u_{ir}v_{rj}$. 因此，右侧所有 k 项之和为 $\sum_{r=1}^{k} u_{ir}v_{rj}$. 这个和与矩阵乘积 $\boldsymbol{U}\boldsymbol{V}$ 的第 (i,j) 项的定义完全相同，见式 (1.10). □

一般来说，矩阵乘法并不具有交换性 (特殊情况除外). 也就是说，在一般情况下，$\boldsymbol{A}\boldsymbol{B} \neq \boldsymbol{B}\boldsymbol{A}$. 这不同于满足交换律的标量乘法. 下面是一个不满足交换律的反例：

$$\begin{bmatrix} 1 & 1 \\ 0 & 0 \end{bmatrix}\begin{bmatrix} 1 & 0 \\ 1 & 0 \end{bmatrix} = \begin{bmatrix} 2 & 0 \\ 0 & 0 \end{bmatrix} \neq \begin{bmatrix} 1 & 0 \\ 1 & 0 \end{bmatrix}\begin{bmatrix} 1 & 1 \\ 0 & 0 \end{bmatrix} = \begin{bmatrix} 1 & 1 \\ 1 & 1 \end{bmatrix}$$

事实上，如果 $\boldsymbol{A}, \boldsymbol{B}$ 不是方阵，那么可以基于 $\boldsymbol{A}, \boldsymbol{B}$ 的大小计算其中一个乘积 $\boldsymbol{A}\boldsymbol{B}$，而 $\boldsymbol{B}\boldsymbol{A}$ 却是无法计算的. 例如，可以计算 4×2 矩阵 $\boldsymbol{A}$ 和 2×5 矩阵 $\boldsymbol{B}$ 的乘积 $\boldsymbol{A}\boldsymbol{B}$. 但由于维数的不匹配，则不可能计算乘积 $\boldsymbol{B}\boldsymbol{A}$.

尽管矩阵乘法并不满足交换律，但其仍然满足结合律和分配律：

$$\boldsymbol{A}(\boldsymbol{B}\boldsymbol{C}) = (\boldsymbol{A}\boldsymbol{B})\boldsymbol{C}, \qquad [\text{结合律}]$$

$$\boldsymbol{A}(\boldsymbol{B}+\boldsymbol{C}) = \boldsymbol{A}\boldsymbol{B}+\boldsymbol{A}\boldsymbol{C}, \quad (\boldsymbol{B}+\boldsymbol{C})\boldsymbol{A} = \boldsymbol{B}\boldsymbol{A}+\boldsymbol{C}\boldsymbol{A}, \quad [\text{分配律}]$$

证明上述每个结果的基本想法是分别为每个结果中的矩阵 $\boldsymbol{A}=[a_{ij}]$、$\boldsymbol{B}=[b_{ij}]$ 和 $\boldsymbol{C}=[c_{ij}]$ 的维数和元素定义变量. 于是，计算得到等式两边的第 (i,j) 项的代数表达式，并且验证二者是相等的. 例如，对于结合律的情况，用这种类型的展开得到如下结果：

$$[\boldsymbol{A}(\boldsymbol{B}\boldsymbol{C})]_{ij}=[(\boldsymbol{A}\boldsymbol{B})\boldsymbol{C}]_{ij}=\sum_k\sum_m a_{ik}b_{km}c_{mj}$$

因为所有向量都是矩阵的特例，所以这些性质也适用于矩阵-向量乘法. 通过仔细地从满足结合律的不同选择中进行选择，结合律对于确保有效的矩阵乘法是非常有用的.

问题 1.2.3　将矩阵乘积 $\boldsymbol{ABC}$ 表示为从 $\boldsymbol{A}$ 和 $\boldsymbol{C}$ 中提取的向量的外积的加权和，而权重是从矩阵 $\boldsymbol{B}$ 中提取的.

问题 1.2.4　设 $\boldsymbol{A}$ 是一个 1000000×2 矩阵. 假如你想要在内存有限的计算机上计算 2×1000000 矩阵 $\boldsymbol{A}^{\mathrm{T}}\boldsymbol{A}\boldsymbol{A}^{\mathrm{T}}$. 你倾向于计算 $(\boldsymbol{A}^{\mathrm{T}}\boldsymbol{A})\boldsymbol{A}^{\mathrm{T}}$ 还是 $\boldsymbol{A}^{\mathrm{T}}(\boldsymbol{A}\boldsymbol{A}^{\mathrm{T}})$?

问题 1.2.5　设 $\boldsymbol{D}$ 是一个每列和为 0 的 $n\times d$ 矩阵. 设 $\boldsymbol{A}$ 是任意的 $d\times d$ 矩阵. 证明矩阵乘积 $\boldsymbol{DA}$ 的每列和也为 0.

证明上述结果的关键点是应用这样一个事实：$\boldsymbol{D}$ 的行和可以表示为 $\overline{e}^{\mathrm{T}}\boldsymbol{D}$，其中 $\overline{e}$ 是分量均为 1 的列向量.

两个矩阵乘积的转置等于它们转置的乘积，但乘法的顺序恰好相反：

$$(\boldsymbol{AB})^{\mathrm{T}}=\boldsymbol{B}^{\mathrm{T}}\boldsymbol{A}^{\mathrm{T}} \tag{1.12}$$

通过根据 $\boldsymbol{A}=[a_{ij}]$ 和 $\boldsymbol{B}=[b_{ij}]$ 中的项给出上面等式左右两边乘积的第 (i,j) 项的代数表达式，可以很容易证明这个结果. 上面两个矩阵乘积转置的结果可以很容易扩展到任意个矩阵乘积转置的情况.

问题 1.2.6　证明如下关于矩阵 $\boldsymbol{A}_1,\boldsymbol{A}_2,\cdots,\boldsymbol{A}_n$ 的结果：

$$(\boldsymbol{A}_1\boldsymbol{A}_2\boldsymbol{A}_3\cdots\boldsymbol{A}_n)^{\mathrm{T}}=\boldsymbol{A}_n^{\mathrm{T}}\boldsymbol{A}_{n-1}^{\mathrm{T}}\cdots\boldsymbol{A}_2^{\mathrm{T}}\boldsymbol{A}_1^{\mathrm{T}}$$

矩阵和向量之间的乘法也满足如上所示的相同类型的转置规则.

1.2.3　特殊的矩阵类

对称矩阵是一个与其自身转置相等的方阵. 也就是说，如果 $\boldsymbol{A}$ 是一个对称矩阵，那么有 $\boldsymbol{A}=\boldsymbol{A}^{\mathrm{T}}$. 下面是一个 3×3 对称矩阵的示例：

$$\begin{bmatrix}2&1&3\\1&4&5\\3&5&6\end{bmatrix}$$

注意到，对任意 $i,j\in\{1,2,3\}$，第 (i,j) 项元素总是等于第 (j,i) 项元素.

问题 1.2.7 如果 $\boldsymbol{A}$ 和 $\boldsymbol{B}$ 是对称矩阵，证明 $\boldsymbol{AB}$ 是对称的当且仅当 $\boldsymbol{AB} = \boldsymbol{BA}$.

一个矩阵的对角线定义为具有相同行和列索引的项的集合. 尽管对角线的概念通常用于方阵，但其定义有时也可用于矩形矩阵. 在这种情况下，对角线从左上角开始，使行和列索引相同. 沿对角线的所有元素的值为 1，而所有非对角线元素的值为 0 的方阵称为单位矩阵，我们用 $\boldsymbol{I}$ 来表示. 如果非对角线元素为 0，但对角线上的元素不是 1，则所对应的矩阵称为对角矩阵. 因此，单位矩阵是一种特殊的对角矩阵. 将一个 $n \times d$ 矩阵 $\boldsymbol{A}$ 与适当大小的单位阵按任意次序相乘都会得到相同的矩阵 $\boldsymbol{A}$. 我们可以将单位矩阵视为标量乘法中数值 1 的角色：

$$\boldsymbol{AI} = \boldsymbol{IA} = \boldsymbol{A} \tag{1.13}$$

因为 $\boldsymbol{A}$ 是一个 $n \times d$ 矩阵，那么乘积 $\boldsymbol{AI}$ 中的单位矩阵 $\boldsymbol{I}$ 的大小为 $d \times d$，而乘积 $\boldsymbol{IA}$ 中的单位矩阵的大小则为 $n \times n$. 这有点令人困惑，因为式 (1.13) 中相同的符号 $\boldsymbol{I}$ 表示两种不同大小的单位矩阵. 在这种情况下，人们一般通过对单位矩阵标以下标来表明其大小，从而避免歧义. 例如，用 $\boldsymbol{I}_d$ 表示大小为 d 维的单位矩阵. 因此，式 (1.13) 可写为如下更加明确的形式：

$$\boldsymbol{AI}_d = \boldsymbol{I}_n\boldsymbol{A} = \boldsymbol{A} \tag{1.14}$$

尽管默认情况下对角矩阵被假定为方阵，但也可以引入一个非方阵的对角矩阵的宽松定义[㊀]. 在这种情况下，对角线与矩阵的左上角对齐，这类矩阵称为矩形对角矩阵.

定义 1.2.1 (矩形对角矩阵) 矩形对角矩阵是一个 $n \times d$ 矩阵，其每个 (i, j) 项都有一个非零值当且仅当 $i = j$. 因此，非零项的对角线从矩阵的左上角开始，尽管它可能并不到达右下角.

一个分块对角矩阵由沿对角线的 (可能) 非零项的方形块 $\boldsymbol{B}_1, \cdots, \boldsymbol{B}_r$ 构成，而其他所有元素值均为 0. 虽然每个方块都是方阵，但它们的大小不必相同. 不同类型的对角矩阵和分块对角矩阵的示例如图 1.3 的第一行所示.

对角矩阵概念的一个自然推广就是三角形矩阵：

定义 1.2.2 (上三角形矩阵和下三角形矩阵) 如果一个方阵的主对角线以下的所有 (i, j) 项 (即满足 $i > j$) 均为零，则称它是一个上三角形矩阵. 如果矩阵主对角线以上的所有 (i, j) 项 (即满足 $i < j$) 都是零，则称它是一个下三角形矩阵.

定义 1.2.3 (严格三角形矩阵) 如果一个矩阵是三角形矩阵且它的所有对角线元素均为零，则称它为一个严格三角形矩阵.

我们给出关于两个上三角形矩阵运算的一个重要性质.

㊀ 一些作者在提到这些矩阵时，没有将这些矩阵称为矩形对角矩阵，而是在“对角线”一词上使用引号. 这是因为“对角线”一词最初是为方阵设定的.

引理 1.2.2 (上三角形矩阵的和与乘积) 上三角形矩阵的和是一个上三角形矩阵. 上三角形矩阵的乘积也是一个上三角形矩阵.

简证 证明该结论只需注意到：当 $i > j$ 时，在求和或乘积矩阵中第 (i, j) 项的常量表达式都是 0. □

上述引理自然也适用于下三角形矩阵. 尽管三角形矩阵的概念通常针对方阵，但有时也适用于矩形矩阵. 不同类型的三角形矩阵的示例如图 1.3 的底行所示. 矩阵中被非零项占据的部分用阴影表示. 注意到，矩形三角形矩阵中非零项的个数在很大程度上取决于该矩阵的形状. 最后，如果一个矩阵的大多数元素为 0，则该矩阵称为*稀疏矩阵*. 关于这类矩阵的计算通常效率会很高.

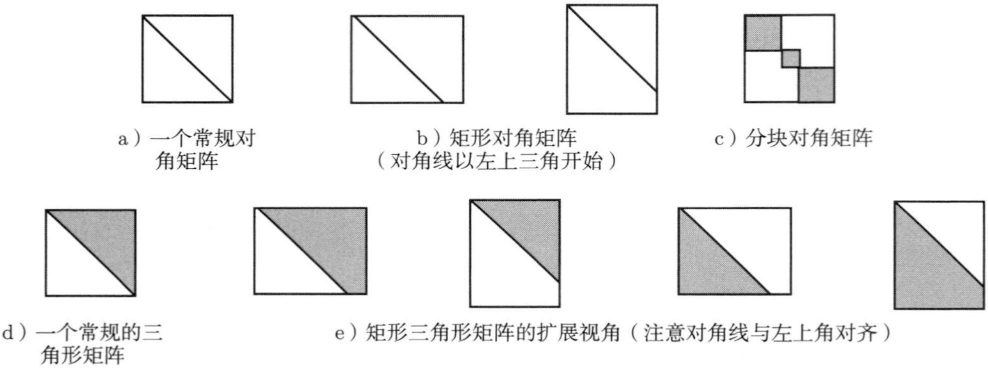

图 1.3　常规/矩形对角矩阵和三角形矩阵的示例

1.2.4　矩阵幂、多项式与逆

方阵可以与其自身相乘，而不用考虑矩阵乘法中关于矩阵大小的限制. 将方阵与其自身相乘多次，就类似于将一个标量提高到特定的幂. 于是，一个矩阵的 n 次幂定义如下：

$$\boldsymbol{A}^n = \underbrace{\boldsymbol{A}\boldsymbol{A}\cdots\boldsymbol{A}}_{n\text{次}} \tag{1.15}$$

一个矩阵的零次幂定义为相同大小的单位矩阵. 当一个矩阵满足 $\boldsymbol{A}^k = \boldsymbol{O}$，其中 k 是整数，那么我们称其为*幂零矩阵*. 例如，所有 $d \times d$ 严格三角形矩阵都满足 $\boldsymbol{A}^d = \boldsymbol{O}$. 像标量一样，我们可以将一个方阵提升到分数次幂，尽管有时不能保证其存在. 例如，如果 $\boldsymbol{A} = \boldsymbol{V}^2$，那么有 $\boldsymbol{V} = \boldsymbol{A}^{1/2}$. 但与标量不同，即使允许矩阵元素取复值，一般也不能保证 $\boldsymbol{A}^{1/2}$ 存在，其中 $\boldsymbol{A}$ 是任意矩阵 (见习题 1.14). 一般来说，计算一个方阵的多项式函数 $f(\boldsymbol{A})$ 的方法与计算标量多项式的方法大致相同. 我们用单位矩阵的倍数来代替标量多项式中的常数项，也就是单位矩阵类似于标量值 1. 例如，对于标量多项式 $f(x) = 3x^2 + 5x + 2$，其应用于 $d \times d$

矩阵 $\boldsymbol{A}$ 时，对应于：

$$f(\boldsymbol{A})=3\boldsymbol{A}^2+5\boldsymbol{A}+2\boldsymbol{I}$$

同一矩阵 $\boldsymbol{A}$ 的所有多项式总是满足乘法交换律.

观察 1.2.1 (矩阵多项式的交换性)　*同一矩阵 $\boldsymbol{A}$ 的两个多项式 $f(\boldsymbol{A})$ 和 $g(\boldsymbol{A})$ 总是满足乘法交换律：*

$$f(\boldsymbol{A})g(\boldsymbol{A})=g(\boldsymbol{A})f(\boldsymbol{A})$$

上述结果可以通过先将两边的多项式展开，然后利用矩阵乘法的分配律得到两边为同一个多项式来证明.

我们可以把矩阵提升到负幂次吗？一个方阵 $\boldsymbol{A}$ 的*逆矩阵*是另一个用 $\boldsymbol{A}^{-1}$ 表示的方阵并且这两个方阵 (以任何次序) 相乘将得到单位矩阵：

$$\boldsymbol{A}\boldsymbol{A}^{-1}=\boldsymbol{A}^{-1}\boldsymbol{A}=\boldsymbol{I} \tag{1.16}$$

一个 2×2 矩阵的逆可由如下简单公式给出：

$$\begin{bmatrix} a & b \\ c & d \end{bmatrix}^{-1}=\frac{1}{ad-bc}\begin{bmatrix} d & -b \\ -c & a \end{bmatrix} \tag{1.17}$$

下面是两个互为逆矩阵的示例：

$$\begin{bmatrix} 8 & 3 \\ 5 & 2 \end{bmatrix}\begin{bmatrix} 2 & -3 \\ -5 & 8 \end{bmatrix}=\begin{bmatrix} 2 & -3 \\ -5 & 8 \end{bmatrix}\begin{bmatrix} 8 & 3 \\ 5 & 2 \end{bmatrix}=\begin{bmatrix} 1 & 0 \\ 0 & 1 \end{bmatrix}$$

一个仅包含元素 a 的 1×1 矩阵的逆就是仅包含元素 $1/a$ 的 1×1 矩阵. 因此，矩阵的逆自然地推广了标量的逆. 并非所有矩阵的逆都存在，例如，标量 $a=0$ 就不存在逆. 逆存在的矩阵称为*可逆矩阵*或*非奇异矩阵*，否则称为*奇异矩阵*. 例如，如果式 (1.17) 中的行元素值是成比例的，那么我们有 $ad-bc=0$，因此该矩阵是不可逆的. 矩阵不可逆的一个例子如下：

$$\boldsymbol{A}=\begin{bmatrix} 1 & 1 \\ 2 & 2 \end{bmatrix}$$

注意到，将 $\boldsymbol{A}$ 与任意 2×2 矩阵 $\boldsymbol{B}$ 相乘总是会得到一个 2×2 矩阵 $\boldsymbol{AB}$，其中第二行是第一行的两倍. 显然，$\boldsymbol{AB}$ 不可能是单位矩阵，于是 $\boldsymbol{A}$ 的逆并不存在. 事实上，不可逆矩阵 $\boldsymbol{A}$ 中的行由比例因子关联并非巧合. 正如你将在第 2 章中学到的，可逆矩阵总是具有这样的性质：行的非零线性组合之和不等于零. 换言之，可逆矩阵行中的每个向量方向必须提供新的、非冗余的“信息”，这些信息不能使用其他方向的和、倍数或线性组合来表示. 由于 $\boldsymbol{A}$ 的第二行是第一行的两倍，因此矩阵 $\boldsymbol{A}$ 是不可逆的.

当矩阵 $\boldsymbol{A}$ 的逆存在时，它是唯一的. 此外，该矩阵与其逆的乘法满足交换律，其乘积为单位矩阵. 这些事实的一个直接结果是 $(\boldsymbol{A}^{-1})^{-1}$ 就是原始矩阵 $\boldsymbol{A}$. 我们在下面两个引理中总结了矩阵逆的这些性质.

引理 1.2.3 (带逆乘法的交换性) *如果 $d \times d$ 矩阵 $\boldsymbol{A}$ 和 $\boldsymbol{B}$ 的乘积为单位矩阵，那么乘积 $\boldsymbol{BA}$ 也一定是单位矩阵.*

证明 假设存在一个矩阵 $\boldsymbol{C}$，使得 $\boldsymbol{CA} = \boldsymbol{I}$. 我们给出这种情况的证明. 在这种情况下，我们有

$$\boldsymbol{C} = \boldsymbol{CI} = \boldsymbol{C}(\boldsymbol{AB}) = (\boldsymbol{CA})\boldsymbol{B} = \boldsymbol{IB} = \boldsymbol{B}$$

此即为 $\boldsymbol{BA} = \boldsymbol{I}$. □

矩阵与其逆的乘积的交换性可以看作是观察 1.2.1 中结论的一个扩展，即矩阵 $\boldsymbol{A}$ 与关于 $\boldsymbol{A}$ 的任何多项式的乘积总是可交换的. 一个矩阵 $\boldsymbol{A}$ 的分数次幂或负幂 (如 $\boldsymbol{A}^{-1}$) 与 $\boldsymbol{A}$ 也是可交换的.

引理 1.2.4 *如果一个矩阵的逆存在，那么其一定是唯一的. 换言之，如果存在 $\boldsymbol{B}_1$ 和 $\boldsymbol{B}_2$ 满足 $\boldsymbol{AB}_1 = \boldsymbol{AB}_2 = \boldsymbol{I}$，则一定有 $\boldsymbol{B}_1 = \boldsymbol{B}_2$.*

证明 由于 $\boldsymbol{AB}_1 = \boldsymbol{AB}_2 = \boldsymbol{I}$，于是 $\boldsymbol{AB}_1 - \boldsymbol{AB}_2 = \boldsymbol{O}$. 因此我们有 $\boldsymbol{A}(\boldsymbol{B}_1 - \boldsymbol{B}_2) = \boldsymbol{O}$. 我们在这个等式两边左乘 $\boldsymbol{B}_1$，得到：

$$\underbrace{\boldsymbol{B}_1\boldsymbol{A}}_{\boldsymbol{I}}(\boldsymbol{B}_1 - \boldsymbol{B}_2) = \boldsymbol{O}$$

这证得 $\boldsymbol{B}_1 = \boldsymbol{B}_2$. □

对于 $r > 0$，负幂 $\boldsymbol{A}^{-r}$ 表示 $(\boldsymbol{A}^{-1})^r$. 一个对角矩阵的任何多项式或负幂是另一个对角矩阵，其中多项式函数或负幂作用于每个对角线上的元素. 对角矩阵的所有对角线上的元素都必须为非零才能使该对角矩阵可逆或具有负幂. 三角形矩阵的多项式和逆也是同一类型的三角形矩阵 (即上或下三角形矩阵). 类似的结果也适用于分块对角矩阵.

问题 1.2.8 (三角形矩阵的逆是三角形矩阵) *考虑包含在 $\boldsymbol{R}\overline{x} = \overline{e}_k$ 行中的具有 d 个方程的系统，其中 $\boldsymbol{R}$ 是一个 $d \times d$ 上三角形矩阵，而 $\overline{e}_k$ 是第 k 个元素为 1, 其余元素均为 0 的 d 维列向量. 讨论以变量次序 $x_d, x_{d-1}, \cdots, x_1$ 求解该系统得到解 $\overline{x} = [x_1, \cdots, x_d]^{\mathrm{T}}$ 为什么会很简单? 进一步，讨论为什么 $\boldsymbol{R}\overline{x} = \overline{e}_k$ 的解一定满足 $x_i = 0$，$i > k$? 为什么系统的解 $\overline{x}$ 等于 $\boldsymbol{R}$ 的逆的第 k 列? 讨论为什么 $\boldsymbol{R}$ 的逆也是上三角形矩阵?*

问题 1.2.9 (分块对角多项式与逆) 假设 $\boldsymbol{B}$ 是一个分块对角矩阵，沿其对角线的分块矩阵分别为 $\boldsymbol{B}_1, \cdots, \boldsymbol{B}_r$. 给出如何用关于分块矩阵的函数来表示 $\boldsymbol{B}$ 的多项式函数 $f(\boldsymbol{B})$ 和 $\boldsymbol{B}$ 的逆.

两个 (可逆) 方阵的乘积的逆可以计算为它们逆矩阵的乘积，但需要颠倒相乘的次序：

$$(\boldsymbol{AB})^{-1} = \boldsymbol{B}^{-1}\boldsymbol{A}^{-1} \tag{1.18}$$

两个矩阵都必须是可逆的，其乘积才是可逆的. 我们可以应用矩阵乘法的结合律来证明上面的结果：

$$(\boldsymbol{AB})(\boldsymbol{B}^{-1}\boldsymbol{A}^{-1}) = \boldsymbol{A}((\boldsymbol{BB}^{-1})\boldsymbol{A}^{-1}) = \boldsymbol{A}((\boldsymbol{I})\boldsymbol{A}^{-1}) = \boldsymbol{AA}^{-1} = \boldsymbol{I}$$

我们可以扩展上述结果得到 $(\boldsymbol{A}_1\boldsymbol{A}_2\cdots\boldsymbol{A}_k)^{-1} = \boldsymbol{A}_k^{-1}\boldsymbol{A}_{k-1}^{-1}\cdots\boldsymbol{A}_1^{-1}$. 注意，每个矩阵 $\boldsymbol{A}_i$ 必须是可逆的，它们的乘积才是可逆的. 即便其中一个矩阵 $\boldsymbol{A}_i$ 是不可逆的，那它们的乘积也是不可逆的 (见习题 1.52).

问题 1.2.10 假设矩阵 $\boldsymbol{B}$ 是矩阵 $\boldsymbol{A}$ 的逆. 证明：对任意正整数 n，矩阵 $\boldsymbol{B}^n$ 是 $\boldsymbol{A}^n$ 的逆.

逆运算和转置运算可以按任何次序进行而不影响结果：

$$(\boldsymbol{A}^{\mathrm{T}})^{-1} = (\boldsymbol{A}^{-1})^{\mathrm{T}} \tag{1.19}$$

该结果成立，因为 $\boldsymbol{A}^{\mathrm{T}}(\boldsymbol{A}^{-1})^{\mathrm{T}} = (\boldsymbol{A}^{-1}\boldsymbol{A})^{\mathrm{T}} = \boldsymbol{I}^{\mathrm{T}} = \boldsymbol{I}$. 类似地，可以证明 $(\boldsymbol{A}^{-1})^{\mathrm{T}}\boldsymbol{A}^{\mathrm{T}} = \boldsymbol{I}$，也就是说，$(\boldsymbol{A}^{-1})^{\mathrm{T}}$ 是 $\boldsymbol{A}^{\mathrm{T}}$ 的逆.

正交矩阵是一个方阵，其逆就是它的转置：

$$\boldsymbol{AA}^{\mathrm{T}} = \boldsymbol{A}^{\mathrm{T}}\boldsymbol{A} = \boldsymbol{I} \tag{1.20}$$

尽管这样的矩阵在形式上定义为具有规范正交列，但上述关系中的交换性也意味着它们同时具有规范正交列和规范正交行的显著性质.

可逆矩阵的一个有用性质就是它们定义了唯一可解的方程组. 例如，当 $\boldsymbol{A}$ 可逆时，方程组 $\boldsymbol{A}\overline{x} = \overline{b}$ 的解存在且唯一定义为 $\overline{x} = \boldsymbol{A}^{-1}\overline{b}$(见第 2 章). 我们也可以将解 $\overline{x}$ 看作是 $\overline{b}$ 在不同 (可能是非正交的) 坐标系中的一组新坐标，该坐标系由包含在 $\boldsymbol{A}$ 的列中的向量所定义. 注意，当 $\boldsymbol{A}$ 正交时，该解可简化为 $\overline{x} = \boldsymbol{A}^{\mathrm{T}}\overline{b}$，这等价于计算 $\overline{b}$ 与 $\boldsymbol{A}$ 每列之间的点积来计算相应的坐标. 换言之，我们正将 $\overline{b}$ 投影到 $\boldsymbol{A}$ 的每个规范正交列上来计算相应的坐标.

1.2.5 矩阵逆引理：求矩阵和的逆

有没有可能将两个矩阵和的逆作为一个多项式的函数或单个矩阵的逆来计算？为了回答这个问题，注意到，即使对于标量 a 和 b(此即为矩阵的特殊情况)，也不可能轻松地做到这一点. 例如，$1/(a+b)$ 也不可能很容易地用 $1/a$ 和 $1/b$ 来表示. 此外，即使矩阵 $\boldsymbol{A}$ 和 $\boldsymbol{B}$ 是可逆的，矩阵 $\boldsymbol{A}$ 和 $\boldsymbol{B}$ 的和也未必是可逆的. 以标量为例，我们可能有 $a+b=0$，在这种情况下，不可能计算 $1/(a+b)$. 因此，求两个矩阵和的逆是不容易的.

一些特殊情况更容易求逆，例如求单位矩阵与 $\boldsymbol{A}$ 的和的逆. 在这种情况下，可以将 $1/(1+a)$ 的标量公式推广到矩阵情形. 对于 $|a|<1$，$1/(1+a)$ 的标量公式是一个无穷几何级数：

$$\frac{1}{1+a}=1-a+a^2-a^3+a^4+\cdots+\text{无穷项} \tag{1.21}$$

条件 $|a|<1$ 确保了无穷级数的收敛性. 对于矩阵 $\boldsymbol{A}$ 也是类似的，将其提高到 n 次幂，那么当 $n\to\infty$ 时，这会导致矩阵的所有元素收敛到 0. 也就是说，当 $n\to\infty$ 时，矩阵 A^n 的极限为零矩阵. 对于这样的矩阵，如下结果成立：

$$(\boldsymbol{I}+\boldsymbol{A})^{-1}=\boldsymbol{I}-\boldsymbol{A}+\boldsymbol{A}^2-\boldsymbol{A}^3+\boldsymbol{A}^4+\cdots+\text{无穷项}$$
$$(\boldsymbol{I}-\boldsymbol{A})^{-1}=\boldsymbol{I}+\boldsymbol{A}+\boldsymbol{A}^2+\boldsymbol{A}^3+\boldsymbol{A}^4+\cdots+\text{无穷项}$$

上述结果可用于求三角形矩阵的逆 (尽管还存在更直接的计算方法)：

问题 1.2.11 (求三角形矩阵的逆)　*一个具有非零对角元素的 $d\times d$ 三角形矩阵 $\boldsymbol{L}$ 可以表示为 $(\boldsymbol{\Delta}+\boldsymbol{A})$ 的形式，其中 $\boldsymbol{\Delta}$ 是一个可逆对角矩阵，$\boldsymbol{A}$ 是一个严格三角形矩阵. 如何仅用对角矩阵的逆和矩阵乘法/加法运算来计算 $\boldsymbol{L}$ 的逆？注意，大小为 $d\times d$ 的严格三角形矩阵是幂零矩阵且满足 $\boldsymbol{A}^d=0$.*

在两个矩阵中有一个满足所谓的“紧”条件的情况下，我们还可以导出一个根据原始矩阵来求两个矩阵和的逆的表达式. 这里我们所说的紧性，是指两个矩阵中的一个具有如此多的结构以至于它可以表示为两个小得多的矩阵的乘积. *矩阵逆引理*是一个有用的性质，用于通过两个向量外积得到的矩阵逐步更新来计算矩阵的逆. 这类逆经常出现在诸如拟牛顿法这样的迭代优化算法和增量式线性回归中. 在这些情况下，原始矩阵的逆能够计算出来，并且应用矩阵逆引理可以轻松地更新逆.

引理 1.2.5 (矩阵逆引理)　*设 $\boldsymbol{A}$ 是一个可逆的 $d\times d$ 矩阵以及 $\overline{u},\overline{v}$ 是两个非零 d 维列向量. 那么 $\boldsymbol{A}+\overline{u}\,\overline{v}^{\mathrm{T}}$ 是可逆的当且仅当 $\overline{v}^{\mathrm{T}}\boldsymbol{A}^{-1}\overline{u}\neq-1$. 在这种情况下，计算逆的公式如下：*

$$(\boldsymbol{A}+\overline{u}\,\overline{v}^{\mathrm{T}})^{-1}=\boldsymbol{A}^{-1}-\frac{\boldsymbol{A}^{-1}\overline{u}\,\overline{v}^{\mathrm{T}}\boldsymbol{A}^{-1}}{1+\overline{v}^{\mathrm{T}}\boldsymbol{A}^{-1}\overline{u}}$$

证明　如果矩阵 $(\boldsymbol{A}+\overline{u}\,\overline{v}^{\mathrm{T}})$ 是可逆的，那么 $(\boldsymbol{A}+\overline{u}\,\overline{v}^{\mathrm{T}})$ 与 $\boldsymbol{A}^{-1}$ 的乘积也是可逆的 (因为两个可逆矩阵的乘积是可逆的). 由于 $(\boldsymbol{A}+\overline{u}\,\overline{v}^{\mathrm{T}})\boldsymbol{A}^{-1}$ 的可逆性，故对其右乘 $\overline{u}$ 将得

到一个非零向量. 事实上，如果 $(\boldsymbol{A}+\overline{u}\,\overline{v}^{\mathrm{T}})\boldsymbol{A}^{-1}\overline{u}=\bar{0}$，那么我们可以对该等式两边左乘 $(\boldsymbol{A}+\overline{u}\,\overline{v}^{\mathrm{T}})\boldsymbol{A}^{-1}$ 的逆，从而得到 $\overline{u}=\bar{0}$. 这与引理的假设矛盾. 因此，我们有

$$
\begin{aligned}
&(\boldsymbol{A}+\overline{u}\,\overline{v}^{\mathrm{T}})\boldsymbol{A}^{-1}\overline{u}\neq\bar{0}\\
&\overline{u}+\overline{u}\,\overline{v}^{\mathrm{T}}\boldsymbol{A}^{-1}\overline{u}\neq\bar{0}\\
&\overline{u}(1+\overline{v}^{\mathrm{T}}\boldsymbol{A}^{-1}\overline{u})\neq\bar{0}\\
&1+\overline{v}^{\mathrm{T}}\boldsymbol{A}^{-1}\overline{u}\neq\bar{0}
\end{aligned}
$$

最后一个结论即意味着 $\overline{v}^{\mathrm{T}}\boldsymbol{A}^{-1}\overline{u}\neq-1$，从而证明了可逆性的前提条件.

反之，如果 $1+\overline{v}^{\mathrm{T}}\boldsymbol{A}^{-1}\overline{u}\neq 0$ 成立，那么我们可以证明矩阵 $\boldsymbol{P}=\boldsymbol{A}^{-1}-\dfrac{\boldsymbol{A}^{-1}\overline{u}\,\overline{v}^{\mathrm{T}}\boldsymbol{A}^{-1}}{1+\overline{v}^{\mathrm{T}}\boldsymbol{A}^{-1}\overline{u}}$ 是 $\boldsymbol{Q}=(\boldsymbol{A}+\overline{u}\,\overline{v}^{\mathrm{T}})$ 的一个有效的逆. 注意到，矩阵 $\boldsymbol{P}$ 仅当 $1+\overline{v}^{\mathrm{T}}\boldsymbol{A}^{-1}\overline{u}\neq 0$ 成立时才定义良好. 在这种情况下，对 $\boldsymbol{PQ}$ 和 $\boldsymbol{QP}$ 进行代数展开则得到单位矩阵. 例如，对 $\boldsymbol{PQ}$ 展开，则有

$$
\begin{aligned}
\boldsymbol{PQ}&=\boldsymbol{I}+\boldsymbol{A}^{-1}\overline{u}\,\overline{v}^{\mathrm{T}}-\frac{\boldsymbol{A}^{-1}\overline{u}\,\overline{v}^{\mathrm{T}}+\boldsymbol{A}^{-1}\overline{u}[\overline{v}^{\mathrm{T}}\boldsymbol{A}^{-1}\overline{u}]\overline{v}^{\mathrm{T}}}{1+\overline{v}^{\mathrm{T}}\boldsymbol{A}^{-1}\overline{u}}\\
&=\boldsymbol{I}+\boldsymbol{A}^{-1}\overline{u}\,\overline{v}^{\mathrm{T}}-\frac{\boldsymbol{A}^{-1}\overline{u}\,\overline{v}^{\mathrm{T}}(1+[\overline{v}^{\mathrm{T}}\boldsymbol{A}^{-1}\overline{u}])}{1+\overline{v}\boldsymbol{A}^{-1}\overline{u}}\\
&=\boldsymbol{I}+\boldsymbol{A}^{-1}\overline{u}\,\overline{v}^{\mathrm{T}}-\boldsymbol{A}^{-1}\overline{u}\,\overline{v}^{\mathrm{T}}=\boldsymbol{I}
\end{aligned}
$$

尽管矩阵乘法运算不满足交换律，但上面的证明应用了 $\overline{v}^{\mathrm{T}}\boldsymbol{A}^{-1}\overline{u}$ 是一个标量的事实. □

矩阵逆引理的变体可用于机器学习中的各类迭代更新. 一个特殊的例子是增量式线性回归，其中人们经常需要对形如 $\boldsymbol{C}=\boldsymbol{D}^{\mathrm{T}}\boldsymbol{D}$ 的矩阵进行求逆，这里 $\boldsymbol{D}$ 是一个 $n\times d$ 的数据矩阵. 当接收到新的 d 维数据点 $\overline{v}$ 时，由于 $\overline{v}^{\mathrm{T}}$ 作为行向量被额外地添加到 $\boldsymbol{D}$，因此数据矩阵的大小成为 $(n+1)\times d$. 于是矩阵 $\boldsymbol{C}$ 被更新为 $\boldsymbol{D}^{\mathrm{T}}\boldsymbol{D}+\overline{v}\,\overline{v}^{\mathrm{T}}$，并且矩阵逆引理可以方便地在 $O(d^2)$ 时间内更新逆矩阵. 我们甚至可以把上述结果推广到将向量 $\overline{u}$ 和 $\overline{v}$ 替换为包含少量 k 列的“瘦”形矩阵 $\boldsymbol{U}$ 和 $\boldsymbol{V}$ 的情况.

定理 1.2.1 (Sherman-Morrison-Woodbury 等式) *设 $\boldsymbol{A}$ 是一个 $d\times d$ 可逆矩阵以及 $\boldsymbol{U}$、$\boldsymbol{V}$ 是 $d\times k$ 非零矩阵，其中 k 取值较小. 那么，矩阵 $\boldsymbol{A}+\boldsymbol{U}\boldsymbol{V}^{\mathrm{T}}$ 是可逆的当且仅当 $k\times k$ 矩阵 $(\boldsymbol{I}+\boldsymbol{V}^{\mathrm{T}}\boldsymbol{A}^{-1}\boldsymbol{U})$ 是可逆的. 进一步，其逆为*

$$
(\boldsymbol{A}+\boldsymbol{U}\boldsymbol{V}^{\mathrm{T}})^{-1}=\boldsymbol{A}^{-1}-\boldsymbol{A}^{-1}\boldsymbol{U}(\boldsymbol{I}+\boldsymbol{V}^{\mathrm{T}}\boldsymbol{A}^{-1}\boldsymbol{U})^{-1}\boldsymbol{V}^{\mathrm{T}}\boldsymbol{A}^{-1}
$$

这种类型的更新称为*低秩更新*，而秩的概念将在第 2 章中解释. 我们下面提供一些与矩阵逆引理相关的练习.

问题 1.2.12 假设 $\boldsymbol{I}$ 和 $\boldsymbol{P}$ 是两个 $k \times k$ 矩阵. 证明如下等式成立：

$$(\boldsymbol{I}+\boldsymbol{P})^{-1}=\boldsymbol{I}-(\boldsymbol{I}+\boldsymbol{P})^{-1}\boldsymbol{P}$$

证明该问题的一个提示是，检查当你将上述等式的两边左乘 $(\boldsymbol{I}+\boldsymbol{P})$ 时会得到什么结果. 一个与其密切相关的结果是所谓的推出 (push-through) 等式：

问题 1.2.13 (推出等式) 如果 $\boldsymbol{U}$ 和 $\boldsymbol{V}$ 是两个 $n \times d$ 矩阵，证明如下结果：

$$\boldsymbol{U}^{\mathrm{T}}(\boldsymbol{I}_n+\boldsymbol{V}\boldsymbol{U}^{\mathrm{T}})^{-1}=(\boldsymbol{I}_d+\boldsymbol{U}^{\mathrm{T}}\boldsymbol{V})^{-1}\boldsymbol{U}^{\mathrm{T}}$$

应用上述结果证明：对任意 $n \times d$ 矩阵 $\boldsymbol{D}$ 和标量 $\lambda>0$,

$$\boldsymbol{D}^{\mathrm{T}}(\lambda\boldsymbol{I}_n+\boldsymbol{D}\boldsymbol{D}^{\mathrm{T}})^{-1}=(\lambda\boldsymbol{I}_d+\boldsymbol{D}^{\mathrm{T}}\boldsymbol{D})^{-1}\boldsymbol{D}^{\mathrm{T}}$$

证明上述问题的一个提示是，当用一个合适的矩阵左乘和右乘上述等式时，观察会发生什么情况. 推出等式的名字来源于这样一个事实：我们在其左边推入一个矩阵，那么它在右边出来. 这个等式非常重要，在本书中将被反复使用.

1.2.6 Frobenius 范数、迹与能量

与向量一样，我们也可以定义矩阵的范数. 对于第 (i,j) 项为 a_{ij} 的 $n \times d$ 矩形矩阵 $\boldsymbol{A}$，其 Frobenius 范数定义如下：

$$\|\boldsymbol{A}\|_F=\|\boldsymbol{A}^{\mathrm{T}}\|_F=\sqrt{\sum_{i=1}^{n}\sum_{j=1}^{d}a_{ij}^2} \tag{1.22}$$

注意，这里用 $\|\cdot\|_F$ 来表示 Frobenius 范数. 平方 Frobenius 范数是矩阵中行向量 (或列向量) 的范数平方和，该范数对矩阵转置保持不变. 矩阵 $\boldsymbol{A}$ 的能量是机器学习领域中对平方 Frobenius 范数的另一种叫法. 一个方阵 $\boldsymbol{A}$ 的迹定义为其对角线元素之和，我们用 $\operatorname{tr}(\boldsymbol{A})$ 来表示. 一个矩形矩阵 $\boldsymbol{A}$ 的能量等于 $\boldsymbol{A}\boldsymbol{A}^{\mathrm{T}}$ 或 $\boldsymbol{A}^{\mathrm{T}}\boldsymbol{A}$ 的迹：

$$\|\boldsymbol{A}\|_F^2=\operatorname{Energy}(\boldsymbol{A})=\operatorname{tr}(\boldsymbol{A}\boldsymbol{A}^{\mathrm{T}})=\operatorname{tr}(\boldsymbol{A}^{\mathrm{T}}\boldsymbol{A}) \tag{1.23}$$

更一般地，两个大小为 $n \times d$ 的矩阵 $\boldsymbol{C}=[c_{ij}]$ 和 $\boldsymbol{D}=[d_{ij}]$ 乘积的迹等于它们逐元素乘积之和：

$$\operatorname{tr}(\boldsymbol{C}\boldsymbol{D}^{\mathrm{T}})=\operatorname{tr}(\boldsymbol{D}\boldsymbol{C}^{\mathrm{T}})=\sum_{i=1}^{n}\sum_{j=1}^{d}c_{ij}d_{ij} \tag{1.24}$$

两个矩阵 $\boldsymbol{A}=[a_{ij}]_{n\times d}$ 和 $\boldsymbol{B}=[b_{ij}]_{d\times n}$ 乘积的迹与矩阵乘法的次序无关：

$$\operatorname{tr}(\boldsymbol{A}\boldsymbol{B})=\operatorname{tr}(\boldsymbol{B}\boldsymbol{A})=\sum_{i=1}^{n}\sum_{j=1}^{d}a_{ij}b_{ji} \tag{1.25}$$

问题 1.2.14 证明两个向量外积的 Frobenius 范数等于它们欧几里得范数的乘积.

Frobenius 范数与向量范数有许多共同的性质，如次可加性和次可乘性. 这些性质分别类似于向量范数情形下的三角不等式和 Cauchy-Schwarz 不等式.

引理 1.2.6 (Frobenius 范数的次可加性) 对于任意大小相同的一对矩阵 $\boldsymbol{A}$ 和 $\boldsymbol{B}$，三角不等式 $\|\boldsymbol{A}+\boldsymbol{B}\|_F \leqslant \|\boldsymbol{A}\|_F + \|\boldsymbol{B}\|_F$ 成立.

上述结果证明的思路是将矩阵简单地看成一个向量，并将 $\boldsymbol{A}$ 和 $\boldsymbol{B}$ 形成一个长向量，每一个向量的维数等于矩阵元素的个数.

引理 1.2.7 (Frobenius 范数的次可乘性) 对于大小分别为 $n \times d$ 和 $k \times d$ 的任意两个矩阵 $\boldsymbol{A}$ 和 $\boldsymbol{B}$，次可乘性 $\|\boldsymbol{AB}\|_F \leqslant \|\boldsymbol{A}\|_F\|\boldsymbol{B}\|_F$ 成立.

简证 设 $\overline{a}_1, \cdots, \overline{a}_n$ 为 $\boldsymbol{A}$ 的列，$\overline{b}_1, \cdots, \overline{b}_d$ 为 $\boldsymbol{B}$ 的列的转置. 于是 $\boldsymbol{AB}$ 的第 (i,j) 个元素为 $\overline{a}_i \cdot \overline{b}_j$. 因此矩阵 $\boldsymbol{AB}$ 的平方 Frobenius 范数为 $\sum_{i=1}^{n}\sum_{j=1}^{d}(\overline{a}_i \cdot \overline{b}_j)^2$. 根据 Cauchy-Schwarz 不等式，每一个 $(\overline{a}_i \cdot \overline{b}_j)^2$ 小于或等于 $\|\overline{a}_i\|^2\|\overline{b}_j\|^2$. 于是得到：

$$\|\boldsymbol{AB}\|_F^2 = \sum_{i=1}^{n}\sum_{j=1}^{d}(\overline{a}_i \cdot \overline{b}_j)^2 \leqslant \sum_{i=1}^{n}\sum_{j=1}^{d}\|\overline{a}_i\|^2\|\overline{b}_j\|^2 = \left(\sum_{i=1}^{n}\|\overline{a}_i\|^2\right)\left(\sum_{j=1}^{d}\|\overline{b}_j\|^2\right) = \|\boldsymbol{A}\|_F^2\|\boldsymbol{B}\|_F^2$$

上述不等式两边开方则得到期望的结果. □

问题 1.2.15 (小矩阵有大的逆矩阵) 设一个 $n \times n$ 矩阵的 Frobenius 范数为 ε. 证明：如果其可逆，那么其逆矩阵的 Frobenius 范数至少为 $\sqrt{n}/\varepsilon$.

1.3 作为可分解算子的矩阵乘法

矩阵乘法运算可以看作是一个向量到向量的函数，它将一个向量映射到另一个向量. 例如，一个 d 维列向量 $\overline{x}$ 与 $d \times d$ 矩阵 $\boldsymbol{A}$ 相乘就将其映射为另一个 d 维列向量，此为如下函数 $f(\overline{x})$ 的输出：

$$f(\overline{x}) = \boldsymbol{A}\overline{x}$$

我们可以将此函数视为单变量线性函数 $g(x) = ax$ 的一个向量中心化的推广，其中 a 是一个标量. 这也是矩阵被看作关于向量的线性算子的原因之一. 线性代数的大部分任务是致力于理解这种变换，并利用它进行有效的数值计算.

一个问题是，如果我们有一个大的 $d \times d$ 矩阵，那么通常很难用它的单个分量来解释矩阵对向量的实际作用. 这就是为什么将矩阵解释为更简单矩阵的乘积通常是有用的. 由于矩阵乘法满足结合律这个重要性质，因此人们可以把简单矩阵 (和向量) 的乘积解释为关于向量的简单运算的复合. 为了理解这一点，让我们考虑如上矩阵 $\boldsymbol{A}$ 可以被分解为 $d \times d$ 简

单矩阵 $\boldsymbol{B}_1, \boldsymbol{B}_2, \cdots, \boldsymbol{B}_k$ 的乘积，即

$$\boldsymbol{A} = \boldsymbol{B}_1\boldsymbol{B}_2\cdots\boldsymbol{B}_{k-1}\boldsymbol{B}_k$$

假设每个 $\boldsymbol{B}_i$ 都足够简单使我们可以直观地解释向量 $\overline{x}$ 与 $\boldsymbol{B}_i$ 相乘的实际含义 (例如，向量的旋转或缩放). 于是，上面的函数 $f(\overline{x})$ 可以写为如下形式：

$$\begin{aligned} f(\overline{x}) &= \boldsymbol{A}\overline{x} = [\boldsymbol{B}_1\boldsymbol{B}_2\cdots\boldsymbol{B}_{k-1}\boldsymbol{B}_k]\overline{x} \\ &= \boldsymbol{B}_1(\boldsymbol{B}_2\cdots[\boldsymbol{B}_{k-1}(\boldsymbol{B}_k\overline{x})]) \quad [\text{矩阵乘法的结合律}] \end{aligned}$$

右边嵌套的括号给出了运算的顺序. 换句话说，我们首先将算子 $\boldsymbol{B}_k$ 作用于 $\overline{x}$，然后作用于算子 $\boldsymbol{B}_{k-1}$，一直到 $\boldsymbol{B}_1$. 因此，*只要我们能把一个矩阵分解成更简单矩阵的乘积，就可以把矩阵与一个向量的乘积解释为一系列简单的、易于理解的向量运算*. 在这一节中，我们将给出两个重要的分解示例，并将在本书中进行更加详细的研究.

1.3.1　作为可分解行和列算子的矩阵乘法

矩阵乘法的一个重要性质是，两个矩阵乘积的行和列可以通过对其中一个矩阵应用相应的运算得到. 在两个矩阵 $\boldsymbol{A}$ 和 $\boldsymbol{X}$ 的乘积 $\boldsymbol{AX}$ 中，交换第一个矩阵 $\boldsymbol{A}$ 的第 i 行和第 j 行也将交换乘积矩阵中相应的行 (与第一个矩阵的行数相同). 类似地，如果我们交换第二个矩阵的列，这种交换也会发生在乘积中 (与第二个矩阵的列数相同). 有三种主要的初等运算，其分别对应于交换、加法和乘法. 关于矩阵的初等行运算的定义如下：

1) *交换运算*：交换矩阵的第 i 行和第 j 行. 该运算完全由两个索引 i 和 j 按任意顺序定义.

2) *加法运算*：将第 j 行的标量倍数加到第 i 行. 该运算由两个特定顺序的索引 i, j 和一个标量倍数 c 定义.

3) *缩放运算*：将第 i 行与标量 c 相乘. 该运算完全由行索引 i 和一个标量 c 定义.

上述运算称为*初等行运算*. 类似地，可以定义*初等列运算*.

*初等矩阵*是指对单位矩阵应用单行或单列运算的矩阵. 用对应于交换的初等矩阵左乘矩阵 $\boldsymbol{X}$ 将交换 $\boldsymbol{X}$ 的行. 换言之，如果 $\boldsymbol{E}$ 是对应于交换的初等矩阵，那么 $\boldsymbol{X}' = \boldsymbol{EX}$ 将交换 $\boldsymbol{X}$ 的两行. 类似的结果也适用于其他运算，如行加法和行缩放运算. 表 1.1 举例说明了初等行运算对应的 3×3 初等矩阵.

表 1.1　初等行运算对应的 3×3 初等矩阵

交换	加法	缩放
$\begin{bmatrix} 0 & 1 & 0 \\ 1 & 0 & 0 \\ 0 & 0 & 1 \end{bmatrix}$	$\begin{bmatrix} 1 & c & 0 \\ 0 & 1 & 0 \\ 0 & 0 & 1 \end{bmatrix}$	$\begin{bmatrix} 1 & 0 & 0 \\ 0 & c & 0 \\ 0 & 0 & 1 \end{bmatrix}$
交换第 1 行和第 2 行	将第 2 行 $\times c$ 加到第 1 行	将第 2 行乘 c

这些矩阵称为*初等矩阵算子*，因为它们用于对任意矩阵应用特定的行运算. 由于所有的初等矩阵都是可逆的且与单位矩阵不同 (尽管在较小的程度上)，因此在上面矩阵中，标量 c 始终要求是非零的. 对 $\boldsymbol{X}$ 左乘一个适当的初等矩阵相当于对 $\boldsymbol{X}$ 进行行交换、行加法或行缩放运算. 例如，交换矩阵 $\boldsymbol{X}$ 的第 1 行和第 2 行将得到 $\boldsymbol{X}'$，如下所示：

$$\underbrace{\begin{bmatrix} 0 & 1 & 0 \\ 1 & 0 & 0 \\ 0 & 0 & 1 \end{bmatrix}}_{\text{算子}} \underbrace{\begin{bmatrix} 1 & 2 & 3 \\ 4 & 5 & 6 \\ 7 & 8 & 9 \end{bmatrix}}_{\boldsymbol{X}} = \underbrace{\begin{bmatrix} 4 & 5 & 6 \\ 1 & 2 & 3 \\ 7 & 8 & 9 \end{bmatrix}}_{\boldsymbol{X}'}$$

用合适的缩放算子可以使矩阵的第 1 行元素都乘以 2，如下所示：

$$\underbrace{\begin{bmatrix} 2 & 0 & 0 \\ 0 & 1 & 0 \\ 0 & 0 & 1 \end{bmatrix}}_{\text{算子}} \underbrace{\begin{bmatrix} 1 & 2 & 3 \\ 4 & 5 & 6 \\ 7 & 8 & 9 \end{bmatrix}}_{\boldsymbol{X}} = \underbrace{\begin{bmatrix} 2 & 4 & 6 \\ 4 & 5 & 6 \\ 7 & 8 & 9 \end{bmatrix}}_{\boldsymbol{X}'}$$

对矩阵 $\boldsymbol{X}$ 右乘表 1.2 中的初等矩阵相当于对矩阵 $\boldsymbol{X}$ 的列进行完全类似的操作，从而得到 $\boldsymbol{X}'$.

表 1.2　初等列运算对应的 3×3 初等矩阵

交换	加法	缩放
$\begin{bmatrix} 0 & 1 & 0 \\ 1 & 0 & 0 \\ 0 & 0 & 1 \end{bmatrix}$	$\begin{bmatrix} 1 & 0 & 0 \\ c & 1 & 0 \\ 0 & 0 & 1 \end{bmatrix}$	$\begin{bmatrix} 1 & 0 & 0 \\ 0 & c & 0 \\ 0 & 0 & 1 \end{bmatrix}$
交换第 1 列和第 2 列	将第 2 列 $\times c$ 加到第 1 列	将第 2 列乘 c

行运算和列运算之间只有加法运算的初等矩阵略有不同 (而对应其他两个运算的初等矩阵相同). 在下面的例子中，我们展示如何使用一个合适的初等矩阵右乘原始矩阵来交换原始矩阵的列：

$$\underbrace{\begin{bmatrix} 1 & 2 & 3 \\ 4 & 5 & 6 \\ 7 & 8 & 9 \end{bmatrix}}_{\boldsymbol{X}} \underbrace{\begin{bmatrix} 0 & 1 & 0 \\ 1 & 0 & 0 \\ 0 & 0 & 1 \end{bmatrix}}_{\text{算子}} = \underbrace{\begin{bmatrix} 2 & 1 & 3 \\ 5 & 4 & 6 \\ 8 & 7 & 9 \end{bmatrix}}_{\boldsymbol{X}'}$$

注意，此示例与行互换的示例非常相似，只不过在这种情况下对应的初等矩阵是*右乘*的.

问题 1.3.1　定义一个 4×4 算子矩阵，使得对任意矩阵 $\boldsymbol{X}$ 左乘该矩阵将得到 $\boldsymbol{X}$ 的第 i 行乘以 c_i 再加到 $\boldsymbol{X}$ 的第 2 行，其中 $i \in \{1,2,3,4\}$. 证明：该矩阵可以分别表示为三个初等加法矩阵与一个初等乘法矩阵的乘积.

这些类型的初等矩阵总是可逆的. 交换矩阵的逆矩阵就是它本身. 通过用 $1/c$ 来取代因子 c 就可以得到缩放矩阵的逆矩阵. 用 $-c$ 来取代 c 就可以获得行或列加法矩阵的逆矩阵. 事实上，我们有如下的观察结果：

观察 1.3.1　一个初等矩阵的逆是另一个初等矩阵.

牢记这些初等矩阵的逆有时是有用的. 因此，我们鼓励读者通过下面的练习来掌握计算这些逆矩阵的细节.

问题 1.3.2　为了展示 4×4 矩阵的行运算，请为这三类初等矩阵 (即交换、乘法和加法) 中的每一种提供一个例子并计算这些矩阵的逆. 对于矩阵的列运算，对这三类初等矩阵中的每一种重复上述操作.

下面的练习是关于初等矩阵逆的实用性的说明.

问题 1.3.3　设 $\boldsymbol{A}$ 和 $\boldsymbol{B}$ 是两个矩阵. 设 $\boldsymbol{A}_{ij}$ 是通过交换 $\boldsymbol{A}$ 的第 i 列和第 j 列得到的矩阵，而 $\boldsymbol{B}_{ij}$ 是通过交换 $\boldsymbol{B}$ 的第 i 行和第 j 行得到的矩阵. 根据 $\boldsymbol{A}$ 或 $\boldsymbol{B}$ 以及一个初等矩阵来表示 $\boldsymbol{A}_{ij}$ 和 $\boldsymbol{B}_{ij}$. 解释为什么 $\boldsymbol{A}_{ij}\boldsymbol{B}_{ij} = \boldsymbol{A}\boldsymbol{B}$ 成立.

问题 1.3.4　设 $\boldsymbol{A}$ 和 $\boldsymbol{B}$ 是两个矩阵. 设 $\boldsymbol{A}'$ 是将 $\boldsymbol{A}$ 的第 j 列乘以 c 再将其加到第 i 列得到的矩阵，而 $\boldsymbol{B}'$ 是将 $\boldsymbol{B}$ 的第 j 行减去其第 i 行的 c 倍得到的矩阵. 用初等矩阵的概念解释为什么矩阵 $\boldsymbol{A}\boldsymbol{B}$ 和 $\boldsymbol{A}'\boldsymbol{B}'$ 是相同的.

事实上，也可以对非方阵应用初等运算. 对于一个 $n \times d$ 矩阵，对其左乘算子矩阵将得到 $n \times n$ 矩阵，而右乘算子矩阵将得到 $d \times d$ 矩阵.

1.3.1.1　置换矩阵

一个初等行 (列) 交换算子矩阵是*置换矩阵*的特例. 一个置换矩阵每行只包含一个 1，而每列也只包含一个 1. 下面是置换矩阵 $\boldsymbol{P}$ 的一个示例：

$$\boldsymbol{P} = \begin{bmatrix} 0 & 0 & 1 & 0 \\ 1 & 0 & 0 & 0 \\ 0 & 0 & 0 & 1 \\ 0 & 1 & 0 & 0 \end{bmatrix}$$

对任意矩阵左乘一个置换矩阵将会对原始矩阵的行进行重新排列，而对任意矩阵右乘一个置换矩阵将会对原始矩阵的列进行重新排列. 例如，对任何具有四行的矩阵左乘上面的矩阵 $\boldsymbol{P}$，则原始矩阵将按如下方式重新排列行：

$$行3 \Rightarrow 行1 \Rightarrow 行4 \Rightarrow 行2$$

对任何具有四列的矩阵右乘矩阵 $\boldsymbol{P}$，则原始矩阵将按如下方式重新排列列，但次序恰好相反：

$$\text{列}2 \Rightarrow \text{列}4 \Rightarrow \text{列}1 \Rightarrow \text{列}3$$

值得注意的是，一个置换矩阵和它的转置是彼此的逆，因为它们有规范正交的列. 这类矩阵在重新排列数据矩阵的元素时很有用，我们将在第 10 章展示其在图矩阵中的应用. 由于可以使用一系列行交换运算来对矩阵的行进行重新排列，因此任何置换矩阵都是行交换算子矩阵的乘积.

1.3.1.2 初等算子矩阵的应用

行运算的性质可用于计算矩阵的逆. 这是因为矩阵 $\boldsymbol{A}$ 及其逆 $\boldsymbol{X}$ 满足如下关系：

$$\boldsymbol{AX} = \boldsymbol{I}$$

行运算可用于将矩阵转换为单位矩阵. 第 2 章讨论的高斯消元法就是一种通过执行这样的行运算来将 $\boldsymbol{A}$ 转换为单位矩阵的系统化方法. 这些运算在右侧镜像进行，以便将单位矩阵转换为逆矩阵. 作为行运算的最终结果，我们得到以下关系式：

$$\boldsymbol{IX} = \boldsymbol{A}^{-1}$$

初等矩阵是非常基本的，因为人们可以将任何可逆方阵分解为初等矩阵的乘积. 事实上，如果我们允许扩张初等乘法算子的集合以允许对角线上的标量 c 为零 (这在传统意义下是不可能的)，那么就可以将任何方阵表示为增广初等矩阵的乘积.

最后，我们讨论求解方程组 $\boldsymbol{A}\overline{x} = \overline{b}$ 的重要应用. 这里，$\boldsymbol{A}$ 是一个 $n \times d$ 矩阵，$\overline{x}$ 是一个 d 维列向量，$\overline{b}$ 是一个 n 维行向量. 注意，该方程组可能不存在可行解，特别是当方程组中的某些方程互不相容时. 例如，方程 $\sum_{i=1}^{100} x_i = +1$ 和 $\sum_{i=1}^{100} x_i = -1$ 是互不相容的.

基于矩阵中心化求解这类线性方程组的技术灵感来源于著名的关于多变量方程组的消除变量法. 例如，如果有两个关于 x_1 和 x_2 的线性方程，我们可以通过从一个方程中减去另一个方程的适当倍数来得到一个消除其中一个变量的方程. 这种操作与本小节中所讨论的初等行加法运算相同. 对应的一般原理可应用于含有任意个变量的系统以使第 r 个方程仅依赖于变量 $x_r, x_{r+1}, \cdots, x_d$. 这等价于将原方程组 $\boldsymbol{A}\overline{x} = \overline{b}$ 转换为一个新的方程组 $\boldsymbol{A}'\overline{x} = \overline{b}'$，其中 $\boldsymbol{A}'$ 是一个三角形矩阵. 于是，如果我们对该方程组应用一系列的初等行运算 $\boldsymbol{E}_1, \cdots, \boldsymbol{E}_k$，则可以得到如下关系式：

$$\underbrace{\boldsymbol{E}_k\boldsymbol{E}_{k-1}\cdots\boldsymbol{E}_1\boldsymbol{A}}_{\boldsymbol{A}'}\overline{x} = \underbrace{\boldsymbol{E}_k\boldsymbol{E}_{k-1}\cdots\boldsymbol{E}_1\overline{b}}_{\overline{b}'}$$

三角方程组的求解方法是首先处理变量较少的方程组，然后迭代地反代换这些值以使系统的变量逐渐变少. 这些方法将在第 2 章详细讨论. 值得注意的是，线性方程组的求解问题是基于*线性回归*的基本机器学习问题的一种特殊情况，这类问题试图找到不相容方程组的最佳拟合解. 线性回归是诸如*最小二乘分类*、*支持向量机*和 Logistic *回归*等许多机器学习方法的共性问题.

1.3.2 作为可分解几何算子的矩阵乘法

除了涉及初等矩阵的分解外，其他形式的分解往往都是基于具有诸如旋转、反射和缩放等几何解释的矩阵的. 例如，将向量 $[2,1]$ 逆时针方向旋转 $90°$ 则成为 $[-1,2]$. 点 $[2,1]$ 在 X 轴上的反射则成为 $[2,-1]$. 将点 $[2,1]$ 分别以因子 2 和 3 沿 X 轴和 Y 轴进行缩放则得到 $[4,3]$. 所有这些二维向量上的简单变换都可以通过对相应的列向量左乘一个 2×2 矩阵 (或对相应的行向量右乘该 2×2 矩阵的转置) 来定义. 例如，考虑具有极坐标 $[a,\alpha]$ 和笛卡儿坐标 $[a\cos(\alpha), a\sin(\alpha)]$ 的点的一个列向量表示. 该点具有模长 a，且与 X 轴以逆时针方向形成角度 α. 然后，我们可以将其与下面所示的*旋转矩阵*相乘，从而得到将该向量按逆时针方向旋转角度 θ:

$$\begin{bmatrix} \cos(\theta) & -\sin(\theta) \\ \sin(\theta) & \cos(\theta) \end{bmatrix} \begin{bmatrix} a\cos(\alpha) \\ a\sin(\alpha) \end{bmatrix} = \begin{bmatrix} a[\cos(\alpha)\cos(\theta) - \sin(\alpha)\sin(\theta)] \\ a[\cos(\alpha)\sin(\theta) + \sin(\alpha)\cos(\theta)] \end{bmatrix} = \begin{bmatrix} a\cos(\alpha+\theta) \\ a\sin(\alpha+\theta) \end{bmatrix}$$

上述结果是通过应用角度和的余弦和正弦标准三角恒等式得到的，而上式右边得到的笛卡儿坐标相当于极坐标 $[a,\alpha+\theta]$. 换言之，初始的坐标 $[a,\alpha]$ 以逆时针方向旋转角度 θ. 诸如旋转、反射和缩放等基本几何运算可以通过左乘合适的矩阵来得到. 我们在表 1.3 列出了这些相应的矩阵，通过对列向量左乘这些矩阵来实施相应的几何运算.

表 1.3 用于几何运算的初等矩阵

旋转	反射	缩放
$\begin{bmatrix} \cos(\theta) & -\sin(\theta) \\ \sin(\theta) & \cos(\theta) \end{bmatrix}$	$\begin{bmatrix} 1 & 0 \\ 0 & -1 \end{bmatrix}$	$\begin{bmatrix} c_1 & 0 \\ 0 & c_2 \end{bmatrix}$
逆时针方向旋转角度 θ	在 X 轴上反射	分别以因子 c_1 和 c_2 缩放 x 和 y

上述矩阵也称为用于几何运算的*初等*矩阵 (像用于行和列运算的初等矩阵一样). 缩放矩阵的对角线元素可以为负或 0. 严格地说，可以将缩放矩阵中的缩放因子 c_i 设置为 $\{-1,1\}$ 范围取值的常量，那么初等反射矩阵可被视为缩放矩阵的特例.

问题 1.3.5 *表 1.3 中用于旋转、反射和缩放的矩阵旨在使用矩阵-向量乘法* $A\overline{x}$ *来变换一个列向量* $\overline{x}$. *当你想要将一个行向量* $\overline{u}$ *变换为* $\overline{u}B$ *时，请写出相应的矩阵.*

对矩阵进行一系列的变换可以通过乘以相应的初等矩阵来计算. 事实上，通过观察很容易看到这一点：如果 $\boldsymbol{A}=\boldsymbol{A}_1\cdots\boldsymbol{A}_k$，那么对一个列向量 $\overline{x}$ 依次左乘 $\boldsymbol{A}_k,\cdots,\boldsymbol{A}_1$ 将得到 $\boldsymbol{A}_1(\boldsymbol{A}_2(\cdots(\boldsymbol{A}_k\overline{x})))$. 应用矩阵乘法的结合律，我们可以把该矩阵表述为 $\boldsymbol{A}_1\cdots\boldsymbol{A}_k\overline{x}=\boldsymbol{A}\overline{x}$. 相反，如果一个矩阵可以表示为更简单矩阵的乘积 (如上面所示的初等几何矩阵)，那么向量与该矩阵的乘积就相当于上述一系列几何变换.

线性代数的一个基本结果是，通过应用奇异值分解，任何方阵都可以表示为旋转/反射/缩放矩阵的乘积. 换句话说，由矩阵乘法所定义的向量的所有线性变换对应于关于该向量的一系列旋转、反射和缩放变换. 第 2 章通过应用 $d\times d$ 矩阵将表 1.3 中的 2×2 矩阵推广到任意维数. 这些概念有时在更高维中变得更为复杂，例如，在更高维中可以使用任意方向的旋转轴，这与二维情况不同. 将一个矩阵分解为具有几何解释的矩阵也可用于计算该矩阵的逆.

问题 1.3.6　假设已知任意可逆方阵 $\boldsymbol{A}$ 可表示为一个初等旋转/反射/缩放矩阵的乘积，即 $\boldsymbol{A}=\boldsymbol{R}_1\boldsymbol{R}_2\cdots\boldsymbol{R}_k$. 用易于计算的 $\boldsymbol{R}_1,\boldsymbol{R}_2,\cdots,\boldsymbol{R}_k$ 的逆来表示 $\boldsymbol{A}$ 的逆.

理解 1.3.1 节讨论的行加法算子也是很有用的. 考虑如下 2×2 行加法算子：

$$\boldsymbol{A}=\begin{bmatrix}1 & c\\ 0 & 1\end{bmatrix}$$

该算子沿第一个坐标方向剪切空间. 例如，如果向量 $\overline{z}$ 为 $[x,y]^{\mathrm{T}}$，那么 $\boldsymbol{A}\overline{z}$ 为新向量 $[x+cy,y]^{\mathrm{T}}$. 在这里，y 坐标保持不变，而 x 坐标则被剪切成与其高度成比例. 将一个矩形剪切成一个平行四边形，如图 1.4 所示. 初等行算子矩阵是三角形矩阵的特例. 相应地，具有单位对角线元素的三角形矩阵对应于一系列剪切. 这是因为人们可以通过一系列初等行加法运算将单位矩阵转换成任何这样的三角形矩阵.

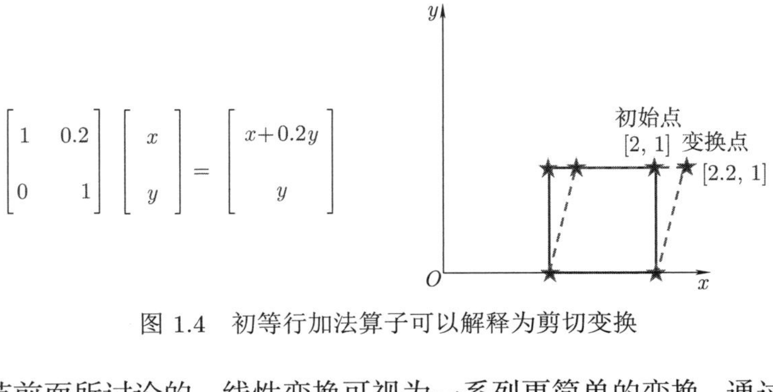

图 1.4　初等行加法算子可以解释为剪切变换

正如本小节前面所讨论的，线性变换可视为一系列更简单的变换. 通过将一个矩阵 $\boldsymbol{A}$ 分解为更简单矩阵 $\boldsymbol{B}_1,\cdots,\boldsymbol{B}_k$ 的乘积则可获得如下这种更简单的变换序列：

$$f(\overline{x})=\boldsymbol{A}\overline{x}=\boldsymbol{B}_1(\boldsymbol{B}_2\cdots[\boldsymbol{B}_{k-1}(\boldsymbol{B}_k\overline{x})])$$

每个 $\boldsymbol{B}_i$ 通常是一组类似的变换，如正交矩阵 (一系列旋转)、对角矩阵 (一系列缩放) 或具有单位对角线元素的三角形矩阵 (一系列剪切). 在如何获得这些分解方面有相当大的灵活性. 例如，本书将要讨论的 LU 分解、QR 分解和奇异值分解.

1.4 机器学习中的基本问题

机器学习是基于数据矩阵所有行中的观测样例构造模型，并使用这些模型对以前未能观测到的样例中缺失的元素进行预测. 这个过程也被称为学习，这也是“机器学习”名字的由来. 在本书中，我们假设有一个 $n \times d$ 数据矩阵 $\boldsymbol{D}$，它的行中包含 n 个 d 维数据点的样例. 一个数据点的 d 个属性中的任意一个称为维数或属性，$\boldsymbol{D}$ 的一列包含所有数据实例的此属性. 例如，在医疗应用中，数据矩阵 $\boldsymbol{D}$ 的每一行可以对应于某个患者，d 维可以表示从患者中获得的他们的身高、体重、检查结果等不同属性. 机器学习将这些样例用于各种应用，例如预测数据中特定维数的值、发现异常患者或将类似患者分组. 这些问题对应于机器学习中的经典问题，如分类、异常检测和聚类. 本节将介绍这些经典问题.

1.4.1 矩阵因子分解

矩阵因子分解是矩阵分解的另一种叫法，它通常指以优化为中心的分解观点. 矩阵因子分解是将 $n \times d$ 矩阵 $\boldsymbol{D}$ 分解成大小分别为 $n \times k$ 和 $d \times k$ 的两个因子矩阵 $\boldsymbol{U}$ 和 $\boldsymbol{V}$，使得 $\boldsymbol{U}\boldsymbol{V}^{\mathrm{T}} \approx \boldsymbol{D}$. 这里，参数 $k \ll \{n, d\}$ 称为因子分解的秩. 秩的概念将在第 2 章中正式引入. 秩控制着因子分解的“简洁性”，因为 $\boldsymbol{U}$ 和 $\boldsymbol{V}$ 中的元素总数为 $k(n+d)$，其比 $\boldsymbol{D}$ 中的元素小得多. 矩阵因子分解实际上是将 (实值) 标量分解推广到矩阵. 同一个矩阵 $\boldsymbol{D}$ 往往会有无穷多个因子，就像同一个标量可以分解成无穷多对实值一样. 例如，常数 6 可以分解为 2×3，1.5×4 或 $\sqrt{2} \times \sqrt{18}$. 下面是一个将 3×3 矩阵分解为两个更小矩阵的矩阵因子分解示例：

$$\begin{bmatrix} 1 & -1 & 1 \\ -1 & 1 & -1 \\ 2 & -2 & 2 \end{bmatrix} = \begin{bmatrix} 1 \\ -1 \\ 2 \end{bmatrix} [1, -1, 1]$$

尽管通常为了得到具有最小大小的因子矩阵 $\boldsymbol{U}$ 和 $\boldsymbol{V}$，实际上允许近似的 $\boldsymbol{U}$ 和 $\boldsymbol{V}$，但上述情况下的因子矩阵都是精确的. 如果实际中只允许一个合理的近似水平，那么 k 的值可以非常小.

矩阵因子分解的常用方法是考虑如下优化问题：

$$\text{最小化 } J = \|\boldsymbol{D} - \boldsymbol{U}\boldsymbol{V}^{\mathrm{T}}\|_F^2 \tag{1.26}$$

这里，$\|\cdot\|_F^2$ 表示平方 Frobenius 范数，其定义为*残差*矩阵 $(\boldsymbol{D}-\boldsymbol{U}\boldsymbol{V}^{\mathrm{T}})$ 中所有元素的平方和. 在参数矩阵 $\boldsymbol{U}$ 和 $\boldsymbol{V}$ 上采用梯度下降法使目标函数 J 达到最小，参数矩阵 $\boldsymbol{U}$ 和 $\boldsymbol{V}$ 的元素则为该优化问题的变量. 通过最小化该目标函数可以确保矩阵 $(\boldsymbol{D}-\boldsymbol{U}\boldsymbol{V}^{\mathrm{T}})$ 的大小很小，于是 $\boldsymbol{D}\approx\boldsymbol{U}\boldsymbol{V}^{\mathrm{T}}$. 这种类型的目标函数也被称为*损失函数*，因为它们测量 $\boldsymbol{U}\boldsymbol{V}^{\mathrm{T}}$ 相对于原始矩阵 $\boldsymbol{D}$“损失”的信息量.

通过建立只依赖于所观测到的元素的优化目标函数，人们甚至可以因子分解一个不完全给定的矩阵 $\boldsymbol{D}$. 这一基本原理是建模*推荐系统*的基础. 例如，我们考虑一个具有 n 个用户和 d 个评级的模型，其中 $\boldsymbol{D}$ 的第 (i,j) 项表示用户 i 对条目 j 的评级. 矩阵 $\boldsymbol{D}$ 的大多数元素都是不可观测的，因为用户通常只对一小部分条目进行评级. 在这种情况下，我们需要将目标函数 $\|\boldsymbol{D}-\boldsymbol{U}\boldsymbol{V}^{\mathrm{T}}\|_F^2$ 修正为只对 $\boldsymbol{D}$ 中可观测元素的平方误差求和. 这是因为 $(\boldsymbol{D}-\boldsymbol{U}\boldsymbol{V}^{\mathrm{T}})$ 中其余元素的值是未知的. 仅根据元素的子集建立优化问题允许我们学习完全特定的矩阵 $\boldsymbol{U}$ 和 $\boldsymbol{V}$. 因此，$\boldsymbol{U}\boldsymbol{V}^{\mathrm{T}}$ 提供了*完全重构*矩阵 $\boldsymbol{D}$ 的一个预测. 我们将在第 8 章更详细地讨论这个应用.

1.4.2 聚类

聚类问题是指将 $n\times d$ 数据矩阵 $\boldsymbol{D}$ 相似的行划分为一组. 考虑一个例子，假设有一个包含数据记录的设置，其中数据矩阵 $\boldsymbol{D}$ 的行表示不同的个体，$\boldsymbol{D}$ 的不同维度 (列) 对应超市购买的每个产品的单位数. 于是，聚类应用问题尝试将数据集分组成每组具有相似特定类型购买行为的个体. 聚类的数量可以由分析员预先指定或者应用启发式算法设置数据中“自然”聚类的数量. 人们通常可以使用聚类创建的分组作为其他分析目标的预处理步骤. 例如，仔细研究这些聚类，人们可能会发现：特定的个体对超市的家居用品感兴趣，而其他人则对水果更感兴趣. 超市可以利用这些信息对不同顾客群推荐不同的商品. 诸如 *k 均值*和*谱聚类*的各种聚类算法将在第 8~10 章进行介绍.

1.4.3 分类与回归建模

分类问题与聚类问题密切相关，只是分类问题使用*监督*的概念对数据进行分组. 在聚类的情况下，已知数据被划分为多个组，而初始并不考虑我们希望找到的聚类类型. 而在分类的情况下，*训练*数据已经被划分成特定类型的组. 因此，除了 $n\times d$ 数据矩阵 $\boldsymbol{D}$ 外，我们还有一个用 $\overline{y}$ 来表示的 $n\times 1$ 标签数组. $\overline{y}$ 中的第 i 个元素对应于数据矩阵 $\boldsymbol{D}$ 的第 i 行，前者是一个分类标签，其定义了 $\boldsymbol{D}$ 的第 i 行所属的聚类 (或类别) 的语义名称. 在上述超市的例子中，我们可以预先确定所感兴趣的类 $\mathcal{L}=\{$水果, 禽肉, 其他$\}$. 注意，尽管这并不总是必要的，但这些类可能经常根据数据矩阵 $\boldsymbol{D}$ 中的行的相似性聚集在数据中. 例如，明显不同的簇可能位于单个类中. 此外，可能存在其他不同的簇，而这些簇对应于系统所有其他标签中的特定子类别. 这可能是因为终端用户 (例如商家) 对识别“所有其他”类别中的商品没有任何兴趣，而其他标签可能有助于商家识别促销的候选客户. 因此，分类问题往往通过样例来用训练数据定义所感兴趣的簇. 行的实际分割是在一个单独的 $n_t \times d$ 测试数据矩阵 $\boldsymbol{D}_t$ 上完成的，其中没有指定标签. 于是，对于 $\boldsymbol{D}_t$ 的每一行，我们需要将其映射为集合 $\mathcal{L}$ 中的某个标签. 该映射是通过训练数据所构建的分类*模型*来建立的. 在模型构建过程中，由于 $\boldsymbol{D}$ 和 $\boldsymbol{D}_t$ 的行不同，故测试数据是不能被观测到的.

分类问题中一个常见设置是标签集是*二进制*的且只包含两个可能的值. 在这种情况下，人们通常使用 $\{0,1\}$ 或 $\{-1,+1\}$ 中的标签集 $\mathcal{L}$. 目标是学习 $\overline{y}$ 的第 i 个元素 y_i，其中 $\overline{y}$ 是 $\boldsymbol{D}$ 的第 i 行 $\overline{X}_i$ 的函数:

$$y_i \approx f(\overline{X}_i)$$

函数 $f(\overline{X}_i)$ 通常用权重向量 $\overline{W}$ 来参数化. 考虑如下标签为 $\{-1,+1\}$ 的二元分类问题：

$$y_i \approx f_{\overline{W}}(\overline{X}_i) = \text{sign}(\overline{W} \cdot \overline{X}_i)$$

注意，我们已经为函数添加了一个下标以表明它的参数化. 那么，如何计算 $\overline{W}$ 呢？关键的想法是通过仔细构造*损失函数*来惩罚*观测值*y_i 和预测值 $f(\overline{X}_i)$ 之间的任意不匹配度. 因此，许多机器学习模型归结为求解如下优化问题：

$$\min_{\overline{W}} \sum_i (y_i - f_{\overline{W}}(\overline{X}_i))$$

一旦通过求解优化模型计算出权重向量 $\overline{W}$，就可以用它来预测未知类变量 y_i 的值. 分类问题也被称为监督学习，因为它使用训练数据建立一个模型来对测试数据进行分类. 从某种意义上说，训练数据可视为提供监督的“老师”. 利用训练数据中的知识信息对观测不到的测试数据进行分类的能力称为*泛化*. 由于训练数据的标签已经被观测到了，故再对训练数据的样例进行分类是多余的.

回归

分类中的标签又被称为因变量，其本质上是分类的 (categorical). 在回归建模问题中，$n \times d$ 训练数据矩阵 $\boldsymbol{D}$ 与一个 $n \times 1$ 因变量向量 $\overline{y}$ 相关联，这是通过具体数值表现的. 因此，它与分类问题的唯一区别是数组 $\overline{y}$ 包含数值 (而不是分类值)，因此可以将其视为一个向量. 因变量也称为*响应变量*、*目标变量*或*回归变量* (在回归问题的框架下). 自变量也称为*回归子*. 二元响应变量与回归关系密切，一些模型直接利用回归模型 (通过假设二元标签是数值的) 来求解二元分类问题. 这是因为二元值具有被视为分类值或数值的灵活性. 但是，像 {红, 绿, 蓝} 这样的具有两个以上的类不能排序，因此与回归不同.

回归建模问题与线性代数也有着密切的关系，特别是当采用*线性优化模型*时. 在线性优化模型中，我们往往用一个 d 维列向量 $\overline{W} = [w_1, \cdots, w_d]^{\mathrm{T}}$ 来表示不同维度的权重. 通过 $\boldsymbol{D}$ 的第 i 行 $\overline{X}_i$ 与 $\overline{W}$ 的点积来得到 $\overline{y}$ 的第 i 个元素 y_i. 也就是说，通过如下优化问题来学习函数 $f(\cdot)$:

$$y_i = f(\overline{X}_i) = \overline{X}_i \overline{W}$$

我们也可以使用完整的 $n \times d$ 数据矩阵 $\boldsymbol{D}$ 来说明所有训练实例中的这个条件：

$$\overline{y} \approx \boldsymbol{D}\overline{W} \tag{1.27}$$

注意到，这是 n 个线性方程组的矩阵表示. 在大多数情况下，n 的值远远大于 d，因此，这是一个*超定*的线性方程组. 在超定的情况下，通常不存在完全满足该方程组的解 $\overline{W}$. 但是，我们可以最小化误差的平方和以尽可能接近所要达到的目标：

$$J = \frac{1}{2}\|\boldsymbol{D}\overline{W} - \overline{y}\|^2 \tag{1.28}$$

对于上述优化问题的求解，将在第 4 章中给出，解 $\overline{W}$ 具有如下形式：

$$\overline{W} = (\boldsymbol{D}^{\mathrm{T}}\boldsymbol{D})^{-1}\boldsymbol{D}^{\mathrm{T}}\overline{y} \tag{1.29}$$

于是，对于测试数据矩阵 $\boldsymbol{D}_t$ 的每一行 $\overline{Z}$，$\overline{W}^{\mathrm{T}}$ 和 $\overline{Z}$ 的点积就是实值因变量的相应预测.

1.4.4 异常值检测

在异常值检测问题中，有一个 $n \times d$ 数据矩阵 $\boldsymbol{D}$，我们想要找出该数据矩阵中与其他行有很大不同的行. 该问题与聚类问题有着天然的互补关系，聚类问题的目的是寻找数据矩阵中具有相似行的组. 也就是说，异常值是 $\boldsymbol{D}$ 中与其他行不匹配的行. 因此，人们通常使用聚类方法来寻找异常值. 此外，矩阵因子分解方法也经常用于异常值检测. 作为线性代数和优化理论的应用，本书将介绍各种异常值检测方法.

1.5 机器学习中的优化

许多机器学习使用优化来定义学习问题的*参数化模型*. 这些模型将因变量视为自变量的函数，如式(1.27)所示. 我们一般会假设有一些包含用于训练的因变量和自变量的观测值的样例. 这些问题需要明确*目标函数*或*损失函数*，用来对因变量的预测值和实际观测值之间的差异进行惩罚 [见式(1.28)]. 因此，机器学习的训练阶段需要使用优化技术.

在大多数情况下，最优化模型是以极小化问题形式提出的. 关于函数 $f(x_1, \cdots, x_d)$ 在 $[x_1, \cdots, x_d]$ 处达到最优的最基本的条件是该函数关于每一个变量的*偏导数*为 0:

$$\frac{\partial f(x_1, \cdots, x_d)}{\partial x_r} = \lim_{\delta \to 0} \frac{f(x_1, \cdots, x_r + \delta, \cdots, x_d) - f(x_1, \cdots, x_r, \cdots, x_d)}{\delta} = 0, \quad \forall r$$

其基本思想是该函数在任何方向上的变化率为 0，否则它可以向负变化率的方向移动以进一步完善目标函数. 这个条件对于函数达到最优是必要的，但并不是充分的. 有关最优性条件的更多细节，详见第 4 章.

我们称由函数的所有偏导数形成的 d 维向量为*梯度*：

$$\nabla f(x_1, \cdots, x_d) = \left[\frac{\partial f(\cdot)}{\partial x_1}, \cdots, \frac{\partial f(\cdot)}{\partial x_d}\right]^{\mathrm{T}}$$

一般用 ∇ 表示梯度，把它放在函数的前面是指该函数关于变量的偏导数所形成的向量.

1.5.1 用于函数简化的泰勒展开

与相对简单的多项式函数结构 (更容易优化) 相比，机器学习中的许多目标函数非常复杂. 因此，如果我们能用简单的多项式来逼近复杂的目标函数 (即使是在空间的有限区域内)，那么可以用迭代的方式来求解相应的优化问题.

泰勒展开可以将任意光滑函数表示为 (具有无穷多项的) 多项式. 进一步，如果我们只想在变量的一个小的邻域内来近似目标函数，那少量的多项式项 (通常不超过 2 或 3 项) 就足够了. 首先考虑单变量函数 $f(w)$. 通过使用如下展开可以围绕函数域中的任意点 a 来展开该函数：

$$f(w) = f(a) + (w-a)f'(a) + \frac{(w-a)^2 f''(a)}{2!} + \cdots + \frac{(w-a)^r}{r!}\left[\frac{\mathrm{d}^r f(w)}{\mathrm{d}w^r}\right]_{w=a} + \cdots$$

这里 $f'(a)$ 是函数 $f(w)$ 在点 a 的一阶导数，$f''(a)$ 表示二阶导数，以此类推. 注意到 $f(w)$ 可以是任意一个函数，如 $\sin(w)$ 或 $\exp(w)$，且该展开将函数表示为具有无穷多项的多项式. 函数 $\exp(w)$ 是一个特别简单的例子，因为其任意 n 阶导数都是其自身. 例如，$\exp(w)$ 在 $w=0$ 处的展开如下：

$$\exp(w) = \exp(0) + \exp(0)w + \exp(0)\frac{w^2}{2!} + \exp(0)\frac{w^3}{3!} + \cdots + \exp(0)\frac{w^n}{n!} + \cdots \tag{1.30}$$

$$= 1 + w + \frac{w^2}{2!} + \frac{w^3}{3!} + \cdots + \frac{w^n}{n!} + \cdots \tag{1.31}$$

也就是说，指数函数可以表示为一个无限多项式，其中尾部项由于 $\lim\limits_{n\to\infty} w^n/n! = 0$ 而迅速减小. 对于像 $\sin(w)$ 和 $\exp(w)$ 等某些函数，泰勒展开通过包含越来越多的项 (与 w 和 a 的选取无关) 使其收敛到真实的函数. 而对于诸如 $1/w$ 或 $\log(w)$ 这样的函数，其在 w 的限定范围内，对于 a 的任何特定值都存在一个收敛的泰勒展开. 更重要的是，泰勒展开几乎总是能很好地逼近 $w=a$ 附近的任何光滑函数，并且在 $w=a$ 处的逼近是完全精确的. 此外，当 $|w-a|$ 很小时，其高阶项趋于消失，因为对于增加的 r，$(w-a)^r/r!$ 会快速收敛到

0. 因此，人们通常可以通过简单地包含泰勒展开的前三项来获得该函数在 $w = a$ 附近的一个较好的二次近似.

在用优化求解实际问题时，人们通常希望将值 w 从当前点 $w = a$ 改为“附近”的点以改善目标函数值. 在这种情况下，仅使用在 $w = a$ 处的泰勒展开的二次项就可以在 $w = a$ 的邻域内提供一个很好的简化. 在梯度下降算法中，人们通常希望从当前点移动一个相对较小的量. 于是，使用低阶泰勒近似来指导算法步骤可以改进多项式逼近而非原始函数的近似，这是因为优化多项式往往比优化任意复函数容易得多.

人们也可以将泰勒展开推广到多元函数 $F(\overline{w})$，其 d 维变量为 $\overline{w} = [w_1, \cdots, w_d]^{\mathrm{T}}$. 函数 $f(\overline{w})$ 在点 $\overline{w} = \overline{a} = [a_1, \cdots, a_d]^{\mathrm{T}}$ 处的泰勒展开可以写为如下形式：

$$F(\overline{w}) = F(\overline{a}) + \sum_{i=1}^{d}(w_i - a_i)\left[\frac{\partial F(\overline{w})}{\partial w_i}\right]_{\overline{w}=\overline{a}} + \sum_{i=1}^{d}\sum_{j=1}^{d}\frac{(w_i - a_i)(w_j - a_j)}{2!}\left[\frac{\partial^2 F(\overline{w})}{\partial w_i \partial w_j}\right]_{\overline{w}=\overline{a}} +$$

$$\sum_{i=1}^{d}\sum_{j=1}^{d}\sum_{k=1}^{d}\frac{(w_i - a_i)(w_j - a_j)(w_k - a_k)}{3!}\left[\frac{\partial^3 F(\overline{w})}{\partial w_i \partial w_j \partial w_k}\right]_{\overline{w}=\overline{a}} + \cdots$$

在多变量情况，我们有 $O(d^2)$ 二阶交互项、$O(d^3)$ 三阶交互项等. 我们可以看到展开的项数很快变得太多从而难以处理. 幸运的是，在实际中，我们很少需要超过二阶的逼近. 此外，可以使用梯度和矩阵更紧凑地重写上面的表达式. 例如，二阶近似可以写成以下向量形式：

$$F(\overline{w}) \approx F(\overline{a}) + [\overline{w} - \overline{a}]^{\mathrm{T}} \boldsymbol{\nabla} F(\overline{w}) + [\overline{w} - \overline{a}]^{\mathrm{T}} H(\overline{a}) [\overline{w} - \overline{a}]$$

这里 $\boldsymbol{\nabla} F(\overline{w})$ 表示梯度，$H(\overline{a}) = [h_{ij}]$ 表示所有二阶导数所形成的 $d \times d$ 矩阵，其分量的具体形式为：

$$h_{ij} = \left[\frac{\partial^2 F(\overline{w})}{\partial w_i \partial w_j}\right]_{\overline{w}=\overline{a}}$$

上面的三阶展开需要使用张量来表示，这是矩阵概念的进一步推广. 在本书中，一阶和二阶展开式经常用于开发各种类型的优化算法，如牛顿法.

问题 1.5.1 (欧拉恒等式)　*泰勒级数对复函数也是成立的. 应用泰勒级数证明欧拉恒等式* $\mathrm{e}^{\mathrm{i}\theta} = \cos(\theta) + \mathrm{i}\sin(\theta)$.

1.5.2　机器学习中的优化示例

1.5.1 节中讨论的参数化模型的一个示例是线性回归模型，其中我们要确定一个 d 维向量 $\overline{W} = [w_1, \cdots, w_d]^{\mathrm{T}}$，从而可以将 n 维因变量向量 $\overline{y}$ 作为 $n \times d$ 观测值矩阵 $\boldsymbol{D}$ 的函数 $\overline{y} = \boldsymbol{D}\overline{W}$ 来进行预测. 为了最小化预测值与观测值之间的差异，我们最小化如下目标函数：

$$J = \frac{1}{2}\|\boldsymbol{D}\overline{W} - \overline{y}\|^2 \tag{1.32}$$

这里 $\boldsymbol{D}$ 是一个 $n \times d$ 数据矩阵，而 $\overline{y}$ 是一个 n 维因变量的列向量. 因此，这是一个含有 d 个参数的简单优化问题. 寻找最优解需要微积分的技巧. 最简单的方法是将 J 关于每个参数 w_i 的偏导数设为 0，这为最优性提供了一个必要 (但不是充分的) 条件：

$$\frac{\partial J}{\partial w_i} = 0, \quad \forall i \in \{1, \cdots, d\} \tag{1.33}$$

可以证明偏导数向量满足如下形式 (见 4.7 节)：

$$\left[\frac{\partial J}{\partial w_1}, \cdots, \frac{\partial J}{\partial w_d}\right]^{\mathrm{T}} = \boldsymbol{D}^{\mathrm{T}}\boldsymbol{D}\overline{W} - \boldsymbol{D}^{\mathrm{T}}\overline{y} \tag{1.34}$$

事实上，对于某些类型的*凸目标函数*，如线性回归的目标函数，将其偏导数向量设置为零向量是得到最小值点的充分必要条件 (见第 3 章和第 4 章). 于是有 $\boldsymbol{D}^{\mathrm{T}}\boldsymbol{D}\overline{W} = \boldsymbol{D}^{\mathrm{T}}\overline{y}$，从而有

$$\overline{W} = (\boldsymbol{D}^{\mathrm{T}}\boldsymbol{D})^{-1}\boldsymbol{D}^{\mathrm{T}}\overline{y} \tag{1.35}$$

线性回归是一个特别简单的问题，因为其最优解是闭型的 (即具有解析的表达式). 然而，在大多数情况下，人们无法以这种形式来求解由此产生的最优性条件，而是往往采用*梯度下降法*. 在梯度下降法中，我们首先使用随机初始化参数集 $\overline{W}$(或启发式选择点) 的算法，然后在目标函数负导数方向上改变参数集. 也就是说，我们使用步长 α 重复进行如下更新，这里的 α 也称为*学习率*：

$$[w_1, \cdots, w_d]^{\mathrm{T}} \Leftarrow [w_1, \cdots, w_d]^{\mathrm{T}} - \alpha\left[\frac{\partial J}{\partial w_1}, \cdots, \frac{\partial J}{\partial w_d}\right]^{\mathrm{T}} = \overline{W} - \alpha[\boldsymbol{D}^{\mathrm{T}}\boldsymbol{D}\overline{W} - \boldsymbol{D}^{\mathrm{T}}\overline{y}] \tag{1.36}$$

偏导数的 d 维向量称为*梯度向量*，它在参数向量 $\overline{W}$ 的当前值处定义了目标函数的最佳改进率的瞬时方向. 我们一般用 $\boldsymbol{\nabla} J(\overline{W})$ 来表示梯度向量：

$$\boldsymbol{\nabla} J(\overline{W}) = \left[\frac{\partial J}{\partial w_1}, \cdots, \frac{\partial J}{\partial w_d}\right]^{\mathrm{T}}$$

于是，我们可以用如下形式简洁地写出梯度下降算法：

$$\overline{W} \Leftarrow \overline{W} - \alpha\boldsymbol{\nabla} J(\overline{W})$$

上面的步长被定义为学习率 α. 注意，最佳改进率仅适用于无限小的步长，而对有限大的步长并不适用. 由于算法在迭代一次时梯度会发生变化，因此必须小心不要选择太大的步长，否则算法效果可能无法预测. 当进一步的改进变得太小而不起作用时，这些更新会被反复执行以达到*收敛*. 当梯度向量包含接近零的元素时，就会出现这种情况. 因此，这种计算方

法也将 (最终) 得到近似满足式(1.33)的最优性条件的解. 正如我们将在第 4 章中所介绍的，梯度下降法 (以及许多其他优化算法) 都可以用泰勒展开来解释.

使用梯度下降法得到最优解往往是一个棘手的操作，出于各种原因，该算法并不总能收敛到最优解. 例如，选择错误的步长 α 往往可能会导致意外的数值溢出. 在其他情况下，当目标函数包含相对于特定局部区域的多个极小值点时，算法可能在次优解处就终止了. 因此，在设计优化算法方面有大量的工作需要做 (见第 4~6 章).

1.5.3　计算图中的优化问题

许多机器学习中的问题可以归结为学习一个与数据中观测变量相匹配的输入函数的过程.

$$\text{输入}(d\text{个变量}) \Rightarrow \text{与参数向量}\overline{W}\text{的点积} \Rightarrow \text{预测} \Rightarrow \text{平方损失}$$

图 1.5a 给出了关于这些输入操作类型的图示. 该模型具有 d 个包含数据特征 $x_1, \cdots, x_d$ 的输入节点和一个创建点积 $\sum_{i=1}^{d} w_i x_i$(计算) 的输出节点. 权重 $[w_1, \cdots, w_d]$ 与边关联. 因此，每个节点计算一个关于输入的函数，并且边与要学习的参数相关联. 通过选择具有更多节点的计算图的更复杂拓扑，人们可以创建更强大的模型，而在传统机器学习中通常没有直接的类比 (见图 1.5b). 该图的每个节点都可以计算其传入节点和边参数的函数. 整体函数可能非常复杂，通常不能以解析形式更加紧凑地表示出来 (如线性回归模型中的简单关系式 $y = \sum_{i=1}^{d} w_i x_i$). 具有多层节点的模型称为*深度学习模型*，这样的模型可以学习数据中更复杂的非线性关系.

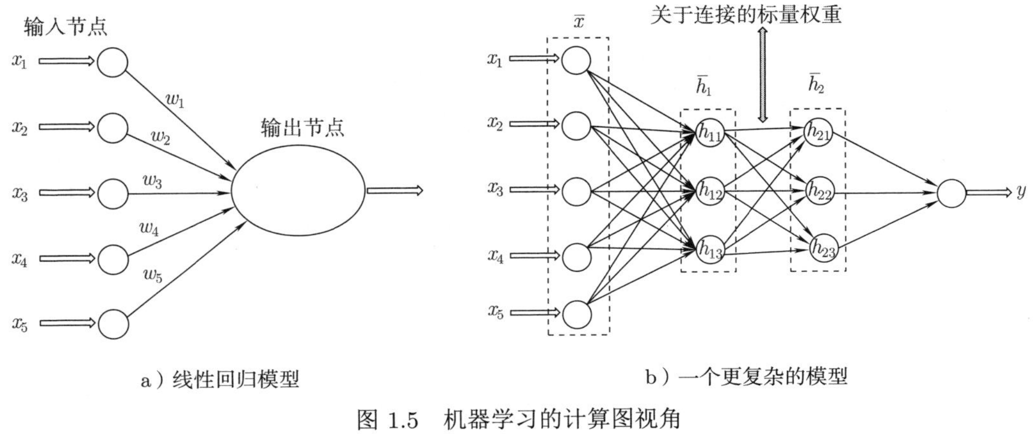

a）线性回归模型　　b）一个更复杂的模型

图 1.5　机器学习的计算图视角

在计算图中如何计算关于边参数的梯度？这可以通过使用将在第 11 章介绍的*反向传播*技术来实现. 反向传播算法产生的梯度与传统机器学习中计算的梯度完全相同. 例如，由于图 1.5a 表述的是线性回归模型，其反向传播算法将产生与上一节中计算的完全相同的梯度. 主要区别在于，反向传播算法还能够在如图 1.5b 所示的更复杂的情况下计算梯度. 几乎所有已知的机器学习模型 (基于梯度下降) 都可以表示为相对简单的计算图. 因此，计算图是非常强大的抽象概念，因为它们包括传统的机器学习模型作为特例. 我们将在第 11 章讨论这种模型和相关算法的计算能力.

1.6 总结

线性代数和最优化理论密切相关，因为线性代数中的许多基本问题，如寻找超定线性方程组的“最佳”解，都可以应用最优化方法来求解. 机器学习中的许多优化模型也可以用矩阵/向量来表述其目标函数和约束条件. 在许多此类优化问题中使用的一种有用技术是将这些矩阵分解为具有特定代数/几何性质的简单矩阵. 具体而言，机器学习中通常使用以下两种类型的分解：

- 任何可逆方阵 $\boldsymbol{A}$ 都可以分解为初等矩阵算子的乘积. 如果矩阵 $\boldsymbol{A}$ 是不可逆的，它仍然可以用一个不一定可逆的*松弛*矩阵算子来分解.
- 任何方阵 $\boldsymbol{A}$ 都可以按旋转、缩放和旋转的特定顺序分解为两个旋转矩阵和一个缩放 (对角) 矩阵的乘积. 这种想法被称为*奇异值分解* (见第 7 章).

机器学习的另一种观点是将预测表示为*计算图*，这一理念也成为*深度学习*领域的基础.

1.7 拓展阅读

如文献 [122,123]、文献 [77] 和文献 [62] 等关于线性代数的基础书籍也值得推荐. 然而，这些书都只聚焦于线性代数理论本身，其重点并不是机器学习主题. 最近的一些书籍 (如文献 [23,119,122,125]) 关注了机器学习. 文献 [52] 是关于矩阵计算的经典书籍，概述了基本的数值算法. 与线性代数密切相关的领域是优化. 文献 [10,15,16,22,99] 从一般角度讲解了优化，而文献 [1–4,18,19,39,46,53,56,85,94,95] 则关注的是机器学习.

1.8 习题

1.1 对任意两个长度均为 a 的向量 $\overline{x}$ 和 $\overline{y}$，证明：(i) $\overline{x}-\overline{y}$ 与 $\overline{x}+\overline{y}$ 正交；(ii)$\overline{x}-3\overline{y}$ 与 $\overline{x}+3\overline{y}$ 的点积是负的.

1.2 现有三个矩阵 $\boldsymbol{A}, \boldsymbol{B}, \boldsymbol{C}$，其大小分别为 10×2，2×10 和 10×10.

(a) 假设你必须计算矩阵乘积 $\boldsymbol{ABC}$. 从计算的效率角度来看，是计算 $(\boldsymbol{AB})\boldsymbol{C}$ 有意义，还是计算 $\boldsymbol{A}(\boldsymbol{BC})$ 更有意义？

(b) 如果必须计算矩阵乘积 $\boldsymbol{CAB}$，那么计算 $(\boldsymbol{CA})\boldsymbol{B}$ 还是计算 $\boldsymbol{C}(\boldsymbol{AB})$ 更有意义？

1.3 证明：如果矩阵 $\boldsymbol{A}$ 满足 $\boldsymbol{A} = -\boldsymbol{A}^{\mathrm{T}}$，那么该矩阵的所有对角线元素均为 0.

1.4 证明：如果一个矩阵 $\boldsymbol{A}$ 满足 $\boldsymbol{A} = -\boldsymbol{A}^{\mathrm{T}}$，那么对任意列向量 $\overline{x}$，我们都有 $\overline{x}^{\mathrm{T}}\boldsymbol{A}\overline{x} = 0$.

1.5 假设一个 $n \times n$ 矩阵 $\boldsymbol{A}$ 可以写为 $\boldsymbol{A} = \boldsymbol{DD}^{\mathrm{T}}$，其中 $\boldsymbol{D}$ 是一个 $n \times d$ 矩阵，证明：对任意 n 维列向量 $\overline{x}$, 都有 $\overline{x}^{\mathrm{T}}\boldsymbol{A}\overline{x} \geqslant 0$.

1.6 证明：如果我们将 $\boldsymbol{A}$ 的第 i 列和 $\boldsymbol{B}$ 的第 i 行分别按彼此互逆的因子进行缩放，则矩阵乘积 $\boldsymbol{AB}$ 保持不变.

1.7 证明：任意矩阵乘积 $\boldsymbol{AB}$ 都可以表示为 $\boldsymbol{A}'\boldsymbol{\Delta}\boldsymbol{B}'$ 的形式，其中 $\boldsymbol{A}'$ 是一个每列元素平方和均为 1 的矩阵，$\boldsymbol{B}'$ 是一个每行元素平方和均为 1 的矩阵，而 $\boldsymbol{\Delta}$ 是一个对角线元素均为非负的对角矩阵.

1.8 讨论如何用最多 d 个单一类型的初等行运算将置换矩阵转换为单位矩阵. 利用这一事实将一个矩阵 $\boldsymbol{A}$ 表示为至多 d 个初等矩阵算子的乘积.

1.9 假设你用某种随机置换对一个可逆矩阵 $\boldsymbol{A}$ 的所有列进行重新排序，并且你已知原始矩阵的逆矩阵 $\boldsymbol{A}^{-1}$. 说明如何利用 $\boldsymbol{A}^{-1}$ 来 (简单地) 计算重新排序后的矩阵的逆，而不必从头开始来求新矩阵的逆矩阵. 请提供一个根据初等矩阵的证明方法.

1.10 设一个 $n \times d$ 矩阵 $\boldsymbol{D}$ 具有如下因子分解的逼近 $\boldsymbol{D} \approx \boldsymbol{UV}^{\mathrm{T}}$，其中 $\boldsymbol{U}$ 是一个 $n \times k$ 矩阵，而 $\boldsymbol{V}$ 是一个 $d \times k$ 矩阵. 说明如何导出无穷多个关于 $\boldsymbol{D}$ 的备选的因式分解 $\boldsymbol{U}'\boldsymbol{V}'^{\mathrm{T}}$，使其满足 $\boldsymbol{UV}^{\mathrm{T}} = \boldsymbol{U}'\boldsymbol{V}'^{\mathrm{T}}$.

1.11 证明以下结论成立或提供反例来否定以下结论：

(a) 对矩阵应用两个初等行运算的顺序并不会影响最终的结果.

(b) 应用初等行运算和初等列运算的顺序并不影响最终的结果.

最好用初等矩阵运算来回答这些问题.

1.12 讨论为什么置换矩阵的某些幂总是单位矩阵 [提示：考虑应用置换数的有限性这个事实].

1.13 考虑矩阵多项式 $\sum_{i=0}^{t} a_i \boldsymbol{A}^i$. 直接计算该多项式需要 $O(t^2)$ 次矩阵乘法. 讨论如何通过重新排列多项式将乘法次数减少到 $O(t)$.

1.14 设 $\boldsymbol{A} = [a_{ij}]$ 为 2×2 矩阵，其中 $a_{12} = 1$ 以及其余元素均为零. 证明：$\boldsymbol{A}^{1/2}$ 并不存在，即使允许 a_{ij} 是复值，它也是不存在的.

1.15 **平行四边形定律**. 平行四边形定律是指一个平行四边形边的平方和等于其对角线的平方和. 利用图 1.1中的向量 $\overline{A}$ 和 $\overline{B}$ 将平行四边形定律表示为一个关于向量的恒等式. 现在用向量代数来说明为什么这个向量恒等式一定成立.

1.16 写出如下单变量函数在 $x=a$ 点的泰勒展开的前四项：(i) $\ln(x)$; (ii) $\sin(x)$; (iii) $1/x$; (iv) $\exp(x)$.

1.17 应用多元泰勒展开给出 $\sin(x+y)$ 在点 $[x,y]=[0,0]$ 附近的一个二次近似. 确认此逼近精度会随着与原点距离的增加而降低.

1.18 考虑一个 $d\times k$ 矩阵 $\boldsymbol{P}$，其元素被设置为等概率地取值 -1 或 $+1$ 的随机变量，然后将所有元素除以 $\sqrt{d}$. 讨论对于 d 取 10^6 阶, 为什么 $\boldsymbol{P}$ 的列 (大致) 相互正交. 这种技巧在机器学习中经常被用来快速生成一个 $n\times d$ 数据矩阵 $\boldsymbol{D}$ 的随机投影 $\boldsymbol{D}'=\boldsymbol{DP}$.

1.19 考虑扰动的 $d\times d$ 矩阵 $\boldsymbol{A}_\varepsilon=\boldsymbol{A}+\varepsilon\boldsymbol{B}$，其中 ε 的取值很小. 证明如下由 $\boldsymbol{A}^{-1}$ 来近似 $\boldsymbol{A}_\varepsilon^{-1}$ 的有用逼近：

$$\boldsymbol{A}_\varepsilon^{-1}\approx\boldsymbol{A}^{-1}-\varepsilon\boldsymbol{A}^{-1}\boldsymbol{B}\boldsymbol{A}^{-1}$$

1.20 设 $\boldsymbol{A}$ 为 5×5 矩阵，其中的行/列按照约翰、玛丽、杰克、蒂姆和罗宾的顺序对应于社交网络中的人. 矩阵中的第 (i,j) 项对应于人 i 向人 j 发送消息的次数. 定义一个矩阵 $\boldsymbol{P}$，使得 $\boldsymbol{PAP}^{\mathrm{T}}$ 包含相同的信息，但行/列的顺序变为玛丽、蒂姆、约翰、罗宾和杰克.

1.21 假设向量 $\overline{x}$，$\overline{y}$ 和 $\overline{x}-\overline{y}$ 的长度分别为 $2,3$ 和 4. 只使用向量代数 (而非欧几里得几何) 求 $\overline{x}+\overline{y}$ 的长度.

1.22 证明：对称矩阵的逆矩阵也是对称的.

1.23 设 $\boldsymbol{A}_1,\boldsymbol{A}_2,\cdots,\boldsymbol{A}_d$ 为严格上三角形 $d\times d$ 矩阵. 那么 $\boldsymbol{A}_1,\boldsymbol{A}_2,\cdots,\boldsymbol{A}_d$ 的乘积为零矩阵.

1.24 **Apollonius 等式**. 设 ABC 是一个三角形，而 AD 是从 A 到 BC 的中线. 仅使用向量代数而非欧几里得几何来证明如下等式：

$$AB^2+AC^2=2(AD^2+BD^2)$$

[提示：相对于原点适当地调整三角形的朝向.]

1.25 **正弦定律**. 用 $\overline{a}\cdot\overline{a}$、$\overline{b}\cdot\overline{b}$ 和 $\overline{a}\cdot\overline{b}$ 来表示 $\overline{a}$ 和 $\overline{b}$ 之间内角的正弦 (即不大于 180° 的角). 你可以使用等式 $\sin^2(x)+\cos^2(x)=1$. 考虑一个三角形，其两条边分别是向量 $\overline{a}$ 和 $\overline{b}$. 已知这两条边对应角的角度分别为 A 和 B. 仅使用向量代数而非欧几里得几何来证明如下等式：

$$\frac{\|\overline{a}\|}{\sin(A)}=\frac{\|\overline{b}\|}{\sin(B)}$$

1.26 **向量代数三角法**. 考虑一个单位向量 $\overline{x}=[0,1]^{\mathrm{T}}$. 向量 $\overline{v}_1$ 通过将 $\overline{x}$ 逆时针方向旋转 θ_1 角度得到，而向量 $\overline{v}_2$ 通过将 $\overline{x}$ 顺时针方向旋转 θ_2 角度得到. 使用旋转矩阵得到单位向量 $\overline{v}_1$ 和 $\overline{v}_2$ 的坐标，然后证明如下著名的三角恒等式：

$$\cos(\theta_1+\theta_2)=\cos(\theta_1)\cos(\theta_2)-\sin(\theta_1)\sin(\theta_2)$$

1.27 **基于矩阵代数的坐标几何**. 在二维平面中考虑两条直线 $y = 3x + 4$ 和 $y = 5x + 2$. 对适当选择的 $\boldsymbol{A}$ 和 $\overline{b}$ 以矩阵形式给出如下方程式：

$$\boldsymbol{A}\begin{bmatrix} x \\ y \end{bmatrix} = \overline{b}$$

通过对矩阵 $\boldsymbol{A}$ 求逆求这两条直线的交点坐标 (x, y).

1.28 应用矩阵逆引理求一个除对角线元素取值为 2 外，其他每个元素值都为 1 的 10×10 矩阵的逆矩阵.

1.29 **基于向量代数的立体几何**. 考虑三维空间中由方程 $z = 2x + 3y$ 所定义的以原点为中心的超平面. 该方程有无穷多的解，所有的解都在该平面上. 找到两个不是彼此倍数的解，并分别用三维列向量 $\overline{v}_1$ 和 $\overline{v}_2$ 来表示它们. 定义 $\boldsymbol{V} = [\overline{v}_1, \overline{v}_2]$ 为 3×2 矩阵，其列为 $\overline{v}_1$ 和 $\overline{v}_2$. 几何描述所有以实系数 c_1 和 c_2 为权重的关于 $\overline{v}_1$ 和 $\overline{v}_2$ 的线性组合的向量的集合：

$$\mathcal{V} = \left\{ \boldsymbol{V}\begin{bmatrix} c_1 \\ c_2 \end{bmatrix} : c_1, c_2 \in \mathbf{R} \right\}$$

现在考虑点 $[x, y, z]^{\mathrm{T}} = [2, 3, 1]^{\mathrm{T}}$，其并不在上面的超平面上. 我们想在超平面上找到一个点 $\overline{b}$ 使其尽可能地接近 $[2, 3, 1]^{\mathrm{T}}$. 向量 $\overline{b} - [2, 3, 1]^{\mathrm{T}}$ 与超平面的几何关系如何？用这个事实证明如下关于 $\overline{b}$ 的条件成立：

$$\boldsymbol{V}^{\mathrm{T}}\left(\overline{b} - \begin{bmatrix} 2 \\ 3 \\ 1 \end{bmatrix}\right) = \begin{bmatrix} 0 \\ 0 \end{bmatrix}$$

找到一种方法从上述方程中消除三变量向量 $\overline{b}$，并将其替换为两变量向量 $\overline{c} = [c_1, c_2]^{\mathrm{T}}$. 将实际的数值代入 $\boldsymbol{V}$ 中，并利用 2×2 矩阵的逆来求 $\overline{c}$ 和 $\overline{b}$.

1.30 设 $\boldsymbol{A}$ 和 $\boldsymbol{B}$ 是两个 $n \times d$ 矩阵. 我们可以将它们按列划分为 $\boldsymbol{A} = [\boldsymbol{A}_1, \boldsymbol{A}_2]$ 和 $\boldsymbol{B} = [\boldsymbol{B}_1, \boldsymbol{B}_2]$，其中 $\boldsymbol{A}_1$ 和 $\boldsymbol{B}_1$ 分别由 $\boldsymbol{A}$ 和 $\boldsymbol{B}$ 按照原序前 k 列构成，而 $\boldsymbol{A}_2, \boldsymbol{B}_2$ 则分别由 $\boldsymbol{A}, \boldsymbol{B}$ 余下的列构成. 证明矩阵乘积 $\boldsymbol{A}\boldsymbol{B}^{\mathrm{T}}$ 满足如下表示：

$$\boldsymbol{A}\boldsymbol{B}^{\mathrm{T}} = \boldsymbol{A}_1\boldsymbol{B}_1^{\mathrm{T}} + \boldsymbol{A}_2\boldsymbol{B}_2^{\mathrm{T}}$$

1.31 **矩阵中心化**. 在机器学习中，对一个 $n \times n$ 相似矩阵的常用中心化运算是考虑更新步骤 $\boldsymbol{S} \Leftarrow (\boldsymbol{I} - \boldsymbol{U}/n)\boldsymbol{S}(\boldsymbol{I} - \boldsymbol{U}/n)$，其中 $\boldsymbol{U}$ 是元素全为 1 的 $n \times n$ 矩阵. 应用矩阵乘法的结合律有效地实现这种更新 [提示：将 $\boldsymbol{U}$ 表示为较小矩阵的乘积].

1.32 **正交变换中的能量守恒**. 证明如果 $\boldsymbol{A}$ 是 $n \times d$ 矩阵，而 $\boldsymbol{P}$ 是 $d \times d$ 正交矩阵，那么有 $\|\boldsymbol{A}\boldsymbol{P}\|_F = \|\boldsymbol{A}\|_F$.

1.33 **紧次可乘情况**. 假设 $\overline{u}$ 和 $\overline{v}$ 是两个列向量 (并不一定具有相同的维数). 证明：由 $\overline{u}$ 和 $\overline{v}$ 的外积得到的矩阵 $\overline{u}\,\overline{v}^{\mathrm{T}}$ 的 Frobenius 范数为 $\|\overline{u}\|\|\overline{v}\|$.

1.34 **Frobenius 正交性与勾股定理**. 称两个 $n \times d$ 矩阵 $\boldsymbol{A}$ 和 $\boldsymbol{B}$ 是 Frobenius 正交的，如果这两个矩阵对应元素的乘积的和为零 (即 $\mathrm{tr}(\boldsymbol{A}\boldsymbol{B}^{\mathrm{T}}) = 0$). 那么证明如下等式：

$$\|\boldsymbol{A} + \boldsymbol{B}\|_F^2 = \|\boldsymbol{A}\|_F^2 + \|\boldsymbol{B}\|_F^2$$

1.35 设 $\overline{x}$ 和 $\overline{y}$ 是两个 n 维的正交列向量，$\overline{a}, \overline{b}$ 是两个任意 d 维列向量. 证明：外积 $\overline{x}\,\overline{a}^{\mathrm{T}}$ 和 $\overline{y}\,\overline{b}^{\mathrm{T}}$ 是 Frobenius 正交的 (关于 Frobenius 正交性的定义，见习题 1.34).

1.36 假设对矩阵执行一系列行和列运算. 证明：只要保持行和列运算之间的顺序，那么行序列和列序列的合并方式就不会改变最终的结果矩阵 [提示：应用算子矩阵].

1.37 证明：任意正交上三角形矩阵都是对角矩阵.

1.38 考虑一组已经被单位规范化的向量 $\overline{x}_1, \cdots, \overline{x}_n$. 尽管这些向量并不已知，但是知道 $n \times n$ 矩阵 $\boldsymbol{\Delta}$ 中所有成对的平方欧几里得距离. 讨论为什么可以通过对矩阵 $-\dfrac{1}{2}\boldsymbol{\Delta}$ 中的每一个元素加 1 来导出 $n \times n$ 成对点积矩阵.

1.39 我们知道任意矩阵与其逆矩阵都是可交换的. 我们想要证明这个结果的一个推广. 考虑关于一个方阵 $\boldsymbol{A}$ 的多项式函数 $f(\boldsymbol{A})$ 和 $g(\boldsymbol{A})$ 且 $f(\boldsymbol{A})$ 是可逆的. 证明如下交换律成立：

$$[f(\boldsymbol{A})]^{-1} g(\boldsymbol{A}) = g(\boldsymbol{A}) [f(\boldsymbol{A})]^{-1}$$

1.40 给出一个 2×2 矩阵 $\boldsymbol{A}$ 和一个多项式函数 $f(\cdot)$，其中 $\boldsymbol{A}$ 是可逆的，但 $f(\boldsymbol{A})$ 并不是可逆的. 给出矩阵 $\boldsymbol{A}$ 的一个例子，使得 $\boldsymbol{A}$ 是不可逆的，而 $f(\boldsymbol{A})$ 是可逆的. 注意，多项式中的常数项对应于单位矩阵的倍数.

1.41 设 $\boldsymbol{A}$ 是一个矩形矩阵，$f(\cdot)$ 是一个多项式函数. 证明 $\boldsymbol{A}^{\mathrm{T}} f(\boldsymbol{A}\boldsymbol{A}^{\mathrm{T}}) = f(\boldsymbol{A}^{\mathrm{T}}\boldsymbol{A})\boldsymbol{A}^{\mathrm{T}}$. 假设 $f(\boldsymbol{A}\boldsymbol{A}^{\mathrm{T}})$ 和 $f(\boldsymbol{A}^{\mathrm{T}}\boldsymbol{A})$ 是可逆的，证明：

$$[f(\boldsymbol{A}^{\mathrm{T}}\boldsymbol{A})]^{-1}\boldsymbol{A}^{\mathrm{T}} = \boldsymbol{A}^{\mathrm{T}}[f(\boldsymbol{A}\boldsymbol{A}^{\mathrm{T}})]^{-1}$$

将推出等式解释为该结果的一个特例.

1.42 讨论为什么不能将标量形式 $(a+b)^n$ 的二项展开式推广到矩阵形式 $(\boldsymbol{A}+\boldsymbol{B})^n$ 的展开式. 此外，讨论对于某些多项式函数 $f(\cdot)$，当 $\boldsymbol{B} = f(\boldsymbol{A})$ 时为什么可以推广该结果.

1.43 假设 $\boldsymbol{A}$ 是 $d \times d$ 矩阵且满足 $\boldsymbol{A}^4 = \boldsymbol{O}$. 给出 $(\boldsymbol{I} + \boldsymbol{A})^{-1}$ 作为关于 $\boldsymbol{A}$ 的矩阵多项式的代数表达式.

1.44 通过将如下三角形矩阵表示为两个合适的矩阵之和来计算其逆 (见 1.2.5节)：

$$\boldsymbol{A} = \begin{bmatrix} 1 & 0 & 0 \\ 2 & 1 & 0 \\ 1 & 3 & 1 \end{bmatrix}$$

1.45 将元素全为 1 的 $d \times d$ 矩阵 $\boldsymbol{M}$ 表示为两个 d 维向量的外积. 应用矩阵逆引理推导出 $(\boldsymbol{I}+\boldsymbol{M})^{-1}$ 的代数表达式.

1.46 证明：如果 $\boldsymbol{A}$ 和 $\boldsymbol{B}$ 是可交换的，那么矩阵多项式 $f(\boldsymbol{A})$ 和 $g(\boldsymbol{B})$ 也是可交换的.

1.47 证明：如果可逆矩阵 $\boldsymbol{A}$ 和 $\boldsymbol{B}$ 是可交换的，那么对任意整数 k 和 $s \in [-\infty, \infty]$，$\boldsymbol{A}^k$ 和 $\boldsymbol{B}^s$ 也是可交换的. 在一个含有正和负整数指数的“多项式”的拓展定义下，证明习题 1.46 的结果仍成立.

1.48 设 $\boldsymbol{U}=[u_{ij}]$ 是 $d \times d$ 上三角形矩阵. 将矩阵多项式 $f(\boldsymbol{U})$ 的对角线元素表示为关于原始矩阵元素 u_{ij} 的标量函数.

1.49 **逆矩阵的多项式表示**. Cayley-Hamilton 定理表明，对任意满足 $f(\boldsymbol{A})=0$ 的矩阵 $\boldsymbol{A}$，一个有限次数的多项式 $f(\cdot)$ 总是存在. 利用这个事实证明 $\boldsymbol{A}$ 的逆也是一个有限次数的多项式.

1.50 通过求矩阵和的逆推导一个 3×3 行加法算子的逆.

1.51 对任意一个非可逆矩阵 $\boldsymbol{A}$，证明无穷级数 $\sum_{k=0}^{\infty}(\boldsymbol{I}-\boldsymbol{A})^k$ 不可能收敛到一个有限矩阵. 给出两个例子说明如果 $\boldsymbol{A}$ 是可逆的，这个无穷级数可能收敛也有可能不收敛.

1.52 这一章证明了可逆矩阵 $\boldsymbol{A}_1, \boldsymbol{A}_2, \cdots, \boldsymbol{A}_k$ 的乘积也是可逆的. 证明如下逆命题：如果方阵 $\boldsymbol{A}_1, \boldsymbol{A}_2, \cdots, \boldsymbol{A}_k$ 的乘积是可逆的，那么每一个矩阵 $\boldsymbol{A}_i$ 也是可逆的. [提示：你只需要用本章所讨论的最基本的结果就可证明该结论.]

1.53 证明：如果一个以不同 $\lambda_1, \cdots, \lambda_d$ 为对角线元素的 $d \times d$ 对角矩阵 $\boldsymbol{\Delta}$ 与 $\boldsymbol{A}$ 是可交换的，那么 $\boldsymbol{A}$ 是一个对角矩阵.

1.54 一个以 0, 1 为元素值的 2×2 二元矩阵的多大比例矩阵是可逆的?

CHAPTER 2

第 2 章 线性变换与线性系统

“你不能批评几何学，因为它从来都不会错.”

——保罗 · 兰德 (Paul Rand)

2.1 引言

机器学习算法用来处理数据矩阵，而这些数据矩阵可以看作行向量或列向量的集合. 例如，人们可以将 $n \times d$ 数据矩阵视为一个 d 维空间中 n 个点的集合，也可以将这些列视为特征. 这些行向量和列向量的集合定义了一个*向量空间*. 在这一章中，我们将介绍向量空间的基本性质及其与求解线性方程组的联系. 这类问题也是线性回归问题的一个特例，而线性回归是机器学习中的基本组成部分之一.

我们还将研究作为具有几何解释的线性算子的矩阵乘法. 如 1.3.2 节所讨论的，矩阵与向量相乘能被用来表示对该向量执行旋转、缩放和反射运算. 事实上可以证明向量与矩阵的乘法为作用于向量的旋转、缩放和反射的某种组合. 大部分线性代数理论是从笛卡儿几何中得到启发的. 然而，笛卡儿几何通常只在二维或三维空间中研究. 另外，线性代数自然地定义在任何维度的空间中.

本章内容安排如下. 本节的其余部分将介绍线性变换的概念. 2.2 节将给出对线性变换几何性质的基本理解. 2.3 节介绍线性代数的基础知识. 关于行空间和列空间的线性代数将在 2.4 节中引入. 2.5 节则讨论求解线性方程组的问题. 2.6 节给出矩阵秩的概念. 2.7 节介绍生成正交基集的不同方法. 在 2.8 节中，我们证明求解线性方程组是最小二乘回归的一个特例，而最小二乘回归是机器学习的基本组成部分之一. 病态矩阵和病态方程组的问题在 2.9 节中讨论. 2.10 节和 2.11 节分别引入内积和复向量空间. 2.12 节将进一步总结本章内容.

什么是线性变换

线性变换是线性代数中向量运算的核心，通常通过矩阵和向量相乘来实现．线性变换的定义如下：

定义 2.1.1 (线性变换)　称一个向量到向量的函数 $f(\overline{x})$ 定义了一个关于 $\overline{x}$ 的线性变换，如果对任意标量 c，满足如下条件：

$$f(c\overline{x}) = cf(\overline{x}), \quad \text{对任意在 } f(\cdot) \text{ 定义中的 } \overline{x}$$

$$f(\overline{x}+\overline{y}) = f(\overline{x}) + f(\overline{y}), \quad \text{对任意在 } f(\cdot) \text{ 定义中的 } \overline{x},\ \overline{y}$$

向量到向量函数是标量函数概念的推广，它将 d 维向量映射为 n 维向量，其中 d 和 n 为正整数．考虑函数 $f(\overline{x}) = \boldsymbol{A}\overline{x}$，其对 $n \times d$ 矩阵 $\boldsymbol{A}$ 左乘 d 维列向量 $\overline{x}$ 从而得到一个 n 维列向量．该函数满足定义 2.1.1 中的条件，因此其是一个线性变换．

另外，平移算子并不是一个线性变换．考虑将 d 维向量 $\overline{x}$ 平移向量 $\overline{b} = [b_1, \cdots, b_d]^{\mathrm{T}}$ 的变换：

$$f(\overline{x}) = \overline{x} + \overline{b}$$

该变换并不满足可加和可乘性质．在机器学习中，通常使用平移运算来对数据进行均值中心化，即从数据集的每一行中减去一个恒定的均值向量．因此，变换后的数据集的每列的均值变为 0. 图 2.1 举例说明了均值中心化对一个二维数据集散点图的影响．

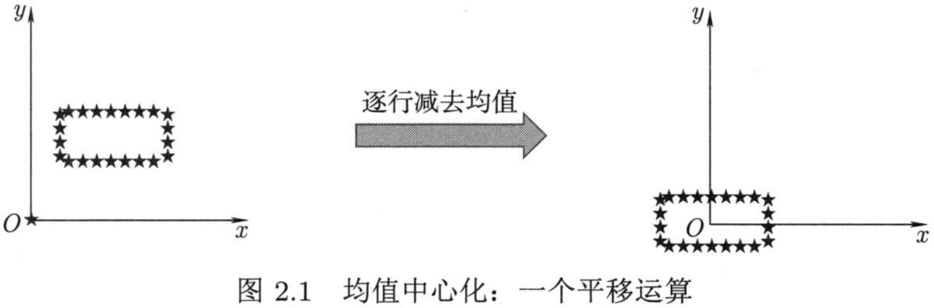

图 2.1　均值中心化：一个平移运算

平移是仿射变换类的特殊情况，仿射变换是形如 $f(x) = \boldsymbol{A}\overline{x} + \overline{c}$ 的任意变换，其中 $\boldsymbol{A}$ 是一个 $n \times d$ 矩阵，$\overline{x}$ 是一个 d 维向量，$\overline{c}$ 是一个 n 维列向量．简单地说，仿射变换是线性变换与一个平移的组合．可以按如下方式定义仿射变换：

定义 2.1.2 (仿射变换)　称一个向量到向量的函数 $f(\overline{x})$ 定义了一个关于 $\overline{x}$ 的仿射变换，如果对任意常数 λ, 如下条件满足：

$$f(\lambda\overline{x} + [1-\lambda]\overline{y}) = \lambda f(\overline{x}) + [1-\lambda]f(\overline{y}), \quad \text{对任意在 } f(\cdot) \text{ 定义中的 } \overline{x},\ \overline{y}$$

所有线性变换都是仿射变换的特例，但反之并不成立．然而，在数学中，“线性”和“仿射”这两个术语的使用存在着相当大的混淆和歧义．许多数学子领域会交替使用术语“线性”和“仿射”. 例如，最简单的单变量函数 $f(x) = mx + b$ 被普遍称为“线性”，其允许非零平移 b. 这将使它成为一个仿射变换. 然而，从线性代数的角度来看，线性变换的概念更加严格，它甚至不包括一元函数 $f(x) = mx + b$，除非偏差项b 为零. 线性变换类 (从线性代数的角度) 总是可以从几何上表示为关于原点的一个或多个旋转、反射和扩张/收缩的序列. 在这些运算之后，原点总是映射到其自身，因此不包括平移. 不幸的是，在机器学习中使用“线性”这个词几乎总是允许平移 (很多情况会使用偏差项这个术语)，这使得术语的使用有些混乱. 在本书中，“线性变换”或“线性算子”将用于线性代数的内容中 (其不包括平移)，而“线性函数”等术语将用于机器学习的内容中 (其包括平移).

2.2 矩阵乘法的几何表示

2.1 节的讨论已经说明一个 $n \times d$ 矩阵与一个 d 维向量的乘积是线性变换的一个例子，事实证明，反之亦然：

引理 2.2.1 (线性变换可表示为矩阵乘积) 任意从 d 维向量到 n 维向量的线性映射 $f(\overline{x})$ 能被表示为一个矩阵与向量的乘积 $\boldsymbol{A}\overline{x}$，其中 $\boldsymbol{A}$ 的构造如下：$n \times d$ 矩阵 $\boldsymbol{A}$ 的列为 $f(\overline{e}_1), \cdots, f(\overline{e}_d)$，这里 $\overline{e}_i$ 为 $d \times d$ 单位矩阵的第 i 列.

证明 由于 $\boldsymbol{A}\overline{e}_i$ 返回的是 $\boldsymbol{A}$ 的第 i 列，即 $f(\overline{e}_i)$，因此 $f(\overline{e}_i) = \boldsymbol{A}\overline{e}_i$ 成立. 进一步，对任意向量 $\overline{x} = [x_1, \cdots, x_d]^{\mathrm{T}}$，我们可以将 $f(\overline{x})$ 表示为如下形式：

$$f(\overline{x}) = f\left(\sum_{i=1}^{d} x_i \overline{e}_i\right) = \sum_{i=1}^{d} x_i f\left(\overline{e}_i\right) = \sum_{i=1}^{d} x_i [\boldsymbol{A}\overline{e}_i] = \boldsymbol{A}\left[\sum_{i=1}^{d} x_i \overline{e}_i\right] = \boldsymbol{A}\overline{x}$$

于是，线性变换 $f(\overline{x})$ 总可以表示为 $\boldsymbol{A}\overline{x}$. □

将 $\boldsymbol{A}$ 设置为标量 m 则得到一个标量到标量的线性函数 $f(x) = mx + b$ $(b = 0)$ 的特例. 对于向量到向量的变换，我们可以将行向量 $\overline{y}$ 变换为 $\overline{y}\boldsymbol{V}$，或者 (等价地) 将列向量 $\overline{x} = \overline{y}^{\mathrm{T}}$ 变换为 $\boldsymbol{V}^{\mathrm{T}}\overline{x}$:

$$f(\overline{y}) = \overline{y}\boldsymbol{V} \quad [\text{关于行向量 } \overline{y} \text{ 的线性变换}]$$

$$g(\overline{x}) = \boldsymbol{V}^{\mathrm{T}}\overline{x} \quad [\text{关于列向量 } \overline{x} = \overline{y}^{\mathrm{T}} \text{ 的相同变换}]$$

我们还可以将 $n \times d$ 矩阵 $\boldsymbol{D}$ 与 $d \times d$ 矩阵 $\boldsymbol{V}$ 之间的矩阵到矩阵的乘法视为关于第一个矩阵行的线性变换. 也就是说，$n \times d$ 矩阵 $\boldsymbol{D}' = \boldsymbol{D}\boldsymbol{V}$ 的第 i 行是原始矩阵 $\boldsymbol{D}$ 的第 i 行的变换表示. 机器学习中的数据矩阵通常在其行中包含多维点.

通过将矩阵表示为更简单矩阵的乘积，矩阵变换可以被分解为几何上可解释的变换序列 (见 1.3 节).

观察 2.2.1 (几何变换序列表示的矩阵乘积) 一个向量与 $\boldsymbol{V}=\boldsymbol{V}_1\boldsymbol{V}_2\cdots\boldsymbol{V}_r$ 相乘所生成的几何变换可以通过如下重新组合乘积而被看作一系列更简单的几何变换：

$$\underbrace{\overline{y}\boldsymbol{V}=([(\overline{y}\boldsymbol{V}_1)\boldsymbol{V}_2]\cdots\boldsymbol{V}_r)}_{\text{对于行向量 }\overline{y}},\qquad \underbrace{\boldsymbol{V}^{\mathrm{T}}\overline{x}=(\boldsymbol{V}_r^{\mathrm{T}}[\boldsymbol{V}_{r-1}^{\mathrm{T}}\cdots(\boldsymbol{V}_1^{\mathrm{T}}\overline{x})])}_{\text{对于列向量 }\overline{x}=\overline{y}^{\mathrm{T}}}$$

注意，上面使用括号对表达式进行分组以便将与矩阵 $\boldsymbol{V}_1,\cdots,\boldsymbol{V}_r$ 所对应的简单几何运算按次序作用到相应的向量上. 下面将讨论一些重要的几何算子，我们先从正交算子开始.

2.2.1 正交变换

正交 2×2 矩阵 $\boldsymbol{V}_r$ 和 $\boldsymbol{V}_c$ 分别按如下方式将二维行向量和列向量逆时针方向旋转 $\theta°$：

$$\boldsymbol{V}_r=\begin{bmatrix}\cos(\theta) & \sin(\theta)\\ -\sin(\theta) & \cos(\theta)\end{bmatrix},\quad \boldsymbol{V}_c=\begin{bmatrix}\cos(\theta) & -\sin(\theta)\\ \sin(\theta) & \cos(\theta)\end{bmatrix}\tag{2.1}$$

对于一个 $n\times 2$ 数据矩阵 $\boldsymbol{D}$，乘积 $\boldsymbol{D}\boldsymbol{V}_r$ 将通过 $\boldsymbol{V}_r$ 旋转 $\boldsymbol{D}$ 的每一行，而乘积 $\boldsymbol{V}_c\boldsymbol{D}^{\mathrm{T}}$ 将等效地旋转 $\boldsymbol{D}^{\mathrm{T}}$ 的每一列. 我们还可以根据原始数据在旋转坐标系上的投影来查看旋转后的数据 $\boldsymbol{D}\boldsymbol{V}_r$. 固定坐标系的数据的逆时针方向旋转等同于固定数据的坐标系的顺时针方向旋转. 本质上，变换矩阵 $\boldsymbol{V}_r$ 的两列表示被顺时针方向旋转 θ 后新坐标系上的相互正交的单位向量. 通过逆时针方向旋转 30° 得到的这两个新列显示在图 2.2a. 变换返回的是这些列向量上的数据点的坐标 $\boldsymbol{D}\boldsymbol{V}_r$, 这是因为我们正在计算 $\boldsymbol{D}$ 的每一行与 $\boldsymbol{V}_r$ 的 (单位长度) 列的点积. 在这种情况下，$\boldsymbol{V}_r$(新坐标系中的正交方向) 的两列与向量 $[1,0]$ 以逆时针方向分别形成 $-30°$ 和 $60°$. 因此，通过用 $[\cos(\theta),\sin(\theta)]^{\mathrm{T}}$ 形式的向量来填充列从而得到相应的矩阵 $\boldsymbol{V}_r$，其中 θ 是每个新的规范正交坐标轴方向与向量 $[1,0]$ 形成的角度. 这就得到了如下的矩阵 $\boldsymbol{V}_r$:

$$\boldsymbol{V}_r=\begin{bmatrix}\cos(-30) & \cos(60)\\ \sin(-30) & \sin(60)\end{bmatrix}=\begin{bmatrix}\cos(30) & \sin(30)\\ -\sin(30) & \cos(30)\end{bmatrix}\tag{2.2}$$

在新坐标轴上执行每个数据点的投影后，我们可以重新确定图的方向使新坐标轴与原始的 X 轴和 Y 轴对齐 (如图 2.2a 到图 2.2b 的转换所示). 很容易看出，最终的结果是数据点关于原点逆时针方向旋转 30°.

正交矩阵可能会包含反射. 考虑如下矩阵：

$$\boldsymbol{V}=\begin{bmatrix}0 & 1\\ 1 & 0\end{bmatrix}\tag{2.3}$$

对于任意包含在 $n\times 2$ 矩阵 $\boldsymbol{D}$ 中的二维数据集，矩阵 $\boldsymbol{D}$ 的行变换 $\boldsymbol{D}\boldsymbol{V}$ 可以简单地翻转 $\boldsymbol{D}$ 每行中的两个坐标. 由此产生的变换不能单纯地表示为旋转. 这是因为变换的确改变了数据的倾向——例如，如果 $n\times 2$ 矩阵 $\boldsymbol{D}$ 的 n 行散点图描绘右手，那么 $n\times 2$ 矩阵 $\boldsymbol{DV}$ 的散点图则描绘左手．直观上，当你看着镜子里自己的映像时，你的左手似乎就是你的右手．这意味着需要在某个地方进行反射．关键点是 $\boldsymbol{V}$ 可以通过在向量 $[0,1]$ 上的反射表示为逆时针方向旋转 $90°$ 的乘积：

$$\boldsymbol{V}=\begin{bmatrix}\cos(90) & \sin(90)\\ -\sin(90) & \cos(90)\end{bmatrix}\begin{bmatrix}-1 & 0\\ 0 & 1\end{bmatrix}$$

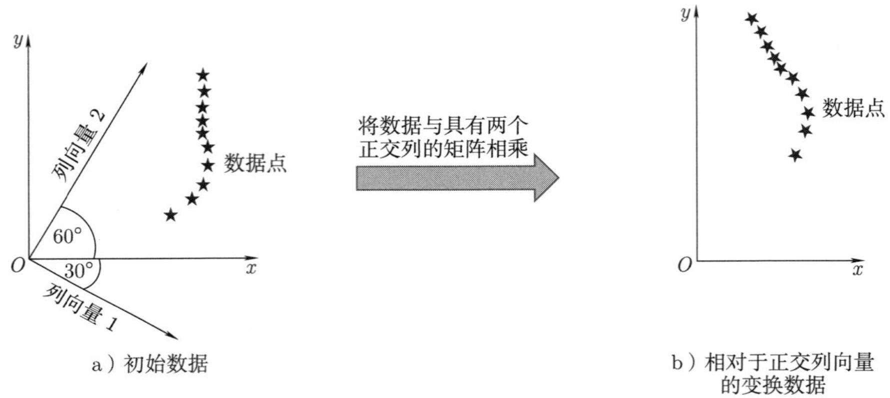

图 2.2 用矩阵乘法将变换矩阵的两列逆时针方向旋转 30° 的示例

注意到 $\boldsymbol{V}$ 可以写为两个矩阵的相乘，那么当 $\boldsymbol{D}$ 中的一行右乘 $\boldsymbol{V}$，由于与第一个矩阵相乘，其首先被逆时针方向旋转 $90°$，然后由于与第二个矩阵相乘，它的第一个坐标会被乘以 -1(即在 Y 轴 $[0,1]$ 上的反射)．上述变换可以通过将二维行向量 $[3,4]$ 左乘 $\boldsymbol{V}$ 作为例子来说明：

$$[3,4]\boldsymbol{V}=\underbrace{[3,4]\begin{bmatrix}\cos(90) & \sin(90)\\ -\sin(90) & \cos(90)\end{bmatrix}}_{\text{逆时针方向旋转 }90°}\begin{bmatrix}-1 & 0\\ 0 & 1\end{bmatrix}=\underbrace{[-4,3]\begin{bmatrix}-1 & 0\\ 0 & 1\end{bmatrix}}_{\text{反射}}=[4,3]$$

注意到上面的中间结果 $[-4,3]$ 实际上是将 $[3,4]$ 旋转 $90°$ 而得．然而，一个正交矩阵分解成旋转和反射的乘积并不是唯一的．例如，如果我们在上面的示例中在 $[1,0]$ 而不是在 $[0,1]$ 进行反射，那么逆时针方向旋转 $270°$ 也可以得到同样的结果．

一个正交矩阵可能对应于维数大于 3 的空间中的一系列旋转．例如，如果 $xyzw$ 坐标系中的一个四维对象在 xy 平面上以角度 α 旋转一次，而在 zw 平面上以角度 β 旋转一次，于是两个独立的旋转不能用同一个角度或旋转平面来表示．然而，我们仍然称所得到的 4×4 正交矩阵为“旋转矩阵”(尽管其是一系列的旋转)．在某些情况下，反射包含在旋转中．特别地，当序列中包括强制反射时，所得到的矩阵被称为*旋转反射矩阵*．

引理 2.2.2 (正交在乘法下的封闭性)　任意多个正交矩阵的乘积仍然是正交矩阵.

证明　对任意正交矩阵集 $\boldsymbol{A}_1, \boldsymbol{A}_2, \cdots, \boldsymbol{A}_n$，我们可以证明如下等式成立:

$$(\boldsymbol{A}_1\boldsymbol{A}_2\cdots\boldsymbol{A}_n)(\boldsymbol{A}_1\boldsymbol{A}_2\cdots\boldsymbol{A}_n)^{\mathrm{T}} = \boldsymbol{A}_1\boldsymbol{A}_2\cdots\boldsymbol{A}_n\boldsymbol{A}_n^{\mathrm{T}}\boldsymbol{A}_{n-1}^{\mathrm{T}}\cdots\boldsymbol{A}_1^{\mathrm{T}} = \boldsymbol{I}$$

通过对相邻正交矩阵 (如 $\boldsymbol{A}_n\boldsymbol{A}_n^{\mathrm{T}}$) 进行重复分组结合，并用单位矩阵代替，就可以得到最终结果. 因为矩阵乘积 $\boldsymbol{A}_1\boldsymbol{A}_2\cdots\boldsymbol{A}_n$ 也是它的逆矩阵，故该乘积矩阵是正交的. □

正交矩阵的乘积是否满足交换律呢? 乍一看，人们可能会错误地认为旋转矩阵的乘积是可交换的. 毕竟，是否先将对象旋转 50°，然后旋转 30°, 其实并不重要，反之亦然. 然而，这种二维的可交换的可视化在更高维度的情况下会出现问题 (或者甚至在二维空间中反射与旋转相结合时). 也就是说，正交矩阵的乘积不一定满足交换律. 主要的问题在于，在更高维度空间上的旋转与被称为旋转轴的向量相关联. 不对应于同一旋转轴的正交矩阵可能是不可交换的. 例如，如果我们关于两个相互垂直的轴连续旋转一个球体 90°，球体上离我们最近的点将落在不同的位置，这取决于哪个旋转首先发生. 为了理解这一点，考虑如下两个 3×3 矩阵 $\boldsymbol{R}_{[1,0,0]}$ 和 $\boldsymbol{R}_{[0,1,0]}$, 它们分别关于 $[1,0,0]$ 和 $[0,1,0]$ 逆时针方向旋转角度 α 和 β:

$$\boldsymbol{R}_{[1,0,0]} = \begin{bmatrix} 1 & 0 & 0 \\ 0 & \cos(\alpha) & \sin(\alpha) \\ 0 & -\sin(\alpha) & \cos(\alpha) \end{bmatrix}, \quad \boldsymbol{R}_{[0,1,0]} = \begin{bmatrix} \cos(\beta) & 0 & \sin(\beta) \\ 0 & 1 & 0 \\ -\sin(\beta) & 0 & \cos(\beta) \end{bmatrix} \tag{2.4}$$

为了理解二维以上正交矩阵的性质，我们让读者注意到如下的事实:

1. 对行向量 $[x, y, z]$ 右乘矩阵 $\boldsymbol{R}_{[1,0,0]}$ 仅使该向量围绕 $[1,0,0]$ 旋转 (并不改变第一个坐标)，而右乘矩阵 $\boldsymbol{R}_{[0,1,0]}$ 则使向量围绕 $[0,1,0]$ 旋转 (并不改变第二个坐标).
2. 矩阵 $\boldsymbol{R}_{[1,0,0]}\boldsymbol{R}_{[0,1,0]}$ 是一个具有正交行和正交列的矩阵 (可以用代数方法验证).
3. $\boldsymbol{R}_{[1,0,0]}$ 和 $\boldsymbol{R}_{[0,1,0]}$ 的矩阵乘积对相乘的次序很敏感. 因此，旋转的次序也很重要. 不管在哪个旋转轴下，所有三维旋转矩阵都可以几何地表示为一个单一旋转.

2.2.2　Givens 旋转与 Householder 反射

不可能用在维数大于 3 下的单一角度来表示旋转矩阵——在这种情况下，不同角度的独立旋转可能发生在不相关的平面 (例如 xy 平面和 zw 平面). 因此，我们必须将旋转变换表示为一系列基本旋转，其中每个旋转都发生在二维平面上. 定义初等旋转的一个自然选择是 Givens *旋转*，其事实上是式 (2.4) 在更高维度上的一个推广. 一个 $d\times d$ 的 Givens 旋转总是选择两个坐标轴并在由其确定的平面中进行旋转，从而使 d 维行向量右乘该旋转矩阵后仅改变两个坐标. Givens 旋转矩阵与单位矩阵相比只有 2×2 个相关的元素不同；而这 2×2 个不同的元素与 2×2 旋转矩阵的元素完全相同. 例如，下面的 4×4Givens 旋转

矩阵 $\boldsymbol{G}_r(2,4,\alpha)$ 在右乘到一个行向量时，得到的结果仅将第二和第四个坐标逆时针方向旋转角度 α, 而它的转置 $\boldsymbol{G}_c(2,4,\alpha)$ 可以左乘到一个列向量来得到相同的效果：

$$\underbrace{\boldsymbol{G}_r(2,4,\alpha)=\begin{bmatrix}1 & 0 & 0 & 0\\ 0 & \cos(\alpha) & 0 & \sin(\alpha)\\ 0 & 0 & 1 & 0\\ 0 & -\sin(\alpha) & 0 & \cos(\alpha)\end{bmatrix}}_{\text{对于行向量}},\quad \underbrace{\boldsymbol{G}_c(2,4,\alpha)=\begin{bmatrix}1 & 0 & 0 & 0\\ 0 & \cos(\alpha) & 0 & -\sin(\alpha)\\ 0 & 0 & 1 & 0\\ 0 & \sin(\alpha) & 0 & \cos(\alpha)\end{bmatrix}}_{\text{对于列向量}}$$

对于逐行变换矩阵和逐列变换矩阵，我们对符号 $\boldsymbol{G}(\cdot,\cdot,\cdot)$ 标以下标“r”或“c”来加以区分. 所有正交矩阵都可以分解为 Givens 旋转，尽管有时可能需要反射. 我们下面陈述文献 [52] 中的一个相关结果，这里正式的证明从略：

引理2.2.3(Givens 几何分解) *所有 $d\times d$ 正交矩阵都可以表示为至多 $O(d^2)$ 个 Givens 旋转和至多一个初等反射矩阵 (通过对单位矩阵的一个对角线元素求逆得到) 的乘积.*

Givens 旋转在数值线性代数中有许多有用的应用 (见文献 [52]).

问题 2.2.1 *证明一个 $d\times d$ 初等行交换矩阵可以表示为一个 $90°$ 的 Givens 旋转和一个初等反射的乘积.*

到目前为止，我们只引入了对角线反射矩阵，其可以翻转一个向量分量的符号. Householder 反射矩阵是一个正交矩阵，它在任意方向的“镜像”超平面上反射向量 $\overline{x}$. 这样的超平面通过原点，其方向由任意法向量 $\overline{v}$(单位长度) 来定义. 假设 $\overline{x}$ 和 $\overline{v}$ 都是列向量. 首先，注意到 $\overline{x}$ 到“镜像”超平面的距离是 $c=\overline{x}\cdot\overline{v}$. 一个物体和它的镜像沿方向 $\overline{v}$ 被分离为该距离的两倍. 因此，要进行 $\overline{x}$ 的反射并得到其镜像 $\overline{x}'$，就必须从 $\overline{x}$ 中减去两倍的 $c\overline{v}$：

$$\overline{x}'\Leftarrow\overline{x}-2(\overline{x}\cdot\overline{v})\overline{v}=\overline{x}-2(\overline{v}^{\mathrm{T}}\overline{v})\overline{v}=\overline{x}-2\overline{v}(\overline{v}^{\mathrm{T}}\overline{v})=\overline{x}-2(\overline{v}\,\overline{v}^{\mathrm{T}})\overline{x}=\underbrace{(\boldsymbol{I}-2\overline{v}\,\overline{v}^{\mathrm{T}})}_{\text{Householder}}\overline{x}$$

对于任何单位 (列) 向量 $\overline{v}$, 矩阵 $\boldsymbol{I}-2\overline{v}\,\overline{v}^{\mathrm{T}}$ 是垂直于 $\overline{v}$ 并通过原点的超平面上的初等反射矩阵. 称这个矩阵为 Householder *反射矩阵*. 任意正交矩阵都可以用比 Givens 旋转更少的 Householder 反射来表示. 因此，前者是一种应用更广的变换.

引理 2.2.4 (Householder 几何分解) *任意大小为 $d\times d$ 的正交矩阵都可以表示为至多 d 个 Householder 反射矩阵的乘积.*

问题 2.2.2 (反射的反射) *用代数方法验证 Householder 反射矩阵的平方是一个单位矩阵.*

问题 2.2.3 *证明初等反射矩阵是 Householder 反射矩阵的一个特例，它与单位矩阵的区别仅仅在于翻转了第 i 个对角线元素的符号.*

问题 2.2.4 (广义Householder) *证明 k 个相互正交的 Householder 变换序列可以表示为 $\boldsymbol{I}-2\boldsymbol{Q}\boldsymbol{Q}^{\mathrm{T}}$, 其中 $\boldsymbol{Q}$ 为规范正交列的 $d\times k$ 矩阵. 这是哪个 $(d-k)$ 维平面的反射?*

正交变换的刚性

向量之间的点积和欧几里得距离不受正交矩阵乘法变换的影响. 这是因为正交变换是一系列的旋转和反射，其并不会改变长度和角度. 这个事实也可以用代数方法来证明. 考虑两个 d 维行向量 $\overline{x}$ 和 $\overline{y}$，其分别用 $d \times d$ 正交矩阵 $\boldsymbol{V}$ 变换为 $\overline{x}\boldsymbol{V}$ 和 $\overline{y}\boldsymbol{V}$. 于是，这些变换后的向量之间的点积如下：

$$[\overline{x}\boldsymbol{V}] \cdot [\overline{y}\boldsymbol{V}] = [\overline{x}\boldsymbol{V}][\overline{y}\boldsymbol{V}]^{\mathrm{T}} = [\overline{x}\boldsymbol{V}][\boldsymbol{V}^{\mathrm{T}}\overline{y}^{\mathrm{T}}] = \overline{x}(\boldsymbol{V}\boldsymbol{V}^{\mathrm{T}})\overline{y}^{\mathrm{T}} = \overline{x}(\boldsymbol{I})\overline{y}^{\mathrm{T}} = \overline{x} \cdot \overline{y}$$

点积的这种等价性自然地可以推广到欧几里得距离和向量之间的角度，因为它们都可以看成点积的函数. 这也意味着正交变换保持数据点 (即数据矩阵 $\boldsymbol{D}$ 的行) 关于原点的欧几里得距离的平方和，其也是 $n \times d$ 矩阵 $\boldsymbol{D}$ 的 (平方) Frobenius 范数或能量. 当 $n \times d$ 矩阵 $\boldsymbol{D}$ 被右乘一个 $d \times d$ 正交矩阵，那么 $\boldsymbol{DV}$ 的 Frobenius 范数可以根据迹算子表示如下：

$$\|\boldsymbol{DV}\|_F^2 = \mathrm{tr}[(\boldsymbol{DV})(\boldsymbol{DV})^{\mathrm{T}}] = \mathrm{tr}[\boldsymbol{D}(\boldsymbol{V}\boldsymbol{V}^{\mathrm{T}})\boldsymbol{D}^{\mathrm{T}}] = \mathrm{tr}(\boldsymbol{D}\boldsymbol{D}^{\mathrm{T}}) = \|\boldsymbol{D}\|_F^2$$

保持点对之间距离的变换称为刚性变换. 旋转和反射不仅保持点之间的距离，而且还保持点与原点之间的绝对距离. 平移 (其并不是线性变换) 也是刚性的，因为它们保持了变换点对之间的距离. 然而，平移通常并不保持其与原点的距离.

2.2.3　缩放：一个非刚性变换

通常，向量 $\overline{x}$ 与任意矩阵 $\boldsymbol{V}$ 相乘可能会改变其长度. 如果这样的矩阵可以分解成更简单的几何算子矩阵，如 $\boldsymbol{V} = \boldsymbol{V}_1\boldsymbol{V}_2\cdots\boldsymbol{V}_r$，那么这意味着在这些算子矩阵中一定存在某个基本的几何变换 $\boldsymbol{V}_i$，其并不保持距离. 这种基本的变换是*扩张/收缩* (或更一般地称为*缩放*). 这种变换的基本形式是用一个比例因子 λ_i 来缩放向量 $\overline{x}$ 的第 i 维. 这种变换可以通过将行向量 $\overline{x}$ 右乘一个 $d \times d$ 对角矩阵 $\boldsymbol{\Delta}$ 来实现，其中 $\boldsymbol{\Delta}$ 的第 i 个对角线元素为 λ_i. 注意，所有元素可能都是负的. 在这种情况下，反射运算 (沿相应的坐标轴方向) 与扩张/收缩相结合. 如果不同维数下的比例因子是不同的，那么称该缩放是*各向异性的* (anisotropic). 各向异性缩放对应的一个 2×2 矩阵 $\boldsymbol{\Delta}$ 的示例如下：

$$\boldsymbol{\Delta} = \begin{bmatrix} 2 & 0 \\ 0 & 0.5 \end{bmatrix}$$

将一个二维向量与该矩阵相乘，则第一个坐标将被缩放到 2，而第二个坐标将被缩放到 0.5. 由于不同方向上的比例因子是非单位的，故这种变换并不是刚性的. 此外，如果我们将第一个对角线元素从 2 改为 -2，则此变换将通过以下分解将正扩张/收缩与反射结合起来：

$$\begin{bmatrix} -2 & 0 \\ 0 & 0.5 \end{bmatrix} = \underbrace{\begin{bmatrix} 2 & 0 \\ 0 & 0.5 \end{bmatrix}}_{\text{拉伸}} \underbrace{\begin{bmatrix} -1 & 0 \\ 0 & 1 \end{bmatrix}}_{\text{反射}}$$

于是，反射矩阵是缩放 (对角) 矩阵的一个特例.

2.2.4 一般情况：正交变换与缩放变换的组合

将一个 $n \times d$ 数据矩阵 $\boldsymbol{D}$ 右乘一个对角矩阵 $\boldsymbol{\Delta}$ 得到 $\boldsymbol{D\Delta}$, 其使数据矩阵 $\boldsymbol{D}$ 的第 i 个维度 (列) 与 $\boldsymbol{\Delta}$ 的第 i 个对角线元素成比例. 这是坐标轴平行缩放的一个示例，其中缩放方向与坐标轴对齐. 这正如用对角矩阵进行坐标轴平行缩放一样，利用可对角化矩阵可以沿任意方向进行缩放 (见第 3 章).

考虑这样一种情况，其中我们希望将一个 $n \times 2$ 数据矩阵的每个二维行向量在方向 $[\cos(-30), \sin(-30)]$ 上缩放 2 倍，而在方向 $[\cos(60), \sin(60)]$ 上缩放 0.5 倍. 这可以通过以下方式得到：(i) 首先，通过将数据矩阵 $\boldsymbol{D}$ 乘以正交矩阵 $\boldsymbol{V}$ 使数据集 D 旋转 30°；(ii) 然后将所得矩阵 $\boldsymbol{DV}$ 与对角线元素为 2 和 0.5 的对角矩阵 $\boldsymbol{\Delta}$ 相乘得到 $(\boldsymbol{DV})\boldsymbol{\Delta}$；(iii) 最后，通过将 $\boldsymbol{DV\Delta}$ 乘以 $\boldsymbol{V}^{\mathrm{T}}$ 从而使数据集以相反的方向旋转 (即旋转角度 −30°). 由此产生的变换可以利用矩阵乘法的结合律重新组合如下：

$$\boldsymbol{D}' = \boldsymbol{D}(\boldsymbol{V\Delta V}^{\mathrm{T}})$$

形式为 $\boldsymbol{V\Delta V}^{\mathrm{T}}$ 的这种变换将在第 3 章中讨论.

在比例因子为 2 和 0.5 时，用于沿两个正交向量方向 $[\cos(-30), \sin(-30)]$ 和 $[\cos(60), \sin(60)]$ 上进行各向异性缩放的矩阵可以通过如下定义的 $\boldsymbol{V}$ 和 $\boldsymbol{\Delta}$ 来得到：

$$\boldsymbol{V} = \begin{bmatrix} \cos(-30) & \cos(60) \\ \sin(-30) & \sin(60) \end{bmatrix} = \begin{bmatrix} \cos(30) & \sin(30) \\ -\sin(30) & \cos(30) \end{bmatrix}, \quad \boldsymbol{\Delta} = \begin{bmatrix} 2 & 0 \\ 0 & 0.5 \end{bmatrix}$$

于是，我们得到如下的变换矩阵 $\boldsymbol{A} = \boldsymbol{V\Delta V}^{\mathrm{T}}$：

$$\boldsymbol{A} = \begin{bmatrix} \cos(30) & \sin(30) \\ -\sin(30) & \cos(30) \end{bmatrix} \begin{bmatrix} 2 & 0 \\ 0 & 0.5 \end{bmatrix} \begin{bmatrix} \cos(30) & -\sin(30) \\ \sin(30) & \cos(30) \end{bmatrix} = \begin{bmatrix} 1.625 & -0.650 \\ -0.650 & 0.875 \end{bmatrix}$$

考虑坐标在 $[0,0]$, $[0,1]$, $[1,0]$ 和 $[1,1]$ 的正方形. 这些坐标右乘上述矩阵 $\boldsymbol{A}$ 后会发生什么变化？事实上，线性变换总是将原点变换到原点，于是我们只需将其他三个点叠加到一个 3×2 矩阵 $\boldsymbol{D}$ 中即可. 因此，所得到的变换矩阵 $\boldsymbol{D}' = \boldsymbol{DA}$ 为

$$\boldsymbol{D}' = \boldsymbol{DA} = \begin{bmatrix} 1 & 0 \\ 0 & 1 \\ 1 & 1 \end{bmatrix} \begin{bmatrix} 1.625 & -0.650 \\ -0.650 & 0.875 \end{bmatrix} = \begin{bmatrix} 1.625 & -0.650 \\ -0.650 & 0.875 \\ 0.975 & 0.225 \end{bmatrix}$$

从图形上理解失真的本质也很有帮助. 图 2.3 给出了关于 $\boldsymbol{V}$, $\boldsymbol{\Delta}$, $\boldsymbol{V}^{\mathrm{T}}$(对于矩形散点图) 的变换序列的一个例子. 图 2.4 简洁地显示了相应的数据集 $\boldsymbol{D}' = \boldsymbol{D}\left(\boldsymbol{V\Delta V}^{\mathrm{T}}\right)$ 和缩放变换. 另外，我们也可以把这种直观推广到更高的维数.

然而，并非所有的变换都可以用如上所示的 $\boldsymbol{V}\boldsymbol{\Delta}\boldsymbol{V}^{\mathrm{T}}$ 的形式来表示. 但是，奇异值分解 (见第 7 章) 表明：任何方阵 $\boldsymbol{A}$ 都可以表示为 $\boldsymbol{A}=\boldsymbol{U}\boldsymbol{\Delta}\boldsymbol{V}^{\mathrm{T}}$ 的形式, 其中 $\boldsymbol{U}$ 和 $\boldsymbol{V}$ 均为正交矩阵 (但可能是不同的), 而 $\boldsymbol{\Delta}$ 是非负缩放矩阵. 因此，所有由矩阵乘法定义的线性变换都可以表示为旋转/反射序列以及单个各向异性缩放的变换. 这个结果甚至可以推广到矩形矩阵.

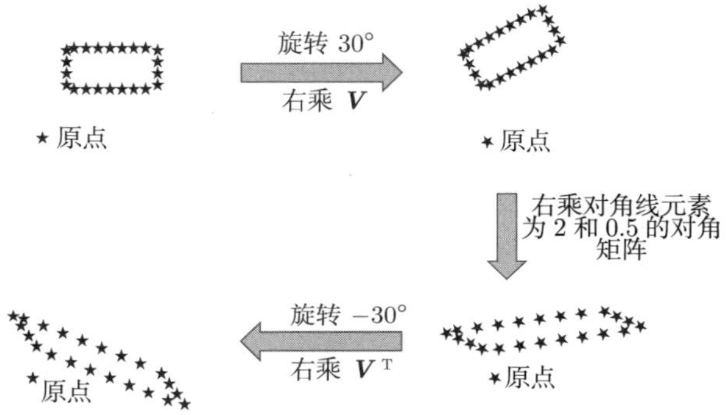

图 2.3　沿两个相互正交方向的各向异性缩放示例

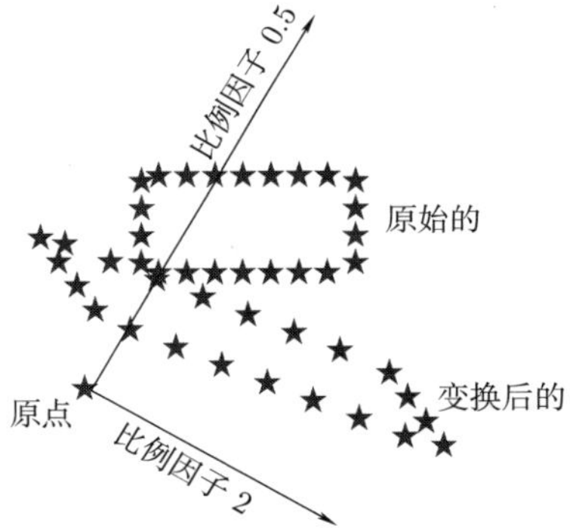

图 2.4　如图 2.3 所示的沿两个方向缩放的变换

2.3　向量空间与几何表示

向量空间是指在加法和尺度运算下封闭的某些类型的无穷向量的集合. 线性代数中最重要的向量空间之一是所有 n 维向量的集合：

定义 2.3.1 (n 维向量空间)　空间 $\mathbf{R}^n$ 由所有具有 n 个实分量的列向量组成.

按照惯例，$\mathbf{R}^n$ 中的向量被视为线性代数中的列向量. 几何上，我们假设 $\mathbf{R}^n$ 中的所有向量以原点为尾部. 这与许多科学领域的向量表示不同，比如物理学，向量 $\overline{x}$ 可能在 $\overline{a}$ 处有一个尾部，而在 $\overline{x}+\overline{a}$ 处有一个头部. 空间 $\mathbf{R}^n$ 是包含无穷多个向量的集合，因为 n 维向量的任何实值分量都可能有无穷多个可能的取值. 此外，我们可以对从 $\mathbf{R}^n$ 中的向量进行缩放，或者对从 $\mathbf{R}^n$ 中两个向量求和但其和仍在 $\mathbf{R}^n$ 中．这是向量空间定义所需的基本性质，它可能包含来自 $\mathbf{R}^n$ 中的某些向量的子集 $\mathcal{V}$：

定义 2.3.2 ($\mathbf{R}^n$ 中的向量空间)　称 $\mathbf{R}^n$ 中的包含某些向量的子集 $\mathcal{V}$ 为一个向量空间，如果其满足如下的性质：

1. 如果 $\overline{x} \in \mathcal{V}$，那么对任意的常数 $c \in \mathbf{R}$，有 $c\overline{x} \in \mathcal{V}$.
2. 如果 $\overline{x}, \overline{y} \in \mathcal{V}$，那么 $\overline{x} + \overline{y} \in \mathcal{V}$.

我们用 $\overline{0}$ 表示零向量，其包含在所有的向量空间中，且它总是满足加法恒等式 $\overline{x} + \overline{0} = \overline{x}$. 仅包含零向量的单点集也可以被认为是一个向量空间 (尽管它是一个相当简单的向量空间)，这是因为这个单点集的确同时满足上述两个性质.

考虑来自 $\mathbf{R}^3$ 中的某些向量的子集使得其中的每个向量的头位于通过原点的一个二维超平面上 (而尾部在原点)．这组向量形成一个向量空间，因为对在以原点为中心的超平面上的向量进行相加或缩放会得到同一超平面上的其他向量．此外，像 $[2,1,3]^{\mathrm{T}}$ 这样的向量的所有倍数 (即 $\mathbf{R}^3$ 中无限直线上的所有点) 也形成一个向量空间，其也是超平面的一个特例．一般来说，向量空间是 $\mathbf{R}^n$ 的子集，其对应于位于以原点为中心的维数至多为 n 的超平面上的向量．因此，$\mathbf{R}^n$ 中的向量空间可以被很好地映射到我们对低维超平面的几何理解上．这些超平面以原点为中心的性质很重要．尾部在原点且头部位于以非原点为中心的超平面上的向量集并不会形成一个向量空间，因为这组向量集合在缩放和加法运算下并不是封闭的．不是向量空间的向量集的另外一个例子是 $\mathbf{R}^3$ 中只有非负分量的所有向量集，因为它在与负标量相乘时不是封闭的．除零向量空间外，所有向量空间都包含一组无穷的向量.

最后，我们观察到向量空间中的每个元素的一个固定线性变换会导致产生另外一个向量空间，因为线性变换保持加法和标量乘法的性质 (见定义 2.1.1)．例如，将一个以原点为中心的超平面上的所有向量与同一矩阵相乘，那么在经历一组几何上可解释的线性变换 (如以原点为中心的旋转和缩放) 后，则会获得位于另一个以原点为中心的超平面上的向量集.

定义 2.3.2 乍一看似乎有些局限性，这是因为我们要求所有向量空间都是 $\mathbf{R}^n$ 中的子集．向量空间的现代概念比 $\mathbf{R}^n$ 中的向量更为宽泛，因为它允许将各种抽象对象视为“向量”，并将无穷个此类对象视为向量空间 (在对这些对象进行适当定义的向量加法和标量乘法运算下)．例如，所有特定大小的上三角形矩阵的空间是一个向量空间，只不过此时的加法运算现在对应于矩阵的逐元素加法．类似地，所有特定最大次数的多项式函数的空间也是一个向量空间，其中加法运算对应于所构成的单项系数的加法．在每种情况下，加法和乘法运算的性质以及零向量 (如零矩阵或零多项式) 的定义取决于所考虑对象的类型．定义 2.3.2 中的向量分量和标量 c 也可以从复数域 (或满足所谓的域公理[㊀]的一组属性的其他

㊀ 域公理是指结合律、交换律、分配律、恒等式和逆的性质．例如：实数、复数和有理数形成一个域．然而，整数并不形成一个域，可参考 `http://mathworld.wolfram.com/Field.html`．于是，我们可以定义实数、复数或有理数集合上的向量．虽然可以在整数集合上更严格地定义向量，但这样的向量将不满足线性代数中的一些基本规则，而这些规则则需要它们被视为一个向量空间.

值集) 中提取. 本书的大部分都是实值向量空间, 尽管我们偶尔会考虑从 $\mathbf{C}^n$ 中提取的向量, 其中 $\mathbf{C}$ 对应于复数域 (见 2.11 节).

向量空间是 $\mathbf{R}^n$ 中的子集的假设并不是人们想象得那么有局限性, 因为我们可以通过将向量空间映射到 $\mathbf{R}^n$ 来间接表示实数域上的大多数向量空间. 例如, $m \times m$ 上三角形矩阵所形成的向量空间可以通过用矩阵项填充来自 $\mathbf{R}^{[m(m+1)/2]}$ 的向量来间接表示. 类似地, 具有指定最大次数的多项式可以表示为包含构成多项式的各种单项式的系数的有限长度向量. 形式上可以证明, 通过坐标表示过程, 实数域上的一大类向量空间可以用 $\mathbf{R}^n$ 来间接表示 (见 2.3.1 节). 此外, 考虑 $\mathbf{R}^n$ 有一个明显的优势就是能够处理矩阵和向量上易于理解的运算.

问题 2.3.1 设 $\overline{x} \in \mathbf{R}^d$ 是一个向量以及 $\boldsymbol{A}$ 是一个 $n \times d$ 矩阵. 下面的每一个集合都是向量空间吗?

(a) 所有满足 $\boldsymbol{A}\overline{x} = \overline{0}$ 的向量 $\overline{x}$ 所形成的集合.

(b) 所有满足 $\boldsymbol{A}\overline{x} \geqslant \overline{0}$ 的向量 $\overline{x}$ 所形成的集合.

(c) 所有满足 $\boldsymbol{A}\overline{x} = \overline{b}$ 的向量 $\overline{x}$ 所形成的集合, 其中 $\overline{b} \in \mathbf{R}^n$ 是某个非零向量.

(d) 所有具有相同行和与列和的特定 $n \times n$ 矩阵 (但未必是跨矩阵) 所形成的集合.

如果向量空间的一个子集自身也是向量空间, 那么则称其为子空间.

定义 2.3.3 (子空间) 设 $\mathcal{S}$ 和 $\mathcal{V}$ 是两个向量空间. 如果任意 $\overline{x} \in \mathcal{S}$ 满足 $\overline{x} \in \mathcal{V}$, 则称向量空间 $\mathcal{S}$ 是向量空间 $\mathcal{V}$ 的子空间. 另外, 当 $\mathcal{V}$ 包含 $\mathcal{S}$ 中不存在的向量时, 那么称子空间 $\mathcal{S}$ 是 $\mathcal{V}$ 的一个真子空间.

我们用集合符号 "$\subseteq$" 来表示两个向量空间的子空间 $\mathcal{S} \subseteq \mathcal{V}$, 而用 "$\subset$" 表示两个向量空间的真子空间关系. 子空间是向量空间的要求确保了 $\mathbf{R}^n$ 中的子空间包含了通过原点的 n 维空间中的超平面上的向量. 当定义子空间的超平面的维数严格小于 n 时, 其对应的子空间是 $\mathbf{R}^n$ 的一个真子空间, 这是因为 $\mathbf{R}^n$ 中的非超平面上的向量并不是子空间的元素. 例如, 向量 $[2,1,5]^{\mathrm{T}}$ 的所有标量倍数的集合定义了 $\mathbf{R}^3$ 中的一个真子空间, 并且它包含所有位于经过原点的一维超平面上的向量. 然而, 不在这个一维超平面上的向量并不是子空间的元素. 类似地, 向量 $[1,0,0]^{\mathrm{T}}$ 和 $[1,2,1]^{\mathrm{T}}$ 可用于定义一个二维超平面 $\mathcal{V}_1$, 其上的每个点都是这对向量的一个线性组合. 位于这个超平面上的向量集也定义了 $\mathbf{R}^3$ 中的一个真子空间. 向量 $[5,4,2]^{\mathrm{T}}$ 和 $[0,2,1]^{\mathrm{T}}$ 都位于这个子空间中, 因为

$$\begin{bmatrix} 5 \\ 4 \\ 2 \end{bmatrix} = 3\begin{bmatrix} 1 \\ 0 \\ 0 \end{bmatrix} + 2\begin{bmatrix} 1 \\ 2 \\ 1 \end{bmatrix}, \quad \begin{bmatrix} 0 \\ 2 \\ 1 \end{bmatrix} = \begin{bmatrix} 1 \\ 2 \\ 1 \end{bmatrix} - \begin{bmatrix} 1 \\ 0 \\ 0 \end{bmatrix}$$

所有 $[5,4,2]^{\mathrm{T}}$ 的标量倍数也定义了一个向量空间 $\mathcal{V}_2$, 该向量空间 $\mathcal{V}_2$ 是 $\mathcal{V}_1$ 的真子空间, 因为定义 $\mathcal{V}_2$ 的直线位于与 $\mathcal{V}_1$ 对应的超平面上. 也就是说, 我们有 $\mathcal{V}_2 \subset \mathcal{V}_1 \subset \mathbf{R}^3$. 对于向量空间 $\mathbf{R}^3$, 其真子空间的例子可以是位于 (i) 通过原点的任何二维平面; (ii) 通过原点的任

何一维直线；(iii) 零向量上的所有向量的集合. 此外，当低维超平面中的一个包含另一个超平面时 (例如 $\mathbf{R}^3$ 中平面上的一维直线)，它们之间则可能存在子空间关系.

称向量集 $\{\overline{a}_1, \cdots, \overline{a}_d\}$ 是线性相关的，如果这些向量的某个非零线性组合和为零.

定义 2.3.4 (线性相关) 称非零向量集 $\overline{a}_1, \cdots, \overline{a}_d$ 是线性相关的，如果存在一组标量 $x_1, \cdots, x_d$ 使得至少一些标量是非零的且满足以下条件：

$$\sum_{i=1}^{d} x_i \overline{a}_i = \overline{0}$$

我们强调这样一个事实，即所有标量 $x_1, \cdots, x_d$ 不能全为零，我们称这样的系数集是非平凡的. 当找不到这样的非零标量集时，我们则称所得到的向量集为线性无关的. 可以相对容易地证明相互正交的向量 $\overline{a}_1, \cdots, \overline{a}_d$ 一定是线性无关的. 如果这些向量是线性相关的，则一定存在非平凡系数 $x_1, \cdots, x_d$ 使 $\sum_{i=1}^{d} x_i \overline{a}_i = \overline{0}$. 然而，取线性相关条件中与每个 $\overline{a}_i$ 的点积，并对 $i \neq j$ 设置 $\overline{a}_i \cdot \overline{a}_j = 0$, 则这可以得到每个 $x_i = 0$, 这是一组平凡的系数集.

考虑关于三个线性相关向量 $[0, 2, 1]^{\mathrm{T}}$, $[1, 2, 1]^{\mathrm{T}}$ 和 $[1, 0, 0]^{\mathrm{T}}$ 的例子，这三个向量位于通过原点的一个二维超平面上. 这些向量满足如下的线性相关条件：

$$\begin{bmatrix} 0 \\ 2 \\ 1 \end{bmatrix} - \begin{bmatrix} 1 \\ 2 \\ 1 \end{bmatrix} + \begin{bmatrix} 1 \\ 0 \\ 0 \end{bmatrix} = \overline{0}$$

于是，线性相关条件中的系数 x_1, x_2 和 x_3 在这种情况下分别为 $+1$, -1 和 $+1$. 关键是，人们只需要这三个向量中的两个就可以定义所有向量所在的超平面. 这个最小向量集也称为基，其定义如下：

定义 2.3.5 (基) 向量空间 $\mathcal{V} \subseteq \mathbf{R}^n$ 的一组基定义为最小的向量集 $\mathcal{B} = \{\overline{a}_1, \cdots, \overline{a}_d\} \subseteq \mathcal{V}$ 使 $\mathcal{V}$ 中的任意向量都可以表示为 $\overline{a}_1, \cdots, \overline{a}_d$ 的线性组合. 也就是说，对任意的向量 $\overline{v} \in \mathcal{V}$，存在标量 $x_1, \cdots, x_d$ 使 $\overline{v} = \sum_{i=1}^{d} x_i \overline{a}_i$，并且找不到 $\mathcal{B}$ 的真子集满足这样的表示.

几何上，把基看作是方向或轴的坐标系，而把标量 $x_1, \cdots, x_d$ 看作坐标来表示向量是很有帮助的. 例如，笛卡儿几何中经典二维平面常用的两个坐标轴方向分别是 $[1, 0]^{\mathrm{T}}$ 和 $[0, 1]^{\mathrm{T}}$，尽管我们总是可以通过将该坐标系旋转角度 θ 来得到一组新的坐标集 $\{[\cos(\theta), \sin(\theta)]^{\mathrm{T}}, [-\sin(\theta), \cos(\theta)]^{\mathrm{T}}\}$ 以及相应的坐标. 此外，代表性的方向甚至不需要是相互正交的. 例如，$\mathbf{R}^2$ 中的每个点都可以表示为 $[1, 1]^{\mathrm{T}}$ 和 $[1, 2]^{\mathrm{T}}$ 的线性组合. 显然，就像坐标系在经典笛卡儿几何中不是唯一的一样，基也不是唯一的.

注意，基中的向量一定是线性无关的. 这是因为，如果基集 $\mathcal{B}$ 中的向量是线性相关的，那么我们可以从 $\mathcal{B}$ 中移除线性相关条件中出现的任意向量，但仍然可以用余下向量来表示

$\mathcal{V}$ 中所有的向量. 此外, 如果向量集 $\mathcal{B}$ 的线性组合不能表示 $\mathcal{V}$ 中的某个特定向量 $\overline{v}$, 则我们可以在不改变其线性无关性的情况下将 $\overline{v}$ 添加到向量集 $\mathcal{B}$ 中. 继续这个过程直到 $\mathcal{V}$ 中的所有向量都可以由集合 $\mathcal{B}$ 的线性组合来表示. 于是得到如下基的另一种定义方式.

定义 2.3.6 (基的另一种定义) 向量空间 $\mathcal{V}$ 的基是 $\mathcal{V}$ 中线性无关向量的最大集.

这两种基的定义方式是等价的, 可以相互推出. 一个有趣的结论是只包含零向量的向量空间有一个空基. 一个包含非零向量的向量空间总是有无限多个可能的基集. 例如, 如果我们在 $\mathbf{R}^3$ 中选择任意三个线性无关的向量 (或者甚至缩放一个基集中的向量), 所得到的向量集就是 $\mathbf{R}^3$ 的一个有效基. 一个被称为向量空间维数定理的重要结果指出, 向量空间的每个基集的大小一定相同:

定理 2.3.1 (向量空间的维数定理) 向量空间 $\mathcal{V}$ 的每个可能的基集中的元素数总是相同的, 称这个值为向量空间的维数.

证明 假设有两组基 $\overline{a}_1, \cdots, \overline{a}_d$ 和 $\overline{b}_1, \cdots, \overline{b}_m$, 其中 $d < m$. 在这种情况下, 我们将要证明 $\overline{b}_1, \cdots, \overline{b}_m$ 中的向量子集一定是线性相关的, 从而这与定义 2.3.4 的前提条件是矛盾的.

每一个向量 $\overline{b}_i$ 是基向量 $\overline{a}_1, \cdots, \overline{a}_d$ 的一个线性组合:

$$\overline{b}_i = \sum_{j=1}^{d} \beta_{ij} \overline{a}_j, \quad \forall\ i \in \{1, \cdots, m\} \tag{2.5}$$

关键的一点是我们有 $m > d$ 个线性相关条件 [见式 (2.5)], 这样我们能以减少一个方程的代价消除 d 个向量 $\overline{a}_1, \cdots, \overline{a}_d$ 中的每一个. 例如, 我们可以选择一个线性相关条件, 其中 $\overline{a}_1$ 以非零系数出现, 并将 $\overline{a}_1$ 表示为 $\overline{a}_2, \cdots, \overline{a}_d$ 和 $\overline{b}_1, \cdots, \overline{b}_m$ 中至少一个的线性组合. 那么这个关于 $\overline{a}_1$ 的线性表达式在所有其他线性相关条件中被替换. 删除最初为得到 $\overline{a}_1$ 的表达式而选择的线性相关条件. 此过程将线性相关条件的数目和来自基集 $\{\overline{a}_1, \cdots, \overline{a}_d\}$ 的向量的数目减少 1. 我们于是重复这个过程. 在每种情况下, 消除相应的向量, 同时将线性相关条件的数目减少 1. 因此, 在消除所有向量之后, 我们将得到 $(m-d) > 0$ 个 $\overline{b}_1, \cdots, \overline{b}_m$ 之间的线性条件. 这意味着 $\overline{b}_1, \cdots, \overline{b}_m$ 是线性相关的. □

子空间维数的概念与 $\mathbf{R}^n$ 中超平面的几何维数的概念是一致的. 例如, 可以使用 $\mathbf{R}^n$ 中 n 个线性无关方向的任意集合来获得 $\mathbf{R}^n$ 中的基 (或坐标系). 对于对应于低维超平面的子空间, 我们只需尽可能多的线性无关向量唯一定义它所需的超平面. 这个值与超平面的几何维数相同. 这将导致如下的结果:

引理 2.3.1 (矩阵可逆与线性无关) 一个 $n \times n$ 方阵 $\boldsymbol{A}$ 具有线性无关的列/行当且仅当它是可逆的.

证明 具有线性无关列的 $n \times n$ 方阵定义了其列中 $\mathbf{R}^n$ 中所有向量的基. 因此, 我们可以找到 n 个系数向量 $\overline{x}_1, \cdots, \overline{x}_n \in \mathbf{R}^n$ 使对任意 i 有 $\boldsymbol{A}\overline{x}_i = \overline{e}_i$, 其中 $\overline{e}_i$ 是单位矩阵

的第 i 列. 这些条件可以用矩阵形式写成 $\boldsymbol{A}[\overline{x}_1,\cdots,\overline{x}_n]=[\overline{e}_1,\cdots,\overline{e}_n]=\boldsymbol{I}_n$. 由于 $\boldsymbol{A}$ 与 $[\overline{x}_1,\cdots,\overline{x}_n]$ 的乘积为单位矩阵，故 $\boldsymbol{A}^{-1}=[\overline{x}_1,\cdots,\overline{x}_n]$. 相反，如果矩阵 $\boldsymbol{A}$ 是可逆的，则将 $\boldsymbol{A}\overline{x}=0$ 两边同乘以 $\boldsymbol{A}^{-1}$ 得到 $\overline{x}=\overline{0}$ 是唯一的解 (这意味着列是线性无关的). 可以对行向量用同样的方法证得类似的结果. □

当向量空间包含形如 $\sum_{i=0}^{p}c_it^i$ 的 p 次多项式的抽象对象时，则基包含这些对象 (如 $\{t_0, t^1,\cdots,t^p\}$) 的简单实例. 选择这样的基可以使用每个多项式的系数 $[C_0,\cdots,C_p]$ 作为新的向量空间 $\mathbf{R}^{p+1}$. 仔细选择的基集使得我们自动地将实数域上的所有 d 维向量空间映射到 $\mathbf{R}^d$, 其中 d 是有限值. 例如，$\mathcal{V}$ 可能是 $\mathbf{R}^n$ 中的一个 d 维子空间 (其中 $d<n$). 然而，一旦我们选择了 d 个基向量，这些向量的 d 维组合系数集自身就形成了“更好的”向量空间 $\mathbf{R}^d$. 因此，我们在任意 d 维向量空间 $\mathcal{V}$ 和 $\mathbf{R}^d$ 之间有一对一的同构映射.

2.3.1 基系统中的坐标

设 $\overline{v}\in\mathcal{V}\subset\mathbf{R}^n$ 为来自一个 d 维向量空间 $\mathcal{V}$ 的向量，其中 $d<n$. 换句话说，向量空间包含位于 $\mathbf{R}^n$ 中 d 维超平面上的所有向量. 我们称在特定基上表示的向量 $\overline{v}=\sum_{i=1}^{d}x_i\overline{a}_i$ 的系数 $x_1,\cdots,x_d$ 为该向量的坐标. 向量空间 $\mathbf{R}^n$ 的一个特殊基集，称为*标准基*，其包含 n 维列向量 $\{\overline{e}_1,\cdots,\overline{e}_n\}$, 其中每个 $\overline{e}_i$ 的第 i 个元素为 1, 而其他元素为 0. 通常在默认情况下选择标准基集，其中向量的标量分量与其坐标相同. 然而，对于任意基集，向量的标量分量与其坐标不同. 标准基也是有局限性的，因为它不能作为 $\mathbf{R}^n$ 中的一个真子空间的基.

一个重要的结果是，一个向量在任何基上的坐标一定是唯一的：

引理 2.3.2 (坐标的唯一性) *任意向量 $\overline{v}\in\mathcal{V}$ 在一个基集 $\mathcal{B}=\{\overline{a}_1,\cdots,\overline{a}_d\}$ 中的坐标 $\overline{x}=[x_1,\cdots,x_d]^{\mathrm{T}}$ 总是唯一的.*

证明 假设坐标并不是唯一的以及假设存在两个不同的坐标 $x_1,\cdots,x_d$ 和 $y_1,\cdots,y_d$. 于是，我们有 $\overline{v}=\sum_{i=1}^{d}x_i\overline{a}_i=\sum_{i=1}^{d}y_i\overline{a}_i$. 因此得到 $\sum_{i=1}^{d}(x_i-y_i)\overline{a}_i=\overline{v}-\overline{v}=\overline{0}$. 这意味着向量 $\overline{a}_1,\cdots,\overline{a}_d$ 是线性相关的. 这与引理中假设 $\mathcal{B}=\{\overline{a}_1,\cdots,\overline{a}_d\}$ 为一组基是矛盾的 (除非坐标 $x_1,\cdots,x_d$ 和 $y_1,\cdots,y_d$ 是相同的). □

如何找到这些唯一的坐标呢? 当 $\overline{a}_1,\cdots,\overline{a}_d$ 对应于 $\mathcal{V}$ 的一个规范正交基时，那么向量 $\overline{v}$ 的坐标就是 $\overline{v}$ 与这些向量的点积. 将 $\overline{v}=\sum_{i=1}^{d}x_i\overline{a}_i$ 的两边与每个 $\overline{a}_j$ 作点积，那么应用正交性则很容易得到 $x_j=\overline{v}\cdot\overline{a}_j$. 例如，如果 $\overline{a}_1=[1,1,1]^{\mathrm{T}}/\sqrt{3}$ 和 $\overline{a}_2=[1,-1,0]^{\mathrm{T}}/\sqrt{2}$ 构成向量空间 $\mathcal{V}$ 的规范正交基，其包含这些向量平面上的所有点，于是向量 $[2,0,1]^{\mathrm{T}}\in\mathcal{V}$ 具有坐标 $[\sqrt{3},\sqrt{2}]^{\mathrm{T}}$(应用点积). 尽管基向量来自 $\mathbf{R}^3$, 但向量空间 $\mathcal{V}$ 是一个二维平面，其仅具有两个坐标.

在非正交基系统中求一个向量 $\overline{v}$ 的坐标要困难得多. 共性的问题是求解方程组 $\boldsymbol{A}\overline{x}=\overline{v}$, 其中 $\overline{x}=[x_1,\cdots,x_d]^{\mathrm{T}}$, 而 $n\times d$ 矩阵 $\boldsymbol{A}$ 的所有 n 维列形成 (线性无关) 基向量. 于是问题归结为找方程组 $\boldsymbol{A}\overline{x}=\overline{v}$ 的一个解, 其中 $\boldsymbol{A}=[\overline{a}_1,\cdots,\overline{a}_d]$ 构成 d 维向量空间 $\mathcal{V}\subseteq\mathbf{R}^n$ 的基向量. 注意, 即使向量空间 $\mathcal{V}$ 是 $\mathbf{R}^n$ 的 d 维子空间并且坐标向量 $\overline{x}$ 位于 $\mathbf{R}^d$ 中, 但如 $\mathbf{R}^n$ 中的向量一样, 基向量自身也使用 n 个分量来表示. 如果 $d=n$, 那么 $\boldsymbol{A}$ 是方阵, 于是解就是 $\overline{x}=\boldsymbol{A}^{-1}\overline{v}$. 然而, 当 $\boldsymbol{A}$ 不是方阵时, 如果 $\overline{v}$ 并不在 $\mathcal{V}\subset\mathbf{R}^n$ 中, 那么我们就可能找不到有效的坐标. 当几何上 $\overline{v}$ 并不在由 $\boldsymbol{A}$ 的列的所有可能线性组合定义的超平面 $H_{\boldsymbol{A}}$ 上时, 这种情况就会发生. 然而, 通过观察连接 $\boldsymbol{A}$ 的列的最接近的线性组合 $\boldsymbol{A}\overline{x}$ 到 $\overline{v}$ 的直线一定与超平面 $H_{\boldsymbol{A}}$ 正交, 因此也与 $\boldsymbol{A}$ 的每列正交, 于是我们可以找到最佳拟合坐标 $\overline{x}$. 注意, $(\boldsymbol{A}\overline{x}-\overline{v})$ 与 $\boldsymbol{A}$ 的每列正交的条件能被表示为*正规方程*$\boldsymbol{A}^{\mathrm{T}}(\boldsymbol{A}\overline{x}-\overline{v})=\overline{0}$. 这意味着如下等式:

$$\overline{x}=(\boldsymbol{A}^{\mathrm{T}}\boldsymbol{A})^{-1}\boldsymbol{A}^{\mathrm{T}}\overline{v} \tag{2.6}$$

在可能的情况下, 最佳拟合解包括精确解. 我们称矩阵 $(\boldsymbol{A}^{\mathrm{T}}\boldsymbol{A})^{-1}\boldsymbol{A}^{\mathrm{T}}$ 为具有线性无关列矩阵 $\boldsymbol{A}$ 的*左逆*, 其将在本书中通过不同的推导频繁遇到它 (见 2.8 节).

为了说明坐标变换的性质, 我们将在包括标准基集在内的三个不同基集中计算同一个向量 $[10,15]^{\mathrm{T}}$ 的坐标. 这三个基集包括一个标准基集, 一个通过将标准基中的每个向量逆时针方向旋转 $\sin^{-1}(4/5)$ 而得到的基集 $\left\{\left[\frac{3}{5},\frac{4}{5}\right]^{\mathrm{T}},\left[-\frac{4}{5},\frac{3}{5}\right]^{\mathrm{T}}\right\}$ 和非正交基 $\{[1,1]^{\mathrm{T}},[1,2]^{\mathrm{T}}\}$, 其中这些向量的大小甚至不是归一的. 这三个基集中的每个基集都定义了一个坐标系来表示 $\mathbf{R}^2$, 而非正交坐标系似乎与传统的笛卡儿坐标系有很大的不同. 相应的基方向分别如图 2.5a、图 2.5b 和图 2.5c 所示. 对于图 2.5a 中的标准基, 向量 $[10,15]^{\mathrm{T}}$ 的坐标与其向量分量 (即 10 和 15) 相同. 然而, 在其他两个基上都不是这样. 在图 2.5b 所示的正交 (旋转) 基中, 向量 $[10,15]^{\mathrm{T}}$ 的坐标为 $[18,1]^{\mathrm{T}}$, 而其在图 2.5c 的非正交基中的坐标为 $[5,5]^{\mathrm{T}}$. 对这些坐标值的解释源于 $[10,15]^{\mathrm{T}}$ 在各种基集中的分解:

$$\begin{bmatrix}10\\15\end{bmatrix}=\underbrace{10\begin{bmatrix}1\\0\end{bmatrix}+15\begin{bmatrix}0\\1\end{bmatrix}}_{\text{标准基}}=\underbrace{18\begin{bmatrix}3/5\\4/5\end{bmatrix}+1\begin{bmatrix}-4/5\\3/5\end{bmatrix}}_{\text{图 2.5b 中所示的基}}=\underbrace{5\begin{bmatrix}1\\1\end{bmatrix}+5\begin{bmatrix}1\\2\end{bmatrix}}_{\text{图 2.5c 中所示的基}}$$

尽管非正交坐标系的概念在解析几何中确实存在, 但由于失去了坐标的直观解释性, 在实际中却很少使用. 然而, 这样的非正交基系统对于线性代数来说是非常自然的, 其中一些几何直观解释的缺失常常可以由代数的简单性来弥补.

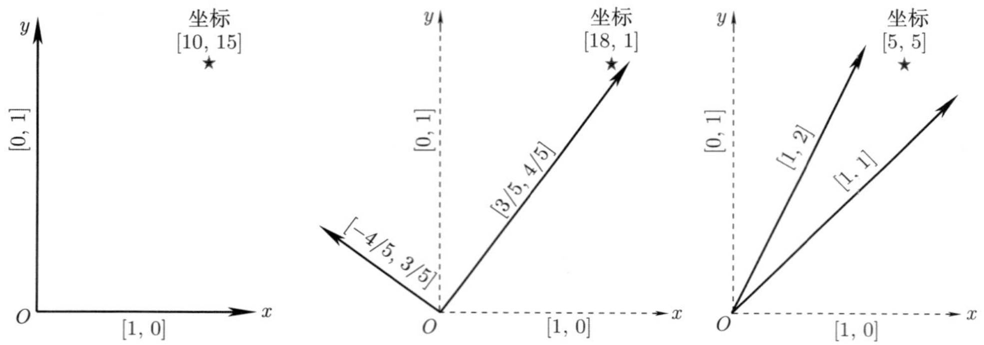

a）基$\{[1,0]^{\mathrm{T}},[0,1]^{\mathrm{T}}\}$（标准基）

b）基$\left\{\left[\frac{3}{5},\frac{4}{5}\right]^{\mathrm{T}},\left[-\frac{4}{5},\frac{3}{5}\right]^{\mathrm{T}}\right\}$（旋转规范正交基）

c）基$\{[1,1]^{\mathrm{T}},[1,2]^{\mathrm{T}}\}$（非正交基）

图 2.5　向量 $[10,15]^{\mathrm{T}}$ 在 $\mathbf{R}^2$ 中不同基集下对应的坐标的示例

2.3.2 基集之间的坐标变换

2.3.1 节讨论了不同的基集如何对应于 $\mathbf{R}^n$ 中向量的不同坐标系. 一个自然的问题是，如何将关于 $\mathbf{R}^n$ 中的 n 维基集 $\{\overline{a}_1,\cdots,\overline{a}_n\}$ 所定义的坐标 $\overline{x}_a$ 转换为关于 n 维基集 $\{\overline{b}_1,\cdots,\overline{b}_n\}$ 所定义的坐标 $\overline{x}_b$. 目标是找到一个 $n\times n$ 矩阵 $\boldsymbol{P}_{a\to b}$ 将 $\overline{x}_a$ 转换为 $\overline{x}_b$：

$$\overline{x}_b=\boldsymbol{P}_{a\to b}\overline{x}_a$$

例如，如何将图 2.5b 的正交基集中的坐标转换为图 2.5c 的非正交系？这里的关键点是我们观察到坐标 $\overline{x}_a$ 和 $\overline{x}_b$ 是针对同一个向量的表示，因此它们在标准基下具有相同的坐标. 首先，我们用这些基集构造两个 $n\times n$ 矩阵 $\boldsymbol{A}=[\overline{a}_1,\cdots,\overline{a}_n]$ 和 $\boldsymbol{B}=[\overline{b}_1,\cdots,\overline{b}_n]$. 由于 $\overline{x}_a$ 和 $\overline{x}_b$ 在标准基下的坐标 $\overline{x}$ 一定是相等的，于是我们有如下结果：

$$\boldsymbol{A}\overline{x}_a=\boldsymbol{B}\overline{x}_b=\overline{x}$$

我们已经证明了 (见引理 2.3.1) 由线性无关向量所形成的方阵是可逆的. 因此，将上式两边乘以 $\boldsymbol{B}^{-1}$, 我们得到如下结果：

$$\overline{x}_b=\underbrace{[\boldsymbol{B}^{-1}\boldsymbol{A}]}_{\boldsymbol{P}_{a\to b}}\overline{x}_a$$

为了验证该矩阵确实执行了预期的变换，让我们计算从图 2.5b 中的系统到图 2.5c 中的系统的坐标变换矩阵. 因此，在这两种情况下，矩阵 $\boldsymbol{A}$ 和 $\boldsymbol{B}$ 可以使用图 2.5 中的基向量来建立，如下所示：

$$\boldsymbol{A}=\begin{bmatrix}3/5 & -4/5\\ 4/5 & 3/5\end{bmatrix},\quad \boldsymbol{B}=\begin{bmatrix}1 & 1\\ 1 & 2\end{bmatrix},\quad \boldsymbol{B}^{-1}=\begin{bmatrix}2 & -1\\ -1 & 1\end{bmatrix}$$

于是，坐标变换矩阵可计算如下：

$$\boldsymbol{P}_{a\to b}=\boldsymbol{B}^{-1}\boldsymbol{A}=\begin{bmatrix}2 & -1\\ -1 & 1\end{bmatrix}\begin{bmatrix}3/5 & -4/5\\ 4/5 & 3/5\end{bmatrix}=\begin{bmatrix}2/5 & -11/5\\ 1/5 & 7/5\end{bmatrix}$$

为了验证这个坐标变换是否正确，我们需要检查图 2.5b 中的坐标 $[18,1]^{\mathrm{T}}$ 是否被变换为图 2.5c 中的坐标 $[5,5]^{\mathrm{T}}$:

$$\boldsymbol{P}_{a\to b}\begin{bmatrix}18\\ 1\end{bmatrix}=\begin{bmatrix}2/5 & -11/5\\ 1/5 & 7/5\end{bmatrix}\begin{bmatrix}18\\ 1\end{bmatrix}=\begin{bmatrix}5\\ 5\end{bmatrix}$$

因此，变换矩阵准确无误地将坐标从一个系统转换为另一个系统．变换所涉及的主要计算工作是求矩阵 $\boldsymbol{B}$ 的逆．一个容易观察到的结果是，当 $\boldsymbol{B}$ 是一个正交矩阵时，变换矩阵就简化为 $\boldsymbol{B}^{\mathrm{T}}\boldsymbol{A}$．此外，当矩阵 $\boldsymbol{A}$(即源表示) 对应于标准基时，则变换矩阵就是 $\boldsymbol{B}^{\mathrm{T}}$．这样，使用正交基的确简化了计算，这就是为什么识别规范正交基本身就是一个重要的问题 (见 2.7.1 节)．

也可以在定义 $\mathbf{R}^n$ 中的特定 d 维子空间 $\mathcal{V}$ 而不是所有 $\mathbf{R}^n$ 中的基集之间执行坐标变换．设 $\overline{a}_1,\cdots,\overline{a}_d$ 和 $\overline{b}_1,\cdots,\overline{b}_d$ 是该 d 维子空间 $\mathcal{V}$ 的两个基集使得这些基向量中的每一个都可以用 $\mathbf{R}^n$ 的标准基来表示．进一步，设 $\overline{x}_a$ 和 $\overline{x}_b$ 是同一向量 $\overline{v}\in\mathcal{V}$ 在两个基集中的两个 d 维坐标．我们希望将已知坐标 $\overline{x}_a$ 转换为第二个基集中的未知坐标 $\overline{x}_b$(如果两个基集代表不同的向量空间，则找到最佳拟合)．如前面的例子一样，设 $\boldsymbol{A}=[\overline{a}_1,\cdots,\overline{a}_d]$ 和 $\boldsymbol{B}=[\overline{b}_1,\cdots,\overline{b}_d]$ 是分别由这两个基集作为列的两个 $n\times d$ 矩阵．由于 $\overline{x}_a$ 和 $\overline{x}_b$ 是同一向量的坐标，并且在 $\mathbf{R}^n$ 的标准基下具有相同的坐标，于是得到 $\boldsymbol{A}\overline{x}_a=\boldsymbol{B}\overline{x}_b$．然而，由于矩阵 $\boldsymbol{B}$ 不是方阵，因此不能将其取逆以便根据 $\overline{x}_a$ 来表示 $\overline{x}_b$，故有时我们可能不得不寻求最佳的拟合．我们观察到，该最佳拟合问题与式 (2.6) 中使用正规方程推导的问题类似，并且为了得到最佳拟合解，$\boldsymbol{A}\overline{x}_a-\boldsymbol{B}\overline{x}_b$ 需要与 $\boldsymbol{B}$ 的每一列正交．这意味着 $\boldsymbol{B}^{\mathrm{T}}(\boldsymbol{A}\overline{x}_a-\boldsymbol{B}\overline{x}_b)=0$，于是我们有：

$$\overline{x}_b=\underbrace{(\boldsymbol{B}^{\mathrm{T}}\boldsymbol{B})^{-1}\boldsymbol{B}^{\mathrm{T}}\boldsymbol{A}}_{\boldsymbol{P}_{a\to b}}\overline{x}_a$$

当 $\boldsymbol{B}$ 为可逆方阵时，则很容易看到上面的解可简化为 $\boldsymbol{B}^{-1}\boldsymbol{A}\overline{x}_a$

2.3.3　向量集的生成空间

尽管向量空间可以自然地由一个基集 (其中的向量是线性无关的) 来定义，但我们也可以通过使用一组线性相关向量来定义一个向量空间．这可以通过生成空间的概念来实现：

定义 2.3.7 (生成空间) 一个有限向量集 $\mathcal{A}=\{\overline{a}_1,\cdots,\overline{a}_d\}$ 的生成空间是由 $\mathcal{A}$ 中向量的所有可能的线性组合所定义的向量空间：

$$\text{Span}(\mathcal{A})=\left\{\overline{v}:\ \overline{v}=\sum_{i=1}^{d}x_i\overline{a}_i,\ \forall\ x_1,\cdots,x_d\in\mathbf{R}\right\}$$

例如，考虑在 $\mathbf{R}^3$ 上的向量空间. 在这种情况下，两个向量 $[0,2,1]^{\mathrm{T}}$ 和 $[1,2,1]^{\mathrm{T}}$ 的生成空间是位于由向量 $[0,2,1]^{\mathrm{T}}$ 和 $[1,2,1]^{\mathrm{T}}$ 所定义的二维超平面上的所有向量的集合. 不在此超平面上的点并不会在这两个向量的生成空间内. 额外包含向量 $[1,0,0]^{\mathrm{T}}$ 的三个向量的扩充集的生成空间与前两个向量的生成空间没有任何区别，因为向量 $[1,0,0]^{\mathrm{T}}$ 线性相关于 $[0,2,1]^{\mathrm{T}}$ 和 $[1,2,1]^{\mathrm{T}}$. 因此，仅当添加的向量不在由 $\mathcal{A}$ 的生成空间所定义的子空间时，将向量添加到集合 $\mathcal{A}$ 中才会增大其生成空间. 当集合 $\mathcal{A}$ 包含线性无关向量时，其也是其生成空间的一个基集.

图 2.6 显示了 $\mathbf{R}^3$ 中一个生成空间捕获的图形示例. 在图 2.6a 中，三个向量 $\overline{A},\overline{B}$ 和 $\overline{C}$ 位于通过原点的一个超平面上，尽管它们是成对线性无关的. 因此，它们中的任何一对都可以生成包含该超平面上所有向量的二维子空间；然而，由于这三个向量的线性相关性，所有这三个向量的生成空间仍然是这个相同的子空间. 将位于超平面上的任意数量的向量添加到集合中并不会改变该集合的生成空间. 另外，图 2.6 中的三个向量是线性无关的，因此它们的生成空间为 $\mathbf{R}^3$.

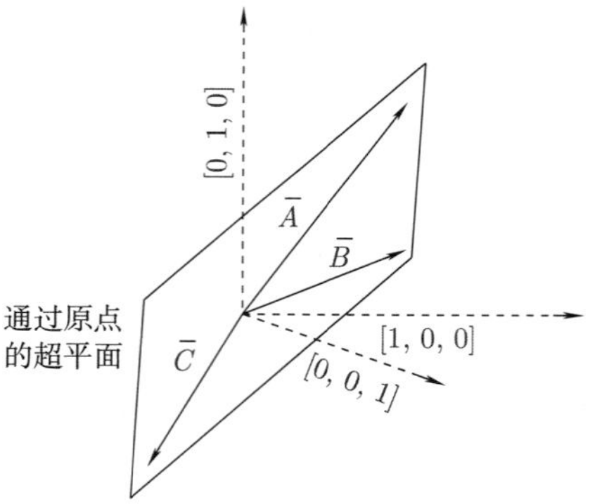

a) $\text{Span}(\{\bar{A},\bar{B}\})=\text{Span}(\{\bar{A},\bar{B},\bar{C}\})$
$\text{Span}(\{\bar{A},\bar{B},\bar{C}\})=$ 超平面上的所有向量

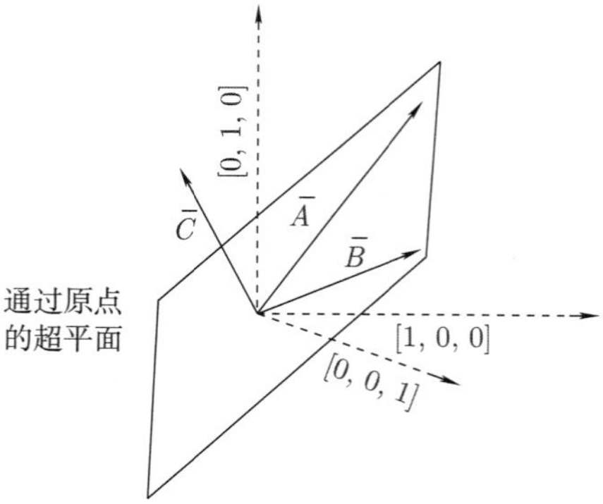

b) $\text{Span}(\{\bar{A},\bar{B}\})\neq\text{Span}(\{\bar{A},\bar{B},\bar{C}\})$
$\text{Span}(\{\bar{A},\bar{B},\bar{C}\})=\mathbf{R}^3$上的所有向量

图 2.6 一组线性相关向量的生成空间的维数比该集合中向量的个数少

由于图 2.6b 中的三个向量是线性无关的，于是生成空间 $\mathbf{R}^3$, 因此可以使用它们建立合理的坐标系来表示 $\mathbf{R}^3$ 中的任何向量 (尽管是非正交的). 一个自然的问题是，如果试图使

用图 2.6a 中的三个线性相关向量 $\overline{A}$, $\overline{B}$ 和 $\overline{C}$ 来建立一个 $\mathbf{R}^3$ 中的“坐标系”会发生什么. 首先，注意，任何不在图 2.6a 中的超平面上的三维向量都不能表示为三个向量 $\overline{A}$, $\overline{B}$ 和 $\overline{C}$ 的一个线性组合. 因此，不存在表示此类向量的有效坐标. 此外，即使在 $\overline{b}$ 位于图 2.6a 的超平面上的情况下，由于 $\boldsymbol{A}$ 的列的线性相关性，$\boldsymbol{A}x = b$ 的解也可能不是唯一的，因此可能不存在唯一的“坐标”.

2.3.4 机器学习示例：离散小波变换

在关于时间序列的机器学习中，人们经常使用基变换. 一个长度为 n 的时间序列可以被视为 $\mathbf{R}^n$ 中的一个点，其中每个实值表示时钟滴答声处的序列值. 例如，在一小时内每秒采集的温度时间序列将产生来自 $\mathbf{R}^{3600}$ 于中的向量. 时间序列的一个共同特征是，在大多数实际应用中，连续不断的值非常相似. 例如，连续的温度读数通常几乎总是相同的. 因此，大部分信息将隐藏在几个随时间变化的变量中. Haar 小波变换精确地执行提取重要变量的基变换. 通常，只有少数这样的差异会很大，这将导致稀疏向量. 除了这样做的空间效率优势外，一些预测算法似乎更适合于反映趋势差异的坐标.

例如，考虑 $\mathbf{R}^8$ 中的序列 $\overline{s} = [8, 6, 2, 3, 4, 6, 6, 5]^{\mathrm{T}}$. 该表示与标准基中的值相对应. 然而，我们希望有一个基来强调序列中相邻区域之间的差异. 因此，我们定义如下一组 8 个向量，以在 $\mathbf{R}^8$ 中创建新的基，并解释其系数在比例因子中代表的含义：

基系数的解释	非规范化基向量	基向量范数
序列和	$[1, 1, 1, 1, 1, 1, 1, 1]^{\mathrm{T}}$	$\sqrt{8}$
二分之差	$[1, 1, 1, 1, -1, -1, -1, -1]^{\mathrm{T}}$	$\sqrt{8}$
四分之差	$[1, 1, -1, -1, 0, 0, 0, 0]^{\mathrm{T}}$	$\sqrt{4}$
	$[0, 0, 0, 0, 1, 1, -1, -1]^{\mathrm{T}}$	$\sqrt{4}$
八分之差	$[1, -1, 0, 0, 0, 0, 0, 0]^{\mathrm{T}}$	$\sqrt{2}$
	$[0, 0, 1, -1, 0, 0, 0, 0]^{\mathrm{T}}$	$\sqrt{2}$
	$[0, 0, 0, 0, 1, -1, 0, 0]^{\mathrm{T}}$	$\sqrt{2}$
	$[0, 0, 0, 0, 0, 0, 1, -1]^{\mathrm{T}}$	$\sqrt{2}$

注意到，所有的基向量都是正交的，尽管它们并没有规范化为单位范数. 我们希望将时间序列从标准基变换为这组新的正交向量 (规范化之后). 我们必须从一个标准基上进行变换从而简化问题. 如 2.3.3 节末所述，我们可以使用这些向量创建一个正交矩阵 $\boldsymbol{B}$, 然后简单地将时间序列 $\overline{s} = [8, 6, 2, 3, 4, 6, 6, 5]^{\mathrm{T}}$ 与 $\boldsymbol{B}^{\mathrm{T}}$ 相乘以表示所需的变换. 注意，转置矩阵 $\boldsymbol{B}^{\mathrm{T}}$ 将基向量作为行而不是列. 为了提高数值和计算效率，我们不会预先将 $\boldsymbol{B}$ 的列规范化为单位范数，而只是在与非规范化矩阵 $\boldsymbol{B}^{\mathrm{T}}$ 相乘后将 $\overline{s}$ 的坐标规范化. 因此，非规范化坐标 $\overline{s}_u$ 和规范化坐标 $\overline{s}_n$ 计算如下：

$$\overline{s}_u = \underbrace{\begin{bmatrix} 1 & 1 & 1 & 1 & 1 & 1 & 1 & 1 \\ 1 & 1 & 1 & 1 & -1 & -1 & -1 & -1 \\ 1 & 1 & -1 & -1 & 0 & 0 & 0 & 0 \\ 0 & 0 & 0 & 0 & 1 & 1 & -1 & -1 \\ 1 & -1 & 0 & 0 & 0 & 0 & 0 & 0 \\ 0 & 0 & 1 & -1 & 0 & 0 & 0 & 0 \\ 0 & 0 & 0 & 0 & 1 & -1 & 0 & 0 \\ 0 & 0 & 0 & 0 & 0 & 0 & 1 & -1 \end{bmatrix}}_{\boldsymbol{B}^{\mathrm{T}}} \underbrace{\begin{bmatrix} 8 \\ 6 \\ 2 \\ 3 \\ 4 \\ 6 \\ 6 \\ 5 \end{bmatrix}}_{\overline{s}} = \begin{bmatrix} 40 \\ -2 \\ 9 \\ -1 \\ 2 \\ -1 \\ -2 \\ 1 \end{bmatrix}, \quad \overline{s}_n = \begin{bmatrix} 40/\sqrt{8} \\ -2/\sqrt{8} \\ 9/\sqrt{4} \\ -1/\sqrt{4} \\ 2/\sqrt{2} \\ -1/\sqrt{2} \\ -2/\sqrt{2} \\ 1/\sqrt{2} \end{bmatrix}$$

最右边的向量 $\overline{s}_n$ 为规范化的小波系数．在许多情况下，时间序列的维数是通过删除那些绝对值非常小的系数来降低的．这样就可以得到时间序列的一种压缩表示．注意到，矩阵 $\boldsymbol{B}$ 是非常稀疏的，其包含 $\mathbf{R}^n$ 中变换的 $O(n\log(n))$ 个非零元素．此外，由于矩阵仅含有值 $\{-1,0,+1\}$, 因此矩阵乘法的运算可简化为向量分量的加法或减法．换句话说，这类矩阵的乘法运算是非常方便有效的．

2.3.5　向量空间的子空间之间的关系

在本小节中，我们将研究向量空间的子空间之间的不同类型的关系．尽管本小节假设所有向量空间都是 $\mathbf{R}^n$ 的子空间 (这与机器学习问题相关)，但即使在更一般的假设下，相关基本结果仍然成立．首先，我们引入不相交向量空间的概念：

定义 2.3.8 (不相交向量空间)　两个向量空间 $\mathcal{U} \subseteq \mathbf{R}^n$ 和 $\mathcal{W} \subseteq \mathbf{R}^n$ 是不相交的当且仅当这两个空间不包含除零向量以外的任意同一向量．

如果互不相交的 $\mathcal{U}$ 和 $\mathcal{W}$ 的基集分别为 $\mathcal{B}_u$ 和 $\mathcal{B}_w$, 则这些基集的并集 $\mathcal{B} = \mathcal{B}_u \cup \mathcal{B}_w$ 是一个线性无关集．否则，我们可以将线性相关条件应用于 $\mathcal{B}$, 并将每个向量空间中的元素放置在相关条件的两侧，从而得到同时位于 $\mathcal{U}$ 和 $\mathcal{W}$ 中的向量．这与 $\mathcal{U}$ 和 $\mathcal{W}$ 是不相交的假设矛盾．

空间 $\mathbf{R}^3$ 中以原点为中心的平面与 $\mathbf{R}^3$ 中以原点为中心的直线为互不相交的向量空间，只要该直线不被包含在该平面中．然而，由 $\mathbf{R}^3$ 中任意一对以原点为中心的平面所得到的向量空间的确是相交的，这是因为它们沿一维直线相交．与两个不相交的向量空间相对应的超平面必须仅在原点相交，而原点是零维向量空间．向量空间不相交的一种特殊情况是这两个空间的正交性：

定义 2.3.9 (正交向量空间)　两个向量空间 $\mathcal{U} \subseteq \mathbf{R}^n$ 和 $\mathcal{W} \subseteq \mathbf{R}^n$ 是正交的当且仅当对任意向量对 $\overline{u} \in \mathcal{U}$ 和 $\overline{w} \in \mathcal{W}$，这两个向量的点积为 0：

$$\overline{u} \cdot \overline{w} = 0 \tag{2.7}$$

不相交的向量空间对未必是正交的，但正交的向量空间对一定是不相交的. 我们可以用反证法来证明这个结果. 事实上，如果正交的向量空间 $\mathcal{U}$ 和 $\mathcal{W}$ 是相交的，那么我们可以从空间的相交部分中选择 $\overline{u} \in \mathcal{U}$ 和 $\overline{w} \in \mathcal{W}$ 为相同的非零向量 (即 $\overline{u} = \overline{w} \neq 0$)，这并不能满足式 (2.7) 的条件 (导致矛盾).

对于两个正交子空间，如果其基集的并的生成空间为整个 $\mathbf{R}^n$，则称它们为正交互补子空间.

定义 2.3.10 (正交互补子空间) 设 $\mathcal{U}$ 为 $\mathbf{R}^n$ 的一个子空间. 那么，$\mathcal{W}$ 是 $\mathcal{U}$ 的一个正交互补子空间当且仅当它们满足如下性质：

- 空间 $\mathcal{U}$ 和 $\mathcal{W}$ 是正交的 (于是为不相交的).
- 空间 $\mathcal{U}$ 和 $\mathcal{W}$ 的基集的并形成 $\mathbf{R}^n$ 的一个基.

正交互补子空间的概念是互补子空间概念的一个特例. 当两个子空间是相交的且其基集的并的生成空间为整个 $\mathbf{R}^n$ 时，这两个空间就是互补的. 然而，它们未必是正交的. 对于给定的子空间，会有无穷多个互补子空间，然而只有一个正交互补子空间. 考虑 $\mathbf{R}^3$ 中的子空间 $\mathcal{U}$ 是位于穿过原点的二维平面上的所有向量的集合的情形. 该平面如图 2.7 所示. 然后，从原点发出且不在该平面上的无穷多个向量中的任何一个都可以用作定义 $\mathcal{U}$ 的互补一维子空间的单点基. 然而，存在一个由垂直于该平面的向量定义的唯一子空间，即相对于 $\mathcal{U}$ 的正交互补子空间.

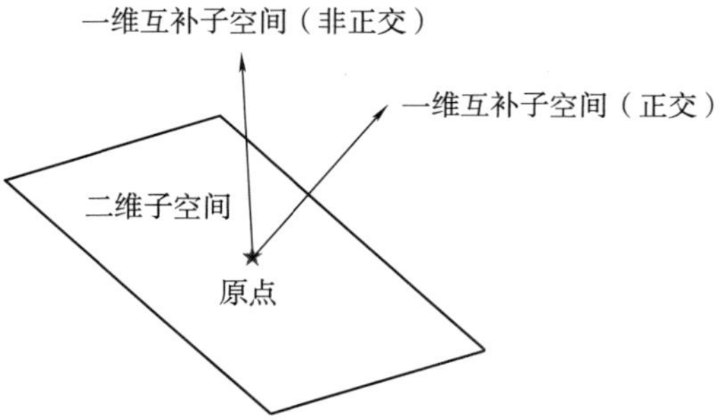

图 2.7 互补子空间的图解

问题 2.3.2 考虑 $\mathbf{R}^3$ 中分别以 $\{[1,1,1]^{\mathrm{T}}\}$ 和 $\{[1,0,0]^{\mathrm{T}}, [0,1,0]^{\mathrm{T}}\}$ 为基集的两个不相交向量空间. 将向量 $[0,1,1]^{\mathrm{T}}$ 表示为两个向量的和，使它们各自属于两个空间中的一个. 注意，要回答此问题，你不得不求解一个由三个线性方程组组成的系统.

问题 2.3.3 设 $\mathcal{U} \subset \mathbf{R}^3$ 定义为基集 $\{[1,0,0]^{\mathrm{T}}, [0,1,0]^{\mathrm{T}}\}$. 给出 $\mathcal{U}$ 的两个可能互补子空间的基集. 在每种情况下，给出向量 $[1,1,1]^{\mathrm{T}}$ 的一个分解使其为来自这些互补子空间的向量之和.

问题 2.3.4 设 $\mathcal{U} \subset \mathbf{R}^3$ 定义为基集 $B = \{[1,1,1]^{\mathrm{T}}, [1,-1,1]^{\mathrm{T}}\}$. 建立一个方程组来求 $\mathcal{U}$ 的正交互补子空间 $\mathcal{W}$. 利用 $\mathcal{U}$ 和 $\mathcal{W}$ 的正交性，提出一种将向量 $[2,2,1]^{\mathrm{T}}$ 表示为这些互补子空间中向量之和的快速方法.

2.4 矩阵行与列的线性代数

由一个 $n\times d$ 矩阵 $\boldsymbol{A}$ 的行和列所生成的向量空间被分别称为行空间和列空间.

定义 2.4.1 (行空间和列空间) 对于一个 $n\times d$ 矩阵 $\boldsymbol{A}$，其列空间定义为其列所生成的向量空间，它是 $\mathbf{R}^n$ 的子空间. 矩阵 $\boldsymbol{A}$ 的行空间则被定义为 $\boldsymbol{A}^{\mathrm{T}}$ 的列 (即 $\boldsymbol{A}$ 的转置矩阵的行) 所生成的向量空间. 矩阵 $\boldsymbol{A}$ 的行空间是 $\mathbf{R}^d$ 的子空间.

线性代数中的一个显著结果是，任意 $n\times d$ 矩阵 $\boldsymbol{A}$ 的行空间的维数 (也称为*行秩*) 与其列空间维数 (也称为*列秩*) 相同. 稍后我们将证明这个结果. 我们已经在一些特殊情况下证明了这种等价性，其中当一个方阵列线性无关时，则该方阵的行也一定线性无关，反之亦然 (见引理 2.3.1). 称这样的矩阵为*满秩*矩阵. 称该矩形矩阵为满秩矩阵，如果一个矩形矩阵的行或列是线性无关的. 当行是线性无关的，则称其为*行满秩*的，而当列是线性无关的，则称其为*列满秩*的.

由于一个 $n\times d$ 矩阵 $\boldsymbol{A}$ 的列可能只生成 $\mathbf{R}^n$ 的子空间，而 $\boldsymbol{A}$ 的 (转置) 的行可能只生成 $\mathbf{R}^d$ 的子空间，如何刻画这些子空间的正交补？这可以通过*零空间*的概念来实现.

定义 2.4.2 (零空间) 矩阵 $\boldsymbol{A}$ 的零空间是包含所有满足 $\boldsymbol{A}\overline{x}=\overline{0}$ 的列向量 $\overline{x}\in\mathbf{R}^d$ 所形成的 $\mathbf{R}^d$ 的子空间.

矩阵 $\boldsymbol{A}$ 的零空间本质上是 $\boldsymbol{A}$ 的行空间的正交互补子空间. 其原因是，条件 $\boldsymbol{A}\overline{x}=\overline{0}$ 确保 $\overline{x}$ 与 $\boldsymbol{A}$ 的每个转置的行 (或它们的线性组合) 的点积为 0. 注意，如果 $d>n$，则 $\boldsymbol{A}$ 的 d 维行 (在转置到列向量之后) 将总是生成 $\mathbf{R}^d$ 的一个真子空间，其正交补是非空的. 换句话说，在这种情况下，矩阵 $\boldsymbol{A}$ 的零空间将是非空的. 对于非奇异方阵，其零空间仅包含零向量.

在默认的情况下，零空间的概念指的是右零空间. 这是因为向量 $\overline{x}$ 出现在乘积 $\boldsymbol{A}\overline{x}$ 中矩阵 $\boldsymbol{A}$ 的右侧，其计算结果一定为零向量. 与右零空间的定义类似，我们也可以定义矩阵的左零空间，它是矩阵列所生成的向量空间的正交补.

定义 2.4.3(左零空间) 矩阵 $\boldsymbol{A}$ 的左零空间是包含所有满足 $\boldsymbol{A}^{\mathrm{T}}\overline{x}=\overline{0}$ 的列向量 $\overline{x}\in\mathbf{R}^n$ 所形成的 $\mathbf{R}^n$ 的子空间. 矩阵 $\boldsymbol{A}$ 的左零空间是 $\boldsymbol{A}$ 的列空间的正交互补子空间.

或者，一个矩阵 $\boldsymbol{A}$ 的左零空间包含满足 $\overline{x}^{\mathrm{T}}\boldsymbol{A}=\overline{0}^{\mathrm{T}}$ 的所有向量 $\overline{x}$. 行空间、列空间、右零空间和左零空间被称为*线性代数的四个基本子空间*.

图 2.8 展示了线性代数中一个 $n\times d$ 矩阵 $\boldsymbol{A}$ 的四个基本子空间之间的关系. 在这种特殊的情况下，我们选择 n 的值大于 d. 对 $\boldsymbol{A}$ 右乘任意一个 d 维向量 $\overline{x}\in\mathbf{R}^d$ 则映射到 $\boldsymbol{A}$ 的列空间 (包括零向量)，这是因为向量 $\boldsymbol{A}\overline{x}$ 是 $\boldsymbol{A}$ 的列的一个线性组合. 类似地，对 $\boldsymbol{A}^{\mathrm{T}}$ 右乘任意一个 n 维向量 $\overline{y}$ 所得到的 $\boldsymbol{A}^{\mathrm{T}}\overline{y}$ 为 $\boldsymbol{A}$ 的行空间的一个元素，它是 $\boldsymbol{A}$ 的 (转置) 行的一个线性组合. 图 2.8 中另一个值得注意的地方是*行空间和列空间的秩是相同的*. 该等式关系是线性代数中的一个基本结果，其将在后面的部分中证明. 行秩和列秩的固定值也称为矩阵的秩. 例如，考虑下面的 3×4 矩阵：

$$
\boldsymbol{A} = \begin{bmatrix} 1 & 0 & 1 & 0 \\ 0 & 1 & 0 & 1 \\ 1 & 1 & 1 & 1 \end{bmatrix} \tag{2.8}
$$

注意，该矩阵的行和列都不是线性无关的. 行空间具有基向量 $[1,0,1,0]^{\mathrm{T}}$ 和 $[0,1,0,1]^{\mathrm{T}}$，而列空间具有基向量 $[1,0,1]^{\mathrm{T}}$ 和 $[0,1,1]^{\mathrm{T}}$. 因此，其行秩与列秩相同，都为矩阵的秩 2.

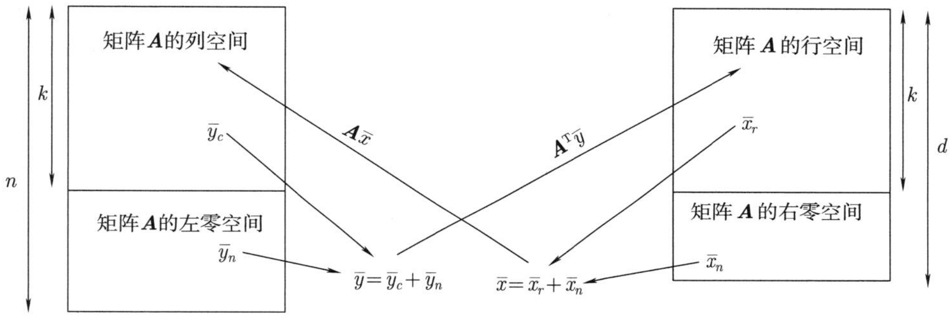

图 2.8　线性代数中一个 $n\times d$ 矩阵 $\boldsymbol{A}$ 的四个基本子空间

问题 2.4.1　分别找到式 (2.8) 中所示矩阵 $\boldsymbol{A}$ 的右零空间和左零空间的一个基.

问题 2.4.2　对于任何 $n\times d$ 矩阵 $\boldsymbol{A}$, 说明对任意 $\lambda>0$，为什么矩阵 $\boldsymbol{P}=\boldsymbol{A}^{\mathrm{T}}\boldsymbol{A}+\lambda\boldsymbol{I}_d$ 和 $\boldsymbol{Q}=\boldsymbol{A}\boldsymbol{A}^{\mathrm{T}}+\lambda\boldsymbol{I}_n$ 总是有空的零空间.

回答上述问题的一个提示是，$\overline{x}^{\mathrm{T}}\boldsymbol{P}\overline{x}$ 永远不能为零.

2.5　矩阵的行阶梯形式

矩阵的行阶梯形式可用于将矩阵转换为具有初等行运算 (见 1.3.1 节) 的更简单形式，这些行运算相当于原始矩阵. 因此，本节的内容是基于 1.3.1 节所引入的的行运算概念.

定义 2.5.1 (行等价与列等价)　如果一个矩阵可以通过对另一个矩阵进行一系列初等行运算 (如行交换、行加法或行与非零标量的乘法) 来得到，则称这两个矩阵为行等价的. 类似地，如果一个矩阵可以通过对另一矩阵进行一系列初等列运算来得到，则称这两个矩阵为列等价的.

注意，执行初等行运算并不会改变该矩阵行所生成的向量空间. 这是因为行交换和非零缩放运算不会从根本上改变矩阵的 (规范化) 行集. 进一步，对于非零标量 c，任何一对行向量 $\{\overline{r}_i,\overline{r}_j\}$ 的生成空间与 $\{\overline{r}_i,\overline{r}_i+c\overline{r}_j\}$ 的生成空间相同，这是因为 $\overline{r}_j$ 可以根据新的行集表示为 $[(\overline{r}_i+c\overline{r}_j)-\overline{r}_i]/c$. 因此，原始行集生成空间中的任何向量也位于新行集的生成空间中. 反之亦然，这是因为新行向量可以根据原始行集来直接表示. 类似地，列运算也不会改变列空间. 然而，行运算会改变列空间，而列运算也会改变行空间. 这些结果总结如下：

引理 2.5.1 初等行运算不会改变由行所生成的向量空间，而初等列运算不会改变由列所生成的向量空间.

矩阵 $\boldsymbol{A}$ 的一个特别方便的行等价转换是行阶梯形式，它对于求解 $\boldsymbol{A}\overline{x}=\overline{b}$ 这种类型的线性系统非常有用. 通过对方程组 $\boldsymbol{A}\overline{x}=\overline{b}$ 中的矩阵 $\boldsymbol{A}$ 和向量 $\overline{b}$ 应用相同的行运算，我们可以将矩阵 $\boldsymbol{A}$ 简化为使系统易于求解的形式. 这正是行阶梯形式，该过程相当于求解方程组的高斯消元法.

定义 2.5.2 (行阶梯形式) 称一个 $n\times d$ 矩阵 $\boldsymbol{A}$ 为行阶梯形式的当且仅当 (i) 每行中最左边的非零项为 1；(ii) 每行中最左边的非零项的列索引随行索引增加；(iii) 所有零行 (如果有) 出现在矩阵底部.

所有行阶梯矩阵都是 (矩形) 上三角形矩阵，但反之则不然. 例如，考虑如下一对上三角形矩阵：

$$\boldsymbol{A}'=\begin{bmatrix}1&7&4&3&5\\0&0&1&7&6\\0&0&0&1&3\\0&0&0&0&1\end{bmatrix},\qquad \boldsymbol{B}'=\begin{bmatrix}1&7&4&3&5\\0&0&1&7&6\\0&0&1&5&3\\0&0&0&0&1\end{bmatrix}$$

这里，矩阵 $\boldsymbol{A}$ 是行阶梯形式，而矩阵 $\boldsymbol{B}$ 却不是. 这是因为矩阵 $\boldsymbol{B}'$ 的第二行和第三行中最左边的非零项具有相同的列索引. 增加前导非零项的列索引可确保阶梯形式的非零行始终是线性无关的. 按矩阵从下到上的顺序将行添加到一个集合 S 则始终会将 S 的生成空间增加 1.

高斯消元法的大部分工作是建立一个矩阵使其最左侧非零项的列索引对于每一行是不同的. 进一步的行交换运算则可以创建一个矩阵使其最左边的非零项具有递增的列索引，而行缩放运算可以将最左边的项变为 1. 整个过程分为三个阶段：

- **行加法运算**：我们反复识别行对以使最左侧非零项的列索引相同. 例如，上例中的矩阵 $\boldsymbol{B}'$ 的第二行和第三行具有最左侧非零项的绑定列索引. 对这两行应用基本行加法运算以便将其中一个最左边的元素设置为 0. 例如，考虑具有相同最左列索引的两行 $\overline{r}_1$ 和 $\overline{r}_2$. 如果行 $\overline{r}_1$ 和 $\overline{r}_2$ 的最左边的非零项分别为 3 和 7，那么我们可以将行 $\overline{r}_1$ 更改为 $\overline{r}_1-(3/7)\overline{r}_2$ 以使 $\overline{r}_1$ 的最左侧元素变为 0. 我们也可以把 $\overline{r}_2$ 改成 $\overline{r}_2-(7/3)\overline{r}_1$ 以达到类似的效果. 我们总是选择在两行中较低的行上执行操作以确保相应的算子矩阵是一个下三角形矩阵，且较低的行中的前导零项数目增加 1. 由于矩阵包含 $n\times d$ 个元素，并且每次操作都会增加矩阵中前导零的个数，因此该过程保证在经过 $O(nd)$ 次行加法运算后成功删除绑定的列索引 [每次都需要 $O(d)$ 次]. 然而，根据原始矩阵的构造，我们可能无法建立一个最左侧非零项的列索引始终增加的矩阵. 例如，左上角值为 0 而其他元素为 1 的一个 2×2 矩阵永远无法通过行加法运算被转换为一个上三角形的形式.

- **行交换运算**：在这个阶段，我们重新排列矩阵的行使矩阵最左边的非零项的列索引随着列索引的增加而增加. 行的重新排列是通过反复交换不满足上述条件的行对来实现的. 对不满足条件的行对的随机选择将需要进行 $O(d^2)$ 次交换，尽管更明智的选择可以确保这在 $O(d)$ 次交换中完成.
- **行缩放运算**：将每行元素除以其前导非零项以便将矩阵转换为行阶梯形式.

上述所有操作都可以通过 1.3.1 节中所讨论的初等行运算来实现.

2.5.1 LU 分解

LU 分解的目标是将矩阵表示为一个下三角形方阵 $\boldsymbol{L}$ 和一个上三角形矩形矩阵 $\boldsymbol{U}$ 的乘积. 但是，如果不先重新排列矩阵的行，就不可能建立矩阵的 LU 分解. 我们下面提供一个行排列至关重要的例子：

观察 2.5.1 一个非奇异矩阵 $\boldsymbol{A}=[a_{ij}]$(其中 $a_{11}=0$) 永远不能用 $\boldsymbol{A}=\boldsymbol{LU}$ 的形式来表示，其中 $\boldsymbol{L}=[l_{ij}]$ 是下三角形的，而 $\boldsymbol{U}=[u_{ij}]$ 是上三角形的.

上述观察可以用反证法来证明. 事实上，让我们假设 $\boldsymbol{A}=\boldsymbol{LU}$, 于是 $a_{11}=l_{11}u_{11}$. 由于 $a_{11}=0$，故 $l_{11}=0$ 或 $u_{11}=0$. 换句话说，要么 $\boldsymbol{L}$ 的第一行为零，要么 $\boldsymbol{U}$ 的第一列为零. 这意味着 $\boldsymbol{A}=\boldsymbol{LU}$ 的第一行或第一列为零. 也就是说 $\boldsymbol{A}$ 不能是非奇异的，这与上述观察中关于 $\boldsymbol{A}$ 的假设矛盾.

让我们检验高斯消元算法的前两个步骤 (行加法和交换步骤) 的效果，事实上这两个步骤已经建立了一个矩形的上三角形矩阵 $\boldsymbol{U}$. 注意到，行相加运算始终是下三角形矩阵，这是因为下一行总是从上一行中减去. 进一步，行交换运算序列是行的置换，因此其可以表示为置换矩阵 $\boldsymbol{P}$. 于是，我们可以用置换矩阵 $\boldsymbol{P}$ 和由下三角形矩阵 $\boldsymbol{L}_1,\cdots,\boldsymbol{L}_m$ 所定义的 m 个行加法运算来表示高斯消元过程的前两步：

$$\boldsymbol{P}\boldsymbol{L}_m\boldsymbol{L}_{m-1}\cdots\boldsymbol{L}_1\boldsymbol{A}=\boldsymbol{U}$$

将上式两侧左乘 $\boldsymbol{P}^{\mathrm{T}}$ 以及按适当的顺序乘以下三角形矩阵 $\boldsymbol{L}_i$ 的逆，我们获得如下的结果：

$$\boldsymbol{A}=\underbrace{\boldsymbol{L}_1^{-1}\boldsymbol{L}_2^{-1}\cdots\boldsymbol{L}_m^{-1}}_{L}\boldsymbol{P}^{\mathrm{T}}\boldsymbol{U}$$

下三角形矩阵的逆和乘积也都是下三角形矩阵 (见第 1 章). 因此，我们可以合并这些矩阵，从而得到一个大小为 $n\times n$ 的下三角形矩阵 $\boldsymbol{L}$. 换言之，我们有：

$$\boldsymbol{A}=\boldsymbol{L}\boldsymbol{P}^{\mathrm{T}}\boldsymbol{U}$$

然而，这并不是 LU 分解的标准形式. 通过以上步骤，我们可以获得置换矩阵 $\boldsymbol{P}^{\mathrm{T}}$ 出现在下三角形矩阵 $\boldsymbol{L}$ 之前的分解 (尽管这些矩阵在重新排序时会有所不同)：

$$\boldsymbol{A}=\boldsymbol{P}^{\mathrm{T}}\boldsymbol{L}\boldsymbol{U}$$

我们也可以将此分解写为 $\boldsymbol{PA}=\boldsymbol{LU}$, 这正是 LU 分解的标准形式.

2.5.2 应用：建立一个基集

高斯消元法可用于建立一组 (可能线性相关的) 向量的基集. 设 $\overline{a}_1, \cdots, \overline{a}_n$ 为 n 个 d 维行向量. 于是，我们可以建立一个行为 $\overline{a}_1, \cdots, \overline{a}_n$ 的 $n \times d$ 矩阵 $\boldsymbol{A}$. 2.5.1 节所讨论的过程可用于建立行阶梯形式. 简化矩阵中的非零行始终是线性无关的，这是因为它们的前导项具有不同的列索引. 在矩阵 $\boldsymbol{A}$ 的原始行是线性相关的且相应向量空间的秩 k 严格小于 n 的情况下，行阶梯形式的最后 $(n-k)$ 行将是零向量. 所简化的行向量 (其实非零的) 则对应于线性无关的基集.

2.5.3 应用：矩阵求逆

为了求一个非奇异矩阵 $\boldsymbol{A}$ 的逆，我们首先执行行运算将其转换为在行阶梯形式下的上三角形 $d \times d$ 矩阵 $\boldsymbol{U} = [u_{ij}]$. 对于像 $\boldsymbol{U}$ 这样的可逆/非奇异矩阵，我们可以仅使用行运算将矩阵 $\boldsymbol{U}$ 进一步转换为一个单位矩阵. 首先，通过从第 $(d-1)$ 行中减去第 d 行的适当倍数 [其为 $u_{d-1,d}$] 后将第 $(d-1)$ 行上的非对角线元素转换为 0. 那么，通过从第 $(d-2)$ 行中减去第 $(d-1)$ 行和第 d 行的合适倍数 [其分别为 $u_{d-2,d-1}$ 和 $u_{d-2,d}$] 后将第 $(d-2)$ 行上的非对角线元素转换为 0. 换句话说，按减少行索引的顺序处理行最多需要 $d(d-1)/2$ 次行运算. 这种方法仅在矩阵可逆时有效，否则某些对角线元素将为 0. 我们可以通过从单位矩阵开始执行相同的行运算来得到矩阵 $\boldsymbol{A}$ 的逆矩阵，这就像对 $\boldsymbol{A}$ 执行这些行运算以获得单位矩阵一样. 将矩阵 $\boldsymbol{A}$ 转换为单位矩阵的一系列行运算将把单位矩阵转换为$\boldsymbol{B} = \boldsymbol{A}^{-1}$. 其想法是将等式 $\boldsymbol{A}\boldsymbol{A}^{-1} = \boldsymbol{I}$ 的两侧执行相同的行运算. 等式左侧项 $\boldsymbol{A}\boldsymbol{A}^{-1}$ 上的行运算可以在 $\boldsymbol{A}$ 上执行，直到将其转换为单位矩阵.

2.5.4 应用：求解线性方程组

我们考虑找到满足 $\boldsymbol{A}\overline{x} = \overline{b}$ 的所有的解 $\overline{x} = [x_1, x_2, \cdots, x_d]^{\mathrm{T}}$，其中 $\boldsymbol{A}$ 是一个 $n \times d$ 矩阵，而 $\overline{b}$ 是一个 n 维列向量. 如果 $\boldsymbol{A}$ 的列为 $\overline{a}_1, \cdots, \overline{a}_d$，那么 $\overline{b}$ 需要表述为这些列的一个线性组合. 这是因为矩阵条件 $\boldsymbol{A}\overline{x} = \overline{b}$ 可以根据 $\boldsymbol{A}$ 的列重写为如下的形式：

$$\sum_{i=1}^{d} x_i \overline{a}_i = \overline{b} \tag{2.9}$$

根据 $\boldsymbol{A}$ 和 $\overline{b}$ 会出现如下三种情况：

1. 如果向量 $\overline{b}$ 并不出现在 $\boldsymbol{A}$ 的列空间中，则该线性方程组并不存在解，尽管可能存在其最佳的拟合. 这种情况将在 2.8 节中详细讨论.

2. 如果向量 $\overline{b}$ 出现在 $\boldsymbol{A}$ 的列空间中，且 $\boldsymbol{A}$ 具有线性无关的列 (这意味着这些列形成 $\mathbf{R}^n$ 中的一个 d 维子空间的基)，则该线性方程组的解是唯一的. 该结果是基于坐标的唯一性 (见引理 2.3.2) 而得到. 在 $\boldsymbol{A}$ 为方阵的情况下，其解为 $\overline{x} = \boldsymbol{A}^{-1}\overline{b}$.

3. 如果向量 $\overline{b}$ 出现在 $\boldsymbol{A}$ 的列空间中，且 $\boldsymbol{A}$ 的列是线性相关的，则 $\boldsymbol{A}\overline{x}=\overline{b}$ 存在无穷多个解. 注意到，如果 $\overline{x}_1$ 和 $\overline{x}_2$ 是该方程组的解，那么对任意的实数 λ，$\lambda\overline{x}_1+(1-\lambda)\overline{x}_2$ 也是该方程组的解.

第一种情况通常出现在超定线性方程组中，其中矩阵的行数远大于列数. 即使在行数小于列数的矩阵中，也可能出现不相容的方程组. 为了理解这一点，考虑 $\overline{b}=(1,1)^{\mathrm{T}}$ 和 2×100 矩阵 $\boldsymbol{A}$ 包含两个非零行向量的情况使得第二行向量是第一行的两倍. 然而，不可能找到 $\boldsymbol{A}\overline{x}=\overline{b}$ 的任何非零解，除非 $\overline{b}$ 的第二个分量是第一个分量的两倍. 类似地，第三种情况更常见于列数 d 大于行数 n 的情况，但即使当 $d<n$ 时，也有可能找到线性相关的列向量. 我们给出一些习题从而获得对这些困难点的一些直觉印象：

问题 2.5.1 假设方程组 $\boldsymbol{A}\overline{x}=\overline{b}$ 不存在解，其中 $\boldsymbol{A}$ 是一个 $n\times d$ 矩阵，而 $\overline{b}$ 是一个 n 维列向量. 证明一定存在一个 n 维列向量 $\overline{z}$ 使得 $\overline{z}^{\mathrm{T}}\boldsymbol{A}=\overline{0}$ 和 $\overline{z}^{\mathrm{T}}\overline{b}\neq\overline{0}$.

上述习题简单地说明：如果一个方程组不相容，则始终可以找到该方程的一个加权组合使其左侧加起来等于零，而右侧加起来等于一个非零量. 作为求解该问题的一个提示，注意到 $\overline{b}$ 并不完全位于 $\boldsymbol{A}$ 的列空间中，但其可以表示为 $\boldsymbol{A}$ 的列空间和左零空间中的向量之和，而向量 $\overline{z}$ 可以从该分解中导出.

问题 2.5.2 给出合适的 $\boldsymbol{A}$ 和 $\overline{b}$ 将方程组 $\sum_{i=1}^{5}x_i=1$, $\sum_{i=1}^{2}x_i=-1$ 和 $\sum_{i=3}^{5}x_i=-1$ 表示为 $\boldsymbol{A}\overline{x}=\overline{b}$ 的形式. 非形式化地讨论为什么该方程组是不相容的. 现在定义一个满足上述问题条件的向量 $\overline{z}$ 以证明该方程组是不相容的.

行阶梯转换过程有助于判别方程组是否是不相容的，也有助于刻画相容方程组的解集. 我们可以使用一系列行运算将线性方程组 $\boldsymbol{A}\overline{x}=\overline{b}$ 转换为一个新方程组 $\boldsymbol{A}'\overline{x}=\overline{b}'$，其中 $\boldsymbol{A}'$ 满足行阶梯形式. 每当对 $\boldsymbol{A}$ 执行行运算时，也需对 $\overline{b}$ 执行完全相同的运算. 那么，所导致的系统 $\boldsymbol{A}'\overline{x}=\overline{b}'$ 则会包含大量关于初始系统解的信息. 在行阶梯转换后，不相容系统将在 $\boldsymbol{A}'$ 的底部包含零行，但在 $\overline{b}'$ 的同一行中包含相应的非零元素 (尝试应用问题 2.5.1 来解释这一点，同时判别 $\boldsymbol{A}$ 包含线性无关的行). 这样的系统永远不会存在解，因为方程组左侧的零值要等于右侧的非零值是不可能的. 矩阵 $\boldsymbol{A}'$ 中的所有零行都需要与 $\overline{b}'$ 中的零元素相匹配，这样系统才会有解.

假设系统是相容的，那么如何检测具有唯一解的系统? 在这种情况下，每列将包含某行最左侧的一个非零元素. 有些行可能是零. 我们下面给出两个矩阵的示例，其中第一个满足上述性质，而第二个不满足上述性质：

$$\boldsymbol{M}'=\begin{bmatrix}1&7&4\\0&1&2\\0&0&1\\0&0&0\end{bmatrix},\qquad \boldsymbol{N}'=\begin{bmatrix}1&7&\mathbf{4}&3&5\\0&1&\mathbf{9}&7&6\\0&0&\mathbf{0}&1&3\\0&0&\mathbf{0}&0&1\end{bmatrix}$$

注意到，矩阵 $\boldsymbol{N}'$ 并不满足唯一性条件，这是因为其第三列 (其元素以粗体显示) 不包含任何行中最左侧的非零元素．这样的列被称为自由列，这是因为可以将其对应的变量视为自由参数．如果没有自由列，在删除 $\boldsymbol{A}'$ 的零行和 $\overline{b}'$ 的相应零元素时，我们将会获得一个三角可逆方阵．例如，在去掉 $\boldsymbol{M}'$ 的零行时，我们可以得到一个三角可逆方阵．该矩阵将是一个上三角形矩阵，其沿对角线元素的值为 1. 应用倒向替换则很容易找到唯一的解．首先可以将 $\overline{x}$ 的最后一个分量设置为 $\overline{b}'$ 的最后一个分量，然后将其代入方程组以获得更小的上三角形系统．这个过程被迭代地应用于找到 $\overline{x}$ 的所有元素．

最后一种情况是存在某个自由列，而这些列并不是某行的前导非零项．与自由列相对应的变量可以设置为任意值，并且总能找到其他变量的唯一解．在这种情况下，解空间包含无限多个解．考虑以下行阶梯形式的系统：

$$\underbrace{\begin{bmatrix} 1 & 2 & 1 & -3 \\ 0 & 0 & 1 & 2 \\ 0 & 0 & 0 & 0 \end{bmatrix}}_{\boldsymbol{A}'} \begin{bmatrix} x_1 \\ x_2 \\ x_3 \\ x_4 \end{bmatrix} = \begin{bmatrix} 3 \\ 2 \\ 0 \end{bmatrix}$$

在上述方程组中，第二列和第四列并不包含任何行的前导非零项．因此，我们可以将 x_2 和 x_4 设置为任意数值 (例如，α 和 β), 并删除所有零行．进一步，将 x_2 和 x_4 设置为已知的数值将导致方程组只含有两个变量 x_1 和 x_3(这是因为 α 和 β 现在是常数而不是未知变量). 调整方程组右侧向量 $\overline{b}'$ 的大小以反映这些数值常数的影响．进行这些调整后，上述系统成为如下形式：

$$\begin{bmatrix} 1 & 1 \\ 0 & 1 \end{bmatrix} \begin{bmatrix} x_1 \\ x_3 \end{bmatrix} = \begin{bmatrix} 3 - 2\alpha + 3\beta \\ 2 - 2\beta \end{bmatrix}$$

上述该系统是一个平方 2×2 方程组，其根据 α 和 β 具有唯一解．未知变量 x_3 的值被设置为 $2 - 2\beta$, 然后应用倒向替换推导出 $x_1 = 1 - 2\alpha + 5\beta$. 于是，解集 $[x_1, x_2, x_3, x_4]$ 定义如下：

$$[x_1, x_2, x_3, x_4] = [1 - 2\alpha + 5\beta, \alpha, 2 - 2\beta, \beta]$$

这里 α 和 β 可以设置为任意数值．因此，该系统有无穷多个解．

问题 2.5.3(具有行阶梯形式的坐标变换)　考虑向量空间 $\mathcal{V} \subset \mathbf{R}^n$, 其基为 $\mathcal{B} = \{\overline{a}_1, \cdots, \overline{a}_d\}$ 以及 $d < n$. 证明如何使用行阶梯法在基 $\mathcal{B}$ 中找到 $\overline{v} \in \mathcal{V}$ 的 d 个坐标.

2.6 矩阵秩的概念

任意矩阵都可以通过行和列运算简化为 (矩形) 对角矩阵. 其原因是我们可以首先使用行运算将矩阵转换为行阶梯形式. 该矩阵是一个 (矩形) 上三角形矩阵. 随后，我们可以使用列运算将其简化为一个对角矩阵. 首先，列运算用于将所有自由列移到矩阵的最右端. 将非自由列简化为一个对角矩阵. 通过从该列中减去索引 $(j-1)$ 之前所有非自由列的适当倍数来增加列索引 j. 然后，通过减去非自由列的适当倍数 (每个非自由列只含有一个非零元素) 将所有自由列减化为零列. 这将导致一个矩形对角矩阵，其中所有自由列都将转换为零列. 换句话说，任何 $n \times d$ 矩阵 $\boldsymbol{A}$ 都可以表示为如下形式:

$$\boldsymbol{RAC} = \boldsymbol{\Delta}$$

这里 $\boldsymbol{R}$ 是一个 $n \times n$ 矩阵，其为初等行算子矩阵的乘积，$\boldsymbol{C}$ 是一个 $d \times d$ 矩阵，它是初等列算子矩阵的乘积，而 $\boldsymbol{\Delta}$ 是一个 $n \times d$ 矩形对角矩阵.

该结果显著表明矩阵的行空间和列空间的秩是相同的.

引理 2.6.1 一个矩阵行空间的秩与其列空间的秩相同.

简证 条件 $\boldsymbol{RA} = \boldsymbol{\Delta C}^{-1}$ 意味着 $\boldsymbol{A}$ 的行秩与 $\boldsymbol{\Delta}$ 中非零对角线元素的个数相同 (这是因为根据引理 2.5.1, 行运算不会改变 $\boldsymbol{A}$ 的秩，以及 $\boldsymbol{\Delta C}^{-1}$ 包含的非零线性无关行数与 $\boldsymbol{\Delta}$ 中的非零对角线元素数相同). 类似地，条件 $\boldsymbol{AC} = \boldsymbol{R}^{-1}\boldsymbol{\Delta}$ 意味着 $\boldsymbol{A}$ 的列秩与 $\boldsymbol{\Delta}$ 中非零对角线元素的个数相同. 因此，矩阵 $\boldsymbol{A}$ 的行秩与其列秩相同. □

称矩阵行空间和列空间的秩的共同值为该矩阵的秩.

定义 2.6.1 (矩阵的秩) 一个矩阵的秩等于其行空间的秩，也等于其列空间的秩.

上述结果的两个自然推论如下:

推论 2.6.1 一个 $n \times d$ 矩阵的秩至多为 $\min\{n, d\}$.

矩阵 $\boldsymbol{A}$ 含有 d 个列，于是其列空间的秩最多为 d. 类似地，其行空间的秩最多为 n. 由于两个秩是相同的，故该值最多为 $\min\{n, d\}$.

推论 2.6.2 考虑一个 $n \times d$ 矩阵 $\boldsymbol{A}$，其秩 $k \leqslant \min\{n, d\}$. 那么，矩阵 $\boldsymbol{A}$ 的零空间的秩为 $d-k$，而 $\boldsymbol{A}$ 的左零空间的秩为 $n-k$.

这是因为 $\boldsymbol{A}$ 的行是 d 维向量，而 $\boldsymbol{A}$ 的零空间是由 $\boldsymbol{A}$ 的 (转置) 行所定义的向量空间的正交补. 因此，矩阵 $\boldsymbol{A}$ 的零空间的秩必须是 $d-k$. 对于 $\boldsymbol{A}$ 的左零空间，我们也可以使用类似的推理.

矩阵运算对秩的影响

在机器学习中经常使用矩阵加法和乘法运算. 在这种情况下，了解矩阵加法和乘法对秩的影响是非常必要的. 在本小节中，我们建立通过矩阵运算后秩的上下界.

引理 2.6.2 (矩阵加法后秩的上界) 设 $\boldsymbol{A}, \boldsymbol{B}$ 是秩分别为 a 和 b 的两个矩阵. 那么，$\boldsymbol{A}+\boldsymbol{B}$ 的秩至多为 $a+b$.

证明 矩阵 $\boldsymbol{A}+\boldsymbol{B}$ 的每一行可以表示为 $\boldsymbol{A}$ 的行和 $\boldsymbol{B}$ 的行的一个线性组合．于是，$\boldsymbol{A}+\boldsymbol{B}$ 的行空间的秩至多为 $a+b$． □

对于矩阵加法后秩的下界，我们可以证明如下类似的结果：

引理 2.6.3 (矩阵加法后秩的下界) *设 $\boldsymbol{A},\boldsymbol{B}$ 是秩分别为 a 和 b 的两个矩阵．那么，$\boldsymbol{A}+\boldsymbol{B}$ 的秩至少为 $|a-b|$．*

证明 该引理的结果可以由引理 2.6.2 得到，这是因为我们可以将关系式 $\boldsymbol{A}+\boldsymbol{B}=\boldsymbol{C}$ 表示为 $\boldsymbol{A}+(-\boldsymbol{C})=(-\boldsymbol{B})$ 或 $\boldsymbol{B}+(-\boldsymbol{C})=(-\boldsymbol{A})$．因此，如果 $\boldsymbol{A}$ 和 $\boldsymbol{B}$ 的秩分别为 a 和 b，则由上面的引理，矩阵 $-\boldsymbol{C}$ 的秩至少为 $|a-b|$． □

我们还可以导出矩阵乘法运算后秩的上下界．

引理 2.6.4 (矩阵乘法后秩的上界) *设 $\boldsymbol{A},\boldsymbol{B}$ 是秩分别为 a 和 b 的两个矩阵．那么，$\boldsymbol{AB}$ 的秩至多为 $\min\{a,b\}$．*

证明 矩阵 $\boldsymbol{AB}$ 的每列是 $\boldsymbol{A}$ 的列的一个线性组合，其中所定义 $\boldsymbol{AB}$ 的第 i 列的线性组合系数为 $\boldsymbol{B}$ 的第 i 列．因此，矩阵 $\boldsymbol{AB}$ 的列空间的秩不会大于 $\boldsymbol{A}$ 的列空间的秩．然而，一个矩阵的列空间与其秩相同．因此，矩阵 $\boldsymbol{AB}$ 的秩不会大于矩阵 $\boldsymbol{A}$ 的秩．

类似地，矩阵 $\boldsymbol{AB}$ 的每一行是 $\boldsymbol{B}$ 的行的一个线性组合，其中所定义 $\boldsymbol{AB}$ 的第 i 行的线性组合系数为 $\boldsymbol{A}$ 的第 i 行．因此，$\boldsymbol{AB}$ 的行空间的秩并不大于 $\boldsymbol{B}$ 的行空间的秩．然而，一个矩阵的行空间与其秩相同．因此，矩阵 $\boldsymbol{AB}$ 的秩不会大于矩阵 $\boldsymbol{B}$ 的秩．结合以上两个结论，我们证得了 $\boldsymbol{AB}$ 的秩不会大于 $\min\{a,b\}$ 的事实． □

建立两个矩阵乘积的秩的下界要比建立其上界困难得多．只有在某些特殊情况下，我们才能得到一些有用的界．

引理 2.6.5 (矩阵乘法后秩的下界) *设 $\boldsymbol{A}$ 是秩为 a 的 $n\times d$ 矩阵，而 $\boldsymbol{B}$ 是秩为 b 的 $d\times k$ 矩阵．那么，矩阵 $\boldsymbol{AB}$ 的秩至少为 $a+b-d$．*

我们这里略去这个结果的证明，该结果也被称为 Sylvester 不等式．值得注意的是，d 是这两个矩阵的共享维数 (因此允许乘法)，然而当 $a+b\leqslant d$ 时，相应的结果并不是特别有用．在这种情况下，秩的下界变为负值，显然每个矩阵都能满足这一下界，因此这并不能提供任何有用的信息．当两个矩阵的秩接近共享维数 d(即最大可能的值) 时，我们可以建立一个有用的下界．当一个或两个矩阵都是满秩的方阵时，那情况又是如何呢？上述引理的一些自然的推论如下：

推论 2.6.3 *对一个矩阵 $\boldsymbol{A}$ 乘以一个满秩方阵 $\boldsymbol{B}$ 并不会改变矩阵 $\boldsymbol{A}$ 的秩．*

推论 2.6.4 *设 $\boldsymbol{A},\boldsymbol{B}$ 是两个方阵，那么 $\boldsymbol{AB}$ 是非奇异的当且仅当 $\boldsymbol{A}$ 和 $\boldsymbol{B}$ 都是非奇异的．*

换句话说，矩阵乘积是满秩的当且仅当这两个矩阵都是满秩的．从矩阵 $\boldsymbol{A}$ 的列空间的 Gram 矩阵$\boldsymbol{A}^{\mathrm{T}}\boldsymbol{A}$ 的可逆性的角度来看，这个结果是很重要的．注意，在机器学习应用 (如线性回归) 中，通常需要对 Gram 矩阵求逆．在这种情况下，Gram 矩阵的逆是闭型解的一

部分 [例如，见第 1 章中的式 (1.29)]. 了解 Gram 矩阵的可逆性是由特征变量的潜在数据矩阵列的线性无关性决定的，这一点是非常有帮助的：

引理 2.6.6 (线性无关与 Gram 矩阵) *称矩阵 $\boldsymbol{A}^{\mathrm{T}}\boldsymbol{A}$ 为 $n \times d$ 矩阵 $\boldsymbol{A}$ 的列空间的 Gram 矩阵. 矩阵 $\boldsymbol{A}$ 的列是线性无关的当且仅当 $\boldsymbol{A}^{\mathrm{T}}\boldsymbol{A}$ 是可逆的.*

证明 考虑 $\boldsymbol{A}^{\mathrm{T}}\boldsymbol{A}$ 为可逆的情况. 这意味着 $\boldsymbol{A}^{\mathrm{T}}\boldsymbol{A}$ 的秩为 d，因此，$\boldsymbol{A}^{\mathrm{T}}\boldsymbol{A}$ 的每个因子的秩一定至少为 d. 这意味着 $\boldsymbol{A}$ 的秩至少为 d，然而这只有在 $\boldsymbol{A}$ 的 d 个列为线性无关时才有可能成立.

现在假设 $\boldsymbol{A}$ 具有线性无关的列. 那么，对于任意非零向量 $\overline{x}$, 我们有 $\overline{x}^{\mathrm{T}}\boldsymbol{A}^{\mathrm{T}}\boldsymbol{A}\overline{x} = \|\boldsymbol{A}\overline{x}\|^2 \geqslant 0$. 该值仅当 $\boldsymbol{A}\overline{x} = \overline{0}$ 时才为零. 由于 $\boldsymbol{A}$ 的列是线性无关的，故我们知道对于非零向量 $\overline{x}$ 有 $\boldsymbol{A}\overline{x} \neq \overline{0}$. 换句话说，$\overline{x}^{\mathrm{T}}\boldsymbol{A}^{\mathrm{T}}\boldsymbol{A}\overline{x}$ 是严格正的，只有当 $\boldsymbol{A}^{\mathrm{T}}\boldsymbol{A}\overline{x}$ 是非零向量时才可能成立. 也就是说，对任意非零向量 $\overline{x}$, 我们有 $\boldsymbol{A}^{\mathrm{T}}\boldsymbol{A}\overline{x} \neq 0$，这意味着方阵 $\boldsymbol{A}^{\mathrm{T}}\boldsymbol{A}$ 具有线性无关的列. 这只有当 $\boldsymbol{A}^{\mathrm{T}}\boldsymbol{A}$ 可逆时才有可能成立 (见引理 2.3.1). □

我们可以应用非常类似的方法来证明矩阵 $\boldsymbol{A}$, $\boldsymbol{A}^{\mathrm{T}}\boldsymbol{A}$ 和 $\boldsymbol{A}\boldsymbol{A}^{\mathrm{T}}$ 具有相同的秩这样更强结果 (见习题 2.2). 矩阵 $\boldsymbol{A}\boldsymbol{A}^{\mathrm{T}}$ 是 $\boldsymbol{A}$ 的行空间的 Gram 矩阵，其也被称为*左* Gram 矩阵.

2.7 生成正交基集

正交基集具有许多如易于坐标变换、投影和距离计算这些有用的性质. 本节将讨论如何应用 Gram-Schmidt 正交化将一个非正交基集转换为一个正交基集. 我们还将通过离散余弦变换获得一个有用的 $\mathbf{R}^n$ 中的正交基的例子.

2.7.1 Gram-Schmidt 正交化与 QR 分解

我们希望找到非正交向量 $\mathcal{A} = \{\overline{a}_1, \cdots, \overline{a}_d\}$ 生成空间的一个规范正交基集. 我们首先讨论 $\mathcal{A}$ 中的向量是线性无关且基向量是非规范化的这样更简单的情形. 我们假设每个 $\overline{a}_i$ 来自 $\mathbf{R}^n$ 且 $n \geqslant d$(以确保 $\{\overline{a}_1, \cdots, \overline{a}_d\}$ 的线性无关性). 因此，我们正在试图寻找 $\mathbf{R}^n$ 中一个子空间的正交基.

一组正交基 $\{\overline{q}_1, \cdots, \overline{q}_d\}$ 可以应用 Gram-Schmidt 正交化来获得. Gram-Schmidt 正交化的基本思想是从属于 $\mathcal{A}$ 的向量中连续移除先前生成的向量的投影，然后迭代生成正交向量. 我们首先将第一个基向量 $\overline{q}_1$ 设置为 $\overline{a}_1$, 然后通过移除 $\overline{a}_2$ 在 $\overline{q}_1$ 上的投影来调整 $\overline{a}_2$, 从而能得到与 $\overline{q}_1$ 正交的 $\overline{q}_2$. 接下来，将 $\overline{a}_3$ 在 $\overline{q}_1$ 和 $\overline{q}_2$ 上的投影从 $\overline{a}_3$ 中移除以得到下一个基向量 $\overline{q}_3$. 对该过程继续进行迭代直到生成所有 d 个基向量. 如果 $\mathcal{A}$ 是一个线性无关基向量的集合，那么所生成的基集 $\{\overline{q}_1, \cdots, \overline{q}_d\}$ 将只包含非零向量 (否则当 $\overline{q}_j = \overline{0}$ 时，我们将得到 $\overline{a}_1, \cdots, \overline{a}_j$ 是线性相关的). 这些向量也可以通过将每个向量除以其范数来规范化. Gram-Schmidt 正交化所生成的基集取决于处理 $\mathcal{A}$ 中向量的顺序.

我们下面将正式表述该过程. 在初始步骤中，$\overline{q}_1$ 由如下方式来生成：

$$\overline{q}_1 = \overline{a}_1 \tag{2.10}$$

接下来，在生成 $\overline{q}_1, \cdots, \overline{q}_{i-1}$ 后，我们应用如下的迭代过程来生成 $\overline{q}_i$. 向量 $\overline{q}_i$ 通过减去 $\overline{a}_i$ 在已生成向量 $\overline{q}_1, \cdots, \overline{q}_{i-1}$ 所定义的子空间上的投影来生成. 注意到 $\overline{a}_i$ 在先前生成的 $\overline{q}_r(r < i)$ 上的投影为 $\dfrac{\overline{a}_i \cdot \overline{q}_r}{\|\overline{q}_r\|}$. 于是生成 $\overline{q}_i$ 的过程如下：

1. 计算 $\overline{q}_i = \overline{a}_i - \sum_{r=1}^{i-1} \dfrac{\overline{a}_i \cdot \overline{q}_r}{\|\overline{q}_r\|} \dfrac{\overline{q}_r}{\|\overline{q}_r\|} = \overline{a}_i - \sum_{r=1}^{i-1} \dfrac{\overline{a}_i \cdot \overline{q}_r}{\overline{q}_r \cdot \overline{q}_r} \overline{q}_r$.
2. 将 i 增加 1.

对于每个 $i = 2, \cdots, d$，我们重复此过程. 我们称该算法为非规范化的 Gram-Schmidt 方法. 在实际中，所生成的向量在处理后往往被缩放到单位范数.

通过归纳法，我们可以证明得到的向量是相互正交的. 例如，考虑我们作出 $\overline{q}_1, \cdots, \overline{q}_{i-1}$ 是正交的归纳假设时的情况. 那么，对于 $j \in \{1, \cdots, j-1\}$，我们可以证明 $\overline{q}_i$ 也是正交于每一个 $\overline{q}_j$：

$$\overline{q}_j \cdot \overline{q}_i = \underbrace{\overline{q}_j \cdot \left[\overline{a}_i - \sum_{r=1}^{i-1} \frac{(\overline{a}_i \cdot \overline{q}_r)}{\|\overline{q}_r\|} \frac{\overline{q}_r}{\|\overline{q}_r\|}\right]}_{\text{通过迭代舍弃的项}} = \overline{q}_j \cdot \overline{a}_i - \frac{(\overline{q}_j \cdot \overline{q}_j)}{\|\overline{q}_j\|^2} (\overline{q}_j \cdot \overline{a}_i) = 0$$

因此，相互正交性的归纳假设也可以从 $\overline{q}_1, \cdots, \overline{q}_{i-1}$ 扩展到 $\overline{q}_i$.

除了生成基的正交性之外，我们还需要证明，对于所有 $i \leqslant d$, $\overline{q}_1, \cdots, \overline{q}_i$ 的生成空间与 $\overline{a}_1, \cdots, \overline{a}_i$ 的生成空间相同. 该结果可以用归纳法来证明. 显然结论在 $i = 1$ 时平凡成立. 现在，归纳假设 $\overline{q}_1, \cdots, \overline{q}_{i-1}$ 的生成空间与 $\overline{a}_1, \cdots, \overline{a}_{i-1}$ 的生成空间相同. 在每个迭代步骤中，将 $\overline{q}_i$ 添加到当前基中与将 $\overline{a}_i$ 添加到当前基中具有相同的效果，因为 $\overline{q}_i$ 是用已经在基中的向量 $\{\overline{q}_1, \cdots, \overline{q}_{i-1}\}$ 的一个线性组合从 $\overline{a}_i$ 添加来调整的. 于是，$\overline{q}_1, \cdots, \overline{q}_i$ 的生成空间与 $\overline{a}_1, \cdots, \overline{a}_i$ 的生成空间相同.

当 $\mathcal{A}$ 中的向量不是线性无关时会发生什么呢? 在这种情况下，某些生成的向量 $\overline{q}_i$ 被证明是零向量，并且它们一经计算就被舍弃. 在这种情况下，Gram-Schmidt 方法返回少于 d 个基向量. 作为一个具体例子，在 $\overline{a}_2 = 3\overline{a}_1$ 的情况下，很容易证明 $\overline{q}_2 = \overline{a}_2 - 3\overline{q}_1 = \overline{a}_2 - 3\overline{a}_1$ 将是零向量. 一般来说，当 $\overline{a}_i$ 与 $\overline{a}_1, \cdots, \overline{a}_{i-1}$ 线性相关时，向量 $\overline{a}_i$ 在由 $\overline{q}_1, \cdots, \overline{q}_{i-1}$ 所定义的子空间上的投影为其自身. 因此，从 $\overline{a}_i$ 中减去 $\overline{a}_i$ 的投影将产生零向量.

问题 2.7.1 ($\boldsymbol{A}$ 正交性) 称两个 n 维向量 $\overline{x}$ 和 $\overline{y}$ 是 $\boldsymbol{A}$ 正交的，如果对某个 $n \times n$ 可逆矩阵 $\boldsymbol{A}$, 我们有 $\overline{x}^{\mathrm{T}} \boldsymbol{A} \overline{y} = 0$. 已知一个 $\mathbf{R}^n$ 中 $d \leqslant n$ 个线性无关向量集，证明如何为它们生成 $\boldsymbol{A}$ 正交基.

问题 2.7.2 (随机化的 $\boldsymbol{A}$ 正交性)　提出一种用 Gram-Schmidt 方法来求 $\mathbf{R}^n$ 中的一个随机化正交基的方法. 现在将其推广到求 $\mathbf{R}^n$ 中的一个随机 $\boldsymbol{A}$ 正交基的方法.

2.7.2　QR 分解

我们首先讨论具有线性无关列的一个 $n\times d$ 矩阵的 QR 分解. 由于列是线性无关的, 故我们一定有 $n \geqslant d$. Gram-Schmidt 正交化可用于将具有线性无关列的 $n \times d$ 矩阵 $\boldsymbol{A}$ 分解为一个具有规范正交列的 $n \times d$ 矩阵 $\boldsymbol{Q}$ 和一个上三角形 $d \times d$ 矩阵 $\boldsymbol{R}$ 的乘积. 换句话说, 我们要计算如下的 QR 分解:

$$\boldsymbol{A}=\boldsymbol{Q}\boldsymbol{R} \tag{2.11}$$

考虑一个具有线性无关列为 $\overline{a}_1,\cdots,\overline{a}_d$ 的 $n\times d$ 矩阵 $\boldsymbol{A}$. 然后, 我们执行上面讨论的 Gram-Schmidt 正交化 (包括归一化步骤), 并应用 Gram-Schmidt 正交化来建立具有规范正交列为 $\overline{q}_1,\cdots,\overline{q}_d \in \mathbf{R}^n$ 的矩阵 $\boldsymbol{Q}$. 列的出现顺序与通过 Gram-Schmidt 算法处理 $\overline{a}_1,\cdots,\overline{a}_d$ 的顺序相同. 由于向量 $\overline{a}_1,\cdots,\overline{a}_d$ 是线性无关的, 因此我们可以获得一组完整的 d 个规范正交基向量集. 注意到, $\overline{a}_r$ 在每个 $\overline{q}_j$ 上的投影为 $\overline{q}_j\cdot\overline{a}_r$, 它给出了在新的规范正交基上其第 j 个坐标. 于是, 我们定义一个 $d\times d$ 矩阵使其第 (j,r) 个元素为 $\overline{q}_j\cdot\overline{a}_r$. 对于 $j>r$, $\overline{q}_j$ 正交于由 $\overline{a}_1,\cdots,\overline{a}_r$ 所生成的空间, 因此 $\overline{q}_j\cdot\overline{a}_r$ 为 0. 这样, 矩阵 $\boldsymbol{R}$ 是上三角形的. 容易看到, 乘积 $\boldsymbol{QR}$ 的第 r 列为由 Gram-Schmidt 正交化 (得到 $\overline{a}_r$) 所定义的规范正交基的某个合适的线性组合, 于是 $\boldsymbol{A}=\boldsymbol{QR}$.

当 $n\times d$ 矩阵 $\boldsymbol{A}$ 的列并不是线性无关的时候会发生什么呢? 在这样的情况下, Gram-Schmidt 过程将产生向量 $\overline{q}_1,\cdots,\overline{q}_d$, 其为单位归一化向量或零向量. 假设向量 $\overline{q}_1,\cdots,\overline{q}_d$ 中的 k 个是非零的. 我们可以假设零向量在 Gram-Schmidt 表示中也有零坐标, 因为从坐标表示的角度来看, 零向量的坐标并不是相关的. 与前一种情况一样, 我们建立分解 $\boldsymbol{QR}$(包括 $\boldsymbol{Q}$ 中的零列和 $\boldsymbol{R}$ 中与之匹配的零行), 其中 $\boldsymbol{Q}$ 是一个 $n\times d$ 矩阵, 而 $\boldsymbol{R}$ 是一个 $d\times d$ 上三角形 (矩形) 矩阵. 接下来, 我们从 $\boldsymbol{Q}$ 中删除所有零列, 而从 $\boldsymbol{R}$ 中删除与之相匹配索引的零行. 因此, 矩阵 $\boldsymbol{Q}$ 现在的大小为 $n\times k$, 而矩阵 $\boldsymbol{R}$ 的大小为 $k\times d$. 这就给出了初始 $n\times d$ 矩阵 $\boldsymbol{A}$ 的最为简洁和最为广义的 QR 分解.

问题 2.7.3 (求解线性方程组)　证明如何使用 QR 分解并通过倒向替换来求解方程组 $\boldsymbol{A}\overline{x}=\overline{b}$. 这里假设 $\boldsymbol{A}$ 是具有线性无关列的 $d\times d$ 矩阵, 而 $\overline{b}$ 是一个 d 维列向量.

应用 Givens 旋转和 Householder 反射

本部分简要概述 QR 分解的方法, 读者可略过本部分内容但并不会失去内容的连贯性. 通过对 $\boldsymbol{A}$ 的列应用 $O(nd)$ 次 Givens 旋转 (其定义见 2.2.2 节) 可以对任意 $n\times d$ 矩阵 $\boldsymbol{A}$ 进行 QR 分解. 将方阵 $\boldsymbol{A}$ 左乘 Givens 旋转矩阵可用于将其对角线下方的单个元素变为零 (但并不会干扰已调为零的元素), 但前提是需要正确选择旋转角度并按合适的顺序将元素变为零. 归零元素背后的基本几何原理是始终可以将一个二维向量旋转适当的角度直到其中一个坐标归零为止. 将 $\boldsymbol{A}$ 左乘一个 $n\times n$Givens 旋转矩阵相当于对矩阵 $\boldsymbol{A}$ 的每个列向量执行运算. 虽然 $\boldsymbol{A}$ 的列向量不是二维的，但 Givens 旋转始终在二维投影中执行旋转，而不影响其他坐标. 因此，这样的角度始终存在.

已知一个 $n\times d$ 矩阵 $\boldsymbol{A}$，该方法连续地将 $\boldsymbol{A}$ 左乘一个 $n\times n$Givens 旋转矩阵以便将其对角线下方的一个元素变为零 (但并不干扰已经变为零的元素). 左乘正交矩阵后的运行矩阵用变量 $\boldsymbol{R}$ 来表示，该矩阵在过程结束时是上三角形的. 设 $\boldsymbol{Q}_1,\cdots,\boldsymbol{Q}_s$ 是以这种方式连续选择的 Givens 矩阵，这样我们有如下的重复过程：

$$\boldsymbol{A}=\underbrace{\boldsymbol{Q}_1^{\mathrm{T}}\boldsymbol{Q}_1}_{\boldsymbol{I}}\boldsymbol{A}=\boldsymbol{Q}_1^{\mathrm{T}}\underbrace{\boldsymbol{Q}_2^{\mathrm{T}}\boldsymbol{Q}_2}_{\boldsymbol{I}}\underbrace{\boldsymbol{Q}_1\boldsymbol{A}}_{\boldsymbol{R}}=\cdots=\underbrace{(\boldsymbol{Q}_1^{\mathrm{T}}\cdots\boldsymbol{Q}_s^{\mathrm{T}})}_{\text{正交于 }\boldsymbol{Q}}\underbrace{(\boldsymbol{Q}_s\boldsymbol{Q}_{s-1}\cdots\boldsymbol{Q}_1\boldsymbol{A})}_{\text{三角形的 }\boldsymbol{R}}$$

因此，该方法最多需要 $O(nd)$ 次 Givens 旋转，尽管稀疏矩阵可能需要更少的旋转. 具有最小列索引 j 的元素 (对角线下方) 首先被归为零，而具有相同列索引的元素按行索引 i 的递减顺序依次选择执行. 根据本书 2.2.2 节所给出的符号，用于 $\boldsymbol{A}$ 当前变换 $\boldsymbol{R}$ 左乘的 Givens 矩阵为 $\boldsymbol{G}_c(i-1,i,\alpha)$，其中选择 α 使与运行变量 $\boldsymbol{R}$ 相对应的当前矩阵的第 (i,j) 项设置为零. $\boldsymbol{G}_c(i-1,i,\alpha)$ 与 $\boldsymbol{R}$ 相乘仅能影响 $\boldsymbol{R}$ 每一列的第 $(i-1)$ 个和第 i 个元素. 如果索引 j 之前的列的下三角形部分已经变为 0，则与 Givens 矩阵相乘并不会影响这些元素 (因为零向量的旋转仍然是零向量). 因此，已完成的将先前列元素设置为 0 的运算工作量将保持不变. 考虑当前列索引 j，其元素设置为 0. 如果当前矩阵 $\boldsymbol{R}$ 的元素为 r_{ij}，则可以提取 Givens 矩阵 $\boldsymbol{G}_c(i-1,i,\alpha)$ 与 $\boldsymbol{R}$ 的乘积部分，而该部分与二维向量 $[r_{i-1},r_i]^{\mathrm{T}}$ 的旋转相对应.

$$\begin{bmatrix}\cos(\alpha) & -\sin(\alpha)\\ \sin(\alpha) & \cos(\alpha)\end{bmatrix}\begin{bmatrix}r_{i-1,j}\\ r_{ij}\end{bmatrix}=\begin{bmatrix}\sqrt{r_{i-1,j}^2+r_{ij}^2}\\ 0\end{bmatrix}$$

我们可以验证上述系统中的 α 满足如下关系：

$$\sin(\alpha)=\frac{-r_{ij}}{\sqrt{r_{ij}^2+r_{i-1,j}^2}},\quad \cos(\alpha)=\frac{r_{i-1,j}}{\sqrt{r_{ij}^2+r_{i-1,j}^2}}\tag{2.12}$$

注意到，当 $r_{i-1,j}$ 为 0，而 r_{ij} 不是 0 时，α 取值的绝对值为 $90°$. 进一步，当 r_{ij} 已经为零时，α 为 $0°$ 或 $180°$，并且不需要进行旋转 (因为一个 $180°$ 的旋转仅翻转 $r_{i-1,j}$ 的符号). 对于 $O(nd)$ 个项的处理顺序是必要的，从而可以确保已经归零的元素不会受到进一步旋转的干扰. 该过程的代码如下所示：

```
Q ⇐ I;   R ⇐ A;
for j = 1 to d − 1 do
  for i = n 递减到 (j + 1) do
```

基于式 (2.12) 选择 α;

$\boldsymbol{Q} \Leftarrow \boldsymbol{Q}\boldsymbol{G}_c(i, i-1, \alpha)^{\mathrm{T}}$;　$\boldsymbol{R} \Leftarrow \boldsymbol{G}_c(i, i-1, \alpha)\boldsymbol{R}$;

endfor

endfor

`return` $\boldsymbol{Q}, \boldsymbol{R}$.

对于 $n \geqslant d$ 以及一个具有线性无关列的矩阵 $\boldsymbol{A}$, 上述方法可以建立一个 $n \times n$ 矩阵 $\boldsymbol{Q}$ 和一个 $n \times d$ 矩阵 $\boldsymbol{R}$. 这些矩阵比用 Gram-Schmidt 方法得到的矩阵大. 然而，$\boldsymbol{R}$ 的底部 $(n-d)$ 行将是零，因此我们可以删除 $\boldsymbol{Q}$ 的最后 $(n-d)$ 列和 R 的底部 $(n-d)$ 行，但这并不影响结果. 这将得到一个较小的 QR 分解，其中该分解包含 $n \times d$ 矩阵 $\boldsymbol{Q}$ 和 $d \times d$ 矩阵 $\boldsymbol{R}$.

也可以应用 Householder 反射矩阵而不是 Givens 旋转矩阵来迭代修正 $\boldsymbol{Q}$ 和 $\boldsymbol{R}$ 的方法. 在这种情况下，最多需要 $(d-1)$ 次反射对矩阵进行三角化，这是因为每次迭代能够将一个特定列的对角线下方的所有元素归零 (并且我们可以忽略最后一个). 按列索引增加的顺序来处理列. 基本几何原理是，对于任何 n 维坐标向量 ($\boldsymbol{A}$ 的第一列)，都可以确定穿过原点的一个 $(n-1)$ 维 "镜像" 的方向，以便向量的图像被映射到只有第一个坐标为非零的点. 这样的变换是通过与 Householder 反射矩阵相乘来定义的. 读者可试图在二维空间中可视化一个一维反射平面使将一个特定点 $[x, y]^{\mathrm{T}}$ 映射到 $[\sqrt{x^2+y^2}, 0]^{\mathrm{T}}$. 该原理也适用于更一般的 n 维空间中的向量，例如，$\boldsymbol{A}$ 的第一列 $\overline{c}_1$. 我们可以在第一次迭代中选择 $\overline{v}_1$(到 "镜像" 超平面的法向量) 作为单位向量将 $\overline{c}_1$ 连接到长度相等的列向量 $\|\overline{c}_1\|[1, 0, \cdots, 0]^{\mathrm{T}}$，其中仅第一个分量是非零的. 因此，我们有 $\overline{v}_1 \propto (\overline{c}_1 - \|\overline{c}_1\|[1, 0, \cdots, 0]^{\mathrm{T}})$，并且其被缩放到单位范数. 然后，我们可以计算 Householder 矩阵 $\boldsymbol{Q}_1 = (\boldsymbol{I} - 2\overline{v}_1\overline{v}_1^{\mathrm{T}})$. 将 $\boldsymbol{A}$ 左乘矩阵 $\boldsymbol{Q}_1$ 会将 $\boldsymbol{A}$ 的第一列 $\overline{c}_1$ 的底部 $(n-1)$ 个元素归零. 在接下来的迭代中，所生成的矩阵 $\boldsymbol{R} = \boldsymbol{Q}_1\boldsymbol{A}$ 的第一行的元素保持冻结到其当前值，并且所有修正操作仅在底部 $(n-1)$ 行进行. 因此，在第二次迭代中选择 $n \times n$Householder 反射矩阵 $\boldsymbol{Q}_2 = (\boldsymbol{I} - 2\overline{v}_2\overline{v}_2^{\mathrm{T}})$ 使任何改变只发生在底部 $(n-1)$ 维. 第二次迭代将运行矩阵 $\boldsymbol{R}$ 的第二列 $\overline{c}_2$ 的底部 $(n-2)$ 个元素归零. 这部分操作可通过如下步骤来实现：首先将 $\overline{c}_2$ 复制到 $\overline{c}_{2,n-1}$，重置 $\overline{c}_{2,n-1}$ 的第一个元素为零，并计算单位向量 $\overline{v}_2 \propto \overline{c}_{2,n-1} - \|\overline{c}_{2,n-1}\|[0, 1, 0, \cdots, 0]^{\mathrm{T}}$，然后更新 $\boldsymbol{R} \Leftarrow \boldsymbol{R}(\boldsymbol{I} - 2\overline{v}_2\overline{v}_2^{\mathrm{T}})$. 在下一次迭代中，通过定义 $\overline{c}_{3,n-2}$ 为向量 $\overline{c}_3$ 的一个部分副本，并将其前两个元素设置为零来计算 Householder 矩阵. 我们可以设置单位向量 $\overline{v}_3 \propto \overline{c}_{3,n-2} - \|\overline{c}_{3,n-2}\|[0, 0, 1, 0, \cdots, 0]^{\mathrm{T}}$，然后更新 $\boldsymbol{R} \Leftarrow \boldsymbol{R}(\boldsymbol{I} - 2\overline{v}_3\overline{v}_3^{\mathrm{T}})$. 该过程迭代地应用于将 $\boldsymbol{R}$ 的每一列的适当个元素归零. QR 分解的最终正交矩阵为 $\boldsymbol{Q}_1^{\mathrm{T}}, \cdots, \boldsymbol{Q}_{d-1}^{\mathrm{T}}$. 为了减少数值误差，我们需要仔细地选择实现的方法. 例如，在第一次迭代中，我们可以将 $\overline{c}_1$ 反射到 $\|\overline{c}_1\|[1, 0, \cdots, 0]^{\mathrm{T}}$ 或 $-\|\overline{c}_1\|[1, 0, \cdots, 0]^{\mathrm{T}}$. 选择这两个选项中的另一个可以减少数值误差.

2.7.3 离散余弦变换

Gram-Schmidt 基并不能借助于向量的坐标来给出向量的任何特定的属性.另外,2.3.4 节中讨论的小波基是一个正交基，其可以描述时间序列的局部变化. 离散余弦变换则应用具有三角特性的基来揭示时间序列的周期性.

考虑来自 $\mathbf{R}^n$ 中的一个时间序列，其具有 n 个等距时钟刻度的 n 个值 (例如，温度). 选择每个基向量均包含具有特定周期性的余弦时间序列的等距样本的基允许我们进行一种变换，其中基向量的坐标可以解释为序列的不同周期分量的振幅. 例如，在 10 年期内的温度时间序列将具有昼-夜变化和夏-冬季变化，这将由不同基向量 (具有周期的分量) 的坐标来捕获. 这些坐标在许多机器学习的应用中都是非常有用的.

考虑一个长度为 n 的高维时间序列，其表示为 $\mathbf{R}^n$ 中的一个列向量. 这个具有最大可能周期性的时间序列的 n 维基向量使用 n 个范围在 0 到 π 弧度之间的等距余弦函数样本. 余弦函数的样本彼此间隔 π/n 弧度的距离，那么自然会产生一个问题，即在哪里我们可以选择第一个样本. 尽管离散余弦变换的不同变体在余弦函数的不同点选择第一个样本，但最常见的选择是确保样本在 $\pi/2$ 处左右对称，因此第一个样本在 $\pi/2n$ 处选取. 这就得到如下的基向量 $\overline{b}$:

$$\overline{b}=[\cos(\pi/2n),\cos(3\pi/2n),\cdots,\cos([2n-1]\pi/2n)]^{\mathrm{T}}$$

对于一个长度为 n 的时间序列，这是周期性的最大可能水平，其中整个基向量是仅半个余弦波 (覆盖 π 弧度) 的一个 n 维样本. 为了找到数据中较小的周期性，我们需要更多的基向量，其中 n 维样本是从更多的余弦波 (即比 π 大的角度) 中提取. 换句话说，余弦函数的 n 个样本是通过在 0 和 $(j-1)\pi$ 之间的 n 个点处对余弦函数进行抽样获得的，即对每一个 $j\in\{1,\cdots,n\}$:

$$\overline{b}_j=[\cos([j-1]\pi/2n),\cos(3[j-1]\pi/2n),\cdots,\cos([2n-1][j-1]\pi/2n)]^{\mathrm{T}}$$

对于 $j=1$，则 $\overline{b}_1$ 是元素为 1 的列向量，它虽然不是周期性的，但对于捕获恒定偏移量是一个有用的基向量. 如上所述，$j=2$ 的情况对应于半个余弦波.

我们可以建立一个非规范化的基矩阵 $\boldsymbol{B}=[\overline{b}_1,\cdots,\overline{b}_n]$，其列为如上讨论的基向量. 让我们用 b_{ij} 表示第 j 个基向量 $\overline{b}_j$ 的第 i 个分量. 也就是说，矩阵 $\boldsymbol{B}$ 的第 (i,j) 个元素为 b_{ij}，其中 b_{ij} 定义如下：

$$b_{ij}=\cos\left(\frac{\pi(2i-1)(j-1)}{2n}\right),\quad\forall\ (i,j)\in\{1,\cdots,n\}$$

上面的基矩阵包括非周期 (特殊的) 基向量，但由于矩阵每列的范数不是 1，故它是非规范化的. 一个关键点是基矩阵 $\boldsymbol{B}$ 的列是正交的：

引理 2.7.1 (基向量的正交性) 对于 $p \neq q$, 离散余弦变换的任意一对基向量 $\overline{b}_p$ 和 $\overline{b}_q$ 的点积为 0.

简证 我们应用三角恒等式 $\cos(x)\cos(y) = [\cos(x+y) + \cos(x-y)]/2$, 那么 $\overline{b}_p$ 和 $\overline{b}_q$ 的点积为:

$$\overline{b}_p \cdot \overline{b}_q = \frac{1}{2}\sum_{i=1}^{n} \cos\left(\frac{[p+q][2i-1]\pi}{2n}\right) + \frac{1}{2}\sum_{i=1}^{n} \cos\left(\frac{[p-q][2i-1]\pi}{2n}\right)$$

上式右手边可以分解为两个余弦级数的和，它们的参数是算术级数. 这是文献 [73] 中的一个标准三角恒等式. 应用算术级数中带参数的余弦级数和的公式，可以证明这些和正比于 $\sin(n\delta/2)\cos(n\delta/2)\sin(n\delta/2) \propto \sin(n\delta)\sin(\delta/2)$，其中在第一个余弦级数中 $\delta = (p+q)\pi/n$，而在第二个余弦级数中 $\delta = (p-q)\pi/n$. 但对于这两个 δ 值，$\sin(n\delta)$ 的值为 0，于是两个级数的和为 0. □

引理 2.7.2 (基向量的范数) 离散余弦变换的特殊基向量 $\overline{b}_1$ 的范数为 $\sqrt{n}$, 而对于 $p \in \{2, \cdots, n\}$, 每个 $\overline{b}_p$ 的范数为 $\sqrt{n/2}$.

简证 关于 $\overline{b}_1$ 范数的证明是平凡的. 对于 $p > 1$, $\overline{b}_p$ 的范数平方是算术级数中带参数的余弦平方和. 这里，我们需要三角恒等式 $\cos^2(x) = (1+\cos(2x))/2$. 因此，我们有如下等式:

$$\|\overline{b}_p\|^2 = \frac{n}{2} + \underbrace{\frac{1}{2}\sum_{i=1}^{n} \cos\left(\frac{p[2i-1]\pi}{n}\right)}_{0}$$

正如上面引理的证明，算术级数中带角度的余弦级数和为 0，于是该引理得证. □

基矩阵 $\boldsymbol{B}$ 经过归一化后是正交的. 我们可以通过将矩阵 $\boldsymbol{B}$ 所有元素除以 $\sqrt{n}$，然后将其第 2 列到第 n 列乘以 $\sqrt{2}$ 来规范化矩阵 $\boldsymbol{B}$. 例如，用于余弦变换的 8×8 归一化基矩阵如下所示:

$$\boldsymbol{B} = \frac{1}{2}\begin{bmatrix}
\frac{1}{\sqrt{2}} & \cos(\frac{\pi}{16}) & \cos(\frac{2\pi}{16}) & \cos(\frac{3\pi}{16}) & \cos(\frac{4\pi}{16}) & \cos(\frac{5\pi}{16}) & \cos(\frac{6\pi}{16}) & \cos(\frac{7\pi}{16}) \\
\frac{1}{\sqrt{2}} & \cos(\frac{3\pi}{16}) & \cos(\frac{6\pi}{16}) & \cos(\frac{9\pi}{16}) & \cos(\frac{12\pi}{16}) & \cos(\frac{15\pi}{16}) & \cos(\frac{18\pi}{16}) & \cos(\frac{21\pi}{16}) \\
\frac{1}{\sqrt{2}} & \cos(\frac{5\pi}{16}) & \cos(\frac{10\pi}{16}) & \cos(\frac{15\pi}{16}) & \cos(\frac{20\pi}{16}) & \cos(\frac{25\pi}{16}) & \cos(\frac{30\pi}{16}) & \cos(\frac{35\pi}{16}) \\
\frac{1}{\sqrt{2}} & \cos(\frac{7\pi}{16}) & \cos(\frac{14\pi}{16}) & \cos(\frac{21\pi}{16}) & \cos(\frac{28\pi}{16}) & \cos(\frac{35\pi}{16}) & \cos(\frac{42\pi}{16}) & \cos(\frac{49\pi}{16}) \\
\frac{1}{\sqrt{2}} & \cos(\frac{9\pi}{16}) & \cos(\frac{18\pi}{16}) & \cos(\frac{27\pi}{16}) & \cos(\frac{36\pi}{16}) & \cos(\frac{45\pi}{16}) & \cos(\frac{54\pi}{16}) & \cos(\frac{63\pi}{16}) \\
\frac{1}{\sqrt{2}} & \cos(\frac{11\pi}{16}) & \cos(\frac{22\pi}{16}) & \cos(\frac{33\pi}{16}) & \cos(\frac{44\pi}{16}) & \cos(\frac{55\pi}{16}) & \cos(\frac{66\pi}{16}) & \cos(\frac{77\pi}{16}) \\
\frac{1}{\sqrt{2}} & \cos(\frac{13\pi}{16}) & \cos(\frac{26\pi}{16}) & \cos(\frac{39\pi}{16}) & \cos(\frac{52\pi}{16}) & \cos(\frac{65\pi}{16}) & \cos(\frac{78\pi}{16}) & \cos(\frac{91\pi}{16}) \\
\frac{1}{\sqrt{2}} & \cos(\frac{15\pi}{16}) & \cos(\frac{30\pi}{16}) & \cos(\frac{45\pi}{16}) & \cos(\frac{60\pi}{16}) & \cos(\frac{75\pi}{16}) & \cos(\frac{90\pi}{16}) & \cos(\frac{105\pi}{16})
\end{bmatrix}$$

考虑时间序列 $\overline{s} = [8,6,2,3,4,6,6,5]^{\mathrm{T}}$，这与 2.3.4 节中使用的关于小波变换的示例相同. 我们可以通过求解方程组 $\boldsymbol{B}\overline{x} = \overline{s}$ 将该时间序列转换为离散余弦变换的基来计算坐标 $\overline{x}$. 由于 $\boldsymbol{B}$ 是正交矩阵，故解为 $\overline{x} = \boldsymbol{B}^{\mathrm{T}}\overline{s}$. 我们可以对较小的系数设置为 0 以便启用空间上有效的稀疏表示.

聚焦于捕获时间序列的周期性使离散余弦变换与小波变换截然不同. 它与离散傅里叶变换密切相关 (见 2.11 节)，而在像 jpeg 压缩等某些应用中，前者是首选. 离散余弦变换有许多变体，它的具体形式取决于如何对余弦函数进行抽样以生成基向量. 本小节所介绍的版本被称为 DCT-Ⅱ, 其是变换中最流行的版本 (见文献 [121]).

2.8 线性系统的优化视角

线性代数与机器学习中经常出现的线性优化问题密切相关. 事实上，求解线性方程组是机器学习中最基本问题中的一个特例，即*线性回归*. 求解方程组 $\boldsymbol{A}\overline{x} = \overline{b}$ 的一种方法是将其视为一个优化问题，其中我们希望最小化目标函数 $\|\boldsymbol{A}\overline{x} - \overline{b}\|^2$. 这就是经典的最小二乘回归，它是机器学习中大量模型的基础. 最小二乘回归试图找到方程组解的*最佳拟合* (而不是精确解). 当然，目标函数的最小值可能为 0，这当 $\boldsymbol{A}\overline{x} = \overline{b}$ 存在可行解时发生. 但是，如果方程组是不相容的，那么优化问题将返回非零 (正) 最优目标值的关于线性方程组解的最佳拟合. 因此，我们的目标是最小化如下目标函数：

$$J = \underbrace{\|\boldsymbol{A}\overline{x} - \overline{b}\|^2}_{\text{最优拟合}}$$

尽管可以使用微积分来求解该问题 (见 4.7 节)，但我们这里应用几何方法. 最接近超平面的点总是其与超平面正交. 由 $\boldsymbol{A}$ 的列空间所定义的超平面上将 $\overline{b}$ 连接到其最接近的逼近 $\overline{b}' = \boldsymbol{A}\overline{x}$ 的向量 $(\overline{b} - \boldsymbol{A}\overline{x}) \in \mathbf{R}^n$ 一定与超平面正交，因此与 $\boldsymbol{A}$ 的每一列都正交 (见图 2.9). 于是，我们获得正规方程 $\boldsymbol{A}^{\mathrm{T}}(\overline{b} - \boldsymbol{A}\overline{x}) = 0$，从而意味着如下结果：

$$\overline{x} = (\boldsymbol{A}^{\mathrm{T}}\boldsymbol{A})^{-1}\boldsymbol{A}^{\mathrm{T}}\overline{b} \tag{2.13}$$

这里要求 $\boldsymbol{A}^{\mathrm{T}}\boldsymbol{A}$ 是可逆的，根据引理 2.6.6，其只有当 $\boldsymbol{A}$ 的列是线性无关时才会成立. 这只有当 $\boldsymbol{A}$ 是“高”矩阵时 (即 $n \geqslant d$) 成立. 称矩阵 $\boldsymbol{L} = (\boldsymbol{A}^{\mathrm{T}}\boldsymbol{A})^{-1}\boldsymbol{A}^{\mathrm{T}}$ 为矩阵 $\boldsymbol{A}$ 的*左逆*，其是对矩形矩阵常规逆概念的一个推广. 在这种情况下，我们显然有 $\boldsymbol{L}\boldsymbol{A} = (\boldsymbol{A}^{\mathrm{T}}\boldsymbol{A})^{-1}\boldsymbol{A}^{\mathrm{T}}\boldsymbol{A} = \boldsymbol{I}_d$. 这里 $\boldsymbol{I}_d$ 是 $d \times d$ 单位矩阵. 然而，$\boldsymbol{A}\boldsymbol{L}$ 将是一个 (可能更大的)$n \times n$ 矩阵. 而当 $n > d$ 时，它永远不可能是一个单位矩阵. 因此，左逆只是一个单边逆.

重要的一点是，当矩阵 $\boldsymbol{A}$ 的维数满足 $d < n$ 且具有线性无关列时，尽管 $(\boldsymbol{A}^{\mathrm{T}}\boldsymbol{A})^{-1}\boldsymbol{A}^{\mathrm{T}}$ 是首选，但仍然存在许多矩阵 $\boldsymbol{L}'$ 满足 $\boldsymbol{L}'\boldsymbol{A} = \boldsymbol{I}_d$. 为了理解这一点，设 $\overline{z}_1, \cdots, \overline{z}_d$ 是满足 $\overline{z}_i\boldsymbol{A} = \overline{0}$ 的任意 n 维行向量集. 只要高矩阵 $\boldsymbol{A}$ 的秩严格小于 n(即其具有非空的左零空间)，

那么就可以找到这样一组非零向量. 注意, 尽管 $\boldsymbol{A}$ 的左零空间的秩为 1, 我们仍也可以找到 d 个这样的向量使是彼此的标量倍数. 我们可以把这些 d 个向量叠加成一个 $d \times n$ 矩阵 $\boldsymbol{Z}$ 使其第 i 行为向量 $\overline{z}_i$. 于是, 我们可以证明任意 $d \times n$ 矩阵 $\boldsymbol{L}_z$(其中 $\boldsymbol{Z}$ 由上述步骤来建立) 是 $\boldsymbol{L}$ 的一个左逆:

$$\boldsymbol{L}_z = (\boldsymbol{A}^{\mathrm{T}}\boldsymbol{A})^{-1}\boldsymbol{A}^{\mathrm{T}} + \boldsymbol{Z}$$

事实上, 根据下式, 我们容易证明上式:

$$\boldsymbol{L}_z\boldsymbol{A} = ((\boldsymbol{A}^{\mathrm{T}}\boldsymbol{A})^{-1}\boldsymbol{A}^{\mathrm{T}} + \boldsymbol{Z})\boldsymbol{A} = \underbrace{(\boldsymbol{A}^{\mathrm{T}}\boldsymbol{A})^{-1}\boldsymbol{A}^{\mathrm{T}}\boldsymbol{A}}_{\boldsymbol{I}} + \underbrace{\boldsymbol{Z}\boldsymbol{A}}_{\boldsymbol{O}} = \boldsymbol{I}$$

当方程组存在相容解时, 应用 $\boldsymbol{L}_z$ 求解方程组 $\overline{x} = \boldsymbol{L}_z\overline{b}$ 将给出与 $\overline{x} = (\boldsymbol{A}^{\mathrm{T}}\boldsymbol{A})^{-1}\boldsymbol{A}^{\mathrm{T}}\overline{b}$ 相同的解. 然而, 它却不能给出一个不相容的方程组的同样好的最佳拟合, 这是因为其不是从线性方程组以优化为中心的视角推导得到的. 这就是为什么即使存在可选的左逆, 也只有其中一个是首选的.

当 $n < d$ 或 $(\boldsymbol{A}^{\mathrm{T}}\boldsymbol{A})$ 不是可逆的时候会发生什么呢? 在这种情况下, 我们有无穷多个可能的最佳拟合解, 而所有这些解都具有相同的最优值 (其通常并不为 0)[⊖]. 尽管存在无穷多个最佳拟合解, 但我们可以使用*简明标准* (conciseness criterion) 作进一步区分, 根据该标准, 我们希望在 $\|\boldsymbol{A}\overline{x} - \overline{b}\|^2$ 的备选最小值 (作为主要标准) 中 $\|x\|^2$ 尽可能小 (作为一个次要标准). 简明标准是机器学习中众所周知的原则, 其中简单的求解方案比复杂的更容易实施 (见第 4 章). 当 $\boldsymbol{A}$ 的行是线性无关的时候, 最简明的解 $\overline{x}$ 如下 (见习题 2.31):

$$\overline{x} = \boldsymbol{A}^{\mathrm{T}}(\boldsymbol{A}\boldsymbol{A}^{\mathrm{T}})^{-1}\overline{b} \tag{2.14}$$

称矩阵 $\boldsymbol{R} = \boldsymbol{A}^{\mathrm{T}}(\boldsymbol{A}\boldsymbol{A}^{\mathrm{T}})^{-1}$ 为 $\boldsymbol{A}$ 的*右逆*, 这是因为我们有 $\boldsymbol{A}\boldsymbol{R} = (\boldsymbol{A}\boldsymbol{A}^{\mathrm{T}})(\boldsymbol{A}\boldsymbol{A}^{\mathrm{T}})^{-1} = \boldsymbol{I}_n$. 行的线性无关性还确保了 $\boldsymbol{A}$ 的列空间的生成空间为 $\mathbf{R}^n$, 因此方程组对于任何向量 $\overline{b}$ 都是相容的. 我们也很容易验证 $\boldsymbol{A}\overline{x} = (\boldsymbol{A}\boldsymbol{A}^{\mathrm{T}})(\boldsymbol{A}\boldsymbol{A}^{\mathrm{T}})^{-1}\overline{b} = \overline{b}$.

问题 2.8.1 *含有单列向量 $[a, b, c]^{\mathrm{T}}$ 的矩阵的左逆是什么?*

当矩阵 $\boldsymbol{A}$ 是一个可逆方阵时, 可以证明其左逆和右逆是相同的.

问题 2.8.2 *如果 $\boldsymbol{A}$ 是一个可逆方阵, 证明其左逆和右逆都为 $\boldsymbol{A}^{-1}$.*

问题 2.8.3 *考虑一个具有线性无关行的 $n \times d$ 矩阵 $\boldsymbol{A}$ 以及 $n < d$. 存在多少个 $\boldsymbol{R}$ 满足 $\boldsymbol{A}\boldsymbol{R} = \boldsymbol{I}_n$?*

⊖ 当 $n < d$ 时, 我们可能有一个不相容的方程组 $\boldsymbol{A}\overline{x} = \overline{b}$, 其中 $\boldsymbol{A}$ 具有线性相关的行和列. 例如方程对 $\sum_{i=1}^{10} x_i = 1$ 和 $\sum_{i=1}^{10} x_i = -1$. 然而, 线性无关的行和 $n < d$ 确保存在无穷多个相容解.

2.8.1 Moore-Penrose 伪逆

当 $\boldsymbol{A}$ 的行和列都不是线性无关的 (于是 $\boldsymbol{A}^{\mathrm{T}}\boldsymbol{A}$ 或 $\boldsymbol{A}\boldsymbol{A}^{\mathrm{T}}$ 都不是可逆的) 时候，如何求解形如 $\boldsymbol{A}\overline{x}=\overline{b}$ 的不相容线性方程组？尽管以下表述将需要后面章节中发展的一些优化结果，但本小节的目标是向读者全面介绍与线性方程组相关的不同情况 (以及与优化和机器学习的联系)．因此，在本小节的某些部分，我们使用后面章节中得到的一些结果 (读者不必在这一阶段了解基本推导的细节)．

求解不相容线性方程组 (在这种不相容线性方程组中，$\boldsymbol{A}$ 的行和列都不是线性无关的) 的一种自然方法是将寻找最佳拟合解和简明项的思想结合起来．这可以通过最小化如下目标函数来实现的：

$$J=\underbrace{\|\boldsymbol{A}\overline{x}-\overline{b}\|^2}_{\text{最佳拟合}}+\underbrace{\lambda\left(\sum_{i=1}^{d}x_i^2\right)}_{\text{简明项}}$$

目标函数中的附加项是一个*正则化项*，它有助于识别向量 $\overline{x}$ 中具有小绝对值的分量．这正是前面讨论的简明标准．值 $\lambda>0$ 是正则化参数，其用来调节最佳拟合项和简明项的相对重要性．

我们尚未介绍计算上述优化问题解所需的方法 (这些方法将在 4.7 节讨论)．现在，我们直接给出该优化问题如下几种解的形式：

$$\overline{x}=(\boldsymbol{A}^{\mathrm{T}}\boldsymbol{A}+\lambda\boldsymbol{I}_d)^{-1}\boldsymbol{A}^{\mathrm{T}}\overline{b}\quad[\text{正则化左逆形式}]$$

$$\overline{x}=\boldsymbol{A}^{\mathrm{T}}(\boldsymbol{A}\boldsymbol{A}^{\mathrm{T}}+\lambda\boldsymbol{I}_n)^{-1}\overline{b}\quad[\text{正则化右逆形式}]$$

令人惊讶的是，上述两种形式与前面介绍的左逆和右逆非常相似，它们被分别称为正则化左逆和右逆．由于推出 (push-through) 等式，如上两种求解形式是相同的 (见问题 1.2.13)．解的正则化形式与前文的一个重要区别是，矩阵 $(\boldsymbol{A}^{\mathrm{T}}\boldsymbol{A}+\lambda\boldsymbol{I}_d)$ 和 $(\boldsymbol{A}\boldsymbol{A}^{\mathrm{T}}+\lambda\boldsymbol{I}_n)$ 对任意 $\lambda>0$ 总是可逆的 (见问题 2.4.2)，而与 $\boldsymbol{A}$ 的行和列的线性无关性无关．那应如何选择参数 $\lambda>0$ 呢？如果我们的主要目标是找到最佳拟合解，而正则化项的 (局限) 目的只是在同等良好的拟合中起到打破平衡的作用 (可以应用次要简明标准)，那么允许 λ 无穷小是有意义的．

在极限 $\lambda\to0^+$ 下，这些 (等价) 矩阵与 Moore-Penrose 伪逆矩阵相同．这就给出了如下 Moore-Penrose 伪逆基于极限的定义：

$$\lim_{\lambda\to0^+}(\boldsymbol{A}^{\mathrm{T}}\boldsymbol{A}+\lambda\boldsymbol{I}_d)^{-1}\boldsymbol{A}^{\mathrm{T}}=\lim_{\lambda\to0^+}\boldsymbol{A}^{\mathrm{T}}(\boldsymbol{A}\boldsymbol{A}^{\mathrm{T}}+\lambda\boldsymbol{I}_n)^{-1}\quad[\text{Moore-Penrose 伪逆}]$$

注意，λ 从右侧趋于 0，那么在最一般的情况下，函数在 $\lambda=0$ 处可能是不连续的．传统意义下的逆、左逆和右逆是 Moore-Penrose 伪逆的特例．当矩阵 $\boldsymbol{A}$ 是可逆时，所有这四个逆都是相同的. 当只有 $\boldsymbol{A}$ 的列是线性无关的时候, Moore-Penrose 伪逆等于左逆. 当只有 $\boldsymbol{A}$ 的行是线性无关的时候, Moore-Penrose 伪逆等于右逆. 当 $\boldsymbol{A}$ 的行和列都不是线性无关的时候, Moore-Penrose 伪逆则给出了一种广义逆. 因此, Moore-Penrose 伪逆既符合最佳拟合标准, 又符合像左逆和右逆这样的简明标准.

计算 Moore-Penrose 伪逆的步骤如下: 一个秩为 r 的 $n \times d$ 矩阵 $\boldsymbol{A}$ 具有一个广义形式的 QR 分解 $\boldsymbol{A} = \boldsymbol{Q}\boldsymbol{R}$, 其中 $\boldsymbol{Q}$ 是一个具有规范正交列的 $n \times r$ 矩阵, 而 $\boldsymbol{R}$ 是一个具有行满秩的 $r \times d$ 上三角形矩阵. 于是矩阵 $\boldsymbol{R}\boldsymbol{R}^{\mathrm{T}}$ 是可逆的. 那么 $\boldsymbol{A}$ 的伪逆为

$$\boldsymbol{A}^{+} = \lim_{\lambda \to 0^{+}} (\boldsymbol{R}^{\mathrm{T}}\boldsymbol{R} + \lambda \boldsymbol{I}_d)^{-1}\boldsymbol{R}^{\mathrm{T}}\boldsymbol{Q}^{\mathrm{T}} = \lim_{\lambda \to 0^{+}} \boldsymbol{R}^{\mathrm{T}}(\boldsymbol{R}\boldsymbol{R}^{\mathrm{T}} + \lambda \boldsymbol{I}_n)^{-1}\boldsymbol{Q}^{\mathrm{T}} = \boldsymbol{R}^{\mathrm{T}}(\boldsymbol{R}\boldsymbol{R}^{\mathrm{T}})^{-1}\boldsymbol{Q}^{\mathrm{T}}$$

我们在第一步中使用了等式 $\boldsymbol{Q}^{\mathrm{T}}\boldsymbol{Q} = \boldsymbol{I}$, 而在第二步中应用推出 (push-through) 等式. 7.4.4 节将讨论另外一种应用奇异值分解的方法.

2.8.2 投影矩阵

以优化为中心求解 $d < n$ 的超定方程组的的解是一种更为普遍的方法 (与行阶梯法相比), 这是因为它还给出了不相容方程组 $\boldsymbol{A}\overline{x} = \overline{b}$ 的近似解. 以优化为中心的方法意味着当 $\overline{b}$ 不在 $\boldsymbol{A}$ 的列的生成空间中时, 对应的线性方程组是不相容的. 因此, 它还能够通过将 $\overline{b}$ 投影到 $\boldsymbol{A}$ 的列所定义的超平面上, 然后使用该投影 $\overline{b}'$ 来求解改进的 (且相容的) 方程组 $\boldsymbol{A}\overline{x} = \overline{b}'$ 来 "求解" 该不相容方程组. 毕竟, $\overline{b}'$ 是 $\boldsymbol{A}$ 的列的生成空间内最接近 $\overline{b}$ 的近似值. 在线性变换的角度下, 从 $\overline{b}$ 到 $\overline{b}'$ 的映射也可以被理解为一个*投影矩阵*. 在本小节中, 我们将给出投影矩阵的性质, 因为投影矩阵在线性代数和优化问题中都是有用的线性算子.

首先, 我们将考虑 $\boldsymbol{A}$ 的列为规范正交的这种简单情况, 并通过使用符号 $\boldsymbol{Q} = \boldsymbol{A}$(其通常用于正交矩阵) 来强调其正交性. 于是, 方程组成为 $\boldsymbol{Q}\overline{x} = \overline{b}$. 很容易计算一个 n 维向量 $\overline{b}$ 在一个 d 维规范正交基系统 $(d < n)$ 上的投影. 例如, 如果 $n \times d$ 矩阵 $\boldsymbol{Q}$ 有 d 个规范正交列, 那么在这些向量上 $\overline{b}$ 的坐标为这些列的点积. 换言之, 坐标可以表示为 d 维向量 $\overline{x} = \boldsymbol{Q}^{\mathrm{T}}\overline{b}$. 进一步, $\boldsymbol{Q}$ 的列与这些坐标的实际线性组合[⊖]为 $\overline{b}' = \boldsymbol{Q}\overline{x} = \boldsymbol{Q}\boldsymbol{Q}^{\mathrm{T}}\overline{b}$. 向量 $\overline{b}'$ 是 $\overline{b}$ 在由 $\boldsymbol{Q}$ 的列所形成的 d 维平面上的投影. 注意, 如果原始矩阵 $\boldsymbol{Q}$ 是方阵, 那么它的规范正交列将意味着 $\boldsymbol{Q}\boldsymbol{Q}^{\mathrm{T}} = \boldsymbol{Q}^{\mathrm{T}}\boldsymbol{Q} = \boldsymbol{I}$, 于是 $\overline{b}' = \boldsymbol{Q}\boldsymbol{Q}^{\mathrm{T}}\overline{b} = \overline{b}$. 但这并不特别令人惊讶, 因为一个 n 维向量在整个 n 维空间上的投影就是其自身. 对于 $\boldsymbol{Q}$ 的列是规范正交的且满足 $d < n$ 时, 矩阵 $\boldsymbol{P} = \boldsymbol{Q}\boldsymbol{Q}^{\mathrm{T}}$ 就是一个投影矩阵. 通过左乘 $\boldsymbol{P}$ 来投影一个列向量可能会产生不同的向量. 但是, 通过左乘 $\boldsymbol{P}$ 再次投影则不会进一步改变投影. 例如, 在一个二维平面上投影一个 $\mathbf{R}^3$ 中的一个向量将导致该向量在平面上的一个 "阴影". 在同一平面上再次投

⊖ $\boldsymbol{A}$ 的列是正交的. 对于 $d < n$, 我们有 $\boldsymbol{Q}^{\mathrm{T}}\boldsymbol{Q} = \boldsymbol{I}_d$, 但 $\boldsymbol{Q}\boldsymbol{Q}^{\mathrm{T}} \neq \boldsymbol{I}_n$. 只有在方阵的情况下, 我们才有 $\boldsymbol{Q}^{\mathrm{T}}\boldsymbol{Q} = \boldsymbol{Q}\boldsymbol{Q}^{\mathrm{T}} = \boldsymbol{I}$.

影较小的向量则不会改变它．因此，投影矩阵总是满足 $\boldsymbol{P}^2=\boldsymbol{P}$:

$$\boldsymbol{P}^2=(\boldsymbol{Q}\boldsymbol{Q}^{\mathrm{T}})(\boldsymbol{Q}\boldsymbol{Q}^{\mathrm{T}})=\boldsymbol{Q}\underbrace{(\boldsymbol{Q}^{\mathrm{T}}\boldsymbol{Q})}_{\boldsymbol{I}}\boldsymbol{Q}^{\mathrm{T}}=\boldsymbol{Q}\boldsymbol{Q}^{\mathrm{T}}=\boldsymbol{P} \tag{2.15}$$

我们称上式为投影矩阵的幂等性质．

下面，我们讨论更一般的满秩 $n\times d$ 矩阵 $\boldsymbol{A}$ 的投影矩阵．因此，如果 $\overline{x}$ 在 $\boldsymbol{A}$ 的列空间的基中包含 $\overline{b}'$ 的坐标，则 $\overline{b}'=\boldsymbol{A}\overline{x}$. 我们想要最小化平方距离 $\|\overline{b}'-\overline{b}\|^2=\|\boldsymbol{A}\overline{x}-\overline{b}\|^2$，这是因为投影始终是到平面的最小距离．这与前文讨论的以优化为中心视角的问题完全相同．由于我们假设列是线性无关的且 $d<n$, 因此我们可以应用左逆来得到如下结果：

$$\overline{x}=(\boldsymbol{A}^{\mathrm{T}}\boldsymbol{A})^{-1}\boldsymbol{A}^{\mathrm{T}}\overline{b} \tag{2.16}$$

注意，$\overline{x}$ 对应于由 $\boldsymbol{A}$ 的列所表示的坐标向量，它给出了最佳近似值 $\boldsymbol{A}\overline{x}=\overline{b}'$. 向量 $\overline{b}$ 在由 $\boldsymbol{A}$ 的 d 个线性无关列所定义的平面上的投影也可以用投影矩阵表示：

$$\overline{b}'=\boldsymbol{A}\overline{x}=\underbrace{\boldsymbol{A}(\boldsymbol{A}^{\mathrm{T}}\boldsymbol{A})^{-1}\boldsymbol{A}^{\mathrm{T}}\overline{b}}_{\boldsymbol{P}} \tag{2.17}$$

于是，$n\times n$ 投影矩阵为 $\boldsymbol{P}=\boldsymbol{A}(\boldsymbol{A}^{\mathrm{T}}\boldsymbol{A})^{-1}\boldsymbol{A}^{\mathrm{T}}$. 投影矩阵总是对称且满足 $\boldsymbol{P}^{\mathrm{T}}=\boldsymbol{P}$. 当 $\boldsymbol{A}$ 的列是规范正交的且 $d<n$，则我们有 $\boldsymbol{A}^{\mathrm{T}}\boldsymbol{A}=\boldsymbol{I}$ 且容易证明投影矩阵可简化为 $\boldsymbol{A}\boldsymbol{A}^{\mathrm{T}}$. 进一步，对称投影矩阵总是满足 $\boldsymbol{P}^2=\boldsymbol{P}$:

$$\boldsymbol{P}^2=\boldsymbol{A}\underbrace{(\boldsymbol{A}^{\mathrm{T}}\boldsymbol{A})^{-1}(\boldsymbol{A}^{\mathrm{T}}\boldsymbol{A})}_{\boldsymbol{I}}(\boldsymbol{A}^{\mathrm{T}}\boldsymbol{A})^{-1}\boldsymbol{A}^{\mathrm{T}}=\boldsymbol{A}(\boldsymbol{A}^{\mathrm{T}}\boldsymbol{A})^{-1}\boldsymbol{A}^{\mathrm{T}}=\boldsymbol{P} \tag{2.18}$$

事实上，我们可以证明任何满足 $\boldsymbol{P}^2=\boldsymbol{P}$ 的对称矩阵都是一个投影矩阵．当点不在平面上时，投影矩阵可用于在由少于 n 个向量所定义的平面上找到一个 n 维向量 $\overline{b}$ 的最优逼近．事实上，最小二乘回归的经典问题可被视为试图应用含有 n 维响应变量投影的 $d\ll n$ 个坐标的系数向量将响应变量的 n 维列向量投影到其在 d 维平面上简洁建模的近似值．这种情况如图 2.9 所示，其中我们假设有一个 3×2 矩阵 $\boldsymbol{A}$ 使得三维向量 $\overline{b}$ 并不位于 $\boldsymbol{A}$ 的两列所生成的空间．这两个列向量如图 2.9 所示．将 $\overline{b}$ 与 3×3 投影矩阵相乘可找到与 $\overline{b}$ 最接近的近似值 $\overline{b}'$，该近似值位于这两列的生成空间内．接下来，我们可以根据这两列找到 $\overline{b}'$ 的二维坐标 $\overline{x}$ 向量，这与计算 $\boldsymbol{A}\overline{x}=\overline{b}'$ 的解是一样的．所得到的向量 $\overline{x}$ 恰好是最小二乘回归问题的解 (见 4.7 节).

将 $n\times d$ 矩阵 $\boldsymbol{A}$ 与任意 $d\times d$ 非奇异矩阵 $\boldsymbol{B}$ 相乘，将得到一个与 $\boldsymbol{A}$ 具有相同投影矩阵的矩阵 $\boldsymbol{AB}$, 因为用 $\boldsymbol{B}$ 和 $\boldsymbol{B}^{\mathrm{T}}$ 的逆矩阵相抵消后，投影矩阵 $(\boldsymbol{AB})([\boldsymbol{AB}]^{\mathrm{T}}\boldsymbol{AB})^{-1}(\boldsymbol{AB})^{\mathrm{T}}$ 可以代数简化为 $\boldsymbol{A}$ 的投影矩阵．这是因为 $\boldsymbol{A}$ 的投影矩阵仅取决于$\boldsymbol{A}$ 的列所生成的向量空

间，且将 $\boldsymbol{A}$ 左乘一个非奇异矩阵后并不会改变其列的生成空间. 因此，计算投影矩阵和 $\overline{b}$ 的投影 $\overline{b}'$ 的一种有效方法是使用 QR 分解 $\boldsymbol{A}=\boldsymbol{Q}\boldsymbol{R}$ 计算得到投影矩阵为 $\boldsymbol{P}=\boldsymbol{Q}\boldsymbol{Q}^{\mathrm{T}}$. 注意，像 $\boldsymbol{A}$ 一样，矩阵 $\boldsymbol{Q}$ 是一个 $n\times d$ 矩阵，$\boldsymbol{R}$ 是一个 $d\times d$ 上三角形矩阵. 计算投影 $\overline{b}'$ 为 $\boldsymbol{Q}\boldsymbol{Q}^{\mathrm{T}}\overline{b}$. 方程组 $\boldsymbol{A}\overline{x}=\overline{b}$ 的最佳拟合解就是 $\boldsymbol{Q}\boldsymbol{R}\overline{x}=\overline{b}'$ 的解，如下所示：

$$\boldsymbol{R}\overline{x}=\boldsymbol{Q}^{\mathrm{T}}\overline{b}'=\boldsymbol{Q}^{\mathrm{T}}\boldsymbol{Q}\boldsymbol{Q}^{\mathrm{T}}\overline{b}=\boldsymbol{Q}^{\mathrm{T}}\overline{b} \tag{2.19}$$

倒向替换能被用来求解 $\boldsymbol{R}\overline{x}=\boldsymbol{Q}^{\mathrm{T}}\overline{b}$. 我们下面给出一个应用 QR 分解来计算投影矩阵的示例：

$$\boldsymbol{A}=\begin{bmatrix}1&2\\0&2\\1&2\end{bmatrix}=\boldsymbol{Q}\boldsymbol{R}=\begin{bmatrix}1/\sqrt{2}&0\\0&1\\1/\sqrt{2}&0\end{bmatrix}\begin{bmatrix}\sqrt{2}&2\sqrt{2}\\0&2\end{bmatrix}$$

投影矩阵 $\boldsymbol{P}$ 可以按如下方式计算得到：

$$\boldsymbol{P}=\boldsymbol{A}(\boldsymbol{A}^{\mathrm{T}}\boldsymbol{A})^{-1}\boldsymbol{A}^{\mathrm{T}}=\boldsymbol{Q}\boldsymbol{Q}^{\mathrm{T}}=\begin{bmatrix}1/2&0&1/2\\0&1&0\\1/2&0&1/2\end{bmatrix}$$

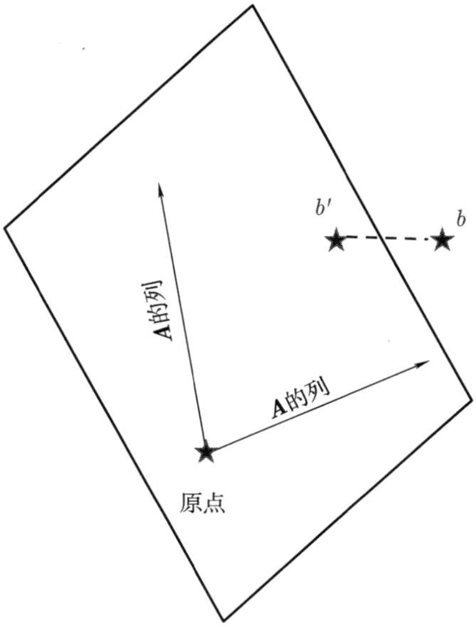

图 2.9　对于不相容方程组 $\boldsymbol{A}\overline{x}=\overline{b}$, 显示了三维向量 $\overline{b}$ 在与其最接近的三维点 $\overline{b}'$ 上的投影，该点位于由 3×2 矩阵 $\boldsymbol{A}$ 的列所定义的二维平面上

问题 2.8.4 (正交补投影) 假设 $\boldsymbol{P}=\boldsymbol{Q}\boldsymbol{Q}^{\mathrm{T}}$ 是一个投影矩阵，其中 $\boldsymbol{Q}$ 是一个具有正交列的 $n\times d$ 矩阵. 证明 $(\boldsymbol{I}-\boldsymbol{P})$ 也是 $\boldsymbol{P}$ 的投影空间的正交补向量空间中的投影矩阵. 提示：证明 $(\boldsymbol{I}-\boldsymbol{P})$ 可表示为 $\boldsymbol{Q}_1\boldsymbol{Q}_1^{\mathrm{T}}$.

2.9 病态矩阵与系统

病态矩阵“几乎”是奇异的. 在某些情况下，它们的非奇异性只是某些算法可能在计算矩阵时已经实施数值逼近的结果. 尝试对这样的矩阵求逆将导致非常大的元素、数值溢出和所有类型的舍入误差. 换言之，早期的误差将被大大地放大. 考虑如下矩阵 $\boldsymbol{A}$ 和其扰动 $\boldsymbol{A}_\varepsilon$：

$$\boldsymbol{A}=\begin{bmatrix}1 & 1\\ 1 & 1\end{bmatrix},\quad \boldsymbol{A}_\varepsilon=\begin{bmatrix}1+10^{-8} & 1\\ 1 & 1+10^{-8}\end{bmatrix}$$

注意到矩阵 $\boldsymbol{A}$ 是奇异的，而矩阵 $\boldsymbol{A}_\varepsilon$ 却是可逆的. 矩阵 $\boldsymbol{A}_\varepsilon$ 可以很容易地由计算机在产生的有限精度误差下计算 $\boldsymbol{A}$ 时得到. 该矩阵的逆可按如下形式逼近：

$$\boldsymbol{A}_\varepsilon^{-1}\approx\frac{10^8}{2}\begin{bmatrix}1+10^{-8}/2 & -1+10^{-8}/2\\ -1+10^{-8}/2 & 1+10^{-8}/2\end{bmatrix}=\frac{10^8}{2}\begin{bmatrix}1.000000005 & -0.999999995\\ -0.999999995 & 1.000000005\end{bmatrix}$$

显然，上面的逆矩阵包含非常大的元素，其中许多元素需要以非常高的精度来表示，以便与原始矩阵精确相乘. 两者的结合就像是致命的鸡尾酒，因为在某些情况下会出现不成比例的舍入误差和可能的数值溢出. 为了理解这类求逆问题所带来的麻烦，我们考虑试图求解方程组 $\boldsymbol{A}\overline{x}=\overline{b}$. 注意，矩阵 $\boldsymbol{A}_\varepsilon$ 性质之一是 $\boldsymbol{A}_\varepsilon\overline{x}$ 总是非零的 (这是因为 $\boldsymbol{A}_\varepsilon$ 是非奇异的)，但范数值 $\|\boldsymbol{A}_\varepsilon\overline{x}\|$ 的变化范围却非常大. 例如，取 $\overline{x}=[-1,1]^{\mathrm{T}}$, 则得到 $\|\boldsymbol{A}_\varepsilon\overline{x}\|\approx\sqrt{2}$. 另外，如果取 $\overline{x}=[1,-1]^{\mathrm{T}}$, 则得到 $\|\boldsymbol{A}_\varepsilon\overline{x}\|=10^{-8}\sqrt{2}$.

这种类型的变化可能会导致近奇异系统的数值问题. 由于 $\boldsymbol{A}_\varepsilon^{-1}$ 的元素值非常大，那么 $\overline{b}$ 中元素的微小变化可能会导致解 $\overline{x}$ 中的元素值较大而不稳定的变化. 如果 $\boldsymbol{A}_\varepsilon$ 的非奇异性是由计算误差引起的，那么所得到的解有时可能是没有意义的. 例如，我们总是能够找到 $\boldsymbol{A}_\varepsilon\overline{x}=\overline{b}$ 的一个解. 但在某些情况下，由于解可能太大以至于导致数值溢出 (可能由微小的计算误差的放大而引起). 在上述情况下，使用 $\overline{b}=[1,-1]^{\mathrm{T}}$ 可能会导致数值问题，其中所有元素的数量级为 10^8. 病态问题在矩阵运算和线性代数中普遍存在. 我们可以引入条件数的概念来量化一个可逆方阵 $\boldsymbol{A}$ 的病态.

定义 2.9.1 (条件数) 设 $\boldsymbol{A}$ 是一个 $d\times d$ 可逆阵. 称 $\|\boldsymbol{A}\overline{x}\|/\|\overline{x}\|$ 为向量 $\overline{x}$ 的缩放比. 那么，$\boldsymbol{A}$ 的条件数定义为 $\boldsymbol{A}$(在所有 d 维向量上) 的最大缩放比与在所有 d 维向量上的最小缩放比的比率.

单位矩阵 (或任何正交矩阵) 的最小可能条件数为 1. 毕竟，正交矩阵只旋转或反射向量而不缩放向量. 奇异矩阵具有未定义的条件数，而近似奇异矩阵具有非常大的条件数. 我们可以使用称为*奇异值分解*的方法来计算矩阵的条件数 (见 7.4.4 节). 直观的想法是，奇异值分解可以给出线性变换中的各种比例因子 (也称为*奇异值*). 因此，最大与最小比例因子的比率则给出了条件数. 见 7.4.4 节关于求解病态系统的方法.

2.10 内积：几何视角

点积是度量向量空间中向量相似性的一种自然方法，而*内积*是这个概念的推广. 在一些工程应用中，两个实值向量之间的相似性是通过线性变换 $\boldsymbol{A}$ 在一些“重要”方向上拉伸向量后得到的点积. 因此，我们首先提供一个仅适用于 $\mathbf{R}^n$ 空间中的实用且易于可视化的内积的定义：

定义 2.10.1 (内积：约束性的定义) *一个从 $\overline{x}, \overline{y} \in \mathbf{R}^n$ 到 $\langle \overline{x}, \overline{y} \rangle \in \mathbf{R}$ 的映射是一个内积当且仅当 $\langle \overline{x}, \overline{y} \rangle$ 总是等于 $\boldsymbol{A}\overline{x}$ 和 $\boldsymbol{A}\overline{y}$ 之间的点积，其中 $\boldsymbol{A}$ 为 $n \times n$ 非奇异矩阵. 内积 $\langle \overline{x}, \overline{y} \rangle$ 也可以通过 Gram 矩阵 $\boldsymbol{S} = \boldsymbol{A}^{\mathrm{T}}\boldsymbol{A}$ 表示为：*

$$\langle \overline{x}, \overline{y} \rangle = (\boldsymbol{A}\overline{x})^{\mathrm{T}}(\boldsymbol{A}\overline{x}) = \overline{x}^{\mathrm{T}}[\boldsymbol{A}^{\mathrm{T}}\boldsymbol{A}]\overline{y} = \overline{x}^{\mathrm{T}}\boldsymbol{S}\overline{y}$$

当线性变换 $\boldsymbol{A}$ 是一个旋转反射矩阵时，矩阵 $\boldsymbol{S}$ 是一个单位矩阵，于是内积就退化为通常的点积. 内积还可以诱导出相对于变换 $\boldsymbol{A}$ 的余弦和距离：

$$\text{cosine}_{\boldsymbol{A}}(\overline{x}, \overline{y}) = \frac{\langle \overline{x}, \overline{y} \rangle}{\sqrt{\langle \overline{x}, \overline{x} \rangle}\sqrt{\langle \overline{y}, \overline{y} \rangle}} = \frac{\overline{x}^{\mathrm{T}}\boldsymbol{S}\overline{y}}{\sqrt{\overline{x}^{\mathrm{T}}\boldsymbol{S}\overline{x}}\sqrt{\overline{y}^{\mathrm{T}}\boldsymbol{S}\overline{y}}} = \frac{(\boldsymbol{A}\overline{x})^{\mathrm{T}}(\boldsymbol{A}\overline{y})}{\|\boldsymbol{A}\overline{x}\|_2\|\boldsymbol{A}\overline{y}\|_2}$$

$$\text{distance}_{\boldsymbol{A}}(\overline{x}, \overline{y})^2 = \langle \overline{x} - \overline{y}, \overline{x} - \overline{y} \rangle = (\overline{x} - \overline{y})^{\mathrm{T}}\boldsymbol{S}(\overline{x} - \overline{y}) = \|\boldsymbol{A}\overline{x} - \boldsymbol{A}\overline{y}\|_2^2$$

可以很容易看出来，在使用矩阵 $\boldsymbol{A}$ 对向量进行线性变换后，所诱导出的距离和角度与我们对长度和角度的正常几何理解是相对应的. 值 $\sqrt{\langle \overline{x} - \overline{y}, \overline{x} - \overline{y} \rangle}$ 为一个距离，其满足如三角不等式的欧几里得几何的规则. 这并不特别令人惊讶，因为它是变换空间中的欧几里得距离.

对于 $\mathbf{R}^n$ 空间以外的内积 (例如，对于抽象向量空间)，其更一般的定义可以基于需要满足特定的公理规则.

定义 2.10.2 (内积：一般的定义) *实值 $\langle \overline{u}, \overline{v} \rangle$ 为 $\overline{u}$ 和 $\overline{v}$ 之间的内积，如果对所有 $\overline{u}$ 和 $\overline{v}$, 它满足如下公理：*

- *可加性：* $\langle \overline{u}, \overline{v} + \overline{w} \rangle = \langle \overline{u}, \overline{v} \rangle + \langle \overline{u}, \overline{w} \rangle$, $\langle \overline{v} + \overline{w}, \overline{u} \rangle = \langle \overline{v}, \overline{u} \rangle + \langle \overline{w}, \overline{u} \rangle$.
- *可乘性：* $\langle c\overline{u}, \overline{v} \rangle = c\langle \overline{u}, \overline{v} \rangle$， $\langle \overline{u}, c\overline{v} \rangle = c\langle \overline{u}, \overline{v} \rangle$， $\forall\ c \in \mathbf{R}$.

- 交换性：$\langle\overline{u},\overline{v}\rangle=\langle\overline{v},\overline{u}\rangle$.
- 正定性：$\langle\overline{u},\overline{u}\rangle\geqslant 0$，其中仅当 $\overline{u}$ 为零向量时等式才成立.

对于某些精心选择的 Gram 矩阵 $\boldsymbol{S}=\boldsymbol{A}^{\mathrm{T}}\boldsymbol{A}$，满足上述公理的 $\mathbf{R}^n$ 中的每个有限维内积 $\langle\overline{x},\overline{y}\rangle$ 可以被证明等价于 $\overline{x}^{\mathrm{T}}\boldsymbol{S}\overline{y}$. 因此，至少对于 $\mathbf{R}^n$ 中的有限维向量空间，$\langle\overline{x},\overline{y}\rangle$ 的线性变换定义和公理化定义是等价的. 下面的练习说明了如何从内积的公理化定义的角度构造这样的矩阵 $\boldsymbol{S}$：

问题 2.10.1 (公理化的内积是变换的点积) 假设对所有 $\overline{x},\overline{y}\in\mathbf{R}^n$，内积 $\langle\overline{x},\overline{y}\rangle$ 满足公理化定义. 证明内积 $\langle\overline{x},\overline{y}\rangle$ 也可以表示为 $\overline{x}^{\mathrm{T}}\boldsymbol{S}\overline{y}$，其中 $\boldsymbol{S}$ 的第 (i,j) 个元素是 $\langle\overline{e}_i,\overline{e}_j\rangle$. 这里 $\overline{e}_i$ 是 $n\times n$ 单位矩阵的第 i 列. 由于正定性公理，第 3 章将要证明像 $\boldsymbol{S}$ 这样的矩阵总可以表示为 $\boldsymbol{A}^{\mathrm{T}}\boldsymbol{A}$ 的形式，其中 $\boldsymbol{A}$ 是一个 $n\times n$ 矩阵. 那为什么 $\langle\overline{x},\overline{y}\rangle$ 等于平常的 $\boldsymbol{A}\overline{x}$ 和 $\boldsymbol{A}\overline{y}$ 之间的点积?

问题 2.10.2 假设给定了 $\mathbf{R}^n$ 中 n 个线性无关向量成对之间的所有 $n\times n$ 实值内积. 对任意 $\overline{x},\overline{y}\in\mathbf{R}^n$，说明如何应用内积的公理化计算 $\langle\overline{x},\overline{y}\rangle$.

2.11 复向量空间

如本章前面所讨论的，向量空间可以定义在满足域公理的任何域上. 一个域的例子就是复数域. 一个复数具有 $a+\mathrm{i}b$ 的形式，其中 $\mathrm{i}=\sqrt{-1}$. 复数通常也被写成极坐标形式$r[\cos(\theta)+\mathrm{i}\sin(\theta)]$，其中 $r=\sqrt{a^2+b^2}$ 和 $\theta=\cos^{-1}(a/r)$. 通过比较指数级数和三角级数的泰勒展开式，我们还可以证明如下欧拉恒等式 (见问题 1.5.1)：

$$\exp(\mathrm{i}\theta)=\cos(\theta)+\mathrm{i}\sin(\theta)$$

角度 θ 必须用弧度来表示，上面公式才能成立. 于是，一个复数可以写为 $r\exp(\mathrm{i}\theta)$. 复数的极坐标表示法在许多线性代数运算中非常方便. 这是因为两个复数的相乘只需将角指数相加并乘以它们的大小这么容易. 此性质可用于各种类型的矩阵乘积.

我们可以在 $\mathbf{C}^n$ 上使用与 $\mathbf{R}^n$ 上相同的加法和乘法性质来定义复数域上的向量空间：

定义 2.11.1 ($\mathbf{C}^n$ 中的向量空间) 一个向量集 $\mathcal{V}$ 作为 $\mathbf{C}^n$ 中的一个子集是一个向量空间，如果它满足如下性质：

1. 如果 $\overline{x}\in\mathcal{V}$，那么对任意标量 $c\in\mathbf{C}$, $c\overline{x}\in\mathcal{V}$.
2. 如果 $\overline{x},\overline{y}\in\mathcal{V}$，那么 $\overline{x}+\overline{y}\in\mathcal{V}$.

这里需要注意的是乘法标量c 是任意复数. 例如，c 可以取 $1+\mathrm{i}$. 这是与实值向量空间的定义 2.3.2 的一个重要区别. 这一事实的结果是，我们仍然可以使用标准基 $\overline{e}_1,\cdots,\overline{e}_n$ 来表示 $\mathbf{C}_n$ 中的任何向量. 这里 $\overline{e}_i$ 为一个 n 维向量，其中第 i 个元素为 1，而其余元素为 0. 虽然 $\overline{e}_i$ 的分量都是实数，但所有实向量都是复数向量的特例. 任意向量 $\overline{x}=[x_1,\cdots,x_d]^{\mathrm{T}}\in\mathbf{C}^n$ 都可以用标准基来表示，其中 i 个坐标是复数 x_i. 由于向量空间是定义在复数域上的，故坐标也可以是复数. 为了创建坐标表示, 我们需要能够执行如投影之类的操作. 这可以通过复数内积的概念来实现.

与实内积的情况一样, 我们希望保留欧几里得空间的几何性质 (如长度和角度的概念). 将内积从实数域推广到复数域可能会更复杂. 在实值欧几里得空间中, 向量与其自身的点积等于其范数的平方. 这个定义并不适用于复向量. 例如, 对 $\overline{v}=[1,2\mathrm{i}]^{\mathrm{T}}$ 的平方范数按照实值定义进行计算, 则导致如下结果:

$$\overline{v}^{\mathrm{T}}\overline{v}=[1,2\mathrm{i}]\begin{bmatrix}1\\2\mathrm{i}\end{bmatrix}=1^2+4\mathrm{i}^2=1-4=-3 \tag{2.20}$$

我们得到平方范数是一个负值, 它往往被用来作为长度平方的表示. 因此, 我们需要对复值内积 $\langle\overline{u},\overline{v}\rangle$ 所满足的公理进行修正:

- 可加性: $\langle\overline{u},\overline{v}+\overline{w}\rangle=\langle\overline{u},\overline{v}\rangle+\langle\overline{u},\overline{w}\rangle$, $\langle\overline{v}+\overline{w},\overline{u}\rangle=\langle\overline{v},\overline{u}\rangle+\langle\overline{w},\overline{u}\rangle$.
- 可乘性: $\langle c\overline{u},\overline{v}\rangle=c^*\langle\overline{u},\overline{v}\rangle$, $\langle\overline{u},c\overline{v}\rangle=c\langle\overline{u},\overline{v}\rangle$, $\forall\ c\in\mathbf{C}$.
- 共轭对称性: $\langle\overline{u},\overline{v}\rangle=\langle\overline{v},\overline{u}\rangle^*$.
- 正定性: $\langle\overline{u},\overline{u}\rangle\geqslant 0$, 其中仅当 $\overline{u}$ 为零向量时等式才成立.

上标 "$*$" 表示对一个复数取共轭, 也就是将该复数的虚部取负号. 按照式 (2.20) 的方式来计算复数的内积是无效的, 这是因为它并不满足正定性.

对于一个复数, 其范数的平方由其与其共轭的乘积来定义. 例如, $a+\mathrm{i}b$ 的范数平方就是 $(a-\mathrm{i}b)(a+\mathrm{i}b)=a^2+b^2$. 对于向量的情况, 我们可以结合转置和共轭来定义内积. 一个复向量或矩阵的共轭转置定义如下:

定义 2.11.2 (向量和矩阵的共轭转置) 一个复向量 $\overline{v}$ 的共轭转置 $\overline{v}^*$ 是通过转置该向量并对每个复数元素取共轭得到. 类似地, 一个复矩阵 $\boldsymbol{V}$ 的共轭转置 $\boldsymbol{V}^*$ 是通过转置该矩阵并对每个复数元素取共轭得到.

因此, $[1,2\mathrm{i}]^{\mathrm{T}}$ 的共轭转置为 $[1,-2\mathrm{i}]$, 而 $[1+\mathrm{i},2+3\mathrm{i}]^{\mathrm{T}}$ 的共轭转置为 $[1-\mathrm{i},2-3\mathrm{i}]$. 定义向量 $\overline{u},\overline{v}\in\mathbf{C}^n$ 之间内积的一种常用方式是按照类似点积的形式定义如下㊀:

$$\langle\overline{u},\overline{v}\rangle=\overline{u}^*\overline{v} \tag{2.21}$$

内积可以是复数. 并不像 $\mathbf{R}^n$ 中的向量, 复数域上的内积并不具有交换性, 这是因为 $\langle\overline{u},\overline{v}\rangle$ 是 $\langle\overline{v},\overline{u}\rangle$ 的复共轭 (即共轭对称性). 一个向量 $\overline{v}\in\mathbf{C}^n$ 的范数平方定义为 $\overline{v}^*\overline{v}$, 而不是 $\overline{v}^{\mathrm{T}}\overline{v}$. 此即为该复向量与其自身的内积. 基于该定义, $[1,2\mathrm{i}]^{\mathrm{T}}$ 的范数平方为 $[1,-2\mathrm{i}][1,2\mathrm{i}]^{\mathrm{T}}$, 也就是 $1^2+2^2=5$. 相似地, 向量 $[1+\mathrm{i},2+3\mathrm{i}]^{\mathrm{T}}$ 的范数平方为 $(1+\mathrm{i})(1-\mathrm{i})+(2+3\mathrm{i})(2-3\mathrm{i})=1+1+4+9=15$. 注意到, 两者都是正数, 这与正定性一致.

㊀ 人们有时定义 $\langle\overline{u},\overline{v}\rangle=\overline{v}^*\overline{u}$(其为目前我们所定义的共轭). 只要能始终如一地使用该定义, 这种定义的选择其实并不重要.

像在实域中一样，当两个复向量的内积为 0 时，称它们是正交的．在这样的情况下，$\langle\overline{u},\overline{v}\rangle$ 和 $\langle\overline{v},\overline{u}\rangle$ 的复共轭都是 0.

定义 2.11.3（$\mathbf{C}^n$ 中的正交性） 称 $\mathbf{C}^n$ 中的向量 $\overline{u}$ 和 $\overline{v}$ 是正交的当且仅当 $\overline{u}^*\overline{v}=\overline{v}^*\overline{u}=0$.

一个 $\mathbf{C}^n$ 中的规范正交向量集对应于一组向量 $\overline{v}_1,\cdots,\overline{v}_n$，其中其满足当 $i=j$ 时 $\overline{v}_i^*\overline{v}_j=1$，而对于 $i\neq j$，$\overline{v}_i^*\overline{v}_j=0$. 注意到，标准基在 $\mathbf{C}^n$ 中也是正交的．与实域中的一样，在 $\mathbf{C}^n$ 中具有正交列的 $n\times n$ 矩阵被称为正交矩阵或酉矩阵.

定义 2.11.4（具有复元素的正交矩阵） 称具有复值元素的矩阵 $\boldsymbol{V}$ 是一个正交矩阵或酉矩阵当且仅当 $\boldsymbol{V}\boldsymbol{V}^*=\boldsymbol{V}^*\boldsymbol{V}=\boldsymbol{I}$.

通过简单地计算正交矩阵的共轭转置，我们可以相对容易地计算正交矩阵的逆．这一想法可以应用到离散傅里叶变换中.

离散傅里叶变换

离散傅里叶变换与离散余弦变换密切相关，它能够帮助我们在复域中找到时间序列的一组规范正交基．在实际应用中，对于具有长周期性的实值序列，其可以被用作离散余弦变换（见 2.7.3 节）的替代方法.

考虑一个复值时间序列 $\overline{s}\in\mathbf{C}^n$，我们想把它转换成一个复正交基．傅里叶基使用 n 个来自于 $\mathbf{C}^n$ 中的相互正交的基向量 $\overline{b}_1,\cdots,\overline{b}_n$，其中基向量 $\overline{b}_j$ 定义如下：

$$\overline{b}_j=[1,\exp(\omega[j-1]\mathrm{i}),\cdots,\underbrace{\exp(\omega[k-1][j-1]\mathrm{i})}_{\text{第 }k\text{ 个分量}},\cdots,\exp(\omega[n-1][j-1]\mathrm{i})]^{\mathrm{T}}/\sqrt{n}$$

注意，上式中的 i 并不是一个变量，而是虚数 $\sqrt{-1}$. ω 的值是 $2\pi/n$(弧度)，因此每个复数都以极坐标形式表示．我们作出如下断言：

引理 2.11.1（傅里叶基的正交性） 傅里叶变换的基向量 $\overline{b}_1,\cdots,\overline{b}_n$ 是规范正交的.

证明 很容易得到 $\overline{b}_p^*\overline{b}_p=\left[\sum_{k=0}^{n-1}(1/n)\exp(0)\right]=1$. 对于 $p\neq q$，我们可以通过对指数几何级数求和得到：

$$\overline{b}_p^*\overline{b}_q=\sum_{k=0}^{n-1}\exp(k[q-p]\omega\mathrm{i})=\frac{\exp([n\omega][q-p]\mathrm{i})-1}{\exp([q-p]\omega\mathrm{i})-1}=\frac{\overbrace{\exp(2\pi[q-p]\mathrm{i})}^{1}-1}{\exp([q-p]\omega\mathrm{i})-1}=0$$

在计算上面等式时，我们用到了事实: 当 θ 为 2π 的倍数时，$\exp(\mathrm{i}\theta)=1$. □

于是，我们可以建立一个以基向量 $\overline{b}_1,\cdots,\overline{b}_n$ 为列的基矩阵 $\boldsymbol{B}$. 例如，$\mathbf{C}^8$ 中向量变换

的 8×8 基矩阵如下所示：

$$\underbrace{\frac{1}{\sqrt{8}}\begin{bmatrix} 1 & 1 & 1 & 1 & 1 & 1 & 1 & 1 \\ 1 & \exp(\frac{2\pi i}{8}) & \exp(\frac{4\pi i}{8}) & \exp(\frac{6\pi i}{8}) & \exp(\frac{8\pi i}{8}) & \exp(\frac{10\pi i}{8}) & \exp(\frac{12\pi i}{8}) & \exp(\frac{14\pi i}{8}) \\ 1 & \exp(\frac{4\pi i}{8}) & \exp(\frac{8\pi i}{8}) & \exp(\frac{12\pi i}{8}) & \exp(\frac{16\pi i}{8}) & \exp(\frac{20\pi i}{8}) & \exp(\frac{24\pi i}{8}) & \exp(\frac{28\pi i}{8}) \\ 1 & \exp(\frac{6\pi i}{8}) & \exp(\frac{12\pi i}{8}) & \exp(\frac{18\pi i}{8}) & \exp(\frac{24\pi i}{8}) & \exp(\frac{30\pi i}{8}) & \exp(\frac{36\pi i}{8}) & \exp(\frac{42\pi i}{8}) \\ 1 & \exp(\frac{8\pi i}{8}) & \exp(\frac{16\pi i}{8}) & \exp(\frac{24\pi i}{8}) & \exp(\frac{32\pi i}{8}) & \exp(\frac{40\pi i}{8}) & \exp(\frac{48\pi i}{8}) & \exp(\frac{56\pi i}{8}) \\ 1 & \exp(\frac{10\pi i}{8}) & \exp(\frac{20\pi i}{8}) & \exp(\frac{30\pi i}{8}) & \exp(\frac{40\pi i}{8}) & \exp(\frac{50\pi i}{8}) & \exp(\frac{60\pi i}{8}) & \exp(\frac{70\pi i}{8}) \\ 1 & \exp(\frac{12\pi i}{8}) & \exp(\frac{24\pi i}{8}) & \exp(\frac{36\pi i}{8}) & \exp(\frac{48\pi i}{8}) & \exp(\frac{60\pi i}{8}) & \exp(\frac{72\pi i}{8}) & \exp(\frac{84\pi i}{8}) \\ 1 & \exp(\frac{14\pi i}{8}) & \exp(\frac{28\pi i}{8}) & \exp(\frac{42\pi i}{8}) & \exp(\frac{56\pi i}{8}) & \exp(\frac{70\pi i}{8}) & \exp(\frac{84\pi i}{8}) & \exp(\frac{98\pi i}{8}) \end{bmatrix}}_{\boldsymbol{B}}$$

矩阵 $\boldsymbol{B}$ 是正交的，因此基变换是保持等距的：

$$\|\boldsymbol{B}\overline{s}\|^2 = (\boldsymbol{B}\overline{s})^*(\boldsymbol{B}\overline{s}) = \overline{s}^* \underbrace{\boldsymbol{B}^*\boldsymbol{B}}_{\boldsymbol{I}} \overline{s} = \|\overline{s}\|^2$$

已知 $\mathbf{C}^8$ 中的一个复数时间序列 $\overline{s}$，我们可以通过求解方程组 $\boldsymbol{B}\overline{x} = \overline{s}$ 将其转换为傅里叶基．这个方程组的解就是 $\overline{x} = \boldsymbol{B}^*\overline{s}$，此即为该序列的复系数．在实际应用中，该方法也可应用于实值时间序列．例如，考虑时间序列 $\overline{s} = [8,6,2,3,4,6,6,5]^{\mathrm{T}}$ 作为一个示例，其已经在 2.3.4 节中介绍小波变换中使用．我们可以简单地假设该序列是复值序列的一个特例，于是计算得到的傅里叶系数为 $\overline{x} = \boldsymbol{B}^*\overline{s}$．这种方法的主要问题是它将序列从 $\mathbf{R}^8$ 转换为 $\mathbf{C}^8$，这是因为 $\overline{x}$ 中的坐标将具有虚部．该问题的一个简单求解方案是在 $\mathbf{R}^{16}$ 中创建一个同时包含 $\overline{x}$ 每个分量实部和虚部的表示形式．因此，傅里叶变换包含的实值系数的个数是原始序列的两倍．这种系数个数的增长是将实值时间序列作为复值序列的特例来处理的结果．由于原始序列的实值特性，坐标向量 $\overline{x}$ 的表示中存在空间上的浪费，其第 k 个分量始终是第 $(8-k)$ 个分量的复共轭．因此，我们可以仅保留向量 $\overline{x} \in \mathbf{C}^8$ 的前四个分量，并将这四个复分量的实部和虚部展开为 $\mathbf{R}^8$ 中的向量．此外，在实际应用中，我们可以将比较小的傅里叶系数设置为零，从而实现空间上高效的稀疏向量表示．

问题 2.11.1　应用本小节提出的 8×8 傅里叶矩阵来建立 $\overline{s} = [8,6,2,3,4,6,6,5]^{\mathrm{T}}$ 的傅里叶表示．

2.12　总结

机器学习在实际应用中通常使用矩阵的加法和乘法变换，这与线性代数的基本构建模块相对应．这些构建块可用于如 QR 分解和 LU 分解等不同类型的分解．分解是机器学习中许多以矩阵为核心的问题的主要求解方法．具体的应用示例包括求解线性方程组和线性回归．

2.13 拓展阅读

关于线性代数的基础书籍包括文献 [122, 123]、文献 [77] 和文献 [62]. Golub 和 Van Loan 的《矩阵计算》[52] 一书介绍了重要的数值方法，而文献 [99] 则将线性代数和优化理论相结合讨论数值方法.

2.14 习题

2.1 如果一个方阵 $\boldsymbol{A}$ 满足 $\boldsymbol{A}^2=\boldsymbol{I}$，那么我们总是有 $\boldsymbol{A}=\pm\boldsymbol{I}$. 证明该结论或给出反例.

2.2 对任意 $n\times d$ 矩阵 $\boldsymbol{A}$，证明矩阵 $\boldsymbol{A}$, $\boldsymbol{A}\boldsymbol{A}^{\mathrm{T}}$ 和 $\boldsymbol{A}^{\mathrm{T}}\boldsymbol{A}$ 一定有相同的秩. 首先证明 $\boldsymbol{A}\overline{x}=\overline{0}$ 当且仅当 $\boldsymbol{A}^{\mathrm{T}}\boldsymbol{A}\overline{x}=\overline{0}$.

2.3 设 $\boldsymbol{A}$ 是逆时针方向角度为 60° 的 2×2 旋转矩阵. 给出 $\boldsymbol{A}^9$ 的一个几何解释.

2.4 考虑秩为 6 的 6×10 矩阵 $\boldsymbol{A}$ 和 $\boldsymbol{B}$，求 6×6 矩阵 $\boldsymbol{A}\boldsymbol{B}^{\mathrm{T}}$ 的最小和最大可能的秩是多少. 给出在每种情况下矩阵 $\boldsymbol{A}$ 和 $\boldsymbol{B}$ 的例子.

2.5 分别应用行归约和 Gram-Schmidt 方法找到 $\{[1,2,1]^{\mathrm{T}},[2,1,1]^{\mathrm{T}},[3,3,2]^{\mathrm{T}}\}$ 生成空间的基集. 向量 $[1,1,1]^{\mathrm{T}}$ 在每个基集中的最佳拟合坐标是什么？验证这两种情况下的最佳拟合向量是否相同.

2.6 提出一种使用 Gram-Schmidt 正交化的测试方法以确定两组 (可能是线性相关的) 向量是否可以生成相同的向量空间.

2.7 一个 $d\times d$ 斜对称矩阵 (skew symmetric matrix) 满足 $\boldsymbol{A}^{\mathrm{T}}=-\boldsymbol{A}$. 证明这样矩阵的所有对角线元素为 0. 证明每一个 $\overline{x}\in\mathbf{R}^d$ 正交于 $\boldsymbol{A}\overline{x}$ 当且仅当 $\boldsymbol{A}$ 是一个斜对称矩阵. 单纯旋转 90° 会有什么区别?

2.8 回顾 2.2.2 节的符号，考虑一个 4×4Givens 矩阵 $\boldsymbol{G}_c(2,4,90)$. 该矩阵对在第二维和第四维平面上的四维列向量按 90° 逆时针方向旋转. 证明如何将此矩阵写为两个 Householder 反射矩阵的乘积. 根据 2.2 节的几何解释来考虑求解此问题. 该问题的答案是唯一的吗?

2.9 将习题 2.8 中逆时针方向旋转 90° 的 Givens 矩阵替换为逆时针方向旋转 10° 的 Givens 矩阵，那么习题 2.8 的结果会如何?

2.10 考虑秩分别为 5, 2, 4 的 5×5 矩阵 $\boldsymbol{A},\boldsymbol{B}$ 和 $\boldsymbol{C}$. 那么矩阵 $(\boldsymbol{A}+\boldsymbol{B})\boldsymbol{C}$ 的最小和最大可能的秩分别为多少?

2.11 使用高斯消元法求解如下方程组：

$$\begin{bmatrix}0&1&1\\1&1&1\\1&2&2\end{bmatrix}\begin{bmatrix}x_1\\x_2\\x_3\end{bmatrix}=\begin{bmatrix}2\\3\\4\end{bmatrix}$$

现在使用行运算建立一个 LU 分解. 是否可以在不使用置换矩阵的情况下对此矩阵进行 LU 分解?

2.12 使用 QR 分解求解习题 2.11 中的方程组. 使用 Gram-Schmidt 方法进行正交化. 使用 QR 分解计算矩阵的逆矩阵 (如果存在).

2.13 为什么矩阵 $\boldsymbol{AB}$ 的列空间一定是 $\boldsymbol{A}$ 的列空间的一个子空间? 证明: 对于某些整数 k, $\boldsymbol{A}^{k+1}$ 的所有四个基本子空间一定与 $\boldsymbol{A}^k$ 的基本子空间相同.

2.14 考虑一个向量空间 $\mathcal{V} \subset \mathbf{R}^3$ 以及两个可能的基集 $\mathcal{B}_1 = \{[1,0,1]^{\mathrm{T}}, [1,1,0]^{\mathrm{T}}\}$ 和 $\mathcal{B}_2 = \{[0,1,-1]^{\mathrm{T}}, [2,1,1]^{\mathrm{T}}\}$. 证明 $\mathcal{B}_1$ 和 $\mathcal{B}_2$ 是同一个向量空间的基集. 该向量空间的维数是多少? 现在考虑一个向量 $\overline{v} \in \mathcal{V}$, 其在基集 $\mathcal{B}_1$ 中的坐标为 $[1,2]^{\mathrm{T}}$, 其中坐标的顺序与列出的基向量的顺序相匹配. 那么, $\overline{v}$ 的标准基表示是什么? 在 $\mathcal{B}_2$ 中 $\overline{v}$ 的坐标是多少?

2.15 应用 QR 分解方法找到如下矩阵的投影矩阵:

$$\boldsymbol{A} = \begin{bmatrix} 3 & 6 \\ 0 & 1 \\ 4 & 8 \end{bmatrix}$$

如何使用投影矩阵确定向量 $\overline{b} = [1,1,0]^{\mathrm{T}}$ 是否属于 $\boldsymbol{A}$ 的列空间? 找到 $\boldsymbol{A}\overline{x} = \overline{b}$ 的一个解 (或最佳拟合解).

2.16 对于习题 2.15 中的问题, 当 $\overline{c} = [2,2]^{\mathrm{T}}$ 时, 方程组 $\boldsymbol{A}^{\mathrm{T}}\overline{x} = \overline{c}$ 是否存在解? 如果解不存在, 请找到最佳拟合解. 如果存在一个或多个解, 请找到一个使 $\|\overline{x}\|$ 尽可能小的解.

2.17 **用投影矩阵进行 Gram-Schmidt 变换**. 已知 $\mathbf{R}^n$ 中的一组 $m < n$ 个线性无关向量 $\overline{a}_1, \cdots, \overline{a}_m$, 对任意 $r \in \{1, \cdots, m\}$, 设 $\boldsymbol{A}_r = [\overline{a}_1, \overline{a}_2, \cdots, \overline{a}_r]$ 为 $n \times r$ 矩阵. 证明: 初始化 $\overline{q}_1 = \overline{a}_1$ 后, $\overline{a}_2, \cdots, \overline{a}_m$ 的非规范化 Gram-Schmidt 向量 $\overline{q}_2, \cdots, \overline{q}_m$ 可以使用投影矩阵 $\boldsymbol{P}_s$ 按如下方式非递归地计算:

$$\overline{q}_{s+1} = [\boldsymbol{I} - \boldsymbol{A}_s(\boldsymbol{A}_s^{\mathrm{T}}\boldsymbol{A}_s)^{-1}\boldsymbol{A}_s^{\mathrm{T}}]\overline{a}_{s+1} = \overline{a}_{s+1} - [\boldsymbol{P}_s\overline{a}_{s+1}], \qquad \forall\, s \in \{1, \cdots, m-1\}$$

2.18 考虑一个 $d \times d$ 矩阵 $\boldsymbol{A}$ 使它的右零空间等于它的列空间. 证明 d 是偶数, 并给出这样一个矩阵的例子.

2.19 证明: $n \times d$ 矩阵 $\boldsymbol{A}$ 的列是线性无关的当且仅当 $f(\overline{x}) = \boldsymbol{A}\overline{x}$ 是一个一对一函数.

2.20 考虑一个 $n \times n$ 矩阵. 证明: 对任意非零向量 $\overline{x} \in \mathbf{R}^n$, 如果向量 $\boldsymbol{A}\overline{x}$ 的长度严格小于向量 $\overline{x}$ 的长度, 那么 $(\boldsymbol{A} - \boldsymbol{I})$ 是可逆的.

2.21 直观上看, 一个 $n \times n$ 投影矩阵 $\boldsymbol{P}$ 总是满足: 对任意 $\overline{b} \in \mathbf{R}^n$, $\|\boldsymbol{P}\overline{b}\| \leqslant \|\overline{b}\|$, 因为它可以将 $\overline{b}$ 投影到一个低维超平面上. 用代数方法证明: 对任意 $\overline{b} \in \mathbf{R}^n$, $\|\boldsymbol{P}\overline{b}\| \leqslant \|\overline{b}\|$. [提示: 对于 $n \times d$ 矩阵 $\boldsymbol{Q}$, 表示秩 d 投影矩阵 $\boldsymbol{P} = \boldsymbol{Q}\boldsymbol{Q}^{\mathrm{T}}$, 并从证明 $\|\boldsymbol{Q}\boldsymbol{Q}^{\mathrm{T}}\overline{b}\| = \|\boldsymbol{Q}^{\mathrm{T}}\overline{b}\|$ 开始. 给出 $\boldsymbol{Q}^{\mathrm{T}}\overline{b}$ 和 $\boldsymbol{Q}\boldsymbol{Q}^{\mathrm{T}}\overline{b}$ 的几何解释.]

2.22 设 $\boldsymbol{A}$ 是一个 10×10 矩阵. 如果 $\boldsymbol{A}^2$ 的秩为 6, 求 $\boldsymbol{A}$ 的最小和最大可能的秩，并给出例子.

2.23 对某个 $n\times d$ 矩阵 $\boldsymbol{A}$, 考虑方程组 $\boldsymbol{A}\overline{x}=\overline{b}$. 我们对该方程组两边左乘一个 $m\times n$ 矩阵 $\boldsymbol{B}$ 得到新的方程组 $\boldsymbol{BA}\overline{x}=\boldsymbol{B}\overline{b}$. 通过提供一个例子证明这两个方程组的解集未必相同. 这些解集通常是如何关联的? 提供一个关于矩形矩阵 $\boldsymbol{B}$ 的充分条件的例子，使在该条件下它们是相同的. [对于常系数方程，除非标量值为 0，否则将方程两边乘以该标量值并不会改变方程. 该习题表明：对向量方程两边乘以一个矩阵可能会产生更复杂的影响.]

2.24 证明：任意 $n\times n$Householder 反射矩阵可以表示为 $\boldsymbol{Q}_1\boldsymbol{Q}_1^{\mathrm{T}}-\boldsymbol{Q}_2\boldsymbol{Q}_2^{\mathrm{T}}$，其中将 $\boldsymbol{Q}_1$ 和 $\boldsymbol{Q}_2$ 的列连接起来可得到一个 $n\times n$ 正交矩阵，而 $\boldsymbol{Q}_2$ 仅包含一个单列. 当 $\boldsymbol{Q}_2$ 包含多个列时，线性变换的性质是什么?

2.25 证明：对于 $k\geqslant 1$，如果 $\boldsymbol{B}^k$ 与 $\boldsymbol{B}^{k+1}$ 具有相同的秩，那么对任意的 $r\geqslant 1$，$\boldsymbol{B}^k$ 与 $\boldsymbol{B}^{k+r}$ 也具有相同的秩.

2.26 证明：如果一个 $n\times n$ 矩阵 $\boldsymbol{B}$ 的秩为 $(n-1)$，而矩阵 $\boldsymbol{B}^k$ 的秩为 $(n-k)$，那么对 $r=1,\cdots,k$，矩阵 $\boldsymbol{B}^r$ 的秩为 $(n-r)$. 如何建立一个向量链 $\overline{v}_1,\cdots,\overline{v}_k$ 满足 $\boldsymbol{B}\overline{v}_i=\overline{v}_{i-1}$，其中 $i>1$ 以及 $\boldsymbol{B}\overline{v}_1=\overline{0}$. [注：你将在第 3 章中遇到类似但更复杂的 Jordan 链.]

2.27 假设对某个 $k\geqslant 2$ 和一个特别的向量 $\overline{v}$ 有 $\boldsymbol{B}^k\overline{v}=0$ 以及对任意 $r<k$，$\boldsymbol{B}^r\overline{v}\neq 0$. 证明向量 $\overline{v}, \boldsymbol{B}\overline{v}, \boldsymbol{B}^2\overline{v},\cdots,\boldsymbol{B}^{k-1}\overline{v}$ 一定是线性无关的.

2.28 **用 QR 分解求矩阵逆**. 设一个可逆 $n\times n$ 矩阵 $\boldsymbol{A}$ 满足 QR 分解 $\boldsymbol{A}=\boldsymbol{QR}$. 如何应用此分解通过求解 d 个不同的三角线性方程组来求 $\boldsymbol{A}$ 的逆，而每个三角线性方程组都可以通过倒向替换来求解. 如何应用 QR 分解和倒向替换计算矩阵的左或右逆.

2.29 **QR 分解下的最小二乘误差**. 考虑方程组 $\boldsymbol{A}\overline{x}=\overline{b}$，其中 $\boldsymbol{A}$ 是一个具有线性无关列的 $n\times d$ 矩阵. 假设 $\boldsymbol{A}$ 满足分解 $\boldsymbol{A}=\boldsymbol{QR}$, 其中 $\boldsymbol{Q}$ 是一个具有正交列的 $n\times d$ 矩阵，而 $\boldsymbol{R}$ 是一个 $d\times d$ 上三角形矩阵. 证明最佳拟合误差 (应用最小二乘模型) 为 $\|\overline{b}\|^2-\|\boldsymbol{Q}^{\mathrm{T}}\overline{b}\|^2$. 如果 $\boldsymbol{A}$ 没有线性无关的列或行，如何通过 QR 分解找到最小二乘误差. [提示：利用投影矩阵从几何角度思考.]

2.30 考虑关于最小化 $\|\boldsymbol{A}\overline{x}-\overline{b}\|^2+\overline{c}^{\mathrm{T}}\overline{x}$ 的一个改进的最小二乘问题，其中 $\boldsymbol{A}$ 是一个 $n\times d$ 矩阵，$\overline{x},\overline{c}$ 是 d 维向量，而 $\overline{b}$ 是一个 n 维向量. 证明只要 $\overline{c}$ 在 $\boldsymbol{A}$ 的行空间中，该问题就可以化为标准的最小二乘问题. 当 $\overline{c}$ 不在 $\boldsymbol{A}$ 的行空间中时会发生什么. [提示：首先证明单变量的情况.]

2.31 **用右逆简化解**. 设 $\overline{x}=\overline{v}$ 为相容方程组 $\boldsymbol{A}\overline{x}=\overline{b}$ 的任意一个解，其中 $\boldsymbol{A}$ 是具有线性无关行的 $n\times d$ 矩阵. 设 $\overline{v}_r=\boldsymbol{A}^{\mathrm{T}}(\boldsymbol{AA}^{\mathrm{T}})^{-1}\overline{b}$ 是由右逆给出的解. 那么，证明如下不等

式：

$$\|\overline{v}\|^2 = \|\overline{v} - \overline{v}_r\|^2 + \|\overline{v}_r\|^2 + 2\overline{v}_r^{\mathrm{T}}(\overline{v} - \overline{v}_r) \geqslant \|\overline{v}_r\|^2 + 2\overline{v}_r^{\mathrm{T}}(\overline{v} - \overline{v}_r)$$

现在证明 $\overline{v}_r^{\mathrm{T}}(\overline{v} - \overline{v}_r) = 0$. 于是 $\|\overline{v}\|^2 \geqslant \|\overline{v}_r\|^2$.

2.32 证明：任意 2×2Givens 旋转矩阵是至多两个 Householder 反射矩阵的乘积. 在进行代数计算之前，先从几何角度进行思考. 现在将证明推广到 $d \times d$ 矩阵的情况.

2.33 用代数方法证明：如果两个满秩的高矩阵具有相同的列空间，则它们具有相同的投影矩阵.

2.34 构造秩为 2 的 4×3 矩阵 $\boldsymbol{A}$ 和 $\boldsymbol{B}$ 使它们不是彼此的倍数，但具有相同的线性代数的四个基本子空间. [提示：$\boldsymbol{A} = \boldsymbol{U}\boldsymbol{V}$.]

2.35 证明：任意 Householder 反射矩阵 $(\boldsymbol{I} - 2\overline{v}\,\overline{v}^{\mathrm{T}})$ 可以表示为

$$(\boldsymbol{I} - 2\overline{v}\,\overline{v}^{\mathrm{T}}) = \begin{bmatrix} \cos(\theta) & \sin(\theta) \\ \sin(\theta) & -\cos(\theta) \end{bmatrix}$$

从几何角度将 $\overline{v}$ 与 θ 联系起来.

2.36 证明任何向量 $\overline{v} \in \mathbf{R}^n$ 可以转化为 $\overline{w} \in \mathbf{R}^n$ 使 $\overline{w} = c\boldsymbol{H}\overline{v}$，其中 c 为一个标量，而 $\boldsymbol{H}$ 为一个 $n \times n$ 反射矩阵. 应用几何方法来求解该问题.

2.37 一个块上三角形矩阵是块对角矩阵的推广 (见 1.2.3 节)，其允许在正方形对角块上方的元素为非零元素. 考虑一个具有可逆对角块的块上三角形矩阵. 论证为什么这样的矩阵是行等价于一个可逆块对角矩阵. 当 $\boldsymbol{A}$ 是块上三角形时，将倒向替换法将其推广到求解形如 $\boldsymbol{A}\overline{x} = \overline{b}$ 的线性方程组. 你可以假设对角块很容易可逆的.

2.38 如果 $\boldsymbol{P}$ 是一个投影矩阵，证明对任意 $\lambda > 0$，$(\boldsymbol{P} + \lambda\boldsymbol{I})$ 是可逆的. [提示：证明对任意 $\overline{x}$, $\overline{x}^{\mathrm{T}}(\boldsymbol{P} + \lambda\boldsymbol{I})\overline{x} > 0$，因此 $(\boldsymbol{P} + \lambda\boldsymbol{I})\overline{x} \neq 0$.]

2.39 如果 $\boldsymbol{R}$ 是一个 Householder 反射矩阵，证明 $(\boldsymbol{R}+\boldsymbol{I})$ 总是奇异的，且对任意 $\lambda \notin \{1, -1\}$，$(\boldsymbol{R} + \lambda\boldsymbol{I})$ 是可逆的.

2.40 **等距变换是正交的**. 我们已经知道，如果 $\boldsymbol{A}$ 是一个 $n \times n$ 正交矩阵，那么对任意 $\overline{x} \in \mathbf{R}^n$，$\|\boldsymbol{A}\overline{x}\| = \|\overline{x}\|$. 证明该结果的逆命题：如果对任意 $\overline{x} \in \mathbf{R}^n$，$\|\boldsymbol{A}\overline{x}\| = \|\overline{x}\|$，那么 $\boldsymbol{A}$ 是正交的.

2.41 设 $\boldsymbol{A}$ 是一个 $n \times n$ 方阵使 $(\boldsymbol{A} + \boldsymbol{I})$ 的秩为 2. 设 $f(x) = x^3 + x^2 + x + 1$ 是一个多项式函数. 证明 $f(\boldsymbol{A})$ 的秩最多为 $(n - 2)$. 进一步，如果 $\boldsymbol{A}$ 是对称的，证明 $f(\boldsymbol{A})$ 的秩恰好为 $(n - 2)$.

2.42 假设存在一个 $d \times d$ 矩阵 $\boldsymbol{A}$ 和 d 个向量 $\overline{x}_1, \cdots, \overline{x}_d$ 满足 $\overline{x}_i^{\mathrm{T}}\boldsymbol{A}\overline{x}_j$ 为零当且仅当 $i \neq j$. 证明向量 $\overline{x}_1, \cdots, \overline{x}_d$ 是线性无关的. 注意这里的 $\boldsymbol{A}$ 并不需要是对称的.

2.43 假设存在一个 $d \times d$ 对称矩阵 $\boldsymbol{S}$ 和 d 个向量 $\overline{x}_1, \cdots, \overline{x}_d$，满足：当 $i \neq j$ 时，$\overline{x}_i^{\mathrm{T}}\boldsymbol{S}\overline{x}_j$ 为零，而当 $i = j$ 时，$\overline{x}_i^{\mathrm{T}}\boldsymbol{S}\overline{x}_j$ 为正. 证明对任意 $\overline{x}, \overline{y} \in \mathbf{R}^d$，$\langle \overline{x}, \overline{y} \rangle = \overline{x}^{\mathrm{T}}\boldsymbol{S}\overline{y}$ 是一个有

效的内积. [提示：证明 $\langle\overline{x},\overline{y}\rangle$ 为正定的是一个难点.]

2.44 **一般内积的 Cauchy-Schwarz 不等式**. 设 $\overline{u}$ 和 $\overline{v}$ 是两个向量满足 $\langle\overline{u},\overline{u}\rangle=\langle\overline{v},\overline{v}\rangle=1$. 仅用内积的公理化证明 $|\langle\overline{u},\overline{v}\rangle|\leqslant 1$. 现在根据 $\overline{x}$ 和 $\overline{y}$ 适当地定义 $\overline{u}$ 和 $\overline{v}$ 来证明更一般的 Cauchy-Schwarz 不等式：

$$|\langle\overline{x},\overline{y}\rangle|\leqslant\sqrt{\langle\overline{x},\overline{x}\rangle}\sqrt{\langle\overline{y},\overline{y}\rangle}$$

现在应用这个结果 (以及内积的公理化) 证明如下的三角不等式：

$$\sqrt{\langle\overline{x},\overline{x}\rangle}+\sqrt{\langle\overline{y},\overline{y}\rangle}\geqslant\sqrt{\langle\overline{x}-\overline{y},\overline{x}-\overline{y}\rangle}$$

2.45 如果由多项式函数 $f(\boldsymbol{A})=\sum\limits_{i=0}^{d}c_i\boldsymbol{A}^i$ 计算得到的矩阵的秩严格大于 $\boldsymbol{A}$ 的秩，那么关于系数 $c_0,\cdots,c_d$，你能说些什么吗?

2.46 设 $\boldsymbol{S}$ 是一个对称矩阵以及 $g(\boldsymbol{S})=\boldsymbol{S}^3-\boldsymbol{S}^2+\boldsymbol{S}$. 不应用下一章的结论证明：$g(\boldsymbol{S})$ 与 $\boldsymbol{S}$ 具有相同的秩.

2.47 设 $\boldsymbol{A}$ 是一个 $n\times m$ 矩阵和 $\boldsymbol{B}$ 是一个 $k\times d$ 矩阵. 证明：对任意 $m\times k$ 矩阵，$\boldsymbol{AXB}$ 的列空间总是 $\boldsymbol{A}$ 列空间的一个子空间，而 $\boldsymbol{AXB}$ 行空间总是 $\boldsymbol{B}$ 行空间的一个子空间.

2.48 假设 $\boldsymbol{A}$ 是一个 $n\times m$ 矩阵，而 $\boldsymbol{B}$ 是一个 $k\times d$ 矩阵. 两者都具有满矩形秩. 设 $\boldsymbol{C}$ 是一个已知 $n\times d$ 矩阵，找到一个 $m\times k$ 矩阵 $\boldsymbol{X}$ 使 $\boldsymbol{C}=\boldsymbol{AXB}$. 矩阵 $\boldsymbol{A}$ 和 $\boldsymbol{B}$ 应该是什么形状 (是高的或宽的) 才能确保方程组的相容性? 在这种情况下，根据 $\boldsymbol{A},\boldsymbol{B}$ 和 $\boldsymbol{C}$, 推导出解 $\boldsymbol{X}$ 的一个闭型表达式. 什么时候该解是唯一的?

2.49 假设 $\boldsymbol{A}$ 是一个 $n\times m$ 矩阵，而 $\boldsymbol{B}$ 是一个 $k\times d$ 矩阵. 两者都具有满矩形秩. 矩阵 $\boldsymbol{A}$ 是高的，而 $\boldsymbol{B}$ 是宽的. 方程组 $\boldsymbol{C}=\boldsymbol{AXB}$ 是不相容的. 对于一个已知 $n\times d$ 矩阵 $\boldsymbol{C}$，你需要找到一个最佳拟合 $m\times k$ 矩阵 $\boldsymbol{X}$ 使 $\|\boldsymbol{C}-\boldsymbol{AXB}\|_F^2$ 尽可能小. 于是，你建模 $\boldsymbol{Y}\approx\boldsymbol{XB}$, 其中 $\boldsymbol{Y}$ 是 $\|\boldsymbol{C}-\boldsymbol{AY}\|_F^2$ 的最佳拟合解. 于是，对于固定的 $\boldsymbol{Y}$，你需要找到 $\|\boldsymbol{Y}-\boldsymbol{XB}\|_F^2$ 的最优拟合解. 用正规方程导出 $\boldsymbol{X}$ 和 $\boldsymbol{Y}$ 的闭型表达式. 证明 $\boldsymbol{X}$ 的闭型解和 $\boldsymbol{C}$ 的最优拟合 $\boldsymbol{C}'$ 为：

$$\boldsymbol{X}=\underbrace{(\boldsymbol{A}^{\mathrm{T}}\boldsymbol{A})^{-1}\boldsymbol{A}^{\mathrm{T}}}_{\text{左逆}}\boldsymbol{C}\underbrace{\boldsymbol{B}^{\mathrm{T}}(\boldsymbol{B}\boldsymbol{B}^{\mathrm{T}})^{-1}}_{\text{右逆}},\quad \boldsymbol{C}'=\underbrace{\boldsymbol{A}(\boldsymbol{A}^{\mathrm{T}}\boldsymbol{A})^{-1}\boldsymbol{A}^{\mathrm{T}}}_{\text{投影列}}\boldsymbol{C}\underbrace{\boldsymbol{B}^{\mathrm{T}}(\boldsymbol{B}\boldsymbol{B}^{\mathrm{T}})^{-1}\boldsymbol{B}}_{\text{投影行}}$$

[注：变量 (如 $\boldsymbol{Y}$ 和 $\boldsymbol{X}$) 的次序优化通常是次最优的，但在这种情况下是有效的.]

2.50 **挑战性问题**. 设 $\boldsymbol{A}$ 是一个 $n\times m$ 矩阵和 $\boldsymbol{B}$ 是一个 $k\times d$ 矩阵. 对于已知的 $n\times d$ 矩阵 $\boldsymbol{C}$，找到 $m\times k$ 矩阵 $\boldsymbol{X}$ 使 $\boldsymbol{C}=\boldsymbol{AXB}$. 关于 $\boldsymbol{A}$, $\boldsymbol{B}$ 和 $\boldsymbol{C}$ 的行或列的线性无关性，我们一无所知. 提出一种高斯消元法的变体来求解方程组 $\boldsymbol{C}=\boldsymbol{AXB}$. 如何识别不相容的方程组或具有无穷多解的方程组? [注：第 4 章习题 4.23 中的闭型解?]

2.51 应用 Moore-Penrose 伪逆基于极限的定义来证明 $\boldsymbol{A}^{\mathrm{T}}\boldsymbol{A}\boldsymbol{A}^{+} = \boldsymbol{A}^{\mathrm{T}}$ 和 $\boldsymbol{B}^{+}\boldsymbol{B}\boldsymbol{B}^{\mathrm{T}} = \boldsymbol{B}^{\mathrm{T}}$. [注：基于 QR/SVD 的证明是相对简单的.]

2.52 我们知道 $\boldsymbol{A}\overline{x} = \overline{b}$ 的最优拟合解为 $\overline{x}^{*} = \boldsymbol{A}^{+}\overline{b}$. 对于不相容的方程组，我们则有 $\boldsymbol{A}\overline{x}^{*} = \boldsymbol{A}\boldsymbol{A}^{+}\overline{b} \neq \overline{b}$. 利用 $\boldsymbol{A}^{+}$ 基于极限的定义证明矩阵 $\boldsymbol{A}\boldsymbol{A}^{+}$ 既是对称的又是幂等的 (这是投影矩阵的另外一种定义). $\boldsymbol{A}\boldsymbol{A}^{+}$ 在这里执行的是什么类型的投影?

CHAPTER 3

第3章

特征向量与可对角化矩阵

"数学是一门赋予不同事物相同名称的艺术."

——亨利 · 庞加莱 (Henri Poincare)

3.1 引言

任意大小为 $d \times d$ 的方阵 $\boldsymbol{A}$ 都可以被视为一个线性算子，它将 d 维列向量 $\overline{x}$ 映射到 d 维向量 $\boldsymbol{A}\overline{x}$. 一个线性变换 $\boldsymbol{A}\overline{x}$ 是对向量 $\overline{x}$ 进行旋转、反射和缩放等操作的组合.

一个可对角化矩阵是一类特殊的线性算子，它只对应于沿 d 个不同方向的同时缩放. 这 d 个不同的方向称为特征向量，而这 d 个比例因子称为特征值. 所有这样的矩阵都可以用一个 $d \times d$ 可逆矩阵 $\boldsymbol{V}$ 和一个 $d \times d$ 对角矩阵 $\boldsymbol{\Delta}$ 分解为

$$\boldsymbol{A} = \boldsymbol{V}\boldsymbol{\Delta}\boldsymbol{V}^{-1}$$

矩阵 $\boldsymbol{V}$ 的列为 d 个特征向量，而 $\boldsymbol{\Delta}$ 的对角线元素则为 d 个特征值. 对任意 $\overline{x} \in \mathbf{R}^d$，我们可以根据一个三步骤变换，用上面的分解从几何角度来解释 $A\overline{x}$: (i) 向量 $\overline{x}$ 与 $\boldsymbol{V}^{-1}$ 相乘得到与 $\boldsymbol{V}$ 的列 (特征向量) 相对应的 (可能是非正交) 基系统下 $\overline{x}$ 的坐标；(ii) 将 $\boldsymbol{V}^{-1}\overline{x}$ 与 $\boldsymbol{\Delta}$ 相乘得到 $\boldsymbol{\Delta}V^{-1}\overline{x}$，从而在特征向量方向上用 $\boldsymbol{\Delta}$ 中的比例因子来扩展这些坐标；(iii) 最终与 $\boldsymbol{V}$ 相乘得到的 $\boldsymbol{V}\boldsymbol{\Delta}\boldsymbol{V}^{-1}\overline{x}$ 将坐标变换到原始基系统 (即标准基) 上. 总体结果是在 d 个特征向量方向上的一个各向异性缩放. 我们用这种方式所表示的线性变换对应于一个可对角化矩阵. 一个 $d \times d$ 可对角化矩阵则表示与 d 个线性无关方向上的各向异性缩放相对应的线性变换.

当矩阵 $\boldsymbol{V}$ 的列是规范正交向量时，我们有 $\boldsymbol{V}^{-1} = \boldsymbol{V}^{\mathrm{T}}$. 在该情况下，缩放沿相互正交的方向进行，并且矩阵 $\boldsymbol{A}$ 始终是对称的. 这是因为 $\boldsymbol{A}^{\mathrm{T}} = \boldsymbol{V}\boldsymbol{\Delta}^{\mathrm{T}}\boldsymbol{V}^{\mathrm{T}} = \boldsymbol{V}\boldsymbol{\Delta}\boldsymbol{V}^{\mathrm{T}} = \boldsymbol{A}$. 图 3.1

显示了正交基系统和非正交基系统的各向异性缩放的两种情况．这里，两个方向上的比例因子分别为 0.5 和 2，其分别对应于收缩和扩张．

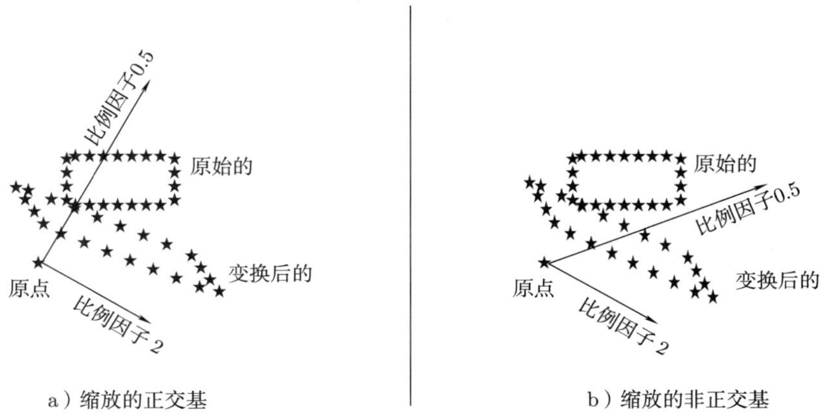

图 3.1 由对角矩阵对应的变换示例

本章研究特征向量、可对角化矩阵的性质及应用．行列式的概念将在 3.2 节中介绍．3.3 节讨论可对角化、特征向量和特征值的概念．本节还讨论对称矩阵这类特殊情况．关于机器学习应用和对称矩阵的示例见 3.4 节．3.5 节讨论求解可对角化矩阵特征向量和特征值的数值算法．3.6 节对本章进行总结．

3.2 行列式

想象一个 n 个坐标向量 $\overline{x}_1, \cdots, \overline{x}_n \in \mathbf{R}^d$ 的散点图，其对应于一个 d 维对象的轮廓．这些向量与一个 $d \times d$ 矩阵 $\boldsymbol{A}$ 相乘得到的向量 $\boldsymbol{A}\overline{x}_1, \cdots, \boldsymbol{A}\overline{x}_n$ 将导致对该对象的一个扭曲．当矩阵 $\boldsymbol{A}$ 可对角化时，那么这种扭曲可完全由各向异性的缩放来表述，这会影响对象的“体积”．那如何确定矩阵相乘所对应的变换的比例因子呢？要做到这一点，我们首先必须了解一个线性变换对物体体积会产生什么样的影响．这可以通过方阵行列式的概念来实现，其本质可被视为对象“体积”的一种量化．下面是关于行列式的一个非常直观的定义．

定义 3.2.1 (行列式：几何视角) 一个 $d \times d$ 矩阵的行列式是由其行 (或列) 向量所定义的 d 维平行六面体的 (有符号) 体积．

我们用 $\det(\boldsymbol{A})$ 表示矩阵 $\boldsymbol{A}$ 的行列式．上述定义是完全相容的，因为由方阵的行向量所定义的体积与由列向量所定义的体积从数学上讲是相同的．然而，该定义也是不完全的，因为它并没有定义 $\det(\boldsymbol{A})$ 的符号．事实上，行列式的符号反映的是关于 $\boldsymbol{A}$ 的乘法对基系统方向的影响．例如，一个 Householder 反射矩阵的行列式总是 -1，因为它会改变所变换向量的方向．值得注意的是，将 (在其行中) 包含图 3.1b 二维散点图的一个 $n \times 2$ 数据矩阵

与一个 2×2 反射矩阵相乘则会将散点图改变为图 3.1a 的散点图. 行列式的符号可以保持跟踪线性变换对方向的影响. 几何视角会让我们更加直观地理解行列式根据绝对值实际计算出什么. 考虑如下两个矩阵:

$$\boldsymbol{A} = \begin{bmatrix} 1 & 0 & 0 \\ 0 & 1 & 0 \\ 0 & 0 & 1 \end{bmatrix}, \quad \boldsymbol{B} = \begin{bmatrix} 1 & 0 & 0 \\ 1 & 1 & 0 \\ 0 & 0 & 1 \end{bmatrix} \tag{3.1}$$

由每个矩阵的行所构成的平行六面体分别如图 3.2a 和图 3.2b 所示. 这两个矩阵的行列式都为 1，其中两个平行六面体的底面积都是 1，而高度也都是 1. 第一个矩阵就是单位矩阵，它是一个正交矩阵. 正交矩阵总可以形成一个单位超立方体，因此其行列式的绝对值总是 1.

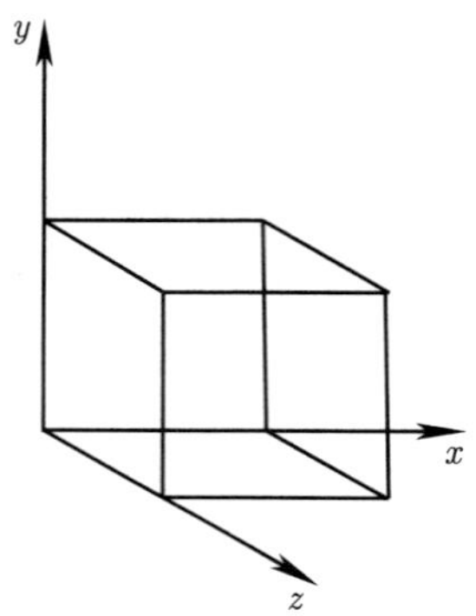

a）正交行（单位矩阵）

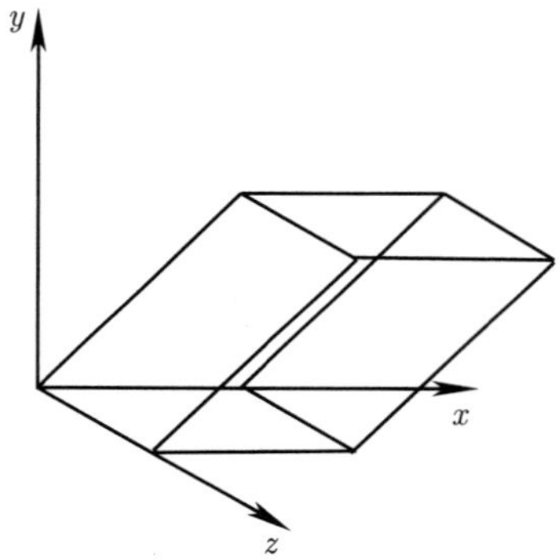

b）非正交行（第二行被修改为[1, 1, 0]）

图 3.2　对 3×3 单位矩阵进行行运算前后的平行六面体

为了使行列式非零，矩阵必须是非奇异的 (即可逆的). 例如，如果我们有一个秩为 2 的 3×3 矩阵，那么其所有三个行向量都必须位于一个二维平面上. 因此，由这三个行向量所形成的平行六面体就不会具有非零的三维体积. 一个 $d \times d$ 矩阵 $\boldsymbol{A}$ 的行列式也可以用 $\boldsymbol{A}$ 的 $(d-1) \times (d-1)$ 子矩阵来定义.

定义 3.2.2 (行列式：递归视角)　设 $\boldsymbol{A} = [a_{ij}]$ 是 $d \times d$ 矩阵，$\boldsymbol{A}_{ij}$ 是通过删除第 i 行和第 j 列而形成的矩阵 (同时保持保留行和列的相对顺序). 行列式 $\det(\boldsymbol{A})$ 可递归定义如下:

1. 如果 $\boldsymbol{A}$ 是 1×1 矩阵，那么它的行列式就等于 $\boldsymbol{A}$ 中的单个标量元素.
2. 如果 $\boldsymbol{A}$ 大于 1×1 矩阵，那么其行列式由式 (3.2) 给出：对任意固定的 $j \in \{1, \cdots, d\}$，

$$\det(\boldsymbol{A}) = \sum_{i=1}^{d} (-1)^{i+j} a_{ij} \det(\boldsymbol{A}_{ij}) \quad [\text{固定列 } j] \tag{3.2}$$

上面的计算固定了一列 j，然后使用该列的所有元素进行展开．对任意 j 都将产生相同的行列式．我们也可以固定一个行 i 并沿该行展开：

$$\det(\boldsymbol{A}) = \sum_{j=1}^{d}(-1)^{i+j}a_{ij}\det(\boldsymbol{A}_{ij}) \quad [\text{固定行 } i] \tag{3.3}$$

上面的递归定义意味着某些类别的矩阵具有易于计算的行列式：

- **对角矩阵**：对角矩阵的行列式是其对角线元素的乘积．
- **三角形矩阵**：三角形矩阵的行列式是其对角线元素的乘积．
- 包含元素全为 0 的行 (或列) 的矩阵的行列式为 0.

考虑如下矩阵：

$$\boldsymbol{A} = \begin{bmatrix} a & b \\ c & d \end{bmatrix} \tag{3.4}$$

使用上述规则，通过沿第一列展开，可以计算得到矩阵 $\boldsymbol{A}$ 的行列式为 $ad - bc$. 现在，让我们考虑如下稍微大一点的矩阵：

$$\boldsymbol{A} = \begin{bmatrix} a & b & c \\ d & e & f \\ g & h & i \end{bmatrix} \tag{3.5}$$

在这种情况下，我们可以沿着第一列展开，从而得到

$$\begin{aligned}\det(\boldsymbol{A}) &= a \cdot \det\begin{bmatrix} e & f \\ h & i \end{bmatrix} - d \cdot \det\begin{bmatrix} b & c \\ h & i \end{bmatrix} + g \cdot \det\begin{bmatrix} b & c \\ e & f \end{bmatrix} \\ &= a(ei - hf) - d(bi - hc) + g(bf - ec) \\ &= aei - ahf - dbi + dhc + gbf - gec\end{aligned}$$

可以马上观察到：行列式包含 $3! = 6$ 项，这是三个元素所有可能排列的数量．事实上，这给出了行列式排列形式的定义，它也被称为莱布尼茨公式．

定义 3.2.3 (行列式：解析公式) 考虑 $d \times d$ 矩阵 $\boldsymbol{A} = [a_{ij}]$ 并设 Σ 为 $\{1, \cdots, d\}$ 所有 $d!$ 个排列的全体．也就是说，对每一个 $\sigma = \sigma_1\sigma_2\cdots\sigma_d \in \Sigma$，$\sigma_i$ 的值是 $\{1, \cdots, d\}$ 中的一个整数．如果排列可以从具有偶数个元素交换的 $\{1, \cdots, d\}$ 中得到，那么排列 σ 的符号值 (用 $\operatorname{sgn}(\sigma)$ 表示) 为 $+1$；否则符号值为 -1. 于是，$\boldsymbol{A}$ 的行列式可以定义如下：

$$\det(\boldsymbol{A}) = \sum_{\sigma \in \Sigma}\left(\operatorname{sgn}(\sigma)\prod_{i=1}^{d}a_{i\sigma_i}\right) \tag{3.6}$$

尽管以排列方式定义的行列式在计算上很难实现，也不是特别直观，但该定义确实是最直接的.

问题 3.2.1 设 $\boldsymbol{A}$ 是一个 $d \times d$ 可逆矩阵. 从几何视图给出一个关于行列式的非形式化证明. 说明为什么向矩阵 $\boldsymbol{A}$ 的每个元素加上方差为 λ 的独立同分布高斯噪声几乎肯定会使其可逆.

一些有用的行列式性质

行列式的递归和几何定义暗含着以下性质：

1. 交换矩阵 $\boldsymbol{A}$ 的两行 (或两列) 会改变行列式的符号.
2. 矩阵的行列式与其转置的行列式相等：

$$\det(\boldsymbol{A}) = \det(\boldsymbol{A}^{\mathrm{T}}) \tag{3.7}$$

3. 具有相同两行的矩阵的行列式为 0. 这也意味着，将矩阵第 j 行的倍数与第 i 行相加或相减，并用其结果替换第 i 行，则不会改变矩阵的行列式. 注意，我们在不改变其体积的情况下，在由第 i 行和第 j 行 (如图 3.2 所示) 所定义的二维平面上正在“剪切”平行六面体.

4. 将矩阵 $\boldsymbol{A}$ 的某行乘以 c 得到新矩阵 $\boldsymbol{A}'$，这将会导致 $\boldsymbol{A}$ 的行列式被缩放 c 倍 (这是因为我们将矩阵平行六面体的体积缩放了 c 倍)：

$$\det(\boldsymbol{A}') = c \cdot \det(\boldsymbol{A}) \tag{3.8}$$

上述结果的一个直接推论是，将整个 $d \times d$ 矩阵乘以 c 意味着将其行列式按倍数 c^d 进行缩放.

5. 矩阵 $\boldsymbol{A}$ 的行列式只有在其非奇异 (即可逆) 时才是非零的. 从几何的角度，由线性相关向量形成的平行六面体位于体积为零的低维平面上.

上述结果也可用于导出行列式的一个重要乘积性质.

引理 3.2.1 两个矩阵 $\boldsymbol{A}$ 和 $\boldsymbol{B}$ 的乘积的行列式等于它们行列式的乘积：

$$\det(\boldsymbol{AB}) = \det(\boldsymbol{A}) \cdot \det(\boldsymbol{B}) \tag{3.9}$$

证明 对于两个矩阵 $\boldsymbol{A}$ 和 $\boldsymbol{B}$，我们可以对 $\boldsymbol{A}$ 和 $\boldsymbol{AB}$ 应用相同的初等行加法和交换运算得到矩阵 $\boldsymbol{A}'$ 和 $[\boldsymbol{AB}]'$，且保持 $\boldsymbol{A}'\boldsymbol{B} = [\boldsymbol{AB}]'$. 进一步，我们还可以对 $\boldsymbol{B}$ 和 $\boldsymbol{AB}$ 应用相同的初等列运算得到矩阵 $\boldsymbol{B}'$ 和 $[\boldsymbol{AB}]'$，且保持 $\boldsymbol{A}'\boldsymbol{B} = [\boldsymbol{AB}]'$. 对 $\boldsymbol{A}$ 执行行加法运算或对 $\boldsymbol{B}$ 执行列加法运算都不会影响 $\det(\boldsymbol{A}) \cdot \det(\boldsymbol{B})$ ，且当对 $\boldsymbol{AB}$ 执行相同的行/列运算时，也不会影响 $\det(\boldsymbol{AB})$. 当对 $\boldsymbol{AB}$ 执行相同的运算时，对 $\boldsymbol{A}$ 执行行交换或对 $\boldsymbol{B}$ 执行列交换会对 $\det(\boldsymbol{A}) \cdot \det(\boldsymbol{B})$ 与 $\det(\boldsymbol{AB})$ 产生相同的负面影响. 通过对 $\boldsymbol{A}$ 执行行加法/交换运算，对 $\boldsymbol{B}$ 执行列加法/交换运算，可以分别得到上三角形矩阵 $\boldsymbol{A}'$ 和 $\boldsymbol{B}'$ (见第 2 章). 注意，

由于两个上三角形矩阵的乘积仍是一个上三角形矩阵，故 $\boldsymbol{A}'\boldsymbol{B}'$ 也是上三角形矩阵. 此外，$\boldsymbol{A}'\boldsymbol{B}'$ 的每个对角线元素都是 $\boldsymbol{A}'$ 和 $\boldsymbol{B}'$ 相应对角线元素的乘积. 由于上三角形矩阵的行列式等于其对角线元素的乘积，因此很容易证明 $\boldsymbol{A}'$ 和 $\boldsymbol{B}'$ 的行列式的乘积等于 $\boldsymbol{A}'\boldsymbol{B}'$ 的行列式. 于是，相同的结果也适用于 $\boldsymbol{A}$, $\boldsymbol{B}$ 和 $\boldsymbol{AB}$, 因为从 $\boldsymbol{AB}$ 得到 $\boldsymbol{A}'\boldsymbol{B}'$ 所需的行和列运算与分别对 $\boldsymbol{A}$ 进行行运算和对 $\boldsymbol{B}$ 进行列运算得到 $\boldsymbol{A}'$ 和 $\boldsymbol{B}'$ 的运算串联完全相同. 正如我们讨论过的，这些运算对 $\det(\boldsymbol{A})\cdot\det(\boldsymbol{B})$ 的影响与对 $\det(\boldsymbol{AB})$ 的影响完全相同. 因此引理得证. □

上述结果的一个推论是矩阵逆的行列式等于其行列式的逆：

$$\det(\boldsymbol{A}^{-1}) = \frac{\det(\boldsymbol{I})}{\det(\boldsymbol{A})} = \frac{1}{\det(\boldsymbol{A})} \tag{3.10}$$

行列式的乘积性质可以根据平行六面体的体积来进行几何解释：

1. 将矩阵 $\boldsymbol{A}$ 与矩阵 $\boldsymbol{B}$ 相乘 (以随意的次序) 总是将 $\boldsymbol{B}$ 的 (平行六面体) 体积与 $\boldsymbol{A}$ 的体积放大. 因此，尽管通常 $\boldsymbol{AB} \neq \boldsymbol{BA}$，但它们的体积总是相同的.

2. 沿对角线方向将矩阵 $\boldsymbol{A}$ 与对角线值为 $\lambda_1, \cdots, \lambda_d$ 的对角矩阵相乘会把 $\boldsymbol{A}$ 的体积增大 $\lambda_1\lambda_2\cdots\lambda_d$ 倍. 这并不是特别令人惊讶，因为我们正用这些因子拉伸坐标轴，这就解释了潜在平行六面体体积缩放的本质.

3. 将 $\boldsymbol{A}$ 与旋转矩阵相乘只会旋转平行六面体，但并不会改变该矩阵的行列式.

4. 将平行六面体反射到其镜像会改变其符号，但并不会改变其体积. 行列式的符号告诉我们一个关于用 $\boldsymbol{A}$ 的乘法变换所得到的数据的方向的关键事实. 例如，考虑在其行中包含图 3.1b 所示的二维散点图的 $n\times 2$ 数据集 $\boldsymbol{D}$. 一个 2×2 矩阵 $\boldsymbol{A}$ 的负行列式意味着 $n\times 2$ 数据集 $\boldsymbol{D}$ 与 $\boldsymbol{A}$ 的乘法变换将导致 $\boldsymbol{D}$ 中图 3.1b 所示的散点图变为 $\boldsymbol{DA}$ 中图 3.1a 所示的散点图 (可能会有拉伸和旋转).

5. 由于所有线性变换都是旋转、反射和缩放的组合 (见第 7 章)，故我们可以通过只关注变换的缩放部分来计算线性变换对行列式的绝对影响.

行列式的乘积性质对于具有特殊结构的矩阵特别有用.例如,一个正交矩阵满足 $\boldsymbol{A}^{\mathrm{T}}\boldsymbol{A} = \boldsymbol{I}$，于是我们有 $\det(\boldsymbol{A})\det(\boldsymbol{A}^{\mathrm{T}}) = \det(\boldsymbol{I}) = 1$. 又因为 $\boldsymbol{A}$ 和 $\boldsymbol{A}^{\mathrm{T}}$ 的行列式相等，所以 $\boldsymbol{A}$ 的行列式的平方为 1.

引理 3.2.2 *一个正交矩阵的行列式为 $+1$ 或 -1.*

我们可以应用该结果来简化包含正交矩阵的各种类型分解的矩阵行列式的计算.

问题 3.2.2 *考虑一个 $d\times d$ 矩阵 $\boldsymbol{A}$，其可被分解为 $\boldsymbol{A} = \boldsymbol{Q\Sigma P}^{\mathrm{T}}$ 的形式，其中 $\boldsymbol{Q}$ 和 $\boldsymbol{P}$ 为 $d\times d$ 规范正交矩阵，而 $\boldsymbol{\Sigma}$ 是一个对角线元素为非负值 $\sigma_1, \cdots, \sigma_d$ 的对角矩阵. 计算 $\boldsymbol{A}$ 的行列式的绝对值. 行列式的符号可以是负的吗? 解释为什么是或为什么不是. 当 $\boldsymbol{Q} = \boldsymbol{P}$ 时，上述问题的答案会改变吗?*

问题 3.2.3 (行列式的约束仿射性质) 考虑两个只有某一行不同 (比如第 i 行) 的矩阵 $\boldsymbol{A}$ 和 $\boldsymbol{B}$. 证明对任意标量 λ，我们有 $\det(\lambda\boldsymbol{A}+[1-\lambda]\boldsymbol{B})=\lambda\det(\boldsymbol{A})+[1-\lambda]\det(\boldsymbol{B})$.

应用行列式的递归定义来证明上述问题.

问题 3.2.4 求出第 1 章介绍的所有初等行运算矩阵的行列式.

问题 3.2.5 如何通过 QR 分解或 LU 分解来计算一个方阵的行列式.

问题 3.2.6 考虑一个 $d\times d$ 方阵 $\boldsymbol{A}$ 且满足 $\boldsymbol{A}=-\boldsymbol{A}^{\mathrm{T}}$. 应用行列式的性质证明：如果 d 是奇数，那么该矩阵是奇异的.

问题 3.2.7 现有一个 $d\times d$ 矩阵，其所有元素的绝对值不大于 1. 证明：该矩阵的行列式的绝对值不会大于 $(d)^{d/2}$. 给出一个 2×2 矩阵的例子，使其行列式等于该上界 [提示：考虑行列式的几何定义].

3.3 可对角化变换与特征向量

我们首先引入特征向量的概念.

定义 3.3.1 (特征向量与特征值) 称一个 d 维列向量 $\overline{x}$ 为 $d\times d$ 矩阵 $\boldsymbol{A}$ 的一个特征向量，如果对某个标量 λ，下面的关系式成立：

$$\boldsymbol{A}\overline{x}=\lambda\overline{x} \tag{3.11}$$

该标量 λ 称为 $\boldsymbol{A}$ 的特征值.

特征向量可被视为矩阵的“拉伸方向”，其中特征向量与矩阵的相乘相当于拉伸了该向量. 例如，向量 $[1,1]^{\mathrm{T}}$ 和 $[1,-1]^{\mathrm{T}}$ 分别为如下矩阵对应于特征值 3 和 -1 的特征向量：

$$\begin{bmatrix}1&2\\2&1\end{bmatrix}\begin{bmatrix}1\\1\end{bmatrix}=3\begin{bmatrix}1\\1\end{bmatrix},\quad \begin{bmatrix}1&2\\2&1\end{bmatrix}\begin{bmatrix}1\\-1\end{bmatrix}=-1\begin{bmatrix}1\\-1\end{bmatrix}$$

标准基的每个元素都是对角矩阵的特征向量，而特征值等于第 i 个对角线元素. 所有向量都是单位矩阵的特征向量.

虽然一个 $d\times d$ 矩阵 $\boldsymbol{A}$ 的特征向量数可能会变化，但只有可对角化矩阵表示在 d 个线性无关方向上的各向异性缩放. 因此，我们需要找到 d 个线性无关的特征向量. 设 $\overline{v}_1,\cdots,\overline{v}_d$ 为 d 个线性无关的特征向量，$\lambda_1,\cdots,\lambda_d$ 为相应的特征值. 于是，特征向量条件意味着：

$$\boldsymbol{A}\overline{v}_i=\lambda_i\overline{v}_i,\quad \forall\, i\in\{1,\cdots,d\} \tag{3.12}$$

我们可以将上述条件重写为如下矩阵形式：

$$\boldsymbol{A}[\overline{v}_1,\cdots,\overline{v}_d]=[\lambda_1\overline{v}_1,\cdots,\lambda_d\overline{v}_d] \tag{3.13}$$

通过定义 $\boldsymbol{V}$ 是列为 $\overline{v}_1, \cdots, \overline{v}_d$ 的 $d \times d$ 矩阵，而定义 $\boldsymbol{\Delta}$ 是对角线元素为 $\lambda_1, \cdots, \lambda_d$ 的对角矩阵，那么我们可以将式 (3.13) 重写为

$$\boldsymbol{AV} = \boldsymbol{V\Delta} \tag{3.14}$$

将上式两边右乘 $\boldsymbol{V}^{-1}$，我们得到矩阵 $\boldsymbol{A}$ 的对角化如下：

$$\boldsymbol{A} = \boldsymbol{V\Delta V}^{-1} \tag{3.15}$$

注意，$\boldsymbol{V}$ 是一个 $d \times d$ 可逆矩阵，其列为线性无关特征向量，而 $\boldsymbol{\Delta}$ 是一个 $d \times d$ 对角矩阵，其对角线元素为 $\boldsymbol{A}$ 的特征值. 矩阵 $\boldsymbol{V}$ 也被称为基变换矩阵，因为将基变换为 $\boldsymbol{V}$ 的列之后，线性变换 $\boldsymbol{A}$ 就是一个对角矩阵 $\boldsymbol{\Delta}$.

可对角化矩阵的行列式定义为其特征值的乘积. 由于可对角化矩阵表示与任意方向上各向异性缩放相对应的线性变换，因此可对角化变换应通过这些比例因子的乘积来缩放一个对象的体积. 根据单位矩阵的规范正交列所对应的单位平行六面体的变换来考虑矩阵 $\boldsymbol{A}$ 是有意义的：

$$\boldsymbol{A} = \boldsymbol{AI}$$

该变换在 d 个方向上用比例因子 $\lambda_1, \cdots, \lambda_d$ 来缩放该单位平行六面体. 第 i 个缩放将平行六面体的体积乘以 λ_i. 因此，由单位矩阵所定义的平行六面体的最终体积 (在所有缩放之后) 为 $\lambda_1, \cdots, \lambda_d$ 的乘积. 这种直觉意味着下面的结果.

引理 3.3.1　一个可对角化矩阵的行列式等于其特征值的乘积.

证明　设 $\boldsymbol{A}$ 是一个 $d \times d$ 可对角化矩阵，满足：

$$\boldsymbol{A} = \boldsymbol{V\Delta V}^{-1} \tag{3.16}$$

对上式两边取行列式，我们得到：

$$\begin{aligned} \det(\boldsymbol{A}) &= \det(\boldsymbol{V\Delta V}^{-1}) = \det(\boldsymbol{V})\det(\boldsymbol{\Delta})\det(\boldsymbol{V}^{-1}) \quad [\text{乘积性质}] \\ &= \det(\boldsymbol{\Delta}) \quad [\text{因为 } \det(\boldsymbol{V}^{-1}) = 1/\det(\boldsymbol{V})] \end{aligned}$$

由于对角矩阵的行列式等于其对角线元素的乘积，于是引理得证. □

具有一个零特征值的矩阵 $\boldsymbol{A}$ 是奇异的，因为它的行列式为零. 我们也可以从相应的特征向量 $\overline{v}$ 满足 $\boldsymbol{A}\overline{v} = \overline{0}$ 这个等式推断出这一事实. 也就是说，矩阵 $\boldsymbol{A}$ 并不是满秩的，因为它的零空间是非空的. 一个可对角化可逆矩阵可根据如下关系求逆：

$$(\boldsymbol{V\Delta V}^{-1})^{-1} = \boldsymbol{V\Delta}^{-1}\boldsymbol{V}^{-1} \tag{3.17}$$

注意，$\boldsymbol{\Delta}^{-1}$ 可通过将 $\boldsymbol{\Delta}$ 对角线上的每个特征值替换为其倒数来得到. 具有零特征值的矩阵不能求逆. 零的倒数没有定义.

问题 3.3.1 设 $\boldsymbol{A}$ 是一个可对角化方阵. 考虑将 $\boldsymbol{A}$ 的每一个对角线元素加上 α 从而得到 $\boldsymbol{A}'$. 证明 $\boldsymbol{A}'$ 具有与 $\boldsymbol{A}$ 相同的特征向量，$\boldsymbol{A}'$ 的特征值与 $\boldsymbol{A}$ 的特征值相差 α.

值得注意的是，第 i 个特征向量 $\overline{v}_i$ 属于 $\boldsymbol{A}-\lambda_i\boldsymbol{I}$ 的零空间，因为 $(\boldsymbol{A}-\lambda_i\boldsymbol{I})\overline{v}_i=\overline{0}$. 也就是说，$\boldsymbol{A}-\lambda_i\boldsymbol{I}$ 的行列式一定是零. 这个产生特征值根的多项式表达式被称为 $\boldsymbol{A}$ 的特征多项式.

定义 3.3.2 (特征多项式) 一个 $d\times d$ 矩阵 $\boldsymbol{A}$ 的特征多项式定义为由 $\det(\boldsymbol{A}-\lambda\boldsymbol{I})$ 展开获得的关于 λ 的 d 次多项式.

注意到，这是一个 d 次多项式. 根据代数基本定理，它总是有 d 个根 (包括重根或复根). 任何 $d\times d$ 矩阵的特征多项式的 d 个根是其特征值.

观察 3.3.1 一个 $d\times d$ 矩阵 $\boldsymbol{A}$ 的特征多项式 $f(\lambda)$ 是具有如下形式的关于 λ 的多项式，其中 $\lambda_1,\cdots,\lambda_d$ 为 $\boldsymbol{A}$ 的特征值：

$$\det(\boldsymbol{A}-\lambda\boldsymbol{I})=(\lambda_1-\lambda)(\lambda_2-\lambda)\cdots(\lambda_d-\lambda) \tag{3.18}$$

因此，一个矩阵 $\boldsymbol{A}$ 的特征值和特征向量可按如下方式计算：

1. 矩阵 $\boldsymbol{A}$ 的特征值可通过将 $\det(\boldsymbol{A}-\lambda\boldsymbol{I})$ 展开为关于 λ 的多项式并将其设置为零，然后求出 λ.

2. 对于该多项式的每个根 λ_i，我们求解方程组 $(\boldsymbol{A}-\lambda_i\boldsymbol{I})\overline{v}=\overline{0}$ 来获得一个或多个特征向量. 于是，对应于特征值 λ_i 的线性无关特征向量定义了 $(\boldsymbol{A}-\lambda_i\boldsymbol{I})$ 的零空间的一组基.

显然，$d\times d$ 单位矩阵的特征多项式为 $(1-\lambda)^d$. 这与单位矩阵具有 d 个重复特征值 1 这一事实是一致的，并且每个 d 维向量都是属于 $\boldsymbol{A}-\lambda\boldsymbol{I}$ 的零空间的特征向量. 作为另外一个例子，考虑如下矩阵：

$$\boldsymbol{B}=\begin{bmatrix}1 & 2\\ 2 & 1\end{bmatrix} \tag{3.19}$$

那么矩阵 $\boldsymbol{B}-\lambda\boldsymbol{I}$ 可写为如下形式：

$$\boldsymbol{B}-\lambda\boldsymbol{I}=\begin{bmatrix}1-\lambda & 2\\ 2 & 1-\lambda\end{bmatrix} \tag{3.20}$$

此矩阵的行列式为 $(1-\lambda)^2-4=\lambda^2-2\lambda-3$，其等价于 $(3-\lambda)(-1-\lambda)$. 通过令该表达式为零，我们得到 $\boldsymbol{B}$ 的特征值分别为 3 和 -1. 通过计算每个 $(\boldsymbol{A}-\lambda_i\boldsymbol{I})$ 的零空间，得到相应的特征向量分别为 $[1,1]^{\mathrm{T}}$ 和 $[1,-1]^{\mathrm{T}}$.

我们需要把 $\boldsymbol{B}$ 对角化为 $\boldsymbol{V\Delta V}^{-1}$. 矩阵 $\boldsymbol{V}$ 可以通过将特征向量堆叠在列中来构造. 尽管选择 $\boldsymbol{V}$ 使其具有单位列 (这导致 $\boldsymbol{V}^{-1}$ 具有单位行) 是一种常见做法，但列的规范化并不是唯一的. 我们那么可以按照如下方式建立 $\boldsymbol{B}$ 的对角化 $\boldsymbol{B}=\boldsymbol{V\Delta V}^{-1}$:

$$\boldsymbol{B}=\begin{bmatrix}1/\sqrt{2} & 1/\sqrt{2}\\ 1/\sqrt{2} & -1/\sqrt{2}\end{bmatrix}\begin{bmatrix}3 & 0\\ 0 & -1\end{bmatrix}\begin{bmatrix}1/\sqrt{2} & 1/\sqrt{2}\\ 1/\sqrt{2} & -1/\sqrt{2}\end{bmatrix}$$

问题 3.3.2 求如下每一个矩阵的特征向量、特征值和对角化:

$$\boldsymbol{A}=\begin{bmatrix}1 & 0\\ -1 & 2\end{bmatrix},\qquad \boldsymbol{B}=\begin{bmatrix}1 & 1\\ -2 & 4\end{bmatrix}$$

问题 3.3.3 考虑一个 $d\times d$ 矩阵 $\boldsymbol{A}$, 其满足 $\boldsymbol{A}=-\boldsymbol{A}^{\mathrm{T}}$. 证明 $\boldsymbol{A}$ 的特征值都是成对出现, 且一对中的一个特征值是另一个的负值.

计算方阵 $\boldsymbol{A}$ 的多项式的方法与计算标量多项式的方法相同——主要的区别在于标量的非零幂被 $\boldsymbol{A}$ 的幂替换, 而多项式中的常数项 c 被 $c\boldsymbol{I}$ 替换. 当根据矩阵计算特征多项式时, 我们总是得到零矩阵! 例如, 如果在上述特征多项式 $\lambda^2-2\lambda-3$ 中, 用矩阵 $\boldsymbol{B}$ 来替换 λ, 我们就得到矩阵 $\boldsymbol{B}^2-2\boldsymbol{B}-3\boldsymbol{I}$:

$$\boldsymbol{B}^2-2\boldsymbol{B}-3\boldsymbol{I}=\begin{bmatrix}5 & 4\\ 4 & 5\end{bmatrix}-2\begin{bmatrix}1 & 2\\ 2 & 1\end{bmatrix}-3\begin{bmatrix}1 & 0\\ 0 & 1\end{bmatrix}=\boldsymbol{O}$$

我们称该结果为 Cayley-Hamilton 定理, 其适用于所有矩阵, 无论它们是否可对角化.

引理 3.3.2 (Cayley-Hamilton 定理) 设 $\boldsymbol{A}$ 是任意矩阵, 其特征多项式为 $f(\lambda)=\det(\boldsymbol{A}-\lambda\boldsymbol{I})$. 那么 $f(\boldsymbol{A})$ 是零矩阵.

Cayley-Hamilton 定理一般适用于任意方阵 $\boldsymbol{A}$, 但在某些特殊情况下其更容易证明. 例如, 如果 $\boldsymbol{A}$ 是可对角化的, 那么对任意多项式函数 $f(\cdot)$, 我们很容易证明:

$$f(\boldsymbol{A})=\boldsymbol{V}f(\boldsymbol{\Delta})\boldsymbol{V}^{-1}$$

将多项式函数作用于对角矩阵则相当于将多项式函数作用于对角矩阵的每个对角线元素 (特征值). 将特征多项式作用于特征值的结果则为 0. 因此, $f(\boldsymbol{\Delta})$ 是一个零矩阵, 这意味着 $f(\boldsymbol{A})$ 是一个零矩阵. Cayley-Hamilton 定理暗含着一个有意思的结果: 一个非奇异矩阵的逆总是可以表示为一个 $(d-1)$ 次多项式.

引理 3.3.3 (矩阵逆的多项式表示) 一个 $d\times d$ 可逆矩阵 $\boldsymbol{A}$ 的逆可以表示为一个关于 $\boldsymbol{A}$ 的至多 $(d-1)$ 次的多项式.

证明 特征多项式中的常数项是特征值的乘积, 而在非奇异矩阵的情况下, 特征值是非零的. 因此, 只有在非奇异矩阵的情况下, 我们才能写出 Cayley-Hamilton 矩阵多项式 $f(\boldsymbol{A})$ 为 $f(\boldsymbol{A})=\boldsymbol{A}[g(\boldsymbol{A})]+c\boldsymbol{I}$, 其中 $c\neq 0$ 为常数, 而 $g(\boldsymbol{A})$ 为 $(d-1)$ 次矩阵多项式. 由

于 Cayley-Hamilton 多项式 $f(\boldsymbol{A})$ 是零矩阵，我们可以重新整理上面的表达式，从而得到 $\boldsymbol{A}\underbrace{[-g(\boldsymbol{A})/c]}_{\boldsymbol{A}^{-1}}=\boldsymbol{I}$. □

问题 3.3.4　证明一个 $d\times d$ 矩阵的任意矩阵多项式都可简化为一个至多为 $(d-1)$ 次的矩阵多项式.

上面的引理解释了为什么可以通过矩阵多项式来证明矩阵逆具有许多特殊的性质 (例如，与逆相乘的交换性). 类似地，三角形矩阵的多项式和逆矩阵都是三角形的. 三角形矩阵的主对角线元素为其特征值.

引理 3.3.4　设 $\boldsymbol{A}$ 为一个 $d\times d$ 三角形矩阵，那么其主对角线元素 $\lambda_1,\cdots,\lambda_d$ 就是其特征值.

证明　对任意特征值 λ_i，由于 $\boldsymbol{A}-\lambda_i\boldsymbol{I}$ 是奇异的，那么三角形矩阵 $\boldsymbol{A}-\lambda_i\boldsymbol{I}$ 的对角线元素中至少有一个一定是零. 这种情况只有当 λ_i 是 $\boldsymbol{A}$ 的对角线元素时才会发生，反之亦然. □

3.3.1　复特征值

一个矩阵的特征多项式可能有复根. 在这种情况下，实值矩阵可能具有复特征向量/特征值的可对角化形式. 例如，旋转变换的情况并不是用实特征值对角化的. 毕竟，很难想象一个实值特征向量在旋转 90° 度时会指向与原始向量相同的方向. 然而，在复数域里，这的确是可能发生的！关键点是，与虚数 i 相乘使复向量旋转到正交方向. 可以应用复内积的定义 (见 2.11 节)，我们可以验证复向量 $u=\overline{a}+\mathrm{i}\overline{b}$ 始终与向量 $\overline{v}=\mathrm{i}[\overline{a}+\mathrm{i}\overline{b}]$ 正交.

考虑如下列向量 90° 旋转矩阵：

$$\boldsymbol{A}=\begin{bmatrix}\cos(90) & -\sin(90)\\ \sin(90) & \cos(90)\end{bmatrix}=\begin{bmatrix}0 & -1\\ 1 & 0\end{bmatrix}$$

上面矩阵 $\boldsymbol{A}$ 的特征多项式为 (λ^2+1)，其并没有任何实值根. 该多项式的两个复数根是 $-\mathrm{i}$ 和 i. 相应的特征向量分别为 $[-\mathrm{i},1]^{\mathrm{T}}$ 和 $[\mathrm{i},1]^{\mathrm{T}}$，这些特征向量可以通过求解线性方程组 $(\boldsymbol{A}-\mathrm{i}\boldsymbol{I})\overline{x}=\overline{0}$ 和 $(\boldsymbol{A}+\mathrm{i}\boldsymbol{I})\overline{x}=\overline{0}$ 来找到. 在复系数域上求解线性方程组与在实域中求解基本相同.

我们验证相应的特征向量满足如下特征值缩放条件：

$$\begin{bmatrix}0 & -1\\ 1 & 0\end{bmatrix}\begin{bmatrix}-\mathrm{i}\\ 1\end{bmatrix}=-\mathrm{i}\begin{bmatrix}-\mathrm{i}\\ 1\end{bmatrix},\quad \begin{bmatrix}0 & -1\\ 1 & 0\end{bmatrix}\begin{bmatrix}\mathrm{i}\\ 1\end{bmatrix}=\mathrm{i}\begin{bmatrix}\mathrm{i}\\ 1\end{bmatrix}$$

由于与 i 或 $-\mathrm{i}$ 相乘，所以每个特征向量被旋转 90°. 我们然后可以将这些特征向量 (归一化后) 作为 $\boldsymbol{V}$ 的列，并计算矩阵 $\boldsymbol{V}^{-1}$，这也是一个复矩阵. 于是，所得到的 $\boldsymbol{A}$ 的对角化如下：

$$\boldsymbol{A}=\boldsymbol{V}\boldsymbol{\Delta}\boldsymbol{V}^{-1}=\begin{bmatrix}-\mathrm{i}/\sqrt{2} & \mathrm{i}/\sqrt{2}\\ 1/\sqrt{2} & 1/\sqrt{2}\end{bmatrix}\begin{bmatrix}-\mathrm{i} & 0\\ 0 & \mathrm{i}\end{bmatrix}\begin{bmatrix}\mathrm{i}/\sqrt{2} & 1/\sqrt{2}\\ -\mathrm{i}/\sqrt{2} & 1/\sqrt{2}\end{bmatrix}$$

显然，复数的使用极大地扩展了可对角化的矩阵族. 事实上，我们可以将以 θ 角度 (弧度) 的 2×2 旋转矩阵族表示如下：

$$\begin{bmatrix}\cos(\theta) & -\sin(\theta)\\ \sin(\theta) & \cos(\theta)\end{bmatrix}=\begin{bmatrix}-\mathrm{i}/\sqrt{2} & \mathrm{i}/\sqrt{2}\\ 1/\sqrt{2} & 1/\sqrt{2}\end{bmatrix}\begin{bmatrix}\mathrm{e}^{-\mathrm{i}\theta} & 0\\ 0 & \mathrm{e}^{\mathrm{i}\theta}\end{bmatrix}\begin{bmatrix}\mathrm{i}/\sqrt{2} & 1/\sqrt{2}\\ -\mathrm{i}/\sqrt{2} & 1/\sqrt{2}\end{bmatrix} \tag{3.21}$$

由欧拉公式，我们知道 $\mathrm{e}^{\mathrm{i}\theta}=\cos(\theta)+\mathrm{i}\sin(\theta)$. 将向量乘以一个 θ 旋转矩阵的 m 次方应该旋转向量 m 次，从而得到 $m\theta$ 的整体旋转，这在几何上似乎是直观的. 上述对角化在代数上也是很明显的. 事实上，θ 旋转矩阵的 m 次方意味着 $m\theta$ 的旋转，这是因为对角线元素的 m 次方变成了 $\mathrm{e}^{\pm\mathrm{i}m\theta}$.

问题 3.3.5　证明一个实矩阵的所有复特征值一定以共轭对 $a+b\mathrm{i}$ 和 $a-b\mathrm{i}$ 形式出现. 类似地，证明相应的特征向量也以共轭对 $\overline{p}+\mathrm{i}\overline{q}$ 和 $\overline{p}-\mathrm{i}\overline{q}$ 形式出现.

3.3.2　左特征向量与右特征向量

在本书中，我们定义一个特征向量作为满足对某些标量 λ 的方程组 $\boldsymbol{A}\overline{x}=\lambda\overline{x}$ 的列向量. 由于 $\overline{x}$ 出现在乘积 $\boldsymbol{A}\overline{x}$ 的右侧，我们称这样的特征向量为右特征向量. 当称一个向量为“特征向量”而没有提及“右”或“左”时，默认情况下它指的是右特征向量.

左特征向量是一个行向量 $\overline{y}$，其对于某些标量 λ 满足 $\overline{y}\boldsymbol{A}=\lambda\overline{y}$. 向量 $\overline{y}$ 必须是一个行向量以便 $\overline{y}$ 出现在乘积 $\overline{y}\boldsymbol{A}$ 的左侧. 值得注意的是，矩阵的右特征向量 (的转置) 并不一定是左特征向量，反之亦然，除非矩阵 $\boldsymbol{A}$ 是对称的. 如果矩阵 $\boldsymbol{A}$ 是对称的，那么左特征向量和右特征向量是彼此的转置.

引理 3.3.5　如果矩阵 $\boldsymbol{A}$ 是对称的，那么其每一个左特征向量的转置都是右特征向量. 类似地，每个右特征向量的转置都会产生一个左特征向量.

证明　设 $\overline{y}$ 是一个左特征向量. 于是我们有 $(\overline{y}\boldsymbol{A})^{\mathrm{T}}=\lambda\overline{y}^{\mathrm{T}}$. 该等式左侧可简化为 $\boldsymbol{A}^{\mathrm{T}}\overline{y}^{\mathrm{T}}=\boldsymbol{A}\overline{y}^{\mathrm{T}}$. 基于此，我们得到：

$$\boldsymbol{A}\overline{y}^{\mathrm{T}}=\lambda\overline{y}^{\mathrm{T}} \tag{3.22}$$

因此，$\overline{y}^{\mathrm{T}}$ 是 $\boldsymbol{A}$ 的一个右特征向量. 应用类似的方法可以证明每个右特征向量的转置都是左特征向量. □

左右特征向量之间的这种关系仅适用于对称矩阵. 那么特征值如何呢？可以证明无论矩阵是否对称，左特征值和右特征值都是相同的. 这是因为在这两种情况下的特征多项式都是 $\det(\boldsymbol{A}-\lambda\boldsymbol{I})=\det(\boldsymbol{A}^{\mathrm{T}}-\lambda\boldsymbol{I})$.

考虑一个可对角化的 $d \times d$ 矩阵 $\boldsymbol{A}$，其可以按如下方式被转换为一个对角矩阵 $\boldsymbol{\Delta}$:

$$\boldsymbol{A} = \boldsymbol{V}\boldsymbol{\Delta}\boldsymbol{V}^{-1} \tag{3.23}$$

在这种情况下，右特征向量是 $d \times d$ 矩阵 $\boldsymbol{V}$ 的 d 个列．然而，左特征向量是矩阵 $\boldsymbol{V}^{-1}$ 的行．这是因为 $\boldsymbol{A}$ 的左特征向量是其转置后 $\boldsymbol{A}^{\mathrm{T}}$ 的右特征向量．转置 $\boldsymbol{A}$ 则得到；

$$\boldsymbol{A}^{\mathrm{T}} = (\boldsymbol{V}\boldsymbol{\Delta}\boldsymbol{V}^{-1})^{\mathrm{T}} = (\boldsymbol{V}^{-1})^{\mathrm{T}}\boldsymbol{\Delta}\boldsymbol{V}^{\mathrm{T}}$$

换句话说，$\boldsymbol{A}^{\mathrm{T}}$ 的右特征向量是 $(\boldsymbol{V}^{-1})^{\mathrm{T}}$ 的列，即 $\boldsymbol{V}^{-1}$ 行的转置．

问题 3.3.6　一个可对角化矩阵 $\boldsymbol{A} = \boldsymbol{V}\boldsymbol{\Delta}\boldsymbol{V}^{-1}$ 的右特征向量是 $\boldsymbol{V}$ 的列，而左特征向量是 $\boldsymbol{V}^{-1}$ 的行．利用这个事实来推断可对角化矩阵的左特征向量和右特征向量之间的关系．

3.3.3　对角化的存在唯一性

特征多项式可以提供我们证明对角化存在唯一性的思路．在本小节中，尽管假设原始矩阵为实值矩阵，但我们允许复值的对角化．为了进行对角化，我们需要 d 个线性无关的特征向量．我们然后将 d 个线性无关的特征向量作为矩阵 $\boldsymbol{V}$ 的列以及将特征值作为 $\boldsymbol{\Delta}$ 的对角线元素来执行对角化 $\boldsymbol{V}\boldsymbol{\Delta}\boldsymbol{V}^{-1}$．首先，我们注意到特征多项式至少有一个不同的根 (其可能是复值的)，且当相同的根重复 d 次时，则达到根的最小数目．已知一个根 λ，矩阵 $\boldsymbol{A} - \lambda\boldsymbol{I}$ 是奇异的，这是因为其行列式为零．因此，我们可以在 $(\boldsymbol{A} - \lambda\boldsymbol{I})$ 的零空间中找到向量 $\overline{x}$．由于该向量满足 $(\boldsymbol{A} - \lambda\boldsymbol{I})\overline{x} = \overline{0}$，故 $\overline{x}$ 是一个特征向量．我们总结上述结果如下：

观察 3.3.2　用于从特征多项式的每个不同根中找到一个特征向量的有效步骤是存在的．由于特征多项式至少有一个 (可能是复值) 根，因此每个实矩阵至少有一个 (可能是复值) 特征向量．

注意到，当根重复时，我们可能能够找到对应一个特征值的多个特征向量，这是决定矩阵是否可对角化的关键因素．首先，我们证明对应不同特征值的特征向量是线性无关的这一重要结果．

引理 3.3.6　对应不同特征值的特征向量是线性无关的．

简证　考虑 $d \times d$ 矩阵 $\boldsymbol{A}$ 的特征多项式有 $k \leqslant d$ 不同根 $\lambda_1, \cdots, \lambda_k$ 的情况．设 $\overline{v}_1, \cdots, \overline{v}_k$ 表示对应这些特征值的特征向量．

假设这些特征向量是线性相关的，那么对于标量 $\alpha_1, \cdots, \alpha_k$ (至少有一个是非零的)，我们有 $\sum\limits_{i=1}^{k} \alpha_i \overline{v}_i = \overline{0}$．为了得到如下等式：

$$\alpha_1 \left[\prod_{i=2}^{k}(\lambda_1 - \lambda_i)\right] \overline{v}_1 = \overline{0}$$

我们可以对向量 $\sum_{i=1}^{k}\alpha_i\overline{v}_i=\overline{0}$ 左乘矩阵 $(\boldsymbol{A}-\lambda_2\boldsymbol{I})(\boldsymbol{A}-\lambda_3\boldsymbol{I})\cdots(\boldsymbol{A}-\lambda_k\boldsymbol{I})$. 由于特征值是不同的，故 $\alpha_1=0$. 我们同样可以证明 $\alpha_2,\cdots,\alpha_k$ 均为零. 因此，这与先前线性相关的假设矛盾. □

在矩阵 $\boldsymbol{A}$ 具有 d 个不同特征值的特殊情况下，我们可以通过特征向量构造可逆矩阵 $\boldsymbol{V}$，从而使得矩阵 $\boldsymbol{A}$ 是可对角化的.

引理 3.3.7 *当特征多项式的根不同时，我们可以找到 d 个线性无关的特征向量. 因此，一个具有 d 个不同根的实矩阵 $\boldsymbol{A}$ 的 (可能是复值的) 对角化 $\boldsymbol{A}=\boldsymbol{V\Delta V}^{-1}$ 总是存在的.*

在特征多项式具有不同根的情况下，我们不仅可以证明其对角化的存在，而且还可以证明对角化可以以几乎唯一的方式下执行 (可能具有复特征向量和特征值). 我们这里使用“几乎”这个词是因为任何特征向量与任何标量的乘积仍然是对应同一特征值的特征向量. 如果将 $\boldsymbol{V}$ 的第 i 列按比例 c 进行缩放，那么我们可以将 $\boldsymbol{V}^{-1}$ 的第 i 行按比例 $1/c$ 进行缩放则不会影响结果. 最后，我们可以按照相同的方式对 $\boldsymbol{V}^{-1}$，$\boldsymbol{V}$ 中的左/右特征向量和 $\boldsymbol{\Delta}$ 中的特征值的顺序进行重整而不影响乘积. 通过在对角化上提出一个非增的特征向量的顺序和归一化与符号的约定 (例如仅允许第一个非零分量为正的单位归一化特征向量)，则我们可以获得唯一的对角化.

另外，如果特征多项式具有 $\prod_i(\lambda_i-\lambda)^{r_i}$ 的形式，其中至少有一个 r_i 是严格大于 1 的，那么根是不同的. 在这种情况下，$(\boldsymbol{A}-\lambda_i\boldsymbol{I})\overline{x}=\overline{0}$ 的解可能构成维数小于 r_i 的一个向量空间. 因此，我们可能无法找到构造对角化的矩阵 $\boldsymbol{V}$ 所需的全部 d 个特征向量的完全集.

特征值 λ_i 的*代数重数*是 λ_i 作为特征多项式根所出现的次数. 例如，如果 $\boldsymbol{A}$ 是一个 $d\times d$ 矩阵，则其特征多项式总是有 d 个根 (包括重根和复根). 我们已经证明，每个特征值的代数重数为 1 是对角化存在的一个简单情况. 在某些特征值的代数重数严格大于 1 的情况下，将会出现如下其中的一种情况：

- 对于每个具有代数重数 r_i 的特征值恰好对应 r_i 个线性无关的特征向量. 这些特征向量的任何线性组合也是一个特征向量. 换句话说，特征向量的向量空间的秩为 r_i，并且该向量空间的任意基都是有效的特征向量集. 我们称这种对应于特定特征值的向量空间为*特征空间*. 在这种情况下，我们可以通过以无穷多种可能的方式选择 $\boldsymbol{V}$ 的列作为所有底层特征空间的基向量来对 $\boldsymbol{A}$ 进行对角化.
- 如果代数重数为 r_i 的特征值对应少于 r_i 个特征向量，则对角化不存在. 我们所能得到的最接近的对角化是 Jordan *范式* (见 3.3.4 节). 称这种矩阵是有缺陷的.

在上述第一种情况下，即使在对特征向量提出归一化和符号约定之后，也不可能再具有唯一的对角化.

对于具有代数重数 r_i 的特征值 λ_i，方程组 $(\boldsymbol{A}-\lambda_i\boldsymbol{I})\overline{x}=\overline{0}$ 可能有多达 r_i 个解. 当对应同一特征值具有两个或两个以上不同的特征向量 (例如 $\overline{v}_1$ 和 $\overline{v}_2$) 时，那么对所有标量 α

和 β，任意线性组合 $\alpha\overline{v}_1+\beta\overline{v}_2$ 也是一个特征向量．因此，我们可以用无数种可能的方法来构造 $\boldsymbol{V}$ 的列从而得到对角化 $\boldsymbol{A}=\boldsymbol{V}\boldsymbol{\Delta}\boldsymbol{V}^{-1}$．单位矩阵是该情况的一个最佳例子，其中任意单位向量是对应于特征值为 1 的特征向量．我们可以应用无数种可能的方式“对角化”(已经是对角的) 单位矩阵 $\boldsymbol{I}=\boldsymbol{V}\boldsymbol{\Delta}\boldsymbol{V}^{-1}$，其中 $\boldsymbol{\Delta}=\boldsymbol{I}$，而 $\boldsymbol{V}$ 为任意可逆矩阵．

对于具有重数的特征值也将造成不存在对角化的可能性．当对应于一个特征值的线性无关特征向量的数目小于其代数重数时，就会发生这种情况．即使特征多项式有 d 个根 (包括重复的)，但特征向量也有可能少于 d 个．在这种情况下，矩阵是不可对角化的．考虑如下矩阵 $\boldsymbol{A}$:

$$\boldsymbol{A}=\begin{bmatrix}1 & 1\\ 0 & 1\end{bmatrix} \tag{3.24}$$

其特征多项式为 $(1-\lambda)^2$．于是，我们得到代数重数为 2 的单一特征值 $\lambda=1$．然而，矩阵 $(\boldsymbol{A}-\lambda\boldsymbol{I})$ 的秩为 1，故我们仅得到唯一的特征向量 $[0,1]^{\mathrm{T}}$．因此，该矩阵是不可对角化的．*具有重复特征值和对应重复特征值具有缺失特征向量的矩阵是不可对角化的*．对应于一个特征值的特征向量数目被称为它的*几何重数*，其至少为 1，最多为代数重数．

3.3.4　三角化的存在唯一性

缺陷矩阵的“缺失特征向量”到哪里去了呢？考虑一个具有重数为 k 的特征值 λ．特征多项式只告诉我们 $(\boldsymbol{A}-\lambda\boldsymbol{I})^k$ 的零空间具有维数 k，但它却不能确保 $(\boldsymbol{A}-\lambda\boldsymbol{I})$ 的零空间的维数为 k．关键点是方程组 $(\boldsymbol{A}-\lambda\boldsymbol{I})^k\overline{x}=\overline{0}$ 能被确保有 k 个线性无关的解，而方程组 $(\boldsymbol{A}-\lambda\boldsymbol{I})\overline{x}=\overline{0}$ 可能有介于 1 到 k 之间的解．我们能否用这个事实来接近对角化？

设方程组 $(\boldsymbol{A}-\lambda\boldsymbol{I})\overline{x}=\overline{0}$ 有 $r<k$ 个解．方程组 $(\boldsymbol{A}-\lambda\boldsymbol{I})^k\overline{x}=\overline{0}$ 的所有 k 个解被称为*广义特征向量*，而其中的 $r<k$ 个被称为*常规特征向量*．我们可以将 k 个广义特征向量集分解为 r 个 Jordan 链．第 i 个 Jordan 链包含 k 个特征向量中 $m(i)$ 个 (广义) 特征向量的有序序列，于是我们得到 $\sum_{i=1}^{r}m(i)=k$．我们用 $\overline{v}_1,\cdots,\overline{v}_{m(i)}$ 表示第 i 个 Jordan 链的广义特征向量，故第一个特征向量 $\overline{v}_1$ 是满足 $\boldsymbol{A}\overline{v}_1=\lambda\overline{v}_1$ 的一个常规特征向量以及剩余的特征向量满足链关系 $\boldsymbol{A}\overline{v}_j=\lambda\overline{v}_j+\overline{v}_{j-1}$, $j>1$．注意，对于每一个 $r=1,\cdots,m(i)^{-1}$，这些链向量本质上可以通过 $\overline{v}_{m(i)-r}=(\boldsymbol{A}-\lambda\boldsymbol{I})^r\overline{v}_{m(i)}$ 来得到．关于 Jordan 链存在性的完整证明相当复杂，因此我们这里略去其证明．

广义特征向量作为矩阵 $\boldsymbol{V}$ 的列，其属于同一 Jordan 链的特征向量以与其链关系相同的顺序连续出现且常规特征向量位于这组列中的最左边．该矩阵 $\boldsymbol{V}$ 可用于建立 *Jordan 范式*，该范式用一个上三角形矩阵 $\boldsymbol{U}$ 将矩阵 $\boldsymbol{A}$“几乎”对角化：

$$\boldsymbol{A}=\boldsymbol{V}\boldsymbol{U}\boldsymbol{V}^{-1} \tag{3.25}$$

上三角形矩阵 $\boldsymbol{U}$ 是"几乎"对角的，其对角线元素是与 $\boldsymbol{V}$ 中相应的广义特征向量相同顺序的特征值. 此外，最多 $(d-1)$ 个元素刚好位于对角线上方，其可以是 0 或 1. 位于对角线上方的元素为 0 当且仅当其对应的特征向量是一个常规特征向量，而如果不是一个常规特征向量，那么该元素值为 1. 我们容易验证 $\boldsymbol{AV}=\boldsymbol{VU}$ 是所有特征向量关系 (包括链关系) 的矩阵表示，这意味着 $\boldsymbol{A}=\boldsymbol{VUV}^{-1}$. 称对角线正上方的每个元素为*超对角元素*. 一个较大矩阵有时可能只包含少量的重复特征值，而对角线上方的非零项的数量总是以这些重数为上界. 因此，除了对角线上的非零元素外，Jordan 范式还包含少量超对角线为 1 的元素. 在可对角化矩阵的特殊情况下，Jordan 范式就是矩阵的对角化.

尽管对于实矩阵，其特征向量和特征值可能是复值的，Jordan 范式的存在意味着所有方阵都是可三角化的. 一个矩阵的三角化并不是唯一的. 通过对基向量和三角形矩阵提出不同类型的约束，我们可以建立不同类型的三角化. 例如，Jordan 范式具有上三角形矩阵 $\boldsymbol{U}$ 的特殊结构，但没有 $\boldsymbol{V}$ 中基向量的特殊结构. 三角化的另一种形式是 Schur 分解，其中基变化矩阵 $\boldsymbol{P}$ 是正交的，而上三角形矩阵 $\boldsymbol{U}$ 的对角线元素为矩阵的特征值，但没有其他特殊性质：

$$\boldsymbol{A}=\boldsymbol{PUP}^{\mathrm{T}} \tag{3.26}$$

矩阵的 Schur 分解是用于计算矩阵特征值的方法之一 (见 3.5.1 节)，我们可应用迭代 QR 分解得到 Schur 分解. 对称矩阵的 Schur 分解等同于其对角化. 这是因为如果 $\boldsymbol{A}=\boldsymbol{A}^{\mathrm{T}}$，那么我们一定有 $\boldsymbol{PUP}^{\mathrm{T}}=\boldsymbol{PU}^{\mathrm{T}}\boldsymbol{P}^{\mathrm{T}}$，这等同于有 $\boldsymbol{P}(\boldsymbol{U}-\boldsymbol{U}^{\mathrm{T}})\boldsymbol{P}^{\mathrm{T}}=\boldsymbol{O}$. 由于 $\boldsymbol{P}$ 是可逆的，故一定有 $\boldsymbol{U}=\boldsymbol{U}^{\mathrm{T}}$. 这只有在 $\boldsymbol{U}$ 是对角的情况下才有可能发生. 一个实矩阵的 (可能是复值的) Schur 分解总是存在的，尽管它可能不是唯一的 (如同矩阵的对角化不是唯一的).

对角化与三角化：一个几何视角

如何从几何角度来解释 Jordan 范式呢? 注意，如果对连续的行对从下到上顺序进行基本行加法运算，那么我们可以通过应用基本行加法运算将超对角线上的每个元素 1 归零. 正如我们之前讨论过的，基本行加法运算对应于*剪切矩阵*. 与剪切矩阵相乘会导致将图 3.2a 中的立方体转换为图 3.2b 中的平行六面体. 事实上，将图 3.2a 转换为图 3.2b 的转换并不是可对角化. 它不能被彻底地表示为沿特定方向的拉伸运算，这是因为将立方体变换为非矩形平行六面体需要沿任意方向拉伸，这也会改变平行六面体边相对于与其轴平行的方向. 请参考图 3.1 所示的有关轴平行边上任意定向缩放效果图. 因此，重新校准需要额外的旋转，而非对角化矩阵总是包含这种类型的"残留"旋转.

可对角化变换是指存在一个 (可能是非正交的) 基系统且可以沿该基系统缩放空间的变换. 对于非可对角化的矩阵，单纯的缩放是完全不够的. 如果我们还允许在缩放后进行一些旋转，那么其也可以表示为一个不可对角化的变换. 正如第 7 章的引理 7.2.2 所给出的，每个方阵都可以分解为一个可对角化矩阵与"残留"旋转矩阵的乘积. 这种分解被称为矩阵的极分解. 注意到，旋转矩阵也可对角化，尽管其具有复特征值. 于是，每个实矩阵最多可以表示为两个可对角化矩阵的乘积 (尽管其中一个可能具有复特征值).

3.3.5 共享特征值的相似矩阵族

相似矩阵被定义如下：

定义 3.3.3 称两个矩阵 $\boldsymbol{A}$ 和 $\boldsymbol{B}$ 是相似的，如果 $\boldsymbol{B}=\boldsymbol{V}\boldsymbol{A}\boldsymbol{V}^{-1}$.

上面矩阵的相似性满足交换性和传递性. 也就是说，如果 $\boldsymbol{A}$ 和 $\boldsymbol{B}$ 是相似的，那么 $\boldsymbol{B}$ 与 $\boldsymbol{A}$ 也是相似的. 进一步，如果 $\boldsymbol{A}$ 和 $\boldsymbol{B}$ 是相似的以及 $\boldsymbol{B}$ 与 $\boldsymbol{C}$ 也是相似的，那么 $\boldsymbol{A}$ 与 $\boldsymbol{C}$ 也是相似的. 因此，相似矩阵形成了一个相关矩阵族.

相似矩阵的含义是什么呢？事实上，当我们有两个相似矩阵 $\boldsymbol{A}$ 和 $\boldsymbol{B}$ 时，只要在每种情况下适当地选择一组基，将一个向量与 $\boldsymbol{A}$ 或 $\boldsymbol{B}$ 相乘就会得到对该向量的相同变换. 例如，大小为 3×3 的两个相似矩阵可能各自对应于一个三维向量的 $60°$ 旋转，但旋转轴可能不同. 类似地，两个相似变换可能通过相同的因子在不同方向上对向量进行缩放. 我们可以用 Jordan 范式来解释这一点.

引理 3.3.8 (相似矩阵的 Jordan 范式) 设 $\boldsymbol{A},\boldsymbol{B}$ 是两个相似矩阵且满足 $\boldsymbol{B}=\boldsymbol{V}\boldsymbol{A}\boldsymbol{V}^{-1}$. 那么，它们的 Jordan 范式 (可能具有复特征值) 为

$$\boldsymbol{A}=\boldsymbol{V}_1\boldsymbol{U}\boldsymbol{V}_1^{-1},\qquad \boldsymbol{B}=\boldsymbol{V}_2\boldsymbol{U}\boldsymbol{V}_2^{-1}$$

这里 $\boldsymbol{V}_2=\boldsymbol{V}\boldsymbol{V}_1$，即 $\boldsymbol{V}_2$ 相关于 $\boldsymbol{V}_1$.

上面的引理很容易通过直接替换关系式 $\boldsymbol{B}=\boldsymbol{V}\boldsymbol{A}\boldsymbol{V}^{-1}$ 中 $\boldsymbol{A}$ 的 Jordan 范式来表示. 该引理暗含的一个重要结果是相似矩阵具有相同的特征值 (以及相应的重数). 进一步，如果相似族中的一个元素是可对角化的，那么其所有元素也是可对角化的，并且族中包含对角矩阵.

如第 2 章所引入的，我们称矩阵的对角线上元素之和为其迹. 无论是否可对角化，矩阵 $\boldsymbol{A}$ 的迹等于其特征值之和.

引理 3.3.9 所有相似矩阵的迹都相同，且等于该族特征值之和 (无论其是否可对角化).

证明 我们这里将要用到迹的性质：对任意方阵 $\boldsymbol{G},\boldsymbol{H}$, $\mathrm{tr}(\boldsymbol{G}\boldsymbol{H})=\mathrm{tr}(\boldsymbol{H}\boldsymbol{G})$. 设 $\boldsymbol{A}$ 和 $\boldsymbol{B}$ 是两个相似矩阵满足 $\boldsymbol{A}=\boldsymbol{V}\boldsymbol{B}\boldsymbol{V}^{-1}$. 那么，我们有如下等式：

$$\mathrm{tr}(\boldsymbol{A})=\mathrm{tr}(\boldsymbol{V}[\boldsymbol{B}\boldsymbol{V}^{-1}])=\mathrm{tr}([\boldsymbol{B}\boldsymbol{V}^{-1}]\boldsymbol{V})=\mathrm{tr}(\boldsymbol{B}[\boldsymbol{V}^{-1}\boldsymbol{V}])=\mathrm{tr}(\boldsymbol{B})$$

因此，相似矩阵的迹是相等的. 这也意味着矩阵的迹等于上三角形矩阵的 Jordan 范式的迹 (其等于这族的特征值之和). □

相似矩阵是在不同的基系统中进行相似的运算. 例如，相似的可对角化矩阵族使用同一因子在完全不同的特征向量方向上来进行各向异性缩放.

问题 3.3.7 (Householder 族) 证明所有 Householder 反射矩阵都是相似的，并且该族包含一个不同于单位阵的基本反射矩阵.

证明上述问题的一个提示是这样的矩阵是可对角化的.

问题 3.3.8 (投影族) 2.8.2 节引入了 $n\times n$ 投影矩阵 $\boldsymbol{P}=\boldsymbol{A}(\boldsymbol{A}^{\mathrm{T}}\boldsymbol{A})^{-1}\boldsymbol{A}^{\mathrm{T}}$, 其中 $n>d$ 以及 $\boldsymbol{A}$ 是一个具有满列秩 d 的 $n\times d$ 矩阵. 证明对应于不同 $\boldsymbol{A}$ (其中 n,d 的值是固定的) 的投影矩阵 $\boldsymbol{P}$ 都是相似的. $\boldsymbol{P}$ 的迹是什么? 给出 $(\boldsymbol{I}-\boldsymbol{P})$ 和 $(\boldsymbol{I}-2\boldsymbol{P})$ 的一个几何解释.

证明上面问题的一个提示是, 首先应用 $\boldsymbol{A}$ 的 QR 分解将投影矩阵表示为 $\boldsymbol{Q}\boldsymbol{Q}^{\mathrm{T}}$ 这样的形式, 其中 $\boldsymbol{Q}$ 是一个正交矩阵. 现在利用 $\boldsymbol{Q}$ 的性质提取投影矩阵的特征向量和特征值, 并对于固定的 n 和 d 的值验证特征值总是相同的.

问题 3.3.9 (Givens 族) 证明具有相同旋转角度 α 的所有 Givens 矩阵都是相似的, 这是因为对于任意一对 Givens 矩阵 $\boldsymbol{G}_1$ 和 $\boldsymbol{G}_2$, 我们可以找到一个置换矩阵 $\boldsymbol{P}$, 使得 $\boldsymbol{G}_2=\boldsymbol{P}\boldsymbol{G}_1\boldsymbol{P}^{\mathrm{T}}$. 现在考虑一个非置换矩阵的正交矩阵 $\boldsymbol{Q}$. 给出 $\boldsymbol{Q}\boldsymbol{G}_1\boldsymbol{Q}^{\mathrm{T}}$ 的一个几何解释.

对于熟悉图邻接矩阵的读者, 我们推荐以下练习 (或在阅读第 10 章后重返该问题).

问题 3.3.10 (图论中的相似性) 考虑一个邻接矩阵为 $\boldsymbol{A}$ 的图 $G_{\boldsymbol{A}}$, 证明通过对 $G_{\boldsymbol{A}}$ 的顶点重新排序得到的同构图 $G_{\boldsymbol{B}}$ 的邻接矩阵 $\boldsymbol{B}$ 与矩阵 $\boldsymbol{A}$ 相似. 什么类型的矩阵能被用来实现 $\boldsymbol{A}$ 和 $\boldsymbol{B}$ 之间的基变换?

迹的几何解释

由于矩阵的迹对于相似变换是不变的, 因此自然会产生一个问题, 即它是否可以用几何的方式来解释. 对一个方阵迹的解释并不是一件容易的事, 特别是当给定的矩阵不是对称的时候. 幸运的是, 机器学习中遇到的许多方阵都以 Gram 矩阵 $\boldsymbol{A}^{\mathrm{T}}\boldsymbol{A}$ 的形式出现, 其中 $\boldsymbol{A}$ 是一个 $n\times d$ 数据集或它的转置. 这样的矩阵的例子包括正则化图邻接矩阵、协方差矩阵和点积相似矩阵. 于是, 我们有如下的观察:

观察 3.3.3 Gram 矩阵 $\boldsymbol{A}^{\mathrm{T}}\boldsymbol{A}$ 的迹等于其基矩阵 $\boldsymbol{A}$ 的能量.

上述观察可以直接由第 1 章的式 (1.23) 中的能量定义得到. 上面观察暗含的一个结果是, 如果我们对包含在 $n\times d$ 矩阵 $\boldsymbol{A}$ 中的数据集应用规范正交相似变换 $\boldsymbol{A}\boldsymbol{P}$, 其能量 (等于 $\boldsymbol{P}^{\mathrm{T}}(\boldsymbol{A}^{\mathrm{T}}\boldsymbol{A})\boldsymbol{P}$ 的迹) 并不会改变. 这一事实可推断出这样一个结果, 即无论选择何种基, 以均值为中心的数据集中所有维度的方差之和总是相同:

问题 3.3.11 (协方差族) 设 $\boldsymbol{D}$ 是一个具有 n 行和 d 个维度的以均值为中心的 $n\times d$ 数据集以及 $\boldsymbol{P}$ 为任意一个 $d\times d$ 正交矩阵. 设 $\boldsymbol{D}\boldsymbol{P}$ 为新正交基系统中经过变换的 $n\times d$ 数据集. 协方差矩阵是一个 $d\times d$ 矩阵, 其第 (i,j) 个元素是维度 i 和维度 j 之间的协方差, 而对角线元素则表示方差. 证明: 对于不同的正交矩阵 $\boldsymbol{P}$, $\boldsymbol{D}\boldsymbol{P}$ 的所有协方差矩阵都是相似的, 因此它们具有相同的迹.

3.3.6 共享特征向量的可对角化矩阵族

共享特征向量 (非特征值) 的可对角化矩阵族也称为同时可对角化矩阵族. 这个想法是对可对角化的概念的补充, 相似矩阵具有相同的特征值, 而非特征向量.

定义 3.3.4 (同时可对角化) 如果存在一个 $d \times d$ 可逆矩阵 $\boldsymbol{V}$，使其列同时为 $\boldsymbol{A}$ 和 $\boldsymbol{B}$ 的特征向量，则称这两个可对角化矩阵 $\boldsymbol{A}$ 和 $\boldsymbol{B}$ 是同时可对角化的．于是，我们有：

$$\boldsymbol{A} = \boldsymbol{V}\boldsymbol{\Delta}_1\boldsymbol{V}^{\mathrm{T}}$$

$$\boldsymbol{B} = \boldsymbol{V}\boldsymbol{\Delta}_2\boldsymbol{V}^{\mathrm{T}}$$

这里，$\boldsymbol{\Delta}_1$ 和 $\boldsymbol{\Delta}_2$ 为对角矩阵．

同时可对角化矩阵的几何解释是，它们在同一组方向上执行各向异性缩放．然而，由于对角矩阵的不同，比例因子可能也会不同．同时对角化是一个与矩阵交换性密切相关的性质．

引理 3.3.10 可对角化矩阵也是同时可对角化的当且仅当它们是可交换的．

问题 3.3.12 设 $\boldsymbol{A}$ 和 $\boldsymbol{B}$ 为两个具有相同特征向量集的可对角化矩阵，对为什么 $\boldsymbol{AB} = \boldsymbol{BA}$ 给出一个几何解释．

问题 3.3.13 (Givens 交换族) 维数大于 2 的旋转矩阵的乘法通常是不可交换的．然而，对固定的维数 i, j 和变化的 θ，Givens 旋转矩阵 $G_c(i,j,\theta)$ 的 $d \times d$ 族是可交换的．给出这个交换性的一个几何解释．现在，通过将式 (3.21) 推广到 $d \times d$ 矩阵，给出关于同时对角化的一个代数解释．

3.3.7 对称矩阵

对称矩阵在机器学习中反复出现．这是因为协方差矩阵、点积矩阵、(无向) 图邻接矩阵和相似 (核) 矩阵在机器学习中频繁使用．此外，许多与这些矩阵相关的应用需要某种类型的对角化．对称矩阵的一个基本性质是它们总是可对角化，且其具有规范正交的特征向量．我们称该结果为谱定理：

定理 3.3.1 (谱定理) 设 $\boldsymbol{A}$ 是一个 $d \times d$ 实对称矩阵．那么，$\boldsymbol{A}$ 总是可对角化的，具有实特征值和正交实特征向量．换句话说，$\boldsymbol{A}$ 可以用正交矩阵 $\boldsymbol{V}$ 对角化为 $\boldsymbol{A} = \boldsymbol{V}\boldsymbol{\Delta}\boldsymbol{V}^{\mathrm{T}}$．

证明 首先，我们需要证明 $\boldsymbol{A}$ 的特征值是实值的．设 $(\overline{v}, \lambda)$ 表示一个实矩阵的特征向量-特征值对．我们从最一般的假设开始，其中这特征向量-特征值对可能是复值的．对方程 $\boldsymbol{A}\overline{v} = \lambda\overline{v}$ 两边左乘 $\overline{v}$ 的共轭转置 $\overline{v}^*$，我们得到 $\overline{v}^*\boldsymbol{A}\overline{v} = \lambda\overline{v}^*\overline{v} = \lambda\|\overline{v}\|^2 = \lambda$．也就是 $\overline{v}^*\boldsymbol{A}\overline{v} = \lambda$．对这个 1×1 “矩阵”两边同时取共轭转置，得到：

$$\lambda^* = [\overline{v}^*\boldsymbol{A}\overline{v}]^* = \overline{v}^*\boldsymbol{A}^*[\overline{v}^*]^* = \overline{v}^*\boldsymbol{A}^*\overline{v} = \overline{v}^*\boldsymbol{A}\overline{v} = \lambda$$

在上面的推导中，我们用到了 $\boldsymbol{A}$ 的实值性和对称性．于是，特征值 λ 等于它的共轭，因此是实值的．特征向量 $\overline{v}$ 也是实值的，这是因为它属于实矩阵 $(\boldsymbol{A} - \lambda\boldsymbol{I})$ 的零空间．

我们断言重数大于 1 的特征值对应的特征向量是没有缺失的．如果存在缺少的特征向量，则 Jordan 链中一定存在两个非零向量 $\overline{v}_1$ 和 $\overline{v}_2$ 使得 $\boldsymbol{A}\overline{v}_1 = \lambda\overline{v}_1$ 和 $\boldsymbol{A}\overline{v}_2 = \lambda\overline{v}_2 + \overline{v}_1$

(见 3.3.3 节). 那么通过连续应用特征向量条件，我们可以证明 $(\boldsymbol{A}-\lambda\boldsymbol{I})^2\overline{v}_2=\overline{0}$. 因此 $\overline{v}_2^{\mathrm{T}}(\boldsymbol{A}-\lambda\boldsymbol{I})^2\overline{v}_2$ 也是零. 同时，我们可以利用矩阵 $\boldsymbol{A}$ 的对称性质得到该量非零的矛盾结果：

$$\overline{v}_2^{\mathrm{T}}(\boldsymbol{A}-\lambda\boldsymbol{I})^2\overline{v}_2=[\overline{v}_2^{\mathrm{T}}(\boldsymbol{A}^{\mathrm{T}}-\lambda\boldsymbol{I}^{\mathrm{T}})][(\boldsymbol{A}-\lambda\boldsymbol{I})\overline{v}_2]=\|(\boldsymbol{A}-\lambda\boldsymbol{I})\overline{v}_2\|^2=\|\overline{v}_1\|^2\neq 0$$

因此，我们得到一个矛盾且 $\boldsymbol{A}$ 是可对角化的 (没有丢失的特征向量).

我们接下来需要证明所有特征向量都是相互正交的. 在重复特征值的特征空间内，我们总是可以选择特征向量的一组规范正交基. 进一步，属于不同特征值 λ_1 和 λ_2 的两个特征向量 $\overline{v}_1$ 和 $\overline{v}_2$ 也是正交的. 这是因为转置标量 $\overline{v}_1^{\mathrm{T}}\boldsymbol{A}\overline{v}_2$ 会得到相同的标量 $\overline{v}_2^{\mathrm{T}}\boldsymbol{A}^{\mathrm{T}}\overline{v}_1=\overline{v}_2^{\mathrm{T}}\boldsymbol{A}\overline{v}_1$. 应用该结果，我们可以得到：

$$\overline{v}_1^{\mathrm{T}}\underbrace{[\boldsymbol{A}\overline{v}_2]}_{\lambda_2\overline{v}_2}=\overline{v}_2^{\mathrm{T}}\underbrace{[\boldsymbol{A}\overline{v}_1]}_{\lambda_1\overline{v}_1}$$

$$\lambda_1(\overline{v}_1\cdot\overline{v}_2)=\lambda_2(\overline{v}_1\cdot\overline{v}_2)$$

$$(\lambda_1-\lambda_2)(\overline{v}_1\cdot\overline{v}_2)=0$$

这只有当两个特征向量的点积为零时才有可能成立. □

由于正交矩阵的逆就是它的转置，故我们通常将对称矩阵的对角化写为 $\boldsymbol{A}=\boldsymbol{V}\boldsymbol{\Delta}\boldsymbol{V}^{\mathrm{T}}$ 的形式，而非 $\boldsymbol{A}=\boldsymbol{V}\boldsymbol{\Delta}\boldsymbol{V}^{-1}$. 将数据矩阵 $\boldsymbol{D}$ 与对称矩阵相乘表示其行沿正交轴方向的各向异性缩放. 图 3.1a 显示了这种缩放的一个示例.

对称矩阵 $\boldsymbol{A}$ 的特征向量不仅是正交的，而且还是 $\boldsymbol{A}$ 正交的.

定义 3.3.5 ($\boldsymbol{A}$ 正交性) 称一个列向量集 $\overline{v}_1,\cdots,\overline{v}_d$ 是 $\boldsymbol{A}$ 正交的当且仅当对所有对 $[i,j]$ $(i\neq j)$, $\overline{v}_i^{\mathrm{T}}\boldsymbol{A}\overline{v}_j=0$.

上面 $\boldsymbol{A}$ 正交性的概念是正交性的一个推广. 如果 $\boldsymbol{A}=\boldsymbol{I}$，则定义还原为通常的正交性概念. 注意，$\overline{v}_i^{\mathrm{T}}\boldsymbol{A}\overline{v}_j$ 只不过是从一般点积中选择的一个简单内积 (见定义 2.10.1).

引理 3.3.11 一个 $d\times d$ 对称矩阵 $\boldsymbol{A}$ 的特征向量是 $\boldsymbol{A}$ 正交的.

证明 设 $\overline{v}_i$ 和 $\overline{v}_j$ 分别为对应于特征值 λ_i 和 λ_j 的特征向量，那么有：

$$\overline{v}_i^{\mathrm{T}}\boldsymbol{A}\overline{v}_j=\overline{v}_i^{\mathrm{T}}[\lambda_j\overline{v}_j]=\lambda_j\overline{v}_i^{\mathrm{T}}\overline{v}_j=0$$

这样引理结果得证. □

我们可以使用 Gram-Schmidt 正交化的一个自然推广 (见问题 2.7.1) 来找到 $\boldsymbol{A}$ 正交基集 (这是比直接计算特征向量更加有效的选择). 在许多应用中，如共轭梯度下降法，人们通常寻找 $\boldsymbol{A}$ 正交方向，其中 $\boldsymbol{A}$ 是优化函数的黑塞矩阵.

问题 3.3.14 (Frobenius 范数与特征值) 考虑一个具有实特征值的矩阵. 证明它的 Frobenius 范数的平方至少等于其特征值的平方和. 进一步，如果矩阵是对称的，那么等号成立. 你会发现 Schur 分解对证明该问题有帮助.

3.3.8 半正定矩阵

一个对称矩阵是*半正定*的当且仅当它所有的特征值是非负的．从几何的角度，对一个 d 维向量集 $\overline{x}_1, \cdots, \overline{x}_n$ 左乘一个半正定矩阵 $\boldsymbol{A}$ 所得到的 $\boldsymbol{A}\overline{x}_1, \cdots, \boldsymbol{A}\overline{x}_n$ 会扭曲向量的散点图 (见图 3.3) 使得散点图沿所有特征向量方向以非负比例因子进行拉伸．例如，图 3.3 中的比例因子为 2 和 0.5．比例因子的非负性确保变换后的向量与原始向量之间的角度不要太大 (即角度大于 90°)．图 3.3 显示了数据向量 $\overline{x}$ 与其变换表示形式 $\overline{x}' = \boldsymbol{A}\overline{x}$ 之间的角度．由于比例因子是非负的，故该角度不大于 90°．由于任意这样角度的余弦值都是非负的，因此任何列向量 $\overline{x} \in \mathbf{R}^d$ 与其变换表示形式 $\boldsymbol{A}\overline{x}$ 之间的点积 $\overline{x}^{\mathrm{T}}(\boldsymbol{A}\overline{x})$ 都是非负的．上述观察给出了如下半正定矩阵的定义．

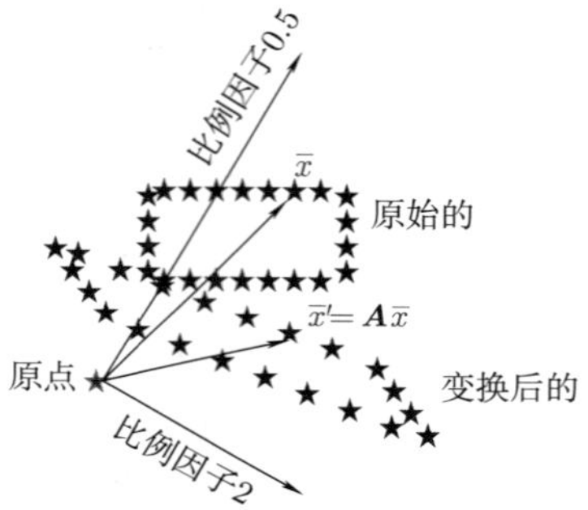

图 3.3 半正定变换不会使点的角度方向改变 90° 以上

定义 3.3.6 (半正定矩阵) *称一个 $d \times d$ 对称矩阵 $\boldsymbol{A}$ 是半正定的当且仅当对任意非零向量 $\overline{x} \in \mathbf{R}^d$，如下关系成立：*

$$\overline{x}^{\mathrm{T}} \boldsymbol{A} \overline{x} \geqslant 0 \tag{3.27}$$

图 3.3 给出了一个图形上的直观来说明了为什么定义 3.3.6 等价于说明特征值是非负的．我们下面正式证明这一结果：

引理 3.3.12 *关于一个 $d \times d$ 对称矩阵 $\boldsymbol{A}$ 的半正定性的定义 3.3.6 等价于说 $\boldsymbol{A}$ 具有非负特征值．*

证明 根据谱定理，我们总是可以将一个对称矩阵 $\boldsymbol{A}$ 对角化为 $\boldsymbol{V\Delta V}^{\mathrm{T}}$．假设 $\boldsymbol{\Delta}$ 中的所有特征值 $\lambda_1, \cdots, \lambda_d$ 都是非负的．对任意列向量 $\overline{x}$，让我们表示 $\overline{y} = \boldsymbol{V}^{\mathrm{T}}\overline{x}$．此外，设 y_i 为 $\overline{y}$ 的第 i 个元素．于是，我们有：

$$\overline{x}^{\mathrm{T}} \boldsymbol{A} \overline{x} = \overline{x}^{\mathrm{T}} \boldsymbol{V\Delta V}^{\mathrm{T}} \overline{x} = (\boldsymbol{V}^{\mathrm{T}}\overline{x})^{\mathrm{T}} \boldsymbol{\Delta} (\boldsymbol{V}^{\mathrm{T}}\overline{x}) = \overline{y}^{\mathrm{T}} \boldsymbol{\Delta} \overline{y} = \sum_{i=1}^{d} \lambda_i y_i^2$$

显然，上式右边的最终表达式是非负的，这是因为每个 λ_i 都是非负的．因此，根据定义 3.3.6，矩阵 $\boldsymbol{A}$ 是半正定的．

为了证明必要性，让我们根据定义 3.3.6 假设 $\boldsymbol{A}$ 是半正定的. 因此，对任意 $\overline{x}$，我们有 $\overline{x}^{\mathrm{T}}\boldsymbol{A}\overline{x} \geqslant 0$. 我们选择 $\overline{x}$ 为 $\boldsymbol{V}$ 的第 i 列 (即第 i 个特征向量). 因此 $\boldsymbol{V}$ 的列的正交性意味着 $\boldsymbol{V}^{\mathrm{T}}\overline{x} = \overline{e}_i$，其中向量 $\overline{e}_i$ 的第 i 个元素为 1，而其余元素为零. 于是

$$\overline{x}^{\mathrm{T}}\boldsymbol{A}\overline{x} = \overline{x}^{\mathrm{T}}\boldsymbol{V}\boldsymbol{\Delta}\boldsymbol{V}^{\mathrm{T}}\overline{x} = (\boldsymbol{V}^{\mathrm{T}}\overline{x})^{\mathrm{T}}\boldsymbol{\Delta}(\boldsymbol{V}^{\mathrm{T}}\overline{x}) = \overline{e}_i^{\mathrm{T}}\Delta\overline{e}_i = \lambda_i$$

由于 $\overline{x}^{\mathrm{T}}\boldsymbol{A}\overline{x} \geqslant 0$，故 λ_i 是非负的. 这样引理得证. □

关于半正定矩阵概念的一个小的变体是*正定矩阵*，其中矩阵 $\boldsymbol{A}$ 不能是奇异的.

定义 3.3.7 (正定矩阵) 一个 $d \times d$ 对称矩阵 $\boldsymbol{A}$ 是正定的当且仅当对任意非零向量 $\overline{x} \in \mathbf{R}^d$，如下关系成立:

$$\overline{x}^{\mathrm{T}}\boldsymbol{A}\overline{x} > 0 \tag{3.28}$$

一个正定矩阵的特征值是严格正的.

引理 3.3.13 一个对称矩阵 $\boldsymbol{A} = \boldsymbol{V}\boldsymbol{\Delta}\boldsymbol{V}^{\mathrm{T}}$ 是正定的当且仅当它具有正的特征值.

与半正定矩阵不同，正定矩阵一定是可逆的. 这个逆矩阵就是 $\boldsymbol{V}\boldsymbol{\Delta}^{-1}\boldsymbol{V}^{\mathrm{T}}$. 这里 $\boldsymbol{\Delta}^{-1}$ 总是可以计算的，因为所有特征值总是非零的.

我们还可以定义*半负定矩阵*为其每个特征值为非正的矩阵，以及对每一个列向量 $\overline{x}$，有 $\overline{x}^{\mathrm{T}}\boldsymbol{A}\overline{x} \leqslant 0$. 一个半负定矩阵可以通过对其每个元素取负号转换为一个半正定矩阵. 一个*负定矩阵*是每个特征值严格为负的矩阵. 称同时具有正负特征值的对称矩阵为*不定矩阵*.

任何形式为 $\boldsymbol{B}\boldsymbol{B}^{\mathrm{T}}$ 或 $\boldsymbol{B}^{\mathrm{T}}\boldsymbol{B}$ 的矩阵 (即 Gram 矩阵形式) 总是半正定的. Gram 矩阵是机器学习的基础，其经常以不同的形式频繁出现. 注意，$\boldsymbol{B}$ 并不需要是一个方阵. 这给出了半正定性的另一种定义.

引理 3.3.14 一个 $d \times d$ 矩阵 $\boldsymbol{A}$ 是半正定的当且仅当存在一个矩阵 $\boldsymbol{B}$ 使 $\boldsymbol{A} = \boldsymbol{B}^{\mathrm{T}}\boldsymbol{B}$.

证明 对任意非零列向量 $\overline{x} \in \mathbf{R}^d$，我们有:

$$\overline{x}^{\mathrm{T}}\boldsymbol{B}^{\mathrm{T}}\boldsymbol{B}\overline{x} = (\boldsymbol{B}\overline{x})^{\mathrm{T}}(\boldsymbol{B}\overline{x}) = \|\boldsymbol{B}\overline{x}\|^2 \geqslant 0$$

因此 $\boldsymbol{A} = \boldsymbol{B}^{\mathrm{T}}\boldsymbol{B}$ 是半正定的.

反之，任何半正定矩阵 $\boldsymbol{A}$ 可以表示为特征分解的形式 $\boldsymbol{A} = \boldsymbol{Q}\boldsymbol{\Sigma}^2\boldsymbol{Q}^{\mathrm{T}} = (\boldsymbol{Q}\boldsymbol{\Sigma})(\boldsymbol{Q}\boldsymbol{\Sigma})^{\mathrm{T}}$. 那么取 $\boldsymbol{B} = (\boldsymbol{Q}\boldsymbol{\Sigma})^{\mathrm{T}}$，则有 $\boldsymbol{A} = \boldsymbol{B}^{\mathrm{T}}\boldsymbol{B}$. □

注意，我们也可以将上述引理中的 $\boldsymbol{B}^{\mathrm{T}}\boldsymbol{B}$ 用 $\boldsymbol{B}\boldsymbol{B}^{\mathrm{T}}$ 来替换，其对应的证明是类似的. 第 9 章将频繁使用上述结果.

问题 3.3.15 设 $\boldsymbol{C}$ 是一个半正定矩阵，证明存在一个平方根矩阵 $\sqrt{\boldsymbol{C}}$，使得

$$\sqrt{\boldsymbol{C}}\sqrt{\boldsymbol{C}} = \boldsymbol{C}$$

问题 3.3.16 如果一个矩阵 $\boldsymbol{C}$ 是正定的，那么 $\boldsymbol{C}^{-1}$ 也是正定的.

证明上述问题的一个提示是应用引理 3.3.14 的证明中使用的特征分解技术.

3.3.9 Cholesky 分解：对称 LU 分解

正定矩阵可以对称分解为 Gram 矩阵形式，这一事实对于机器学习中的核方法是一个非常有用的结果. 应用特征分解来实现这一目标是一种自然的选择，但并非唯一的选择. 已知 $d \times d$ 矩阵 $\boldsymbol{A}$ 的一个因子分解 $\boldsymbol{A} = \boldsymbol{B}^{\mathrm{T}}\boldsymbol{B}$，我们可以应用一个正交 $d \times d$ 矩阵 $\boldsymbol{P}$ 得到 $\boldsymbol{A}$ 的另一个因子分解 $\boldsymbol{A} = \boldsymbol{B}(\boldsymbol{P}\boldsymbol{P}^{\mathrm{T}})\boldsymbol{B}^{\mathrm{T}} = (\boldsymbol{B}\boldsymbol{P})(\boldsymbol{B}\boldsymbol{P})^{\mathrm{T}}$. 矩阵 $\boldsymbol{A}$ 的这些对称因子分解的无穷选择之一是 $\boldsymbol{B}$ 是下三角形的. 也就是说，我们可以表示正定矩阵 $\boldsymbol{A}$ 为 $\boldsymbol{L}\boldsymbol{L}^{\mathrm{T}}$ 的形式，其中 $\boldsymbol{L} = [l_{ij}]$ 是一个 $d \times d$ 下三角形矩阵. 这被称为 Cholesky 分解.

Cholesky 分解是 LU 分解的一个特例，其只能用于正定矩阵. 虽然一个矩阵可能有无穷多个 LU 分解，但正定矩阵具有唯一的 Cholesky 分解. 计算正定矩阵的 Cholesky 分解要比计算一般的 LU 分解更有效.

设矩阵 $\boldsymbol{L} = [l_{ij}]_{d\times d}$ 的列为 $\bar{l}_1, \cdots, \bar{l}_d$. 此外，由于矩阵 $\boldsymbol{A} = [a_{ij}]_{d\times d}$ 是对称的，故我们将只关注下三角项元素 a_{ij} $(i \geqslant j)$ 建立一个方程组，其可以很容易地用倒向替换法来求解. 首先，注意，对任意 $i \geqslant j$，我们有如下的条件：

$$a_{ij} = \underbrace{\sum_{k=1}^{d} l_{ik} l_{jk}}_{\boldsymbol{A}_{ij} = (\boldsymbol{L}\boldsymbol{L}^{\mathrm{T}})_{ij}} = \underbrace{\sum_{k=1}^{j} l_{ik} l_{jk}}_{\boldsymbol{L}\text{ 是下三角形的}}$$

注意，对于下三角形矩阵和 $i \geqslant j$，下标 k 只能延伸到 j，而不是 d. 根据这个条件很容易建立一个简单的方程组，*只要我们按照正确的顺序进行计算*，该方程组可用于逐个计算 $\boldsymbol{L}$ 每一列的元素，同时替换已计算的元素. 例如，我们可以通过令 $j = 1$ 并对所有 $i \geqslant j$ 进行迭代来计算 $\boldsymbol{L}$ 的第一列：

$$l_{11} = \sqrt{a_{11}}$$

$$l_{i1} = a_{i1}/l_{11}, \quad \forall\, i > 1$$

我们可以重复上面相同的步骤来计算 $\boldsymbol{L}$ 的第二列：

$$l_{22} = \sqrt{a_{22} - l_{21}^2}$$

$$l_{i2} = (a_{i2} - l_{i1} l_{21})/l_{22}, \quad \forall\, i > 2$$

对于第 j 列的一般迭代则得到如下 Cholesky 分解的伪代码：

初始化 $L = [0]_{d\times d}$;

for $j = 1$ to d **do**

  $l_{jj} = \sqrt{a_{jj} - \sum_{k=1}^{j-1} l_{jk}^2}$;

for $i=j+1$ **to** d **do**

$$l_{ij}=\left(a_{ij}-\sum_{k=1}^{j-1}l_{ik}l_{jk}\right)/l_{jj};$$

endfor

endfor

return $L=[l_{ij}]$

对 l_{ij} 的每次计算都需要 $O(d)$ 时间，于是 Cholesky 方法需要 $O(d^3)$ 时间．上述算法适用于正定矩阵．如果矩阵是奇异且半正定的，则至少有一个 l_{jj} 为 0. 这将导致在计算 l_{ij} 时出现除以 0 的情况，从而导致未定义的值．此时分解不再是唯一的，因此在这种情况下也不存在 Cholesky 分解．一种可能是给 $\boldsymbol{A}$ 的每个对角线元素加一个小的正值使其正定，然后重新开始对此时的 $\boldsymbol{A}$ 进行分解．如果矩阵 $\boldsymbol{A}$ 是不定的或半负定的，那么这将在计算至少一个 l_{jj} 时出现，其中一个将被迫计算负数的平方根．Cholesky 分解是检验矩阵正定性的首选方法．

问题 3.3.17 (求解方程组) 证明如何通过连续求解两个三角形方程组，其中第一个是 $\boldsymbol{L}\overline{y}=\overline{b}$ 来求解方程组 $(\boldsymbol{L}\boldsymbol{L}^{\mathrm{T}})\overline{x}=\overline{b}$. 利用这个事实来讨论 Cholesky 分解在某些类型的方程组中的作用．该方法在哪里不适用？

问题 3.3.18 (来自任何对称分解的 Cholesky 分解) 已知 $d\times d$ 正定矩阵 $\boldsymbol{A}$ 具有对称分解 $\boldsymbol{A}=\boldsymbol{B}^{\mathrm{T}}\boldsymbol{B}$，其中 $\boldsymbol{B}$ 是具有线性无关列的高矩阵．证明通过对 $\boldsymbol{B}$ 进行 QR 分解可以提取 A 的 Cholesky 分解．

3.4 机器学习与优化应用

本章介绍的线性代数的思想经常被用于机器学习和优化应用中．本节将概述本书所使用的最重要的示例．

3.4.1 机器学习中的快速矩阵运算

对某个正整数 k，我们想要计算 $\boldsymbol{A}^k$. 重复计算矩阵的乘法是非常耗时的．此外，并没有方式计算当 k 趋于 ∞ 时的 $\boldsymbol{A}^k$. 事实表明对角化是非常有用的，即便它是复值的．这是因为我们可以将 $\boldsymbol{A}^k$ 写为：

$$\boldsymbol{A}^k=\boldsymbol{V}\boldsymbol{\Delta}^k\boldsymbol{V}^{-1} \tag{3.29}$$

注意到，我们只需要沿 $\boldsymbol{\Delta}$ 的对角线对单个元素求幂就很容易计算 $\boldsymbol{\Delta}^k$. 通过该方法，可以以相对较少的操作来计算 $\boldsymbol{A}^k$. 当 $k\to\infty$ 时，$\boldsymbol{A}^k$ 要么趋于 0，要么爆炸到无穷，这取决于最大特征值是小于 1 还是大于 1. 通过计算关于 $\boldsymbol{\Delta}$ 的多项式函数，我们还可以很容易地计算关于 $\boldsymbol{A}$ 中的多项式函数．这些类型的应用通常出现在处理图的邻接矩阵时 (见第 10 章).

3.4.2 机器学习中的可对角化矩阵示例

本小节将介绍在机器学习应用中频繁出现的几类半正定矩阵.

点积相似矩阵

一个 $n \times d$ 数据矩阵 $\boldsymbol{D}$ 的点积相似矩阵是包含 $\boldsymbol{D}$ 的行之间成对点积的 $n \times n$ 矩阵.

定义 3.4.1 设 $\boldsymbol{D}$ 为一个 $n \times d$ 数据矩阵，其行中包含 d 维点. 设 $\boldsymbol{S}$ 为这些点之间的 $n \times n$ 相似矩阵，其中第 (i, j) 项是 $\boldsymbol{D}$ 的第 i 行和第 j 行之间的点积. 因此，相关于 $\boldsymbol{D}$ 的相似矩阵 $\boldsymbol{S}$ 为：

$$\boldsymbol{S} = \boldsymbol{D}\boldsymbol{D}^{\mathrm{T}} \tag{3.30}$$

由于点积是 Gram 矩阵的形式，因此它是半正定的 (见引理 3.3.14)：

观察 3.4.1 一个数据集的点积相似矩阵是半正定的.

点积相似矩阵是指定数据集的另一种方法，这是因为我们可以将数据集 $\boldsymbol{D}$ 从相似矩阵恢复到原始数据集的旋转和反射. 这是因为进行相似矩阵的对称因子分解 $\boldsymbol{S} = \boldsymbol{D}'\boldsymbol{D}'^{\mathrm{T}}$ 的每个计算过程可能会产生不同的 $\boldsymbol{D}'$，我们可以将其视为 $\boldsymbol{D}$ 的旋转和反射. 此类计算算法的例子包括特征分解或 Cholesky 分解. 所有的替代都产生相同的点积. 毕竟，点积对坐标系的轴旋转是不变的. 由于机器学习应用中只关注点的相对位置，因此这种类型的模糊恢复在大多数情况下是足够的. 从相似矩阵中“恢复”数据矩阵的最常用方法之一是使用特征分解：

$$\boldsymbol{S} = \boldsymbol{Q}\boldsymbol{\Delta}\boldsymbol{Q}^{\mathrm{T}} \tag{3.31}$$

矩阵 $\boldsymbol{\Delta}$ 只包含半正定相似矩阵的非负特征值，因此我们可以创建一个新的包含特征值平方根的对角矩阵 $\boldsymbol{\Sigma}$. 因此，相似性矩阵 $\boldsymbol{S}$ 可以写成如下形式：

$$\boldsymbol{S} = \boldsymbol{Q}\boldsymbol{\Sigma}^2\boldsymbol{Q}^{\mathrm{T}} = \underbrace{(\boldsymbol{Q}\boldsymbol{\Sigma})}_{\boldsymbol{D}'}\underbrace{(\boldsymbol{Q}\boldsymbol{\Sigma})^{\mathrm{T}}}_{\boldsymbol{D}'^{\mathrm{T}}} \tag{3.32}$$

这里，$\boldsymbol{D}' = \boldsymbol{Q}\boldsymbol{\Sigma}$ 是一个包含 n 个点的 n 维表示的 $n \times n$ 数据集. 看起来新矩阵 $\boldsymbol{D}' = \boldsymbol{Q}\boldsymbol{\Sigma}$ 是一个 $n \times n$ 矩阵有点奇怪. 毕竟，对于 $d \ll n$，如果相似矩阵表示 d 维数据点之间的点积，那么我们应该期望所恢复的矩阵 $\boldsymbol{D}'$ 是 d 维矩阵 $\boldsymbol{D}$ 的旋转表示. 额外的 $(n-d)$ 维是什么呢？这里的关键点是，如果相似矩阵 $\boldsymbol{S}$ 确实是用 d 维点上的点积来创建的，那么 $\boldsymbol{D}\boldsymbol{D}^{\mathrm{T}}$ 的秩也将最多为 d. 因此，$\boldsymbol{\Delta}$ 中至少 $(n-d)$ 个特征值为零，其对应于虚拟坐标.

但如果我们从 $\boldsymbol{D}$ 中不使用点积相似性来计算 $\boldsymbol{S}$ 呢？如果我们使用其他相似性函数呢？事实证明，这一思想是机器学习中*核方法*的本质 (见第 9 章). 代替使用两点之间的点积 $\overline{x} \cdot \overline{y}$，通常使用以下相似函数：

$$\text{Similarity}(\overline{x}, \overline{y}) = \exp(-\|\overline{x} - \overline{y}\|^2/\sigma^2) \tag{3.33}$$

这里，σ 是一个用于控制相似函数对点之间距离的敏感性的参数．称这种相似函数为*高斯核*．如果使用这种相性函数而不是点积，我们可能会恢复一个不同于构建相似性的原始数据集的数据集．事实上，这个恢复的数据集可能没有虚拟坐标以及所有 $n > d$ 维度都可能是相关的．此外，从这些相似函数中恢复的表示 $\boldsymbol{Q\Sigma}$ 可能比原始数据集在机器学习应用中产生更好的结果．这种将数据转换为新表示形式的基本变换称为*非线性特征工程*，并且它超越了线性代数中常见的比如旋转等自然的 (线性) 变换．事实上，甚至可以从只指定相似的任意对象的数据集中提取多维表示．例如，如果我们有一组 n 个图形或时间序列对象，并且只有这些对象的 $n \times n$ 相似矩阵 (无多维表示)，那么我们可以使用上述方法为每个对象建立一个多维表示用于现成的学习算法．

问题 3.4.1　*设 $\boldsymbol{S}$ 是一个相似矩阵，其是在一组 n 个任意对象 (诸如图) 上使用一些任意启发式 (而不是点积) 建立的．因此，该矩阵是对称的，但并不是半正定的．讨论如何通过仅修改矩阵的自相似 (即对角线) 元素来修复矩阵 $\boldsymbol{S}$ 使得其为半正定矩阵．*

求解该问题的一个提示是检验在矩阵对角线元素上加一个常数值对其特征值的影响．当使用任意启发式构造相似矩阵时，这种技巧被经常用于机器学习中的核方法中．

协方差矩阵

机器学习中另一种常见的矩阵是*协方差矩阵*．正如相似矩阵计算矩阵 $\boldsymbol{D}$ 行之间点积一样，协方差矩阵计算均值中心化之后矩阵 $\boldsymbol{D}$ 列之间的 (缩放) 点积．考虑一组标量值 $x_1, \cdots, x_n$，这些值的均值和方差定义为

$$\mu = \frac{\sum_{i=1}^{n} x_i}{n}$$

$$\sigma^2 = \frac{\sum_{i=1}^{n} (x_i - \mu)^2}{n} = \frac{\sum_{i=1}^{n} x_i^2}{n} - \mu^2$$

考虑一个具有两列分别为 $x_1, \cdots, x_n$ 和 $y_1, \cdots, y_n$ 的数据矩阵．假设这两列的均值分别为 μ_x 和 μ_y. 在这种情况下，这两列的协方差 σ_{xy} 定义为

$$\sigma_{xy} = \frac{\sum_{i=1}^{n} (x_i - \mu_x)(y_i - \mu_y)}{n} = \frac{\sum_{i=1}^{n} x_i y_i}{n} - \mu_x \mu_y$$

协方差的概念是方差的一种拓展，这是因为 $\sigma_x^2 = \sigma_{xx}$ 就是 $x_1, \cdots, x_n$ 的方差．如果数据是被中心化的，即 $\mu_x = \mu_y = 0$，那么协方差就可以简化为

$$\sigma_{xy} = \frac{\sum_{i=1}^{n} x_i y_i}{n} \qquad [\text{仅对中心化数据}]$$

值得注意的是，如果我们将 x 值和 y 值表示为一个 $n \times 2$ 矩阵，则上式右侧的表达式只是列之间点积的缩放版本．注意与相似矩阵的密切关系，该矩阵包含所有行对之间的点积．因此，如果有一个均值中心化的 $n \times d$ 数据矩阵 $\boldsymbol{D}$，那么我们可以使用这种方法计算第 i 列和第 j 列之间的协方差．称这种矩阵为*协方差矩阵*．

定义 3.4.2 (均值中心化数据的协方差矩阵) *设 $\boldsymbol{D}$ 是一个 $n \times d$ 均值中心化矩阵．那么 $\boldsymbol{D}$ 的协方差矩阵 $\boldsymbol{C}$ 定义为：*

$$\boldsymbol{C} = \frac{\boldsymbol{D}^{\mathrm{T}}\boldsymbol{D}}{n}$$

我们称上面矩阵的未缩放版本 (即分母中并没有因子 n) 为*散射矩阵*．也就是说，散射矩阵就是简单的 $\boldsymbol{D}^{\mathrm{T}}\boldsymbol{D}$．散射矩阵是 $\boldsymbol{D}$ 的列空间的 Gram 矩阵，而相似矩阵是 $\boldsymbol{D}$ 的行空间的 Gram 矩阵．与相似矩阵一样，基于引理 3.3.14, 散射矩阵和协方差矩阵都是半正定的．

协方差矩阵经常被用来做*主成分分析* (见 7.3.4 节)．由于 $d \times d$ 协方差矩阵 $\boldsymbol{C}$ 是半正定的，故我们可以将其对角化为：

$$\boldsymbol{C} = \boldsymbol{P}\boldsymbol{\Delta}\boldsymbol{P}^{\mathrm{T}} \tag{3.34}$$

数据集 $\boldsymbol{D}$ 被变换为 $\boldsymbol{D}' = \boldsymbol{D}\boldsymbol{P}$，这等价于表示 $\boldsymbol{P}$ 列中所包含的方向轴系统中原始矩阵 $\boldsymbol{D}$ 的每一行．这个新数据集根据协方差结构有一些有意思的性质．我们也可以将对角矩阵写为 $\boldsymbol{\Delta} = \boldsymbol{P}^{\mathrm{T}}\boldsymbol{C}\boldsymbol{P}$．对角矩阵 $\boldsymbol{\Delta}$ 是变换后数据 $\boldsymbol{D}' = \boldsymbol{D}\boldsymbol{P}$ 的协方差矩阵．为了看到这一点，注意到转换后的数据也是均值中心化的，这是因为其列和可以证明为 0．变换后数据的协方差矩阵于是为 $\boldsymbol{D}'^{\mathrm{T}}\boldsymbol{D}'/n = (\boldsymbol{D}\boldsymbol{P})^{\mathrm{T}}(\boldsymbol{D}\boldsymbol{P})/n = \boldsymbol{P}^{\mathrm{T}}(\boldsymbol{D}^{\mathrm{T}}\boldsymbol{D})\boldsymbol{P}/n$．该表达式可简化为 $\boldsymbol{P}^{\mathrm{T}}\boldsymbol{C}\boldsymbol{P} = \boldsymbol{\Delta}$．也就是说，变换表示数据的一个不相关版本．

矩阵 $\boldsymbol{\Delta}$ 对角线上的元素是变换后数据中各个维度的方差，它们表示半正定矩阵 $\boldsymbol{C}$ 的非负特征值．通常，只有少数对角线元素较大 (相对其他元素而言)，其中包含数据中的大部分方差．剩余的低方差方向可以从变换的表示中删除．为了建立一个 $d \times k$ 变换矩阵 $\boldsymbol{P}_k$ (其中 $k \ll d$)，我们可以从 $\boldsymbol{P}$ 中选择对应于最大特征值的一小部分列．变换后的 $d \times k$ 数据矩阵被定义为 $\boldsymbol{D}'_k = \boldsymbol{D}\boldsymbol{P}_k$．每一行都是数据集新的 k 维表示．事实证明，这种表示具有高度的降维性，但它仍然保留了大部分数据可变性 (如点之间的欧几里得距离)．对于均值中心化的数据，$\boldsymbol{D}\boldsymbol{P}$ 中丢弃的 $(d-k)$ 列信息量不大，这是因为它们都非常接近于 0．事实上，我们可以使用优化方法证明，这种表示方式提供了 k 维 (或*主成分*) 数据的最佳缩减从而使数据中的方差损失最小．我们将在第 7 章和第 8 章中重新讨论该问题．

3.4.3 二次优化中的对称矩阵

许多机器学习应用都可以描述为一个以平方函数为目标函数的优化问题．这样的目标函数是二次的，这是因为多项式的最高项次数是 2．这些二次函数的最简单形式可以表示为

$\overline{x}^{\mathrm{T}} \boldsymbol{A} \overline{x}$，其中 $\boldsymbol{A}$ 是一个 $d \times d$ 矩阵，而 $\overline{x}$ 是一个 d 维优化变量的列向量．求解此类优化问题的过程被称为*二次规划*．二次规划是最优化理论中一类极其重要的问题，因为我们可以通过应用*泰勒展开*将任意函数局部近似为一个二次函数 (见 1.5.1 节)．这一原理构成许多优化技术的基础，如牛顿法 (见第 5 章)．

函数 $\overline{x}^{\mathrm{T}} \boldsymbol{A} \overline{x}$ 的形状主要取决于矩阵 $\boldsymbol{A}$ 的性质．当 $\boldsymbol{A}$ 为半正定时，该函数对应于*凸函数*，而凸函数的形状为碗状，具有最小值，但没有最大值．当 $\boldsymbol{A}$ 为半负定时，该函数为*凹函数*，凹函数呈倒碗状．关于凸函数和凹函数的示例如图 3.4 所示．形式上，对任意向量对 $\overline{x}_1$ 和 $\overline{x}_2$ 以及任意标量 $\lambda \in (0,1)$，凸函数和凹函数分别满足如下性质：

$$f(\lambda \overline{x}_1 + (1-\lambda)\overline{x}_2) \leqslant \lambda f(\overline{x}_1) + (1-\lambda) f(\overline{x}_2) \qquad [\text{凸函数}]$$

$$h(\lambda \overline{x}_1 + (1-\lambda)\overline{x}_2) \geqslant \lambda h(\overline{x}_1) + (1-\lambda) h(\overline{x}_2) \qquad [\text{凹函数}]$$

当 $\boldsymbol{A}$ 既不是半正定也不是半负定 (即 $\boldsymbol{A}$ 是不定的) 时，上面的二次函数既没有全局最大、也没有全局最小．这类二次函数具有*鞍点*，鞍点是看起来既像极大值又像极小值的拐点，取决于从哪个方向接近该点．不定函数的示例如图 3.6 所示．

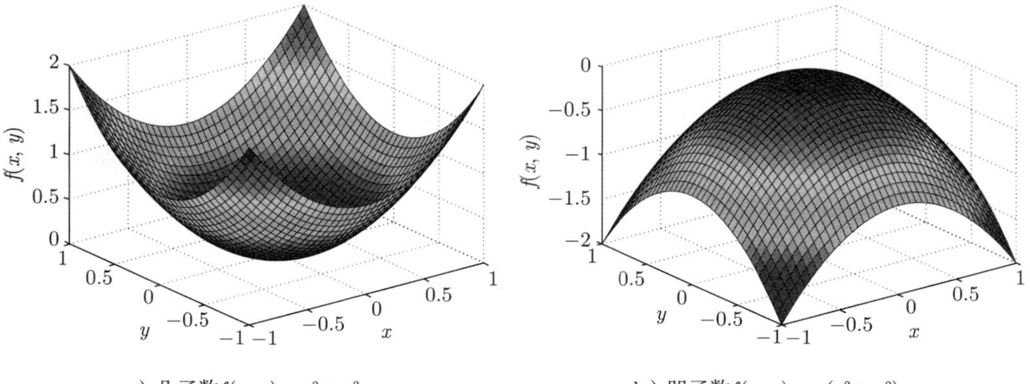

a）凸函数 $f(x, y) = x^2 + y^2$ b）凹函数 $f(x, y) = -(x^2 + y^2)$

图 3.4 关于凸函数和凹函数的示例

考虑二次函数 $f(x_1, x_2) = x_1^2 + x_2^2$，其是凸的且在点 $(0,0)$ 处具有唯一的全局最小值．如果用 $f(x_1, x_2)$ 在垂直轴上以及代表 x_1 和 x_2 的两个水平轴上绘制该函数的三维图，我们就得到一个直立的碗，如图 3.4a 所示．我们也可以将 $f(x_1, x_2)$ 的表达式写成如下的矩阵形式：

$$f(x_1, x_2) = [x_1, x_2] \begin{bmatrix} 1 & 0 \\ 0 & 1 \end{bmatrix} \begin{bmatrix} x_1 \\ x_2 \end{bmatrix}$$

在这种情况下，该函数表示一个完美的圆形碗，对应的表示椭圆 $\overline{x}^{\mathrm{T}}\boldsymbol{A}\overline{x}=r^2$ 的矩阵 $\boldsymbol{A}$ 是 2×2 单位矩阵，它是半正定矩阵的一种平凡形式. 我们还可以使用图 3.4a 中所示的圆形碗的各种垂直横截面来建立等高线图使得等高线上每个点的 $f(x_1,x_2)$ 值是恒定的. 图 3.5a 为圆形碗的等高线图. 注意，如图 3.4b 所示，对应负单位矩阵 (即半负定矩阵) 的二次函数会得到一个倒碗. 凸函数的负函数总是凹函数，反之亦然. 因此，最大化凹函数完全类似于最小化凸函数.

当 $\boldsymbol{A}$ 被设置为单位矩阵时，函数 $f(\overline{x})=\overline{x}^{\mathrm{T}}\boldsymbol{A}\overline{x}$ 对应于一个完美的圆形碗 (见图 3.4a 和图 3.5a). 将矩阵 $\boldsymbol{A}$ 从单位矩阵开始改变会得到几个比较有趣的推广. 首先，如果 A 的对角线元素设置为不同的 (非负) 值，则圆形碗将变为椭圆形. 例如，如果碗在一个方向上相对于另一个方向拉伸两次，则对角线元素的比例为 $2^2:1=4:1$. 这样函数的一个例子如下：

$$f(x_1,x_2)=4x_1^2+x_2^2$$

我们可以用如下矩阵形式来表示该椭圆：

$$f(x_1,x_2)=[x_1,x_2]\begin{bmatrix}4 & 0\\ 0 & 1\end{bmatrix}\begin{bmatrix}x_1\\ x_2\end{bmatrix}$$

这种情况的等高线图如图 3.5b 所示. 注意到，尽管 x_1 方向的对角线元素为 4，但垂直方向 x_2 被拉伸. 对角线元素是拉伸因子平方的倒数.

到目前为止，我们只考虑了沿轴平行方向拉伸的二次函数. 现在，考虑从对角矩阵 $\boldsymbol{\Delta}$ 开始的情况，并用基矩阵 $\boldsymbol{P}$ 对此旋转，其中 $\boldsymbol{P}$ 包含两个在 45° 处指向轴的向量. 因此，我们考虑如下旋转矩阵：

$$\boldsymbol{P}=\begin{bmatrix}\cos(45) & \sin(45)\\ -\sin(45) & \cos(45)\end{bmatrix}\tag{3.35}$$

在这种情况下，我们用 $\boldsymbol{A}=\boldsymbol{P\Delta P}^{\mathrm{T}}$ 来定义 $\overline{x}^{\mathrm{T}}\boldsymbol{A}\overline{x}$. 该方法将 $\overline{x}$ 的坐标计算为 $\overline{y}=\boldsymbol{P}^{\mathrm{T}}\overline{x}$，然后我们计算 $f(\overline{x})=\overline{x}^{\mathrm{T}}\boldsymbol{A}\overline{x}=\overline{y}^{\mathrm{T}}\boldsymbol{\Delta}\overline{y}$. 注意，我们正在拉伸新的基坐标. 结果是在 $\boldsymbol{P}$ 列所定义的基方向上拉伸椭圆 (对列向量进行顺时针方向旋转 45° 的旋转矩阵). 在这种情况下，计算得到的矩阵 $\boldsymbol{A}$ 如下：

$$\boldsymbol{A}=\begin{bmatrix}\cos(45) & \sin(45)\\ -\sin(45) & \cos(45)\end{bmatrix}\begin{bmatrix}4 & 0\\ 0 & 1\end{bmatrix}\begin{bmatrix}\cos(45) & \sin(45)\\ -\sin(45) & \cos(45)\end{bmatrix}^{\mathrm{T}}=\begin{bmatrix}5/2 & -3/2\\ -3/2 & 5/2\end{bmatrix}$$

于是，我们可以将相应的函数表示为

$$f(x_1,x_2)=[x_1,x_2]\begin{bmatrix}5/2 & -3/2\\ -3/2 & 5/2\end{bmatrix}\begin{bmatrix}x_1\\ x_2\end{bmatrix}=\frac{5}{2}(x_1^2+x_2^2)-3x_1x_2$$

包含 x_1x_2 的项表示变量 x_1 与 x_2 之间的交互. 这是基改变的直接结果，从而不再与轴坐标系对齐. 图 3.5c 则显示了与轴在 45° 处对齐的椭圆的等高线图.

所有这些情况都意味着 $f(x_1, x_2)$ 的最优解位于 (0,0) 处，且对应的函数值为 0. 我们怎样才能将其推广到最优点为 $\overline{b}$，而对应的最优值为 c (这是一个标量) 的函数？事实上，对应的函数应该具有如下形式：

$$f(\overline{x}) = (\overline{x} - \overline{b})^{\mathrm{T}} \boldsymbol{A} (\overline{x} - \overline{b}) + c \tag{3.36}$$

矩阵 $\boldsymbol{A}$ 相当于上面二次函数的黑塞矩阵的 1/2. 一个具有 d 维变量函数的 $d \times d$ 黑塞矩阵 $\boldsymbol{H} = [h_{ij}]$ 是一个对称矩阵，其每个元素是关于每对变量的二阶导数：

$$h_{ij} = \frac{\partial^2 f(\overline{x})}{\partial x_i \partial x_j} \tag{3.37}$$

注意，$\overline{x}^{\mathrm{T}} \boldsymbol{H} \overline{x}$ 表示函数 $f(\overline{x})$ 沿 $\overline{x}$ 方向的二阶导数 (见第 4 章)，它表示沿 $\overline{x}$ 方向移动时，$f(\overline{x})$ 变化率的二阶导数. 对于凸函数，该值总是非负的，且与 $\overline{x}$ 无关. 这确保了当 $f(\overline{x})$ 沿每个方向 $\overline{x}$ 的变化率的一阶导数为 0 时，$f(\overline{x})$ 的值达到最小. 也就是说，凸函数的黑塞函数一定是半正定的. 这是一维凸函数中条件 $g''(x) \geqslant 0$ 的推广. 我们给出如下断言，其形式化描述将在第 4 章给出.

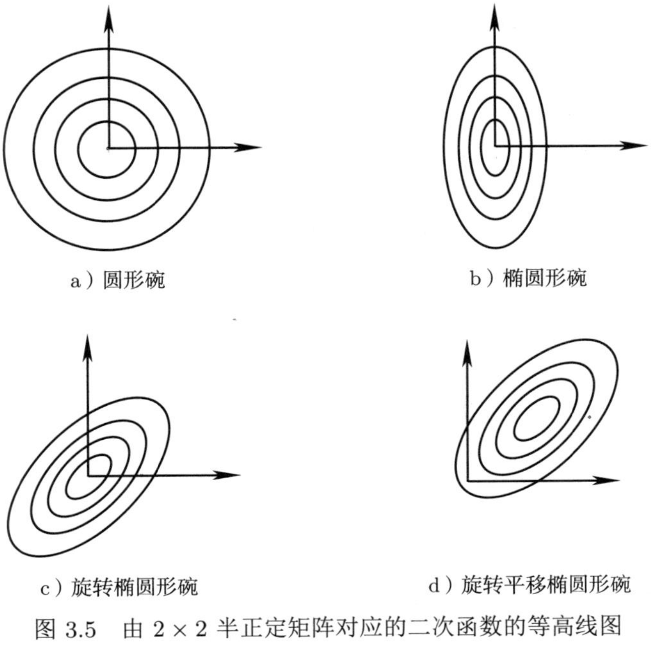

a）圆形碗　b）椭圆形碗　c）旋转椭圆形碗　d）旋转平移椭圆形碗

图 3.5　由 2×2 半正定矩阵对应的二次函数的等高线图

观察 3.4.2 *考虑一个二次函数，其二次项为 $\overline{x}^{\mathrm{T}}\boldsymbol{A}\overline{x}$ 的形式．那么，该二次函数是凸的当且仅当矩阵 $\boldsymbol{A}$ 是半正定的．*

机器学习中的许多二次函数都具有这种形式．一个具体的例子是一个支持向量机的对偶目标函数 (见第 6 章)．

通过旋转 45° 方向，我们可以构造二次函数的一般形式，如图 3.5c 所示的以原点为中心的定向椭圆．例如，将椭圆目标函数的中心置于点 $[1,1]$，并对最优值上加 2，则我们得到函数 $(\overline{x}^{\mathrm{T}}-[1,1])\boldsymbol{A}(\overline{x}-[1,1]^{\mathrm{T}})+2$．所得到的在 $[1,1]$ 处达到最优值 2 的目标函数如下所示：

$$f(x_1,x_2)=\frac{5}{2}(x_1^2+x_2^2)-2(x_1+x_2)-3x_1x_2+4 \tag{3.38}$$

这类二次目标函数在许多机器学习算法中非常常见．图 3.5d 显示了平移椭圆的等高线图的一个示例，尽管这里并没有显示 2 个单位的垂直平移．

值得注意的是，关于多变量的二次函数具有如下的一般形式：

$$f(\overline{x})=\overline{x}^{\mathrm{T}}\boldsymbol{A}'\overline{x}+\overline{b}'^{\mathrm{T}}\overline{x}+c' \tag{3.39}$$

这里 $\boldsymbol{A}'$ 是一个 $d\times d$ 对称矩阵，$\overline{b}'$ 是一个 d 维列向量，而 c' 是一个标量．在一维情况下，$\boldsymbol{A}'$ 和 $\overline{b}'$ 均为标量，于是我们得到关于一元二次函数最熟悉的形式 ax^2+bx+c．进一步，只要 $\overline{b}'$ 属于 $\boldsymbol{A}'$ 的列空间，我们就可以将式 (3.39) 的一般形式转换为式 (3.36) 的顶点形式．$\overline{b}'$ 属于 $\boldsymbol{A}'$ 的列空间对于该函数存在最优值是非常重要的．例如，二维函数 $G(x_1,x_2)=x_1^2+x_2$ 没有最小值，这是因为该函数关于 x_2 是部分线性的．式 (3.39) 的顶点形式只考虑严格的二次函数，其中该函数的所有横截面都是二次的．只有严格的二次函数才是优化理论所感兴趣的，这是因为线性函数通常没有最大值或最小值．我们可以将式 (3.36) 和式 (3.39) 的系数写为

$$\boldsymbol{A}'=\boldsymbol{A},\quad \overline{b}'=-2\boldsymbol{A}\overline{b},\quad c'=\overline{b}^{\mathrm{T}}\overline{b}+c$$

给定 $\boldsymbol{A}'$, $\overline{b}'$ 和 c'，能够得到式 (3.36) 的顶点形式的主要条件是第二个条件 $\overline{b}'=-2\boldsymbol{A}\overline{b}=-2\boldsymbol{A}'\overline{b}$．该条件方程有解当且仅当 $\overline{b}'$ 属于 $\boldsymbol{A}'$ 的列空间．

最后，我们讨论用于建立不定函数 $\overline{x}^{\mathrm{T}}\boldsymbol{A}\overline{x}$ 的矩阵 $\boldsymbol{A}$ 同时具有正特征值和负特征值的情况．这样函数的例子如下所示：

$$g(x_1,x_2)=[x_1,x_2]\begin{bmatrix}1 & 0\\ 0 & -1\end{bmatrix}\begin{bmatrix}x_1\\ x_2\end{bmatrix}=x_1^2-x_2^2$$

该函数在 $(0,0)$ 点的梯度为 0，该点似乎是一个最优值点．然而，在计算上面函数二阶导数时，该点类似于最大值和最小值．如果我们从 x_1 方向趋于该点，它类似于像一个最小值

点. 如果从 x_2 趋于该点，其类似于像一个最大值点. 这是因为在 x_1 和 x_2 方向上的方向二阶导数只是对角线元素 (符号相反) 的两倍. 目标函数的形状类似于马鞍，故称点 (0,0) 为**鞍点**. 此类目标函数的示例如图 3.6 所示. 众所周知，很难研究优化中包含这些点的目标函数.

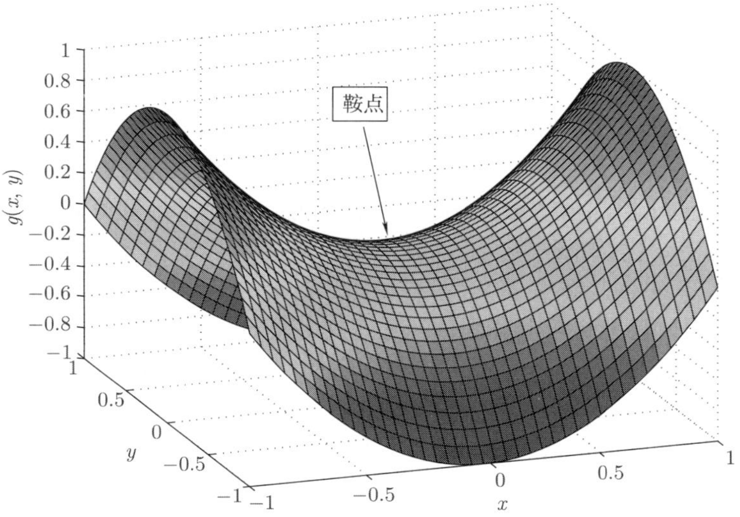

图 3.6　由不定矩阵对应的二次函数 $g(x,y)=x^2-y^2$ 的示例

3.4.4　对角化的应用：优化中的分离变量

考虑二次函数 $f(\overline{x})=\overline{x}^{\mathrm{T}}\boldsymbol{A}\overline{x}+\overline{b}^{\mathrm{T}}\overline{x}+c$. 除非对称矩阵 $\boldsymbol{A}$ 是对角的，否则所导致的函数包含形式为 x_ix_j 的项. 这样的项称为*相互作用项*. 大多数现实世界中的二次函数都包含这样的项. 值得注意的是，任何多元二次函数都可以通过函数输入变量的基变换转换为*可加分离函数* (无相互作用项). 这种类型的基变化可以使我们应用线性代数的技巧. 可加分离函数更容易优化，因为它可以将优化问题分解为关于单个变量的较小优化问题. 例如，多元二次函数可表示为一元二次函数的简单和 (每个函数都非常容易被优化). 我们可以通过应用本章中学习的线性代数的技巧来证明这个简单的结果. 为此，我们首先定义可分离函数的概念.

定义 3.4.3 (可加分离函数)　*称一个具有 d 个变量的函数 $F(x_1,\cdots,x_d)$ 是可加分离的，如果存在单变量函数 $f_1(\cdot),f_2(\cdot),\cdots,f_d(\cdot)$，使得*

$$F(x_1,x_2,\cdots,x_d)=\sum_{i=1}^{d}f_i(x_i)$$

考虑如下定义在一个 d 维向量 $\overline{x}=[x_1,\cdots,x_d]^{\mathrm{T}}$ 上的二次函数：

$$f(\overline{x})=\overline{x}^{\mathrm{T}}\boldsymbol{A}\overline{x}+\overline{b}^{\mathrm{T}}\overline{x}+c$$

由于 $\boldsymbol{A}$ 是一个 $d\times d$ 对称矩阵，故其可对角化为 $\boldsymbol{A}=\boldsymbol{V}\boldsymbol{\Delta}\boldsymbol{V}^{\mathrm{T}}$，于是考虑变量变换 $\overline{x}=\boldsymbol{V}\overline{x}'$ (此即等价于 $\overline{x}'=\boldsymbol{V}^{\mathrm{T}}\overline{x}$). 执行这样的变换，我们得到新的函数 $g(\overline{x}')=f(\boldsymbol{V}\overline{x}')$，其在不同的基等于原函数. 很容易证明该二次函数可以表示为

$$f(\boldsymbol{V}\overline{x}')=\overline{x}'^{\mathrm{T}}\boldsymbol{\Delta}\overline{x}'+\overline{b}^{\mathrm{T}}\boldsymbol{V}\overline{x}'+c$$

在这样的变量变换之后，我们则得到一个可加分离函数，这是因为矩阵 $\boldsymbol{\Delta}$ 是对角的. 可以应用 d 个单变量优化来求解 $\overline{x}'$，然后用 $\overline{x}=\boldsymbol{V}\overline{x}'$ 将 $\overline{x}'$ 转换回到 $\overline{x}$.

虽然这种方法简化了优化问题，但问题是，$\boldsymbol{A}$ 的特征向量计算可能非常费事. 然而，我们可以推广这一思想，尝试找到任何一个矩阵 $\boldsymbol{V}$ (可能具有非正交列) 满足对某个对角矩阵 $\boldsymbol{\Delta}$ 有 $\boldsymbol{A}=\boldsymbol{V}\boldsymbol{\Delta}\boldsymbol{V}^{\mathrm{T}}$. 注意，如果 $\boldsymbol{V}$ 的列不是规范正交的，那么 $\boldsymbol{A}=\boldsymbol{V}\boldsymbol{\Delta}\boldsymbol{V}^{\mathrm{T}}$ 并不是 $\boldsymbol{A}$ 的真正对角化[㊀]. 然而，它足以为求解优化问题建立一个可分离的转换，这才是我们真正关心的. 这种非正交矩阵的列在计算上要比计算真实的特征向量更容易，我们以后称变换后的变量为*共轭方向*. 称 $\boldsymbol{V}$ 的列被称为 $\boldsymbol{A}$ *正交方向*，这是因为对任意一对 (不同的) 列 $\overline{v}_i$ 和 $\overline{v}_j$，我们有 $\overline{v}_i^{\mathrm{T}}\boldsymbol{A}\overline{v}_j=\boldsymbol{\Delta}_{ij}=0$. 有无数种可能的方法可以建立共轭方向，而特征向量只代表了一种特殊情况. 事实上，Gram-Schmidt 方法的一个推广可用于寻找此类方向 (见问题 2.7.1). 这一基本想法构成 5.7.1 节中讨论的*共轭梯度下降法*的原理，其甚至可以用于非二次函数. 这里，我们给出从当前点 $\overline{x}=\overline{x}_t$ 开始的任意 (可能是非二次) 函数 $h(\overline{x})$ 的迭代共轭梯度法的一个基本概述：

1. 应用 $h(\overline{x})$ 在 $\overline{x}=\overline{x}_t$ 处的二阶泰勒展开建立非二次函数 $h(\overline{x})$ 的一个二次近似 $f(\overline{x})$.

2. 应用上面所讨论的作为一组 d 个单变量优化问题的可分离变量优化方法，计算二次函数 $f(\overline{x})$ 的最优值点 $\overline{x}^*$.

3. 令 $\overline{x}_{t+1}=\overline{x}^*$ 和 $t\Leftarrow t+1$. 返回到第一步.

该方法会迭代收敛. 上述算法为共轭梯度法提供了概念基础，具体细节可见 5.7.1 节.

3.4.5　范数约束二次规划的特征向量

在不同类型的机器学习设置中经常出现的一个问题是优化 $\overline{x}^{\mathrm{T}}\boldsymbol{A}\overline{x}$，其中优化变量 $\overline{x}$ 被约束为具有单位范数. 这里 $\boldsymbol{A}$ 是一个 $d\times d$ 对称数据矩阵. 这类问题出现在许多特征工程和降维应用中，例如，*主成分分析*、*奇异值分解*和*谱聚类*. 这种优化问题可表述如下：

$$\text{优化}\quad \overline{x}^{\mathrm{T}}\boldsymbol{A}\overline{x}$$

$$\text{约束为：}\quad \|\overline{x}\|=1$$

㊀ 一个真正的对角化一定满足 $\boldsymbol{V}^{\mathrm{T}}=\boldsymbol{V}^{-1}$.

上面的优化问题可以是最小化形式，也可以是最大化形式．将优化向量 $\overline{x}$ 约束为单位向量从根本上改变了优化问题的本质．与前文不同，矩阵 $\boldsymbol{A}$ 的半正定性不再重要．即使矩阵 $\boldsymbol{A}$ 是不定的，该问题也会有一个良定的最优解．尽管矩阵 $\boldsymbol{A}$ 是不定的，对变量的范数约束有助于优化问题避免具有无界或平凡解 (如零向量)．

设 $\overline{v}_1,\cdots,\overline{v}_d$ 是对称矩阵 $\boldsymbol{A}$ 的 d 个规范正交特征向量．注意到，这个特征向量集给出了 $\mathbf{R}^d$ 中的一组集，因此任意 d 维向量 $\overline{x}$ 都可以表示为如下关于 $\overline{v}_1,\cdots,\overline{v}_d$ 的一个线性组合：

$$\overline{x}=\sum_{i=1}^{d}\alpha_i\overline{v}_i \tag{3.40}$$

我们通过将上面 $\overline{x}$ 的线性组合代入优化问题中，进而可以将其表示为关于参数 $\alpha_1,\cdots,\alpha_d$ 的优化问题．通过这次替换以及应用 $\boldsymbol{A}\overline{v}_i=\lambda_i\overline{v}_i$，我们得到如下重新参数化的优化问题：

$$\text{优化}\quad \sum_{i=1}^{d}\lambda_i\alpha_i^2$$

$$\text{约束为：}\quad \sum_{i=1}^{d}\alpha_i^2=1$$

原优化问题中的约束表达式 $\|\overline{x}\|^2$ 被简化为 $\left(\sum\limits_{i=1}^{d}\alpha_i\overline{v}_i\right)\cdot\left(\sum\limits_{i=1}^{d}\alpha_i\overline{v}_i\right)$．我们可以利用分配律来展开这个简化的表达式，然后利用特征向量的正交性 $\overline{v}_i\cdot\overline{v}_j=0$．目标函数值为 $\sum\limits_{i=1}^{d}\lambda_i\alpha_i^2$，其中对不同的 α_i^2 的求和为 1．显然，该目标函数的最小和最大可能值是通过将一个单一值 λ_i 的权重 α_i^2 设置为 1 来达到的，而该值对应于最小特征值或最大特征值 (取决于优化问题是以最小化，还是以最大化形式提出的)：

范数约束下的二次最优问题的最大值是通过将向量 $\overline{x}$ 取为 $\boldsymbol{A}$ 的最大特征向量得到，而其最小值是通过将向量 $\overline{x}$ 取为 $\boldsymbol{A}$ 的最小特征向量得到．

该问题还可以推广到寻找一个 k 维子空间．也就是，我们想要找到规范正交向量 $\overline{x}_1,\cdots,\overline{x}_k$ 使得 $\sum\limits_{i}\overline{x}_i\boldsymbol{A}^{\mathrm{T}}\overline{x}_i$ 达到最优：

$$\text{优化}\quad \sum_{i=1}^{k}\overline{x}_i^{\mathrm{T}}\boldsymbol{A}\overline{x}_i$$

$$\text{约束为：}\quad \|\overline{x}_i\|^2=1,\quad \forall\, i\in\{1,\cdots,k\}$$

$$\overline{x}_1,\cdots,\overline{x}_k\ \text{相互正交}$$

该问题的最优解可以用上面类似的步骤推导出来．我们将在 6.6 节中应用拉格朗日松弛法提供另外一种求解方案．我们这里仅简单陈述最优解的形式：

范数约束下的二次优化问题的最大值为 $\boldsymbol{A}$ 的最大 k 个特征向量，而最小值则为 $\boldsymbol{A}$ 的最小 k 个特征向量．

直观地说，像 $\boldsymbol{A}$ 等这样的对称矩阵所引起的各向异性缩放的角度来看，这些结果具有几何意义．矩阵 $\boldsymbol{A}$ 沿着与特征向量对应的规范正交方向以与特征值对应的比例因子来扭曲空间．目标函数试图最大或最小化关于初始向量 $\overline{x}_i$ 的扭曲向量 $\boldsymbol{A}\overline{x}_i$ 的总体投影 (其为 $\overline{x}_i$ 和 $\boldsymbol{A}\overline{x}_i$ 之间的点积之和)．通过选取最大的 k 个特征向量 (缩放方向)，该和达到最大．另外，通过选择最小的 k 个方向，该总和达到最小．

3.5 求特征向量的数值算法

找出一个 $d\times d$ 矩阵 $\boldsymbol{A}$ 的特征向量的最简单方法是求解得到方程 $\det(\boldsymbol{A}-\lambda\boldsymbol{I})=0$ 的 d 个根 $\lambda_1,\cdots,\lambda_d$，但有些根可能是重根．在下面的步骤中，我们不得不求解形如 $(\boldsymbol{A}-\lambda_j\boldsymbol{I})\overline{x}=\overline{0}$ 的线性方程组．这可以应用高斯消元法 (见 2.5.4 节) 来实现．然而，多项式方程求解器在数值上有时是不稳定的，并且在现实环境中会显现病态的倾向．求多项式方程的根在数值上比求矩阵的特征值更困难！事实上，工程学科中求解高次多项式方程的方法之一是首先构造多项式的伴随矩阵使其具有相同的特征多项式，然后找到其特征值：

问题 3.5.1 (伴随矩阵) 考虑如下矩阵：

$$\boldsymbol{A}_2=\begin{bmatrix}0 & 1\\ -c & -b\end{bmatrix}$$

讨论为什么多项式方程 $x^2+bx+c=0$ 的根可以使用该矩阵的特征值来计算．此外，证明求得如下 3×3 矩阵的特征值可归结为求解 $x^3+bx^2+cx+d=0$ 的根：

$$\boldsymbol{A}_3=\begin{bmatrix}0 & 1 & 0\\ 0 & 0 & 1\\ -d & -c & -b\end{bmatrix}$$

注意到，上面的矩阵有一个非零行和元素全为 1 的超对角线．给出求解多项式方程 $x^t+\sum_{i=0}^{t-1}a_ix^i=0$ 所需的 $t\times t$ 矩阵 $\boldsymbol{A}_t$ 的一般形式．

在某些情况下，求特征值的算法也同时会得到特征向量．我们接下来给出同时可以求得特征值和特征向量的另一种方法．

3.5.1 基于 Schur 分解的 QR 方法

QR 算法以迭代方式交替使用以下两个步骤：

1. 使用 2.7.2 节所讨论的 QR 算法分解矩阵 $\boldsymbol{A}=\boldsymbol{QR}$. 这里，$\boldsymbol{R}$ 是一个上三角形矩阵，而 $\boldsymbol{Q}$ 是一个正交矩阵.

2. 使用 $\boldsymbol{A} \Leftarrow \boldsymbol{Q}^{\mathrm{T}}\boldsymbol{AQ}$ 进行迭代，然后转到上一步.

矩阵 $\boldsymbol{Q}^{\mathrm{T}}\boldsymbol{AQ}$ 相似于 $\boldsymbol{A}$，因此它们有相同的特征值. 一个关键的结果是[㊀]，将变换 $\boldsymbol{A} \Leftarrow \boldsymbol{Q}^{\mathrm{T}}\boldsymbol{AQ}$ 反复应用于 $\boldsymbol{A}$ 会得到 Schur 分解的上三角形矩阵 $\boldsymbol{U}$. 事实上，如果我们跟踪由利用 QR 分解 (按该顺序) 得到的正交矩阵 $\boldsymbol{Q}_1, \cdots, \boldsymbol{Q}_s$，并用单个正交矩阵 P 表示它们的乘积 $\boldsymbol{Q}_1\boldsymbol{Q}_2\cdots\boldsymbol{Q}_s$，则我们可以获得如下形式的关于 $\boldsymbol{A}$ 的 Schur 分解：

$$\boldsymbol{A}=\boldsymbol{PUP}^{\mathrm{T}}$$

该收敛矩阵 $\boldsymbol{U}$ 的对角线元素为 $\boldsymbol{A}$ 的特征值. 一般来说，一个矩阵的三角化是求其特征值的一种自然方法. 在找到特征值 $\lambda_1, \cdots, \lambda_d$ 之后，我们可通过应用 2.5.4 节中的方法来求解形式为 $(\boldsymbol{A}-\lambda_j\boldsymbol{I})\overline{x}=\overline{0}$ 的方程从而得到特征向量. 然而，这种方法并没有完全优化计算速度，不过我们可以通过首先将矩阵转换为所谓的 Hessenberg *形式*来提高计算速度，更多细节读者可参考文献 [52].

3.5.2 求主特征向量的幂方法

幂方法可用来找到一个矩阵的绝对值为最大的特征值所对应的特征向量，我们也称其为*主特征向量*. 需要注意的是，一个矩阵的主特征值可能为复数. 在这种情况下，幂方法将不再适用. 下面的讨论将假设矩阵具有实值特征向量和特征值，这在许多实际应用中都是如此. 另外，我们通常不需要所有的特征向量，而是只需要对应绝对值最大几个特征值的特征向量. 幂函数的提出只是为了求对应于最大绝对值特征值的特征向量，尽管我们也可以改进该方法求得对应绝对值最大几个特征值的特征向量. 与 QR 方法不同，幂方法可以同时找到特征向量和特征值，而无需在找到特征值之后求解方程组. 幂方法是一种迭代方法，其中所用的迭代也被称为 von Mises 迭代.

考虑一个可对角化且具有实特征值的 $d \times d$ 矩阵 $\boldsymbol{A}$. 由于 $\boldsymbol{A}$ 是一个可对角化矩阵，故与 $\boldsymbol{A}$ 相乘会导致各向异性缩放. 如果我们对矩阵 $\boldsymbol{A}$ 右乘任意一个列向量 $\overline{x} \in \mathbf{R}^d$ 而得到 $\boldsymbol{A}\overline{x}$，这将导致 $\overline{x}$ 的线性失真，其中对应于较大 (绝对) 特征值的方向被拉伸到更大程度. 因此，$\boldsymbol{A}\overline{x}$ 和最大特征向量 $\overline{v}$ 之间的 (锐角) 角度将从 $\overline{x}$ 和 $\overline{v}$ 之间的角度减小. 如果我们不断重复这个过程，变换最终会产生一个指向最大 (绝对) 特征向量方向的向量. 因此，幂方法首先将向量 $\overline{x}$ 的 d 个分量初始化为服从 $[-1,1]$ 上均匀分布的随机值. 然后，重复以下 von

---

㊀ 我们这里并不给出这一结果的证明，感兴趣的读者可参考文献 [52].

Mises 迭代直至收敛：

$$\overline{x} \Leftarrow \frac{\boldsymbol{A}\overline{x}}{\|\boldsymbol{A}\overline{x}\|}$$

注意到，每次迭代中向量的规范化对于防止迭代值溢出或下溢到任意大或小的值至关重要. 在收敛到主特征向量 $\overline{v}$ 之后，我们就可以计算相应的特征值，即 $\overline{v}^{\mathrm{T}}\boldsymbol{A}\overline{v}$ 与 $\|\overline{v}\|^2$ 的比率，其也被称为 Raleigh 商.

我们下面给出关于上面迭代收敛的一个正式验证. 我们考虑将起始向量 $\overline{x}$ 表示为 d 个特征向量 $\overline{v}_1,\cdots,\overline{v}_d$ 与系数 $\alpha_1,\cdots,\alpha_d$ 的线性组合的情况：

$$\overline{x} = \sum_{i=1}^{d} \alpha_i \overline{v}_i \tag{3.41}$$

如果对应于 $\overline{v}_i$ 的特征值为 λ_i，那么对上式左乘 $\boldsymbol{A}^t$ 得到：

$$\boldsymbol{A}^t\overline{x} = \sum_{i=1}^{t} \alpha_i \boldsymbol{A}^t \overline{v}_i = \sum_{i=1}^{t} \alpha_i \lambda_i^t \overline{v}_i \propto \sum_{i=1}^{t} \alpha_i (-1)^t \frac{|\lambda_i|^t}{\sum\limits_{j=1}^{t} |\lambda_j|^t} \overline{v}_i$$

当 t 变大时，上式右边的量将受最大特征向量的控制. 这是因为当 λ_1 是 (严格的) 最大特征值时，因子 $|\lambda_1^t|$ 增加了第一个特征向量的比例权重. 对于最大 (绝对) 特征向量，比率 $|\lambda_1^t|/\sum\limits_{j=1}^{t}|\lambda_j^t|$ 将收敛到 1，而对于其他特征向量，该比率将收敛到 0. 因此，$\boldsymbol{A}^t\overline{x}$ 的规范化版本将指向最大 (绝对) 特征向量 $\overline{v}_1$ 的方向. 注意，该证明需要 λ_1 严格大于下一个特征值的假设，否则收敛并不成立. 此外，如果前 2 个特征值太接近，则收敛速度会很慢. 然而，大型机器学习矩阵 (例如，协方差矩阵) 通常使得最大的几个特征值在大小上有很大差异，而大多数接近的特征值位于底部且值为 0. 此外，即使特征值中存在联系，幂方法也倾向于找到一个位于相同的特征向量范围内的向量.

问题 3.5.2 (逆幂迭代)　设 $\boldsymbol{A}$ 是一个可逆矩阵. 讨论如何利用 $\boldsymbol{A}^{-1}$ 来找到 $\boldsymbol{A}$ 的具有绝对大小的最小特征向量和最小特征值.

求对称矩阵的前 k 个特征向量

在大多数机器学习应用中，人们不是寻找最大的特征向量，而是需要找到最大的前 k 个特征向量. 我们可以使用幂方法来找到前 k 个特征向量. 在对称矩阵中，构成基矩阵 $\boldsymbol{V}$ 的列的特征向量 $\overline{v}_1,\cdots,\overline{v}_d$ 根据如下对角化是规范正交的：

$$\boldsymbol{A} = \boldsymbol{V}\boldsymbol{\Delta}\boldsymbol{V}^{\mathrm{T}} \tag{3.42}$$

上面的关系也可以根据 $\boldsymbol{V}$ 的列向量和 $\boldsymbol{\Delta}$ 的特征值 $\lambda_1, \cdots, \lambda_d$ 重新排列表示为

$$\boldsymbol{A} = \boldsymbol{V}\boldsymbol{\Delta}\boldsymbol{V}^{\mathrm{T}} = \sum_{i=1}^{d} \lambda_i [\overline{v}_i \overline{v}_i^{\mathrm{T}}] \tag{3.43}$$

这一结果源自这样一个事实：任何矩阵乘积都可以表示为外积之和 (见引理 1.2.1). 事实上，对 $(\boldsymbol{V}\boldsymbol{\Delta})$ 和 $\boldsymbol{V}^{\mathrm{T}}$ 的乘积应用引理 1.2.1 则得到上面的结果. 我们称由式 (3.43) 所给出的分解为矩阵 $\boldsymbol{A}$ 的*谱分解*. 每一个 $\overline{v}_i \overline{v}_i^{\mathrm{T}}$ 均为大小为 $d \times d$ 的秩 1 矩阵，而 λ_i 是矩阵元素的权重. 正如 7.2.3 节所讨论的，谱分解可应用于任何类型的矩阵 (而不仅仅是对称矩阵)，我们称其思想为*奇异值分解*.

假设我们已经找到最大特征向量 $\overline{v}_1$ 和其对应的特征值 λ_1. 然后，通过建立如下修正的矩阵来消除最大特征值的影响：

$$\boldsymbol{A}' = \boldsymbol{A} - \lambda_1 \overline{v}_1 \overline{v}_1^{\mathrm{T}} \tag{3.44}$$

因此，$\boldsymbol{A}$ 的第二大特征值成为 $\boldsymbol{A}'$ 的主特征值. 于是，对 $\boldsymbol{A}'$ 重复应用幂迭代，那么现在我们就可以确定第二大特征向量，而该过程可以重复多次.

当矩阵 $\boldsymbol{A}$ 是稀疏时，该方法的一个缺点是 $\boldsymbol{A}'$ 可能不是稀疏的. 由于稀疏矩阵运算的时空效应，稀疏性是矩阵表示的一个期望的特征. 然而，不必解析地表示稠密矩阵 $\boldsymbol{A}'$. 在应用幂方法时，矩阵乘法 $\boldsymbol{A}'\overline{x}$ 可利用如下关系得到：

$$\boldsymbol{A}'\overline{x} = \boldsymbol{A}\overline{x} - \lambda_1 \overline{v}_1 (\overline{v}_1^{\mathrm{T}} \overline{x}) \tag{3.45}$$

需要注意的是式 (3.45) 括号里的项. 这避免了对秩 1 矩阵 (稠密) 的解析形式的计算，而是可以只需通过计算 $\overline{v}_1$ 和 $\overline{x}$ 之间的点积来完成. 这一例子说明了我们通常应用矩阵乘法的结合律来确保矩阵乘法的最优效率. 在求第 $(r+1)$ 个特征向量时，我们还可以通过从 $\boldsymbol{A}$ 中去除前 r 个特征向量的影响，将该思想推广到求前 k 个特征向量.

问题 3.5.3 (推广到非对称矩阵) *所设计的幂方法的目的是为求最大特征向量，而求前 k 个特征向量的方法则需要额外假设原始矩阵是对称的. 讨论本小节中在什么地方用到了对称矩阵的假设. 如果假设前 k 个特征值是不同的，你能找到一种方法，并将该方法推广到任意矩阵吗?*

讨论上面问题的一个提示是，非对称矩阵 (正如对称矩阵) 中的左特征向量和右特征向量可能并不相同. 为了消除主特征向量的影响，左右特征向量我们都需要.

问题 3.5.4 (求最大特征向量) *幂方法可以找到具有最大绝对值的前 k 个特征向量. 在大多数应用中，我们还关心特征向量的符号. 也就是说，当考虑值的符号时，值为 $+1$ 的特征值大于值为 -2 的特征值. 那么，在考虑值符号时，如何修改幂方法以便可以找到对称矩阵的前 k 个特征向量.*

回答上述问题的关键点是应用本小节已经讨论过的方法来修正原始矩阵以便将其特征值转换为非负值.

3.6 总结

可对角化矩阵表示线性变换的一种形式，因此向量与此类矩阵的相乘对应于向量在 (可能是非正交) 方向上的各向异性缩放. 并非所有矩阵都是可对角化的. 然而，对称矩阵总是可对角化的，它们可以表示为相互正交方向上的尺度变换. 当对称矩阵的比例因子为非负时，我们称之为半正定矩阵. 这样的矩阵经常出现在不同类型的机器学习应用中. 因此，本章特别强调这些类型的矩阵及其特征分解的性质. 我们还介绍了这些矩阵在优化理论中的关键应用，这为后面章节中进行更详细的讨论奠定了基础.

3.7 拓展阅读

文献 [122,123]、文献 [77]、文献 [62] 和文献 [52] 介绍了对角化的概念. 文献 [99] 则结合线性代数和最优化理论讨论了相关的数值方法. 文献 [22] 详细阐述了凸优化理论.

3.8 习题

3.1 我们在第 2 章中学习到了任何一个 $d \times d$ 正交矩阵 $\boldsymbol{A}$ 都可以分解为 $O(d^2)$ 个 Givens 旋转和至多一个初等反射. 讨论矩阵 $\boldsymbol{A}$ 的行列式的符号如何决定是否需要这个初等反射.

3.2 我们在第 2 章中学到了任何一个 $d \times d$ 矩阵 $\boldsymbol{A}$ 最多可以分解为 $O(d)$ 个 Householder 反射. 讨论 $\boldsymbol{A}$ 的行列式的符号对 Householder 反射次数的影响.

3.3 证明：如果一个矩阵 $\boldsymbol{A}$ 满足 $\boldsymbol{A}^2 = 4\boldsymbol{I}$，那么其所有的特征值为 2 和 -2.

3.4 已知一个 4×4 对称矩阵的特征值为 4, 3, 2 和 2，以及对应于特征值 4 和 3 的特征向量值. 给出重构该矩阵的一个步骤. [提示：只有一个特征值是重复的且矩阵是对称的.]

3.5 设 $\boldsymbol{A}$ 是一个 $d \times d$ 方阵. 矩阵 $\boldsymbol{A}'$ 是通过将 $\boldsymbol{A}$ 的第 i 行乘以 γ_i，并将 $\boldsymbol{A}$ 的第 i 列除以 γ_i 而得到的. 矩阵 $\boldsymbol{A}$ 的特征向量与矩阵 $\boldsymbol{A}'$ 的特征向量之间有什么关系？[提示：将 $\boldsymbol{A}$ 和 $\boldsymbol{A}'$ 用矩阵运算联系起来.]

3.6 对于一个 4×4 矩阵 $\boldsymbol{A}$，如下的特征值由其特征多项式得到. 讨论下面每一种情况所对应的矩阵是否是可对角化的、可逆的或者都不是：(a) $\{\lambda_1, \lambda_2, \lambda_3, \lambda_4\} = \{1, 3, 4, 9\}$; (b) $\{\lambda_1, \lambda_2, \lambda_3, \lambda_4\} = \{1, 3, 3, 9\}$; (c) $\{\lambda_1, \lambda_2, \lambda_3, \lambda_4\} = \{0, 3, 4, 9\}$; (d) $\{\lambda_1, \lambda_2, \lambda_3, \lambda_4\} = \{0, 3, 3, 9\}$; (e) $\{\lambda_1, \lambda_2, \lambda_3, \lambda_4\} = \{0, 0, 4, 9\}$.

3.7 证明任意奇数维实值矩阵至少有一个实特征值. 证明没有实特征值的实值矩阵的行列式总是正的. 进一步, 证明具有负行列式的偶数维实值矩阵至少有两个不同的实特征值. [提示: 用多项式根的性质.]

3.8 在 Jordan 范式 $\boldsymbol{A}=\boldsymbol{V}\boldsymbol{U}\boldsymbol{V}^{-1}$ 中, 上三角形矩阵 $\boldsymbol{U}$ 为块对角形式, 其中较小的上三角形矩阵 $\boldsymbol{U}_1,\cdots,\boldsymbol{U}_r$ 沿 $\boldsymbol{U}$ 的对角线排列. 在单个块 $\boldsymbol{U}_1,\cdots,\boldsymbol{U}_r$ 上应用一个多项式函数 $f(\boldsymbol{U})$ 会得到什么样的的效果? 利用这个事实提供 Cayley-Hamilton 定理的一般证明. [提示: 严格三角形矩阵是幂零的.]

3.9 构造一个缺陷矩阵使其平方是可对角化的. [提示: 构造一个 Jordan 范式中的奇异矩阵.]

3.10 设 $\boldsymbol{A},\boldsymbol{B}$ 为 $d\times d$ 矩阵. 证明矩阵 $\boldsymbol{A}\boldsymbol{B}-\boldsymbol{B}\boldsymbol{A}$ 不可能是半正定的, 除非它是零矩阵. [提示: 应用迹的性质.]

3.11 没有实特征值的矩阵的平方能用实特征值来对角化吗? 如果没有, 请给出证明. 如果有, 请给出一个反例.

3.12 如果矩阵 $\boldsymbol{A},\boldsymbol{B}$ 和 $\boldsymbol{A}\boldsymbol{B}$ 都是对称的, 证明矩阵 $\boldsymbol{A}$ 和 $\boldsymbol{B}$ 一定可以同时对角化. [提示: 见问题 1.2.7.]

3.13 设 $\boldsymbol{S}$ 为 $d\times d$ 对称、半正定矩阵和 $\boldsymbol{D}$ 为一个 $n\times d$ 矩阵. 证明 $\boldsymbol{D}\boldsymbol{S}\boldsymbol{D}^{\mathrm{T}}$ 一定是一个对称、半正定矩阵. 注意, $\boldsymbol{D}\boldsymbol{S}\boldsymbol{D}^{\mathrm{T}}$ 是 $\boldsymbol{D}$ 的各行之间的内积矩阵, 其是点积矩阵 $\boldsymbol{D}\boldsymbol{D}^{\mathrm{T}}$ 的一个推广.

3.14 设 $\boldsymbol{S}$ 是一个半正定矩阵, 因此其可以表示为 Gram 矩阵形式 $\boldsymbol{S}=\boldsymbol{B}^{\mathrm{T}}\boldsymbol{B}$ (引理 3.3.14). 利用这个事实证明任意对角线元素永远不能是负数. 这对二次函数的凸性意味着什么?

3.15 证明: 若一个矩阵 $\boldsymbol{P}$ 满足 $\boldsymbol{P}^2=\boldsymbol{P}$, 则其所有特征值一定为 1 或 0.

3.16 证明任意矩阵 $\boldsymbol{A}$ 总是和它的转置 $\boldsymbol{A}^{\mathrm{T}}$ 相似. [提示: 如果 $\boldsymbol{A}$ 与 $\boldsymbol{U}$ 相似, 则 $\boldsymbol{A}^{\mathrm{T}}$ 与 $\boldsymbol{U}^{\mathrm{T}}$ 相似. 然后, 利用置换矩阵证明 Jordan 范式中的矩阵 $\boldsymbol{U}$ 与其转置相似.]

3.17 设 $\overline{x}$ 是方阵 $\boldsymbol{A}$ 对应特征值 λ_r 的右特征向量 (列向量), 而 $\overline{y}$ 是 $\boldsymbol{A}$ 对应特征值 $\lambda_l\neq\lambda_r$ 的左特征向量 (行向量). 证明 $\overline{x}$ 与 $\overline{y}^{\mathrm{T}}$ 是正交的. [提示: 谱定理包含了该结果的一个特例, 而问题 3.3.6 也是可对角化矩阵的一个特例.]

3.18 下面的问题是对还是错?

(a) 具有所有零特征值的矩阵一定是零矩阵.

(b) 所有特征值为零的对称矩阵一定是零矩阵.

3.19 证明: 如果 λ 是 $\boldsymbol{A}\boldsymbol{B}$ 的一个非零特征值, 那么它一定也是 $\boldsymbol{B}\boldsymbol{A}$ 的非零特征值. 为什么该结论不适用于零特征值? 进一步, 证明如果 $\boldsymbol{A}$ 或 $\boldsymbol{B}$ 是可逆的, 那么 $\boldsymbol{A}\boldsymbol{B}$ 和 $\boldsymbol{B}\boldsymbol{A}$ 是相似的.

3.20 二次函数 $f(x_1,x_2,x_3)=2x_1^2+3x_2^2+2x_3^2-3x_1x_2-x_2x_3-2x_1x_3$ 是凸的吗? 函数 $g(x_1,x_2,x_3)=2x_1^2-3x_2^2+2x_3^2-3x_1x_2-x_2x_3-2x_1x_3$ 是否为凸的? 在上面两种情况下, 在 $[x_1,x_2,x_3]^{\mathrm{T}}$ 范数为 1 的约束条件下, 求目标函数的最小值.

3.21 考虑函数 $f(x_1,x_2)=x_1^2+3x_1x_2+6x_2^2$. 提出变量的一个线性变换使得函数关于新变量是可分离的. 利用目标函数的可分离形式来求得其最优解.

3.22 证明两个相似的对称矩阵的差一定是不定的，除非这两个矩阵是相同的. [提示：应用迹的性质.]

3.23 证明：只要允许考虑复根，那么任意 $d \times d$ 对角化矩阵的第 n 个根总是存在. 当根为实值矩阵的情况时，根据其与原始矩阵的关系，给出所得到的矩阵的几何解释.

3.24 生成一个以 $[1,-1,1]^{\mathrm{T}}$ 为中心的椭球方程使其轴方向为正交向量 $[1,1,1]^{\mathrm{T}}$，$[1,-2,1]^{\mathrm{T}}$ 和 $[1,0,-1]^{\mathrm{T}}$. 椭球在这些方向上以 $1:2:3$ 的比例进行拉伸. 该问题的答案并不是唯一的，其取决于椭球的大小. 给出本章中讨论的椭球矩阵形式. [在大小和相对顺序方面，需要注意拉伸比与该矩阵特征值之间的映射.]

3.25 设 $\boldsymbol{A}$ 和 $\boldsymbol{B}$ 是两个特征值分别位于 $[\lambda_1,\lambda_2]$ 和 $[\gamma_1,\gamma_2]$ 的对称矩阵. 证明 $\boldsymbol{A}-\boldsymbol{B}$ 的特征值位于 $[\lambda_1-\gamma_2,\lambda_2-\gamma_1]$. [从几何角度考虑一个向量与 $(\boldsymbol{A}-\boldsymbol{B})$ 相乘的影响. 也可以考虑对合适的 $\boldsymbol{C}$，关于 $\overline{x}^{\mathrm{T}}\boldsymbol{C}\overline{x}$ 的范数约束优化问题.]

3.26 **幂零矩阵**. 考虑一个对某个 k 满足 $\boldsymbol{A}^k=0$ 的非零方阵 $\boldsymbol{A}$. 称这样的矩阵为幂零矩阵. 证明其所有的特征值都是 0 以及这样的矩阵是缺陷矩阵.

3.27 证明矩阵 $\boldsymbol{A}$ 在如下每种情况下都是可对角化的：(i) 它满足 $\boldsymbol{A}^2=\boldsymbol{A}$；(ii) 它满足 $\boldsymbol{A}^2=\boldsymbol{I}$.

3.28 **基本行可加矩阵是缺陷矩阵**. 证明对角线元素都为 1 和具有单一非零非对角元素的 $d\times d$ 初等行加法矩阵是不可对角化的.

3.29 **对称矩阵和幂等矩阵**. 证明满足 $\boldsymbol{P}^2=\boldsymbol{P}$ 和 $\boldsymbol{P}=\boldsymbol{P}^{\mathrm{T}}$ 的任意 $n\times n$ 矩阵 $\boldsymbol{P}$ 都可以表示成 $\boldsymbol{Q}\boldsymbol{Q}^{\mathrm{T}}$ 的形式，其中 $\boldsymbol{Q}$ 是某个具有正交列的 $n\times d$ 矩阵 (因此，这给出了投影矩阵的另一种定义).

3.30 **对角化与幂零性**. 证明任意方阵都可以表示为一个可对角化矩阵和一个幂零矩阵 (包括任意部分的零矩阵) 之和.

3.31 设一个正定矩阵 $\boldsymbol{A}$ 的 Cholesky 分解为 $\boldsymbol{L}\boldsymbol{L}^{\mathrm{T}}$. 证明如何利用倒向替换方法计算 $\boldsymbol{A}$ 的逆.

3.32 **三维任意坐标轴旋转**. 正如 $[1,0,0]^{\mathrm{T}}$ 是对一个列向量关于如下 Givens 矩阵逆时针方向旋转 θ 一样，向量 $[1,2,-1]^{\mathrm{T}}$ 是逆时针方向旋转 θ 的坐标轴：

$$\boldsymbol{R}_{[1,0,0]}=\begin{bmatrix}1 & 0 & 0\\ 0 & \cos(\theta) & -\sin(\theta)\\ 0 & \sin(\theta) & \cos(\theta)\end{bmatrix}$$

建立一个新的包含 $[1,2,-1]^{\mathrm{T}}$ 的 $\mathbf{R}^3$ 中正交基系统. 现在，我们使用相似性的概念 $\boldsymbol{R}_{[1,2,-1]}=\boldsymbol{P}\boldsymbol{R}_{[1,0,0]}\boldsymbol{P}^{\mathrm{T}}$ 来建立一个绕坐标轴 $[1,2,-1]^{\mathrm{T}}$ 旋转 60° 的旋转矩阵 $\boldsymbol{M}$. 主要的一点是知道如何从前面所提到的正交基系统中来推断矩阵 $\boldsymbol{P}$. 通过验证 $\det(\boldsymbol{P})$，需要小心避免在基变换期间发生意外反射. 现在证明如何使用复值对角化从 $\boldsymbol{M}$ 中恢

复坐标轴和旋转角度. [提示：相似矩阵的特征值是一样的，而旋转坐标轴是一个不变的方向.]

3.33 证明如何应用矩阵的 Jordan 范式快速确定其秩和四个基本子空间.

3.34 考虑如下二次函数：

$$f(x_1, x_2, x_3) = x_1^2 + 2x_2^2 + x_3^2 + ax_1x_2 + x_2x_3$$

当 a 满足什么条件，函数 $f(x_1, x_2, x_3)$ 是一个凸函数.

3.35 **核方法的用处**. 考虑一个 $n \times n$ 非奇异矩阵 $\boldsymbol{A} = \boldsymbol{B}\boldsymbol{B}^{\mathrm{T}}$，其为 $n \times n$ 矩阵 $\boldsymbol{B}$ 的左 Gram 矩阵. 提出一种以 $\boldsymbol{B}$ 为输入，可以生成 100 个不同矩阵 $\boldsymbol{B}_1, \cdots, \boldsymbol{B}_{100}$ 的算法使 $\boldsymbol{A}$ 是每个 $\boldsymbol{B}_i$ 的左 Gram 矩阵. 存在多少这样的矩阵? 是否有可能建立一个像 $\boldsymbol{A}$ 一样对称的 $\boldsymbol{B}_i$? 所有 $\boldsymbol{B}_i$ 都可能是三角形的吗? [注意：对于 $n \times n$ 相似矩阵 $\boldsymbol{A}$，矩阵 $\boldsymbol{B}_i$ 的第 k 行是第 k 个对象的多维表示.]

3.36 设 $\boldsymbol{P}$ 是一个非负 $n \times n$ 随机转移概率矩阵，于是其每一行的和为 1. 求对应于特征值为 1 的一个右特征向量. 证明没有特征值能大于 1.

3.37 设 $\boldsymbol{A} = \boldsymbol{V}\boldsymbol{\Delta}\boldsymbol{V}^{-1}$ 是一个可对角化的矩阵. 证明：矩阵 $\lim_{n\to\infty}(\boldsymbol{I} + \boldsymbol{A}/n)^n$ 存在且每个元素值有限. [该结果对任意方阵也成立. 然而，对一般情况的证明则是一个挑战.]

3.38 特征值是沿特定方向的比例因子. 建立一个 2×2 可对角化矩阵 $\boldsymbol{A}$ 和一个 2 维向量 $\overline{x}$ 使 $\boldsymbol{A}$ 的每个特征值的绝对值都小于 1，而 $\boldsymbol{A}\overline{x}$ 的长度大于 $\overline{x}$ 的长度. 证明任意这样的矩阵 $\boldsymbol{A}$ 都不可能是对称的. 从几何角度解释这些结果.

3.39 **马氏 (Mahalanobis) 距离**. 设 $\boldsymbol{C} = \boldsymbol{D}^{\mathrm{T}}\boldsymbol{D}/n$ 是一个 $n \times d$ 均值中心化数据集的协方差矩阵. 数据集 $\boldsymbol{D}$ 的第 i 行 $\overline{X}_i$ 与数据集的均值 (这里我们假设为零) 的平方马氏距离定义为

$$\delta_i^2 = \overline{X}_i \boldsymbol{C}^{-1} \overline{X}_i^{\mathrm{T}}$$

设 $\boldsymbol{C} = \boldsymbol{P}\boldsymbol{\Delta}\boldsymbol{P}^{\mathrm{T}}$ 为 $\boldsymbol{C}$ 的对角化，以及每一个行向量 $\overline{X}_i$ 被变换为 $\overline{Z}_i = \overline{X}_i\boldsymbol{P}$. 将变换后的数据矩阵 $\boldsymbol{D}\boldsymbol{P}$ 的每一个属性除以其标准差，使其沿着每一维的方差为 1 进行规范化，从而得到新的行 $\overline{Z}'_1, \cdots, \overline{Z}'_n$. 证明马氏距离 $\delta_i = \|\overline{Z}'_i\|$.

3.40 **对称矩阵的非正交对角化**. 考虑如下对称矩阵的对角化：

$$\begin{bmatrix} 3 & 0 & 1 \\ 0 & 4 & 0 \\ 1 & 0 & 3 \end{bmatrix} = \begin{bmatrix} 1/\sqrt{2} & 0 & 1/\sqrt{2} \\ 0 & 1 & 0 \\ 1/\sqrt{2} & 0 & -1/\sqrt{2} \end{bmatrix} \begin{bmatrix} 4 & 0 & 0 \\ 0 & 4 & 0 \\ 0 & 0 & 2 \end{bmatrix} \begin{bmatrix} 1/\sqrt{2} & 0 & 1/\sqrt{2} \\ 0 & 1 & 0 \\ 1/\sqrt{2} & 0 & -1/\sqrt{2} \end{bmatrix}$$

找到另一种对角化 $\boldsymbol{V}\boldsymbol{\Delta}\boldsymbol{V}^{-1}$，其中至少有一些 $\boldsymbol{V}$ 的列对不是正交的. [提示：尝试使用相同的特征向量来修正对角化.]

3.41 设 $\boldsymbol{D}$ 是一个 100000×100 的稀疏矩阵，你想计算它的左 Gram 矩阵 $\boldsymbol{D}\boldsymbol{D}^{\mathrm{T}}$ 的主特征向量．不幸的是，$\boldsymbol{D}\boldsymbol{D}^{\mathrm{T}}$ 是一个大小为 100000×100000 的非稀疏矩阵，这因此导致了复杂的计算问题．证明如何仅使用稀疏矩阵向量乘法来实现幂方法．

3.42 **多重选择**．设 $\overline{x}_1, \cdots, \overline{x}_d$ 是 d 个向量以及 $\boldsymbol{A}$ 是一个 $d \times d$ 对称矩阵．假设对任意 $i = 1, \cdots, d$，$\overline{x}_i^{\mathrm{T}} \boldsymbol{A} \overline{x}_i > 0$．那么，如果不同的 $\overline{x}_i$ 满足以下条件之一，则 $\boldsymbol{A}$ 总是正定的：(i) 线性无关；(ii) 正交；(iii) $\boldsymbol{A}$ 正交；(iv) 上面任何一种；(v) 以上都不是．请给出证明．

3.43 将习题 3.40 中的对角化转换为 Gram 矩阵形式 $\boldsymbol{A} = \boldsymbol{B}^{\mathrm{T}}\boldsymbol{B}$，然后应用 QR 分解 $\boldsymbol{B} = \boldsymbol{Q}\boldsymbol{R}$ 计算 Cholesky 分解 $\boldsymbol{A} = \boldsymbol{L}\boldsymbol{L}^{\mathrm{T}} = \boldsymbol{R}^{\mathrm{T}}\boldsymbol{R}$.

CHAPTER 4

第4章

最优化基础：机器学习视角

"如果你把一切都优化了，你将会永远不快乐."

——高德纳 (Donald Knuth)

4.1 引言

许多机器学习模型都可以归结为关于多变量的连续优化问题. 这类问题最简单的例子就是最小二乘回归，它也是线性代数中的一个基本问题. 这是因为求解一个 (相容) 方程组就是最小二乘回归的一种特殊情况. 在最小二乘回归问题中，人们可以找到一个相容或不相容方程组的最佳拟合解，且损失对应于最佳拟合的总平方误差. 对于相容方程组这一特殊情况，其损失值为 0. 最小二乘回归在线性代数、最优化以及机器学习中具有特殊的地位，因为它是这三个学科中的一个基础共性问题. 历史上，最小二乘回归的提出早于机器学习中的分类问题，而分类问题中的优化模型往往被视为对最小二乘回归模型的改进. 最小二乘回归与分类问题的主要区别在于，前者预测的目标变量是连续的，而后者的是离散的 (通常是二元的). 因此，我们需要对线性回归中的优化模型进行"修复"以使其适用于离散目标变量. 本章将特别说明最小二乘回归为什么是机器学习的基础.

大多数连续优化方法都使用微积分这一工具来研究. 微积分是一门古老的学科，它是由艾萨克·牛顿 (Isaac Newton) 和戈特弗里德·莱布尼茨 (Gottfried Leibniz) 在 17 世纪分别独立提出的. 微积分的主要思想是对一个目标函数关于其每个自变量的瞬时变化率进行量化. 基于微积分的优化方法利用了这样一个事实，即目标函数在优化变量的一组特定值上的变化率可以为如何迭代地改变优化变量以使其更接近最优解提供算法基础. 这种迭代算法在现在的计算机上是很容易实现的. 尽管 17 世纪还未发明计算机，但牛顿提出了几种迭代方法，为人们手动求解优化问题提供了一种系统性方式 (虽然有些工作相当乏味)．当计算机出现之后，这些迭代方法很自然地被改编成计算机算法．本章将介绍最优化的基础知识以及相关的计算算法，而后面章节将对这些想法进行展开介绍．

本章内容安排如下．4.2 节将讨论最优化理论的基础知识．鉴于凸性想法在机器学习中的重要性，4.3 节将介绍凸性的概念．4.4 节将讨论关于梯度下降的重要细节．优化问题在机器学习中有几种不同的表现方式 (不同于传统上的应用)，这些将在 4.5 节中讨论．为了计算目标函数关于向量的导数，4.6 节将引入一些关于矩阵微积分的常用符号和等式．最小二乘回归问题将在 4.7 节中提出，而关于离散目标机器学习算法的设计将在 4.8 节中讨论．4.9 节则分析基于多类的分类优化模型．4.10 节表述坐标下降法．4.11 节对本章进行总结．

4.2 优化基础

优化问题的目标函数定义在一组变量之上，这组变量被称为*优化变量*．优化问题的目标是计算得到使目标函数达到最大或最小的变量的值．在机器学习中，我们通常使用目标函数的最小化形式，而相应的目标函数则被称为*损失函数*．注意，术语“损失函数”通常 (语义上) 是指具有特定类型属性的目标函数，其用于量化与特定变量配置相关的非负“成本”．尽管术语“目标函数”相比于术语“损失函数”是更一般的概念，但“损失函数”经常用于计量经济学、统计学和机器学习领域中．例如，损失函数总是与一个最小化目标函数相关联，且通常将其解释为非负成本．机器学习中的大多数目标函数是关于多个变量的多元损失函数，但我们这里首先考虑定义在单个变量上的优化函数的简单情况．

4.2.1 单变量优化问题

考虑如下的一个单变量目标函数 $f(x)$:

$$f(x) = x^2 - 2x + 3 \tag{4.1}$$

该目标函数是开口向上的抛物线，也可以将其表示为 $f(x) = (x-1)^2 + 2$, 如图 4.2a 所示．显然它在 $x = 1$ 时取得最小值，此时非负项 $(x-1)^2$ 为 0．注意到，在其最小值处，$f(x)$ 相对于 x 的变化率为零，这是因为该点的切线是水平的．我们也可以通过计算 $f(x)$ 关于 x 的一阶导数 $f'(x)$ 并令其为 0 来找到该最优值：

$$f'(x) = \frac{\mathrm{d}f(x)}{\mathrm{d}x} = 2x - 2 = 0 \tag{4.2}$$

因此，我们能获得最优点 $x = 1$．直观上，当 x 在 $x = 1$ 附近微小变化时，函数 $f(x)$ 的变化率为零，这表明它是最优点．然而，仅凭这一分析不足以得出这一点是最小值点的结论．

为了理解这一点，考虑倒抛物线 $g(x) := -f(x)$:

$$g(x) = -f(x) = -x^2 + 2x - 3 \tag{4.3}$$

令 $g(x)$ 的导数为 0, 则得到与 $x = 1$ 完全相同的解：

$$g'(x) = 2 - 2x = 0 \tag{4.4}$$

然而，在这种情况下，解 $x = 1$ 是最大值点而不是最小值点．此外，点 $x = 0$ 是函数 $F(x) = x^3$(见图 4.1) 的*拐点*或*鞍点*．注意到，即使其在 $x = 0$ 处的导数为 0, 但这样的点既不是最大值点也不是最小值点．

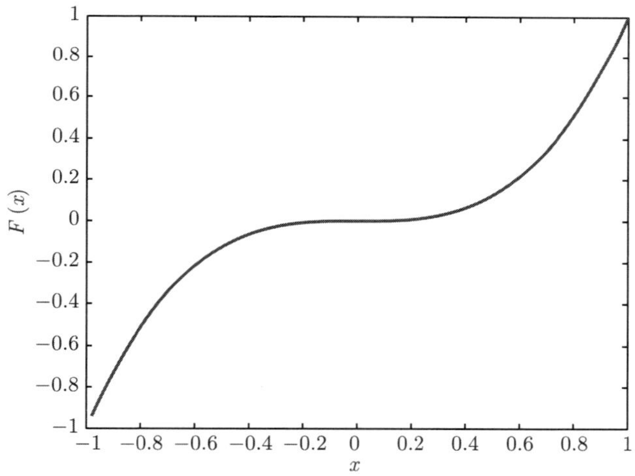

图 4.1　一维函数的例子 $F(x) = x^3$

所有使目标函数一阶导数为零的点都称为该优化问题的*临界点*．临界点可以是最大值点、最小值点或鞍点．那么，我们应该如何区分临界点的不同情况呢？一个观察是，函数在最小值点处看起来像一个直立的碗，这意味着它的一阶导数在最小值点递增．也就是说，在极小值点处的二阶导数 (导数的导数) 是正的 (尽管这条规则有一些例外)．例如，上面讨论的两个二次函数 $f(x)$ 和 $g(x)$ 的二阶导数如下：

$$f''(x) = 2 > 0, \quad g''(x) = -2 < 0$$

二阶导数为零的情况有点不太确定，这是因为这样的点可以是最小值点、最大值点或拐点．我们称这样的临界点为*退化点*. 因此，对于求单变量函数 $f(x)$ 最小值的优化问题，$f'(x) = 0$ 且 $f''(x) > 0$ 就足以保证该点在其邻域内是最小的．这样的点被称为局部最小值点．然而，这并不意味着点 x 是 x 的整个取值范围内的全局最小值点．

引理 4.2.1 (无约束优化问题的最优性条件)　如果一个单变量函数 $f(x)$ 在 $x = x_0$ 点满足 $f'(x_0) = 0$ 且 $f''(x_0) > 0$, 则该点是一个局部最小值点.

我们称这些条件为极小化的一阶和二阶条件. 上述条件是一个点在它的无穷小邻域内值最小的充分条件，也“几乎”是在它的小邻域内值最小的必要条件. 这里使用“几乎”这一词是为了强调点 x_0 满足 $f'(x_0) = 0$ 且 $f''(x_0) = 0$ 这一退化情况. 这种情况是不确定的，因为 x_0 可能是最小值点，也可能不是最小值点. 作为这种不确定性情况的例子，函数 $F(x) = x^3$ 和 $G(x) = x^4$ 在 $x = 0$ 时的一阶导数和二阶导数都为零，但只有后者是最小值. 利用函数 $f(x)$ 在小邻域 $x_0 + \Delta$ 内的泰勒展开 (见 1.5.1 节)，我们可以将引理 4.2.1 的最优性条件理解为

$$f(x_0 + \Delta) \approx f(x_0) + \underbrace{\Delta f'(x_0)}_{0} + \frac{\Delta^2}{2} f''(x_0)$$

注意，Δ 可能是正的或负的，而 Δ^2 却总是正的. 假设 $|\Delta|$ 的值非常小，且接下来的项会更高阶地迅速减小. 那么，为了比较 $f(x_0)$ 和 $f(x_0 + \Delta)$, 在上述展开式中只保留第一个非零项是有意义的. 由于 $f'(x_0)$ 等于零，则第一个非零项是包含 $f''(x_0)$ 的二阶项. 此外，由于 Δ^2 和 $f''(x_0)$ 都是正的，于是 $f(x_0 + \Delta) = f(x_0) + \varepsilon$, 其中 ε 是某个正常数. 这意味着，当 Δ 足够小时，$f(x_0)$ 小于 $f(x_0 + \Delta)$, 无论 Δ 是正的还是负的. 换句话说，x_0 在它足够小的邻域内是一个最小值点.

此外，泰勒展开式也给出了退化情形 $f'(x_0) = f''(x_0) = 0$ 出现问题的原因. 当 $f''(x_0)$ 为零时，人们则需要继续展开泰勒级数，直到达到第一个非零项. 如果第一个非零项是正的，则可证明 $f(x_0 + \Delta) < f(x_0)$. 这样函数的一个例子是 $f(x) = x^4$ 在 $x_0 = 0$ 时的情形. 在这种情况下，x_0 在其邻域内的确是最小值点. 但是，如果第一个非零项是负的或者依赖于 Δ 的符号，则它可能是最大值点或鞍点. 一个例子即为 x^3 在原点的拐点，如图 4.1 所示.

问题 4.2.1　考虑二次函数 $f(x) = ax^2 + bx + c$. 证明：当 $a > 0$ 时，存在使得 $f(x)$ 满足最优性 (最小值) 条件的点. 证明：当 $a < 0$ 时，它满足最优性 (最大值) 条件.

二次函数是一个相当简单的情况，根据二次项的符号，它只存在一个唯一的最小值点或最大值点. 然而，有些函数会存在多个转折点. 例如，函数 $\sin(x)$ 是周期函数，其在 $x \in (-\infty, \infty)$ 上有无穷多个极小值/极大值. 值得注意的是，引理 4.2.1 的最优性条件只能保证局部极小值. 也就是说，该点在其无穷小邻域内是最小的. 于是，我们将在其某个邻域内最小的点称为局部最小值点. 直观地说，“局部” 一词指的是该点仅在其 (可能) 无穷小邻域内为最小值点的事实. 而优化变量在整个定义域内取得的最小值才是全局最小值. 值得注意的是，引理 4.2.1 的条件并不能确切地告诉我们一个点是否是全局最小值点. 然而，这些条件对一个点至少为局部最小值点是充分且“几乎”必要的 (即前面讨论的具有零二阶导数的退化情形).

我们下面考虑一个既有局部最小值又存在全局最小值的目标函数：

$$F(x) = (x^4/4) - (x^3/3) - x^2 + 2$$

该函数如图 4.2b 所示，它有两个可能的最小值．极小值点 $x = -1$ 为局部最小值点，极小值点 $x = 2$ 为全局最小值点．局部和全局最小值如图 4.2b 所示．令 $F(x)$ 关于 x 的导数为零，得到如下条件：

$$x^3 - x^2 - 2x = x(x+1)(x-2) = 0$$

上面方程的根为 $x \in \{-1, 0, 2\}$．而二阶导数为 $3x^2 - 2x - 2$, 其在 -1 和 2(极小) 处是正的，但在 $x = 0$ 处是负的．该函数在这两个极小值点的值如下：

$$F(-1) = 1/4 + 1/3 - 1 + 2 = 19/12$$

$$F(2) = 4 - 8/3 - 4 + 2 = -2/3$$

因此，$x = 2$ 是全局最小值点，而 $x = -1$ 则是局部最小值点．注意 $x = 0$ 是 (局部) 最大值点满足 $F(0) = 2$．这个局部最大值点在图 4.2b 中显示为一个峰值在 $x = 0$ 处的小山丘．注意，局部最优对优化问题提出了一个挑战，这是因为人们通常无法知道满足最优性条件的解是否为全局最优解．事实上，被称为凸函数的这种特定类型的优化函数可保证其仅有一个全局最小值．关于凸函数的一个例子是图 4.2a 中的一元二次目标函数．在讨论凸函数之前，我们先讨论满足引理 4.2.1 条件的点是最优解的问题 (及其关于多变量情形的推广)．

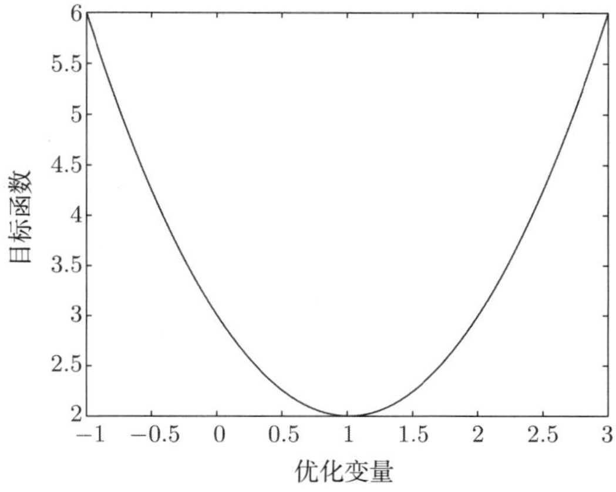

a）单个全局最小

$f(x) = x^2 - 2x + 3$

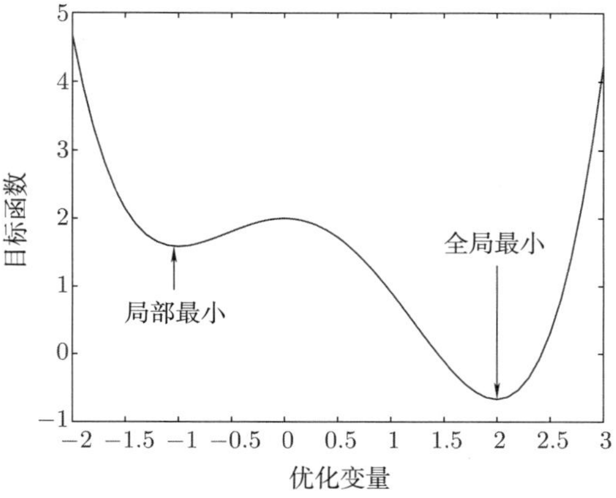

b）全局最小和局部最小

$F(x) = (x^4/4) - (x^3/3) - x^2 + 2$

图 4.2　局部最优和全局最优的图示

问题 4.2.2　证明函数 $F(x) = x^4 - 4x^3 - 2x^2 + 12x$ 在点 $x = -1$ 和 $x = 3$ 处取得极小值．证明该函数在 $x = 1$ 处取得极大值．这些点中哪些是局部最优的呢？

问题 4.2.3 求函数 $F(x)=(x-1)^2[(x-3)^2-1]$ 的局部最优值和全局最优值，其中哪些是极大值点？哪些是极小值点？

4.2.1.1 为什么需要梯度下降

通过求解关于 x 的方程 $f'(x)=0$ 可以得到临界点的解析解．然而，不幸的是，人们并不总是可以计算出其闭型的解析解．通常很难精确求解 $f'(x)=0$，这是因为 $f(x)$ 的导数自身可能是关于 x 的一个复杂函数．换句话说，正如上面给出的例子，闭型解通常并不存在．例如，考虑如下需要最小化的函数：

$$f(x)=x^2\cdot\ln(x)-x \tag{4.5}$$

令这个函数的一阶导函数为零，则可得到如下条件：

$$f'(x)=2x\cdot\ln(x)+x-1=0$$

这个方程有点难解，尽管可以通过迭代法来求解．通过反复试验，人们可能会幸运地发现 $x=1$ 的确是满足一阶最优性条件的一个解，这是因为它满足 $f'(1)=2\ln(1)+1-1=0$．此外，我们可以证明二阶导数 $f''(x)$ 在 $x=1$ 是正的，于是该点至少是一个局部最小值点．然而，通过数值方法来求解这样的方程往往会带来各种数值和计算方面的挑战．当我们从单变量优化转向多变量优化时，相应的挑战会持续增加．

优化目标函数 (与其函数形式无关) 的一种常用方法是*梯度下降法*．在梯度下降法中，人们从某个初始点 $x=x_0$ 开始，沿着最陡的下降方向连续更新 x：

$$x\Leftarrow x-\alpha f'(x)$$

这里，$\alpha>0$ 用于调节步长，它也被称为*学习率*．在单变量情况下，“最陡”这个概念很难理解，因为只有两个运动方向 (即增加 x 或减少 x)，其中一个方向导致上升，而另一个方向则导致下降．然而，在多变量问题中，可能存在无穷多个下降方向，而对一元导数概念的推广则可给出最陡的下降方向．变量 x 的值在每一步迭代 $\delta x=-\alpha f'(x)$ 中都会发生改变．注意，当学习率 $\alpha>0$ 为无穷小时，上述更新总会减少 $f(x)$．这是因为对非常小的 α，我们总可以通过一阶泰勒展开得到：

$$f(x+\delta x)\approx f(x)+\delta x f'(x)=f(x)-\alpha[f'(x)]^2<f(x) \tag{4.6}$$

但是，人们并不建议使用非常小的 $\alpha>0$，因为它会导致算法需要很长时间才能收敛．另外，使用较大值的 α 可能会使关于所计算的梯度的更新变得不可预测 (因为一阶泰勒展开不再是一个好的近似)．毕竟，梯度只是一个瞬时的变化率，它不适用于较大的变化范围．因此，如果步长较大，使得梯度的符号在步长内发生变化，则可能会导致解越过最优值点．在学习率非常大的情况下，迭代解甚至可能发散，其中它会以越来越快的速度朝绝对值大的方向移动，并且通常由于数值溢出而使迭代终止.

下面，我们将给出式 (4.5) 所定义函数的梯度下降过程的两次迭代. 假设从 $x_0=2$ 开始，其大于最优值点 $x=1$. 此时，$f'(x)$ 的值为 $2\ln(2)+1\approx 2.4$. 如果我们取 $\alpha=0.2$，则 x 的值由 x_0 更新为

$$x_1 \Leftarrow x_0 - 0.2\times 2.4 = 2-0.48 = 1.52$$

这个新的 x 值更接近于最优解. 那么，人们可以在 $x_1=1.52$ 处重新计算导数，并执行更新 $x\Leftarrow 1.52-0.2\times f'(1.52)$. 重复这样的更新步骤则可建立序列 $x_0,x_1,x_2,\cdots,x_t$，而当 t 的值较大时，其最终会收敛到最优值 $x_t=1$. 注意，参数 α 的选择很重要. 例如，如果选择 $\alpha=0.8$, 则会得到如下更新：

$$x_1 \Leftarrow x_0 - \alpha f'(x_0) = 2-2.4\times 0.8 = 0.08$$

在这种情况下，解会越过 $x=1$ 所对应的最优值点, 尽管它仍会比初始点 $x_0=2$ 更接近于最优解. 我们仍然可以证明迭代解会收敛到最优值点，但要经过一段较长的时间. 正如我们稍后将会看到的，并不是所有的情况都能保证迭代解收敛.

4.2.1.2　梯度下降的收敛性

梯度下降更新的执行通常会产生一列优化变量的值 $x_0,x_1,\cdots,x_t$，它会逐渐接近于一个最优解.当 x_t 的值接近最优值时,导数 $f'(x_t)$ 也会越来越接近于零 (从而满足引理 4.2.1 的一阶最优性条件). 也就是说，随着算法的执行，绝对步长将会减小. 当梯度下降接近最优解时，目标函数改变的速度也会变慢. 这个观察结果提供了一些关于终止算法决策的自然想法 (当目前的解足够接近最优值时). 其基本思想是，随着算法的进行，画出 $f(x_t)$ 的当前值关于迭代指标 t 的图像. 图 4.3a 给出了一个梯度下降过程更新良好的典型例子. 其中，X 轴表示迭代指标，而 Y 轴表示目标函数的值. 注意，目标函数的值不必在算法过程中单调递减，但是在某一点之后，目标函数的值往往会出现小噪声般的变化 (没有明显的长期方向). 这种情况可以作为算法的一个很好的终点. 然而，在某些情况下，如果步长选择不当，更新步骤可能会偏离最优解.

4.2.1.3　发散问题

选择一个非常大的学习率 α 可能会导致迭代值越过最优解，甚至在某些情况下迭代解会发散. 为了理解这一点，让我们考虑图 4.2a 中的二次函数 $f(x)$，它在 $x=1$ 处具有最优值：

$$f(x)=x^2-2x+3$$

现在，我们想象一种情况，其起点为 $x_0 = 2$, 并选择一个较大的学习率 $\alpha = 10$. 由导数 $f'(x) = 2x - 2$ 计算得到 $f'(x_0) = f'(2) = 2$. 于是，第一步更新如下所示：

$$x_1 \Leftarrow x_0 - 10 \times 2 = 2 - 20 = -18$$

注意到，新的点 x 离最优值点 $x = 1$ 远得多，这是由过冲问题引起的. 更糟糕的是，绝对梯度在这一点非常大，其为 $f'(-18) = -38$. 如果我们保持学习率不变，它将导致解会以更快的速度向相反方向移动：

$$x_2 \Leftarrow x_1 - 10 \times (-38) = -18 + 380 = 362$$

在这种情况下，解会过冲并回到原来的方向，但距最优解更远. 进一步的更新将会导致迭代解以越来越大的振幅往返运动：

$$x_3 \Leftarrow x_2 - 10 \times 722 = 362 - 7220 = -6858, \qquad x_4 \Leftarrow x_3 + 10 \times 13718 = 130322$$

注意到，每次迭代都会翻转当前解的符号，并将其大小增大约 20 倍. 换言之，解会越来越快地远离最优解，直到导致数值溢出. 目标函数在发散过程中的变化行为示例如图 4.3b 所示.

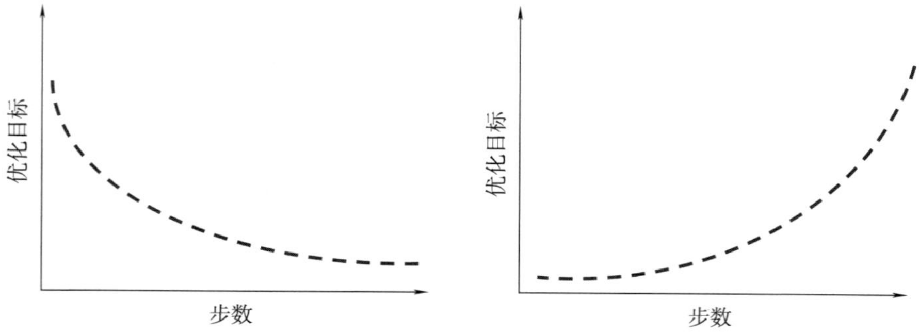

a）收敛　　b）发散

图 4.3　目标函数在收敛和发散中的典型行为

在算法运行过程中降低学习率是很普遍的，而这种方法的众多目的之一就是阻止发散. 但是，在某些情况下，这种方法也可能无法阻止发散，特别是在初始学习率较大的情况下. 因此，当程序员遇到梯度下降的情况，参数向量的大小似乎迅速增加 (并且优化目标恶化) 时，这就是发散会出现的信号. 为此，人们首先应当调整的是用较小的初始学习率进行测试. 然而，选择一个过小的学习率又可能会减慢算法的运行速度，从而导致整个运行过程花费太多时间. 特别地，有相当多的文献都介绍了寻找正确的步长或在算法运行过程中合理调整学习率的方法，其中一些相关主题将在后面的章节中讨论.

4.2.2 双变量优化问题

单变量优化问题在实际的场景中并不经常出现，在现实环境中大多数的优化问题都是关于多个变量的．为了理解单变量优化和多变量优化之间的细微差别，我们首先考虑优化函数具有双变量的情况．这样的问题称为*双变量优化问题*，它有助于读者理解单变量优化和多变量优化问题在计算复杂度之间的差别．为此，我们考虑图 4.2 中单变量函数优化问题关于双变量情形的推广．下面用图 4.2 所示的两个单变量函数的和来构造如下双变量函数：

$$g(x,y) = f(x) + f(y) = x^2 + y^2 - 2x - 2y + 6$$

$$G(x,y) = g(x) + g(y) = ([x^4 + y^4]/4) - ([x^3 + y^3]/3) - x^2 - y^2 + 4$$

注意到，这些函数比较简单且具有非常特殊的结构．它们是可加分离的．可加分离函数是指那些可以表示为两个不相互作用的单变量函数之和的函数．换句话说，可加分离函数可能会包含像 $\sin(x^2)$ 和 $\sin(y^2)$ 这样的项，但不会包含 $\sin(xy)$．然而，这些简化的多项式函数足以证明多变量优化问题的复杂性．事实上，正如 3.4.4 节所述，所有的二次函数都可以用可加分离的形式来表示 (尽管这对非二次函数并不适用)．两个双变量函数 $g(x,y)$ 和 $G(x,y)$ 分别如图 4.4a 和图 4.4b 所示．显然，图 4.4a 和图 4.4b 中目标函数的单变量横截面分别与图 4.2a 和图 4.2b 中的一维函数相似．图 4.4a 中的目标函数具有唯一全局最优值 (类似于图 4.2a 中的一维二次函数)．然而，图 4.4b 中的目标函数有四个极小值，其中只有 $[x,y]=[2,2]$ 是全局最小值点．局部最小值和全局最小值的示例见图 4.4b．

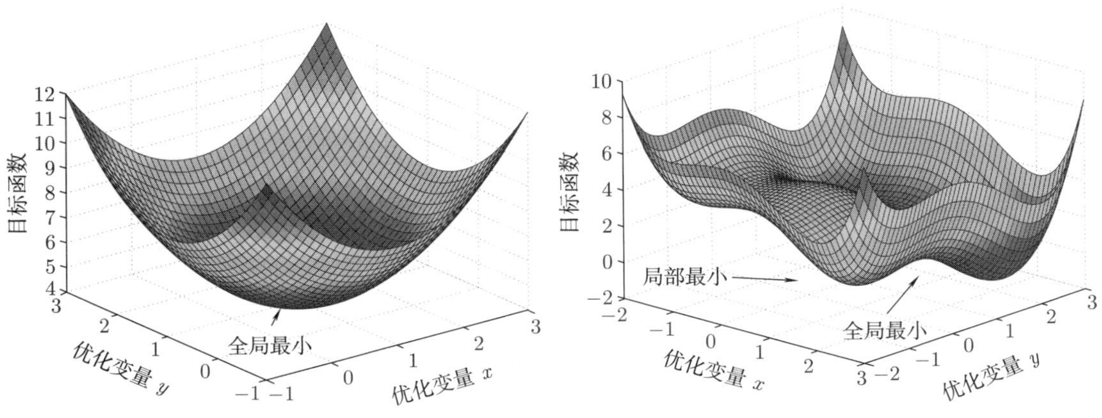

a）单个全局最小
$g(x,\ y)=x^2+y^2-2x-2y+6$

b）全局最小和局部最小
$G(x,\ y)=([x^4+y^4]/4)-([x^3+y^3]/3)-x^2-y^2+4$

图 4.4 局部最优和全局最优的图示

在这种情况下，为了使用梯度下降，我们可以计算目标函数 $g(x,y)$ 和 $G(x,y)$(见图 4.4) 的偏导数．偏导数是计算多变量函数关于一个特定变量的导数，而其他变量将被视为常数．事实上，“梯度”自然地被定义为偏导数所构成的向量．图 4.4a 中函数 $g(x,y)$ 的梯度可计算如下：

$$\boldsymbol{\nabla} g(x,y)=\left[\frac{\partial g(x,y)}{\partial x},\frac{\partial g(x,y)}{\partial y}\right]^{\mathrm{T}}=\begin{bmatrix}2x-2\\2y-2\end{bmatrix}$$

符号“$\boldsymbol{\nabla}$”加在函数前面用于表示其梯度．本书将始终使用该符号表示多变量函数的梯度，且偶尔会添加形如 $\boldsymbol{\nabla}_{x,y} g(x,y)$ 的下标来区分计算梯度所对应的变量．在这种情况下，梯度是一个包含两个分量的列向量，因为我们有两个优化变量 x 和 y．该二维列向量的每个分量都是目标函数关于其中一个变量的偏导数．求解优化问题最简单的方法是令梯度 $\boldsymbol{\nabla} g(x,y)$ 为零，其解为 $[x,y]=[1,1]$．我们将在 4.2.3 节中讨论二阶最优性条件 (来区分最大值点、最小值点和拐点)．

令目标函数梯度为零的简单方法可能并不总能得到相应方程组的闭型解．因此，常用的求解方法仍是使用梯度下降法按照如下方式来更新优化变量 $[x,y]$：

$$\begin{bmatrix}x_{t+1}\\y_{t+1}\end{bmatrix}\Leftarrow\begin{bmatrix}x_t\\y_t\end{bmatrix}-\alpha\boldsymbol{\nabla} g\left(x_t,y_t\right)=\begin{bmatrix}x_t\\y_t\end{bmatrix}-\alpha\begin{bmatrix}2x_t-2\\2y_t-2\end{bmatrix}$$

到目前为止，我们只研究了具有简单结构的可加分离函数．现在，考虑一个稍微更复杂一点的函数：

$$H(x,y)=x^2-\sin(xy)+y^2-2x$$

在这种情况下，$\sin(xy)$ 这一项使这个函数不是可加分离的．此时，函数的梯度可以表示为

$$\boldsymbol{\nabla} H(x,y)=\left[\frac{\partial H(x,y)}{\partial x},\frac{\partial H(x,y)}{\partial y}\right]^{\mathrm{T}}=\begin{bmatrix}2x-y\cos(xy)-2\\2y-x\cos(xy)\end{bmatrix}$$

尽管偏导数的分量不再是单变量函数，但还可以应用与之前情况类似的梯度下降方式来更新优化变量．

与单变量优化的情况相同，局部最优解的存在性仍然是一个问题．例如，在图 4.4b 中所示函数 $G(x,y)$ 的情况下，局部最优解是显然可见的．令梯度 $\boldsymbol{\nabla} G(x,y)$ 为 0，则可以找到所有的临界点：

$$\boldsymbol{\nabla} G(x,y)=\begin{bmatrix}x^3-x^2-2x\\y^3-y^2-2y\end{bmatrix}=\overline{0}$$

该优化问题具有一个有意思的结构：由于九对 $(x,y)\in\{-1,0,2\}\times\{-1,0,2\}$ 中的任何一对都满足一阶最优性条件，因此都是临界点．其中，在 $(0,0)$ 处有一个全局最小值、三个局

部最小值和一个局部最大值. 可以证明其他四个点是鞍点. 将点分类为最小值点、最大值点或鞍点只能通过使用多变量二阶条件来实现，这个条件是引理 4.2.1 中单变量最优性条件的一个直接推广. 多变量情形下二阶最优性条件的讨论将在 4.2.3 节中讨论. 注意，当优化问题包含两个变量而不是一个变量时，满足最优性条件的可能临界点的数量会迅速增加. 一般来说，当一个多变量问题被看作单变量函数的和时，局部最优解的数目会随着优化变量的个数呈指数增长.

问题 4.2.4 考虑一个单变量函数 $f(x)$, 其具有 k 个满足一阶最优条件 $f'(x)=0$ 的 x 值. 设双变量目标函数 $G(x,y)=f(x)+f(y)$. 证明：存在 k^2 对 (x,y) 满足 $\nabla G(x,y)=\overline{0}$. 那么，共有多少组 $[x_1,\cdots,x_d]^{\mathrm{T}}$ 满足 d 维函数 $H(x_1\cdots x_d)=\sum_{i=1}^{d} f(x_i)$ 的一阶最优性条件?

对于图 4.4b 中的目标函数，每一个象限中都存在一个 (局部或全局) 最优值. 此外，我们可以证明从特定象限开始梯度下降 (在较小学习率下) 将收敛到该象限中的单个最优值点，这是因为每个象限都包含其本身的局部碗. 在较大学习率下，梯度下降可能会越过局部/全局最优值并移到不同的碗中 (甚至以不可预测的方式表现为数值溢出). 于是，梯度下降的最终静止点取决于 (看起来是) 计算过程中的一些小的细节，诸如起点或学习率. 我们将在 4.4 节中讨论这些细节.

图 4.4a 中的函数 $g(x,y)$ 只有一个全局最优值，且没有局部最优值. 在这种情况下，无论从何处开始梯度下降，都有可能达到全局最优值. 这种情况下的更好结果是由优化问题的结构来决定的. 机器学习中遇到的许多优化问题都具有图 4.4a 中的良好结构 (或与之非常接近的结构). 因此，由局部最优所引起的问题比初看起来要少.

4.2.3 多变量优化问题

大多数机器学习问题都是定义在一个包含多个优化变量的大参数空间上. 对应优化问题的变量往往是用于建立机器学习问题中以观测或隐藏属性为变量的预测函数的相关参数. 例如，在一个线性回归问题中，优化变量 $w_1,w_2,\cdots,w_d$ 是用来根据自变量 $x_1,\cdots,x_d$ 来预测因变量 y 的相关参数：

$$y=\sum_{i=1}^{d} w_i x_i$$

从本小节开始，我们只用符号 $w_1,\cdots,w_d$ 来表示优化变量，而其他像 x_i 和 y 这样的 “变量” 则表示手头数据集的实际观测值 (从优化角度来看是常数). 这些是机器学习中的典型符号. 目标函数通常是对观测值和如上面所示的具有特定属性的预测值 y 之间的差异进行惩罚. 例如，如果我们有许多形如 $[x_1,x_2,\cdots,x_d,y]$ 的观测元组，那么可以对所有观测元组求 $\left(y-\sum_{i=1}^{d} w_i x_i\right)^2$ 的值，这样的目标函数在机器学习中通常称为损失函数. 因此，本章的剩余部分将频繁用“损失函数”来代替“目标函数”. 在本小节中，我们将假设损失函数 $J(\bar{w})$ 是关于多维优化变量 $\bar{w}=[w_1,\cdots,w_d]^{\mathrm{T}}$ 的函数. 与之前章节中的讨论不同，我们将使用符号 $w_1,\cdots,w_d$ 来表示优化变量，因为符号 $\overline{X},x_i,\bar{y}$ 和 y_i 将被用来表示数据的属性 (其值是可被观测到的). 尽管在机器学习术语中，属性有时也称为“变量”(例如，因变量和自变量)，但从优化问题的角度来看，它们不是变量. 在训练过程中，属性值基于观测数据且总是固定的，因此它出现在优化问题的 (常数) 系数中. 之所以这些属性 (具有常观测值) 在机器学习中也被称为“变量”，是因为它们是机器学习算法中试图建模的预测函数中的变量. 使用诸如 $\overline{X},x_i,\bar{y}$ 和 y_i 之类的符号来表示属性是机器学习领域中的常见做法. 因此，本章后续的讨论将与本惯例保持一致. 维数 d 的值对应于当前问题中优化变量的数目，并且假设参数向量 $\bar{w}=[w_1,\cdots,w_d]^{\mathrm{T}}$ 为列向量.

具有 d 个变量的目标函数的梯度计算与在 4.2.2 节中讨论的双变量情形类似. 主要的区别在于计算的偏导数是 d 维向量，而不是二维向量. 这里的 d 维梯度向量的第 i 个分量是损失函数 J 关于第 i 个参数 w_i 的偏导数. 显然，直接求解相应优化问题的最简单方法 (不用梯度下降) 是令 J 的梯度向量为零. 于是，得到如下 d 个条件：

$$\frac{\partial J(\bar{w})}{\partial w_i}=0, \quad \forall i\in\{1,\cdots,d\}$$

这些条件构成一个 d 维方程组，于是可以通过求解该方程组来确定参数 $w_1,\cdots,w_d$. 在单变量优化的情形下，我们希望有一种方法来描述临界点 (即零梯度点) 是最大值点、最小值点还是拐点. 这就是所谓的二阶条件. 回顾在单变量优化问题中，$f(w)$ 为最小值的条件是 $f''(w)>0$. 在多变量优化问题中，这一原理可以利用黑塞矩阵进行推广. 不像之前二阶导数是一维的，现在是包含 J 关于不同变量对的二阶混合偏导数构成的 $d\times d$ 矩阵. 损失函数 $J(\bar{w})$ 关于优化变量 $w_1,\cdots,w_d$ 的黑塞矩阵定义为一个 $d\times d$ 的对称矩阵 $\boldsymbol{H}$，其第 (i,j) 个元素 H_{ij} 为

$$H_{ij}=\frac{\partial^2 J(\bar{w})}{\partial w_i\partial w_j} \tag{4.7}$$

注意，黑塞矩阵的第 (i,j) 个元素与第 (j,i) 个元素相等，这是因为根据 Schwarz 定理，偏导数是可交换的. 黑塞矩阵是对称矩阵这一事实对许多需要矩阵特征分解的计算算法是有帮助的.

黑塞矩阵是单变量函数的二阶导数 $f''(w)$ 的一个直接推广. 对于单变量函数，黑塞矩阵是 1×1 矩阵，其中 $f''(w)$ 是它唯一的元素. 严格地说，虽然黑塞矩阵是关于 $\bar{w}$ 的函数，应该用 $\boldsymbol{H}(\bar{w})$ 来表示，但为了符号简化，这里采用 $\boldsymbol{H}$ 来表示. 当 $J(\bar{w})$ 是二次函数时，黑塞矩阵中的项不依赖于参数向量 $\bar{w}=[w_1,\cdots,w_d]^{\mathrm{T}}$. 这与单变量函数的情况类似，因为此时函数 $f(w)$ 是二次函数时，其二阶导数 $f''(w)$ 为常数. 然而，一般来说，黑塞矩阵的计算取决于参数向量 $\bar{w}$ 的值. 对于梯度为零的参数向量 $\bar{w}$(即临界点)，人们需要用与在单变量

函数中检验 $f''(w)$ 相同的方法来检验黑塞矩阵 $\boldsymbol{H}$. 正如 w 是最小值点需要 $f''(w)$ 是正的，黑塞矩阵 $\boldsymbol{H}$ 需要在该点是正定的才可确保其是最小值点. 为了理解这一点，考虑 $J(\bar{w})$ 在 $\bar{w}_0$ 沿 $\bar{v}$ 方向半径为 $\varepsilon > 0$ 的小邻域内的二阶多维泰勒展开：

$$J\left(\bar{w}_0+\varepsilon \bar{v}\right) \approx J\left(\bar{w}_0\right)+\varepsilon \bar{v}^{\mathrm{T}} \underbrace{\left[\boldsymbol{\nabla} J\left(\bar{w}_0\right)\right]}_{0}+\frac{\varepsilon^2}{2}\left[\bar{v}^{\mathrm{T}} \boldsymbol{H} \bar{v}\right] \tag{4.8}$$

在式 (4.8) 中，依赖于参数向量的黑塞矩阵 $\boldsymbol{H}$ 在 $\bar{w} = \bar{w}_0$ 处计算得到. 显然，当 $\bar{v}^{\mathrm{T}}\boldsymbol{H}\bar{v} > 0$ 时，目标函数 $J(\bar{w}_0)$ 小于 $J(\bar{w}_0 + \varepsilon\bar{v})$. 如果我们能找到一个方向 $\bar{v}$，使得 $\bar{v}^{\mathrm{T}}\boldsymbol{H}\bar{v} < 0$, 则 $\bar{w}$ 显然在其邻域内不是最小值点. 回顾满足 $\bar{v}^{\mathrm{T}}\boldsymbol{H}\bar{v} > 0$ 的矩阵 $\boldsymbol{H}$ 是正定的 (见 3.3.8 节). 黑塞矩阵是正定的概念是单变量函数二阶导数条件 $f''(w) > 0$ 的直接推广，因为单变量函数的黑塞矩阵是仅含有其二阶导数的 1×1 矩阵. 这个 1×1 矩阵是正定的需要其唯一的元素是正的.

假设在临界点 $\bar{w}$ 处损失函数梯度为零，那么我们可以总结得到如下二阶最优性条件：

1. 如果黑塞矩阵在 $\bar{w} = [w_1, \cdots, w_d]^{\mathrm{T}}$ 处是正定的，则 $\bar{w}$ 是局部最小值点.
2. 如果黑塞矩阵在 $\bar{w} = [w_1, \cdots, w_d]^{\mathrm{T}}$ 处是负定的，则 $\bar{w}$ 是局部最大值点.
3. 如果黑塞矩阵在 $\bar{w}$ 处是不定的，则 $\bar{w}$ 是鞍点.
4. 如果黑塞矩阵是半正定或半负定的，则这个结论是不确定的，因为该点可以是局部最优值点或者鞍点.

这些条件是单变量情形下最优性条件的直接推广. 这有助于验证当黑塞矩阵不定时鞍点到底是什么点. 考虑如下优化目标函数 $g(w_1, w_2) = w_1^2 - w_2^2$. 该二次函数的黑塞矩阵独立于参数向量 $[w_1, w_2]^T$，其定义如下：

$$\boldsymbol{H} = \begin{bmatrix} 2 & 0 \\ 0 & -2 \end{bmatrix}$$

这个黑塞矩阵是一个对角矩阵，它显然是不定的，因为其两个对角项中有一个是负数. 由于梯度在点 $[0, 0]$ 处为零，故该点是一个临界点. 然而，由于黑塞矩阵的不定性，这个点是鞍点. 该鞍点如图 4.5 所示.

问题 4.2.5 目标函数 $J(\bar{w})$ 在 $\bar{w} = \bar{w}_0$ 处的梯度为 0, 且黑塞矩阵的行列式为负. 那么，$\bar{w}_0$ 是最小值点、最大值点还是鞍点?

令目标函数的梯度为 0，再求解所得方程组通常在计算上比较困难. 于是，我们使用梯度下降法. 也就是说，用学习率 α 进行如下迭代：

$$[w_1, \cdots, w_d]^{\mathrm{T}} \Leftarrow [w_1, \cdots, w_d]^{\mathrm{T}} - \alpha \left[\frac{\partial J(\bar{w})}{\partial w_1}, \cdots, \frac{\partial J(\bar{w})}{\partial w_d}\right]^{\mathrm{T}} \tag{4.9}$$

我们也可以通过目标函数关于 $\bar{w}$ 的梯度将式 (4.9) 写为

$$\bar{w} \Leftarrow \bar{w} - \alpha \nabla J(\bar{w})$$

这里，$\nabla J(\bar{w})$ 是包含 $J(\bar{w})$ 关于列向量 $\bar{w}$ 中不同参数偏导数的列向量. 虽然这里的学习率 α 是常数，但它通常在算法实现中会发生变化 (见 4.4.2 节).

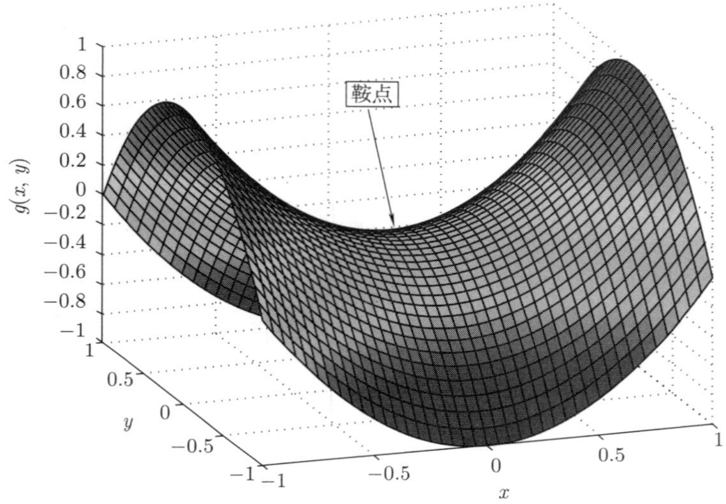

图 4.5 由不定黑塞矩阵所得到的鞍点的例子

4.3 凸目标函数

局部极小值的存在给梯度下降算法的有效性带来了不确定性. 在理想情况下，我们希望目标函数没有局部极小值. 具有这种性质的目标函数的一种特殊类型是凸函数. 首先，我们需要定义凸集的概念，因为凸函数只能定义在凸的定义域上.

定义 4.3.1 (凸集) *如果对任意一对点* $\bar{w}_1, \bar{w}_2 \in S$ *和所有的* $\lambda \in (0, 1)$，*点* $\lambda \bar{w}_1 + (1 - \lambda)\bar{w}_2$ *也属于* S，*则称集合* S *是凸的.*

换句话说，不可能在集合中找到一对点，使得在连接它们的线段上的任何一点不在这个集合中. *闭凸集*是指集合的边界点 (即极限点) 包含在集合中的凸集，而*开凸集*是包含边界内所有点但不包含边界自身的凸集. 例如，在一维空间中集合 $[-2, +2]$ 是闭凸集，而集合 $(-2, +2)$ 是开凸集.

凸集和非凸集的例子如图 4.6 所示. 圆、椭圆、正方形或半月形都是凸集. 然而，四分之三的圆不是凸集，因为可以在该集合内的两点之间画一条线段，使得该线段的一部分位于该集合外 (见图 4.6).

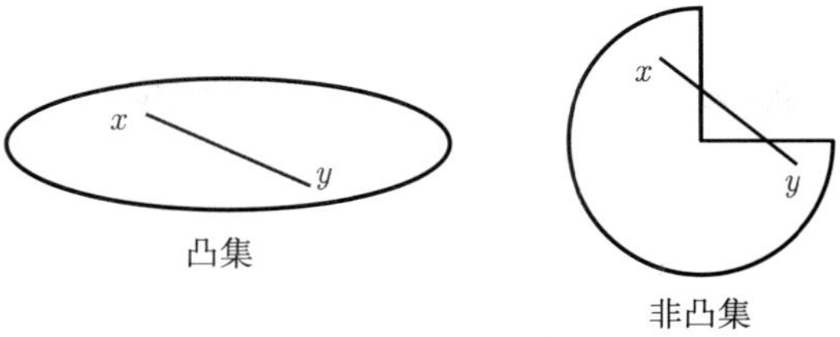

图 4.6 凸集和非凸集的例子

凸函数 $F(\bar{w})$ 定义为具有凸定义域的函数且满足：对任意 $\lambda \in (0,1)$,

$$F(\lambda\bar{w}_1 + (1-\lambda)\bar{w}_2) \leqslant \lambda F(\bar{w}_1) + (1-\lambda)F(\bar{w}_2) \tag{4.10}$$

我们还可以将凸性条件推广到 k 个点的情况，如下面的问题中所讨论的.

问题 4.3.1 对于凸函数 $F(\cdot)$ 和 k 个参数向量 $\bar{w}_1, \cdots, \bar{w}_k$，证明：对任意 $\lambda_1, \cdots, \lambda_k \geqslant 0$ 且满足 $\sum_i \lambda_i = 1$，

$$F\left(\sum_{i=1}^{k} \lambda_i \bar{w}_i\right) \leqslant \sum_{i=1}^{k} \lambda_i F\left(\bar{w}_i\right)$$

关于凸目标函数最简单的例子是一类二次函数，其中首 (二次) 项具有非负系数：

$$f(w) = a \cdot w^2 + b \cdot w + c$$

这里，a 是非负的确保该函数为二次函数. 由上述凸性条件即可得到这个结论. 所有线性函数都是凸的，因为凸性条件的等号成立.

引理 4.3.1 向量 $\bar{w}$ 的线性函数总是凸函数.

凸函数有许多性质在实际应用中是非常有用的.

引理 4.3.2 凸函数具有如下性质：

1. 凸函数的和是凸的.
2. 几个凸函数取最大函数是凸的.
3. 非负凸函数的平方是凸的.
4. 如果 $F(\cdot)$ 是单变量凸函数且 $G(\bar{w})$ 是取值为标量的线性函数，那么 $F(G(\bar{w}))$ 是凸的.
5. 如果 $F(\cdot)$ 是非增凸函数且 $G(\bar{w})$ 是取值为标量的凹函数，那么 $F(G(\bar{w}))$ 是凸的.
6. 如果 $F(\cdot)$ 是非减凸函数且 $G(\bar{w})$ 是取值为标量的凸函数，那么 $F(G(\bar{w}))$ 是凸的.

我们将这些结果的详细证明 [可由式 (4.10) 得出] 留作练习：

问题 4.3.2 利用凸性的定义证明引理 4.3.2 中的所有结果.

有几种凸函数的自然组合，乍一看可能是凸的，但仔细思考就会发现是非凸的．例如，两个凸函数的乘积不一定是凸的．函数 $f(x)=x$ 和 $g(x)=x^2$ 是凸函数，但是它们的乘积 $h(x)=f(x)\cdot g(x)=x^3$ 不是凸的 (见图 4.1)．此外，两个凸函数的复合不一定是凸的，它也可能是不定的或凹的．作为一个具体的例子，考虑线性凸函数 $f(x)=-x$ 和二次凸函数 $g(x)=x^2$, 则 $f(g(x))=-x^2$ 是凹函数．从深度神经网络的角度来看，关于复合函数的结果是非常重要的 (见第 11 章)．尽管神经网络单个节点的计算通常是凸函数，但由连续节点计算的复合函数通常不是凸的．

凸函数的一个非常好的性质是其局部极小值也是全局最小值．如果存在两个“局部”极小值点，则上述凸性条件确保连接它们的整条线段都具有相同的目标函数值．

问题 4.3.3 利用凸性条件证明凸函数中的每一个局部极小值点一定也是全局最小值点．

每个局部极小值点都是全局最小值点这一事实也可以用凸性的几何定义来刻画．该几何定义也被称为一阶导数条件，即整个凸函数总是位于其切超平面之上，如图 4.7 所示．该图给出了一个二维凸函数的例子，其中水平方向是函数的参数 (即优化变量)，而垂直方向是目标函数的值．凸性的一个重要结果是，如果梯度下降的过程收敛，则通常可以保证达到的是全局最优值．

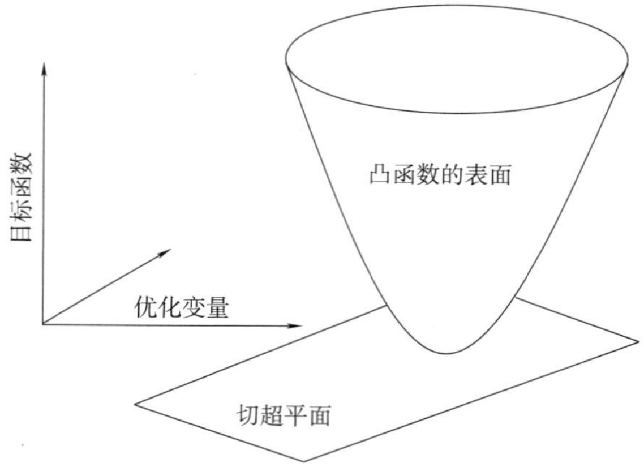

图 4.7 一个凸函数总是完全位于曲面的任何切超平面之上

图 4.7 中的条件也可以用给定点 w_0 处凸函数的梯度通过代数形式来表示．事实上，这个条件提供了凸性的另一种定义．我们将该条件总结如下：

引理 4.3.3 (凸性的一阶导数刻画) 一个可微函数 $F(\bar{w})$ 是凸的当且仅当如下不等式成立：对任意一对 $\bar{w}_0$ 和 $\bar{w}$,

$$F(\bar{w}) \geqslant F(\bar{w}_0) + [\nabla F(\bar{w}_0)] \cdot (\bar{w} - \bar{w}_0)$$

这里省略该引理的详细证明．注意，如果 $F(\bar{w})$ 在点 $\bar{w}=\bar{w}_0$ 处的梯度为零，那么这意味着对任意 $\bar{w}$,$F(\bar{w}) \geqslant F(\bar{w}_0)$．换句话说，$\bar{w}_0$ 是一个全局最小值点．因此，任何满足一阶导数条件的临界点都是全局最小值点．一阶导数条件 (关于凸性的直接定义) 的主要缺点是它只适用于可微函数．有意思的是，凸性的第三个定义可以根据二阶导数来刻画．

引理 4.3.4 (凸性的二阶导数刻画)　一个二次可微函数 $F(\bar{w})$ 是凸的当且仅当其黑塞矩阵在 $F(\cdot)$ 定义域内的任意参数 $\bar{w}$ 的取值是半正定的．

上面二阶导数条件的缺点是需要函数 $F(\bar{w})$ 是二次可微的．因此，对于定义在 $\mathbf{R}^d$ 上的二次可微函数，下列凸性定义是等价的：

1. **直接定义**：凸性条件 $F(\lambda\bar{w}_1+[1-\lambda]\bar{w}_2) \leqslant \lambda F(\bar{w}_1)+(1-\lambda)F(\bar{w}_2)$，$\forall \bar{w}_1, \bar{w}_2$ 和 $\lambda \in (0,1)$．

2. **一阶导数定义**：一阶导数条件 $F(\bar{w}) \geqslant F(\bar{w}_0)+[\boldsymbol{\nabla} F(\bar{w}_0)]\cdot(\bar{w}-\bar{w}_0)$ 对所有 $\bar{w}, \bar{w}_0$ 都成立．

3. **二阶导数定义**：函数 $F(\bar{w})$ 的黑塞矩阵对所有 $\bar{w}$ 都是半正定的．

我们可以选择使用上述任一条件作为凸性的定义，然后导出另外两个条件作为引理．然而，直接定义更通用一些，因为它不依赖于目标函数的可微性，而其他定义需要目标函数满足可微性的要求．例如，函数 $F(\bar{w})=\|\bar{w}\|_1$ 是凸的，但由于它在 $\bar{w}$ 分量为 0 的任意点处均不可微，故只能利用直接定义来验证其凸性，读者可参见文献 [10, 15, 22] 以获取在可微情况下各种定义等价性的详细证明．当人们试图证明一个特定函数的凸性时，某个特定的定义往往比另一个更容易使用．许多机器学习问题中的目标函数的形式为 $F(G(\bar{w}))$，其中 $G(\bar{w})$ 是包含 d 维数据点 $\overline{X}$ 的行向量的线性函数 $\bar{w}\cdot\overline{X}^{\mathrm{T}}$，而 $F(\cdot)$ 是一个单变量函数．在这种情况下，根据引理 4.3.2 的最后一条性质，只需证明单变量函数 $F(\cdot)$ 是凸的．对单变量函数使用二阶导数条件 $F''(\cdot) \geqslant 0$ 来验证凸性特别容易．作为一个具体的例子，我们通过一个实际练习来证明对数 Logistic 损失函数的凸性．这个函数有助于验证 Logistic 回归函数的凸性．

问题 4.3.4　利用二阶导数条件证明：单变量函数 $F(x)=\ln(1+\exp(-x))$ 是凸的．

问题 4.3.5　利用二阶导数条件证明：如果单变量函数 $F(x)$ 是凸的，那么函数 $G(x)=F(-x)$ 也是凸的．

一个比凸性稍强的条件是*严格凸性*，它是将凸性条件改为严格不等式．严格凸函数 $F(\bar{w})$ 定义为：对任意 $\lambda \in (0,1)$，

$$F(\lambda\bar{w}_1+(1-\lambda)\bar{w}_2) < \lambda F(\bar{w}_1)+(1-\lambda)F(\bar{w}_2)$$

例如，具有平底的碗是凸的，但它不是严格凸的．严格凸函数具有唯一的全局最小值点．我们还可以将一阶条件改为适用于严格凸函数的条件．可以验证：函数 $F(\cdot)$ 是严格凸的当且仅当对所有 $\bar{w}$ 和 $\bar{w}_0$，

$$F(\bar{w}) > F(\bar{w}_0)+[\boldsymbol{\nabla} F(\bar{w}_0)]\cdot(\bar{w}-\bar{w}_0)$$

然而，二阶导数条件不能完全推广到严格凸的情形．如果函数的黑塞矩阵处处都是正定的，则它是严格凸的．但反过来不一定成立．例如，函数 $f(x)=x^4$ 是严格凸的，但它在 $x=0$ 处的二阶导数为 0. 严格凸函数的一个重要性质如下：

引理 4.3.5 一个严格凸函数最多只能有一个临界点．如果这样的点存在，它就是严格凸函数的全局最小值点．

上面的引理可以通过利用严格凸性的直接定义或一阶导数定义直接验证．在机器学习领域中，人们通常通过添加凸函数和严格凸函数来构造目标函数．在这种情况下，这些函数的和是严格凸的．

引理 4.3.6 一个凸函数和一个严格凸函数的和是严格凸的．

该引理的证明与引理 4.3.2 关于两个凸函数之和为凸的证明没有太大区别．机器学习问题中的许多目标函数都是凸的，通常可以通过添加严格凸的正则项使其具有严格凸性．

凸函数的一个特例是二次凸函数，其可以直接用半正定的黑塞矩阵来表示．虽然函数的黑塞矩阵值取决于参数向量在特定点的值，但它在二次函数的情形下是一个常数矩阵．根据常数黑塞矩阵 $\boldsymbol{H}$ 定义二次凸函数 $f(\bar{w})$ 的示例如下：

$$f(\bar{w})=\frac{1}{2}[\bar{w}-\bar{b}]^{\mathrm{T}}\boldsymbol{H}[\bar{w}-\bar{b}]+c$$

这里 $\bar{b}$ 是一个 d 维列向量，而 c 是一个标量．这类凸函数的性质已经在第 3 章中讨论过．一个凸目标函数是梯度下降算法的理想设定，其使得这种方法永远不会陷入局部最小值点．虽然复杂机器学习模型 (如神经网络) 中的目标函数不是凸函数，但它们往往接近凸函数．因此，尽管存在局部最优值，梯度下降法仍能很好地工作．

对于任意凸函数 $F(\bar{w})$ 和任意常数 b, 由 $F(\bar{w})\leqslant b$ 界定的空间区域可被证明为凸集．在优化问题中会经常遇到这种约束条件．由于人们想要搜寻的参数向量空间的凸性，故这类问题更容易求解．

4.4 梯度下降的细节

前文介绍了梯度下降法，它是机器学习中许多优化问题的主要求解工具．然而，正如 4.2.1.3 节中的例子所展示的，一些小细节确实很重要．比如，学习率选择不当会导致梯度下降的发散，而不是收敛．本节将讨论这些重要的细节．

4.4.1 用有限差分检验梯度的正确性

许多机器学习算法会使用关于数百万个参数的复杂目标函数，其梯度要么先通过计算分析，然后手工编码到算法中，要么在神经网络等应用中使用自动微分方法来计算 (见第 11 章). 在所有这些情况下，分析错误或编码错误仍然都有可能发生，这些错误在算法执行过程中明显地或隐性地出现. 于是，了解算法性能不佳的原因是决定是简单地调试算法还是对算法的基本设计进行更改的关键步骤.

考虑计算目标函数 $J(\bar{w}) = J(w_1, \cdots, w_d)$ 的梯度. 在有限差分法中，我们从 $w_1, \cdots, w_d$ 中抽样一些优化参数，并应用*有限差分逼近*来检验它们的偏导数. 其基本思想是用很小的量 Δ 来扰动优化参数 w_i, 并用目标函数扰动后的值与原始值的差来逼近关于 w_i 的偏导数：

$$\frac{\partial J(\bar{w})}{\partial w_i} \approx \frac{J(w_1, \cdots, w_i + \Delta, \cdots, w_d) - J(w_1, \cdots, w_i, \cdots, w_d)}{\Delta}$$

这种估计梯度的方法称为有限差分逼近. 顾名思义，用这种方法不能得到偏导数的精确值. 然而，在梯度计算不正确的情况下，有限差分逼近往往与解析值相差很大，错误就是显而易见的. 通常，为了检测梯度计算中的系统问题，只需检查关于一小部分参数的偏导数就足够了.

4.4.2 学习率衰减与盲驱动

常值学习率通常会将程序员带入两难的境地. 开始就使用较小的学习率将导致算法会花费太长的时间到达最优解附近. 另外，一个较大的初始学习率开始会使算法较快地接近最优解. 然而，在此学习率下的算法会在该点振荡很长时间. 为了克服这些挑战，允许学习率随时间衰减从而自然地实现所需的学习率调整是一种有效方式. 相应地，具有时间戳下标 t 的衰减学习率 α_t 的更新步骤可表述为

$$\bar{w} \Leftarrow \bar{w} - \alpha_t \boldsymbol{\nabla} J$$

其中，时间 t 通常根据所有训练点上的循环次数来度量. 两种最常见的衰减函数包括*指数衰减*和*倒数衰减*. 更精确地，学习率 α_t 可表示为如下关于初始衰减率 α_0 和时间 t 的函数：

$$\alpha_t = \alpha_0 \exp(-k \cdot t) \quad \text{[指数衰减]}$$

$$\alpha_t = \frac{\alpha_0}{1 + k \cdot t} \quad \text{[倒数衰减]}$$

这里，参数 k 控制衰减的速率. 另一种方法是使用间隔衰减. 在这种方法中，每经过几步的梯度下降，学习率就会降低到特定的大小.

另外一种调整学习率的普遍方法是*盲驱动算法*. 在盲驱动算法中，学习率的变化取决于目标函数是变好还是变坏. 只要每次迭代改进了目标函数，学习率就增加 5% 左右. 一旦目标函数在某步变坏，就撤销该步，并将学习率降低约 50% 后再次进行迭代. 这样的过程一直进行下去，直至迭代收敛. 盲驱动算法的一个棘手的方面是它对梯度下降的某些噪声设定并不起作用，其中目标函数是通过样本数据近似得到的. 这种噪声设定的一个例子是随机梯度下降，这将在本章后面进行讨论. 在这种情形下，关键是在 m 步后检验目标函

数并调整学习率，而并非每步都进行调整．目标函数的变化可以在多步中更稳健地被度量，而当目标函数在这些步骤中变差时，则需将前面的所有 m 步撤销.

4.4.3 线搜索

线搜索直接使用最优步长来对算法提供最佳的改进．虽然它很少在普通梯度下降法中使用 (因为它的计算成本高)，但它在一些专门的梯度下降法的变体中是有用的．由于它的有效性，一些不精确的变体 (如 Armijo 准则) 可以用在普通的梯度下降法中以达到算法的有效性.

设 $J(\bar{w})$ 是所要优化的目标函数，$\bar{g}_t$ 是第 t 步开始时关于参数向量 $\bar{w}$ 的下降方向．在最速下降法中，$\bar{g}_t$ 的方向与 $-\boldsymbol{\nabla}J(\bar{w})$ 一致．然而，在改进的方法 (见第 5 章) 中可能会使用其他的下降方向．下面，为了保持论述的一般性，我们将不假设 $\bar{g}_t$ 是最陡的下降方向．显然，参数向量需要按照如下规则进行更新：

$$\bar{w}_{t+1} \Leftarrow \bar{w}_t + \alpha_t \bar{g}_t$$

在线搜索中，每一步所选择的学习率 α_t 要使目标函数在 $\bar{w}_{t+1}$ 处的值最小．那么，相应的步长 α_t 计算如下：

$$\alpha_t = \underset{\alpha}{\operatorname{argmin}}\, J(\bar{w}_t + \alpha \bar{g}_t) \tag{4.11}$$

执行该步骤后，再在 $\bar{w}_{t+1}$ 处计算下一步的梯度．在 $\bar{w}_{t+1}$ 处的梯度要垂直于搜索方向 $\bar{g}_t$，否则 α_t 就不是最优的．这个结论的证明只需注意到：如果目标函数在 $\bar{w}_t + \alpha_t \bar{g}_t$ 处的梯度与当前移动方向 $\bar{g}_t$ 的点积不等于零，那么可以通过从 $\bar{w}_{t+1}$ 开始沿着 $\bar{g}_t$ 方向移动 $+\delta$ 或 $-\delta$ 来改进目标函数值：

$$J(\bar{w}_t + \alpha_t \bar{g}_t \pm \delta \bar{g}_t) \approx J(\bar{w}_t + \alpha_t \bar{g}_t) \pm \delta \underbrace{\bar{g}_t^{\mathrm{T}} [\boldsymbol{\nabla} J(\bar{w}_t + \alpha_t \bar{g}_t)]}_{0} \quad [\text{泰勒展开}]$$

因此得到：

$$\bar{g}_t^{\mathrm{T}} [\boldsymbol{\nabla} J(\bar{w}_t + \alpha_t \bar{g}_t)] = 0$$

我们将上述结论总结如下：

引理 4.4.1 *一个线搜索在最优点处的梯度总是正交于当前的搜索方向.*

一个自然的问题就是如何求出式 (4.11) 的最小值点．典型线搜索设定中的一个重要性质是，目标函数 $H(\alpha) = J(\bar{w}_t + \alpha \bar{g}_t)$ 作为 α 的函数通常是一个单峰函数．主要原因是使用线搜索方法的典型机器学习模型一般会使用原始目标函数的二次或凸逼近进行搜索．这种技术的例子包括*牛顿法*和*共轭梯度法* (见第 5 章).

第一步是确定搜索的范围 $[0, \alpha_{\max}]$．这可以通过考虑当 α 的值几何增加 (每次增加 2 倍)

时目标函数值的变化来确定. 接下来，我们可以使用多种方法来缩小区间，例如，二分搜索法、黄金分割搜索法和 Armijo 准则. 对于前两种方法以及精确的方法，它们会用到目标函数关于步长 α 的单峰性. 尽管 Armijo 准则是不精确的，但该方法甚至对 $H(\alpha) = J(\bar{w}_t + \alpha\bar{g}_t)$ 关于 α 为多峰/非凸的情形也仍然有效. 因此，Armijo 准则比精确的线搜索方法具有更加广泛的用途，特别是对形式比较简单的梯度下降问题. 我们将在下面讨论这些不同的方法.

4.4.3.1 二分搜索

我们从初始化 α 的二分搜索区间 $[a, b] = [0, \alpha_{\max}]$ 开始. 在 $[a, b]$ 上进行二分搜索时，通过在 $(a+b)/2$ 附近的两个闭区间点上计算目标函数，可以缩小区间. 我们比较目标函数在 $(a+b)/2$ 和 $(a+b)/2+\varepsilon$ 处的值，其中 ε 是比较小的量，如 10^{-6}. 也就是计算 $H[(a+b)/2]$ 和 $H[(a+b)/2+\varepsilon]$. 这允许我们通过比较这两个值的大小来判断目标函数在 $(a+b)/2$ 处的值是增大还是减小. 如果函数在 $(a+b)/2$ 处的值增大，就将区间缩小为 $[a, (a+b)/2+\varepsilon]$，否则将区间缩小为 $[(a+b)/2, b]$. 重复这个过程，直到达到所要求的区间精度为止.

4.4.3.2 黄金分割搜索

与二分搜索一样，我们仍从初始化 $[a, b] = [0, \alpha_{\max}]$ 开始. 然而，这里缩小区间的过程是不同的. 黄金分割搜索的基本原理是，如果我们在区间 $[a, b]$ 中任意选取一对样本 m_1, m_2 作为 α，其中 $a < m_1 < m_2 < b$，则至少可以去掉区间 $[a, m_1]$ 和 $[m_2, b]$ 中的一个. 在某些情况下，可以去掉像 $[a, m_2]$ 和 $[m_1, b]$ 这样更大的区间. 这是因为一个单峰函数的最小值一定位于与最小的 $H(\alpha)$ 相邻的区间内，其中 $\alpha \in \{a, m_1, m_2, b\}$. 当 $\alpha = a$ 是 $H(\alpha)$ 的最小值时，可以去掉区间 $(m_1, b]$；当 $\alpha = b$ 是 $H(\alpha)$ 的最小值时，则可以去掉区间 $[a, m_2)$；当 $\alpha = m_1$ 是 $H(\alpha)$ 的最小值时，可以去掉区间 $(m_2, b]$；当 $\alpha = m_2$ 是 $H(\alpha)$ 的最小值时，可以去掉区间 $[a, m_1)$. 通过这些排除的情况可以重置新的区间边界 $[a, b]$. 在该过程的最后，我们只剩下一个包含 0 或 1 的估值点的区间. 如果区间内部不包含估值点，我们首先在 (重置) 区间 $[a, b]$ 中随机选取一点 $\alpha = p$，再在区间 $[a, p]$ 和 $[p, b]$ 中较大的区间内随机选取一点 $\alpha = q$. 另外，如果区间 $[a, b]$ 内部包含一个估值点 $\alpha = p$，则在区间 $[a, p]$ 和 $[p, b]$ 中较大的区间内选取一点 $\alpha = q$. 这就给出了另一组四个点，从而可以再用黄金分割搜索. 重复这个过程直至达到所要求的区间精度为止.

4.4.3.3 Armijo 准则

隐藏在 Armijo 准则背后的基本思想是，当沿着起点 $\bar{w}_t$ 处的下降方向 $\bar{g}_t$ 进一步移动时，目标函数的改善率会进一步降低. 目标函数在起点沿搜索方向的改进率为 $|\bar{g}_t^{\mathrm{T}}[\nabla F(\bar{w}_t)]|$. 于是，对大多数㊀现实世界中的目标函数，其在特定 α 值下的 (典型) 改进可乐观地期望为 $\alpha|\bar{g}_t^{\mathrm{T}}[\nabla F(\bar{w}_t)]|$. Armijo 准则一般需要选取适当的步长，使得改进值为 $\alpha|\bar{g}_t^{\mathrm{T}}[\nabla F(\bar{w}_t)]|$ 的 $\mu \in (0, 0.5)$ 倍，而 μ 的通常取值为 0.25 左右. 换句话说，我们希望找到满足下列关系的最

㊀ 可以构造现实中不存在的病态反例.

大步长 α:

$$F(\bar{w}_t) - F(\bar{w}_t + \alpha\bar{g}_t) \geqslant \mu\alpha|\bar{g}_t^{\mathrm{T}}[\nabla F(\bar{w}_t)]|$$

注意，对足够小的 α，上述条件始终满足．事实上，可以通过有限差分逼近证明：当 $\mu=1$ 时，上述条件对无穷小的 α 成立．但是，我们需要一个更大的步长来确保更快的收敛速度．那么，我们可以使用的最大步长是多少呢？通过上述条件依次递减地检验 α，并在第一次满足上述条件时停止．在回溯线搜索中，我们依次检验 $H(\alpha_{\max}), H(\beta\alpha_{\max}), \cdots, H(\beta^r\alpha_{\max})$，直至上述条件满足．此时，取 $\alpha=\beta^r\alpha_{\max}$．这里，$\beta$ 是取自 $(0,1)$ 内的参数，通常取为 0.5.

何时使用线搜索

尽管可以证明线搜索法至少可以收敛到一个局部最优值，但它非常耗时．这就是它在梯度下降法中很少使用的原因．然而，它会用于梯度下降的某些诸如牛顿法的特殊变体中 (见 5.4 节)．在某些变体中需要使用精确线搜索，而像 Armijo 准则这样快速、不精确的方法则可用于普通的梯度下降法中．当使用线搜索时，迭代步数通常较少，并且步数越少就越能抵消由每步计算带来的耗时．使用线搜索的一个重要原因是该算法一定会收敛，即使得到的解是一个局部最优解．

4.4.4 初始化

梯度下降过程总是从某个初始点开始，并以某个特定的学习率连续改进参数向量．如何选择初始点就成了一个关键问题．对于机器学习中一些相对简单的问题 (如本章中讨论的问题)，初始化点的向量分量可以从 $[-1,+1]$ 中随机选取．如果限制参数为非负的，则可以从 $[0,1]$ 中选取向量分量．

然而，这种简单的初始化方式有时会给更加复杂的算法带来问题．例如，在神经网络中，参数之间存在复杂的依赖关系，选择合适的初始点可能至关重要．在其他情况下，选择不合适的初始参数值可能会导致在更新过程中数值上溢或下溢．有时对初始值的选取使用某种形式的启发式优化方法是有效的．该方法已经将算法的初始点预训练到接近最优点．启发式算法的选择通常取决于手头上的算法．在一些学习算法中，比如神经网络，就有系统的方法来进行预训练并选择合适的初始点．本章将给出一些启发式初始化的例子．

4.5 机器学习中优化问题的性质

机器学习中的优化问题具有一些在其他一般优化设置中通常不会遇到的典型性质．本节将概述机器学习中优化问题的这些特殊性质．

4.5.1 经典目标函数与可加分离性

机器学习中的大多数目标函数通常会以惩罚预测值与观测值之间的偏差的形式来呈现. 例如，最小二乘回归的目标函数如下：

$$J(\bar{w}) = \sum_{i=1}^{n} \left\| \bar{w} \cdot \overline{X}_i^{\mathrm{T}} - y_i \right\|^2 \tag{4.12}$$

这里，d 维行向量 $\overline{X}_i$ 表示 n 个训练点中的第 i 个，d 维列向量 $\bar{w}$ 表示优化变量，而 y_i 是第 i 个训练点的实际观测值. 注意到，该目标函数表示预测值$\hat{y}_i = \bar{w} \cdot \overline{X}_i^{\mathrm{T}}$ 与实际观测值 y_i 之间偏差平方的一个可加分离和.

另外一种惩罚的方式是负的对数似然目标函数. 这种形式的目标函数使用模型对因变量的预测与数据观测值相匹配的概率. 显然，我们期望其有更高的概率值. 因此，该模型应该学习参数使这些概率 (或似然) 达到最大. 例如，在二分类的模型中可能会输出每个类的概率，并希望最大化真实 (观测) 类的概率. 我们用 $P(\overline{X}_i, y_i, \bar{w})$ 来表示第 i 个训练点的概率，其依赖于参数向量 $\bar{w}$ 和训练对 $(\overline{X}_i, y_i)$. 所有训练点的预测正确的概率等于所有 $(\overline{X}_i, y_i)$ 的概率 $P(\overline{X}_i, y_i, \bar{w})$ 的乘积. 将这个乘积取负对数，则可将最大化问题转化为一个最小化问题 (同时可以解决重复乘法引起的数值下溢问题)：

$$J(\bar{w}) = -\log_{\mathrm{e}} \left[\prod_{i=1}^{n} P(\overline{X}_i, y_i, \bar{w}) \right] = -\sum_{i=1}^{n} \log_{\mathrm{e}} \left[P(\overline{X}_i, y_i, \bar{w}) \right] \tag{4.13}$$

取对数的另一个目的是还可以将目标函数转换为其关于训练点是一个可加分离和的形式.

我们从前面的例子中可以明显看出，无论使用平方损失还是对数似然损失，许多机器学习问题都在使用以数据为中心的可加分离目标函数. 这意味着每个单独的数据点都会生成目标函数的一个小 (可加的) 分量. 在每种情况下，目标函数都包含 n 个可加分离项，并且每个特定点的误差 [例如，在最小二乘回归中的 $J_i = (y_i - \bar{w} \cdot \overline{X}_i^{\mathrm{T}})^2$] 可被视为特定点的损失函数. 因此，其总体目标函数可以表示为这些特定点损失函数之和：

$$J(\bar{w}) = \sum_{i=1}^{n} J_i(\bar{w}) \tag{4.14}$$

这种类型的线性可分离性是非常有用的，这是因为人们可以用样本近似值来替换目标函数，从而可以使用诸如随机梯度下降和小批量随机梯度下降的快速优化方法.

4.5.2 随机梯度下降法

机器学习中目标函数的线性可加性可以允许我们使用所谓的随机梯度下降技术. 随机梯度下降法特别适用于具有较大数据集的情况，人们通常可以利用适度的数据样本估计合适的下降方向．考虑由 n 个数据点 $\overline{X}_1,\cdots,\overline{X}_n$ 生成的样本 S，其中 S 包含指标属于 $\{1,\cdots,n\}$ 的相应数据点．数据点集 S 被称为小批量．于是，我们可以定义如下的样本中心化的目标函数 $J(S)$：

$$J(S)=\frac{1}{2}\sum_{i\in S}(y_i-\bar{w}\cdot\overline{X}_i^{\mathrm{T}})^2 \tag{4.15}$$

小批量随机梯度下降法的关键想法是，目标函数 $J(S)$ 关于参数向量 $\bar{w}$ 的梯度是完全目标函数 J 的梯度的一个良好近似．因此，由式 (4.9) 所表述的梯度下降的更新可改进为如下小批量随机梯度下降的更新：

$$[w_1,\cdots,w_d]^{\mathrm{T}}\Leftarrow[w_1,\cdots,w_d]^{\mathrm{T}}-\alpha\left[\frac{\partial J(S)}{\partial w_1},\cdots,\frac{\partial J(S)}{\partial w_d}\right]^{\mathrm{T}} \tag{4.16}$$

我们称这种方法为小批量随机梯度下降法．注意，与计算完全目标函数的梯度相比，计算 $J(S)$ 梯度的强度要小得多．小批量随机梯度下降的一个特例是，集合 S 只包含一个单一的随机选择的数据点．该方法被称为随机梯度下降法．随机梯度下降法使用的很少．事实上，人们更倾向于使用小批量的随机梯度下降．经典的小批量所对应的大小是 2 的幂，例如，64、128、256 等．选择这些大小完全是实际的需要，而非数学上的．对于小批量大小，使用 2 的幂通常可以最有效地使用计算机资源，如图形处理器单元 (GPU)．

随机梯度下降法通常在整个数据集中循环选取，而不是简单地随机选取数据点．换句话说，数据点以某种随机顺序排列，并从该顺序中抽取点块．因此，在再次到达某数据点之前，将会只处理其他点．小批量随机梯度下降过程的每个周期被称为一轮．在小批量的大小为 1 的情况下，一轮将包含 n 次更新，其中 n 是训练数据的大小．在小批量大小为 k 的情况下，一轮将包含 $\lceil n/k\rceil$ 次更新．一轮本质上意味着训练数据集中的每个点都只出现过一次．

随机梯度下降法的内存需求比纯梯度下降法要低得多，因为它在每一步中只需要处理一小部分数据．尽管每次更新都会产生更多的噪声，但抽样梯度的计算速度要快得多．因此，虽然需要更多的更新，但整个过程也要快得多．为什么随机梯度下降法在机器学习中的工作效果这么好呢？其核心为小批量方法是随机抽样方法．于是，人们正试图使用数据的随机子集来估计损失函数的梯度．在梯度下降的最开始，参数向量 $\bar{w}$ 是严重错误的．因此，仅仅使用数据的一小部分通常足以很好地估计下降方向，并且小批量随机梯度下降的更新几乎与使用完整数据集得到的更新一样好 (但计算工作量只需整体的一小部分)．这就是该方法可以显著降低运行时间的原因．然而，当参数向量 $\bar{w}$ 在下降过程中接近最优值时，抽样误差的影响会更加显著．有意思的是，由于一种所谓的正则化的效应，这种类型的错误在机器学习的应用中实际上是有益的！原因在于传统的优化方法与机器学习应用的优化方法之间的细微差别．这将是 4.5.3 节讨论的主题．

4.5.3　机器学习中优化问题的特点

机器学习中使用优化的方式与传统优化模型中使用的优化方式存在一些细微的差别.一个重要的差别是，传统的优化聚焦于参数的学习从而尽可能地最优化目标函数. 然而，在机器学习中，训练数据和 (大致相似的) 未知测试数据之间存在差异. 例如，一个企业家可以基于自变量 (如预测指标) 与因变量 (如实际销售额) 的历史依赖关系，通过最小化因变量预测的平方误差来建立一个优化模型. 假设企业家正在使用该模型对未知的未来进行预测，那么，该模型只能通过追溯新数据来进行评估. 准确预测训练数据并不总是有助于更准确地预测未知的测试数据. 一般的规则是，优化模型预测训练数据的因变量总是比预测测试数据的因变量更加准确 (因为它可以直接被用在建模中). 这种差异导致了优化算法中一些关键的设计选择问题.

考虑线性回归的例子，其中通常会有训练实例 $(\overline{X}_1, y_1), \cdots, (\overline{X}_n, y_n)$ 以及单独的一组测试示例 $(\overline{Z}_1, y'_1), \cdots, (\overline{Z}_t, y'_t)$. 在实际应用中，测试示例的标签在被预测时是不能用的. 在实践中，只有当机器学习算法的真实精度可以被计算时，它们才能在追溯中使用. 因此，在训练期间无法使用测试示例的标签. 在机器学习中，人们更关心看不见的测试实例的准确性，而非训练实例的准确性. 设计精良的优化方法可能在训练数据上表现得很好，但在测试数据上的结果却非常糟糕. 在通过从单个标签数据集生成模拟训练和测试数据集来进行机器学习算法基准测试时，通常会出现这种训练和测试数据间的分离. 为此，人们只需隐藏一部分标记数据，并将可用部分视为训练数据，而其余部分被视为测试数据. 在基于训练数据构建模型后，可以根据训练阶段未见过的测试数据来评估模型的性能. 这是与传统优化的一个关键区别，因为模型使用特定的数据集构建. 然而，不同 (但相似) 的数据集用于评估优化算法的性能. 这种差异是至关重要的，因为在训练数据上表现良好的模型可能在测试数据上表现不佳. 换句话说，模型需要很好地被拓展到看不见的测试数据. 称模型在训练数据上表现良好，但在看不见的测试数据上表现不佳的现象为过拟合.

为了理解这一点，考虑一个四维数据集的情况，其中四个属性 x_1, x_2, x_3 和 x_4 对应于一个人的臂展、雀斑数、头发长度和指甲长度. 其中一个人的臂展定义为将手臂伸出时指尖之间的最大距离. 目标属性是个体的高度. 已知个体的手臂跨度与身高几乎相等 (种族、性别和个体之间存在微小差异)，而这里应用机器学习的目标是以数据驱动的方式来推断这一事实. 个体的身高用线性函数 $\hat{y} = w_1x_1 + w_2x_2 + w_3x_3 + w_4x_4 + w_5$ 来预测. 最佳拟合系数 $w_1, \cdots, w_5$ 可以以数据驱动的方式通过最小化数据集预测值 $\hat{y}$ 与观测值 y 的平方损失来学习. 我们期望人们的身高与他们的臂展高度相关，但与雀斑的数量和头发/指甲的长度没有类似的相关性. 因此，通常期望 w_1x_1 对预测值做出大部分贡献，而其他三个属性的贡献很小 (或噪声). 如果训练实例的数量很大，人们通常会得到 w_i 的值来反映行为的类型.但是，如果训练示例的数量较少，则会出现不同的情况. 对于具有五个参数 $w_1, \cdots, w_5$ 的问题，至少需要 5 个训练实例，以避免出现参数向量存在无穷多个解的情况 (通常训练数据上的误差为零). 这是因为形为 $y = w_1x_1 + w_2x_2 + w_3x_3 + w_4x_4 + w_5$ 的方程组，如果方程数量少于变量的数量，则存在无穷多个同样好的最佳拟合解．事实上，至少可以找到一个解使得 w_1 等于 0, 且平方误差 $(y-\sum_{i=1}^{4} w_i x_i - w_5)^2$ 在训练数据集上尽可能地接近 0. 尽管如此，测试数据中的误差通常非常高．考虑一个包含以下三个数据点的训练集的例子：

臂展/英尺[㊀]	雀斑/个数	头发长度/英尺	指甲长度/英尺	身高/英尺
61	2	3	0.1	59
40	0	4	0.5	40
68	0	10	1.0	70

在这种情况下，通过无穷多个训练实例，很可能 w_1 为 1 且其他系数为 0 是“正确”的解．需要注意的是，这个解在这个特定训练数据集上的误差不会是零，因为个体之间总是存在经验差异．如果我们有大量的例子 (与此表的情况不同)，损失函数只惩罚预测平方误差的模型也可能很好地了解这种行为．然而，当只有三个训练实例时，存在许多其他解且训练误差为零．例如，设 $w_1=0$, $w_2=7$, $w_3=5$, $w_4=0$ 和 $w_5=20$, 其在训练数据集上的误差就是零．此时，完全没有使用臂展和指甲长度．同时，设 $w_1=0$, $w_2=21.5$, $w_3=0$, $w_4=60$ 和 $w_5=10$，其在训练数据集上的误差也是零．这个解没有使用臂展和头发长度．此外，这些系数的任意凸组合在训练数据集上的误差也是零．因此，与使用臂展的自然直观解相比，使用不相关属性的无穷多个解提供了更好的训练误差．这主要是因为对手头上的特定训练数据进行了过拟合．这个解将很难推广到看不见的测试数据．

在真实环境中，机器学习的所有应用都是对看不见的测试数据使用的．因此，模型在训练数据上表现良好，但在测试数据上表现不佳是不可接受的．*泛化能力差是模型适应特定训练数据集的特点和随机细微差别的结果．当训练数据很小时，很可能发生这种情况．*当训练实例的数量少于特征的数量时，存在无穷多个同样“好”的解．在这种情况下，除非采取措施避免这个问题，否则泛化能力差几乎是不可避免的．因此，机器学习中的优化问题具有许多特殊的性质：

1. 在传统的优化方法中，人们通过尽可能多地优化参数来改进目标函数．然而，在机器学习中，优化参数向量过多往往会导致过拟合．一种方法是隐藏一部分标记数据 (称为*保留数据*)，然后执行优化过程，并始终计算该保留数据的*样本外精度*．在优化过程快结束时，样本外数据的准确性开始提高 (训练数据的损失可能会继续减少)．此时，学习结束．因此，终止准则与传统优化中的终止准则不同．

2. 虽然随机梯度下降法在训练数据上的精度低于梯度下降法 (由于是近似抽样)，但它们在测试数据上的表现相当 (甚至会更好)．这是因为优化过程中对训练实例的随机抽样减少了过拟合现象的出现．

3. 有时通过惩罚权重向量范数的平方来改进目标函数．虽然原始目标函数是训练数据

㊀ 1 英尺 ≈ 0.3048 米．——编辑注

表现的最直接代表，但带惩罚的目标函数在样本外测试数据上的表现更好．平方范数较小的简明参数向量不易于发生过拟合．称这种方法被为*正则化*.
传统优化和机器学习之间的这些差异非常重要，这是因为它们几乎影响到机器学习中的每个优化步骤的设计.

4.5.4 超参数调优

正如我们已经看到的，学习过程中需要指定一些如学习率、正则化权重等这样的所谓超参数．术语“超参数”专指模型设计中的调节参数 (如学习率和正则化参数)，但它们与诸如线性回归模型中权重之类的基本参数不同．机器学习总是在模型中使用两层参数架构，其中主要的模型参数，如权重，只有在手动或调参阶段固定超参数后，才使用可计算的学习算法 (例如，随机梯度下降法) 来进行优化．这里需要注意的是，在对超参数进行调整时，不应使用梯度下降中所使用的相同数据．相反，将数据的一部分作为*验证数据*，然后验证不同超参数选择下测试模型在验证数据上的表现．这种方法可以确保调参过程中不会过度拟合训练数据集.

超参数优化的主要挑战是需要测试超参数在不同组合下的表现．最著名的技术是所谓的*格点搜索*. 在该技术中，为了确定最优选择，需要对超参数可选值的所有组合进行测试. 该过程的一个问题是，超参数的数目可能很大，且格点数目会随着超参数的数量呈指数增长．例如，我们有 5 个超参数，且每个超参数有 10 个值需要测试，那么需要训练 $10^5 = 100000$ 次才能测试出准确解．于是，一个常用的技巧是首先使用粗网格，之后当范围缩小到一个特定预设的范围后，再使用更精细的网格．当选定的最优超参数位于网格范围的边缘时必须小心，这是因为我们还需要在该范围之外进行测试，以确定是否存在更好的取值.

即使使用上面从粗糙到精细的过渡过程，相应的测试方法有时也可能过于耗时．在某些情况下，人们可以在网格范围内对超参数均匀随机抽样 (见文献 [14])．与调整网格范围的情况一样，这种方式可以先在整个网格范围内进行抽样，然后再寻求多个预解．之后，以之前选取的最优参数为中心，建立在几何上比之前网格范围更小的新的网格范围．在这个较小的网格窗上重复抽样，并多次迭代整个过程来优化参数.

对多种类型的超参数进行抽样的另一个关键点是，对超参数的对数进行均匀抽样，而非对超参数本身．可以这样处理的两个参数例子是正则化率参数和学习率参数．例如，我们不在 0.1 和 0.001 之间对学习率 α 进行抽样，而是先在 -1 和 -3 之间对 $\lg(\alpha)$ 进行均匀抽样，然后再使用 10 的幂．事实上，在对数空间中搜索超参数更为常见，尽管有些超参数应该在均匀尺度下搜索.

4.5.5 特征预处理的重要性

损失函数关于不同参数的较大敏感性变化往往会破坏学习过程，其是由特征的规模控制的．考虑一个模型，其中一个人的财富被建模为如下关于年龄 x_1(取值于 $[0, 100)$) 和接受

高等教育年数 x_2(取值于 $[0,10)$) 的一个线性函数：

$$y = w_1 x_1^2 + w_2 x_2^2 \tag{4.17}$$

在这种情况下，偏导数 $\dfrac{\partial y}{\partial w_1} = x_1^2$ 和 $\dfrac{\partial y}{\partial w_2} = x_2^2$ 将分别表示关于 w_1 和 w_2 的误差梯度分量的乘法项．由于 x_1^2 通常比 x_2^2 大得多 (通常是 100 倍)，那么关于 w_1 的误差梯度分量通常比关于 w_2 的误差梯度分量要大得多．沿着 w_2 方向的一小步通常会导致沿着 w_1 方向的一大步 (于是会越过沿 w_1 方向的最优值)．注意到，为了克服越过沿 w_1 方向最优值的问题，梯度关于 w_1 方向分量的符号会在连续迭代的步骤中一直翻转．在实际中，这会导致沿 w_1 方向的来回“弹跳”行为和沿 w_2 方向微小 (但一致) 的进展．因此，收敛将会非常缓慢．第 5 章将会更详细地讨论这种行为．于是，具有相似方差的特征通常是有帮助的．机器学习算法中会使用两种形式的特征预处理：

1. *均值中心化*：在许多模型中，为了消除某些类型的偏差效应，将数据均值中心化可能会很有帮助．传统机器学习中的许多算法 (如主成分分析) 都在均值中心化数据的假设下工作．在这样的情况下，每个数据点要减去一个列均值向量．

2. *特征归一化*：一种通用的归一化方式是将每个特征的取值除以其标准差．当这种特征缩放与均值中心化相结合时，我们称这样的数据是已标准化的．其基本想法是，假定每个特征都是从均值为零和具有单位方差的标准正态分布中提取出来的．

当数据需要缩放在 $(0,1)$ 范围内时，最小-最大归一化就非常有用．事实上，设 $\min_j$ 和 $\max_j$ 分别为第 j 个特征的最小值和最大值．那么，第 i 个点的第 j 个分量的特征值 x_{ij} 可按如下方式进行最小-最大归一化：

$$x_{ij} \Leftarrow \frac{x_{ij} - \min\limits_j}{\max\limits_j - \min\limits_j} \tag{4.18}$$

特征归一化避免了病态调节，并确保梯度下降法会更平滑地收敛．

4.6 计算关于向量的导数

在机器学习中遇到的经典优化模型中，有一种目标函数是关于参数向量为可微的标量值 (或甚至是向量值) 函数．这是因为损失函数 $J(\bar{w})$ 通常是关于参数向量 $\bar{w}$ 的函数．相比于写出大量关于向量的每个分量的偏导数，将这些导数用*矩阵微积分*的记号来表示通常会更加方便．在矩阵微积分的表示方式中，人们可以计算一个标量、一个向量或一个矩阵关于另一个标量、向量或矩阵的导数．计算所得到的结果可能是一个标量、一个向量、一个矩阵或一个张量．总之，最终的结果通常可以根据偏导数的向量/矩阵来紧凑地表示 (因此，不必烦琐地以逐元素形式来计算它们). 本书仅会用到计算标量/向量关于其他标量/向量的导数. 有时，我们也会考虑标量关于矩阵的导数. 这样，计算结果总会以一个标量、一个向量或一个矩阵来呈现. 此外，将矩阵分块，计算某块对其他块的导数可以使计算更为简洁和快速. 尽管矩阵微积分的应用非常广泛，但这里只聚焦于几个重要的且有助于求解实际中可能遇到的绝大多数机器学习问题的相关恒等式.

4.6.1 矩阵微积分符号

矩阵微积分中符号最为简单 (也是最为常见) 的例子主要出现在计算梯度的过程中. 例如，考虑 4.5 节中所讨论的多变量优化问题关于梯度下降的更新：

$$\bar{w} \Leftarrow \bar{w} - \alpha \nabla J$$

梯度 ∇J 在矩阵微积分中的等价符号是 $\dfrac{\partial J(\bar{w})}{\partial \bar{w}}$. 该符号是标量关于向量的导数，其结果总是一个向量. 于是，我们有：

$$\nabla J = \frac{\partial J(\bar{w})}{\partial \bar{w}} = \left[\frac{\partial J(\bar{w})}{\partial w_1}, \cdots, \frac{\partial J(\bar{w})}{\partial w_d}\right]^{\mathrm{T}}$$

这里需要注意的是，在对矩阵微积分的处理中，对于标量关于列向量的导数是行向量还是列向量，还存在一些约定上的歧义. 在本书中，我们约定标量对列向量的导数仍为列向量. 此约定被称为*分母布局* (尽管定义为导数为行向量的分子布局更为常见). 我们使用分母布局是因为它使我们摆脱了为对 $\bar{w}$ 执行梯度下降更新 (这在机器学习中非常常见) 而总是必须将行向量转置为列向量的符号混乱. 实际上，不同情况下选择使用分子布局还是分母布局通常受这类符号的便利性的影响. 因此，我们可以直接将更新步骤用如下的矩阵微积分符号表示：

$$\bar{w} \Leftarrow \bar{w} - \alpha \left[\frac{\partial J(\bar{w})}{\partial \bar{w}}\right]$$

矩阵微积分的符号还可以表示向量关于向量的导数. 这类导数得到的是一个矩阵，称之为*雅可比矩阵*. 雅可比矩阵在计算递归嵌套多变量函数的梯度时频繁出现. 一个具体的例子是多层神经网络情况 (见第 11 章). 例如，一个 m 维列向量 $\bar{h} = [h_1, \cdots, h_m]^{\mathrm{T}}$ 关于一个 d 维列向量 $\bar{w} = [w_1, \cdots, w_d]^{\mathrm{T}}$ 在分母布局表示下是一个 $d \times m$ 矩阵. 该矩阵的第 (i, j) 项元素表示 h_j 关于 w_i 的导数：

$$\left[\frac{\partial \bar{h}}{\partial \bar{w}}\right]_{ij} = \frac{\partial h_j}{\partial w_i} \tag{4.19}$$

然而，雅可比矩阵的第 (i, j) 个元素总是 $\dfrac{\partial h_i}{\partial w_j}$，于是，它是由式 (4.19) 所定义的矩阵 $\dfrac{\partial \bar{h}}{\partial \bar{w}}$ 的转置.

在不同类型的矩阵分解中，另一种频繁出现的导数是一个标量值目标函数 J 关于一个 $m \times n$ 矩阵 $\boldsymbol{W}$ 的导数. 在分母布局表示下，其结果继承了矩阵的分母形状. 导数的第 (i,j) 个元素就是 J 关于 $\boldsymbol{W}$ 的第 (i,j) 项元素的导数：

$$\left[\frac{\partial J}{\partial \boldsymbol{W}}\right]_{ij} = \frac{\partial J}{\partial W_{ij}} \tag{4.20}$$

表 4.1 总结和回顾了矩阵微积分中的常用符号和约定.

表 4.1 在分子布局和分母布局表示下的矩阵微积分算子

	导数	关于	输出形式	第 i 个或第 (i,j) 个元素
(a) 分子布局	标量 J	标量 x	标量	$\frac{\partial J}{\partial x}$
	m 维列向量 $\bar{h}$	标量 x	m 维列向量	$\left[\frac{\partial \bar{h}}{\partial x}\right]_i = \frac{\partial h_i}{\partial x}$
	标量 J	d 维列向量 $\bar{w}$	d 维行向量	$\left[\frac{\partial J}{\partial \bar{w}}\right]_i = \frac{\partial J}{\partial w_i}$
	m 维列向量 $\bar{h}$	d 维列向量 $\bar{w}$	$m \times d$ 矩阵	$\left[\frac{\partial \bar{h}}{\partial \bar{w}}\right]_{ij} = \frac{\partial h_i}{\partial w_j}$
	标量 J	$m \times n$ 矩阵 $\boldsymbol{W}$	$n \times m$ 矩阵	$\left[\frac{\partial J}{\partial \boldsymbol{W}}\right]_{ij} = \frac{\partial J}{\partial W_{ji}}$
(b) 分母布局	标量 J	标量 x	标量	$\frac{\partial J}{\partial x}$
	m 维列向量 $\bar{h}$	标量 x	m 维行向量	$\left[\frac{\partial \bar{h}}{\partial x}\right]_i = \frac{\partial h_i}{\partial x}$
	标量 J	d 维列向量 $\bar{w}$	d 维列向量	$\left[\frac{\partial J}{\partial \bar{w}}\right]_i = \frac{\partial J}{\partial w_i}$
	m 维列向量 $\bar{h}$	d 维列向量 $\bar{w}$	$d \times m$ 矩阵	$\left[\frac{\partial \bar{h}}{\partial \bar{w}}\right]_{ij} = \frac{\partial h_j}{\partial w_i}$
	标量 J	$m \times n$ 矩阵 $\boldsymbol{W}$	$m \times n$ 矩阵	$\left[\frac{\partial J}{\partial \boldsymbol{W}}\right]_{ij} = \frac{\partial J}{\partial W_{ij}}$

4.6.2 实用的矩阵微积分恒等式

在本小节中，我们将介绍一些在机器学习中频繁使用的关于矩阵微积分的恒等式. 机器学习中一种常见的表示形式如下：

$$F(\bar{w}) = \bar{w}^{\mathrm{T}} \boldsymbol{A} \bar{w} \tag{4.21}$$

这里，$\boldsymbol{A}$ 是一个 $d \times d$ 常值对称矩阵，而 d 维列向量 $\bar{w}$ 是优化变量. 注意，这类目标函数几乎都会出现在像最小二乘回归和 (对偶) 支持向量机中的凸二次损失函数. 在这种情况

下，梯度 $\nabla F(\bar{w})$ 可被表示为

$$\nabla F(\bar{w}) = \frac{\partial F(\bar{w})}{\partial \bar{w}} = 2\boldsymbol{A}\bar{w} \tag{4.22}$$

导数与标量情形下具有非常明显的代数相似性．我们鼓励读者逐元素计算每一个的偏导数，并验证上述表达式是否正确．注意，$\nabla F(\bar{w})$ 是一个列向量．

机器学习中的另外一种常见的目标函数 $G(\bar{w})$ 可定义如下：

$$G(\bar{w}) = \bar{b}^{\mathrm{T}}\boldsymbol{B}\bar{w} = \bar{w}^{\mathrm{T}}\boldsymbol{B}^{\mathrm{T}}\bar{b} \tag{4.23}$$

这里，$\boldsymbol{B}$ 是一个 $n \times d$ 常值对称矩阵，而 d 维列向量 $\bar{w}$ 表示优化变量．此外，n 维常数列向量 $\bar{b}$ 并不依赖于 $\bar{w}$．于是，该函数是一个关于 $\bar{w}$ 的线性函数，且其梯度的所有分量都是常数．由于标量的转置仍为其本身，故 $\bar{b}^{\mathrm{T}}\boldsymbol{B}\bar{w}$ 和 $\bar{w}^{\mathrm{T}}\boldsymbol{B}^{\mathrm{T}}\bar{b}$ 相等．因此，目标函数 $G(\bar{w})$ 的梯度可被表示为

$$\nabla G(\bar{w}) = \frac{\partial G(\bar{w})}{\partial \bar{w}} = \boldsymbol{B}^{\mathrm{T}}\bar{b} \tag{4.24}$$

在这种情况下，梯度的每个元素均为常数．我们将这些结果的证明留作一个练习：

问题 4.6.1 设 $\boldsymbol{A} = [a_{ij}]$ 是一个 $d \times d$ 常值对称矩阵，$\boldsymbol{B} = [b_{ij}]$ 是一个 $n \times d$ 常值矩阵，d 维列向量 $\bar{w}$ 表示优化变量，而 $\bar{b}$ 是一个 n 维常数列向量．设 $F(\bar{w}) = \bar{w}^{\mathrm{T}}\boldsymbol{A}\bar{w}$ 和 $G(\bar{w}) = \bar{b}^{\mathrm{T}}\boldsymbol{B}\bar{w}$．通过计算逐分量的偏导数证明 $\nabla F(\bar{w}) = \dfrac{\partial F(\bar{w})}{\partial \bar{w}} = 2\boldsymbol{A}\bar{w}$ 和 $\nabla G(\bar{w}) = \dfrac{\partial G(\bar{w})}{\partial \bar{w}} = \boldsymbol{B}^{\mathrm{T}}\bar{b}$.

上述问题需要根据矩阵和向量中的标量值来展开每一个表达式，那么我们会发现通过紧凑的矩阵微积分表示会快速计算上面的结果．表 4.2 给出了常用恒等式．这些恒等式在机器学习模型中都非常有用．由于常见的是计算关于列向量参数的梯度，因此所有这些恒等式都表示关于列向量的导数．注意到，表 4.2(b) 还给出了一些简单的向量关于向量的导数，其结果总是雅可比矩阵的转置．除了这些常用的恒等式之外，关于对矩阵微积分的完全处理超出了本书的范围，有兴趣的读者可参考文献 [20].

4.6.2.1 应用：无约束二次规划

在二次规划中，目标函数包含形如 $\bar{w}^{\mathrm{T}}\boldsymbol{A}\bar{w}$ 的一个二次项，形如 $\bar{b}^{\mathrm{T}}\bar{w}$ 的一个线性项和一个常数．一个无约束二次规划具有如下的形式：

$$\min_{\bar{w}} \ \frac{1}{2}\bar{w}^{\mathrm{T}}\boldsymbol{A}\bar{w} + \bar{b}^{\mathrm{T}}\bar{w} + c$$

这里，我们假设 $\boldsymbol{A}$ 是一个 $d \times d$ 正定矩阵，$\bar{b}$ 是一个 d 维列向量，c 是一个常数标量，而 d 维列向量 $\bar{w}$ 则表示优化变量．无约束二次规划是形如 $\dfrac{1}{2}ax^2 + bx + c$ 的一维二次函数的直

接推广．注意到，当 $a>0$ 时，一维二次函数在 $x=-b/a$ 点达到最小, 而当 $\boldsymbol{A}$ 为正定时，多维二次函数的最小值也存在．

表 4.2 分母布局下的矩阵微积分恒等式

		目标 $\boldsymbol{J}$	$\boldsymbol{J}$ 关于 $\bar{\boldsymbol{w}}$ 的导数
(a) 标量关于向量的导数	(i)	$\bar{w}^{\mathrm{T}}\boldsymbol{A}\bar{w}$	$2\boldsymbol{A}\bar{w}$($\boldsymbol{A}$ 对称) $(\boldsymbol{A}+\boldsymbol{A}^{\mathrm{T}})\bar{w}$($\boldsymbol{A}$ 非对称)
	(ii)	$\bar{w}^{\mathrm{T}}\boldsymbol{B}\bar{w}$ 或 $\bar{w}^{\mathrm{T}}\boldsymbol{B}^{\mathrm{T}}\bar{b}$	$\boldsymbol{B}^{\mathrm{T}}\bar{b}$
	(iii)	$\lVert\boldsymbol{B}\bar{w}+\bar{b}\rVert^2$	$2\boldsymbol{B}^{\mathrm{T}}(\boldsymbol{B}\bar{w}+\bar{b})$
	(iv)	$f(g(\bar{w}))$[$g(\bar{w})$ 是标量：示例如下]	$f'(g(\bar{w}))\boldsymbol{\nabla}_w g(\bar{w})$
	(v)	$f(\bar{w}\cdot\bar{a})$ [上述 $g(\bar{w})=\bar{w}\cdot\bar{a}$ 的例子]	$f'(\bar{w}\cdot\bar{a})\bar{a}$
		向量 $\bar{\boldsymbol{h}}$	$\bar{\boldsymbol{h}}$ 关于 $\bar{\boldsymbol{w}}$ 的导数
(b) 向量关于向量的导数	(i)	$\bar{h}=\boldsymbol{C}\bar{w}$	$\boldsymbol{C}^{\mathrm{T}}$
	(ii)	$\bar{h}=F(\bar{w})$[$F(\cdot)$ 是逐点函数]	对角矩阵，第 (i,i) 项元素是 $F(\bar{w})$ 第 i 个元素关于 w_i 的偏导数
	(iii)	乘积变量公式 $\bar{h}=f_s(\bar{w})\bar{x}$ [$f_s(\bar{w})$ 是向量到标量的函数]	$\dfrac{\partial f_s(\bar{w})}{\partial\bar{w}}\bar{x}^{\mathrm{T}}+f_s(\bar{w})\dfrac{\partial\bar{x}}{\partial\bar{w}}$

利用表 4.2(a) 中的等式 (i) 和 (ii), 我们可以得到目标函数中两项关于 $\bar{w}$ 的导数．由于矩阵 $\boldsymbol{A}$ 是正定的，那么黑塞矩阵 $\boldsymbol{A}$ 是与 $\bar{w}$ 的取值无关的正定矩阵．因此，该目标函数是严格凸的，从而其梯度为零是目标函数最小化的充分必要条件．应用表 4.2(a) 中的等式 (i) 和 (ii), 可得如下最优性条件：

$$\boldsymbol{A}\bar{w}+\bar{b}=\bar{0}$$

这样，我们得到最优解 $\bar{w}=-\boldsymbol{A}^{-1}\bar{b}$. 注意到，这是一维二次函数最优解的一个直接推广．如果 $\boldsymbol{A}$ 是奇异的，即使 $\boldsymbol{A}$ 是半正定的，也不能保证其最优解的存在性．例如，当 $\boldsymbol{A}$ 是零矩阵，那么目标函数退化为一个线性函数，从而没有最小值点．当 $\boldsymbol{A}$ 是半正定时，我们可以证明最小值点存在当且仅当 $\bar{b}$ 属于 $\boldsymbol{A}$ 的列向量空间 (见习题 4.8).

4.6.2.2 应用：范数平方的导数

无约束二次规划的一个特例是一个向量的范数，其中这个向量自身是关于另外一个向量的线性函数 (带有一个额外的常数偏移)．这样的问题产生于最小二乘回归中．众所周知，最小二乘回归与前面的二次规划一样具有闭型解 (见 4.7 节)．这种特定的目标函数具有如下形式：

$$\begin{aligned}J(\bar{w})&=\lVert\boldsymbol{B}\bar{w}+\bar{b}\rVert^2\\&=\bar{w}^{\mathrm{T}}\boldsymbol{B}^{\mathrm{T}}\boldsymbol{B}\bar{w}+2\bar{b}^{\mathrm{T}}\boldsymbol{B}\bar{w}+\bar{b}^{\mathrm{T}}\bar{b}\end{aligned}$$

这里，$\boldsymbol{B}$ 是一个 $n \times d$ 数据矩阵，$\bar{w}$ 是一个 d 维向量，而 $\bar{b}$ 为一个 n 维向量．这种形式的目标函数经常出现在最小二乘回归中，其中 $\boldsymbol{B}$ 被视为观测数据矩阵 $\boldsymbol{D}$，而常数向量 b 被视为响应向量 y 的负值．为了执行更新步骤，人们需要计算关于 $\bar{w}$ 的梯度．

我们已经通过上述关于矩阵与向量的乘积将范数的平方进行了展开．其中，每一项的形式都与表 4.2(a) 中的结果 (i) 和 (ii) 相同．在这种情况下，我们可以通过表 4.2(a) 中标量关于向量导数的结果 (i) 和 (ii) 来计算范数平方关于 $\bar{w}$ 的导数．因此，我们有如下结果：

$$\frac{\partial J(\bar{w})}{\partial \bar{w}} = 2\boldsymbol{B}^{\mathrm{T}}\boldsymbol{B}\bar{w} + 2\boldsymbol{B}^{\mathrm{T}}\bar{b} \tag{4.25}$$

$$= 2\boldsymbol{B}^{\mathrm{T}}(\boldsymbol{B}\bar{w} + \bar{b}) \tag{4.26}$$

这种梯度的形式通常被用于最小二乘回归．令梯度为零即可得到最小二乘回归的闭型解 (见 4.7 节)．

4.6.3 向量求导的链式法则

微积分的链式法则对计算复合函数的导数是非常有用的．在单变量标量值函数的情形下，这个法则非常简单．例如，考虑如下关于标量 w 的标量目标函数 J：

$$J = f(g(h(w))) \tag{4.27}$$

其中 $f(\cdot)$, $g(\cdot)$ 和 $h(\cdot)$ 均为标量函数．在这种情况下，J 关于标量 w 的导数可简单地写为 $f'(g(h(w)))g'(h(w))h'(w)$，此即为微积分学中单变量函数的链式法则．注意到，由于标量乘法是可交换的，故乘积的顺序在这里并不重要．

类似地，考虑如下形式的函数，其中一个函数是关于向量的标量值函数：

$$J = f\left(g_1(w), g_2(w), \cdots, g_k(w)\right)$$

在这种情况下，多元链式法则告诉我们：可以使用函数关于每个变量的偏导数乘积的和来计算 J 关于 w 的导数：

$$\frac{\partial J}{\partial w} = \sum_{i=1}^{k}\left[\frac{\partial J}{\partial g_i(w)}\right]\left[\frac{\partial g_i(w)}{\partial w}\right]$$

通过考虑向量到向量函数的情况，可以将上述两种结果推广为同一形式．注意到，向量关于向量的导数是矩阵，因此我们将考虑矩阵而非标量间的乘积．令人惊讶的是，绝大多数机器学习算法只考虑表 4.2(b) 中的两种类型函数的重复复合．与标量时的链式法则不同，在处理矩阵和向量时，乘积的顺序至关重要．在一个复合函数中，自变量 (内层变量) 的导数总是左乘函数 (外层变量) 的导数．在许多情况下，由于矩阵乘法中关于阶数的约束，乘法的顺序是不言而喻的．我们将向量的链式法则正式定义如下：

定理 4.6.1 (向量链式法则) 考虑如下形式的复合函数：

$$\bar{o} = F_k\left(F_{k-1}\left(\cdots F_1(\bar{x})\right)\right)$$

假设每个 $F_i(\cdot)$ 都将 n_i 维列向量映射为 n_{i+1} 维列向量. 这样，输入 n_1 维向量 $\bar{x}$ 后，输出 $\bar{o}$ 会是一个 n_{k+1} 维向量. 为简便起见，记 $F_i(\cdot)$ 的输出向量为 $\bar{h}_i$. 于是，向量的链式法则可表述如下：

$$\underbrace{\left[\frac{\partial \bar{o}}{\partial \bar{x}}\right]}_{n_1\times n_{k+1}} = \underbrace{\left[\frac{\partial \bar{h}_1}{\partial \bar{x}}\right]}_{n_1\times n_2}\underbrace{\left[\frac{\partial \bar{h}_2}{\partial \bar{h}_1}\right]}_{n_2\times n_3}\cdots\underbrace{\left[\frac{\partial \bar{h}_{k-1}}{\partial \bar{h}_{k-2}}\right]}_{n_{k-1}\times n_k}\underbrace{\left[\frac{\partial \bar{o}}{\partial \bar{h}_{k-1}}\right]}_{n_k\times n_{k+1}}$$

从上式可以容易看出，这种情况满足矩阵乘法中对阶数的约束条件.

4.6.3.1 向量导数的有用例子

我们下面提供一些在机器学习中经常使用的关于向量导数的例子. 考虑一个自变量为 d 维向量，而输出为标量的函数 $g(\cdot)$ 以及 $f(\cdot)$ 是一个从标量到标量的函数：

$$J = f(g(\bar{w}))$$

在这种情况下，应用向量链式法则可得：

$$\nabla J = \frac{\partial J}{\partial \bar{w}} = \nabla g(\bar{w})\underbrace{f'(g(\bar{w}))}_{\text{标量}} \tag{4.28}$$

此时，乘积的顺序并不重要，因为其中一个因子是标量. 注意，机器学习中经常使用该结果，主要的原因是机器学习中的许多损失函数都是通过将标量函数 $f(\cdot)$ 作用于 $\bar{w}$ 与训练点 $\bar{a}$ 的内积来计算得到的. 换句话说，即有 $g(\bar{w}) = \bar{w}\cdot\bar{a}$. 注意到，函数 $g(\bar{w}) = \bar{w}\cdot\bar{a}$ 可被写为 $\bar{w}^{\mathrm{T}}(\boldsymbol{I})\bar{a}$, 其中 $\boldsymbol{I}$ 表示单位矩阵. 这即为表 4.2(a) 中矩阵等式的形式 [见 (ii)]. 在这种情况中，人们由链式法则可得：

$$\frac{\partial J}{\partial \bar{w}} = \underbrace{[f'(g(\bar{w}))]}_{\text{标量}}\bar{a} \tag{4.29}$$

这个结果非常有用，其可被用于计算许多损失函数的导数，诸如最小二乘回归、支持向量机和 Logistic 回归. 向量 $\bar{a}$ 简单地被替换为当前训练点的向量，而函数 $f(\cdot)$ 是当前模型损失函数的具体形式. 这些等式可见表 4.2(a) 中的 (iv) 和 (v).

表 4.2(b) 给出了从向量到向量的函数的一些有用的导数公式. 第一种是线性变换 $\bar{h} = \boldsymbol{C}\bar{w}$, 其中矩阵 $\boldsymbol{C}$ 不依赖于参数向量 $\bar{w}$. 向量到向量函数 $\bar{h}$ 关于 $\bar{w}$ 的导数为 $\boldsymbol{C}^{\mathrm{T}}$[见表 4.2(b) 中的 (i)]. 这种类型的变换通常用于前馈神经网络的线性层. 另一个常见的从

向量到向量的函数是逐点函数 $F(\bar{w})$, 其 (以激活函数的形式) 被用于神经网络. 在这种情况下，对应的导数是一个对角矩阵，而对角线上的元素是逐点导数，如表 4.2(b) 中 (ii) 所示.

最后，我们考虑微积分中乘积等式的一种推广，即考虑标量和向量变量的乘积，而不是两个标量变量的乘积. 考虑关系式 $\bar{h} = f_s(\bar{w})\bar{x}$, 其是一个向量和一个标量的乘积. 这里，$f_s(\cdot)$ 是一个从向量映射到标量的函数，而 $\bar{x}$ 是依赖于 $\bar{w}$ 的列向量. 在这种情况下，$\bar{h}$ 关于 $\bar{w}$ 的导数为矩阵 $\dfrac{\partial f_s(\bar{w})}{\partial \bar{w}}\bar{x}^{\mathrm{T}} + f_s(\bar{w})\dfrac{\partial \bar{x}}{\partial \bar{w}}$ [见表 4.2(b) 中的 (iii)]. 注意到，第一项是两个向量 $\dfrac{\partial f_s(\bar{w})}{\partial \bar{w}}$ 和 $\bar{x}$ 的外积，而第二项则是标量乘以向量关于向量的导数.

4.7　线性回归：数值目标下的优化

由于线性回归的目标函数为最小二乘形式，故也被称为最小二乘回归. 2.8 节简要介绍了最小二乘回归，并给出了基于优化视角的求解方程组方法. 最小二乘回归的一个更自然的应用是建模目标变量对特征变量的依赖性. 我们有 n 对观测值 $(\overline{X}_i, y_i)$, $i \in \{1, \cdots, n\}$. 目标 y_i 由 $\hat{y}_i \approx \overline{W} \cdot \overline{X}_i^{\mathrm{T}}$ 来进行预测. 符号 $\hat{y}_i$ 顶部的符号 ^ 表示它是一个预测值. 这里，d 维列向量 $\overline{W} = [w_1, \cdots, w_d]^{\mathrm{T}}$ 表示优化参数.

每个向量 $\overline{X}_i$ 称为自变量或回归变量的集合，而变量 y_i 则被称为目标变量、响应变量或回归变量. 每个 $\overline{X}_i$ 是一个行向量，这是因为在机器学习中，数据点通常被表示为数据矩阵中的行. 因此，行向量 $\overline{X}_i$ 在与列向量 $\overline{W}$ 点积之前需要进行转置. 向量 $\overline{W}$ 需要以数据驱动的方式学习以使 $\hat{y}_i \approx \overline{W} \cdot \overline{X}_i^{\mathrm{T}}$ 尽可能地接近每个 y_i. 于是，对每一个训练数据点，我们计算相应的损失 $(y_i - \overline{W} \cdot \overline{X}_i^{\mathrm{T}})^2$. 然后，再将所有点的损失相加得到如下目标函数：

$$J = \frac{1}{2}\sum_{i=1}^{n}\left(y_i - \overline{W} \cdot \overline{X}_i^{\mathrm{T}}\right)^2 \tag{4.30}$$

对于给定的训练数据集，一旦通过优化上面的目标函数来学习得到向量 $\overline{W}$，那么对于未知测试实例目标变量 $\overline{Z}$(其为 d 维行向量) 的预测值则为 $\overline{W} \cdot \overline{Z}^{\mathrm{T}}$.

根据一个 $n \times d$ 数据矩阵来表示目标函数会非常方便. 其中，$n \times d$ 数据矩阵 $\boldsymbol{D}$ 是将 n 个行向量 $\overline{X}_1, \cdots, \overline{X}_n$ 进行堆叠得到. 类似地，n 维列向量 $\bar{y}$ 是响应变量，其第 i 个元素就是 y_i. 注意到，乘积 $\boldsymbol{D}\overline{W}$ 即为预测的 n 维列向量. 在理想情况下，其应该等于观测向量 $\bar{y}$. 因此，对应的误差向量则为 $(\boldsymbol{D}\overline{W} - \bar{y})$，且误差向量的范数的平方就是损失函数. 所以，最小二乘回归的损失函数可被表示为如下形式：

$$J = \frac{1}{2}\|\boldsymbol{D}\overline{W} - \bar{y}\|^2 = \frac{1}{2}[\boldsymbol{D}\overline{W} - \bar{y}]^{\mathrm{T}}[\boldsymbol{D}\overline{W} - \bar{y}] \tag{4.31}$$

进一步，我们可将式 (4.31) 展开如下：

$$J = \frac{1}{2}\overline{W}^{\mathrm{T}}\boldsymbol{D}^{\mathrm{T}}\boldsymbol{D}\overline{W} - \frac{1}{2}\overline{W}^{\mathrm{T}}\boldsymbol{D}^{\mathrm{T}}\bar{y} - \frac{1}{2}\bar{y}^{\mathrm{T}}\boldsymbol{D}\overline{W} + \frac{1}{2}\bar{y}^{\mathrm{T}}\bar{y} \tag{4.32}$$

由于 $\boldsymbol{D}^{\mathrm{T}}\boldsymbol{D}$ 是二次项中的半正定黑塞矩阵，故容易看 J 是凸的. 这意味着，如果我们能够找到使得 J 梯度为零的向量 $\overline{W}$(即临界点)，那么它就是该目标函数的全局最小值点.

为了计算 J 关于 $\bar{w}$ 的梯度，我们可以直接使用 4.6.2.2 节中关于范数平方的结果得出如下结论：

$$\boldsymbol{\nabla} J = \boldsymbol{D}^{\mathrm{T}}\boldsymbol{D}\overline{W} - \boldsymbol{D}^{\mathrm{T}}\bar{y} \tag{4.33}$$

令该梯度为零可得如下条件：

$$\boldsymbol{D}^{\mathrm{T}}\boldsymbol{D}\overline{W} = \boldsymbol{D}^{\mathrm{T}}\bar{y} \tag{4.34}$$

于是将上式两边左乘 $(\boldsymbol{D}^{\mathrm{T}}\boldsymbol{D})^{-1}$ 则可得到：

$$\overline{W} = (\boldsymbol{D}^{\mathrm{T}}\boldsymbol{D})^{-1}\boldsymbol{D}^{\mathrm{T}}\bar{y} \tag{4.35}$$

注意到，式 (4.35) 与使用 $\boldsymbol{D}$ 的左逆求解方程组时的结果一致 (见 2.8 节)，其中 2.8 节应用正规方程推导得到了式 (4.35)，而非微积分. 求解方程组的问题是最小二乘回归的一个特例. 当方程组有可行解时，最优解关于训练数据的损失为零. 当方程组不相容时，我们可以得到最佳拟合解.

当 $\boldsymbol{D}^{\mathrm{T}}\boldsymbol{D}$ 可逆时，该如何有效地计算 $\overline{W}$ 呢? 这可以通过矩阵 $\boldsymbol{D}$ 的 QR 分解 $\boldsymbol{D} = \boldsymbol{QR}$ 来实现 (见 2.8.2 节末)，其中 $\boldsymbol{Q}$ 是列向量相互规范正交的 $n \times d$ 矩阵，而 $\boldsymbol{R}$ 是一个 $d \times d$ 上三角形矩阵. 那么，我们可以将 $\boldsymbol{D} = \boldsymbol{QR}$ 代入式 (4.34) 中, 并由 $\boldsymbol{Q}^{\mathrm{T}}\boldsymbol{Q} = \boldsymbol{I}_d$ 得到如下结论：

$$\boldsymbol{R}^{\mathrm{T}}\boldsymbol{R}\overline{W} = \boldsymbol{R}^{\mathrm{T}}\boldsymbol{Q}^{\mathrm{T}}\bar{y} \tag{4.36}$$

将式 (4.36) 两边同时左乘 $(\boldsymbol{R}^{\mathrm{T}})^{-1}$ 即得到 $\boldsymbol{R}\overline{W} = \boldsymbol{Q}^{\mathrm{T}}\bar{y}$. 该三角方程组可以使用倒向替代法来有效地求解.

上述求解方法已经假设矩阵 $\boldsymbol{D}^{\mathrm{T}}\boldsymbol{D}$ 是可逆的. 然而，在数据点数目较少的情况下，矩阵 $\boldsymbol{D}^{\mathrm{T}}\boldsymbol{D}$ 可能是不可逆的. 那么，在这种情况下，该方程组存在无穷多个解. 此时，这将过度拟合训练数据. 这种方法将不易推广到未知的测试数据. 因此，应用相应的正则化技术则很重要.

4.7.1 Tikhonov 正则化

上面问题的闭型解在优化变量的数目大于数据点的数量的欠定情况下并不工作. 一种可能的解决方案是通过将问题转化为带约束的优化问题来减少数据中的变量数目. 换句话说，我们可以提出在至多 k 个 w_i 的值非零的严格约束下来尝试优化相同的损失函数. 然而，这种带约束的优化问题很难求解．更温和的解决方法是对每个 w_i 的绝对值施加一个小的惩罚来阻止 w_i 非零．这样，所得到的损失函数为

$$J = \frac{1}{2}\|\boldsymbol{D}\overline{W} - \bar{y}\|^2 + \frac{\lambda}{2}\|\overline{W}\|^2 \tag{4.37}$$

这里，$\lambda > 0$ 是正则化参数．通过在目标中加入范数平方的惩罚，则可使得每个 w_i 的值较小，除非它对于学习过程是绝对必要的．注意到，凸最小二乘回归损失函数加上严格凸的项 $\lambda\|\overline{W}\|^2$ 则可使得正则化后的目标函数是严格凸的 (见引理 4.3.6 中关于凸函数与严格凸函数之和的结论)．一个严格凸的目标函数具有唯一的最优解．

为了求解该优化问题，我们可以令 J 的梯度为 0．基于 4.6.2.2 节中的讨论，添加项 $\lambda\|\overline{W}\|^2/2$ 的梯度为 $\lambda\overline{W}$．由 J 的梯度为 0 的事实则可以得到如下改进后的条件：

$$\left(\boldsymbol{D}^{\mathrm{T}}\boldsymbol{D} + \lambda\boldsymbol{I}\right)\overline{W} = \boldsymbol{D}^{\mathrm{T}}\bar{y} \tag{4.38}$$

将上面等式两边同时左乘 $(\boldsymbol{D}^{\mathrm{T}}\boldsymbol{D} + \lambda\boldsymbol{I})^{-1}$，则有：

$$\overline{W} = \left(\boldsymbol{D}^{\mathrm{T}}\boldsymbol{D} + \lambda\boldsymbol{I}\right)^{-1}\boldsymbol{D}^{\mathrm{T}}\bar{y} \tag{4.39}$$

这里需要注意的是，对于 $\lambda > 0$, 矩阵 $(\boldsymbol{D}^{\mathrm{T}}\boldsymbol{D} + \lambda\boldsymbol{I})$ 是正定的，因此其总是可逆的 (见问题 2.4.2)．所得到的解被正则化，其可以更好地被推广到样本外数据．应用推出等式 (见问题 1.2.13), 那么该解可被等价地表示为如下形式：

$$\overline{W} = \boldsymbol{D}^{\mathrm{T}}(\boldsymbol{D}\boldsymbol{D}^{\mathrm{T}} + \lambda\boldsymbol{I})^{-1}\bar{y} \tag{4.40}$$

伪逆及其与正则化的联系

Tikhonov 正则化的一个特例是 Moore-Penrose *伪逆*，它已在 2.8.1 节有过介绍．矩阵 $\boldsymbol{D}$ 的 Moore-Penrose 伪逆 $\boldsymbol{D}^+$ 是当 $\lambda > 0$ 无穷小时，对应的 Tikhonov 正则化的极限情形：

$$\boldsymbol{D}^+ = \lim_{\lambda\to 0+}(\boldsymbol{D}^{\mathrm{T}}\boldsymbol{D} + \lambda\boldsymbol{I})^{-1}\boldsymbol{D}^{\mathrm{T}} = \lim_{\lambda\to 0+}\boldsymbol{D}^{\mathrm{T}}(\boldsymbol{D}\boldsymbol{D}^{\mathrm{T}} + \lambda\boldsymbol{I})^{-1} \tag{4.41}$$

于是，我们可以简单地根据 Moore-Penrose 伪逆将解 $\overline{W}$ 写为 $\overline{W} = \boldsymbol{D}^+\bar{y}$.

4.7.2　随机梯度下降法

在机器学习中，很少会出现像式 (4.39) 具有闭型解的情况．在大多数情况下，人们需要使用以下形式的 (随机) 梯度下降法来更新：

$$\overline{W} \Leftarrow \overline{W} - \alpha\boldsymbol{\nabla}J \tag{4.42}$$

(随机) 梯度下降法的一个优点是，它在内存需求和计算效率方面都非常有效. 特别地，在最小二乘回归的情况下，式 (4.42) 的更新可由下面的迭代来实现：

$$\overline{W} \Leftarrow \overline{W}(1-\alpha\lambda) - \alpha \boldsymbol{D}^{\mathrm{T}} \underbrace{(\boldsymbol{D}\overline{W} - \bar{y})}_{\text{误差向量 } \bar{e}} \tag{4.43}$$

这里，$\alpha > 0$ 为学习率. 为了有效地实现该方法，首先计算在式 (4.43) 中已经标记的 n 维误差向量 $\bar{e} = (\boldsymbol{D}\overline{W} - \bar{y})$. 接下来计算用于更新的 d 维向量 $\boldsymbol{D}^{\mathrm{T}}\bar{e}$. 该方法只需要矩阵与向量的乘积，而并不需要在实际中可能很大的矩阵 $\boldsymbol{D}^{\mathrm{T}}\boldsymbol{D}$.

人们也可以通过从数据矩阵 $\boldsymbol{D}$ 中选取样本 (行) 的子集来使用小批量随机梯度下降法. 设 S 是当前小批量的一组训练样本，其中 S 中的每个样本包含形如 $(\overline{X}_i, y_i)$ 的特征目标对. 于是，梯度下降法中的更新步骤可改为如下对小批量的更新：

$$\overline{W} \Leftarrow \overline{W}(1-\alpha\lambda) - \alpha \sum_{(\overline{X}_i, y_i)\in S} \overline{X}_i^{\mathrm{T}} \underbrace{(\overline{W}\cdot\overline{X}_i^{\mathrm{T}} - y_i)}_{\text{误差值}} \tag{4.44}$$

注意到，我们只需假设在更新步骤中使用的是小批量对应的 (小) 矩阵，那么式(4.44)就可直接由式 (4.43) 直接推导得到.

4.7.3 偏移的使用

在机器学习中，人们通常会引入一个额外的偏移变量来考虑目标中无法解释的常数效应. 例如，考虑目标变量是某个热带城市的华氏温度，两个特征变量分别对应从年初开始的天数和从午夜开始的分钟数. 由于无法解释的常数效应，模型 $y_i = \overline{W}\cdot\overline{X}_i^{\mathrm{T}}$ 必然会导致较大的误差. 例如，当两个特征变量都是 0, 即对应于新年前夜时，热带城市的温度肯定会远远高于 0. 然而，模型 $y_i = \overline{W}\cdot\overline{X}_i^{\mathrm{T}}$ 的预测值总是 0. 使用偏差变量 b 则可避免这个问题，即新模型为 $y_i = \overline{W}\cdot\overline{X}_i^{\mathrm{T}} + b$. 偏移变量吸收了额外的常数效应 (即当前城市的特定偏移)，需要像 $\overline{W}$ 中的其他参数一样对其进行学习. 在这种情况下，则式 (4.44) 中的梯度下降更新步骤可对应修改如下：

$$\overline{W} \Leftarrow \overline{W}(1-\alpha\lambda) - \alpha \sum_{(\overline{X}_i, y_i)\in S} \overline{X}_i^{\mathrm{T}} \underbrace{(\overline{W}\cdot\overline{X}_i^{\mathrm{T}} + b - y_i)}_{\text{误差值}}$$

$$b \Leftarrow b(1-\alpha\lambda) - \alpha \sum_{(\overline{X}_i, y_i)\in S} \underbrace{(\overline{W}\cdot\overline{X}_i^{\mathrm{T}} + b - y_i)}_{\text{误差值}}$$

事实证明，在不改变原始 (即无偏移) 模型的情况下，可以实现与上述更新完全相同的效果. 所用的技巧是在训练数据和测试数据中添加一个为常数 1 的额外维度. 因此，在向量 $\overline{W}$ 中

会存在额外的第 $(d+1)$ 个参数 w_{d+1}，且 $\overline{X}=[x_1,\cdots,x_d]$ 的目标变量被预测如下：

$$\hat{y}=\left[\sum_{i=1}^{d} w_i x_i\right]+w_{i+1}(1)$$

不难看出，这与带有偏移的预测函数完全相同. 额外维度的系数 w_{d+1} 是变量 b 的偏差. 由于偏移变量可以与特征变量结合在一起，于是在本书所介绍的大多数机器学习的应用中，我们将其省略. 然而，在实际问题中，为避免不必要的常数效应，以某种形式使用偏移是非常重要的.

启发式初始化

在某些情况下，选择一个合适的初始化有助于加快更新速度. 考虑一个具有 $n\times d$ 数据矩阵 $\boldsymbol{D}$ 的线性回归问题. 在大多数情况下，训练实例 n 的数目远大于特征 d 的数量. 启发式初始化的一种简单方法是随机选择 d 个训练点，并应用第 2 章中所讨论的任意方法求解 $d\times d$ 方程组. 求解线性方程组是处理线性回归的一个特例，实现起来也更容易. 这为权重向量提供了一个良好的初始起点.

问题 4.7.1 (矩阵最小二乘) *考虑一个 $n\times d$ 高数据矩阵 $\boldsymbol{D}$ 和一个 $n\times k$ 数值目标矩阵 $\boldsymbol{Y}$. 你希望找到 $d\times k$ 权重矩阵 $\boldsymbol{W}$ 使得 $\|\boldsymbol{DW}-\boldsymbol{Y}\|_F^2$ 尽可能小. 假设 $\boldsymbol{D}$ 的列向量相互无关，证明此时的最优权重矩阵为 $\boldsymbol{W}=(\boldsymbol{D}^{\mathrm{T}}\boldsymbol{D})^{-1}\boldsymbol{D}^{\mathrm{T}}\boldsymbol{Y}$. 证明：高矩阵 $\boldsymbol{D}$ 的左逆是满足右逆关系 $\boldsymbol{DR}\approx\boldsymbol{I}_n$ 的矩阵 $\boldsymbol{R}$ 的最优最小二乘解，且所得到的 $\boldsymbol{I}_n$ 的逼近是一个投影矩阵.*

4.8 二元目标优化模型

最小二乘回归是学习如何将数值的特征变量 (自变量或回归子) 与数值的目标 (即因变量或回归元) 相关联. 在许多应用中，目标不是实值的，而是离散的. 这种目标的一个例子是颜色，例如 {蓝色, 绿色, 红色}. 注意，这些目标之间没有自然的顺序，这与数值目标的情形不同，除非目标变量是二元取值的.

离散目标的一个特殊情况是目标变量 y 是二元的，且取值于 $\{-1,+1\}$. 称标签为 $+1$ 的实例为*正类实例*，而标签为 -1 的实例被称为*负类实例*. 例如，癌症检测应用中的特征变量可能对应于患者的临床测量值，而类变量是表示患者是否患有癌症的指标. 在二分类的情况下，我们可以在两个可能的目标值提出一种序. 换句话说，可以假设目标是数值的，从而简单地应用线性回归. 称这种方法为*最小二乘分类法*，其将在 4.8.1 节中讨论. 然而，将离散目标视为数值可能存在某些缺陷. 于是，针对离散 (二元) 数据提出了许多替代的损失函数来克服这些缺陷，其中包括支持向量机和 Logistic 回归. 我们下面将回顾这些模型及其相互之间的关系. 在讨论这些关系时，我们可以看到：原始的最小二乘回归是所有这些离散目标模型 (相对较新) 的基础模型和驱动模型.

4.8.1　最小二乘分类：二元目标回归

在最小二乘分类中，线性回归可直接用于二元目标．这里，$n \times d$ 数据矩阵 $\boldsymbol{D}$ 的元素仍然是数值，其行 $\overline{X}_1, \cdots, \overline{X}_n$ 都是 d 维行向量．然而，n 维目标向量 $\bar{y} = [y_1, \cdots, y_n]^{\mathrm{T}}$ 只包含取值 -1 和 $+1$ 的二元值．在最小二乘分类中，我们假设二元目标是实值的．因此，我们将每个目标建模为 $y_i \approx \overline{W} \cdot \overline{X}_i^{\mathrm{T}}$，其中 $\overline{W} = [w_1, \cdots, w_d]^{\mathrm{T}}$ 是包含权重的列向量．通过将二元目标作为数值目标的特例，可以建立与最小二乘回归相同的平方损失函数．这给出了如下关于 $\overline{W}$ 的相同的闭形式解：

$$\overline{W} = (\boldsymbol{D}^{\mathrm{T}}\boldsymbol{D} + \lambda \boldsymbol{I})^{-1}\bar{y} \tag{4.45}$$

尽管对实例 $\overline{X}_i$ 得到了 (如回归一样) 实预测值 $\overline{W} \cdot \overline{X}_i^{\mathrm{T}}$，但将超平面 $\overline{W} \cdot \overline{X}^{\mathrm{T}} = 0$ 视为分界 (separator) 或模型决策边界会更有意义，其中对于标签为 $+1$ 的实例 $\overline{X}_i$，其满足 $\overline{W} \cdot \overline{X}_i^{\mathrm{T}} > 0$；而对标签为 -1 的实例则满足 $\overline{W} \cdot \overline{X}_i^{\mathrm{T}} < 0$．由于模型的训练方式，大多数训练点将分列在分界的两侧以使训练标签 y_i 的符号与 $\overline{W} \cdot \overline{X}_i^{\mathrm{T}}$ 的符号相同．图 4.8 给出了一个二维两类数据集的示例，其中两类分别用‘+’和‘*’来表示．在这种情况下，显然只有分界上的点才会使 $\overline{W} \cdot \overline{X}_i^{\mathrm{T}} = 0$．分界两侧的训练点满足 $\overline{W} \cdot \overline{X}_i^{\mathrm{T}} > 0$ 或 $\overline{W} \cdot \overline{X}_i^{\mathrm{T}} < 0$．两类间的分界 $\overline{W} \cdot \overline{X}^{\mathrm{T}} = 0$ 则是建模的决策边界．注意，一些数据的分布可能没有如图 4.8 所示的那种简洁的可分离性．在这种情况下，人们要么忍受错误，要么应用特征变换的技术来建立线性可分离性．相关技术 (如核方法) 将在第 9 章中讨论．

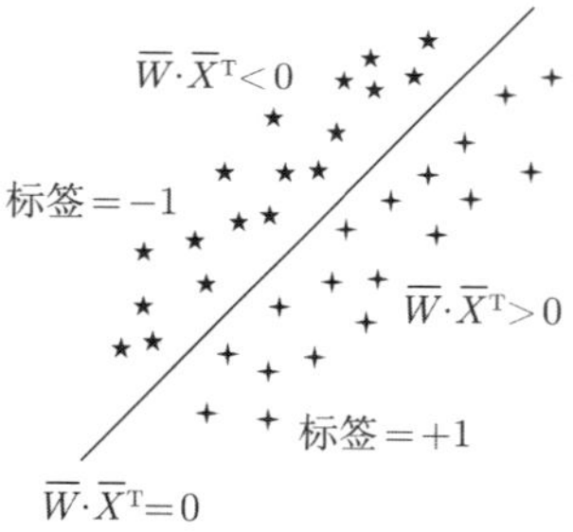

图 4.8　两类之间线性分界的示例

一旦在训练阶段学习了权重向量 $\overline{W}$，那么人们就可以对看不见的测试实例 $\overline{Z}$ 进行分类．由于测试实例 $\overline{Z}$ 是一个行向量，而 $\overline{W}$ 是一个列向量，于是在计算 $\overline{W}$ 和 $\overline{Z}^{\mathrm{T}}$ 的点积之前需要对测试实例进行转置．这个点积即为一个实值的预测．然后，再使用符号函数将其转换为一个二元预测：

$$\hat{y} = \mathrm{sign}\{\overline{W} \cdot \overline{Z}^{\mathrm{T}}\} \tag{4.46}$$

事实上，该模型学习了一个线性超平面 $\overline{W} \cdot \overline{X}^{\mathrm{T}} = 0$ 将正类和负类分开．所有满足 $\overline{W} \cdot \overline{Z}^{\mathrm{T}} > 0$ 的测试实例都被预测为属于正类，而所有满足 $\overline{W} \cdot \overline{Z}^{\mathrm{T}} < 0$ 的测试实例都被预测为属于负类．

与实值目标的情况一样，人们还可以应用小批量随机梯度下降法对二元目标进行回归．设 S 是包含特征变量与目标对 $(\overline{X}_i, y_i)$ 的小批量．每个 $\overline{X}_i$ 是数据矩阵 $\boldsymbol{D}$ 的一个行向量，而 y_i 是取值于 $\{-1,+1\}$ 的目标值．那么，最小二乘分类的小批量更新与最小二乘回归相同：

$$\overline{W} \Leftarrow \overline{W}(1-\alpha\lambda) - \alpha \sum_{(\overline{X}_i, y_i)\in S} \overline{X}_i^{\mathrm{T}}(\overline{W}\cdot\overline{X}_i^{\mathrm{T}} - y_i) \tag{4.47}$$

这里，$\alpha > 0$ 是学习率，而 $\lambda > 0$ 为正则化参数．注意，上面的更新步骤与式 (4.44) 中的更新相同．然而，由于每个目标 y_i 取值于 $\{-1,+1\}$，通过使用 $y_i^2 = 1$ 这一事实，故存在对目标函数的另一种写法．相应地，另外一种更新方式可表述如下：

$$\begin{aligned}\overline{W} &\Leftarrow \overline{W}(1-\alpha\lambda) - \alpha \sum_{(\overline{X}_i, y_i)\in S} \underbrace{y_i^2}_{1} \overline{X}_i^{\mathrm{T}}(\overline{W}\cdot\overline{X}_i^{\mathrm{T}} - y_i) \\ &= \overline{W}(1-\alpha\lambda) - \alpha \sum_{(\overline{X}_i, y_i)\in S} y_i\overline{X}_i^{\mathrm{T}}(y_i[\overline{W}\cdot\overline{X}_i^{\mathrm{T}}] - y_i^2)\end{aligned}$$

应用 $y_i^2 = 1$ 得到：

$$\overline{W} \Leftarrow \overline{W}(1-\alpha\lambda) + \alpha \sum_{(\overline{X}_i, y_i)\in S} y_i\overline{X}_i^{\mathrm{T}}(1 - y_i[\overline{W}\cdot\overline{X}_i^{\mathrm{T}}]) \tag{4.48}$$

这种形式的更新更加方便，这是因为它与本章后面所要讨论的其他分类模型的更新密切相关．这些模型的例子包括*支持向量机*和 *Logistic 回归*．目标函数也可以被转化为更加方便的取值于 $\{-1,+1\}$ 的二元目标表示．

损失函数的另一种表示

上述更新步骤的另一种表示形式也可由损失函数的另一种形式来导出．注意，(正则化的) 最小二乘分类的损失函数可表示如下：

$$J = \frac{1}{2}\sum_{i=1}^{n}\left(y_i - \overline{W}\cdot\overline{X}_i^{\mathrm{T}}\right)^2 + \frac{\lambda}{2}\|\overline{W}\|^2 \tag{4.49}$$

利用二元目标中 $y_i^2 = 1$ 这一事实，我们可以将目标函数修正为

$$\begin{aligned}J &= \frac{1}{2}\sum_{i=1}^{n} y_i^2\left(y_i - \overline{W}\cdot\overline{X}_i^{\mathrm{T}}\right)^2 + \frac{\lambda}{2}\|\overline{W}\|^2 \\ &= \frac{1}{2}\sum_{i=1}^{n}\left(y_i^2 - y_i\left[\overline{W}\cdot\overline{X}_i^{\mathrm{T}}\right]\right)^2 + \frac{\lambda}{2}\|\overline{W}\|^2\end{aligned}$$

由上述同样的事实 $y_i^2 = 1$，则可得到如下损失函数：

$$J = \frac{1}{2}\sum_{i=1}^{n}\left(1 - y_i\left[\overline{W}\cdot\overline{X}_i^{\mathrm{T}}\right]\right)^2 + \frac{\lambda}{2}\|\overline{W}\|^2 \tag{4.50}$$

对该损失函数直接取微分可得到式 (4.48)．然而，需要注意的是，最小二乘分类的损失函数/更新与最小二乘回归的损失函数/更新是相同的，尽管在前一种情况下，人们可能会使用目标的二元性质以使它们表面上看起来不同．

最小二乘分类的更新步骤也称为 Widrow-Hoff 更新 [132]．该规则是在神经网络学习的背景下提出来的，其是继感知器之后提出的第二种主要的神经学习算法 [109]．有意思的是，神经模型的提出是独立于最小二乘回归的．然而，我们可以看到它们更新步骤的结果却是完全相同的．

启发式初始化

执行启发式初始化的一个合适的方式是先分别确定属于负类和正类点的均值 $\bar{\mu}_0$ 和 $\bar{\mu}_1$．于是，两个均值的差 $\bar{w}_0 = \bar{\mu}_1^{\mathrm{T}} - \bar{\mu}_0^{\mathrm{T}}$ 是一个 d 维列向量且满足 $\bar{w}_0 \cdot \bar{\mu}_1^{\mathrm{T}} \geqslant \bar{w}_0 \cdot \bar{\mu}_0^{\mathrm{T}}$．选取 $\overline{W} = \bar{w}_0$ 作为一个合适的起点，这是因为正类实例与 $\bar{w}_0$ 的点积 (平均) 大于负类实例与 $\bar{w}_0$ 的点积．在许多实际应用中，各种类别间可由一个线性超平面来大致分隔，而类中心连线的法向超平面则给出了一个很好的初始分界．

4.8.1.1　为什么需要修正最小二乘分类的损失

最小二乘分类模型有一个关键的缺点，当人们在检查下面的损失函数时就会发现这一点：

$$J = \frac{1}{2}\sum_{i=1}^{n}(1 - y_i[\overline{W}\cdot\overline{X}_i^{\mathrm{T}}])^2 + \frac{\lambda}{2}\|\overline{W}\|^2$$

现在考虑一个满足 $\overline{W}\cdot\overline{X}_i^{\mathrm{T}} = 100$ 的正实例．至少从预测的角度来看，显然这是一种理想的情况，因为训练实例在两类间线性分界的正确一侧进行了分类．然而，训练模型中的损失函数将此预测视为一个巨大的损失 $(1 - y_i[\overline{W}\cdot\overline{X}_i^{\mathrm{T}}])^2 = (1-(1)(100))^2 = (99)^2 = 9801$．因此，对位于超平面 $\overline{W}\cdot\overline{X}^{\mathrm{T}} = 0$ 正确一侧且距其较远的训练实例，将执行大梯度下降更新．这种情况是不可取的，原因是这容易混淆最小二乘分类．来自超平面 $\overline{W}\cdot\overline{X}^{\mathrm{T}} = 0$ 正确一侧的这些点的更新则倾向于将超平面推向与一些错误分类点相同的方向．为此，许多机器学习算法以更微妙的方式来处理这些问题．这些细微差别将在下面章节中作进一步讨论．

4.8.2　支持向量机

与最小二乘分类模型的情形一样，我们假设有 n 个形为 $(\overline{X}_i, y_i)$ 的训练对，其中 $i \in \{1, \cdots, n\}$．每个 $\overline{X}_i$ 是一个 d 维行向量，而 $y_i \in \{-1, +1\}$ 是标签．我们想要找到一个 d 维列向量 $\overline{W}$ 使得 $\overline{W}\cdot\overline{X}_i^{\mathrm{T}}$ 的符号就是分类标签．

支持向量机 (SVM) 会以更谨慎的方式处理损失函数中分离良好的点，而非惩罚所有的点. 那么，什么是分离良好的点呢？注意，当 $y_i[\overline{W} \cdot \overline{X}_i^{\mathrm{T}}] > 0$ 时，此表明该点被最小二乘分类模型分类正确. 亦即 y_i 与 $\overline{W} \cdot \overline{X}_i^{\mathrm{T}}$ 的符号相同. 此外，当 $y_i[\overline{W} \cdot \overline{X}_i^{\mathrm{T}}] > 1$ 时，该点就是分离良好的. 因此，我们可将最小二乘分类的损失函数修正为，当满足此条件时，其损失设为 0. 这可以通过如下方式将最小二乘损失修正为 SVM 损失：

$$J = \frac{1}{2}\sum_{i=1}^{n} \max\left\{0, \left(1 - y_i\left[\overline{W} \cdot \overline{X}_i^{\mathrm{T}}\right]\right)\right\}^2 + \frac{\lambda}{2}\|\overline{W}\|^2 \quad [L_2 \text{ 损失 SVM}]$$

注意到，其与最小二乘分类唯一的区别是使用了最大值那一项，从而将分离良好的点的损失设为 0. 一旦学习了权重向量 $\overline{W}$，SVM 中对未知测试实例的分类过程与最小二乘分类相同. 即对未知测试实例 $\overline{Z}$, $\overline{W} \cdot \overline{Z}^{\mathrm{T}}$ 的符号就是分类标签.

SVM 损失的一种更常见表示形式是所谓的*铰链损失*. 铰链损失是上述 (平方) 损失的 L_1 版本：

$$J = \sum_{i=1}^{n} \max\left\{0, \left(1 - y_i\left[\overline{W} \cdot \overline{X}_i^{\mathrm{T}}\right]\right)\right\} + \frac{\lambda}{2}\|\overline{W}\|^2 \quad [\text{铰链损失 SVM}] \tag{4.51}$$

我们可以证明这两种形式的目标函数均是凸的.

引理 4.8.1　*关于参数向量 $\overline{W}$, L_2 损失 SVM 和铰链损失都是凸的. 进一步，当这些损失函数包含正则项时，其都是严格凸的.*

证明　上述引理的证明可由引理 4.3.2 中所列的性质得到. 特定点的铰链损失可通过取两个凸函数 (其中一个是线性函数，另一个是常数) 的最大值来得到. 因此，它也是一个凸函数. L_2 损失 SVM 是非负铰链损失的平方. 由于非负凸函数的平方仍是凸函数 (由引理 4.3.2)，于是特定点的 L_2 损失也是凸函数. 再由引理 4.3.2，特定点损失 (凸函数) 的和是凸的. 于是，不带正则项的损失函数是凸的.

正则损失：我们已经在 4.7.1 节中证明了 L_2 正则化项是严格凸的. 那么，根据引理 4.3.6，凸函数与严格凸函数的和是严格凸的，故两个 (带正则项的) 目标函数均是严格凸的. □

因此，人们利用梯度下降法可以找到 SVM 的全局最优解.

4.8.2.1　梯度的计算

对于 L_1 损失 (铰链损失) 和 L_2 损失 SVM, 其对应的目标函数都具有形式 $J = \sum_i J_i + \Omega(\overline{W})$，其中 J_i 是一个特定点的损失，而 $\Omega(\overline{W}) = \lambda\|\overline{W}\|^2/2$ 表示正则项. 这里主要的挑战是计算特定点损失 J_i 的梯度. 关键点是，选取一个合适的函数 $f(\cdot)$，将 L_1 损失 (铰链损失) 和 L_2 损失所对应的特定点损失可以表示为表 4.2(a) 中 (v) 的形式：

$$J_i = f_i(\overline{W} \cdot \overline{X}_i^{\mathrm{T}})$$

这里，对于铰链损失和 L_2 损失 SVM，函数 $f_i(\cdot)$ 可定义如下：

$$f_i(z) = \begin{cases} \max\{0, 1 - y_i z\} & [\text{铰链损失}] \\ \dfrac{1}{2}\max\{0, 1 - y_i z\}^2 & [L_2\text{损失}] \end{cases}$$

因此，由表 4.2(a) [也可见式 (4.29)]，可得如下的 J_i 关于 $\overline{W}$ 的梯度：

$$\frac{\partial J_i}{\partial \overline{W}} = \overline{X}_i^{\mathrm{T}} f_i'\left(\overline{W} \cdot \overline{X}_i^{\mathrm{T}}\right) \tag{4.52}$$

容易看到，L_1 损失和 L_2 损失 SVM 的导数取决于相应的 $f_i(z)$ 的导数，其在两种情况中的定义分别为

$$f_i'(z) = \begin{cases} -y_i I([1 - y_i z] > 0) & [\text{铰链损失}] \\ -y_i \max\{0, 1 - y_i z\} & [L_2\text{损失}] \end{cases}$$

其中，$I(\cdot)$ 是示性函数，当其内条件为真时值为 1，否则为 0．那么，将 $f'(z)$ 的值代入式 (4.52) 中，则可分别得到两种情况下的损失函数的导数：

$$\frac{\partial J_i}{\partial \overline{W}} = \begin{cases} -y_i \overline{X}_i^{\mathrm{T}} I([1 - y_i(\overline{W} \cdot \overline{X}_i^{\mathrm{T}})] > 0) & [\text{铰链损失}] \\ -y_i \overline{X}_i^{\mathrm{T}} \max\{0, 1 - y_i(\overline{W} \cdot \overline{X}_i^{\mathrm{T}})\} & [L_2\text{损失}] \end{cases}$$

这些损失函数的逐点导数可用于表示随机梯度下降法中的更新步骤.

4.8.2.2 随机梯度下降

基于最普遍性的考虑，我们这里将使用小批量随机梯度下降法，其中训练实例 S 是由形如 $(\overline{X}_i, y_i)$ 的特征-标签对所构成的集合．对于铰链损失 SVM，我们首先确定包含满足 $y_i[\overline{W} \cdot \overline{X}_i^{\mathrm{T}}] < 1$ 的训练实例的集合 $S^+ \subseteq S$.

$$S^+ = \left\{(\overline{X}_i, y_i):\ (\overline{X}_i, y_i) \in S,\ y_i[\overline{W} \cdot \overline{X}_i^{\mathrm{T}}] < 1\right\} \tag{4.53}$$

在 S^+ 中实例的子集对应于前文中示性函数 $I(\cdot)$ 取值为 1 的实例．这些实例有两种类型：那些对应于 $y_i[\overline{W} \cdot \overline{X}_i^{\mathrm{T}}] < 1$ 的实例是位于决策边界错误一侧的错误分类实例，而其余的对应于 $y_i[\overline{W} \cdot \overline{X}_i^{\mathrm{T}}] \in (0, 1)$ 的实例位于决策边界的正确一侧，但它们离决策边界非常近．这两种类型的实例都会触发 SVM 中的更新．也就是说，分离良好的点在更新中不起作用．利用损失函数的梯度，我们可以证明 L_1 损失 SVM 中的更新步骤如下：

$$\overline{W} \Leftarrow \overline{W}(1 - \alpha\lambda) + \sum_{(\overline{X}_i, y_i) \in S^+} \alpha y_i \overline{X}_i^{\mathrm{T}} \tag{4.54}$$

称该算法为原始的支持向量机算法. 铰链损失更新似乎与最小二乘分类的更新有所不同. 其主要原因是最小二乘分类模型使用的是平方损失函数，而铰链损失是分段线性函数. 当将最小二乘分类的更新与具有 L_2 损失的 SVM 的更新进行比较时，与最小二乘分类更新的相似性变得更加明显. 事实上，具有 L_2 损失的 SVM 的更新步骤如下：

$$\overline{W} \Leftarrow \overline{W}(1-\alpha\lambda) + \alpha \sum_{(\overline{X}_i, y_i)\in S} y_i \overline{X}_i^{\mathrm{T}} \left(\max\left\{1 - y_i\left[\overline{W}\cdot\overline{X}_i^{\mathrm{T}}\right], 0\right\}\right) \tag{4.55}$$

显然，在这种情况下，L_2-SVM 的更新与最小二乘分类 [见式 (4.48)] 的更新只在处理分离良好的点时不同. *对于错误分类的点和决策边界附近的点更新相同，而对于决策边界正确一侧分离良好的点则不进行更新*. 这种更新上的差异充分解释了 L_2-SVM 和最小二乘分类之间的差异. 值得注意的是，Hinton [60] 提出的 L_2-SVM 损失函数远早于 Cortes 和 Vapnik [30] 关于铰链损失 SVM 的工作. 有意思地是，从直观的角度来看，Hinton 提出 L_2 损失作为修正 Widrow-Hoff 损失 (即最小二乘分类损失) 的一种方法是很有意义的. Hinton 的工作在早期几年一直没有引起 SVM 研究人员的注意. 然而，最终这种方法在近期对深度学习的研究中被重新发现，其中其许多早期的工作被重新审视.

4.8.3 Logistic 回归

我们使用与之前章节相同的符号，假设有 n 个形如 $(\overline{X}_i, y_i)(i \in \{1, \cdots, n\})$ 的训练对. 每个 $\overline{X}_i$ 是一个 d 维行向量，每一个 $y_i \in \{-1, +1\}$ 是标签. 我们想要找到一个 d 维列向量 $\overline{W}$ 使得 $\overline{W}\cdot\overline{X}_i^{\mathrm{T}}$ 的符号是 $\overline{X}_i$ 的类标签.

Logistic 回归使用与铰链损失 SVM 类似的损失函数. 然而，铰链损失函数是分段线性的，而 Logistic 回归的损失函数是光滑的. Logistic 回归根据一个数据点的对数似然损失具有一种概率解释. 更具体地，Logistic 回归的损失函数可表示如下：

$$J = \sum_{i=1}^{n} \underbrace{\log\left(1 + \exp\left(-y_i\left[\overline{W}\cdot\overline{X}_i^{\mathrm{T}}\right]\right)\right)}_{J_i} + \frac{\lambda}{2}\|\overline{W}\|^2 \quad \text{[Logistic 回归]} \tag{4.56}$$

本小节中的所有对数均为自然对数. 当 $\overline{W}\cdot\overline{X}_i^{\mathrm{T}}$ 的绝对值较大且符号与 y_i 相同时，特定点的损失 J_i 接近于 $\log(1+\exp(-\infty)) = 0$. 另外，当 y_i 与 $\overline{W}\cdot\overline{X}_i^{\mathrm{T}}$ 的符号不一致时，损失大于 $\log(1+\exp(0)) = \log(2)$. 对于符号不一致的情形，随着 $\overline{W}\cdot\overline{X}_i^{\mathrm{T}}$ 绝对值的增大，损失函数几乎关于 $\overline{W}\cdot\overline{X}_i^{\mathrm{T}}$ 呈线性增大. 这是因为如下的关系：

$$\lim_{z\to-\infty} \frac{\log(1+\exp(-z))}{-z} = \lim_{z\to-\infty} \frac{\exp(-z)}{1+\exp(-z)} = \lim_{z\to-\infty} \frac{1}{1+\exp(z)} = 1$$

上述极限是通过洛必达法则来计算得到的，即用分子和分母的导数来估计. 注意到，对于 $z = y_i\overline{W}\cdot\overline{X}_i^{\mathrm{T}} < 1$, SVM 的铰链损失总是 $(1-z)$. 对于严重错误分类的情况，人们可以证明 Logistic 损失和铰链损失相差常数 1：

问题 4.8.1 证明 $\lim_{z\to-\infty}\underbrace{(1-z)}_{\text{SVM}}-\underbrace{\log(1+\exp(-z))}_{\text{Logistic}}=1.$

由于常数偏移不影响梯度下降，Logistic 损失和铰链损失会以类似的方式处理分类严重错误的训练实例．但是，与铰链损失不同，所有实例都具有非零的 Logistic 损失．不过与 SVM 一样，Logistic 回归的损失函数也是凸的：

引理 4.8.2 Logistic 回归的损失函数是凸函数．进一步，通过添加正则化项则会使损失函数成为严格凸的．

证明 我们可以利用逐点损失具有形式 $\log[1+\exp(G(\overline{X}))]$ 来证明该引理结论，其中 $G(\overline{X}_i)$ 定义为线性函数 $G(\overline{X}_i)=-y_i(\overline{W}\cdot\overline{X}_i^{\mathrm{T}})$．此外，函数 $\log[1+\exp(-z)]$ 是凸函数 (见问题 4.3.4)．那么，由引理 4.3.2 中关于凸函数与线性函数复合的结论，每个特定点的损失显然是凸的．再由同一引理的第一部分，我们有：所有特定点的损失的和也是凸函数．进一步，因为正则化项是严格凸的，所以由引理 4.3.6，添加正则化项可以使其是一个严格凸函数． □

事实上，即使没有正则化项，我们也可以证明 Logistic 回归的损失函数是严格凸的．我们将这个结果的证明留作练习．

问题 4.8.2 证明即使没有正则化项，Logistic 回归的损失函数也是严格凸的．

4.8.3.1 梯度的计算

由于 Logistic 回归的损失函数是严格凸的，这意味着我们可以使用随机梯度下降法来得到一个全局最优点．与 SVM 的情况一样，Logistic 回归目标函数的形式为 $J=\sum_i J_i+\Omega(\overline{W})$，其中 J_i 是特定点损失，而 $\Omega(\overline{W})=\lambda\|\overline{W}\|^2/2$ 是正则化项．正则项的梯度为 $\lambda\overline{W}$．我们仍然需要计算特定点损失 J_i 的梯度．通过选取一个合适的函数 $f(\cdot)$ 使 Logistic 损失可表示为表 4.2(a) 中 (v) 的形式：

$$J_i=f_i(\overline{W}\cdot\overline{X}_i^{\mathrm{T}})$$

这里，对于常数 y_i，函数 $f_i(\cdot)$ 可定义如下：

$$f_i(z)=\log\left(1+\exp\left(-y_i z\right)\right)$$

因此，由表 4.2(a) [也可见式 (4.29)]，损失函数 J_i 关于 $\overline{W}$ 的梯度可表示如下：

$$\frac{\partial J_i}{\partial\overline{W}}=\overline{X}_i^{\mathrm{T}}f_i'\left(\overline{W}\cdot\overline{X}_i^{\mathrm{T}}\right)\tag{4.57}$$

相应地，$f_i(\cdot)$ 的导数如下：

$$f_i'(z)=\frac{-y_i\exp\left(-y_i z\right)}{1+\exp\left(-y_i z\right)}=\frac{-y_i}{1+\exp\left(y_i z\right)}$$

于是，令 $z=\overline{W}\cdot\overline{X}_i^{\mathrm{T}}$ 后，并将 $f_i'(z)$ 的值代入到式 (4.57) 中，则可得如下损失的导数：

$$\frac{\partial J_i}{\partial \overline{W}}=\frac{-y_i\overline{X}_i^{\mathrm{T}}}{\left(1+\exp\left(y_i\left[\overline{W}\cdot\overline{X}_i^{\mathrm{T}}\right]\right)\right)}$$

这些逐点损失的导数可用于表述随机梯度下降中的更新步骤.

4.8.3.2　随机梯度下降

给定包含形如 $(\overline{X}_i,y_i)$ 的特征-标签对所构成的小批量 S, 那么我们可以只使用 S 中的训练实例的损失来定义目标函数 $J(S)$. 由于可以通过将正则化参数简单地重新缩放 $|S|/n$ 倍而不改变正则化项，那么基于小批量 S 的梯度 $\boldsymbol{\nabla}J(S)$ 可由式 (4.58) 相对简单地来计算得到：

$$\boldsymbol{\nabla}J(S)=\lambda\overline{W}-\sum_{(\overline{X}_i,y_i)\in S}\frac{y_i\overline{X}_i^{\mathrm{T}}}{(1+\exp(y_i[\overline{W}\cdot\overline{X}_i^{\mathrm{T}}]))}\tag{4.58}$$

因此，小批量随机梯度下降法可按照如下方式来实现：

$$\overline{W}\Leftarrow\overline{W}(1-\alpha\lambda)+\sum_{(\overline{X}_i,y_i)\in S}\frac{\alpha y_i\overline{X}_i^{\mathrm{T}}}{(1+\exp(y_i[\overline{W}\cdot\overline{X}_i^{\mathrm{T}}]))}\tag{4.59}$$

Logistic 回归与铰链损失 SVM 的更新类似. 主要的区别在于对分离良好的点的处理，其中 SVM 不进行任何更新，而 Logistic 回归进行 (小的) 更新.

4.8.4　为什么线性回归是机器学习中的基础问题

许多二元模型都使用修正的最小二乘回归损失函数来处理二元目标变量.继承这种损失函数形式最极端的例子就是最小二乘分类法. 该方法通过假设分类标签是取值于 $\{-1,+1\}$ 的数值，直接使用回归损失函数. 如在 4.8.1 节中所讨论的，这种直接继承的回归损失函数会对二元数据产生不期望得到的结果. 在最小二乘分类中，当 $\overline{W}\cdot\overline{X}^{\mathrm{T}}\leqslant 1$ 时，损失值会随着 $\overline{W}\cdot\overline{X}^{\mathrm{T}}$ 的增大而先减小. 但是，对于相同的正实例，当 $\overline{W}\cdot\overline{X}^{\mathrm{T}}$ 超过 1 时，损失会增加. 这种现象是违反直觉的，这是因为人们不应该期望损失会随着点的分类越来越正确而增加. 毕竟预测的分类标签的符号不会随着 $\overline{W}\cdot\overline{X}^{\mathrm{T}}$ 正值的增加而改变. 造成这种情况的原因是，最小二乘分类没有根据类变量的离散性作出调整，而是直接对分类问题盲目应用线性回归所致. 在支持向量机中，从决策边界向正确方向增加距离超过 $\overline{W}\cdot\overline{X}^{\mathrm{T}}=1$ 的点，既不会受到奖励也不会受到惩罚，因为损失函数 (对于正类实例) 为 $\max\{1-\overline{W}\cdot\overline{X}^{\mathrm{T}},0\}$. 该点在支持向量机中被称为*边界*. 在 Logistic 回归中，训练点 $\overline{X}$ 在超平面 $\overline{W}\cdot\overline{X}^{\mathrm{T}}=0$ 正确的一侧增加距离，则会得到轻微的奖励.

为了表明最小二乘分类、支持向量机 和 Logistic 回归之间的差异，我们展示了标签 $y=+1$ 的正训练点 $\overline{X}$ 的损失关于 $\overline{W}\cdot\overline{X}^{\mathrm{T}}$ 的变化 (见图 4.9a). 因此，对于正确的预测，

正的且增加的 $\overline{W}\cdot\overline{X}^{\mathrm{T}}$ 是人们期望的. Logistic 回归的损失函数和支持向量机的损失函数看起来惊人的相似，除了前者是一个光滑函数，而支持向量机在 $\overline{W}\cdot\overline{X}^{\mathrm{T}}\geqslant 1$ 之后直接等于零. 在机器学习从业者的实际经验中也可看出损失函数的这种相似性，人们发现这两种模型似乎经常得到相似的结果. 最小二乘分类模型的损失函数是对正确分类的实例，是唯一一种当 $\overline{W}\cdot\overline{X}^{\mathrm{T}}$ 的值增加时也会增加的情况. 不同损失函数之间的语义关系如图 4.9b 所示. 显然，所有二元分类模型都继承了最小二乘回归损失函数的基本结构 (同时对目标变量的二元性质进行了调整).

这些损失函数之间的关系也反映了梯度下降中更新步骤之间的关系. 所有三个模型的更新都可以通过对训练对 $(\overline{X}_i, y_i)$ 的特定模型的错误函数 $\delta(\overline{X}_i, y_i)$ 来统一地表示. 特别地，上述所有算法的随机梯度下降更新都具有以下形式：

$$\overline{W}\Leftarrow\overline{W}(1-\alpha\lambda)+\alpha y_i[\delta(\overline{X}_i,y_i)]\overline{X}_i^{\mathrm{T}} \tag{4.60}$$

最小二乘回归和分类的错误函数 $\delta(\overline{X}_i, y_i)$ 为 $(y_i-\overline{W}\cdot\overline{X}_i^{\mathrm{T}})$, 支持向量机的错误函数则为一个示性变量，而 Logistic 回归的是一个概率值.

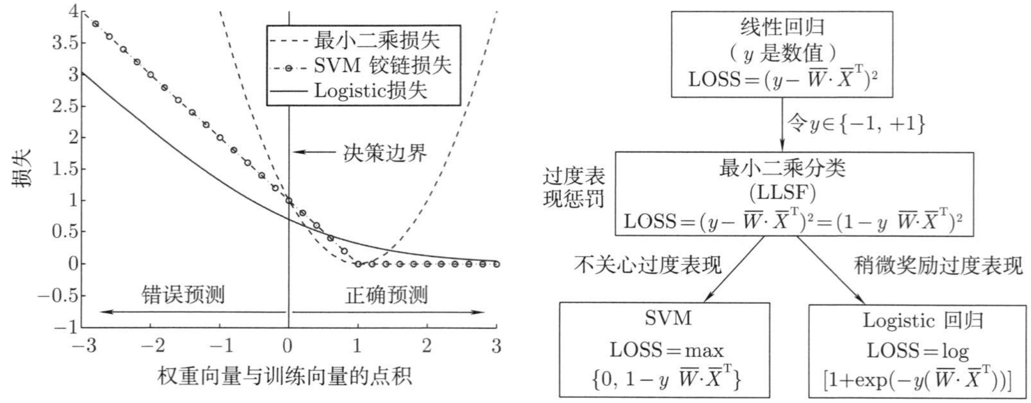

a）优化模型的损失函数

b）线性模型间的关系

图 4.9 优化模型的损失函数和线性模型间的关系

4.9 多类设定下的优化模型

在多类分类问题中，离散的标签不再是二元的，而是取值于一个具有 k 个无序元素的集合，其中元素的指标集为 $\{1,\cdots,k\}$. 例如，目标的颜色可以是标签，且目标值之间没有排序. 目标间的这种无序性需要对算法做进一步修正.

每个训练实例 $(\overline{X}_i, c(i))$ 包含一个 d 维特征向量 $\overline{X}_i$(其为一个行向量) 以及它观测分类的指标 $c(i)\in\{1,\cdots,k\}$. 我们希望同时找到 k 个不同的列向量 $\overline{W}_1,\cdots,\overline{W}_k$ 使得：对任

意 $r \neq c(i)$, $\overline{W}_{c(i)} \cdot \overline{X}_i^{\mathrm{T}}$ 的值大于 $\overline{W}_r \cdot \overline{X}_i^{\mathrm{T}}$. 换句话说，对训练实例 $\overline{X}_i$ 预测的分类是使得 $\overline{W}_r \cdot \overline{X}_i^{\mathrm{T}}$ 的值最大的 r. 训练后的预测测试实例就是与权重向量点积最大的类.

4.9.1 Weston-Watkins 支持向量机

对第 i 个训练实例 $\overline{X}_i$, 我们希望 $\overline{W}_{c(i)} \cdot \overline{X}_i^{\mathrm{T}} - \overline{W}_j \cdot \overline{X}_i^{\mathrm{T}}$ 大于或等于 0(对任意 $j \neq c(i)$). 为了与支持向量机中边界的概念保持一致，我们不仅惩罚错误分类，还惩罚“几乎不正确”的预测. 也就是说，我们希望惩罚 $\overline{W}_{c(i)} \cdot \overline{X}_i^{\mathrm{T}} - \overline{W}_j \cdot \overline{X}_i^{\mathrm{T}}$ 小于某个正的固定边距值的情况. 可以将边距值设置为 1, 这是因为使用任何其他值 a 只是将参数放大 a 倍而已. 这样，我们“理想的”零损失设定为 1，即对任意 $j \neq c(i)$，下式成立：

$$\overline{W}_{c(i)} \cdot \overline{X}_i^{\mathrm{T}} - \overline{W}_j \cdot \overline{X}_i^{\mathrm{T}} \geqslant 1 \tag{4.61}$$

于是，可以将第 i 个训练实例的损失值 J_i 设定如下：

$$J_i = \sum_{j:j \neq c(i)} \max\left(\overline{W}_j \cdot \overline{X}_i^{\mathrm{T}} - \overline{W}_{c(i)} \cdot \overline{X}_i^{\mathrm{T}} + 1, 0\right) \tag{4.62}$$

不难看出这种损失函数与二元 SVM 间的相似性. 总体的目标函数可通过将不同训练实例的损失相加，并加上正则项 $\Omega(\overline{W}_1, \cdots, \overline{W}_k)$ 来计算：

$$J = \sum_{i=1}^{n} \sum_{j:j \neq c(i)} \max\left(\overline{W}_j \cdot \overline{X}_i^{\mathrm{T}} - \overline{W}_{c(i)} \cdot \overline{X}_i^{\mathrm{T}} + 1, 0\right) + \frac{\lambda}{2} \sum_{r=1}^{k} \|\overline{W}_r\|^2$$

事实上，类似于二元的情况，Weston-Watkins 损失函数也是凸的. 人们只需验证 J_i 求和中的每一项关于参数向量都是凸的. 毕竟每一加法项都是线性函数和最大值函数的复合. 这就可以证明 J_i 是凸的. 我们将此证明留作练习：

问题 4.9.1 Weston-Watkins 关于其参数损失函数是凸的.

与之前的模型一样，我们仍可以应用梯度下降法来学习权重向量.

梯度的计算

计算梯度的关键点是要计算 J_i 关于 $\overline{W}_r$ 的向量导数. 应用链式法则可计算其梯度，而 J_i 包含形如 $\max\{v_{ji}, 0\}$ 的可加项，其中 v_{ji} 的定义如下：

$$v_{ji} = \overline{W}_j \cdot \overline{X}_i^{\mathrm{T}} - \overline{W}_{c(i)} \cdot \overline{X}_i^{\mathrm{T}} + 1$$

进一步，J_i 的导数可通过多元链式法则写为如下关于 $\overline{W}_r$ 的导数：

$$\frac{\partial J_i}{\partial \overline{W}_r} = \sum_{j=1}^{k} \underbrace{\frac{\partial J_i}{\partial v_{ji}}}_{\delta(j, \overline{X}_i)} \frac{\partial v_{ji}}{\partial \overline{W}_r} \tag{4.63}$$

这里，$J_i = \sum_r \max\{v_{ri}, 0\}$ 关于 v_{ji} 的偏导数等于 $\max\{v_{ji}, 0\}$ 关于 v_{ji} 的偏导数. 当 v_{ji} 严格正时，函数 $\max\{v_{ji}, 0\}$ 关于 v_{ji} 的偏导数为 1，否则为 0. 我们将该值记为 $\delta(j, \overline{X}_i)$. 也就是说，当 $\overline{W}_{c(i)} \cdot \overline{X}_i^{\mathrm{T}} < \overline{W}_j \cdot \overline{X}_i^{\mathrm{T}} + 1$ 时，二元取值的函数 $\delta(j, \overline{X}_i)$ 的值为 1, 故对于具有足够边界的 j 类而言，正确的类不是首选.

式 (4.63) 的右侧需要我们计算 $v_{ji} = \overline{W}_j \cdot \overline{X}_i^{\mathrm{T}} - \overline{W}_{c(i)} \cdot \overline{X}_i^{\mathrm{T}} + 1$ 关于 $\overline{W}_r$ 的导数. 由于其线性性，该导数比较容易计算，只要我们注意到那些对应于具有正符号的 v_{ji} 的权重向量 $\overline{W}_r$. 在 $r \neq c(i)$(错误类的分界) 的情况下，当 $j = r$ 时，v_{ji} 关于 $\overline{W}_r$ 的导数则为 $\overline{X}_i^{\mathrm{T}}$, 否则为 0. 在 $r = c(i)$ 的情况下，当 $j \neq r$ 时，导数为 $-\overline{X}_i^{\mathrm{T}}$, 否则为 0. 代入上述取值，则得到如下 J_i 关于 $\overline{W}_r$ 的梯度表示：

$$\frac{\partial J_i}{\partial \overline{W}_r} = \begin{cases} \delta\left(r, \overline{X}_i\right) \overline{X}_i^{\mathrm{T}}, & r \neq c(i) \\ -\sum\limits_{j \neq r} \delta\left(j, \overline{X}_i\right) \overline{X}_i^{\mathrm{T}}, & r = c(i) \end{cases}$$

这样，通过将不同的 J_i 和正则项 $\lambda \overline{W}_r$ 关于 $\overline{W}_r$ 的导数加起来就可得到 J 关于 $\overline{W}_r$ 的梯度. 因此，随机梯度下降的更新步骤可表述如下：

$$\begin{aligned} \overline{W}_r &\Leftarrow \overline{W}_r(1-\alpha\lambda) - \alpha \frac{\partial J_i}{\partial \overline{W}_r}, \quad \forall r \in \{1, \cdots, k\} \\ &= \overline{W}_r(1-\alpha\lambda) - \alpha \left\{ \begin{array}{ll} \delta\left(r, \overline{X}_i\right) \overline{X}_i^{\mathrm{T}}, & r \neq c(i) \\ -\sum\limits_{j \neq r} \delta\left(j, \overline{X}_i\right) \overline{X}_i^{\mathrm{T}}, & r = c(i) \end{array} \right., \quad \forall r \in \{1, \cdots, k\} \end{aligned}$$

一个重要的特殊情况是只有两个类别的情形. 在这种情况下，人们可以证明属于正类的分界的更新结果与铰链损失 SVM 中的更新结果相同. 此外，假设初始化参数满足 $\overline{W}_1 = -\overline{W}_2$，则这种关系将始终保持. 这是因为对每个分界的更新都是对另一个分界更新的负数. 我们将这个结果的证明留作练习.

问题 4.9.2 证明 Weston-Watkins SVM 在两类的特殊情况下会退化为一个二元铰链损失 SVM.

从二元情况下的关系 $\overline{W}_1 = -\overline{W}_2$ 中可以看出，多类 SVM 的参数个数略有些多. 这是因为我们需要 $(k-1)$ 个分界来对 k 个类别进行建模，而一个分界是多余的. 但是，由于第 k 个分界的更新总是可由其他 $(k-1)$ 个分界的更新来精确定义，因此这种冗余并不会产生差别.

问题 4.9.3 为多类 SVM 提出一个自然的 L_2 损失函数. 并在这种情况下，给出其梯度和随机梯度下降法的细节.

4.9.2 多项式 Logistic 回归

多项式 Logistic 回归是将 Logistic 回归推广到多类情形. 正如 Weston-Watkins SVM 的情况，每个训练实例 $(\overline{X}_i, c(i))$ 包含一个 d 维特征向量 $\overline{X}_i$(是一个行向量)，而观测类的指标 $c(i) = \{1, \cdots, k\}$. 进一步，类似于 Weston-Watkins SVM, 人们需要学习 k 个不同分界，其对应的参数向量为 $\overline{W}_1, \cdots, \overline{W}_k$. 由于预测具有最大点积 $\overline{W}_j \cdot \overline{Z}^{\mathrm{T}}$ 的类 j 就是测试实例 $\overline{Z}$ 所属的类，那么测试实例的预测规则也与 Weston-Watkins SVM 相同. 通过将归一化指数函数 (softmax 函数) 应用于 $\overline{W}_1 \cdot \overline{X}_i^{\mathrm{T}}, \cdots, \overline{W}_k \cdot \overline{X}_i^{\mathrm{T}}$，则可得到训练点 $\overline{X}_i$ 属于第 r 类的概率：

$$P(r|\overline{X}_i) = \frac{\exp(\overline{W}_r \cdot \overline{X}_i^{\mathrm{T}})}{\sum_{j=1}^{k} \exp(\overline{W}_j \cdot \overline{X}_i^{\mathrm{T}})} \tag{4.64}$$

容易验证，随着 $\overline{W}_r$ 和 $\overline{X}_i^{\mathrm{T}}$ 之间点积的增加，$\overline{X}_i$ 属于第 r 类的概率呈指数增加.

学习 $\overline{W}_1, \cdots, \overline{W}_k$ 的目标是确保对 (每个) 实例 $\overline{X}_i$, 属于 $c(i)$ 类的上述概率较高. 这是通过使用*交叉熵损失*来实现的，也就是实例 $\overline{X}_i$ 属于正确的类 $c(i)$ 的概率的负对数：

$$J = -\sum_{i=1}^{n} \underbrace{\log\left[P\left(c(i)|\overline{X}_i\right)\right]}_{J_i} + \frac{\lambda}{2} \sum_{r=1}^{k} \|\overline{W}_r\|^2$$

应用类似于二元 Logistic 回归的方法，我们可以相对容易地证明每个 $\log[P(c(i)|\overline{X}_i)]$ 都是凸的.

4.9.2.1 梯度的计算

我们希望确定 J 关于每个 $\overline{W}_r$ 的梯度. 首先可以将梯度分解为 $\log[P(c(i)|\overline{X}_i)]$ 的梯度 (以及正则化项梯度) 之和，将这个量记为 $\dfrac{\partial J_i}{\partial \overline{W}_r}$. 设 $v_{ji} = \overline{W}_j \cdot \overline{X}_i^{\mathrm{T}}$. 那么 $\dfrac{\partial J_i}{\partial \overline{W}_r}$ 的值可通过链式法则计算得到：

$$\frac{\partial J_i}{\partial \overline{W}_r} = \sum_j \left(\frac{\partial J_i}{\partial v_{ji}}\right) \frac{\partial v_{ji}}{\partial \overline{W}_r} = \frac{\partial J_i}{\partial v_{ri}} \underbrace{\frac{\partial v_{ri}}{\overline{W}_r}}_{\overline{X}_i^{\mathrm{T}}} = \overline{X}_i^{\mathrm{T}} \frac{\partial J_i}{\partial v_{ri}} \tag{4.65}$$

在上面的简化中，我们用到了这样一个事实：当 $j \neq r$ 时，v_{ji} 关于 $\overline{W}_r$ 的梯度为零，于是求和式中除了 $j = r$ 的项之外，其余均为 0. 下面仍然需要计算 J_i 关于 v_{ri} 的偏导数. 首先，我们将 J_i 直接表示为如下关于 $v_{1i}, v_{2i}, \cdots, v_{ki}$ 的函数：

$$J_i = -\log\left[P\left(c(i) \mid \overline{X}_i\right)\right] = -\overline{W}_{c(i)} \cdot \overline{X}_i^{\mathrm{T}} + \log\left[\sum_{j=1}^{k} \exp\left(\overline{W}_j \cdot \overline{X}_i^{\mathrm{T}}\right)\right] \quad [\text{利用式 (4.64)}]$$

$$= -v_{c(i),i} + \log\left[\sum_{j=1}^{k} \exp(v_{ji})\right]$$

因此，我们可以计算 J_i 关于 v_{ri} 的偏导数如下：

$$\frac{\partial J_i}{\partial v_{ri}} = \begin{cases} -\left(1 - \dfrac{\exp(v_{ri})}{\sum\limits_{j=1}^{k} \exp(v_{ji})}\right), & \text{如果 } r = c(i) \\ \left(\dfrac{\exp(v_{ri})}{\sum\limits_{j=1}^{k} \exp(v_{ji})}\right), & \text{如果 } r \neq c(i) \end{cases}$$

$$= \begin{cases} -\left(1 - P\left(r|\overline{X}_i\right)\right), & \text{如果 } r = c(i) \\ P\left(r|\overline{X}_i\right), & \text{如果 } r \neq c(i) \end{cases}$$

将偏导数 $\dfrac{\partial J_i}{\partial v_{ri}}$ 的值代入式 (4.65) 中可得：

$$\frac{\partial J_i}{\partial \overline{W}_r} = \begin{cases} -\overline{X}_i^{\mathrm{T}}(1 - P(r|\overline{X}_i)), & \text{如果 } r = c(i) \\ \overline{X}_i^{\mathrm{T}} P(r|\overline{X}_i), & \text{如果 } r \neq c(i) \end{cases} \tag{4.66}$$

4.9.2.2 随机梯度下降

人们可以使用特定点的梯度来表述随机梯度下降法中的更新步骤：

$$\overline{W}_r \Leftarrow \overline{W}_r(1 - \alpha\lambda) + \alpha \begin{cases} \overline{X}_i^{\mathrm{T}}(1 - P(r \mid \overline{X}_i)), & \text{如果 } r = c(i) \\ -\overline{X}_i^{\mathrm{T}} P(r \mid \overline{X}_i), & \text{如果 } r \neq c(i) \end{cases}, \quad \forall r \in \{1, \cdots, k\} \tag{4.67}$$

可应用式 (4.64) 替换上述更新步骤中的概率. 值得注意的是，为了改变每个分界，这里在更新步骤中使用了所谓的错误概率. 相比之下，像最小二乘回归等方法则使用的是更新步骤中所谓的错误程度. 这种差异是自然的，因为归一化指数 (softmax) 方法是一种概率模型. 上述随机梯度下降法所对应的小批量的大小为 1. 我们将基于小批量 S 的随机梯度下降的更新表述的推导留作练习.

问题 4.9.4 上边提供了基于小批量大小为 1 的多项式 Logistic 回归中随机梯度下降更新步骤的表述. 对于一个包含形如 $(\overline{X}, c)$ 训练对的小批量 S，证明每个分界 $\overline{W}_r$ 的更新步骤可表述如下：

$$\overline{W}_r \Leftarrow \overline{W}_r(1 - \alpha\lambda) + \alpha \sum_{(\overline{X},c)\in S, r=c} \overline{X}^{\mathrm{T}} \cdot (1 - P(r|\overline{X})) - \alpha \sum_{(\overline{X},c)\in S, r\neq c} \overline{X}^{\mathrm{T}} \cdot P(r|\overline{X}) \tag{4.68}$$

正如 Weston-Watkins SVM 在两类情况下退化为铰链损失 SVM，多项式 Logistic 回归在两类的特殊情况下也会退化为 Logistic 回归. 我们将该结论的证明留作练习.

问题 4.9.5　证明：在只有两类的特殊情形下，多项式 Logistic 回归会退化为二元 Logistic 回归.

4.10　坐标下降法

坐标下降法是一种一次优化目标函数一个变量的方法. 考虑我们有一个关于 d 维向量变量的目标函数 $J(\bar{w})$，那么可以尝试固定其他参数的同时只优化向量 $\bar{w}$ 中的单个变量 w_i. 这对应于如下优化问题：

$$\bar{w} = \underset{\text{只有 } w_i \text{ 变化}}{\arg\min} \; J(\bar{w}) \quad [\text{固定除 } w_i \text{ 之外的参数}]$$

注意，这是一个单变量优化问题，其通常可以比较容易被求解. 在某些情况下，当得不到闭形式解时，人们可以通过线搜索来确定 w_i. 如果在一个遍历所有变量的循环后，目标没有改进，则算法收敛. 当最小值形式的优化函数是凸的且可微时，算法收敛到的解就是最优解. 对于非凸函数，最优性当然不能保证，这是因为系统可能陷入局部极小值. 即使对于凸的，但非可微的函数，坐标下降法也有可能达到次最优解. 关于坐标下降法的一个要点是，它隐含地使用了比一阶梯度信息更多的信息. 毕竟，它找到了一个关于它正在优化的变量的最优解. 因此，与随机梯度下降法相比，坐标下降法有时收敛更快. 关于坐标下降法的另一个关键点是其通常能保证收敛，即使得到的解是一个局部最优解.

坐标下降法存在两个主要的问题. 首先，它本质上是依次进行的. 该方法一次优化一个变量，因此需要对一个变量进行优化后才能执行下一个优化步骤. 因此，坐标下降法的并行化一直是一个挑战. 其次，它可能陷入次最优点 (局部极小值). 尽管其可以保证收敛到局部最小值，使用单个变量有时也可能是短视的. 这类问题甚至可能发生在不可微的凸函数上. 例如，我们考虑如下函数：

$$f(x, y) = |x + y| + 2|x - y| \tag{4.69}$$

该目标函数是凸的，但不是可微的. 这个函数的最优值点是 $(0, 0)$. 但是，如果坐标下降到点 $(1, 1)$，它将在两个变量之间循环，而不会改进解. 问题所在是不存在与坐标轴平行方向的最优解的路径. 这种情况可能发生在具有尖等高线图的不可微函数中. 如果最终到达等高线图的一个角，则可能没有合适的与坐标轴平行的移动方向来改进目标函数. 图 4.10 给出了一个这种情况的示例. 这种情况在可微函数中永远不会出现，因为至少在一个坐标轴平行的方向目标函数值会始终得到改进.

由此产生的一个自然问题是刻画坐标下降法在不可微函数优化中表现良好的条件. 注意，即使式 (4.69) 中的函数 $f(x,y)$ 是凸函数，其和的分量在单个变量方面是不可分离的. 一般来说，坐标下降达到全局最优解的充分条件是多元函数的不可微部分中的可加分量需要被表示为关于单个变量的函数，且每一个分量函数都必须是凸的. 我们将上述结果总结为如下更加一般的版本：

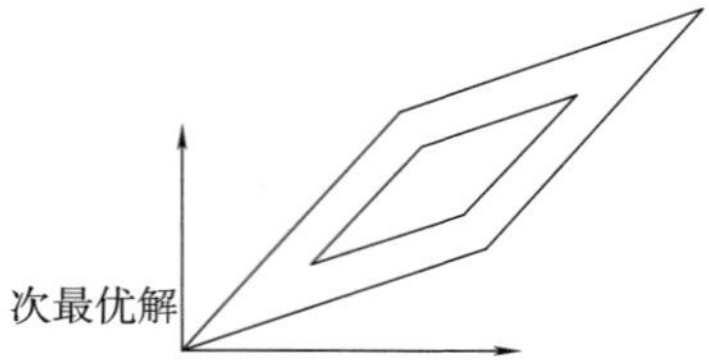

图 4.10　一个不可微函数的等高线图

引理 4.10.1　考虑一个可以被表示为如下形式的多变量函数 $F(\bar{w})$:

$$F(\bar{w}) = G(\bar{w}) + \sum_{i=1}^{d} H_i(w_i)$$

函数 $G(\bar{w})$ 是一个可微凸函数，而每个 $H_i(w_i)$ 是 w_i 的单变量凸函数，且可能是不可微的. 那么，坐标下降法将收敛到函数 $F(\bar{w})$ 的全局最优点.

一个非可微凸函数 $H_i(w_i)$ 的例子是 $H_i(w_i) = |w_i|$. 该函数被用来作为 L_1 正则化. 事实上，我们将在 5.8.1.2 节中讨论基于 L_1 正则化回归的坐标下降法.

关于可加分离性的主题是很重要的，有时需要进行一个变量变换以使不可微的部分满足可加分离性. 例如，考虑式 (4.69) 中目标函数的一个拓展：

$$f(x,y) = g(x,y) + |x+y| + 2|x-y| \tag{4.70}$$

假设 $g(x,y)$ 是可微的. 现在，我们作如下变量变换 $u = x+y$ 和 $v = x-y$. 于是，我们可以将目标函数重写为如下关于变量变换后的形式 $f([u+v]/2, [u-v]/2)$. 也就是说，将每个 x 替换为 $[u+v]/2$, 而将每个 y 替换为 $[u-v]/2$, 从而得到：

$$F(u,v) = g([u+v]/2, [u-v]/2) + |u| + 2|v| \tag{4.71}$$

每个不可微分量都是一个凸函数. 现在，可以毫无问题地执行关于 u 和 v 的坐标下降. 这个技巧的要点是变量变换改变了运动方向，因此存在一条通向最优解的路径.

有意思的是，尽管不可微函数会导致坐标下降出现问题，但 (甚至对离散优化问题) 用坐标下降求解该函数通常比用梯度下降更好. 这是因为坐标下降通常能够将复杂问题分解为更小的子问题. 作为这种分解的一个具体例子，我们将说明为什么应用于求解混合整数规划问题的著名 k 均值算法是坐标下降的一种 (见 4.10.3 节).

4.10.1 基于坐标下降法的线性回归

考虑一个 $n \times d$ 数据矩阵 $\boldsymbol{D}$(对应的行是训练实例)，一个关于响应变量的 n 维列向量 $\bar{y}$ 和一个 d 维参数列向量 $\overline{W} = [w_1, \cdots, w_d]^{\mathrm{T}}$. 我们重返由式 (4.31) 表述的线性回归的目标函数：

$$J = \frac{1}{2}\|\boldsymbol{D}\overline{W} - \bar{y}\|^2 \tag{4.72}$$

目标函数关于所有变量的梯度 [见式 (4.33)] 可表示为

$$\boldsymbol{\nabla} J = \boldsymbol{D}^{\mathrm{T}}(\boldsymbol{D}\overline{W} - \bar{y}) \tag{4.73}$$

坐标下降法每次只针对一个变量来优化目标函数. 为了关于变量 w_i 的优化，我们需要令 $\boldsymbol{\nabla} J$ 的第 i 个分量为零. 设 $\bar{d}_i$ 是 $\boldsymbol{D}$ 的第 i 列. 进一步，设 $\bar{r}$ 是 n 维残差向量 $\bar{y} - \boldsymbol{D}\overline{W}$. 于是，我们得到如下条件：

$$\begin{aligned}
&\bar{d}_i^{\mathrm{T}}(\boldsymbol{D}\overline{W} - \bar{y}) = 0 \\
&\bar{d}_i^{\mathrm{T}}(\bar{r}) = 0 \\
&\bar{d}_i^{\mathrm{T}}\bar{r} + w_i\bar{d}_i^{\mathrm{T}}\bar{d}_i = w_i\bar{d}_i^{\mathrm{T}}\bar{d}_i
\end{aligned}$$

注意，上式左侧与 w_i 无关，因为带 w_i 的两项相互抵消了. 这是因为 $\bar{d}_i^{\mathrm{T}}\bar{r}$ 含有 $-w_i\bar{d}_i^{\mathrm{T}}\bar{d}_i$，从而与 $w_i\bar{d}_i^{\mathrm{T}}\bar{d}_i$ 相抵消. 由于其中一边与 w_i 无关，我们得到一个更新步骤，其通过一次迭代即可得到 w_i 的最优值：

$$\bar{w}_i \Leftarrow \bar{w}_i + \frac{\bar{d}_i^{\mathrm{T}}\bar{r}}{\left\|\bar{d}_i\right\|^2} \tag{4.74}$$

在上述更新中，我们使用了 $\bar{d}_i^{\mathrm{T}}\bar{d}_i$ 与 $\bar{d}_i$ 范数的平方相等这个事实. 通常可以将数据矩阵的每一列标准化为零均值和单位方差. 在这种情况下，$\|\bar{d}_i\|^2$ 的值为 1, 则更新可被进一步简化为如下形式：

$$\bar{w}_i \Leftarrow \bar{w}_i + \bar{d}_i^{\mathrm{T}}\bar{r} \tag{4.75}$$

这种更新形式非常有效. 对所有变量完整进行一个循环的坐标下降所需的时间，与对所有点完整进行一个循环的随机梯度下降所需时间渐近一致. 但是，坐标下降法的循环次数比最小二乘回归要少. 因此，坐标下降法会更加有效. 此外，我们还可以得到正则最小二乘回归的坐标下降的形式. 我们将此留作练习.

问题 4.10.1 证明：如果最小二乘回归使用参数为 λ 的 Tikhonov 正则化，那么由式 (4.74) 所表述的更新步骤需要修正为如下形式：

$$w_i \Leftarrow \frac{w_i\left\|\bar{d}_i\right\|^2 + \bar{d}_i^{\mathrm{T}}\bar{r}}{\left\|\bar{d}_i\right\|^2 + \lambda}$$

对一次求解一个变量 (同时保持其他变量不变) 的优化子问题的简化在坐标下降法中非常重要.

4.10.2 块坐标下降法

块坐标下降法是将坐标下降一次优化一个变量推广为一次优化一组变量. 虽然块坐标下降中每一步的花费较多，但需要的步骤较少. 块坐标下降的一个例子是交替最小二乘法，它通常可用于矩阵分解 (见 8.3.2.3 节). 块坐标下降法通常用于具有非凸目标函数的多凸问题，其中每个分块变量可用于建立一个凸的子问题. 或者，即使有些变量是离散的，但每个分块也易于优化. 用坐标下降法处理带约束的优化问题有时也很容易，这是因为当人们只考虑几个精心选择的变量时，约束往往会自我简化. 这类问题设定的一个具体例子就是所谓的 k 均值算法.

4.10.3 作为块坐标下降的 k 均值算法

作为一个例子，k 均值算法可以说明如何仔细选择特定的变量块从而在不同的变量块上实现良好的交替最小化. 尽管 k 均值算法的基础来自坐标下降的重要想法，但人们通常将 k 均值算法视为一种简单的启发式方法.

假设共有 n 个由 d 维行向量 $\overline{X}_1, \cdots, \overline{X}_n$ 所表示的数据点. k 均值算法建立了 k 个用 $\bar{z}_1, \cdots, \bar{z}_k$ 来表示的原型使得数据点与其最近原型距离平方之和尽可能小. 用 0-1 示性函数 y_{ij} 表示点 i 是否被分配到第 j 类. 由于每个点只被分配至一类，于是 $\sum_j y_{ij} = 1$. 因此，我们可以将 k 均值问题表述为在一个实值 d 维原型行向量 $\bar{z}_1, \cdots, \bar{z}_k$ 与一个离散赋值变量矩阵 $\boldsymbol{Y} = [y_{ij}]_{n\times k}$ 上的一个混合整数规划：

$$\text{最小化} \quad \sum_{j=1}^{k} \underbrace{\sum_{i=1}^{n} y_{ij} \left\| \overline{X}_i - \bar{z}_j \right\|^2}_{O_j}$$

$$\text{约束为:} \quad \sum_{j=1}^{k} y_{ij} = 1, \quad y_{ij} \in \{0, 1\}$$

这是一个混合整数规划，并且这种优化问题通常很难求解. 然而，在这种情况下，仔细选择变量块是至关重要的. 此外，选择变量块也会使得潜在的约束条件变得不那么重要. 在这种特别的情况下，变量被分为两块，其分别对应于向量 $\bar{z}_1, \cdots, \bar{z}_k$ 中的 $k \times d$ 个原型变量和 $n \times k$ 个赋值变量 $\boldsymbol{Y} = [y_{ij}]$. 我们交替地最小化这两个变量块，因为它提供了将问题分解为更小子问题的最好方法. 注意，如果原型变量是固定的，那么所产生的赋值问题就变得很简单，每个点都会被分配到最近的原型. 另外，如果分配的类是固定的，那么目标函数可被分解为关于不同类别分离的目标函数．由第 j 类贡献的目标函数 O_j 部分是上述优化公式中带下括号的部分．对每一类，相关的最优解 $\bar{z}_j$ 是赋值给该类点的均值．这个结果可以通过令目标函数 O_j 关于每个 $\bar{z}_j$ 的梯度为 0 来证明：

$$\frac{\partial O_j}{\partial z_j} = 2\sum_{i=1}^{n} y_{ij}(\overline{X}_i - \bar{z}_j) = 0, \quad \forall j \in \{1, \cdots, k\} \tag{4.76}$$

在上述条件下不属于第 j 类的点会被舍去，因为对这样的点 $y_{ij} = 0$. 所以 $\bar{z}_j$ 就是该类点的均值．因此，我们需要交替地将点赋予离它们最近的原型和将原型设定为该类的矩心．这就是著名的 k 均值算法的所有步骤．矩心计算是一个连续优化的步骤，而分类是一个离散优化的步骤 (其可以通过坐标下降的分解方法被大大地简化).

4.11 总结

本章介绍机器学习中的基本优化模型，特别讨论了最优性条件以及保证全局最优存在的情况．机器学习中的优化问题通常具有可分离为关于单个数据点分量的目标函数．这种性质使得人们能够应用有效的诸如随机梯度下降等此类的抽样方法．机器学习中的优化模型与传统的优化模型之间存在着显著的不同，前者需要最大化在样本外数据上的表现性能，而不仅是只定义训练数据上的原始优化问题．本章讨论了机器学习中几个优化问题的示例，例如，线性回归、支持向量机和 Logistic 回归．此外，还讨论了关于多类模型的推广．作为随机梯度下降的一种替代方法，我们还特别关注了坐标下降法，其在某些情况下的工作会更加有效．

4.12 拓展阅读

最优化理论是一个在许多学科中都有重要应用的领域，读者可在文献 [10, 15, 16, 22, 99] 中找到关于基本最优化理论的介绍．文献 [22] 详细阐述了凸优化理论，是值得读者特别关注的．诸如文献 [130] 关于线性代数的书籍以数值计算为重点，提供了线性优化算法的各方面的细节．文献 [52] 讨论了数值优化的方法．文献 [122,133] 中的一些关于线性代数的基础书籍讨论了关于最优化理论的基础知识．关于线性回归方法的细节讨论，可以在关于线性代数、最优化和机器学习的书籍中找到．对于机器学习内容方面的介绍，我们推荐阅读文献 [1~4,18,19,39,46,53,56,85,94,95], 其涵盖了机器学习的各种应用．

最小二乘回归和分类问题可以追溯到 Widrow-Hoff 算法 [132] 和 Tikhonov Arsenin 的开创性工作 [127]．关于回归分析的详细讨论可参见文献 [36]．Fisher 判别式是由 Ronald Fisher[45] 在 1936 年提出的，它是最小二乘回归的一个特例，其中对应的二元响应变量被用

作回归变量 [18]. 支持向量机的提出一般归功于 Cortes 和 Vapnik [30], 尽管 Hinton 在几年前提出了 L_2 损失 SVM 的原始方法 [60]. 这种方法通过仅保留二次损失曲线的一半，并将其余部分设置为零来构造铰链损失的光滑版本，从而改进最小二乘分类中的损失函数 (见图 4.9a). 这一贡献的具体意义却在关于神经网络的更广泛的文献中并没有提及. 文献 [27] 给出了关于 LIBSVM 的许多实际实现, 其中线性分类器的实现可参见文献 [44]. 关于支持向量机的详细讨论可参见文献 [31]. 文献 [93] 则讨论了 Logistic 回归的数值优化技术，而关于坐标下降法的介绍读者可参见文献 [56] 和文献 [134].

4.13 习题

4.1 求出下列函数的鞍点、最小值点和最大值点：

(a) $F(x) = x^2 - 2x + 2$.

(b) $F(x, y) = x^2 - 2x - y^2$.

4.2 假设 $\bar{y}$ 是一个具有很小范数 $\varepsilon = \|\bar{y}\|_2$ 的 d 维向量. 考虑连续可微的目标函数 $J(\bar{w})$, 其在 $\bar{w} = \bar{w}_0$ 处的梯度和黑塞矩阵均为零. 证明 $\bar{y}^{\mathrm{T}}\boldsymbol{H}\bar{y}$ 近似于 $J(\bar{w})$ 在 $\bar{w} = \bar{w}_0$ 处沿方向 $\bar{y}/\|\bar{y}\|$ 扰动 ε 时变化的两倍.

4.3 假设一个优化函数 $J(\bar{w})$ 在 $\bar{w} = \bar{w}_0$ 处的梯度为 0. 进一步，$J(\bar{w})$ 在 $\bar{w} = \bar{w}_0$ 处的黑塞矩阵同时具有正的特征值和负的特征值. 如何利用黑塞矩阵 (i) 找到一个向量方向使得由 $\bar{w}_0$ 沿该方向任意无穷小的移动都会使 $J(\bar{w})$ 减小；(ii) 找到一个向量方向使得由 $\bar{w}_0$ 沿该方向任意无穷小的移动都会使 $J(\bar{w})$ 增大. 那么，$\bar{w}_0$ 是一个最大值点、一个最小值点还是一个鞍点？

4.4 我们知道两个凸函数的最大值仍是凸函数. 那么, 两个凸函数的最小值也是凸的吗？两个凸集的交是凸集吗？两个凸集的并是凸集吗？证明每种情况下你的答案.

4.5 证明以下结论或给出反例：(i) 如果 $f(x)$ 和 $g(x)$ 是凸函数, 那么 $F(x, y) = f(x) + g(y)$ 是凸函数；(ii) 如果 $f(x)$ 和 $g(x)$ 是凸函数，那么 $F(x, y) = f(x) \cdot g(y)$ 是凸函数.

4.6 **无边界的铰链损失**. 通过删除最大值函数中的常数，我们得到对式(4.51) 中所表述的铰链损失函数的如下修正：

$$J = \sum_{i=1}^{n} \max\{0, (-y_i[\overline{W} \cdot \overline{X}_i^{\mathrm{T}}])\} + \frac{\lambda}{2}\|\overline{W}\|^2$$

称这种损失函数为*感知器准则*. 给出该损失函数的随机梯度下降法的更新步骤.

4.7 比较习题 4.6 中感知器准则和铰链损失关于 $\overline{W}$ 的敏感性. 给出一个无信息的权重向量 $\overline{W}$, 且其总是习题 4.6 中优化问题的最优解. 利用这一观察结果来解释为什么当两个类的点不能被线性超平面分开时，在 SVM 方法下，(不作适当修正的) 感知器准则有时会提供更差的解.

4.8 考虑一个形如 $\bar{w}^{\mathrm{T}}\boldsymbol{A}\bar{w}+\bar{b}^{\mathrm{T}}\bar{w}+c$ 的无约束二次规划，其中 $\bar{w}$ 是优化变量所构成的 d 维向量，$d\times d$ 矩阵 $\boldsymbol{A}$ 是半正定的，而 $\bar{b}$ 是一个 d 维常数向量．证明：该二次规划存在一个全局最小值当且仅当 $\bar{b}$ 属于 $\boldsymbol{A}$ 的列空间．

4.9 本章讨论了 Weston-Watkins SVM 的随机梯度下降的更新步骤，但并没有讨论小批量更新的情况．考虑包含形如 $(\overline{X},c)$ 的训练对的小批量 S，其中每个 $c\in\{1,\cdots,k\}$ 是分类标签．证明：每个分界 $\overline{W}_r$ 在学习率 α 下的随机梯度下降的更新步骤为

$$\overline{W}_r\Leftarrow\overline{W}_r(1-\alpha\lambda)+\alpha\sum_{(\overline{X},c)\in S,r=c}\overline{X}^{\mathrm{T}}\left[\sum_{j\neq r}\delta(j,\overline{X})\right]-\alpha\sum_{(\overline{X},c)\in S,r\neq c}\overline{X}^{\mathrm{T}}[\delta(r,\overline{X})] \tag{4.77}$$

这里 $\overline{W}_r$ 的定义与本章中正文的定义相同．

4.10 考虑函数 $f(x,y)=x^2+2y^2+axy$. 哪些 a 的值 (如果存在) 可使得函数 $f(x,y)$ 是凹的、凸的和不定的？

4.11 考虑二元函数 $f(x,y)=x^3/6+x^2/2+y^2/2+xy$. 给出该函数的一个定义域使其为一个凸函数．

4.12 考虑二分类问题的 L_1 损失函数，其中特征-类别二元对 $(\overline{X}_i,y_i)$ 和 d 维参数向量 $\overline{W}$，第 i 个实例所对应的特定点损失定义如下：

$$L_i=\left\|y_i-\overline{W}\cdot\overline{X}_i^{\mathrm{T}}\right\|_1$$

这里，$y_i\in\{-1,+1\}$ 以及 $\overline{X}_i$ 是一个 d 维特征行向量．上式使用的是 L_1 范数，而不是最小二乘分类中的 L_2 范数．对于 $y\in\{-1,+1\}$, 讨论损失函数为什么可以写成如下形式：

$$L_i=\left\|1-y_i\overline{W}\cdot\overline{X}_i^{\mathrm{T}}\right\|_1$$

证明随机梯度下降的更新步骤可表述如下：

$$\overline{W}\Leftarrow\overline{W}(1-\alpha\lambda)+\alpha y_i\overline{X}_i^{\mathrm{T}}\,\mathrm{sign}\left(1-y_i\overline{W}\cdot\overline{X}_i^{\mathrm{T}}\right)$$

这里，λ 是正则化参数，α 是学习率．将这个更新步骤与 SVM 的铰链损失下的更新步骤进行比较．

4.13 设 $\bar{x}$ 是一个 n_1 维向量，而 $\boldsymbol{W}$ 是一个 $n_2\times n_1$ 矩阵．证明：如何使用向量对向量的链式法则来计算 $(\boldsymbol{W}\bar{x})\odot(\boldsymbol{W}\bar{x})$ 关于向量 $\bar{x}$ 的向量导数．那么，所得到的向量导数是标量、向量还是矩阵？现在，考虑 $F((\boldsymbol{W}\bar{x})\odot(\boldsymbol{W}\bar{x}))$, 其中 $F(\cdot)$ 是将所有分量加起来的标量值函数．回答上述同样的问题．

4.14 设 $\bar{x}$ 是一个 n_1 维向量，而 $\boldsymbol{W}$ 是一个 $n_2\times n_1$ 矩阵．证明：如何使用向量对向量的链式法则来计算 $\boldsymbol{W}(\bar{x}\odot\bar{x}\odot\bar{x})$ 关于向量 $\bar{x}$ 的向量导数．所得到的向量导数是标量、向

量还是矩阵？现在，考虑 $G(\boldsymbol{W}(\bar{x}\odot\bar{x}\odot\bar{x})-\bar{y})$，其中 $\bar{y}$ 是一个 n_2 维常数向量，$G(\cdot)$ 是将所有分量的绝对值相加得到的标量值函数. 回答上述同样的问题.

4.15 证明：如果对一个 $m\times d$ 矩阵 $\boldsymbol{W}$ 和一个 d 维向量 $\bar{x}$，标量 L 可以表示为 $L=f(\boldsymbol{W}\bar{x})$，那么 $\dfrac{\partial L}{\partial \boldsymbol{W}}$ 总是秩为 1 的矩阵或与函数 $f(\cdot)$ 的选择无关的零矩阵 [这类导数在神经网络中经常会遇到].

4.16 **增加点的扩充线性回归**. 假设你的线性回归问题中有一个数据矩阵 $\boldsymbol{D}$ 和目标向量 $\bar{y}$. 你已经做了所有艰苦的工作来求得 $(\boldsymbol{D}^{\mathrm{T}}\boldsymbol{D})$ 的逆，且计算出了 $\overline{W}=(\boldsymbol{D}^{\mathrm{T}}\boldsymbol{D})^{-1}\boldsymbol{D}^{\mathrm{T}}\bar{y}$ 的闭形式解. 现在，给定一个额外的训练点 $(\overline{X},y)$，并要计算更新后所得到参数向量 $\overline{W}$. 你该如何高效地求出该结果，而不必从头开始求逆矩阵. 应用该结果为扩充的线性回归提供一个有效的计算策略. [提示：矩阵求逆引理.]

4.17 **增加特征的增量线性回归**. 假设你有一个具有特定数量点的数据集，但维度不断增加 (因为数据科学家进行测量和调查的数量会不断增加). 为正则化的增量线性回归提供一个有效的计算策略. [提示：由问题 1.2.13 的推出等式，在线性回归中有多种方法可表达闭型解.]

4.18 **矩阵导数的 Frobenius 范数**. 设 $\boldsymbol{A}$ 是一个 $n\times d$ 常数矩阵，$\boldsymbol{V}$ 是一个 $d\times k$ 参数矩阵. 设 $\bar{v}_i$ 是 $\boldsymbol{V}$ 的第 i 行，而 $\bar{V}_j$ 是 $\boldsymbol{V}$ 的第 j 列. 设 J 是关于 $\boldsymbol{V}$ 的元素的标量函数. 证明如下结论：

(a) 讨论 $\dfrac{\partial J}{\partial \boldsymbol{V}}$ 与 $\dfrac{\partial J}{\partial \bar{v}_i}$ 和 $\dfrac{\partial J}{\partial \bar{V}_j}$ 中的每一个的关系. 利用这种关系可以允许我们使用标量关于向量的导数等式.

(b) 设 $J=\|\boldsymbol{V}\|_F^2$. 证明 $\dfrac{\partial J}{\partial \boldsymbol{V}}=2\boldsymbol{V}$. 你也许会发现，将 Frobenius 范数表示为向量范数之和，然后再应用标量关于向量的导数等式会给你提供证明上的便利.

(c) 设 $J=\|\boldsymbol{A}\boldsymbol{V}\|_F^2$. 利用向量范数和 $\boldsymbol{V}$ 的列向量来表示 J. 应用本章所讨论的标量关于向量的导数等式来证明 $\dfrac{\partial J}{\partial \boldsymbol{V}}=2\boldsymbol{A}^{\mathrm{T}}\boldsymbol{V}\boldsymbol{A}$. 现在，证明 $J=\|\boldsymbol{A}\boldsymbol{V}+\boldsymbol{B}\|^2$ 的导数为 $2\boldsymbol{A}^{\mathrm{T}}(\boldsymbol{A}\boldsymbol{V}+\boldsymbol{B})$，其中 $\boldsymbol{B}$ 是一个 $n\times k$ 矩阵. 注意，你刚刚得到的是矩阵分解中的梯度下降.

4.19 考虑一个具有形式为 $J(w_1,w_2,\cdots,w_{100})=\sum\limits_{i=1}^{100}J_i(w_i)$ 的可加分离多变量函数，而每一个 $J_i(w_i)$ 是一个单变量函数，其有一个全局最优点的和一个局部最优点. 讨论为什么在随机选择起点下应用坐标下降法从而达到全局最优点的可能性极低.

4.20 提出一个应用单变量坐标下降的算法来求解 L_2 损失 SVM. 你可以对每个单变量问题使用线搜索. 使用你选择的编程语言来实现该算法.

4.21 考虑一个具有如下形式的二元平方损失函数：

$$f(x,y)=ax^2+by^2+2cxy+dx+ey+f$$

证明 $f(x,y)$ 是凸函数当且仅当 a 和 b 都是非负的，且 c 小于或等于 $|a|$ 和 $|b|$ 的几何平均.

4.22 证明函数 $f(\bar{x})=\sqrt{\langle\bar{x},\bar{x}\rangle}$ 和 $g(\bar{x})=\langle\bar{x},\bar{x}\rangle$ 都是凸的. 对于内积运算，你只能应用其基本公理和 Cauchy-Schwarz/三角不等式.

4.23 **双面矩阵的最小二乘**. 设 $\boldsymbol{A}$ 是一个 $n\times m$ 矩阵，$\boldsymbol{B}$ 是一个 $k\times d$ 矩阵. 你想要找到一个 $m\times k$ 矩阵 $\boldsymbol{X}$ 使得 $J=\|\boldsymbol{C}-\boldsymbol{AXB}\|_F^2$ 达到最小，其中 $\boldsymbol{C}$ 是已知的一个 $n\times d$ 矩阵. 推导 J 关于 $\boldsymbol{X}$ 的导数和最优性条件. 证明：最优性条件的一个可能的解为 $\boldsymbol{X}=\boldsymbol{A}^{+}\boldsymbol{C}\boldsymbol{B}^{+}$，其中 $\boldsymbol{A}^{+}$ 和 $\boldsymbol{B}^{+}$ 分别表示 $\boldsymbol{A}$ 和 $\boldsymbol{B}$ 的 Moore-Penrose 伪逆. [提示：计算关于 $\boldsymbol{X}$ 各元素的标量导数，并将其转换为矩阵微积分的形式. 也可见第 2 章中的习题 2.47~2.51.]

4.24 假设你已经将 k 均值算法的目标函数中的欧几里得平方和替换为曼哈顿和. 证明块坐标下降法退化为 k 均值聚类算法，其中这里使用曼哈顿距离而非欧几里得距离来选择“质心”代表的每个维度作为沿该维度的聚类中位值. [一个有意思的事实是：许多其他基于代表的聚类变体，如 k-modes 和 k-medoids 算法，都是坐标下降算法.]

4.25 考虑一个三次多项式的目标函数 $f(x)=ax^3+bx^2+cx+d$. 在什么条件下该目标函数没有临界点？在什么条件下它在 $[-\infty,+\infty]$ 中是严格增的？

4.26 考虑一个三次多项式的目标函数 $f(x)=ax^3+bx^2+cx+d$. 在什么条件下该目标函数只有一个临界点？该临界点是什么类型的？给出一个这种目标函数的例子.

4.27 设 $f(x)$ 是一个单变量 n 次多项式. 该多项式的临界点最多有多少个？最小值点、最大值点和鞍点最多有多少？

4.28 一个 d 元 n 次多项式的临界点最多有多少个？给出一个具有这个最多数目临界点的多项式的例子.

4.29 假设 $\bar{h}$ 和 $\bar{x}$ 是列向量，而 $\boldsymbol{W}_1,\boldsymbol{W}_2$ 和 $\boldsymbol{W}_3$ 是满足 $\bar{h}=\boldsymbol{W}_1\boldsymbol{W}_2\bar{x}-\boldsymbol{W}_2^2\boldsymbol{W}_3\bar{x}+\boldsymbol{W}_1\boldsymbol{W}_2\boldsymbol{W}_3\bar{x}$ 的矩阵. 计算 $\dfrac{\partial\bar{h}}{\partial\bar{x}}$.

4.30 考虑 $\bar{h}_i=\boldsymbol{W}_i\boldsymbol{W}_{i-1}\bar{h}_{i-1}$，其中 $i\in\{1,\cdots,n\}$. 这里，每个 $\boldsymbol{W}_i$ 是一个矩阵，而 $\bar{h}_i$ 是一个向量. 应用向量中心化链式法则来计算 $\dfrac{\partial\bar{h}_i}{\partial\bar{h}_0}$.

CHAPTER 5

第 5 章

高等优化求解方法

"千里之行，始于足下."

——老子 (Lao Tzu)

5.1 引言

第 4 章介绍了关于梯度下降的几种基本算法. 但是，基于以下原因，这些算法并不总能很好地工作：

- *平坦域与局部最优*：机器学习算法的目标函数在损失平面上可能存在局部最优和平坦域. 因此，算法学习的过程可能较慢，抑或收敛到一个较差的解.
- *微分曲率*：梯度下降的方向只是移动的最优*瞬时*方向，它在有限长度的步长上通常会发生改变. 因此，在朝该方向移动有限距离后，最陡的下降方向不再是最陡的. 如果步长太大，梯度不同分量的符号可能会反转，那么目标函数值可能会变差. 如果在某个方向上梯度快速变化，则称该方向呈现高*曲率*. 显然，高曲率方向会导致梯度下降结果的不确定性.
- *不可微目标函数*：有些目标函数是不可微的，这会导致梯度下降算法出现问题. 如果损失函数在相对较少的点上不可微，而对大部分点是可微的，则可以使用稍作改进的梯度下降法. 更具挑战的情况是当目标函数在空间的大部分区域中非常陡峭或平坦以及梯度完全不存在的情形.

  解决平坦域和微分曲率问题的最简单方法是以某种方式调整梯度来克服收敛性差的问题. 这些方法*隐性地*使用了曲率来调整目标函数对于不同参数的梯度. 该技术的例子包括基于可计算算法的普通梯度下降，例如，*动量法*、RMSProp 或 Adam.

另外一类方法则利用二阶导数来*显式地*度量曲率. 毕竟二阶导数是梯度的*变化率*，它是对在有限步上使用恒定梯度方向的不可预测性的直接度量. 二阶导数矩阵, 也称为黑塞矩阵, 包含大量关于最大曲率方向的信息. 因此, 许多二阶方法 (如牛顿法) 则应用黑塞矩阵以便通过在最陡的下降方向和曲率间进行权衡来调整运动方向.

最后, 我们讨论不可微目标函数的问题. 考虑 L_1 损失函数, 它在参数空间的某些点不可微:

$$f(x_1, x_2) = |x_1| + |x_2|$$

点 $(x_1, x_2) = (0, 0)$ 是优化目标函数的不可微点. 这种问题可以通过为空间中的少数不可微点设定特殊的规则来轻松解决. 然而, 在某些情况下, 无信息损失曲面仅包含平坦域和垂直边界. 例如, 试图直接优化基于排序的目标函数将导致在空间的大部分区域中不可微. 考虑如下包含训练点 $\overline{X}_1, \cdots, \overline{X}_n$ 的目标函数, 其中子集 S 属于一个正类 (例如, 非正常实例与正常实例):

$$J(\overline{W}) = \sum_{i \in S} \text{Rank}(\overline{W} \cdot \overline{X}_i)$$

这里, 函数 "Rank" 取值于 1 到 n 中的某个值, 表示对 n 个训练点的 $\overline{W} \cdot \overline{X}_i$ 的值排序后返回每个 $\overline{X}_i$ 的排序. 最小化函数 $J(\overline{W})$ 是试图找到 $\overline{W}$ 来确保正实例总是排在负实例之前. 这种目标函数只包含关于 $\overline{W}$ 的平坦曲面和垂直边界, 这是因为在参数向量 $\overline{W}$ 的特定值上, 排序可能会突然改变. 在大多数区域, 对 $\overline{W}$ 作轻微扰动而不会改变其顺序, 于是 $J(\overline{W})$ 在大多数区域的梯度为零. 由于完全没有梯度的信息, 这种情况会引起梯度下降的一些严重的问题. 此时, 人们需要应用诸如近端梯度之类的更加复杂的方法来克服这些挑战. 本章将讨论几种这样的方法.

本章的内容安排如下. 5.2 节将讨论相关于最优化可微函数所带来的挑战. 修正损失函数的一阶导数以考虑曲率的方法将在 5.3 节中讨论. 5.4 节介绍牛顿法. 5.5 节给出牛顿法在机器学习中的应用. 关于牛顿法相关的挑战在 5.6 节中讨论. 5.7 节探讨牛顿法的计算有效逼近. 5.8 节引入不可微函数的优化问题. 5.9 节则对本章进行总结.

5.2 基于梯度优化的挑战

本节将讨论基于梯度优化的两个主要问题. 第一个问题与平坦域和局部最优点有关, 而第二个问题与不同方向上的不同曲率水平相关. 理解这些问题是为其设计表现性能良好的求解方案的关键之一. 因此, 本节将详细讨论这些问题.

5.2.1 局部最优与平坦域

第 4 章讨论了几个关于凸函数的优化模型, 这些模型只有一个全局最优点, 而没有局部最优点. 然而, 更复杂的诸如神经网络之类的机器学习问题通常是非凸的, 它们可能具有多个局部最优点. 这种局部最优为实施梯度下降法来求解最优问题带来了挑战.

考虑如下一维函数：

$$F(x) = (x-1)^2\left[(x-3)^2 - 1\right]$$

计算 $F(\cdot)$ 的导数并令其为零则得到如下条件：

$$F'(x) = 2(x-1)\left[(x-1)(x-3) + (x-3)^2 - 1\right] = 0$$

该方程的解为 $x = 1$, $\frac{5}{2} - \frac{\sqrt{3}}{2} = 1.634$ 和 $\frac{5}{2} + \frac{\sqrt{3}}{2} = 3.366$. 由二阶导数条件可知：第一个根和第三个根满足 $F''(x) > 0$，因此是最小值点，而第二个根满足 $F''(x) < 0$，故是最大值点. 在这些点计算函数 $F(x)$ 的值可得 $F(1) = 0$, $F(1.634) = 0.348$ 和 $F(3.366) = -4.848$. 该函数的图像如图 5.1a 所示. 显然，第一个最优点是局部最小值点，而第二个是局部最大值点. 最后一个点 $x = 3.366$ 是我们想要寻求的*全局*最小值点.

在这种情况下，我们可以通过应用最优性条件来求解两个可能的最小值点，然后再确定其中哪一个是全局最小值点. 然而，当我们试图应用梯度下降法时会发生什么呢？问题在于如果我们从任意小于 1.634 的点开始梯度下降，就会到达局部最小值点. 此外，一个人可能永远不会到达全局最小值点 (如果在多次运行中总是选择错误的起点)，并且没有办法知道是否存在更好的最小值点. 在多维情况下，这个问题变得更加困难，同时局部极小值点的数目也会激增. 我们引入第 4 章的问题 4.2.4 作为局部极小值点数目如何随着维数的增加呈指数级快速增长的例子. 可以相对容易证明的是，如果我们有 d 个单变量函数 (关于不同的变量 $x_1, \cdots, x_d$) 使得第 i 个函数具有 k_i 个局部/全局极小值点，那么由这些函数的和所定义的 d 维函数含有 $\prod_{i=1}^{d} k_i$ 个局部/全局极小值点. 例如，由 10 个上面函数 (关于不同变量) 的和所构成的十维函数，通过将 10 个维度中每一维设为 $\{1, 3.366\}$ 中的任意值，就可以得到 $2^{10} = 1024$ 个局部最小值点. 显然，如果不知道局部极小值点的数量和位置，我们就很难确定梯度下降收敛点的最优性.

另外一个问题是目标函数中存在平坦域. 例如，图 5.1a 中的目标函数在局部最小值点和局部最大值点之间含有一个平坦域. 这种情况很常见，甚至在没有局部最优点的目标函数中也是有可能发生的. 考虑如下目标函数：

$$F(x) = \begin{cases} -(x/5)^3, & x \leqslant 5 \\ x^2 - 13x + 39, & x > 5 \end{cases}$$

这个目标函数如图 5.1b 所示. 该目标函数在 $[-1, +1]$ 间有一个平坦域，其中梯度的绝对值小于 0.1. 另外，当 $x > 5$ 时，梯度会迅速增加. 那为什么平坦域会引起这样的问题呢？主要问题是下降的速度取决于梯度的大小 (如果学习率是固定的). 在这种情况下，优化过程需要很长时间才能穿过空间的平坦域．这将使优化过程极其缓慢．正如我们稍后将要看到的，像动量法这样的技术使用了来自物理学中的类比，从而继承前面步骤的下降速度作为一类动量．基本的想法是，如果你把大理石滚下山，它会在滚下山的过程中加快速度，并且由于其具有的动量，它通常能够更好地通过局部坑洼和平坦域．我们将在 5.3.1 节中更加详细地讨论这个原理．

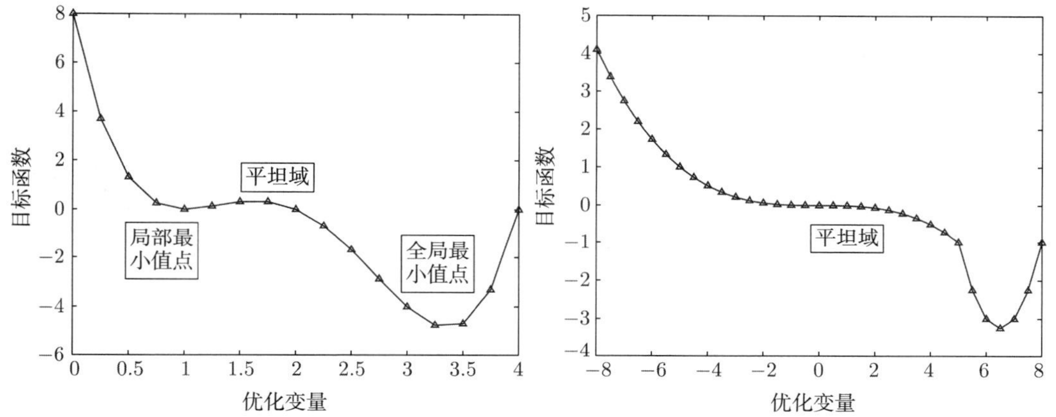

a）具有平坦域的局部最优　　b）具有平坦域但只有全局最优

图 5.1　关于局部最优与平坦域的示例

5.2.2　微分曲率

在多维的情况下，梯度的分量可能会具有不同的大小，这会导致梯度下降出现问题．例如，神经网络对不同层参数的偏导数的大小通常有很大的差异，通常称这种现象为*梯度消失-爆炸问题*．即使在像凸和二次目标函数等这样简单的情况下，也会出现这类问题的轻微表现．因此，我们将从这些简单的情形开始研究，因为它们提供了对问题根源和可能求解方案的极好洞察．

考虑具有碗状和唯一全局最小值点的一个凸二次目标函数的最简单情况．图 5.2 给出了两个这样的双变量损失函数．该图显示了损失函数的等高线图，其中每条线对应于 XY-平面中损失函数具有相同值的点．最陡的下降方向总与这条线垂直．第一个损失函数的形式为 $L = x^2 + y^2$，如果将高度视为目标函数的值，则其形状是一个完美的圆形碗．这个损失函数以对称的方式来处理 x 和 y．第二个损失函数的形式为 $L = x^2 + 4y^2$，图像是一个椭圆形的碗．注意，与 x 值的变化相比，该损失函数对 y 值的变化更为敏感，尽管具体的灵敏度取决于数据点的位置．换句话说，损失为 $L = x^2 + 4y^2$ 的情况，其二阶导数 $\dfrac{\partial^2 L}{\partial x^2}$ 和 $\dfrac{\partial^2 L}{\partial y^2}$ 不相等．大的二阶导数也称为高曲率，这是因为它会影响梯度变化的速度．从梯度下降的角度来看，这是很重要的，因为它告诉我们某些方向具有更一致的梯度，并且不会快速变化．从取更大的梯度下降步长的角度来看，人们更希望有一致的梯度．

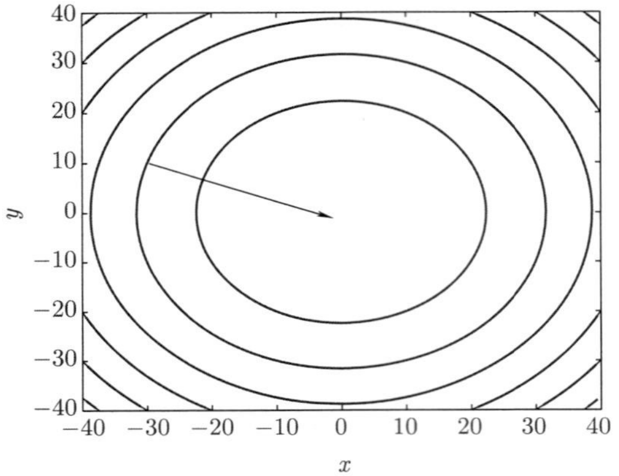

a）损失函数是圆形的碗 $L=x^2+y^2$

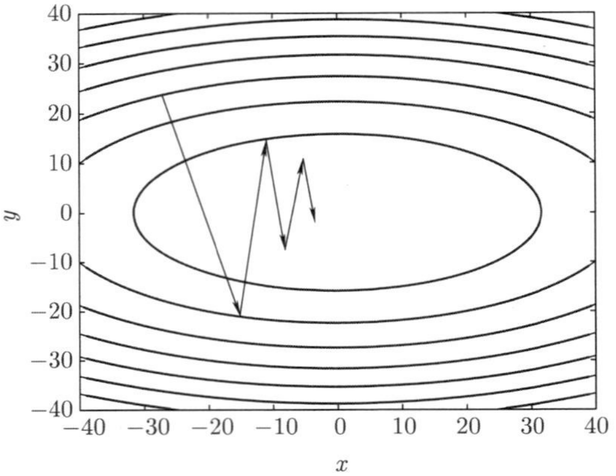

b）损失函数是椭圆形的碗 $L=x^2+4y^2$

图 5.2 损失函数的形状对最陡梯度下降的影响

在由图 5.2a 所示的圆形碗的情况中，梯度直接指向最优解．于是，只要使用正确的步长，则可以一步达到最优解．然而，图 5.2b 中的损失函数并非如此，其中 y 方向的梯度通常比 x 方向的梯度影响更大．此外，梯度永远不会指向最优解，在下降过程中则需要对更新路径进行多次修正．一个显著的观察结果是，沿 y 方向的步长很大，但随后的步骤会抵消先前步骤的影响．另外，沿 x 方向的进展是一致的，但很小．也就是说，每个方向的长期进展都非常有限．于是，即使经过长时间的训练，也有可能会出现算法进展甚微的情况．

上面的示例给出了一个非常简单的凸二次可加分离的函数，它与机器学习中的任何实际问题相比非常简单．事实上，除了极少数例外，在大多数目标函数中，最陡下降的路径只是移动的最优瞬时方向，而不是长期的正确下降方向．换句话说，总是需要“路径修正”的小步骤．应用最速下降更新达到最佳状态的唯一方法是使用大量的微小更新和路径修正，这显然是非常低效的．乍一看，这似乎无法解决，但事实证明，有许多较复杂的方法可以解决这些问题．最简单的例子就是特征规范化．

重返特征规范化

正如第 4 章所讨论的，在应用梯度下降法之前对特征进行标准化是非常常见的．对特征进行缩放的一个重要原因是确保梯度下降法具有的更好性能．为了理解这一点，我们将给出一个例子．考虑一个包含不同国家枪支-黄油支出及幸福指数信息的数据集，目标是根据人均枪支数量 x_1 和人均黄油盎司数 x_2 来预测这个国家的幸福指数 y．表 5.1 给出了具有三组数据的假定数据集示例．线性回归模型是通过引入关于枪支的系数 w_1 和关于黄油

的系数 w_2，利用枪支数量和黄油数量来预测幸福指数：

$$y = w_1x_1 + w_2x_2$$

于是，我们可以按如下方式对最小二乘目标函数进行建模：

$$\begin{aligned}J &= (0.1w_1 + 25w_2 - 7)^2 + (0.8w_1 + 10w_2 - 1)^2 + (0.4w_1 + 10w_2 - 4)^2\\&= 0.81w_1^2 + 825w_2^2 + 29w_1w_2 - 6.2w_1 - 450w_2 + 66\end{aligned}$$

需要注意的是，与 w_1 相比，该目标函数对 w_2 更加敏感．这是因为关于黄油特征的方差要比关于枪支特征的方差大得多，这也体现在了目标函数的系数中．因此，目标函数的梯度通常会沿 w_2 方向反弹，而沿 w_1 方向的进展很缓慢．但是，如果我们将表 5.1 中的每一列标准化为零均值和单位方差，则 w_1^2 和 w_2^2 的系数将变得更加类似．这就减少了梯度下降的反弹现象的发生．在这种特殊情况下，形如 w_1w_2 的相互作用项会使椭圆与原始坐标轴成一定角度．这会导致额外的困难，即造成沿不平行于原始坐标轴的方向进行梯度下降的反弹．这种相互作用项可以通过所谓的*白化技术*来解决，其是主成分分析法的一个应用 (见 7.4.6 节)．

表 5.1　关于枪支、黄油和幸福指数的假定数据集

枪支 (人均数量)	黄油 (人均盎司数)	幸福指数
0.1	25	7
0.8	10	1
0.4	10	4

5.2.3　拓扑示例：悬崖与山谷

研究损失曲面中高曲率拓扑的一些具体表现形式是很有意义的．高曲率曲面的两个例子分别是悬崖和山谷．悬崖的例子如图 5.3 所示．在这种情况下，有一个平缓倾斜的曲面迅速变成悬崖．然而，如果只计算图中关于变量 x 的一阶偏导数，则只能得到一个平缓的斜率．因此，适度的学习率可能会导致缓坡区域的进度非常缓慢，而相同的学习率可能会导致突然过冲到远离陡坡区域的最优点．这个问题是由曲率的性质 (即梯度的变化) 所造成的，其中一阶梯度不包含控制更新大小所需的信息．正如我们稍后将要看到的，一些计算的求解方案都会直接或间接地使用二阶导数来解释曲率．悬崖并不是我们想要的，因为它们在损失函数中表现出一定程度的不稳定性．这意味着，某些权重的微小变化可能会突然改变局部的拓扑结构，从而使连续优化算法 (如梯度下降法) 难以实现．

当遇到倾斜或弯曲山谷形状的损失函数时，曲率的具体影响尤为明显．图 5.4 给出了一个倾斜山谷的例子．对于梯度下降法而言，山谷是一种危险的地形．特别地，如果山谷底部有陡峭且快速变化的曲面 (这会产生狭窄的山谷)．在狭窄的山谷中，梯度下降法将沿着山谷陡峭的一侧剧烈反弹，而在平缓的方向上不会取得很大进展，但长期的收益最大. 正如我们将在本章后面所要看到的，许多计算方法沿着与移动一致的方向放大梯度的分量 (以阻止其来回反弹). 在某些情况下，应用这类特殊的方法来改进最陡的下降方向，而在另外一些情况下，人们会借助二阶导数显式地应用曲率来表示. 第一种方法将是 5.3 节所要讨论的主题.

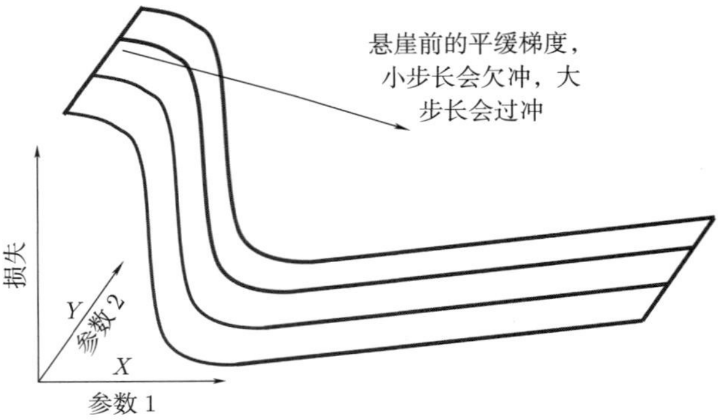

图 5.3　损失曲面中悬崖的示例

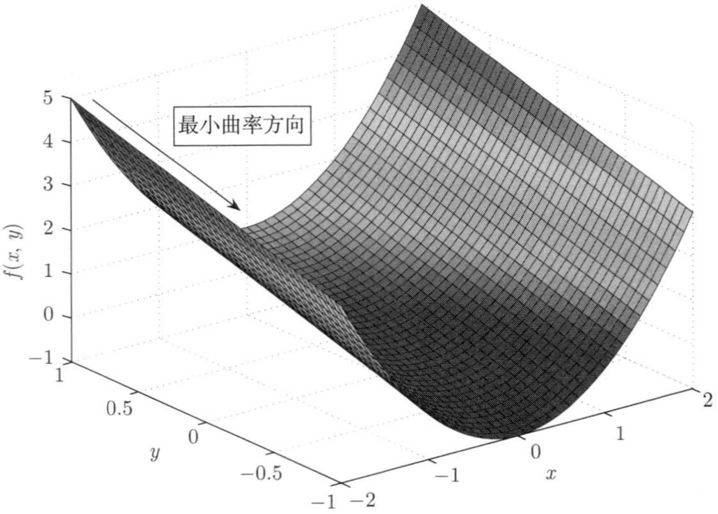

图 5.4　山谷中的曲率效应

5.3　对下降调节一阶导数

本节将研究修正一阶导数的可计算方法. 本质上，这些方法在改进梯度分量时通过考虑曲率来使用二阶信息. 这些方法中大部分会对不同的参数使用不同的学习率. 核心的想法是，具有较大偏导数所对应的参数通常是振荡和锯齿形的，而具有较小偏导数所对应的参数往往更加一致，但会朝同一方向移动．由于它们在计算上可以非常有效地实现，故这些方法比二阶方法更受欢迎．

5.3.1 基于动量的学习

通过意识到强调持续移动的中长期方向是有益的，基于动量的方法则可以解决局部最优、平坦域和以曲率为中心的锯齿形问题，这是因为它们不强调损失拓扑中的局部扭曲．因此，人们可以应用来自先前步骤的反馈聚合度量来加速梯度下降过程．打个比方，从有许多坑洼和扭曲的斜面滚下的大理石通常能够利用它的动量来克服这些微小的障碍．

考虑对参数向量 $\overline{W}$ 进行梯度下降．关于目标函数 J 的梯度下降的正常更新步骤可表述如下：

$$\overline{V} \Leftarrow -\alpha\frac{\partial J}{\partial \overline{W}}; \quad \overline{W} \Leftarrow \overline{W} + \overline{V}$$

这里 α 为学习率．我们用矩阵微积分的符号 $\frac{\partial J}{\partial \overline{W}}$ 来替代 ∇J．如第 4 章中所讨论的，我们使用约定：标量关于列向量的导数是列向量，这对应于矩阵微积分中的分母布局表示：

$$\nabla J = \frac{\partial J}{\partial \overline{W}} = \left[\frac{\partial J}{\partial w_1}, \cdots, \frac{\partial J}{\partial w_d}\right]^{\mathrm{T}}$$

在基于动量的下降中，向量 $\overline{V}$ 除了与当前梯度有关外，还继承了前一步速度的 β 倍，其中 $\beta \in (0,1)$ 是动量参数：

$$\overline{V} \Leftarrow \beta\overline{V} - \alpha\frac{\partial J}{\partial \overline{W}}; \quad \overline{W} \Leftarrow \overline{W} + \overline{V}$$

显然，若 $\beta = 0$，则上面会退化为通常的梯度下降．较大的 $\beta \in (0,1)$ 值有助于该方法在正确的方向上获得一致的速度 $\overline{V}$．故也称参数 β 为*动量参数*或*摩擦参数*．“摩擦”一词来源于这样一个事实：取较小的 β 会像摩擦力一样起到“阻力”的作用．

动量有助于梯度下降过程在图 5.1 中所示的平坦域和局部最优解中找到正确的方向．基于动量方法的一个很好的比喻是，大理石在碗形山谷中滚下的方式．随着大理石加快速度，它将能够快速穿过表面的平坦域并逃离碗中的局部坑洼，这是因为聚集的动量有助于大理石逃离坑洼点．图 5.5 给出了一个大理石沿复杂损失曲面滚动 (滚动时的速度加快) 的示例．利用动量通常会导致解在获得速度的方向上略微过冲，这就像大理石在碗中滚下时会过冲一样．然而，在合适的 β 值下，它仍然会比不使用动量的情况表现得更好．基于动量的方法通常会表现得更好，这是因为大理石在滚下碗时会加快速度，更快地到达最优解比补偿目标的过冲更有效．过冲是可取的，因为它有助于避免局部最优．参数 β 控制大理石从损失曲面滚下时的摩擦量．虽然增加 β 的值有助于避免局部最优，但也可能增加最后的振荡．从这个意义来讲，基于动量的方法可以很好地解释大理石沿复杂损失曲面滚动的物理过程．令 $\beta > 1$ 会导致不稳定和发散，因为梯度下降会以不受控制的方式加速．

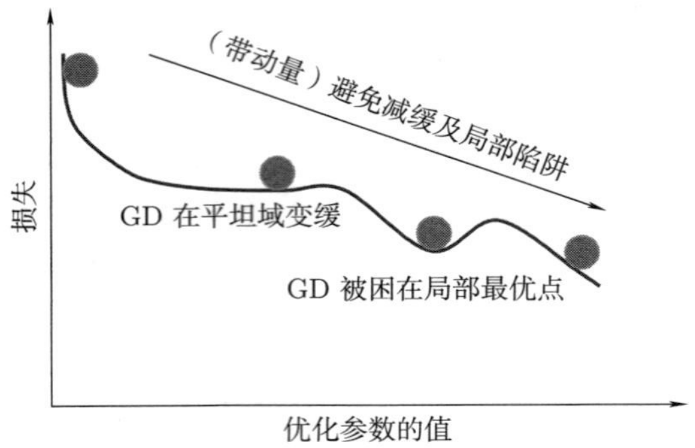

图 5.5　在复杂的损失曲面中确定方向时的动量影响．符号“GD”表示没有动量的普通梯度下降．动量有助于优化过程中在损失曲面的平坦域保持速度，并可避免局部最优点

此外，基于动量的方法有助于减少目标函数损失曲面中曲率带来的不良影响．这种技术意识到锯齿形是高度矛盾步骤的结果，这些步骤会相互抵消并减少 (长期) 在正确方向上的步骤的有效性的大小．图 5.2b 举例说明了这种情况．简单地试图增加步长以在正确方向上移动更远，实际上可能会使当前解远离最优解．从这个角度来看，在最后几步的“平均”方向上移动更有意义，可以使锯齿形状变得更加平滑．这种类型的平均是通过应用先前步骤的动量来实现的，而振荡的方向不会为更新提供一致的速度．

由于人们一般会朝着一个通常更接近最优解的方向移动，而无用的“横向”振荡会被减弱，故应用基于动量的下降法会加快学习．其基本思想是在多步更新中更倾向于一致的方向，这在下降过程中更为重要．这允许我们在正确的方向上使用更大的步长，而不会在横向上造成溢出或“爆炸”，从而可以加快学习速度．图 5.6 给出了利用动量的一个例子．由图 5.6a 可以明显看出，动量在正确方向上增加了梯度的相对分量．相应地，对更新的影响如图 5.6b、图 5.6c 所示．显然，基于动量的更新方法可以在较少的更新次数中达到最优解．我们也可以通过图 5.5 中大理石沿山谷的运动来理解这一点：随着大理石沿着平缓倾斜的山谷加速，沿山谷两侧反弹的效果会随着时间的推移而减弱．

5.3.2　AdaGrad 算法

AdaGrad 算法需要计算算法过程中关于每个参数的偏导数平方的累积值 (见文献 [38])．该值的平方根与该参数均方根的斜率成正比 (尽管由于连续累积，该值的绝对值会随着迭代步数的增加而增加). 设 A_i 是第 i 个参数的累积值. 于是, 在每次迭代中对目标函数 J 执行以下更新:

$$A_i \Leftarrow A_i + \left(\frac{\partial J}{\partial w_i}\right)^2, \quad \forall i \tag{5.1}$$

于是, 第 i 个参数 w_i 的更新如下:

$$w_i \Leftarrow w_i - \frac{\alpha}{\sqrt{A_i}}\left(\frac{\partial J}{\partial w_i}\right), \quad \forall i$$

如果需要, 我们可以在分母中使用 $\sqrt{A_i+\varepsilon}$ 来代替 $\sqrt{A_i}$ 以避免病态, 其中 ε 是非常小的正数, 例如取 10^{-8}.

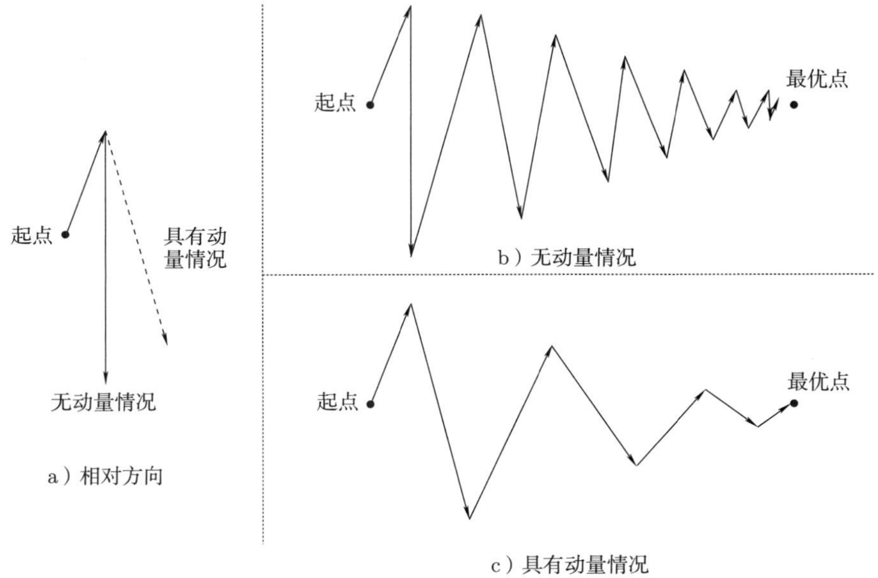

图 5.6 动量在光滑锯齿形更新中的作用

将导数乘以 $\sqrt{A_i}$ 的倒数是一种 "信噪比" 归一化, 这是因为 A_i 只度量了梯度的历史幅度而非它的符号. 这种更新鼓励沿着与梯度符号一致的平缓倾斜方向加快相对移动. 如果沿第 i 个方向的梯度分量在 $+100$ 和 -100 间剧烈波动, 则这种以幅度为中心的归一化对该分量的惩罚将远远超过另一个始终取值在 0.1 附近的 (但符号一致) 梯度分量. 图 5.6 所示的情况, 将不强调沿振荡方向的运动, 而强调沿一致方向的运动. 然而, 该方法的主要问题是沿所有分量的绝对运动都会随着时间的推移而减慢. 其放缓的原因是 A_i 是所有历史偏导数的累积, 这将导致缩放导数的值减小. 因此, AdaGrad 算法的进度可能在很早的时候就变得很慢, 而最终 (几乎) 会停止更新. 另外一个问题是总体比例因子取决于全部的历史数据，但最终有些数据可能会过时．事实证明，RMSProp 的指数平均可以解决这两个问题．

5.3.3 RMSProp 算法

RMSProp 算法 [61] 提出的动机与 AdaGrad 算法类似，都是通过绝对幅度 $\sqrt{A_i}$ 来执行梯度的“信噪比”归一化．然而，该算法并不是简单地利用梯度的平方和来估计 A_i，而是使用*指数平均*．由于利用*平均*而非*累积*值来进行规范化，故不断增加的比例因子 A_i 不会过早地减慢算法进度．RMSProp 算法的基本思想是利用衰减因子 $\rho \in (0,1)$ 对 t 时刻前更新的偏导数的平方乘以权重 ρ^t．注意，这种方式可以通过将当前平方累积 (运行估计) 乘以 ρ，然后再加上 $(1-\rho)$ 乘以当前偏导数 (的平方) 来轻松实现．取运行估计的初值为 0．这会在迭代早期导致一些 (不想要的) 偏差，但它会随着时间的推移而消失．于是，如果 A_i 是第 i 个参数 w_i 的指数平均，那么我们可以通过如下方式来对 A_i 进行更新：

$$A_i \Leftarrow \rho A_i + (1-\rho)\left(\frac{\partial J}{\partial w_i}\right)^2, \quad \forall i \tag{5.2}$$

对每个参数用其值的平方根来规范化它的梯度．那么，我们可以使用如下基于 (全局) 学习率 α 的更新：

$$w_i \Leftarrow w_i - \frac{\alpha}{\sqrt{A_i}}\left(\frac{\partial J}{\partial w_i}\right), \quad \forall i$$

如果需要，也可以在分母中使用 $\sqrt{A_i+\varepsilon}$ 来代替 $\sqrt{A_i}$ 以避免病态．这里 ε 是一个非常小的正数，例如取 10^{-8}．与 AdaGrad 算法相比，RMSProp 算法的另一个优势是，经典 (即早期) 梯度的重要性会随时间呈指数衰减，而 RMSProp 算法的缺点在于，由于初始化为 0，二阶矩的运行估计 A_i 在早期迭代中会存在偏差．

5.3.4 Adam 算法

Adam 算法与 AdaGrad 算法和 RMSProp 算法类似，也是使用“信噪比”来归一化．然而，该算法在更新中还吸收了动量．此外，该算法还直接消除了纯 RMSProp 算法在指数光滑中所引起的初始化偏差．

与 RMSProp 的情况一样，设 A_i 为第 i 个参数 w_i 的指数平均值．该值的更新方式与具有衰减参数 $\rho \in (0,1)$ 的 RMSProp 算法相同：

$$A_i \Leftarrow \rho A_i + (1-\rho)\left(\frac{\partial J}{\partial w_i}\right)^2, \quad \forall i \tag{5.3}$$

同时，该算法还保持梯度值的指数光滑性，其中用 F_i 来表示第 i 个分量，并用不同的衰减参数 ρ_f 来执行这种光滑化：

$$F_i \Leftarrow \rho_f F_i + (1-\rho_f)\left(\frac{\partial J}{\partial w_i}\right), \quad \forall i \tag{5.4}$$

注意，利用 ρ_f 对梯度进行这种类型的指数光滑化正是 5.3.1 节中所讨论的动量法 (使用摩擦参数 β 而不是 ρ_f 来参数化的) 的一种变体．于是，算法第 t 次迭代使用学习率为 α_t 的更新步骤如下所示：

$$w_i \Leftarrow w_i - \frac{\alpha_t}{\sqrt{A_i}} F_i, \quad \forall i$$

这与 RMSProp 算法有两个关键的区别．首先，该算法将梯度替换为了合并动量的指数平滑值．其次，目前的学习率 α_t 依赖于迭代指标 t，其具体的形式定义如下：

$$\alpha_t = \alpha \underbrace{\left(\frac{\sqrt{1-\rho^t}}{1-\rho_f^t}\right)}_{\text{调整偏差}} \tag{5.5}$$

从技术上讲，对学习率的调整实际上是一个偏差校正因子，它可用于解释两个指数平滑机制不切实际的初始化，这在早期的迭代中尤为重要．事实上，将 F_i 和 A_i 初始化为 0 会导致早期迭代中出现偏差，而式 (5.5) 中的比例偏差对这两个量的影响不同．值得注意的是，由于 $\rho, \rho_f \in (0,1)$，故对较大的 t，ρ^t, ρ_f^t 都趋于 0．因此，式 (5.5) 的初始偏差校正因子收敛于 1，且 α_t 收敛于 α．提出 Adam 算法的原始文章 (文献 [72]) 建议 ρ_f 和 ρ 的取值分别为 0.9 和 0.999．关于选取 ρ 和 ρ_f 的其他准则 (例如，参数稀疏性)，读者可进一步参阅文献 [72]．跟其他方法一样，Adam 算法在更新的分母中使用 $\sqrt{A_i+\varepsilon}$ (替代 $\sqrt{A_i}$) 来更好地调节更新过程．因为 Adam 算法结合了其他算法的大部分优点且通常与其他方法中最好的相比更具有竞争力 [72]，故其被广泛使用．

5.4 牛顿法

近些年，使用二阶导数的方法又重新兴盛起来．这种类型的方法可以部分缓解一些由损失函数的高曲率所带来的问题，这是因为二阶导数刻画了每个方向的梯度的变化率，是对曲率概念更准确的描述．牛顿法在一阶导数和二阶导数之间进行权衡以使下降方向足够陡峭且梯度不会急剧变化，而这些方向可以使用更少的迭代步数并得到对损失的更好的改进．此外，对于损失函数为二次函数的特殊情况，牛顿法只需要一步就能达到其最小值点．

5.4.1 牛顿法的基本形式

考虑目标函数 $J(\overline{W})$ 关于参数向量 $\overline{W}=[w_1,\cdots,w_d]^{\mathrm{T}}$ 具有如下形式的二阶导数：

$$\boldsymbol{H}_{ij}=\frac{\partial^2 J(\overline{W})}{\partial w_i \partial w_j}$$

注意到，上面分母中的偏导数使用了所有成对的参数．因此，对含有 d 个参数的神经网络，我们则会得到一个 $d\times d$ 的黑塞矩阵 $\boldsymbol{H}$，其第 (i,j) 项元素为 $\boldsymbol{H}_{ij}$．

黑塞矩阵也可被定义为梯度关于权重向量的雅可比矩阵．正如第 4 章所讨论的，雅可比矩阵是矩阵微积分中向量关于向量的导数，故所得到的结果是一个矩阵．注意到，一个 m 维列向量关于一个 d 维列向量的导数在矩阵微积分的分母布局中是一个 $d\times m$ 矩阵，而在分子布局中则是一个 $m\times d$ 矩阵 (见 4.6.1 节)．于是，相应的雅可比矩阵是一个 $m\times d$ 矩阵，故符合分子布局．我们在本书统一使用分母布局，因此一个 m 维向量 $\bar{h}$ 关于一个 d 维向量 $\bar{w}$ 的雅可比矩阵定义为向量关于向量导数的转置：

$$\text{Jacobian}(\bar{h},\bar{w})=\left[\frac{\partial \bar{h}}{\partial \bar{w}}\right]^{\mathrm{T}}=\left[\frac{\partial h_i}{\partial w_j}\right]_{m\times d\ \text{矩阵}} \tag{5.6}$$

然而，由于黑塞矩阵是对称的，故转置运算实际上并不起作用．于是，黑塞矩阵也可定义为

$$\boldsymbol{H}=\left[\frac{\partial \boldsymbol{\nabla} J(\overline{W})}{\partial \overline{W}}\right]^{\mathrm{T}}=\frac{\partial \boldsymbol{\nabla} J(\overline{W})}{\partial \overline{W}} \tag{5.7}$$

此外，黑塞矩阵还可以看作是二阶导数对多元数据的一个自然推广．与应用二阶导数的单变量泰勒级数展开类似，我们可以通过将标量二阶导数替换为黑塞矩阵来进行多元泰勒级数展开．回顾单变量函数 $f(w)$ 在标量 w_0 处的 (二阶) 泰勒级数展开形式 (见 1.5.1 节)：

$$f(w)\approx f(w_0)+(w-w_0)f'(w_0)+\frac{(w-w_0)^2}{2}f''(w_0) \tag{5.8}$$

值得注意的是，当 $|w-w_0|$ 很小时，泰勒近似比较准确；而当 $|w-w_0|$ 增加时，它会对非二次函数失去准确性 (因为高阶项的贡献也增加了)．类似地，我们也可以对多元损失函数 $J(\bar{w})$ 在参数向量 $\overline{W}_0$ 附近应用如下的泰勒展开来进行二次近似：

$$J(\overline{W})\approx J(\overline{W}_0)+\left[\overline{W}-\overline{W}_0\right]^{\mathrm{T}}\left[\boldsymbol{\nabla} J(\overline{W}_0)\right]+\frac{1}{2}\left[\overline{W}-\overline{W}_0\right]^{\mathrm{T}}\boldsymbol{H}\left[\overline{W}-\overline{W}_0\right] \tag{5.9}$$

与单变量展开的情况一样，该近似的精度随着 $\|\overline{W}-\overline{W}_0\|$ 值的增加而下降，其中该值是 $\overline{W}$ 和 $\overline{W}_0$ 间的欧几里得距离．注意，黑塞矩阵 $\boldsymbol{H}$ 在 $\overline{W}_0$ 处计算得到．这里，参数向量 $\overline{W}$ 和

$\overline{W}_0$ 为 d 维列向量. 这是一个二次近似，我们可以简单地令梯度为 0 从而得到如下二次近似的最优条件：

$$\nabla J(\overline{W}) = \bar{0} \quad \text{[损失函数的梯度]}$$
$$\nabla J\left(\overline{W}_0\right) + \boldsymbol{H}\left[\overline{W} - \overline{W}_0\right] = \bar{0} \quad \text{[泰勒近似的梯度]}$$

上述最优性条件只可以找到一个临界点，但为确保该临界点为最小值点，函数的凸性也非常重要. 进一步，重新排列上述最优性条件，则可以得到如下牛顿法的更新步骤：

$$\overline{W}^* \Leftarrow \overline{W}_0 - \boldsymbol{H}^{-1}\left[\nabla J\left(\overline{W}_0\right)\right] \tag{5.10}$$

该更新的一个有意思的特征是它直接由最优性条件得到，因此并没有使学习率. 也就是说，该更新步骤使用二次碗来近似损失函数，并在一步内精确地移动到碗的底部，学习率已经被隐性地吸收了. 回顾图 5.2, 一阶方法会沿着高曲率的方向反弹. 当然，由于损失函数二次近似的底部不是真实损失函数的底部，故我们需要多次牛顿法更新. 因此，非二次函数的牛顿法将 $\overline{W}$ 初始化为初始点 $\overline{W}_0$，并按如下方式进行更新：

1. 计算当前参数向量 $\overline{W}$ 处的梯度 $\nabla J(\overline{W})$ 和黑塞矩阵 $\boldsymbol{H}$.
2. 执行如下牛顿法的更新步骤：

$$\overline{W} \Leftarrow \overline{W} - \boldsymbol{H}^{-1}[\nabla J(\overline{W})]$$

3. 若未收敛，则返回第 1 步.

虽然上面的算法是迭代的，但对于二次函数的特殊情况，牛顿法只需要一步. 式 (5.10) 与最陡梯度下降更新的主要区别在于使用黑塞矩阵的逆左乘最陡方向 (即 $\nabla J(\overline{W}_0)$). 与黑塞矩阵的逆相乘在改变最陡梯度下降方向方面起着关键作用，因此，即使该方向上的瞬时变化率没有最陡下降方向大，人们也可以在该方向上前进更大的一步 (从而更好地改进目标函数值). 这是因为黑塞矩阵刻画了梯度在每个方向上的变化速度. 改变梯度不利于较大的更新，因为如果在这一步中梯度的许多分量的符号发生变化，则可能会无意中使目标函数值变差. 在梯度与梯度变化率的比值比较大的方向上移动是有益的，这样人们就可以在该方向采取更大的步长，同时确信移动不会因梯度变化而引起意外变化. 利用黑塞矩阵的逆左乘则可以实现这一目标. 用黑塞矩阵的逆左乘最陡下降方向的效果如图 5.7 所示. 将该图与图 5.2 中二次碗的示例进行比较是有帮助的. 从某种意义上说，用黑塞矩阵的逆来左乘梯度会使学习步骤偏向低曲率方向. 这种情况也出现在图 5.4 所示的山谷中. 与黑塞矩阵的逆左乘将偏向于倾斜平缓 (但曲率较低) 的方向，该方向是一个更好的长期移动方向. 此外，如果黑塞矩阵在特定点是半负定的 (而不是半正定的)，则牛顿法可能会错误地朝着最大值 (而不是最小值) 的方向移动. 与梯度下降法不同，牛顿法只能找到临界点而不是最小值点.

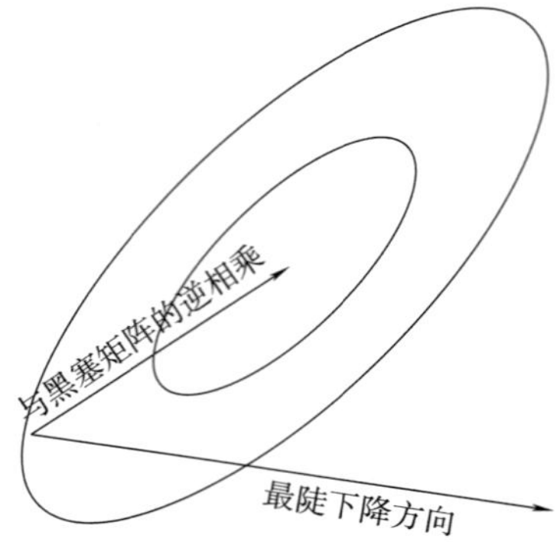

图 5.7 一个黑塞矩阵的逆左乘最陡下降方向的效果

5.4.2 线搜索对非二次函数的重要性

值得注意的是，对于一个非二次函数的更新，可能是不可预测的，这是因为我们会更新至由泰勒展开所得到的局部二次近似的底部．当离泰勒近似点较远时，这种局部二次近似有时会非常糟糕．因此，如果只是移动到局部二次近似的底部，牛顿法的更新步骤可能会使目标函数值变差．为了理解这一点，我们将考虑图 5.8 所示的单变量函数的简单情况，它给出了单变量原函数及其二次近似的示例．该图还给出了一个牛顿算法的起点和终点，我们发现真实目标函数及其二次近似的终点存在很大差异 (尽管起点相同)．于是，牛顿算法实际上恶化了目标函数值．对此，我们可以用类似于梯度下降所面临问题的方式来看待这种情况．虽然梯度下降即使在二次函数中也会面临问题 (在反弹行为方面)，但像牛顿法这样“精确二次”的方法在高阶函数的情况下仍会面临问题．

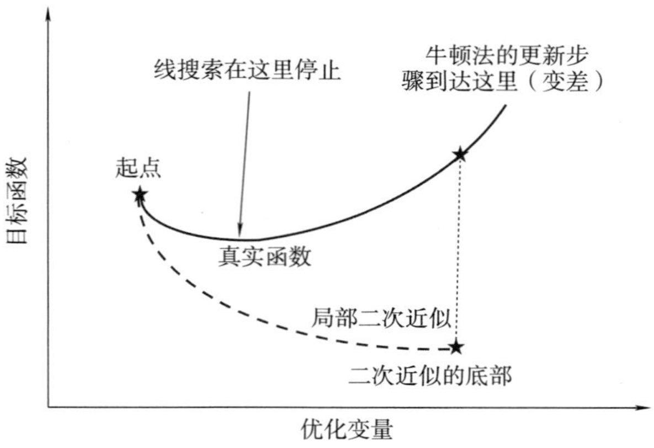

图 5.8 单变量原函数及其二次近似的示例

这个问题可以通过 4.4.3 节所讨论的精确或近似的线搜索来缓解．事实上，线搜索会调整步长的大小以便根据真实目标函数的值来确定更好的终点．例如，当对图 5.8 中的目标函数使用线搜索时，所用的步长要小得多．这比 (真实) 目标函数的值小得多．注意，与普通牛顿法计算的步长相比，线搜索可能会导致更小或更大的步长．

5.4.3 示例：关于二次碗的牛顿法

我们将重返牛顿法在图 5.2 所示的二次碗情形中的表现．考虑如下椭圆目标函数，它对应于图 5.2b 的情形：

$$J(w_1, w_2) = w_1^2 + 4w_2^2$$

这是一个非常简单的凸二次方程，其最优点就是原点．于是，在如 $[w_1, w_2] = [1, 1]$ 这样的任何点开始，我们直接应用梯度下降法将导致图 5.2b 中所示的反弹行为．另外，考虑从点 $[w_1, w_2] = [1, 1]$ 开始的牛顿法．所对应的梯度可被计算为 $\boldsymbol{\nabla} J(1, 1) = [2w_1, 8w_2]^{\mathrm{T}} = [2, 8]^{\mathrm{T}}$．此外，该函数的黑塞矩阵是一个与 $[w_1, w_2]^{\mathrm{T}}$ 无关的常数矩阵：

$$\boldsymbol{H} = \begin{bmatrix} 2 & 0 \\ 0 & 8 \end{bmatrix}$$

于是，我们得到如下牛顿法的更新：

$$\begin{bmatrix} w_1 \\ w_2 \end{bmatrix} \Leftarrow \begin{bmatrix} 1 \\ 1 \end{bmatrix} - \begin{bmatrix} 2 & 0 \\ 0 & 8 \end{bmatrix}^{-1} \begin{bmatrix} 2 \\ 8 \end{bmatrix} = \begin{bmatrix} 0 \\ 0 \end{bmatrix}$$

换句话说，由于二次函数的二阶泰勒“近似”是精确的，而牛顿法在每次迭代中都求解这个近似问题，故牛顿法一步就可以达到该二次函数的最优点．然而，实际中的目标函数并不是二次的，故通常需要多个步骤．

5.4.4 示例：基于非二次函数的牛顿法

本小节修正 5.4.3 节的目标函数使其成为如下的一个的非二次函数：

$$J(w_1, w_2) = w_1^2 + 4w_2^2 - \cos(w_1 + w_2)$$

假设 w_1 和 w_2 用弧度来表示㊀．注意，该目标函数的最优值点仍为 $[w_1, w_2] = [0, 0]$，因为此时 $J(0, 0)$ 的值为 -1，其中上述表达式中每个求和项都取得其最小值．我们仍然从 $[w_1, w_2] = [1, 1]$ 开始，并证明在这种情况下，一次迭代不再足够．在这种情况下，我们可以计算得到梯度和黑塞矩阵分别具有如下形式：

$$\boldsymbol{\nabla} J(1, 1) = \begin{bmatrix} 2 + \sin(2) \\ 8 + \sin(2) \end{bmatrix} = \begin{bmatrix} 2.91 \\ 8.91 \end{bmatrix}$$

㊀ 因为所有微积分的运算都用弧度来表示角度，故这确保了计算的简便性．

$$
\boldsymbol{H} = \begin{bmatrix} 2+\cos(2) & \cos(2) \\ \cos(2) & 8+\cos(2) \end{bmatrix} = \begin{bmatrix} 1.584 & -0.416 \\ -0.416 & 7.584 \end{bmatrix}
$$

那么，黑塞矩阵的逆为

$$
\boldsymbol{H}^{-1} = \begin{bmatrix} 0.64 & 0.035 \\ 0.035 & 0.134 \end{bmatrix}
$$

因此，我们得到如下牛顿法的更新步骤：

$$
\begin{bmatrix} w_1 \\ w_2 \end{bmatrix} \Leftarrow \begin{bmatrix} 1 \\ 1 \end{bmatrix} - \begin{bmatrix} 0.64 & 0.035 \\ 0.035 & 0.134 \end{bmatrix} \begin{bmatrix} 2.91 \\ 8.91 \end{bmatrix} = \begin{bmatrix} 1 \\ 1 \end{bmatrix} - \begin{bmatrix} 2.1745 \\ 1.296 \end{bmatrix} = \begin{bmatrix} -1.1745 \\ -0.296 \end{bmatrix}
$$

注意到，尽管我们还没有到达最优值点，但却更接近于最优解. 这是因为在这种情况下，目标函数不是二次的，只是达到了目标函数近似二次碗的底部. 然而，就真实的目标函数值而言，牛顿法确实找到了一个更好的点. 黑塞矩阵的近似性质就是我们必须应用精确或近似线性搜索来控制步长的原因. 注意，如果我们使用 0.6 的步长而不是默认值 1, 则将得到如下的解：

$$
\begin{bmatrix} w_1 \\ w_2 \end{bmatrix} \Leftarrow \begin{bmatrix} 1 \\ 1 \end{bmatrix} - 0.6 \begin{bmatrix} 2.1745 \\ 1.296 \end{bmatrix} = \begin{bmatrix} -0.30 \\ 0.22 \end{bmatrix}
$$

虽然这只是对最优步长的一个非常粗略的逼近，但它仍然更接近于真正的最优点 $[w_1, w_2] = [0, 0]$. 事实上，更容易证明这组参数得到了更好的目标函数值，但需要重复该步骤才能越来越接近最优解.

5.5 机器学习中的牛顿法

本节将给出应用牛顿法求解机器学习问题的一些示例.

5.5.1 线性回归的牛顿法

本小节将从线性回归的损失函数开始. 尽管应用一阶方法来求解线性回归相对容易，但该方法还是非常有启发性的，这是因为它允许我们将牛顿法与线性回归的最直接的闭型解联系起来 (见 4.7 节). 对应于一个 $n \times d$ 数据矩阵 $\boldsymbol{D}$，一个 n 维目标变量列向量 $\bar{y}$ 和一个 d 维参数列向量 $\overline{W}$ 的线性回归的目标函数可表述如下：

$$
J(\overline{W}) = \frac{1}{2}\|\boldsymbol{D}\overline{W} - \bar{y}\|^2 = \frac{1}{2}[\boldsymbol{D}\overline{W} - \bar{y}]^{\mathrm{T}}[\boldsymbol{D}\overline{W} - \bar{y}] \tag{5.11}
$$

牛顿法需要计算梯度和黑塞矩阵. 于是, 我们将从计算梯度开始, 再通过计算梯度的雅可比矩阵来计算黑塞矩阵. 于是, 损失函数可被展开为 $\overline{W}^{\mathrm{T}}\boldsymbol{D}^{\mathrm{T}}\boldsymbol{D}\overline{W}/2-\bar{y}^{\mathrm{T}}\boldsymbol{D}\overline{W}+\bar{y}^{\mathrm{T}}\bar{y}/2$. 应用第 4 章表 4.2(a) 中的 (i) 和 (ii) 来计算各项的梯度. 因此, 相应损失函数的梯度为

$$\nabla J(\overline{W})=\boldsymbol{D}^{\mathrm{T}}\boldsymbol{D}\overline{W}-\boldsymbol{D}^{\mathrm{T}}\bar{y} \tag{5.12}$$

注意到, 黑塞矩阵是通过计算该梯度的雅可比矩阵而得到的. 由于梯度的第二项为常数, 故关于它作进一步求导则为 0. 于是, 我们只需对第一项进行求导. 计算梯度第一项关于向量 $\overline{W}$ 的导数可得对应的黑塞矩阵为 $\boldsymbol{D}^{\mathrm{T}}\boldsymbol{D}$. 事实上, 可以应用第 4 章表 4.2(b) 中的矩阵微积分等式 (i) 来直接验证这一结果. 我们将这一观察结果总结如下:

观察 5.5.1 (平方损失函数的黑塞矩阵)　对于一个 $n\times d$ 数据矩阵 $\boldsymbol{D}$, 一个 d 维系数列向量 $\overline{W}$ 和一个 n 维目标变量列向量 $\bar{y}$, 所对应于线性回归的损失函数为 $J(\overline{W})=\frac{1}{2}\|\boldsymbol{D}\overline{W}-\bar{y}\|^2$. 那么, 该损失函数的黑塞矩阵为 $\boldsymbol{D}^{\mathrm{T}}\boldsymbol{D}$.

将黑塞矩阵视为特定点黑塞矩阵的和也是很有帮助的, 这是因为任何线性可加函数的黑塞矩阵都是各项黑塞矩阵之和:

观察 5.5.2 (平方损失函数的特定点黑塞矩阵)　设 $J_i=\frac{1}{2}(\overline{W}\cdot\overline{X}_i-y_i)^2$ 为单个训练对 $(\overline{X}_i,y_i)$ 的线性回归的损失函数. 那么, J_i 的平方损失的特定点黑塞矩阵即为外积 $\overline{X}_i^{\mathrm{T}}\overline{X}_i$.

注意, 由于任何矩阵乘法都可以分解为外积之和 (见第 1 章中的引理 1.2.1), 故 $\boldsymbol{D}^{\mathrm{T}}\boldsymbol{D}$ 就是所有 $\overline{X}_i^{\mathrm{T}}\overline{X}_i$ 之和:

$$\boldsymbol{D}^{\mathrm{T}}\boldsymbol{D}=\sum_{i=1}^{n}\overline{X}_i^{\mathrm{T}}\overline{X}_i$$

这与完整特定数据损失函数的黑塞矩阵就是特定点黑塞矩阵的和这一事实相一致.

我们现在可以结合黑塞矩阵和梯度来获得牛顿法的更新步骤. 一个简洁的结果是, 最小二乘回归和分类的牛顿法更新步骤可简化为第 4 章所讨论的线性回归问题的闭型解. 给定当前向量 $\overline{W}$, 牛顿法的更新可表述如下 [基于式 (5.10)]:

$$\begin{aligned}\overline{W}&\Leftarrow\overline{W}-H^{-1}[\nabla J(\overline{W})]=\overline{W}-\left(\boldsymbol{D}^{\mathrm{T}}\boldsymbol{D}\right)^{-1}\left[\boldsymbol{D}^{\mathrm{T}}\boldsymbol{D}\overline{W}-\boldsymbol{D}^{\mathrm{T}}\bar{y}\right]\\&=\underbrace{\overline{W}-\overline{W}}_{0}+\left(\boldsymbol{D}^{\mathrm{T}}\boldsymbol{D}\right)^{-1}\boldsymbol{D}^{\mathrm{T}}\bar{y}=\left(\boldsymbol{D}^{\mathrm{T}}\boldsymbol{D}\right)^{-1}\boldsymbol{D}^{\mathrm{T}}\bar{y}\end{aligned}$$

注意, 上式的最终结果与 $\overline{W}$ 无关, 故我们需要一个闭型的“更新”步骤. 该解与第 4 章中式 (4.39) 等价! 这种等价性并不意外. 事实上, 第 4 章的闭型解是通过令损失函数的梯度为 0 所得到的, 而牛顿法是将损失函数表示为二阶泰勒展开 (对二次函数是精确的), 再令梯度为 0 得到的.

问题 5.5.1　推导基于参数 $\lambda > 0$ 的 Tikhonov 正则化的最小二乘回归的牛顿法更新步骤．证明其最终解为 $\overline{W}^* = (\boldsymbol{D}^{\mathrm{T}}\boldsymbol{D} + \lambda \boldsymbol{I})^{-1}\boldsymbol{D}^{\mathrm{T}}\bar{y}$，其与第 4 章中所得到的正则化解相同．

5.5.2　支持向量机的牛顿法

这一小节将讨论具有二元分类变量 $\bar{y} = [y_1, \cdots, y_n]^{\mathrm{T}}$ 的支持向量机的情况，其中每个 $y_i \in \{-1, +1\}$. 所有诸如 $\boldsymbol{D}, \overline{W}$ 和 $\overline{X}_i$ 的其他符号都与 5.5.1 节中相同．由于在特定点并不是可微的，故铰链损失在牛顿法中并不经常使用．虽然不可微性对于直接应用梯度下降法并没有造成太多的问题 (见 4.8.2 节)，但在利用二阶方法处理问题时，它会是一个大问题．虽然我们可以建立一个可微的 Huber 损失来近似 [28]，但这里只讨论 L_2-SVM. 根据矩阵 $\boldsymbol{D}$ 的行向量 $\overline{X}_1, \cdots, \overline{X}_n$ 和 $\bar{y}$ 中的元素 $y_1, \cdots, y_n$，我们可将目标函数表述如下：

$$J(\overline{W}) = \frac{1}{2}\sum_{i=1}^{n} \max\left\{0, \left(1 - y_i\left[\overline{W} \cdot \overline{X}_i^{\mathrm{T}}\right]\right)\right\}^2 \quad [L_2 \text{ 损失 SVM}]$$

为了化简，我们这里省略了正则化项．该损失函数可被分解为 $J(\overline{W}) = \sum_i J_i$，其中 J_i 为特定点损失函数，而第 i 个点的特定点损失可用第 4 章表 4.2(a) 中 (v) 的形式来表示：

$$J_i = f_i\left(\overline{W} \cdot \overline{X}_i^{\mathrm{T}}\right) = \frac{1}{2}\max\left\{0, \left(1 - y_i\left[\overline{W} \cdot \overline{X}_i^{\mathrm{T}}\right]\right)\right\}^2$$

注意，上述表示中的函数 $f_i(\cdot)$，其被定义为如下的 L_2 损失 SVMs:

$$f_i(z) = \frac{1}{2}\max\{0, 1 - y_i z\}^2$$

该函数最终需要在梯度下降过程中进行求导：

$$\frac{\partial f_i(z)}{\partial z} = f_i'(z) = -y_i \max\{0, 1 - y_i z\}$$

因此，我们得到 $J_i = f_i(z_i)$，其中 $z_i = \overline{W} \cdot \overline{X}_i^{\mathrm{T}}$. 利用链式法则可以计算 $J_i = f_i(z_i)$ 关于 $\overline{W}$ 的导数为：

$$\frac{\partial J_i}{\partial \overline{W}} = \frac{\partial f_i(z_i)}{\partial \overline{W}} = \frac{\partial f_i(z_i)}{\partial z_i}\underbrace{\frac{\partial z_i}{\partial \overline{W}}}_{\overline{X}_i^{\mathrm{T}}} = -y_i \max\left\{0, 1 - y_i\left(\overline{W} \cdot \overline{X}_i\right)\right\}\overline{X}_i^{\mathrm{T}} \tag{5.13}$$

注意到，上述导数具有与表 4.2(a) 中 (v) 相同的形式．为了比较最小二乘分类和 L_2-SVM 的梯度，我们将它们一一表述出来：

$$\frac{\partial J_i}{\partial \overline{W}} = -y_i\left(1 - y_i\left(\overline{W} \cdot \overline{X}_i^{\mathrm{T}}\right)\right)\overline{X}_i^{\mathrm{T}} \quad [\text{最小二乘分类}]$$

$$\frac{\partial J_i}{\partial \overline{W}} = -y_i \max\left\{0, 1 - y_i\left(\overline{W} \cdot \overline{X}_i^{\mathrm{T}}\right)\right\} \overline{X}_i^{\mathrm{T}} \quad [L_2\text{-SVM}]$$

最小二乘分类和 L_2-SVM 具有相似的梯度，除了分类正确的实例 (即满足 $y_i(\overline{W} \cdot \overline{X}_i^{\mathrm{T}}) \geqslant 1$ 的实例) 在 SVM 中的损失为 0. 可以利用 $y_i^2 = 1$，根据示性函数将 L_2-SVM 的梯度重写如下：

$$\frac{\partial J_i}{\partial \overline{W}} = \underbrace{\left(\overline{W} \cdot \overline{X}_i^{\mathrm{T}} - y_i\right) I\left(\left[1 - y_i\left(\overline{W} \cdot \overline{X}_i^{\mathrm{T}}\right)\right] > 0\right)}_{\text{标量}} \underbrace{\overline{X}_i^{\mathrm{T}}}_{\text{向量}} \quad [L_2\text{-SVM}]$$

当内部的条件满足时，二元示性函数 $I(\cdot)$ 的取值为 1. 于是，目标函数 $J(\overline{W})$ 关于 $\overline{W}$ 的完整梯度可被写为如下形式：

$$\begin{aligned}\boldsymbol{\nabla} J(\overline{W}) &= \sum_{i=1}^{n} \frac{\partial J_i}{\partial \overline{W}} = \sum_{i=1}^{n} \underbrace{\left(\overline{W} \cdot \overline{X}_i^{\mathrm{T}} - y_i\right) I\left(\left[1 - y_i\left(\overline{W} \cdot \overline{X}_i^{\mathrm{T}}\right)\right] > 0\right)}_{\text{标量}} \underbrace{\overline{X}_i^{\mathrm{T}}}_{\text{向量}} \\ &= \boldsymbol{D}^{\mathrm{T}} \boldsymbol{\Delta}_w (\boldsymbol{D}\overline{W} - \bar{y})\end{aligned}$$

这里 $\boldsymbol{\Delta}_w$ 是一个 $n \times n$ 对角矩阵，其第 (i,i) 项元素包含第 i 个训练实例的示性函数 $I([1 - y_i(\overline{W} \cdot \overline{X}_i^{\mathrm{T}})] > 0)$.

我们接下来计算黑塞矩阵. 首先通过计算特定点梯度 $\dfrac{\partial J_i}{\partial \overline{W}}$ 的雅可比矩阵来计算特定点的黑塞矩阵,然后再将特定点的黑塞矩阵相加.重要的一点是,梯度为标量 $s = -y_i \max\{0, 1 - y_i(\overline{W} \cdot \overline{X}_i)\}$ (依赖于 $\overline{W}$) 和向量 $\overline{X}_i^{\mathrm{T}}$ (与 $\overline{W}$ 无关) 的乘积. 这一事实可以利用表 4.2(b) 中乘积变量公式来简化计算特定点的黑塞矩阵 $\boldsymbol{H}_i$:

$$\begin{aligned}\boldsymbol{H}_i &= \overline{X}_i^{\mathrm{T}} \left[\frac{\partial s}{\partial \overline{W}}\right]^{\mathrm{T}} = \overline{X}_i^{\mathrm{T}} \left[y_i^2 I\left(\left[1 - y_i\left(\overline{W} \cdot \overline{X}_i^{\mathrm{T}}\right)\right] > 0\right) \overline{X}_i\right] \\ &= I\left(\left[1 - y_i\left(\overline{W} \cdot \overline{X}_i^{\mathrm{T}}\right)\right] > 0\right) \left[\overline{X}_i^{\mathrm{T}} \overline{X}_i\right] \quad [\text{利用 } y_i^2 = 1]\end{aligned}$$

于是，完整黑塞矩阵 $\boldsymbol{H}$ 是特定点黑塞矩阵之和：

$$\boldsymbol{H} = \sum_{i=1}^{n} H_i = \sum_{i=1}^{n} \underbrace{I\left(\left[1 - y_i\left(\overline{W} \cdot \overline{X}_i^{\mathrm{T}}\right)\right] > 0\right)}_{\text{二元示性函数}} \underbrace{\left[\overline{X}_i^{\mathrm{T}} \overline{X}_i\right]}_{\text{外积}}$$

那么，L_2-SVM 的黑塞矩阵与最小二乘分类中的黑塞矩阵有什么不同呢？注意到，最小二乘分类的黑塞矩阵可以写为各点外积之和 $\sum_i [\overline{X}_i^{\mathrm{T}} \overline{X}_i]$，而 L_2-SVM 的黑塞矩阵也是对外积求和，只不过它使用了一个示性函数来去掉满足边际条件的点 (被正确分类且距边界有充足的距离). 这些点对黑塞矩阵并没有实质贡献. 因此，我们可以将 L_2-SVM 损失的黑塞矩阵写为如下形式：

$$\boldsymbol{H} = \boldsymbol{D}^{\mathrm{T}}\boldsymbol{\Delta}_w\boldsymbol{D}$$

这里 $\boldsymbol{\Delta}_w$ 与梯度表达式中使用的 $n\times n$ 二元对角矩阵 $\boldsymbol{\Delta}_w$ 相同. 然而，$\boldsymbol{\Delta}_w$ 的值会在学习过程中随时间变化，这是因为不同的训练实例会移入和移出正确的分类，从而以不同的方式对 $\boldsymbol{\Delta}_w$ 做出贡献. 关键在于，随着 $\overline{W}$ 的变化，行向量会根据其对梯度和黑塞矩阵的贡献而增减. 这就是我们对 $\boldsymbol{\Delta}$ 标上下标 w 的原因，其表示它对参数向量的依赖性.

因此，在任何给定的参数向量的值下，L_2 损失 SVM 的牛顿法更新步骤如下所示：

$$\begin{aligned}\overline{W} &\Leftarrow \overline{W} - \boldsymbol{H}^{-1}[\boldsymbol{\nabla} J(\overline{W})] = \overline{W} - \left(\boldsymbol{D}^{\mathrm{T}}\boldsymbol{\Delta}_w\boldsymbol{D}\right)^{-1}\left[\boldsymbol{D}^{\mathrm{T}}\boldsymbol{\Delta}_w(\boldsymbol{D}\overline{W} - \bar{y})\right]\\ &= \underbrace{\overline{W} - \overline{W}}_{0} + \left(\boldsymbol{D}^{\mathrm{T}}\boldsymbol{\Delta}_w\boldsymbol{D}\right)^{-1}\boldsymbol{D}^{\mathrm{T}}\boldsymbol{\Delta}_w\bar{y} = \left(\boldsymbol{D}^{\mathrm{T}}\boldsymbol{\Delta}_w\boldsymbol{D}\right)^{-1}\boldsymbol{D}^{\mathrm{T}}\boldsymbol{\Delta}_w\bar{y}\end{aligned}$$

除了删除掉强正确分类的实例，这种形式几乎与最小二乘分类完全相同. 乍一看，L_2-SVM 似乎也需要像最小二乘回归一样的单次迭代，因为上式的最终结果不含有 $\overline{W}$. 但是，这并不意味着其与 $\overline{W}$ 无关. 因为矩阵 $\boldsymbol{\Delta}_w$ 确实依赖于权重向量，其会随着 $\overline{W}$ 的更新而发生改变. 所以，我们必须在每次迭代中重新计算 $\boldsymbol{\Delta}_w$ 并重复上述步骤直至收敛.

第二点是由于我们不再处理二次函数，故线搜索在每次 L_2-SVM 的更新中变得非常重要. 因此，我们可以增加线搜索来计算第 t 次迭代中的学习率 α_t. 这得到如下更新步骤：

$$\begin{aligned}\overline{W} &\Leftarrow \overline{W} - \alpha_t\left(\boldsymbol{D}^{\mathrm{T}}\boldsymbol{\Delta}_w\boldsymbol{D}\right)^{-1}\left[\boldsymbol{D}^{\mathrm{T}}\boldsymbol{\Delta}_w\boldsymbol{D}\overline{W} - \boldsymbol{D}_w^{\mathrm{T}}\boldsymbol{\Delta}_w\bar{y}\right]\\ &= \overline{W}\left(1-\alpha_t\right) + \alpha_t\left(\boldsymbol{D}^{\mathrm{T}}\boldsymbol{\Delta}_w\boldsymbol{D}\right)^{-1}\boldsymbol{D}^{\mathrm{T}}\bar{y}\end{aligned}$$

注意到，线搜索可能会得到 $\alpha_t > 1$ 的值，故第一项的系数 $(1-\alpha_t)$ 可以是负的. 此外，我们还可以推导出正则化 SVM 的更新形式，将此留作练习.

问题 5.5.2　当使用参数为 $\lambda > 0$ 的 Tikhonov 正则化时，推导没有线搜索的关于 L_2-SVM 的牛顿法更新步骤. 证明：牛顿法的迭代更新为 $\overline{W} \Leftarrow (\boldsymbol{D}^{\mathrm{T}}\boldsymbol{\Delta}_w\boldsymbol{D}+\lambda\boldsymbol{I})^{-1}\boldsymbol{D}^{T}\boldsymbol{\Delta}_w\bar{y}$. 这里的所有符号与本小节中用于表述 L_2-SVM 的符号相同.

值得注意的是，牛顿法更新使用了 L_2-SVM 的非二次目标函数的二阶泰勒展开. 因此，二阶泰勒展开只是一个近似. 另外，最小二乘回归具有二次目标函数，故其二阶泰勒近似是精确的. 这种观点对于理解为什么某些目标函数 (如最小二乘回归) 需要单个牛顿法更新而其他目标函数 (如 SVM) 则不需要非常重要.

问题 5.5.3　讨论黑塞矩阵在 L_2-SVM 的牛顿法学习结束时为什么更可能会变成奇异的，你将如何解决由黑塞矩阵的不可逆性所引起的问题？讨论在这些情况下线搜索的重要性.

5.5.3 Logistic 回归的牛顿法

我们再次考虑关于训练对 $(\overline{X}_i, y_i)$ 的 Logistic 回归 (见 4.8.3 节)，其中每个 $\overline{X}_i$ 为 d 维行向量且 $y_i \in \{-1, +1\}$. 由于一共有 n 个训练对，故将所有 d 维行向量叠在一起从而得到 $n \times d$ 矩阵 $\boldsymbol{D}$. 于是，所得到的损失函数 (见 4.8.3 节) 如下所示：

$$J(\overline{W}) = \sum_{i=1}^{n} \log\left(1 + \exp\left(-y_i\left[\overline{W} \cdot \overline{X}_i^{\mathrm{T}}\right]\right)\right)$$

为了应用链式法则，我们首先定义如下 Logistic 损失函数：

$$f_i(z) = \log\left(1 + \exp\left(-y_i z\right)\right) \tag{5.14}$$

当令 z_i 为 $\overline{W} \cdot \overline{X}_i^{\mathrm{T}}$ 时，函数 $f_i(z_i)$ 则包含第 i 个训练点的损失. 于是，$f_i(z_i)$ 的导数如下：

$$\frac{\partial f_i(z_i)}{\partial z_i} = -y_i \frac{\exp(-y_i z_i)}{1 + \exp(-y_i z_i)} = -y_i \underbrace{\frac{1}{1 + \exp(y_i z_i)}}_{p_i}$$

当 $z_i = \overline{W} \cdot \overline{X}_i^{\mathrm{T}}$ 时，上式中的 $p_i = 1/(1 + \exp(y_i z_i))$ 被解释为模型出错[㊀] 的概率. 因此，我们可以将 $f_i(z_i)$ 的导数表示如下：

$$\frac{\partial f_i(z_i)}{\partial z_i} = -y_i p_i$$

利用这种机制和符号，我们可以根据个体损失写出 Logistic 回归的目标函数：

$$J(\overline{W}) = \sum_{i=1}^{n} f_i\left(\overline{W} \cdot \overline{X}_i^{\mathrm{T}}\right) = \sum_{i=1}^{n} f_i(z_i)$$

于是，通过链式法则计算得到的损失函数的梯度可表示如下：

$$\boldsymbol{\nabla} J(\overline{W}) = \sum_{i=1}^{n} \underbrace{\frac{\partial f_i(z_i)}{\partial z_i}}_{-y_i p_i} \underbrace{\frac{\partial z_i}{\partial \overline{W}}}_{\overline{X}_i^{\mathrm{T}}} = -\sum_{i=1}^{n} y_i p_i \overline{X}_i^{\mathrm{T}} \tag{5.15}$$

基于表 4.2(a) 中的 (v)，则有 $z_i = \overline{W} \cdot \overline{X}_i^{\mathrm{T}}$ 关于 $\overline{W}$ 的导数. 为了利用矩阵来紧凑地表示梯度，我们可以引入一个 $n \times n$ 对角矩阵 $\boldsymbol{\Delta}_w^p$，其第 i 个对角线元素为概率 p_i:

$$\boldsymbol{\nabla} J(\overline{W}) = -D^{\mathrm{T}} \boldsymbol{\Delta}_w^p \bar{y} \tag{5.16}$$

㊀ 该结论来自 Logistic 回归中的建模假设，即正确预测的概率为 $p_i' = 1/(1 + \exp(-y_i z_i))$. 事实上，我们很容易证明 $p_i + p_i' = 1$.

这里 $\boldsymbol{\Delta}_w^p$ 可以看作是 L_2-SVM 中二元矩阵 $\boldsymbol{\Delta}_w$ 的一个软化版本. 因此，我们给矩阵 $\boldsymbol{\Delta}_w^p$ 添加上标 p 以表示其是概率矩阵.

黑塞矩阵可由雅可比矩阵的梯度给出：

$$\boldsymbol{H}=\left[\frac{\partial \boldsymbol{\nabla} J(\overline{W})}{\partial \overline{W}}\right]^{\mathrm{T}}=-\sum_{i=1}^{n}\left[\frac{\partial\left[y_i p_i \overline{X}_i^{\mathrm{T}}\right]}{\partial \overline{W}}\right]^{\mathrm{T}}=-\sum_{i=1}^{n} y_i\left[\frac{\partial\left[p_i \overline{X}_i^{\mathrm{T}}\right]}{\partial \overline{W}}\right]^{\mathrm{T}} \tag{5.17}$$

向量 $\overline{X}_i$ 不依赖于 $\overline{W}$，而 p_i 是依赖于 $\overline{W}$ 的标量. 基于表 4.2(b) 中的 (iii)，列向量 $p_i\overline{X}_i^{\mathrm{T}}$ 关于列向量 $\overline{W}$ 的导数在分母布局中是矩阵 $\dfrac{\partial p_i}{\partial \overline{W}}\overline{X}_i$. 于是，黑塞矩阵可用矩阵微积分的符号写为 $\boldsymbol{H}=-\sum_{i=1}^{n} y_i\left[\dfrac{\partial p_i}{\partial \overline{W}}\overline{X}_i\right]^{\mathrm{T}}$. 而 p_i 关于 $\overline{W}$ 的梯度可以用关于中间变量 $z_i=\overline{W}\cdot\overline{X}_i^{\mathrm{T}}$ 的链式法则计算如下：

$$\frac{\partial p_i}{\partial \overline{W}}=\frac{\partial p_i}{\partial z_i}\frac{\partial z_i}{\partial \overline{W}}=\frac{\partial p_i}{\partial z_i}\overline{X}_i^{\mathrm{T}}=-\frac{y_i \exp\left(y_i z_i\right)}{\left(1+\exp\left(y_i z_i\right)\right)^2}\overline{X}_i^{\mathrm{T}}=-y_i p_i\left(1-p_i\right)\overline{X}_i^{\mathrm{T}} \tag{5.18}$$

将式 (5.18) 中 p_i 的梯度代入表达式 $\boldsymbol{H}=-\sum_{i=1}^{n} y_i\left[\dfrac{\partial p_i}{\partial \overline{W}}\overline{X}_i\right]^{\mathrm{T}}$，则可得如下表达式：

$$\boldsymbol{H}=\sum_{i=1}^{n}\underbrace{y_i^2}_{=1} p_i\left(1-p_i\right)\overline{X}_i^{\mathrm{T}}\overline{X}_i \tag{5.19}$$

注意，该形式是一些矩阵的加权和，其中每个矩阵是向量与自身的外积. 这种形式也被用于矩阵的谱分解 (见第 3 章中的式 (3.43))，其中权重由一个对角矩阵来确定. 因此，我们可以用数据矩阵 $\boldsymbol{D}$ 将黑塞矩阵转换为如下形式：

$$\boldsymbol{H}=\boldsymbol{D}^{\mathrm{T}}\boldsymbol{\Lambda}_w^u\boldsymbol{D} \tag{5.20}$$

这里，$\boldsymbol{\Lambda}_w^u$ 为表示不确定性的对角矩阵，其第 i 个对角线元素为 $p_i(1-p_i)$，且 p_i 是第 i 个训练实例使用权重向量 $\overline{W}$ 出错的概率. 当一个点的分类概率接近 0 或 1 时，p_i 的值将始终接近于 0. 另外，如果模型对 p_i 的分类标签不太确定，则其概率会很高. 注意，$\boldsymbol{\Lambda}_w^u$ 依赖于参数向量的值，我们添加符号 w,u 来强调其是一个依赖于参数向量的不确定性矩阵. 值得注意的是，Logistic 回归的黑塞矩阵与线性回归的“父级问题”中的黑塞矩阵 $\boldsymbol{D}^{\mathrm{T}}\boldsymbol{D}$ 与 L_2-SVM 的黑塞矩阵 $\boldsymbol{D}^{\mathrm{T}}\boldsymbol{\Delta}_w\boldsymbol{D}$ 类似. L_2-SVM 明确地舍弃了正确分类的行，而 Logistic 回归根据分类中的不确定性 (而非正确性) 水平为每一行提供软权重.

我们现在可以通过代入黑塞矩阵和梯度的表达式来推导 Logistic 回归的牛顿法更新的表达式. 任意给定参数向量 $\overline{W}$ 的值，那么所对应的更新如下：

$$\overline{W}\Leftarrow\overline{W}+\left(\boldsymbol{D}^{\mathrm{T}}\boldsymbol{\Lambda}_w^u\boldsymbol{D}\right)^{-1}\boldsymbol{D}^{\mathrm{T}}\boldsymbol{\Delta}_w^p\bar{y}$$

需要执行上述迭代更新步骤直到收敛. 注意，$\boldsymbol{\Delta}_w^p$ 只是通过对训练实例出错的概率来对分类标签 $\{-1,+1\}$ 进行加权. 因此，更新步骤中强调了错误概率较大的实例. 这也是与 L_2-SVM 的一个重要区别，L_2-SVM 只使用不正确或边缘分类的实例，而丢弃其他“确信正确”的实例. 此外，Logistic 回归的更新使用矩阵 $\boldsymbol{\Lambda}_w^u$ 中的“不确定性权重”. 最后，人们通常将线性搜索与学习率 α 相结合使用以便将上述更新修正为如下形式：

$$\overline{W} \Leftarrow \overline{W} + \alpha \left(\boldsymbol{D}^{\mathrm{T}} \boldsymbol{\Lambda}_w^u \boldsymbol{D}\right)^{-1} \boldsymbol{D}^{\mathrm{T}} \boldsymbol{\Delta}_w^p \bar{y}$$

问题 5.5.4 当使用参数为 λ 的 Tikhonov 正则化时，推导 Logistic 回归的牛顿法更新步骤. 证明更新步骤修正为如下形式：

$$\overline{W} \Leftarrow \overline{W} + \alpha \left(\boldsymbol{D}^{\mathrm{T}} \boldsymbol{\Lambda}_w^u \boldsymbol{D} + \lambda \boldsymbol{I}\right)^{-1} \left\{\left[\boldsymbol{D}^{\mathrm{T}} \boldsymbol{\Delta}_w^p \bar{y}\right] - \lambda \overline{W}\right\}$$

这里的符号与本小节讨论中所用的符号相同.

5.5.4 不同模型间的联系与统一框架

牛顿法更新对于不同的模型所对应的最小二乘回归、L_2-SVM 和 Logistic 回归是密切相关的. 然而，这并不特别令人惊讶，因为它们的损失函数是密切相关的 (见图 4.9). 表 5.2 列出了各种牛顿法的更新步骤以便读者进行比较：

表 5.2 各种牛顿法的更新步骤

方法	更新 (不用线搜索)	更新 (用线搜索)
线性回归与分类	$\overline{W} = (\boldsymbol{D}^{\mathrm{T}}\boldsymbol{D})^{-1}\boldsymbol{D}^{\mathrm{T}}\bar{y}$ (一步：不用迭代)	不需要线搜索 (一步：不用迭代)
L_2-SVM	$\overline{W} \Leftarrow (\boldsymbol{D}^{\mathrm{T}}\boldsymbol{\Delta}_w\boldsymbol{D})^{-1}\boldsymbol{D}^{\mathrm{T}}\boldsymbol{\Delta}_w\bar{y}$ ($\boldsymbol{\Delta}_w$ 是二元对角矩阵) ($\boldsymbol{\Delta}_w$ 不包含选定的点)	$\overline{W} \Leftarrow (1-\alpha_t)\overline{W} + \alpha_t(\boldsymbol{D}^{\mathrm{T}}\boldsymbol{\Delta}_w\boldsymbol{D})^{-1}\boldsymbol{D}^{\mathrm{T}}\boldsymbol{\Delta}_w\bar{y}$ ($\boldsymbol{\Delta}_w$ 是二元对角矩阵) ($\boldsymbol{\Delta}_w$ 不包含选定的点)
Logistic 回归	$\overline{W} \Leftarrow \overline{W} + (\boldsymbol{D}^{\mathrm{T}}\boldsymbol{\Lambda}_w^u\boldsymbol{D})^{-1}\boldsymbol{D}^{\mathrm{T}}\boldsymbol{\Delta}_w^p\bar{y}$ ($\boldsymbol{\Lambda}_w^u$, $\boldsymbol{\Delta}_w^p$ 是软对角矩阵) (矩阵使用软加权)	$\overline{W} \Leftarrow \overline{W} + \alpha_t(\boldsymbol{D}^{\mathrm{T}}\boldsymbol{\Lambda}_w^u\boldsymbol{D})^{-1}\boldsymbol{D}^{\mathrm{T}}\boldsymbol{\Delta}_w^p\bar{y}$ ($\boldsymbol{\Lambda}_w^u$, $\boldsymbol{\Delta}_w^p$ 是软对角矩阵) (矩阵使用软加权)

显然，上述给出的更新步骤都非常类似. 事实上，我们可以用损失函数的异同来解释它们之间的差异. 例如，当将 L_2-SVM 与最小二乘分类进行比较时，其主要的区别在于假设以足够“自信”的方式正确分类点 (即满足边际要求) 的损失为零. 类似地，当将 L_2-SVM 中使用的黑塞矩阵和梯度与最小二乘分类中所使用的进行比较时，利用二元对角矩阵 $\boldsymbol{\Delta}_w$ 来消除这些正确分类点的影响 (而最小二乘分类也包括这些点). 对于 Logistic 回归的情况，改变损失函数的影响更为复杂. 梯度中不强调以高概率正确分类的点，而黑塞矩阵中不强调模型确定的点 (无论正确与否). 此外，与 L_2-SVM 不同，Logistic 回归使用软加权而不是硬加权. 所有这些联系都自然与它们的损失函数之间的联系相关 (见图 4.9). Logistic 回

归更新步骤被认为是最小二乘回归闭型解的软迭代版本．因此，Logistic 回归的牛顿法有时也被称为迭代再加权最小二乘法．

我们还可以在一个统一的框架下理解这些更新．注意，许多机器学习模型的正则化损失函数都可以表示为

$$J=\sum_{i=1}^{n} f_i\left(\overline{W}\cdot\overline{X}_i^{\mathrm{T}}\right)+\frac{\lambda}{2}\|\overline{W}\|^2$$

注意，每个 $f_i(\cdot)$ 利用观测值 y_i 来计算损失，其也可被写为 $L(y_i,\overline{W}\cdot\overline{X}_i^{\mathrm{T}})$．于是，所有这些更新都可以写为如下的统一形式：

引理 5.5.1 (机器学习中的统一牛顿更新)　设含有一个 d 维参数向量 $\overline{W}$ 和以 $\overline{X}_1,\cdots,\overline{X}_n$ 为行 (特征) 向量的 $n\times d$ 数据矩阵 $\boldsymbol{D}$ 的机器学习的目标函数表示如下：

$$J=\sum_{i=1}^{n} L\left(y_i,\overline{W}\cdot\overline{X}_i^{\mathrm{T}}\right)+\frac{\lambda}{2}\|\overline{W}\|^2$$

这里 $\bar{y}=[y_1,\cdots,y_n]^{\mathrm{T}}$ 为矩阵 $\boldsymbol{D}$ 的观测参数因变向量．于是，正则化的牛顿法更新步骤可被写为如下的形式：

$$\overline{W}\Leftarrow\overline{W}-\alpha\left(\boldsymbol{D}^{\mathrm{T}}\boldsymbol{\Delta}_2\boldsymbol{D}+\lambda\boldsymbol{I}\right)^{-1}\left(\boldsymbol{D}^{\mathrm{T}}\boldsymbol{\Delta}_1\overline{1}+\lambda\overline{W}\right)$$

其中 $n\times n$ 对角矩阵 $\boldsymbol{\Delta}_2$ 的对角线元素为在 $(\overline{X}_i,y_i)$ 处的二阶导数 $L''(y_i,z_i)$ [关于 $z_i=\overline{W}\cdot\overline{X}_i^{\mathrm{T}}$]，而 $n\times n$ 对角矩阵 $\boldsymbol{\Delta}_1$ 的对角线元素为在 $(\overline{X}_i,y_i)$ 处相应的一阶导数 $L'(y_i,z_i)$．

我们把上述引理的证明留给读者作为一个练习 (见习题 5.15)．

5.6　牛顿法：挑战与求解

尽管牛顿法避免了许多与梯度下降相关的问题，但执行它仍面临一些挑战．本节将对此进行阐述．

5.6.1　奇异矩阵与不定的黑塞矩阵

牛顿法本质上是为具有正定黑塞矩阵的凸二次函数而设计的．然而，黑塞矩阵有时可能是奇异的或不定的．例如，在 (未正则化的) L_2-SVM 的情况下，黑塞矩阵为 (带符号的) 外积 $\overline{X}_i\overline{X}_i^{\mathrm{T}}$ 的和，其中符号依赖于预测的正确与否．这些外积都是秩为 1 的矩阵，我们至少需要 d 项来构造出一个 $d\times d$ 的满秩矩阵 (见第 2 章中的引理 2.6.2)．这在算法快要收敛的时候可能不会成立．

当黑塞矩阵不可逆时，人们可以给黑塞矩阵加上 $\lambda\boldsymbol{I}$ (用于正则化) 或使用黑塞矩阵的伪逆．正则化可以通过使用足够大的 λ 将不定的黑塞矩阵转换为正定矩阵．特别地，取 λ

的值稍大于 (黑塞矩阵的) 最小负特征值的绝对值就可以得到正定的黑塞矩阵. 值得注意的是，当黑塞矩阵接近奇异时，即使应用正则化技术，病态问题仍然会出现 (见 2.9 节与 7.4.4 节).

5.6.2　鞍点问题

到目前为止，我们已经看到了牛顿法在凸目标函数中的表现. 然而，非凸函数会带来诸如*鞍点*等其他类型的挑战. 当损失函数的黑塞矩阵不定时，就会出现鞍点. 鞍点是梯度下降法的平稳点 (即临界点)，这是因为目标函数在鞍点处的梯度为零，但却不是最小值点 (或最大值点). 事实上，鞍点是一个*拐点*，它可能是最小值点或最大值点，这取决于我们从哪个方向来接近它. 因此，牛顿法的二次近似会根据当前参数向量与附近鞍点的精确位置产生截然不同的形状. 一个含有一个鞍点的一维函数表示如下：

$$f(x) = x^3$$

该函数如图 5.9a 所示，其具有拐点 $x = 0$. 注意到，在 $x > 0$ 上的二次近似看起来像一个直立的碗，而在 $x < 0$ 上的二次近似则看起来像一个倒置的碗. 在 $x = 1$ 和 $x = -1$ 处的二阶泰勒近似如下：

$$F(x) = 1 + 3(x-1) + \frac{6(x-1)^2}{2} = 3x^2 - 3x + 1 \quad [\text{在 } x = 1 \text{ 处}]$$

$$G(x) = -1 + 3(x+1) - \frac{6(x+1)^2}{2} = -3x^2 - 3x - 1 \quad [\text{在 } x = -1 \text{ 处}]$$

不难验证，其中一个函数是一个直立碗 (凸函数)，其有最小值但没有最大值；而另一个函数是一个倒置的碗 (凹函数)，其有最大值但没有最小值. 因此，牛顿法优化将以不可预测的方式运行，这具体取决于参数向量当前的值. 此外，即使在优化过程中达到 $x = 0$，对应的二阶导数和一阶导数都将为零. 因此，牛顿法更新将具有 0/0 的形式且变得不确定. 从数值优化的角度来看，这样的点就是退化点. 一般来说，退化临界点是使黑塞矩阵奇异的点 (以及梯度为零的一阶条件). 退化的临界点可以是真正的最优值点或鞍点，这一事实会使问题变得复杂. 例如，函数 $h(x) = x^4$ 在 $x = 0$ 处有一个退化临界点，其一阶和二阶导数均为 0. 然而，点 $x = 0$ 是真正的最小值点.

研究多元函数中具有非奇异黑塞矩阵的鞍点的情况也很有意义. 考虑如下具有鞍点的二维函数的例子：

$$g(x, y) = x^2 - y^2$$

该函数如图 5.9b 所示，其鞍点为 $(0, 0)$，对应的黑塞矩阵为

$$\boldsymbol{H} = \begin{bmatrix} 2 & 0 \\ 0 & -2 \end{bmatrix}$$

我们可以容易看出，该函数的形状类似于马鞍. 在这种情况下，从 x 方向或从 y 方向接近将产生非常不同的二次近似. 事实上，从 x 方向来看，函数存在最小值，而从 y 方向来看，该函数存在最大值. 此外，从牛顿法更新的角度来看，即使鞍点 $[0,0]$ 不是极值点，其也是一个平稳点. 鞍点经常出现在损失函数的两个山丘之间的区域，这种地形会给牛顿法带来问题. 有意思的是，直接的梯度下降法通常能够摆脱鞍点 (见文献 [54]), 这是因为它们根本不会被鞍点吸引. 另外，牛顿法会被吸引到所有临界点 (如极大值点或鞍点). 与真实的最优点相比，高维目标函数似乎包含大量的鞍点 (见习题 5.14). 牛顿法并不总是比梯度下降法表现得更好，这取决于特定损失函数的特定形式. 具有复杂曲率但没有太多鞍点的损失函数需要应用牛顿法. 注意，计算算法 (如 Adam 算法) 与梯度下降法的组合已经以一种隐含的方式结合了二阶方法的几个优点从而可以改变最陡的方向. 因此，实际应用中的研究者通常更喜欢梯度下降法与 Adam 等算法的相互结合使用. 近期，文献 [32] 提出了一些技术来解决二阶方法中的鞍点问题.

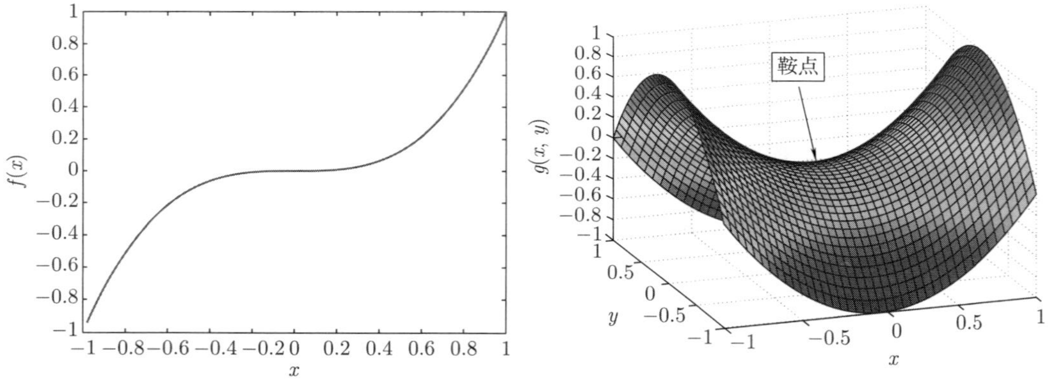

a）一维鞍点　　b）二维鞍点

图 5.9　关于鞍点的示例

5.6.3 非二次函数的收敛问题与求解

一阶梯度下降法适用于 SVM 和 Logistic 回归，因为它们所对应的目标函数为凸函数. 在这种情况下，只要选择合适的步长，梯度下降几乎总能保证收敛到一个最优值点. 然而，令人惊讶的是 (更复杂的) 牛顿法却不能保证收敛到最优解. 此外，如果使用牛顿法的最基本形式，甚至不能保证通过给定的更新来改进目标函数值.

这里，重要的是要理解牛顿法会在当前参数向量 $\bar{w}$ 处应用局部泰勒近似来计算梯度和黑塞矩阵. 如果二次近似随着与参数向量 $\bar{w}$ 距离的增加而迅速变差，那么结果可能是不确定的. 正如一阶梯度下降将最速下降的瞬时方向作为近似值一样，二阶方法则使用局部泰勒近似值，而该近似值仅在空间的无穷小区域上是正确的. 当步长较大时，该步的结果可能是不定的.

为了理解这一点，让我们考虑一个简单的一维分类问题，其特征标签对为 $(1,1)$, $(2,1)$ 和 $(3,-1)$. 现在，我们仅有一个需要学习的参数 w. 最小二乘分类的目标函数如下：

$$J=(1-w)^2+(1-2w)^2+(1+3w)^2$$

这是一个二次目标函数，单个损失是上述表达式中的三项. 事实上，上面的总损失也可以写为 $J=14w^2+3$. 因此，三个单独点的损失函数与总损失函数都是二次的. 这就是牛顿法在最小二乘分类/回归中一步收敛到最优解的原因. 泰勒“近似”是精确的.

现在让我们验证当目标函数改为如下 L_2-SVM 的损失会发生什么?

$$J=\max\{(1-w),0\}^2+\max\{(1-2w),0\}^2+\max\{(1+3w),0\}^2$$

由于上述损失函数中使用了最大值函数，故该目标函数不再是二次的. 这导致泰勒近似不再是精确的，故有限步更新将导致泰勒近似变差. 注意，参数 w 的不同值会产生不同的非零项. 于是，对任何有限大小的牛顿步长，各项都可能减少或增加损失，从而导致不期望得到的结果. 例如，当接近最优解时，许多错误分类的训练点可能是训练数据中的噪声和错误造成的结果. 在该情况下，牛顿法会根据这种不可靠的训练点来定义权重向量的更新. 这就是线搜索在牛顿法中很重要的原因之一. 另外一种求解方案是应用所谓的*信赖域法*.

信赖域法

信赖域法可以看作是线搜索的一种补充方法. 我们知道线搜索在选择方向后选择步长，而信赖域法则在选择步长 (信赖域) 后选择方向，该步长包含在选择移动方向的优化公式中. 设 $\overline{W}=\bar{a}_t$ 为优化目标函数 $J(\overline{W})$ 的第 t 次迭代时的参数向量值. 相似地，设 $\boldsymbol{H}_t$ 为损失函数在 $\bar{a}_t$ 处的黑塞矩阵. 然后，信赖域法使用控制信赖域大小的重要的量 $\delta_t>0$ 求解以下子问题：

$$\begin{aligned}&\text{最小化}\quad F(\overline{W})=J(\bar{a}_t)+(\overline{W}-\bar{a}_t)^{\mathrm{T}}[\boldsymbol{\nabla}J(\bar{a}_t)]+\frac{1}{2}(\overline{W}-\bar{a}_t)^{\mathrm{T}}\boldsymbol{H}_t(\overline{W}-\bar{a}_t)\\&\text{约束为：}\quad \|\overline{W}-\bar{a}_t\|\leqslant\delta_t\end{aligned}$$

目标函数 $F(\overline{W})$ 含有真实目标函数 $J(\overline{W})$ 在当前参数向量 $\bar{a}_t$ 处的二阶泰勒近似. 注意，该方法如同牛顿法一样，也适用于近似二次碗，只是它不会移动到二次碗的底部. 相反，我们利用信赖半径 δ_t 来限制移动的量作为约束，称这种类型的约束为*信赖约束*. 这里的关键是最优移动的方向也会受到调节最大步长的影响，这使其成为线搜索方法的一个补充. 例如，如果选择的最大步长 δ_t 非常小，那么移动方向将非常类似于普通的梯度下降法，而不太依赖于牛顿法中黑塞矩阵的逆. 基本思想是，随着与展开点距离的增加，泰勒近似变得越来越不可靠，故需要限制半径以获得更好的改进. 第 6 章给出了求解此类带约束凸优化问题的大致过程，6.5.1 节则介绍了求解此类优化问题的具体方法.

信赖域法的关键点在于如何选择半径 δ_t. 通过对泰勒近似 $F(\overline{W})$ 的改进 $F(\bar{a}_t)-F(\bar{a}_{t+1})$ 与真实目标函数的改进 $J(\bar{a}_t)-J(\bar{a}_{t+1})$ 进行比较, 半径 δ_t 可能增加或减少:

$$I_t=\frac{J\left(\bar{a}_t\right)-J\left(\bar{a}_{t+1}\right)}{F\left(\bar{a}_t\right)-F\left(\bar{a}_{t+1}\right)} \quad [\text{改进率}]$$

直观地说，我们希望尽可能改进真正的目标函数值，而非只针对泰勒近似. 由于它优化的是泰勒近似而非真正的目标函数，故改进率 I_t 的值通常小于 1. 例如，选择极小的 δ_t 的值会使改进率接近于 1，但这对算法取得足够的进展没有帮助.

于是，每次迭代中 δ_t 的变化通过利用改进率是过于保守还是过于宽松的提示来完成. 类似地，优化解 $\overline{W}=\bar{a}_{t+1}$ 需要严格满足信赖约束 $\|\overline{W}-\bar{a}\|\leqslant\delta_t$ 以便在下一次迭代中增加信赖域的大小. 如果改进率太小 (例如小于 0.25), 则需要在下一次迭代中将信赖半径 δ_t 减小 2 倍. 如果改进率太大 (比如大于 0.75), 并且在当前迭代中使用了最大步长 δ_t (即严格满足信赖约束)，则需要增加信任半径 δ_t. 否则，信任半径保持不变. 此外，如果改进率小于临界点 (例如负数)，则不接受当前步长，于是我们设置 $\bar{a}_{t+1}=\bar{a}_t$，并以较小的步长再次求解该优化问题. 重复这个步骤直至收敛. 文献 [80] 介绍了一个应用信赖域法来实现 Logistic 回归的示例.

5.7 牛顿法在计算上的有效变体

尽管牛顿法比普通的梯度下降法需要更少的迭代次数，但每次迭代的成本却更高，这主要是由对黑塞矩阵的求逆所引起的. 当参数数量很大时，会因为黑塞矩阵太大而无法显式存储或计算. 这种情况通常出现在神经网络优化等领域，并且含有数百万个参数的神经网络也并不少见. 试图计算 106×106 黑塞矩阵的逆矩阵是不切实际的. 因此，人们已经开发了许多牛顿法的近似和变体算法来解决这一问题. 事实上，所有这些方法都借用了牛顿法的二次近似的原理，但实现起来会更加容易. 关于这些近似或变体的例子包括*共轭梯度法* (见文献 [19,59,86,87]) 以及基于近似黑塞矩阵的拟牛顿法. 共轭梯度法甚至没有使用近似黑塞矩阵，但它试图将牛顿法的更新表示为一列包含 d 个更简单的步骤，其中 d 为数据的维数. 称这些步骤的 d 个方向为*共轭方向*，这也是该方法名字的由来. 因为不需解析地计算黑塞矩阵，故该技术也被称为*无黑塞矩阵的优化方法*.

5.7.1 共轭梯度法

共轭梯度法 (见文献 [59]) 需要 d 步 (而不是单个牛顿更新) 才能达到二次损失函数的最优解. 所采用的基本思想是，任意一个二次函数都可以通过使用适当的变量基变换被转换为一个可加分离的单变量函数之和 (见 3.4.4 节). 这些变量表示数据中互不影响的方向. 这样的非交互方向非常便于优化，这是因为它们可以通过线搜索来独立优化. 由于只有二

次损失函数才能找到这样的方向，故我们将首先在目标函数 $J(\overline{W})$ 为二次的假设下讨论共轭梯度法. 之后，我们将讨论对非二次函数的推广.

一个凸二次损失函数 $J(\overline{W})$ 具有图 5.10 所示类型的椭圆等高线图，且其在优化空间的所有区域上的黑塞矩阵为常数矩阵. 对称黑塞矩阵的规范正交特征向量 $\bar{q}_0, \cdots, \bar{q}_{d-1}$ 表示椭圆等高线图的轴的方向. 通过在以特征向量为基向量的新坐标空间中重写损失函数 (见 3.4.4 节)，我们可以建立关于不同变量的单变量二次函数的可加分离和. 这是因为新坐标系创建了一个基对齐的椭圆，其不含 $x_i x_j$ 类型的交互二次项. 因此，转换后的每个变量都可以独立于其他变量进行优化. 或者也可以利用 (没有转换的) 原始变量，并简单地沿黑塞矩阵的特征向量的方向执行线搜索来选择步长. 移动的方式如图 5.10a 所示. 注意，沿第 j 个特征向量的移动不会干扰沿其他特征向量的移动，因此 d 步就足以达到二次损失函数的最优解.

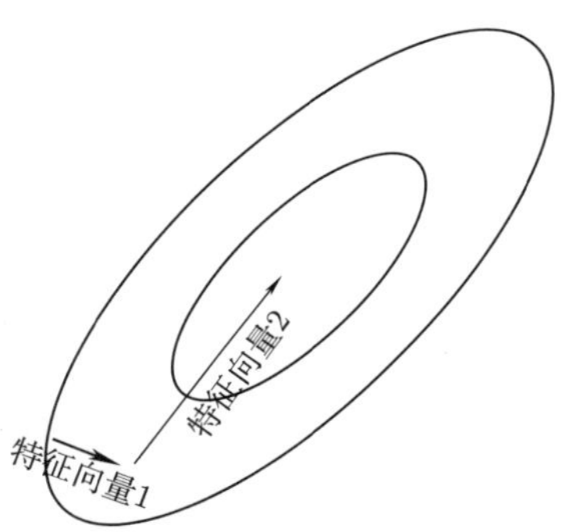

a）黑塞矩阵的相互正交的特征向量 $\bar{q}_i^{\mathrm{T}}\bar{q}_j=0$

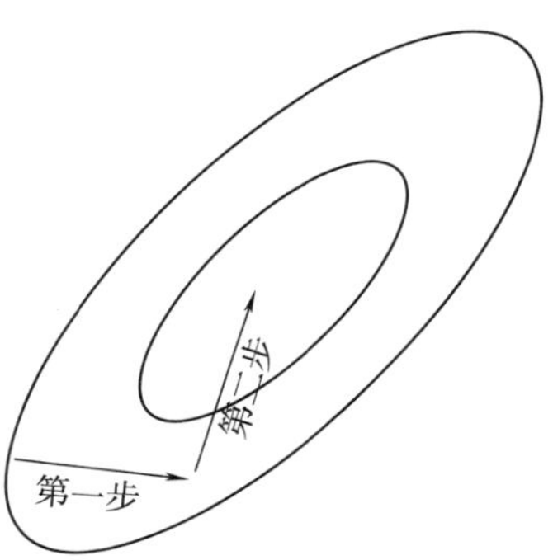

b）任意非正交的共轭对 $\bar{q}_i^{\mathrm{T}}\boldsymbol{H}\bar{q}_j=0$

图 5.10　凸二次损失函数 $J(\overline{W})$ 的椭圆等高线图

尽管计算黑塞矩阵的特征向量是不切实际的，但还是存在其他满足相似性质的有效计算方向. 这个关键性质被称为向量的*相互共轭*. 注意，由于对称矩阵特征向量的正交性，故黑塞矩阵的两个特征向量 $\bar{q}_i$ 与 $\bar{q}_j$ 满足 $\bar{q}_i^{\mathrm{T}}\bar{q}_j = 0$. 此外，因为 $\bar{q}_j$ 为 $\boldsymbol{H}$ 的特征向量，则对某个标量特征值 λ_j，我们有 $\boldsymbol{H}\bar{q}_j = \lambda_j\bar{q}_j$. 将两边左乘 $\bar{q}_i^{\mathrm{T}}$ 可以容易证明黑塞矩阵的一对特征向量满足 $\bar{q}_i^{\mathrm{T}}\boldsymbol{H}\bar{q}_j = 0$. 在线性代数中，称条件 $\bar{q}_i^{\mathrm{T}}\boldsymbol{H}\bar{q}_j = 0$ 为 $\boldsymbol{H}$ 正交性；而在最优化理论中，其也被称为*相互共轭条件*. 正是这种相互共轭条件导致了线性分离的变量. 然而，特征向量只是满足相互共轭条件向量所构成集合的子集. 正如在 d 维空间中有无数个规范正交基组一样，其也有无数个 $\boldsymbol{H}$ 正交基组. 事实上，表达式 $\langle\bar{q}_i, \bar{q}_j\rangle = \bar{q}_i^{\mathrm{T}}\boldsymbol{H}\bar{q}_j$ 是点积的一个推广形式，也被称为内积，其对于具有椭圆黑塞矩阵的二次优化问题具有特殊的意义. 如果我们根据任意 $\boldsymbol{H}$ 正交坐标轴系统中的方向重写该二次损失函数，则经过变量变换，目标函数将为单变量二次函数的总和. 为了理解为什么会这样，我们构造一个 $d \times d$ 矩阵 $\boldsymbol{Q} = [\bar{q}_0, \cdots, \bar{q}_{d-1}]$，

其列向量为 $\boldsymbol{H}$ 正交方向. 因此，由 $\boldsymbol{H}$ 正交性的定义得到 $\boldsymbol{\Delta} = \boldsymbol{Q}^{\mathrm{T}}\boldsymbol{H}\boldsymbol{Q}$ 为一个对角矩阵. 注意到，黑塞矩阵为 $\boldsymbol{H}$ 的二次目标函数具有形式 $J(\overline{W}) = \overline{W}^{\mathrm{T}}\boldsymbol{H}\overline{W}/2 + \bar{b}^{\mathrm{T}}\overline{W} + c$. 这里，$\bar{b}$ 是一个 d 维向量，而 c 为一个标量. 同样地，二次函数也可以通过满足 $\overline{W} = \boldsymbol{Q}\overline{W}'$ 的变换变量 $\overline{W}'$ 来表示如下：

$$
\begin{aligned}
J\left(\boldsymbol{Q}\overline{W}'\right) &= \overline{W}'^{\mathrm{T}}\left[\boldsymbol{Q}^{\mathrm{T}}\boldsymbol{H}\boldsymbol{Q}\right]\overline{W}'/2 + \bar{b}^{\mathrm{T}}\boldsymbol{Q}\overline{W}' + c \\
&= \overline{W}'^{\mathrm{T}}\boldsymbol{\Delta}\overline{W}'/2 + \bar{b}^{\mathrm{T}}\boldsymbol{Q}\overline{W}' + c
\end{aligned}
$$

注意到，上述目标函数中的二阶项使用了对角矩阵 $\boldsymbol{\Delta}$，其中 $\overline{W}'$ 包含参数向量在对应于共轭方向的基中的坐标. 当然，我们不需要明确将基转换为可加分离的目标函数. 相反，可以沿着这 d 个 $\boldsymbol{H}$ 正交方向中的每一个 (根据原始变量) 来分别优化，从而在 d 步中求解二次优化问题. 我们还可以使用沿 $\boldsymbol{H}$ 正交方向的线搜索来执行这些优化步骤中的每一步. 由于黑塞矩阵的特征向量是一组相当特殊的 $\boldsymbol{H}$ 正交方向，故它们自身也是正交的. 除了黑塞矩阵特征向量之外的共轭方向 (如图 5.10b 所示) 就不是相互正交的. 于是，共轭梯度下降法通过将损失函数隐式地转换为非正交基下的可加分离目标函数来优化，其中每项都是一个单变量二次函数. 这一观察可被总结如下：

观察 5.7.1 ($\boldsymbol{H}$ 正交方向的性质) *设 $\boldsymbol{H}$ 为一个二次目标函数的黑塞矩阵. 如果选择任意 d 个 $\boldsymbol{H}$ 正交的方向来移动，那么其中一个方向在函数的变换表示中沿着可分离变量隐式地移动. 因此，二次优化最多只需要 d 步.*

沿每个非交互方向 (应用线搜索) 的独立优化确保了沿每个共轭方向的梯度分量将为 0. 严格凸的损失函数具有线性无关的共轭方向 (见习题 5.9). 也就是说，最终梯度将具有 d 个点积为零的线性无关方向，只有当最终梯度为零向量时 (见习题 5.10) 才可能实现，此即该凸函数的最优点. 事实上，人们通常可以在远少于 d 次更新的情况下达到最优解附近.

如何确定共轭方向呢? 最简单的方法是对二次函数的黑塞矩阵使用广义 Gram-Schmidt 正交化，从而得到 $\boldsymbol{H}$ 正交方向 (见第 2 章中的问题 2.7.1 和本章的习题 5.11). 这种正交化很容易使用任意向量作为起点来实现. 然而，这个过程仍然非常耗时，这是因为在 Gram-Schmidt 正交化中，每个方向 $\bar{q}_t$ 都需要使用先前的所有方向 $\bar{q}_0, \cdots, \bar{q}_{t-1}$ 来迭代生成. 由于每个方向都是一个 d 维向量，且在算法过程结束时有 $O(d)$ 阶个这样的方向，故每个步骤都需要 $O(d^2)$ 阶时间. 那么，是否存在一个只使用先前方向的方法以便将时间由 $O(d^2)$ 阶减少至 $O(d)$ 阶呢? 令人惊讶的是，当使用最陡下降方向进行迭代时，只需要最新的共轭方向来得到下一个方向 (见文献 [99, 114]). 换句话说，我们不应该对任意向量使用 Gram-Schmidt 正交化，而应使用最陡的下降方向作为需要正交化的原始向量. 这个选择在确保更有效的正交化形式方面起着至关重要的作用. 这并不是一个显然的结果 (见习题 5.12). 这样，方向 $\bar{q}_{t+1}$ 被迭代地定义为只是先前共轭方向 $\bar{q}_t$ 与当前最陡下降方向 $\boldsymbol{\nabla}J(\overline{W}_{t+1})$ 带有组合参数 β_t 的线性组合：

$$
\bar{q}_{t+1} = -\boldsymbol{\nabla}J\left(\overline{W}_{t+1}\right) + \beta_t\bar{q}_t \tag{5.21}
$$

将上面等式两边同时左乘 $\bar{q}_t^{\mathrm{T}}\boldsymbol{H}$ 并利用共轭条件令左边为 0，则可以解出 β_t:

$$\beta_t = \frac{\bar{q}_t^{\mathrm{T}}\boldsymbol{H}\left[\boldsymbol{\nabla} J\left(\overline{W}_{t+1}\right)\right]}{\bar{q}_t^{\mathrm{T}}\boldsymbol{H}\bar{q}_t} \tag{5.22}$$

这样得到了一个迭代更新的过程，其中初始值 $\bar{q}_0 = -\boldsymbol{\nabla} J(\overline{W}_0)$. 对 $t = 0, 1, 2, \cdots, T$，我们迭代地计算 $\bar{q}_{t+1}$:

1. 更新 $\overline{W}_{t+1} \Leftarrow \overline{W}_t + \alpha_t \bar{q}_t$，其中，步长 α_t 使用线搜索来计算以使损失函数最小化.
2. 设 $\bar{q}_{t+1} = -\boldsymbol{\nabla} J(\overline{W}_{t+1}) + \left(\dfrac{\bar{q}_t^{\mathrm{T}}\boldsymbol{H}[\boldsymbol{\nabla} J(\overline{W}_{t+1})]}{\bar{q}_t^{\mathrm{T}}\boldsymbol{H}\bar{q}_t}\right)\bar{q}_t$. 将 t 增加 1.

文献 [99,114] 已经证明 $\bar{q}_{t+1}$ 与所有之前的 $\bar{q}_i$ 共轭，而习题 5.12 则给出了该证明的具体步骤.

共轭梯度法也被称为无黑塞矩阵优化法. 然而，由于上述更新步骤中包含了矩阵 $\boldsymbol{H}$，故上述更新似乎并不是与黑塞矩阵无关的. 然而，事实上，上面的计算过程仅需要黑塞矩阵在特定方向上的投影. 我们将看到这些投影可以利用有限差分法来间接计算，而不需要解析地计算黑塞矩阵中的每个元素. 设 $\bar{v}$ 为所需要计算的投影 $\boldsymbol{H}\bar{v}$ 的向量方向. 有限差分法可以计算当前参数向量为 $\overline{W}$ 和对取较小 δ 的在 $\overline{W} + \delta\bar{v}$ 处的损失梯度，于是得到如下近似：

$$\boldsymbol{H}\bar{v} \approx \frac{\boldsymbol{\nabla} J(\overline{W} + \delta\bar{v}) - \boldsymbol{\nabla} J(\overline{W})}{\delta} \propto \boldsymbol{\nabla} J(\overline{W} + \delta\bar{v}) - \boldsymbol{\nabla} J(\overline{W}) \tag{5.23}$$

上式右侧的项与黑塞矩阵无关. 对二次函数而言这个条件是精确的. 文献 [19] 则讨论了无黑塞矩阵更新的其他方法.

到目前为止，我们已经讨论了二次损失函数的简化情况，其黑塞矩阵是常数矩阵 (即与当前参数向量无关). 然而，机器学习中的大多数损失函数却不是二次的. 因此，黑塞矩阵取决于参数向量当前的值 $\overline{W}_t$. 这就引出了关于如何为非二次函数建立多种改进的算法. 我们是首先在一个点处建立一个二次近似，然后用在该点处固定的 (二次近似) 黑塞矩阵进行几次迭代求解，还是每次迭代都随着参数向量的变化而改变黑塞矩阵呢? 称前者为*线性共轭梯度法*，而称后者为*非线性共轭梯度法*.

在非线性共轭梯度法中，因为黑塞矩阵从一个步骤到下一个步骤会发生变化，故方向的相互共轭性 (即 $\boldsymbol{H}$ 正交性) 也会随着时间的推移而变差. 这可能会对从一个步骤到下一个步骤的整体进度产生不可预测的影响. 进一步，由于相互共轭性会变差，每隔几步就需要重新计算共轭方向. 如果变差得太快，就会非常频繁地重新来计算，并且不会从共轭中获得太多改进. 另外，线性共轭梯度法中的每个二次近似都可以被精确求解，且通常 (几乎) 在远少于 d 次的迭代中就可以得到解. 因此，我们可以在每次迭代中取得与牛顿法类似的进展. 只要二次近似是高质量的，那么近似所需的次数通常就不会太大. 从研究历史的角度来看，尽管近期的工作 (文献 [86,87]) 更提倡使用线性共轭法，但非线性共轭梯度法已被广泛应用于传统机器学习中 (见文献 [19]). 事实上，文献 [86,87] 中的实验结果也表明，线性共轭梯度法的确具有一些优势.

5.7.2 拟牛顿法与 BFGS

BFGS 表示 Broyden-Fletcher-Goldfarb-Shanno 算法的英文缩写，其本质是牛顿法的一种近似算法. 让我们首先回顾牛顿法的更新步骤. 事实上，牛顿法的典型更新可表述如下：

$$\overline{W}^* \Leftarrow \overline{W}_0 - \boldsymbol{H}^{-1}\left[\boldsymbol{\nabla} J\left(\overline{W}_0\right)\right] \tag{5.24}$$

在拟牛顿法中，不同的迭代步骤会使用黑塞矩阵的逆矩阵的近似序列. 设 $\boldsymbol{G}_t$ 为第 t 步中黑塞矩阵的近似逆矩阵. 在第一次迭代中，$\boldsymbol{G}_t$ 的值被初始化为单位矩阵，即相当于沿着最陡下降方向移动. 该矩阵通过低秩更新连续地从 $\boldsymbol{G}_t$ 更新到 $\boldsymbol{G}_{t+1}$ (可由第 1 章中的矩阵逆引理推导得到). 通过黑塞矩阵的近似逆矩阵 $\boldsymbol{G}_t \approx \boldsymbol{H}_t^{-1}$，我们可将牛顿更新步骤直接改写为如下形式：

$$\overline{W}_{t+1} \Leftarrow \overline{W}_t - \boldsymbol{G}_t\left[\boldsymbol{\nabla} J\left(\overline{W}_t\right)\right] \tag{5.25}$$

对于利用 (逆) 黑塞矩阵来近似 (如 $\boldsymbol{G}_t$) 的非二次损失函数，可以通过所优化的学习率 α_t 来改进上述更新：

$$\overline{W}_{t+1} \Leftarrow \overline{W}_t - \alpha_t \boldsymbol{G}_t\left[\boldsymbol{\nabla} J\left(\overline{W}_t\right)\right] \tag{5.26}$$

这里的最优学习率 α_t 可以通过线搜索来确定. 然而，我们并不需要使用精确的线搜索 (如共轭梯度法)，这是因为保持共轭不再是关键. 但是，当从单位矩阵开始时，该方法保持了早期方向集的近似共轭性. 我们可以每隔 d 次迭代将 $\boldsymbol{G}_t$ 重置为单位矩阵 (尽管很少这样做).

如何由 $\boldsymbol{G}_t$ 逼近矩阵 $\boldsymbol{G}_{t+1}$ 仍有待讨论. 为此，我们需要如下所谓的*拟牛顿条件*，其也被称为*割线条件*：

$$\underbrace{\overline{W}_{t+1} - \overline{W}_t}_{\text{参数变化}} = \boldsymbol{G}_{t+1}\underbrace{\left[\boldsymbol{\nabla} J\left(\overline{W}_{t+1}\right) - \boldsymbol{\nabla} J\left(\overline{W}_t\right)\right]}_{\text{一阶导数变化}} \tag{5.27}$$

上面的公式是一种有限差分近似. 直观上，二阶导数矩阵 (即黑塞矩阵) 与参数变化 (向量) 的乘积近似地给出了梯度的变化. 因此，逆黑塞矩阵的近似 $\boldsymbol{G}_{t+1}$ 与梯度变化的乘积给出了参数的变化. 我们的目标是找到一个满足式 (5.27) 的对称矩阵 $\boldsymbol{G}_{t+1}$，但其为一个具有无穷个解的欠定方程组. 其中，BFGS 选择与当前 $\boldsymbol{G}_t$ 最接近的对称 $\boldsymbol{G}_{t+1}$，并通过最小化具有*加权* Frobenius *范数*形式的目标函数 $\|\boldsymbol{G}_{t+1} - \boldsymbol{G}_t\|_w$ 来实现这一目标. 也就是说，我们希望

找到满足如下条件的 $\boldsymbol{G}_{t+1}$:

$$\begin{aligned}&\text{最小化}_{[\boldsymbol{G}_{t+1}]} && \|\boldsymbol{G}_{t+1}-\boldsymbol{G}_t\|_w\\&\text{约束为:} && \overline{W}_{t+1}-\overline{W}_t=\boldsymbol{G}_{t+1}\left[\boldsymbol{\nabla} J\left(\overline{W}_{t+1}\right)-\boldsymbol{\nabla} J\left(\overline{W}_t\right)\right]\\& && \boldsymbol{G}_{t+1}^{\mathrm{T}}=\boldsymbol{G}_{t+1}\end{aligned}$$

范数的下标“w”表示它是加权[㊀] 形式的范数. 该权重为黑塞矩阵的“平均”形式，读者可参考文献 [99] 以了解如何进行平均化. 注意，这里并不限于使用加权 Frobenius 范数，选用不同的范数会导致不同的拟牛顿法. 例如，可以基于黑塞矩阵而非逆黑塞矩阵使用相同的目标函数和割线条件，而由此产生的方法则被称为 Davidson-Fletcher-Powell (DFP) 方法. 我们在下面将坚持使用逆黑塞矩阵，此即为 BFGS 算法.

由于加权范数使用的是 Frobenius 矩阵范数 (连同权重矩阵)，故上述问题是一个具有线性约束的二次优化问题. 这类约束优化问题将在第 6 章中讨论. 一般来说，对于具有线性等式约束和二次目标函数的优化问题，其结构非常简单，有时可以找到闭型解. 这是因为等式约束通常可以 (通过高斯消元法等方法) 与相应的变量一起消除，并且可以根据剩余变量定义无约束的二次优化问题. 这些问题有时会有闭型解，比如最小二乘回归. 在这种情况下，上述优化问题的闭型解如下：

$$\boldsymbol{G}_{t+1} \Leftarrow \left(\boldsymbol{I}-\Delta_t \bar{q}_t \bar{v}_t^{\mathrm{T}}\right) \boldsymbol{G}_t\left(\boldsymbol{I}-\Delta_t \bar{v}_t \bar{q}_t^{\mathrm{T}}\right)+\Delta_t \bar{q}_t \bar{q}_t^{\mathrm{T}} \tag{5.28}$$

这里，(列) 向量 $\bar{q}_t$ 和 $\bar{v}_t$ 表示参数变化和梯度变化，而标量 $\Delta_t=1/(\bar{q}_t^{\mathrm{T}}\bar{v}_t)$ 为两个向量点积的倒数.

$$\bar{q}_t=\overline{W}_{t+1}-\overline{W}_t, \quad \bar{v}_t=\boldsymbol{\nabla} L\left(\overline{W}_{t+1}\right)-\boldsymbol{\nabla} L\left(\overline{W}_t\right)$$

更新式 (5.28) 可以通过将其展开而提高空间效率，从而减少所需的临时矩阵. 感兴趣的读者可以参考文献 [83,99,104] 以了解这些更新步骤的实现细节和具体推导.

尽管 BFGS 算法得益于近似逆黑塞矩阵，但它需要将大小为 $O(d^2)$ 的矩阵 $\boldsymbol{G}_t$ 从一次迭代转移到下一次迭代. 限制内存的 BFGS (L-BFGS) 算法通过不继承前一次迭代的矩阵 $\boldsymbol{G}_t$，将内存需求从 $O(d^2)$ 大幅降低到 $O(d)$. 在最基本的 L-BFGS 算法中，将式 (5.28) 中的矩阵 $\boldsymbol{G}_t$ 替换为单位矩阵从而得到 $\boldsymbol{G}_{t+1}$. 更精细的选择是储存 $m\approx 30$ 个最近的向量 $\bar{q}_t$ 和 $\bar{v}_t$. 于是，L-BFGS 算法等价于将 $\boldsymbol{G}_{t-m+1}$ 初始化为单位矩阵，并递归地应用式 (5.28) m 次来得到 $\boldsymbol{G}_{t+1}$. 在实际中，人们通常直接由这些向量来计算移动方向而实现优化，从而无需显式存储从 $\boldsymbol{G}_{t-m+1}$ 到 $\boldsymbol{G}_t$ 的大型中间矩阵.

㊀ 目标函数的形式为范数 $\|A^{1/2}(\boldsymbol{G}_{t+1}-\boldsymbol{G}_t)A^{1/2}\|_F$，其中 A 是不同步长下黑塞矩阵的平均. 读者可参考文献 [99] 以了解详细信息.

5.8 不可微优化函数

机器学习中的一些优化函数是不可微的．经典的例子为使用 L_1 损失或 L_1 正则化的情况．关键点在于，关于向量 $\bar{v}=[v_1,\cdots,v_d]$ 任何形式的 L_1 范数在范数 $\sum\limits_{i=1}^{d}|v_i|$ 中使用了向量的每个分量的模 $|v_i|$．于是，在 $v_i=0$ 处，$|v_i|$ 是不可微的．进一步，任何形式的 L_1 损失都是不可微的，例如支持向量机的铰链损失是不可微的．

一种更严重的不可微形式是优化诸如*排序目标函数*等之类的离散目标函数．在许多具有稀有类别设定的分类问题中，其中一个标签的使用频率远远低于其他标签．例如，在带有入侵记录标签的数据库中，入侵记录的频率与正常记录相比可能较低．在这种情况下，目标函数通常是基于实例关于其倾向于属于稀有类的排序函数来定义的．例如，可以最小化真正属于稀有类 (基于真实信息) 的实例的 (算法确定的) 排名的和．注意到，这是一个不可微函数，因为参数向量的显著变化有时可能根本不会影响算法排序．而在其他时候，参数无穷小的变化可能会极大地影响排序．这会产生具有垂直边界和平坦域的损失函数．考虑一个一维的具体例子，其中利用一维特征值 x 和标量参数 w 根据 $w\cdot x$ 的递减值对点进行排序．四个训练标签对分别为 $(1,+1)$，$(2,+1)$，$(-1,-1)$ 和 $(-2,-1)$．在理想的情况下，我们希望选择 w 的值使得所有正例都排在负例之前．在这个简单的问题中，选择任何 $w>0$ 的值都可得到理想的排序，其中两个正例的排名分别为 1 和 2．因此，正例的排名之和为 3．选择 $w<0$ 会得到最差的排序，其中两个正实例的排名分别为 3 和 4 (和为 7)．选择 $w=0$ 将导致所有训练实例的排名并列为 2.5，于是排名之和为 5．图 5.11 给出了对应于 (仅正实例) 排名和的目标函数．这种类似楼梯的目标函数的问题在于，从梯度下降的角度来看，它在任何地方都不能提供真正的信息．尽管除了一个点之外，损失函数是几乎处处可微的，但所有点的零梯度都没有提供关于最优下降方向的线索．

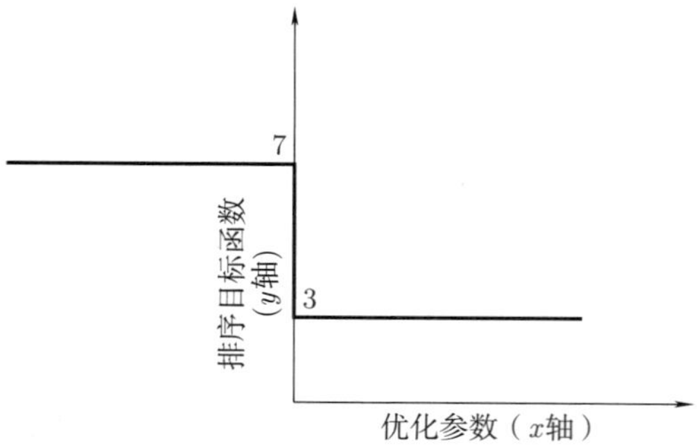

图 5.11　由排序目标函数所引起的不可微优化问题的示例

这种类型的不可微性通常可以通过对底层优化算法进行根本性更改或通过平滑化损失函数来解决．毕竟，机器学习算法的损失函数几乎总是离散目标函数的平滑近似 (如分类精度). 我们接下来将概述用于处理机器学习中不可微优化函数的不同方法.

5.8.1 次梯度法

次梯度法旨在求解凸最小化问题，其中目标函数的梯度除了在少数不可微点之外，其在大多数点上都提供信息. 在这种情况下，次梯度主要用于将优化问题从其不可微的“困境”中解放出来. 由于函数在其他大多数点上都是可微的，故人们一旦摆脱这种不可微的困境，那么在优化方面就不会面临太多的挑战.

在某点不可微的主要问题是在该点两侧的导数不同. 例如，$|x|$ 的右导数为 $+1$，而左导数是 -1. 一个次梯度对应于区间 $[-1,+1]$. 次梯度中零向量的存在是次梯度法的最优性条件. 图 5.12a 中给出了一种可能的一维函数的次梯度. 直观地说，次梯度总是位于损失函数的“下方”，如图 5.12a 所示. 注意到，在这种情况下，有许多可能的次梯度，这是因为我们可以构造许多在损失函数下方的直线. 对于向量 $\bar{w}$ 的 L_1 范数 $\|\bar{w}\|_1$ (d 维函数), 可以通过每个分量均匀随机地从 $(-1,1)$ 中选取得到的 d 维向量来构造次梯度. 我们在图 5.12a 中给出了一个一维函数次梯度的示例. 注意到，在凸函数的不可微点处可以绘制许多可能的“切线”，(更准确地说) 称这些点为不可微分点处的*次切线*. 这些次切线中的每一条都对应一个次梯度. 对于多维函数，次梯度由完全位于损失函数下方的超平面来定义，如图 5.12b 所示. 对于可微函数，我们只能找到一个切超平面. 然而，不可微函数允许我们对此构造无穷多种的可能性.

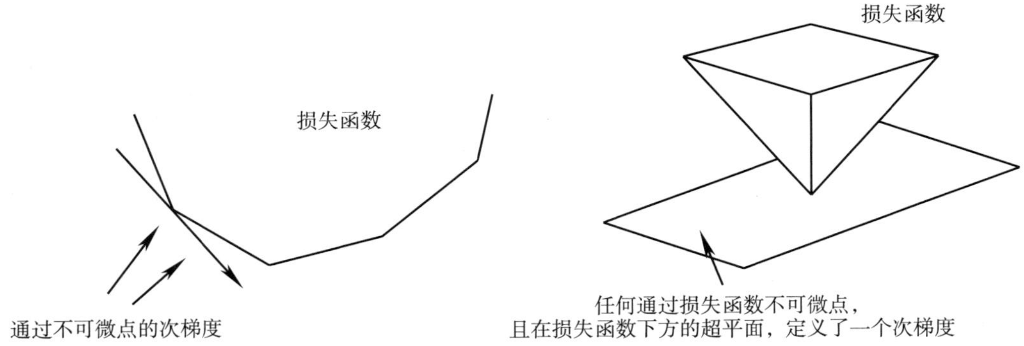

a）一维函数中的次梯度　　b）二维函数中的次梯度

图 5.12 一维函数中的次梯度和二维函数中的次梯度

函数 $J(\bar{w})$ 在点 $\bar{w}_0$ 处的次梯度的正式定义如下：

定义 5.8.1 (次梯度) *设 $J(\bar{w})$ 为一个多变量的 d 维凸损失函数. 该函数在点 $\bar{w}_0$ 处的次梯度就是对任意 $\bar{w}$ 满足如下条件的 d 维向量 $\bar{v}$:*

$$J(\bar{w}) \geqslant J(\bar{w}_0) + \bar{v} \cdot (\bar{w} - \bar{w}_0)$$

注意，次梯度的概念主要用于凸函数，而不是针对任意函数 (如传统梯度). 尽管上述定义也可适用于非凸函数，但在这些情况下该定义失去了用处. 除非函数在该点是可微的，否则次梯度不是唯一的. 而在可微点，次梯度就是梯度. 事实上，可以证明任意次梯度的凸组合也都是次梯度.

问题 5.8.1 利用定义 5.8.1 证明：如果 $\bar{v}_1$ 和 $\bar{v}_2$ 是 $J(\bar{w})$ 在 $\bar{w}=\bar{w}_0$ 处的次梯度，那么对任意 $\lambda \in (0,1)$, $\lambda\bar{v}_1+(1-\lambda)\bar{v}_2$ 也是 $J(\bar{w})$ 的一个次梯度.

上面的问题表明，次梯度的集合是一个闭凸集. 进一步，如果零向量是 $\bar{w}_0$ 处的次梯度，那么由定义 5.8.1 可得：对所有 $\bar{w}$，$J(\bar{w}) \geqslant J(\bar{w}_0)$. 换句话说，$\bar{w}_0$ 是一个最优解. 接下来，我们给出次梯度的一些关键性质：

1. 可微点的传统梯度是其唯一的次梯度.

2. 凸函数在优化变量 $\bar{w}_0$ 处的值是最优的条件是在 $\bar{w}_0$ 处的次梯度集合必须包含零向量.

3. 在任意点 $\bar{w}_0$ 处，任意 $J_1(\bar{w}_0)$ 的次梯度和任意 $J_2(\bar{w}_0)$ 的次梯度的和是 $(J_1+J_2)(\bar{w}_0)$ 的次梯度. 也就是说，我们可以将可加分离函数的次梯度分解为其分量的次梯度. 该性质与各种机器学习算法的损失函数有关，这些算法将单个训练点的损失贡献加了起来.

虽然可能不是很明显，但我们已经在第 4 章所介绍的铰链损失 SVM 中 (隐式地) 使用了次梯度法. 回顾基于训练对 $(\overline{X}_i, y_i)$ 的铰链损失 SVM 的目标函数 (见本书 4.8.2 节)：

$$J=\sum_{i=1}^{n}\max\left\{0,\left(1-y_i\left[\overline{W}^{\mathrm{T}}\cdot\overline{X}_i\right]\right)\right\}+\frac{\lambda}{2}\|\overline{W}\|^2 \quad [\text{铰链损失 SVM}]$$

从图 4.9 可以看出，使用最大值函数会导致铰链损失函数在尖锐“铰链”处不可微. 这些是 $\overline{W}$ 的值，其中对任意训练点，最大值函数的第二项是 0. 那么，在这些点上会发生什么呢? SVM 的更新只使用那些使得第二项不为零的训练点. 因此，在不可微点处，梯度被简单地设为 0，其是一个有效的次梯度. 因此，铰链损失 SVM 原始的更新步骤就隐式地使用了次梯度法，尽管这种使用是直接且自然的. 在这种情况下，次梯度不指向使目标函数变差的瞬时移动方向 (对于无穷小的步长). 对于更积极地使用次梯度的方法，情况并非如此.

5.8.1.1 应用：L_1 正则化

具有 L_1 正则化的最小二乘回归更积极地应用了次梯度法：

$$\min \quad J=\underbrace{\frac{1}{2}\|\boldsymbol{D}\overline{W}-\bar{y}\|^2}_{\text{预测误差}}+\underbrace{\lambda\sum_{j=1}^{d}|w_j|}_{L_1\text{正则化项}}$$

这里，$\boldsymbol{D}$ 是行向量为训练实例的 $n\times d$ 数据矩阵，$\bar{y}$ 为包含目标变量的 n 维列向量，而列向量 $\overline{W}$ 是由模型系数所构成的向量. 注意到，现在正则化项使用系数向量的 L_1 范数，而

非 L_2 范数. 对任意 $\overline{W}$，即使单个分量 w_j 为 0, 函数 J 也是不可微的. 具体来说，如果 w_j 无穷小地大于 0，则 $|w_j|$ 的偏导数为 +1，而如果 w_j 无穷小地小于 0，则 $|w_j|$ 的偏导数为 −1. 在这些方法中，w_j 在 0 处的偏导数可以从 $[-1,+1]$ 中随机选择，而在非 0 处的导数计算方式与梯度相同. 记 s_j 为 w_j 的次梯度. 那么，使用基于步长为 $\alpha>0$ 的更新步骤如下：

$$\overline{W} \Leftarrow \overline{W} - \alpha\lambda\left[s_1, s_2, \cdots, s_d\right]^{\mathrm{T}} - \alpha \boldsymbol{D}^{\mathrm{T}} \underbrace{(\boldsymbol{D}\overline{W} - \bar{y})}_{\text{误差}}$$

这里，每个 w_j 的次梯度 s_j 定义如下：

$$s_j = \begin{cases} -1, & w_j < 0 \\ +1, & w_j > 0 \\ [-1,+1] \text{ 中随机选取}, & w_j = 0 \end{cases} \tag{5.29}$$

在这种特殊情况下，由于 s_j 从 $[-1,+1]$ 中随机选取，故沿次梯度方向的移动可能会使目标函数值变差. 因此，在所得到的每次迭代中，我们总是可以保持可能的最好值 $\overline{W}_{\text{best}}$. 在迭代开始，$\overline{W}$ 和 $\overline{W}_{\text{best}}$ 都被初始化为相同的随机向量. 而当每次 $\overline{W}$ 更新后，估计在 $\overline{W}$ 和 $\overline{W}_{\text{best}}$ 处所对应的目标函数值. 如果最新更新的 $\overline{W}$ 的目标函数值优于储存的 $\overline{W}_{\text{best}}$ 值，就将目标函数值设为 $\overline{W}$ 对应的值. 在更新结束后，算法返回向量 $\overline{W}_{\text{best}}$ 作为最终解. 注意，$s_j=0$ 也是 $w_j=0$ 处的次梯度，其在有些情况下会被使用.

5.8.1.2 次梯度与坐标下降的组合

通过将关于次梯度的最优性条件应用于正在学习的坐标中，那么次梯度法也可以与坐标下降法 (见 4.10 节) 相结合来使用. 通常坐标下降法会大大简化学习过程，这是因为其每次只优化一个变量. 与所有坐标下降法一样，为了执行优化算法，我们需要一个一个地循环遍历所有变量.

我们给出一个在线性回归中应用坐标下降法的例子. 与前文一样，设 $\boldsymbol{D}$ 为行向量为训练实例的 $n \times d$ 数据矩阵，而 n 维列向量 $\bar{y}$ 是响应变量. 记参数所构成的 d 维列向量为 $\overline{W}=[w_1,\cdots,w_d]^{\mathrm{T}}$. 回顾使用如下 L_1 正则化项的最小二乘回归的目标函数：

$$\text{最小化} \quad J = \underbrace{\frac{1}{2}\|\boldsymbol{D}\overline{W} - \bar{y}\|^2}_{\text{预测误差}} + \underbrace{\lambda \sum_{j=1}^{d} |w_j|}_{L_1 \text{ 正则化项}}$$

正如 4.10 节所述，坐标下降有时会因目标函数在某些点的不可微性而被卡住. 事实上，坐标下降法可用于凸损失函数的充分条件是，不可微部分可以分解为可分离的单变量函数 (见引理 4.10.1). 在这种情况下，正则化项显然是可分离的凸函数之和. 因此，我们可以应用坐标下降而不会陷入局部最优. 这样，关于所有变量的次梯度如下：

$$\nabla J=\boldsymbol{D}^{\mathrm{T}}(\boldsymbol{D}\overline{W}-\bar{y})+\lambda\left[s_1,s_2,\cdots,s_d\right]^{\mathrm{T}} \tag{5.30}$$

这里，每个 s_i 是取值于 $[-1,+1]$ 的次梯度. 由于我们只对第 i 个变量进行优化，故只需令 ∇J 的第 i 个分量为零. 设 $\bar{d}_i$ 为矩阵 $\boldsymbol{D}$ 的第 i 列. 进一步，设 $\bar{r}$ 为 n 维残差变量 $\bar{y}-\boldsymbol{D}\overline{W}$. 然后，我们可以根据这些变量写出如下所示的关于第 i 个分量的最优性条件：

$$\begin{aligned}
&\bar{d}_i^{\mathrm{T}}(\bar{y}-\boldsymbol{D}\overline{W})-\lambda s_j=0\\
&\bar{d}_i^{\mathrm{T}}\bar{r}-\lambda s_j=0\\
&\bar{d}_i^{\mathrm{T}}\bar{r}+w_i\bar{d}_i^{\mathrm{T}}\bar{d}_i-\lambda s_j=w_i\bar{d}_i^{\mathrm{T}}\bar{d}_i
\end{aligned}$$

上式等号前与 w_i 无关，这是因为 $\bar{d}_i^{\mathrm{T}}\bar{r}$ 这一项包含 $-w_i\bar{d}_i^{\mathrm{T}}\bar{d}_i$，它与 $w_i\bar{d}_i^{\mathrm{T}}\bar{d}_i$ 抵消. 于是，得到关于 w_i 的坐标更新步骤如下：

$$\bar{w}_i\Leftarrow\bar{w}_i+\frac{\bar{d}_i^{\mathrm{T}}\bar{r}-\lambda s_i}{\left\|\bar{d}_i\right\|^2} \tag{5.31}$$

其中，次梯度 s_i 的值的定义方式与前文相同. 这里主要的问题是，当 w_i 的更新值足够接近 0 时，每个 s_i 可以选为 -1 和 $+1$ 之间的任何值. 但这些值中只有一个能达到最优解. 在这种情况下，该如何确定 s_i 的值以使目标函数达到最优呢？这需要通过使用 w_i 的“足够接近”0 的软阈值来实现. 事实上，w_i 的软阈值自动将 s_i 设为 -1 和 $+1$ 间的适当中间值. 因此，每个 w_i 的值设定如下：

$$w_i\Leftarrow\begin{cases}0, & -\dfrac{\lambda}{\left\|\bar{d}_i\right\|^2}\leqslant\bar{w}_i+\dfrac{\bar{d}_i^{\mathrm{T}}\bar{r}}{\left\|\bar{d}_i\right\|^2}\leqslant\dfrac{\lambda}{\left\|\bar{d}_i\right\|^2}\\ \bar{w}_i+\dfrac{\bar{d}_i^{\mathrm{T}}\bar{r}-\lambda\,\mathrm{sign}\,(w_i)}{\left\|\bar{d}_i\right\|^2}, & \text{其他}\end{cases} \tag{5.32}$$

与任何形式的坐标下降法一样，我们一个一个地循环遍历所有变量直至收敛. 注意到，所谓的弹性网络结合了 L_1 正则化和 L_2 正则化，我们将关于此网络的更新步骤的推导留作练习.

问题 5.8.2 (弹性网络回归)　考虑具有如下形式的目标函数的弹性网络回归问题：

$$\text{最小化}\quad J=\frac{1}{2}\|\boldsymbol{D}\overline{W}-\bar{y}\|^2+\lambda_1\sum_{j=1}^{d}|w_j|+\frac{\lambda_2}{2}\sum_{j=1}^{d}w_j^2$$

证明所对应的坐标下降法的更新步骤可被表示为如下形式:

$$w_i \Leftarrow \begin{cases} 0, & -\dfrac{\lambda_1}{\left\|\bar{d}_i\right\|^2+\lambda_2} \leqslant \dfrac{w_i\left\|\bar{d}_i\right\|^2+\bar{d}_i^{\mathrm{T}}\bar{r}}{\left\|\bar{d}_i\right\|^2+\lambda_2} \leqslant \dfrac{\lambda_1}{\left\|\bar{d}_i\right\|^2+\lambda_2} \\ \dfrac{w_i\left\|\bar{d}_i\right\|^2+\bar{d}_i^{\mathrm{T}}\bar{r}-\lambda_1 \operatorname{sign}(w_i)}{\left\|\bar{d}_i\right\|^2+\lambda_2}, & \text{其他} \end{cases}$$

坐标下降法的主要挑战是要避免由于不可微性而陷入局部最优 (见图 4.10). 在多数情况下，人们可以通过变量变换将目标函数转换为较好的形式从而确保收敛至全局最优 (见引理 4.10.1). 一个例子是所谓的图 Lasso 算法 [48], 其隐式地应用了变量变换.

5.8.2 近端梯度法

当优化函数 $J(\overline{W})$ 可以被分解为如下形式的可微部分 $G(\overline{W})$ 与不可微部分 $H(\overline{W})$ 之和时，近端梯度法就会变得非常有效:

$$J(\overline{W}) = G(\overline{W}) + H(\overline{W})$$

在上述形式中，假设分量 $G(\overline{W})$ 为可微凸函数，而 $H(\overline{W})$ 为不可微凸函数. 近端梯度法本质是使用这样的迭代方法，其中每次迭代在 $G(\cdot)$ 上采用*梯度步长*，而在 $H(\cdot)$ 上采用*近端步长*. 近端步长本质上是 $H(\cdot)$ 在参数向量当前取值 $\overline{W}=\bar{w}$ 处的局部最小值. 这种求在 $\bar{w}$ 邻域的局部最小值问题可以通过给 $H(\bar{w})$ 加上与当前参数向量距离平方的惩罚项来实现. 这里的一个关键点是定义函数 $H(\cdot)$ 的所谓*近端算子*. 事实上，使用步长参数为 α 的近端算子 $\mathcal{P}$ 的定义如下所示:

$$\mathcal{P}_{H,\alpha}(\bar{w}) = \underset{\bar{u}}{\operatorname{argmin}}\left\{\alpha H(\bar{u}) + \frac{1}{2}\|\bar{u}-\bar{w}\|^2\right\} \tag{5.33}$$

换句话说，我们试图通过加上一个与 $\bar{w}$ 距离的平方惩罚项从而在 $\bar{w}$ 附近最小化函数 $H(\cdot)$. 因此，近端算子是试图寻找一个比 $\bar{w}$ "更好的" $\bar{u}$，但只在 $\bar{w}$ 的附近寻找，因为惩罚了与 $\bar{w}$ 距离的平方. 现在让我们通过几个例子来看看会发生什么:

- 当 $H(\bar{w})$ 为常数时，我们有 $\mathcal{P}_{H,\alpha}(\bar{w})=\bar{w}$，这是因为我们不能从当前点进一步改进 $\bar{w}$，而二次惩罚项则鼓励留在当前点.
- 当 $H(\bar{w})$ 可微时，近端算子以步长为 α 的近似梯度下降移动. 可以通过将式 (5.33) 中的 argmin 内表达式的梯度设为 0 从而得出如下结果:

$$\bar{u} = \bar{w} - \alpha\frac{\partial H(\bar{u})}{\partial \bar{u}} \tag{5.34}$$

注意，该步与梯度下降类似，只不过 $H(\cdot)$ 的梯度是在 $\bar{u}$ 处而非在 $\bar{w}$ 处来计算的．然而，二次惩罚项能确保步长相对较小且 $H(\bar{u})$ 的梯度只在 $\bar{w}$ 附近计算．这就是该动机的关键点．当 $H(\cdot)$ 可微时，近端算子会做出合理地移动，但对不可微函数也同样适用．根据近端算子的定义，我们就可以通过重复以下两个迭代步骤来给出近端梯度算法：

1. 对可微函数 $G(\cdot)$ 作一个步长为 α 的标准梯度下降步骤：

$$\bar{w} \Leftarrow \bar{w} - \alpha\left[\frac{\partial G(\bar{w})}{\partial \bar{w}}\right]$$

2. 对不可微函数 $H(\cdot)$ 作一个步长为 α 的近端下降步骤：

$$\bar{w} \Leftarrow \mathcal{P}_{H,\alpha}(\bar{w}) = \underset{\bar{u}}{\operatorname{argmin}}\left\{\alpha H(\bar{u}) + \frac{1}{2}\|\bar{u} - \bar{w}\|^2\right\}$$

注意，如果函数 $H(\cdot)$ 是可微的，则该方法可简化为关于 $G(\cdot)$ 和 $H(\cdot)$ 的交替梯度下降法．

另外一个关键点是计算近端算子的难度．该方法仅用于具有易于计算的“简单”近端算子的问题．此外，潜在的函数需要含有少量不可微的点．关于这种不可微函数的一个典型例子就是向量的 L_1 范数．因此，近端梯度法不如次梯度法更具一般性．然而，当它可用时，将会更加有效．

应用：L_1 正则化回归的替代方案

5.8.1 节介绍了关于带有 L_1 正则化项的最小二乘回归的次梯度法．本部分将讨论基于近端梯度法的一种替代方法．为此，我们将最小二乘回归目标函数重写为如下可微部分与不可微部分可分离的形式：

$$\text{最小化}\quad J = \underbrace{\frac{1}{2}\|\boldsymbol{D}\overline{W} - \bar{y}\|^2}_{G(\overline{W})} + \underbrace{\lambda\sum_{j=1}^{d}|w_j|}_{H(\overline{W})}$$

这里的关键点是定义 $\overline{W}$ 的 L_1 范数，即函数 $H(\overline{W})$ 的近端算子．对于步长 α，相应的 $H(\bar{w})$ 的近端算子可定义如下：

$$[\mathcal{P}_{H,\alpha}]_j = \begin{cases} w_j + \alpha\lambda, & w_j < -\alpha\lambda \\ 0, & -\alpha\lambda \leqslant w_j \leqslant \alpha\lambda \\ w_j - \alpha\lambda, & w_j > \alpha\lambda \end{cases} \tag{5.35}$$

注意到，只要 w_j 远离不可微点，那么近端算子本质上就会将每个 w_j 缩小 $\alpha\lambda$．然而，如果足够接近不可微点，则就会移动到 0．这是与次梯度法的主要区别．事实上，次梯度法总是在所有可微点处沿该方向精确更新 $\alpha\lambda$，并在不可微点处通过从 $[-\alpha\lambda, \alpha\lambda]$ 的随机抽样进行更新．因此，与近端梯度法相比，次梯度法更可能在不可微点附近振荡．图 5.13 给出了次梯度法和近端梯度法“典型”收敛行为的比较示例．在大多数情况下，近端梯度法的表现明显快于次梯度法．所导致的更快的收敛是因为在不可微点附近应用了阈值方法．故也称该方法为*迭代软阈值算法*，简称之 ISTA.

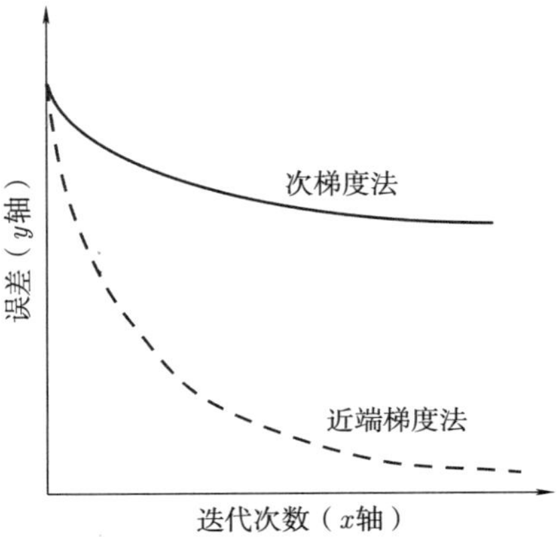

图 5.13　次梯度法与近端梯度法在典型收敛行为方面的比较示例

5.8.3 组合优化中代理损失函数的设计

一些诸如优化一组训练实例排序的问题本质上是一个组合问题，其在空间的大多数区域中不提供具有可用信息的损失曲面．例如，图 5.11 所示的正类实例排名之和就导致了一个基于优化目的的高度无信息的函数．该函数不仅含有几个不可微点，且它的阶梯状性质使得梯度在所有可微点处为零．换句话说，梯度下降过程并不知道其更新前进的方向．这种类型的问题不会出现在像 L_1 范数这样的目标函数中 (它可以应用次梯度方法)．在这种情况下，为手头的优化问题设计一个代理损失函数是有意义的．该方法本质上不是一种新方法．*几乎所有的分类目标函数都是代理损失函数*．严格地说，分类问题应该直接优化关于参数 $\overline{W}$ 的分类精度．然而，分类精度是另一个类似阶梯的函数．因此，到目前为止，我们看到的所有模型都使用了某种形式的代理损失，例如：最小二乘 (分类) 损失、铰链损失和 Logistic 损失．于是，至少从方法论的角度来看，将这种方法扩展到排序问题并不是一项根本性的创新．然而，排序目标函数的解具有其独特的特点．我们接下来验证一些为分类排序问题而设计的代理目标函数．

大多数分类目标函数旨在通过使用一些代理损失来惩罚分类精度，例如：铰链损失 (使用目标值 +1 和 −1 中的单边惩罚)．事实上，排序目标函数基于完全相同的原理．唯一的区别是我们使用代理损失函数来惩罚与理想排名的偏差．这种损失函数的两个例子对应于成对和列表方法．下面，我们讨论应用一种简单的成对方法来定义损失函数．

应用：排序支持向量机

我们现在给出关于排序支持向量机的优化模型的具体形式. 为此，首先将训练数据转换为成对示例. 例如，在稀有类排序问题中，人们会创建一对正负类实例，并且总是将正类排在负类之前. 训练数据 $\mathcal{D}_R$ 包含如下排序对：

$$\mathcal{D}_R = \left\{\left(\overline{X}_i, \overline{X}_j\right) : \overline{X}_i \text{ 的排序应在 } \overline{X}_j \text{ 之前}\right\}$$

对于排序支持向量机中的每一对这样的数据，我们的目标是学习一个 d 维权重向量 $\overline{W}$ 使得当 $\overline{X}_i$ 排名在 $\overline{X}_j$ 之前时，就有 $\overline{W} \cdot \overline{X}_i^{\mathrm{T}} > \overline{W} \cdot \overline{X}_j^{\mathrm{T}}$. 因此，对于给定的未知测试示例集合 $\overline{Z}_1, \cdots, \overline{Z}_t$，我们可以计算每个 $\overline{W} \cdot \overline{Z}_i^{\mathrm{T}}$，并基于此对测试实例进行排序.

在传统的支持向量机中，我们总是通过惩罚非常接近决策边界的点来给出边界要求. 相应地，在排序支持向量机中，我们惩罚 $\overline{W} \cdot \overline{X}_i^{\mathrm{T}}$ 与 $\overline{W} \cdot \overline{X}_j^{\mathrm{T}}$ 之间相差不够大的训练对. 因此，我们给出如下更强的条件：

$$\overline{W} \cdot (\overline{X}_i - \overline{X}_j)^{\mathrm{T}} > 1$$

任何不满足该条件的行为都会在目标函数中受到 $1 - \overline{W} \cdot (\overline{X}_i - \overline{X}_j)^{\mathrm{T}}$ 的惩罚. 于是，可以将问题表述如下形式：

$$\text{最小化} \quad J = \sum_{(\overline{X}_i, \overline{X}_j) \in \mathcal{D}_R} \max\{0, [1 - (\overline{W} \cdot (\overline{X}_i - \overline{X}_j)^{\mathrm{T}})]\} + \frac{\lambda}{2}\|\overline{W}\|^2$$

这里 $\lambda > 0$ 为正则化参数. 注意，人们可以用一组新的特征 $\overline{X}_i - \overline{X}_j$ 来替换每一对 $(\overline{X}_i, \overline{X}_j)$. 也就是说，对训练数据中的每一个排序对 $(\overline{X}_i, \overline{X}_j)$，每个 $\overline{U}_p$ 均具有形式 $\overline{U}_p = \overline{X}_i - \overline{X}_j$. 于是，排序支持向量机为训练数据中 t 个不同的具有相应特征 $\overline{U}_1, \cdots, \overline{U}_t$ 的数据对制定如下的优化问题：

$$\text{最小化} \quad J = \sum_{i=1}^{t} \max\left\{0, \left[1 - \overline{W} \cdot \overline{U}_i^{\mathrm{T}}\right]\right\} + \frac{\lambda}{2}\|\overline{W}\|^2$$

注意到，这与传统支持向量机的唯一区别是该优化表述中缺少类变量 y_i. 然而，这种变化使得人们可以非常容易地应用 4.8.2 节所介绍的各种优化技术. 事实上，每种情况下的类变量 y_i 在 4.8.2 节中所讨论的各种方法的相应梯度下降步骤中均被替换为 1.

5.8.4 优化序列决策的动态规划

动态规划是一种用于优化序列决策的方法，其在机器学习中最著名的应用是强化学习 (见文献 [6]). 强化学习的最一般形式是优化目标函数 $J(a_1, \cdots, a_m)$，其中 $a_1, \cdots, a_m$ 为一系列行为或决策. 例如，在有向无环图中找到从一个点到另一个点的最短路径或最长路径时，人们需要一系列关于下一步选择哪个节点的决策. 类似地，像井字棋这样的双人博弈也需要在游戏中作出一系列关于移动的决定，尽管交替的决策是由对手作出来达到相反的目标. 事实上，该原理被用于强化学习中的博弈学习策略. 另外一个例子是找到两个字符串之间的编辑距离，这需要一系列决策来进行哪些编辑. 在这些情况下，人们都需要作出一系列的决策 $a_1, \cdots, a_m$，而给出一个决策后，需要求解余下的一个较小的子问题. 例如，假设某人需要在一个图中选择从源点到汇点的最短路径，那么其在从源点选择第一个出节点 i 之后，仍然需要计算从 i 到汇点的最短路径. 换句话说，动态规划将较大的问题分解为较小的子问题，其中*每个子问题都需要被最优求解*. 动态规划适用于具有重要的*最优子结构属性*的场景：

性质 5.8.1 (最优子结构属性) *动态规划适用于在较大的优化问题可以被分解为具有相同性质的较小子问题的场景中. 换句话说，较大问题的每个最优解也必须包含较小子问题的最优解.*

这里的关键是，即使解的数量非常大，最优子结构属性允许我们只考虑其中的一小部分. 例如，图中从源点到汇点的路径数量可能呈指数级增长，但可以轻松计算从源点到所有节点最多包含 2 个节点的所有最短路径. 根据最优子结构属性，这些路径可以在线性时间内扩展到最多包含 3 个节点的路径. 于是，我们可以对越来越多的节点重复此过程，直至达到图中的节点数. 通常通过迭代表填充方法来实现动态规划，其中首先求解较小的子问题并保存它们的解. 然后根据最优子结构属性，利用较小问题的已知解来求解较大的问题. 为了阐明这一点，我们将应用链式矩阵乘法的最优运算次数作为例子.

应用：快速矩阵乘法

考虑按次序将矩阵 $\boldsymbol{A}_1$, $\boldsymbol{A}_2$, $\boldsymbol{A}_3$, $\boldsymbol{A}_4$ 和 $\boldsymbol{A}_5$ 进行相乘的问题. 由矩阵乘法的结合律，我们可以在不改变结果的情况下以多种方式对乘法进行分组 (只要不改变矩阵的次序). 例如，可以将乘法分组为 $[(\boldsymbol{A}_1\boldsymbol{A}_2)(\boldsymbol{A}_3\boldsymbol{A}_4)](\boldsymbol{A}_5)$，或者将乘法分组为 $[(\boldsymbol{A}_1)(\boldsymbol{A}_2\boldsymbol{A}_3)](\boldsymbol{A}_4\boldsymbol{A}_5)$. 考虑这样一种情况：当 i 为奇数时，每个 $\boldsymbol{A}_i$ 均为 1×1000 矩阵；而当 i 是偶数时，每个 $\boldsymbol{A}_i$ 均为 1000×1 矩阵. 在这种情况下，第一种分组只需要大约 3000 次标量乘法即可产生大小为 1×1000 的最终结果. 所有的中间结果均为紧凑的标量. 另外，第二组将创建大小为 1000×1000 的大型中间矩阵，其计算将需要一百万次标量乘法. 显然，嵌套的方式对矩阵乘法的效率至关重要.

这种情况下的决策问题是选择顶层分组，因为相同的子问题可以用类似的方式来求解. 例如，第一种情况的顶层分组为 $[\boldsymbol{A}_1\boldsymbol{A}_2\boldsymbol{A}_3\boldsymbol{A}_4](\boldsymbol{A}_5)$，上面第二种情况的顶层分组则为 $[\boldsymbol{A}_1\boldsymbol{A}_2\boldsymbol{A}_3](\boldsymbol{A}_4\boldsymbol{A}_5)$. 只有四种可能的顶层分组，于是需要计算每种情况下的运算数并从中选择最优的. 对于每个分组，像 $[\boldsymbol{A}_1\boldsymbol{A}_2\boldsymbol{A}_3]$ 和 $(\boldsymbol{A}_4\boldsymbol{A}_5)$ 这样较小的子问题也需要求得最优解. 将大小分别为 $p \times q$ 和 $q \times r$ 的两个中间矩阵 (如 $\boldsymbol{A}_1\boldsymbol{A}_2\boldsymbol{A}_3$ 和 $\boldsymbol{A}_4\boldsymbol{A}_5$) 相乘的复杂度为 pqr. 这一复杂度也要被添加到两个子问题的复杂度中，从而得到分组的复杂度.

考虑矩阵 $\boldsymbol{A}_1, \boldsymbol{A}_2, \cdots, \boldsymbol{A}_m$，其中矩阵 $\boldsymbol{A}_i$ 的大小为 $n_i \times n_{i+1}$，而矩阵 i 与 j 相乘所需的最优操作数为 $N[i,j]$. 这就导出了如下用于计算 $N[1,m]$ 的动态规划递归：

$$N[i,j] = \min_{k\in[i+1,j]} \{N[i,k-1] + N[k,j] + n_i n_k n_j\} \tag{5.36}$$

注意，在应用迭代表填充时，式 (5.36) 右侧的值比左侧的值计算得要早，我们计算所有 $N[i,j]$ 的值，其中 $(j-i)$ 为 1, 2 直至 $(j-i)$ 为 $(m-1)$. 表中最多有 $O(m^2)$ 个位置需要填充，并且每个位置的计算都需要对式 (5.36) 中的右侧进行评估. 该评估需要对最多 $(m-1)$ 个可能性进行最小化，而每个可能性都需要对较小子问题的评估进行两次查表. 因此，每次对式 (5.36)的评估需要 $O(m)$ 的时间，总体复杂度为 $O(m^3)$. 这样，我们可以将该算法总结如下：

初始化 $N[i,i]=0$，$\text{Split}[i,i]=-1$，$\forall i$;
for $\delta=1$ **to** $m-1$ **do**
  for $i=1$ **to** $m-\delta$ **do**
    $N[i,i+\delta] = \min_{k\in[i+1,i+\delta]}\{N[i,k-1]+N[k,i+\delta]+n_i n_k n_{i+\delta}\}$;
    $\text{Split}[i,i+\delta] = \operatorname{argmin}_{k\in[i+1,i+\delta]}\{N[i,k-1]+N[k,i+\delta]+n_i n_k n_{i+\delta}\}$;
  endfor;
endfor

为了重构嵌套，我们还需要在单独的表 $\text{Split}[i,j]$ 中跟踪每一对 $[i,j]$ 的最优拆分位置. 例如，首先访问 $k=\text{Split}(1,m)$ 以便将矩阵分成 $\boldsymbol{A}_1,\cdots,\boldsymbol{A}_{k-1}$ 和 $\boldsymbol{A}_k,\cdots,\boldsymbol{A}_m$ 两组. 随后将再次访问 $\text{Split}[1,k-1]$ 和 $\text{Split}[k,m]$ 以找到各个子问题的顶层嵌套. 重复此过程直至我们得到单个矩阵.

然而，“动态规划”一词还可用于纯优化之外的领域. 许多通过避免重复运算来实现多项式复杂度的迭代表填充被视为动态规划 (即使在没有优化发生的情况下). 例如，反向传播算法 (见第 11 章) 在动态规划递归中使用求和运算，但它仍然被认为是动态规划. 我们可以很容易地将一对源点-汇点之间的最短路径算法改变为查找一对源点-汇点之间的路径数的算法 (在没有循环的图中)，而只对关键的表填充步骤的形式进行微小的改变. 不是计算源点 s 到每个事件节点 i 的最短路径，而是计算从每个事件节点 i (在源节点上) 到汇点的路径之和. 关键点是子结构属性的加法版本成立，其中从源点到汇点的路径数等于从节点 i (发生在源点) 到汇点的路径数之和. 然而，这不是一个优化问题. 因此，动态规划原理也可以被视为一种通用的计算机编程范式，其通过利用任何版本的子结构属性在优化之外的问题场景中工作. 通常，子结构属性需要能够从子结构的统计数据中通过自下而上的表格填充来计算出上层结构的统计信息.

5.9 总结

本章介绍了当简单的梯度下降法工作效率不高时可以采用的一些先进有效的优化方法. 最简单的方法是修正的梯度下降法，其将二阶方法中的一些想法吸收到下降过程中. 第二种方法是直接应用诸如牛顿法的二阶方法. 牛顿法可以一步求解二次优化问题，且可以利用它与局部二次近似来求解非二次问题. 如共轭梯度法和拟牛顿法等牛顿法的几种变体可用于提高计算效率. 最后，不可微优化问题在各种机器学习场景中都是具有挑战性的. 最简单的方法是将损失函数修正为可微的代理函数，其他求解的算法还包括次梯度法和近端梯度法.

5.10 拓展阅读

文献 [106] 提供了梯度下降中动量方法的讨论，而 Nesterov 梯度下降算法可参考文献 [97]. 文献 [67] 介绍了 delta-bar-delta 方法. 文献 [38] 和文献 [61] 分别提出和讨论了 AdaGrad 算法与 RMSProp 算法. 文献 [139] 讨论了另一种应用随机梯度下降的自适应算法，即 AdaDelta 算法. 该算法与二阶方法有一些相似之处，特别是与文献 [111] 中的方法类似. 文献 [72] 进一步拓展了这个思路，并讨论了 Adam 算法. 文献 [105] 则阐述了 Polyak 平均化算法.

文献 [19,66,83] 描述了几种二阶梯度优化方法 (如牛顿法), 文献 [28] 提出了应用牛顿法来实现 SVM 的方法，而文献 [80] 则提出了实现 Logistic 回归的方法. 文献 [93] 提供了关于 Logistic 回归的各种数值优化技术 (包括牛顿法) 的讨论. 共轭梯度法的基本原理在很多经典书籍和论文 (如文献 [19,59,114]) 中都有所介绍，文献 [86,87] 则讨论了神经网络的应用. 文献 [89] 将 Kronecker-系数曲率矩阵用于快速梯度下降的实现. 近似牛顿法的另一种方法是拟牛顿法[78,83], 最简单的近似则是对角黑塞矩阵[13]. 缩写 BFGS 表示 Broyden-Fletcher-Goldfarb-Shanno 算法. 作为 BFGS 的一种变体，被称为有限内存 BFGS 或 L-BFGS[78,83] 的算法则降低了所需内存. 另外一种通用的二阶方法是所谓的 Levenberg-Marquardt 算法. 关于该方法的概述，读者可参考文献 [51,83].

文献 [96,116] 讨论了不可微优化方法，而文献 [135] 介绍了用于 L_1 正则化回归的坐标下降法. 另一种变体则被称为图 Lasso 算法，读者可参考文献 [48]，其包括对次梯度法和近端梯度方法的讨论. 关于近端算法的一个具体概述可参考文献 [100]. 文献 [57] 对处理 L_1 正则化方法进行了深入讨论. 文献 [12] 则给出了迭代收缩阈值算法的一种高效版本. 文献 [81] 表述了学习排名的算法.

5.11 习题

5.1 考虑损失函数 $L = x^2 + y^{10}$. 对此实现一个简单的最陡下降算法来绘制从初始化点到最优值 0 的坐标. 考虑 (0.5,0.5) 和 (2,2) 两个不同的初始化点，以恒定的学习率绘制这两种情况下的轨迹. 你所观察的这两种情况下的算法行为是什么？

5.2 如本章图 5.2 所示，梯度下降法所采取的步骤数关于变量的缩放是非常敏感的. 该习题试图要证明牛顿法对变量的缩放是完全不敏感的. 设 $\bar{x}$ 为特定优化问题 (OP) 的优化变量集. 假设用可逆矩阵 $\boldsymbol{B}$ 通过线性变换 $\bar{y} = \boldsymbol{B}\bar{x}$ 将 $\bar{x}$ 变换为 $\bar{y}$，并就 $\bar{y}$ 考虑相同的优化问题. 目标函数可能是一个非二次函数. 证明通过迭代地应用牛顿法所得到的序列 $\bar{x}_0, \bar{x}_1, \cdots, \bar{x}_r$ 与 $\bar{y}_0, \bar{y}_1, \cdots, \bar{y}_r$ 满足如下关系：

$$\bar{y}_k = \boldsymbol{B}\bar{x}_k, \quad \forall k \in \{1, \cdots, r\}$$

[此外，关于特征的预处理和缩放在机器学习中非常常见，这也会影响优化变量的缩放.]

5.3 写出下列函数在 $x = 0$ 处的二阶泰勒展开：(a) x^2; (b) x^3; (c) x^4; (d) $\cos(x)$.

5.4 设二次函数 $f(x) = ax^2 + bx + c$，其中 $a > 0$. 众所周知，该二次函数在 $x = -\dfrac{b}{2a}$ 处取得最小值. 证明：从任何起点 $x = x_0$ 开始的单一牛顿步最终都会到达 $x = -\dfrac{b}{2a}$.

5.5 考虑目标函数 $f(x) = [x(x-2)]^2 = x^2$. 从 $x = 1$ 开始，写出该目标函数的牛顿法的更新步骤.

5.6 考虑目标函数 $f(x) = \sum\limits_{i=1}^{4} x^i$. 从 $x = 1$ 开始，写出该目标函数的牛顿法的更新步骤.

5.7 牛顿法的更新是否可能达到最大值而非最小值？证明你的答案是正确的. 在什么类型的函数中，牛顿法确保可以达到最大值而非最小值？

5.8 考虑目标函数 $f(x) = \sin(x) - \cos(x)$，其中角度 x 用弧度来表示. 从 $x = \dfrac{\pi}{8}$ 开始，写出该目标函数的牛顿法的更新步骤.

5.9 对任何非零向量 $\bar{x}$，一个强凸二次函数的黑塞矩阵 $\boldsymbol{H}$ 始终满足 $\bar{x}^{\mathrm{T}}\boldsymbol{H}\bar{x} > 0$. 对于此类问题，证明所有共轭方向都是线性无关的.

5.10 如果 d 维向量 $\bar{v}$ 与 d 个线性无关的向量的点积都为 0，证明 $\bar{v}$ 必为零向量.

5.11 本章利用最陡下降方向迭代生成共轭方向. 假设选取 d 个线性无关的向量 $\bar{v}_0, \cdots, \bar{v}_{d-1}$. 证明 (通过适当选择 β_{ti}) 可以从 $\bar{q}_0 = \bar{v}_0$ 开始生成如下形式的连续共轭方向：

$$\bar{q}_{t+1} = \bar{v}_{t+1} + \sum_{i=0}^{t} \beta_{ti}\bar{q}_i$$

讨论为什么这种方法比本章所讨论的方法更费时.

5.12 5.7.1 节中 β_t 的定义可以确保 $\bar{q}_t$ 与 $\bar{q}_{t+1}$ 共轭．本习题试图系统地证明：对任意 $i \leqslant t$，$\bar{q}_i$ 均满足 $\bar{q}_i^{\mathrm{T}} \boldsymbol{H} \bar{q}_{t+1} = 0$. [提示：在证明 (a) 后，用关于 t 的归纳法来证明 (b), (c) 和 (d).]

(a) 回顾式 (5.23)：对于一个二次损失函数 $\boldsymbol{H}\bar{q}_i = [\boldsymbol{\nabla} J(\overline{W}_{i+1}) - \boldsymbol{\nabla} J(\overline{W}_i)]/\delta_i$，其中 δ_i 取决于第 i 个步长．结合该条件与式 (5.21) 证明：对于任意 $i \leqslant t$,

$$\delta_i \left[\bar{q}_i^{\mathrm{T}} \boldsymbol{H} \bar{q}_{t+1}\right] = -\left[\boldsymbol{\nabla} J\left(\overline{W}_{i+1}\right) - \boldsymbol{\nabla} J\left(\overline{W}_i\right)\right]^{\mathrm{T}} \left[\boldsymbol{\nabla} J\left(\overline{W}_{t+1}\right)\right] + \delta_i \beta_t \left(\bar{q}_i^{\mathrm{T}} \boldsymbol{H} \bar{q}_t\right)$$

$$[\boldsymbol{\nabla} J(\overline{W}_{t+1}) - \boldsymbol{\nabla} J(\overline{W}_t)] \cdot \bar{q}_i = \delta_t \bar{q}_i^{\mathrm{T}} \boldsymbol{H} \bar{q}_t$$

(b) 证明：对 $i \leqslant t$，$\boldsymbol{\nabla} J(\overline{W}_{t+1})$ 与 $\bar{q}_i$ 正交.

(c) 证明：在 $\overline{W}_0, \cdots, \overline{W}_{t+1}$ 处的损失梯度是相互正交的.

(d) 证明：对 $i \leqslant t$，$\bar{q}_i^{\mathrm{T}} \boldsymbol{H} \bar{q}_{t+1} = 0$. [$i = t$ 的情况是平凡的.]

5.13 考虑将牛顿法用于正则化 L_2 损失 SVM 和宽数据矩阵 $\boldsymbol{D}$. 讨论如何通过对较小的矩阵求逆来提高本章中所讨论的更新步骤的效率. [提示：通过定义 $\boldsymbol{D}_w = \sqrt{\boldsymbol{\Delta}_w}\boldsymbol{D}$ 使用问题 1.2.13 中的推出等式. 符号与本章正文中的相同.]

5.14 **鞍点在高维中的激增**. 考虑单变量函数 $f(x) = x^3 - 3x$ 及其自然的如下的一个多变量扩展：

$$F(x_1, \cdots, x_d) = \sum_{i=1}^{d} f(x_i)$$

证明该函数具有一个最小值点、一个最大值点和 $2^d - 2$ 个鞍点．讨论为什么高维函数具有激增的鞍点.

5.15 给出引理 5.5.1 中关于机器学习的统一的牛顿法的更新步骤的证明.

5.16 **反向传播的准备**. 考虑一个源点为 s，而汇点为 t 的一个有向非循环图 G (即无环图). 每条边都与一个长度和一个乘数相关联．从 s 到 t 的路径长度等于路径上的边的长度之和，并且路径的乘数是相应边乘数的乘积．设计一个动态规划算法来找到：(i) 从 s 到 t 的最长路径；(ii) 从 s 至 t 的最短路径；(iii) 从 s 到 t 的平均路径长度；(iv) 从 s 到 t 的所有路径的路径乘数之和. [(iv) 是隐藏在反向传播算法背后的核心思想.]

5.17 给出一个单变量的三次目标函数的例子以及两个起点使得牛顿法分别终止于最大值和最小值.

5.18 考虑 L_1 损失最小的线性回归 $\|\boldsymbol{D}\overline{W} - \bar{y}\|_1$，其中 $\boldsymbol{D}$ 为数据矩阵，而 $\bar{y}$ 为目标向量. 讨论为什么在这种情况下不能使用牛顿法.

CHAPTER 6

第6章

约束优化与对偶

“有德行的人时常以厌倦来报复他们由于被迫屈从而带来的压抑.”

——孔子 (Confucius)

6.1 引言

许多诸如*非负回归*和*盒回归*等机器学习模型所对应的优化变量往往是受到约束的. 于是，人们需要在只满足这些约束的优化空间上寻求一个最优解. 在优化领域，通常称该空间为*可行域*. 然而，在求解约束优化问题时，不受约束的算法步骤可能会将优化变量移到该优化问题的可行域之外. 因此，直接应用梯度下降法来求解约束问题往往并不是可行的. 事实上，通常存在两种方法可以用来处理优化问题中的约束：

1. *原始方法*：原始方法是通过尝试修正梯度下降的方式来使得优化变量保持在优化问题的可行域内. 本书前面几章中所讨论的诸如梯度下降法、坐标下降法和牛顿法等许多方法都可以被修正使得优化变量保持在可行域内.

2. *对偶方法*：对偶方法是用拉格朗日松弛算法来创建一个新的*对偶问题*. 在该对偶问题中，原始约束被转变为对偶变量. 大多数情况下的对偶问题可以容易被求解. 然而，对偶问题也通常具有相应的约束条件，且可能需要使用与上面所介绍的原始方法类似的优化技术来处理约束条件.

本章将讨论处理约束优化问题的原始方法和对偶方法. 其中，一些类似惩罚的技巧也会同时被运用到原始方法和对偶方法中.

一个优化问题的复杂性取决于其约束条件的结构. 幸运的是，大多机器学习问题中只涉及两种简单的约束类型：

1. 线性约束与凸约束:线性约束具有 $F(\overline{w}) \leqslant b$ 或 $G(\overline{w}) = c$ 的形式,其中 $F(\overline{w})$ 与 $G(\overline{w})$ 均为线性函数. 凸约束是一种更广泛的约束类型,其形式为 $H(\overline{w}) \leqslant d$,其中 $H(\overline{w})$ 为一个凸函数.

2. 范数约束:许多机器学习中的问题都含有范数约束条件,这些问题往往归结为在满足范数约束条件 $\|\overline{w}\|^2 = 1$ 的情况下最小化或最大化 $F(\overline{w})$. 这类问题通常出现在谱聚类分析与主成分分析中.

本章内容安排如下. 6.2 节将介绍用来处理约束问题的投影梯度下降法. 6.3 节将讨论原始坐标下降法. 6.4 节将引入拉格朗日松弛算法. 6.5 节将探讨惩罚方法. 6.6 节将详细阐述求解范数约束的优化问题的方法. 6.7 节将比较原始方法与对偶方法的相对优势. 最后,6.8 节则为本章的总结.

6.2 投影梯度下降法

投影梯度下降法也被称为*可行方向法*. 这样的方法要么沿着保持可行性的梯度下降方向进行投影,要么立即把被移到可行域之外的优化变量"修复"为一个可行解. 在它的最基本的形式中,人们首先执行无约束最陡下降方向的更新. 然而,这样的更新步骤可能会将当前的优化变量移到可行域之外. 为此,人们需要将参数向量投影到可行域中最近的点. 该方法的关键点在于:只要优化问题具有如下的凸结构,那就可以确保这两个步骤的有效性.

定义 6.2.1 (凸集上的凸目标函数) *定义在凸集上的凸目标函数的最小化问题可表述如下:*

$$\text{最小化} \quad F(\overline{w})$$
$$\text{约束为:} \quad \overline{w} \in C$$

这里,$F(\overline{w})$ 是一个凸函数,而 C 为一个凸集.

上述定义是该类优化问题的最一般的形式. 然而,在机器学习中,所产生的集合 C 通常具有许多特殊的形式:

1. 线性约束:集合 C 是形式为 $f_i(\overline{w}) \leqslant 0$ 或 $f_i(\overline{w}) = 0$ 的线性约束的交集. 索引指标 i 取值为 $1, \cdots, m$. 每一个 $f_i(\overline{w})$ 都是一个线性函数. 注意,一个等式约束可以表示为两个线性不等式约束 $f_i(\overline{w}) \leqslant 0$ 和 $-f_i(\overline{w}) \leqslant 0$ 的交. 因此,尽管由不等式约束生成优化问题更具挑战性,但不等式约束比等式约束更具一般性.

2. 凸约束:集合 C 是形式为 $f_i(\overline{w}) \leqslant 0 (i \in 1, \cdots, m)$ 的凸约束的交集. 其中,每一个 $f_i(\overline{w})$ 都是一个凸函数 (可能包含线性函数).

我们将提出基于可行方向法的一般算法,然后在特殊情况下对其进行简化. 对于定义 6.2.1 中的一般优化形式,可行方向法重复迭代如下两个步骤:

1. 对当前参数向量 $\overline{w}$ 执行如下所示的最陡下降的更新：

$$\overline{w} \Leftarrow \overline{w} - \alpha \boldsymbol{\nabla} F(\overline{w})$$

这里 $\alpha > 0$ 是步长．然而，这一步可能将 $\overline{w}$ 移到可行集 C 之外．

2. 将 $\overline{w}$ 投影到集合 C 上与其最近的点．这步投影可以用如下的优化问题来表示：

$$\overline{w} \Leftarrow \underset{\overline{v} \in C}{\operatorname{argmin}} \|\overline{w} - \overline{v}\|^2$$

注意，只有在第一步中把 $\overline{w}$ 移到可行域外时才需要执行这一步．

迭代这两个步骤直至收敛．该方法在集合 C 为凸集且目标函数 $F(\overline{w})$ 是凸函数时才会收敛到最优解．注意，尽管结构更加简单，但第二步本身就是一个优化问题．投影梯度下降法如图 6.1 所示．

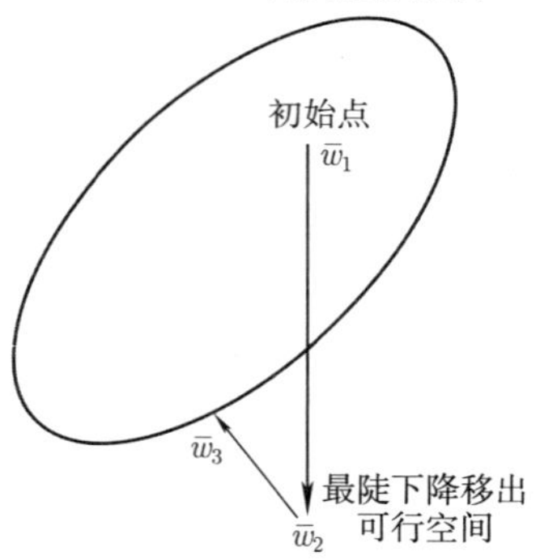

图 6.1　投影梯度下降法

6.2.1　线性等式约束

在机器学习中，经常会出现含有线性约束的某类优化问题．一个常见的例子就是*二次规划*，其目标函数包含形式为 $\overline{w}^{\mathrm{T}} \boldsymbol{Q} \overline{w} + \overline{c}^{\mathrm{T}} \overline{w}$ 的二次项以及线性项，并且约束条件是线性的．这里，$\overline{w}$ 是一个 d 维参数向量，$\overline{c}$ 为一个 d 维列向量，而 $\boldsymbol{Q}$ 是一个 $d \times d$ 矩阵．对应于线性目标函数的优化问题则被称为*线性规划*．

由于可以通过消除等式约束问题的变量来创建一个无约束目标函数，故线性等式约束问题几乎等同于该问题的无约束版本．然而，这种消除方法在不等式约束问题中是无法实行的．一般来说，无论约束是否为线性的，优化问题中的等式约束要比不等式约束更容易处理，这是因为等式约束总是允许消除变量和约束的某些子集．

观察 6.2.1　*应用高斯消元法可以消除优化问题中的一些变量和约束的子集从而可以将一个线性等式约束的优化问题转变成为一个无约束的优化问题．*

为了理解这一点，考虑满足约束条件 $x+y=1$ 的最小化目标函数 x^2+y^2. 在这种情况下，在目标函数中用 $y=1-x$ 替换 y 从而可以消除变量 y 和约束条件，从而建立如下无约束的目标函数：

$$J=x^2+(1-x)^2$$

我们容易验证 x 的最优值为 1/2. 当含有更多的约束条件时，需要利用行缩减的方法来创建行阶梯的形式. 随后，可以用剩余的所有自由变量 (其中不存在前导非零项) 来表示行缩减形式的 A (存在前导非零项). 于是，我们可以只用自由变量来表示一个无约束的目标函数. 2.5.4 节讨论了此类消除法的例子. 因此，我们可以在无约束的目标下应用简单的梯度下降法来求解优化问题.

尽管可以利用高斯消元法来消除变量 (和约束) 的子集，我们也可以应用带等式约束的投影梯度下降法来实现同样的目标. 图 6.2 展示了一个三维空间中二维超平面的示例. 注意，在这种特殊情况下，并不需要将最陡方向移动和投影这两个迭代步骤进行分离. 相反地，梯度可以直接投影到线性超平面上来执行下降. 最陡下降方向在二维超平面上所对应的投影如图 6.2 所示.

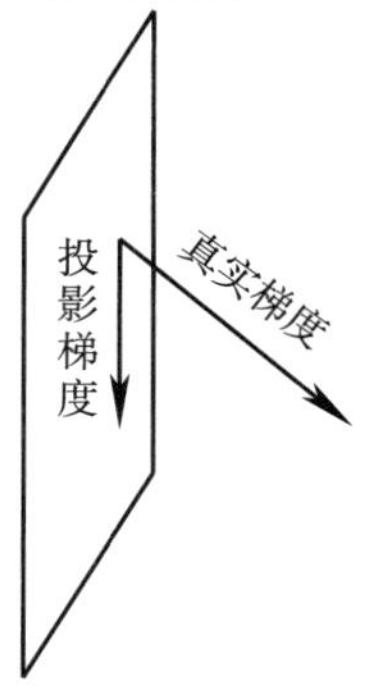

图 6.2 不同类型线性约束下的投影梯度下降

利用代数形式来表示出最陡下降方向的含义也是很有帮助的. 考虑在满足约束 $\boldsymbol{A}\overline{w}=\overline{b}$ 下来最小化 $F(\overline{w})$. 其中，$\overline{w}$ 是一个 d 维列向量，$\boldsymbol{A}$ 为一个 $m\times d$ 矩阵以及 $m\leqslant d$. 于是，向量 $\overline{b}$ 为 m 维的. 注意，条件 $m\leqslant d$ 是很重要的，否则，约束集可能是不可行的. 为了简单起见，这里假设 $\boldsymbol{A}$ 的行是线性无关的.

考虑当前参数向量 $\overline{w}=\overline{w}_t$ 的情况. 假设 $\overline{w}_t$ 已经是可行的，故它满足优化问题的约束条件 $\boldsymbol{A}\overline{w}_t=\overline{b}$. 于是，当前最陡下降方向由 $\overline{g}_t=\boldsymbol{\nabla}F(\overline{w}_t)$ 来给出. 注意，如果 $\boldsymbol{A}\overline{g}_t\neq\overline{0}$，那么点 $\overline{w}_t-\alpha\overline{g}_t$ 不再可行. 这是因为 $\boldsymbol{A}[\overline{w}_t-\alpha\overline{g}_t]=\overline{b}-\alpha\boldsymbol{A}\overline{g}_t\neq\overline{b}$. 此情况如图 6.2 所示，其中最陡下降方向远离可行超平面.

因此，为了使最陡下降步骤保持可行，我们需要将向量 $\overline{g}_t$ 投影到超平面 $\boldsymbol{A}\overline{w}_t=\overline{0}$ 上，

这样的投影向量 $\overline{g}_t'$ 满足 $\boldsymbol{A}\overline{g}_t'=0$. 换句话说，投影最陡下降步骤需要将 $\overline{g}_t$ 投影到 $\boldsymbol{A}$ 的右零空间. 为此，根据第 2 章中的定义 2.3.10，需要将 $\overline{g}_t$ 表示为 $\overline{g}_t=\overline{g}_{\|}+\overline{g}_{\perp}$，其中 $\overline{g}_{\|}$ 在与 $\boldsymbol{A}$ 的行相对应的子空间中，而 $\overline{g}_{\perp}$ 在与此空间正交互补的子空间中. 注意，$\overline{g}_{\perp}$ 在 $\boldsymbol{A}\overline{w}=\overline{0}$ 上. 图 6.2 展示了一个投影向量 $\overline{g}_t'=\overline{g}_{\perp}$ 的例子. 这里，符号 $\perp$ 指的是向量 $\overline{g}_{\perp}$ 垂直于由 $\boldsymbol{A}$ 的行所生成的子空间，尽管这样的向量实际上平行于超平面 $\boldsymbol{A}\overline{w}=\overline{0}$. 我们之所以提到这一点是因为读者在看到一个平行于超平面的向量被标记为“$\perp$”时可能会感到困惑. 特别要注意的是，即使向量与超平面 $\boldsymbol{A}\overline{w}=\overline{b}$ 平行，它也需要位于与 $\boldsymbol{A}$ 的行正交互补的子空间中. 一般来说，超平面 $\boldsymbol{A}\overline{w}=\overline{0}$ 上所有点的坐标 $\overline{w}$ 形成了一个与 $\boldsymbol{A}$ 的行正交的向量空间. 因此，符号“$\perp$”指的是线性代数中的正交互补子空间，而非更直观或几何概念中的与超平面平行. 因此，我们需要对位于 $\boldsymbol{A}$ 的行所生成的空间中的 $\overline{g}_t$ 减去分量 $\overline{g}_{\|}$. 最简单的方法是应用第 2 章中的式 (2.17) 所给出的逐行[㊀]*投影矩阵*，尽管该结果假设 $\boldsymbol{A}$ 的行是线性无关的 (即没有冗余约束). 也就是说，我们可以简单地将 $\overline{g}_t'$ 解析地表示为如下形式：

$$\overline{g}_t'=\overline{g}_t-\overline{g}_{\|}=[\boldsymbol{I}-\boldsymbol{A}^{\mathrm{T}}(\boldsymbol{A}\boldsymbol{A}^{\mathrm{T}})^{-1}\boldsymbol{A}]\overline{g}_t \tag{6.1}$$

当 $\boldsymbol{A}$ 的行不是线性无关时，我们可以对 $\boldsymbol{A}$ 应用 Gram-Schmidt 正交化，用 $\boldsymbol{A}$ 的 m 行来创造 $r<m$ 个规范正交向量 $\overline{v}_1,\cdots,\overline{v}_r$，从而实施对 $\overline{g}_t'=\overline{g}_{\perp}$ 的计算 (见 2.7.1 节)，也就是 $\overline{g}_{\perp}$ 可以由如下方式来计算得到：

$$\overline{g}_{\|}=\sum_{i=1}^{r}[\overline{g}_t\cdot\overline{v}_i]\overline{v}_i$$

$$\overline{g}_{\perp}=\overline{g}_t-\overline{g}_{\|}$$

于是，迭代投影梯度下降法的步骤可写为

1. 计算 $\overline{g}_t=\boldsymbol{\nabla}F(\overline{w}_t)$，并根据上面的讨论以及 $\overline{g}_t$ 来计算 $\overline{g}_{\perp}$.
2. 更新 $\overline{w}_{t+1}\Leftarrow\overline{w}_t-\alpha\overline{g}_{\perp}$，并将 t 增加 1.

重复上述两个步骤直至收敛. 该过程可用任何可行向量值 $\overline{w}=\overline{w}_0$ 来进行初始化. 应用第 2 章中所讨论的方法来求解方程组 $\boldsymbol{A}\overline{w}=\overline{b}$ 便可以找到初始可行值.

问题 6.2.1　*假设你在凸函数和线性等式约束的投影梯度下降中应用线搜索来确定每次迭代中的步长 α. 证明投影下降的连续方向之间总是相互正交.*

6.2.1.1　等式约束下的凸二次规划

4.6.2.1 节讨论了无约束的二次规划问题，而本部分将讨论具有等式约束的二次规划. 该二次规划问题可定义如下：

$$\text{最小化}\quad J(\overline{w})=\frac{1}{2}\overline{w}^{\mathrm{T}}\boldsymbol{Q}\overline{w}+\overline{p}^{\mathrm{T}}\overline{w}+q$$

㊀ 投影矩阵的默认定义 (见式 (2.17)) 是其总是投影在 $\boldsymbol{A}$ 的列所生成的空间中，其是一个逐列投影矩阵. 这里，我们在 $\boldsymbol{A}$ 的行所生成的空间中投影，于是通过转置矩阵 $\boldsymbol{A}$ 来修正式 (2.17).

约束为： $\boldsymbol{A}\overline{w} = \overline{b}$

这里，$\boldsymbol{Q}$ 是一个 $d \times d$ 正定矩阵，$\overline{p}$ 和 $\overline{w}$ 是 d 维列向量，而 q 是一个标量．由于目标函数的黑塞矩阵 $\boldsymbol{Q}$ 是正定的，故它是严格凸的．为了方便讨论，这里假设矩阵 $\boldsymbol{A}$ 的行是线性无关的．那么，$\boldsymbol{A}$ 是一个 $m \times d$ 矩阵且满足 $m \leqslant d$，而向量 $\overline{b}$ 是 m 维的．

4.6.2.1 节已经证明了具有正定黑塞矩阵的无约束二次规划具有闭型解．由于应用高斯方法总可以消除等式约束，故在此情况下，也应该可以求得闭型解．毕竟，严格凸函数在线性超平面 $\boldsymbol{A}\overline{w} = \overline{b}$ 上的投影也是严格凸的．然而，为了找到闭型解，我们需要利用变量变换使得目标函数包含线性可分离变量 (见 3.4.4 节)．该过程与将一个一元二次函数写为顶点形式的过程类似．首先，对 $\boldsymbol{Q}$ 分解得到 $\boldsymbol{Q} = \boldsymbol{P}\boldsymbol{\Delta}\boldsymbol{P}^{\mathrm{T}}$，其中 $\boldsymbol{\Delta}$ 是一个具有严格正元素的对角矩阵．因此，我们可以定义矩阵 $\sqrt{\boldsymbol{\Delta}}$ 和 $\boldsymbol{\Delta}^{-1/2}$．这样，目标函数可改写为如下形式：

$$\begin{aligned} J(\overline{w}) &= \frac{1}{2}\overline{w}^{\mathrm{T}}\boldsymbol{Q}\overline{w} + \overline{p}^{\mathrm{T}}\overline{w} + q \\ &= \frac{1}{2}\overline{w}^{\mathrm{T}}[\boldsymbol{P}\boldsymbol{\Delta}\boldsymbol{P}^{\mathrm{T}}]\overline{w} + \overline{p}^{\mathrm{T}}\overline{w} + q \\ &= \frac{1}{2}||\sqrt{\boldsymbol{\Delta}}\boldsymbol{P}^{\mathrm{T}}\overline{w} + \boldsymbol{\Delta}^{-1/2}\boldsymbol{P}^{\mathrm{T}}\overline{p}||^2 + [q - \frac{1}{2}\overline{p}^{\mathrm{T}}\underbrace{[\boldsymbol{P}\boldsymbol{\Delta}^{-1}\boldsymbol{P}^{\mathrm{T}}]}_{\boldsymbol{Q}^{-1}}\overline{p}] \end{aligned}$$

注意到，改写后的常数项为 $q' = q - \frac{1}{2}\overline{p}^{\mathrm{T}}[\boldsymbol{P}\boldsymbol{\Delta}^{-1}\boldsymbol{P}^{\mathrm{T}}]\overline{p}$．为了处理这个常数项，我们进行如下变量变换：

$$\overline{w}' = \sqrt{\boldsymbol{\Delta}}\boldsymbol{P}^{\mathrm{T}}\overline{w} + \boldsymbol{\Delta}^{-1/2}\boldsymbol{P}^{\mathrm{T}}\overline{p} \tag{6.2}$$

该变量变换是可逆的，因为可以通过两边同时左乘 $\boldsymbol{P}\boldsymbol{\Delta}^{-1/2}$ 便可用 $\overline{w}'$ 来表示 $\overline{w}$：

$$\begin{aligned} \boldsymbol{P}\boldsymbol{\Delta}^{-1/2}\overline{w}' &= \overline{w} + \boldsymbol{P}\boldsymbol{\Delta}^{-1}\boldsymbol{P}^{\mathrm{T}}\overline{p} \\ &= \overline{w} + \boldsymbol{Q}^{-1}\overline{p} \end{aligned}$$

换句话说，$\overline{w}$ 可以用 $\overline{w}'$ 来表示为如下形式：

$$\overline{w} = \boldsymbol{P}\boldsymbol{\Delta}^{-1/2}\overline{w}' - \boldsymbol{Q}^{-1}\overline{p} \tag{6.3}$$

利用新变量 $\overline{w}'$ 来表示线性约束 $\boldsymbol{A}\overline{w} = \overline{b}$ 如下：

$$\begin{aligned} &\boldsymbol{A}\overline{w} = \overline{b} \\ &\boldsymbol{A}[\boldsymbol{P}\boldsymbol{\Delta}^{-1/2}\overline{w}' - \boldsymbol{Q}^{-1}\overline{p}] = \overline{b} \end{aligned}$$

$$\underbrace{[\boldsymbol{A}\boldsymbol{P}\boldsymbol{\Delta}^{-1/2}]}_{\boldsymbol{A}'}\overline{w}' = \underbrace{\overline{b} + \boldsymbol{A}\boldsymbol{Q}^{-1}\overline{p}}_{\overline{b}'}$$

因此得到了基于新矩阵 $\boldsymbol{A}'$ 和新向量 $\overline{b}'$ 所描述的线性约束．也就是说，我们可以按照如下方式来表述优化问题：

$$\begin{aligned}&\text{最小化}\quad J(\overline{w}') = \frac{1}{2}\|\overline{w}'\|^2 + q'\\&\text{约束为：}\quad \boldsymbol{A}'\overline{w}' = \overline{b}'\end{aligned}$$

注意，由于矩阵 $\boldsymbol{A}'$ 是由矩阵 $\boldsymbol{A}$ 乘以满秩的二次矩阵所得到的，故 $\boldsymbol{A}'$ 的行也是线性无关的．这就是 2.8 节中所讨论的优化问题，其中可用矩阵 $\boldsymbol{A}'$ 的右逆来求得一个解 $\overline{w}'$：

$$\overline{w}' = \boldsymbol{A}'^{\mathrm{T}}(\boldsymbol{A}'\boldsymbol{A}'^{\mathrm{T}})^{-1}\overline{b}' \tag{6.4}$$

根据原始系数和优化变量而言，这又意味着什么呢？事实上，我们通过替换 $\boldsymbol{A}' = \boldsymbol{A}\boldsymbol{P}\boldsymbol{\Delta}^{-1/2}$ 就可以得到 $\boldsymbol{A}'\boldsymbol{A}'^{\mathrm{T}} = \boldsymbol{A}(\boldsymbol{P}\boldsymbol{\Delta}^{-1}\boldsymbol{P}^{\mathrm{T}})\boldsymbol{A}^{\mathrm{T}} = \boldsymbol{A}\boldsymbol{Q}^{-1}\boldsymbol{A}^{\mathrm{T}}$．于是，根据原始系数可获得 $\overline{w}$：

$$\begin{aligned}\overline{w} &= \boldsymbol{P}\boldsymbol{\Delta}^{-1/2}\overline{w}' - \boldsymbol{Q}^{-1}\overline{p}\\&= \boldsymbol{P}\boldsymbol{\Delta}^{-1/2}[\boldsymbol{\Delta}^{-1/2}\boldsymbol{P}^{\mathrm{T}}\boldsymbol{A}^{\mathrm{T}}(\boldsymbol{A}\boldsymbol{Q}^{-1}\boldsymbol{A}^{\mathrm{T}})^{-1}\overline{b}'] - \boldsymbol{Q}^{-1}\overline{p}\\&= \boldsymbol{Q}^{-1}\boldsymbol{A}^{\mathrm{T}}[\boldsymbol{A}\boldsymbol{Q}^{-1}\boldsymbol{A}^{\mathrm{T}}]^{-1}\overline{b}' - \boldsymbol{Q}^{-1}\overline{p}\\&= \boldsymbol{Q}^{-1}\{\boldsymbol{A}^{\mathrm{T}}[\boldsymbol{A}\boldsymbol{Q}^{-1}\boldsymbol{A}^{\mathrm{T}}]^{-1}[\overline{b} + \boldsymbol{A}\boldsymbol{Q}^{-1}\overline{p}] - \overline{p}\}\end{aligned}$$

进一步，我们也可以将此解表示为如下形式：

$$\overline{w} = -\boldsymbol{Q}^{-1}\overline{p} + \underbrace{\boldsymbol{Q}^{-1}\boldsymbol{A}^{\mathrm{T}}[\boldsymbol{A}\boldsymbol{Q}^{-1}\boldsymbol{A}^{\mathrm{T}}]^{-1}[\overline{b} + \boldsymbol{A}\boldsymbol{Q}^{-1}\overline{p}]}_{\text{约束带来的调整}} \tag{6.5}$$

正如 4.6.2.1 节 (符号略有不同) 所讨论的，该问题的无约束版本的解为 $-\boldsymbol{Q}^{-1}\overline{p}$. 这与上述解的第一部分相同，而第二部分是等式约束所产生的调整．值得注意的是，调整中包含 $\overline{b}-\boldsymbol{A}[\overline{z}]$，其中 $\overline{z} = -\boldsymbol{Q}^{-1}\overline{p}$ 为无约束问题的解．换句话说，对于无约束解的调整也直接取决于无约束解与可行域之间的距离．

6.2.1.2 应用：等式约束下的线性回归

人们总是可以找到等式约束下的凸二次规划问题的闭型解，这意味着等式约束下的最小二乘回归问题也可以被解析求解．毕竟，线性回归的目标函数也是一个凸二次函数．考虑含有特征变量的 $n \times d$ 数据矩阵 $\boldsymbol{D}$ 以及 n 维响应向量 $\overline{y}$. 假设我们对数据在一些特定方

面的了解从而得到 d 维系数向量 $\overline{w}$ 满足线性约束条件 $\boldsymbol{A}\overline{w}=\overline{b}$. 这里，$\boldsymbol{A}$ 是一个 $m\times d$ 矩阵且满足 $m\leqslant d$，而 $\overline{b}$ 为一个 m 维向量. 在这种情况下，所考虑的优化问题可以表示为

$$\begin{aligned}&\text{最小化}\quad J(\overline{w})=\frac{1}{2}\|\boldsymbol{D}\overline{w}-\overline{y}\|^2+\frac{\lambda}{2}\|\overline{w}\|^2\\&\text{约束为：}\quad \boldsymbol{A}\overline{w}=\overline{b}\end{aligned}$$

上面优化问题中的目标函数的确与 6.2.1.1 节中的凸二次规划的目标函数具有相同的形式. 于是，我们可以利用式 (6.5) 中的闭型解来求解上述约束优化问题. 一个关键点在于要将优化问题转化为与此相同的表示形式，我们将其留作一个练习.

问题 6.2.2 证明：通过在式 (6.5) 中使用 $\boldsymbol{Q}=\boldsymbol{D}^{\mathrm{T}}\boldsymbol{D}+\lambda\boldsymbol{I}$ 和 $\overline{p}=\overline{\boldsymbol{D}}^{\mathrm{T}}\overline{y}$，等式约束下线性回归的解与 6.2.1.1 节中二次规划问题的解具有相同的形式.

6.2.1.3 应用：等式约束下的牛顿法

牛顿法可应用于任何具有线性等式约束的凸目标函数 (甚至目标函数不是二次的). 整体的思路与第 5 章所讨论的思路相同. 我们需要最小化满足等式约束 $\boldsymbol{A}\overline{w}=\overline{b}$ 的任意凸函数 $J(\overline{w})$. 其中，$\boldsymbol{A}$ 是一个 $m\times d$ 矩阵，而 $\overline{w}$ 为一个 d 维优化向量. 牛顿法首先将 $\overline{w}=\overline{w}_0$ 初始化为超平面 $\boldsymbol{A}\overline{w}=\overline{b}$ 上的一个可行点. 然后，从 $t=0$ 开始，迭代地执行如下步骤：

1. 以 $\overline{w}=\overline{w}_t$ 为中心计算函数 $J(\overline{w})$ 的二阶泰勒近似 (见 1.5.1 节).
2. 对泰勒近似应用式 (6.5) 来计算 $\overline{w}_{t+1}$.
3. 将 t 增加 1 后返回第 1 步.

注意，二阶泰勒近似总是可以表示为式 (6.5) 所示的形式，故可以直接写出其闭型解. 这种迭代方法收敛到最优解所用的步骤要比梯度下降法更少.

6.2.2 线性不等式约束

线性不等式约束要比线性等式约束更难以处理，这是因为我们不能再使用高斯消元法同时消除部分变量和约束集. 然而，我们可以通过构造条件梯度优化问题来处理不等式约束. 设 $\overline{w}_t$ 为参数向量的当前值，我们希望将其移动到一个新的值 $\overline{w}_{t+1}$ 使得在满足可行性约束的同时目标函数的值尽可能小. 对目标函数进行一阶泰勒展开可近似得到 $\overline{w}_{t+1}$ 的值：

$$\begin{aligned}&\overline{w}_{t+1}=\underset{\overline{w}}{\operatorname{argmin}}\,\underbrace{F(\overline{w}_t)+[\nabla F(\overline{w}_t)]\cdot[\overline{w}-\overline{w}_t]}_{\text{一阶泰勒展开}}\\&\text{约束为：}\quad \boldsymbol{A}\overline{w}\leqslant\overline{b}\end{aligned}$$

这里需要注意的是，我们正将一个优化问题作为另一个优化问题的子问题来求解，那么显然子问题必须更加简单才有意义. 事实证明，这里的子问题的确比原问题简单得多，因为

它是一个线性规划问题，即它的目标函数和约束都是线性的. 使用现成的计算器就可以有效地求解此类问题，而读者可参考文献 [16] 用来了解线性优化的相关细节. 因此，条件梯度法只需简单地反复求解上述优化问题直至收敛.

上述优化表述的主要问题是，由于使用在 $\overline{w}_t$ 处的瞬时梯度来确定 $\overline{w}_{t+1}$，故在最小化目标函数时，不一定会得到最优解. 显然，从 $\overline{w}_t$ 移动到 $\overline{w}_{t+1}$ 时，梯度会发生变化，但在靠近 $\overline{w}_{t+1}$ 时，对应的目标函数甚至可能开始变差. 我们可以按如下方式来部分解决这个问题. 首先，通过求解上述优化问题来找到 $\overline{w}_{t+1}$ 的一个暂定值. 此时，我们仅获得移动方向 $\overline{q}_t = \overline{w}_{t+1} - \overline{w}_t$. 随后，修正更新步骤为 $\overline{w}_t + \alpha_t \overline{q}_t$，其中利用线搜索来选择 α_t. 然而，所选择的 α_t 需要同时确保更新后解的可行性和最优解的存在性.

6.2.2.1 特例：盒约束

盒约束经常出现在机器学习模型中，其为线性约束 $\boldsymbol{A}\overline{w} \leqslant \overline{b}$ 的一个特例. 所有盒约束均具有 $l_i \leqslant w_i \leqslant u_i$ 的形式. 因此，可行域是 d 维空间中的一个超立方体 (尽管当 $l_i = -\infty$ 或 $u_i = \infty$ 时，盒约束所对应的可行域可能是一个开集). 由于盒约束可以轻松地将一个不可行解投影到盒上与其最近的点，故其相对容易被处理. 图 6.3 展示了不满足盒约束的例子. 在每种情况下，只需将不满足约束的变量值设置为边界即可得到盒上与该变量最近的点. 图 6.3 给出了两种情况. 第一种情况是梯度下降步骤只不满足一个约束；而第二种情况是梯度下降步骤不满足两个约束. 无论何种情况都通过投影步骤将不满足约束的变量值设置为其边界. 具体的计算算法如下所示：

1. 执行梯度下降步骤 $\overline{w} \Leftarrow \overline{w} - \alpha[\boldsymbol{\nabla} F(\overline{w})]$.

2. 在 $\overline{w}$ 中查找不满足区间边界 (盒约束) 的分量，然后将分量值设置为不满足区间的端点.

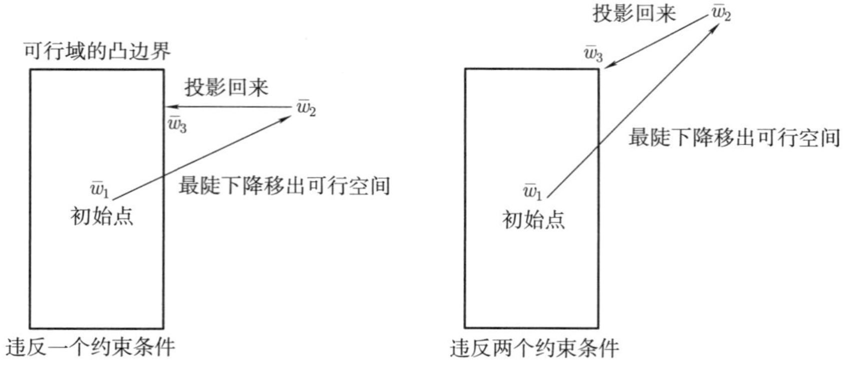

图 6.3 不满足盒约束的情况

迭代以上两个步骤直至收敛. 注意，算法必须在可行盒内选择初始化的点.

问题 6.2.3 (盒约束下的线性回归) 线性回归问题需要最优化如下的目标函数:

$$J = \|\boldsymbol{D}\overline{w} - \overline{y}\|^2$$

这里, $\boldsymbol{D}$ 是一个 $n \times d$ 数据矩阵, $\overline{w} = [w_1, \cdots, w_d]^{\mathrm{T}}$ 为由优化变量形成的向量, 而 $\overline{y}$ 是一个 n 维响应列向量. 假设对每个优化变量 w_i 增加盒约束 $l_i \leqslant w_i \leqslant u_i$. 讨论在这种情况下将如何应用投影梯度下降法.

支持向量机的对偶问题也是一个盒约束下的凸优化问题. 我们将在 6.4.4.1 节讨论该问题.

问题 6.2.4 你想要将 L_2 损失 SVM 作为目标函数 (见本书 4.8.2 节). 然而, 已知问题中的所有系数都是非负的 (可能是因为特征与类标签之间存在已知的正相关性). 讨论你如何求解此 L_2-SVM 优化问题.

6.2.2.2 执行投影梯度下降的一般条件

盒约束表示一种简单的情况. 在此情况下, 利用约束冲突可以相对容易地找到最近的投影点. 我们所需要做的就是将所有变量设置为盒上与其最接近的可行点. 对于盒约束, 这相当于找与当前点最近的点使得所有不满足的盒约束以等式成立.

这种方法在盒约束情况下的成功实现启发人们是否可以将该方法应用于一般的情况. 也就是说, 考虑约束条件 $\boldsymbol{A}\overline{w} \leqslant \overline{b}$ 下最小化 $J(\overline{w})$ 的问题. 假设我们已经应用无约束梯度下降法将一个可行点 $\overline{w}_t$ 移到一个 (可能是不可行的) 点 $\overline{w}_{t+1}$. 设约束冲突的子集为 $\boldsymbol{A}_v\overline{w} \leqslant \overline{b}_v$, 其中 $\boldsymbol{A}_v$ 与 $\overline{b}_v$ 是通过从 $\boldsymbol{A}$ 和 $\overline{b}$ 中提取相应的行来分别获得的. 在盒约束的情况下, 我们能简单地找到离 $\overline{w}_{t+1}$ 最近的点 $\overline{w}$ 且满足约束 $\boldsymbol{A}_v\overline{w} = \overline{b}_v$ 吗? 不幸的是, 当 $\boldsymbol{A}_v$ 的行为线性相关时, 答案是否定的. 事实上, 盒约束意味着所有背离的超平面都是相互正交的, 故上述情况不会出现. 此外, 由于可以应用高斯消元法消除线性相关约束, 于是该情况也不会出现在线性等式约束中. 然而, 在处理线性不等式约束时, 人们却不能应用这种消除方法.

我们将举一个二维空间中凸区域的例子来进行说明为什么处理线性相关的不等式约束会带来一定的挑战性. 该凸区域如图 6.4 所示, 其由 6 个不等式约束来构成. 注意到, 在二维空间中, 任何三个约束都是线性相关的. 在图 6.4 中, 当这些约束线性无关时, 可行域外的点可以投影回违反约束的交集中最近的点. 该情况如图 6.4 的左侧的和中间的图所示. 然而, 在图 6.4 的右图中, 它违反了三个线性相关的约束. 糟糕的是, 这些约束并不相交, 而仅选择其中两个约束将导致一个不可行解. 总之, 我们有如下的观察:

观察 6.2.2 当矩阵 $\boldsymbol{A}$ 的行向量线性无关时, 求解约束条件 $\boldsymbol{A}\overline{w} \leqslant \overline{b}$ 下最小化 $J(\overline{w})$ 的优化问题要简单得多. 我们可以简单地应用投影梯度下降法来求解: 首先进行无约束梯度下降, 然后找出约束冲突, 并投影到以严格等式满足违反约束中最近的点.

换句话说, 从一个可行点 $\overline{w}_0$ 出发, 然后从 $t = 0$ 开始执行下面的梯度下降步骤:

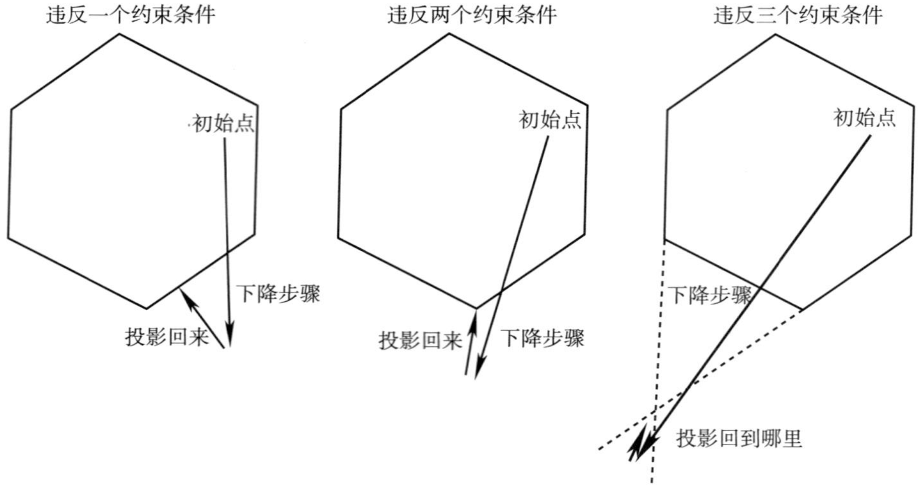

图 6.4 线性相关下的约束冲突会带来挑战

1. 执行 $\overline{w}'_{t+1} \Leftarrow \overline{w}_t - \alpha_t \boldsymbol{\nabla} J(\overline{w}_t)$，其中 α_t 为步长.

2. 提取违反约束 $\boldsymbol{A}_v \overline{w} \leqslant \overline{b}_v$. 由于 $\boldsymbol{A}$ 的行向量是相互线性无关的，故设 $\boldsymbol{A}_v$ 的行向量线性无关.

3. 更新 $\overline{w}_{t+1} \Leftarrow \overline{w}'_{t+1} + \boldsymbol{A}_v^{\mathrm{T}}(\boldsymbol{A}_v \boldsymbol{A}_v^{\mathrm{T}})^{-1}[\overline{b}_v - \boldsymbol{A}_v \overline{w}'_{t+1}]$. 注意到，在上述等式两边同时乘以 $\boldsymbol{A}_v$ 则可以证明 $\boldsymbol{A}_v \overline{w}_{t+1}$ 与 $\overline{b}_v$ 完全相等. 该更新还可以通过对 $\overline{w}'_{t+1}$ 应用原点转换来获得. 这样可以利用 2.8 节的右逆结果，然后可以把 $\overline{w}'_{t+1}$ 加回去. 这里需要将原点转换为 $\overline{w}'_{t+1}$，这是因为想在 $\boldsymbol{A}_v \overline{w} = \overline{b}_v$ 上找到最接近 $\overline{w}'_{t+1}$ 的点，而 2.8 节中的右逆则找到了 $\boldsymbol{A}_v \overline{w} = \overline{b}_v$ 最简洁的解 (即最接近原点的点). 然而，以这种方式转换原点会将向量 $\overline{b}_v$ 转换为 $[\overline{b}_v - \boldsymbol{A}_v \overline{w}'_{t+1}]$，故平移空间中的权重向量为 $\boldsymbol{A}_v^{\mathrm{T}}(\boldsymbol{A}_v \boldsymbol{A}_v^{\mathrm{T}})^{-1}[\overline{b}_v - \boldsymbol{A}_v \overline{w}'_{t+1}]$. 再加上 $\overline{w}'_{t+1}$ 将生成更新.

4. 将 t 增加 1 并返回第 1 步.

迭代这些步骤直至收敛. 这里的关键在于投影不会导致违反其他已经满足的约束，这是因为当约束为线性无关时，凸集中的最近点一定位于所有违反约束的交集上.

一个重要问题是如何在矩阵 $\boldsymbol{A}$ 的行不是线性无关的时候应用这种方法. 我们观察到，只需要每个违反集 $\boldsymbol{A}_v$ 包含线性无关的行即可，而不需要更严格地要求完整集 $\boldsymbol{A}$ 满足这一点. 因此，即使 $\boldsymbol{A}$ 的行之间存在适度的线性相关性，只要 $\boldsymbol{A}_v$ 不包含线性相关行时，该方法也通常有效. 阻止 $\boldsymbol{A}_v$ 的行线性无关的一种方法是对 α_t 使用线搜索并限制步长，从而使得违反的约束永远不会是线性相关的. 通过这种修正，我们可以直接应用上述方法. 然而，尽管该方法在实际中总是效果良好的，但它并不能确保收敛到最优解.

6.2.2.3　序列线性规划

到目前为止，我们只考虑了具有 $\boldsymbol{A}\overline{w} \leqslant \bar{b}$ 形式的线性不等式约束. 然而，当约束不是线性时，例如也许是形如 $f_i(\overline{w}) \leqslant 0$（$i \in \{1, \cdots, m\}$）的任意凸约束时，那我们该如何处理约束呢? 假设目标函数 $F(\overline{w})$ 为凸的. 此时，人们不仅可以将目标函数线性化，还可以将约束进行线性化. 换句话说，我们可以对目标函数和约束都进行一阶泰勒展开. 因此，如果优化问题的当前可行解为 $\overline{w}_t$，则可以应用如下线性化模型来求解问题：

$$\overline{w}_{t+1} = \underset{\overline{w}}{\operatorname{argmin}} \underbrace{F(\overline{w}_t) + [\nabla F(\overline{w}_t)] \cdot [\overline{w} - \overline{w}_t]}_{\text{一阶泰勒展开}}$$

$$\text{约束为:} \quad \underbrace{f_i(\overline{w}_t) + \nabla f_i(\overline{w}_t)[\overline{w} - \overline{w}_t]}_{\text{泰勒展开}} \leqslant 0, \quad \forall i \in \{1, \cdots, m\}$$

然而，这种方法会产生一个问题，即线性约束未必会构成一个有界凸区域. 例如，约束是半径为 1 的有界圆，即为 $\overline{w}^2 \leqslant 1$，则其线性化的近似为 $\overline{w}_t^2 + 2\overline{w}_t(\overline{w} - \overline{w}_t) \leqslant 1$. 换句话说，线性化约束只是通过 $\overline{w}_t$ 的同心圆的切线，而可行空间则包括含有圆心的一侧 (在这种情况下是原点). 根据目标函数的性质，由于切线一侧的可行域是无界的，故子问题的解可能无界. 处理此问题方法有很多，例如，添加额外的盒约束来限制步长等. 但是，即使添加盒约束，有时也可能导致 $\overline{w}_{t+1}$ 的值不满足原约束. 在这种情况下，一种解决的方案是在 $\overline{w}_t$ 与 $\overline{w}_{t+1}$ 之间的区域上执行线搜索并缩短步长，从而确保解的可行性. 然而，也还有很多其他方法可以处理该类问题，文献 [99] 中就给出了详细的讨论.

6.2.3　序列二次规划

序列二次规划是序列线性规划的一个自然推广，即对每个点应用二阶泰勒展开来代替在目标函数中进行一阶泰勒展开. 此外，为了确保问题简单且合理，我们将约束进行线性化. 如果计划应用拉格朗日松弛法，那么线性约束下的二次规划问题的解会相对简单. 这些方法将在本章中后面的章节中进行详细讨论，其中习题 6.7 给出了如何在二次规划中应用这些方法.

考虑我们尝试最小化凸函数 $F(\overline{w})$ 且满足凸约束 $f_i(\overline{w}) \leqslant 0$（$i \in \{1, \cdots, m\}$）这样的优化问题. 此外，我们还假设存在形如 $h_i(\overline{w}) = 0$（$i \in \{1, \cdots, k\}$）的等式约束. 于是，该问题的二阶近似可表述如下：

$$\overline{w}_{t+1} = \underset{\overline{w}}{\operatorname{argmin}} \underbrace{F(\overline{w}_t) + [\nabla F(\overline{w}_t)] \cdot [\overline{w} - \overline{w}_t] + [\overline{w} - \overline{w}_t]^{\mathrm{T}} \boldsymbol{H}_F^t [\overline{w} - \overline{w}_t]}_{\text{二阶泰勒展开}}$$

$$\text{约束为:} \quad \underbrace{f_i(\overline{w}_t) + \nabla f_i(\overline{w}_t)[\overline{w} - \overline{w}_t]}_{\text{一阶泰勒展开}} \leqslant 0, \quad \forall i \in \{1, \cdots, m\}$$

$$\underbrace{h_i(\overline{w}_t) + \boldsymbol{\nabla} h_i(\overline{w}_t)[\overline{w} - \overline{w}_t]}_{\text{一阶泰勒展开}} = 0, \quad \forall i \in \{1, \cdots, k\}$$

其中，$\boldsymbol{H}_F^t$ 表示 $F(\cdot)$ 在 $\overline{w}_t$ 处的黑塞矩阵. 由于只涉及凸函数，故该黑塞矩阵是半正定的. 然而，如果黑塞矩阵 $\boldsymbol{H}_F^t$ 为正定的，即使没有约束条件，该问题也会有一个有界全局极小值. 虽然作为子问题的二次规划比线性规划更难求解，但它们已经比许多其他线性规划更容易求解 (见习题 6.7). 事实上，后续所讨论的诸如拉格朗日松弛等许多方法可以有效地求解凸二次规划问题. 目前主要的问题是，线性化问题的解对于问题的原始约束来说可能是不可行的. 我们推荐读者参考文献 [21,99] 来详细了解相关的求解方法. 特别地，文献 [99] 讨论的一种实用的线搜索方法对该情况非常有用.

6.3 原始坐标下降法

4.10 节讨论了坐标下降法，其基本想法是一次优化一个变量. 考虑一个关于 d 维向量变量的目标函数 $F(\overline{w})$. 在坐标下降法中，我们优化向量 $\overline{w}$ 中的单个分量 w_i，并在第 t 次迭代中将所有其他参数值固定为 $\overline{w}^t$. 这就导致了坐标下降法的第 t 次迭代具有如下的更新：

$$\overline{w}^{t+1} = \underset{[\overline{w}\text{ 的第 } i \text{ 个分量}]}{\operatorname{argmin}} F(\overline{w}), \quad [\text{除去 } w_i \text{ 的所有参数值固定为 } \overline{w}^t]$$

这里，i 为第 i 个分量的指标，而其他分量分别固定为 $\overline{w}^t$ 中对应的值. 一次循环则优化一个变量直至算法收敛. 如果在优化每个变量的循环中目标函数值没有得到任何改善，则说明对应的解是全局最优的. 然而在块坐标下降中，变量块在给定的时间进行优化，一次一个循环通过不同的块.

坐标下降法特别适用于具有约束的优化问题，这是因为它一次优化一个变量会大大简化所产生的子问题. 事实上，优化问题会降维成单变量的情况. 尽管块坐标下降法不会退化为单变量优化问题，但它仍然会显著简化原优化问题. 由于一些变量值在迭代中是固定的，故应用块坐标下降法通常在迭代中可以消去将不同变量联系在一起的约束. 4.10.3 节讨论的 k 均值算法便是该方法的一个具体例子.

6.3.1 凸集上凸优化的坐标下降法

坐标下降法将多元优化问题简化为一系列的单变量优化问题. 当在凸集上使用坐标下降法时，任何单变量凸集都是一个连续区间，相应的变量 w 可以用盒约束表示为 $l_i \leqslant w \leqslant u_i$. 由凸集的定义可知，任何一个凸集使得通过它的任何一条线都必须恰好有一个属于该集的连续区域. 于是，如图 6.5 所示，如果一条水平线或垂直线穿过一个凸集，则可行域对应于一个连续区间.

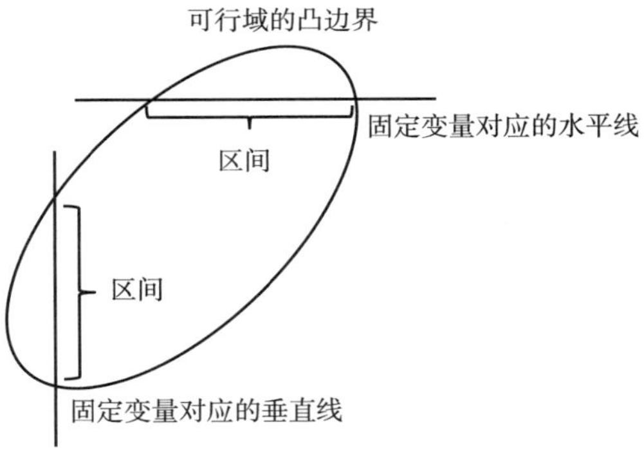

图 6.5　当可行域为凸的时候，固定变量会对剩余变量产生区间约束

例如，试图在一个三维可行域上优化某个函数 $F(w_1, w_2, w_3)$，其中可行域由如下约束来定义：

$$w_1^2 - w_1 \cdot w_2 + w_2^2/4 + 3w_2 \cdot w_3 + 4w_3^2 \leqslant 4$$
$$2w_1 + w_2 - 3w_3 \leqslant 4$$

注意到，该约束既包含二次约束又包含线性约束，因此该问题比前文所考虑的线性约束问题更复杂．现在，执行坐标下降法：固定 w_2 和 w_3 值的同时，试图计算最优值 w_1 使得 $F(w_1, w_2, w_3)$ 达到最小．将 w_2 和 w_3 的值分别设为 2 和 0．在上式中代入 w_2 和 w_3 的值则可得约束为

$$w_1^2 - 2w_1 - 3 = (w_1 - 3)(w_1 + 1) \leqslant 0$$
$$w_1 \leqslant 1$$

第一个约束意味着 $w_1 \in [-1, 3]$，而第二个约束意味着 $w_1 \in (-\infty, 1]$．结合这些约束可知，变量 w_1 必须位于 $[-1, +1]$．进一步，目标函数可简化为 $G(w_1) = F(w_1, 2, 0)$．综上所述，该子问题可以被简化为在一个区间上优化一元凸函数 $G(w_1)$．

那么，如何在区间上优化一个一元凸函数呢？一种可能的方法是简单地令凸函数关于唯一被优化的变量 w 的导数为 0，并通过求解所得方程得到变量 w 的值．此时，我们必须评估区间的两个端点所对应的目标函数值来检验最优值是否位于两个端点中的一个．由于被优化函数的凸性，该简单方法是可行的．或者，我们可以应用 4.4.3 节所介绍的线搜索法来迭代循环变量直至算法收敛．

根据目标函数和优化变量的性质，坐标下降法中的一元子问题通常非常简单．因此，即使面对任意一个复杂的问题，也可尝试应用坐标下降法将问题优化．在一些情况中，由于子问题通常比原问题更容易求解，故坐标下降法甚至可以为诸如混合整数规划等一些复杂

的优化问题提供良好的启发式的求解方案. 一个具体例子便是 k 均值算法，对变量有整数约束 (见 4.10.3 节). 不过，例如习题 6.19，坐标下降法也可能会失败.

6.3.2 机器学习中的应用：盒回归

盒回归问题是对线性回归问题的一种改进，其对线性回归问题中的回归变量添加约束. 问题 6.2.3 明显说明可以应用投影梯度下降法来求解盒回归. 然而，本小节将应用坐标下降法来求解盒回归.

具有盒约束的线性回归问题可以表示如下：

$$\text{最小化}\quad J=\frac{1}{2}\|\boldsymbol{D}\overline{w}-\overline{y}\|^2+\frac{\lambda}{2}\|\overline{w}\|^2$$

$$\text{约束为：}\quad l_i\leqslant w_i\leqslant u_i,\quad \forall i\in\{1,\cdots,d\}$$

这里，$\boldsymbol{D}$ 是一个 $n\times d$ 特征值矩阵，$\overline{w}=[w_1,\cdots,w_d]^{\mathrm{T}}$ 是一个的 d 维系数向量，而 $\overline{y}=[y_1,\cdots,y_n]^{\mathrm{T}}$ 为一个 n 维响应值向量.

在无约束的线性回归中，我们可以利用第 4 章中的问题 4.10.1 所给出的如下公式来更新 w_i 的值：

$$w_i\Leftarrow\frac{w_i\|\overline{d}_i\|^2+\overline{d}_i^{\mathrm{T}}\overline{r}}{\|\overline{d}_i\|^2+\lambda}$$

这里 $\overline{r}=\overline{y}-\boldsymbol{D}\overline{w}$ 是 n 维残差向量. 在此情况下，这里唯一的区别是，为了将变量带回到相关的边界上，我们在每次坐标下降步骤后使用了额外的截断算子 $T_i(\cdot)$.

$$w_i\Leftarrow T_i\left[\frac{w_i\|\overline{d}_i\|^2+\overline{d}_i^{\mathrm{T}}\overline{r}}{\|\overline{d}_i\|^2+\lambda}\right]$$

其中截断算子 $T_i(\cdot)$ 定义如下：

$$T_i(x)=\begin{cases}l_i, & x<l_i\\ x, & l_i\leqslant x\leqslant u_i\\ u_i, & u_i<x\end{cases}$$

也就是说，在坐标更新后，每个坐标立即被其上下界所截断. 此外，我们还观察到：

观察 6.3.1　非负最小二乘回归是盒回归的一个特例，其中所有系数的下界都为零，但并没有上界. 非负回归作为上述算法的一个特例可以被直接来执行.

6.4 拉格朗日松弛与对偶

拉格朗日松弛是一种放松优化问题中的约束条件，且同时在目标函数中惩罚违反约束的方法．惩罚的大小取决于所谓的*拉格朗日乘子*．对于一个最小化问题，无论拉格朗日乘子的值是多少，拉格朗日松弛总是提供问题最优解的一个下界．这里的关键点是，对于诸如具有凸约束和凸目标函数的某些优化问题，我们可以通过在松弛问题上选择适当的乘子来得到原问题的精确最优解．

考虑一个具有如下形式的最小化问题：

$$P = \min\ F(\overline{w})$$

$$\text{约束为：}\quad f_i(\overline{w}) \leqslant 0, \quad \forall i \in \{1, \cdots, m\}$$

该问题用优化术语被称为*原始问题*，其中我们引入符号 P 来表示其最优解．当函数 $F(\overline{w})$ 和每个 $f_i(\overline{w})$ 均为凸函数时，拉格朗日松弛法就特别有效．我们使用*非负*拉格朗日乘子 $\overline{\alpha} = [\alpha_1, \cdots, \alpha_m]^{\mathrm{T}}$ 来定义拉格朗日松弛形式：

$$L(\overline{\alpha}) = \min_{\overline{w}}\ F(\overline{w}) + \sum_{i=1}^{m} \alpha_i f_i(\overline{w})$$

$$\text{约束为：}\quad \text{无关于 } \overline{w} \text{ 的约束}$$

上面的问题表述中用符号 $L(\overline{\alpha})$ 来表示松弛问题在特定参数向量 $\overline{\alpha}$ 处的解．注意，最小化只针对关于 $\overline{w}$ 中的参数，而非针对 $\overline{\alpha}$ 中的参数．事实上，$\overline{\alpha}$ 是固定的 (故其为 $L(\overline{\alpha})$ 中参数的一部分)．需要注意的是，为确保违反约束会受到惩罚，每个 α_i 都是非负的．当违反约束时，有 $f_i(\overline{w}) > 0$，并且惩罚 $\alpha_i f_i(\overline{w})$ 也将是非负的．虽然 $L(\overline{\alpha})$ 定义在 $\overline{\alpha}$ 的任何值上，但考虑 $\overline{\alpha}$ 的非负值即可．因为，如果 α_i 的值为负，则将违反第 i 个约束．

对于等式约束的情形，对拉格朗日乘子并没有任何非负性的约束．考虑下面的等式约束下的优化问题：

$$\min\quad F(\overline{w})$$

$$\text{约束为：}f_i(\overline{w}) = 0, \quad \forall i \in \{1, \cdots, m\}$$

每个等式约束可以转换为一对分别具有非负拉格朗日乘子 $\alpha_{i,1}$ 和 $\alpha_{i,2}$ 的不等式约束 $f_i(\overline{w}) \leqslant 0$ 和 $-f_i(\overline{w}) \leqslant 0$．于是，拉格朗日松弛包含形如 $f_i(\overline{w})(\alpha_{i,1} - \alpha_{i,2})$ 这样的项．代替地，我们可以视 $\alpha_i = \alpha_{i,1} - \alpha_{i,2}$ 为符号无约束拉格朗日乘子．然而，本章将主要围绕不等式约束来展开．

我们下面检验为什么拉格朗日松弛提供了原优化问题解的下界．设 $\overline{w}^*$ 为原优化问题的最优解，而 $\overline{\alpha}$ 为任意一个关于拉格朗日参数的非负向量．由于 $\overline{w}^*$ 也是原问题的可行解，

于是每个 $f_i(\overline{w}^*)$ 不再大于零. 因此“惩罚” $\alpha_i f_i(\overline{w}^*) \leqslant 0$. 换句话说，如果惩罚不为零，那么对于诸如 $\overline{w}^*$ 这样的原始可行解，惩罚会变为奖励. 于是，我们有

$$\begin{aligned}
L(\overline{\alpha}) &= \min_{\overline{w}} \; F(\overline{w}) + \sum_{i=1}^{m} \alpha_i f_i(\overline{w}) \\
&\leqslant F(\overline{w}^*) + \underbrace{\sum_{i=1}^{m} \alpha_i f_i(\overline{w}^*)}_{\leqslant 0} \quad [\overline{w}^* \text{ 对松弛形式可能并不是最优的}] \\
&\leqslant F(\overline{w}^*) = P
\end{aligned}$$

也就是说，对任意非负向量 $\overline{\alpha}$，$L(\overline{\alpha})$ 的值总是不大于原始问题的最优解. 通过在所有非负 $\overline{\alpha}$ 上最大化 $L(\overline{\alpha})$ 并用目标函数 D 来表示*对偶问题*可以加强这个上界：

$$\begin{aligned}
D &= \max_{\overline{\alpha} \geqslant 0} \; L(\overline{\alpha}) \\
&= \max_{\overline{\alpha} \geqslant 0} \min_{\overline{w}} \; [F(\overline{w}) + \sum_{i=1}^{m} \alpha_i f_i(\overline{w})]
\end{aligned}$$

于是，原始问题与对偶问题的关系可被总结如下：

$$D = L(\overline{\alpha}^*) \leqslant P$$

称上面的这种关系为*弱对偶*. 值得注意的是，拉格朗日优化问题是一个含有不交最小化变量和最大化变量的一个 minimax 问题. 最小化和最大化运算按特定顺序来进行. 对任意 minimax 优化问题来说，进行最小化和最大化运算的顺序非常重要.

问题 6.4.1　*已知一个二维函数* $G(x, y) = \sin(x + y)$. *证明*：$\min\limits_{x} \max\limits_{y} G(x, y) = 1$，*而* $\max\limits_{y} \min\limits_{x} G(x, y) = -1$.

关于在 minimax 问题中的最小化和最大化的运算顺序的影响可以用数学中的 John von Neumann 的*极大极小定理*（见文献 [37]）来形式化. 该定理给出：对于一个同时含有最小化变量和最大化变量的函数，“最小-最大”运算是“最大-最小”运算的上界. 进一步，当函数关于最小化变量是凸的，而关于最大化变量是凹的时，上面两个值的关系就会满足严格的等式关系. 例如，由图 6.6a 所示的函数 $H(x, y) = \sin(x + y)$ 关于 x 或 y 既不是凹的也不是凸的. 在这种情况下，正如问题 6.4.1 所讨论的，最小化和最大化运算的顺序很重要. 另外，图 6.6b 所给出的函数 $H(x, y) = x^2 - y^2$ 关于最小化变量 x 为凸的，而关于最大化变量 y 则是凹的. 因此，该函数只有一个鞍点，且其也是两个 minimax 问题的最优解.

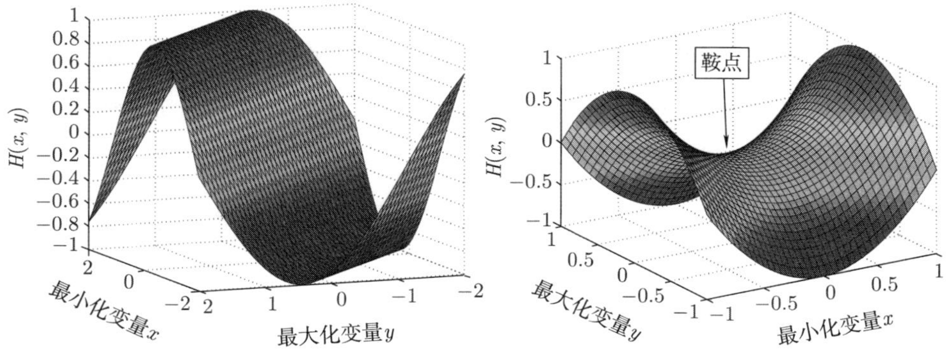

a) $H(x, y)=\sin(x+y)$
min − max > max − min

b) $H(x, y)=x^2-y^2$
min − max = max − min

图 6.6　含有单个最小化变量和单个最大化变量的两个 minimax 函数的示例. 第一个函数关于任一变量既不是凹的也不是凸的. 第二个函数关于最小化变量是凸的，而关于最大化变量是凹的，并且有一个良定的鞍点

理解了 minimax 问题中最小化和最大化运算次序的重要性，现在我们重返在拉格朗日松弛中这种运算次序会产生哪些影响. 用 $H(\overline{w},\overline{\alpha})$ 来表示拉格朗日松弛形式中的 minimax 优化函数：

$$H(\overline{w},\overline{\alpha})=F(\overline{w})+\sum_{i=1}^{m}\alpha_i f_i(\overline{w}) \tag{6.6}$$

其中, $\overline{w}$ 包含最小化变量, 而 $\overline{\alpha}$ 包含最大化变量. 当对偶问题计算 $\max\limits_{\overline{\alpha}\geqslant 0}\min\limits_{\overline{w}} H(\overline{w},\overline{\alpha})$ (其为原始问题的下界) 时, 无论原问题是否具有凸目标函数或凸约束, 调换运算顺序为 $\min\limits_{\overline{w}}\max\limits_{\overline{\alpha}\geqslant 0} H(\overline{w},\overline{\alpha})$ 通常能得到原始优化问题. 此结果总结为下面的引理：

引理 6.4.1 (minimax 问题的原始表述)　*由式 (6.6) 所给出的 $H(\overline{w},\overline{\alpha})$ 表示带约束的无松弛的原始问题的拉格朗日松弛. 那么, 无约束的 minimax 问题 $\min\limits_{\overline{w}}\max\limits_{\overline{\alpha}\geqslant 0} H(\overline{w},\overline{\alpha})$ 等价于原始无松弛问题, 且与原问题的凸结构无关.*

证明　回顾由式 (6.6) 所给出的拉格朗日目标函数 $H(\overline{w},\overline{\alpha})$. 于是，在违反了一个或多个原始约束的 $\overline{w}$ 固定值处，$\max\limits_{\overline{\alpha}\geqslant 0} H(\overline{w},\overline{\alpha})$ 的值为 ∞. 这是通过将违反约束的相应的 α_i 设置为 ∞ 而得到的. 因此，当 $\overline{w}$ 违反约束 $f_i(\overline{w})\leqslant 0$ 时，原始问题 $\min\limits_{\overline{w}}\max\limits_{\overline{\alpha}\geqslant 0} H(\overline{w},\overline{\alpha})$ 永远不会在 $\overline{w}$ 处达到 (minimax) 最优解. 换句话说, 当 $\overline{w}$ 满足每一个 $f_i(\overline{w})\leqslant 0$ 时, $\min\limits_{\overline{w}}\max\limits_{\overline{\alpha}\geqslant 0} H(\overline{w},\overline{\alpha})$ 总是有 minimax 最优解.

对任意满足每一个 $f_i(\overline{w})\leqslant 0$ 的 $\overline{w}$ 的值，由于对任意 i，$\alpha_i f_i(\overline{w})\leqslant 0$，故惩罚项

对 $H(\overline{w},\overline{\alpha})$ 的贡献是非正的.因此,对满足原始约束的任何 $\overline{w}$ 的固定值,只有将满足 $f_i(\overline{w})<0$ 的每个 i 所对应的 α_i 的值设为零时，函数 $H(\overline{w},\overline{\alpha})$ 才会关于 $\overline{\alpha}$ 取得最大化. 这确保了 $\alpha_i f_i(\overline{w})$ 的对应值为零，故在 minimax 最优解处，惩罚 $\sum_{i=1}^{m}\alpha_i f_i(\overline{w})$ 对 $H(\overline{w},\overline{\alpha})$ 的贡献为 0.

上述两个事实表明,$F(\overline{w})$ 关于原始约束的优化问题与 $\min_{\overline{w}}\max_{\overline{\alpha}\geqslant 0}H(\overline{w},\overline{\alpha})$ 的 minimax 优化问题相同. 第二个问题的最优解满足原始约束，且由于惩罚贡献为 0，故两个问题的目标函数也相同. □

关于由式 (6.6) 所给出的拉格朗日松弛 $H(\overline{w},\overline{\alpha})$，我们有如下一些重要的观察：

1. **对偶问题是一个 minimax 优化问题**：拉格朗日优化的对偶问题是基于式 (6.6) 所给出的松弛形式，其中 minimax 优化按如下特定的次序来进行：

$$D=\max_{\overline{\alpha}\geqslant 0}\min_{\overline{w}}H(\overline{w},\overline{\alpha}) \tag{6.7}$$

2. **原始问题是一个与对偶问题具有相同目标函数的 minimax 问题 (不同的优化次序)**：带约束的无松弛的原始问题也可以表示为关于式 (6.6) 中函数 $H(\overline{w},\overline{\alpha})$ 的 minimax 最优化形式，但与对偶问题的优化次序不同：

$$P=\min_{\overline{w}}\max_{\overline{\alpha}\geqslant 0}H(\overline{w},\overline{\alpha}) \tag{6.8}$$

3. **拉格朗日松弛对偶问题的解可以由数学中更一般的 minimax 定理来推导**：弱对偶结果 $D\leqslant P$ 也可以从 John von Neumann 的 minimax 优化定理中推导得到 [37]. 事实上, minimax 优化定理是针对含有一组互不相交的最小化变量和最大化变量的一般 minimax 函数而提出的 (而拉格朗日松弛就是其中的一个特例). 该定理指出最大-最小总是以最小-最大为上界，即 $D\leqslant P$. 进一步，minimax 定理还给出：当优化函数关于原始问题中的最小化变量是凸的，而对于对偶问题中的最大化变量为凹的时，这里的严格等式 $D=P$ 成立.

那么，什么类型的优化问题满足其拉格朗日松弛可以意味着原始解与对偶解之间存在严格的等式关系呢？首先，函数 $H(\overline{w},\overline{\alpha})$ 对于最大化变量是线性的，这样往往满足关于最大化变量的凹性. 其次，函数 $H(\overline{w},\overline{\alpha})$ 是 $F(\overline{w})$ 与 $f_i(\overline{w})$ $(i\in\{1,\cdots,m\})$ 的非负倍数之和. 这样，如果 $F(\overline{w})$ 与每个 $f_i(\overline{w})$ 关于 $\overline{w}$ 都是凸的，则 $H(\overline{w},\overline{\alpha})$ 关于最小化变量是凸的. 这是**强对偶**关系成立的主要先决条件：

引理 6.4.2 (强对偶) *考虑如下的优化问题:*

$$P=\min\ F(\overline{w})$$

$$\text{约束为：}\quad f_i(\overline{w})\leqslant 0,\quad \forall i\in\{1,\cdots,m\}$$

其中 $F(\overline{w})$ 和每个 $f_i(\overline{w})$ 均为凸函数. 那么，用拉格朗日松弛法所生成的对偶问题与原始问题的最优目标函数值几乎总是相同的.

这里使用“几乎总是”是因为我们还需要一个相对较弱的条件，称其为 Slater 条件. 该条件为至少存在一个严格可行点使得对每个 i 满足 $f_i(\overline{w}) < 0$. 在大多数机器学习的问题中，该条件总是自动满足. 为了表述上的方便，在后续的论述中默认此条件成立. 事实上，机器学习中的诸如支持向量机和 Logistic 回归等优化问题都满足强对偶.

6.4.1 Kuhn-Tucker 最优性条件

我们重述如下的原始-对偶 minimax 优化问题:

$$P = \min_{\overline{w}} \max_{\overline{\alpha} \geqslant 0} H(\overline{w}, \overline{\alpha}) \quad \text{(OP1)}$$
$$D = \max_{\overline{\alpha} \geqslant 0} \min_{\overline{w}} H(\overline{w}, \overline{\alpha}) \quad \text{(OP2)}$$

分别记原始优化问题和对偶优化问题为 (OP1) 与 (OP2). 无论原始优化问题是否具有凸结构，以下观察是正确的:

> 如果 $(\overline{w}, \overline{\alpha})$ 为原始 minimax 问题 (OP1) 的最优解，那么由引理 6.4.1 可得: 可行解 $\overline{w}$ 一定满足对每个 i，$f_i(\overline{w}) \leqslant 0$. 进一步，如果任何约束 $f_i(\overline{w}) \leqslant 0$ 满足严格的不等式，则设 $\alpha_i = 0$ 可确保 (OP1) 关于 $\overline{\alpha}$ 的最大化. 这样便可确保 (OP1) 的任何最优解对每个 i 均满足 $\alpha_i f_i(\overline{w}) = 0$.

条件 $\alpha_i f_i(\overline{w}) = 0$ 称为*互补松弛条件*. 数学中 (一般的) minimax 定理告诉我们: 当函数 $H(\overline{w}, \overline{\alpha})$ 关于 $\overline{w}$ 为凸的，而关于 $\overline{\alpha}$ 为凹的时，在原始和对偶 minimax 问题 [即 (OP1) 和 (OP2)] 中，最优对 $(\overline{w}, \overline{\alpha})$ 是相同的. 尽管我们只对 (OP1) 提出了互补松弛条件，但在具有凸结构的问题中，任何 (OP1) 的最优解 $(\overline{w}, \overline{\alpha})$ 也必是 (OP2) 的最优解，反之亦然. 综上所述，在此类问题中，(OP1) 和 (OP2) 必须同时满足互补松弛条件. 原始约束为 $f_i(\overline{w}) \leqslant 0$ 和相应的对偶约束为 $\alpha_i \geqslant 0$. 互补松弛条件意味着这些互补条件中最多有一个可以是“松弛的”，即满足严格的不等式.

另一个需要满足的重要条件是在对偶问题中，$H(\overline{w}, \overline{\alpha})$ 关于原始变量 $\overline{w}$ 的梯度需设为 0，这是因为我们在 $\overline{\alpha}$ 的每个固定值处最小化该目标函数. 这就得到了如下的*稳定性条件*:

$$\nabla_{\overline{w}} H(\overline{w}, \overline{\alpha}) = \nabla F(\overline{w}) + \sum_{i=1}^{m} \alpha_i \nabla f_i(\overline{w}) = \overline{0}$$

事实上，Kuhn-Tucker 条件由原可行条件、对偶可行条件、互补松弛条件和稳定性条件来构成. 对于凸目标函数而言，这些条件表示一阶条件，其也是最优性的充分必要条件:

定理 6.4.1 (Kuhn-Tucker 最优性条件) 考虑一个优化问题，我们希望在满足形如 $f_i(\overline{w}) \leqslant 0$，$i \in \{1, \cdots, m\}$ 的凸约束下来最小化凸目标函数 $F(\overline{w})$. 那么 $\overline{w}$ 是原始问题的最优解，而 $\overline{\alpha}$ 为对偶问题的最优解当且仅当如下条件成立：

- **可行性**：$\overline{w}$ 为原始问题的可行解，即满足每个 $f_i(\overline{w}) \leqslant 0$，而 $\overline{\alpha}$ 为对偶问题的可行解，即是非负的.
- **互补松弛性**：对每个 $i \in \{1, \cdots, m\}$，我们有 $\alpha_i f_i(\overline{w}) = 0$.
- **稳定性**：原始变量与对偶变量之间满足如下关系：

$$\boldsymbol{\nabla} F(\overline{w}) + \sum_{i=1}^{m} \alpha_i \boldsymbol{\nabla} f_i(\overline{w}) = \overline{0}$$

注意到，在凸优化问题中，人们不必担心二阶最优性条件. Kuhn-Tucker 最优性条件非常有用，因为可以通过如下方式简单地找到一组约束的可行解来给求解优化问题提供一种替代方法：

观察 6.4.1 对于一个凸优化问题，任意满足原可行条件 $f_i(\overline{w}) \leqslant 0$，对偶可行条件 $\alpha_i \geqslant 0$，互补松弛条件 $\alpha_i f_i(\overline{w}) = 0$ 以及稳定性条件的 $(\overline{w}, \overline{\alpha})$ 都是原优化问题的一个最优解.

稳定性条件与原始变量和对偶变量相关，因此该条件通常用来帮助消除拉格朗日函数中的原始变量. 由于该条件在最优性条件下与原始变量和对偶变量相关，故也称其为*原始-对偶 (PD) 约束*. 稳定性条件通常用于单纯根据对偶变量来表述 minimax 对偶 (因此会产生纯的最大化问题). 我们将在 6.4.2 节讨论关于此的一般步骤.

6.4.2 应用对偶方法的一般步骤

在约束优化中应用对偶方法的一般步骤在不同的问题中都是有些类似的. 第一步是在消除原始变量后来表述对偶问题 (OP2) 的目标函数 $L(\overline{\alpha})$：

$$L(\overline{\alpha}) = \min_{\overline{w}} H(\overline{w}, \overline{\alpha}) \tag{6.9}$$

通常通过令 $H(\overline{w}, \overline{\alpha})$ 关于原始变量 $\overline{w}$ 的梯度为零便可以将原始变量 $\overline{w}$ 从 $L(\overline{\alpha})$ 中消除. 将关于原变量的梯度设为零会产生与原始变量数目完全相同的条件. 这些正是 6.4.1 节中的稳定性条件，其表示了 Kuhn-Tucker 最优性条件的一个子集. 由于这些条件涉及原始变量和对偶变量，故我们也称其为原始-对偶 (PD) 约束. 事实上，PD 约束可用来替代和消除原始变量 $\overline{w}$，从而得到一个关于 $\overline{\alpha}$ 的完全最大化目标函数 $L(\overline{\alpha})$. 在某些情况下，可行性条件和互补松弛条件也可以被用于消除过程中. 归根结底，从原始问题中来生成对偶问题的过程几乎完全是基于 Kuhn-Tucker 条件的一个机械的代数过程. 对于不同的问题而言，虽然具体的步骤可能在细节上有所不同，但基本原理则保持不变. 6.4.3 节将基于 L_1 损失支持向量机给出此步骤的一个例子. 此外，基于 L_2 损失 SVM 和 Logistic 回归也可以衍生出指导性的习题 (习题可以被分解为更简单的步骤). 我们建议读者按此分解次序来求解这些习题.

从对偶问题的最优解推断原问题的最优解

为了得到一个可解释的解，我们需要计算最优的原始变量. 因此，一个自然的问题是，如何从最优对偶解 $\overline{\alpha}$ 中推断出最优原始解 $\overline{w}$. 在这种情况下，(PD) 约束 (即稳定性条件) 就非常有用，这是因为它们可以用来替换最优对偶变量的值，并求解原始变量 (尽管代数方法应用到不同问题中可能略有不同).

6.4.3 应用：支持向量机的对偶问题

为了说明如何在机器学习中应用对偶方法，本小节将重返对支持向量机的讨论. 4.8.2 节已经讨论了如何将原始随机梯度下降法用于支持向量机中. 为此，我们回顾由式 (4.51) 所给出的目标函数：

$$J = \frac{1}{\lambda}\sum_{i=1}^{n}\max\{0, (1 - y_i[\overline{W}\cdot\overline{X}_i^{\mathrm{T}}])\} + \frac{1}{2}\|\overline{W}\|^2 \quad \text{[铰链损失 SVM]}$$

注意到，上面的目标函数与式 (4.51) 中的函数略有不同，这里引入了一个比例因子 $1/\lambda$. 我们对此进行这种修饰性调整是因为在对偶 SVM 优化的文献中，人们经常用其对应于松弛惩罚 $C = 1/\lambda$. 这也是我们在后续对对偶问题进行表述时所需要的. 为了建立对偶问题，我们需要将问题重新表述为一个约束优化问题，同时简化目标函数使其不含最大化算子. 这可通过使用*松弛变量* $\xi_1, \cdots, \xi_n$ 来实现这种简化：

$$\text{最小化 } J = \frac{1}{2}\|\overline{W}\|^2 + C\sum_{i=1}^{n}\xi_i$$

$$\text{约束为：} \quad \xi_i \geqslant 1 - y_i[\overline{W}\cdot\overline{X}_i^{\mathrm{T}}], \quad \forall i \in \{1, \cdots, n\} \quad \text{[边界约束]}$$

$$\xi_i \geqslant 0, \quad \forall i \in \{1, \cdots, n\} \quad \text{[非负性约束]}$$

在理想情况下，我们希望得到 $\xi_i = \max\{0, (1 - y_i[\overline{W}\cdot\overline{X}_i^{\mathrm{T}}])\}$. 注意，约束的确允许 ξ_i 的值大于 $\max\{0, (1 - y_i[\overline{W}\cdot\overline{X}_i^{\mathrm{T}}])\}$，但这样的值永远不会是最优的. 第一组约束被称为“边界”约束集，这是因为其定义了预测值 y_i 的边界，即超过该值的点将不会受到惩罚. 例如，如果 $\overline{W}\cdot\overline{X}_i^{\mathrm{T}}$ 与 y_i 符号相同且其绝对值与边界 1 的差值为负的，那么 ξ_i 的值将降为 0. 于是，该点将不会受到惩罚. 严格来讲，通过乘以 -1 可以将约束转换为“$\leqslant$”的形式，但我们也可以在进行松弛时将惩罚乘以 -1 也可以实现该转换. 对 n 个边界约束中的第 i 个引入拉格朗日乘子 α_i，而对关于 ξ_i 的第 i 个非负约束引入乘子 γ_i，则拉格朗日松弛可表述如下：

$$L_D(\overline{\alpha}, \overline{\gamma}) = \min J_r = \frac{1}{2}\|\overline{W}\|^2 + C\sum_{i=1}^{n}\xi_i - \underbrace{\sum_{i=1}^{n}\alpha_i(\xi_i - 1 + y_i(\overline{W}\cdot\overline{X}_i^{\mathrm{T}}))}_{\text{松弛边界约束}} - \underbrace{\sum_{i=1}^{n}\gamma_i\xi_i}_{\text{松弛 } \xi_i\geqslant 0}$$

其中 J_r 为松弛后的目标函数. 由于松弛约束为不等式，故 α_i 和 γ_i 都必须是非负的，松弛才有意义. 因此，当我们关于如 α_i 和 γ_i 这样的对偶变量进行最优化时，所导致的优化问题具有一个盒约束结构，这使得对问题的求解变得更加简单. 在这类对偶问题中，人们首先需要求解关于原始变量 (固定对偶变量) 的最小化问题来获得 $L_D(\overline{\alpha},\overline{\gamma})$，然后在盒约束下关于对偶变量来最大化 $L_D(\overline{\alpha},\overline{\gamma})$. 该类型的 minimax 优化问题可表述如下：

$$L_D^* = \max_{\alpha_i,\gamma_i\geqslant 0} L_D(\overline{\alpha},\overline{\gamma}) = \max_{\alpha_i,\gamma_i\geqslant 0}\min_{\overline{W},\xi_i} J_r$$

正如 6.4.2 节所讨论的，求解对偶问题的一般方法是利用 (PD) 约束来消除原始变量，从而建立关于对偶变量的一个完全最大化问题. 令 minimax 目标函数关于原始变量的梯度为 0 则可得到 (PD) 约束. 这给我们提供了与原始变量个数一样多的约束，此即正是我们用来消除所有原始变量所需要的：

$$\frac{\partial J_r}{\partial \overline{W}} = \overline{W} - \sum_{i=1}^{n}\alpha_i y_i \overline{X}_i^{\mathrm{T}} = \overline{0} \quad [\text{关于 } \overline{W} \text{ 的梯度为 } 0] \tag{6.10}$$

$$\frac{\partial J_r}{\partial \xi_i} = C - \alpha_i - \gamma_i = 0, \quad \forall i \in \{1,\cdots,n\} \tag{6.11}$$

尽管关于 ξ_i 的偏导数所得出的方程与 ξ_i 无关，但所得方程在从 J_r 中消除 ξ_i 时仍然是有用的. 这是因为 J_r 中 ξ_i 的系数为 $(C-\alpha_i-\gamma_i)$，那么由式 (6.11) 可得其为 0. 舍弃 ξ_i 是 J_r 关于 ξ_i 是线性的直接结果. J_r 中 ξ_i 的线性系数也是它的导数，而作为最优性条件，其被设定为 0. 进一步，基于式 (6.10)，我们可以在 J_r 中完全用 $\overline{W} = \sum_{i=1}^{n}\alpha_i y_i \overline{X}_i^{\mathrm{T}}$ 来替换. 于是，通过舍弃含有 ξ_i 的项，并替换 $\overline{W}$，则可以将 J_r 化简为如下形式：

$$\begin{aligned}
J_r &= \frac{1}{2}\|\overline{W}\|^2 + \sum_{i=1}^{n}\alpha_i(1-y_i(\overline{W}\cdot\overline{X}_i^{\mathrm{T}})) \quad [\text{舍弃含有 } \xi_i \text{ 的项}] \\
&= \frac{1}{2}\left\|\sum_{j=1}^{n}\alpha_j y_j \overline{X}_j^{\mathrm{T}}\right\|^2 + \sum_{i=1}^{n}\alpha_i\left(1-y_i\sum_{j=1}^{n}\alpha_j y_j \overline{X}_i\cdot\overline{X}_j\right) \quad [\text{替换 } \overline{W} = \sum_{j=1}^{n}\alpha_j y_j \overline{X}_j^{\mathrm{T}}] \\
&= \sum_{i=1}^{n}\alpha_i - \frac{1}{2}\sum_{i=1}^{n}\sum_{j=1}^{n}\alpha_i\alpha_j y_i y_j \overline{X}_i\cdot\overline{X}_j \quad [\text{代数化简}]
\end{aligned}$$

这样，上面的目标函数完全只由对偶变量来表示. 进一步，上述优化表示中已不再含有变量 γ_i. 然而，约束 $\gamma_i \geqslant 0$ 也需要通过将 γ_i 替换为 $C-\alpha_i$ 被修正为 (见式 (6.11))：

$$\gamma_i = C - \alpha_i \geqslant 0$$

因此，变量 α_i 满足盒约束 $0 \leqslant \alpha_i \leqslant C$. 通过将目标函数乘以 -1 则可以将最大化问题转变为一个最小化问题：

$$\min_{0 \leqslant \overline{\alpha} \leqslant C} \ \frac{1}{2}\sum_{i=1}^{n}\sum_{j=1}^{n}\alpha_i\alpha_j y_i y_j \overline{X}_i \cdot \overline{X}_j - \sum_{i=1}^{n}\alpha_i$$

除了对偶问题 (以最小化形式) 总是凸的这一事实之外 (见习题 6.12)，我们还可以证明二次型中的主导项的形式为 $\overline{\alpha}^{\mathrm{T}}\boldsymbol{H}\overline{\alpha}$，其中 $\boldsymbol{H}$ 为点之间相似度的半正定矩阵. 为此，这使得对偶问题是凸的. 于是，我们可以得到如下结果：

观察 6.4.2　对偶支持向量机中的二次项 $\sum_{i=1}^{n}\sum_{j=1}^{n}\alpha_i\alpha_j y_i y_j \overline{X}_i \cdot \overline{X}_j$ 可表示为 $\overline{\alpha}^{\mathrm{T}}\boldsymbol{B}\boldsymbol{B}^{\mathrm{T}}\overline{\alpha}$ 的形式，其中 $\boldsymbol{B}$ 为一个第 i 行为 $y_i\overline{X}_i^{\mathrm{T}}$ 的 $n \times d$ 矩阵. 也就是说，通过将第 i 个数据实例乘以类标签 $y_i \in \{-1, +1\}$ 后便得到矩阵 $\boldsymbol{B}$ 的第 i 行.

通过简单地展开 $\overline{\alpha}^{\mathrm{T}}\boldsymbol{B}\boldsymbol{B}^{\mathrm{T}}\overline{\alpha}$ 的第 (i,j) 项便可证明此结果. 正如引理 3.3.14 所证明的，矩阵 $\boldsymbol{B}\boldsymbol{B}^{\mathrm{T}}$ 总是半正定的. 于是，这是一个凸优化问题.

从对偶问题最优解推断原始问题最优解

正如 6.4.2 节所讨论的，(PD) 约束可以被用来从对偶变量中推断原始变量. 在支持向量机的特殊情况下，约束对应于式 (6.10) 和式(6.11). 在这些约束条件中，式 (6.10) 给出了一个特别有用的形式，这是因为它直接根据对偶变量来生成了所有原始变量：

$$\overline{W} = \sum_{i=1}^{n}\alpha_i y_i \overline{X}_i^{\mathrm{T}}$$

于是，通过应用原始变量之间的约束以及替换 $\overline{W}$ 的推断值则可得到松弛变量 ξ_i.

6.4.4　支持向量机的对偶问题的优化算法

对偶问题是一个约束优化问题，尽管含有盒约束，但其仍是一个简单问题. 于是，人们仍可以应用本章前面所讨论的几乎所有原始优化技术来求解对偶问题. 因此，尽管我们正在考虑对偶问题，但仍需要关于约束优化问题的原始求解算法. 下面将提供一些计算算法的例子.

6.4.4.1　梯度下降法

我们开始于下面的盒约束下的以最小化形式给出的对偶问题：

$$\min \ L_D = \frac{1}{2}\sum_{i=1}^{n}\sum_{j=1}^{n}\alpha_i\alpha_j y_i y_j \overline{X}_i \cdot \overline{X}_j - \sum_{i=1}^{n}\alpha_i$$

$$\text{约束为：}\quad 0 \leqslant \alpha_i \leqslant C, \quad \forall i \in \{1, \cdots, n\}$$

那么，目标函数 L_D 关于 α_k 的偏导数为

$$\frac{\partial L_D}{\partial \alpha_k} = y_k \sum_{s=1}^{n} y_s \alpha_s \overline{X}_k \cdot \overline{X}_s - 1, \quad \forall k \in \{1, \cdots, n\} \tag{6.12}$$

于是，我们可以使用下面的标准梯度下降步骤：

$$\overline{\alpha} \Leftarrow \overline{\alpha} - \eta \left[\frac{\partial L_D}{\partial \overline{\alpha}}\right]$$

然而，一个问题是，在更新过程中可能会导致 α_k 的一些值违背可行约束条件．在这种情况下，我们将 $\overline{\alpha}$ 中的不可行分量投影到可行域中，如图 6.3 所示．换句话说，如果 α_k 变为负值，那么将其值重置为 0；如果其超过 C，则将其重置为 C．因此，我们首先将拉格朗日参数向量 $\overline{\alpha} = [\alpha_1, \cdots, \alpha_n]$ 设置为 n 维零向量，然后实施学习率为 η 的更新步骤：

repeat
  更新 $\alpha_k \Leftarrow \alpha_k + \eta[1 - y_k \sum_{s=1}^{n} y_s \alpha_s \overline{X}_k \cdot \overline{X}_s]$，$\forall\ k \in \{1, \cdots, n\}$；
   $\left\{\text{更新等价于 } \overline{\alpha} \Leftarrow \overline{\alpha} - \eta \left[\frac{\partial L_D}{\partial \overline{\alpha}}\right]\right\}$
  for 每个 $k \in \{1, \cdots, n\}$ **do begin**
   $\alpha_k \Leftarrow \min\{\alpha_k, C\}$;
   $\alpha_k \Leftarrow \max\{\alpha_k, 0\}$;
  endfor;
until 收敛

值得注意的是，梯度下降步骤一次更新了所有分量 $\alpha_1, \cdots, \alpha_n$．这也是其与坐标下降法的主要区别，即坐标下降法一次只更新一个分量，并为该分量选择特定的学习率，从而最优化特定的 α_k 值．这也是下文将要重点讨论的．

6.4.4.2 坐标下降法

在坐标下降法中，对 α_k 的更新应使更新后的值达到最优．也就是说，对偶问题中的目标函数 L_D 关于 α_k 的偏导数应被设定为 0．应用式 (6.12) 将关于 α_k 的偏导数设为 0 可得：

$$y_k \sum_{s=1}^{n} y_s \alpha_s \overline{X}_k \cdot \overline{X}_s - 1 = 0$$

将含有 α_k 的所有项放到一侧，则得到：

$$\alpha_k \|\overline{X}_k\|^2 y_k^2 = 1 - y_k \sum_{s \neq k} y_s \alpha_s \overline{X}_k \cdot \overline{X}_s$$

由于 $y_k \in \{-1,+1\}$，故 $y_k^2=1$，于是

$$\alpha_k=\frac{1-y_k\sum_{s\neq k} y_s\alpha_s\overline{X}_k\cdot\overline{X}_s}{\|\overline{X}_k\|^2}=\alpha_k+\frac{1-y_k\sum_{s=1}^{n} y_s\alpha_s\overline{X}_k\cdot\overline{X}_s}{\|\overline{X}_k\|^2}$$

在最后的化简中，我们在等式右侧加上并减去 α_k. 于是，可以简单地将上述运算视为一步迭代更新 (类似于梯度下降)，其中 α_k 以学习率 $\eta_k=1/\|\overline{X}_k\|^2$ 来进行更新：

$$\alpha_k \Leftarrow \alpha_k+\eta_k\left[1-y_k\sum_{s=1}^{n} y_s\alpha_s\overline{X}_k\cdot\overline{X}_s\right]$$

$$\alpha_k \Leftarrow \alpha_k-\eta_k\left[\frac{\partial L_D}{\partial \alpha_k}\right]\quad [\text{等价的更新}]$$

换言之，坐标下降法的更新步骤看起来与梯度下降类似，不同的是坐标下降法是按照分量的方式以特定分量的学习率来实施的：

repeat
　for 每个 $k\in\{1,\cdots,n\}$ **do begin**
　　更新 $\alpha_k \Leftarrow \alpha_k+\eta_k[1-y_k\sum_{s=1}^{n} y_s\alpha_s\overline{X}_k\cdot\overline{X}_s]$;
　　　$\left\{\text{更新等价于 } \overline{\alpha}_k \Leftarrow \overline{\alpha}_k-\eta_k\left[\frac{\partial L_D}{\partial \overline{\alpha}_k}\right]\right\}$
　　$\alpha_k \Leftarrow \min\{\alpha_k, C\}$;
　　$\alpha_k \Leftarrow \max\{\alpha_k, 0\}$;
　endfor;
until 收敛

比较坐标下降法的伪代码与前文中的梯度下降法的伪代码是很有启发性的. 显然，主要的区别在于，梯度下降法更新所有 $\overline{\alpha}$ 的分量 (以启发式的方式来选择学习率)，而坐标下降一次只更新一个分量 (选择特定的学习率来确保最优性). 坐标下降法的步骤的收敛速度总快于梯度下降法的. 进一步，一次选择多个变量的块坐标下降法甚至更有效. 事实上，所谓的 Platt 序列最小优化算法 (SMO) (见文献 [102]) 就是块坐标下降法的一个例子. 我们还为 L_2-SVM 提供了一系列的实践练习，其对对偶问题的构造和求解提供了一个系统化的步骤. 我们强烈建议读者以为铰链损失 SVM 所提供的求解方案作为指导，求解下面的实际问题. 解决这些实际问题能够帮助读者更好地理解用于求解对偶优化问题的方法.

问题 6.4.2 (L_2-SVM 的松弛形式) 考虑如下 L_2-SVM 所对应的优化问题:

$$\text{最小化 } J=\frac{1}{2}\|\overline{W}\|^2+C\sum_{i=1}^{n}\xi_i^2$$

$$\text{约束为：}\ \xi_i \geqslant 1-y_i[\overline{W}\cdot\overline{X}_i^{\mathrm{T}}],\quad \forall i\in\{1,\cdots,n\}$$

相比于铰链损失 SVM，参数 ξ 在目标函数中以平方的形式出现，而关于 ξ_i 的非负约束已经被移除．讨论为什么移除关于 ξ_i 的非负约束并不会影响该情况下的最优解．写出包含原始变量和对偶变量的 minimax 拉格朗日松弛形式．用第 i 个松弛约束中的拉格朗日参数 α_i 来与铰链损失 SVM 进行比较．

问题 6.4.3 (L_2-SVM 的原始–对偶约束)　设 α_i 为关于第 i 个松弛约束的拉格朗日参数．证明将拉格朗日松弛函数关于原始变量的梯度设为 0 会产生如下的原始–对偶约束：

$$\overline{W} = \sum_{i=1}^{n} \alpha_i y_i \overline{X}_i^{\mathrm{T}}$$

$$\xi_i = \alpha_i / 2C$$

问题 6.4.4 (L_2-SVM 的对偶表示)　上面的两个练习应用拉格朗日松弛和原始–对偶约束将原始变量从 minimax 表示中消除．证明 L_2-SVM 的对偶问题可表示如下：

$$\max_{\overline{\alpha} \geqslant 0} \sum_{i=1}^{n} \alpha_i - \frac{1}{2} \sum_{i=1}^{n} \sum_{j=1}^{n} \alpha_i \alpha_j y_i y_j (\overline{X}_i \cdot \overline{X}_j + \delta_{ij}/2C)$$

这里，若 $i = j$, $\delta_{ij} = 1$；否则为零．注意，为了在一个宽松的方式下来约束 α_i 的大小而非显式来约束 $\alpha_i \leqslant C$，故它与铰链损失 SVM 的对偶形式的主要区别是将 $\delta_{ij}/2C$ 添加到点积 $\overline{X}_i \cdot \overline{X}_j$ 中．

问题 6.4.5 (L_2-SVM 对偶的优化算法)　仔细检查 6.4.4.1 节和 6.4.4.2 节中关于铰链损失 SVM 的梯度下降法与坐标下降法的伪代码．对每个 α_k 的实际更新总是包含以 $\overline{X}_k \cdot \overline{X}_s$, $\forall s$ 作为乘法因子的项．证明：除了只是将每个更新步骤中的点积 $\overline{X}_k \cdot \overline{X}_s$ 替换为 $[\overline{X}_k \cdot \overline{X}_s + (\delta_{ks}/2C)]$ 之外，L_2-SVM 对偶问题的梯度下降算法和坐标下降算法与铰链损失 SVM 的情况完全相同．这里，当 $k = s$ 时，$\delta_{ks} = 1$；否则为零．此外，当 α_i 的值大于 C 时，其值并不会被重置为 C.

6.4.5　无约束问题的拉格朗日松弛

拉格朗日松弛法是用于求解约束优化问题而自然地被提出来的．于是，拉格朗日乘子就自动被视为对偶变量．那么，一个自然的问题是如何对一开始就无约束的优化问题建立其对偶形式呢？存在几种用于实现该目标的方法，其中的一种方法就是应用拉格朗日松弛．例如，文献 [68] 提出了一种对偶方法利用一种参数化技术建立了 Logistic 回归的对偶．关于其他对偶方法的讨论，读者可见本章中的拓展阅读部分．

这里，一个重要的点是理解同一个优化问题并不需要以唯一的方式来表述．一个无约束优化问题总是可以通过简单地为目标函数中的各项引入附加变量以及在约束中定义这些变量被重新表述为一个约束优化问题．对铰链损失 SVM 对偶的建立方式已经为更容易创建对偶形式的优化问题类型提供了一些启示．例如，4.8.2 节所讨论的支持向量机并没有使用松弛变量，而 6.4.4 节的对偶 SVM 为目标函数的特定部分引入了松弛变量，然后在约束条件中定义这些松弛变量．这种为目标函数中的特定项产生附加变量的方法提供了一种建立拉格朗日松弛的一种自然方式．于是，我们下面总结用来建立无约束问题拉格朗日松弛的基本方法：

引入新变量来代替目标函数中的特定部分，并在约束条件内定义这些变量．

然而，定义新变量的方式有很多种．不同的方式可能会对应不同的对偶问题，其中的一些对偶形式可能比其他的形式更便于最优化．学习定义正确的变量和约束通常需要一些技巧和经验的积累．

考虑如下一个含有两个变量的无约束优化问题：

$$\text{最小化}\ J=(x-1)^2/2+(y-2)^2/2$$

存在很多方法可以轻松来求解该问题，例如，使用梯度下降法或简单地将每个偏导数都设为 0. 在每种方法下，我们都可以得到最优解 $x=1, y=2$，而相应的目标函数值为 0. 然而，表述该优化问题的对偶形式也是有指导意义的. 为此，选择引入两个新变量 $\xi=x-1$ 和 $\beta=y-2$. 那么，由此产生的优化问题则为

$$\begin{aligned}\text{最小化}\ & J=\xi^2/2+\beta^2/2\\ \text{约束为：}\ & \xi=x-1\\ & \beta=y-2\end{aligned}$$

值得注意的是，这些约束均为等式约束，因此拉格朗日乘子也不会有非负约束．对第一个约束引入拉格朗日乘子 α_1，而对第二个约束引入拉格朗日乘子 α_2，则相应的拉格朗日松弛可表述为

$$L(\alpha_1,\alpha_2)=\min_{\xi,\beta,x,y}\xi^2/2+\beta^2/2+\alpha_1(\xi-x+1)+\alpha_2(\beta-y+2)$$

注意到，最小化只对原始变量来执行，而 $L(\alpha_1,\alpha_2)$ 需要关于对偶变量来执行最大化运算．为了消除这四个原始变量，我们需要令上述函数关于每个原始变量的偏导数得零，从而得到四个稳定性约束，也称之为 (PD) 约束．然而，在这种特殊情况下，(PD) 约束还有一种简单形式：

$$\begin{aligned}&\frac{\partial J}{\partial \xi}=\xi+\alpha_1,\quad \frac{\partial J}{\partial \beta}=\beta+\alpha_2\\ &\frac{\partial J}{\partial x}=-\alpha_1,\quad \frac{\partial J}{\partial y}=-\alpha_2\end{aligned}$$

首先将 J 关于 ξ 和 β 的两个导数设为 0. 这允许我们可以分别用 $-\alpha_1$ 和 $-\alpha_2$ 来替换 ξ 和 β. 然而，将 J 关于 x 和 y 的两个导数设为 0 会得出 $\alpha_1=\alpha_2=0$. 这使得目标函数的惩罚部分被舍弃. 不过，在对偶形式中，我们需要包含[㊀]独立于原始变量的约束 (即 $\alpha_1=\alpha_2=0$). 这就产生了如下的平凡对偶问题:

$$\text{最大化} \quad \alpha_1^2+\alpha_2^2$$

$$\text{约束为：} \quad \alpha_1=0,\ \alpha_2=0$$

在此情况下，可行域只含有一个目标函数值为 0 的点. 因此，在 $\alpha_1=\alpha_2=0$ 处，最优对偶目标函数值为 0. 进一步，由于 ξ 和 β 分别等于 $-\alpha_1$ 和 $-\alpha_2$ (根据稳定性约束)，则可以得出 $\xi=x-1=0$ 和 $\beta=y-2=0$. 注意，简单地令原始目标函数的导数为 0 也可获得同样的最优解 $x=1$ 和 $y=2$.

在机器学习中的应用：线性回归的对偶

线性回归是无约束优化问题的另一个例子. 设训练数据含有 n 个特征值对 $(\overline{X}_i, y_i)$ 以及利用 $\hat{y}_i \approx \overline{W}\cdot\overline{X}_i^{\mathrm{T}}$ 来预测目标 $\hat{y}_i$. 每一个 $\overline{X}_i$ 分别为 $n\times d$ 数据矩阵 $\boldsymbol{D}$ 的一个行向量. 响应变量的列向量记为 $\overline{y}=[y_1,\cdots,y_n]^{\mathrm{T}}$. 于是，线性回归的目标是最小化关于所有训练实例的平方误差之和：

$$J=\frac{1}{2}\sum_{i=1}^{n}(y_i-\overline{W}\cdot\overline{X}_i^{\mathrm{T}})^2+\frac{\lambda}{2}\|\overline{W}\|^2 \tag{6.13}$$

这也是一个无约束优化问题. 然而，我们想要应用拉格朗日松弛法来建立其对偶问题. 为此，通过引入关于每一个数据点的误差一个新的变量 $\xi_i=y_i-\overline{W}\cdot\overline{X}_i^{\mathrm{T}}$ 来创建新的变量与约束. 于是，此对应的优化问题可表述如下：

$$\text{最小化} \quad J=\frac{1}{2}\sum_{i=1}^{n}\xi_i^2+\frac{\lambda}{2}\|\overline{W}\|^2$$

$$\text{约束为：} \quad \xi_i=y_i-\overline{W}\cdot\overline{X}_i^{\mathrm{T}}, \quad \forall i\in\{1,\cdots,n\}$$

于是，对第 i 个约束引入对偶变量 α_i. 这产生如下对偶问题的目标函数：

$$L(\overline{\alpha})=\min_{\overline{W},\xi_i}\frac{1}{2}\sum_{i=1}^{n}\xi_i^2+\frac{\lambda}{2}\|\overline{W}\|^2+\sum_{i=1}^{n}\alpha_i(-\xi_i+y_i-(\overline{W}\cdot\overline{X}_i^{\mathrm{T}}))$$

下面，通过令目标函数关于所有原始变量的导数为零，则可产生如下的原始-对偶 (PD) 约束：

㊀ 正如 6.4.4 节所阐述的，当约束 $C-\alpha_i-\gamma_i=0$ 仅含有对偶变量时，铰链损失 SVM 也会出现这种情况. 在这种情况下，通过约束 $C-\alpha_i-\gamma_i=0$ 将 γ_i 从对偶中消除，因此该约束已经隐性地被包含在对偶表述中.

$$\frac{\partial J}{\partial \overline{W}} = \lambda \overline{W} - \sum_{i=1}^{n} \alpha_i \overline{X}_i^{\mathrm{T}} = \overline{0}$$

$$\frac{\partial J}{\partial \xi_i} = \xi_i - \alpha_i = 0, \quad \forall i \in \{1, \cdots, n\}$$

进行变量替换 $\xi_i = \alpha_i$ 和 $\overline{W} = \sum_{j=1}^{n} \alpha_j \overline{X}_j^{\mathrm{T}}/\lambda$ 便可得到完全关于对偶变量的目标函数 $L(\overline{\alpha})$:

$$\begin{aligned} L(\overline{\alpha}) &= \frac{1}{2}\sum_{i=1}^{n}\alpha_i^2 + \frac{1}{2\lambda}\sum_{i=1}^{n}\sum_{j=1}^{n}\alpha_i\alpha_j\overline{X}_i \cdot \overline{X}_j + \sum_{i=1}^{n}\alpha_i\left(-\alpha_i + y_i - \overline{X}_i^{\mathrm{T}} \cdot [\sum_{j=1}^{n}\alpha_j\overline{X}_j^{\mathrm{T}}]/\lambda\right) \\ &= \sum_{i=1}^{n}\alpha_i y_i - \sum_{i=1}^{n}\alpha_i^2/2 - \frac{1}{2\lambda}\sum_{i=1}^{n}\sum_{j=1}^{n}\alpha_i\alpha_j\overline{X}_i \cdot \overline{X}_j \end{aligned}$$

用一个 $n \times d$ 矩阵 $\boldsymbol{D}$ 来取代 d 维行向量 $\overline{X}_1, \cdots, \overline{X}_n$，其中 $\boldsymbol{D}$ 的行就是以此次序给出的这些向量. 那么，上面的目标函数可以根据矩阵形式重写为如下形式. 进一步，标量变量已经被转换为向量的形式，例如 $\overline{\alpha} = [\alpha_1, \cdots, \alpha_n]^{\mathrm{T}}$ 和 $\overline{y} = [y_1, \cdots, y_n]^{\mathrm{T}}$:

$$\begin{aligned} L(\overline{\alpha}) &= \overline{\alpha}^{\mathrm{T}}\overline{y} - \frac{1}{2}\|\overline{\alpha}\|^2 - \frac{1}{2\lambda}\overline{\alpha}^{\mathrm{T}}\boldsymbol{D}\boldsymbol{D}^{\mathrm{T}}\overline{\alpha} \\ &= \overline{\alpha}^{\mathrm{T}}\overline{y} - \frac{1}{2\lambda}\overline{\alpha}^{\mathrm{T}}(\boldsymbol{D}\boldsymbol{D}^{\mathrm{T}} + \lambda\boldsymbol{I})\overline{\alpha} \end{aligned}$$

为了解析地求出 $\overline{\alpha}$，我们只需简单地令目标函数的梯度为 0. 利用矩阵微积分来计算目标函数的梯度则可获得:

$$(\boldsymbol{D}\boldsymbol{D}^{\mathrm{T}} + \lambda\boldsymbol{I})\overline{\alpha} = \lambda\overline{y}$$

$$\overline{\alpha} = \lambda(\boldsymbol{D}\boldsymbol{D}^{\mathrm{T}} + \lambda\boldsymbol{I})^{-1}\overline{y}$$

现在余下的工作只需应用原始-对偶约束来将最优对偶变量与最优原始变量联系起来. 根据 (PD) 约束，我们已经知道 $\overline{W} = \sum_{j=1}^{n} \alpha_j \overline{X}_j^{\mathrm{T}}/\lambda = \boldsymbol{D}^{\mathrm{T}}\overline{\alpha}/\lambda$. 这意味着原始变量 $\overline{W}$ 的最优解为

$$\overline{W} = \boldsymbol{D}^{\mathrm{T}}(\boldsymbol{D}\boldsymbol{D}^{\mathrm{T}} + \lambda\boldsymbol{I}_n)^{-1}\overline{y} \tag{6.14}$$

其中 $\boldsymbol{I}_n$ 是 $n \times n$ 单位矩阵. 将此解与通过将原损失函数的梯度设为零而得到的解进行比较是有帮助的. 4.7 节已经给出由梯度为零所得到的最优解. 为了读者方便，我们在这里提供由式 (4.39) 所给出的最优解:

$$\overline{W} = (\boldsymbol{D}^{\mathrm{T}}\boldsymbol{D} + \lambda\boldsymbol{I}_d)^{-1}\boldsymbol{D}^{\mathrm{T}}\overline{y} \tag{6.15}$$

乍一看，这个解似乎有所不同. 然而，这两个解本质上是等价的. 事实上，我们可以利用推出等式证得此结论 (见问题 1.2.13). 特别地，如下关系式成立：

$$\boldsymbol{D}^{\mathrm{T}}(\boldsymbol{D}\boldsymbol{D}^{\mathrm{T}}+\lambda\boldsymbol{I}_n)^{-1}=(\boldsymbol{D}^{\mathrm{T}}\boldsymbol{D}+\lambda\boldsymbol{I}_d)^{-1}\boldsymbol{D}^{\mathrm{T}} \tag{6.16}$$

无约束优化问题的另外一个例子是 4.8.3 节所讨论的 Logistic 回归. 下面的一系列问题提供了如何建立 Logistic 回归对偶形式的一个循序渐进的指南 [140]. 由于 Logistic 回归是机器学习中的一个基本问题，因此建议读者思考这一系列的问题以便更好地理解 Logistic 回归对偶形式的建立过程.

问题 6.4.6 (Logistic 回归的松弛问题) 根据式 (4.56) 所给出的目标函数可知 Logistic 回归是一个无约束优化问题. 考虑具有如下形式的 Logistic 回归：

$$\text{最小化}\quad J=\frac{1}{2}\|\overline{W}\|^2+C\sum_{i=1}^{n}\log(1+\exp[\xi_i])$$

$$\text{约束为：}\quad \xi_i=-y_i(\overline{W}\cdot\overline{X}_i^{\mathrm{T}})$$

通过选择合适的 C，讨论为什么该目标函数与式 (4.56) 中的相同. 设其他符号均与式 (4.56) 中的相同. 表述该问题的拉格朗日松弛，其中 α_i 为与 $\overline{X}_i$ 相关的第 i 个约束的对偶变量.

由于拉格朗日乘子的符号在这种情况下是无约束的，并且优化问题中的约束为等式约束，故我们可以用不同的 α_i 的符号来获得前面问题中两个可能答案中的任何一个. 这种处理方法也适用于下一个问题，在下一个问题中，你也许会得到基于 α_i 的相反符号的结果.

问题 6.4.7 (Logistic 回归的原始对偶约束) 设 α_i 为与第 i 个松弛约束相关的拉格朗日参数. 证明：将拉格朗日松弛函数关于原始变量的梯度设置为 0 则会产生如下的原始对偶约束：

$$\overline{W}=\sum_{i=1}^{n}y_i\alpha_i\overline{X}_i^{\mathrm{T}}$$

$$\alpha_i=\frac{C}{1+\exp(-\xi_i)}$$

讨论基于原始对偶约束，为什么 α_i 一定位于 $(0,C)$ 内 (就像铰链损失 SVM 一样)?

考虑到我们已经证明了原 Logistic 回归目标函数与铰链损失 SVM 目标函数的相似性，尤其是对于临界的、难以分类的点 (见 4.8.4 节)，那么其对偶与铰链损失 SVM 的对偶的相似性也就并不特别令人惊讶.

问题 6.4.8 证明：Logistic 回归的对偶问题可以表示为如下的最小化形式：

$$\min_{\overline{\alpha}}\ \frac{1}{2}\sum_{i=1}^{n}\sum_{j=1}^{n}\alpha_i\alpha_j y_i y_j(\overline{X}_i\cdot\overline{X}_j)+\sum_{i=1}^{n}\alpha_i\log(\alpha_i)+\sum_{i=1}^{n}(C-\alpha_i)\log(C-\alpha_i)$$

注意，由于对数函数的定义域为正实数域，故 Logistic 回归的目标函数仅对 $\alpha_i \in (0, C)$ 有意义. 在实际中，为了避免出现未定义的目标函数，人们通常添加约束 $\alpha_i \in (0, C)$. 这使得整个表述形式与铰链损失 SVM 的对偶形式非常相似. 这样，6.4.4.1 节中的伪代码可以直接使用，但要严格在 $(0, C)$ 内更新更强的盒约束. 另一个区别是需要按如下方式来更新 α_k：

$$\alpha_k \Leftarrow \alpha_k + \eta \left[\log \frac{C - \alpha_k}{\alpha_k} - y_k \sum_{s=1}^{n} y_s \alpha_s \overline{X}_k \cdot \overline{X}_s \right]$$

这里 $\log([C - \alpha_k]/\alpha_k)$ 在伪代码中取代了 1. 这试图将 α_k 保持在 $(0, C)$ 中间.

6.5 基于惩罚的方法与原始对偶法

拉格朗日松弛法根据惩罚变量通过松弛原约束的方式来建立原优化问题的对偶形式，其思想是原问题的松弛版本总是满足弱对偶性. 因此，如果我们能够找到一个满足原约束的松弛版本 (基于合适的惩罚乘子值)，那么所得到的解也是原问题的最优解 (即满足无松弛的约束原问题). 该方法要求我们依次修正惩罚变量，并对松弛问题执行梯度下降直到满足原约束. 在所有的情况下，松弛问题的解都可以给我们提供关于惩罚变量应该增加还是减少的提示. 例如，如果在求解松弛问题时，原约束并未被满足，则需要增加违反原约束的惩罚变量. 否则，如果不严格满足约束，则可以减少关于原约束的惩罚变量. 惩罚的形式有时不同于传统的拉格朗日松弛，而有些情况可以被证明是完全或几乎等价的. 在后一种情况下，这些方法有时也被称为*原始对偶法*，这是因为它们同时学习原始变量和对偶变量. 即使在惩罚约束的形式与传统的拉格朗日松弛不同时，广泛的原理也非常类似. 本节首先给出一个单一约束下优化问题的例子用来帮助读者理解该方法的基本思想.

6.5.1 单一约束的惩罚方法

考虑如下的优化问题，其中我们希望最小化在距离约束下的一个凸函数. 也就是说，我们希望找到在向量 $\overline{w}$ 与常数向量 $\overline{a}$ 之间距离至多为 δ 的约束下凸目标函数 $F(\overline{w})$ 的最优点. 注意，这类问题频繁出现在结合使用信任域优化与牛顿法 (5.6.3 节) 的机器学习中. 这样的问题可表述如下：

$$\text{最小化 } F(\overline{w})$$
$$\text{约束为：} \|\overline{w} - \overline{a}\|^2 \leqslant \delta^2$$

第一步是在忽略约束的情况下求解该优化问题. 如果所得到最优解已经满足约束 (尽管没有发生)，那么该问题就已经被解决了. 另外，如果其并不满足约束，那么我们构造如下基于惩罚参数为 $\alpha > 0$ 的原问题的松弛形式：

$$\text{最小化 } F(\overline{w}) + \alpha(\max\{\|\overline{w} - \overline{a}\|^2 - \delta^2, 0\})^2$$

注意，当约束被满足时，则不会出现任何惩罚或增益．这确保了只要在可行域中运算，那么松弛问题的目标函数值就与原问题的目标函数值相同．选择非常小的 α 值可能会引起约束冲突．另外，选择足够大的 α 值总是会得到可行解，其中惩罚对目标函数没有任何贡献．关于惩罚函数的一个重要观察如下：

观察 6.5.1　*考虑一个约束优化问题基于惩罚的一个变体，其中违反约束将受到惩罚并被添加到目标函数中．进一步，可行点具有零惩罚 (或增益)．如果基于惩罚的松弛的最优解对于原问题中的约束是可行的，那么该解对于原问题也是最优的．*

上述观察是基于惩罚的方法能否成功实现的关键．我们只需要从足够小的 α 值开始测试，然后逐步增大 α 值直至松弛问题产生可行解．事实上，可以从 $\alpha=1$ 开始来求解优化问题．如果所得解满足约束，则终止计算过程并以参数向量 $\overline{w}$ 所对应的函数值作为最优值．如果解并不可行，可以将 α 值加倍，然后再次执行梯度下降法，从而找到基于梯度下降的参数向量 $\overline{w}$ 的最优值．可以使用一次迭代结束时的参数向量 $\overline{w}$ 作为下一次迭代中梯度下降的起点 (增加 α)．这减少了下一次迭代的工作量．继续增加 α 直到所有约束被满足．值得注意的是，当目标函数和约束均为凸的时候，那么松弛目标函数也是凸的．

6.5.2　惩罚方法的一般形式

凸优化问题的一般形式可表述如下：

$$\begin{aligned}&\text{最小化 } F(\overline{w})\\&\text{约束为：} f_i(\overline{w})\leqslant 0,\quad \forall i\in\{1,\cdots,m\}\\&\qquad\qquad h_i(\overline{w})=0,\quad \forall i\in\{1,\cdots,k\}\end{aligned}$$

为了确保上述问题的凸性，这里设函数 $F(\overline{w})$ 是凸的，所有函数 $f_i(\cdot)$ 也是凸的，且所有函数 $h_i(\cdot)$ 均是线性的．注意，尽管在这些条件都不满足的情况下也可以使用惩罚方法，但也许并不能得到全局最优解．于是，该问题的松弛目标函数为

$$\text{最小化 } R(\overline{w},\alpha)=F(\overline{w})+\frac{\alpha}{2}\left(\sum_{i=1}^{m}\max\{0,f_i(\overline{w})\}^2+\sum_{i=1}^{k}h_i(\overline{w})^2\right)\tag{6.17}$$

这里需要注意处理等式约束与不等式约束之间的差异．惩罚参数 α 总是大于零的．我们有如下的观察：

观察 6.5.2 (松弛问题的凸性)　*如果 $F(\overline{w})$ 和每个 $f_i(\overline{w})$ 都是凸的，且每个 $h_i(\overline{w})$ 都是线性的，那么由式 (6.17) 所给出的松弛目标函数关于 $\alpha>0$ 是凸的．*

松弛目标函数关于 $\overline{w}$ 的梯度可计算如下：

$$\nabla_{\overline{w}}R(\overline{w},\alpha)=\nabla F(\overline{w})+\alpha\sum_{i=1}^{m}\max\{f_i(\overline{w}),0\}\nabla f_i(\overline{w})+\alpha\sum_{i=1}^{k}h_i(\overline{w})\nabla h_i(\overline{w})$$

与单变量惩罚方法一样，我们在 α 的固定值处执行梯度下降. 如果在终止时所得到的解 $\overline{w}$ 是可行的，则用该参数向量作为最优解. 否则，增加 α 然后重复该过程. 在下一次迭代中，我们可以从上一次迭代中所获得的向量 $\overline{w}$ 开始作为起点.

一个自然的问题是，为什么不从 α 的最大可能值开始测试呢? 毕竟，选择较大的 α 值可以确保解满足原问题的约束. 使用非常大的 α 值会出现的主要问题是，在梯度下降的中间阶段，梯度对某些方向比其他方向更加敏感，这常常会导致病态. 正如第 5 章中所看到的，这种情况可能会导致梯度下降中出现 (如“反弹”) 等问题，且算法并不收敛. 这就是人们通常从较小的 α 值开始测试并随时间增加其值的原因，这确保了算法具有良好的收敛行为.

6.5.3 障碍法与内点法

基于惩罚的方法不会产生可行的 $\overline{w}$ 的中间值. 相比之下，所谓的障碍法始终保持 $\overline{w}$ 的值不仅是可行的，并且是严格可行的. 严格可行的概念只在不等式约束下才有意义. 因此，障碍法仅适用于具有形式为 $f_i(\overline{w}) \geqslant 0$ 的不等式约束的情况. 注意，为了符号的方便，我们这里已经翻转了不等号的方向. 一个点 $\overline{w}$ 是严格可行的当且仅当对每个约束，均有 $f_i(\overline{w}) > 0$. 显然，只有当可行域在空间中具有非零体积时，才存在这样的点. 这就是为什么障碍法不可用于等式约束的情形. 考虑如下优化问题：

$$\begin{aligned}&\text{最小化 } F(\overline{w})\\&\text{约束为：}\quad f_i(\overline{w}) \leqslant 0, \quad \forall i \in \{1, \cdots, m\}\end{aligned}$$

那么，所谓的*障碍函数* $B(\overline{w}, \alpha)$ 只对参数向量 $\overline{w}$ 的可行值是良定的，其定义为

$$B(\overline{w}, \alpha) = F(\overline{w}) - \alpha \sum_{i=1}^{m} \log(f_i(\overline{w}))$$

这是使用*对数障碍函数*的一个例子，尽管也存在其他的选择 (如反障碍函数). 一个观察是，只要 $F(\overline{w})$ 是凸的以及每个 $f_i(\overline{w})$ 都是凹的，那么障碍函数就是凸的. 这是因为凹函数的对数[⊖]是凹的，故负对数是凸的. 凸函数之和是凸的，于是故障碍函数也是凸的. 注意到，由

⊖ 由于对数函数是凹的，则有

$$\log[\lambda f_i(\overline{w}_1) + (1-\lambda) f_i(\overline{w}_2)] \geqslant \lambda \log[f_i(\overline{w}_1)] + (1-\lambda)\log[f_i(\overline{w}_2)] \tag{6.18}$$

同时，由于 $f_i(\cdot)$ 是凹的，故 $f_i(\lambda\overline{w}_1 + (1-\lambda)\overline{w}_2) \geqslant \lambda f_i(\overline{w}_1) + (1-\lambda) f_i(\overline{w}_2)$. 因为对数函数是增函数，故对式 (6.18) 两边取对数可得 $\log[f_i(\lambda\overline{w}_1 + (1-\lambda)\overline{w}_2)] \geqslant \log[\lambda f_i(\overline{w}_1) + (1-\lambda) f_i(\overline{w}_2)]$. 将该不等式与式 (6.18) 结合，并利用传递性可以证明 $\log[f_i(\lambda\overline{w}_1 + (1-\lambda)\overline{w}_2)] \geqslant \lambda\log[f_i(\overline{w}_1)] + (1-\lambda)\log[f_i(\overline{w}_2)]$. 也就是说，$\log(f_i(\cdot))$ 是凹的. 更一般地，只要 $g(\cdot)$ 是非减函数，那么我们可类似地证明两个凹函数的复合 $g(f(\cdot))$ 也是凹的. 引理 4.3.2 则给出了紧密相关结果.

于不等式约束具有 $f_i(\overline{w}) \geqslant 0$ 的形式而非 $f_i(\overline{w}) \leqslant 0$ 的形式，故我们要求每个 $f_i(\overline{w})$ 都是凹的 (而非凸的).

一个关键点是，即使目标函数的评估在一个已知步骤下是有意义的，但是每个 $f_i(\overline{w})$ 必须要严格大于零，这是因为人们无法计算零值或负值处的对数．因此，障碍法是从数据内部的可行解 $\overline{w}$ 开始．此外，不同于惩罚方法，人们通常在早期迭代中使用较大的 α 值，然后随着时间逐步减小其值．在任意固定的 α 值处来执行在 $\overline{w}$ 处的梯度下降，从而优化权重向量．较小的 α 值使 $\overline{w}$ 越接近由约束所定义的可行域的边界．这是因为在边界附近，障碍函数总是接近 ∞，尽管其与 α 的值无关，而更小的 α 值会导致更近的接近．然而，较小的 α 值也会导致严重的病态．早期使用较小的 α 值不利于收敛．例如，在初始阶段使用较大的 α 值有助于保持权重向量 $\overline{w}$ 的严格可行性.

在真正的最优解不在可行域边界附近的情况下，人们通常会快速逼近最优解，且收敛是平滑的. 在这些情况下，约束甚至可能是多余的，优化问题的无约束版本将产生相同的解. 在更加困难的情况下，最优权重向量可能位于可行域的边界附近．由于可行的权重向量 $\overline{w}$ 充分接近于边界 $f_i(\overline{w}) \geqslant 0$，于是惩罚贡献就像“屏障”一样快速增加，并在边界 $f_i(\overline{w}) = 0$ 处增加到 ∞．因此，为了确保可行性，我们只需要相对较小的 α 值．然而，在较小 α 值处，函数在边界附近会成为病态的．因此，对固定的 α，当执行关于 $\overline{w}$ 的梯度下降时，障碍法开始于较大的 α 值，并逐渐减小其值．一个特定迭代结束时的最优向量 $\overline{w}$ 用作下一次迭代的起点 (基于较小的 α 值).

对于梯度下降，障碍目标函数的梯度为

$$\nabla_{\overline{w}} B(\overline{w}, \alpha) = \nabla F(\overline{w}) - \alpha \sum_{i=1}^{m} \frac{\nabla f_i(\overline{w})}{f_i(\overline{w})}$$

将该梯度设置为零则得到最优性条件．将该最优性条件与拉格朗日函数 $L(\overline{w}, \overline{\alpha}) = F(\overline{w}) - \sum_i \alpha_i f_i(\overline{w})$ 所暗含的原始-对偶 (PD) 约束进行比较是有指导意义的：

$$\nabla_{\overline{w}} L(\overline{w}, \alpha) = \nabla F(\overline{w}) - \sum_{i=1}^{m} \alpha_i \nabla f_i(\overline{w}) = \overline{0}$$

这里，我们用 $\alpha_1, \cdots, \alpha_k$ 作为拉格朗日参数，通过下标来区别惩罚参数 α. 此外，由于计算拉格朗日松弛使用了“$\leqslant$”形式的约束 (即 $-f_i(\overline{w}) \leqslant 0$)，故在每个惩罚项前都有一个负号. 注意，如果人们使用了传统的拉格朗日松弛 $L(\overline{w}, \overline{\alpha}) = F(\overline{w}) - \sum_i \alpha_i f_i(\overline{w})$，那么 $\alpha / f_i(\overline{w})$ 的值为拉格朗日乘子 α_i 的估计值．有意思的是，这意味着 $\alpha_i f_i(\overline{w}) = \alpha$．注意，除了用一个较小的 α 值替换了 0，这几乎就是拉格朗日松弛的互补松弛条件．于是，对于较小的 α 值，当将障碍函数视为拉格朗日松弛时，(经典的) 对偶松弛的最优性条件几乎被满足．障碍法属于一类从可行空间内部接近最优解的所谓内点法. 因此，该方法的一个优势是，除了可以推导出原最优值之外，还可以得到拉格朗日对偶变量的估计.

6.6 范数约束优化问题

3.4.5 节已经讨论了特征向量在范数约束优化问题中的应用. 该类问题在诸如主成分分析、奇异值分解和谱聚类等不同类型的机器学习问题中反复出现. 我们回到 3.4.5 节所引入的优化问题：

$$\text{最小化}\ \sum_{i=1}^{k}\overline{x}_i^{\mathrm{T}}\boldsymbol{A}\overline{x}_i$$

$$\text{约束为：}\ \|\overline{x}_i\|^2=1,\quad \forall i\in\{1,\cdots,k\}$$

$$\overline{x}_1,\cdots,\overline{x}_k\ \text{两两正交}$$

这里，$\boldsymbol{A}$ 为一个对称的 $d\times d$ 矩阵，而 $\overline{x}_1,\cdots,\overline{x}_k$ 对应包含优化变量的 d 维向量. 在该问题中, 矩阵 $\boldsymbol{A}$ 的对称性非常重要, 因为它可以简化正交约束. 该问题本质上是试图找到在 d 维中前 k 个正交向量使得对所有 i，$\overline{x}_i^{\mathrm{T}}\boldsymbol{A}\overline{x}_i$ 之和尽可能小. 设 k 的值小于或等于 d, 否则该问题不会有可行解. 与 3.4.5 节所讨论的问题的不同之处在于，该问题尝试直接最小化目标函数，而 3.4.5 节中的优化问题则根据最小化或最大化的方式表述为更一般的形式. 尽管可以应用一种完全类似的方式来处理最大化问题, 但我们这里只处理最小化问题以便可以建立一个清晰且明确的拉格朗日函数. 值得注意的是, 正交约束可以被重新表述为具有 $\overline{x}_i\cdot\overline{x}_j=0\,(i<j\leqslant k)$ 形式的 $\begin{pmatrix}k\\2\end{pmatrix}$ 个约束. 对每个形如 $\|\overline{x}_i\|^2=1$ 的约束引入拉格朗日乘子 $-\alpha_i$. 然而，我们并不松弛正交约束. 这是一个可以选择不松弛所有约束的拉格朗日松弛的例子，尽管人们可以通过松弛所有约束来获得等价的解. 注意，由于松弛了等式约束，而非不等式约束，故这里并不要求拉格朗日乘子为非负的. 为了将拉格朗日乘子在代数上解释为特征值 (将在后面看到), 我们在乘子前面添加一个负号. 相应地，可以将拉格朗日松弛写为如下的形式：

$$L(\overline{\alpha})=\min_{\overline{x}_1,\cdots,\overline{x}_k\text{正交}}\ \sum_{i=1}^{k}\overline{x}_i^{\mathrm{T}}\boldsymbol{A}\overline{x}_i-\sum_{i=1}^{k}\alpha_i(\|\overline{x}_i\|^2-1)$$

将拉格朗日函数关于每个 $\overline{x}_i$ 的梯度设置为 0 可得：

$$\boldsymbol{A}\overline{x}_i=\alpha_i\overline{x}_i,\quad \forall i\in\{1,\cdots,k\}$$

如前所述，这里需要利用原始-对偶 (PD) 约束消除原始变量得到用对偶变量来表示的一个优化问题. 注意，约束 $\boldsymbol{A}\overline{x}_i=\alpha_i\overline{x}_i$ 意味着关于 α_i 的可行域被限制到了矩阵 $\boldsymbol{A}$ 的 d 个特征值．由于对称矩阵 $\boldsymbol{A}$ 的特征向量是规范正交的，故关于向量 $\overline{x}_1,\cdots,\overline{x}_k$ 的正交约束被自动满足．应用 (PD) 约束来替换拉格朗日松弛中的 $\boldsymbol{A}\overline{x}_i=\alpha_i\overline{x}_i$ 可得：

$$\begin{aligned}L(\overline{\alpha})&=\min_{\overline{x}_1,\cdots,\overline{x}_k\ \text{正交}}\sum_{i=1}^{k}\alpha_i\overline{x}_i^{\mathrm{T}}\overline{x}_i-\sum_{i=1}^{k}\alpha_i(\|\overline{x}_i\|^2-1)\\&=\min_{\boldsymbol{A}\ \text{的特征值}}\sum_{i=1}^{k}\alpha_i\end{aligned}$$

显然，上面的目标函数是在 $\boldsymbol{A}$ 的最小特征值上最小化．因此，我们得到如下的平凡对偶问题：

$$\text{最大化}\quad L(\overline{\alpha})=\sum_{i=1}^{k}\alpha_i$$

$$\text{约束为：}\ \overline{\alpha}_1,\cdots,\overline{\alpha}_k\ \text{为}\ \boldsymbol{A}\ \text{的最小特征值}$$

注意到，对偶问题在其可行解中只有一个点．由于 (PD) 约束 $\boldsymbol{A}\overline{x}_i=\alpha_i\overline{x}_i$，故原问题的解 $\overline{x}_1,\cdots,\overline{x}_k$ 对应于矩阵 $\boldsymbol{A}$ 的最小特征向量．一个关键点在于，尽管我们假设了矩阵 $\boldsymbol{A}$ 为对称的，但并没有假设它是半正定的．于是，目标函数也许并不是凸的．换句话说，这无法确保强对偶成立，故原解与对偶解之间可能存在间隔．于是，检验所导出原解的最优性的一种方法是解析地检查原解与对偶解之间是否存在间隔．也就是说，将所导出的原解代入到原始目标函数中，并比较在最优处的对偶目标函数值．关于这种代入，我们发现原始目标函数也是最小的 k 个特征值之和．因此，所导出的原解与对偶解之间没有间隔．这样，本节的结果给出了一个即使目标函数不是凸的，也有可能应用拉格朗日松弛法来求解的例子．本节还给出了 3.4.5 节所引入的范数约束优化问题的一个详细证明．

该问题的最大化版本也是非常类似的：

$$\text{最大化}\quad\sum_{i=1}^{k}\overline{x}_i^{\mathrm{T}}\boldsymbol{A}\overline{x}_i$$

$$\text{约束为：}\quad\|\overline{x}_i\|^2=1,\quad\forall i\in\{1,\cdots,k\}$$

$$\overline{x}_1,\cdots,\overline{x}_k\text{两两正交}$$

与该问题的最小化版本一样，矩阵 $\boldsymbol{A}$ 的对称性在这里很重要 (由于正交约束)．求解该最大化问题的方法与最小化问题非常相似．我们可以证明其最优解可以通过选择 $\boldsymbol{A}$ 的最大特征向量来获得．我们将该结果的证明留作一个练习．

问题 6.6.1 证明：目标函数为 $\sum_{i=1}^{k}\overline{x}_i^{\mathrm{T}}\boldsymbol{A}\overline{x}_i$ 的范数约束最大化问题的最优解对应于对称矩阵 $\boldsymbol{A}$ 的前 k 个最大特征向量．

6.7 原始方法与对偶方法的比较

一个自然的问题是，原始方法与对偶方法在表现性能方面哪一个会更好呢? 例如，在支持向量机中，普遍使用对偶方法以至于有时人们认为它是求解优化问题的唯一合理方法. 有意思的是，只要目标函数中允许存在诸如 $\max\{x,0\}$ 这样的最大化函数，那么许多像支持向量机这样的机器学习问题都可以被视为一个纯无约束优化问题 (见 4.8.2 节). 因此，对于原问题，通常并不需要复杂的梯度下降技术. 即使原始问题含有约束，人们也可以应用 (原) 投影梯度下降等方法来求解. 事实上，为了建立对偶问题，我们实际上需要在原问题中添加约束与变量来得到拉格朗日松弛 (见 6.4.5 节). 文献 [28] 中的开创性论文讨论了对偶问题在机器学习应用中的魅力：

> “绝大多数介绍支持向量机的教科书和论文首先表述原优化问题，然后直接讨论其对偶优化问题. 这很容易给读者留下这样的印象：对偶方法似乎是训练支持向量机的唯一可用的方法.”

一些数据科学家错误地认为：对偶对于利用点之间的相似性 (而非特征值) 来求解核 SVM 是有用的，而原问题只能应用特征值来求解. 这里的一个观察是，基于一个 $n \times d$ 数据矩阵 $\boldsymbol{D}$ 的原优化问题通常是根据*散射矩阵* $\boldsymbol{D}^{\mathrm{T}}\boldsymbol{D}$ 提出来的，而对偶优化问题通常是根据*相似矩阵* $\boldsymbol{D}\boldsymbol{D}^{\mathrm{T}}$ 提出的. 注意到，本章所提出的所有对偶优化问题的目标函数中都含有点积相似性 $\overline{X}_i \cdot \overline{X}_j$. 于是，目标函数可以仅根据第 i 点和第 j 点之间的相似性来表示. 这种观察在希望使用点之间的任意相似性来代替其特征表示的情况下是有用的. 在某些情况中，人们可能需要使用特定域的相似性，另一种基于核的相似性 (见第 9 章) 或本质上不是固有的多维对象之间的一种启发式相似函数. 这些技术被统称为*核方法*. 认为对偶目标函数本质用于核方法中的这一想法是一种普遍的误解. 正如我们将在第 9 章中看到的，存在一种系统的方法可以将本章和前几章所讨论的每一个原始目标函数根据相似性来进行重构. 该方法应用了线性代数中的一个基本的想法——*表示定理*. 注意到，对偶问题通常是像原问题一样的约束优化问题 (尽管具有简单的盒约束). 因此，所有这些对偶形式所实现的只是为问题提供另一个视角，这可能会带来一些 (相对较小的) 好处.

例如，考虑一个基于 n 个数据点的 d 维问题的计算效率. 散射矩阵 (用于原问题) 具有 $O(d^2)$ 个元素，而相似矩阵 (用于对偶中) 具有 $O(n^2)$ 个元素. 因此，当维数小于点的个数时，原问题通常更容易被求解. 这种情况很常见. 另外，如果点的数量小于维数，则应用对偶方法可以更容易求解问题. 然而，一些诸如*表示定理* (见第 9 章) 的原理使求解原问题的技术成为可能，且计算复杂性与对偶方法相当.

需要记住的另外一点是，大多数梯度下降法都会达到一个近似最优的目标函数值. 毕竟，在关于计算优化领域存在许多实际的挑战，相应的算法通常会得到数值近似解. 然而，直接求解原问题的优势是，其可以确保最终的逼近水平，因为我们直接优化了最初想要优化的目标函数. 另外，最终得到的对偶解还需要通过原始对偶约束被映射到原解. 例如，在计算铰链损失 SVM 的对偶变量 $\alpha_1, \cdots, \alpha_n$ 时，原解 $\overline{W}$ 被计算求得为 $\overline{W} = \sum_i \alpha_i y_i \overline{X}_i^{\mathrm{T}}$. 近似地最优化对偶目标函数可能会为原问题提供一个任意差的解. 尽管原和对偶目标函数值在最优点处是完全相同的 (像支持向量机的凸目标函数)，但对于近似最优解的情况并非如此. 在被转换为原解时，近似的对偶目标函数 (作为关于 $\alpha_1, \cdots, \alpha_n$ 的函数) 值可能不同于最终原始目标函数值. 最后，中间的原问题解要比对偶问题的解更容易解释. 从实际的视角来看，这种可解释性具有优势，并且在具有计算约束的情况下，其更容易被提前终止. 对偶方法在支持向量机等模型求解中历来受到青睐. 然而，鉴于存在大量用于求解原优化问题的简单方法，我们没有内在的原因不去直接求解原问题. 因此，我们还是建议尽可能应用原始方法.

6.8 总结

许多优化问题都具有约束条件，这使得求解过程更具挑战性. 本章讨论了用于处理约束优化问题的几种方法，这包括投影梯度下降法、坐标下降法和拉格朗日松弛法. 基于惩罚法和障碍法则结合了求解原问题和对偶问题算法中的想法. 在这些方法中，由于原始方法良好的解释性，故具有一定的优势. 尽管如此，当点的个数少于变量的数目时，对偶问题在某些场景中的应用效果也不错.

6.9 拓展阅读

支持向量机的对偶算法首次被 Cortes 和 Vapnik[30] 所引入. 关于 Logistic 回归的对偶表示在文献 [68, 140] 中讨论，文献 [93] 比较了各种相应的数值算法. 文献 [142] 提出了基于表示定理的核 Logistic 回归技术. 关于支持向量机对偶方法的详细讨论可见文献 [31]. 文献 [64, 136] 提出了支持向量机和 Logistic 回归的对偶坐标下降法. 虽然拉格朗日松弛法是表述对偶问题最常用的方法，但它并不是唯一的方法. 只要我们能用附加变量来参数化一个问题使得 minimax 问题的解能给出真实的最优解，那么该方法就可以用来表示对偶问题. 文献 [68] 给出了基于 Logistic 回归的这样方法的一个例子.

6.10 习题

6.1 假设你想要找到可以内接在半径为 1 的圆上矩形的最大面积. 将该问题表述为一个具有双变量约束优化问题. 讨论你如何将该问题转换为一个具有单变量无约束优化问题?

6.2 考虑如下的优化问题：

$$\text{最小化} \quad x^2 + 2x + y^2 + 3y$$

$$\text{约束为：} x + y = 1$$

设 (x_0, y_0) 是满足约束 $x + y = 1$ 的一个点．计算在 (x_0, y_0) 点处的投影梯度．

6.3 利用高斯消元法消除习题 6.2 中的约束与变量 y．计算所得到的无约束问题的最优解和对应的最优目标函数值．

6.4 计算习题 6.2 中目标函数的对偶形式．计算最优解及其所对应的目标函数值．

6.5 使用 Python 或其他编程语言来实现盒约束的线性回归的梯度下降法．

6.6 **线性规划的对偶**．考虑如下关于原始变量 $\overline{w} = [w_1, w_2, \cdots, w_d]^{\mathrm{T}}$ 的线性规划优化问题：

$$\text{最小化} \quad \sum_{i=1}^{d} c_i w_i$$

$$\text{约束为：} \quad \boldsymbol{A}\overline{w} \leqslant \overline{b}$$

这里，$\boldsymbol{A}$ 是一个 $n \times d$ 矩阵，而 $\overline{b}$ 为一个 n 维列向量．应用只关于对偶变量的拉格朗日松弛来表述该优化问题的对偶形式．存在确保强对偶成立的条件吗？

6.7 **二次规划的对偶**．考虑如下关于原始变量 $\overline{w} = [w_1, w_2, \cdots, w_d]^{\mathrm{T}}$ 的二次规划优化问题：

$$\text{最小化} \quad \frac{1}{2}\overline{w}^{\mathrm{T}}\boldsymbol{Q}\overline{w}\sum_{i=1}^{d}\overline{c}^{\mathrm{T}}\overline{w}$$

$$\text{约束为：} \quad \boldsymbol{A}\overline{w} \leqslant \overline{b}$$

这里，$\boldsymbol{Q}$ 是一个 $d \times d$ 矩阵，$\boldsymbol{A}$ 为一个 $n \times d$ 矩阵，$\overline{c}$ 是一个 d 维列向量，而 $\overline{b}$ 是一个 n 维列向量．利用只关于对偶变量的拉格朗日松弛来表述该优化问题的对偶形式．假设矩阵 $\boldsymbol{Q}$ 是可逆的．存在确保强对偶成立的条件吗？

6.8 考虑如下引入偏移变量 b 的支持向量机优化问题．也就是说，原支持向量机优化问题可表述为

$$J = \sum_{i=1}^{n} \max\{0, (1 - y_i[\overline{W} \cdot \overline{X}_i^{\mathrm{T}}] + b)\} + \frac{\lambda}{2}\|\overline{W}\|^2$$

通过应用与本章所介绍的类似步骤计算该优化问题的对偶形式．对偶问题中应用梯度下降，那如何处理对偶问题中的附加约束？

6.9 正如你将在第 9 章中所学习到的，最小二乘回归的原形式可以根据成对数据点之间的相似性 s_{ij} 按如下方式来重构：

$$J = \frac{1}{2}\sum_{i=1}^{n}(y_i - \sum_{p=1}^{n}\beta_p s_{pi})^2 + \frac{\lambda}{2}\sum_{i=1}^{n}\sum_{j=1}^{n}\beta_i\beta_j s_{ij}$$

其中 s_{ij} 表示点 i 和点 j 之间的相似性. 将该无约束优化问题转换为一个约束优化问题，并根据 s_{ij} 来表述该问题的对偶形式.

6.10 设 $\overline{z} \in \mathbf{R}^d$ 位于椭球体 $\overline{x}^{\mathrm{T}}\boldsymbol{A}\overline{x} + \overline{b}^{\mathrm{T}}\overline{x} + c \leqslant 0$ 之外，其中 $\boldsymbol{A}$ 是一个 $d \times d$ 半正定矩阵以及 $\overline{x} \in \mathbf{R}^d$. 为执行投影梯度下降，需要找到 $\overline{z}$ 在这个凸椭球体上最近的投影. 应用拉格朗日松弛法证明投影点 $\overline{z}_0$ 一定满足如下的关系：

$$\overline{z} - \overline{z}_0 \propto 2\boldsymbol{A}\overline{z}_0 + \overline{b}$$

根据椭球体的切线从几何角度来解释上述关系.

6.11 考虑如下的优化问题：

$$\begin{aligned} &\text{最小化} \quad x^2 - y^2 - 2xy + z^2 \\ &\text{约束为：} \quad x^2 + y^2 + z^2 \leqslant 2 \end{aligned}$$

假设将 y 和 z 分别设为 1 和 0，那么应用坐标下降法来求解关于优化变量 x 的优化问题. 然后，将 x 和 z 设为其当前值来求解 y. 最后，利用同样的方法来求解 z. 执行另一个完整的坐标下降循环来确认该坐标下降不能被进一步改善. 提供一个解使其对应更好的目标函数值. 讨论为什么坐标下降法无法找到最优解.

6.12 考虑如下拉格朗日松弛对偶目标函数，其中目标函数为仅关于对偶变量的函数：

$$L(\overline{\alpha}) = \min_{\overline{w}} \ [F(\overline{w}) + \sum_{i=1}^{m} \alpha_i f_i(\overline{w})]$$

这里，符号 $F(\cdot)$ 和 $f_i(\cdot)$ 与 6.4 节中所使用的相同. 证明：无论原优化问题的凸性结构如何，函数 $L(\overline{\alpha})$ 关于 $\overline{\alpha}$ 总是凹的.

6.13 **非负盒回归**. 考虑一个 L_2 正则化的线性回归 $\boldsymbol{D}\overline{w} \approx \overline{y}$，其中 $\boldsymbol{D}$ 为一个 $n \times d$ 数据矩阵，回归向量为 $\overline{y}$ 以及关于参数向量的非负约束 $\overline{w} \geqslant 0$. 表述该问题的拉格朗日对偶形式 (仅根据对偶变量).

6.14 **硬正则化**. 考虑代替 Tikhonov 正则化的问题，你需要求解球面约束 $\|\overline{x}\| \leqslant r$ 下的最小化 $\|\boldsymbol{A}\overline{x} - \overline{b}\|^2$ 的线性回归问题. 根据变量 $\alpha \geqslant 0$ 来表述该问题的拉格朗日对偶形式. 证明：原始变量与对偶变量在最优点处以相似的方式关于 Tikhonov 正则化：

$$\overline{x} = (\boldsymbol{A}^{\mathrm{T}}\boldsymbol{A} + \alpha\boldsymbol{I})^{-1}\boldsymbol{A}^{\mathrm{T}}\overline{b}$$

在什么条件下，α 等于 0 呢？如果 α 是非零的，证明它等于如下特征方程的解：

$$\overline{b}^{\mathrm{T}}\boldsymbol{A}(\boldsymbol{A}^{\mathrm{T}}\boldsymbol{A} + \alpha\boldsymbol{I})^{-2}\boldsymbol{A}^{\mathrm{T}}\overline{b} = r^2$$

6.15 针对上面习题的硬正则化模型，提出一种 (原) 梯度下降算法. 应用投影梯度下降法. 关键在于要知道如何来执行投影步骤.

6.16 **最佳子集选择**. 考虑一个 $n \times d$ 数据矩阵 $\boldsymbol{D}$，其中你希望找到与 n 维回归向量 $\overline{y}$ 相关的 k 个特征的最佳子集. 因此，可以根据 d 维实向量 $\overline{w}$、d 维二元向量 $\overline{z}$ 以及关于 $\overline{w}$ 中每个系数的先验 (常) 数的上界 M 来表述如下的一个混合整数规划. 所对应的优化问题可表述为在满足如下约束条件下来最小化 $\|\boldsymbol{D}\overline{w} - \overline{y}\|^2$:

$$\overline{z} \in \{0,1\}^d, \quad \overline{w} \leqslant M\overline{z}, \quad \overline{1}^{\mathrm{T}}\overline{z} = k$$

这里，$\overline{1}$ 表示元素全为 1 的 d 维向量. 针对该问题，提出一种块坐标下降算法，其中每个优化块仅包含两个整数变量和所有实变量.

6.17 **对偶间隔**. 假设你正在运行 SVM 的对偶梯度下降算法，并且在当前迭代中含有 (可能是次最优的) 对偶变量 $\alpha_1, \cdots, \alpha_n$. 提出一个快速的计算过程来估计该对偶解与最优解的距离的一个上界. [提示：利用当前的对偶解来建立原解.]

6.18 证明下列的 minimax 函数 $f(x,y)$ 是否满足 John von Neumann 强对偶条件，其中 x 是最小化变量，而 y 为最大化变量：(i) $f(x,y) = x^2+3xy-y^4$；(ii) $f(x,y) = x^2+xy+y^2$；(iii) $f(x,y) = \sin(y-x)$；(iv) $f(x,y) = \sin(y-x)$，其中 $0 \leqslant x \leqslant y \leqslant \pi/2$.

6.19 **坐标下降法的失效**. 考虑在 $x+y \geqslant 1$ 约束条件下来最小化目标 x^2+y^2. 应用拉格朗日松弛法证明最优解为 $x=y=0.5$. 假设你开始在 $x=1$ 和 $y=0$ 处开始对该问题执行坐标下降法. 讨论为什么坐标下降法会失效.

6.20 为习题 6.19 提出一个线性变量转换使得坐标下降法可以处理重新表述的问题.

6.21 表述一个铰链损失 SVM 的变体，其中基于先验信息已知二元目标 (-1 或 $+1$) 与每个特征非负相关. 提出一种仅利用可行方向的梯度下降法的变体.

CHAPTER 7

第 7 章

奇异值分解

“奇异值分解绝对是线性代数中精彩而重要的一个内容.”

——吉尔伯特 · 斯特朗 (Gilbert Strang)，卡博 · 雷 (Kae Borre)

7.1 引言

我们已经在第 3 章中学习到一个半正定矩阵 $\boldsymbol{A}$ 可表示为如下形式：

$$\boldsymbol{A}=\boldsymbol{V}\boldsymbol{\Delta}\boldsymbol{V}^{\mathrm{T}}$$

其中，$\boldsymbol{V}$ 是具有规范正交列的 $d\times d$ 矩阵，而 $\boldsymbol{\Delta}$ 是以 $\boldsymbol{A}$ 的非负特征值为对角线元素的 $d\times d$ 对角矩阵. 正交矩阵 $\boldsymbol{V}$ 也可以看作一个旋转 (反射) 矩阵，对角矩阵 $\boldsymbol{\Delta}$ 则是沿坐标轴方向的一个非负缩放矩阵，矩阵 $\boldsymbol{V}^{\mathrm{T}}$ 是 $\boldsymbol{V}$ 的转置. 通过将矩阵 $\boldsymbol{A}$ 分解成更简单的矩阵，我们可以将线性变换表示为一系列更简单的线性变换 (如旋转和缩放). 本章将介绍如何把这种类型的分解推广到一般的任意矩阵，此即为*奇异值分解*.

奇异值分解甚至可以将矩阵分解方法推广到所分解的对象矩阵不是方阵的情形. 事实上，对于一个 $n\times d$ 矩阵 $\boldsymbol{B}$，它的奇异值分解如下：

$$\boldsymbol{B}=\boldsymbol{Q}\boldsymbol{\Sigma}\boldsymbol{P}^{\mathrm{T}}$$

其中，$\boldsymbol{B}$ 是一个 $n\times d$ 矩阵，$\boldsymbol{Q}$ 是一个 $n\times n$ 规范正交列矩阵，$\boldsymbol{\Sigma}$ 为元素非负的 $n\times d$ 矩形对角矩阵，而 $\boldsymbol{P}$ 是一个 $d\times d$ 规范正交列矩阵. 第 1 章中的图 1.3 介绍了矩形对角矩阵的概念，即只有在第 (i,i) 项 (即具有相同的行和列索引) 上的元素是非零的. 我们将矩阵 $\boldsymbol{Q}$ 的列向量和 $\boldsymbol{P}$ 的列向量分别称为*左奇异向量*和*右奇异向量*. 矩阵 $\boldsymbol{\Sigma}$ 的元素称为*奇异值*. 按照惯例，它们通常以非递增的顺序排列. 这里特别强调对角矩阵 $\boldsymbol{\Sigma}$ 是非负的.

奇异值分解在研究矩阵 $\boldsymbol{B}$ 的四个基本子空间方面具有一些深刻的线性代数性质. 此外，如果精确的矩阵分解不是必要的，那么可以通过奇异值分解来用因子矩阵 $\boldsymbol{Q}$, $\boldsymbol{P}$ 和 $\boldsymbol{\Sigma}$ 的一小部分很好地近似 $\boldsymbol{B}$. 这是基于最优化理论视角来理解奇异值分解. 基于最优化视角，人们可以将奇异值分解自然地推广到更一般的低秩矩阵分解概念，这也是许多机器学习应用的核心 (见第 8 章).

我们首先简单地从线性代数的视角来介绍奇异值分解，即将其视为研究矩阵的行空间和列空间的一种方式. 然而，这种观点是有些片面的，因为它没有提供对奇异值分解的压缩特性的理解. 因此，我们还将从最优化视角及其在压缩和降维中的自然应用来进一步介绍奇异值分解.

本章内容安排如下. 7.2 节将从线性代数的角度引入奇异值分解，而 7.3 节则以最优化的角度介绍奇异值分解. 这两种视角都能揭示奇异值分解的各种性质. 7.4 节概述奇异值分解 (SVD) 在机器学习中的众多应用. 7.5 节给出奇异值分解的数值算法. 7.6 节则是本章内容的总结.

7.2 奇异值分解：线性代数视角

奇异值分解是第 3 章中所讨论的对角化概念的推广. 具有非负特征值和正交特征向量的对角化只适用于方阵、对称矩阵和半正定矩阵，而奇异值分解则适用于任何矩阵，无论其行数和列数大小或其他性质如何. 由于我们已经讨论了方阵的对角化，因此这里将首先研究方阵的奇异值分解，以此来说明奇异值分解是对角化的一个自然推广. 然后，我们将基于方阵的奇异值分解推广到矩形矩阵的情况.

7.2.1 方阵的奇异值分解

这一小节将首先讨论 $m \times m$ 方阵 $\boldsymbol{B}$ 的奇异值分解. 注意到，矩阵 $\boldsymbol{B}^{\mathrm{T}}\boldsymbol{B}$ 和 $\boldsymbol{B}\boldsymbol{B}^{\mathrm{T}}$ 是半正定对称矩阵 (见引理 3.3.14). 因此，这些矩阵可以用规范正交特征向量和非负特征值来对角化. 我们下面说明这些矩阵具有相同的特征值，且它们的特征向量也是相关的.

引理 7.2.1 *设 $\boldsymbol{B}$ 为一个 $m \times m$ 方阵. 那么，如下结论成立：*

1. 若 $\overline{p}$ 是 $\boldsymbol{B}^{\mathrm{T}}\boldsymbol{B}$ 的非零特征值 λ 所对应的单位特征向量，那么 $\boldsymbol{B}\boldsymbol{B}^{\mathrm{T}}$ 也具有相同的特征值 λ，且 $\boldsymbol{B}\overline{p}$ 为相应的特征向量. 此外，$\boldsymbol{B}\overline{p}$ 的范数为 $\sqrt{\lambda}$.

2. 若 $\overline{q}$ 是 $\boldsymbol{B}\boldsymbol{B}^{\mathrm{T}}$ 的非零特征值 λ 所对应的单位特征向量，那么 $\boldsymbol{B}^{\mathrm{T}}\boldsymbol{B}$ 也具有相同的特征值 λ，且 $\boldsymbol{B}^{\mathrm{T}}\overline{q}$ 为相应的特征向量. 此外，$\boldsymbol{B}^{\mathrm{T}}\overline{q}$ 的范数为 $\sqrt{\lambda}$.

证明 这里只给出第一个结论的证明，因为第二个结论的证明是完全类似的，即只需要将 $\boldsymbol{B}$ 看作 $\boldsymbol{B}^{\mathrm{T}}$ 即可. 若 $\overline{p}$ 是 $\boldsymbol{B}^{\mathrm{T}}\boldsymbol{B}$ 的非零特征值 λ 所对应的特征向量，那么有

$$\boldsymbol{B}^{\mathrm{T}}\boldsymbol{B}\overline{p} = \lambda\overline{p}$$

$$\boldsymbol{B}\boldsymbol{B}^{\mathrm{T}}[\boldsymbol{B}\overline{p}]=\lambda[\boldsymbol{B}\overline{p}]\quad[\text{先左乘 }\boldsymbol{B}]$$

换言之，$\boldsymbol{B}\overline{p}$ 是 $\boldsymbol{B}\boldsymbol{B}^{\mathrm{T}}$ 的特征值 λ 所对应的特征向量．进一步，$\boldsymbol{B}\overline{p}$ 的范数的平方可以按照如下方式来计算：

$$\|\boldsymbol{B}\overline{p}\|^2=[p^{\mathrm{T}}\boldsymbol{B}^{\mathrm{T}}][\boldsymbol{B}\overline{p}]=p^{\mathrm{T}}\underbrace{[\boldsymbol{B}^{\mathrm{T}}\boldsymbol{B}\overline{p}]}_{\lambda\overline{p}}=\overline{p}^{\mathrm{T}}[\lambda\overline{p}]=\lambda\|\overline{p}\|^2=\lambda$$

最后一个等号成立是因为 $\overline{p}$ 是一个单位特征向量．由于 $\boldsymbol{B}\overline{p}$ 的范数平方是 λ，故 $\boldsymbol{B}\overline{p}$ 的范数为 $\sqrt{\lambda}$． □

关于矩阵 $\boldsymbol{B}^{\mathrm{T}}\boldsymbol{B}$ 和 $\boldsymbol{B}\boldsymbol{B}^{\mathrm{T}}$ 的特征向量-特征值对的结果也可以由下面的推论给出．

推论 7.2.1 (特征向量对) *设 $\boldsymbol{B}$ 为一个 $m\times m$ 方阵．那么，矩阵 $\boldsymbol{B}^{\mathrm{T}}\boldsymbol{B}$ 和 $\boldsymbol{B}\boldsymbol{B}^{\mathrm{T}}$ 具有 m 个相同的特征值 $\lambda_1,\cdots,\lambda_m$．记对称矩阵 $\boldsymbol{B}^{\mathrm{T}}\boldsymbol{B}$ 对应于特征值 $\lambda_1,\cdots,\lambda_m$ 的 m 个规范正交特征向量分别为 $\overline{p}_1,\cdots,\overline{p}_m$．那么，也能够找到 $\boldsymbol{B}\boldsymbol{B}^{\mathrm{T}}$ 的 m 个规范正交特征向量 $\overline{q}_1,\cdots,\overline{q}_m$，使得如下等式成立：*

$$\overline{q}_i\sqrt{\lambda_i}=\boldsymbol{B}\overline{p}_i$$

证明 证明的主要想法是将 $\overline{q}_i$ 表示为关于 $\overline{p}_i$ 的函数．设 $\boldsymbol{B}^{\mathrm{T}}\boldsymbol{B}$ 和 $\boldsymbol{B}\boldsymbol{B}^{\mathrm{T}}$ 具有 $r\leqslant m$ 个非零特征值．当 $\overline{p}_i$ 是属于非零特征值的特征向量时，定义 $\overline{q}_i=\dfrac{\boldsymbol{B}\overline{p}_i}{\sqrt{\lambda_i}}$，那么由引理 7.2.1 可知，$\overline{q}_i$ 为 $\boldsymbol{B}\boldsymbol{B}^{\mathrm{T}}$ 的单位特征向量．这些非零特征值所对应的特征向量 $\overline{q}_1,\cdots,\overline{q}_r$ 是相互正交的：

$$\overline{q}_i^{\mathrm{T}}\overline{q}_j=\frac{(\boldsymbol{B}\overline{p}_i)^{\mathrm{T}}(\boldsymbol{B}\overline{p}_j)}{\lambda}=\frac{\overline{p}_i^{\mathrm{T}}([\boldsymbol{B}^{\mathrm{T}}\boldsymbol{B}]\overline{p}_j)}{\lambda}=\overline{p}_i^{\mathrm{T}}\overline{p}_j=0$$

接下来，我们考虑 $\boldsymbol{B}^{\mathrm{T}}\boldsymbol{B}$ 和 $\boldsymbol{B}\boldsymbol{B}^{\mathrm{T}}$ 剩余的 $(m-r)$ 个零特征向量．矩阵 $\boldsymbol{B}\boldsymbol{B}^{\mathrm{T}}$ 的任意零特征向量 $\overline{q}_i$ 和 $\boldsymbol{B}^{\mathrm{T}}\boldsymbol{B}$ 的任意零特征向量 $\overline{p}_i$ 都满足 $\overline{q}_i\sqrt{\lambda_i}=\boldsymbol{B}\overline{p}_i$，这是因为等式两边都为零．关键在于由 $\boldsymbol{B}^{\mathrm{T}}\boldsymbol{B}\overline{p}_i=\overline{0}$ 可以推得 $\boldsymbol{B}\overline{p}_i=\overline{0}$ (参考第 2 章中的习题 2.2)．故可以把 $\boldsymbol{B}^{\mathrm{T}}\boldsymbol{B}$ 和 $\boldsymbol{B}\boldsymbol{B}^{\mathrm{T}}$ 的零特征向量任意配对． □

推论 7.2.1 提供了一种将 $\boldsymbol{B}^{\mathrm{T}}\boldsymbol{B}$ 和 $\boldsymbol{B}\boldsymbol{B}^{\mathrm{T}}$ 的特征向量配对的方法，使得任何一对特征向量 $(\overline{p}_i,\overline{q}_i)$ 总是满足条件 $\overline{q}_i\sqrt{\lambda_i}=\boldsymbol{B}\overline{p}_i$．该结果可以用来把这些配对关系写成矩阵形式，这种表达配对的方式就被称为奇异值分解．

定理 7.2.1 (奇异值分解的存在性) *设 $m\times m$ 矩阵 $\boldsymbol{P}$ 的列向量为 $m\times m$ 矩阵 $\boldsymbol{B}^{\mathrm{T}}\boldsymbol{B}$ 的 m 个规范正交特征向量，而 $\boldsymbol{\Sigma}$ 是对角线元素为相应特征值平方根的 $m\times m$ 对角矩阵．*

假设 $\boldsymbol{P}$ 和 $\boldsymbol{\Sigma}$ 的列向量是有序的，从而使得奇异值是递减的．那么，存在一个包含 $\boldsymbol{B}\boldsymbol{B}^{\mathrm{T}}$ 的规范正交特征向量的 $m \times m$ 正交矩阵 $\boldsymbol{Q}$，使得下式成立：

$$\boldsymbol{B} = \boldsymbol{Q}\boldsymbol{\Sigma}\boldsymbol{P}^{\mathrm{T}}$$

证明 由推论 7.2.1，对于 $\boldsymbol{B}^{\mathrm{T}}\boldsymbol{B}$ 的任意有序特征向量 $\overline{p}_1, \cdots, \overline{p}_m$，存在 $\boldsymbol{B}\boldsymbol{B}^{\mathrm{T}}$ 的有序特征向量 $\overline{q}_1, \cdots, \overline{q}_m$，满足对任意 $i \in \{1, \cdots, m\}$，

$$\overline{q}_i\sqrt{\lambda} = \boldsymbol{B}\overline{p}_i$$

将这 m 个向量之间的关系式写成如下矩阵形式的关系式：

$$[\overline{q}_1, \cdots, \overline{q}_m]\boldsymbol{\Sigma} = \boldsymbol{B}[\overline{p}_1, \cdots, \overline{p}_m]$$

其中 $\boldsymbol{\Sigma}$ 是一个 $m \times m$ 对角矩阵，而第 (i, i) 项的元素为 $\sqrt{\lambda_i}$. 于是，我们可以将上面关系式写成如下形式：

$$\boldsymbol{Q}\boldsymbol{\Sigma} = \boldsymbol{B}\boldsymbol{P}$$

其中 $\boldsymbol{P}$ 是一个列向量为 $\overline{p}_1, \cdots, \overline{p}_m$ 的 $m \times m$ 正交矩阵，而 $\boldsymbol{Q}$ 是一个列向量为 $\overline{q}_1, \cdots, \overline{q}_m$ 的 $m \times m$ 正交矩阵．在上式两边同时右乘 $\boldsymbol{P}^{\mathrm{T}}$，由 $\boldsymbol{P}\boldsymbol{P}^{\mathrm{T}} = \boldsymbol{I}$ 可得 $\boldsymbol{Q}\boldsymbol{\Sigma}\boldsymbol{P}^{\mathrm{T}} = \boldsymbol{B}$. 因此，方阵 $\boldsymbol{B}$ 的奇异值分解总是存在的． □

考虑如下矩阵 $\boldsymbol{B}$ 以及由它所生成的散射矩阵 $\boldsymbol{B}^{\mathrm{T}}\boldsymbol{B}$:

$$\boldsymbol{B} = \begin{bmatrix} 14 & 8 & -6 \\ 21 & 11 & 14 \\ 16 & -6 & 2 \end{bmatrix}, \quad \boldsymbol{B}^{\mathrm{T}}\boldsymbol{B} = \begin{bmatrix} 893 & 247 & 242 \\ 247 & 221 & 94 \\ 242 & 94 & 236 \end{bmatrix}$$

在对 $\boldsymbol{B}^{\mathrm{T}}\boldsymbol{B}$ 进行特征分解时，我们可以得到与 $[3, 1, 1]^{\mathrm{T}}, [1, -1, -2]^{\mathrm{T}}, [1, -7, 4]^{\mathrm{T}}$ 成比例的特征向量 (尽管这些向量需要单位规范化来构造 $\boldsymbol{P}$). 其对应的特征值是 1052、162 和 232. 这些特征值的平方根则是奇异值，其可以用来创建对角矩阵 $\boldsymbol{\Sigma}$. 由于 $\boldsymbol{B} = \boldsymbol{Q}\boldsymbol{\Sigma}\boldsymbol{P}^{\mathrm{T}}$，故可以由 $\boldsymbol{B}\boldsymbol{P}\boldsymbol{\Sigma}^{-1}$ 得到如下矩阵 $\boldsymbol{Q}$:

$$\boldsymbol{Q} = \underbrace{\begin{bmatrix} 14 & 8 & -6 \\ 21 & 11 & 14 \\ 16 & -6 & 2 \end{bmatrix}}_{\boldsymbol{B}} \underbrace{\begin{bmatrix} \dfrac{3}{\sqrt{11}} & \dfrac{1}{\sqrt{6}} & \dfrac{1}{\sqrt{66}} \\ \dfrac{1}{\sqrt{11}} & -\dfrac{1}{\sqrt{6}} & -\dfrac{7}{\sqrt{66}} \\ \dfrac{1}{\sqrt{11}} & -\dfrac{2}{\sqrt{6}} & \dfrac{4}{\sqrt{66}} \end{bmatrix}}_{\boldsymbol{P}} \underbrace{\begin{bmatrix} 4\sqrt{66} & 0 & 0 \\ 0 & 9\sqrt{2} & 0 \\ 0 & 0 & 2\sqrt{33} \end{bmatrix}^{-1}}_{\boldsymbol{\Sigma}^{-1}}$$

在进行上面的矩阵乘法计算后，可以得到矩阵 $\boldsymbol{Q}$，其列向量与 $[1,2,1]^{\mathrm{T}},[1,-1,1]^{\mathrm{T}},[-1,0,1]^{\mathrm{T}}$ 成比例，尽管矩阵 $\boldsymbol{Q}$ 的列向量已经被单位规范化．因此，矩阵 $\boldsymbol{B}$ 的奇异值分解可以表示为如下的 $\boldsymbol{Q\Sigma P}^{\mathrm{T}}$：

$$\underbrace{\begin{bmatrix} \frac{1}{\sqrt{6}} & \frac{1}{\sqrt{3}} & -\frac{1}{\sqrt{2}} \\ \frac{2}{\sqrt{6}} & -\frac{1}{\sqrt{3}} & 0 \\ \frac{1}{\sqrt{6}} & \frac{1}{\sqrt{3}} & \frac{1}{\sqrt{2}} \end{bmatrix}}_{\boldsymbol{Q}} \underbrace{\begin{bmatrix} 4\sqrt{66} & 0 & 0 \\ 0 & 9\sqrt{2} & 0 \\ 0 & 0 & 2\sqrt{33} \end{bmatrix}}_{\boldsymbol{\Sigma}} \underbrace{\begin{bmatrix} \frac{3}{\sqrt{11}} & \frac{1}{\sqrt{6}} & \frac{1}{\sqrt{66}} \\ \frac{1}{\sqrt{11}} & -\frac{1}{\sqrt{6}} & -\frac{7}{\sqrt{66}} \\ \frac{1}{\sqrt{11}} & -\frac{2}{\sqrt{6}} & \frac{4}{\sqrt{66}} \end{bmatrix}^{\mathrm{T}}}_{\boldsymbol{P}^{\mathrm{T}}}$$

重要的一点是，我们由 $\boldsymbol{P}$ 得到 $\boldsymbol{Q}$，而不是独立地对角化 $\boldsymbol{BB}^{\mathrm{T}}$ 和 $\boldsymbol{B}^{\mathrm{T}}\boldsymbol{B}$. 由于 $\boldsymbol{Q}$ 和 $\boldsymbol{P}$ 之间的正负号相关性，后者可能导致不正确的结果．例如，人们可以使用 $-\boldsymbol{Q}$ 和 $-\boldsymbol{P}$ 作为分解矩阵，而不改变矩阵的乘积．然而，我们不能使用 $-\boldsymbol{Q}$ 和 $\boldsymbol{P}$ 来建立一个奇异值分解，因为相对应的奇异向量的符号也是相互依赖的．

奇异值分解还可以分解如下所示的不可对角化的矩阵：

$$\begin{bmatrix} 0 & -7 \\ 0 & 0 \end{bmatrix} = \underbrace{\begin{bmatrix} -1 & 0 \\ 0 & 1 \end{bmatrix}}_{\boldsymbol{Q}} \underbrace{\begin{bmatrix} 7 & 0 \\ 0 & 0 \end{bmatrix}}_{\boldsymbol{\Sigma}} \underbrace{\begin{bmatrix} 0 & 1 \\ 1 & 0 \end{bmatrix}}_{\boldsymbol{P}^{\mathrm{T}}}$$

注意，上述矩阵是不能被对角化的，因为它是幂零的 (见第 3 章中的习题 3.26). 然而，它却具有一个有效的奇异值分解．此外，即使该矩阵只有零特征值，它也有一个非零奇异值 7，其是变换的关键*比例因子*之一．事实上，奇异值分解具有通过使用*极分解*将任意 (方阵) 矩阵与半正定矩阵相关联的简洁特性，这可以将旋转反射矩阵从缩放 (半正定) 矩阵中明确地分离出来：

引理 7.2.2 (极分解)　*任意方阵都可以表示为 $\boldsymbol{US}$ 的形式，其中 $\boldsymbol{U}$ 是一个正交矩阵，而 $\boldsymbol{S}$ 是一个半正定对称矩阵．*

证明　方阵的奇异值分解可以写成 $\boldsymbol{Q\Sigma P}^{\mathrm{T}} = (\boldsymbol{QP}^{\mathrm{T}})(\boldsymbol{P\Sigma P}^{\mathrm{T}})$. 取 $\boldsymbol{U} = \boldsymbol{QP}^{\mathrm{T}}$，则它是正交的，因为正交矩阵在乘法下是封闭的 (见第 2 章)．取 $\boldsymbol{S} = \boldsymbol{P\Sigma P}^{\mathrm{T}}$，由 $\boldsymbol{\Sigma}$ 的非负性可知，它是一个半正定矩阵．　□

极分解具有几何意义．事实上，该分解告诉我们：每个矩阵乘法都会导致沿正交方向的非负比例因子的各向异性缩放以及旋转反射．当旋转反射分量丢失时，所得到的矩阵是半正定的．矩阵 $\boldsymbol{U}$ 也是与矩阵 $\boldsymbol{B}$ 距离最近的正交矩阵，就像 $[\cos(\theta),\sin(\theta)]^{\mathrm{T}}$ 是距离极坐标 $r[\cos(\theta),\sin(\theta)]^{\mathrm{T}}$ 最近的单位向量一样．

问题 7.2.1　设 $\boldsymbol{B}$ 为一个半负定的对称方阵. 证明 $\boldsymbol{B}$ 的奇异值分解具有 $\boldsymbol{B}=\boldsymbol{Q\Sigma P}^{\mathrm{T}}$ 的形式，其中 $\boldsymbol{Q}=-\boldsymbol{P}$.

上面问题的重点是强调奇异值需要非负性. 下面的问题进一步强调了这个事实：

问题 7.2.2　设 $m\times m$ 矩阵 $\boldsymbol{B}$ 满足 $\boldsymbol{B}=\boldsymbol{Q\Sigma P}^{\mathrm{T}}$ 形式的分解，其中 $\boldsymbol{Q}$ 和 $\boldsymbol{P}$ 均为 $m\times m$ 正交矩阵，而 $\boldsymbol{\Sigma}$ 是一个 $m\times m$ 对角矩阵. 已知 $\boldsymbol{\Sigma}$ 的一些元素是负的. 讨论如何调整该分解以便将其转换为标准形式的奇异值分解.

问题 7.2.3　设 3×3 对称阵 $\boldsymbol{A}$ 的特征分解具有如下形式：

$$\boldsymbol{A}=\boldsymbol{V\Delta V}^{\mathrm{T}}=\begin{bmatrix}v_{11} & v_{12} & v_{13}\\ v_{21} & v_{22} & v_{23}\\ v_{31} & v_{32} & v_{33}\end{bmatrix}\begin{bmatrix}5 & 0 & 0\\ 0 & -2 & 0\\ 0 & 0 & -3\end{bmatrix}\begin{bmatrix}v_{11} & v_{21} & v_{31}\\ v_{12} & v_{22} & v_{32}\\ v_{13} & v_{23} & v_{33}\end{bmatrix}$$

请给出该矩阵的奇异值分解.

由非零奇异值的个数可以得到原始矩阵的秩.

引理 7.2.3　设 $\boldsymbol{B}$ 为一个秩为 $k\leqslant m$ 的 $m\times m$ 矩阵，$\boldsymbol{B}$ 的奇异值分解为 $\boldsymbol{B}=\boldsymbol{Q\Sigma P}^{\mathrm{T}}$，其中 $\boldsymbol{Q},\boldsymbol{\Sigma},\boldsymbol{P}^{\mathrm{T}}$ 为 $m\times m$ 矩阵. 那么，零奇异值的个数恰好为 $m-k$.

证明　正如推论 2.6.3 所述，与非奇异 (或正交) 矩阵相乘并不会改变矩阵的秩. 因此 $\boldsymbol{B}=\boldsymbol{Q\Sigma P}^{\mathrm{T}}$ 的秩与 $\boldsymbol{\Sigma}$ 的秩相同. 由于 $\boldsymbol{\Sigma}$ 的秩等于非零奇异值的个数，故该引理结论得证. □

7.2.2　通过填充将方阵的 SVD 推广到矩形矩阵的 SVD

考虑一种特殊情况，其中矩阵 $\boldsymbol{B}$ 是通过用零元素构成的行或列填充 $n\times d$ 矩阵 $\boldsymbol{D}$ 得到的，因此我们有一个行数和列数均为 $m=\max\{n,d\}$ 的方阵 $\boldsymbol{B}$. 该类型的填充可以自然地得到矩形矩阵的奇异值分解，因为填充矩阵的部分 (不需要很大) 因子矩阵可以被提取以得到原始矩阵的分解 (未填充). 例如，在处理 $n\times d$ 矩阵 $\boldsymbol{D}$ 时，人们可以将其分解为一个 $n\times n$ 正交矩阵、一个 $n\times d$ 矩形对角矩阵和一个 $d\times d$ 正交矩阵. 这三个 (较小的) 矩阵可以直接作为 $m\times m$ 矩阵 $\boldsymbol{B}$ 的三个 (较大的) 因子的一部分. 考虑给 $n\times d$ 矩阵 $\boldsymbol{D}$ 填充零元素 (行或列) 以获得方阵 $\boldsymbol{B}$ 的情况，则可以表明奇异值分解具有如下两种类型的因子矩阵块对角结构之一：

引理 7.2.4 (填充奇异值分解的块对角结构)　设 $m\times m$ 矩阵 $\boldsymbol{B}$ 是由 $n\times d$ 矩阵 $\boldsymbol{D}$ 通过填充由零元素构成的行或者列所得到的，其中 $m=\max\{n,d\}$. 那么，根据 n 和 d 的大小关系，其奇异值分解 $\boldsymbol{B}=\boldsymbol{Q\Sigma P}^{\mathrm{T}}$ 具有如下两种形式中的一种：

$$\boldsymbol{B}=\begin{bmatrix}\boldsymbol{D} & \boldsymbol{O}\end{bmatrix}=\boldsymbol{Q}\underbrace{\begin{bmatrix}\boldsymbol{\Sigma}_1 & \boldsymbol{O}\\ \boldsymbol{O} & \boldsymbol{O}\end{bmatrix}}_{\boldsymbol{\Sigma}}\underbrace{\begin{bmatrix}\boldsymbol{P}_1 & \boldsymbol{O}\\ \boldsymbol{O} & \boldsymbol{P}_2\end{bmatrix}^{\mathrm{T}}}_{\boldsymbol{P}^{\mathrm{T}}}\quad [\text{若 } d<n]$$

$$\boldsymbol{B}=\begin{bmatrix}\boldsymbol{D}\\ \boldsymbol{O}\end{bmatrix}=\underbrace{\begin{bmatrix}\boldsymbol{Q}_1 & \boldsymbol{O}\\ \boldsymbol{O} & \boldsymbol{Q}_2\end{bmatrix}}_{\boldsymbol{Q}}\underbrace{\begin{bmatrix}\boldsymbol{\Sigma}_1 & \boldsymbol{O}\\ \boldsymbol{O} & \boldsymbol{O}\end{bmatrix}^{\mathrm{T}}}_{\boldsymbol{\Sigma}}\boldsymbol{P}^{\mathrm{T}}\quad[\text{若 } n<d]$$

与方阵的奇异值分解的一样，这里 $\boldsymbol{Q},\boldsymbol{P},\boldsymbol{\Sigma}$ 都是 $m\times m$ 矩阵. 矩阵 $\boldsymbol{P}_1$ 是 $d\times d$ 的，而矩阵 $\boldsymbol{Q}_1$ 是 $n\times n$ 的. 矩阵 $\boldsymbol{P}_2,\boldsymbol{Q}_2$ 分别是 $(m-d)\times(m-d)$ 和 $(m-n)\times(m-n)$ 的. 矩阵 $\boldsymbol{\Sigma}_1$ 是 $\min\{n,d\}\times\min\{n,d\}$ 的.

简证　考虑第一种情况：$\boldsymbol{B}=[\boldsymbol{D}\ \boldsymbol{O}]$ 且 $d<n$. 在这种情况下，$\boldsymbol{B}^{\mathrm{T}}\boldsymbol{B}$ 只有左上角有一个 $d\times d$ 大小的非零块. 因此它至多有 d 个非零特征值，其平方根可以用来构造 $d\times d$ 对角矩阵 $\boldsymbol{\Sigma}_1$. 其左上角块的特征向量将包含在 $d\times d$ 矩阵 $\boldsymbol{P}_1$ 中. 而 $(n-d)\times(n-d)$ 矩阵 $\boldsymbol{P}_2$ 则可以通过取 $\mathbf{R}^{n-d}$ 中任意一组 $(n-d)$ 个规范正交列来得到. 下面还需要证明，如果矩阵 $\boldsymbol{P},\boldsymbol{\Sigma}$ 是由上述第一种情况等式右侧所示的分块结构 $\boldsymbol{P}_1,\boldsymbol{P}_2,\boldsymbol{\Sigma}_1$ 构造的，那么 (i) $\boldsymbol{P}$ 包含 $\boldsymbol{B}^{\mathrm{T}}\boldsymbol{B}$ 的非零特征向量和零特征向量；(ii) 矩阵 $\boldsymbol{\Sigma}^2$ 包含 $\boldsymbol{B}^{\mathrm{T}}\boldsymbol{B}$ 的特征值. 可以通过证明 $\boldsymbol{P}$ 的第 i 列是 $\boldsymbol{B}^{\mathrm{T}}\boldsymbol{B}$ 的特征值为 $\boldsymbol{\Sigma}^2$ 的第 i 个对角线元素的右特征向量来得到. 该结果成立是因为对于 $i\leqslant d$，特征向量和特征值可以由 $\boldsymbol{B}^{\mathrm{T}}\boldsymbol{B}$ 左上角 $d\times d$ 的矩阵块的特征向量得到. 这些特征向量包含在 $\boldsymbol{P}_1$ 中，填充只是将 $(n-d)$ 个零元素添加到 $\boldsymbol{B}^{\mathrm{T}}\boldsymbol{B}$ 的第 i 列和 $\boldsymbol{P}$ 的第 i 列. 若 $i>d$，由于 $\boldsymbol{B}^{\mathrm{T}}\boldsymbol{B}$ 的分块结构，任意一个前 d 个分量为 0 的 n 维向量都是 $\boldsymbol{B}^{\mathrm{T}}\boldsymbol{B}$ (属于特征值 0) 的特征向量. 此外，由于 $\boldsymbol{P}$ 的两个分块矩阵都是正交矩阵，故可以证明 $\boldsymbol{P}$ 也是正交的. 矩阵 $\boldsymbol{Q}$ 可以使用定理 7.2.1 的证明中讨论的方法由 $\boldsymbol{B}$, $\boldsymbol{\Sigma}$, $\boldsymbol{P}$ 得到. 因此，我们可以在该引理的第一种情况下 (当 $n>d$ 时) 得到一个关于分块对角结构的奇异值分解. 对于 $n<d$ 的情况，可以采用类似的方法来证明.　□

相较于对填充矩阵 $\boldsymbol{B}$ 进行奇异值分解，我们也可以通过单独讨论填充奇异值分解的块结构的部分来直接分解矩阵 $\boldsymbol{D}$：

$$\boldsymbol{D}=\boldsymbol{Q}\begin{bmatrix}\boldsymbol{\Sigma}_1\\ \boldsymbol{O}\end{bmatrix}\boldsymbol{P}_1^{\mathrm{T}}\quad[\text{若 } d<n]$$

$$\boldsymbol{D}=\boldsymbol{Q}_1\begin{bmatrix}\boldsymbol{\Sigma}_1 & \boldsymbol{O}\end{bmatrix}\boldsymbol{P}^{\mathrm{T}}\quad[\text{若 } n<d]$$

矩阵 $\boldsymbol{Q}$ 和 $\boldsymbol{P}$ 都是方阵，且在上边两个关系式中只有 $n\times d$ 对角矩阵 $\boldsymbol{\Sigma}$ 不是方阵. 子方阵 $\boldsymbol{\Sigma}_1$ 是 $\min\{n,d\}\times\min\{n,d\}$ 的，而 $n\times d$ 矩阵 $\boldsymbol{\Sigma}$ 可以通过将其填充 $|n-d|$ 个零元素构成的行或列来得到. 与 $\boldsymbol{B}$ 的奇异值分解不同，矩阵 $\boldsymbol{D}$ 的右奇异向量和左奇异向量的维数不同. 左奇异向量矩阵总是 $n\times n$ 的，而右奇异向量矩阵总是 $d\times d$ 的. 这就是矩形奇异值分解的标准形式. 然而，奇异值分解的其他形式甚至更加简洁，这将在 7.2.3 节中讨论.

7.2.3 矩形矩阵奇异值分解的几种定义

我们从总结 7.2.2 节所得到的矩形矩阵奇异值分解开始本节的内容：

定义 7.2.1 (奇异值分解) 考虑一个 $n \times d$ 实值矩阵 $\boldsymbol{D}$. 这样的矩阵总可以被分解为如下三个矩阵乘积的形式：

$$\boldsymbol{D} = \boldsymbol{Q}\boldsymbol{\Sigma}\boldsymbol{P}^{\mathrm{T}}$$

其中，$\boldsymbol{Q}$ 是具有包含左奇异向量的规范正交列的 $n \times n$ 矩阵，$\boldsymbol{\Sigma}$ 是具有以非负奇异值为对角线元素且按递减顺序排列的 $n \times d$ 矩形“对角”矩阵，而 $\boldsymbol{P}$ 是具有包含右奇异向量的规范正交列的 $d \times d$ 矩阵.

下面给出右奇异向量和左奇异向量的一些重要性质，而这些性质都可以由 7.2.2 节的讨论而直接得到：

- 称 $\boldsymbol{Q}$ 的 n 个列向量为左奇异向量，其对应于 $n \times n$ 矩阵 $\boldsymbol{D}\boldsymbol{D}^{\mathrm{T}}$ 的 n 个特征向量. 注意，因为 $\boldsymbol{D}\boldsymbol{D}^{\mathrm{T}}$ 是对称矩阵，所以这些特征向量是规范正交的.
- 称 $\boldsymbol{P}$ 的 d 个列向量为右奇异向量，其对应于 $d \times d$ 矩阵 $\boldsymbol{D}^{\mathrm{T}}\boldsymbol{D}$ 的 d 个特征向量. 注意，由于 $\boldsymbol{D}^{\mathrm{T}}\boldsymbol{D}$ 是对称矩阵，所以这些特征向量是规范正交的.
- $n \times d$ 矩形对角矩阵 $\boldsymbol{\Sigma}$ 的对角线元素为奇异值，这些奇异值是 $\boldsymbol{D}^{\mathrm{T}}\boldsymbol{D}$ 或 $\boldsymbol{D}\boldsymbol{D}^{\mathrm{T}}$ 的 $\min\{n, d\}$ 个最大特征值的平方根.
- 通常，矩阵 $\boldsymbol{Q}$，$\boldsymbol{P}$ 和 $\boldsymbol{\Sigma}$ 的列按奇异值递减排序.

上述形式的奇异值分解也被称为完全奇异值分解. 注意，当 $n \neq d$ 时，矩阵 $\boldsymbol{Q}$ 或 $\boldsymbol{P}$ 都比原始矩阵大，但 $n \times d$ 矩阵 $\boldsymbol{\Sigma}$ 和原始矩阵大小一样. 事实上，$\boldsymbol{Q}$ 和 $\boldsymbol{P}$ 中较大的一个将包含 $|n-d|$ 个未匹配的特征向量，而这些特征向量并不对应于 $\boldsymbol{\Sigma}$ 中的 $\min\{n, d\}$ 个对角线元素，这似乎很浪费.

一种更简洁的分解形式是所谓的简约奇异值分解，即矩阵的谱分解. 设 σ_{rr} 为矩阵 $\boldsymbol{\Sigma}$ 的第 (r, r) 项上的元素，$\overline{q}_r$ 为 $\boldsymbol{Q}$ 的第 r 列，$\overline{p}_r$ 为 $\boldsymbol{P}$ 的第 r 列. 那么，矩阵乘积 $\boldsymbol{Q}\boldsymbol{\Sigma}\boldsymbol{P}^{\mathrm{T}}$ 可以表示为如下秩 1 矩阵之和：

$$\boldsymbol{D} = \boldsymbol{Q}\boldsymbol{\Sigma}\boldsymbol{P}^{\mathrm{T}} = \sum_{r=1}^{\min\{n,d\}} \sigma_{rr}\overline{q}_r\overline{p}_r^{\mathrm{T}} \tag{7.1}$$

上述结果的右侧是通过简单地将刻画矩阵乘法的基本方法之一 (见引理 1.2.1) 应用于矩阵 $(\boldsymbol{Q}\boldsymbol{\Sigma})$ 和 $\boldsymbol{P}^{\mathrm{T}}$ 的乘积而获得的. 上述形式的分解也称为矩阵 $\boldsymbol{D}$ 的谱分解. 上述求和中 $\min\{n, d\}$ 项中的每一项 (即 $n \times d$ 矩阵 $\sigma_{rr}\overline{q}_r\overline{p}_r^{\mathrm{T}}$) 被称为 $n \times d$ 原始矩阵 $\boldsymbol{D}$ 的潜在分量. 这些项之所以称为潜在分量是因为它们表示独立的、隐藏的 (或潜在的) 的矩阵 $\boldsymbol{D}$ 的块. 注意，$\overline{q}_r^{\mathrm{T}}\overline{p}_r$ 是一个 $n \times d$ 的秩 1 矩阵，因为它是一个 n 维列向量与一个 d 维行向量的乘积. 上述形式的谱分解为提出另一种形式的奇异值分解 (称为简约奇异值分解) 提供了必要的想法. 其思想是，分解式 (7.1) 中的每一项都可以得到每一个分解矩阵的 $p = \min\{n, d\}$ 个列向量中的一个.

定义 7.2.2 (简约奇异值分解)　考虑一个 $n \times d$ 实值矩阵 $\boldsymbol{D}$. 设 $p = \min\{n, d\}$. 那么，这样的矩阵可以被分解为如下三个矩阵乘积的形式:

$$\boldsymbol{D} = \boldsymbol{Q}\boldsymbol{\Sigma}\boldsymbol{P}^{\mathrm{T}}$$

这里，$\boldsymbol{Q}$ 是具有包含左奇异向量的规范正交列的 $n \times p$ 矩阵，$\boldsymbol{\Sigma}$ 是具有以非负奇异值为对角线元素且按递减顺序排列的 $p \times p$ 对角矩阵，而 $\boldsymbol{P}$ 是具有包含右奇异向量的规范正交列的 $d \times p$ 矩阵.

两个矩阵 $\boldsymbol{Q}$ 和 $\boldsymbol{P}$ 中的一个可能不再是方阵，这是因为在完全奇异值分解中，我们从两个矩阵中较大的那个中去掉了不匹配的奇异向量.

在矩阵 $\boldsymbol{D}$ 的秩 k 严格小于 $\min\{n, d\}$ 的情况下，观察到 σ_{rr} 的 $\min\{n, d\}$ 个元素中有一些可能为零，故我们可以进一步减小分解的规模. 在这种情况下，我们可以只保留 $k < \min\{n, d\}$ 个严格正的奇异值，而不影响求和结果. 假设奇异值按非增顺序排列，使得 $\sigma_{11} \geqslant \sigma_{22} \geqslant \cdots \geqslant \sigma_{kk}$. 于是，在该情况下，可以把上面的分解写成如下形式:

$$\boldsymbol{D} = \sum_{r=1}^{k} \sigma_{rr} \overline{q}_r \overline{p}_r^{\mathrm{T}} \tag{7.2}$$

注意到，上面求和中用到了所有 k 个严格正奇异值. 这导致了一个形式稍微不同的奇异值分解，人们称之为紧凑奇异值分解或约化奇异值分解. 紧凑奇异值分解定义如下:

定义 7.2.3 (紧凑奇异值分解)　考虑一个秩为 $k \leqslant \min\{n, d\}$ 的 $n \times d$ 实值矩阵 $\boldsymbol{D}$. 这样的矩阵总可以分解为如下三个矩阵的乘积:

$$\boldsymbol{D} = \boldsymbol{Q}\boldsymbol{\Sigma}\boldsymbol{P}^{\mathrm{T}}$$

这里，$\boldsymbol{Q}$ 是具有包含左奇异向量的规范正交列的 $n \times k$ 矩阵，$\boldsymbol{\Sigma}$ 是具有以正奇异值为对角线元素且按递减顺序排列的 $k \times k$ 对角矩阵，而 $\boldsymbol{P}$ 是包含右奇异向量且具有规范正交列的 $d \times k$ 矩阵.

紧凑奇异值分解可以将矩阵分解成更小的矩阵，特别是当 $k \ll \min\{n, d\}$ 的时候. 矩阵 $\boldsymbol{D}$ 中的元素个数是 $n \times d$，而分解得到的三个矩阵中的元素总数是 $(n + d + k) \times k$. 后者的值通常要小得多. 如果进一步考虑这一点并愿意降低一些表示精度的话，人们可以通过截断奇异值分解来进一步减小分解矩阵的大小. 事实上，截断奇异值分解是在实际应用中使用奇异值分解的主要方式.

7.2.4 截断奇异值分解

在许多实际应用中，往往能够近似地重构原始矩阵就足够了. 根据 7.2.3 节的讨论，我们考虑矩阵 $\boldsymbol{D}$ 的如下谱分解：

$$\boldsymbol{D}=\boldsymbol{Q}\boldsymbol{\Sigma}\boldsymbol{P}^{\mathrm{T}}=\sum_{r=1}^{\min\{n,d\}}\sigma_{rr}\overline{q}_r\overline{p}_r^{\mathrm{T}} \tag{7.3}$$

除了在求和中去除 $\sigma_{rr}=0$ 的项之外，还可以去除 σ_{rr} 非常小的项. 换句话说，在分解中保留了最大的 k 个 σ_{rr} 的值 (类似紧凑奇异值分解)，但 k 可能小于非零奇异值的个数. 在该情况下，我们得到原始矩阵 $\boldsymbol{D}$ 的近似矩阵 $\boldsymbol{D}_k$，那么将其称为 $n\times d$ 矩阵 $\boldsymbol{D}$ 的秩 k 近似：

$$\boldsymbol{D}\approx\boldsymbol{D}_k=\sum_{r=1}^{\min\{n,d\}}\sigma_{rr}\overline{q}_r\overline{p}_r^{\mathrm{T}} \tag{7.4}$$

注意到，式 (7.4) 表示的截断奇异值分解与紧凑奇异值分解相同 [参见式 (7.2)]，唯一的区别是不再通过选择 k 值来确保去除零值. 因此，我们可以将截断奇异值分解表示为如下矩阵分解：

$$\boldsymbol{D}\approx\boldsymbol{D}_k=\boldsymbol{Q}_k\boldsymbol{\Sigma}_k\boldsymbol{P}_k^{\mathrm{T}} \tag{7.5}$$

这里 $\boldsymbol{Q}_k$ 是一个其列包含前 k 个左奇异向量的 $n\times k$ 矩阵，$\boldsymbol{\Sigma}_k$ 是一个包含前 k 个奇异值的 $k\times k$ 对角矩阵，而 $\boldsymbol{P}_k$ 是一个其列包含前 k 个右奇异向量的 $d\times k$ 矩阵. 不难看出矩阵 $\boldsymbol{D}_k$ 的秩为 k，故可以将它看作矩阵 $\boldsymbol{D}$ 的一个低秩近似.

包括奇异值分解在内的几乎所有形式的矩阵分解都是原始矩阵的低秩近似. 截断奇异值分解使用比 $\min\{n,d\}$ 小得多的 k 值时可以保持惊人的高精度. 这是因为在实际所遇到的矩阵中，只有很小一部分奇异值是很大的. 在这种情况下，$\boldsymbol{D}_k$ 通过保留少数大的奇异向量来提供对 $\boldsymbol{D}$ 的极好近似.

截断奇异值分解有一个很有用的性质. 通过将基改为 $\boldsymbol{P}_k$ 可以建立数据的低维表示，即每个 d 维数据点现在仅用 k 维来表示. 也就是说，改变坐标轴使得基向量对应于 $\boldsymbol{P}_k$ 的列. 这种转换是通过将数据矩阵 $\boldsymbol{D}$ 与 $\boldsymbol{P}_k$ 相乘来获得 $n\times k$ 矩阵 $\boldsymbol{U}_k$ 来实现的. 在式 (7.5) 两边右乘 $\boldsymbol{P}_k$，由 $\boldsymbol{P}_k^{\mathrm{T}}\boldsymbol{P}_k=\boldsymbol{I}_k$ 可以得到以下结果：

$$\boldsymbol{U}_k=\boldsymbol{D}\boldsymbol{P}_k=\boldsymbol{Q}_k\boldsymbol{\Sigma}_k \tag{7.6}$$

矩阵 $\boldsymbol{U}_k$ 的每一行都包含 $\boldsymbol{D}$ 中相应行的约化 k 维表示. 因此，我们可以通过将数据矩阵与包含主要右奇异向量的矩阵相乘 (即 $\boldsymbol{D}\boldsymbol{P}_k$) 来获得数据的约化表示，也可以简单地用奇异值缩放主要左奇异向量 (即 $\boldsymbol{Q}_k\boldsymbol{\Sigma}_k$) 来获得数据的约化表示. 这两种方法都可用于实际应用中，而应用哪种方法取决于 n 或 d 的大小.

在诸如图像和文本处理的某些领域，降维可能非常重要．图像数据通常由对应于像素的数字矩阵来表示．例如，对应于 807×611 数字矩阵的图像如图 7.1a 所示．图 7.1b 中仅显示了前 75 个奇异值．剩余的 $611 - 75 = 536$ 个奇异值并没有显示，因为它们非常小．奇异值的快速衰减在图中非常明显．正是这种快速衰减使得我们可以在不损失精度的情况下有效地使用截断奇异值分解．在文本领域中，每个文档都表示为矩阵中的一行，其维数与字数一样．矩阵的每个元素的值是在相应文档中单词的出现频率．注意，这个矩阵是稀疏的，这是奇异值分解的一个标准应用示例．字频矩阵 $\boldsymbol{D}$ 满足 $n = 10^6$ 和 $d = 10^5$．在这种情况下，通过取 $k \approx 400$，截断奇异值分解通常可以产生矩阵的良好近似．这意味着表示维度的大幅降低．在文本中使用奇异值分解也被称为*潜在语义分析*，因为它能够发现谱分解的秩 1 矩阵表示的潜在 (隐藏) 主题．

a）一个 807×611 大小的图片

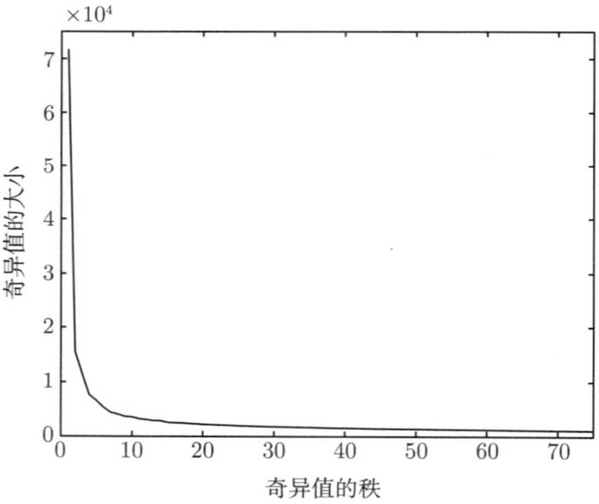

b）前75个奇异值

图 7.1　一个 807×611 大小的图片中奇异值的快速衰减

7.2.4.1　截断损失与奇异值的关系

一个自然的问题是截断会造成精度损失．这里，重要的是要理解奇异值分解中的谱分解是将一个矩阵表示为在 Frobenius 内积意义下 Frobenius 正交的矩阵之和：

定义 7.2.4(Frobenius 内积与正交性)　*一个 $n \times d$ 矩阵 $\boldsymbol{A} = [a_{ij}]$ 与 $\boldsymbol{B} = [b_{ij}]$ 的 Frobenius 内积 $\langle \boldsymbol{A}, \boldsymbol{B} \rangle_F = \sum_i \sum_j a_{ij} b_{ij}$ 等于 $\boldsymbol{A}^{\mathrm{T}} \boldsymbol{B}$ 的迹：*

$$\langle \boldsymbol{A}, \boldsymbol{B} \rangle_F = \langle \boldsymbol{B}, \boldsymbol{A} \rangle_F = \operatorname{tr}(\boldsymbol{A}^{\mathrm{T}} \boldsymbol{B}) = \operatorname{tr}(\boldsymbol{A} \boldsymbol{B}^{\mathrm{T}})$$

如果两个矩阵的 Frobenius 内积为 0，则称它们是 Frobenius 正交的．

Frobenius 范数平方是 Frobenius 内积的一个特例. 矩阵的 Frobenius 正交性可以通过简单地将每个矩阵转换成向量表示后以类似于向量的正交性的方式来处理. 事实上，只需将每个矩阵的所有元素展平成一个向量，然后计算它们之间的点积. 正交向量和的许多范数性质也被矩阵继承. 这并不特别令人惊讶，因为我们可以把所有 $n \times d$ 矩阵的集合看作是 $\mathbf{R}^{n\times d}$ 中的向量空间和一个与点积性质相似的内积. 例如，Frobenius 内积也满足勾股定理.

引理 7.2.5　设 $\boldsymbol{A}$ 和 $\boldsymbol{B}$ 是两个 Frobenius 正交的 $n\times d$ 矩阵. 那么，$(\boldsymbol{A}+\boldsymbol{B})$ 的 Frobenius 范数平方为 $\boldsymbol{A}$ 和 $\boldsymbol{B}$ 的 Frobenius 范数平方之和:

$$\|\boldsymbol{A}+\boldsymbol{B}\|_F^2 = \|\boldsymbol{A}\|_F^2 + \|\boldsymbol{B}\|_F^2$$

证明　通过用矩阵的迹来表示 Frobenius 范数，可以很容易得到上面结论:

$$\begin{aligned}\|\boldsymbol{A}+\boldsymbol{B}\|_F^2 &= \mathrm{tr}[(\boldsymbol{A}+\boldsymbol{B})^{\mathrm{T}}(\boldsymbol{A}+\boldsymbol{B})] = \mathrm{tr}(\boldsymbol{A}^{\mathrm{T}}\boldsymbol{A}) + \underbrace{\mathrm{tr}(\boldsymbol{A}^{\mathrm{T}}\boldsymbol{B}) + \mathrm{tr}(\boldsymbol{B}^{\mathrm{T}}\boldsymbol{A})}_{=0} + \mathrm{tr}(\boldsymbol{B}^{\mathrm{T}}\boldsymbol{B}) \\ &= \|\boldsymbol{A}\|_F^2 + \|\boldsymbol{B}\|_F^2\end{aligned}$$

注意，由 Frobenius 正交性可得上式中的一些项为 0. □

我们还可以通过递归地应用上述引理将其推广到任意多个矩阵之和.

推论 7.2.2　设 $\boldsymbol{A}_1, \cdots, \boldsymbol{A}_k$ 是 k 个大小相同且互相 Frobenius 正交的矩阵. 那么，这些矩阵之和的 Frobenius 范数平方等于它们 Frobenius 范数平方的和:

$$\left\|\sum_{i=1}^{k}\boldsymbol{A}_i\right\|_F^2 = \sum_{i=1}^{k}\|\boldsymbol{A}_i\|_F^2$$

进一步，还可以将上述结果推广到使用矩阵的加权和的情况. 这里，我们将该情形下结果的证明留作练习.

推论 7.2.3　设 $\boldsymbol{A}_1, \cdots, \boldsymbol{A}_k$ 是 k 个大小相同且互相 Frobenius 正交的矩阵. 那么，这些矩阵线性组合的 Frobenius 范数平方可以用它们各自 Frobenius 范数平方表示如下:

$$\left\|\sum_{i=1}^{k}\sigma_i\boldsymbol{A}_i\right\|_F^2 = \sum_{i=1}^{k}\sigma_i^2\|\boldsymbol{A}_i\|_F^2$$

这里 σ_i 是标量权重.

接下来，我们将证明谱分解的秩 1 矩阵都是相互 Frobenius 正交的.

引理 7.2.6　设 $\overline{q}_i$ 与 $\overline{q}_j$ 相互正交，$\overline{p}_i$ 与 $\overline{p}_j$ 也相互正交. 那么，秩 1 矩阵 $\boldsymbol{D}_i = \overline{q}_i\overline{p}_i^{\mathrm{T}}$ 与 $\boldsymbol{D}_j = \overline{q}_j\overline{p}_j^{\mathrm{T}}$ 相互 Frobenius 正交.

证明 我们首先可以通过证明 $\boldsymbol{D}_i^{\mathrm{T}}\boldsymbol{D}_j$ 的迹为 0 来说明矩阵 $\boldsymbol{D}_i$ 与 $\boldsymbol{D}_j$ 相互 Frobenius 正交．注意，如下关系成立：

$$\operatorname{tr}(\boldsymbol{D}_i^{\mathrm{T}}\boldsymbol{D}_j) = \operatorname{tr}([\overline{p}_i\overline{q}_i^{\mathrm{T}}][\overline{q}_j\overline{p}_j^{\mathrm{T}}]) = \operatorname{tr}(\overline{p}_i\underbrace{[\overline{q}_i^{\mathrm{T}}\overline{q}_j]}_{0}\overline{p}_j^{\mathrm{T}}) = 0$$

在上面的证明中使用了 $\overline{q}_i$ 与 $\overline{q}_j$ 的正交性，但并没有用到 $\overline{p}_i$ 与 $\overline{p}_j$ 的正交性．因此，该引理的条件可以放宽为 $(\overline{p}_i,\overline{p}_j)$ 或 $(\overline{q}_i,\overline{q}_j)$ 是相互正交的． □

谱分解中的矩阵 $\overline{q}_i\overline{p}_i^{\mathrm{T}}$ 是两个单位范数向量的外积．这样的矩阵的 Frobenius 范数为 1.

引理 7.2.7 *设 $\overline{q}_i$ 与 $\overline{p}_i$ 是单位范数向量．那么，秩 1 矩阵 $\boldsymbol{D}_i = \overline{q}_i\overline{p}_i^{\mathrm{T}}$ 的 Frobenius 范数为 1.*

证明 矩阵 $\boldsymbol{D}_i$ 的 Frobenius 范数可以表示为如下矩阵迹的形式：

$$\|\boldsymbol{D}_i\|_F^2 = \operatorname{tr}(\boldsymbol{D}_i^{\mathrm{T}}\boldsymbol{D}_i) = \operatorname{tr}(\overline{p}_i\underbrace{[\overline{q}_i^{\mathrm{T}}\overline{q}_i]}_{=1}\overline{p}_i^{\mathrm{T}}) = \operatorname{tr}(\overline{p}_i\overline{p}_i^{\mathrm{T}}) = \operatorname{tr}(\underbrace{[\overline{p}_i^{\mathrm{T}}\overline{p}_i]}_{=1}) = 1$$

这样，该引理得证． □

现在，让我们花一点时间来检验由截断奇异值分解得到的矩阵的谱分解．这里重复由式 (7.4) 所给出的秩 k 截断奇异值分解的谱分解：

$$\boldsymbol{D} \approx \boldsymbol{D}_k = \boldsymbol{Q}_k\boldsymbol{\Sigma}_k\boldsymbol{P}_k^{\mathrm{T}} = \sum_{r=1}^{k}\sigma_{rr}\overline{q}_r\overline{p}_r^{\mathrm{T}} \tag{7.7}$$

显然，式 (7.7) 右边的谱分解包含一列 Frobenius 正交矩阵．这些矩阵中的每一个 Frobenius 范数均为 1，且它们之间的权重为 σ_{rr}．因此，对式 (7.7) 两边取 Frobenius 范数，则可以得到如下结果 (基于推论 7.2.3)：

$$\|\boldsymbol{D}\|_F^2 \approx \|\boldsymbol{D}_k\|_F^2 = \left\|\sum_{r=1}^{k}\sigma_{rr}\overline{q}_r\overline{p}_r^{\mathrm{T}}\right\|_F^2 = \sum_{r=1}^{k}\sigma_{rr}^2\underbrace{\|\overline{q}_r\overline{p}_r^{\mathrm{T}}\|_F^2}_{=1} = \sum_{r=1}^{k}\sigma_{rr}^2$$

于是，所得到的秩 k 逼近的 Frobenius 范数平方等于前 k 个奇异值的平方和．我们称矩阵的 Frobenius 范数平方为其*能量* (见 1.2.6 节)．这样，损失的能量等于最小的奇异值的平方和 (不包括前 k 个奇异值)，这也给出了该近似下平方误差的一个度量．事实上，7.3 节表明：奇异值分解提供了矩阵 $\boldsymbol{D}$ 的一个秩 k 近似，且在所有可能的秩 k 近似中具有最小的平方误差．

7.2.4.2 秩 k 截断的几何解释

秩 k 截断降低了数据的维数，这是因为秩 k 近似 $\boldsymbol{D}_k=\boldsymbol{Q}_k\boldsymbol{\Sigma}_k\boldsymbol{P}_k^{\mathrm{T}}$ 不再需要 d 维来表示. 确切地说，我们可以用 $k \ll d$ 维来表示，这意味着节省了大量空间. 人们可以简单地将截断后的表示旋转到 k 维基下，而不会进一步损失相应的精度. 如式 (7.6) 所示，可以由下式得到 $n\times k$ 约化表示的矩阵 $\boldsymbol{U}_k$：

$$\boldsymbol{U}_k=\boldsymbol{D}\boldsymbol{P}_k=\boldsymbol{Q}_k\boldsymbol{\Sigma}_k \tag{7.8}$$

矩阵 $\boldsymbol{U}_k=\boldsymbol{D}\boldsymbol{P}_k$ 的每行都是 $\boldsymbol{D}$ 中对应行的 k 维表示. 矩阵 $\boldsymbol{P}_k$ 的 k 列包含散射矩阵 $\boldsymbol{D}^{\mathrm{T}}\boldsymbol{D}$ 的较大的特征向量，且它们保留所有可能方向中具有最大可能散射的方向. 我们将在 7.3 节中证明该结果，其提供了一个基于优化的奇异值分解视角. 这种情况在图 7.2 中的三维数据集有所说明，其中大部分能量保留在一个或两个具有最大散射的特征向量中. 因此，通过将数据投影到这个新的坐标系上，关于原点的大部分散射数据 (即能量) 可以被保存在一维或二维数据中.

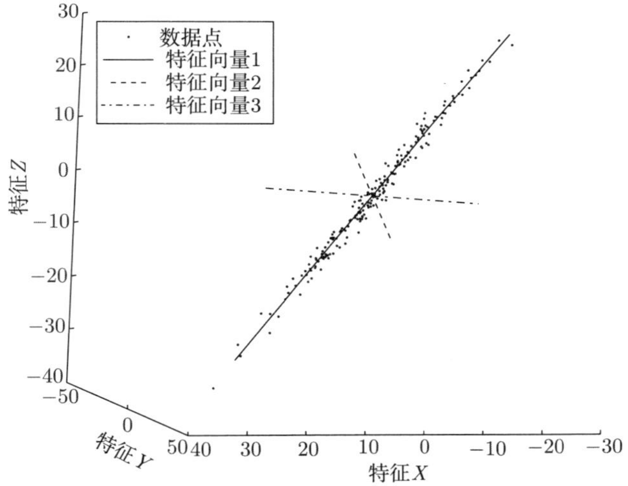

图 7.2 数据的大部分能量保留沿在 3×3 矩阵 $\boldsymbol{D}^{\mathrm{T}}\boldsymbol{D}$ 的一个或两个最大特征向量的投影上

为了理解通过奇异值分解实现降维的几何效果，我们考虑一个大数据集，其中所有点正态分布在一个以原点为中心的椭球体中，而沿椭球体的 i 轴的标准差为 β_i. 奇异值分解将找到该椭球体的所有轴作为右奇异向量，而第 i 个奇异值为 $\sigma_i=\beta_i$. 图 7.3 展示了一个以原点为中心的椭球体及其三个轴的方向. 这三个轴方向就是右奇异向量. 对于左奇异向量，我们可以通过对数据集的转置应用相同的方法来获得.

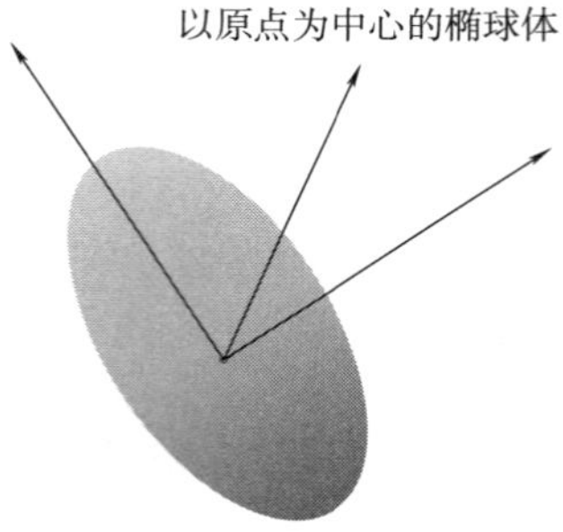

图 7.3 奇异值分解将数据建模分布在一个以原点为中心的椭球体中

7.2.4.3 截断奇异值分解的例子

本部分给出截断奇异值分解的一个例子：文本收集器. 更具体地，该文本收集器有 6 个文本和 6 个词语. 矩阵 $\boldsymbol{D}$ 中的第 (i,j) 项元素表示第 j 个词语在第 i 个文本中出现的频率，而 6×6 的数据矩阵则由如下词汇定义：

狮子，老虎，猎豹，美洲虎，保时捷，法拉利

数据矩阵 $\boldsymbol{D}$ 的每个文档中词语出现的频率如下所示：

$$\boldsymbol{D}=\begin{bmatrix} & \text{狮子} & \text{老虎} & \text{猎豹} & \text{美洲虎} & \text{保时捷} & \text{法拉利} \\ \text{文档 1} & 2 & 2 & 1 & 2 & 0 & 0 \\ \text{文档 2} & 2 & 3 & 3 & 3 & 0 & 0 \\ \text{文档 3} & 1 & 1 & 1 & 1 & 0 & 0 \\ \text{文档 4} & 2 & 2 & 2 & 3 & 1 & 1 \\ \text{文档 5} & 0 & 0 & 0 & 1 & 1 & 1 \\ \text{文档 6} & 0 & 0 & 0 & 2 & 1 & 2 \end{bmatrix}$$

注意到，该矩阵代表与汽车和猫科动物相关的主题. 前三个文档主要和猫科动物有关，第四个和两者都有关，最后两个主要和汽车有关. “美洲虎”这个词是模糊的，因为它可以对应一辆汽车或一只猫. 我们使用秩 2 的奇异值分解来捕获集合中的两个潜在分量，如下所示：

$$\begin{aligned}\boldsymbol{D}&\approx \boldsymbol{Q}_2\boldsymbol{\Sigma}_2\boldsymbol{P}_2^{\mathrm{T}}\\ &\approx \begin{bmatrix} -0.41 & 0.17 \\ -0.65 & 0.31 \\ -0.23 & 0.13 \\ -0.56 & -0.20 \\ -0.10 & -0.46 \\ -0.19 & -0.78 \end{bmatrix}\begin{bmatrix} 8.4 & 0 \\ 0 & 3.3 \end{bmatrix}\begin{bmatrix} -0.41 & -0.49 & -0.44 & -0.61 & -0.10 & -0.12 \\ 0.21 & 0.31 & 0.26 & -0.37 & -0.44 & -0.68 \end{bmatrix}\end{aligned}$$

$$
\approx \begin{bmatrix} 1.55 & 1.87 & 1.67 & 1.91 & 0.10 & 0.04 \\ 2.46 & 2.98 & 2.66 & 2.95 & 0.10 & -0.03 \\ 0.89 & 1.08 & 0.96 & 1.04 & 0.01 & -0.04 \\ 1.81 & 2.11 & 1.91 & 3.14 & 0.77 & 1.03 \\ 0.02 & -0.05 & -0.02 & 1.06 & 0.74 & 1.11 \\ 0.10 & -0.02 & 0.04 & 1.89 & 1.28 & 1.92 \end{bmatrix}
$$

重构的矩阵是原始数据矩阵 $\boldsymbol{D}$ 的一个非常好的近似. 此外，我们还可以得到矩阵 $\boldsymbol{D}$ 的每一行的一个二维嵌入 $\boldsymbol{D}\boldsymbol{P}_2 = \boldsymbol{Q}_2\boldsymbol{\Sigma}_2$：

$$
\boldsymbol{D}\boldsymbol{P}_2 = \boldsymbol{Q}_2\boldsymbol{\Sigma}_2 \approx \begin{bmatrix} -3.46 & 0.57 \\ -5.44 & 1.03 \\ -1.95 & 0.41 \\ -4.74 & -0.66 \\ -0.83 & -1.49 \\ -1.57 & -2.54 \end{bmatrix}
$$

显然，前三行的约化表示非常相似，这并不奇怪. 毕竟对应的文档都有类似的主题. 同时，最后两行的约化表示也是相似的. 第四行似乎有些不同，因为它包含两个主题的组合. 因此，潜在分量似乎捕捉到了数据矩阵中隐藏的“概念”. 在这种情况下，这些隐藏的概念对应的就是猫和汽车.

7.2.5 奇异值分解的两种解释

本小节将讨论奇异值分解的两种解释，这对应于关于奇异值分解的以数据为中心和以变换为中心的解释.

在以数据为中心的解释中，奇异值分解被视为数据矩阵 $\boldsymbol{D}$ 的行空间和列空间提供正交基的一种方式. 注意，QR 分解 (见 2.7.2 节) 可以为行空间或列空间提供规范正交基 (取决于它是在矩阵上执行还是在矩阵的转置上执行)，但不能同时为行空间和列空间提供正交基. 考虑秩为 k 的 $n \times d$ 数据矩阵 $\boldsymbol{D}$ 的紧凑奇异值分解：

$$
\boldsymbol{D} = \boldsymbol{Q}\boldsymbol{\Sigma}\boldsymbol{P}^{\mathrm{T}}
$$

其中 $d \times k$ 矩阵 $\boldsymbol{P}$ 的列向量包含了矩阵 $\boldsymbol{D}$ 的行的 k 个 d 维基向量，这是因为原始数据矩阵的秩为 k. 而 $n \times k$ 矩阵 $\boldsymbol{Q}$ 的列向量包含其矩阵中 $\boldsymbol{D}$ 的列向量的 n 维基向量. 也就是

说，奇异值分解同时找到数据矩阵的 (转置的) 行和列的基．矩阵 $\boldsymbol{\Sigma}$ 的第 i 个对角线元素的平方提供了一维数据集 $\boldsymbol{D}\overline{p}_i$ 的能量的量化，该数据集是通过沿第 i 个右奇异向量投影而获得的．散射较大的方向显然会保留更多关于数据集的信息．例如，当奇异值 σ_{ii} 较小时，$\boldsymbol{D}\overline{p}_i$ 中的每个元素都接近于零．当使用截断奇异值分解代替紧凑奇异值分解时，我们通常只寻找近似基而不是精确基．换句话说，我们可以使用这些基来近似表示数据矩阵中的所有行，但不能精确表示．截断奇异值分解同时为行空间和列空间寻找近似基的方式如图 7.4 所示．注意到，k 个 $\sigma_{ii}\overline{q}_i\overline{p}_i^{\mathrm{T}}$ 中的每一个都表示对应于矩阵 $\boldsymbol{D}$ 的潜在 (或隐藏) 分量的一部分．因此，截断奇异值分解根据其主要的潜在分量来表示矩阵．

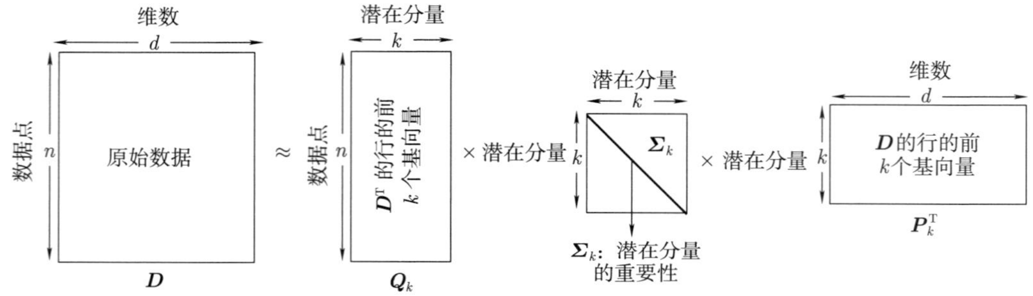

图 7.4 通过 $\boldsymbol{D}$ 的行和列的基向量来解释奇异值分解

我们也可以从以变换为中心的角度来解释奇异值分解，尤其是当对方阵进行奇异值分解时．考虑一个 $d \times d$ 方阵 $\boldsymbol{A}$，它用来把 $n \times d$ 数据矩阵 $\boldsymbol{D}$ 的 d 维行向量变换成 $n \times d$ 矩阵 $\boldsymbol{DA}$ 的 d 维行向量．我们可以用 $\boldsymbol{A}$ 的奇异值分解形式 $\boldsymbol{Q\Sigma P}^{\mathrm{T}}$ 来代替 $\boldsymbol{A}$，它对应于旋转 (或反射)、各向异性缩放和另一个旋转 (或反射) 的序列，这似乎与半正定矩阵的对角化非常相似．唯一的区别是，在半正定矩阵中，两个旋转 (或反射) 相互抵消；而在奇异值分解中，它们不相互抵消．奇异值分解意味着*任何线性变换都可以表示为旋转 (或反射) 和缩放的组合*．看待这一点的另一种方式是，设 $\boldsymbol{D}$ 为一个 $n \times d$ 数据矩阵，它的散点图是一个以原点为中心的 d 维椭球体，用它乘以一个任意的 $d \times d$ 矩阵 $\boldsymbol{A}$ 来得到矩阵 $\boldsymbol{DA}$，那么散点图仍然是一个重新缩放和重新定向的椭球体！注意，左奇异向量和右奇异向量都会影响最终方向，而奇异值会影响缩放．图 7.5 展示了一个二维散点图变换的例子．

事实上，上述两种解释都源于线性代数．奇异值分解也可以从以优化为中心的角度来解释，其中它试图找到一个近似因子分解以保留数据集的最大能量．在 7.3 节中，我们将引入这种以优化为中心的解释，这是通向更一般形式的矩阵分解的大门 (见第 8 章)．

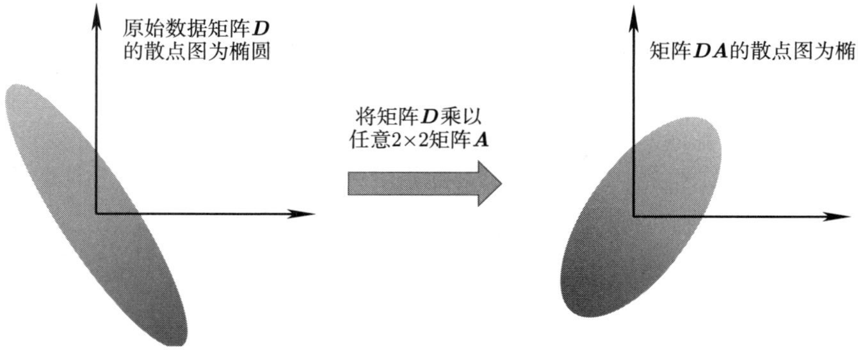

图 7.5 基于变换的视角将奇异值分解解释为旋转/反射和缩放

7.2.6 奇异值分解唯一吗

对于给定的一个数据矩阵，与 QR 方法等其他类型的分解相比，奇异值分解是一种相对受限的分解方法. 例如，根据处理正交化的不同向量的顺序，QR 分解变化很大. 然而，奇异值分解要专门化得多，有时可以近似唯一 (不考虑所使用的数值算法). 由 3.3.3 节所介绍的，如果没有重复的特征值，那么方阵的对角化是唯一的 (在施加符号和规范化约定之后). 奇异值分解可以看作是半正定矩阵 (带规范正交特征向量) 对角化为非对称甚至非平方矩阵 (带规范正交奇异向量) 的一个推广. 有意思的是，奇异值分解唯一性的条件也类似于对角化的情形，即需要不同的非零奇异值.

我们首先考虑方阵 $\boldsymbol{B}$ 的奇异值分解. 奇异值分解是几乎唯一的当且仅当 $\boldsymbol{B}^{\mathrm{T}}\boldsymbol{B}$ 和 $\boldsymbol{B}\boldsymbol{B}^{\mathrm{T}}$ 的所有特征值都不相同. 在这种情况下，不考虑 $\boldsymbol{Q}$ 的列与 -1 相乘以及 $\boldsymbol{P}$ 的列与 -1 相乘的意义下，奇异值分解是唯一的. 注意，如果将 $\boldsymbol{Q}$ 的第 i 列乘以 -1，而同时将 $\boldsymbol{P}$ 的第 i 列乘以 -1，那么乘积 $\boldsymbol{Q\Sigma P}^{\mathrm{T}}$ 保持不变. 为此，本章中所提及的“唯一性”一词的定义被稍微放宽了.

引理 7.2.8 (唯一性条件) *设 $\boldsymbol{B}$ 为一个 $m \times m$ 方阵且 $\boldsymbol{B}^{\mathrm{T}}\boldsymbol{B}$ ($\boldsymbol{B}\boldsymbol{B}^{\mathrm{T}}$) 的特征值都不相同. 那么，在不考虑奇异向量与 -1 相乘的意义下，$\boldsymbol{B}$ 的奇异值分解是唯一的.*

注意，如果奇异值不是完全不同的，那么可以选择 $\boldsymbol{B}^{\mathrm{T}}\boldsymbol{B}$ 的相同特征值的特征空间的任何规范正交基作为对应的 $\boldsymbol{P}^{\mathrm{T}}$ 中的右奇异向量. 相应的左奇异向量是通过将这些右奇异向量中的每一个与 $\boldsymbol{B}$ 相乘并将结果规范化来获得的 (见引理 7.2.1). 事实上，在对应于相同特征向量的子空间中有无限多个可能的 (规范正交) 基系统可供选择 (通过简单地选择相同特征值的特征向量的任何基). 因此，奇异值中的相同特征值总是确保奇异值分解在非常基本的方式上并不是唯一的.

上述讨论仅涉及方阵的奇异值分解. 那么，矩形矩阵的奇异值分解的情况又是如何呢? 只要使用仅包含非零奇异值的紧凑奇异值分解，就可以保证引理 7.2.8 关于矩形矩阵奇异值分解的唯一性结果.

引理 7.2.9 (紧凑奇异值分解的唯一性) 设 $\boldsymbol{D}$ 为一个 $n \times d$ 矩阵且其非零特征值全不相同. 那么，在不考虑奇异向量与 -1 相乘的意义下，矩阵 $\boldsymbol{D}$ 的紧凑奇异值分解是唯一的.

此外，只要分解中保留的奇异值是互不相同的，那么截断奇异值分解也将是唯一的. 因为奇异值中的大多数 (精确的或近似的) 相同的奇异值通常出现在零处或零附近的低阶奇异值处，故截断奇异值分解在实际应用中很可能是唯一的. 截断过程通常会移除大部分这些奇异值.

7.2.7 二元分解与三元分解

奇异值分解本质上被定义为三元 (three-way) 因子分解的形式 $\boldsymbol{Q\Sigma P}^{\mathrm{T}}$，其中最左边的因子 $\boldsymbol{Q}$ 为列空间提供基，最右边的因子 $\boldsymbol{P}^{\mathrm{T}}$ 为行空间提供基，而对角矩阵 $\boldsymbol{\Sigma}$ 则量化了不同基向量相对的重要性. 虽然这种三元因子分解形式很优雅，但所谓的二元 (two-way) 分解在矩阵分解的文献中通常更受欢迎. 事实上，在二元分解中，一个 $n \times d$ 矩阵 $\boldsymbol{D}$ 通常被分解成一个 $n \times k$ 矩阵 $\boldsymbol{U}$ 和一个 $d \times k$ 矩阵 $\boldsymbol{V}$ 的乘积，其中 k 是分解的秩：

$$\boldsymbol{D} \approx \boldsymbol{U}\boldsymbol{V}^{\mathrm{T}} \tag{7.9}$$

如果原始矩阵 $\boldsymbol{D}$ 的秩大于 k，则以上分解只是近似的 (类似截断奇异值分解). 任何三元因子分解 (如奇异值分解) 都可以按照如下方式转换为二元因子分解：

$$\boldsymbol{D} \approx \underbrace{(\boldsymbol{Q\Sigma})}_{\boldsymbol{U}} \underbrace{\boldsymbol{P}^{\mathrm{T}}}_{\boldsymbol{V}^{\mathrm{T}}}$$

在奇异值分解中，将 $\boldsymbol{Q}$ 与对角矩阵结合是很自然的，这是因为 $\boldsymbol{U} = \boldsymbol{Q\Sigma}$ 提供了 $\boldsymbol{V} = \boldsymbol{P}$ 的列对应的 k 维基空间中数据点的坐标. 在把一个三元分解转化为二元分解时，一般的习惯是保留右因子的规范化 (也称为归一化)，而用左因子与对角矩阵结合. 然而，实际情况是，与三元分解相比，二元分解的唯一性要差得多. 例如，可以将 $\boldsymbol{\Sigma}$ 放在 $\boldsymbol{V}^{\mathrm{T}}$ 中，而不是 $\boldsymbol{U}$ 中. 此外，还可以用各种方式缩放 $\boldsymbol{U}$ 和 $\boldsymbol{V}$，但不影响它们的乘积 $\boldsymbol{U}\boldsymbol{V}^{\mathrm{T}}$. 例如，如果将 $\boldsymbol{U}$ 的每个元素乘以 2，将 $\boldsymbol{V}$ 的每个元素除以 2，还是可以得到相同的乘积 $\boldsymbol{U}\boldsymbol{V}^{\mathrm{T}}$. 此外，我们还可以将这个技巧应用于 $\boldsymbol{U}$ 和 $\boldsymbol{V}$ 中每一个的特定列 (比如说，第 r 列) 以获得相同的结果. 从这个意义上来说，二元因子分解的定义经常是较为粗略的，除非其中一个因子有明确的规范化规则. 然而，二元因子分解在其他形式的降维 (如非负矩阵因子分解) 中却非常有用，因为在优化公式中只计算两个矩阵是非常简单的. 不过也有许多形式的因子分解使用超过两个因子的优化模型，因为从优化算法，如梯度下降的角度来看，这是相对简单的. 好消息是，通过使用下面讨论的过程，二元因子分解总是可以转换成像奇异值分解这样的标准化三元因子分解.

在奇异值分解中，通过选择第 (r, r) 项对角线元素可以将最左边的因子矩阵 $\boldsymbol{Q}$ 和最右边的因子矩阵 $\boldsymbol{P}$ 的第 r 列规范化为单位范数. 换句话说，对角矩阵包含比例因子，而比例因子在二元因子分解中是不确定的，这取决于 $\boldsymbol{U}$ 和 $\boldsymbol{V}$. 分别考虑二元矩阵分解将 $\boldsymbol{D} \approx \boldsymbol{U}\boldsymbol{V}^{\mathrm{T}}$ 分解为 $n \times k$ 矩阵 $\boldsymbol{U}$ 和 $d \times k$ 矩阵 $\boldsymbol{V}$. 于是，可以把它转换成一个具有如下形式的近似唯一 (忽略列反射) 的三元矩阵分解：

$$\boldsymbol{D} \approx \boldsymbol{Q}\boldsymbol{\Sigma}\boldsymbol{P}^{\mathrm{T}} \tag{7.10}$$

这里，$\boldsymbol{Q}$ 是一个规范化的 $n \times k$ 矩阵 (由 $\boldsymbol{U}$ 导出)，$\boldsymbol{P}$ 是一个规范化的 $d \times k$ 矩阵 (由 $\boldsymbol{V}$ 导出)，而 $\boldsymbol{\Sigma}$ 是一个 $k \times k$ 对角矩阵，其中对角线元素包含 k 个列向量的非负规范化因子. 矩阵 $\boldsymbol{Q}$ 和 $\boldsymbol{P}$ 的每一列满足其 L_2 范数 (或 L_1 范数) 为 1. 在诸如奇异值分解这类方法中使用 L_2 规范化的方法，以及在*非负矩阵分解* (见第 8 章中的讨论) 的一些变体中使用 L_2 规范化方法都是非常常见的. 为了便于讨论，这里假设应用 L_2 规范化. 那么，从二元因子分解到三元因子分解的变换可以通过如下方式来实现：

1. 对每个 $r \in \{1, \cdots, k\}$，将 $\boldsymbol{U}$ 的第 r 列 $\overline{U}_r$ 除以其 L_2 范数 $\|\overline{U}_r\|$. 将得到的矩阵记为 $\boldsymbol{Q}$.

2. 对每个 $r \in \{1, \cdots, k\}$，将 $\boldsymbol{V}$ 的第 r 列 $\overline{V}_r$ 除以其 L_2 范数 $\|\overline{V}_r\|$. 将得到的矩阵记为 $\boldsymbol{P}$.

3. 建立一个 $k \times k$ 对角矩阵 $\boldsymbol{\Sigma}$，使其第 (r, r) 项的元素为非负值 $\|\overline{U}_r\| \cdot \|\overline{V}_r\|$.

那么很容易证明矩阵 $\boldsymbol{Q}$，$\boldsymbol{P}$ 和 $\boldsymbol{\Sigma}$ 满足如下关系式：

$$\boldsymbol{Q}\boldsymbol{\Sigma}\boldsymbol{P}^{\mathrm{T}} = \boldsymbol{U}\boldsymbol{V}^{\mathrm{T}} \tag{7.11}$$

值得注意的是，由于这里采用规范化的方法，矩阵 $\boldsymbol{\Sigma}$ 的所有对角线元素总是非负的. 我们将在 7.3 节讨论以优化为中心的奇异值分解，它应用二元因子分解来得到紧凑优化公式. 一般来说，由于二元分解使用更少的矩阵 (和优化变量) 使得相应的计算变得更加简单，这在以优化为中心的矩阵分解中往往更实用.

7.3 奇异值分解：优化视角

7.2 节介绍了奇异值分解的线性代数观点. 虽然它提供了关于完全奇异值分解甚至紧凑奇异值分解的存在性/唯一性的解释，但它并没有说明截断奇异值分解相对于矩阵的最佳低秩近似的相对精度. 另外，还有一点很重要，线性代数方法可以用来推导完全奇异值分解，但对于其他形式的矩阵分解并不适用. 在许多情况下，人们可能希望对那些使它远离向量空间属性的因素进行约束. 例如，如果想对因子 (如非负因子) 施加任意的约束，那么使用线性代数的技巧会变得非常困难. 问题在于非负向量的空间甚至不是向量空间，因此线性代数的方法不再适用. 正如读者将在第 8 章中看到的，矩阵分解的许多形式使用不同的目标函数和约束条件来控制因子分解的属性. 控制因子分解的属性是能够在不同类型的机器学习模型中使用它们的关键，这些属性将在第 8 章中探讨．优化视角在所有这些情况下都很有用，以优化为中心分析得出的最重要的结果如下：

截断奇异值分解给出了一个矩阵在平方误差下的最佳秩 k 近似．

重要的一点是奇异值分解也恰好提供了一个因子分解 $\boldsymbol{D} \approx \boldsymbol{U}\boldsymbol{V}^{\mathrm{T}} = \boldsymbol{Q}\boldsymbol{\Sigma}\boldsymbol{P}^{\mathrm{T}}$，这里 $\boldsymbol{U}$ 和 $\boldsymbol{V}$ 的每一个列向量都是正交的．然而，即使允许因子分解 $\boldsymbol{D} \approx \boldsymbol{U}\boldsymbol{V}^{\mathrm{T}}$ 中 $\boldsymbol{U}$ 和 $\boldsymbol{V}$ 的列向量不一定是正交的，也不会对精度有任何提升．换句话说，即使对于最小化 $\boldsymbol{D}$ 到 $\boldsymbol{U}$ 和 $\boldsymbol{V}^{\mathrm{T}}$ 的无约束低秩因式分解的平方误差的优化问题，另一种最优解也是一对矩阵 $\boldsymbol{U}$ 和 $\boldsymbol{V}$ 且它们的列都是正交的．本节将基于优化视角介绍奇异值分解的这一良好性质．

在下面的讨论中，我们将始终使用二元因子分解 $\boldsymbol{D} \approx \boldsymbol{U}\boldsymbol{V}^{\mathrm{T}}$，而不是三元因子分解 $\boldsymbol{D} \approx \boldsymbol{Q}\boldsymbol{\Sigma}\boldsymbol{P}^{\mathrm{T}}$．这里，$\boldsymbol{D}$ 是一个 $n \times d$ 矩阵，$\boldsymbol{U}$ 是一个 $n \times k$ 矩阵，而 $\boldsymbol{V}$ 是一个 $d \times k$ 矩阵．超参数 k 是因子分解的秩．在这种情况下，矩阵 $\boldsymbol{U}$ 和 $\boldsymbol{V}$ 中的每一列都是相互正交的，尽管这些列的缩放方式可能并不唯一．因此，这里假设 $\boldsymbol{V}$ 的列向量总是规范化的．

7.3.1 基于基正交的最大化形式

我们首先给出一个最优化模型．更具体地，假设矩阵 $\boldsymbol{V}$ 的列是相互规范正交的，故 $\boldsymbol{V}^{\mathrm{T}}\boldsymbol{V} = \boldsymbol{I}$．于是 $\boldsymbol{D}$ 的约化表示为 $\boldsymbol{U} = \boldsymbol{D}\boldsymbol{V}$．因此，表述奇异值分解的一种方式是如下所示的最大化矩阵 $\boldsymbol{U} = \boldsymbol{D}\boldsymbol{V}$ 的能量：

$$\max_{\boldsymbol{V}} \quad \|\boldsymbol{D}\boldsymbol{V}\|_F^2 \quad (\mathrm{OP})$$

$$\text{约束为：} \boldsymbol{V}^{\mathrm{T}}\boldsymbol{V} = \boldsymbol{I}_k$$

我们把该优化问题记为 (OP)．这里 $\boldsymbol{V}$ 是一个 $d \times k$ 矩阵，而 $n \times k$ 矩阵 $\boldsymbol{U} = \boldsymbol{D}\boldsymbol{V}$ 并没有出现在上面的优化表述中．注意，即使考虑这个问题的简单形式，例如 $k = 1$，其目标函数 (最小化形式) 也不是凸的．然而，由于该问题的特殊结构，它仍然可以得到最优解．关键点是，我们可以将 $\|\boldsymbol{D}\boldsymbol{V}\|_F^2$ 分解为 $\boldsymbol{D}\boldsymbol{V}$ 的 k 列的 L_2 范数之和．因此，若 $\overline{V}_r$ 是 $\boldsymbol{V}$ 的第 r 列，那么目标函数可简化为如下形式：

$$\|\boldsymbol{D}\boldsymbol{V}\|_F^2 = \sum_{r=1}^{k} \|\boldsymbol{D}\overline{V}_r\|^2 = \sum_{r=1}^{k} \overline{V}_r^{\mathrm{T}}[\boldsymbol{D}^{\mathrm{T}}\boldsymbol{D}]\overline{V}_r$$

注意到，该优化问题与 6.6 节所介绍的范数约束优化问题相同．该问题的解对应于 $\boldsymbol{D}^{\mathrm{T}}\boldsymbol{D}$ 的前 k 个特征向量．回顾前文的内容，$\boldsymbol{D}^{\mathrm{T}}\boldsymbol{D}$ 的特征值是 $\sigma_{11}^2, \cdots, \sigma_{rr}^2$，这与 $\boldsymbol{D}$ 的奇异值的平方相同．进一步，由 6.6 节的讨论，$\boldsymbol{D}\boldsymbol{V}$ 保留的能量等于 $\sum\limits_{r=1}^{k} \sigma_{rr}^2$．这与截断奇异值分解保留的能量一致 (见 7.2.4 节)．这表明：在所有可能的规范正交基系 $\boldsymbol{V}$ 中，截断奇异值分解 (见 7.2.4 节) 保留的能量尽可能大．这里将其总结如下：

引理 7.3.1 优化问题 (OP) 的最优解 $\boldsymbol{V}$ 是通过将 $\boldsymbol{D}^{\mathrm{T}}\boldsymbol{D}$ 中最大的特征向量作为 $\boldsymbol{V}$ 的列得到的.

我们还可以证明，变换后的表示 $\boldsymbol{U}=\boldsymbol{D}\boldsymbol{V}$ 包含了 $\boldsymbol{D}\boldsymbol{D}^{\mathrm{T}}$ 的 (缩放的) 特征向量.

引理 7.3.2 设 $\boldsymbol{U}=\boldsymbol{D}\boldsymbol{V}$ 为数据的变换表示，其中 V 由 (OP) 求得. 那么，矩阵 $\boldsymbol{U}$ 包含了 $\boldsymbol{D}\boldsymbol{D}^{\mathrm{T}}$ 的缩放的特征向量.

证明 设 n 维列向量 $\overline{U}_r$ 为 $\boldsymbol{D}\boldsymbol{V}$ 的第 r 列. 它等于 $\boldsymbol{D}\overline{V}_r$，其中 $\overline{V}_r$ 为 $\boldsymbol{V}$ 的第 r 列. 也就是，我们有

$$\overline{U}_r=\boldsymbol{D}\overline{V}_r$$

将上式两边同乘以 $\boldsymbol{D}\boldsymbol{D}^{\mathrm{T}}$ 可得:

$$\boldsymbol{D}\boldsymbol{D}^{\mathrm{T}}\overline{U}_r=(\boldsymbol{D}\boldsymbol{D}^{\mathrm{T}})\boldsymbol{D}\overline{V}_r=\boldsymbol{D}\underbrace{[(\boldsymbol{D}^{\mathrm{T}}\boldsymbol{D})\overline{V}_r]}_{\propto\overline{V}_r}\propto\boldsymbol{D}\overline{V}_r=\overline{U}_r$$

此即 $\overline{U}_1,\cdots,\overline{U}_k$ 为 $\boldsymbol{D}\boldsymbol{D}^{\mathrm{T}}$ 的特征向量. 唯一不同的是 $\boldsymbol{V}$ 的列向量是规范化了的，但 $\boldsymbol{U}$ 的没有. □

由于 $\boldsymbol{D}\boldsymbol{D}^{\mathrm{T}}$ 是一个对称矩阵，故它的特征向量 $\overline{U}_1,\cdots,\overline{U}_k$ 也是相互正交的. 注意，该优化模型仅使用了 $\boldsymbol{V}$ 的列向量正交的假设，我们能够自动得出 $\boldsymbol{U}=\boldsymbol{D}\boldsymbol{V}$ 的列向量相互正交这一事实.

7.3.2 基于残差的最小化形式

前面提到的优化模型试图最大化投影矩阵 $\boldsymbol{D}\boldsymbol{V}$ 中的保留能量 $\|\boldsymbol{U}\|_F^2=\|\boldsymbol{D}\boldsymbol{V}\|_F^2$. 另一种方法是最小化能量损失，即最小化 $\|\boldsymbol{D}-\boldsymbol{U}\boldsymbol{V}^{\mathrm{T}}\|_F^2$. 通常称矩阵 $\boldsymbol{R}=(\boldsymbol{D}-\boldsymbol{U}\boldsymbol{V}^{\mathrm{T}})$ 为近似因子分解 $\boldsymbol{D}\approx\boldsymbol{U}\boldsymbol{V}^{\mathrm{T}}$ 的残差矩阵.

考虑下面的无约束优化问题，它去掉了关于 $\boldsymbol{V}$ 的列向量规范正交的约束:

$$\min_{\boldsymbol{U},\boldsymbol{V}} \quad J=\|\boldsymbol{D}-\boldsymbol{U}\boldsymbol{V}^{\mathrm{T}}\|_F^2$$

该优化问题也被称为无约束矩阵分解. 这里，$\boldsymbol{U}$ 是一个 $n\times k$ 矩阵，$\boldsymbol{V}$ 是一个 $d\times k$ 矩阵. 该目标函数不是凸的，但也可以很容易地找到其最优解. 该优化问题也说明不是所有的非凸问题都是不可求解的.

首先注意到，即使该问题是无约束的，但它也至少可以找到一个列向量规范正交的最优解 $\boldsymbol{V}$. 这是因为我们可以用对 $(\boldsymbol{U}^0\boldsymbol{R}^{\mathrm{T}},\boldsymbol{Q})$ 来代替任何最优解 $(\boldsymbol{U},\boldsymbol{V})=(\boldsymbol{U}^0,\boldsymbol{V}^0)$，其中 $\boldsymbol{V}^0=\boldsymbol{Q}\boldsymbol{R}$ 为 $\boldsymbol{V}^0$ 的 QR 分解，而 $\boldsymbol{Q}$ 和 $\boldsymbol{R}$ 分别是 $d\times k$ 和 $k\times k$ 矩阵. 两个解都有相

同的目标函数值，因为两对矩阵的乘积为 $\boldsymbol{U}^0\boldsymbol{R}^{\mathrm{T}}\boldsymbol{Q}^{\mathrm{T}}$，且正如 8.3.1 节所述，该矩阵分解问题达到最优的一个必要条件为

$$\boldsymbol{D}\boldsymbol{V}-\boldsymbol{U}\boldsymbol{V}^{\mathrm{T}}\boldsymbol{V}=\boldsymbol{O}$$

矩阵 $\boldsymbol{V}$ 的列向量相互正交 (通过对任意最优解 $\boldsymbol{V}^0$ 进行 QR 分解得到) 且满足 $\boldsymbol{V}^{\mathrm{T}}\boldsymbol{V}=\boldsymbol{I}$. 因此，该条件可以简化为 $\boldsymbol{U}=\boldsymbol{D}\boldsymbol{V}$. 将优化表述中的 $\boldsymbol{U}$ 代入，无约束矩阵分解问题的目标函数值等于在 $\boldsymbol{V}^{\mathrm{T}}\boldsymbol{V}=\boldsymbol{I}_k$ 条件下 $\|\boldsymbol{D}-\boldsymbol{U}\boldsymbol{V}^{\mathrm{T}}\|^2=\|\boldsymbol{D}-\boldsymbol{D}\boldsymbol{V}\boldsymbol{V}^{\mathrm{T}}\|_F^2$ 的最小值. 我们可以证明 $\boldsymbol{D}\boldsymbol{V}$ 和 $\boldsymbol{D}-\boldsymbol{D}\boldsymbol{V}\boldsymbol{V}^{\mathrm{T}}$ Frobenius 范数的平方和等于常数 $\|\boldsymbol{D}\|_F^2$[⊖]. 于是，该最小化问题可简化为最大化 $\boldsymbol{D}\boldsymbol{V}$ 的 Frobenius 范数. 这正是 7.3.1 节所讨论的优化问题 (OP). 因此，基于残差的无约束最小化问题也得到了 $\boldsymbol{U}$ 和 $\boldsymbol{V}$ 的特征向量 $\boldsymbol{D}\boldsymbol{D}^{\mathrm{T}}$ 和 $\boldsymbol{D}^{\mathrm{T}}\boldsymbol{D}$ 作为备选最优解. 换句话说，我们得到了如下重要结果.

定理 7.3.1 *截断奇异值分解为无约束矩阵分解提供了另一种优化方法.*

7.3.3 矩阵分解方法的推广

7.3.2 节所引入的形式是以优化为中心的矩阵分解的最基本形式. 通过改变目标函数和约束条件，人们可以得到其他形式的矩阵分解. 所有矩阵分解方法都具有如下一般形式：

最大化 $\boldsymbol{D}$ 和 $\boldsymbol{U}\boldsymbol{V}^{\mathrm{T}}$ 元素之间的相似性

约束为：关于 $\boldsymbol{U}$ 和 $\boldsymbol{V}$ 的约束条件

例如，概率矩阵分解方法使用对数似然函数而不是 Frobenius 范数作为优化函数. 类似地，各种类型的非负矩阵分解对 $\boldsymbol{U}$ 和 $\boldsymbol{V}$ 施加非负约束条件. Logistic 矩阵分解方法对 $\boldsymbol{U}\boldsymbol{V}^{\mathrm{T}}$ 的元素应用 Logistic 函数以实现特定元素为 1 的概率. 这种方法适用于二元矩阵. 因此，无约束矩阵分解的优化框架为不同性质的分解提供了一个起点. 这些方法将在第 8 章中进行详细讨论. 尽管大多数矩阵分解问题都不是凸的，但梯度下降法在这些情况下仍然具有很好的表现.

7.3.4 主成分分析

主成分分析 (PCA) 与奇异值分解 (SVD) 的联系非常紧密. 奇异值分解试图找到一个多维子空间，这样在该子空间中投影数据点可以最大化它们关于原点的总平方距离；相比之下，主成分分析试图保留数据平均值的总平方距离. 数据平均值的总平方距离由方差捕获 (尽管是以平均值的形式来呈现). 因此，对于给定的数据集 $\boldsymbol{D}$，SVD 和 PCA 之间的关

⊖ 矩阵 $\boldsymbol{D}\boldsymbol{V}$ 和 $\boldsymbol{D}\boldsymbol{V}\boldsymbol{V}^{\mathrm{T}}$ 具有相同的元素 (见习题 7.18)，且后者与 $(\boldsymbol{D}-\boldsymbol{D}\boldsymbol{V}\boldsymbol{V}^{\mathrm{T}})$ Frobenius 正交. 因此，$\boldsymbol{D}\boldsymbol{V}$ 和 $\boldsymbol{D}-\boldsymbol{D}\boldsymbol{V}\boldsymbol{V}^{\mathrm{T}}$ 的 Frobenius 范数的平方之和为 $\|\boldsymbol{D}\|_F^2$.

系如下：

主成分分析在以均值为中心的数据集 $\boldsymbol{D}$ 上与奇异值分解实现完全相同的降维.

当数据不是以均值为中心时，PCA 和 SVD 会产生不同的结果. 在 PCA 中，首先通过从每行中减去完整数据集 $\boldsymbol{D}$ 的 d 维平均向量来对数据集进行平均中心化，如下所示：

$$\boldsymbol{M} = \boldsymbol{D} - \underbrace{\overline{1}\overline{\mu}}_{n\times d}$$

这里 $\overline{1}$ 是分量全为 1 的 n 维列向量，而 $\overline{\mu}$ 是包含每个 d 维数据的平均值的 d 维行向量. 因此，$\overline{1}\overline{\mu}$ 是一个 $n \times d$ 矩阵，其中每行是平均值向量 $\overline{\mu}$. 计算协方差矩阵 $\boldsymbol{C}$ 如下：

$$\boldsymbol{C} = \frac{\boldsymbol{M}^{\mathrm{T}}\boldsymbol{M}}{n}$$

协方差矩阵 $\boldsymbol{C}$ 是一个 $d \times d$ 矩阵，它的第 (i, j) 项元素即为第 i 维和第 j 维数据的协方差. 对角线元素是特定维度的方差. 与 SVD 中的散射矩阵 $\boldsymbol{D}^{\mathrm{T}}\boldsymbol{D}$ 一样，SVD 中的协方差矩阵也是半正定的. 协方差矩阵也可以用如下的秩 k 近似对角化：

$$\boldsymbol{C} \approx \boldsymbol{V}\boldsymbol{\Delta}\boldsymbol{V}^{\mathrm{T}}$$

这里，$\boldsymbol{V}$ 是一个 $d\times k$ 矩阵，其列包含前 k 个特征向量，而 $\boldsymbol{\Delta}$ 是一个 $k \times k$ 对角矩阵，其对角线元素包含前 k 个特征值 (对于半正定矩阵 $\boldsymbol{C} \propto \boldsymbol{M}^{\mathrm{T}}\boldsymbol{M}$，这些特征值总是非负的). 因此，用非负值 λ_r^2 表示第 (r, r) 项对角线元素，它表示第 r 个特征值. 后面读者将会看到，λ_r^2 的值等于矩阵 $\boldsymbol{D}$ 的 k 维投影 $\boldsymbol{DV}$ 的第 r 列的方差. 在 PCA 中，我们并不把特征向量称为奇异向量 (如在 SVD 中)，而是将其称为*主成分*. 注意，如果要对以均值为中心的矩阵 $\boldsymbol{M}$ 进行奇异值分解，右奇异向量是 PCA 的特征向量，SVD 的第 r 个奇异值 σ_{rr} 与 PCA 的特征值 λ_r^2 具有如下关系：

$$\lambda_r^2 = \frac{\sigma_{rr}^2}{n}$$

分母中的 n 来自将 $\boldsymbol{M}^{\mathrm{T}}\boldsymbol{M}$ 除以 n 以获得协方差矩阵. 包含 $\boldsymbol{D}$ 的 n 行的 k 维表示的 $n\times k$ 矩阵 $\boldsymbol{U}$ 是通过将 $\boldsymbol{M}$ 的行投影到 $\boldsymbol{V}$ 的列上来定义的：

$$\boldsymbol{U} = \boldsymbol{MV}$$

关于 PCA，我们可以得到如下结果：

1. 矩阵 $\boldsymbol{U}$ 是以均值为中心的，就像以均值为中心的数据集 $\boldsymbol{M}$ 一样. 换句话说，数据的约化表示也是以均值为中心的. 注意，矩阵 $\boldsymbol{U}$ 的行之和由 $\overline{1}\boldsymbol{U} = \overline{1}[\boldsymbol{MV}] = \underbrace{[\overline{1}\boldsymbol{M}]}_{\overline{0}}\boldsymbol{V}$ 给出.

2. 矩阵 $\boldsymbol{U}$ 的协方差是对角矩阵 $\boldsymbol{\Delta}$. 考虑矩阵 $\boldsymbol{V}$ 包含 k 列 $\overline{v}_1, \cdots, \overline{v}_k$ 的情况. 由于矩阵 $\boldsymbol{U}$ 是以均值为中心的，故它的协方差矩阵为 $\dfrac{\boldsymbol{U}^{\mathrm{T}}\boldsymbol{U}}{n}$. 于是有如下简化形式：

$$\begin{aligned}\frac{\boldsymbol{U}^{\mathrm{T}}\boldsymbol{U}}{n} &= \boldsymbol{V}^{\mathrm{T}}\frac{[\boldsymbol{M}^{\mathrm{T}}\boldsymbol{M}]}{n}\boldsymbol{V} = [\overline{v}_1, \cdots, \overline{v}_k]^{\mathrm{T}}(\boldsymbol{C}[\overline{v}_1, \cdots, \overline{v}_k]) \\ &= [\overline{v}_1, \cdots, \overline{v}_k]^{\mathrm{T}}[\lambda_1^2\overline{v}_1, \cdots, \lambda_k^2\overline{v}_k] = \boldsymbol{\Delta}\end{aligned}$$

在上面的简化形式中，我们应用了这样一个事实，即每个向量 $\overline{v}_i$ 都是协方差矩阵 $\boldsymbol{C}$ 的特征向量，且这 k 个向量是相互规范正交的. 因此，若 $i=j$，则 $\overline{v}_i \cdot \overline{v}_j = 1$；否则为零. 于是，$\boldsymbol{\Delta}$ 的对角线元素为 $\lambda_1^2, \cdots, \lambda_k^2$.

3. 数据中保留的方差由 $\sum\limits_{i=1}^{k} \lambda_i^2$ 给出. 事实上，由于 $\boldsymbol{U}$ 的协方差矩阵为 $\boldsymbol{\Delta}$. 故它的对角线元素之和就是 $\sum\limits_{i=1}^{k} \lambda_i^2$，此即为保留的方差.

上述结果表明，PCA 与 SVD 具有非常相似的性质. 为了由 $\boldsymbol{U}$ 和 $\boldsymbol{V}^{\mathrm{T}}$ 完全重构数据，还需要存储用于对数据进行均值中心化的均值向量 $\overline{\mu}$. 也就是说，原始 (未插入的) 数据集可以通过应用如下方法来重构：

$$\boldsymbol{D} \approx \boldsymbol{D}_{\mathrm{pca}} = \boldsymbol{U}\boldsymbol{V}^{\mathrm{T}} + \overline{1}\overline{\mu} \tag{7.12}$$

注意到，存储 $\overline{\mu}$ 的开销很小，对于大数据集，它是渐近消失的.

主成分分析 (PCA) 的均值中心化有助于提高近似的精度. 为了理解这一点，图 7.6 展示了一个最初不是以均值为中心的三维数据集的例子. 大部分数据分布在距离原点很远的一个平面内 (在预处理或均值中心化之前). 在这种情况下，二维超平面可以很好地逼近数据，其中均值中心化过程确保 PCA 超平面通过原始数据集的均值. 而 SVD 与之不同，在不使用全部三个维度的情况下，SVD 将很难逼近数据. 可以明确地证明，对于相同数量的特征向量，PCA 的精度至少和 SVD 一样好.

问题 7.3.1 考虑一个 $n \times d$ 数据集 $\boldsymbol{D}$，其使用截断 SVD 和 PCA 的秩 k 近似分别为 $\boldsymbol{D}_{\mathrm{svd}}$ 和 $\boldsymbol{D}_{\mathrm{pca}}$ [见式 (7.12)]. 那么，PCA 中的信息损失永远小于 SVD 中的信息损失：

$$\|\boldsymbol{D} - \boldsymbol{D}_{\mathrm{pca}}\|_F^2 \leqslant \|\boldsymbol{D} - \boldsymbol{D}_{\mathrm{svd}}\|_F^2$$

对于以均值为中心的数据，两种方法的准确性是相同的，因为 $\boldsymbol{D}_{\mathrm{pca}} = \boldsymbol{D}_{\mathrm{svd}}$.

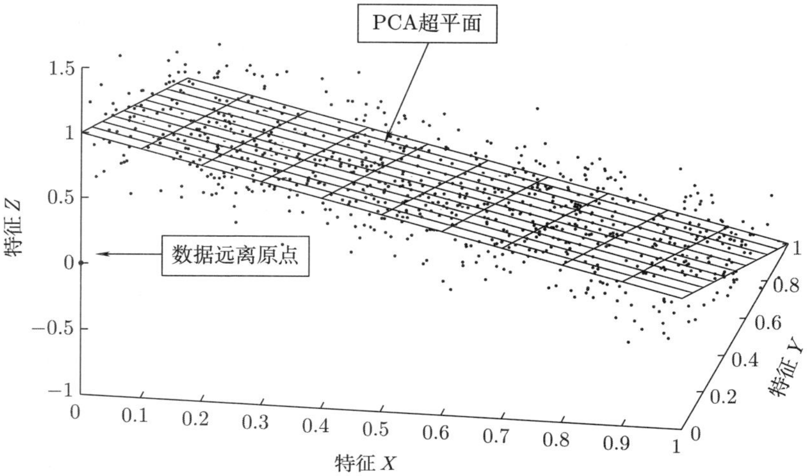

图 7.6　PCA 用于最初不是以均值为中心的数据

上述问题的直观几何解释是，PCA 找到必须通过数据均值的 k 维超平面，而 SVD 找到通过原点的 k 维超平面. 前者会提供一个更好的重构. 然而，正如问题 7.3.2 所示，差异通常不会太大.

问题 7.3.2　*证明：对任意 $k \geqslant 1$，秩 $(k+1)$ 截断 SVD 的平方误差不大于秩 k 截断 PCA 的平方误差.*

证明上述问题的一个提示是，应用引理 2.6.2 说明平均校正重构 $\boldsymbol{D}_{\text{pca}}$ [见式 (7.12)] 的秩最多为 $(k+1)$. 而由于 $\boldsymbol{D}$ 在秩 $(k+1)$ 上的 SVD 的最优性，它将提供更好的秩 $(k+1)$ 重构.

7.4　奇异值分解的应用

本节将介绍奇异值分解在机器学习中的一些重要应用.

7.4.1　降维

奇异值分解和主成分分析最广泛的应用是降维. 给定一个 $d \times k$ 基矩阵 $\boldsymbol{V}$，PCA 和 SVD 都将 $n \times d$ 数据矩阵 $\boldsymbol{D}$ 变换成一个 $n \times k$ 数据矩阵 $\boldsymbol{DV}$. 也就是说，$\boldsymbol{D}$ 中的每一个 d 维行向量都可以被转换成 $\boldsymbol{DV}$ 中的一个 k 维行向量.

上述降维可以用 PCA 或 SVD 来实现，然而哪些类型的数据集更适合于 PCA，哪些适合于 SVD 呢？事实上，PCA 通常用于适度维数的非稀疏数值数据，而 SVD 则通常用于稀疏和高维数据. 与 PCA 相比，更适合使用 SVD 的数据域的一个经典例子是文本数据. 注意，如果试图对文本数据使用 PCA，均值中心化过程将破坏数据的稀疏性. 从实际应用的角度来看，破坏数据的稀疏性会产生计算上难以处理的稠密矩阵．当将 SVD 用于文本数据时，它则被称为潜在语义分析或 LSA．文献 [2] 详细讨论了关于文本的潜在语义分析．

奇异值分解常用于图像压缩．图像可以表示为像素矩阵，其可以使用 SVD 来进行压缩．在图像中有多种颜色的情况下，每个颜色通道都作为单独的矩阵来进行处理．图像矩阵通常是满秩的，尽管低秩矩阵具有非常小的奇异值．图 7.7 展示了大小为 807×611 的图像的情况，其中第 611 个奇异值是非零的．因此，图像矩阵的秩为 611，且图 7.7d 的满秩重构与原始图像相同．显然，满秩重构没有空间上的优势，故必须使用截断方法．保留太低的秩，例如 5，则会丢失很多信息，且生成的图像不会显示太多有用的细节 (见图 7.7a)．秩 50 的 SVD 只会丢失少量细节，如图 7.7b 所示．此外，秩 200 的 SVD 实际上与原始图像几乎没有差区 (见图 7.7c)．

a）秩5　b）秩50　c）秩200　d）原图（秩611）

图 7.7　不同秩下的 SVD 重构

对于某些类型的图像，甚至可以通过取秩的中间值进行 SVD 截断来消除图像的噪声伪影．这是因为舍弃低阶分量只会导致噪声分量而不是图像的信息部分的丢失．因此，低秩重构的“损耗”有时是有用的．该问题将在 7.4.2 节中讨论．

7.4.2 噪声消除

降维产生的一个副产品是，它通常会减少数据中的噪声．例如，如果图像数据被一些噪声破坏，用截断奇异值分解重构它通常是有帮助的．基本的直觉是，少量的噪声通常是独立于数据中的总体模式的．于是，这种噪声经常会出现在 SVD 的低阶分量中，它们在很大程度上独立于高阶分量中的主导模式．这种类型的行为也表现在文本数据中，故奇异值分解倾向于提高检索准确性．在文本这样的特殊情况下，奇异值分解减少了语言固有的噪声和歧义效应，而这种歧义效应的两个例子是同义词和多义词．例如，一个单词可能有多个含义这一事实可能被视为 SVD 的低阶分量中的一种噪声．奇异值分解的高阶分量倾向于关注相关性，因此它们能更好地根据上下文消除单词的歧义．关于 SVD 的噪声去除效果的详细讨论，读者可参考文献 [7] 和文献 [33]．在图像数据重构的情况下，人们也可以观察到这种行为．在很多情况下，使用秩的中间值，模糊图像的重构质量往往会更高．

7.4.3 求解线性代数中的四个基本子空间

线性代数中的四个基本子空间是行空间、列空间、右零空间和左零空间 (见 2.4 节). 考虑一个秩为 $r \leqslant \min\{n,d\}$ 的 $n \times d$ 矩阵 $\boldsymbol{D}$. 设 $\boldsymbol{D}$ 的完全 SVD 为 $\boldsymbol{D} = \boldsymbol{Q\Sigma P}^{\mathrm{T}}$. 那么，线性代数的四个基本子空间如下所述:

1. $\boldsymbol{D}$ 的 r 个非零右奇异向量定义了行空间的一组正交基. 这是因为对任何 $\overline{x} \in \mathbf{R}^n$，向量 $\boldsymbol{D}^{\mathrm{T}}\overline{x} = \boldsymbol{P\Sigma}^{\mathrm{T}}[\boldsymbol{Q}^{\mathrm{T}}\overline{x}] = [\boldsymbol{P\Sigma}^{\mathrm{T}}]\overline{y}$ 总是可以被证明是非零右奇异向量 ($\boldsymbol{P\Sigma}^{\mathrm{T}}$ 的非零列) 的一个线性组合.

2. $\boldsymbol{D}$ 的 r 个非零左奇异向量定义了列空间的一组正交基. 这是因为对任何 $\overline{x} \in \mathbf{R}^n$，向量 $\boldsymbol{D}^{\mathrm{T}}\overline{x} = \boldsymbol{Q\Sigma}[\boldsymbol{P}^{\mathrm{T}}\overline{x}] = [\boldsymbol{Q\Sigma}]\overline{z}$ 总是可以被证明是非零左奇异向量 ($\boldsymbol{Q\Sigma}$ 的非零列) 的一个线性组合.

3. $\boldsymbol{P}$ 的列向量包含的 $(d-r)$ 个零右奇异向量定义了 $\boldsymbol{D}$ 的右零空间的正交基，因为右零空间是 $\boldsymbol{D}$ 的行空间的正交补空间.

4. $\boldsymbol{Q}$ 的列向量包含的 $(n-r)$ 个零左奇异向量定义了 $\boldsymbol{D}$ 的左零空间的正交基，因为左零空间是 $\boldsymbol{D}$ 的列空间的正交补空间.

问题 7.4.1 我们在第 2 章证明了矩阵的行秩和列秩是相等的，并称其为该矩阵的秩. 讨论为什么奇异值分解的存在性提供了矩阵行秩与列秩相等的另外一种证明方式.

7.4.4 Moore-Penrose 伪逆

我们知道 Moore-Penrose 伪逆可以用来求解线性方程组和线性回归问题 (见 4.7.1 节). 事实上,奇异值分解可以用来有效地计算 Moore-Penrose 伪逆. 考虑一个秩为 $k \geqslant \min\{n,d\}$ 的 $n \times d$ 矩阵 $\boldsymbol{D}$ 的紧凑奇异值分解:

$$\boldsymbol{D} = \boldsymbol{Q\Sigma P}^{\mathrm{T}}$$

这里，$\boldsymbol{Q}$ 为一个 $n \times k$ 矩阵，$\boldsymbol{\Sigma}$ 为一个 $k \times k$ 具有正对角线元素的对角矩阵，而 $\boldsymbol{P}$ 为一个 $d \times k$ 矩阵. 注意，$\boldsymbol{\Sigma}$ 的所有对角线元素都是正的，并且 $\boldsymbol{\Sigma}$ 是一个方阵，因为这里使用的是紧凑奇异值分解，而非完全奇异值分解. 于是，$\boldsymbol{D}$ 的伪逆 $\boldsymbol{D}^+$ 可由下式给出:

$$\begin{aligned}\boldsymbol{D}^+ &= \lim_{\lambda \to 0^+}(\boldsymbol{D}^{\mathrm{T}}\boldsymbol{D} + \lambda \boldsymbol{I}_d)^{-1}\boldsymbol{D}^{\mathrm{T}} = \lim_{\lambda \to 0^+}\boldsymbol{P}(\boldsymbol{\Sigma}^2 + \lambda \boldsymbol{I}_k)^{-1}\boldsymbol{\Sigma Q}^{\mathrm{T}} \\ &= \boldsymbol{P}\underbrace{\left[\lim_{\lambda \to 0^+}(\boldsymbol{\Sigma}^2 + \lambda \boldsymbol{I}_k)^{-1}\boldsymbol{\Sigma}\right]}_{\boldsymbol{\Sigma}^{-1}}\boldsymbol{Q}^{\mathrm{T}} = \boldsymbol{P\Sigma}^{-1}\boldsymbol{Q}^{\mathrm{T}}\end{aligned}$$

其中矩阵 $\boldsymbol{\Sigma}^{-1}$ 是通过将 $\boldsymbol{\Sigma}$ 中的每个对角线元素替换为其倒数而得到的.

病态方阵

正如在 2.9 节所讨论的，由于计算机在数值精度上的计算误差，一个奇异 (方阵) 矩阵可能有时看起来是非奇异的. 在这种情况下直接求矩阵的逆会导致数值溢出. 人们往往

希望能检测出这种情况，并计算最接近奇异近似的伪逆，而非正逆. 事实上，我们可以通过使用 $d \times d$ 矩阵 $\boldsymbol{D}$ 的条件数来检测这种情况. 该条件数定义为对所有向量 $\overline{x} \in \mathbf{R}^d$，$\|\boldsymbol{D}\overline{x}\|/\|\overline{x}\|$ 的最大值与最小值之比 (参考定义 2.9.1). 一个有意思的结果是，条件数可以用矩阵奇异值的比值来表示.

引理 7.4.1　一个矩阵的条件数是其最大奇异值与最小奇异值之比.

上面的引理可以通过证明 $\|\boldsymbol{D}\overline{x}\|/\|\overline{x}\|$ 在取 $\overline{x}$ 为矩阵的最大右奇异向量时达到最大值，而在取 $\overline{x}$ 为最小右奇异向量时达到最小值来得到. 于是，该矩阵的条件数就是这两个量的比值.

引理 7.4.2　对于一个 $m \times m$ 矩阵 $\boldsymbol{D}$，$\max\limits_{\|\overline{x}\|=1} \|\boldsymbol{D}\overline{x}\|$ 为最大的奇异值 σ_1. 关于 $\|\boldsymbol{D}\overline{x}\|$ 的最小值也有类似的结论.

证明　我们可以表述 $\boldsymbol{D}$ 为 $\boldsymbol{Q\Sigma P}^{\mathrm{T}}$ 的形式，其中 $\boldsymbol{P}, \boldsymbol{Q}$ 为旋转矩阵. 于是 $\overline{x}' := \boldsymbol{P}^{\mathrm{T}}\overline{x}$ 为一个单位向量. 设 $x_1, \cdots, x_m$ 为 $\overline{x}'$ 的分量. 当单位向量 $\overline{x}'$ 的第一个分量为 1，而其他分量都为 0 时，$\sum \overline{x}'$ 的范数为 σ_1. 我们可以通过取 $\overline{x}$ 为矩阵的最大右奇异向量来得到这样的向量 $\overline{x}'$. 进一步，对于任意向量 $\overline{x}' = [f_1, \cdots, f_m]$，$\sum \overline{x}'$ 的平方范数为 $\sum\limits_{i=1}^{m} f_i^2 \sigma_i^2$，其中 $\sum\limits_{i=1}^{m} f_i^2 = 1$. 该平方范数为 $\sigma_1^2, \cdots, \sigma_m^2$ 的加权平均值，其总是不大于 σ_1^2. 这样，引理得证. □

问题 7.4.2　证明一个方阵的实特征值不可能大于其最大奇异值，实特征值也不可能小于其最小奇异值.

在奇异值分解中，当所有奇异值都是正的，但在数量级上存在差异时，条件不好的矩阵将特别难以处理. 如何在不引起溢出的情况下求得这样一个矩阵的逆呢? 注意，我们甚至不需要使用奇异值分解中所有的正奇异值. 相反，我们可以应用截断奇异值分解去除较小的奇异值. 换句话说，如果秩 k 的截断奇异值分解为 $\boldsymbol{Q}_k\boldsymbol{\Sigma}_k\boldsymbol{P}_k^{\mathrm{T}}$，那么得到的逆为 $\boldsymbol{P}_k\boldsymbol{\Sigma}_k^{-1}\boldsymbol{Q}_k^{\mathrm{T}}$. 令人惊讶的是，当在机器学习应用中使用 Moore-Penrose 伪逆 (如最小二乘回归) 时，剔除非常小的奇异值通常会在预测精度方面产生很好的效果. 这是因为它有助于减少计算机中浮点表示的数值不精确所引起的计算误差的影响. 这样的计算误差可能会导致本该取 0 的奇异值取为 10^{-6} 这样的小值. 这种方法也可以帮助求解病态方程组. 此外，当 Moore-Penrose 伪逆用于计算像线性回归解这样的机器学习问题时，剔除较小的奇异值具有正则化效果. 这提高了样本外预测的性能. 该主题将在 7.4.5 节讨论. 此外，以该主题为例，我们还可以说明机器学习的优化目标通常与传统优化目标不同 (见 4.5.3 节).

7.4.5 求解线性方程与线性回归

求解齐次线性方程的本质就是求解齐次方程组 $\boldsymbol{A}\overline{x} = \overline{0}$ 的解，其中 $\boldsymbol{A}$ 是一个 $n \times d$ 矩阵，而 $\overline{x}$ 是一个 d 维列向量. 也就是说，我们想要找到 $\boldsymbol{A}$ 的右零空间. 奇异值分解是实现

这一目标的一种自然方法，因为右奇异向量包含 $\boldsymbol{A}$ 的行基，而零奇异值对应于零空间．如果 $\overline{x}$ 是 $\boldsymbol{A}$ 的一个奇异值为零的右奇异向量，那么由 $\boldsymbol{A}$ 的特征向量性质可以得到 $\boldsymbol{A}\overline{x}=\overline{0}$．如果没有零奇异值，会怎样呢？在这种情况下，该线性方程组没有解，尽管人们可以找到一个最小化 $\|\boldsymbol{A}\overline{x}\|^2$ 的 (单位规范化) 解 $\overline{x}$．如引理 7.4.2 所示，最小值就是最小奇异值．此外，最优解 $\overline{x}$ 是右奇异向量．我们将此问题作为一个练习．

问题 7.4.3 最小化 $\|\boldsymbol{A}\overline{x}\|^2$ 的单位规范化解是 $\boldsymbol{A}$ 的最小右奇异向量．

奇异值分解也可以用于求解方程组 $\boldsymbol{A}\overline{x}=\overline{b}$，其中 $\overline{b}$ 是一个 n 维列向量．求解方程组 $\boldsymbol{A}\overline{x}=\overline{b}$ 是 (更一般的) 最小化 $\|\boldsymbol{A}\overline{x}-\overline{b}\|^2$ 问题的一种特殊情况．这与线性回归问题是一样的．事实上，我们可以使用 Moore-Penrose 伪逆来计算最小二乘回归的解 (见 4.7.1 节)：

$$\overline{x}=\boldsymbol{A}^{+}\overline{b} \tag{7.13}$$

从正则化的角度来看，应用截断奇异值分解来代替 SVD 效果会更好．如果原始数据矩阵 $\boldsymbol{A}$ 是均值中心化的，那么用截断奇异值分解来计算伪逆所得到的解被称为主成分回归．

7.4.6 机器学习中的特征预处理与白化

机器学习中通常使用主成分分析对特征进行预处理，即先对数据进行降维，然后对新变换的特征进行归一化使每个变换方向上的方差相同．设 $\boldsymbol{V}_k$ 是由主成分分析得到的前 k 个特征向量所组成的 $d\times k$ 矩阵．那么，第一步是按如下方式将均值中心数据矩阵 $\boldsymbol{D}$ 转换为 k 维表示 $\boldsymbol{U}_k$：

$$\boldsymbol{U}_k=\boldsymbol{D}\boldsymbol{V}_k$$

这样，下一步则是将 $\boldsymbol{U}_k$ 的每一列除以标准差．因此，原始的数据分布大致变成球形．我们称该种方法为白化．

应用梯度下降算法可以更有效地处理这种类型的数据分布，因为在不同的方向上变化很大的方差也会导致损失函数在不同的方向上有不同的曲率水平．图 5.2 给出了两个不同曲率水平的损失函数的例子．基于梯度下降算法，像图 5.2a 这样的损失函数往往更容易优化．将数据归一化，使其在各个方向上都具有单位方差，这样可以减少损失函数中明显的病态形式．因此，梯度下降趋向于变得更快．此外，用这种方式对数据进行归一化有时还会防止某些特征子集对最终结果产生不良影响．

这种类型的预处理也可应用于像异常值检测这样的非监督问题．事实上，白化可以说在无监督的应用中更重要，因为没有标签来提供数据中不同方向的相对重要性的指导．图 7.8 给出了椭球体数据分布白化的一个例子，其中所得到的数据分布是球形的．

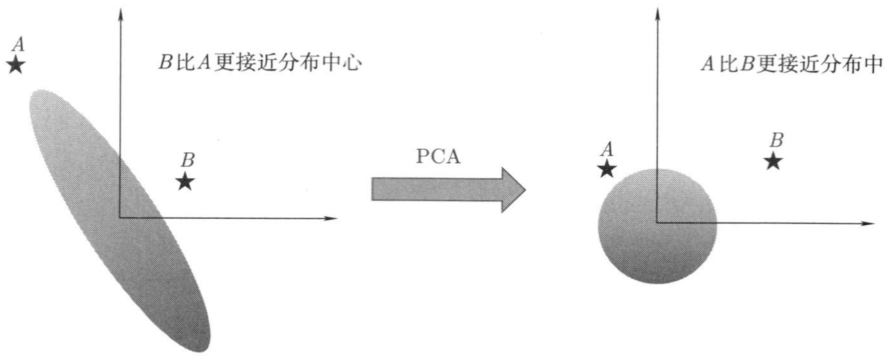

图 7.8　基于主成分分析对椭球体数据分布进行白化及其在异常值检测中的应用示例

7.4.7 异常值检测

7.4.6 节所表述的白化方法也可用于异常值检测. 所产生的技术也被称为软主成分分析或马氏方法. 该方法包括两个步骤：

1. 首先，$n \times d$ 数据矩阵 $\boldsymbol{D}$ 是以均值为中心的，那么利用 PCA 将其转换为 $n \times k$ 数据矩阵 $\boldsymbol{U}_k = \boldsymbol{D}\boldsymbol{V}_k$. 这里，$\boldsymbol{V}_k$ 包含协方差矩阵的前 k 个特征向量，而 $\boldsymbol{U}_k$ 的每一列都归一化为单位方差. 当异常值沿小方差方向偏离时，这种方法将倾向于增加其与数据均值的绝对距离. 事实上，对于低维数据，秩 k 的值可能是全维数，但椭球形数据分布的失真将改变不同点被视为异常值的相对倾向.

2. 将每个点离数据均值的距离的平方作为其异常值得分.

虽然可以去掉一些小方差的主成分 (以避免由计算误差引起的方差的方向)，但白化的主要目标是改变独立方向的相对重要性，从而强调主方向上的相对变化. 数据分布形状的失真是发现非明显异常值的关键. 例如，与 B 点相比，A 点离原始数据分布的中心更远. 但是，A 点是沿着数据分布的长轴排列的，故它更符合分布的整体形状. 当我们对数据分布应用主成分分析时，这种模式会变得更加明显. 这倾向于将 B 从数据分布中分离出来，并且与数据分布中心的距离为 B 点提供了一个比 A 点更大的异常值得分. 称这样的方法为软主成分分析，因为它使用了软失真的数据分布，而不是小方差方向的截断. 事实上，在这种情况下，小方差方向对于发现异常值更为重要. 这种方法也被称为马氏方法，因为经过基于主成分分析的归一化后，每个点到数据分布中心的距离等价于马氏距离. 更直观地说，马氏距离是高斯分布的指数，它假设了原始数据为椭球形. 于是，沿主成分方向的白化只会发现那些不太可能属于这种高斯分布的点.

定义 7.4.1 (马氏距离)　*设 $\overline{X}$ 是数据集中的一个 d 维行向量，而 $\overline{\mu}$ 是数据集的平均 (行向量). 设 $\boldsymbol{C}$ 为 d 维数据集的 $d \times d$ 协方差矩阵，其中第 (i, j) 项为第 i 维和第 j 维之间的协方差. 则点 $\overline{X}$ 的马氏距离的平方为*

$$\text{Maha}(\overline{X}, \overline{\mu})^2 = (\overline{X} - \overline{\mu})\boldsymbol{C}^{-1}(\overline{X} - \overline{\mu})^{\mathrm{T}} \tag{7.14}$$

乍一看，马氏距离似乎与主成分或沿着主成分的标准差的点的归一化没有关系. 然而，关键点是协方差矩阵可以表示为 $\boldsymbol{V\Delta V}^{\mathrm{T}}$，其中 $\boldsymbol{V}$ 的列包含特征向量. 那么，马氏距离可以用特征向量表示为

$$\begin{aligned}\text{Maha}(\overline{X},\overline{\mu})^2 &= (\overline{X}-\overline{\mu})\boldsymbol{C}^{-1}(\overline{X}-\overline{\mu})^{\mathrm{T}} &(7.15)\\ &= (\overline{X}-\overline{\mu})[\boldsymbol{V\Delta V}^{\mathrm{T}}]^{-1}(\overline{X}-\overline{\mu})^{\mathrm{T}} &(7.16)\\ &= \underbrace{[(\overline{X}-\overline{\mu})\boldsymbol{V}]}_{\text{基变换}}\boldsymbol{\Delta}^{-1}[(\overline{X}-\overline{\mu})\boldsymbol{V}]^{\mathrm{T}} &(7.17)\end{aligned}$$

注意，$(\overline{X}-\overline{\mu})$ 右乘 $\boldsymbol{V}$ 的结果是关于 $\overline{\mu}$ 均值中心化的，然后变换到 $\boldsymbol{V}$ 的列向量的规范正交基系. 与 $\boldsymbol{\Delta}^{-1/2}$ 相乘，只是将每个维度与标准差的倒数相乘. 考虑如下定义的包含数据点缩放坐标的行向量 $\overline{Z}$：

$$\overline{Z} = (\overline{X}-\overline{\mu})\boldsymbol{V}\boldsymbol{\Delta}^{-1/2}$$

注意，矩阵 $\boldsymbol{\Delta}^{-1/2}$ 是一个对角矩阵，其包含沿每个主成分的标准差的逆. 这种方法将以均值为中心的行向量 $(\overline{X}-\overline{\mu})$ 变换为一个新的基，并沿每个主分量的标准差将其标准化. 我们不难看出，行向量 $\overline{Z}$ 是行向量 $\overline{X}$ 的白化坐标表示，而马氏距离的平方记为 $\|\overline{Z}\|^2$. 此外，可以很容易地验证 $\|\overline{Z}\|^2 = \overline{Z}\,\overline{Z}^{\mathrm{T}}$，即化简为式 (7.17) 中基于协方差的马氏距离定义. 关于马氏方法的详细讨论，可以参考文献 [4]. 另外，甚至可以将马氏方法与特征工程相结合，以发现不明显的异常值. 7.4.8 节将讨论相关应用示例.

7.4.8 特征工程

奇异值分解将点积相似矩阵 $\boldsymbol{DD}^{\mathrm{T}}$ 的特征向量作为左奇异向量,而将散射矩阵 $\boldsymbol{D}^{\mathrm{T}}\boldsymbol{D}$ 的特征向量作为右奇异向量. 在分解 $\boldsymbol{D}=\boldsymbol{Q\Sigma P}^{\mathrm{T}}$ 中，矩阵 $\boldsymbol{Q}$ 的列向量提供了左奇异向量，矩阵 $\boldsymbol{P}$ 的列向量给出了右奇异向量. (缩放后的) 左奇异向量 $\boldsymbol{Q\Sigma}$ 提供嵌入，而右奇异向量 $\boldsymbol{P}$ 则提供基. 在标准奇异值分解中，这两个矩阵都可以用来计算转换后的数据. 由于基的直观吸引力，直接提取右奇异向量更为常见，而左奇异向量可以直接提供嵌入 (无须担心基). 在一些基于应用的模型中，数据的多维表示是不可用的，只有相似矩阵 $\boldsymbol{S}$ 可用. 例如，$\boldsymbol{S}$ 可能表示一组图之间的成对相似性. 在这种情况下，我们可以假设所提供的相似矩阵对应于某个未知的 $n\times n$ 矩阵 $\boldsymbol{D}$ 的 $\boldsymbol{DD}^{\mathrm{T}}$，其中它的行向量包含了图的多维表示. 注意到，矩阵 $\boldsymbol{D}$ 可能有 n 个维度，因为 n 个对象 (连同原点) 的任何集合总是可以定义一个 n 维平面. 在这种情况下，我们可以简单地将 $\boldsymbol{S}$ 对角化为如下形式：

$$\boldsymbol{S} = \boldsymbol{DD}^{\mathrm{T}} = \boldsymbol{Q\Sigma}^2\boldsymbol{Q}^{\mathrm{T}} = (\boldsymbol{Q\Sigma})(\boldsymbol{Q\Sigma})^{\mathrm{T}}$$

这里，$n\times n$ 矩阵 $\boldsymbol{Q\Sigma}$ 给出了其行向量的点的多维嵌入. 如果相似矩阵 $\boldsymbol{S}$ 是通过多维数据上的点积得到的，那么所得到的表示将给出矩阵 $\boldsymbol{D}$ 的普通奇异值分解嵌入. 注意，矩阵 $\boldsymbol{D}$ 的

任何旋转表示 $\boldsymbol{DV}$ 都将给出相同的嵌入，因为 $(\boldsymbol{DV})(\boldsymbol{DV})^{\mathrm{T}} = \boldsymbol{D}(\boldsymbol{V}^{\mathrm{T}}\boldsymbol{V})\boldsymbol{D} = \boldsymbol{DD}^{\mathrm{T}}$. 然而，我们无法控制未知矩阵 $\boldsymbol{D}$ 在最终嵌入 $\boldsymbol{Q\Sigma}$ 表示下的基. 奇异值分解恰好选择了使嵌入表示的列向量正交的基. 该方法只适用于相似矩阵 $\boldsymbol{S}$ 为半正定的情况，因为 $\boldsymbol{\Sigma}^2$ 中的特征值是非负的. 这种相似矩阵称为*核矩阵*. 第 9 章将介绍更多关于核矩阵的知识.

事实上，这种类型的方法称为*特征工程*，因为我们可以通过使用它们之间的成对相似性将任意对象 (如图) 转换为多维表示. 例如，人们可以将用于异常值检测的马氏方法 (见 7.4.7 节) 与本小节讨论的特征工程方法相结合. 考虑一个 $n \times n$ 相似矩阵 $\boldsymbol{S}$ 的 n 个图的集合. 我们希望识别应该标记为异常值的图. 那么，我们可以从对角化表示 $\boldsymbol{S} = \boldsymbol{Q\Sigma}^2\boldsymbol{Q}^{\mathrm{T}}$ 中提取嵌入 $\boldsymbol{Q\Sigma}$. 通过白化表示得到每列具有单位方差的嵌入 $\boldsymbol{Q}$. 矩阵 $\boldsymbol{Q}$ 中的每一行与 $\boldsymbol{Q}$ 的行均值的距离提供了核马氏异常值得分. 即使对于多维数据，也可以通过用点间的其他相似函数替换 $\boldsymbol{DD}^{\mathrm{T}}$ 中的点积来提取更深刻的特征. 第 9 章将提供这种相似函数的具体例子.

7.5 奇异值分解的数值算法

这一节将讨论奇异值分解的一些简单算法. 这些算法可能并没有针对效率进行优化，但它们的确可以为一些高级算法提供基本思路. 更具体地，给定一个 $n \times d$ 矩阵 $\boldsymbol{D}$，最简单 (也是最自然) 的想法是应用 3.5 节讨论的方法找到 $\boldsymbol{D}^{\mathrm{T}}\boldsymbol{D}$ 或 $\boldsymbol{DD}^{\mathrm{T}}$ 的特征向量. 选择使用 $\boldsymbol{D}^{\mathrm{T}}\boldsymbol{D}$ 还是 $\boldsymbol{DD}^{\mathrm{T}}$ 取决于哪个矩阵更小. 使用前者可以得到右奇异向量，而使用后者则可以得到左奇异向量. 在大多数情况下，我们只需要找到前 k 个奇异向量，其中 $k \ll \min\{n, d\}$. 如果应用 $\boldsymbol{D}^{\mathrm{T}}\boldsymbol{D}$ 来计算包含右奇异向量的 $d \times k$ 矩阵 $\boldsymbol{P}$，那么左奇异向量将包含在 $n \times k$ 矩阵 $\boldsymbol{Q} = \boldsymbol{DP\Sigma}^{-1}$ 中. 取矩阵的对角线元素为特征值的平方根则可以计算得到 $k \times k$ 矩阵 $\boldsymbol{\Sigma}$. 我们可以假设这里只对非零奇异向量感兴趣，故 $\boldsymbol{\Sigma}$ 是可逆的. 另外，如果通过对角矩阵 $\boldsymbol{DD}^{\mathrm{T}}$ 来计算左奇异向量，则可以通过 $\boldsymbol{P} = \boldsymbol{D}^{\mathrm{T}}\boldsymbol{Q\Sigma}^{-1}$ 得到矩阵 $\boldsymbol{P}$.

然而，上述方法对于稀疏矩阵来说是低效的. 例如，考虑一个文本数据集，其中每行包含大约 100 个非零值，但该行的维数 d 是 10^5. 该数据集包含 10^6 个文档，按现代标准并不算大. 矩阵 $\boldsymbol{D}$ 中的非零元素数为 10^8，这比 $\boldsymbol{D}$ 中的元素总数少得多，故这是一个稀疏矩阵. 因此，我们这里可以利用特殊的数据结构. 另外，矩阵 $\boldsymbol{D}^{\mathrm{T}}\boldsymbol{D}$ 是一个含有 10^{10} 个元素的稠密矩阵. 故与 $\boldsymbol{D}$ 相比，处理 $\boldsymbol{D}^{\mathrm{T}}\boldsymbol{D}$ 是低效的. 我们在下面给出了 3.5 节所讨论的幂方法的推广，该方法是处理 $\boldsymbol{D}$ 而非 $\boldsymbol{D}^{\mathrm{T}}\boldsymbol{D}$. 值得注意的是，这种方法并没有为了效率而被进一步优化，但它是理解诸如 Lanczos 等一些高效算法的基础. 近年来，基于 QR 分解的方法应用愈加广泛. 一个具体的例子是 Golub 和 Kahan 算法，读者可参考文献 [52].

幂方法

应用幂方法可以找到任意矩阵 (如 $\boldsymbol{D}^{\mathrm{T}}\boldsymbol{D}$) 的主特征向量. 更具体地，我们首先将其初始化为一个随机的 d 维列向量 $\overline{p}_1$，然后多次左乘 $\boldsymbol{D}^{\mathrm{T}}\boldsymbol{D}$，并将其换算成单位范数. 然而，矩

阵 $\boldsymbol{D}^{\mathrm{T}}\boldsymbol{D}$ 是稠密的，故这里必须注意要如何执行这些运算．为了减少运算的数量，这里按照 $[\boldsymbol{D}^{\mathrm{T}}(\boldsymbol{D}\overline{p})]$ 中括号指定的顺序来计算．因此，我们重复以下步骤来得到最终的收敛结果：

$$\overline{p}_1 \Leftarrow \frac{[\boldsymbol{D}^{\mathrm{T}}(\boldsymbol{D}\overline{p}_1)]}{\|[\boldsymbol{D}^{\mathrm{T}}(\boldsymbol{D}\overline{p}_1)]\|}$$

数据矩阵 $\boldsymbol{D}$ 在向量 $\overline{p}_1$ 上的投影的能量等于第一奇异值的平方．于是，第一奇异值 σ_{11} 是通过使用向量 $\boldsymbol{D}\overline{p}_1$ 的 L_2 范数来获得的．矩阵 $\boldsymbol{Q}$ 的第一列 $\overline{q}_1$ 是通过执行一次如下步骤而得到的：

$$\overline{q}_1 \Leftarrow \frac{\boldsymbol{D}\overline{p}_1}{\sigma_{11}} \tag{7.18}$$

上述结果是 $\boldsymbol{Q}=\boldsymbol{D}\boldsymbol{P}\boldsymbol{\Sigma}^{-1}$ 的一维简化．这就完成了第一组奇异向量和奇异值的计算．下一个特征向量和特征值通过利用式 (7.1) 中的谱分解获得．一种方法是通过如下方式调整数据矩阵来移除由第一组奇异向量贡献的秩 1 分量：

$$\boldsymbol{D} \Leftarrow \boldsymbol{D} - \sigma_{11}\overline{q}_1\overline{p}_1^{\mathrm{T}} \tag{7.19}$$

一旦消除了第一个分量的影响，我们就可以重复该过程，从修改后的矩阵中获得第二组奇异向量．然而，这种方法的主要问题是去除谱分量会损害 $\boldsymbol{D}$ 的稀疏性．

因此，为了避免损害 $\boldsymbol{D}$ 的稀疏性，我们不需要从 $\boldsymbol{D}$ 中移除秩 1 矩阵 $\overline{q}_1\overline{p}_1^{\mathrm{T}}$．相反，使用原始矩阵 $\boldsymbol{D}$ 则可以通过应用如下迭代步骤来计算第二组奇异向量 (在迭代中移除第一分量的影响)：

$$\overline{p}_2 \Leftarrow (\boldsymbol{D}^{\mathrm{T}} - \sigma_{11}\overline{p}_1\overline{q}_1^{\mathrm{T}})([\boldsymbol{D} - \sigma_{11}\overline{q}_1\overline{p}_1^{\mathrm{T}}]\overline{p}_2)$$

$$\overline{p}_2 \Leftarrow \frac{\overline{p}_2}{\|\overline{p}_2\|}$$

当计算像 $[\boldsymbol{D}-\sigma_{11}\overline{q}_1\overline{p}_1^{\mathrm{T}}]\overline{p}_2$ 这样的量时，我们可以分别计算 $\boldsymbol{D}\overline{p}_2$ 和 $\overline{q}_1[\overline{p}_1^{\mathrm{T}}\overline{p}_2]$．注意，$\overline{q}_1[\overline{p}_1^{\mathrm{T}}\overline{p}_2]$ 中的运算顺序优先于 $[\overline{q}_1\overline{p}_1^{\mathrm{T}}]\overline{p}_2$，以确保永远不必存储大的稠密矩阵．于是，可以用矩阵乘法的结合律来确保人们总是在处理向量之间或向量与稀疏矩阵之间的乘法．这个基本想法可以推广到第 k 个奇异向量的计算中：

$$\overline{p}_k \Leftarrow (\boldsymbol{D}^{\mathrm{T}} - \sum_{r=1}^{k-1}\sigma_{rr}\overline{p}_r\overline{q}_r^{\mathrm{T}})([\boldsymbol{D} - \sum_{r=1}^{k-1}\sigma_{rr}\overline{q}_r\overline{p}_r^{\mathrm{T}}]\overline{p}_k)$$

$$\overline{p}_k \Leftarrow \frac{\overline{p}_k}{\|\overline{p}_k\|}$$

在每种情况下，我们都可以调整矩阵的乘法顺序以不必处理稠密矩阵. 注意，奇异值 σ_{kk} 是 $\boldsymbol{D}\overline{p}_k$ 的范数. 第 k 个左奇异向量则可以由第 k 个右奇异向量按如下方式得到：

$$\overline{q}_k \Leftarrow \frac{\boldsymbol{D}\overline{p}_k}{\sigma_{kk}} \tag{7.20}$$

将整个过程重复 m 次即可得到秩 m 奇异值分解.

7.6 总结

奇异值分解是矩阵分解方法中使用的最基本的技术之一. 本章介绍了关于奇异值分解的线性代数视角和最优化视角. 这些视角为读者理解奇异值分解提供了不同的方式：

- 线性代数的视角有助于说明奇异值分解的存在性,其中奇异向量由 $\boldsymbol{D}\boldsymbol{D}^{\mathrm{T}}$ 和 $\boldsymbol{D}^{\mathrm{T}}\boldsymbol{D}$ 的特征向量给出.
- 最优化的视角表明奇异值分解是误差最小的矩阵分解. 进一步，最优化视角还可以推广到矩阵分解的其他形式，这是下一章将要讨论的主题.

奇异值分解在机器学习中有许多应用，例如，最小二乘回归. 奇异值分解的基本思想也为第 9 章中所讨论的核方法提供了基础.

7.7 拓展阅读

文献 [77, 122, 123, 130] 中的各种线性代数书籍都讨论了奇异值分解. 奇异值分解为无约束矩阵分解提供了一个最优解这一事实最早出现在 Eckart-Young 定理 [41] 中. 关于奇异值分解的各种数值算法，读者还可参考文献 [52, 130]. 此外，文献 [7] 讨论了奇异值分解的降噪特性，而奇异值分解方法在异常值检测中的应用则在文献 [4] 中进行了详细讨论.

7.8 习题

7.1 应用奇异值分解证明问题 1.2.13 的推出等式对任意 $n \times d$ 矩阵 $\boldsymbol{D}$ 和标量 $\lambda > 0$ 也成立：

$$(\lambda \boldsymbol{I}_d + \boldsymbol{D}^{\mathrm{T}}\boldsymbol{D})^{-1}\boldsymbol{D}^{\mathrm{T}} = \boldsymbol{D}^{\mathrm{T}}(\lambda \boldsymbol{I}_n + \boldsymbol{D}\boldsymbol{D}^{\mathrm{T}})^{-1}$$

注意到，该习题与问题 1.2.13 几乎相同.

7.2 设 $\boldsymbol{D}$ 为一个 $n \times d$ 数据矩阵，而 $\overline{y}$ 为包含线性回归因变量的 n 维列向量. 线性回归的 Tikhonov 正则化解 (见 4.7.1 节) 可以通过如下方式预测测试实例 $\overline{Z}$ 的因变量：

$$\text{Prediction}(\overline{Z}) = \overline{Z}\,\overline{W} = \overline{Z}(\boldsymbol{D}^{\mathrm{T}}\boldsymbol{D} + \lambda \boldsymbol{I})^{-1}\boldsymbol{D}^{\mathrm{T}}\overline{y}$$

这里，向量 $\overline{Z}$ 和 $\overline{W}$ 分别作为 $1\times d$ 和 $d\times 1$ 矩阵来处理. 基于习题 7.1 的结果，说明你是如何只根据训练点之间或者 $\overline{Z}$ 和训练点之间的相似性来得到上面的预测的?

7.3 给定一个秩 k 截断奇异值分解 $\boldsymbol{D}\approx\boldsymbol{Q\Sigma P}^{\mathrm{T}}$，如何用这个解推导出一个替代的秩 k 分解 $\boldsymbol{Q}'\boldsymbol{\Sigma}'\boldsymbol{P}'^{\mathrm{T}}$，其中 $\boldsymbol{Q}$ (或 $\boldsymbol{P}$) 的单位列可能不相互正交，但截断误差相同.

7.4 给定一个秩 k 截断奇异值分解 $\boldsymbol{D}\approx\boldsymbol{Q\Sigma P}^{\mathrm{T}}$，其中两个非零奇异值是相同的，而对应的右奇异向量分别为 $[1,0,0]^{\mathrm{T}}$ 和 $[0,1,0]^{\mathrm{T}}$，那么如何利用这个解来推导出一个替代的秩 k 奇异值分解 $\boldsymbol{Q}'\boldsymbol{\Sigma}'\boldsymbol{P}'^{\mathrm{T}}$，使得两者截断误差相同? 至少矩阵 $\boldsymbol{Q}'$ 和 $\boldsymbol{P}'$ 的某些列需要与 $\boldsymbol{Q}$ 和 $\boldsymbol{P}$ 中相应的列有明显的不同 (即不应通过简单地将 $\boldsymbol{Q}$ 的第 i 列乘以 -1 或 $+1$ 来得到 $\boldsymbol{Q}'$ 的第 i 列). 举例说明如何处理右奇异向量，以获得一个非平凡的不同解.

7.5 设 $\overline{x}=\overline{x}_0$ 是满足方程组 $\boldsymbol{A}\overline{x}=\overline{b}$ 的一个特解. 这里 $\boldsymbol{A}$ 是一个 $n\times d$ 矩阵，变量 $\overline{x}$ 是一个 d 维向量，而 $\overline{b}$ 是一个 n 维常数向量. 证明该方程组的所有可能的解都具有 $\overline{x}_0+\overline{v}$ 的形式，其中 $\overline{v}$ 可以是向量空间 $\mathcal{V}$ 中的任何向量. 证明用奇异值分解可以很容易地确定 $\mathcal{V}$. [提示：考虑方程组 $\boldsymbol{A}\overline{x}=0$.]

7.6 考虑一个 $n\times d$ 矩阵 $\boldsymbol{D}$. 构造 $(n+d)\times(n+d)$ 矩阵 $\boldsymbol{B}$ 如下：

$$\boldsymbol{B}=\begin{bmatrix}\boldsymbol{O} & \boldsymbol{D}^{\mathrm{T}}\\ \boldsymbol{D} & \boldsymbol{O}\end{bmatrix}$$

注意，矩阵 $\boldsymbol{B}$ 是一个对称方阵. 证明：对角化 $\boldsymbol{B}$ 得到了构造 $\boldsymbol{D}$ 的奇异值分解所需的所有信息. [提示：将 $\boldsymbol{B}$ 的特征向量与奇异值分解的奇异向量联系起来.]

7.7 考虑一个矩阵 $\boldsymbol{A}$，其奇异值分解如下：

$$\boldsymbol{A}=\begin{bmatrix}-\dfrac{1}{\sqrt{2}} & \dfrac{1}{\sqrt{2}}\\ \dfrac{1}{\sqrt{2}} & \dfrac{1}{\sqrt{2}}\end{bmatrix}\begin{bmatrix}4 & 0\\ 0 & 2\end{bmatrix}\begin{bmatrix}1 & 0\\ 0 & 1\end{bmatrix}^{\mathrm{T}}$$

在不直接计算出 $\boldsymbol{A}$ 的情况下来计算 $\boldsymbol{A}$ 的逆.

7.8 考虑矩阵 $\boldsymbol{A}$ 的如下二元分解：

$$\boldsymbol{A}=\boldsymbol{U}\boldsymbol{V}^{\mathrm{T}}=\begin{bmatrix}4 & 1\\ 3 & 2\end{bmatrix}\begin{bmatrix}1 & 2\\ 1 & 1\end{bmatrix}^{\mathrm{T}}$$

按照如下方式将其转换为三元分解 $\boldsymbol{Q\Sigma P}^{\mathrm{T}}$:

(a) $\boldsymbol{Q}$ 和 $\boldsymbol{P}$ 每列的 L_2 范数为 1.

(b) $\boldsymbol{Q}$ 和 $\boldsymbol{P}$ 每列的 L_1 范数为 1.

注意，上面第二种分解形式可用于具有概率解释的非负因子分解.

7.9 假设给 $n\times d$ 矩阵 $\boldsymbol{D}$ 的每个元素加一个小的噪声，且该矩阵的秩 $r \ll d$ 且 $n \gg d$. 该噪声服从高斯分布，其方差为 $\lambda>0$ 且远小于 $\boldsymbol{D}$ 的最小的非零奇异值. 设 $\boldsymbol{D}$ 的非零奇异值为 $\sigma_{11},\cdots,\sigma_{rr}$. 那么，修正后的矩阵 $\boldsymbol{D}'$ 的秩是多少?

7.10 考虑关于最小化 Frobenius 范数 $\|\boldsymbol{D}-\boldsymbol{U}\boldsymbol{V}^{\mathrm{T}}\|_F^2$ 的无约束优化问题，其相当于奇异值分解. 这里，$\boldsymbol{D}$ 为一个 $n\times d$ 数据矩阵，$\boldsymbol{U}$ 为一个 $n\times k$ 矩阵，而 $\boldsymbol{V}$ 为一个 $d\times k$ 矩阵.

(a) 用微积分证明最优解满足以下条件：

$$\boldsymbol{D}\boldsymbol{V}=\boldsymbol{U}\boldsymbol{V}^{\mathrm{T}}\boldsymbol{V}$$

$$\boldsymbol{D}^{\mathrm{T}}\boldsymbol{U}=\boldsymbol{V}\boldsymbol{U}^{\mathrm{T}}\boldsymbol{U}$$

(b) 设 $\boldsymbol{E}=\boldsymbol{D}-\boldsymbol{U}\boldsymbol{V}^{\mathrm{T}}$ 为当前解 $\boldsymbol{U}$ 和 $\boldsymbol{V}$ 的误差矩阵. 证明应用如下梯度下降更新是求解此优化问题的另一种方法：

$$\boldsymbol{U}\Leftarrow\boldsymbol{U}+\alpha\boldsymbol{E}\boldsymbol{V}$$

$$\boldsymbol{V}\Leftarrow\boldsymbol{V}+\alpha\boldsymbol{E}^{\mathrm{T}}\boldsymbol{U}$$

这里 $\alpha>0$ 为步长.

(c) 得到的解是否必然包含 $\boldsymbol{U}$ 和 $\boldsymbol{V}$ 相互正交的列?

7.11 假设我们在习题 7.10 中更改了奇异值分解的目标函数，其中对较大的参数值增加惩罚. 这通常是为了减少过拟合和提高解的泛化能力. 更具体地，修正的需要最小化的目标函数如下：

$$J=\|\boldsymbol{D}-\boldsymbol{U}\boldsymbol{F}^{\mathrm{T}}\|_F^2+\lambda(\|\boldsymbol{U}\|_F^2+\|\boldsymbol{V}\|_F^2)$$

这里 $\lambda>0$ 为惩罚系数. 在这种情况下，回答习题 7.10 中的同样问题.

7.12 回顾第 3 章中关于方阵的行列式等于其特征值乘积的结论. 证明方阵的行列式也等于其奇异值乘积的绝对值. 进一步，证明 $d\times d$ 方阵 $\boldsymbol{A}$ 的逆的 Frobenius 范数等于 $\boldsymbol{A}$ 的奇异值的平方的倒数之和.

7.13 利用奇异值分解证明方阵 $\boldsymbol{A}$ 是对称的 (即 $\boldsymbol{A}=\boldsymbol{A}^{\mathrm{T}}$) 当且仅当 $\boldsymbol{A}\boldsymbol{A}^{\mathrm{T}}=\boldsymbol{A}^{\mathrm{T}}\boldsymbol{A}$.

7.14 考虑矩阵的如下奇异值分解：

$$\boldsymbol{D}=\begin{bmatrix}1 & 0 & 0\\ 0 & \dfrac{1}{\sqrt{2}} & \dfrac{1}{\sqrt{2}}\\ 0 & \dfrac{1}{\sqrt{2}} & -\dfrac{1}{\sqrt{2}}\end{bmatrix}\begin{bmatrix}2 & 0 & 0\\ 0 & 1 & 0\\ 0 & 0 & 1\end{bmatrix}\begin{bmatrix}1 & 0 & 0\\ 0 & \dfrac{1}{\sqrt{2}} & -\dfrac{1}{\sqrt{2}}\\ 0 & \dfrac{1}{\sqrt{2}} & \dfrac{1}{\sqrt{2}}\end{bmatrix}$$

该矩阵的奇异值分解是唯一的吗？其中可以忽略奇异向量乘以 -1 的情况．如果是唯一的，讨论为什么会这样？如果不是唯一的，请给出该矩阵的另一个奇异值分解．

7.15 给出一个简单的方法来找到如下矩阵的奇异值分解：(a) 对角矩阵，该矩阵的正负元素都不同；(b) 正交矩阵．奇异值分解在这些情况下是唯一的吗？

7.16 证明 $(\boldsymbol{A}+\boldsymbol{B})$ 的最大奇异值至多是 $\boldsymbol{A}$ 和 $\boldsymbol{B}$ 的最大奇异值的和．进一步，证明 $\boldsymbol{AB}$ 的最大奇异值至多是 $\boldsymbol{A}$ 和 $\boldsymbol{B}$ 的最大奇异值的乘积．最后，证明矩阵的最大奇异值是关于矩阵元素的凸函数．

7.17 设 $\boldsymbol{A}$ 为一个方阵，利用奇异值分解证明 $\boldsymbol{A}\boldsymbol{A}^{\mathrm{T}}$ 和 $\boldsymbol{A}^{\mathrm{T}}\boldsymbol{A}$ 是相似的．如果 $\boldsymbol{A}$ 不是方阵，那结果会如何？

7.18 矩阵 $\boldsymbol{A}$ 的 Frobenius 范数被定义为矩阵 $\boldsymbol{A}\boldsymbol{A}^{\mathrm{T}}$ 或 $\boldsymbol{A}^{\mathrm{T}}\boldsymbol{A}$ 的迹．设 $\boldsymbol{P}$ 是一个具有规范正交列的 $d\times k$ 矩阵，而 $\boldsymbol{D}$ 为一个 $n\times d$ 数据矩阵．证明 $\boldsymbol{DP}$ 和 $\boldsymbol{DPP}^{\mathrm{T}}$ 的 Frobenius 范数平方相等．当 $\boldsymbol{P}$ 包含 $\boldsymbol{D}$ 的奇异值分解的前 k 个右奇异向量时，根据与 $\boldsymbol{D}$ 的关系，解释矩阵 $\boldsymbol{DP}$ 和 $\boldsymbol{DPP}^{\mathrm{T}}$．

7.19 考虑两个不同的数据矩阵 $\boldsymbol{D}_1,\boldsymbol{D}_2$，它们的散射矩阵相同 $\boldsymbol{D}_1^{\mathrm{T}}\boldsymbol{D}_1=\boldsymbol{D}_2^{\mathrm{T}}\boldsymbol{D}_2$．我们的目的是证明其中一个矩阵的列是另一个矩阵列的旋转反射，反之亦然．证明：对于 $\boldsymbol{D}_1$ 和 $\boldsymbol{D}_2$，可以找到它们部分相同 (完全) 的奇异值分解，即 $\boldsymbol{D}_1=\boldsymbol{Q}_1\boldsymbol{\Sigma}\boldsymbol{P}^{\mathrm{T}}$ 和 $\boldsymbol{D}_2=\boldsymbol{Q}_2\boldsymbol{\Sigma}\boldsymbol{P}^{\mathrm{T}}$．应用这个事实来证明存在正交矩阵 $\boldsymbol{Q}_{12}$，使得 $\boldsymbol{D}_2=\boldsymbol{Q}_{12}\boldsymbol{D}_1$．

7.20 设 $\boldsymbol{A}=\overline{a}\overline{b}^{\mathrm{T}}$ 为秩 1 矩阵，其中向量 $\overline{a},\overline{b}\in\mathbf{R}^n$．求 $\boldsymbol{A}$ 的非零特征向量、特征值、奇异向量和奇异值．

7.21 求如下矩阵的奇异值：(i) $d\times d$ Givens 旋转矩阵；(ii) $d\times d$ Householder 反射矩阵；(iii) 秩为 r 的 $d\times d$ 投影矩阵；(iv) 2×2 剪切矩阵 $\boldsymbol{A}=[a_{ij}]$，其对角线元素为 1，而右上角元素为 $a_{12}=2$．

7.22 考虑一个 $n\times d$ 矩阵 $\boldsymbol{A}$，其列向量线性无关且具有非零奇异值 $\sigma_1,\cdots,\sigma_d$．求 $\boldsymbol{A}^{\mathrm{T}}(\boldsymbol{A}\boldsymbol{A}^{\mathrm{T}})^5$, $\boldsymbol{A}^{\mathrm{T}}(\boldsymbol{A}\boldsymbol{A}^{\mathrm{T}})^5\boldsymbol{A}$, $\boldsymbol{A}(\boldsymbol{A}^{\mathrm{T}}\boldsymbol{A})^{-2}\boldsymbol{A}^{\mathrm{T}}$ 和 $\boldsymbol{A}(\boldsymbol{A}^{\mathrm{T}}\boldsymbol{A})^{-1}\boldsymbol{A}^{\mathrm{T}}$ 的非零奇异值．你还记得这些矩阵中的最后一个吗？除了非零奇异值之外，哪些矩阵的简约奇异值分解具有零奇异值？

7.23 考虑一个三维椭球体的 $n\times 3$ 散点图矩阵 $\boldsymbol{D}$，它的三个轴的长度分别是 3, 2 和 1．该椭球体的轴方向分别为 $[1,1,0]$，$[1,-1,0]$ 和 $[0,0,1]$．把散点图矩阵 $\boldsymbol{D}$ 乘以 3×3 变换矩阵 $\boldsymbol{A}$ 得到新椭球体的散点图矩阵 $\boldsymbol{D}'=\boldsymbol{DA}$，其中轴 $[1,1,1]$，$[1,-2,1]$ 和 $[1,0,-1]$ 的长度分别为 12，6 和 5．写出两个可以进行该变换的可能矩阵的奇异值分解．你应该可以用很少的数值计算给出奇异值分解．[该问题的答案并不是唯一的，因为两个椭球体之间的点的具体映射是未知的．例如，原始椭球体中的轴方向可能与变换椭球体中的轴方向是相匹配的，也可能不是．]

7.24 **正则化的影响**．考虑一个正则化最小二乘回归问题，即最小化 $\|\boldsymbol{A}\overline{x}-\overline{b}\|^2+\lambda\|\overline{x}\|^2$，其中 $\overline{x}$ 为一个 d 维优化向量，$\overline{b}$ 为一个 n 维向量，λ 为一个非负标量，而 $\boldsymbol{A}$ 为一

个 $n \times d$ 矩阵. 应用多种方法证明最优解 $\overline{x} = \overline{x}^*$ 的范数不随 λ 的增大而增大 (从优化的视角这也是直观的). 用奇异值分解证明最优解 $\overline{x}^* = (\boldsymbol{A}^{\mathrm{T}}\boldsymbol{A} + \lambda \boldsymbol{I}_d)^{-1}\boldsymbol{A}^{\mathrm{T}}\overline{b}$ 的范数关于 λ 是递减的.

7.25 如下函数 $f(\lambda)$ 通常会出现在球约束最小二乘回归中：

$$f(\lambda) = \overline{b}^{\mathrm{T}}\boldsymbol{A}(\boldsymbol{A}^{\mathrm{T}}\boldsymbol{A} + \lambda \boldsymbol{I})^{-2}\boldsymbol{A}^{\mathrm{T}}\overline{b}$$

这里，$\boldsymbol{A}$ 是一个秩为 r 的 $n \times d$ 矩阵，$\overline{b}$ 是一个 n 维列向量，而 $\lambda > 0$ 是优化参数. 进一步，$\boldsymbol{A} = \boldsymbol{Q}\boldsymbol{\Sigma}\boldsymbol{P}^{\mathrm{T}}$ 是 $\boldsymbol{A}$ 截断奇异值分解，$\boldsymbol{Q}$ 为一个 $n \times r$ 矩阵，$\boldsymbol{P}$ 为一个 $d \times r$ 矩阵，而 $\boldsymbol{\Sigma}$ 为一个 $r \times r$ 对角矩阵. 矩阵 $\boldsymbol{\Sigma}$ 的对角线元素为 $\sigma_{11}, \cdots, \sigma_{rr}$. 证明 $f(\lambda)$ 可以写成如下标量形式：

$$f(\lambda) = \sum_{i=1}^{r}\left(\frac{\sigma_{ii}c_i}{\sigma_{ii}^2 + \lambda}\right)^2$$

这里 c_i 为 $\boldsymbol{Q}^{\mathrm{T}}\overline{b}$ 的第 i 个分量.

7.26 **伪逆的性质**. 利用奇异值分解证明 $\boldsymbol{A}\boldsymbol{A}^+\boldsymbol{A} = \boldsymbol{A}$, $\boldsymbol{A}^+\boldsymbol{A}\boldsymbol{A}^+ = \boldsymbol{A}^+$ 以及 $\boldsymbol{A}\boldsymbol{A}^+$ 是一个对称的幂等矩阵 (它是投影矩阵的另一种定义).

7.27 计算如下矩阵 $\boldsymbol{A}$ 的紧凑奇异值分解和 Moore-Penrose 伪逆：

$$\boldsymbol{A} = \begin{bmatrix} 2 & 1 & 3 \\ 1 & 2 & 0 \end{bmatrix}$$

7.28 **广义奇异值分解**. 一个 $n \times d$ 矩阵 $\boldsymbol{D}$ 的广义奇异值分解为 $\boldsymbol{D} = \boldsymbol{Q}\boldsymbol{\Sigma}\boldsymbol{P}^{\mathrm{T}}$,其中 $\boldsymbol{Q}^{\mathrm{T}}\boldsymbol{S}_1\boldsymbol{Q} = \boldsymbol{I}$，$\boldsymbol{P}^{\mathrm{T}}\boldsymbol{S}_2\boldsymbol{P} = \boldsymbol{I}$. 这里 $\boldsymbol{S}_1$ 和 $\boldsymbol{S}_2$ 分别为 (给定的) $n \times n$ 和 $d \times d$ 正定矩阵. 因此，从内积的广义定义来看，矩阵 $\boldsymbol{Q}$ 和 $\boldsymbol{P}$ 中的奇异向量是正交的. 那么，如何修正 $\boldsymbol{D}$ 将广义奇异值分解简化为奇异值分解? [提示：利用合适的平方根矩阵对 $\boldsymbol{D}$ 进行左乘和右乘.]

CHAPTER 8

第 8 章

矩阵分解

“只了解自己一方情况的人对整件事知之甚少. 他的理由可能旁人无法反驳. 但是, 如果他同样不能反驳另一方的理由, 甚至不知道这些理由是什么, 那他就没有理由偏信任何一种意见.”

——约翰 · 穆勒 (John Stuart Mill)

8.1 引言

正如乘法可以从标量推广到矩阵的情况一样，因子分解的概念也可以从标量推广到矩阵的情形.精确的矩阵分解往往需要满足矩阵乘法的大小要求和秩的约束.例如,当一个 $n\times d$ 矩阵 $\boldsymbol{A}$ 被分解为两个矩阵 $\boldsymbol{B}$ 和 $\boldsymbol{C}$ (即 $\boldsymbol{A}=\boldsymbol{BC}$) 乘积时，那么会存在一个常数 k 使得矩阵 $\boldsymbol{B}$ 和 $\boldsymbol{C}$ 的大小必须是 $n\times k$ 和 $k\times d$. 由于矩阵 $\boldsymbol{A}$ 的秩小于或等于 $\boldsymbol{B}$ 和 $\boldsymbol{C}$ 的秩中的最小值，故在进行精确分解时，k 的值必须大于或等于矩阵 $\boldsymbol{A}$ 的秩. 在实际应用中，通常用比 $\boldsymbol{A}$ 的秩小得多的 k 来进行近似的因子分解.

与标量的情形一样,矩阵的因子分解也不是唯一的.例如,标量 12 可以分解成 2 和 6 的乘积，或者分解成 3 和 4 的乘积. 如果允许出现实数因子，那么给定的标量可能会有无穷多种因子分解. 矩阵也是如此，甚至矩阵因子的大小也可能不同. 例如，考虑同一矩阵的如下因子分解：

$$\begin{bmatrix}3 & 6\\3 & 6\end{bmatrix}=\begin{bmatrix}1\\1\end{bmatrix}\begin{bmatrix}3 & 6\end{bmatrix}=\begin{bmatrix}1 & 1\\1 & 1\end{bmatrix}\begin{bmatrix}2 & 4\\1 & 2\end{bmatrix}$$

显然，对于给定的矩阵，其有无穷多种分解方法. 然而，具有某些特殊性质的因子分解往往比其他的更有用. 矩阵因子分解中通常需要如下两种特殊的性质：

1. 精确分解的线性代数性：在这些情况下，人们试图使得分解的单个分量具有特定的线性代数或几何性质．例如，正交性、矩阵的对角性等．这些性质对于构造基等各种线性代数应用都很有用．到目前为止，我们看到的所有分解，如 LU 分解、QR 分解和奇异值分解 (SVD) 都具有这些线性代数的性质．

2. 近似分解的优化与压缩性：在这些情况下，人们试图将一个较大的矩阵分解成两个小得多的矩阵．截断 SVD 就是这种分解的一个例子．考虑一个 $n \times d$ 矩阵 $\boldsymbol{D}$ 如下的秩 k 截断，则可得到下面的因子分解：

$$\boldsymbol{D} \approx \boldsymbol{Q}_k \boldsymbol{\Sigma}_k \boldsymbol{P}_k^{\mathrm{T}} \tag{8.1}$$

这里 $\boldsymbol{Q}_k$ 为一个 $n \times k$ 正交矩阵，$\boldsymbol{\Sigma}_k$ 为一个具有非负对角线元素的 $k \times k$ 对角矩阵，而 $\boldsymbol{P}_k$ 则为一个 $d \times k$ 正交矩阵．这三个矩阵的总元素个数为 $(n+d+k)k$．当 n 和 d 比较大时，其通常要比原始矩阵的元素个数 nd 小得多．例如，若 $n = d = 10^6$ 和 $k = 1000$，则 $\boldsymbol{D}$ 的元素个数为 10^{12}，而分解矩阵的元素总数为 2×10^9，仅为原始矩阵元素个数的 0.2%．

奇异值分解是少数几个在其线性代数 (以精确的形式) 和压缩 (以其截断形式) 方面都有应用的因子分解之一．我们称 k 为因子分解的秩．特别地，矩阵分解 $\boldsymbol{D} \approx \boldsymbol{U}\boldsymbol{V}^{\mathrm{T}}$ 的最优化观点在机器学习中特别有用，尤其当 $\boldsymbol{D}, \boldsymbol{U}, \boldsymbol{V}$ 具有如下实际意义时：

1. 当 $\boldsymbol{D}$ 为一个文档-单词矩阵时，其包含了单词在文档 ($\boldsymbol{D}$ 的行) 中出现的频率 ($\boldsymbol{D}$ 的列)，矩阵 $\boldsymbol{U}$ 的行向量提供了文档的潜在表示，而矩阵 $\boldsymbol{V}$ 的行向量则提供单词的潜在表示．

2. 评级是用户给某个项目 (如电影) 的数值分数．推荐系统收集用户对商品的评级以便预测他们尚未评估的商品的评级．当 $\boldsymbol{D}$ 为用户-商品评级矩阵时，行对应用户，而列对应于商品．矩阵 $\boldsymbol{D}$ 的元素表示评级．矩阵分解只用观察到的评级分解不完全矩阵 $\boldsymbol{D} \approx \boldsymbol{U}\boldsymbol{V}^{\mathrm{T}}$．矩阵 $\boldsymbol{U}$ 的行提供了用户的潜在表示，而 $\boldsymbol{V}$ 的行则是商品的潜在表示．矩阵 $\boldsymbol{U}\boldsymbol{V}^{\mathrm{T}}$ 重构了整个评级矩阵 (包括对缺失评级的预测)．

3. 设 $\boldsymbol{D} \approx \boldsymbol{U}\boldsymbol{V}^{\mathrm{T}}$ 是一个图邻接矩阵，其中 $\boldsymbol{D}$ 的第 (i, j) 项元素为节点 i 和 j 之间边的权值．在这种情况下，矩阵 $\boldsymbol{U}$ 和 $\boldsymbol{V}$ 的行都是节点的潜在表示．特别地，$\boldsymbol{U}$ 和 $\boldsymbol{V}$ 的潜在表示可以用于聚类和链接预测等应用 (见第 9 章和第 10 章)．

基于优化的视角，人们可以将特定性质作为优化问题的约束强加到分解中的矩阵上 (例如矩阵元素的非负性)．这些特定的性质通常在各种类型的应用中都很有用．

本章内容安排如下．8.2 节将概述基于优化视角的矩阵分解．无约束矩阵分解法将在 8.3 节中讨论，而非负矩阵分解法将在 8.4 节中介绍．8.5 节引入加权矩阵分解法．8.6 节提出 Logistic 矩阵分解和最大边缘矩阵分解．8.7 节介绍广义的低秩模型．共享矩阵分解的方法将在 8.8 节中讨论．因子分解机将在 8.9 节中讨论，而 8.10 节为本章的总结．

8.2 基于优化的矩阵分解

基于优化视角的矩阵分解是其在机器学习应用中的核心. 以优化为中心的观点可以建立矩阵的压缩表示，这总是有助于消除随机假象，并将丢失值的预测从可见数据推广到不可见数据. 毕竟，数据的重复模式对于预测新数据实例中的缺失值很有用，其往往会被保留在压缩表示中.

我们下面讨论一个 $n \times d$ 矩阵 $\boldsymbol{D}$ 到一个 $n \times k$ 矩阵 $\boldsymbol{U}$ 和一个 $d \times k$ 矩阵 $\boldsymbol{V}$ 的二元因子分解，尽管任何二元因子分解都可以应用 7.2.7 节所提出的方法被转换为一个三元因子分解 $\boldsymbol{Q\Sigma P}^{\mathrm{T}}$ (类似于奇异值分解). 因子分解的主要目标是建立一个目标函数使得可以应用 $\boldsymbol{UV}^{\mathrm{T}}$ 来重构原始矩阵 $\boldsymbol{D}$. 大多数以优化为中心的矩阵分解形式是关于矩阵 $\boldsymbol{U}$ 和 $\boldsymbol{V}$ 的如下优化模型的特殊情况：

在满足 $\boldsymbol{U}$ 和 $\boldsymbol{V}$ 的约束条件下，最大化 $\boldsymbol{D}$ 和 $\boldsymbol{UV}^{\mathrm{T}}$ 中元素的相似性

约束条件可用于确保因子矩阵的特定性质. 一个常用的约束条件是矩阵 $\boldsymbol{U}$ 和 $\boldsymbol{V}$ 的非负性约束. 在奇异值分解中，人们通常使用的最简单的目标函数是 $\|\boldsymbol{D}-\boldsymbol{UV}^{\mathrm{T}}\|_F^2$，而诸如对数似然和 I 散度等其他目标函数则也可以用于建立相关的概率模型. 大多数的矩阵分解的优化问题并不是凸的；然而，梯度下降法在这些情况下却相当有效.

在某些情况下，我们可以对目标函数中的特定矩阵元素进行加权. 事实上，对于某些类型的矩阵，将矩阵的元素解释为权重更有意义. 这在推荐系统中隐式反馈数据的情况下很常见，其中所有矩阵元素都被表示为二元的，而非零元素的值被视为权重. 例如，根据用户是否购买了产品，包含向不同用户 (行标识符) 销售的产品数量 (列标识符) 的矩阵总是被表示为二元的. 这种方法有时也用于文本域中的频率矩阵 (见文献 [101]).

另外，Logistic 矩阵分解方法则是对 $\boldsymbol{UV}^{\mathrm{T}}$ 中的元素应用 Logistic 函数以刻画特定元素为 1 的概率. 这种方法适用于非负值应被视为二元值频率的矩阵. 这里的基本想法是假设 $\boldsymbol{D}$ 的元素是通过用矩阵 $\boldsymbol{P}=\mathrm{Sigmoid}(\boldsymbol{UV}^{\mathrm{T}})$ 中的概率重复抽样矩阵中的每个元素而获得的频率，其中 Sigmoid 函数定义如下：

$$\mathrm{Sigmoid}(x)=\frac{1}{1+\exp(-x)}$$

注意，矩阵 $\boldsymbol{D}$ 和 $\boldsymbol{P}$ 是两个大小相同的矩阵，而 $\boldsymbol{D}$ 中的频率将大致与 $\boldsymbol{P}$ 中元素成比例：

$\boldsymbol{D} \sim$ 通过从 $\boldsymbol{P}$ 中抽样得到的频率的实例

优化模型基于该概率模型最大化对数似然函数. 事实上，机器学习中令人惊讶的大量应用都可以被证明是矩阵分解的特殊情况，尤其是如果愿意在因子分解中加入复杂的目标函数和约束条件. 矩阵分解可用于特征工程、聚类、核方法、链接预测和推荐系统中. 在每种情况下，其核心都是为相应的问题选择合适的目标函数和约束条件. 作为一个具体的例子，我们将说明 k 均值算法是具有特殊约束的矩阵分解的一个特例.

示例: k 均值算法作为约束矩阵分解

我们回顾 k 均值算法确定了 k 个质心使得 $n \times d$ 数据矩阵 $\boldsymbol{D}$ 中每一行与其最近的质心的平方和误差最小．如果想要在矩阵分解中加入额外的约束条件，该算法可以被证明是矩阵分解的一种特殊情况．事实上，考虑如下关于 $n \times k$ 和 $d \times k$ 因子矩阵 $\boldsymbol{U}$ 和 $\boldsymbol{V}$ 的优化问题：

$$\min_{\boldsymbol{U},\boldsymbol{V}} \|\boldsymbol{D}-\boldsymbol{U}\boldsymbol{V}^{\mathrm{T}}\|_F^2$$

约束为：矩阵 $\boldsymbol{U}$ 的列向量相互正交且 $u_{ij} \in \{0,1\}$

这是一个混合整数矩阵分解问题，因为 $\boldsymbol{U}$ 中的元素限制为二元值．注意到，4.10.3 节给出了一个等价的优化表示形式．在本例中，我们可以证明 $\boldsymbol{U}$ 的每一行都恰好包含一个 1，其对应于该行的聚类．矩阵 $\boldsymbol{V}$ 的每一列包含 k 个聚类的一个 d 维质心．正如 4.10.3 节所述，该优化问题可以使用块坐标下降算法来求解，其实际与 k 均值算法相同．因此，k 均值算法是矩阵分解的一种特殊情况，这一事实说明矩阵分解方法在它与各种机器学习方法的关系方面是非常有表现力的．于是，本章将探讨矩阵分解的多种方法及其应用．

8.3　无约束矩阵分解

无约束的矩阵分解问题可表示为

$$\min_{\boldsymbol{U},\boldsymbol{V}} J=\frac{1}{2}\|\boldsymbol{D}-\boldsymbol{U}\boldsymbol{V}^{\mathrm{T}}\|_F^2$$

这里，矩阵 $\boldsymbol{D}, \boldsymbol{U}$ 和 $\boldsymbol{V}$ 是大小分别为 n, d, k 的矩阵，其中 k 的值通常比矩阵 $\boldsymbol{D}$ 的秩要小得多．该问题在 7.3.2 节中已经讨论过，它可以提供与奇异值分解相同的解．正如第 7 章中所讨论的，矩阵 $\boldsymbol{D}^{\mathrm{T}}\boldsymbol{D}$ 的特征向量给出了 $\boldsymbol{V}$ 的列，而矩阵 $\boldsymbol{D}\boldsymbol{D}^{\mathrm{T}}$ 的特征向量则提供了 $\boldsymbol{U}$ 的列．矩阵 $\boldsymbol{V}$ 的列向量是单位规范化的，而 $\boldsymbol{U}$ 的列向量则是规范化的且其第 i 列的范数等于 $\boldsymbol{D}$ 的第 i 个奇异值．

然而，优化问题的最优解可能并不是唯一的．例如，甚至矩阵列的规范化也不是唯一的．与将 $\boldsymbol{V}$ 的列规范化为单位范数不同，人们可以轻松地将 $\boldsymbol{U}$ 的列规范化为单位范数，并适当调整 $\boldsymbol{V}$ 的每一列的规范化．重点是 $\boldsymbol{U}$ 和 $\boldsymbol{V}$ 的第 i 列的范数的乘积是 $\boldsymbol{D}$ 的第 i 奇异值，而且我们不需要要求 $\boldsymbol{U}$ 和 $\boldsymbol{V}$ 的列相互规范正交来保证最优解的存在．给定一个最优对 $(\boldsymbol{U}_0, \boldsymbol{V}_0)$，人们可以将 $\boldsymbol{V}_0$ 的列空间基变换为非正交基，并将 $\boldsymbol{U}_0$ 调整到非正交基系中相应的坐标使得乘积 $\boldsymbol{U}_0\boldsymbol{V}_0^{\mathrm{T}}$ 不发生改变．考虑如下问题可有助于读者理解这一点：

问题 8.3.1　设 $\boldsymbol{D} \approx \boldsymbol{Q}_k\boldsymbol{\Sigma}_k\boldsymbol{P}_k^{\mathrm{T}}$ 为矩阵 $\boldsymbol{D}$ 的秩 k 奇异值分解．第 7 章中的结果表明 $(\boldsymbol{U}, \boldsymbol{V}) = (\boldsymbol{Q}_k\boldsymbol{\Sigma}_k, \boldsymbol{P}_k)$ 表示本节所提出的无约束矩阵分解问题的最优秩 k 解矩阵对．证

明 $(\boldsymbol{U},\boldsymbol{V})=(\boldsymbol{Q}_k\boldsymbol{\Sigma}_k\boldsymbol{R}_k^{\mathrm{T}},\boldsymbol{P}_k\boldsymbol{R}_k^{-1})$ 是任意 $k\times k$ 可逆矩阵 $\boldsymbol{R}_k$ 的无约束矩阵分解问题的可选最优解.

8.3.1 完全指定矩阵的梯度下降

本小节将研究一种应用梯度下降法来寻找无约束优化问题解的方法. 该方法不一定能得到奇异值分解所提供的正交解, 然而, 该表示形式却是等价的, (在理想情况下) 应该可以得到具有相同目标函数值的解. 该方法还有一个优点: 它可以很容易地适用于诸如矩阵中存在缺失值等更加复杂的情况. 该方法的一个自然的应用是推荐系统中的矩阵分解. 事实上, 推荐系统使用与奇异值分解相同的优化问题表示形式, 但其分解得到的基向量并不能确保是正交的.

为了实现梯度下降, 我们需要计算无约束优化问题关于在矩阵 $\boldsymbol{U}=[u_{iq}]$ 和 $\boldsymbol{V}=[v_{jq}]$ 中参数的导数. 最简单的方法是计算目标函数 J 关于矩阵 $\boldsymbol{U}$ 和 $\boldsymbol{V}$ 中每个参数的导数. 首先, 将目标函数表示为各个矩阵中的单个元素. 设 x_{ij} 表示 $n\times d$ 矩阵 $\boldsymbol{D}$ 的第 (i,j) 项元素. 然后, 将目标函数用矩阵 $\boldsymbol{D},\boldsymbol{U},\boldsymbol{V}$ 的元素来表示:

$$\text{最小化 } J=\frac{1}{2}\sum_{i=1}^{n}\sum_{j=1}^{d}\left(x_{ij}-\sum_{s=1}^{k}u_{is}\cdot v_{js}\right)^2$$

而 $e_{ij}=x_{ij}-\sum_{s=1}^{k}u_{is}\cdot v_{js}$ 为第 (i,j) 项分解的误差. 注意到, 目标函数 J 定义为 e_{ij} 的平方和的最小化. 于是, 我们可以计算目标函数关于矩阵 $\boldsymbol{U}$ 和 $\boldsymbol{V}$ 中参数的偏导数, 如下所示:

$$\begin{aligned}
\frac{\partial J}{\partial u_{iq}}&=\sum_{j=1}^{d}\left(x_{ij}-\sum_{s=1}^{k}u_{is}\cdot v_{js}\right)(-v_{jq}) && \forall i\in\{1,\cdots,n\},\quad q\in\{1,\cdots,k\}\\
&=\sum_{j=1}^{d}(e_{ij})(-v_{jq}) && \forall i\in\{1,\cdots,n\},\quad q\in\{1,\cdots,k\}\\
\frac{\partial J}{\partial v_{jq}}&=\sum_{i=1}^{n}\left(x_{ij}-\sum_{s=1}^{k}u_{is}\cdot v_{js}\right)(-u_{iq}) && \forall j\in\{1,\cdots,d\},\quad q\in\{1,\cdots,k\}\\
&=\sum_{i=1}^{n}(e_{ij})(-u_{iq}) && \forall j\in\{1,\cdots,d\},\quad q\in\{1,\cdots,k\}
\end{aligned}$$

事实上, 我们也可以将这些导数表示为矩阵形式. 设 $\boldsymbol{E}=[e_{ij}]$ 为 $n\times d$ 误差矩阵. 在矩阵的微积分运算中, 这些导数可以表示如下:

$$\frac{\partial J}{\partial \boldsymbol{U}}=-(\boldsymbol{D}-\boldsymbol{U}\boldsymbol{V}^{\mathrm{T}})\boldsymbol{V}=-\boldsymbol{E}\boldsymbol{V}$$

$$\frac{\partial J}{\partial \boldsymbol{V}} = -(\boldsymbol{D}-\boldsymbol{U}\boldsymbol{V}^{\mathrm{T}})^{\mathrm{T}}\boldsymbol{U} = -\boldsymbol{E}^{\mathrm{T}}\boldsymbol{U}$$

该矩阵微积分恒等式可以通过在展开上面右边每个矩阵的第 (i,q) 和第 (j,q) 项来验证，并证明它们等于 (相应的) 标量导数 $\dfrac{\partial J}{\partial u_{iq}}$ 和 $\dfrac{\partial J}{\partial v_{jq}}$. 下面框中则给出了直接应用第 4 章中的矩阵微积分恒等式的另一种方法. 读者也可以选择略过这一推导过程，而不会影响继续后面的学习.

应用矩阵微积分进行梯度因子分解的另一种推导

考虑如下关于 $n\times d$ 矩阵 $\boldsymbol{D}$ 与秩 k 矩阵 $\boldsymbol{U}$ 和 $\boldsymbol{V}$ 的目标函数：

$$J=\frac{1}{2}\left\|\boldsymbol{D}-\boldsymbol{U}\boldsymbol{V}^{\mathrm{T}}\right\|_F^2$$

将 Frobenius 范数分解为逐行向量范数或逐列向量范数后，矩阵微积分运算可用于计算关于 $\boldsymbol{U}$ 和 $\boldsymbol{V}$ 的导数，这具体取决于我们是否希望计算 J 关于 $\boldsymbol{U}$ 或 $\boldsymbol{V}$ 的导数. 设 $\overline{X}_i$ 为矩阵 $\boldsymbol{D}$ 的第 i 行 (行向量)，$\overline{d}_j$ 是 $\boldsymbol{D}$ 的第 j 列 (列向量)，$\overline{u}_i$ 是 $\boldsymbol{U}$ 的第 i 行 (行向量)，而 $\overline{v}_j$ 是 $\boldsymbol{V}$ 的第 j 行 (行向量).

那么，目标函数中的 Frobenius 范数可按逐行分解如下：

$$J=\frac{1}{2}\sum_{i=1}^{n}\left\|\overline{X}_i-\overline{u}_i\boldsymbol{V}^{\mathrm{T}}\right\|^2=\underbrace{\frac{1}{2}\sum_{i=1}^{n}\overline{X}_i\overline{X}_i^{\mathrm{T}}}_{\text{常数}}-\sum_{i=1}^{n}\overline{X}_i\boldsymbol{V}\overline{u}_i^{\mathrm{T}}+\frac{1}{2}\sum_{i=1}^{n}\overline{u}_i\boldsymbol{V}^{\mathrm{T}}\boldsymbol{V}\overline{u}_i^{\mathrm{T}}$$

为了计算这两个非常数项关于 $\overline{u}_i$ 的导数，我们可以应用第 4 章中表 4.2 (a) 中的 (i) 和 (ii). 这样得到以下结果：

$$\frac{\partial J}{\partial \overline{u}_i^{\mathrm{T}}}=-\boldsymbol{V}^{\mathrm{T}}\overline{X}_i^{\mathrm{T}}+\boldsymbol{V}^{\mathrm{T}}\boldsymbol{V}\overline{u}_i^{\mathrm{T}}$$

$$\frac{\partial J}{\partial\left[\overline{u}_1^{\mathrm{T}},\cdots,\overline{u}_n^{\mathrm{T}}\right]}=-\boldsymbol{V}^{\mathrm{T}}\left[\overline{X}_1^{\mathrm{T}},\cdots,\overline{X}_n^{\mathrm{T}}\right]+\boldsymbol{V}^{\mathrm{T}}\boldsymbol{V}\left[\overline{u}_1^{\mathrm{T}},\cdots,\overline{u}_n^{\mathrm{T}}\right]$$

$$\frac{\partial J}{\partial \boldsymbol{U}^{\mathrm{T}}}=-\boldsymbol{V}^{\mathrm{T}}\boldsymbol{D}^{\mathrm{T}}+\boldsymbol{V}^{\mathrm{T}}\boldsymbol{V}\boldsymbol{U}^{\mathrm{T}}$$

$$\frac{\partial J}{\partial \boldsymbol{U}}=-\boldsymbol{D}\boldsymbol{V}+\boldsymbol{U}\boldsymbol{V}^{\mathrm{T}}\boldsymbol{V}=-\left(\boldsymbol{D}-\boldsymbol{U}\boldsymbol{V}^{\mathrm{T}}\right)\boldsymbol{V}$$

为了计算关于 $\boldsymbol{V}$ 的导数，我们需要将 J 的平方 Frobenius 范数分解成如下逐列的形式：

$$J=\frac{1}{2}\sum_{j=1}^{d}\left\|\overline{d}_j-\boldsymbol{U}\overline{v}_j^{\mathrm{T}}\right\|^2=\underbrace{\frac{1}{2}\sum_{j=1}^{d}\overline{d}_j^{\mathrm{T}}\overline{d}_j}_{\text{常数}}-\sum_{j=1}^{d}\overline{d}_j^{\mathrm{T}}\boldsymbol{U}\overline{v}_j^{\mathrm{T}}+\frac{1}{2}\sum_{j=1}^{d}\overline{v}_j\boldsymbol{U}^{\mathrm{T}}\boldsymbol{U}\overline{v}_j^{\mathrm{T}}$$

然后，可以再次应用表 4.2 (a) 中的 (i) 和 (ii) 来得到如下结果：

$$\frac{\partial J}{\partial \overline{v}_j^{\mathrm{T}}} = -\boldsymbol{U}^{\mathrm{T}}\overline{d}_j + \boldsymbol{U}^{\mathrm{T}}\boldsymbol{U}\overline{v}_j^{\mathrm{T}}$$

与前面的例子一样，我们还可以把 $\boldsymbol{V}$ 的不同行导数放在一起获得下面的表示：

$$\frac{\partial J}{\partial \boldsymbol{V}} = -\boldsymbol{D}^{\mathrm{T}}\boldsymbol{U} + \boldsymbol{V}\boldsymbol{U}^{\mathrm{T}}\boldsymbol{U} = -\left(\boldsymbol{D} - \boldsymbol{U}\boldsymbol{V}^{\mathrm{T}}\right)^{\mathrm{T}}\boldsymbol{U}$$

通过令这些导数为 0 则可得到该优化问题的最优性条件 $\boldsymbol{D}\boldsymbol{V} = \boldsymbol{U}\boldsymbol{V}^{\mathrm{T}}\boldsymbol{V}$ 和 $\boldsymbol{D}^{\mathrm{T}}\boldsymbol{U} = \boldsymbol{V}\boldsymbol{U}^{\mathrm{T}}\boldsymbol{U}$. 我们可以证明这些最优性条件对于通过奇异值分解得到的解 $\boldsymbol{U} = \boldsymbol{Q}_k\boldsymbol{\Sigma}_k$ 和 $\boldsymbol{V} = \boldsymbol{P}_k$ 是成立的.

问题 8.3.2 设 $\boldsymbol{D} \approx \boldsymbol{Q}_k\boldsymbol{\Sigma}_k\boldsymbol{P}_k^{\mathrm{T}}$ 为矩阵 $\boldsymbol{D}$ 的秩 k 截断奇异值分解. 证明: $\boldsymbol{U} = \boldsymbol{Q}_k\boldsymbol{\Sigma}_k$ 和 $\boldsymbol{V} = \boldsymbol{P}_k$ 满足最优性条件 $\boldsymbol{D}\boldsymbol{V} = \boldsymbol{U}\boldsymbol{V}^{\mathrm{T}}\boldsymbol{V}$ 和 $\boldsymbol{D}^{\mathrm{T}}\boldsymbol{U} = \boldsymbol{V}\boldsymbol{U}^{\mathrm{T}}\boldsymbol{U}$.

求解上述问题的一个提示是将奇异值分解的谱分解表示为秩 1 矩阵之和.

尽管可以利用最优性条件得到标准奇异值分解 $\boldsymbol{D} \approx [\boldsymbol{Q}_k\boldsymbol{\Sigma}_k]\boldsymbol{P}_k^{\mathrm{T}}$，但也可以应用梯度下降法来找到最优解. 梯度下降法的迭代形式如下：

$$\boldsymbol{U} \Leftarrow \boldsymbol{U} - \alpha\frac{\partial J}{\partial \boldsymbol{U}} = \boldsymbol{U} + \alpha\boldsymbol{E}\boldsymbol{V}$$

$$\boldsymbol{V} \Leftarrow \boldsymbol{V} - \alpha\frac{\partial J}{\partial \boldsymbol{V}} = \boldsymbol{V} + \alpha\boldsymbol{E}^{\mathrm{T}}\boldsymbol{U}$$

这里 $\alpha > 0$ 表示学习率.

事实上，优化模型与奇异值分解是一致的. 如果使用前面提到的梯度下降法 (而不是第 7 章的幂迭代法)，人们通常会得到在目标函数值方面同样好的解，然而 $\boldsymbol{U}$ (或 $\boldsymbol{V}$) 的列并不是相互正交的. 幂迭代法可以得到正交列的解. 虽然具有规范正交列的规范化奇异值分解通常不是通过梯度下降得到的，但 $\boldsymbol{U}$ 的 k 列将与 $\boldsymbol{Q}_k$ 的列张成[⊖]相同的子空间，而 $\boldsymbol{V}$ 的列将与 $\boldsymbol{P}_k$ 的列张成相同的子空间.

在矩阵 $\boldsymbol{D}$ 为稀疏的情况下，我们可以通过从矩阵中抽样元素来进行更新，则可以有效地实现梯度下降. 这实际上是一种随机梯度下降法. 换句话说，抽样一个第 (i, j) 项元素并计算它的误差 e_{ij}. 然后，分别对 $\boldsymbol{U}$ 的第 i 行 $\overline{u}_i$ 和 $\boldsymbol{V}$ 的第 j 行 $\overline{v}_j$ 进行如下更新，其中我们称其为隐性因子：

$$\overline{u}_i \Leftarrow \overline{u}_i + \alpha e_{ij}\overline{v}_j$$

⊖ 假设 $\boldsymbol{D}^{\mathrm{T}}\boldsymbol{D}$ 的前 k 个特征值不同，则可能会发生这种情况. 相同特征值导致奇异值分解的非唯一解. 这有时可能导致对应于秩 k 解中最小特征值对应的子空间存在一些差异.

$$\overline{v}_j \Leftarrow \overline{v}_j + \alpha e_{ij}\overline{u}_i$$

重复上式矩阵的抽样项 (使上述更新) 直至收敛．事实上，可以对矩阵的元素进行抽样更新，这意味着我们不需要完全指定矩阵来学习隐性因子．这一基本想法则是推荐系统的基础．

问题 8.3.3 (正则化的矩阵分解) 设 $\boldsymbol{D}$ 是一个 $n \times d$ 矩阵．我们想用秩 k 分解将其分解成为 $\boldsymbol{U}$ 和 $\boldsymbol{V}$．假设在目标函数 $\dfrac{1}{2}\|\boldsymbol{D}-\boldsymbol{U}\boldsymbol{V}^{\mathrm{T}}\|_F^2$ 中加上正则化项 $\dfrac{\lambda}{2}(\|\boldsymbol{U}\|^2+\|\boldsymbol{V}\|^2)$．证明梯度下降更新步骤需要修正为如下形式：

$$\boldsymbol{U} \Leftarrow \boldsymbol{U}(1-\alpha\lambda)+\alpha\boldsymbol{E}\boldsymbol{V}$$

$$\boldsymbol{V} \Leftarrow \boldsymbol{V}(1-\alpha\lambda)+\alpha\boldsymbol{E}^{\mathrm{T}}\boldsymbol{U}$$

矩阵 $\boldsymbol{U}$ 和 $\boldsymbol{V}$ 的元素可以按如下方式进行初始化．首先，对 $\boldsymbol{U}$ 中的所有 $n \times k$ 项从标准正态分布中独立抽样，然后每一列规范化为单位向量．注意到，如果 n 很大，那么矩阵 $\boldsymbol{U}$ 包含大致正交的列 (见第 1 章中的习题 1.18)．取 $\boldsymbol{D}^{\mathrm{T}}\boldsymbol{U}$ 为矩阵 $\boldsymbol{V}$．由于 $\boldsymbol{U}$ 的近似正交性，该方法确保了 $\boldsymbol{U}\boldsymbol{V}^{\mathrm{T}}$ 可推导出 $\boldsymbol{U}\boldsymbol{U}^{\mathrm{T}}\boldsymbol{D}$，而 $\boldsymbol{U}\boldsymbol{U}^{\mathrm{T}}$ (近似) 为一个投影矩阵．于是，初始化后的乘积已经与目标矩阵密切相关．

8.3.2 在推荐系统中的应用

设 $\boldsymbol{D}$ 为一个 $n \times d$ 评级矩阵，其表示 n 个用户对 d 个商品的评分．设 x_{ij} 表示矩阵 $\boldsymbol{D}$ 中的第 (i,j) 项元素，其用来表示用户 i 对商品 j 的评分．在推荐系统中的应用的一个关键点是绝大多数的评分是缺失的，这是因为用户不指定在协同过滤应用中绝大多数商品的评分．图 8.1 中显示了一个缺少元素的评级矩阵的示例．也就是说，人们仅能观察到一小部分元素的值 x_{ij} (已知)．那么，推荐问题的目标是从已知的评分中预测缺失的评分．

设 S 表示所有观测评级的索引集．于是，我们有：

$$S=\{(i,j)\ :\ x_{ij}\ \text{是可被观测到的}\} \tag{8.2}$$

在传统的矩阵分解下，我们希望只利用 S 中的元素来因式分解不完整的评级矩阵 $\boldsymbol{D}$．从推荐系统的术语来说，我们称 $n \times k$ 矩阵 $\boldsymbol{U}$ 为用户因子矩阵，而 $d \times k$ 矩阵 $\boldsymbol{V}$ 为商品因子矩阵．由于观测数据的缺失，正则化在协同过滤应用中尤为重要．于是，我们在目标函数中加入额外的项 $\frac{\lambda}{2}(\|\boldsymbol{U}\|_F^2+\|\boldsymbol{V}\|_F^2)$．

一旦已知了用户和商品的因子矩阵，那么整个评级矩阵就可以被重构为 $\boldsymbol{U}\boldsymbol{V}^{\mathrm{T}}$．在实际中，我们仅需要重构矩阵 $\boldsymbol{D}$ 的第 (i,j) 项，如下所示：

$$\hat{x}_{ij}=\sum_{s=1}^{k} u_{is}\cdot v_{js} \tag{8.3}$$

注意到，式 (8.3) 左边的 "帽子" 符号 (即回旋) 表示它是一个预测值而非一个观测值. 对于观测到的评分，相应的预测误差 e_{ij} 为 $e_{ij} = x_{ij} - \hat{x}_{ij}$.

	GLADIATOR	GODFATHER	BEN-HUR	GOODFELLAS	SCARFACE	SPARTACUS
TOM	1			5		2
JIM		5			4	
JOE	5	3		1		
ANN			3			4
JILL				3	5	
SUE	5		4			

图 8.1　一个带有缺失评分的评级矩阵

那么可以根据 $\boldsymbol{D}$ 中所观测到的元素来表述如下的目标函数:

$$\text{最小化 } J = \frac{1}{2}\sum_{(i,j)\in S}\left(x_{ij} - \sum_{s=1}^{k} u_{is}\cdot v_{js}\right)^2 + \frac{\lambda}{2}\sum_{i=1}^{n}\sum_{s=1}^{k}u_{is}^2 + \frac{\lambda}{2}\sum_{j=1}^{d}\sum_{s=1}^{k}v_{js}^2$$

与 8.3.1 节的目标函数的主要区别是在计算平方误差中，这里仅使用了 S 中的可观测项以及进行了正则化. 如 8.3.1 节所述，我们可以计算如下所示的目标函数关于各参数的偏导数:

$$\frac{\partial J}{\partial u_{iq}} = \sum_{j:\ (i,j)\in S}(e_{ij})(-v_{jq}) + \lambda u_{iq}, \quad \forall i \in \{1,\cdots,n\},\ q\in\{1,\cdots,k\}$$

$$\frac{\partial J}{\partial v_{jq}} = \sum_{i:\ (i,j)\in S}(e_{ij})(-u_{iq}) + \lambda v_{jq}, \quad \forall j \in \{1,\cdots,d\},\ q\in\{1,\cdots,k\}$$

同样地，我们也可以应用矩阵微积分符号来定义这些误差. 设 $\boldsymbol{E}$ 为 $n\times d$ 误差矩阵，第 (i,j) 项观测值记为 e_{ij}，$(i,j)\in S$，而记评级矩阵中每一个缺失项为 0. 注意，与普通的奇异值分解不同，误差矩阵 $\boldsymbol{E}$ 已经是稀疏的，这是因为绝大多数元素是没有被指定的.

$$\frac{\partial J}{\partial \boldsymbol{U}} = -\boldsymbol{E}\boldsymbol{V} + \lambda\boldsymbol{U}$$

$$\frac{\partial J}{\partial \boldsymbol{V}} = -\boldsymbol{E}^{\mathrm{T}}\boldsymbol{U} + \lambda\boldsymbol{V}$$

注意到，除了正则化术语和误差矩阵定义的差异 (用来说明缺少评级)，导数的形式与传统的奇异值分解完全相同. 那么，关于矩阵 $\boldsymbol{U}$ 和 $\boldsymbol{V}$ 的梯度下降更新步骤可表述如下：

$$\boldsymbol{U} \Leftarrow \boldsymbol{U} - \alpha \frac{\partial J}{\partial \boldsymbol{U}} = \boldsymbol{U}(1 - \alpha\lambda) + \alpha \boldsymbol{E}\boldsymbol{V}$$

$$\boldsymbol{V} \Leftarrow \boldsymbol{V} - \alpha \frac{\partial J}{\partial \boldsymbol{V}} = \boldsymbol{V}(1 - \alpha\lambda) + \alpha \boldsymbol{E}^{\mathrm{T}}\boldsymbol{U}$$

这里 $\alpha > 0$ 为学习率. 矩阵 $\boldsymbol{E}$ 可以显式地表示为一个稀疏误差矩阵，那么上述更新仅需用稀疏矩阵的乘法即可实现. 尽管这种方法在推荐系统的文献中被称为奇异值分解 (因为无约束矩阵分解与奇异值分解对应的优化模型之间的关系)，但人们通常不会使用这种方法来得到 $\boldsymbol{U}$ 和 $\boldsymbol{V}$ 的正交列.

8.3.2.1 随机梯度下降

4.5.2 节已经介绍了随机梯度下降法. 从矩阵分解的角度来看，其思想是对 S 中观测到的元素进行抽样以便每次执行一步更新. 注意，在上面的更新步骤中，第 (i, j) 项误差 e_{ij} 分别只影响 $\boldsymbol{U}$ 和 $\boldsymbol{V}$ 的第 i 行. 随机梯度下降法只是简单地在一些元素的基础上进行这些更新，而不是对所有元素的更新进行汇总. 设 $\overline{u}_i$ 表示矩阵 $\boldsymbol{U}$ 的第 i 行的 k 维行向量，而 $\overline{v}_j$ 则表示矩阵 $\boldsymbol{V}$ 的第 j 行的 k 维行向量. 然后，随机梯度下降以随机的顺序循环遍历 S 中每一个 (i, j) 项，并进行如下的更新：

$$\overline{u}_i \Leftarrow \overline{u}_i(1 - \alpha\lambda) + e_{ij}\overline{v}_j$$

$$\overline{v}_j \Leftarrow \overline{v}_j(1 - \alpha\lambda) + e_{ij}\overline{u}_i$$

这里 $\alpha > 0$ 是学习率. 注意到，对于 S 中的每个观测元素，矩阵 $\boldsymbol{U}$ 和 $\boldsymbol{V}$ 中恰好有 $2k$ 个元素被更新. 因此，通过所有观测评分的随机梯度下降的单个周期将恰好有 $2k|S|$ 次更新. 首先，将矩阵 $\boldsymbol{U}$ 和 $\boldsymbol{V}$ 初始化为均匀的属于区间 $(0, M/\sqrt{k})$ 的随机值，其中 M 是评分的最大值. 这种初始化类型确保初始乘积 $\boldsymbol{U}\boldsymbol{V}^{\mathrm{T}}$ 的值与原始评级矩阵的数量级相似. 然后，执行上述的更新步骤直至收敛. 随机梯度下降法比梯度下降法收敛得要快，其是推荐系统中常用的方法.

8.3.2.2 坐标下降

坐标下降法已经在 4.10 节中有所介绍. 坐标下降法的基本想法是一次优化一个参数. 在矩阵分解的情况下，这相当于优化 $\boldsymbol{U}$ 和 $\boldsymbol{V}$ 中的单个参数.

我们下面将使用推荐系统 (含不完全矩阵) 中所提出的目标函数 J，因为它是目标函数更一般的形式. 关于观测到的元素集 S 和误差 e_{ij} 的所有符号均与前文中使用的相同. 令

目标函数 J 关于 u_{iq} 的偏导数为 0. 于是，对每个 $i \in \{1, \cdots, n\}$ 和 $q \in \{1, \cdots, k\}$，

$$\frac{\partial J}{\partial u_{iq}} = \sum_{j:(i,j)\in S} (e_{ij})(-v_{jq}) + \lambda u_{iq} = 0$$

$$u_{iq}(\lambda + \sum_{j:(i,j)\in S} v_{jq}^2) = \sum_{j:(i,j)\in S} (e_{ij} + u_{iq}v_{jq})v_{jq}$$

$$u_{iq} = \frac{\sum_{j:(i,j)\in S} (e_{ij} + u_{iq}v_{jq})v_{jq}}{\lambda + \sum_{j:(i,j)\in S} v_{jq}^2}$$

在上述代数运算的第二步中，为了建立一个稳定的更新形式，我们在等式两边同时加上了 $\sum_{j:(i,j)\in S} u_{iq}v_{jq}^2$. 最终等式两边都包含了 u_{iq}，故它提供了一个迭代更新. 类似地，也可以为每个 v_{jq} 建立一个类似的迭代更新. 关于 u_{iq} 和 v_{jq} 的更新需要按如下顺序执行：

$$u_{iq} \Leftarrow \frac{\sum_{j:(i,j)\in S} (e_{ij} + u_{iq}v_{jq})\, v_{jq}}{\lambda + \sum_{j:(i,j)\in S} v_{jq}^2}, \quad \forall i, q$$

$$v_{jq} \Leftarrow \frac{\sum_{i:(i,j)\in S} (e_{ij} + u_{iq}v_{jq})\, u_{iq}}{\lambda + \sum_{i:(i,j)\in S} u_{iq}^2}, \quad \forall j, q$$

人们可以简单地从矩阵 $\boldsymbol{U}$ 和 $\boldsymbol{V}$ 中的参数的随机值开始，然后执行上面的更新步骤. 那么，通过 $\boldsymbol{U}$ 和 $\boldsymbol{V}$ 中的 $(m+n)\cdot k$ 个参数进行循环直至收敛.

8.3.2.3 块坐标下降：交替最小二乘

交替最小二乘是块坐标下降的一种形式，其已经在 4.10.2 节中给出了相应的介绍. 该方法使用一对原始矩阵 $\boldsymbol{U}$ 和 $\boldsymbol{V}$ 在 $\boldsymbol{U}$ 和 $\boldsymbol{V}$ 之间交替更新，同时保持另一个矩阵不变. 该更新过程表述如下：

1. 保持矩阵 $\boldsymbol{U}$ 不变，通过把该问题视为最小二乘回归问题来求解 $\boldsymbol{V}$ 中 d 行的每一行. 在每种情况下，只有 S 中观测到的评分可以用来建立最小二乘模型. 设 $\overline{v}_j$ 为 $\boldsymbol{V}$ 的第 j 行. 为了确定最优向量 $\overline{v}_j$，我们希望最小化 $\sum_{i:(i,j)\in S} (x_{ij} - \sum_{s=1}^{k} u_{is}v_{js})^2$，其关于 $v_{j1}, \cdots, v_{jk}$ 的一个最小二乘回归问题. 视 $u_{i1}, \cdots, u_{ik}$ 为常数值，而 $v_{j1}, \cdots, v_{jk}$ 为优化变量. 因此，我们

可以应用最小二乘回归来确定第 j 个元素的 k 维向量 $\overline{v}_j$. 这里总共需要执行 d 个这样的最小二乘问题，其中每个最小二乘问题具有 k 个变量，这是因为关于每个元素的最小二乘问题是独立的. 这一步骤可以很容易地被并行化执行.

2. 保持矩阵 $\boldsymbol{V}$ 不变，通过把该问题视为最小二乘回归问题来求解 $\boldsymbol{U}$ 中 n 行的每一行. 在每种情况下，只有 S 中所观测的评分可以用来建立最小二乘模型. 设 $\overline{u}_i$ 为 $\boldsymbol{U}$ 的第 i 行. 为了确定最优向量 $\overline{u}_i$，我们希望最小化 $\sum_{j:(i,j)\in S}(x_{ij}-\sum_{s=1}^{k}u_{is}v_{js})^2$，这是关于 $u_{i1},\cdots,u_{ik}$ 的一个最小二乘回归问题. 视 $v_{j1},\cdots,v_{jk}$ 为常数值，而 $u_{i1},\cdots,u_{ik}$ 为优化变量. 这里总共需要执行 n 个这样的最小二乘问题，其中每个最小二乘问题具有 k 个变量，这是因为关于每个元素的最小二乘问题是独立的. 这一步骤可以很容易地被并行化执行.

注意，4.7 节已经对最小二乘回归作了详细介绍.

8.4 非负矩阵分解

非负矩阵分解可以将一个矩阵分解为非负因子矩阵的乘积. 因为两个非负矩阵的乘积总是非负的，故原始矩阵也需要是非负的. 许多在实际应用中包含频率计数的矩阵通常都满足非负性，例如：

1. 用户购买的物品数量是非负值. 矩阵的行对应用户，而列对应物品. 那么，第 (i,j) 项对应用户 i 购买物品 j 的个数.

2. 文档中各种单词的频率是非负值. 在本例中，行对应于文档，而列对应于词汇表中的整个单词集. 第 (i,j) 项元素对应第 i 个文档中第 j 个单词的频率.

3. 在图的应用中，一个邻接方阵可能包含与边相关的非负权重. 例如，在作者之间的出版网络的邻接矩阵中，第 (i,j) 项元素表示作者 i 与作者 j 相互合作的次数.

为什么因子的非负性是有用的呢？正如稍后读者将要看到的，因子矩阵的非负性会导致其分解的可解释性非常高. 其次，因子矩阵的非负性对因子分解的正则化起着重要作用. 虽然通过添加诸如非负性等约束条件，矩阵分解的误差总是会增加，但从分解得到的预测通常会改善样本外数据 (例如使用缺失数据进行预测). 这是一个说明机器学习中的优化目标通常与传统优化的目标有何不同的例子 (见 4.5.3 节).

8.4.1 基于 Frobenius 范数的优化问题

非负矩阵分解最常用的是利用 Frobenius 范数来建立相应的目标函数，并对因子矩阵施加非负约束. 设 $\boldsymbol{D}=[x_{ij}]$ 为一个所有元素为非负值的 $n\times d$ 数据矩阵. 设 $\boldsymbol{U}$ 和 $\boldsymbol{V}$ 是满足 $\boldsymbol{D}\approx\boldsymbol{U}\boldsymbol{V}^{\mathrm{T}}$ 的 $n\times k$ 和 $d\times k$ 因子矩阵. 那么，非负矩阵分解问题可以表述为如下优化问题：

$$\text{最小化 } J = \frac{1}{2}\|\boldsymbol{D} - \boldsymbol{U}\boldsymbol{V}^{\mathrm{T}}\|_F^2 + \frac{\lambda}{2}\|\boldsymbol{U}\|_F^2 + \frac{\lambda}{2}\|\boldsymbol{V}\|_F^2$$

$$\text{约束为：} \boldsymbol{U} \geqslant 0,\ \boldsymbol{V} \geqslant 0$$

显然，上述问题与无约束矩阵分解的区别仅在于非负约束条件的存在．然而，这些约束为*边界约束*，其在约束优化理论中可以很容易地被求解 (见 6.3.2 节)．

基于边界约束的投影梯度下降

只带有边界约束的优化问题特别容易求解．求解该类问题的基本想法是应用与无约束优化相同的梯度下降法．然后，将优化变量重设为非负值．换句话说，矩阵 $\boldsymbol{U}$ 和 $\boldsymbol{V}$ 中任何为负的元素都被设为 0.

正如 8.3.1 节和 8.3.2 节所讨论的无约束矩阵分解一样，目标函数 J 关于因子矩阵 $\boldsymbol{U}$ 和 $\boldsymbol{V}$ 的梯度可表示为

$$\frac{\partial J}{\partial \boldsymbol{U}} = -(\boldsymbol{D} - \boldsymbol{U}\boldsymbol{V}^{\mathrm{T}})\boldsymbol{V} + \lambda\boldsymbol{U}$$

$$\frac{\partial J}{\partial \boldsymbol{V}} = -(\boldsymbol{D} - \boldsymbol{U}\boldsymbol{V}^{\mathrm{T}})^{\mathrm{T}}\boldsymbol{U} + \lambda\boldsymbol{V}$$

因此，对应的梯度下降更新步骤 (不考虑非负性约束) 如下：

$$\boldsymbol{U} \Leftarrow \boldsymbol{U} - \alpha\frac{\partial J}{\partial \boldsymbol{U}} = \boldsymbol{U}(1 - \alpha\lambda) + \alpha(\boldsymbol{D} - \boldsymbol{U}\boldsymbol{V}^{\mathrm{T}})\boldsymbol{V}$$

$$\boldsymbol{V} \Leftarrow \boldsymbol{V} - \alpha\frac{\partial J}{\partial \boldsymbol{V}} = \boldsymbol{V}(1 - \alpha\lambda) + \alpha(\boldsymbol{D} - \boldsymbol{U}\boldsymbol{V}^{\mathrm{T}})^{\mathrm{T}}\boldsymbol{U}$$

与无约束情形的主要区别在于，我们需在上面的更新中添加如下两个步骤来确保每个矩阵元素的非负性：

$$\boldsymbol{U} \Leftarrow \max\{\boldsymbol{U}, 0\}, \quad \boldsymbol{V} \Leftarrow \max\{\boldsymbol{V}, 0\}$$

该算法主要基于 6.3.2 节中关于边界约束的讨论．在实际应用中，投影梯度下降法很少用于非负矩阵分解．

8.4.2 用对偶方法求解

本小节将应用拉格朗日松弛法给出非负性问题的一个解 (见 6.4 节)．为了与 6.4 节中所使用的符号约定一致，这里将不等式约束转换为 $-\boldsymbol{U} \leqslant 0$ 和 $-\boldsymbol{V} \leqslant 0$ 的形式．注意，对于矩阵 $\boldsymbol{U}$ 和 $\boldsymbol{V}$ 中的每个元素均有一个约束，因此需要与矩阵元素的数量一样多的拉格朗

日乘子. 对于矩阵 $\boldsymbol{U}$ 的第 (i,s) 项 u_{is}，我们引入拉格朗日乘子 $\alpha_{is} \geqslant 0$；而对于 $\boldsymbol{V}$ 的第 (j,s) 项 v_{js}，则引入拉格朗日乘子 $\beta_{js} \geqslant 0$. 于是，可以通过将所有的拉格朗日参数放在一个向量中得到一个维数为 $(n+d)\cdot k$ 的向量 $(\overline{\alpha},\overline{\beta})$. 于是，对应的拉格朗日松弛表示具有如下形式：

$$L=\frac{1}{2}\left\|\boldsymbol{D}-\boldsymbol{U}\boldsymbol{V}^{\mathrm{T}}\right\|_F^2+\frac{\lambda}{2}\|\boldsymbol{U}\|_F^2+\frac{\lambda}{2}\|\boldsymbol{V}\|_F^2-\sum_{i=1}^{n}\sum_{r=1}^{k}u_{ir}\alpha_{ir}-\sum_{j=1}^{d}\sum_{r=1}^{k}v_{jr}\beta_{jr} \tag{8.4}$$

那么，拉格朗日优化的极小极大化问题则可表述为

$$\max_{\overline{\alpha}\geqslant 0,\overline{\beta}\geqslant 0}\ \min_{\boldsymbol{U},\boldsymbol{V}} L \tag{8.5}$$

正如 6.4 节所述，第一步是计算关于 (最小化) 优化变量 u_{is} 和 v_{js} 的拉格朗日松弛梯度. 因此，我们有：

$$\frac{\partial L}{\partial u_{is}}=-(\boldsymbol{D}\boldsymbol{V})_{is}+(\boldsymbol{U}\boldsymbol{V}^{\mathrm{T}}\boldsymbol{V})_{is}+\lambda u_{is}-\alpha_{is},\quad \forall i\in\{1,\cdots,n\},\ s\in\{1,\cdots,k\} \tag{8.6}$$

$$\frac{\partial L}{\partial v_{js}}=-(\boldsymbol{D}^{\mathrm{T}}\boldsymbol{U})_{js}+(\boldsymbol{V}\boldsymbol{U}^{\mathrm{T}}\boldsymbol{U})_{js}+\lambda v_{js}-\beta_{js},\quad \forall j\in\{1,\cdots,d\},\ s\in\{1,\cdots,k\} \tag{8.7}$$

令上面的偏导数为 0 则可得到如下条件：

$$-(\boldsymbol{D}\boldsymbol{V})_{is}+(\boldsymbol{U}\boldsymbol{V}^{\mathrm{T}}\boldsymbol{V})_{is}+\lambda u_{is}-\alpha_{is}=0,\quad \forall i\in\{1,\cdots,n\},\ s\in\{1,\cdots,k\} \tag{8.8}$$

$$-(\boldsymbol{D}^{\mathrm{T}}\boldsymbol{U})_{js}+(\boldsymbol{V}\boldsymbol{U}^{\mathrm{T}}\boldsymbol{U})_{js}+\lambda v_{js}-\beta_{js}=0,\quad \forall j\in\{1,\cdots,d\},s\in\{1,\cdots,k\} \tag{8.9}$$

我们下面想要消除拉格朗日参数并建立只根据矩阵 $\boldsymbol{U}$ 和 $\boldsymbol{V}$ 来表示的优化条件. 在这种情况下，Kuhn-Tucker 最优性条件的互补松弛分量是非常有用的. 这些条件是关于所有参数满足 $u_{is}\alpha_{is}=0$ 和 $v_{js}\beta_{js}=0$. 将式 (8.8) 乘以 u_{is}，而将式 (8.9) 乘以 v_{js} 得到一个只含原始变量的条件：

$$-(\boldsymbol{D}\boldsymbol{V})_{is}u_{is}+(\boldsymbol{U}\boldsymbol{V}^{\mathrm{T}}\boldsymbol{V})_{is}u_{is}+\lambda u_{is}^2-\underbrace{\alpha_{is}u_{is}}_{0}=0,\quad \forall i\in\{1,\cdots,n\},\ s\in\{1,\cdots,k\} \tag{8.10}$$

$$-(\boldsymbol{D}^{\mathrm{T}}\boldsymbol{U})_{js}v_{js}+(\boldsymbol{V}\boldsymbol{U}^{\mathrm{T}}\boldsymbol{U})_{js}v_{js}+\lambda v_{js}^2-\underbrace{\beta_{js}v_{js}}_{0}=0,\quad \forall j\in\{1,\cdots,d\},\ s\in\{1,\cdots,k\} \tag{8.11}$$

重写上述优化条件使得等式一侧只出现一个参数：

$$u_{is}=\frac{[(\boldsymbol{D}\boldsymbol{V})_{is}-\lambda u_{is}]u_{is}}{(\boldsymbol{U}\boldsymbol{V}^{\mathrm{T}}\boldsymbol{V})_{is}},\quad \forall i\in\{1,\cdots,n\},\ s\in\{1,\cdots,k\} \tag{8.12}$$

$$v_{js} = \frac{[(\boldsymbol{D}^{\mathrm{T}}\boldsymbol{U})_{js} - \lambda v_{js}]v_{js}}{(\boldsymbol{V}\boldsymbol{U}^{\mathrm{T}}\boldsymbol{U})_{js}}, \quad \forall j \in \{1, \cdots, d\},\ s \in \{1, \cdots, k\} \tag{8.13}$$

我们那么可以使用上述条件来执行迭代更新步骤.人们通常会在分母上加上一个很小的 ε 来保证其是有意义的. 因此，迭代过程中首先将 $\boldsymbol{U}$ 和 $\boldsymbol{V}$ 中的参数初始化为 $(0,1)$ 中的非负随机值，然后执行如下的更新：

$$u_{is} \Leftarrow \frac{[(\boldsymbol{D}\boldsymbol{V})_{is} - \lambda u_{is}]u_{is}}{(\boldsymbol{U}\boldsymbol{V}^{\mathrm{T}}\boldsymbol{V})_{is} + \varepsilon}, \quad \forall i \in \{1, \cdots, n\},\ s \in \{1, \cdots, k\} \tag{8.14}$$

$$v_{js} \Leftarrow \frac{[(\boldsymbol{D}^{\mathrm{T}}\boldsymbol{U})_{js} - \lambda v_{js}]v_{js}}{(\boldsymbol{V}\boldsymbol{U}^{\mathrm{T}}\boldsymbol{U})_{js} + \varepsilon}, \quad \forall j \in \{1, \cdots, d\},\ s \in \{1, \cdots, k\} \tag{8.15}$$

然后，根据上述步骤重复迭代直至收敛. 文献 [76] 指出：对初始化的改进可以对执行算法提供很多显著的优势.

在所有其他形式的矩阵分解中，我们可以应用 7.2.7 节所讨论的方法将分解 $\boldsymbol{U}\boldsymbol{V}^{\mathrm{T}}$ 转换为三元分解 $\boldsymbol{Q}\boldsymbol{\Sigma}\boldsymbol{P}^{\mathrm{T}}$. 对于非负矩阵分解，关于 $\boldsymbol{U}$ 和 $\boldsymbol{V}$ 的每一列进行 L_1 规范化是有意义的，这样得到的矩阵 $\boldsymbol{Q}$ 和 $\boldsymbol{P}$ 的每一列的和都是 1. 该类型的规范化使得非负因子分解类似于一种所谓的*概率潜在语义分析* (PLSA) 的分解方法. 然而，PLSA 方法与非负矩阵分解的区别在于，前者使用最大似然优化函数 (或 I-散度目标)，而非负矩阵分解 (通常) 使用 Frobenius 范数，其细节读者可参见 8.4.5 节.

8.4.3 非负矩阵分解的可解释性

非负矩阵分解是一种高度可解释的分解形式. 为了理解这一点，考虑矩阵 $\boldsymbol{D}$ 是一个 $n\times d$ 文档-单词矩阵的情况. 相应地，语料库包含 n 个文档和 d 个单词. 第 (i,j) 项为第 j 个单词在文档 i 中的出现的频率. 我们视 $n\times k$ 矩阵 $\boldsymbol{U}$ 为文档因子，而 $d\times k$ 矩阵 $\boldsymbol{V}$ 可被视为单词因子. 这 k 个因子中的每一个都可以被视为一个主题或一组相关文档. 矩阵 $\boldsymbol{U}$ 和 $\boldsymbol{V}$ 的第 r 列 $\boldsymbol{U}_r, V_r$ 分别包含数据中关于第 r 个主题 (或集群) 的文档成员信息和单词成员信息. 矩阵 $\boldsymbol{U}_r$ 中的 n 项对应于沿着第 r 个主题的 n 个文档的非负分量 (坐标). 如果一个文档强烈属于主题 r，那么它将在 $\boldsymbol{U}_r$ 中有一个严格正的坐标. 否则，它的坐标将为零或稍微正的 (表示噪声). 类似地，矩阵 $\boldsymbol{V}$ 的第 r 列 $\boldsymbol{V}_r$ 提供了第 r 个集群的频率词汇表. 与特定主题高度相关的单词在 $\boldsymbol{V}_r$ 中会有很大的分量. 每个文档的 k 维表示由 $\boldsymbol{U}$ 的相应的行向量来提供. 该方法允许文档属于多个集群，这是因为 $\boldsymbol{U}$ 中的给定行可能有多个正坐标. 例如，如果一个文档同时讨论科学和历史，那么它就会有一些包含与科学相关和历史相关词汇的潜在分量. 这提供了一个更现实的沿着各种主题的语料库的 “部分和” 分解，这主要是通过 $\boldsymbol{U}$ 和 $\boldsymbol{V}$ 的非负性来实现的. 实际上，我们可以将文档-单词矩阵分解为 k 个不同的秩为 1 的文档-单词矩阵，这些文档-单词矩阵对应于分解所捕获的 k 个主题. 这里让我们将 $\boldsymbol{U}_r$ 看作一个 $n\times 1$ 矩阵和将 $\boldsymbol{V}_r$ 看作一个 $d\times 1$ 矩阵. 如果第 r 个分量与科学相关，

则 $\boldsymbol{U}_r\boldsymbol{V}_r^{\mathrm{T}}$ 是一个 $n \times d$ 文档-单词矩阵，其中包含原始语料库中与科学相关的部分．然后，将文档-单词矩阵的分解定义为以下各分量之和：

$$\boldsymbol{D} \approx \sum_{r=1}^{k} \boldsymbol{U}_r\boldsymbol{V}_r^{\mathrm{T}} \tag{8.16}$$

上述分解将矩阵乘法表示为外积的和．在这个特殊的例子中，每个分量 $\boldsymbol{U}_r\boldsymbol{V}_r^{\mathrm{T}}$ 的非负性使得它可以解释为 “文档-单词矩阵”.

8.4.4 非负矩阵分解示例

为了说明非负矩阵分解的语义可解释性，让我们回顾 7.2.4 节中所使用的同一个例子．那么，根据非负矩阵分解来建立如下的分解：

$\boldsymbol{D} =$

	狮子	老虎	猎豹	美洲虎	保时捷	法拉利
文档 1	2	2	1	2	0	0
文档 2	2	3	3	3	0	0
文档 3	1	1	1	1	0	0
文档 4	2	2	2	3	1	1
文档 5	0	0	0	1	1	1
文档 6	0	0	0	2	1	2

该矩阵代表了与汽车和猫科动物相关的主题．前三个文档与猫科动物有关，第四个文档与两者都有关，最后两个文档与汽车有关．这两个主题的文档中都有多义词 “美洲虎”.

图 8.2 a 显示了高度可解释的秩 2 非负因子分解．为了简单起见，这里展示了一个只包含整数的近似分解，尽管在实际中最优解 (几乎总是) 被浮点数所控制．显然，第一个潜在概念与猫科动物有关，而第二个潜在概念与汽车有关．此外，文档由两个非负坐标表示，表明它们与两个主题的相关性．相应地，前三个文档对猫科动物有很强的正坐标，第四个文档对两者有很强的正坐标，最后两个只属于汽车．矩阵 $\boldsymbol{V}$ 告诉我们各种话题的词汇如下：

猫科动物：狮子，老虎，猎豹，美洲虎

汽车：美洲虎，保时捷，法拉利

值得注意的是，两个主题的词汇中都包含了多义词 “美洲虎”．在分解过程中，它的用法会自动从上下文 (即文档中的其他单词) 中推断出来．当根据式 (8.16) 将原始矩阵分解为两个秩为 1 的矩阵时，这一事实就变得尤为明显．该分解如图 8.3 所示，其给出了猫科动物和车的秩 1 矩阵．特别有意思的是，多义词 “美洲虎” 的出现被巧妙地分为两个主题，这大致与它们在这些主题中的用法一致.

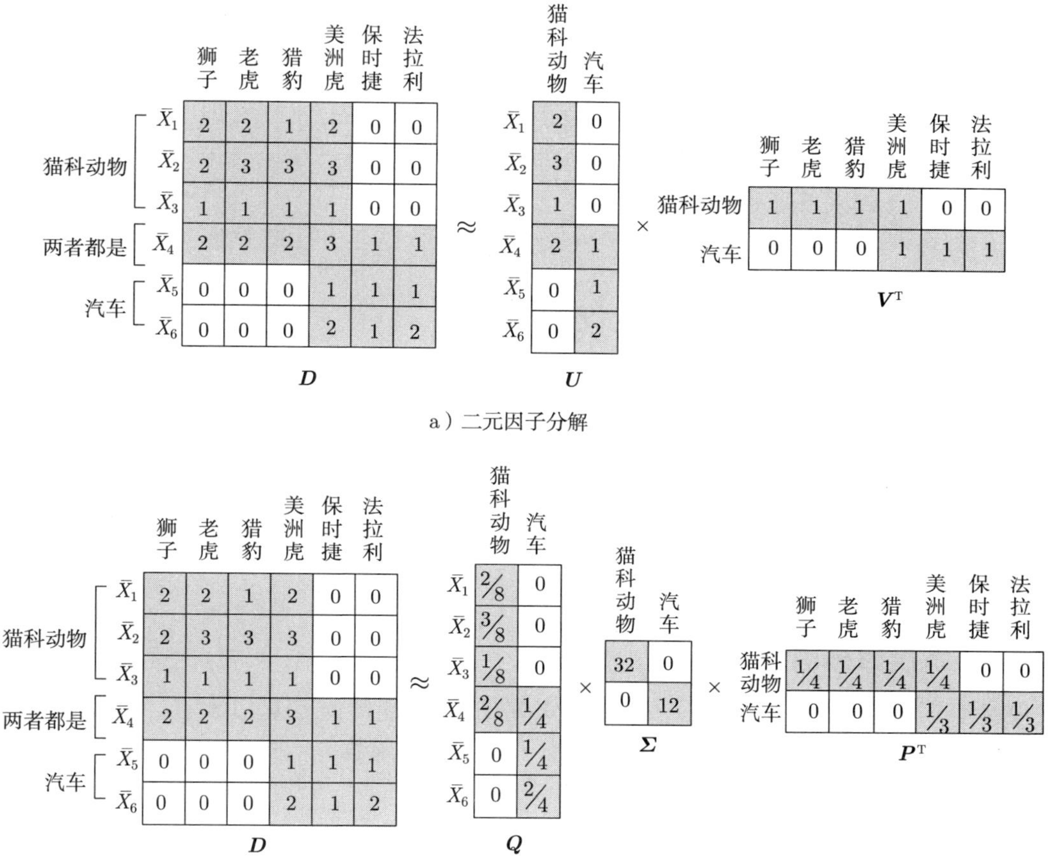

a）二元因子分解

b）对上面的 a）应用L_1规范化进行三元因子分解

图 8.2　非负矩阵分解的高度可解释分解

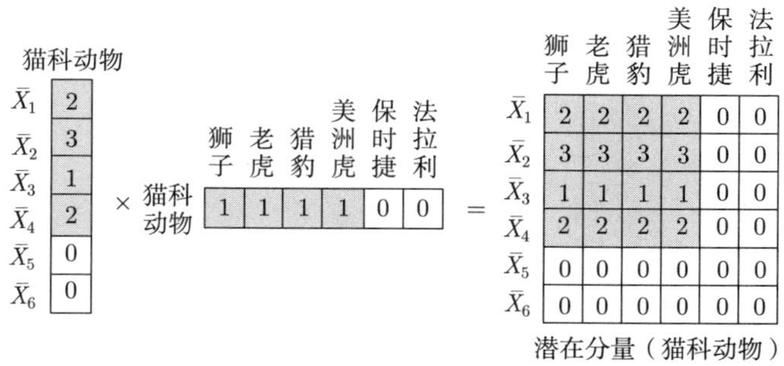

图 8.3　高度可解释的“部分和”分解，其将文档-单词矩阵分解为表示不同主题的秩 1 矩阵

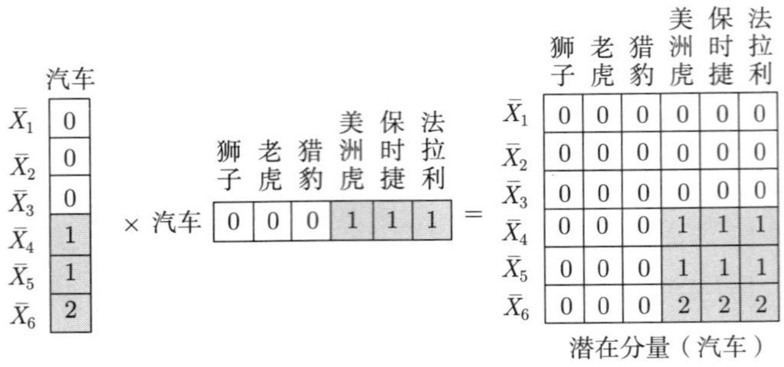

图 8.3 (续)

正如 7.2.7 节所讨论的，任何二元矩阵分解都可以转换为规范化的三元分解. 在非负矩阵分解的情况下，通常使用 L_1 规范化，而不是 L_2 规范化 (在奇异值分解中使用). 三元规范化表示如图 8.2 b 所示，它告诉我们更多有关这两个主题的相对频率的信息. 由于 $\boldsymbol{\Sigma}$ 中猫科动物的对角线元素是 32，而汽车的对角线元素是 12，这表明猫科动物的主题比汽车更占主导地位. 这与观察结果一致，即与猫科动物相关的文档和单词比与汽车相关的文档和单词更多.

8.4.5　I-散度目标函数

8.4.4 节中使用 Frobenius 范数来确保矩阵 $\boldsymbol{D}$ 尽可能接近 $\boldsymbol{U}\boldsymbol{V}^{\mathrm{T}}$. 然而，为了达到同样的目标，人们也可以使用诸如文献 [79] 中引入的 I-散度函数等不同的目标函数. 更具体地，该目标函数的表达式如下：

$$\min_{\boldsymbol{U},\boldsymbol{V}} \sum_{i=1}^{n}\sum_{j=1}^{d}\left(\boldsymbol{D}_{ij}\log\left\{\frac{\boldsymbol{D}_{ij}}{(\boldsymbol{U}\boldsymbol{V}^{\mathrm{T}})_{ij}}\right\}-\boldsymbol{D}_{ij}+(\boldsymbol{U}\boldsymbol{V}^{\mathrm{T}})_{ij}\right)$$

$$\text{约束为：}\boldsymbol{U}\geqslant 0,\ \boldsymbol{V}\geqslant 0$$

上述公式在 $\boldsymbol{D}=\boldsymbol{U}\boldsymbol{V}^{\mathrm{T}}$ 时取得最小值. 为了对这一点有更深刻的理解，建议读者思考如下的问题：

问题 8.4.1　考虑如下函数 $F(x)$：

$$F(x)=a\cdot\log(a/x)-a+x$$

这里 a 为常数. 证明该函数在 $x=a$ 处达到最小值.

在非负矩阵分解中，人们将函数 $F(x)$ 应用于每个重构项 x 和 (相应的) 观测项 a. 然后，将这个值聚合到所有矩阵项上. 在 Frobenius 范数示例中，使用函数 $\|x-a\|^2$ 来代替 $F(x)$. 在这两种情况下，目标函数都试图让 x 尽可能接近 a. 该模型对应 $\boldsymbol{U}=[u_{is}]$ 和 $\boldsymbol{V}=[v_{js}]$ 的

迭代解如下：

$$u_{is} \Leftarrow u_{is} \frac{\sum_{j=1}^{d} \left[\boldsymbol{D}_{ij} v_{js} / (\boldsymbol{U}\boldsymbol{V}^{\mathrm{T}})_{ij}\right]}{\sum_{j=1}^{d} v_{js}}, \quad \forall i, s$$

$$v_{js} \Leftarrow v_{js} \frac{\sum_{i=1}^{n} \left[\boldsymbol{D}_{ij} u_{is} / (\boldsymbol{U}\boldsymbol{V}^{\mathrm{T}})_{ij}\right]}{\sum_{i=1}^{n} u_{is}}, \quad \forall j, s$$

利用 7.2.7 节所讨论的方法，我们可以将二元分解转换为规范化的三元分解. 三元分解可以从概率生成模型的角度来解释，这与概率潜在语义分析是一致的.

8.5 加权矩阵分解

在加权矩阵分解中，权重对应矩阵中的单个元素，这是因为某些元素的误差比其他元素更重要. 相应的优化模型类似于 8.3 节中讨论的无约束矩阵分解模型. 此外，矩阵分解对不完整数据的应用 (见 8.3.2 节) 是加权矩阵分解的一个相对平凡的特例. 在本例中，观测项的权重设置为 1，而缺失项的权重设置为 0. 然而，本节将要讨论的最重要 (也相对非平凡) 的例子是包含频率计数的稀疏矩阵的非负矩阵分解的替代方法. 在实际中，这一类分解具有很多应用，比如隐式反馈数据和图邻接矩阵.

加权矩阵分解要分解一个 $n \times d$ 矩阵 $\boldsymbol{D} = [x_{ij}]$，其中第 (i, j) 项元素权重为 w_{ij}. 在无约束矩阵分解的情况下，假设两个因子矩阵为 $n \times k$ 矩阵 $\boldsymbol{U}$ 和 $d \times k$ 矩阵 $\boldsymbol{V}$. 那么，加权矩阵分解的目标函数为

$$\text{最小化 } J = \frac{1}{2} \sum_{i=1}^{n} \sum_{j=1}^{d} w_{ij} \left(x_{ij} - \sum_{s=1}^{k} u_{is} \cdot v_{js} \right)^2 + \frac{\lambda}{2} \sum_{i=1}^{n} \sum_{s=1}^{k} u_{is}^2 + \frac{\lambda}{2} \sum_{j=1}^{d} \sum_{s=1}^{k} v_{js}^2$$

注意到，该目标函数与无约束矩阵分解的目标函数的不同之处仅在于元素的权重 w_{ij}. 目标函数关于各参数的偏导数可用因子分解的误差 $e_{ij} = x_{ij} - \hat{x}_{ij}$ 来表示：

$$\frac{\partial J}{\partial u_{iq}} = \sum_{i=1}^{n} \sum_{j=1}^{d} (w_{ij} e_{ij}) (-v_{jq}) + \lambda u_{iq}, \quad \forall i \in \{1, \cdots, n\},\ q \in \{1, \cdots, k\}$$

$$\frac{\partial J}{\partial v_{jq}}=\sum_{i=1}^{n}\sum_{j=1}^{d}(w_{ij}e_{ij})(-u_{iq})+\lambda v_{jq},\quad \forall j\in\{1,\cdots,d\},\ q\in\{1,\cdots,k\}$$

与无约束矩阵分解的主要区别在于误差具有权重 w_{ij}. 为了用矩阵形式来表示上述的导数，我们定义一个 $n\times d$ 误差矩阵 $\boldsymbol{E}$，其第 (i,j) 项为 e_{ij}. 此外，$\boldsymbol{W}=[w_{ij}]$ 是一个 $n\times d$ 矩阵，其包含了各项的权重.

$$\frac{\partial J}{\partial \boldsymbol{U}}=-(\boldsymbol{W}\odot\boldsymbol{E})\boldsymbol{V}+\lambda\boldsymbol{U}$$
$$\frac{\partial J}{\partial \boldsymbol{V}}=-(\boldsymbol{W}\odot\boldsymbol{E})^{\mathrm{T}}\boldsymbol{U}+\lambda\boldsymbol{V}$$

这里，符号 $\odot$ 表示两个大小完全相同矩阵的逐元素乘法. 权重矩阵 $\boldsymbol{W}$ 本质上控制了梯度下降过程中单个元素误差的重要性. 因此，我们可以将矩阵 $\boldsymbol{U}$ 和 $\boldsymbol{V}$ 的梯度下降更新步骤表示为

$$\boldsymbol{U}\Leftarrow\boldsymbol{U}-\alpha\frac{\partial J}{\partial \boldsymbol{U}}=\boldsymbol{U}(1-\alpha\lambda)+\alpha(\boldsymbol{W}\odot\boldsymbol{E})\boldsymbol{V}$$
$$\boldsymbol{V}\Leftarrow\boldsymbol{V}-\alpha\frac{\partial J}{\partial \boldsymbol{V}}=\boldsymbol{V}(1-\alpha\lambda)+\alpha(\boldsymbol{W}\odot\boldsymbol{E})^{\mathrm{T}}\boldsymbol{U}$$

这里 $\alpha>0$ 表示学习率.

8.5.1 非负稀疏矩阵的实际应用

有意思的是，加权矩阵分解通常用于非负稀疏矩阵，例如：隐式反馈数据、图邻接矩阵和各种文本中心矩阵等. 在这些情况下，权重矩阵 $\boldsymbol{W}$ 和分解后的矩阵 $\boldsymbol{D}$ 都被定义为原始数量矩阵 $\boldsymbol{Q}$ 的函数. 矩阵 $\boldsymbol{Q}$ 可能对应于客户购买行为、链接-链接交互或文档-文字交互的出现次数. 尽管人们可以取 $\boldsymbol{D}=\boldsymbol{Q}$，但常用的方法是以某种方式修改 $\boldsymbol{Q}$ 中的元素 (例如，将它们设置为 0-1 值，这取决于它们是否为零值或非零值). 将元素设置为二元值在利用分解进行最终的预测是二元的情况下是有意义的 (例如，推荐一个物品或链接). 在此情形下，用一个新的二元数据矩阵 $\boldsymbol{D}$ 来代替矩阵 $\boldsymbol{Q}$，其中当 $\boldsymbol{Q}=[q_{ij}]$ 的对应项非零时，则 $\boldsymbol{D}$ 中的第 (i,j) 项元素 x_{ij} 取 1. 在其他应用中，原始数据矩阵 $\boldsymbol{Q}$ 的值在分解之前是 “阻尼” 的. 也就是说，将每个原始元素 q_{ij} 替换为阻尼值 $x_{ij}=f(q_{ij})$，其中 $f(\cdot)$ 为一个类似于平方根或对数的阻尼函数. 这种方法的一个例子是文献 [101] 提出的所谓 GloVe 嵌入，其用于对源自文本的矩阵进行分解 (见 8.5.5 节). 权重矩阵 $\boldsymbol{W}$ 也作为数量矩阵的函数导出. 整个过程如图 8.4 所示.

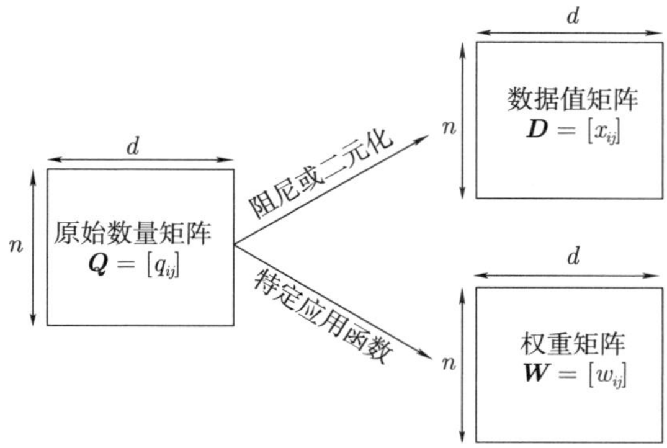

图 8.4 从原始数量矩阵中导出数据值和权重矩阵

然而，权重矩阵 $\boldsymbol{W} = [w_{ij}]$ 的选取会更加特殊. 在某些情况下，权重矩阵被设为 $\boldsymbol{D}$ 中的非零项. 然而，0 项也需要设置为特定的权重. 通常，0 项的权重要么设置为常数值，要么设置为与列有关的值. 允许 0 项具有非零权重等价与在随机梯度下降的背景下使用*负抽样*. 正如稍后读者将看到的，这种类型的负抽样在大多数应用中是非常重要的. 虽然权重矩阵是稠密的，这是因为 0 项上的权重是非零的，但它仍然可以用压缩形式来表示. 因为一列中的所有 0 项都具有相同的权重，故只需要存储列的权重.

为什么这种加权矩阵分解比普通的非负矩阵分解应用更广呢? 原因是数据矩阵 $\boldsymbol{Q}$ 是稀疏的，绝大多数元素都是 0. 在这种情况下，元素非零的事实比该值的具体大小更加重要. 分解矩阵 $\boldsymbol{Q}$ 的值有时可能会出现问题，因为矩阵的不同元素的数量级不同. 这种情况可能出现在词频变化较大的词矩阵中，或者出现在频率分布呈幂律分布的图中. 如果只是简单地执行基于值的分解，那么 (相对不重要的) 零项和数量级很大的非常少的元素可能在分解中扮演过于重要的角色. 因此，对矩阵中大多数重要元素的建模将会很差. 正如文献 [65] 中所讨论的评级矩阵的情况，其处理原始数值的一般原则如下：

> *显式反馈的数值 [稠密矩阵中的值] 表示偏好，而隐式反馈的数值 [稀疏矩阵中的值] 表示置信度.*

当然，稀疏矩阵中的零值不一定表示置信度为零，这就是为什么必须在默认值上设置一些非零权重. 在本节中，我们将提供几个特殊的应用示例，其中稀疏值应被视为权重. 加权矩阵分解的另一个有用的性质是，当大多数元素为零时，它具有一个非常有效的参数学习技巧.

8.5.2 随机梯度下降法

8.3.2 节的随机梯度下降过程以相等的概率对矩阵的每个元素进行抽样以便执行更新. 在加权矩阵分解中，元素的抽样概率与它们的权重成比例. 在本小节前面讨论的 (确定性) 梯度下降更新中，每个元素的权重显式地与更新中每个元素的误差相乘．随机梯度下降法用加权抽样代替显式加权，同时保持未加权情况下的更新形式不变．除了误差项的抽样方式不同之外，更新的代数形式与未加权情况相比保持不变：

$$\overline{u}_i \Leftarrow \overline{u}_i(1-\alpha\lambda) + e_{ij}\overline{v}_j$$

$$\overline{v}_j \Leftarrow \overline{v}_j(1-\alpha\lambda) + e_{ij}\overline{u}_i$$

这里 $\alpha > 0$ 为学习率，而 $\overline{u}_i$ 表示 $n \times k$ 矩阵 $\boldsymbol{U}$ 的第 i 行，$\overline{v}_j$ 表示 $d \times k$ 矩阵 $\boldsymbol{V}$ 的第 j 行．注意，矩阵 $\boldsymbol{U}$ 和 $\boldsymbol{V}$ 中有 $2k$ 项被更新．

当矩阵中的绝大多数 (原始) 项为零时，该类型的加权矩阵分解就特别有效．在许多应用中，$n \times d$ 矩阵 $\boldsymbol{D}$ 中的元素数量可能非常大，但非零元素的数量要低几个量级．这在一些应用中非常常见，例如，一个 $10^6 \times 10^6$ 的邻接矩阵的每一行中可能只有 10 个非零项．因此，权重矩阵也是稀疏的，那么只需要跟踪正抽样概率（即原始矩阵 $\boldsymbol{D}$ 中的非零项)，所有的零权重都聚合为一个单一的负抽样概率．随机梯度下降过程表述如下：

1. 抛硬币的概率等于负的抽样率．如果抛硬币成功，则随机元素将被视为负元素，并对随机元素执行更新 (假设随机元素的观测值为零)．

2. 如果前一步的抛硬币是失败的，那么一个正元素的抽样概率与它的权重成比例．随后，我们对正元素进行随机梯度下降．

迭代按权重比例随机抽样元素的过程直至收敛停止．

负抽样的重要性

值得注意的是，使用负抽样是非常重要的，特别是在正元素之间差异不大的情况下．例如，如果将这个过程应用于一个稀疏二元矩阵，同时将负抽样率设置为 0，一个可能的“最优”求解方案是得到每个元素为 $1/\sqrt{k}$ 的矩阵 $\boldsymbol{U}$ 和 $\boldsymbol{V}$．不难看出，$\boldsymbol{U}\boldsymbol{V}^{\mathrm{T}}$ 将是一个正项没有误差，负项误差很大的矩阵，其中负抽样率 0 仅在正元素上隐式地定义了目标函数．因此，即使预测质量较差，人们也可以得到达到零误差的最优解．于是，可以将这种情况视为一种过度拟合．通常情况下，稀疏设置中的 0 元素的权重 w_{ij} 应该始终设置为非零值．

8.5.3　应用：基于隐式反馈数据的推荐系统

考虑一种情况，其中原始数据集包含用户 i 购买物品 j 的数量．设 $\boldsymbol{Q} = [q_{ij}]$ 为用户购买物品数量的原始矩阵．在这种情况下，我们建立一个 $n \times d$ 数据矩阵 $\boldsymbol{D} = [x_{ij}]$ 作为用户购买物品数量的二元指标矩阵，其中矩阵 $\boldsymbol{D}$ 的元素定义如下:

$$x_{ij} = \begin{cases} 1, & q_{ij} > 0 \\ 0, & q_{ij} = 0 \end{cases}$$

因此，$n \times d$ 矩阵 $\boldsymbol{D}$ 现在是一个二元指标矩阵. 此外，文献 [65] 提出了如下启发式方法来选择第 (i,j) 项元素的权重 w_{ij}：

$$w_{ij} = 1 + \theta \cdot q_{ij} \tag{8.17}$$

上述加权方案确保了原始矩阵 $\boldsymbol{Q}$ 中的零项具有非零权重. 当加上各种零项时，这些零项的非零权重定义了负抽样概率. 文献 [65] 建议取 $\theta = 40$. 然后，对矩阵 $\boldsymbol{D}$ 进行加权矩阵分解，则得到因子矩阵 $\boldsymbol{U}$ 和 $\boldsymbol{V}$. 那么，$(\boldsymbol{U}\boldsymbol{V}^{\mathrm{T}})_{ij}$ 中较大的索引元素 (i,j) 则表示用户 i 推荐了物品 j.

8.5.4　应用：邻接矩阵中的链路预测

链接预测本质上是一个推荐问题. 这里，我们用 $n \times n$ 节点-节点邻接矩阵 $\boldsymbol{Q} = [q_{ij}]$ 来代替用户-物品矩阵. 第 (i,j) 项元素 q_{ij} 值就是边 (i,j) 的权重. 这样的图是稀疏的，故 q_{ij} 的大部分值均为 0. 例如，在文献网络中，该权重可能对应于作者 i 和 j 之间的论文发表数. 在用户-物品推荐系统中，原始的 $n \times n$ 节点-节点矩阵的二元值版本可定义如下：

$$x_{ij} = \begin{cases} 1, & q_{ij} > 0 \\ 0, & q_{ij} = 0 \end{cases}$$

与用户-物品推荐系统相比，这里的权重矩阵的设置需要额外的考虑. 一个问题是，这些图中边的权重变化非常大. 于是，如果在选择权重时不小心，一些权重可以支配分解过程，这显然是不可取的. 因此，一种可能的解决方法是用对数阻尼来定义 w_{ij}：

$$w_{ij} = 1 + \theta \cdot \log(1 + q_{ij})$$

其中 θ 的值可以通过在随机梯度下降抽样过程中排除的一组元素上测试其准确性来调整.

8.5.5　应用：GloVe 单词-单词文本嵌入

事实上，GloVe 为单词 Global Vectors 的缩写. 目标是基于上下文中的其他单词建立单词的多维嵌入. 因此，在基于窗口位置的单词的分布上相似的单词将倾向于有相似的嵌入. GloVe 中的矩阵 $\boldsymbol{Q}$ 是一个 $d \times d$ 的单词-文档矩阵. 矩阵中的第 (i,j) 项表示单词 j 在文档句子中与单词 i 的预定义距离 δ 内出现的次数，其中 δ 值通常是一个小的量，例如取 4 或 5. 因子矩阵 $\boldsymbol{U}$ 和 $\boldsymbol{V}$ 的行可以通过连接 (甚至相加) 来创建单个单词的嵌入. 注意，这些矩阵的行数与单词数完全相同. 该类型的嵌入往往具有更大的语言意义和语义意义，这些意义是从潜在语义分析等方法来获得的.

对矩阵 $\boldsymbol{Q}$ 进行阻尼来生成数据矩阵 $\boldsymbol{D} = [x_{ij}]$，其中包含要分解的值为

$$w_{ij} = \log(1 + q_{ij})$$

注意，这个应用中不再使用二元数据矩阵 $\boldsymbol{D}$，而权重 w_{ij} 定义如下：

$$w_{ij}=\begin{cases}\min\left\{1,\frac{c_{ij}}{M}\right\}^{\alpha}, & q_{ij}>0\\ 0, & q_{ij}=0\end{cases}$$

基于经验上的考虑，人们建议取 M 的值为 100，而 α 值为 3/4. 此外，我们也可以通过许多方法来修正这个基本模型，例如，使用偏移变量.

注意，GloVe 将负抽样概率设置为零，因此其几乎完全依赖于 x_{ij} 的不同非零值之间的变化. 这是一个不寻常的和有争议的设计选择，它与几乎所有其他已知的加权矩阵分解技术都不同. 值得注意的是，GloVe 并没有试图从原始数量矩阵 $\boldsymbol{Q}=q_{ij}$ 中提取 x_{ij} 的二元值. 在 GloVe 的情况下，人们试图使用 x_{ij} 的二元值将是灾难性的 (见习题 8.9). 一种直接竞争的方法是所谓的 word2vec，为了获得高质量的结果，非常强调负抽样 (见文献 [91,92]). 如果在给定的集合中 q_{ij} 值没有显著变化，则 GloVe 可能提供过拟合结果 (见 8.5.2 节). 然而，在实际中似乎并非如此，这是因为 GloVe 似乎给出了相当好的结果 (基于研究人员和从业人员的独立评估). 这可能是因为单词-单词文本矩阵中的非零频率计数 (即使在阻尼之后) 之间存在足够的变化. 这种性质在其他领域可能并不是成立的，故人们通常应该小心不要使用某种类型的负抽样的因子分解.

8.6 非线性矩阵分解

到目前为止，本章讨论的所有模型都将矩阵分解为 $\boldsymbol{D}\approx\boldsymbol{U}\boldsymbol{V}^{\mathrm{T}}$ 的形式，其关于 $\boldsymbol{U}$ 和 $\boldsymbol{V}$ 均是线性的.然而，所谓的 Logistic 矩阵分解和最大边缘矩阵分解通过使用一个关于 $\boldsymbol{U}\boldsymbol{V}^{\mathrm{T}}$ 的函数来导出矩阵 $\boldsymbol{D}$，从而偏离了这种线性. 尽管这些方法是自然地为二元矩阵和稀疏矩阵设计的，但只要选择适当的预测函数，非线性的一般原理可以推广到实值矩阵.

对于本节中的二元矩阵，其第 (i,j) 项的二元值与权重 w_{ij} 相关联. 这种分解也被设计用于稀疏矩阵，其中元素的值被视为权重. 这些类型的分解可以用于任何与加权矩阵分解结合使用的应用中. 例如，所有用于推荐、链接预测和文本处理的应用 (见 8.5.3 ~ 8.5.5 节) 都可以直接使用 Logistic 矩阵分解和最大边缘矩阵分解.

8.6.1 Logistic 矩阵分解

与加权矩阵分解不同，Logistic 矩阵分解使用非线性预测函数，其可以解释为一个概率模型. 设 $n\times k$ 矩阵 $\boldsymbol{U}$ 和 $d\times k$ 矩阵 $\boldsymbol{V}$ 为 $n\times d$ 稀疏频率计数原始矩阵 $\boldsymbol{Q}=[q_{ij}]$ 的因子矩阵. 那么，Logistic 矩阵分解将 Logistic 函数 $F(x)$ 应用于 $\boldsymbol{U}\boldsymbol{V}^{\mathrm{T}}$ 的每一项来生成概率矩阵 $\boldsymbol{P}$：

$$\boldsymbol{P}=F(\boldsymbol{U}\boldsymbol{V}^{\mathrm{T}})$$

这里，函数 $F(\cdot)$ 分别作用于矩阵中的每一个元素，其定义如下：

$$F(x) = \frac{1}{1 + \exp(-x)}$$

其中 $n \times d$ 矩阵 $\boldsymbol{P}$ 的每一项都是取自 $(0,1)$ 间的概率值. 目标是根据这些概率最大化观测数据矩阵的对数似然. 在加权矩阵分解的情况下，我们建立如下二元矩阵 $\boldsymbol{D} = [x_{ij}]$：

$$x_{ij} = \begin{cases} 1, & q_{ij} > 0 \\ 0, & q_{ij} = 0 \end{cases}$$

这里 m 是一个用户驱动的参数，它是负元素的总权重与正元素的总权重的比值. 矩阵各元素的权重 w_{ij} 定义如下：

$$w_{ij} = \begin{cases} q_{ij}, & q_{ij} > 0 \\ m(\sum_{s=1}^{d} q_{is})/d, & q_{ij} = 0 \end{cases}$$

其中 m 的值是以特定的方式设置的，它通常是一个小的整数，比如 5. 假设矩阵是稀疏的，每一行负项的和大致为 $m(\sum_{s=1}^{d} q_{is})$. 因此，负数项的权重为 m 乘以正数项的权重，而 m 是用户驱动的参数. 这种方法通常使负元素权重被低估，这是因为稀疏矩阵中包含负数项的数量通常是正数项的数百倍，而 m 是一个很小的值，比如 5.

Logistic 矩阵分解的一个关键点是，我们希望 (学习的) 概率矩阵 $\boldsymbol{P} = p_{ij}$ 的值在 $x_{ij} = 1$ 时较大，而在 $x_{ij} = 0$ 时值较小. 这可以通过建立如下的对数似然目标函数来实现：

$$J = -\sum_{i=1}^{n}\sum_{j=1}^{d} w_{ij}\left[x_{ij}\log\left(p_{ij}\right) + (1 - x_{ij})\log\left(1 - p_{ij}\right)\right]$$

显然，该损失函数总是非负的，而当 $p_{ij} = x_{ij}$ 时，其达到最小值 0[⊖]. 我们回顾 p_{ij} 为 $F(\boldsymbol{U}\boldsymbol{V}^{\mathrm{T}})$ 的第 (i,j) 项元素，其定义如下：

$$p_{ij} = \frac{1}{1 + \exp\left(-\overline{u}_i \cdot \overline{v}_j\right)}$$

⊖ 严格地说，当 p_{ij} 为 0 或 1 时，该目标函数没有定义；而当 $p_{ij} \to x_{ij}$ 时，损失函数为零. Logistic 函数永远不会为 p_{ij} 精确地生成 0 或 1 的值.

这里 $\overline{u}_i$ 是 $n \times k$ 矩阵 $\boldsymbol{U}$ 的第 i 行，而 $\overline{v}_j$ 为 $d \times k$ 矩阵 $\boldsymbol{V}$ 的第 j 行. 因此，我们可以将 p_{ij} 的值代入目标函数中，从而得到如下 Logistic 矩阵分解的损失函数：

$$J = -\sum_{i=1}^{n}\sum_{j=1}^{d} w_{ij}\left[x_{ij}\log\left(\frac{1}{1+\exp\left(-\overline{u}_i \cdot \overline{v}_j\right)}\right) + \left(1-x_{ij}\right)\log\left(\frac{1}{1+\exp\left(\overline{u}_i \cdot \overline{v}_j\right)}\right)\right]$$

现在，我们已经建立了 Logistic 矩阵分解的目标函数，余下的任务就是推导相应的梯度下降步骤.

Logistic 矩阵分解的梯度下降步骤

为了执行 Logistic 矩阵分解的梯度下降更新，我们需要计算目标函数关于 k 维向量 $\overline{u}_i$，$\overline{v}_j$ 的梯度. 于是，我们应用矩阵微积分的链式法则来得到：

$$\frac{\partial J}{\partial \overline{u}_i} = \sum_{j=1}^{d}\frac{\partial J}{\partial\left(\overline{u}_i \cdot \overline{v}_j\right)}\frac{\partial\left(\overline{u}_i \cdot \overline{v}_j\right)}{\partial \overline{u}_i} = \sum_{j=1}^{d}\frac{\partial J}{\partial\left(\overline{u}_i \cdot \overline{v}_j\right)}\overline{v}_j$$

$$\frac{\partial J}{\partial \overline{v}_j} = \sum_{i=1}^{n}\frac{\partial J}{\partial\left(\overline{u}_i \cdot \overline{v}_j\right)}\frac{\partial\left(\overline{u}_i \cdot \overline{v}_j\right)}{\partial \overline{v}_j} = \sum_{i=1}^{n}\frac{\partial J}{\partial\left(\overline{u}_i \cdot \overline{v}_j\right)}\overline{u}_i$$

注意，$\overline{u}_i \cdot \overline{v}_j$ 关于 $\overline{u}_i$ 或 $\overline{v}_j$ 的偏导数是使用表 4.2(a) 中的 (v) 而得到的. 求 J 关于 $\overline{u}_i \cdot \overline{v}_j$ 的偏导数则相对容易，因为目标函数定义为这个量的函数. 通过计算该导数并代入上式可得：

$$\frac{\partial J}{\partial \overline{u}_i} = -\sum_{j=1}^{d}\frac{w_{ij}x_{ij}\overline{v}_j}{1+\exp\left(\overline{u}_i \cdot \overline{v}_j\right)} + \sum_{j=1}^{d}\frac{w_{ij}\left(1-x_{ij}\right)\overline{v}_j}{1+\exp\left(-\overline{u}_i \cdot \overline{v}_j\right)}$$

$$\frac{\partial J}{\partial \overline{v}_j} = -\sum_{i=1}^{n}\frac{w_{ij}x_{ij}\overline{u}_i}{1+\exp\left(\overline{u}_i \cdot \overline{v}_j\right)} + \sum_{i=1}^{n}\frac{w_{ij}\left(1-x_{ij}\right)\overline{u}_i}{1+\exp\left(-\overline{u}_i \cdot \overline{v}_j\right)}$$

利用上述导数，在学习率 $\alpha > 0$ 下应用如下一个简单的梯度下降更新过程：

$$\overline{u}_i \Leftarrow \overline{u}_i - \alpha\frac{\partial J}{\partial \overline{u}_i}, \quad \forall i$$

$$\overline{v}_j \Leftarrow \overline{v}_j - \alpha\frac{\partial J}{\partial \overline{v}_j}, \quad \forall j$$

梯度下降法计算了目标函数的精确导数，那么随机梯度下降呢？结果表明：在 Logistic 矩阵分解的情况下，小批量随机梯度下降特别受欢迎. 由于负项的总权重是正项的 m 倍，因此在随机梯度下降中，一个正项和 m 个负项一起抽样特别常见. 有意思的是，当这种类型的随机梯度下降用于更新，并将其应用于权重设置为文本频率的单词-单词文本矩阵时，所得到的方法与 word2vec 算法基于反向传播的更新相同. 第 i 行负项的权重为 $K_i(\sum_{s=1}^{d} q_{is})^{\alpha}$, 这里 $\alpha = 3/4$. 注意, K_i 的取值是为了确保第 i 行负项的权重和大致为 $m(\sum_{s=1}^{d} q_{is})$. 故 word2vec 只是 Logisitic 矩阵分解的一个实例, 其提供了 8.5.5 节所讨论的 GloVe 算法的一个替代方案.

问题 8.6.1 (正则化的 Logistic 矩阵分解) *利用 L_2 正则化建立一个 Logistic 矩阵分解的目标函数, 并推导相应的梯度下降步骤.*

8.6.2 最大边缘矩阵分解

正如 Logistic 回归与支持向量机密切相关一样 (见第 4 章中的图 4.9), Logistic 矩阵分解与最大边缘矩阵分解也密切相关. 下面的论述大致基于文献 [120], 不过我们在许多方面对算法进行了简化, 并允许使用权重. 在 Logistic 矩阵分解的情况下, 由原始数量矩阵 $\boldsymbol{Q} = [q_{ij}]$ 所推导出的二元 $n \times d$ 数据矩阵 $\boldsymbol{D} = [x_{ij}]$ 和 $n \times d$ 权重矩阵 $\boldsymbol{W} = [w_{ij}]$. 文献 [120] 中并没有讨论权重的使用. 在实际应用中, 当允许使用权重时, Logistic 矩阵分解和最大边缘矩阵分解等方法是最有用的, 这是因为许多稀疏矩阵与非零项的小计数相关 (在隐式反馈的真实设置中). 此外, 虽然文献 [120] 提供了一种对偶学习算法, 但我们这里力图给出一个更简单的原始算法.

注意, 人们可以通过如下变换将数据矩阵 $\boldsymbol{D}$ 中的 0-1 值元素 x_{ij} 转化为取值为 $\{-1, +1\}$ 的元素 y_{ij}:

$$y_{ij} = 2x_{ij} - 1$$

另外, 还可以引入矩阵 $\boldsymbol{Y} = [y_{ij}]$, 其定义为 $\boldsymbol{Y} = 2\boldsymbol{D} - \overline{1}_n \overline{1}_d^{\mathrm{T}}$. 这里 $\overline{1}_k$ 表示由 k 个 1 所构成的列向量, 故 $\overline{1}_n \overline{1}_d^{\mathrm{T}}$ 为一个 $n \times d$ 元素全为 1 的矩阵. 用 y_{ij} 代替下面的目标函数中的 x_{ij}, 这是因为这样更容易显示与支持向量机目标函数的相似性. 设 $\boldsymbol{U}$ 和 $\boldsymbol{V}$ 分别为 $n \times k$ 和 $d \times k$ 因子矩阵, 而 $\boldsymbol{U}$ 和 $\boldsymbol{V}$ 的第 i 行分别用 $\overline{u}_i, \overline{v}_i$ 来表示. 那么, 第 (i, j) 项元素的预测值记为 $\hat{y}_{ij}$, 定义如下:

$$\hat{y}_{ij} = \overline{u}_i \cdot \overline{v}_j$$

与 Logistic 矩阵分解不同, 预测值 $\hat{y}_{ij}$ 用于匹配取值于 $\{-1, +1\}$ 的 y_{ij}, 而不是来自 $\{0, 1\}$ 中的值. 这里重要的一点是, 对于绝对值较大的元素 $\hat{y}_{ij}$, 只要它们的符号是正确的就不会被惩罚. 这是因为该分解通过在 $\boldsymbol{U}\boldsymbol{V}^{\mathrm{T}}$ 上使用符号函数来预测原始元素, 而不是利用与观测值的绝对偏差:

$$\boldsymbol{Y} \approx \mathrm{sign}(\boldsymbol{U}\boldsymbol{V}^{\mathrm{T}})$$

这种类型的方法与支持向量机中的预测方法完全类似．然而，与支持向量机的情况一样，铰链损失被用于单个元素：

$$\text{Hinge}(i,j)=\max\{0,1-y_{ij}\hat{y}_{ij}\}=\max\{0,1-y_{ij}[\overline{u}_i\cdot\overline{v}_j]\}$$

这是一个基于边缘的目标函数，因为只有当元素的预测值与原始二元值的符号匹配且有足够的边距为 1 时，元素才不会被惩罚．那么，最大边缘因子分解 (不需要正则化) 的总体目标函数可表示为

$$J=\sum_{i=1}^{n}\sum_{j=1}^{d}w_{ij}\max\{0,1-y_{ij}[\overline{u}_i\cdot\overline{v}_j]\}$$

与 Logistic 矩阵分解的情况一样，我们可以应用链式法则来计算导数：

$$\frac{\partial J}{\partial\overline{u}_i}=\sum_{j=1}^{d}\frac{\partial J}{\partial\left(\overline{u}_i\cdot\overline{v}_j\right)}\overline{v}_j=-\sum_{j:y_{ij}(\overline{u}_i\cdot\overline{v}_j)<1}w_{ij}y_{ij}\overline{v}_j$$

$$\frac{\partial J}{\partial\overline{v}_j}=\sum_{i=1}^{n}\frac{\partial J}{\partial\left(\overline{u}_i\cdot\overline{v}_j\right)}\overline{u}_i=-\sum_{i:y_{ij}(\overline{u}_i\cdot\overline{v}_j)<1}w_{ij}y_{ij}\overline{u}_i$$

通常使用 L_2 正则化．在这种情况下，上面的梯度分别由 $\lambda\overline{u}_i$ 和 $\lambda\overline{v}_j$ 来调整，其中 $\lambda>0$ 为正则化参数．因此，在学习率为 $\alpha>0$ 时，对应最大边缘矩阵分解的梯度下降更新步骤如下：

$$\overline{u}_i\Leftarrow\overline{u}_i(1-\alpha\lambda)+\alpha\sum_{j:y_{ij}(\overline{u}_i\cdot\overline{v}_j)<1}w_{ij}y_{ij}\overline{v}_j,\quad\forall i$$

$$\overline{v}_j\Leftarrow\overline{v}_j(1-\alpha\lambda)+\alpha\sum_{i:y_{ij}(\overline{u}_i\cdot\overline{v}_j)<1}w_{ij}y_{ij}\overline{u}_i,\quad\forall j$$

正如支持向量机与 Logistic 回归为二元标签的分类问题提供了非常相似的结果，Logistic 矩阵分解和最大边缘矩阵分解则为二元矩阵分解提供了相似的结果．

8.7 广义低秩模型

对二元数据应用矩阵分解的特殊形式 (例如 Logistic 矩阵分解和最大边缘矩阵分解) 会产生一些有趣的问题．如果原始数据矩阵中包含不同类型的元素又会发生什么呢？在机器学习中经常遇到这种类型的数据矩阵，其不同的特征可能是数字的、二元的、类别的、次序

的等. 表 8.1 给出了包含异构数据类型的人口统计数据，其中不同的列对应不同的数据类型. 那么，一个很自然的问题是如何建立具有如此不同数据类型表的因子分解呢?

表 8.1 不同列中包含异构数据类型的人口统计数据集

年龄 (数值)	性别 (二元)	邮政编码 (类别)	种族 (类别)	教育程度 (次序)
32	F	10598	高加索人	学士
41	M	10532	非裔美国人	学士
36	M	10562	菲律宾人	高中
32	F	10532	西班牙人	硕士
29	F	10532	印第安人	博士

此时，我们有一个 $n \times d$ 异构数据类型矩阵 $\boldsymbol{D} = [x_{ij}]$，而 $\boldsymbol{W} = [w_{ij}]$ 是一个 $n \times d$ 权重矩阵. 与到目前为止所遇到的情况的一个重要区别是，x_{ij} 的数据类型依赖于列指标 j. 为了建立其分解，我们使用 $n \times k$ 矩阵 $\boldsymbol{U}$ 和 $r \times k$ 矩阵 $\boldsymbol{V}$. 在大多数分解形式中，$\boldsymbol{V}$ 中的行数等于 $\boldsymbol{D}$ 中的列数 d，而在该例中则有 $r > d$. 为什么是 $r > d$ 呢? 原因是一些数据类型 (如分类数据) 需要 $\boldsymbol{D}$ 的一列对应多个行，而目前为止所接触的模型都不是这种情况. 因此，“重构矩阵” $\boldsymbol{U}\boldsymbol{V}^{\mathrm{T}}$ 的大小与原始矩阵 $\boldsymbol{D}$ 是不一样的，尽管重构的行数与 $\boldsymbol{D}$ 相同，但列数可能要大得多. 于是，矩阵 $\boldsymbol{D}$ 与 $\boldsymbol{U}\boldsymbol{V}^{\mathrm{T}}$ 之间的列不再可能一一对应，且它对数据类型也很敏感. 矩阵 $\boldsymbol{D}$ 中的第 j 列与 $\boldsymbol{U}\boldsymbol{V}^{\mathrm{T}}$ 中的多个列相关联. 假设这些列位于 $\boldsymbol{U}\boldsymbol{V}^{\mathrm{T}}$ 中的连续位置，而列指标在 $[l_j, h_j]$ 范围内. 当 $\boldsymbol{D}$ 的列指标 j 对应一个数字、序数或二元变量时，我们则有 $l_j = h_j$，故 $\boldsymbol{U}\boldsymbol{V}^{\mathrm{T}}$ 的一列对应于 $\boldsymbol{D}$ 的一列. 然而，对于一些数据类型来说，例如分类数据，则有 $h_j > l_j$. 对于 $\boldsymbol{D}$ 中的每一列 j，我们定义一个特定于列的损失函数，其使用 $h_j - l_j + 2$ 个参数. 矩阵 $\boldsymbol{D}$ 的第 j 列的损失函数 $\mathcal{L}_j(\cdot)$ 定义如下：

1. 对于 $\boldsymbol{D}$ 的第 j 列的任意项 (i,j)，损失函数的第一个参数为 x_{ij} 的观测值.

2. 损失函数的其余 $h_j - l_j + 1$ 个参数使用 $r = h_j - l_j + 1$ 个值 $z_{i,l_j}, \cdots, z_{i,l_j+r}$，其中对每个 $q \in \{l_j, \cdots, l_j + r - 1\}$，我们有 $z_{iq} = \overline{u}_i \cdot \overline{v}_q$.

3. 矩阵 $\boldsymbol{D}$ 中第 (i,j) 项的损失值 L_{ij} 用列 j 的损失函数 $\mathcal{L}_j$ 来定义如下：

$$L_{ij} = \mathcal{L}_j(x_{ij}, z_{i,l_j}, \cdots, z_{i,l_j+r})$$

损失函数的性质很大程度上取决于当前的数据类型. 我们已经接触过一些二元和数值变量的损失函数的例子. 下面，我们还将介绍一些关于分类变量和序数变量的损失函数.

因子分解的总体目标函数可以表示为如下关于元素权重和附加正则化项的函数：

$$\text{最小化 } J = \sum_{i=1}^{n} \sum_{j=1}^{d} w_{ij} L_{ij} + \frac{\lambda}{2}(\|\boldsymbol{U}\|_F^2 + \|\boldsymbol{V}\|_F^2)$$

我们已经看到，数值分解和二元分解的损失函数是如何直接从线性回归和二元分类中推导出来的．相应地，我们也可以从多项式 Logistic 回归和序数回归中得到分类值和序数值的损失函数．

8.7.1 处理分类元素

关键点是，分类元素的建模要求 $\boldsymbol{U}\boldsymbol{V}^{\mathrm{T}}$ 中的元素数量与分类属性的不同值的数量完全相同．考虑一个矩阵 $\boldsymbol{D}$ 的第 j 列，其可以取 $s_j = h_j - l_j + 1$ 个可能值 $a_1, \cdots, a_{s_j}$．于是，多项式 Logistic 回归模型计算第 (i,j) 项取值的概率为

$$P_{ij}(a_r) = \frac{\exp(z_{i,l_j+r-1})}{\sum_{s=1}^{r} \exp(z_{i,l_j+s-1})}$$

那么，对应该元素的损失可定义为如下形式：

$$L_{ij} = -\log[P_{ij}(x_{ij})]$$

这就是在 4.9.2 节所讨论的多项式 Logistic 回归的简单对数似然模型．

8.7.2 处理序数元素

序数元素是那些数量确定的需要被预测的有序值的项．然而，这些不同元素之间的距离是未知的．例如，表 8.1 包含四个可能的有序教育程度．然而，要知道不同教育程度之间的距离是不容易的．设 T_j 为矩阵 $\boldsymbol{D}$ 的第 j 列可能的不同值的个数 (恰好是一个序数变量)．定义 $m = T_j - 1$ 个不同的有序阈值，记为 $y_1, \cdots, y_m$ (递增顺序)．尽管这些被称为截距的阈值不是矩阵 $\boldsymbol{U}$ 和 $\boldsymbol{V}$ 的一部分，但它们也需要以数据驱动的方式来学习．矩阵 $\boldsymbol{V}$ 只包含一行 $\overline{v}_{o_j}$，这个序数列的指标是 o_j．在传统的矩阵分解中，矩阵 $\boldsymbol{V}$ 的行数等于 $\boldsymbol{D}$ 的列数，因为 $\boldsymbol{V}$ 的行和 $\boldsymbol{D}$ 的列之间存在一一对应．然而，这并不适用于包含分类数据类型的异构数据表．虽然有序数据类型只需要 $\boldsymbol{V}$ 中的一列，但 o_j 的值可能比 j 大，这是因为在同一个矩阵中，一些其他类型的数据 (如分类数据) 不止需要 $\boldsymbol{V}$ 中的一行，这可能会导致原始矩阵 $\boldsymbol{D}$ 和潜在向量矩阵 $\boldsymbol{V}$ 指标的不匹配．通过计算 $\overline{u}_i \cdot \overline{v}_{o_j}$ 可以得到如下对矩阵 $\boldsymbol{D}$ 的第 (i,j) 项的预测：

$$\hat{x}_{ij} = \begin{cases} \text{第 } 1 \text{ 个有序值}, & z_{i,o_j} \leqslant y_1 \\ \text{第 } q \text{ 个有序值}, & q \in [2,m], y_{q-1} \leqslant z_{i,o_j} \leqslant y_q \\ \text{第 } (m+1) \text{ 个有序值}, & z_{i,o_j} > y_m \end{cases}$$

也就是说，我们使用有序阈值 $y_1, \cdots, y_m$ 在实线上定义了 $(m+1)$ 个桶. 第 (i,j) 项元素被映射到一个序数值，这取决于它在实线上属于哪个桶. 在接下来的讨论中，假设 (为了符号方便) $y_0 = -\infty$ 和 $y_{m+1} = +\infty$. 虽然不需要学习这些 (琐碎的) 端点截距，但它们有助于减少不必要的数据分析. 例如，预测 $\hat{x}_{ij}$ 现在可以分解为如下单个情况：

$$\hat{x}_{ij} = \Big\{ \text{第 } q \text{ 个有序值}, \quad q \in [1, m+1], \quad y_{q-1} \leqslant z_{i,o_j} \leqslant y_q$$

事实上，建立序数项的损失函数的方法有很多. 一个可能的方法是使用比例优势模型将序数预测模型看作是对第 (i,j) 项的 m 个不同二元预测的损失进行求和，用第 q 个预测来检查是否为 x_{ij} 或 z_{i,o_j} 最终出现在 y_q 的同一边. 这与二元 Logistic 矩阵分解中使用的方法相同，只是这里必须学习多重截距 $y_1, \cdots, y_m$. 然后，我们计算第 (i,j) 项元素在 y_b 两边的概率：

$$P_{ij}(x_{ij} \leqslant y_b) = \frac{1}{1 + \exp(z_{i,o_j} - y_b)}$$

$$P_{ij}(x_{ij} > y_b) = \frac{1}{1 + \exp(-z_{i,o_j} + y_b)}$$

很容易验证上述两个概率的和为 1. 注意到，y_b 的值越大，概率 $P_{ij}(x_{ij} \leqslant y_b)$ 就越大，这在本例中是说得通的. 当 $b = 0$ 和 $b = m + 1$ 时，y_b 的值分别对应于 $-\infty$ 和 $+\infty$. 在这种情况下，我们则可以很容易地验证上述的每一个概率为 0 或 1.

设对某些 $s \in \{0, \cdots, m\}$，序数变量 x_{ij} 的观测值介于 y_s 和 y_{s+1} 的当前值之间. 然后，我们希望对于 $b \leqslant s$，概率 $P(x_{ij} > y_b)$ 尽可能大；而对于 $b > s$，则希望概率 $P(x_{ij} \leqslant y_b)$ 尽可能大. 这是通过使用以下损失函数来实现的：

$$L_{ij} = -\sum_{b=1}^{s} \log\left[P_{ij}\left(x_{ij} > y_b\right)\right] - \sum_{b=s+1}^{m} \log\left[P_{ij}\left(x_{ij} \leqslant y_b\right)\right]$$

注意，如果 s 为 0，那么第一项就消失了. 同样地，如果 $s = m$，则第二项就没有了. 该损失函数非常类似于一个二元 Logistic 预测. 然而，与二元 Logistic 建模的主要区别在于，这里有 m 个不同的二元预测对应于每个阈值 y_s，我们希望奖励在每个阈值的正确一边的预测，而损失函数包含 m 个不同 (负) 回报的和. 这里需要注意的是，每个 y_s 都是一个变量. 因此，梯度下降过程不仅需要更新因子矩阵，还需要更新阈值 $y_1, \cdots, y_m$.

在之前所见过的所有问题中，只要使用 Logistic 损失，我们都可以用铰链损失来代替. 这是因为这些损失函数具有相似性 (见第 4 章中的图 4.9). 假设对某些 $s \in \{0, \cdots, m\}$，序数变量 x_{ij} 位于 y_s 和 y_{s+1} 的当前值之间. 在 Logistic 模型下，可以把损失函数看作是对应 m 个不同二元预测的 m 个不同损失的总和 (每个非平凡阈值 y_b 对应一个). 损失函数惩罚 z_{i,o_j} 位于 y_b 错误的一边或它位于正确的一边 (但没有足够的余量) 的情况. 这是通过定义如下损失函数 L_{ij} 来实现的：

$$L_{ij} = \sum_{b=1}^{s} \max(1 - z_{i,o_j} + y_b, 0) + \sum_{b=s+1}^{m} \max(1 + z_{i,o_j} - y_b, 0)$$

另外，铰链损失的优点是导数计算比较简单，该模型在文献 [128] 中讨论的 Julia 包中也有所涉及.

8.8 共享矩阵分解

共享矩阵分解可用于同时分解多个矩阵，但要求这些矩阵至少具有一种共同的模态. 例如，如果有一个对象图，其中每个节点 (对象) 也包含一个文档，那么我们有两个矩阵对应于图的连接结构和与所有节点相关联的文档. 此外，由于每个节点和文档之间存在一一对应关系，故可以创建两个矩阵，其中一个维度是两个矩阵之间的公共维度. 数据模态的共享对于执行共享矩阵分解至关重要.

共享矩阵分解的基本想法是利用*共享因子矩阵*对两个具有*共享维数*的矩阵进行分解. 考虑两个大小分别为 $n \times d$ 和 $n \times m$ 的矩阵 $\boldsymbol{D}$ 与 $\boldsymbol{M}$. 由于共享模态，两个矩阵的行数是相同的，而 $\boldsymbol{D}$ 的每一行对应于 $\boldsymbol{M}$ 中的一行. 例如，矩阵 $\boldsymbol{D}$ 可能对应于文档-单词矩阵 (包含文档中单词的频率)，而 $\boldsymbol{M}$ 可能对应于文档-用户矩阵 (包含用户对一个或多个文档进行“喜欢”评级的二元信息). 因此，这些值要么是 0，要么是 1，这取决于用户是否对某个文档进行了评分. 这是隐式反馈数据的一个经典例子. 这两个矩阵的一个重要性质是，矩阵 $\boldsymbol{D}$ 的第 i 行与矩阵 $\boldsymbol{M}$ 的第 i 行对应于同一个对象 (在本例中是一个文档). 注意，这种一一对应对于共享矩阵分解来说是必要的. 在理想情况下，人们希望基于内容数据和反馈数据来建立文档的潜在表示. 这种类型的特征工程表示在诸如推荐系统等中都很有帮助. 例如，应用这种工程表示的相似性搜索将提供同时考虑主题和兴趣行为的输出.

引入一个文档共享的 $n \times k$ 因子矩阵 $\boldsymbol{U}$，一个单词共享的 $d \times k$ 因子矩阵 $\boldsymbol{V}$ 和一个用户共享的 $m \times k$ 因子矩阵 $\boldsymbol{W}$. 然后，我们执行如下一组共享因子分解：

$$\boldsymbol{D} \approx \boldsymbol{U}\boldsymbol{V}^{\mathrm{T}}, \quad \text{文档-单词分解}$$

$$\boldsymbol{M} \approx \boldsymbol{U}\boldsymbol{W}^{\mathrm{T}}, \quad \text{文档-用户分解}$$

最后，可以建立如下分解形式的目标函数：

$$\text{最小化 } J = \frac{1}{2}\left\|\boldsymbol{D} - \boldsymbol{U}\boldsymbol{V}^{\mathrm{T}}\right\|_F^2 + \frac{\beta}{2}\left\|\boldsymbol{M} - \boldsymbol{U}\boldsymbol{W}^{\mathrm{T}}\right\|_F^2 + \underbrace{\frac{\lambda}{2}\left(\|\boldsymbol{U}\|_F^2 + \|\boldsymbol{V}\|_F^2 + \|\boldsymbol{W}\|_F^2\right)}_{\text{正则化}}$$

这里 $\beta > 0$ 提供了两个因子之间的相对权重，而 $\lambda > 0$ 则为正则化参数. 参数 β 值的选择通常是基于特定应用所考虑的.

8.8.1 共享因子分解的梯度下降

本小节将推导出前文所讨论的矩阵分解模型的梯度下降步骤. 首先, 计算 J 关于 $\boldsymbol{U}$, $\boldsymbol{V},\boldsymbol{W}$ 中元素的梯度. 对于 $\boldsymbol{U},\boldsymbol{V},\boldsymbol{W}$ 的当前值, 设 $e_{ij}^{\boldsymbol{D}}$ 表示误差矩阵 $(\boldsymbol{D}-\boldsymbol{U}\boldsymbol{V}^{\mathrm{T}})$ 的第 (i,j) 项元素, 而 $e_{ij}^{\boldsymbol{M}}$ 表示误差矩阵 $(\boldsymbol{M}-\boldsymbol{U}\boldsymbol{W}^{\mathrm{T}})$ 的第 (i,j) 项元素. 那么, J 的偏导数为

$$\frac{\partial J}{\partial u_{iq}}=-\sum_{j=1}^{d}e_{ij}^{\boldsymbol{D}}v_{jq}-\beta\sum_{p=1}^{m}e_{ip}^{\boldsymbol{M}}w_{pq}+\lambda u_{iq},\quad \forall i\in\{1,\ \cdots,\ n\},\quad \forall q\in\{1,\ \cdots,\ k\}$$

$$\frac{\partial J}{\partial v_{jq}}=-\sum_{i=1}^{n}e_{ij}^{\boldsymbol{D}}u_{iq}+\lambda v_{jq},\quad \forall j\in\{1,\ \cdots,\ d\},\quad \forall q\in\{1,\ \cdots,\ k\}$$

$$\frac{\partial J}{\partial w_{pq}}=-\beta\sum_{i=1}^{n}e_{ip}^{\boldsymbol{M}}u_{iq}+\lambda w_{pq},\quad \forall p\in\{1,\ \cdots,\ m\},\quad \forall q\in\{1,\ \cdots,\ k\}$$

这些梯度可以用来以步长为 α 更新所有的 $(n+m+d)k$ 个参数. 这种方法相当于普通的梯度下降法. 我们也可以应用随机梯度下降法有效地计算关于矩阵随机抽样元素的残差的梯度. 于是, 可以对文档-单词矩阵或邻接矩阵中的任何项进行抽样, 然后对这一项中的误差执行梯度下降步骤:

从 $\boldsymbol{D}$ 或 $\boldsymbol{M}$ 中随机抽取任意元素; 针对特定元素损失执行梯度下降步骤.

抽样每个元素的概率是固定的, 不管它是从哪个矩阵中抽取的. 考虑这样一种情况: 文档-单词矩阵中的第 (i,j) 项元素以误差 $e_{ij}^{\boldsymbol{D}}$ 来抽样. 然后, 对每个 $q\in\{1,\cdots,k\}$ 和步长 α 执行以下更新,

$$u_{iq}\Leftarrow u_{iq}(1-\alpha\cdot\lambda/2)+\alpha e_{ij}^{\boldsymbol{D}}v_{jq},\quad \forall q\in\{1,\cdots,k\}$$

$$v_{jq}\Leftarrow v_{jq}(1-\alpha\cdot\lambda)+\alpha e_{ij}^{\boldsymbol{D}}u_{iq},\quad \forall q\in\{1,\cdots,k\}$$

另外, 如果抽样邻接矩阵的第 (i,p) 项元素, 则对每个 $q\in\{1,\cdots,k\}$ 和步长 α 执行以下更新,

$$u_{iq}\Leftarrow u_{iq}(1-\alpha\cdot\lambda/2)+\alpha\beta e_{ip}^{\boldsymbol{M}}w_{pq},\quad \forall q\in\{1,\cdots,k\}$$

$$w_{pq}\Leftarrow w_{pq}(1-\alpha\cdot\lambda)+\alpha\beta e_{ip}^{\boldsymbol{M}}u_{iq},\quad \forall q\in\{1,\cdots,k\}$$

重复上面步骤直到收敛.

8.8.2 如何在任意场景中建立共享模型

共享矩阵分解在从不同定义域中提取矩阵的任何情况下都是有用的, 但它们彼此之间至少要有一些联系. 在某些情况下, 这些联系本身可以表示为一个矩阵. 例如, 文档和图像

的特征表示可能有完全独立的矩阵，而第三个矩阵可能包含从文档到图像的超链接. 在这种情况下，将有一个 $n_1 \times d_1$ 矩阵 $\boldsymbol{D}_1$ 来表示文档-单词，一个 $n_2 \times d_2$ 矩阵 $\boldsymbol{D}_2$ 来表示图像 (视觉词) 以及一个 $n_1 \times n_2$ 矩阵 $\boldsymbol{A}$，其包含文档和视觉词之间的联系. 相应地，文档和图像需要两个因子矩阵 $\boldsymbol{U}_1$ 和 $\boldsymbol{U}_2$，而文本词和视觉词需要两个因子矩阵 $\boldsymbol{V}_1$ 和 $\boldsymbol{V}_2$. 因此，这里需要进行如下的分解：

$$\boldsymbol{D}_1 \approx \boldsymbol{U}_1 \boldsymbol{V}_1^{\mathrm{T}} \quad \text{文档-单词分解}$$

$$\boldsymbol{D}_2 \approx \boldsymbol{U}_2 \boldsymbol{V}_2^{\mathrm{T}} \quad \text{图像-(视觉词) 分解}$$

$$\boldsymbol{M} \approx \boldsymbol{U}_1 \boldsymbol{U}_2^{\mathrm{T}} \quad \text{联系-矩阵分解}$$

于是可以建立一个目标函数使所有三个矩阵的误差平方和最小化. 根据当前所掌握的算法，我们甚至可以对不同类型的误差进行不同的权衡. 这里把梯度下降步骤的推导留给读者作为练习.

问题 8.8.1 按照上面的讨论，写出矩阵 $\boldsymbol{D}_1, \boldsymbol{D}_2, \boldsymbol{A}$ 的分解的平方和目标函数. 推导出这些矩阵中各元素的梯度下降步骤. 对于该问题，你可以引入任何需要的符号.

所有用于共享矩阵分解的设定都非常相似，即需要有一组矩阵，其中一些模态是共享的，我们希望提取隐含在这些矩阵中的共享关系的潜在表示. 整个过程的关键是在不同的模态之间使用共享潜在因子以便它们能够在提取的嵌入中以间接 (即潜在) 的方式结合这些关系的影响. 这里为每个共享模态引入一组因子，并分解每个矩阵. 同时采用平方和目标函数来确定梯度下降的更新步骤.

8.9 因子分解机

因子分解机与共享矩阵分解密切相关，其特别适用于每个数据实例包含来自多个定义域的特征的情况. 例如，考虑一个由用户用特定关键字标记并由该用户评级的项目. 在这种情况下，特征集对应于所有项目标识符、所有可能的关键字和用户标识符. 用户标识符、项目标识符和相关关键字的特征值均设为 1，其他所有特征值均设为 0. 因变量为评级的值.

因子分解机是一种多项式回归技术，其在回归系数上施加强正则化条件以处理稀疏性的挑战. 稀疏性在短文本领域中很常见，比如公告栏上的社会内容、社会网络数据集和聊天工具等，其在推荐系统中也很常见.

图 8.5 展示了一个来自推荐系统中的数据集示例. 显然，其有三种类型的属性，分别对应于用户属性、项目属性和标签关键字. 此外，评级与因变量相对应，因变量也是回归变量. 乍一看，这个数据集似乎与传统的多维数据集没什么不同，但人们可能会应用最小二

乘回归以便将评级建模为回归的线性函数.

不幸的是，图 8.5 中数据的稀疏性使得最小二乘回归方法表现得相当差. 例如，每一行可能只包含 3 或 4 个非零项. 在这种情况下，线性回归可能无法很好地模拟因变量，这是因为少量的非零项提供的信息很少. 因此，第二种可能性是在属性之间使用高阶交互，其中我们使用多个元素同时存在进行建模. 作为一个实际问题，人们通常选择使用属性之间的二阶交互，这对应于二阶多项式回归. 然而，正如我们将在下面讨论的，这样的尝试会导致过拟合，而稀疏数据表示会加剧这种情况.

设 $d_1, \cdots, d_r$ 为描述 r 个数据每种数据形式 (如文本、图像和网络数据等) 中属性的数量. 于是，属性的总数为 $p = \sum_{k=1}^{r} d_k$. 用 $x_1, \cdots, x_p$ 来表示行变量，其中大部分为零，而少数可能是非零的. 在推荐领域的许多自然应用中，x_i 的值可能是二元的. 此外，我们还假定每一行都有一个目标变量可用. 在图 8.5 所示的例子中，目标变量是与每一行相关的评级，尽管它在原则上可以是任何类型的因变量.

用户						项目				标签					
DAVID	SAYANI	JOSE	MARK	ANN	JIM	GANDHI	SHREK	SPIDERMAN	TERMINATOR	*boring*	*family fun*	*action*	*ludicrous*	*comics*	RATING
0	1	0	0	0	0	0	1	0	0	0	1	0	0	0	5
1	0	0	0	0	0	0	0	0	1	0	0	1	0	0	4
0	0	0	0	0	1	0	0	1	0	0	0	0	0	1	2
0	1	0	0	0	0	1	0	0	0	1	0	0	0	0	1
0	0	0	1	0	0	0	0	0	1	0	0	0	1	0	1

回归因子　　回归值

图 8.5　一个具有异构属性的稀疏回归建模问题的例子

考虑在此设置中使用回归方法. 例如，最简单的预测可能是使用如下关于变量 $x_1, \cdots, x_p$ 的线性回归：

$$\hat{y}(\overline{x}) = b + \sum_{i=1}^{p} w_i x_i \tag{8.18}$$

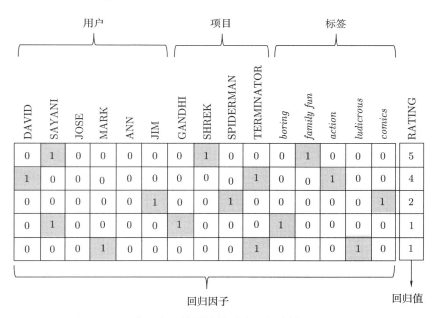

其中，b 为偏移变量，而 w_i 为第 i 个属性的回归系数. 除了这里显式地使用了一个全局偏移变量 b 之外，这与第 4 章中所讨论的线性回归具有一个几乎相同的形式. 尽管在某些情况下该形式可以提供合理的结果，但它通常是不充分的稀疏数据，许多信息都是通过各种属性之间的相关性来获取的. 例如，在推荐系统中，用户-项目对的共现远比用户和项目的单独系数提供更多信息. 因此，关键是使用二阶回归系数 s_{ij} 用来捕获第 i 个和第 j 个属性之间的交互系数：

$$\hat{y}(\overline{x}) = b + \sum_{i=1}^{p} w_i x_i + \sum_{i=1}^{p} \sum_{j=i+1}^{p} s_{ij} x_i x_j \tag{8.19}$$

注意，它也可以包含二阶项 $\sum_{i=1}^{p} s_{ii} x_i^2$，尽管 x_i 通常是从其非零值变化很小的稀疏域中得出的，且添加这样一项并不总是有所帮助的. 例如，如果 x_i 的值是二元的 (这是常见的)，相比于 x_i，x_i^2 的系数就是冗余的.

可以观察到，上面的模型非常类似于使用二阶多项式核的核回归所得到的结果. 在像文本这样的稀疏域中，这种核通常会过度拟合数据，特别是当维数很大且数据稀疏时. 即使对于单个域中的应用 (例如，短文本)，d 的值也大于 10^5，故二阶系数的数量也大于 10^{10}. 如果训练数据集包含少于 10^{10} 个点，那么训练的表现就会很差. 稀疏性加剧了该问题. 事实上，在稀疏的情况，属性对很少在训练数据中同时出现且可能不能推广到测试数据. 例如，在推荐应用中，特定的用户-项目对可能只在整个训练数据中出现一次，如果它出现在训练数据中，则不会出现在测试数据中. 在实际中，测试数据中出现的所有用户-项目对都不会在训练数据中出现. 那么，人们如何了解这些用户-项目对的交互系数 s_{ij} 呢? 同样，在短文本挖掘应用中，单词 “movie” 与 “film” 可能同时出现，单词 “comedy” 和 “film” 也可能同时出现，但单词“comedy” 和“movie” 则可能永远不会在训练数据中同时出现. 如果测试数据中出现了最后一对单词，那该怎么办呢?

一个关键的观察是，我们可以将学习的 s_{ij} 值用于其他两对 (即 “comedy” / “film” 和 “movie” / “film”)，从而对 “comedy” 和 “movie” 这对的交互系数作出一些推断. 如何实现这一目标呢? 关键的想法是假设二阶系数的 $d \times d$ 矩阵 $\boldsymbol{S} = [s_{ij}]$ 具有关于某个 $d \times k$ 矩阵 $\boldsymbol{V} = [v_{is}]$ 的低秩结构：

$$\boldsymbol{S} = \boldsymbol{V}\boldsymbol{V}^{\mathrm{T}} \tag{8.20}$$

这里 k 为因子分解的秩. 直观上，这里可以将式 (8.20) 看作是为了防止过拟合，而对 (大量) 二阶系数的一种正则化约束. 因此，如果 $\overline{v}_i = [v_{i1}, \cdots, v_{ik}]$ 表示 $\boldsymbol{V}$ 的第 i 个 k 维行向量，那么则有：

$$s_{ij} = \overline{v}_i \cdot \overline{v}_j \tag{8.21}$$

将式 (8.21) 代入式 (8.19) 中的预测函数中得到：

$$\hat{y}(\overline{x}) = b + \sum_{i=1}^{p} w_i x_i + \sum_{i=1}^{p} \sum_{j=i+1}^{p} (\overline{v}_i \cdot \overline{v}_j)\, x_i x_j \tag{8.22}$$

需要学习的变量是 b、w_i 的不同值以及每个向量 $\overline{v}_i$. 尽管相互作用项的数量可能看起来很大，但在式 (8.22) 中的稀疏设置中，它们中的大多数会被计算为零. 在稀疏设置中，式(8.22) 中的大多数项的值均为零，这就是为什么分解机只被设计用于稀疏情形的原因之一. 关键的一点是，我们可以只学习由 $\overline{v}_1, \cdots, \overline{v}_k$ 表示的 $O(d\cdot k)$ 个参数来代替 $[s_{ij}]_{d\times d}$ 中的 $O(d^2)$ 个参数.

求解该问题的一个自然想法是应用随机梯度下降法，其中通过因变量的观测值来计算相对于观测值的误差梯度. 对于任何特定模型参数 $\theta \in \{b, w_i, v_{is}\}$ 的更新步骤取决于预测值和观测值之间的误差 $e(\overline{x}) = y(\overline{x}) - \hat{y}(\overline{x})$：

$$\theta \Leftarrow \theta(1 - \alpha\cdot\lambda) + \alpha \cdot e(\overline{x}) \frac{\partial \hat{y}(\overline{x})}{\partial \theta} \tag{8.23}$$

这里 $\alpha > 0$ 为学习率，而 $\lambda > 0$ 为正则化参数. 更新步骤中的偏导数定义如下：

$$\frac{\partial \hat{y}(\overline{x})}{\partial \theta} = \begin{cases} 1, & \text{若 } \theta \text{ 为 } b \\ x_i, & \text{若 } \theta \text{ 为 } w_i \\ x_i, \sum_{j=1}^{p} v_{js}\cdot x_j - v_{is}\cdot x_i^2, & \text{若 } \theta \text{ 为 } v_{is} \end{cases} \tag{8.24}$$

上面第三种情况中的 $L_s = \sum_{j=1}^{p} v_{js}\cdot x_j$ 需要特别注意. 为了避免冗余，我们可以在计算误差项 $e(\overline{x}) = y(\overline{x}) - \hat{y}(\overline{x})$ 时预存储该项，这是因为式 (8.22) 可以被化简如下：

$$\begin{aligned} \hat{y}(\overline{x}) &= b + \sum_{i=1}^{p} w_i x_i + \frac{1}{2}\sum_{s=1}^{k}\left(\left[\sum_{j=1}^{p} v_{js}\cdot x_j\right]^2 - \sum_{j=1}^{p} v_{js}^2 \cdot x_j^2\right) \\ &= b + \sum_{i=1}^{p} w_i x_i + \frac{1}{2}\sum_{s=1}^{k}\left(L_s^2 - \sum_{j=1}^{p} v_{js}^2\cdot x_j^2\right) \end{aligned}$$

此外，当 $x_i = 0$ 时，参数 $\overline{v}_i$ 和 w_i 不需要更新. 这使得在稀疏设置中进行高效的更新过程，其中非零项的数量和 k 的值都是线性的.

因子分解机可用于任何 (大规模稀疏) 分类或回归任务；推荐系统中的评级预测只是其自然应用的一个例子. 尽管该模型本质上是为回归而设计的，但二元分类可以通过在数值预测上应用 Logistic 函数来求得 $\hat{y}(\overline{x})$ 为 +1 或 −1 的概率来处理. 将式 (8.22) 中的预测函数修改为 Logistic 回归的形式：

$$P[y(\overline{x})=1]=\frac{1}{1+\exp\left(-\left[b+\sum_{i=1}^{p}w_i x_i+\sum_{i=1}^{p}\sum_{j=i+1}^{p}(\overline{v}_i\cdot\overline{v}_j)\,x_i x_j\right]\right)} \tag{8.25}$$

这种形式与第 4 章中所讨论的 Logistic 回归方法类似. 不同之处在于，我们在预测函数中也使用了二阶交互. 这可以通过梯度下降法优化对数似然准则来学习基础模型参数 (见文献 [47, 107, 108]).

本节的描述是基于实际中普遍使用的二阶因子分解机. 在三阶多项式回归中，我们会有 $O(p^3)$ 个 w_{ijk} 形式的额外回归系数，其对应于 $x_i x_j x_k$ 的相互作用项. 这些系数将定义一个巨大的三阶张量，其可以用张量分解来压缩. 虽然高阶因子分解机也被开发出来了，但由于其计算复杂性和过拟合性，它们通常是不切实际的. libFM [108] 的软件库提供了一组优良的因子分解机的实现. 应用 libFM 的主要任务是初始化特征工程的工作，模型的有效性主要取决于分析人员提取正确特征集的技能. 其他有用的库包括 fastFM [11] 与 libMF [144]㊀，其提供了一些用于实现因子分解机的快速学习算法.

8.10 总结

矩阵分解是机器学习中最基本的工具之一，它在线性代数和潜在因子的压缩特性中均有广泛应用. 矩阵分解的最基本形式之一是奇异值分解，其中不同因子矩阵的列是相互正交的. 通过修正对应的优化模型来选取不同类型的目标函数、约束条件和数据类型，则可以建立矩阵分解的更一般形式. 事实上，某些类型的约束条件有助于创建更多可解释的矩阵分解，例如非负性约束具有正则化效果. 诸如 Logistic 矩阵分解、最大边缘分解和广义低秩模型等方法被设计来处理不同的数据类型. 共享矩阵分解和因子分解机则被设计用于分解多个矩阵. 一般来说，矩阵分解这个更广泛的主题可以为机器学习提供各种形式的分析工具.

8.11 拓展阅读

关于奇异值分解和无约束矩阵分解的讨论可以在许多关于线性代数的书籍 (如文献 [77, 122, 123, 130]) 中找到. 文献 [3, 75] 则详细讨论了无约束矩阵分解在推荐系统中的应用，文

㊀ libFM 和 libMF 是不同的.

献 [137] 介绍了基于坐标下降的矩阵分解方法在推荐系统中的应用，而文献 [69, 141] 介绍了交替最小二乘方法.

文献 [79] 讨论了非负矩阵分解，而文献 [63] 引入了对应的概率矩阵分解 (PLSA) 方法. 对于 I-散度目标函数与 PLSA 之间的关系，读者可参考文献 [35, 50]. 文献 [65] 则介绍了从隐式反馈数据中导出单独的权重和值矩阵进行因子分解的重要性，而文献 [2, 55, 91, 92, 101, 103] 探讨了各种类型的稀疏分解模型在文本和图特征工程中的应用. 文献 [70] 和文献 [120] 分别介绍了基于隐式反馈数据 Logistic 矩阵分解的应用以及最大边缘矩阵分解. 然而，本章所介绍的最大边缘矩阵分解的表示要比文献 [120] 所介绍的要简单得多. 文献 [128] 与文献 [90] 分别引入了广义低秩模型和基于有序数据的回归模型，而文献 [2, 3, 117] 则对不同类型的共享矩阵分解模型进行了概述. 对于因子分解机的介绍，读者可进一步参考文献 [107, 108].

8.12 习题

8.1 **基于偏移的矩阵分解**. 考虑将不完整的 $n \times d$ 矩阵 $\boldsymbol{D}$ 分解为 $n \times k$ 矩阵 $\boldsymbol{U}$ 和 $d \times k$ 矩阵 $\boldsymbol{V}$：

$$\boldsymbol{D} \approx \boldsymbol{U}\boldsymbol{V}^{\mathrm{T}}$$

假设引入一个约束条件，即 $\boldsymbol{U}$ 的倒数第二列与 $\boldsymbol{V}$ 的最后一列的所有元素都固定为 1. 讨论该模型与在分类模型中加入偏差的模型的相似性. 如何修改对应的梯度下降步骤?

8.2 在上面习题 8.1 中，当 $\boldsymbol{U}$ 和 $\boldsymbol{V}$ 的最后一列上有约束或没有约束时，所观测到的元素的 Frobenius 范数是否会得到更好的优化? 在估计缺失项时增加这样一个约束是可取的吗?

8.3 假设有一个对称的 $n \times n$ 相似矩阵 $\boldsymbol{D}$，其缺少一些元素. 你决定使用对称分解 $\boldsymbol{D} \approx \boldsymbol{U}\boldsymbol{U}^{\mathrm{T}}$ 来恢复缺失的项. 这里 $\boldsymbol{U}$ 是一个 $n \times k$ 矩阵，而 k 为分解的秩.

(a) 根据 Frobenius 范数和 L_2 正则化来写出对应优化模型的目标函数.

(b) 基于矩阵视角的更新来推导梯度下降步骤.

(c) 不管用于因子分解的 k 的值有多大，讨论在什么条件下不存在精确的因子分解.

8.4 推导基于 L_1 损失的矩阵分解的梯度下降更新步骤，其中目标函数为 $J = \|\boldsymbol{D} - \boldsymbol{U}\boldsymbol{V}^{\mathrm{T}}\|_1$.

8.5 推导基于 L_2 损失的矩阵分解的梯度下降更新步骤，其中对因子使用 L_1 正则化.

8.6 在奇异值分解 (SVD) 中，$d \times k$ 矩阵 $\boldsymbol{V}$ 的规范正交性使得计算样本外矩阵的表示变得很容易. 如果 $n \times d$ 矩阵 $\boldsymbol{D}$ 的奇异值分解为 $\boldsymbol{D} \approx \boldsymbol{U}\boldsymbol{V}^{\mathrm{T}}$，则可以计算出样本外 $m \times d$ 矩阵 $\boldsymbol{D}_o$ 的 $\boldsymbol{D}_o\boldsymbol{V}$ 形式的表示. 说明：当给定非规范正交分解 $\boldsymbol{D} = \boldsymbol{U}\boldsymbol{V}^{\mathrm{T}}$ 时，如何高效地计算 $\boldsymbol{D}_o$ 的类似样本外表示. 这里假设 m 和 k 比 n 和 d 要小得多.

8.7 证明：4.10.3 节的 k 均值算法与 8.2.1 节中的相同. [提示：在这两个问题中，试图给出优化变量的一一映射. 证明约束条件和目标函数在两种情况下是等价的.]

8.8 **正交非负矩阵分解**. 考虑一个非负的 $n\times d$ 数据矩阵 $\boldsymbol{D}$，其中我们试图用 Frobenius 范数作为目标函数将 $\boldsymbol{D}$ 近似分解为 $\boldsymbol{U}\boldsymbol{V}^{\mathrm{T}}$. 假设在 $\boldsymbol{U}$ 和 $\boldsymbol{V}$ 上加上 $\boldsymbol{U}^{\mathrm{T}}\boldsymbol{U}=\boldsymbol{I}$ 和非负约束条件，那么 $\boldsymbol{U}$ 的每一行中有多少项是非零的? 讨论如何从该分解中提取集群. 说明该方法与 k 均值优化算法的密切联系.

8.9 假设对数量矩阵 $\boldsymbol{Q}=[q_{ij}]$ 中使用 GloVe, 其中每个 q_{ij} 为 0 或 10000，并且其有相当多的元素为 0. 证明：GloVe 可以发现一个零误差的平凡分解，其中每个单词都有相同的嵌入表示.

8.10 推导基于 Logistic 损失和铰链损失的二元分类中使用因子分解机的梯度更新方程.

8.11 假设想用梯度下降法对 $n\times d$ 矩阵 $\boldsymbol{D}$ 进行秩 k 分解 $\boldsymbol{D}\approx\boldsymbol{U}\boldsymbol{V}^{\mathrm{T}}$. 给出一种利用 $\boldsymbol{D}$ 中随机选择的 k 列的 QR 分解来初始化 $\boldsymbol{U}$ 和 $\boldsymbol{V}$ 的方法.

8.12 假设 $\boldsymbol{D}$ 为一个 $n\times d$ 非负稀疏矩阵. 对于稀疏性所导致的任一对列的点积，你能说些什么? 利用这一事实以及从前面习题中得到的直观结果，使用 $\boldsymbol{D}$ 中的 k 个随机抽样列来初始化 $\boldsymbol{U}$ 来进行非负矩阵分解. 在这种情况下，初始化的矩阵 $\boldsymbol{U}$ 和 $\boldsymbol{V}$ 需要要求为非负的.

8.13 **正矩阵的非线性矩阵分解**. 考虑正矩阵 $\boldsymbol{D}=[x_{ij}]$ 的非线性矩阵分解模型，其中 $\boldsymbol{D}=F(\boldsymbol{U}\boldsymbol{V}^{\mathrm{T}})$，而 $F(x)=x^2$ 是作用在矩阵元素上的函数. 向量 $\overline{u}_i$ 和 $\overline{v}_j$ 分别表示 $\boldsymbol{U}$ 和 $\boldsymbol{V}$ 的第 i 行和第 j 行. 损失函数为 $\|\boldsymbol{D}-F(\boldsymbol{U}\boldsymbol{V}^{\mathrm{T}})\|_F^2$. 证明梯度下降步骤为

$$\overline{u}_i\Leftarrow\overline{u}_i+\alpha\sum_j\left(\overline{u}_i\cdot\overline{v}_j\right)\left(x_{ij}-F\left(\overline{u}_i\cdot\overline{v}_j\right)\right)\overline{v}_j$$

$$\overline{v}_j\Leftarrow\overline{v}_j+\alpha\sum_i\left(\overline{u}_i\cdot\overline{v}_j\right)\left(x_{ij}-F\left(\overline{u}_i\cdot\overline{v}_j\right)\right)\overline{u}_i$$

8.14 **样本外因子学习**. 假设学习 $n\times d$ 矩阵 $\boldsymbol{D}$ 的最优矩阵分解 $\boldsymbol{D}\approx\boldsymbol{U}\boldsymbol{V}^{\mathrm{T}}$，其中 $\boldsymbol{U},\boldsymbol{V}$ 分别为 $n\times k$ 和 $d\times k$ 矩阵. 现在，有一个新的样本外 $t\times d$ 数据矩阵 $\boldsymbol{D}_o$，它的行与 $\boldsymbol{D}$ 中的行的收集方法相同 (且具有相同的 d 个属性). 你需要通过最小化 $\|\boldsymbol{D}_o-\boldsymbol{U}_o\boldsymbol{V}^{\mathrm{T}}\|_F^2$ 来快速地将这个样本外数据矩阵分解为 $\boldsymbol{D}_o\approx\boldsymbol{U}_o\boldsymbol{V}^{\mathrm{T}}$，其中 $\boldsymbol{V}$ 为从早期的样本内分解学习的矩阵. 证明：该问题可以分解为 t 个线性回归问题，其最优解 $\boldsymbol{U}_o$ 为

$$\boldsymbol{U}_o^{\mathrm{T}}=\boldsymbol{V}^{+}\boldsymbol{D}_o^{\mathrm{T}}$$

这里 $\boldsymbol{V}^{+}$ 为 $\boldsymbol{V}$ 的伪逆. 证明：$\boldsymbol{D}_o\boldsymbol{P}_v$ 给出 $\boldsymbol{D}_o\approx\boldsymbol{U}_o\boldsymbol{V}^{\mathrm{T}}$ 的秩 k 近似，即 $\boldsymbol{P}_v=\boldsymbol{V}(\boldsymbol{V}^{\mathrm{T}}\boldsymbol{V})^{-1}\boldsymbol{V}^{\mathrm{T}}$ 是由 $\boldsymbol{V}$ 生成的 $d\times d$ 投影矩阵. 给出一种利用 $\boldsymbol{V}$ 的 QR 分解和三角方程组反代换的快速求解方法. 该问题和交替最小化方法有什么关系?

8.15 **样本外因子学习**. 考虑与习题 8.14 相同的场景，其中你试图学习样本内数据矩阵 $\boldsymbol{D} \approx \boldsymbol{U}\boldsymbol{V}^{\mathrm{T}}$ 的样本外因子矩阵 $\boldsymbol{U}_o$ 和样本外数据矩阵 $\boldsymbol{D}_o$. 因子矩阵 $\boldsymbol{V}$ 是由样本内学习确定的. 如习题 8.14 中那样的闭型解在大多数矩阵分解中是很难出现的. 讨论如何修正本章所讨论的梯度下降更新步骤以便可以直接学习 $\boldsymbol{U}_o$. 具体讨论如下情况：(i) 无约束矩阵分解；(ii) 非负矩阵分解；(iii) Logistic 矩阵分解.

8.16 假设有一个带有数值/缺失值的用户-物品评级矩阵. 此外，用户已经用二元值/缺失值对彼此的可信度进行了评级.

(a) 说明如何应用共享矩阵分解来估计用户对他们尚未评分的物品的评分.

(b) 说明如何应用因子分解机达到与 (a) 相似的目标.

8.17 提出一种基于矩阵分解来找到矩阵中异常值项的算法.

8.18 假设给一个有 n 个页面的大型网站的链接，其中每个页面包含从大小为 d 的词汇表中提取的词汇包. 此外，你还有 m 个用户对每个页面的评分 (1 到 5) 的信息，然而评分数据是不完整的. 请给出一个模型，通过组合所有的三段信息为每个网页创建一个嵌入. [提示：这是一个共享矩阵分解问题].

8.19 **判断正误**. 只要 k 足够大，如下 $n\times d$ 非负矩阵 $\boldsymbol{D}$ 的零误差非负矩阵分解 (NMF) $\boldsymbol{U}\boldsymbol{V}^{\mathrm{T}}$ 总是存在的，其中 $\boldsymbol{U}$ 为 $n \times k$ 矩阵，而 $\boldsymbol{V}$ 为一个 $d \times k$ 矩阵. 那么，k 取何值时可以得到下面矩阵精确的 NMF?

$$\boldsymbol{D} = \begin{bmatrix} 1 & 1 \\ 1 & 0 \end{bmatrix}$$

8.20 **判断正误**. 假设矩阵 $\boldsymbol{D}$ 有一个精确非负分解 (NMF) $\boldsymbol{U}\boldsymbol{V}^{\mathrm{T}}$ 使得 $\boldsymbol{V}$ 的每一列之和均为 1. 在这个规范化条件下，矩阵 $\boldsymbol{D}$ 的 NMF 是唯一的.

8.21 讨论为什么随机初始化 $\boldsymbol{U}_{n\times k}$ 和 $\boldsymbol{V}_{d\times k}$ 后，下面的算法可以计算矩阵分解 $\boldsymbol{D}_{n\times d} \approx \boldsymbol{U}\boldsymbol{V}^{\mathrm{T}}$:

$$\text{重复 } \boldsymbol{U} \Leftarrow \boldsymbol{D}\boldsymbol{V}^{+};\ \boldsymbol{V} \Leftarrow \boldsymbol{D}^{\mathrm{T}}\boldsymbol{U}^{+} \text{ 直至收敛}$$

8.22 推导基于 L_1 正则化的无约束矩阵分解的梯度下降更新步骤. 这里可以假设正则化参数为 $\lambda > 0$.

8.23 **交替非负最小二乘**. 提出一种使用交替最小二乘法进行非负矩阵分解的算法. [提示：见第 6 章所介绍的非负回归.]

8.24 **有界矩阵分解**. 在有界矩阵分解中，分解 $\boldsymbol{D} \approx \boldsymbol{U}\boldsymbol{V}^{\mathrm{T}}$ 中的矩阵 $\boldsymbol{U}$ 和 $\boldsymbol{V}$ 的元素均有上下界. 基于 (i) 梯度下降和 (ii) 交替最小二乘，提出一种建立有界矩阵分解的算法.

8.25 假设有一个非常大且稠密的低秩矩阵 $\boldsymbol{D}$ 无法保存在内存中，你想将它分解成 $\boldsymbol{D} \approx \boldsymbol{U}\boldsymbol{V}^{\mathrm{T}}$. 提出一种仅使用稀疏矩阵乘法的分解方法. [提示：请参考关于推荐系统的部分.]

8.26 **时间矩阵分解**. 考虑一个在时间 t 内慢慢演变的 $n \times d$ 矩阵序列 $\boldsymbol{D}_1, \cdots, \boldsymbol{D}_t$. 说明如何建立一个优化模型来推断单个 $n \times k$ 静态因子矩阵 (不随时间变化) 与多个 $d \times k$ 动态因子矩阵 (每个都是特定的时间). 推导相应的梯度下降更新步骤来确定因子矩阵.

CHAPTER 9

第 9 章 线性代数中的相似性

“最糟糕的不平等是试图使不相等的项相等.”

——亚里士多德 (Aristotle)

9.1 引言

点积相似矩阵是表示多维数据集的另一种方法. 换句话说，人们可以将一个 $n \times d$ 数据矩阵 $\boldsymbol{D}$ 转换为一个 $n \times n$ 相似矩阵 $\boldsymbol{S} = \boldsymbol{D}\boldsymbol{D}^{\mathrm{T}}$ (其中包含点与点之间的 n^2 对点积). 由于相似矩阵包含了与原始矩阵几乎相同的数据信息，故在机器学习算法中可以用 $\boldsymbol{S}$ 来代替矩阵 $\boldsymbol{D}$. 这种等价性是机器学习中很多方法的起源，被称为*核方法*. 这一章将建立理解机器学习中这类重要方法所需的线性代数框架. 当相似矩阵的选择与点积的使用不同时 (数据矩阵有时甚至不可用)，那么该方法的实际效用就会显现出来.

本章的内容安排如下. 9.2 节将讨论相似矩阵是如何作为数据矩阵的替代表示. 从相似矩阵中有效地恢复数据矩阵将在 9.3 节中讨论. 关于相似矩阵的不同类型的线性代数运算将在 9.4 节中介绍. 9.5 节讨论基于相似矩阵的机器学习算法的实现. 相关的表示定理将在 9.6 节中引入. 用于线性分离的相似矩阵的选择将在 9.7 节中探讨. 9.8 节则给出本章的总结.

9.2 数据矩阵与相似矩阵的等价性

本节将建立数据矩阵与相似矩阵之间大致的等价关系. 下文将具体说明如何将一个数据矩阵转换为一个相似矩阵，反之亦然.

9.2.1　数据矩阵与相似矩阵的相互转换

考虑一个 $n \times d$ 数据矩阵 $\boldsymbol{D}$, 其中记 $\boldsymbol{D}$ 的第 i 行为 $\overline{X}_i = [x_{i1}, x_{i2}, \cdots, x_{id}]$, 它对应数据集中的第 i 个对象．那么，在 n 个对象之间定义如下的对称 $n \times n$ 相似矩阵 $\boldsymbol{S} = [s_{ij}]$：

$$s_{ij} = \overline{X}_i \cdot \overline{X}_j = \sum_{k=1}^{d} x_{ik} x_{jk}$$

上面的相似关系也可以写成如下的矩阵形式：

$$\boldsymbol{S} = \boldsymbol{D}\boldsymbol{D}^{\mathrm{T}}$$

一个重要问题就是, 如何从相似性矩阵 $\boldsymbol{S}$ 中恢复原始数据集 $\boldsymbol{D}$ 呢? 首先, 我们注意到, 由于点积不受旋转和反射的影响，故恢复方法永远不会是唯一的．因此，围绕原点旋转数据集或沿任意轴反射数据集都会得到相同的相似矩阵．例如，考虑一个具有规范正交列的 $d \times d$ 矩阵 $\boldsymbol{P}$, 其本质上是一个旋转/反射矩阵．于是，矩阵 $\boldsymbol{D}$ 的旋转/反射版本则为

$$\boldsymbol{D}' = \boldsymbol{D}\boldsymbol{P}$$

下式证明了由 $\boldsymbol{D}'$ 所得到的相似矩阵 $\boldsymbol{S}'$ 等于 $\boldsymbol{S}$：

$$\boldsymbol{S}' = \boldsymbol{D}'\boldsymbol{D}'^{\mathrm{T}} = (\boldsymbol{D}\boldsymbol{P})(\boldsymbol{D}\boldsymbol{P})^{\mathrm{T}} = \boldsymbol{D}\underbrace{(\boldsymbol{P}\boldsymbol{P}^{\mathrm{T}})}_{\boldsymbol{I}}\boldsymbol{D}^{\mathrm{T}} = \boldsymbol{S}$$

也就是说，通过 $\boldsymbol{D}$ 和 $\boldsymbol{D}'$ 所得到的相似矩阵是相同的．

值得注意的是, $(\boldsymbol{D}\boldsymbol{P})(\boldsymbol{D}\boldsymbol{P})^{\mathrm{T}}$ 与 $\boldsymbol{D}\boldsymbol{D}^{\mathrm{T}}$ 都表示相似矩阵 $\boldsymbol{S}$ 的对称分解．一个 $n \times n$ 矩阵的对称分解是将 $\boldsymbol{S}$ 分解成两个 $n \times k$ 矩阵，即 $\boldsymbol{S} = \boldsymbol{U}\boldsymbol{U}^{\mathrm{T}}$．对于精确的因子分解，$k$ 的值将等于相似矩阵 $\boldsymbol{S}$ 的秩．在 $\boldsymbol{S}$ 的任意对称分解 $\boldsymbol{U}\boldsymbol{U}^{\mathrm{T}}$ 中，矩阵 $\boldsymbol{U}$ 的第 i 行则为第 i 个数据点的有效特征集．

特征分解是对相似矩阵进行对称分解的一个最简单的方法．首先，注意，如果 $\boldsymbol{S}$ 确实是通过数据矩阵 $\boldsymbol{D}$ 的点积得到的, 那么它的形式为 $\boldsymbol{D}\boldsymbol{D}^{\mathrm{T}}$, 因此其是半正定的 (参考第 3 章中的引理 3.3.14)．于是，我们可以通过至多有 $\min\{n, d\}$ 个非零的非负特征值来对角化它．为了强调特征值的非负性，这里将对角矩阵表示为 $\boldsymbol{\Sigma}^2$：

$$\boldsymbol{S} = \boldsymbol{Q}\boldsymbol{\Sigma}^2\boldsymbol{Q}^{\mathrm{T}} = \underbrace{(\boldsymbol{Q}\boldsymbol{\Sigma})}_{\boldsymbol{U}}(\boldsymbol{Q}\boldsymbol{\Sigma})^{\mathrm{T}}$$

这样，矩阵 $\boldsymbol{Q}\boldsymbol{\Sigma}$ 是从相似矩阵 $\boldsymbol{S}$ 中提取的表示，其最多包含 $\min\{n, d\}$ 个非零列．具体地，$\boldsymbol{Q}\boldsymbol{\Sigma}$ 的第 i 行包含第 i 个数据点的嵌式表示 (基于相似矩阵 $\boldsymbol{S}$ 的行/列的顺序)．注意，矩阵 $\boldsymbol{D}\boldsymbol{D}^{\mathrm{T}}$ 的特征向量和特征值分别为 $\boldsymbol{D}$ 的左奇异向量和奇异值的平方．

相似矩阵的特征分解提供了相似矩阵因子分解得到的无穷可能嵌入中的一个，且它是根据非零列数表示最为紧凑的一个. 这种紧凑形式还可以通过舍弃较小的特征向量来进一步提高. 考虑一个例子，提取对称的 Cholesky 分解 $\boldsymbol{S} = \boldsymbol{L}\boldsymbol{L}^{\mathrm{T}}$，并使用矩阵 $\boldsymbol{L}$ 的行作为点的工程表示 (见 3.3.9 节)，尽管还可能需要在 $\boldsymbol{S}$ 中的每个对角线元素上加一个小的正值以使其为正定的. 另外一个例子是对称平方根矩阵，其也可以通过特征分解得到 $\boldsymbol{S} = \boldsymbol{Q}\boldsymbol{\Sigma}^2\boldsymbol{Q}^{\mathrm{T}} = (\boldsymbol{Q}\boldsymbol{\Sigma}\boldsymbol{Q}^{\mathrm{T}})(\boldsymbol{Q}\boldsymbol{\Sigma}\boldsymbol{Q}^{\mathrm{T}})^{\mathrm{T}} = (\sqrt{\boldsymbol{S}})^2$. 在这些例子中选择任何特定的嵌入都不会影响任何依赖于点积 (或欧几里得距离) 的机器学习算法的预测，这是因为无论使用特征分解、Cholesky 分解或平方根矩阵，它们都是相同的.

问题 9.2.1 (替代嵌入是正交相关的) 证明：如果 $n \times n$ 秩 k 相似矩阵 $\boldsymbol{S}$ 可以根据 $n \times k$ 矩阵表示为 $\boldsymbol{U}_1\boldsymbol{U}_1^{\mathrm{T}}$ 或 $\boldsymbol{U}_2\boldsymbol{U}_2^{\mathrm{T}}$，那么 (i) 可以构造 $\boldsymbol{U}_1$ 和 $\boldsymbol{U}_2$ 的奇异值分解使其左奇异向量和奇异值在这两种情况下相同；(ii) 存在一个正交矩阵 $\boldsymbol{P}_{12}$ 使得 $\boldsymbol{U}_2 = \boldsymbol{U}_1\boldsymbol{P}_{12}$.

9.2.2 何时从相似矩阵中恢复数据

上面讨论了简单地从一个数据矩阵创建一个点积相似矩阵，然后从其中来恢复数据集的旋转/反射版本. 表面上看，这似乎不是一个有用的方法. 然而，这种类型的数据恢复方法的真正有用之处在于使用不同于点积的方法从数据中来构造相似矩阵. 事实上，原始数据集甚至可能不是多维数据类型 (点积也是不可能的). 相反，它可能表示一组结构化数据对象，如小的图形对象 (如化合物)、时间序列或离散序列. 相似矩阵 $\boldsymbol{S}$ 可能是使用这些对象的特定域的相似函数来建立的. 在这种情况下，相似矩阵 $\boldsymbol{S} = \boldsymbol{Q}\boldsymbol{\Sigma}^2\boldsymbol{Q}^{\mathrm{T}}$ 缩放后的特征向量的矩阵 $\boldsymbol{Q}\boldsymbol{\Sigma}$ 在其行中设计了对象的工程特征. 事实上，任意对象类型的特征工程最常用的方法都是从对象的相似矩阵中提取特征向量.

为什么要创建多维嵌入呢? 一个原因是，人们很难将机器学习算法应用于诸如离散序列或以图为中心的化合物等多种数据类型. 然而，提取每个对象的多维嵌入却为许多机器学习算法的使用打开了大门. 例如，用于处理多维数据的支持向量机或 Logistic 回归.

当由 d 维的多维数据的点积建立相似矩阵时，该 $n \times n$ 相似矩阵至多有 d 个非零特征向量. 然而，相似矩阵很少使用多维数据上的点积来创建 (实际中并没有这样做). 对于在不同类型的对象上使用特定域相似函数建立的任意相似矩阵，$n \times n$ 相似矩阵的 n 个特征值都可能是非零的. 我们可以从如下观点来解释这个结果：任何 n 个嵌入点 (和原点) 都位于经过原点的 n 维平面上，尽管它们可能是线性相关的，其可能定义在一个更低维的平面. 分解 $\boldsymbol{S} = \boldsymbol{U}\boldsymbol{U}^{\mathrm{T}}$ 中矩阵 $\boldsymbol{U}$ 的行包含了这个平面的一个 n 维正交基的坐标. 当利用点积的方法在维数为 $d \ll n$ 的多维数据集上提取 $n \times n$ 相似矩阵时，n 个嵌入向量之间的线性相关性可以确保这些 n 个向量定义的超平面的维数不大于 d. 然而，如果使用的是相似性函数而不是原始数据集的点积从而得到数据集的工程特性，那么情况就并非如此了.

9.2.3 何种类型的相似矩阵是“有效的”

相似矩阵是数据集的替代表示 (忽略旋转和反射). 即使原始数据不是多维的 (例如，图形对象)，人们也可以简单地假设相似性代表 (虚构的) 多维对象之间的点积. 然而，这种虚构嵌入存在的假设需要满足一个重要的有效性数学检验. 作为一个例子，相似矩阵的对角线元素是嵌入对象的非负平方范数. 因此，即使在一个虚构的嵌入上，人们使用点积也不可能建立一个具有负对角元素的相似矩阵.

如果相似矩阵 $\boldsymbol{S}$ 可以表示为 $\boldsymbol{U}\boldsymbol{U}^{\mathrm{T}}$ 的形式，那么可以从相似性矩阵 $\boldsymbol{S}$ 中提取多维嵌入. 以这种形式表示的矩阵 $\boldsymbol{S}$ 必须是半正定的 (见引理 3.3.14). *也就是说，一个相似矩阵需要是半正定的使得有效的嵌入存在.*

不幸的是，如果使用特定域的相似函数提取 $n \times n$ 相似矩阵 $\boldsymbol{S}$ 并不能确保其为半正定的. 那么，在这种情况下可以做什么呢? 结果表明：总是有可能修复任何相似矩阵 (而不显著改变相似点的解释) 使有效的嵌入存在. 这个想法是给相似矩阵 $\boldsymbol{S}$ 中的每个对角元素加上 $\delta > 0$，其中 δ 等于矩阵 $\boldsymbol{S}$ 的最大的负特征值. 在这种情况下，我们可以证明由此得到的矩阵 $\boldsymbol{S}' = \boldsymbol{S} + \delta\boldsymbol{I}$ 是半正定的.

$$\boldsymbol{S}' = \boldsymbol{S} + \delta\boldsymbol{I} = \boldsymbol{Q}\boldsymbol{\Delta}\boldsymbol{Q}^{\mathrm{T}} + \delta\boldsymbol{I} = \boldsymbol{Q}\underbrace{(\boldsymbol{\Delta} + \delta\boldsymbol{I})}_{\geqslant 0}\boldsymbol{Q}^{\mathrm{T}}$$

在此情况下，我们可以提取嵌入 $\boldsymbol{Q}\sqrt{\boldsymbol{\Delta} + \delta\boldsymbol{I}}$. 从以应用为中心的可解释性的角度来看，相似矩阵的修正往往不是一个重要问题. 通过这样做，只是将 (不太重要的) 自相似值转换为足够大的值，同时保持成对的相似值不变. 直观地说，在处理点积时，点之间的自相似性总是大于不同点之间的自相似性 (平均而言).

问题 9.2.2 *设 $\overline{X}$ 和 $\overline{Y}$ 为两个 d 维点. 证明：两个点积自相似性 $\overline{X} \cdot \overline{X}$ 和 $\overline{Y} \cdot \overline{Y}$ 的平均不小于它们之间的点积相似性 $\overline{X} \cdot \overline{Y}$.*

换句话说，上面的问题意味着，如果有一个 2×2 对称相似矩阵，其中对角线元素的和小于非对角线元素的和，则该矩阵就不是半正定的.

问题 9.2.3 *证明：对于一个适当选取的列向量 $\overline{y}$, 相似矩阵 $\boldsymbol{S}$ 中各元素之和可以表示为 $\overline{y}^{\mathrm{T}}\boldsymbol{S}\overline{y}$. 关于一个半正定相似矩阵中元素值之和的符号，你能推断出什么?*

问题 9.2.4 *设 $\overline{y}$ 为一个 n 维列向量. 证明：$\overline{y}^{\mathrm{T}}\boldsymbol{S}\overline{y}$ 表示包含由 $n \times n$ 相似矩阵 $\boldsymbol{S}$ 所诱导的嵌入的多维空间中某个向量的平方范数.*

值得注意的是，尽管将 $\boldsymbol{S}$ 的对角线元素增加 δ 会影响嵌入矩阵 $\boldsymbol{Q}\sqrt{\boldsymbol{\Delta} + \delta\boldsymbol{I}}$，但它并不影响规范化嵌入矩阵 $\boldsymbol{Q}$. 事实上，一些特征工程 (如*谱嵌入*) 都与规范化嵌入有关. 虽然在机器学习核方法的相关文献中半正定的重要性经常被强调，但实际情况是，该要求远没有乍一看那么重要 (从实际角度来看)——相似矩阵总是可以通过沿着对角线增加自相似性元素来进行修复 (不管怎样，它们在语义上都不那么重要).

9.2.4 作为优化模型的对称矩阵分解

从相似矩阵中提取嵌入是对称矩阵分解的一种特殊情况．然而，这没有必要进行精确的因子分解．当寻找一个 k 维嵌入时，其中 $k \ll n$，$n \times k$ 嵌入 $\boldsymbol{U}$ 定义了一个表示使得 $\|\boldsymbol{S}-\boldsymbol{U}\boldsymbol{U}^{\mathrm{T}}\|_F^2$ 最小化．因此，我们可以将求解 k 维嵌入问题作为关于变量 $\boldsymbol{U}$ 的 $n \times k$ 矩阵的无约束矩阵分解问题：

$$\min_{\boldsymbol{U}} \quad J=\frac{1}{2}\|\boldsymbol{S}-\boldsymbol{U}\boldsymbol{U}^{\mathrm{T}}\|_F^2$$

相似矩阵 $\boldsymbol{S}=\boldsymbol{Q}_k\boldsymbol{\Sigma}_k^2\boldsymbol{Q}^{\mathrm{T}}$ 的前 k 个 (缩放的) 特征向量 $\boldsymbol{Q}_k\boldsymbol{\Sigma}_k$ 表示该优化问题的一个解．这个解的一个特殊性质是 $\boldsymbol{U}=\boldsymbol{Q}_k\boldsymbol{\Sigma}_k$ 的列向量是相互正交的．然而，该优化问题也可能有其他的解．为了理解这一点，我们建议读者考虑如下练习：

问题 9.2.5 已知 $\boldsymbol{U}=\boldsymbol{Q}_k\boldsymbol{\Sigma}_k$ 是上述优化问题的一个最优解．这里，$\boldsymbol{Q}_k$ 是一个 $n\times k$ 矩阵，它的列向量包含了 $\boldsymbol{S}$ 的前 k 个特征向量，而 $\boldsymbol{\Sigma}_k$ 是一个对角矩阵，其对角项包含相应特征值的平方根．证明：任意具有 $\boldsymbol{U}'=\boldsymbol{Q}_k\boldsymbol{\Sigma}_k\boldsymbol{R}_k$ 形式的矩阵也是该优化问题的一个最优解．这里 $\boldsymbol{R}_k$ 为任意 $k\times k$ 正交矩阵．讨论为什么矩阵 $\boldsymbol{U}'$ 的列不一定是相互正交的．

求解上述问题的最后一部分的一个提示是，计算 $\boldsymbol{U}'^{\mathrm{T}}\boldsymbol{U}'$ 并证明除非在一些非常特殊的情况下，它通常不是对角矩阵．正如 9.3 节中所讨论的，我们还可以使用列抽样和随机梯度下降等方法有效地建立这些替代的嵌入．

9.2.5 核方法：机器学习视角

机器学习的核方法经常使用关于相似矩阵的线性代数运算．于是，我们将这些线性代数概念与机器学习中所使用的术语联系起来．称从相似矩阵 (使用特征分解) 提取的多维表示为特定于该数据的 Mercer 核映射．更一般地，称这些表示为核特征空间，或简称为特征空间．

定义 9.2.1 (核特征空间) 将对象间的半正定相似矩阵对角化所得到的多维数据空间称为特定数据的核特征空间，或简称为特定数据的特征空间．

我们需要强调的是，这里的核特征空间的定义是一个“特定数据”的版本，其中已经给出了一个有限大小的包含相似值样本的相似矩阵．具有有限大小的相似矩阵确保了特征空间是由相似矩阵的大小所控制的．然而，通过将来自无穷域的每对对象之间的相似性定义为闭型函数，也可以 (隐式地) 指定无穷大小的相似性矩阵．例如，考虑如下情况，一个人想从多维向量 $\overline{x} \in \mathbf{R}^d$ 设计新的特征 $\Phi(\overline{x})$．在此情况下，我们可以通过单位方差下的简化高斯核定义一个如下的多维对象 $\overline{x}$ 和 $\overline{y}$ 之间的相似性函数 (不同于点积)：

$$K(\overline{x},\overline{y})=\Phi(\overline{x})\cdot\Phi(\overline{y})=\exp\left(-\|\overline{x}-\overline{y}\|^2/2\right)$$

通过提供一个闭型表达式，我们可以有效地定义无穷集 $\mathbf{R}^d$ 中所有对象 $\overline{x}$ 和 $\overline{y}$ 之间的相似矩阵. 由于特征向量的维数随着相似矩阵的大小而增加，故得到的特征向量也有可能[⊖]是无穷维的. 这种无穷维向量空间是有限维欧几里得空间的一个自然推广，称其为 Hilbert 空间. 然而，即使在这些抽象的无穷维空间表示的情况下，人们也可以表示 n 维空间中包含 n 个的对象的一个特定的有限数据集——关键是一个无穷维的包含 n 个对象 (原点) 的 n 维投影空间总是存在的. 毕竟，任何 n 个向量的集合定义了一个 (最多) n 维的子空间. 大小为 $n \times n$ 的样本矩阵的特征分解精确地发现了这个子空间，其是特定数据的特征空间. 对于大多数机器学习问题来说，只需要特定数据的特征空间. 我们特别强调这一点：

> 对于大小为 $n \times n$ 的有限相似矩阵，我们总是可以利用相似矩阵的特征分解提取 (最多) n 维的表示. 甚至当由无穷大的点域上一个 (闭型) 相似函数导出的真特征空间的维数更大的时候，这也是成立的.

关键点在于，只要我们不需要知道 n 个点的有限数据集之外的点的表示，就可以将表示的维数限制为 n 维子空间 (在许多情况下还要低得多) 上. 在本章中，当提到核特征空间时，指的是特定数据的特征空间，其维数以点的个数为上限. 对相似矩阵进行特征分解提取特征也被称为核奇异值分解.

定义 9.2.2 (核奇异值分解) 称通过 $n \times n$ 半正定相似矩阵 $\boldsymbol{S}$ 的特征分解 $\boldsymbol{S}=\boldsymbol{Q}\boldsymbol{\Sigma}^2\boldsymbol{Q}^{\mathrm{T}}$ 所提取的嵌入 $\boldsymbol{Q}\boldsymbol{\Sigma}$ 为核奇异值分解. 对每个 $i \in \{1, \cdots, n\}$，$n \times n$ 矩阵 $\boldsymbol{Q}\boldsymbol{\Sigma}$ 的第 i 行都包含第 i 个数据点的嵌入. 当 $\boldsymbol{S}$ 已经包含了 $\mathbf{R}^d$ 中点之间的点积时，该方法则退化为标准的奇异值分解.

机器学习中的所有核方法都使用核奇异值分解，其通过一种被称为“核技巧”的方法隐式地转换数据. 然而，我们将回顾一些诸如支持向量机等关于核方法的传统应用，并介绍如何使用相似矩阵的显式特征分解来实现它们. 尽管这种方法并不常见，但它具有一定的指导意义，并且比避免特征分解的替代方法更具有一定的优势.

9.3 从相似矩阵中有效恢复数据

嵌入提取最基本的方法是通过计算 n 个对象两两相似性来建立 $n \times n$ 相似矩阵 $\boldsymbol{S}$，然后提取 $\boldsymbol{S}$ 的大特征向量. 然而，这在实际中通常很难实现. 假设现在有 10 亿个数据对象 (如化合物)，那么 $n = 10^9$. 按照现今的标准，人们并不认为包含 10 亿个对象的数据集特别大. 在此情况下，相似矩阵中的元素个数为 10^{18}，这甚至很难显式地来表示. 在许多情况下，人们可以使用闭型函数来计算每对对象之间的相似性，尽管人们并不希望被迫计算这

⊖ 对于一些闭型函数，比如点积，特征向量只有 d 个分量是非零的；而对于如高斯核等其他类型函数，无穷分量的整个集合都是需要的.

个函数 10^{18} 次. 例如, 如果需要一台计算机的一个机器周期来计算一对相似性, 那么一台 10 GHz 的计算机将需要 10^8 秒来计算所有的相似性 (这比 3 年时间还要长). 显式存储相似矩阵所需的空间为 10^6 TB 量级. 因此, 普通的嵌入提取方法是不切实际的.

事实上,通过仅计算相似矩阵 $\boldsymbol{S} = [s_{ij}]$ 中元素的一个子集就可以近似地提取嵌入.关键在于 $\boldsymbol{S}$ 中各元素之间的相关性很大,这使得相似矩阵具有大量的冗余.例如,如果 s_{ij} 和 s_{ik} 都非常大, 那么在通常情况下, s_{jk} 也非常大. 从数学的角度来看, 这个观察也相当于说矩阵 $\boldsymbol{S}$ 的秩往往远小于其物理维度 n. 有了这样的冗余, 人们通常可以通过抽样的方法来近似地提取 $\boldsymbol{S}$ 的低维嵌入——这是一种压缩方法. 我们将讨论实现这一目标的两种解决方案. 第一个解决方案是行抽样方法, 它改进了已经讨论过的特征分解技术, 而第二种方法则是建立在基于第 8 章中所介绍的矩阵分解模型上的随机梯度下降法.

9.3.1 Nyström 抽样

Nyström 方法是通过对数据对象的子集进行子抽样, 并仅在这个 (小) 子集上构造相似矩阵从而可以加快嵌入过程. 创建原型嵌入模型仅使用这个子集, 然后利用线性代数的一些技巧可以将其推广到样本外的点 (见文献 [133]).

第一步是对一组 p 个对象进行抽样, 从而构造一个 $p \times p$ 的样本内相似矩阵 $\boldsymbol{S}_{in}$, 其中第 (i, j) 项为样本内第 i 个和第 j 个对象之间的相似性. 类似地, 构造一个 $n \times p$ 相似矩阵 $\boldsymbol{S}_a$, 其中第 (i, j) 项为第 i 个对象与第 j 个样本内对象之间的相似性. 注意, 矩阵 $\boldsymbol{S}_{in}$ 包含在 $\boldsymbol{S}_a$ 中, 这是因为 $\boldsymbol{S}_{in}$ 的每一行同时也是 $\boldsymbol{S}_a$ 中的一行. 然后, 执行如下步骤, 首先生成样本内点的嵌入, 然后将样本内嵌入推广到所有点 (包括样本外的点):

- **样本内嵌入:** 对角化 $\boldsymbol{S}_{in} = \boldsymbol{Q}\boldsymbol{\Sigma}^2\boldsymbol{Q}^{\mathrm{T}}$. 如果非零特征向量少于 p 个, 则提取 $n \times k$ 矩阵 $\boldsymbol{Q}_k$ 和 $k \times k$ 对角矩阵 $\boldsymbol{\Sigma}_k$ 中所有 $k < p$ 个非零特征向量. 这一步所需时间和空间的复杂度分别为 $O(p^2 \cdot k)$ 和 $O(p^2)$. 因为 p 通常是几千个数量级的小常数, 故不管对象的基数是多少, 这个步骤都非常快, 而且空间效率很高.
- **全局嵌入:** 设 $\boldsymbol{U}_k$ 表示一个未知的 $n \times k$ 矩阵, 其行包含所有 n 个点的 k 维表示. 尽管已经知道样本点的嵌入, 我们将仍利用变换空间中相似矩阵的性质以统一的方式导出所有行向量. 矩阵 $\boldsymbol{U}_k$ 中的 n 个点和 $\boldsymbol{Q}_k\boldsymbol{\Sigma}_k$ 中样本内的点的点积可以利用 $\boldsymbol{U}_k$ 和 $(\boldsymbol{Q}_k\boldsymbol{\Sigma}_k)^{\mathrm{T}}$ 的矩阵乘积计算得到. 注意, $n \times p$ 个点积集包含在矩阵 $\boldsymbol{S}_a$ 中, 这是因为假设 $\boldsymbol{S}_a$ 包含所有点和样本内的点的嵌入表示的点积. 由此, 我们有下式成立:

$$\boldsymbol{S}_a \approx \underbrace{\boldsymbol{U}_k(\boldsymbol{Q}_k\boldsymbol{\Sigma}_k)^{\mathrm{T}}}_{\text{点积}} \tag{9.1}$$

这种近似是由于所有点的嵌入可能需要 n 维空间, 而我们限制在由样本内的点定义的最多 p 维空间. 通过将上式两边分别乘以 $\boldsymbol{Q}_k\boldsymbol{\Sigma}_k^{-1}$, 并利用 $\boldsymbol{Q}_k^{\mathrm{T}}\boldsymbol{Q}_k = \boldsymbol{I}_k$ 可以得到:

$$\boldsymbol{U}_k \approx \boldsymbol{S}_a\boldsymbol{Q}_k\boldsymbol{\Sigma}_k^{-1} \tag{9.2}$$

因此，我们有 k 维空间中所有 n 个点的嵌入．这一步所需时间的复杂度为一个简单的矩阵乘法所需时间的复杂度 $O(n \cdot p \cdot k)$，它与数据集中的对象数量呈线性关系．值得注意的是，矩阵 $\boldsymbol{U}_k$ 中的 p 个样本内的行与 $\boldsymbol{Q}_k\boldsymbol{\Sigma}_k$ 中的 p 行相同．

有意思的是，我们可以在最多 p 维空间中表示 n 个点，而完整的数据的特定数据的特征空间维数可能为 n．我们实际的做法是利用这样一个事实，即特征空间中由 p 个点 (和原点) 定义的超平面至多是 n 维特定数据的特征空间的 p 维投影，它最多可以用 $k \leqslant p$ 个坐标来表示．因此，首先要找到 p 个点的子集的 k 维精确表示 (其中 $k \leqslant p$)．然后，将剩余的 $(n-p)$ 个点从 n 维特征空间投影到 p 个点所在的 k 维子空间上．这样，余下的 $(n-p)$ 个点失去了一些表示的准确性，这也是抽样方法所期望的．事实上，为了提高效率，我们甚至可以从样本内嵌入中去掉一些较小的非零特征向量．

9.3.2　基于随机梯度下降的矩阵分解

第二种方法是结合 9.2.4 节所介绍的优化模型来使用随机梯度下降．随机梯度下降法是通过从相似矩阵中抽取元素样本来进行更新．由于相似矩阵中的元素是高度相关的，这意味着矩阵通常是近似低秩的．在这种情况下，人们可以通过最小化残差 (噪声) 项的平方和来学习嵌入的前 k 个分量．这是一个类似于推荐系统中的矩阵分解方法 (见 8.3.2 节)，利用其中一小部分矩阵元素就足以学习因子矩阵．

为了方便讨论，我们假设相似矩阵的一小部分元素以与推荐系统中的评级矩阵中的一小部分元素相同的方式预先具体化 (见 8.3.2 节)．在实际应用中，我们总是可以实时计算随机梯度下降的相似性值，尽管在前面固定“观测”元素也允许我们使用普通梯度下降和稀疏矩阵乘法．设 $\boldsymbol{S} = [s_{ij}]$ 为一个 $n \times n$ 相似矩阵，其中只观测到所有元素中的一个子集 O：

$$O = \{(i,j):\ s_{ij}\text{可以被“观测”到}\} \tag{9.3}$$

这里可以假设矩阵 $\boldsymbol{S}$ 是对称的，这样观测到的相似性集合 O 可以分组成满足 $s_{ij} = s_{ji}$ 的对称项对．需要对于用户指定的秩 k 学习 $n \times k$ 嵌入 $\boldsymbol{U}$ 以便对于任何观测到的第 (i,j) 项元素，即 $\boldsymbol{U}$ 的第 i 行和第 j 行的点积，尽可能地接近 $\boldsymbol{S}$ 的第 (i,j) 项元素 s_{ij}．也就是说，对于 $\boldsymbol{S}$ 中所观测到的元素，$\|\boldsymbol{S} - \boldsymbol{U}\boldsymbol{U}^{\mathrm{T}}\|_F^2$ 的值应尽可能小．该问题可以根据只能在 O 中所“观测到”的元素表述如下：

$$\min J = \frac{1}{2}\sum_{(i,j)\in O}\left(s_{ij} - \sum_{p=1}^{k} u_{ip}u_{jp}\right)^2 + \frac{\lambda}{2}\sum_{i=1}^{n}\sum_{p=1}^{k} u_{ip}^2$$

注意，我们修改了 9.2.4 节的优化模型，因此上式仅包含 $\boldsymbol{S}$ 中的一小部分元素．此外，由于要使用的元素子集很小，那么在这种情况下，正则化变得尤为重要．该问题类似于推荐问题中的因子确定问题，梯度下降法是一个自然的候选方案．主要区别在于因子分解是对称的．

设 $e_{ij} = s_{ij} - \sum_{p=1}^{k} u_{ip}u_{jp}$ 为集合 O 中第 (i,j) 项元素在参数矩阵 $\boldsymbol{U}$ 的特定值处的误差. 计算 J 关于 u_{im} 的偏导数可得:

$$\begin{aligned}
\frac{\partial J}{\partial u_{im}} &= \sum_{j:(i,j)\in O}\left(s_{ij}+s_{ji}-2\cdot\sum_{p=1}^{k}u_{ip}u_{jp}\right)(-u_{jm})+\lambda u_{im} \quad \forall i\in\{1,\cdots,n\},\quad m\in\{1,\cdots,k\}\\
&= \sum_{j:(i,j)\in O}(e_{ij}+e_{ji})(-u_{jm})+\lambda u_{im} \quad \forall i\in\{1,\cdots,n\},\quad m\in\{1,\cdots,k\}\\
&= -2\sum_{j:(i,j)\in O}e_{ij}u_{jm}+\lambda u_{im} \quad \forall i\in\{1,\cdots,n\},\quad m\in\{1,\cdots,k\}
\end{aligned}$$

注意, 由于对称性假设, 在观测到的元素中 s_{ij} 和 s_{ji} 要么都存在, 要么都不存在. 我们还可以用矩阵形式来表示这些偏导数. 设 $\boldsymbol{E} = [e_{ij}]$ 为一个误差矩阵, 其中第 (i,j) 项元素为 O 中观测到的第 (i,j) 项元素的误差, 否则为 0. 当观测到少量元素时, 该矩阵是稀疏的. 不难看出, 整个 $n\times k$ 偏导数矩阵 $\left[\frac{\partial J}{\partial u_{im}}\right]_{n\times k}$ 可由 $-2\boldsymbol{EU}$ 给出. 这建议人们应该随机地来初始化参数矩阵 $\boldsymbol{U}$, 并使用如下梯度下降步骤来进行更新:

$$\boldsymbol{U} \Leftarrow \boldsymbol{U}(a-\alpha\lambda)+2\alpha\boldsymbol{EU} \tag{9.4}$$

这里 $\alpha > 0$ 为步长, 更新可以按照该步长来进行直至收敛. 注意, 误差矩阵 $\boldsymbol{E}$ 是稀疏的, 故在转换为稀疏数据结构之前, 人们只需要计算 O 中存在的元素.

为了确定因子分解的最优秩 k, 我们可以保留所有观测到元素中的一个子集 $O_1 \subset O$, 且其在学习 $\boldsymbol{U}$ 的过程并没有被用到. 这些元素用于测试使用不同的 k 值学习的矩阵 $\boldsymbol{U}$ 的平方误差 $\sum_{(i,j)\in O_1} e_{ij}^2$. 最终选择使用那些使得所保留的元素的误差达到最小的 k 值. 此外, 我们还可以利用保留的元素来确定梯度下降法的停止准则. 当关于保留元素的误差开始增加时, 则梯度下降过程终止. 于是, 所恢复的矩阵 $\boldsymbol{U}$ 提供了数据的 k 维嵌入, 这可与机器学习算法相结合使用.

由于在 O 中只用到一组固定的预先计算的元素, 故人们可以使用梯度下降法. 另外, 如果使用随机梯度下降法, 我们可以简单地对 $\boldsymbol{S}$ 中的任何元素进行抽样, 并实时计算相似性值. 这种方法的优点是不必在 O 中循环使用同一组元素. 据推测, 相似矩阵中的元素个数是如此之大以至于即使当在随机梯度下降中人们对尽可能多的元素进行抽样 (替换) 时, 大多数元素也不会被访问一次以上 (或根本不会). 于是, 我们可以将随机梯度下降的更新归结为如下的步骤, 并重复执行:

随机取样指标对 $[i,j]$ 并且计算相似性值 s_{ij};

计算误差 $e_{ij}=s_{ij}-\sum_{p=1}^{k}u_{ip}u_{jp}$；

更新 $u_{im}^{+}\Leftarrow u_{im}(1-\alpha\lambda)+2e_{ij}u_{jm}, \forall\ m\in\{1,\cdots,k\}$；

更新 $u_{jm}^{+}\Leftarrow u_{jm}(1-\alpha\lambda)+2e_{ij}u_{im}, \forall\ m\in\{1,\cdots,k\}$；

更新 $u_{im}\Leftarrow u_{im}^{+}$，$u_{jm}\Leftarrow u_{jm}^{+}$.

当对元素进行抽样时，将实时计算相似性值. 该算法甚至可以用于非半正定的相似矩阵，且将自动学习对角线元素以建立最接近的半正定近似.

问题 9.3.1 设 $\boldsymbol{S}$ 为一个非正半定的 $n\times n$ 对称矩阵，其具有 $r\ll n$ 个负特征值 $\lambda_1,\cdots,\lambda_r$. 证明：不管 $n\times k$ 矩阵 $\boldsymbol{U}$ 中 k 的值是多少，目标函数 $J=\|\boldsymbol{S}-\boldsymbol{U}\boldsymbol{U}^{\mathrm{T}}\|_F^2$ 始终不小于 $\sum_{p=1}^{r}\lambda_p^2$. 确保该误差的最小 k 的值是多少？

9.3.3 非对称相似分解

相似矩阵 $\boldsymbol{S}$ 的分解形式 $\boldsymbol{S}=\boldsymbol{U}\boldsymbol{U}^{\mathrm{T}}$ 是对称的. 然而，人们也可以应用非对称分解 $\boldsymbol{S}\approx\boldsymbol{U}\boldsymbol{V}^{\mathrm{T}}$. 这里，$\boldsymbol{S}$ 是一个 $n\times n$ 矩阵，而 $\boldsymbol{U}$ 和 $\boldsymbol{V}$ 均为 $n\times k$ 矩阵. 在这种情况下，我们可以使用 $\boldsymbol{U}$ 的第 i 行和 $\boldsymbol{V}$ 的第 i 行的某种组合来建立第 i 个数据点的嵌入. 例如，可以连接 $\boldsymbol{U}$ 的第 i 行和 $\boldsymbol{V}$ 的第 i 行来创建第 i 个数据点的 $2k$ 维嵌入. 此时，更新步骤类似于推荐系统的情况 (见第 8 章)，其中误差矩阵定义为 $\boldsymbol{E}=\boldsymbol{S}-\boldsymbol{U}\boldsymbol{V}^{\mathrm{T}}$ 且更新步骤可表述如下：

$$\boldsymbol{U}\Leftarrow\boldsymbol{U}+\underbrace{\alpha\boldsymbol{E}\boldsymbol{V}}_{\Delta\boldsymbol{U}}$$

$$\boldsymbol{V}\Leftarrow\boldsymbol{V}+\underbrace{\alpha\boldsymbol{E}^{\mathrm{T}}\boldsymbol{U}}_{\Delta\boldsymbol{V}}$$

如何利用分解所得到的分量来建立相应的嵌入呢？这里有几种选择. 例如，只使用 $\boldsymbol{V}$ 来创建嵌入. 但也可以连接 $\boldsymbol{U}$ 的第 i 行和 $\boldsymbol{V}$ 的第 i 行来构造第 i 个对象的 $2k$ 维嵌入. 同时利用矩阵 $\boldsymbol{U}$ 和 $\boldsymbol{V}$ 可以识别到行与列捕获对象之间相似性的不同方面. 例如，在非对称中粉丝-关注者链接矩阵中，粉丝的相似性不同于关注者的相似性. 爱丽丝和鲍勃可能都是电影明星，故在他们的粉丝方面相似，而爱丽丝和约翰可能属于同一个家庭，从而在关注者方面相似. 同时使用 $\boldsymbol{U}$ 和 $\boldsymbol{V}$ 有助于解释这两种类型的相似性.

执行非对称分解的另一种方法是秩 k 的截断奇异值分解：

$$\boldsymbol{S}\approx\boldsymbol{Q}_k\boldsymbol{\Sigma}_k\boldsymbol{P}_k^{\mathrm{T}} \tag{9.5}$$

这里，如果忽略 $\boldsymbol{\Sigma}_k$ 中的比例因子，则 $\boldsymbol{Q}_k$ 相当于 $\boldsymbol{U}$，而 $\boldsymbol{P}_k$ 相当于 $\boldsymbol{V}$.

最后，如果 $\boldsymbol{S}$ 可根据实特征向量/特征值来对角化，那么我们可以直接应用特征分解来提取嵌入：

$$\boldsymbol{S}=\boldsymbol{U}\boldsymbol{\Delta}\boldsymbol{U}^{-1} \tag{9.6}$$

矩阵 $\boldsymbol{U}$ 的列包含特征向量，但它们不一定是规范正交的. 在此情况下，我们可以提取 $\boldsymbol{U}$ 的前 k 列 (对应于最大特征值) 来创建 k 维嵌入. 非对称分解对于许多实际应用中出现的非对称相似矩阵都非常有用：

1. 在社交网络中，一个用户可能会跟随另一个用户 (或像另一个用户一样)，但“相似性”关系可能不会如此. 类似地，网页之间的超链接可以被视为相似性的定向指示器.

2. 如果边权重以非对称的方式进行规范化，那么即使是无向图也可能具有非对称的相似网络. 正如我们将在第 10 章中看到的，无向图的邻接矩阵可以通过将每行规范化使其行和为 1 而转换为*随机转移矩阵*，并且该转移矩阵的右特征向量提供了一种嵌入，称其为 Shi-Malik 嵌入 (见文献 [115]). 另外，对称规范化的相同邻接矩阵的对称分解产生了一个相关的嵌入，称其为 Ng-Jordan-Weiss 嵌入 (见文献 [98]). 这两种嵌入都是谱分解的不同形式，可用于*谱聚类*等 (见 10.5.1 节).

事实上，我们可以应用第 8 章中所讨论的方法来计算不对称分解. 本章的大部分内容将关注对称嵌入.

9.4　相似矩阵的线性代数运算

在许多机器学习应用中都会有用到数据矩阵上基本的统计和几何运算，例如：数据矩阵的均值/方差的计算、中心化、数据点的规范化以及两点欧几里得距离的计算 (而不是点积相似性) 等. 如果已经可以访问多维数据集，那么我们可以相对容易地来执行这些运算. 然而，如果只提供了数据间的相似性，那计算会如何操作呢？是否可以通过修改或使用相似矩阵 (而不是点) 来间接执行这些运算呢？这些类型的基本运算通常在各种机器学习应用中非常有用.

考虑基于 n 个对象 $o_1,\cdots,o_n$ 的 $n\times n$ 相似矩阵 $\boldsymbol{S}$. 这些对象可以是任意类型的，例如时间序列和序列等. 每一个对象 o_i 都有一个多维嵌入 $\Phi(o_i)$, 从而矩阵 $\boldsymbol{S}$ 中的第 (i,j) 项元素 s_{ij} 可以由如下点积来定义：

$$s_{ij}=\Phi(o_i)\cdot\Phi(o_j)$$

我们使用这些符号就可以定义两点之间的基本运算.

9.4.1　相似矩阵的能量与单位球规范化

第 i 个对象 o_i 的多维嵌入 $\Phi(o_i)$ 的平方范数可以根据相似性按如下方式来计算：

$$\|\Phi(o_i)\|^2=\Phi(o_i)\cdot\Phi(o_i)=s_{ii}$$

上式也定义了平方范数. 那么范数即为 $\sqrt{s_{ii}}$. 数据集的总能量 $E(\boldsymbol{S})$ 是所有点的平方范数之和，即相似矩阵的迹：

$$E(\boldsymbol{S})=\sum_{i=1}^{n} s_{ii}=\operatorname{tr}(\boldsymbol{S})$$

也就是说，数据集中的总能量等于相似矩阵的对角线元素之和！

范数可用于规范化一个相似矩阵以便使得所有工程点 $\Phi_n(o_i)$ 都位于一个单位球上. 注意到，对于单位规范化的点而言，点积成为余弦相似性. 与点积不同，规范化不会改变余弦相似性. 考虑一个未规范化的相似矩阵 $\boldsymbol{S}\,[s_{ij}]$，其对应于工程化的表示 $\Phi(\cdot)$ 的情形，且我们想在单位球上将这些点规范化为 $\Phi_n(\cdot)$.

$$\Phi_n\left(o_i\right)\cdot\Phi_n\left(o_j\right)=\operatorname{cosine}\left[\Phi_n\left(o_i\right),\Phi_n\left(o_j\right)\right]=\frac{\Phi\left(o_i\right)\cdot\Phi\left(o_j\right)}{\left\|\Phi\left(o_i\right)\right\|\cdot\left\|\Phi\left(o_j\right)\right\|}=\frac{s_{ij}}{\sqrt{s_{ii}}\sqrt{s_{jj}}}$$

每个元素 s_{ij} 都用上述规范化的值来替换. 注意，规范化的相似矩阵的对角线仅包含 1. 这是因为我们已经有效地规范了特定数据的核特征使其位于 $\mathbf{R}^n$ 中的一个单位球上.

9.4.2 均值与方差的范数

我们可以按如下方式来计算数据集均值的范数：

$$\|\bar{\mu}\|^2=\left\|\sum_{i=1}^{n}\Phi\left(o_i\right)/n\right\|^2=\sum_{i=1}^{n}\sum_{j=1}^{n}\Phi\left(o_i\right)\cdot\Phi\left(o_j\right)/n^2=\sum_{i=1}^{n}\sum_{j=1}^{n}s_{ij}/n^2$$

也就是说，均值的平方范数等于相似矩阵中元素的均值. 根据问题 9.2.3，该值始终是非负的.

嵌入空间 (由相似矩阵 $\boldsymbol{S}$ 所诱导的) 中数据集 (所有维度) 的总方差 $\sigma^2(\boldsymbol{S})$ 可以通过从规范化能量 (即所有维数上的平均能量) 中减去均值的平方范数来得到：

$$\sigma^2(\boldsymbol{S})=\operatorname{Energy}(\boldsymbol{S})/n-\bar{\mu}^2=\sum_{i=1}^{n}s_{ii}/n-\sum_{i=1}^{n}\sum_{j=1}^{n}s_{ij}/n^2$$

注意，方差是平均对角线元素和平均矩阵元素之间的差值.

问题 9.4.1 包含 n 个点的数据集的方差与点对之间 (在所有 $\binom{n}{2}$ 个点上) 距离的平方和成比例. 利用该结果证明：可以选择合适的 n 维向量 $\bar{y}_r$，$r\in\{1,2,\cdots,n(n-1)/2\}$ 使得由相似矩阵 $\boldsymbol{S}$ 所诱导的数据方差 $\sigma^2(\boldsymbol{S})$ 用以下形式来表示：

$$\sigma^2(\boldsymbol{S})\propto\sum_{r=1}^{n(n-1)/2}\bar{y}_r^{\mathrm{T}}\boldsymbol{S}\bar{y}_r$$

上述问题也说明了为什么相似矩阵 $\boldsymbol{S}$ 是半正定的情况下方差总是非负的.

9.4.3 相似矩阵的中心化

在一些诸如主成分分析 (PCA) 应用中，通常假设数据是均值中心化的. 不幸的是，一般并不能保证由任意相似矩阵诱导的嵌入都是以均值为中心的. 考虑这样的情况，数据集 $\boldsymbol{D}=\boldsymbol{Q\Sigma}$ 可以从相似矩阵 $\boldsymbol{S}=\boldsymbol{Q\Sigma}^2\boldsymbol{Q}^{\mathrm{T}}$ 中提取. 因此，相似矩阵 $\boldsymbol{S}$ 也可以表示为 $\boldsymbol{DD}^{\mathrm{T}}$. 设 $\boldsymbol{M}$ 是由 1 所构成的 $n\times n$ 矩阵. 那么，矩阵 $\boldsymbol{D}$ 的中心化 $\boldsymbol{D}_c$ 可以表示为

$$\boldsymbol{D}_c=(\boldsymbol{I}-\boldsymbol{M}/n)\boldsymbol{D} \tag{9.7}$$

于是，相似矩阵 $\boldsymbol{S}$ 的中心化 $\boldsymbol{S}_c$ 可以由 $\boldsymbol{S}_c=\boldsymbol{D}_c\boldsymbol{D}_c^{\mathrm{T}}$ 给出. 那么，该相似矩阵 $\boldsymbol{S}$ 的中心化矩阵 $\boldsymbol{S}_c$ 可表示如下：

$$\begin{aligned}\boldsymbol{S}_c&=\boldsymbol{D}_c\boldsymbol{D}_c^{\mathrm{T}}=[(\boldsymbol{I}-\boldsymbol{M}/n)\boldsymbol{D}][(\boldsymbol{I}-\boldsymbol{M}/n)\boldsymbol{D}]^{\mathrm{T}}\\&=(\boldsymbol{I}-\boldsymbol{M}/n)\underbrace{(\boldsymbol{DD}^{\mathrm{T}})}_{\boldsymbol{S}}(\boldsymbol{I}-\boldsymbol{M}/n)^{\mathrm{T}}=(\boldsymbol{I}-\boldsymbol{M}/n)\boldsymbol{S}(\boldsymbol{I}-\boldsymbol{M}/n)\end{aligned}$$

机器学习中的数据矩阵通常需要中心化，其作为各种任务的预处理步骤. 一个具体的例子就是核主成分分析. 我们也可以按照如下方式判别相似矩阵是否是均值中心化的：

观察 9.4.1 (识别均值中心化的相似性) *一个相似矩阵第 i 行 (或列) 的和是第 i 个点的嵌入与该嵌入中所有向量之和之间的点积. 因此，以均值为中心的相似矩阵的所有行与列总和为 0.*

应用：核主成分分析

上述方法给出了核主成分分析的一个基本路径 (见文献 [112]). 在核主成分分析中，首先对 $n\times n$ 相似矩阵 $\boldsymbol{S}$ 进行中心化成为 $\boldsymbol{S}_c=(\boldsymbol{I}-\boldsymbol{M}/n)\boldsymbol{S}(\boldsymbol{I}-\boldsymbol{M}/n)$, 然后将其对角化为 $\boldsymbol{S}_c=\boldsymbol{Q\Sigma}^2\boldsymbol{Q}^{\mathrm{T}}$. 这可以进一步表示为对称分解形式 $(\boldsymbol{Q\Sigma})(\boldsymbol{Q\Sigma})^{\mathrm{T}}$. 这样，相应的嵌入矩阵由 $\boldsymbol{Q\Sigma}$ 给出：

定义 9.4.1(核主成分分析) *设 $\boldsymbol{S}$ 为一个 $n\times n$ 半正定相似矩阵，其中心化为 $\boldsymbol{S}_c=(\boldsymbol{I}-\boldsymbol{M}/n)\boldsymbol{S}(\boldsymbol{I}-\boldsymbol{M}/n)$. 这里 $\boldsymbol{M}$ 是由 1 构成的 $n\times n$ 矩阵. 称通过特征分解 $\boldsymbol{S}_c=\boldsymbol{Q\Sigma}^2\boldsymbol{Q}^{\mathrm{T}}$ 提取的嵌入 $\boldsymbol{Q\Sigma}$ 为点的核主成分分析嵌入. 矩阵 $\boldsymbol{Q\Sigma}$ 包含第 i 个点在其第 i 行中的核主成分分析嵌入.*

因此，正如主成分分析在数据矩阵的预处理方面不同于奇异值分解一样，核主成分分析在相似矩阵的预处理方面也不同于核奇异值分解. 为此，我们建议读者仔细比较上述的定义 9.4.1 与定义 9.2.2.

9.4.4 相似矩阵与距离矩阵的相互转换

在许多的机器学习应用中可以使用距离函数来代替相似函数. 因此，一个自然的问题是 (点积) 相似矩阵和距离矩阵如何相互转换.

将相似矩阵转换为距离矩阵比将距离矩阵转换为相似矩阵更容易. 为了理解这一点，注意到欧几里得距离与点积相似性密切相关：

$$\|\overline{X}-\overline{Y}\|^2=\overline{X}\cdot\overline{X}+\overline{Y}\cdot\overline{Y}-2\overline{X}\cdot\overline{Y}$$

因此，给定一个点积矩阵，根据每个元素的上述关系创建一个平方欧几里得距离矩阵相对容易. 如果 δ_{ij} 是点 i 与 j 之间的欧几里得距离，那么可以利用 $\boldsymbol{S}=[s_{ij}]$ 中元素按如下方式来表示 δ_{ij}：

$$\delta_{ij}^2=s_{ii}+s_{jj}-2s_{ij}$$

上述关系也可以用矩阵形式来表示. 设 $\overline{1}_n$ 为由 1 组成的 n 维列向量，而 $\overline{z}=[s_{11},s_{22},\cdots,s_{nn}]^{\mathrm{T}}$. 记平方距离矩阵为 $\boldsymbol{\Delta}=[\delta_{ij}^2]$. 那么，矩阵 $\boldsymbol{\Delta}$ 可根据相似性来表示如下：

$$\boldsymbol{\Delta}=\overline{1}_n\overline{z}^{\mathrm{T}}+\overline{z}\,\overline{1}_n^{\mathrm{T}}-2\boldsymbol{S} \tag{9.8}$$

注意，上述右侧求和的前两个矩阵由向量的外积定义.

我们也可以由相似矩阵来计算平方距离矩阵. 设 $\boldsymbol{\Delta}=[\delta_{ij}^2]$ 为平方距离矩阵. 那么，任意一对点 $\overline{X}$ 和 $\overline{Y}$ 之间的相似性可以用距离来表示：

$$\overline{X}\cdot\overline{Y}=\frac{1}{2}\left(\|\overline{X}\|^2+\|\overline{Y}\|^2-\|\overline{X}-\overline{Y}\|^2\right) \tag{9.9}$$

单个点 $\overline{X}$ 和 $\overline{Y}$ 的平方范数为根据距离来表述问题带来了挑战. 平方范数表示与原点的平方距离，而距离矩阵通常不包含关于点与原点距离的任何信息. 这里，重要的是要理解原点平移是不会改变点对之间的距离，而点积相似性却不同. 也就是说，相似矩阵将取决于我们选择哪个点作为原点！一个自然的选择是假设要提取的相似矩阵是以均值为中心的. 在此情况下，数据点的平方范数成为该点距均值的平方距离. 因此，我们有如下断言：

引理 9.4.1　*设 $\boldsymbol{\Delta}=[\delta_{ij}^2]$ 为嵌入数据点之间的 $n\times n$ 平方距离矩阵. 那么，点积的均值中心化相似矩阵由下式给出：*

$$\boldsymbol{S}=-\frac{1}{2}\left(\boldsymbol{I}-\frac{\boldsymbol{M}}{n}\right)\boldsymbol{\Delta}\left(\boldsymbol{I}-\frac{\boldsymbol{M}}{n}\right)$$

这里 $\boldsymbol{M}$ 是由 1 所构成的 $n\times n$ 矩阵.

证明　当相似矩阵 $\boldsymbol{S}$ 是以均值为中心的矩阵时，由观察 9.4.1 可得：若 $\boldsymbol{M}$ 是由 1 构成的矩阵，那么 $\boldsymbol{MS}=\boldsymbol{SM}=0$. 因此得到下式：

$$\boldsymbol{S}=\left(\boldsymbol{I}-\frac{\boldsymbol{M}}{n}\right)\boldsymbol{S}\left(\boldsymbol{I}-\frac{\boldsymbol{M}}{n}\right) \tag{9.10}$$

在式 (9.8) 两边分别左乘和右乘 $(\boldsymbol{I}-\boldsymbol{M}/n)$ 可得：

$$\left(\boldsymbol{I}-\frac{\boldsymbol{M}}{n}\right)\boldsymbol{\Delta}\left(\boldsymbol{I}-\frac{\boldsymbol{M}}{n}\right)=\left(\boldsymbol{I}-\frac{\boldsymbol{M}}{n}\right)\left[\overline{1}_n\overline{z}^{\mathrm{T}}+\overline{z}\overline{1}_n^{\mathrm{T}}-2\boldsymbol{S}\right]\left(\boldsymbol{I}-\frac{\boldsymbol{M}}{n}\right)$$

注意，$\boldsymbol{M}\overline{1}=n\overline{1}$. 于是，我们很容易证明 $\left(\boldsymbol{I}-\frac{\boldsymbol{M}}{n}\right)\overline{1}_n=\overline{0}$ 以及 $\overline{1}_n^{\mathrm{T}}\left(\boldsymbol{I}-\frac{\boldsymbol{M}}{n}\right)=\overline{0}^{\mathrm{T}}$. 那么，可以使用这些结果简化上述等式从而得到：

$$\begin{aligned}\left(\boldsymbol{I}-\frac{\boldsymbol{M}}{n}\right)\boldsymbol{\Delta}\left(\boldsymbol{I}-\frac{\boldsymbol{M}}{n}\right)&=-2\left(\boldsymbol{I}-\frac{\boldsymbol{M}}{n}\right)[\boldsymbol{S}]\left(\boldsymbol{I}-\frac{\boldsymbol{M}}{n}\right)\\&=-2\boldsymbol{S},\quad[\text{应用式 (9.10)}]\end{aligned}$$

这样，在上式两边同时除以 -2 即得所证结论. □

当距离已知时，我们可以应用核方法将距离矩阵转换为相似矩阵. 例如，在时间序列数据中，开始时一些特定域的方法提供了距离而非相似性. 在这种情况下，使用*多维缩放* (MDS) 技术则可以建立相应的嵌入. 首先应用上述方法将平方距离矩阵 $\boldsymbol{\Delta}$ 转换为中心相似矩阵. 该相似矩阵的大特征向量可用于建立嵌入.

问题 9.4.2 (几乎半负定距离矩阵) *我们知道利用点积得到的有效的相似矩阵必须是半正定的. 如果一个矩阵满足：对任意均值中心化的向量 $\overline{y}$，$\overline{y}^{\mathrm{T}}\boldsymbol{S}\overline{y}\leqslant 0$，则称其为半负定的. 利用这个定义与引理 9.4.1 证明欧几里得空间中任何有效的平方距离矩阵几乎是半负定的.*

应用：等距特征映射

等距特征映射方法是在多维空间中校正曲率流形的一种著名技术 (见文献 [126])，其还可以计算*测地*距离与相似性，这对应于沿一个曲率流形的距离 (和相似性)，而不是直线距离. 可以这样说，与实际应用中的直线距离相比，测地距离是真实距离的更精确表示. 这种距离可以通过使用一种从非线性降维和嵌入方法 (称之为 ISOMAP，即等距特征映射) 衍生的方法来计算. 该方法包含以下两步：

1. 计算每个点的 k 个最近邻接点. 构造一个加权图 G，其中节点表示数据点，而边权重 (代价) 表示这 k 个最近邻接点的距离.

2. 对任意一对点 $\overline{X}$ 和 $\overline{Y}$，记 $Dist(X,Y)$ 表示 G 中对应节点之间的最短路径. 在很多诸如 Dijkstra 算法 (见文献 [8]) 等图论算法中都可以计算最短路径.

接下来可以构造平方距离矩阵. 应用本小节的方法可以将该距离矩阵转换为相似矩阵. 随后，该矩阵的特征向量用于创建 ISOMAP 嵌入. 如图 9.1a 所示的一个三维示例，其中数据沿螺旋排列. 在该图中，数据点 A 和 C 似乎比数据点 B 更接近彼此. 然而，在图 9.1b 中的 ISOMAP 嵌入中，数据点 B 更接近 A 和 C. 该示例显示了与纯粹使用欧几里得距离相比，ISOMAP 在相似性和距离方面有着截然不同的性质.

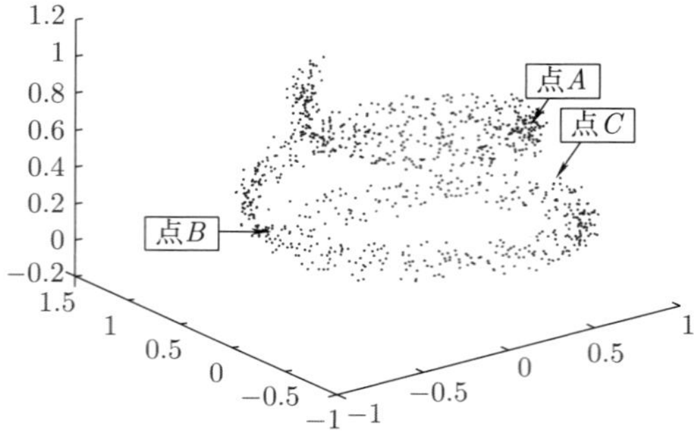

a）点 A 与点 C 似乎很接近（原始数据）

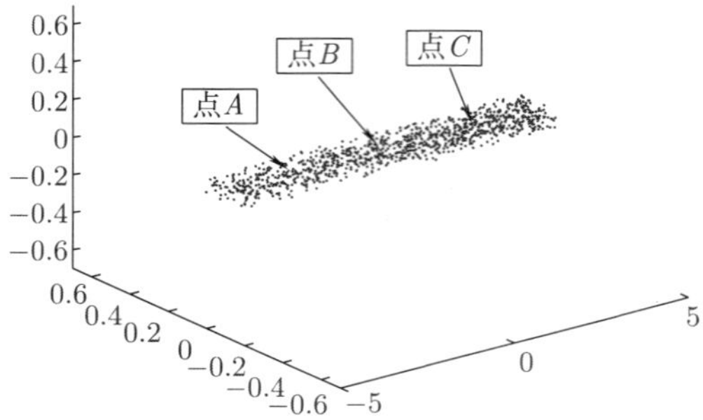

b）点 A 与点 C 实际很远（ISOMAP嵌入）

图 9.1 ISOMAP 嵌入对距离的影响

9.5 基于相似矩阵的机器学习

当给定一个相似矩阵，而非数据矩阵时，下面的两种情况可以应用机器学习算法：

1. 相似矩阵 $\boldsymbol{S}$ 可分解为 $\boldsymbol{S}=\boldsymbol{Q}\boldsymbol{\Sigma}^2\boldsymbol{Q}^{\mathrm{T}}$，并可提取嵌入 $\boldsymbol{Q}\boldsymbol{\Sigma}$. 在某些情况下，仅保留前几个特征向量，且可以对表示进行其他处理 (例如白化) 以提高其质量. 随后，将现成的机器学习算法应用于提取的表示.

2. 机器学习中的一些算法可以直接用点之间的相似性来表示. 支持向量机就是一个例子，其中对偶可以用点之间的点积来表示 (见 6.4.4.1 节). 在这些情况下，可以简单地替换优化函数中相似矩阵中的适当元素. 这种方法被称为*核技巧*.

这两种选择给出了等效的求解方案. 那么，在实际中哪一个更可取呢？在机器学习领域，人们更倾向于使用核技巧，这是因为核技巧更节省空间. 然而，显式特征工程也有许多优点，其可以对提取的特征进行后处理，并丢弃不相关的特征. 低阶特征 (即较小的特征向量) 有时可能包含无关噪声，而显式特征工程方法往往只提取高阶特征. 当使用核技巧时，人们可以有效地使用所有特征，而不需要任何改进/更改，包括不相关的特征. 使用特征工程时，人们还可以对提取的特征应用白化等技巧. 在异常值检测等问题中，白化对于创建高质量实现是绝对必要的. 与核技巧相比，特性工程的额外灵活性如图 9.2 所示.

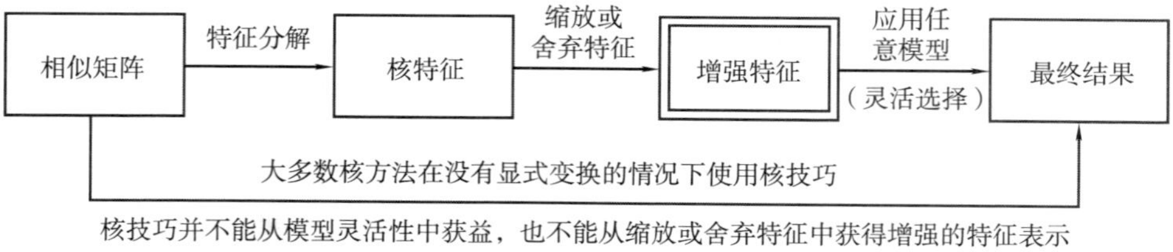

图 9.2 基于核方法的算法设计中的两种选择

关于空间或时间效率问题方面，我们可以使用 Nyström 抽样或随机梯度下降来有效地提取主要特征. 在许多情况下，只需要提取主要特征，这是因为在大多数应用中㊀，低阶特征不具有信息性. 值得注意的是，主特征提取远比提取所有特征更加有效. 以下部分将讨论特征工程和核技巧.

9.5.1　基于相似矩阵的特征工程

本小节将讨论应用特征工程来进行聚类、分类和异常值检测的算法. 该方法的一个优点是其适用性非常广泛，且不局限于使用特定的算法进行聚类与分类.

9.5.1.1　核聚类

考虑一个基于 n 个对象 (如化合物) 的 $n \times n$ 相似矩阵 $\boldsymbol{S}$，而你希望将这些对象聚集到类似的组中. 在显式特征工程中更广泛使用的方法是按如下方式将 $n \times n$ 相似矩阵 $\boldsymbol{S} = \boldsymbol{Q}\boldsymbol{\Sigma}^2\boldsymbol{Q}^{\mathrm{T}}$ 进行对角化：

对角化 $\boldsymbol{S} = \boldsymbol{Q}\boldsymbol{\Sigma}^2\boldsymbol{Q}^{\mathrm{T}}$；

提取 $\boldsymbol{Q}\boldsymbol{\Sigma}$ 行向量的 n 维嵌入；

删除 $\boldsymbol{Q}\boldsymbol{\Sigma}$ 中的零列创建 $\boldsymbol{Q}_0\boldsymbol{\Sigma}_0$；

将现有的聚类算法应用于 $\boldsymbol{Q}_0\boldsymbol{\Sigma}_0$ 的行向量.

其中 $\boldsymbol{Q}_0$ 的列包含非零特征向量，而 $\boldsymbol{Q}_0\boldsymbol{\Sigma}_0$ 的 n 行包含 n 个点的嵌入. 注意，$\boldsymbol{Q}_0$ 是一个 $n \times r$ 矩阵，而 $\boldsymbol{\Sigma}_0$ 是一个 $r \times r$ 矩阵，这是因为创建 $\boldsymbol{\Sigma}_0$ 时删除了 $\boldsymbol{\Sigma}$ 的零行和零列. 值得注意的是，所有 n 个特征向量都被提取，只有零特征向量被舍弃. 这样的零特征向量在 $\boldsymbol{Q}\boldsymbol{\Sigma}$ 中显示为零列. 如果没有降维，则嵌入维数可以与点的个数 n 一样大. 因此，该方法的空间复杂度为 $O(n^2)$. 此外，提取所有 n 个特征向量的运行时间复杂度为 $O(n^3)$，这可能会让人望而却步. 在许多情况下，人们可以使用远小于 n 的嵌入维度. 进一步，一些实现利用矩阵 $\boldsymbol{Q}$ 而非 $\boldsymbol{Q}\boldsymbol{\Sigma}$ 来生成嵌入. 这种方法可以看作是一种间接的白化形式 (见 7.4.7 节). 谱聚类就是使用这种白化形式的核聚类方法的一个具体例子，其将在 10.5 节进行详细介绍.

由于低阶特征向量通常会被舍弃，故可以使用只保留主要特征向量信息的抽样方法. 一个具体的例子是 Nyström 抽样，其对一组 s 个对象进行子抽样来建立 s 维表示. 尽管 s 的值取决于底层数据分布的复杂性 (例如，集群的数量)，但它通常独立于数据集的大小. 然后，该方法需要进行如下操作：

从数据集中绘制 s 个对象的子样本；

使用 Nyström 方法 (见 9.3.1 节) 创建所有对象的 s 维表示，记为 $n \times s$ 阶矩阵 $\boldsymbol{U}_s$；

将现有的聚类算法应用于 $\boldsymbol{U}_s$.

人们也可以应用随机梯度下降 (见 9.3.2 节) 来提取嵌入矩阵 $\boldsymbol{U}_s$. 此外，基于抽样的方法通常可以重复创建多个模型. 来自这些模型的平均化模型则被称为模型集成，其提供了

㊀ 异常值检测除外.

更好的结果.

9.5.1.2 核异常值检测

7.4.7 节讨论的马氏方法可以被推广到核马氏方法. 在核马氏方法中，马氏方法通常被应用于数据的工程表示 (见文献 [5]). 注意，特征工程方法已经从相似矩阵中提取了一个规范化奇异值分解. 从技术的角度来讲，马氏方法要求先将相似矩阵中心化，但事实上，即使使用非中心化矩阵也没有实际区别. 对于给定的 $n \times n$ 相似矩阵 $\boldsymbol{S}$，对应的核马氏方法的工作原理如下：

对角化 $\boldsymbol{S} = \boldsymbol{Q}\boldsymbol{\Sigma}^2\boldsymbol{Q}^{\mathrm{T}}$；

提取 $\boldsymbol{Q}\boldsymbol{\Sigma}$ 行向量的 n 维嵌入；

删除 $\boldsymbol{Q}\boldsymbol{\Sigma}$ 中的零列创建 $\boldsymbol{Q}_0\boldsymbol{\Sigma}_0$；

报告 $\boldsymbol{Q}_0$ 每行的异常值得分作为该行与 $\boldsymbol{Q}_0$ 所有行计算的均值之间的欧几里得距离.

需要注意的是，这里利用 $\boldsymbol{Q}_0$ 而非 $\boldsymbol{Q}_0\boldsymbol{\Sigma}_0$ 来计算每个点的异常值得分. 这在异常值检测中尤为重要，因为异常值通常隐藏在沿低阶奇异向量的偏差中. 与 $\boldsymbol{\Sigma}_0$ 相乘将不强调这些异常值. 在使用核技巧 (相当于始终使用 $\boldsymbol{Q}\boldsymbol{\Sigma}$) 等方法时，人们无法进行这些形式的白化和特征后处理. 有意思的是，一些不使用这种类型的白化方法，如单类支持向量机 (见文献 [113]) 往往性能较差 (见文献 [42]).

问题 9.5.1 根据 Nyström 抽样来编写核异常值检测的伪代码.

9.5.1.3 核分类

考虑实现核支持向量机的情况. 假设训练对象上的 $n \times n$ 相似矩阵由 $\boldsymbol{S}$ 表示. 此外，还有 t 个测试对象，故测试训练相似矩阵为 $t \times n$ 矩阵，我们用 $\boldsymbol{S}_t$ 来表示. 因此，矩阵 $\boldsymbol{S}_t$ 的每一行包含一个测试对象与所有训练对象的相似性，而 $\boldsymbol{S}_t$ 的列按与 $\boldsymbol{S}$ 相同的训练对象顺序排序.

训练数据的相似矩阵可对角化为 $\boldsymbol{S} = \boldsymbol{Q}\boldsymbol{\Sigma}^2\boldsymbol{Q}^{\mathrm{T}}$. 删除 $\boldsymbol{Q}\boldsymbol{\Sigma}$ 的零列得到 $n \times r$ 矩阵 $\boldsymbol{U}_0 = \boldsymbol{Q}_0\boldsymbol{\Sigma}_0$，其中 $r \leqslant n$. 注意，$\boldsymbol{Q}_0$ 是一个 $n \times r$ 矩阵，而 $\boldsymbol{\Sigma}_0$ 是一个仅包含 $\boldsymbol{S}$ 的非零对角线元素 (奇异值) 的 $r \times r$ 对角矩阵. 于是，矩阵 $\boldsymbol{\Sigma}_0$ 是可逆的. 矩阵 $\boldsymbol{U}_0$ 的行包含训练对象的显式变换. 通过应用与 Nyström 抽样中相同的技巧，我们也可以将测试数据中的 t 个样本外对象投影到 r 维表示 $\boldsymbol{U}_{\text{test}}$ 上：

$$\underbrace{\boldsymbol{S}_t}_{t\times n} = \boldsymbol{U}_{\text{test}}\,\boldsymbol{U}_0^{\mathrm{T}} = \underbrace{\boldsymbol{U}_{\text{test}}}_{t\times r}\underbrace{(\boldsymbol{Q}_0\boldsymbol{\Sigma}_0)^{\mathrm{T}}}_{r\times n} \tag{9.11}$$

上述关系式是由对应于测试训练相似性的 $\boldsymbol{U}_{\text{test}}$ 与 $\boldsymbol{U}_0$ 的行向量的点积而得到的. 对上式两边同时乘以 $\boldsymbol{Q}_0\boldsymbol{\Sigma}_0^{-1}$, 并在等式左边应用 $\boldsymbol{Q}_0^{\mathrm{T}}\boldsymbol{Q}_0 = \boldsymbol{I}$ 可得：

$$\boldsymbol{U}_{\text{test}} = \boldsymbol{S}_t\boldsymbol{Q}_0\boldsymbol{\Sigma}_0^{-1} \tag{9.12}$$

于是，矩阵 $\boldsymbol{U}_{\text{test}}$ 包含了测试对象的工程表示．因此，我们可以提出了如下的核支持向量机算法：

对角化 $\boldsymbol{S}=\boldsymbol{Q}\boldsymbol{\Sigma}^2\boldsymbol{Q}^{\mathrm{T}}$；
提取 $\boldsymbol{Q}\boldsymbol{\Sigma}$ 行向量的 n 维嵌入；
舍弃 $\boldsymbol{Q}\boldsymbol{\Sigma}$ 中的零特征向量创建 $\boldsymbol{Q}_0\boldsymbol{\Sigma}_0$；
$\{\boldsymbol{Q}_0\boldsymbol{\Sigma}_0$ 的 n 行及其类标签构成训练数据$\}$；
对 $\boldsymbol{Q}_0\boldsymbol{\Sigma}_0$ 及其类标签应用线性 SVM 学习模型 $\mathcal{M}$；
应用式 (9.12) 将测试-训练相似矩阵 $\boldsymbol{S}_t$ 转换为表示矩阵 $\boldsymbol{U}_{\text{test}}$；
对 $\boldsymbol{U}_{\text{test}}$ 的每一行都应用 $\mathcal{M}$ 从而得到预测．

上面的实现与使用核技巧所实现的核支持向量机相同 (见 9.5.2.1 节)．我们可以用 Logistic 回归或最小二乘分类等学习算法来代替支持向量机，这是显式特征工程的优势之一．此外，还可以将此方法与 Nyström 抽样相结合使用以提高算法效率．

问题 9.5.2 说明如何应用 Nyström 抽样来有效地实现本部分中所讨论的核支持向量机方法．

9.5.2 相似矩阵的直接用途

直接使用相似矩阵来实现机器学习算法 (不提取嵌入作为中间步骤) 被称为核技巧．尽管核技巧经常被吹捧为实现这些算法的唯一实用方法，但这通常并不是一个准确的说法．事实上，显式特征工程也存在几个优势，其中最重要的是可以在中间步骤中修改或规范化特征．正如在异常值检测的一些应用中，这一点就显得非常重要，因为有时使用核技巧的变体并不同样有效 (见文献 [5, 42])．

9.5.2.1 核 k 均值算法

设 $\boldsymbol{S}=[s_{ij}]$ 是一个 $n\times n$ 相似矩阵，其包含对象 $o_1,\cdots,o_n$ 之间的成对相似信息．这些对象可以是任意类型的 (例如，序列或化合物图)．假设核相似矩阵隐含的嵌入用 $\Phi(\cdot)$ 来表示，于是 $s_{ij}=\Phi(o_i)\cdot\Phi(o_j)$．

核 k 均值算法具体表述如下．首先随机分配点到 k 个集群，记为 $\mathcal{C}_1,\cdots,\mathcal{C}_k$．那么，$k$ 均值算法的通常实现是确定集群的质心作为下一次迭代的代表．核 k 均值算法计算每个点到变换空间中不同集群质心的点积，并在下一次迭代中将每个点重新分配到其最近的质心．如何计算嵌入对象 $\Phi(o_i)$ 与 $\mathcal{C}_j$ 的质心 $\bar{\mu}_j$ (在变换空间中) 之间的点积呢？这可以通过以下方式来实现：

$$\Phi(o_i)\cdot\bar{\mu}_j=\Phi(o_i)\cdot\frac{\left(\sum\limits_{q\in\mathcal{C}_j}\Phi(o_q)\right)}{|\mathcal{C}_j|}=\frac{\sum\limits_{q\in\mathcal{C}_j}\Phi(o_i)\cdot\Phi(o_q)}{|\mathcal{C}_j|}=\sum_{q\in\mathcal{C}_j}\frac{s_{iq}}{|\mathcal{C}_j|}$$

因此，对于任意给定的对象 o_i，我们只需要计算其与该集群中所有点的平均核相似性．该方法不需要用到质心，而是需要显式得到每个点到各种集群的分配，以便为下一次迭代重新计算分配．与所有 k 均值算法一样，该方法是迭代收敛的．对于包含 n 个点的数据集，该方法在 k 均值算法的每次迭代的时间复杂度为 $O(n^2)$，这对于大型数据集来说可能是非常昂贵的．此外，该方法还需要计算整个核矩阵，这可能需要 $O(n^2)$ 的存储空间．然而，如果可以有效地计算相似函数，则不需要事先存储核矩阵，故只要在需要时实时地重新计算单个元素即可．

当在 9.5.1.1 节中使用嵌入 $\boldsymbol{Q}_0\boldsymbol{\Sigma}_0$，而在最后一步中用到 k 均值算法时，该算法与 9.5.1.1 节所讨论的方法相同．然而，核技巧的一个缺点是，它只能与利用点之间相似函数的部分有限聚类算法 (例如，k 均值) 适配．并非所有的聚类算法都可以使用核技巧．此外，如果仅通过核技巧间接使用提取的特征，则无法对其执行进一步的工程或规范化．

9.5.2.2 核支持向量机

与本节所讨论的其他问题一样，假设每个对象 o_i 都有一个工程表示 $\Phi(o_i)$，而 n 个对象之间的相似性包含在 $n \times n$ 阶相似矩阵 $\boldsymbol{S}$ 中．正如本书一贯使用的那样，n 个训练实例的类标签记为 $y_1, \cdots, y_n \in \{-1, +1\}$．考虑 6.4.4.1 节中支持向量机的如下对偶问题 (以最小化形式表示)：

$$\text{最小化 } L_D = \frac{1}{2}\sum_{i=1}^{n}\sum_{j=1}^{n}\alpha_i - \left\{\sum_{i=1}^{n}\alpha_i\alpha_j y_i y_j \underbrace{\Phi(o_i)\cdot\Phi(o_j)}_{s_{ij}}\right\}$$

$$\text{约束为：} 0 \leqslant \alpha_i \leqslant C, \quad \forall i \in \{1, \cdots, n\}$$

注意，该问题的符号与 6.4.4.1 节中所使用的符号相同．这里 α_i 是第 i 个对偶变量，而 C 为松弛惩罚．与 6.4.4.1 节中的目标函数的唯一区别是，这里用工程点 $\Phi(o_i)$ 来替换训练点 $\overline{X}_i$．然而，$\Phi(o_i)$ 与 $\Phi(o_j)$ 之间的点积即为 s_{ij}，故在等式中由相似性来代替工程点．于是，L_D 关于 α_k 的偏导数为

$$\frac{\partial L_D}{\partial \alpha_k} = y_k\sum_{q=1}^{n} y_q\alpha_q s_{kq} - 1, \quad \forall k \in \{1, \cdots, n\} \tag{9.13}$$

这是一个具有边界约束的凸优化问题．因此，我们首先将拉格朗日参数向量 $\bar{\alpha} = [\alpha_1, \cdots, \alpha_n]$ 设置为 n 维分量全为 0 的向量，然后应用如下以 η 为学习率的更新步骤：

```
repeat
```

$$\text{更新 } \alpha_k \Leftarrow \alpha_k + \eta\left[1 - y_k\sum_{q=1}^{n} y_q\alpha_q s_{kq}\right], \ \forall k \in \{1, \cdots, n\};$$

$$\left\{\text{更新等价于 } \overline{\alpha} \Leftarrow \overline{\alpha} - \eta\left[\frac{\partial L_D}{\partial \overline{\alpha}}\right]\right\}$$

```
        for 每个  k ∈ {1, ··· , n} do begin
        α_k ⇐ min{α_k, C};
        α_k ⇐ max{α_k, 0};
    endfor;
  until 收敛
```

学习完变量 $\alpha_1, \cdots, \alpha_n$ 后，我们可以利用测试对象与训练对象的相似性来预测测试对象. 这是因为观测不到的测试实例 $\overline{Z}$ 的分类由 $\overline{W} \cdot \Phi(\overline{Z})$ 的正负来给出，其中我们在第 6 章中的分析表明 $\overline{W} = \sum_{j=1}^{n} \alpha_j \overline{y}_j \Phi(\overline{X}_j)$. 这里 $\Phi(\overline{X}_j)$ 为第 j 个训练点的工程表示. 因此，$\overline{Z}$ 的预测由 $\overline{W} = \sum_{j=1}^{n} \alpha_j \overline{y}_j \Phi(\overline{X}_j) \cdot \Phi(\overline{Z})$ 给出. 这是训练实例与测试实例相似性的简单加权和，其中第 j 个相似性的权重为 $y_j \alpha_j$.

我们也可以用训练–测试相似矩阵来表示这个结果. 设 $\boldsymbol{S}_t$ 为测试对象与训练对象之间训练–测试相似性的 $t \times n$ 相似矩阵. 设 $\overline{\gamma}$ 为一个 n 维列向量，其中第 j 个分量为 $y_j \alpha_j$. 那么，上一段的分析表明，t 个测试实例的预测是由 t 维向量 $\boldsymbol{S}_t \overline{\gamma}$ 中每个元素的符号给出.

本部分讨论的优化模型与 9.5.1.3 节所讨论的模型相同 (尽管两种情况下的计算步骤完全不同). 然而，9.5.1.3 节中的方法更加灵活，这是因为它将特征工程与模型构建清晰地解耦. 因此，它可以更容易地用于任何现成的分类模型或计算程序中.

9.6 线性代数中的表示定理

为了简洁起见，本节将不再使用 $\Phi(\cdot)$, 而训练点 $\overline{X}_1, \cdots, \overline{X}_n$ 和测试点 $\overline{Z}$ 已经是工程化的表示. 注意，人们可以通过将函数 $\Phi(\cdot)$ 添加到每个数据点来得到相同的参数，但这将使数学公式变得更加烦琐.

当使用核技巧时，识别使用相似性而不是单个数据点的计算过程变得至关重要. *表示定理*是线性代数中的一个重要原理，其可以将许多优化模型转换为使用相似性的形式. 该方法适用于满足如下两个性质的优化模型：

1. 优化问题的参数可以表示为单个数据点所在多维空间中的一个或多个向量. 例如，支持向量机等问题中的权重向量 $\overline{W}$ 与数据点位于同一多维空间中.

2. 优化问题的目标函数可以表示为 (i) 点之间的点积；(ii) 参数向量和点之间的点积；(iii) 参数向量自身之间的点积 (例如 L_2 正则化).

在这种情况下，我们可以应用表示定理来将关于多维向量的任何机器学习问题转化为仅使用点之间相似性的问题. 有意思的是，到目前为止，所看到的所有线性分类模型都满足这一特性. 也就是说，优化模型可以转换为只使用对象之间相似性的形式.

考虑第 4 章中所讨论的关于训练对 $(\overline{X}_1, y_1), \cdots, (\overline{X}_n, y_n)$ 中所有线性模型的 L_2 正则

化形式，其中 $\overline{X}_i$ 是行向量. 此外，y_i 的预测为 $\hat{y}_i = f(\overline{W} \cdot \overline{X}_i^{\mathrm{T}})$，而函数 $f(\cdot)$ 的形式取决于目标变量 (如数字、二进制或分类) 所满足的性质. 在每种情况下，损失函数都可以写成 $L(y_i, \overline{W} \cdot \overline{X}_i^{\mathrm{T}})$，因为目标函数比较每种情况下的 $\overline{W} \cdot \overline{X}_i^{\mathrm{T}}$ 与 y_i 来确定损失. 于是，包括正则项在内的总体目标函数可写成如下形式：

$$\text{最小化 } J = \sum_{i=1}^{n} L\left(y_i, \overline{W} \cdot \overline{X}_i^{\mathrm{T}}\right) + \frac{\lambda}{2}\|\overline{W}\|^2 \tag{9.14}$$

考虑训练数据点的维数为 d 且它们都位于二维平面上的情况. 注意，使用该二维平面上的一维直线始终可以实现该平面上点的最佳线性分界. 此外，此分界比任何高维分界更简洁，故 L_2 正则项将首选此分界. 位于二维平面上的训练点的一维分界如图 9.3a 所示. 尽管我们也可以使用任何穿过图 9.3a 的一维分界的二维平面 (例如，图 9.3b) 得到相同的训练点分界，但 L_2 正则项并不适合这样的分界，这是因为它缺乏简洁性. 换句话说，给定一组由 $\overline{X}_1, \cdots, \overline{X}_n$ 表示的训练数据点 (数据矩阵中的行向量)，作为列向量的分界 $\overline{W}$ 始终位于这些向量所跨越的空间中 (将它们转换为列向量后). 我们将在下面陈述这个结果，其是表示定理的一个非常简化的版本，并且特定用于具有 L_2 正则化项的线性模型中.

定理 9.6.1 (简化的表示定理) 设 J 为具有如下形式的优化问题的目标函数：

$$\text{最小化 } J = \sum_{i=1}^{n} L\left(y_i, \overline{W} \cdot \overline{X}_i^{\mathrm{T}}\right) + \frac{\lambda}{2}\|\overline{W}\|^2$$

那么，上述问题任意最优解 $\overline{W}^*$ 位于训练点 $\overline{X}_1^{\mathrm{T}}, \cdots, \overline{X}_n^{\mathrm{T}}$ 所张成的子空间中. 也就是说，一定存在实数 $\beta_1, \cdots, \beta_n$，使得下式成立：

$$\overline{W}^* = \sum_{i=1}^{n} \beta_i \overline{X}_i^{\mathrm{T}}$$

证明 假设 $\overline{W}^*$ 不在训练点 $\overline{X}_1^{\mathrm{T}}, \cdots, \overline{X}_n^{\mathrm{T}}$ 所张成的子空间中. 那么，我们可以将 $\overline{W}^*$ 分解为由训练点张成的部分 $\overline{W}_{\parallel} = \sum_{i=1}^{n} \beta_i \overline{X}_i^{\mathrm{T}}$ 和正交残差部分 $\overline{W}_{\perp}$. 换言之，得到：

$$\overline{W}^* = \overline{W}_{\parallel} + \overline{W}_{\perp} \tag{9.15}$$

于是，我们只需证明 $\overline{W}^*$ 是最优解当且仅当 $\overline{W}_{\perp}$ 为零向量.

由于 $\overline{W}_{\perp}$ 与各个训练点所张成的子空间正交，故每个 $(\overline{W}_{\perp} \cdot \overline{X}_i)$ 必为 0. 这样，最优目标函数 J^* 可以写成如下形式：

$$J^* = \sum_{i=1}^{n} L\left(y_i, \overline{W}^* \cdot \overline{X}_i^{\mathrm{T}}\right) + \frac{\lambda}{2}\left\|\overline{W}^*\right\|^2 = \sum_{i=1}^{n} L\left(y_i, (\overline{W}_{\parallel} + \overline{W}_{\perp}) \cdot \overline{X}_i^{\mathrm{T}}\right) + \frac{\lambda}{2}\left\|\overline{W}_{\parallel} + \overline{W}_{\perp}\right\|^2$$

$$= \sum_{i=1}^{n} L(y_i, \overline{W}_\parallel \cdot \overline{X}_i^{\mathrm{T}} + \underbrace{\overline{W}_\perp \cdot \overline{X}_i^{\mathrm{T}}}_{0}) + \frac{\lambda}{2}\left\|\overline{W}_\parallel\right\|^2 + \frac{\lambda}{2}\left\|\overline{W}_\perp\right\|^2$$

$$= \sum_{i=1}^{n} L\left(y_i, \overline{W}_\parallel \cdot \overline{X}_i^{\mathrm{T}}\right) + \frac{\lambda}{2}\left\|\overline{W}_\parallel\right\|^2 + \frac{\lambda}{2}\left\|\overline{W}_\perp\right\|^2$$

值得注意的是，$\|\overline{W}_\perp\|^2$ 一定为 0，否则 $\overline{W}_\parallel$ 将是比 $\overline{W}^*$ 更优的解．因此 $\overline{W}^* = \overline{W}_\parallel$ 位于训练点所张成的子空间中． □

直观地说，上面的表示定理表明：对于一个特定的损失函数族，人们总是可以在训练点所张成的子空间中找到一个最优线性分界 (见图 9.3)，而正则化项确保这是一种简洁的方法．毕竟，即使对象的嵌入可能是无穷维的，但对于维数大小为 n 的数据集来说，每个数据对象仅位于该空间的 n 维投影中．这个 n 维投影是由 n 个向量 $\overline{X}_1^{\mathrm{T}}, \cdots, \overline{X}_n^{\mathrm{T}}$ 的张成所定义的．参数向量 $\overline{W}$ 也位于这个 n 维子空间的张成空间内，这是表示定理的本质．

表示定理提供了一种用来创建目标函数可表示为点积的优化模型的标准方法：

> 对任意给定的具有式 (9.14) 形式的优化模型，将 $\overline{W} = \sum_{i=1}^{n} \beta_i \overline{X}_i^{\mathrm{T}}$ 代入其中则可以获得一个以 $\beta_1, \cdots, \beta_n$ 为参数的仅关于训练点之间点积的一个新优化问题．进一步，在对测试实例 $\overline{Z}$ 估测 $\overline{W} \cdot \overline{Z}^{\mathrm{T}}$ 时也应用了相同的方法．

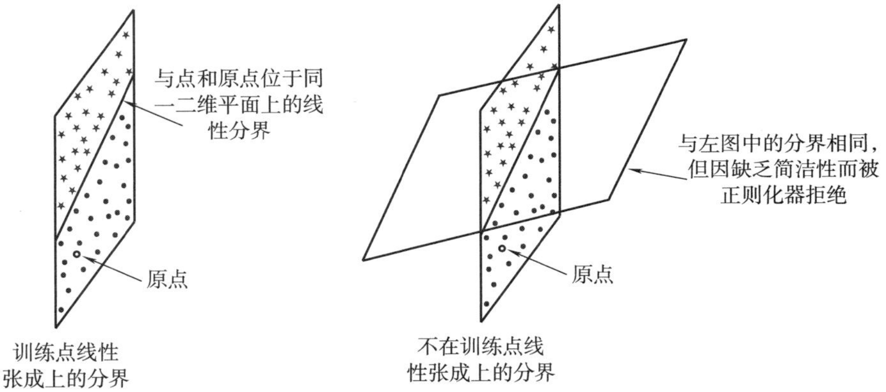

a）分界在由训练点张成的子空间中　　b）分界不在由训练点张成的子空间中

图 9.3 由 a) 和 b) 中的线性分界所提供的训练点分界完全相同，只是 a) 中的分界可以表示为训练点的线性组合．b) 中的分界将总是被正则化器拒绝．表示定理的关键点是，在训练点的平面 (子空间) 上总可以找到一个相同的分界 $\overline{W}$．

考虑估测 $\overline{W} \cdot \overline{X}_i^{\mathrm{T}}$ 以将其代入损失函数时会发生什么呢？

$$\overline{W} \cdot \overline{X}_i^{\mathrm{T}} = \sum_{p=1}^{n} \beta_p \overline{X}_p^{\mathrm{T}} \cdot \overline{X}_i^{\mathrm{T}} = \sum_{p=1}^{n} \beta_p \overline{X}_p \cdot \overline{X}_i \tag{9.16}$$

此外，正则化项 $\|\overline{W}\|^2$ 可以表示为

$$\|\overline{W}\|^2 = \sum_{i=1}^{n}\sum_{j=1}^{n}\beta_i\beta_j\overline{X}_i\cdot\overline{X}_j \tag{9.17}$$

为了将问题核化，我们所要做的就是用 $n\times n$ 相似矩阵 $\boldsymbol{S}$ 的相似值 $s_{ij}=\overline{X}_i\cdot\overline{X}_j$ 来代替点积. 注意，每个 $\overline{X}_i$ 都是一个对象的嵌入式表示 $\Phi(o_i)$，从而得到如下优化目标函数：

$$J=\sum_{i=1}^{n}L\left(y_i,\sum_{p=1}^{n}\beta_p s_{pi}\right)+\frac{\lambda}{2}\sum_{i=1}^{n}\sum_{j=1}^{n}\beta_i\beta_j s_{ij}\quad [\text{一般形式}]$$

也就是说，目前所需要做的就是在损失函数中用 $\sum_p \beta_p s_{pi}$ 来代替 $\overline{W}\cdot\overline{X}_i^{\mathrm{T}}$. 因此，相应的最小二乘回归的形式如下：

$$J=\frac{1}{2}\sum_{i=1}^{n}\left(y_i-\sum_{p=1}^{n}\beta_p s_{pi}\right)^2+\frac{\lambda}{2}\sum_{i=1}^{n}\sum_{j=1}^{n}\beta_i\beta_j s_{ij}\quad [\text{最小二乘回归}]$$

通过在关于二元数据的各种分类变量的损失函数中作替换 $\overline{W}\cdot\overline{X}_i^{\mathrm{T}}=\sum_p \beta_p s_{pi}$ 得到如下相应的优化模型：

$$J=\sum_{i=1}^{n}\max\left\{0,1-y_i\sum_{p=1}^{n}\beta_p s_{pi}\right\}+\frac{\lambda}{2}\sum_{i=1}^{n}\sum_{j=1}^{n}\beta_i\beta_j s_{ij}\quad [\text{支持向量机}]$$

$$J=\sum_{i=1}^{n}\log\left(1+\exp\left(-y_i\sum_{p=1}^{n}\beta_p s_{pi}\right)\right)+\frac{\lambda}{2}\sum_{i=1}^{n}\sum_{j=1}^{n}\beta_i\beta_j s_{ij}\quad [\text{Logistic 回归}]$$

这些无约束优化问题可以方便地用点对的相似性来表示，并用 $\overline{\beta}=[\beta_1,\cdots,\beta_n]^{\mathrm{T}}$ 来参数化. 第 4 章讨论的优化过程都可以用来学习这些参数.

如何利用相似性进行预测呢？线性分类器的预测是通过在测试实例和 $\overline{W}$ 之间使用点积来完成的. 考虑到测试–训练对之间的相似矩阵为 $t\times n$ 矩阵 $\boldsymbol{S}_t$ 的情况. 每个测试实例与 $\overline{W}$ 的点积等于 $\boldsymbol{S}_t$ 对应的行向量与 $\overline{\beta}^{\mathrm{T}}$ 之间的点积，这与训练实例一样 (见式 (9.16)). 这是因为 $\overline{W}$ 可以表示为所有工程训练实例的总和 $\sum_i \beta_i\overline{X}_i^{\mathrm{T}}$，并且和工程测试实例 $\overline{Z}^{\mathrm{T}}$ 的点积从 $\boldsymbol{S}_t$ 中提取相应的行，该行中的元素为 $\overline{Z}^{\mathrm{T}}\cdot\overline{X}_i^{\mathrm{T}}$. 因此，包含所有 t 个测试实例的集合可以预测为 t 维向量 $\boldsymbol{S}_t\overline{\beta}$. 在分类问题中，我们还需要使用该向量的每个元素的符号作为预测类标签.

9.7 相似矩阵与线性可分离性

到目前为止，我们已经证明使用相似矩阵作为非多维数据类型 (如化合物) 的特征工程的途径是合理的. 当我们有一个多维数据集时会发生什么呢? 当然，计算点积矩阵，然后通过特征分解从矩阵中提取特征是没有意义的——这样做只能获得原始数据集的反射. 这里，关键的一点是，将点积更改为经仔细设计的相似函数具有更改数据表示的效果，从而可以更有效地处理一些具有固有局限性 (例如，线性模型的局限) 的简单模型. 这是因为通过改变相似函数，我们也将其潜在的多维 (工程) 表示形式改变为原始表示形式的非线性函数.

在分类与回归应用中，人们通常寻找特征表示使因变量与特征线性相关. 例如，在支持向量机中，我们寻找线性分界 $\overline{W}\cdot\Phi(\overline{X})=0$, 其中 $\Phi(\overline{X})$ 是通过相似矩阵的对称分解获得的工程表示. 由于 $\Phi(\overline{X})$ 依赖于相似矩阵，那么一个自然的问题是，某些相似矩阵在实现类之间的线性分离方面是否优于其他矩阵呢? 在许多应用中，人们可能无法控制一个给定的应用所提供的相似矩阵或距离矩阵. 例如，在时间序列分析中，通过动态时间变换所定义的距离矩阵可以转换为一个相似矩阵 (见 9.4.4 节). 然而，人们仍然有能力对矩阵进行后处理以便使其分解产生更好的特征. 一般来说，嵌入维数越高，线性分离的可能性越大. 一个 $n\times n$ 相似矩阵的有效嵌入维数通常比 n 要小得多，这是因为许多特征值都非常小. 半正定相似矩阵的嵌入维数通常可以通过在其元素上应用超线性函数来增加. 换言之，我们将作用于逐元素的超线性函数 $F(s_{ij})$ 应用于相似矩阵 $\boldsymbol{S}$ 中的每个元素 s_{ij}. 最简单的作用于逐元素的函数是多项式函数:

$$F\left(s_{ij}\right)=\left(c+s_{ij}\right)^{h}$$

在这种情况下，c 和 h 为非负超参数. 例如，$c=1$ 和 $h=2$ 对应于将相似矩阵中的每个元素加 1 并平方. 对于某些类型的函数，相似矩阵的半正定性不会因这种变化而丢失.

如果原始嵌入数据 (由相似矩阵得到) 使得两个类中的一个位于椭圆 $x^2+4y^2\leqslant 10$ 内，而另一个位于其外部，则对相似矩阵执行此类二次运算将在嵌入中产生一个至少为二维的投影，其中椭圆边界成为线性分界. 这种情况如图 9.4 所示，其给出了两个嵌入维度. 为了理解这一点，我们建议读者思考下面的问题:

问题 9.7.1 考虑二维空间中的两个点 (x_1,y_1) 和 (x_2,y_2) 以及点积相似性 $s=x_1\cdot x_2+y_1\cdot y_2$. 现在假设将相似性修正为超线性函数 $s'=(1+s)^2$. 证明: s' 可以表示为向量 $(x_1^2,y_1^2,x_1y_1\sqrt{2},x_1\sqrt{2},y_1\sqrt{2},1)$ 与 $(x_2^2,y_2^2,x_2y_2\sqrt{2},x_2\sqrt{2},y_2\sqrt{2},1)$ 的点积.

现在考虑 100000×100000 相似矩阵 $\boldsymbol{S}$ 具有两个非零特征值的情况. 通过 $\boldsymbol{S}$ 的特征分解提取的二维嵌入 $[x_1,x_2]$ 显示出第一类的所有元素都位于椭圆 $x_1^2+4y_1^2\leqslant 10$ 内，而第两类的所有元素都位于这个椭圆之外的性质. 讨论如果通过修改的相似矩阵 $\boldsymbol{S}'$ 的特征分解来提取嵌入，那么这两个类为什么会成为线性可分离的呢? 在该矩阵中，给每个相似项加 1，然后将其平方. 那么，修改后的嵌入的维数 (即 $\boldsymbol{S}'$ 的非零特征向量个数) 是多少?

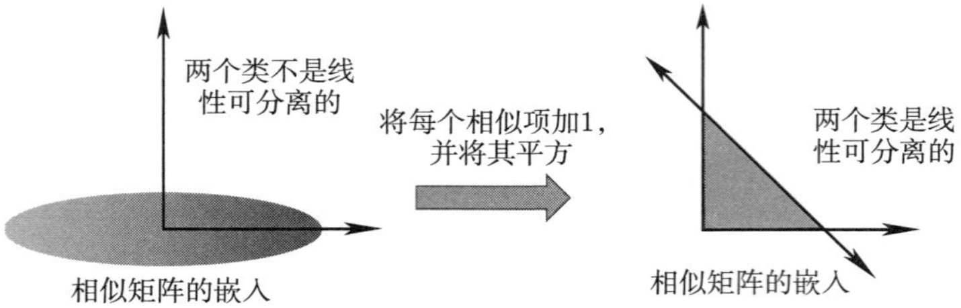

图 9.4 在相似矩阵上应用作用于逐元素的超线性函数通常会产生高维嵌入，其中点在精心选择的投影中是线性可分离的：右图显示了一个相关的二维嵌入投影

以下两个函数通常用于增加嵌入维数以及捕捉非线性：

$$F(s_{ij}) = \tanh(\kappa s_{ij} - \delta) \quad [\text{Sigmoid 函数}]$$

$$F(s_{ij}) = \exp(s_{ij}/\sigma^2) \quad [\text{高斯函数}]$$

当然，应用超线性函数并不总是有效的，这是因为它可能导致过拟合．超线性函数的灵敏度水平取决于通常以数据驱动方式选择的参数 (如上述带宽为 σ 的高斯函数)．例如，我们可以在样本外数据上测试分类精度来选择 σ^2．这类函数的一个关键性质在于它们不会破坏潜在相似矩阵的半正定性质．下文将讨论其中的一些变换．

上述想法经常用于多维数据，其中相似性 s_{ij} 通常被设为关于点积的超线性函数．设 $\overline{X}_1, \cdots, \overline{X}_n$ 为 n 个点，而相似性 s_{ij} 由核函数 $K(\overline{X}_i, \overline{X}_j)$ 来定义．那么，用于多维数据所常用的核函数如表 9.1 所示．

表 9.1 常用的核函数

函数	表达式
线性核	$K(\overline{X}_i, \overline{X}_j) = \overline{X}_i \cdot \overline{X}_j$
高斯径向基核	$K(\overline{X}_i, \overline{X}_j) = \exp(-\|\overline{X}_i - \overline{X}_j\|^2/(2 \cdot \sigma^2))$
多项式核	$K(\overline{X}_i, \overline{X}_j) = (\overline{X}_i \cdot \overline{X}_j + c)^h,\ c \geqslant 0$
Sigmoid 核	$K(\overline{X}_i, \overline{X}_j) = \tanh(\kappa \overline{X}_i \cdot \overline{X}_j - \delta)$

表 9.1 中的每个核函数都具有与之相关的参数，故需要以数据驱动的方式来学习这些参数．注意，上述核函数的选取与所讨论的修正相似矩阵的方法类似．这些修正提高了不同类之间的分离程度．嵌入的维数取决于核函数的性质．例如，高斯核会导致一个无穷维嵌入来表示在 $\mathbf{R}^n \times \mathbf{R}^n$ 中所有可能的数据对，尽管特定数据的嵌入始终是 n 维的且可以具体化为包含 n 个点的数据集 (使用本章前面所讨论的特征分解方法)．

保持半正定性的变换

理解保持半正定性的半正定矩阵变换的性质在实际应用中是非常有用的．除非另有说明，以下所有结果均适用于 $n \times n$ 半正定矩阵 $\boldsymbol{S} = [s_{ij}]$：

1. 设 $a>0$, 则矩阵 $a\boldsymbol{S}$ 是半正定的 [注意 $\overline{x}^{\mathrm{T}}(a\boldsymbol{S})\overline{x}=a[\overline{x}^{\mathrm{T}}\boldsymbol{S}\overline{x}]\geqslant 0$].

2. 如果 $\boldsymbol{S}_1$ 和 $\boldsymbol{S}_2$ 是半正定的，那么 $\boldsymbol{S}_1+\boldsymbol{S}_2$ 也是半正定的 [注意，对任意 $\overline{x}$, $\overline{x}^{\mathrm{T}}(\boldsymbol{S}_1+\boldsymbol{S}_2)\overline{x}\geqslant 0$].

3. 每个元素都为非负常数 c 的 $n\times n$ 矩阵 $\boldsymbol{C}$ 是半正定的,因为 $\overline{x}^{\mathrm{T}}\boldsymbol{C}\overline{x}=c\left(\sum_i x_i\right)^2\geqslant 0$.

4. 如果 $\boldsymbol{S}_1$ 和 $\boldsymbol{S}_2$ 是大小相同的两个半正定矩阵，那么 $\boldsymbol{S}_1\odot\boldsymbol{S}_2$ 也是半正定的. 这里 $\odot$ 表示对应元素相乘. 称该结果为 Schur *乘积定理*，然而其证明并不是显然的 (见问题 9.7.2).

5. 矩阵 $\overbrace{\boldsymbol{S}\odot\boldsymbol{S}\odot\cdots\odot\boldsymbol{S}}^{k\text{ 次}}$ 是半正定的 [通过递归应用前面的结果来证明].

6. 设 $f(x)$ 是一个具有非负系数的多项式函数，其作用于 $\boldsymbol{S}$ 中的每个元素. 那么，所得到的矩阵也是半正定的 [通过结合上述四个结果来验证].

7. 对于 $a>0$, 矩阵 $\exp(a\boldsymbol{S})$ 是半正定的. 这里 $\exp(\cdot)$ 是指矩阵的逐元素求幂 [通过应用泰勒展开式 [见第 1 章中的式 (1.31)] 将指数函数表示为具有非负系数的无穷多项式来证明. 这样，矩阵中的每个元素都是一个无穷多项式且可以应用上述对应多项式情况的结论].

8. 设 $\delta_1,\cdots,\delta_n$ 为 n 个实数. 那么，缩放后的相似矩阵是半正定的，其中，第 (i,j) 项为 $\delta_i s_{ij}\delta_j$. [因为对任意 $\overline{x}$, $\overline{x}^{\mathrm{T}}\boldsymbol{S}\overline{x}$ 都是非负的，故 $[\bar{x}\odot\bar{\delta}]^{\mathrm{T}}\boldsymbol{S}[\bar{x}\odot\bar{\delta}]$ 也是非负的. 这里 $\overline{\delta}=[\delta_1,\cdots,\delta_n]^{\mathrm{T}}$.]

我们下面将 Schur 乘积定理作为一个练习. 注意，在上面的一个结果中我们应用了它来证明当 $\boldsymbol{S}_1$ 和 $\boldsymbol{S}_2$ 是半正定时，$\boldsymbol{S}_1\odot\boldsymbol{S}_2$ 也是半正定的.

问题 9.7.2 (Schur 乘积定理) *设 $\boldsymbol{S}_1=\boldsymbol{A}\boldsymbol{A}^{\mathrm{T}}$ 和 $\boldsymbol{S}_2=\boldsymbol{B}\boldsymbol{B}^{\mathrm{T}}$ 为两个半正定矩阵以及 $\overline{a}_i,\overline{b}_i$ 分别为矩阵 $\boldsymbol{A},\boldsymbol{B}$ 的第 i 行.*

- *证明：对任意向量 $\overline{x}$, $\overline{x}^{\mathrm{T}}(\boldsymbol{S}_1\odot\boldsymbol{S}_2)\overline{x}$ 有如下表示:*

$$\overline{x}^{\mathrm{T}}\left(\boldsymbol{S}_1\odot\boldsymbol{S}_2\right)\overline{x}=\sum_i\sum_j x_i x_j\left[\overline{a}_i\overline{a}_j^{\mathrm{T}}\right]\left[\overline{b}_i\overline{b}_j^{\mathrm{T}}\right]$$

- *假设 $\overline{a}_i,\overline{b}_i$ 的第 q 个分量分别为 a_{iq} 和 b_{iq}. 证明上述表达式可简化为如下形式:*

$$\overline{x}^{\mathrm{T}}\left(\boldsymbol{S}_1\odot\boldsymbol{S}_2\right)\overline{x}=\sum_i\sum_j x_i x_j\left[\sum_k a_{ik}a_{jk}\right]\left[\sum_l b_{il}b_{jl}\right]$$

- *证明上述表达式可简化为如下形式:*

$$\overline{x}^{\mathrm{T}}\left(\boldsymbol{S}_1\odot\boldsymbol{S}_2\right)\overline{x}=\sum_k\sum_l\left[\sum_i x_i a_{ik}b_{il}\right]\left[\sum_j x_j a_{jk}b_{jl}\right]$$

讨论为什么这个表达式总是非负的，因此矩阵 $\boldsymbol{S}_1\odot\boldsymbol{S}_2$ 是半正定的.

问题 9.7.3 证明：对半正定矩阵的每一项元素上加一个非负常数 c 后所得到的矩阵也是半正定的.

上述半正定矩阵变换的性质同样也适用于半正定核的情况 (见表 9.1). 为此，我们首先定义 (闭型的) 半正定核函数的概念：

定义 9.7.1 一个核函数是半正定的当且仅当由该函数的参数样本所生成的所有可能的矩阵都是半正定的.

例如，为了证明表 9.1 中的多项式核是半正定的，我们需要证明：由任意 $\overline{X}_1, \cdots, \overline{X}_n \in \mathbf{R}^d$ 根据函数 $p_{ij} = (c + \overline{X}_i \cdot \overline{X}_j)^h$, $c \geqslant 0$ 而生成的 $n \times n$ 相似矩阵 $\boldsymbol{P} = [p_{ij}]$ 是半正定的. 这里 n 的值是任意的，而 h 是任意正整数.

引理 9.7.1 (多项式核是半正定的) 对任意 $\overline{X}_1, \cdots, \overline{X}_n \in \mathbf{R}^d$ 和 $c \geqslant 0$, 定义多项式核 $p_{ij} = (\overline{X}_i \cdot \overline{X}_j + c)^h$. 那么，对应的 $n \times n$ 相似矩阵 $\boldsymbol{P} = [p_{ij}]$ 是半正定的.

证明 设 $\boldsymbol{S} = [s_{ij}]$ 为一个 $n \times n$ 矩阵，其中 $s_{ij} = \overline{X}_i \cdot \overline{X}_j$. 我们已经知道矩阵 $\boldsymbol{S}$ 是半正定的，这是因为其是一个点积 (Gram) 矩阵. 设 $\boldsymbol{C}$ 是一个 $n \times n$ 矩阵，其每个元素都为 c. 由于 $c \geqslant 0$, 故 $\boldsymbol{C}$ 是半正定的，于是矩阵 $\boldsymbol{C} + \boldsymbol{S}$ 也是半正定的. 注意，多项式核 $\boldsymbol{P}$ 可表示为如下形式：

$$\boldsymbol{P} = (\boldsymbol{C} + \boldsymbol{S}) \odot (\boldsymbol{C} + \boldsymbol{S}) \odot \cdots \odot (\boldsymbol{C} + \boldsymbol{S})$$

那么，根据 Schur 乘积定理可得矩阵 $\boldsymbol{P}$ 也是半正定的. □

根据定义 9.7.1, 上面的引理 9.7.1 意味着多项式核是半正定的. 此外，我们还可以证明高斯核也是半正定的.

引理 9.7.2 (高斯核是半正定的) 对任意 $\overline{X}_1, \cdots, \overline{X}_n \in \mathbf{R}^d$, 定义高斯核 $g_{ij} = \exp(-\|\overline{X}_i - \overline{X}_j\|^2/(2 \cdot \sigma^2))$. 那么，由此所定义的 $n \times n$ 相似矩阵 $\boldsymbol{G} = [g_{ij}]$ 是半正定的.

证明 设 $h_{ij} = \dfrac{\overline{X}_i}{\sigma^2} \cdot \dfrac{\overline{X}_j}{\sigma^2}$. 那么矩阵 $\boldsymbol{H} = [h_{ij}]$ 是半正定的，这是因为它是一个点积 (Gram) 矩阵. 这样，由 $s_{ij} = \exp(g_{ij})$ 所定义的矩阵也是半正定的，因为 (逐元素) 求幂运算不会影响半正定性 (见本节开头的性质列表). 进一步，我们定义 $\delta_i = \exp(-\|\overline{X}_i\|^2/(2\sigma^2))$. 于是，不难得到：

$$\delta_i s_{ij} \delta_j = \exp\left(-\|\overline{X}_i - \overline{X}_j\|^2/(2 \cdot \sigma^2)\right) = g_{ij}.$$

由于矩阵 $\boldsymbol{S} = [s_{ij}]$ 是半正定的，且缩放不影响半正定性，故得到矩阵 $\boldsymbol{G} = [g_{ij}]$ 也是半正定的. □

需要注意的是，Sigmoid 核并不总是半正定的，但在实际应用中其效果却很好. 此外，我们还可以通过组合多个核来构造更复杂的核函数.

问题 9.7.4 应用保持半正定性的矩阵变换性质 (在本部分开头列出) 和引理 9.7.1 证明：(i) 由两个核函数之和所定义的核函数是半正定的；(ii) 由两个核函数的乘积所定义的

核函数是半正定的；(iii) 由具有非负系数的核函数的任意多项式函数所定义的核函数是半正定的.

9.8 总结

在实际应用中，许多形式的数据都不是多维的，例如离散序列和图. 在这种情况下，对象之间可能有相似之处，但数据可能没有任何多维表示. 线性代数的特征分解方法有助于将这些相似矩阵转换为多维嵌入. 本章讨论了如何应用相似矩阵来代替多维表示以实现具有相似性而非多维表示的机器学习算法. 基于相似性的表示还允许数据中的非线性关系平滑化，从而使线性学习器变得更加有效.

9.9 拓展阅读

本章讨论了相似矩阵的线性代数与核方法. 核方法的基础来源于文献 [118] 中的 Mercer 定理，而文献 [118] 则提供了众多关于核的数学性质及其在机器学习中应用的细节. 文献 [112] 和文献 [126] 分别介绍了核主成分分析 (PCA) 技术与等距特征映射 (ISOMAP) 方法. 文献 [5] 则概述了核异常值检测技术，而关于核单类支持向量机与表示定理的介绍可参考文献 [113] 和文献 [129].

9.10 习题

9.1 假设有一个大小为 10×10 的对象间相似二元矩阵. 前四个对象的所有对象对之间的相似性为 1, 而接下来六个对象的所有对象对之间的相似性为 1. 所有其他的相似性均为 0. 请给出每个对象的嵌入.

9.2 假设有两组不相交的对象集 A 和 B, 而 $A \cap B$ 是一个相当大的对象样本. 已知从两个集合各取一个所得的对象对之间的相似性. 讨论如何有效地估计整个集合 $A \cup B$ 上的相似矩阵. 已知相似矩阵是对称的. [提示：考虑此情况与矩阵分解的关系. 毕竟，所有嵌入都是作为对称矩阵分解提取的. 这里只给出了相似矩阵的一部分.]

9.3 假设 $\boldsymbol{S}_1$ 和 $\boldsymbol{S}_2$ 分别为秩为 k_1 和 k_2 的两个 $n \times n$ 半正定矩阵，其中 $k_2 > k_1$. 证明 $\boldsymbol{S}_1 - \boldsymbol{S}_2$ 并不是半正定的.

9.4 假设有一个对象间相似的二元矩阵，其中大多数元素为 0. 讨论如何修正第 8 章中的 Logistic 矩阵分解方法使其更适合对称矩阵分解.

9.5 假设有一个不完整的相似矩阵，其表示属于两个完全不相交的集合 A 和 B 的对象之间的相似性 (与习题 9.2 不同). 讨论如何为两个集合中的每个对象找到嵌入. 集合 A 中的对象嵌入是否与集合 B 中的对象嵌入具有可比性?

9.6 一个中心化的向量是指其元素和为 0 的向量. 证明：对于欧几里得空间上所定义的任意有效 (平方) 距离矩阵 $\boldsymbol{\Delta}=[\delta_{ij}^2]$ 以及任意 d 维中心化向量 $\overline{y}$, 以下结论成立：

$$\overline{y}^{\mathrm{T}}\boldsymbol{\Delta}\overline{y}\leqslant 0$$

(a) 假设给定一个对称矩阵 $\boldsymbol{\Delta}$，其对角线上所有元素都是 0，且对于任意 d 维中心化向量 $\overline{y}$, 均满足 $\overline{y}^{\mathrm{T}}\boldsymbol{\Delta}\overline{y}\leqslant 0$. 通过选择适当的向量 $\overline{y}$ 证明 $\boldsymbol{\Delta}$ 的所有元素是非负的.
(b) 讨论为什么 (平方) 欧几里得距离的距离矩阵 $\boldsymbol{\Delta}$ 总是不定矩阵，除非它是元素全为 0 的平凡矩阵.

9.7 训练点之间有一个 $n\times n$ (点积) 相似矩阵，测试点和训练点之间有一个 $t\times n$ 相似矩阵 $\boldsymbol{S}_t$，而类变量作为一个 n 维列向量，记为 $\overline{y}$. 此外，真正的 $n\times d$ 数据矩阵为 $\boldsymbol{D}$ (即 $\boldsymbol{S}=\boldsymbol{D}\boldsymbol{D}^{\mathrm{T}}$)，但该矩阵并不是已知的. 如第 4 章所述，线性回归的多维系数向量 $\overline{W}$ 由下式给出：

$$\overline{W}=(\boldsymbol{D}^{\mathrm{T}}\boldsymbol{D}+\lambda\boldsymbol{I})^{-1}\boldsymbol{D}^{\mathrm{T}}\overline{y}$$

这里 λ 为正则化参数. 证明如下结论：
(a) 设 $\overline{p}$ 为测试实例预测的 t 维向量. 应用问题 1.2.13 中的推出等式证明下式：

$$\overline{p}=\boldsymbol{S}_t(\boldsymbol{S}+\lambda\boldsymbol{I})^{-1}\overline{y}$$

(b) 上一个习题关于权重向量进行了微分运算. 应用本章所讨论的损失函数的结论以及对 β 进行微分来证明 (a) 的结论.
(c) 花点时间检查应用第 6 章中的式 (6.14) 的对偶方法得到的系数向量的正确性，并将其与本习题中的进行比较. 你有什么发现?

9.8 利用相似矩阵 $\boldsymbol{S}$ 和表示定理推导 Logistic 回归原始形式下的梯度下降步骤.

9.9 给定一个非半正定的平方对称相似矩阵 $\boldsymbol{S}$. 一名学生计算得到了如下新矩阵：

$$\boldsymbol{S}'=\boldsymbol{I}-\boldsymbol{S}+\boldsymbol{S}^2$$

那么，新的相似矩阵 $\boldsymbol{S}$ 是半正定的吗? 如果它是半正定的，请给出证明. 否则，请提供一个反例.

9.10 一名学生使用三种不同的实验方法来估计 n 个对象集合的 $n\times n$ 相似矩阵 $\boldsymbol{S}_1$, $\boldsymbol{S}_2$ 和 $\boldsymbol{S}_3$. 这些相似矩阵都是半正定的. 然后，该名学生计算了如下复合相似矩阵 $\boldsymbol{S}$：

$$\boldsymbol{S}=\boldsymbol{S}_1\odot\boldsymbol{S}_2+\boldsymbol{S}_2\odot\boldsymbol{S}_3+\boldsymbol{S}_3\odot\boldsymbol{S}_1$$

那么，上面的复合相似矩阵是半正定的吗?

9.11 假设 $\boldsymbol{S}(\overline{X}_1,\overline{X}_2)=\boldsymbol{S}(\overline{X}_2,\overline{X}_1)$ 是向量 $\overline{X}_1$ 和 $\overline{X}_2$ 之间的对称相似函数，它不一定是有效的核. 那么，相似函数 $\boldsymbol{K}(\overline{X}_1,\overline{X}_2)=\boldsymbol{S}(\overline{X}_1,\overline{X}_2)^2$ 是有效核吗？如果是，请给出证明. 否则，请提供一个反例.

9.12 假设 $\boldsymbol{S}$ 是一个半正定核，对 $\boldsymbol{S}$ 的每个元素应用一个次线性元素函数 $f(\cdot)$ 来建立一个新的矩阵 $f(\boldsymbol{S})$. 在以下每种情况下，要么证明 $f(\boldsymbol{S})$ 是半正定的，要么提供反例：(i) $f(x)$ 是自然对数函数，而 $\boldsymbol{S}$ 的元素为正的；(ii) $f(x)$ 是非负平方根函数，而 $\boldsymbol{S}$ 的元素为非负的.

9.13 **对称非负分解**. 考虑一个对称非负的 $n\times n$ 矩阵 $\boldsymbol{S}$，其可以被分解为 $\boldsymbol{S}\approx\boldsymbol{U}\boldsymbol{U}^{\mathrm{T}}$，其中 $\boldsymbol{U}$ 为一个 $n\times k$ 非负矩阵 $(k<n)$. 考虑使用目标函数为 $\|\boldsymbol{W}\odot(\boldsymbol{S}-\boldsymbol{U}\boldsymbol{U}^{\mathrm{T}})\|^2$ 且忽略对角线元素上的误差. 这里 $\boldsymbol{W}$ 是一个 $n\times n$ 二元权重矩阵，该矩阵除对角线元素以外的所有元素都被设置为 1. 导出此边界约束优化问题的投影梯度下降更新步骤. 讨论为什么因子矩阵 $\boldsymbol{U}$ 在非负情况下更易于解释.

9.14 证明半正定矩阵 $\boldsymbol{S}$ 至少存在一个对称因式分解 $\boldsymbol{S}=\boldsymbol{U}\boldsymbol{U}^{\mathrm{T}}$ 使得 $\boldsymbol{U}$ 也是对称的.

9.15 利用相似矩阵通过表示定理来表述正则化 L_2 损失的支持向量机 (见第 5 章) 的损失函数. 在这里，我们将第 5 章中所介绍的正则化牛顿更新转换为表示更新，其中第 5 章中的牛顿更新 (使用与本章相同的符号) 表述如下：

$$\overline{W}\Leftarrow\left(\boldsymbol{D}_w^{\mathrm{T}}\boldsymbol{D}_w+\lambda\boldsymbol{I}_d\right)^{-1}\boldsymbol{D}_w^{\mathrm{T}}\bar{y}$$

这里，$n\times d$ 矩阵 $\boldsymbol{D}_w=\boldsymbol{\Delta}_w\boldsymbol{D}$ 为特征空间中数据矩阵 $\boldsymbol{D}$ 的部分版本，除了零行用于匹配 $\boldsymbol{D}$ 的边界行. $\boldsymbol{\Delta}_w$ 是第 9 章中的二元对角矩阵，其中仅当 $\boldsymbol{D}$ 的第 i 个训练实例突破边距时，其第 i 个对角线元素为 1. 如何利用表示系数来计算 $\boldsymbol{\Delta}_w$? 应用推出等式证明此更新等同于以下具有表示系数 $\bar{\beta}$ 的更新：

$$\boldsymbol{D}^{\mathrm{T}}\bar{\beta}\Leftarrow\boldsymbol{D}^{\mathrm{T}}\boldsymbol{\Delta}_w\left(\boldsymbol{S}_w+\lambda\boldsymbol{I}_n\right)^{-1}\bar{y}$$

注意，我们还可以应用如下方法隐式地来实现此更新步骤：

$$\bar{\beta}\Leftarrow\boldsymbol{\Delta}_w\left(\boldsymbol{S}_w+\lambda\boldsymbol{I}_n\right)^{-1}\bar{y}$$

这里 $\boldsymbol{S}_w=\boldsymbol{D}_w\boldsymbol{D}_w^{\mathrm{T}}$ 是一个相似矩阵.

9.16 考虑如下形式的损失函数 (基于正文中相同的符号)：

$$\text{最小化 } J=\sum_{i=1}^{n}L\left(y_i,\overline{W}\cdot\overline{X}_i\right)+\frac{\lambda}{2}\|\overline{W}\|^2$$

证明对应的梯度下降更新步骤具有如下形式：

$$\overline{W}\Leftarrow\overline{W}(1-\alpha\lambda)-\sum_{i=1}^{n}\frac{\partial L\left(y_i,\overline{W}\cdot\overline{X}_i\right)}{\partial\left(\overline{W}\cdot\overline{X}_i\right)}\overline{X}_i^{\mathrm{T}}$$

现在，假设你只能使用相似矩阵 $\boldsymbol{S}=[s_{ij}]$. 那么，证明 $\overline{W}$ 可通过如下方式更新其表示系数 $\overline{\beta}$ 进行间接更新：

$$\beta_i \Leftarrow \beta_i(1-\alpha\lambda)-\alpha\frac{\partial L\left(y_i,t_i\right)}{\partial t_i},\quad \forall i\in\{1,\cdots,n\}$$

其中 $t_i=\sum\limits_{p=1}^{n} s_{ip}$.

CHAPTER 10

第 10 章 图中的线性代数

“如果人们不相信数学是简单的，那只是因为他们没有意识到生活是多么复杂.”

——约翰·冯·诺依曼 (John von Neumann)

10.1 引言

诸如互联网、社交网络和通信网络等许多现实情形都会用到图. 此外，许多机器学习的应用在理论上可以表示为关于图的优化问题. 图矩阵具有许多可用于机器学习的有用的代数性质. 核与图的线性代数有着密切的联系，而谱聚类即为属于这两个领域中的经典应用 (见 10.5 节).

本章内容安排如下. 10.2 节介绍图与邻接矩阵表示的基础知识. 10.3 节讨论邻接矩阵幂的结构性质. 10.4 节引入图矩阵的特征向量与特征值. 10.5 节探讨图聚类的线性代数，而 10.6 节则阐述有关图排序算法的线性代数. 具有较差连通性的图的线性代数将在 10.7 节中讨论. 10.8 节给出图在机器学习中的应用. 10.9 节为本章总结.

10.2 图论基础与邻接矩阵

图有时也称为网络，其被用于表示对象之间“关系”的结构. 这里的对象可以是任何类型的，例如：网页、社交网络参与者或化学元素. 类似地，这些关系可以是 (对应的) 与应用相关的类型，例如：互联网链接、社交网络友谊关系或化学键. 化合物对乙酰氨基酚及其相关的图结构如图 10.1a、图 10.1b 所示. 图 10.1c 则展示了一个表示社交网络的图.

称图中的对象为*顶点*，而它们之间的关系则被称为*边*. 一个顶点有时也被称为*节点*. 在本书中，我们交替使用术语“顶点”和“节点”. 图 G 由一对 (V, E) 来表示，其中 V 是顶点（节点）的集合，而 E 是边的集合. 如果图包含 n 个顶点，则表示该顶点集为 $V=\{1,\cdots,n\}$. 同样，每条边 $(i,j)\in E$ 都表示顶点 i 与顶点 j 之间的一个连接.

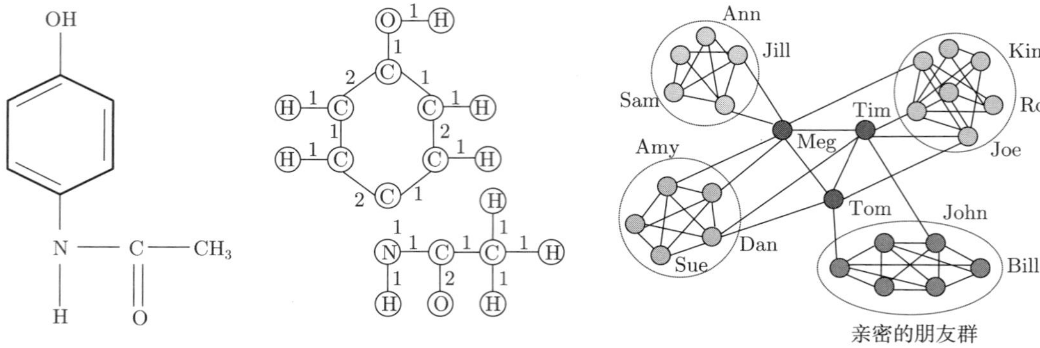

a）对乙酰氨基酚　　b）对乙酰氨基酚图　　c）一个社交网络

图 10.1　无向图的例子

图可以是*有向的*或*无向的*. 在有向图中，每条边都有一个方向. 例如，互联网链接具有从源页面到目标页面的方向. 方向的来源被称为它的尾部，而指向则被称为它的头部. 因此，我们用箭头来显示方向，其中头部对应于箭头的末端. 图 10.2 给出了一个有向图的例子. 另外，无向图的边则没有方向. 例如，Facebook 上的友情链接或化学键是没有方向的. 图 10.1 中展示的所有图都是无向图. 通过用一对方向相反的有向边替换每条无向边，那么可以将一个无向图转换为一个有向图.

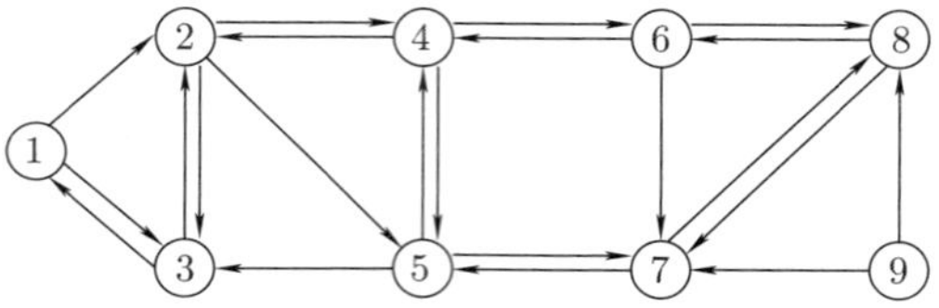

图 10.2　一个有向图

最后，图可以是*不加权的*或*加权的*. 在一个非加权图中，两个顶点之间的边可能存在或不存在，并且没有与特定边相关的“强度”. 在代数的术语中，其通常是二元数值来表示的，顶点对之间的关系的值为 1 或 0，取决于这对顶点之间是否存在边. 另外，在许多应用中，关系可能有一个与之相关的权重. 例如，化学键的强度与共享电子的数目相对应，而相应的权重如图 10.1b 所示. 在电子邮件网络中，从一个参与者到另一个参与者的边的权重可能对应于沿该边发送的消息的数量. 由于加权图更为常见，本章所讨论的图总是假设其具有非负权重.

在无向图中，顶点的*度*定义为该顶点的关联边数. 例如，在图 10.1c 中，Sam 对应的顶点度为 4. 由于每条边都关联于两个顶点，故含有 m 条边的无向图中各顶点的度数之和为 $2m$. 在有向图的情况下，讨论顶点的所谓*入度*和*出度*是有意义的. 顶点的入度是指进入顶点的边的数量，而出度则是指从顶点离开的边的数量. 例如图 10.2 中顶点 1 的入度为 1，而出度为 2. 所有顶点的入度之和以及出度之和都等于边的数量 m. 这是因为每条边既在点的入度计数中也在点的出度计算中. 所有顶点度的定义都可以通过添加边的权重来代替为每条边使用默认的权重 1 来推广到加权情况.

图的基本结构

一个*游走*是使得从每个 i_r 到 i_{r+1} 之间都有一条边的顶点序列 $i_1, i_2, \cdots, i_k$. 在有向图的情况下，边的尾部必须为 i_r 且头部必须为 i_{r+1}. 在无向图中，边可以在两个方向上游走. 对于游走中顶点是否重复没有限制. 在图 10.2 中，顶点序列 2, 3, 1, 2, 4 是一个游走. *路径*是顶点的序列 $i_1, i_2, \cdots, i_k$ 使得从每个 i_r 到 i_{r+1} 之间都有一条边且顶点不重复. 在有向图中，边的方向必须是从 i_r 到 i_{r+1}. 因此，每一条路径都是游走，反之不然. 在图 10.2 中，序列 3, 1, 2, 4 是一条路径. 一个*环*为任意一个顶点序列 $i_1, i_2, \cdots, i_k$ 使得每一对连续的顶点之间都存在一条边，$i_1 = i_k$, 并且没有其他重复的顶点. 换句话说，一个环是有向图中顶点的一个封闭的有向“循环”. 环也是游走的一种特殊情况. 对于无向图，一个环就是一个由无向边组成的闭环. 在有向图中，一个环中所有边的方向必须是相同的. 不包含环的有向图被称为*有向无环图*. 例如，考虑一个有向图，其含有三个顶点 $\{1, 2, 3\}$ 和有向边 $(1, 2)$, $(1, 3)$ 和 $(2, 3)$. 这个图不包含任何有向环，故其是一个有向无环图.

图的*子图*是图中顶点和边的子集. 注意，如果一个子图中包含一条边，那么这条边的端点也必须包含在内. 由一组顶点 $V' \subseteq V$ 生成的图 $G = (V, E)$ 的子图为 $G' = (V', E')$，其中 $E' \subseteq E$ 包含 V' 中顶点之间的所有边.

连通性与直径

如果每一对顶点之间存在一条路径，则称该无向图为连通的. 一个未连通的无向图可以被分成若干个连通分量. 连通分量是原图中顶点的子集，因此由该顶点集导出的子图是连通的. 图 10.3a、图 10.3b 分别给出了连通无向图和非连通无向图的例子. 图 10.3b 中的图有两个连通分量.

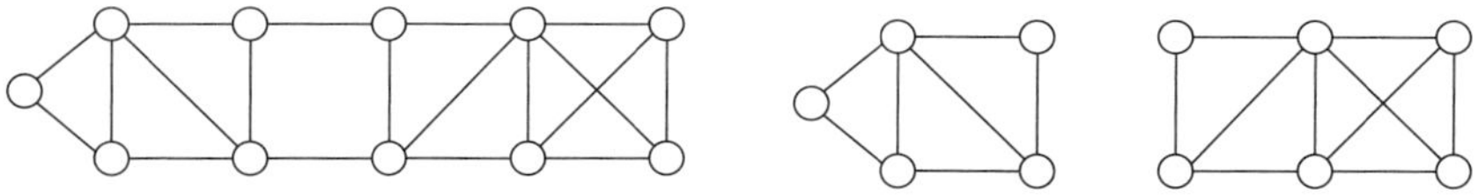

a）连通无向图　　b）具有两个分量的不连通图

图 10.3　连通无向图和非连通无向图的例子

如果一个有向图在任意一个方向上每一对顶点之间存在一条有向路径，则称该有向图为强连通图. 也就是说，对强连通图的任意一对顶点 $[i, j]$, 同时存在从 i 到 j 和从 j 到 i 的路径. 例如，对应于单个顶点的环的图是强连通的. 另外，顶点间只有单向路径或有向无环图不是强连通的 (因为在特定的有序顶点对之间不存在有向路径). 图 10.2 中的图不是强连通的，这是因为从顶点 7 到顶点 9 不存在有向路径. 正如我们稍后将要看到的，强连通图具有一些有用的代数性质.

有向图上一对顶点之间的*距离*或*最短路径*定义为它们之间有向路径上经过的最少边数. 有向图的*直径*定义为图中两个顶点之间的最大距离. 注意，从顶点 i 到顶点 j 的距离可能不同于从顶点 j 到顶点 i 的距离. 因此，需要计算图中所有 $n(n-1)$ 个有序顶点对的距离，并比较得到它们之间的最大距离来获得图的直径. 如果某一对顶点之间不存在有向路径，则图的直径为 ∞. 于是，一个有向图的直径如果是有限的，那么它一定是强连通的. 例如，图 10.2 中的有向图的直径为 ∞, 这是因为从顶点 7 到顶点 9 不存在有向路径.

在无向图中，从顶点 i 到 j 的最短路径距离与从顶点 j 到 i 的最短路径距离相同. 如果一对顶点之间不存在路径，则以为该图是非连通的，故该顶点对之间的距离为 ∞. 无向图的直径是每一对顶点之间最短路径距离的最大值. 一个非连通图 (如图 10.3b 所示) 的直径为 ∞.

图的邻接矩阵

无向图的邻接矩阵是有向图的邻接矩阵的一种特殊情况，因为每条无向边都可以替换为两个权重相等而方向相反的有向边. 因此，我们这里将首先讨论更一般的有向图的情况.

对于含有 n 个顶点和 m 条边的有向图，定义一个 $n \times n$ 方阵 $\boldsymbol{A} = [a_{ij}]$, 其中 a_{ij} 的值为顶点 i 到顶点 j 的边的权重. 如果从顶点 i 到顶点 j 没有边，则该项的值为 0. 因此，具有 m 条边的有向图的邻接矩阵将包含 m 个非零项. 在非加权图的情况下，矩阵中的所有元素都是 0 或 1. 通常邻接矩阵的对角线元素为 0, 因为自环在图中极不常见. 由于 a_{ij} 通常与 a_{ji} 不同，故有向图的邻接矩阵通常是不对称的. 另外，一个含有 m 条边的无向图有 $2m$ 个非零元素，则其是对称的，因为 a_{ij} 和 a_{ji} 的值相同. 无向图邻接矩阵的对称性质可以简化为有关它们线性代数性质的讨论，这是因为它们具有实值规范正交特征向量.

规范化的邻接矩阵

图邻接矩阵的规范化有几种方法. 规范化的目的是防止一些具有许多关联边的顶点支配图的代数性质. 大多数现实世界中的图都具有*幂律度分布* (见文献 [43]). 于是，一小部分顶点的度数之和常常占整个图中所有顶点度数之和的较大比重. 因此，在任何类型的分析或应用于整个网络的机器学习算法中，这些顶点关联的边结构都占主导地位. 这是不可取的，因为高度节点的结构行为通常是由垃圾信息和其他不相关/噪声边所引起的.

存在一些形式的规范化具有一种概率解释，这在实际应用中是非常有用的. 第一种类型的规范化是非对称的规范化，其中每一行都被规范化为 1 个单位. 因此，对每一行的元素求和，然后用这个和除以该行中的每个元素．这种规范化的结果是创建了一个随机转移矩阵，它将邻接矩阵转换为马尔可夫链的转移矩阵．该转移矩阵定义了图上的随机游走，其中每个顶点的输出概率定义了沿该边遍历的概率．所得到的图则称为一个随机游走图．注意，这种类型的规范化会导致不对称的权重，即使对于一个无向图 (它的非规范化邻接矩阵是对称的)．图 10.4 给出了一个非对称规范化的例子，图 10.4a 显示的是带二元边权的原始图，而图 10.4b 显示的则是规范化的图 (即随机游走图)．值得注意的是，这种类型的非对称规范化也可以应用于有向图．在这种情况下，每条边的权重除以一个顶点的出边权重之和．我们的目标还是把每条边的权重解释为离开给定顶点的随机游走概率．

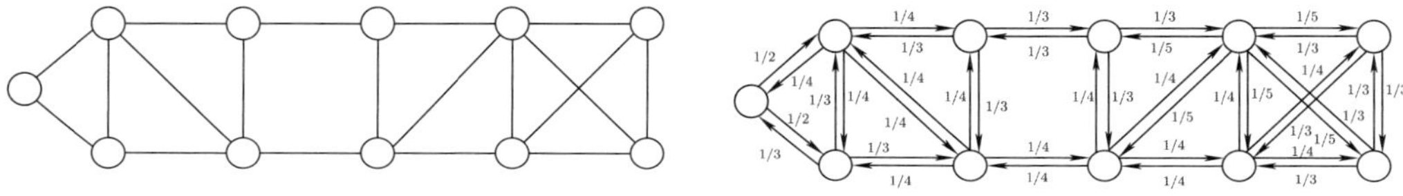

a）一个无向图　　　　b）一个转移矩阵

图 10.4　一个无向图及其随机游走图．注意到，非对称规范化使得对称邻接矩阵变为不对称的

对称规范化通常是为无向图定义的．因此，从对称邻接矩阵开始，目标是在规范化过程中保持其对称性．在对称规范化中，我们将第 i 行的非负项加起来得到总和 δ_i．由于矩阵是对称的，故其第 i 列元素的和也为 δ_i．也就是说，如下等式成立：

$$\delta_i = \sum_{j=1}^{n} a_{ij} = \sum_{j=1}^{n} a_{ji}$$

在对称的规范化中，我们对矩阵的每个元素除以其行与列和的几何平均值．于是，所得到的相似性值 s_{ij} 可定义如下：

$$s_{ij} \Leftarrow \frac{a_{ij}}{\sqrt{\delta_i \delta_j}}$$

注意，非对称规范化总是应用更新 $p_{ij} \Leftarrow a_{ij}/\delta_i$, 故每一行的和为 1．这里 p_{ij} 表示随机游走图中从顶点 i 到顶点 j 的转移概率．

我们也可以应用矩阵乘法以代数形式来表示上述的规范化．设 $\boldsymbol{A} = [a_{ij}]$ 为原始 $n \times n$ (无向) 邻接矩阵，而 $\boldsymbol{\Delta}$ 为 $n \times n$ 对角矩阵，其第 i 个对角线元素为 $\delta_i = \sum_j a_{ij}$．称矩阵 $\boldsymbol{\Delta}$ 为 $\boldsymbol{A}$ 的度矩阵．值得注意的是，该度矩阵包含了边的权重 a_{ij} 的信息，而 $\boldsymbol{\Delta}$ 对角线上的值是关联边的总权重，而不是关联边的个数．尽管简单地称 $\boldsymbol{\Delta}$ 为“度矩阵”更为常见，但有时我们也将 $\boldsymbol{\Delta}$ 称为加权度矩阵，设 $\boldsymbol{P} = [p_{ij}]$ 为非对称规范化随机转移矩阵以及 $\boldsymbol{S} = [s_{ij}]$ 为对称规范化的邻接矩阵．于是，非对称规范化矩阵和对称规范化矩阵的定义如下：

$$P = \Delta^{-1}A \quad [\text{非对称规范化}]$$

$$S = \Delta^{-1/2}A\Delta^{-1/2} \quad [\text{对称规范化}]$$

正如我们将要看到的，这两个相关的矩阵在诸如聚类、分类与 PageRank 计算等许多网络应用中扮演着重要的角色.

10.3 邻接矩阵的幂

考虑一个有向图的二元邻接矩阵 $\boldsymbol{A}$, 其每一项元素不是 0 就是 1. 矩阵 $\boldsymbol{A}$ 的幂与特定长度的游走次数有关：

性质 10.3.1 *设 $\boldsymbol{A}$ 是一个图的二元邻接矩阵. 那么，$\boldsymbol{A}^k$ 中的第 (i,j) 项的元素值等于从 i 到 j 的长度正好为 k 的游走次数.*

我们可以应用归纳法来证明这个结论. 事实上，很容易看出，$\boldsymbol{A}^1 = \boldsymbol{A}$ 包含长度恰好为 1 的所有游走. 现在，如果 $\boldsymbol{A}^k$ 的第 (i,j) 项元素为从 i 到 j 的长度为 k 的游走次数，那么长度为 $(k+1)$ 的游走次数可以通过对从 i 到所有与 j 连通的顶点的长度为 k 的游走数量求和得到 (即所有在 $\boldsymbol{A}$ 中第 j 列对应元素为 1 的顶点). 该值正是 $\boldsymbol{A}^k\boldsymbol{A} = \boldsymbol{A}^{k+1}$ 的第 (i,j) 项元素. 当这些边具有权重时会怎么样呢？在此情况下，矩阵 $\boldsymbol{A}^k$ 的值等于加权游走的次数，其中每次游走的贡献等于该游走上 a_{ij} 的乘积.

矩阵 $\boldsymbol{W}(t) = \sum_{k=0}^{t} \boldsymbol{A}^k$ 中包含了从 i 到 j 长度不超过 t 的游走数目. 注意到，$\boldsymbol{A}^0$ 是单位矩阵，我们把它包括在求和中，这是因为每个顶点都可以从自身到达，其对应的步长为 0. 在许多情况下，由于假定步长是非零的，故零阶项往往是被省略的. 一般来说，这个和式并不随着 t 的增加而收敛. 例如，如果 $\boldsymbol{A}$ 对应于一个由两个顶点组成的环，则很容易证明下式：

$$\boldsymbol{A}^r = \begin{bmatrix} 0 & 1 \\ 1 & 0 \end{bmatrix} \quad [r \text{ 为奇数}]$$

$$\boldsymbol{A}^r = \begin{bmatrix} 1 & 0 \\ 0 & 1 \end{bmatrix} \quad [r \text{ 为偶数}]$$

这是因为通过给定的偶数步数从顶点到自身只有一种游走方式，而由给定的奇数步数通过两个顶点只有一种游走方式. 对这些矩阵进行无穷累加并不会收敛. 此外，矩阵 $\boldsymbol{A}^r$ 的元素自身可能会以无穷和形式爆炸 (在某些类型的矩阵中).

然而，通过引入衰减因子 $\gamma < 1$ 使得该求和可能会收敛. 从语义的角度来看，这意味着长度为 r 的游走由 γ^r 进行加权. 尽管可能会有更多更长的游走，但衰减因子可以确保无穷和最终收敛. 显然，收敛所需的 γ 的选择取决于图的结构性质. 有意思的是，这些结构

特性可以通过潜在邻接矩阵的特征分解来捕捉. 选择因子 γ 小于 $\boldsymbol{A}$ 的特征值绝对值的最大值的倒数则可以确保 $(\gamma\boldsymbol{A})^k$ 的无穷和收敛. 也就是说，乘以因子 $\gamma < 1$ 会引起衰减，然后将一对顶点之间所有游走的权重相加.

该结果可以由如下事实得到: 如果 λ 是 $\boldsymbol{A}$ 的一个特征值, 那么 $\gamma\lambda$ 为矩阵 $\boldsymbol{A}_\gamma = \gamma\boldsymbol{A}$ 的特征值. 这是因为 $\det(\boldsymbol{A}_\gamma - \lambda\gamma\boldsymbol{I}) = \gamma^n\det(\boldsymbol{A} - \lambda\boldsymbol{I})$. 因此，通过选择 γ 使得其小于 $\boldsymbol{A}$ 中特征值绝对值的最大值的倒数，从而得到矩阵 $\boldsymbol{A}_\gamma = \gamma\boldsymbol{A}$ 的特征值绝对值的最大值严格小于 1. 于是，我们可以容易地证明如下结论:

引理 10.3.1 对于 $\gamma > 0$, 设 $\boldsymbol{A}$ 是一个其所有特征值的绝对值小于 $1/\gamma$ 的矩阵. 那么，如下结论成立:

$$\lim_{r\to\infty}(\gamma\boldsymbol{A})^r = 0$$

简证 用矩阵 $\boldsymbol{A}_\gamma$ 表示 $\gamma\boldsymbol{A}$, 那么其所有特征值的绝对值都小于 1. 注意，任何可能具有复特征值的矩阵都可以转换为如下的 Jordan 标准形式 (见 3.3.3 节):

$$\boldsymbol{A}_\gamma = \boldsymbol{V}\boldsymbol{J}\boldsymbol{V}^{-1}$$

这里，$\boldsymbol{J}$ 是 Jordan 标准型的上三角形矩阵，其对角线元素包含 (可能是复数) 特征值，而每个特征值均小于 1. 于是，在这种情况下，我们可以得到:

$$\boldsymbol{A}_\gamma^r = \boldsymbol{V}\boldsymbol{J}^r\boldsymbol{V}^{-1}$$

当 r 趋于无穷时，我们可以证明矩阵 $\boldsymbol{J}^r$ 趋于 0[㊀]. 故矩阵 $\boldsymbol{A}_\gamma^r$ 也收敛于零矩阵. □

上述的引理提供了一种计算任意顶点对之间游走的衰减加权和的方法.

引理 10.3.2 给定一个具有邻接矩阵 $\boldsymbol{A}$ 的有向图，其中 $\boldsymbol{A}$ 的最大特征值小于 $1/\gamma$, 那么每对顶点之间的衰减游走的加权和包含在矩阵 $(\boldsymbol{I} - \gamma\boldsymbol{A})^{-1} - \boldsymbol{I}$ 中:

$$\sum_{r=1}^{\infty}(\gamma\boldsymbol{A}) = (\boldsymbol{I} - \gamma\boldsymbol{A})^{-1} - \boldsymbol{I}$$

简证 注意，$\gamma\boldsymbol{A}$ 的所有特征值的都小于 1, 而 $\gamma\boldsymbol{A}$ 的每个特征值在 $(\boldsymbol{I} - \gamma\boldsymbol{A})$ 中有一个对应的特征值，两个特征值之和为 1, 且具有相同的特征向量. 因此 $(\boldsymbol{I} - \gamma\boldsymbol{A})$ 的所有特征值都是非零的，故矩阵是非奇异的. 也就是说，在上述方程的两边乘以 $(\boldsymbol{I} - \gamma\boldsymbol{A})$ 不影响上述结果的正确性. 两边同时乘以 $(\boldsymbol{I} - \gamma\boldsymbol{A})$ 则得到两侧的矩阵都为 $\gamma\boldsymbol{A}$. 于是结论得证. □

事实上,矩阵 $(\boldsymbol{I}-\gamma\boldsymbol{A})^{-1}$ 是非常有用的,这是因为它的第 (i,j) 项元素表示从顶点 i 到 j 的间接连通性水平，即使这对顶点没有被直接连接. 进一步，该矩阵包含顶点对之间的所有所谓的 Katz 度量. Katz 度量通常用于无向图，尽管其有时也可以应用于有向图.

㊀ 上三角形矩阵 $\boldsymbol{J}^r$ 中的对角线元素是 $\boldsymbol{J}$ 中对角线元素的幂，它将趋于 0. 已知这样一个严格的三角形矩阵是幂零矩阵，故 $\boldsymbol{J}^r$ 最终将趋于 0.

定义 10.3.1 (Katz 度量)　对于一个给定的无向图的邻接矩阵 $\boldsymbol{A}$, 顶点 i 与 j 之间的 Katz 度量就定义为 $(\boldsymbol{I}-\gamma\boldsymbol{A})^{-1}-\boldsymbol{I}$ 的第 (i,j) 项元素. 这里 γ 是用于计算 Katz 度量的衰减参数.

Katz 度量可以被用于*链接预测*. 在此类问题中，人们的目标是在感兴趣的图 (例如，社交网络) 中发现未来可能形成链接的顶点对. 显然，如果一对顶点之间存在多个 (短) 游走，那么将来更可能在它们之间形成链接. 这好比一个人更有可能在社交网络中与朋友的朋友建立联系.

链接预测的问题可以用类似于带有隐式反馈的推荐问题的方式来看待. 为了求解这个问题，我们首先将 $\boldsymbol{A}$ 中的一小部分非零项设置为 0 来得到 $\boldsymbol{A}'$, 并将这些边保存为验证集 $\boldsymbol{A}_v$. 此外，还要将 $\boldsymbol{A}$ 中的一些零边添加到 $\boldsymbol{A}_v$ 中. 通过计算在不同 γ 值下 $(\boldsymbol{I}-\gamma\boldsymbol{A}')$ 的逆，从而可以选择验证集 $\boldsymbol{A}_v$ 上链接预测最准确的一个. 一旦确定了 γ 的值，就可以计算矩阵 $(\boldsymbol{I}-\gamma\boldsymbol{A})^{-1}$ (包括所有边) 以便按照形成链接的可能性顺序排列边.

邻接矩阵的幂也可以用来刻画无向图和有向图的直径和连通性. 注意，如果图的直径为 d, 则在每对顶点之间存在长度最多 d 的路径. 换句话说，如果 $r_{ij}\leqslant d$ 为任意一对顶点 i 和 j 之间最短路径的长度，那么 $\boldsymbol{A}^{r_{ij}}$ 的第 (i,j) 项元素非零. 这也给出了下面通过邻接矩阵的幂定义图的直径的方式.

性质 10.3.2　一个具有邻接矩阵 $\boldsymbol{A}$ 的 (有向或无向) 图的直径是使得矩阵 $\sum_{k=0}^{d}\boldsymbol{A}^k$ 的所有项都非零的所有 d 值中最小的一个. 对于任何连通无向图或强连通有向图，d 的值最多为 $n-1$.

当无向图不连通或有向图不强连通时，图的直径为 ∞. 因为所有具有有限直径的图的直径值最多为 $n-1$. 这为应用邻接矩阵的幂来测试 (有向或无向) 图的连通性提供了一种简单的方法.

引理 10.3.3 (无向图的连通性)　一个具有 $n\times n$ 邻接矩阵 $\boldsymbol{A}$ 的无向图是连通的当且仅当矩阵 $\sum_{k=0}^{n-1}\boldsymbol{A}^k$ 的每一项都非零.

引理 10.3.4 (有向图的强连通性)　一个具有 $n\times n$ 邻接矩阵 $\boldsymbol{A}$ 的有向图是强连通的当且仅当矩阵 $\sum_{k=0}^{n-1}\boldsymbol{A}^k$ 的每一项都非零.

测试连通性的一种简单方法是计算 Katz 度量矩阵，并检查其是否所有非对角线元素都是非零的.

在矩阵 $\sum_{k=0}^{n-1}\boldsymbol{A}^k$ 中，无向图和非连通/强连通的有向图在特定的顶点集之间会缺少边. 在矩阵 $\sum_{k=0}^{n-1}\boldsymbol{A}^k$ 中缺失的边将导致特定类型的非零项构成的块结构. 例如，考虑一个有向图，其中顶点可以分为集合 1 和集合 2. 假设集合 1 与集合 2 中的每个顶点都是强连通的. 此外，从集合 1 的顶点到集合 2 的顶点之间都有边，但在其他方向则不存在边. 这种类型的图不是强连通的，但它的邻接矩阵总是可以通过适当地重新排序顶点来转换为一个块上三角形式：

$$\boldsymbol{A}=\begin{bmatrix}\boldsymbol{A}_{11} & \boldsymbol{A}_{12}\\ \boldsymbol{O} & \boldsymbol{A}_{22}\end{bmatrix}$$

注意，沿着对角线的块总是方阵，但对角线以上的块可能并不是方阵. 不管我们对矩阵 $\boldsymbol{A}$ 求多少次幂，下面的零块仍然是零，这一点并不难验证. 同样，一个非连通无向邻接矩阵可以转换为如下的块对角形式：

$$\boldsymbol{A}=\begin{bmatrix}\boldsymbol{A}_{11} & \boldsymbol{O}\\ \boldsymbol{O} & \boldsymbol{A}_{22}\end{bmatrix}$$

对这个矩阵求幂的任何次数都只会对单个块求幂，这也是比较容易验证的：

$$\boldsymbol{A}^k=\begin{bmatrix}\boldsymbol{A}_{11}^k & \boldsymbol{O}\\ \boldsymbol{O} & \boldsymbol{A}_{22}^k\end{bmatrix}$$

两个块 $\boldsymbol{A}_{11}$ 和 $\boldsymbol{A}_{22}$ 在矩阵乘法中彼此不会相互作用.

10.4 Perron-Frobenius 定理

我们下面将要给出有向图和无向图中邻接矩阵特征向量的一些关键性质. Perron-Frobenius 定理适用于有向图的一般情况，而对无向图作了一些额外的简化. 所有的图邻接矩阵 (有向的或无向的) 的元素都是非负的，因此潜在特征向量会具有一些特殊的性质. 无向图比有向图具有更有意思的性质，这是因为它们的邻接矩阵的对称性确保了规范正交特征向量和实特征值. 有向图的邻接矩阵可以同时包含实特征值和复特征值. 这一系列的结果一般称为 Perron-Frobenius 定理.

性质 10.4.1 有向图的邻接矩阵可能有一个或多个复特征值. 此外，即使考虑复特征值，也不能保证有向图具有可对角化的邻接矩阵.

作为一个不可对角化的例子，考虑一个含有四个顶点的有向图，其在每个连续的顶点对 $[i, i+1]$ 具有双向边并且具有从顶点 1 到顶点 4 的单一单向边：

$$\boldsymbol{N}=\begin{bmatrix}0 & 1 & 0 & 1\\ 1 & 0 & 1 & 0\\ 0 & 1 & 0 & 1\\ 0 & 0 & 1 & 0\end{bmatrix}$$

不考虑单向边的话，该图是对称的以及可对角化的，并且具有规范正交实特征向量．然而，从顶点 1 到顶点 4 增加一条边使得它的邻接矩阵不可对角化．通过计算 $\det(\boldsymbol{N}-\lambda\boldsymbol{I})$ 可知：该矩阵具有特征多项式 $\lambda^4-3\lambda^2$, 对应于特征值 $\{-\sqrt{3},\sqrt{3},0,0\}$．因此，特征值 0 是重复出现的．然而，因为矩阵的秩为 3, 故其只有一个属于特征值 0 的特征向量 $[0,1,0,-1]^{\mathrm{T}}$．于是，该邻接矩阵是不可对角化的．

作为一个具有可对角化邻接矩阵和复特征值的有向图的例子，我们考虑如下含有三个顶点的有向环的邻接矩阵：

$$\boldsymbol{A}=\begin{bmatrix}0&0&1\\1&0&0\\0&1&0\end{bmatrix}\tag{10.1}$$

注意到，该矩阵确实有一个实值特征向量 $[1,1,1]^{\mathrm{T}}$, 其对应特征值为 1．另外两个特征值为 $(-1+\mathrm{i}\sqrt{3})/2$ 和 $(-1-\mathrm{i}\sqrt{3})/2$, 这显然是复值的．对应的特征向量也是复值的．由于特征多项式为 λ^3-1, 故所有的特征值都为 1 的实立方根和复立方根．值得注意的是，我们确实得到了至少一个实特征向量-特征值对．此外，这个特征向量是模㊀最大的特征向量，尽管其他两个特征向量的大小也为 1. 这不是巧合，事实上可以证明任意强连通有向图的邻接矩阵至少有一个实特征向量-特征值对，该实值特征也是模最大的特征向量．强连通图的邻接矩阵是 (所谓的) *不可约的*．

定义 10.4.1 (不可约矩阵) *一个有向图的邻接矩阵是不可约的当且仅当该图是强连通的．*

称一个非不可约的邻接矩阵为可约矩阵．注意，如果图不是强连通的 (即它的邻接矩阵是可约的)，那么该图要么是完全非连通的，要么它的顶点可以分割成两个集合 (即可以给出一个切割)，这样两个集合之间只存在一个方向上的边．也就是说，矩阵可以表示为如下*块上三角形式*：

$$\boldsymbol{A}=\begin{bmatrix}\boldsymbol{A}_{11}&\boldsymbol{A}_{12}\\\boldsymbol{O}&\boldsymbol{A}_{22}\end{bmatrix}\tag{10.2}$$

对于有向图上的游走，它意味着一旦通过 $\boldsymbol{A}_{12}$ 中的边从集合 1 移动到集合 2，就不可能回到集合 1 中的任何顶点．在上面的矩阵中，我们假设顶点是有序的以便一个集合中的所有顶点出现在另一个集合中的所有顶点之前．

Perron-Frobenius 定理只适用于邻接矩阵不可约的强连通图．该结果主要聚焦于最大模的特征向量，其也被称为*主特征向量*．注意，非对称矩阵 (如有向图) 的左特征向量和右特征向量是不同的．一般版本的 Perron-Frobenius 定理可表述如下：

㊀ 复数 $a+\mathrm{i}b$ 的模为 $\sqrt{a^2+b^2}$.

定理 10.4.1 (有向图的 Perron-Frobenius 定理) 设 $\boldsymbol{A}$ 是一个含有 n 个顶点的有向图的邻接方阵，其是不可约的，且元素非负．那么，矩阵 $\boldsymbol{A}$ 总是具有一个实值且正的最大 (模大小) 特征值 (用 $\lambda_{\max}$ 表示)，并且该 (正) 特征值的重数为 1. 然而，还可能存在其他复或负的特征值，其模也为 $\lambda_{\max}$. 下面的结论总是成立的：

- 对应于实的正特征值 $\lambda_{\max}$ 的唯一左特征向量和唯一右特征向量元素为实数且是严格正的．
- 实的正特征值 $\lambda_{\max}$ 满足如下条件：

$$\text{average}_i \sum_j a_{ij} \leqslant \lambda_{\max} \leqslant \max_i \sum_j a_{ij}$$

$$\text{average}_j \sum_i a_{ij} \leqslant \lambda_{\max} \leqslant \max_j \sum_i a_{ij}$$

  这意味着，对于未加权矩阵，最大的特征值位于平均度和最大入度 (和最大出度) 之间．因此，最大入度和最大出度的最小值提供了 $\lambda_{\max}$ 的一个上界．
- **随机转移矩阵的特殊情况：** 由于随机转移矩阵每个顶点的加权出度为 1, 那么根据上述结果，其最大特征值为 1. 随机转移矩阵 $\boldsymbol{P}$ 对应的属于该特征值的右特征向量是由 1 构成的 n 维列向量，因为 $\boldsymbol{P}$ 的每一行的和为 1. 称对应的左特征向量为 PageRank 向量，其为 $\pi^{\mathrm{T}}\boldsymbol{P} = \pi^{\mathrm{T}}$ 的解．

值得注意的是，即使最大特征值是正的，也可能存在相同模大小为 $\lambda_{\max}$ 的复或负的特征值. 作为一个具体的例子，考虑式 (10.1) 中含有三个顶点的有向环的邻接矩阵. 这个矩阵的特征值是 1 的三个实数或复数立方根，即为 1, $(-1+\mathrm{i}\sqrt{3})/2$ 和 $(-1-\mathrm{i}\sqrt{3})/2$. 这三个根的模都是 1. 一般来说，我们可以证明一个含有 n 个顶点的有向环存在 n 个特征值，其对应于 1 的 n 个实根和复根. 进一步，可以证明这些值为 $\exp(2\mathrm{i}\pi t/n) = \cos(2\pi t/n) + \mathrm{i}\sin(2\pi t/n)$, $t \in \{0, \cdots, n-1\}$. 所有这些实特征值和复特征值的模都为 1. 如果图是可约的，则可能存在多个特征向量对应于最大的 (正的) 特征值. 此外，在这种情况下，主特征向量不再保证只包含正项.

Perron-Frobenius 定理还有适用于无向图的一个简化版本. 事实上，在无向图中，邻接矩阵是对称的，故所有的特征向量都是实值的. 此外，当把图看成一个有向网络 (用两个有向边替换每个无向边) 时，该图总是强连通的. 相应地，无向图的 Perron-Frobenius 定理可以表述如下：

推论 10.4.1 (无向图的 Perron-Frobenius 定理) 设 $\boldsymbol{A}$ 是一个含有 n 个顶点的无向连通图的非负邻接矩阵．那么，矩阵 $\boldsymbol{A}$ 的最大特征值 $\lambda_{\max}$ (模大小) 总是实值且为正的．存在唯一一个大小为 $\lambda_{\max}$ 的特征值，但也有可能存在一个具有与之相同大小的负特征值．进一步，如下结论成立：

- 特征向量和特征值是实值的．如果图没有自环，其特征值的和等于 $\boldsymbol{A}$ 的迹，即为 0.

因此，某些特征值总是负的．特征值 $\lambda_{\max}$ 总是至少与绝对值最大的负特征值 (绝对大小) 一样大．

- 存在单一的一个对应于特征值 $\lambda_{\max}$ 的特征向量．该特征向量只有严格正的元素 (在必要时与 -1 相乘后)．在不考虑尺度变换的意义下，方程 $\boldsymbol{A}\pi = \lambda_{\max}\pi$ 的解是唯一的．
- 最大的特征值满足如下条件：

$$\text{average}_i \sum_j a_{ij} \leqslant \lambda_{\max} \leqslant \max_i \sum_j a_{ij}$$

这意味着，对于未加权矩阵，其最大的特征值位于平均度和最大度之间．

最后，无向图的随机转移矩阵是不对称的．然而，它们却继承了派生出它们的无向 (对称) 邻接矩阵的一些性质．例如，类似于对称矩阵，无向图的随机转移矩阵仍具有实特征向量和实特征值．

推论 10.4.2 (无向图的随机转移矩阵) 设 $\boldsymbol{P} = \boldsymbol{\Delta}^{-1}\boldsymbol{A}$ 为无向连通图的规范化转移矩阵，其中 $n \times n$ 矩阵 $\boldsymbol{A}$ 为邻接矩阵，而 $\boldsymbol{\Delta}$ 为度矩阵．那么如下结果成立：

- 特征向量和特征值是实值的．模最大的特征值总是唯一的，它的值为 1，但也可能存在一个值为 -1 的特征值．
- 对应于特征值为 1 的右特征向量是由 1 所构成的 n 维列向量．该向量的确是一个右特征向量，因为随机转移矩阵中的每一行的和均为 1．
- 在不考虑尺度变换的意义下，左特征向量即 $\pi^{\mathrm{T}}\boldsymbol{P} = \pi^{\mathrm{T}}$ 的解是唯一的．称该向量为 PageRank 向量，其所有分量是严格正的．

注意到，即使对应于最大特征值 1 的特征向量是唯一的，但也可能存在对应于特征值 -1 的特征向量．因此，模最大的特征向量并不是唯一的．作为一个具体的例子，我们考虑一个含有两个顶点的无向图的随机转移矩阵，其中两个顶点之间存在一条边．邻接矩阵 $\boldsymbol{A}$ 和随机转移矩阵 $\boldsymbol{P}$ 都具有如下形式：

$$\boldsymbol{A} = \boldsymbol{P} = \begin{bmatrix} 0 & 1 \\ 1 & 0 \end{bmatrix}$$

这个图与两个顶点的有向环具有相同的邻接矩阵，其有 -1 和 $+1$ 两个特征值．

规范化邻接矩阵的特征向量在机器学习中有着诸如谱聚类和排序等广泛的应用．左特征向量可以用于像排序节点这样的应用，而右特征向量可用于谱聚类，这将在后面几节中作重点讨论．

10.5 图矩阵的右特征向量

本节将讨论无向图的右特征向量的线性代数性质．这些性质可用于所谓谱聚类的特定类型的图聚类问题．这一节将聚焦于具有实特征值和特征向量的对称邻接矩阵的无向图．

考虑一个邻接矩阵为 $\boldsymbol{A}$ 的无向图. 在应用任何形式的图聚类之前，我们需要对邻接矩阵 $\boldsymbol{A}$ 进行一个预处理步骤. 该预处理步骤的目标是打破图中的低权重链接，并将其权重设为 0. 这样做可以区别地删除聚类间的链接，并使聚类更加简洁. 目前，存在两种方法可以做到这一点，其中它们都需要使用阈值参数来决定要删除哪些链接.

1. 将邻接矩阵 $\boldsymbol{A}$ 中所有小于阈值 ε 的非零元素设为 0. 换句话说，如果 a_{ij} 小于 ε，则就被设为 0.

2. 对于每个顶点 i, 如果对于某个用户驱动的参数 k, 顶点 j 不在 i 的 k 近邻中，那么就将所有的 a_{ij} 设为 0. 然而，这种改变会使矩阵变成不对称的. 因此，我们更倾向于使用相互 k 近邻，而不是 k 近邻. 也就是说，设 a_{ij} 和 a_{ji} 为 0 当且仅当 i 和 j 都是彼此的 k 近邻.

这些类型的方法只是提供了一个思路. 只要最后的邻接矩阵 $\boldsymbol{A}$ 是对称的，那么就几乎可以使用任何合理的方法来打破弱链接. 在谱聚类中，保持对称的邻接矩阵对于确保实值特征值和特征向量具有重要意义. 在这一节中，我们假设矩阵 $\boldsymbol{A}$ 是一个邻接矩阵，其中的弱链接已被删除. 尽管不是半正定的，但邻接矩阵只是相似矩阵 (或核) 的一种形式，因为对角线元素为零. 值得注意的是，人们常常将多维数据集转换为图，相应的方法是将数据点作为对象，而将边的权重作为基于高斯核函数的相似值 (见第 9 章). 事实上，如果使用这样一个图而不破坏其弱链接，则所得到的聚类结果与核 k 均值算法非常类似 (只有与特征选择和规范化相关的小细节上的差异).

删除弱链接使邻接矩阵中的每个元素依赖于其他元素的值. 称这种类型的相似函数为数据依赖核. 与纯高斯核 (见第 9 章) 不同，数据依赖核不能纯粹作为它的两个参数的函数来计算，而是依赖于相似矩阵的剩余部分. 在本节中，我们将介绍谱聚类的三种等价视角，其分别对应于核视角、Laplace 视角与矩阵分解视角.

10.5.1　谱聚类的核视角

在讨论谱聚类之前，我们首先讨论通过将无向图的对称邻接矩阵作为相似矩阵来处理所获得的核方法. 这一讨论为将谱方法理解为核方法的一种变体奠定了基础. 假设移除弱链接后的邻接矩阵为 $\boldsymbol{A}=[a_{ij}]$. 无向图的 $n\times n$ 邻接矩阵 $\boldsymbol{A}$ 是一个对称相似矩阵，尽管它不是半正定的，因为它的特征值之和 (即矩阵迹) 为 0. 然而，总是可以将对称邻接矩阵对角化为 $\boldsymbol{A}=\boldsymbol{Q}\boldsymbol{\Lambda}\boldsymbol{Q}^{\mathrm{T}}$, 并只使用 $\boldsymbol{Q}$ 的前 k 列作为工程表示. 任何像 k 均值这样的聚类算法都可应用于嵌入 (见 9.5.1.1 节). 由于缺乏相似矩阵 (即邻接矩阵) 的半正定性，人们可能认为这不是一种核方法. 然而，这并不完全正确，我们也可以通过将绝对值最大的负特征值的绝对值 $\gamma>0$ 加到每个对角线元素来约束矩阵 $\boldsymbol{A}$. 矩阵 $\boldsymbol{A}+\gamma\boldsymbol{I}=\boldsymbol{Q}(\boldsymbol{\Lambda}+\gamma\boldsymbol{I})\boldsymbol{Q}^{\mathrm{T}}$ 是一个具有完全相同特征向量的半正定矩阵，而并没有用到特征值. 这与核 k 均值算法略有不同 (见 9.5.2.1 节)，事实上，核 k 均值通过核技巧隐式地用特征值的平方根来缩放特征向量. 谱聚类则忽略特征值的尺度变换，其适用于白化表示 (见 7.4.6 节). 此外，它只使用

前 k 个特征向量，从而用离散选择来代替软特征值加权．这些类型的规范化和特征选择差异总是发生在应用特征工程 (如谱方法) 而不是核技巧的情况下．

上面讨论的方法是一种核方法 (与谱聚类相关)，但它并不是精确的谱聚类．直接使用邻接矩阵 (作为相似矩阵) 的一个问题是，矩阵的元素由几个顶点支配．现实世界中的大多数图都满足幂律度分布[43]，其中一小部分 (通常小于 1%) 的顶点占据了图中的大部分边．所导致的结果是，嵌入受一小部分顶点的拓扑结构支配，这是不可取的．谱聚类则通过顶点度规范化解决了这一问题．

在对称规范化中，人们需要计算度矩阵 $\boldsymbol{\Delta}$，它是一个 $n \times n$ 对角矩阵，其第 i 个对角线元素为度 $\delta_i = \sum_j a_{ij}$．将每个元素 a_{ij} 除以 δ_i 和 δ_j 的几何平均值可以减少度数较高的顶点的影响．正如 10.2 节所述，对称的规范化相似矩阵 $\boldsymbol{S}$ 可定义如下：

$$\boldsymbol{S} = \boldsymbol{\Delta}^{-1/2}\boldsymbol{A}\boldsymbol{\Delta}^{-1/2} \tag{10.3}$$

我们可以对角化该相似矩阵 $\boldsymbol{S} = \boldsymbol{Q}_{(s)}\boldsymbol{\Lambda}\boldsymbol{Q}_{(s)}^{\mathrm{T}}$，然后使用 $\boldsymbol{Q}_{(s)}$ 的前 k 列 (即最大特征向量) 作为 $n \times k$ 嵌入矩阵 $\boldsymbol{Q}_{(s),k}$．这里给矩阵 $\boldsymbol{Q}_{(s),k}$ 加上下标 (s) 以强调对称规范化．矩阵 $\boldsymbol{Q}_{(s),k}$ 的第 i 行包含第 i 个顶点的 k 维嵌入．称这种嵌入为 Ng-Jordan-Weiss 嵌入 [98]．任何像 k 均值这样的聚类算法都可以应用于这种嵌入．在应用 k 均值算法之前，将 $n \times k$ 矩阵 $\boldsymbol{Q}_{(s),k}$ 的每一行规范化也是很常见的．注意，将 $\boldsymbol{Q}_{(s),k}$ 每一行规范化将得到一个嵌入矩阵，其列向量不再是规范化的．

这种方法的一个相关变体是 Shi-Malik 算法 [115]，它使用随机转移矩阵而不是对称规范化矩阵．换句话说，规范化是不对称的：

$$\boldsymbol{P} = \boldsymbol{\Delta}^{-1}\boldsymbol{A}$$

我们也可以把 $\boldsymbol{P}$ 看成一个相似矩阵．然而，这里的主要问题是它是不对称的．因此，讨论半正定性甚至没有意义．

正如 9.3.3 节所讨论的，如果放宽相似性的定义以允许不对称性，则仍然可以从非对称相似矩阵中提取嵌入．在这种情况下，应用如下不对称分解：

$$\boldsymbol{P} = \boldsymbol{Q}_{(a)}\boldsymbol{\Lambda}\boldsymbol{Q}_{(a)}^{-1}$$

注意，根据随机转移矩阵的 Perron-Frobenius 定理，该分解总是包含实值特征向量和特征值 (见推论 10.4.2)．矩阵 $\boldsymbol{Q}_{(a)}$ 的列包含 $\boldsymbol{P}$ 的右特征向量．用矩阵下标 (a) 来强调它是从一个非对称相似矩阵中提取的事实．提取 $\boldsymbol{Q}_{(a)}$ 的前 k 列从而创建一个 $n \times k$ 嵌入矩阵 $\boldsymbol{Q}_{(a),k}$．这个矩阵的第 i 行为第 i 个顶点的 k 维嵌入，称其为 Shi-Malik 嵌入．任何现成的聚类算法都可以应用于这种嵌入．对于这种嵌入的顶部特征向量，我们有如下观察，其也在随机矩阵的 Perron-Frobenius 定理中陈述过 (见推论 10.4.2)：

性质 10.5.1 Shi-Malik 嵌入中最大的特征向量是一列由 1 构成的向量.

从聚类的角度来看，该特定的特征向量所包含的信息量不大，有时会被丢弃 (尽管是否包含它似乎没有多大区别).

Shi-Malik 嵌入与 Ng-Jordan-Weiss 嵌入

Shi-Malik 嵌入与 Ng-Jordan-Weiss 嵌入几乎相同. 事实上，我们可以通过一个简单的处理步骤从一个嵌入来得到另一个嵌入. 这是因为对称规范化矩阵 $\boldsymbol{S}$ 与转移矩阵 $\boldsymbol{P}$ 满足 $\boldsymbol{S}=\boldsymbol{\Delta}^{1/2}\boldsymbol{P}\boldsymbol{\Delta}^{-1/2}$，从而两个矩阵相似. 因此，它们的特征值是相同的，而特征向量也是相关的.

引理 10.5.1 设 $\boldsymbol{\Delta}$ 为一个邻接矩阵 $\boldsymbol{A}$ 的度矩阵以及 $\boldsymbol{S}$ 与 $\boldsymbol{P}$ 分别为 $\boldsymbol{A}$ 的对称规范化矩阵和随机转移矩阵. 那么 $\overline{x}$ 为 $\boldsymbol{P}$ 的特征值 λ 所对应的特征向量当且仅当 $\sqrt{\boldsymbol{\Delta}}\overline{x}$ 是 $\boldsymbol{S}$ 的特征值 λ 所对应的特征向量.

证明 我们证明上述两个表述成立当且仅当 $\overline{x}$ 是 $\boldsymbol{A}$ 满足 $\boldsymbol{A}\overline{x}=\lambda\boldsymbol{\Delta}\overline{x}$ 的广义特征向量. 首先，注意，$\boldsymbol{P}\overline{x}=\lambda\overline{x}$ 成立当且仅当 $\boldsymbol{\Delta}^{-1}\boldsymbol{A}\overline{x}=\lambda\overline{x}$，即 $\boldsymbol{A}\overline{x}=\lambda\boldsymbol{\Delta}\overline{x}$. 其次，注意，$\boldsymbol{S}[\sqrt{\boldsymbol{\Delta}}\overline{x}]=\lambda[\sqrt{\boldsymbol{\Delta}}\overline{x}]$ 成立当且仅当 $\boldsymbol{\Delta}^{-1/2}\boldsymbol{A}\overline{x}=\lambda[\sqrt{\boldsymbol{\Delta}}\overline{x}]$，即 $\boldsymbol{A}\overline{x}=\lambda\boldsymbol{\Delta}\overline{x}$. 这样，引理得证. □

由于 Shi-Malik 嵌入的第一个特征向量是一列由 1 所构成的向量，故 Ng-Jordan-Weiss 嵌入的第一个特征向量与 $\sqrt{\boldsymbol{\Delta}}[1,1,\cdots,1]^{\mathrm{T}}$ (即 $[\sqrt{\delta_1},\sqrt{\delta_2},\cdots,\sqrt{\delta_n}]^{\mathrm{T}}$) 成正比.

推论 10.5.1 对称规范化邻接矩阵 $\boldsymbol{S}=\boldsymbol{\Delta}^{-1/2}\boldsymbol{A}\boldsymbol{\Delta}^{-1/2}$ 的第一个特征向量与加权顶点度平方根的 n 维向量成正比.

重要的一点是，Ng-Jordan-Weiss 嵌入在应用 k 均值算法之前对行进行了规范化，而 Shi-Malik 方法在应用 k 均值之前没有对行进行规范化. 换句话说，前者在应用 k 均值算法之前是行规范化的，而后者在应用 k 均值之前是列规范化的. 于是，我们可以应用对称核矩阵 $\boldsymbol{S}=\boldsymbol{\Delta}^{-1/2}\boldsymbol{A}\boldsymbol{\Delta}^{-1/2}$ 统一提取两种嵌入:

引理 10.5.2 设 $\boldsymbol{R}$ 为一个 $n\times k$ 矩阵，其列包含对称矩阵 $\boldsymbol{S}=\boldsymbol{\Delta}^{-1/2}\boldsymbol{A}\boldsymbol{\Delta}^{-1/2}$ 的前 k (单位规范化) 个特征向量. 那么，通过如下后处理步骤，可以从 $\boldsymbol{R}$ 中得到 Shi-Malik 嵌入与 Ng-Jordan-Weiss 嵌入:

- Ng-Jordan-Weiss 嵌入是通过将 $n\times k$ 矩阵 $\boldsymbol{R}$ 的每一行规范化为单位范数所得到的.
- Shi-Malik 嵌入是通过将 $n\times k$ 矩阵 $\boldsymbol{\Delta}^{-1/2}\boldsymbol{R}$ 的每一列规范化为单位范数所得到的.

这一观察结果表明，这两种方法非常相似，只是在缩放/规范化相同矩阵的行/列的后处理步骤方面有所不同.

10.5.2 谱聚类的 Laplace 视角

在大多数教科书和文献中，谱聚类的 Laplace 视角是一种最常见的表达方式 [84]. 由于谱聚类与核方法之间的关系更为基本，故我们没有选择谱聚类这种方式作为主要的方法. 然而，我们将简要介绍 Laplace 视角，并讨论它与核视角之间的关系. 此外，Laplace 视角的另一个贡献 (超越了核视角) 是算法的一个非规范化变体 (尽管它很少被使用).

10.5.2.1 图的 Laplace 矩阵

设 $\boldsymbol{A}$ 为一个无向图的邻接矩阵，而 $\boldsymbol{\Delta}$ 为其度矩阵. 矩阵 $\boldsymbol{P}$ 和 $\boldsymbol{S}$ 分别对应于随机转移矩阵和对称规范化邻接矩阵. 尽管我们可以很容易地将下面的定义扩展到有向图，但 Laplace 算子几乎总是用于无向图应用中. 在图的应用中通常有三种常用的 Laplace 矩阵. 第一个是非规范化的 Laplace 矩阵 $\boldsymbol{L}$：

$$\boldsymbol{L} = \boldsymbol{\Delta} - \boldsymbol{A} \tag{10.4}$$

由于 $\boldsymbol{\Delta}$ 与 $\boldsymbol{A}$ 都是对称的，故无向图的 Laplace 矩阵是对称的. Laplace 矩阵是一个奇异矩阵，这是因为其每一行的和都为 0. 因此，0 是 Laplace 矩阵的一个特征值.

非对称规范化 Laplace 矩阵 $\boldsymbol{L}_a$ 是对上面介绍的矩阵 $\boldsymbol{L}$ 进行单边规范化：

$$\boldsymbol{L}_a = \boldsymbol{\Delta}^{-1}\boldsymbol{L} = \boldsymbol{\Delta}^{-1}(\boldsymbol{\Delta} - \boldsymbol{A}) = \boldsymbol{I} - \boldsymbol{P} \tag{10.5}$$

这里 $\boldsymbol{P} = \boldsymbol{\Delta}^{-1}\boldsymbol{A}$ 是已经稍早介绍过的随机转移矩阵. 于是，非对称规范化 Laplace 矩阵与随机转移矩阵 $\boldsymbol{P}$ 密切相关. 由于 $\boldsymbol{P}$ 是不对称的，故该 Laplace 矩阵是不对称的. 对称规范化 Laplace 矩阵 $\boldsymbol{L}_s$ 的定义方法类似，只是 $\boldsymbol{L}$ 采用了双边规范化：

$$\boldsymbol{L}_s = \boldsymbol{\Delta}^{-1/2}\boldsymbol{L}\boldsymbol{\Delta}^{-1/2} = \boldsymbol{\Delta}^{-1/2}(\boldsymbol{\Delta} - \boldsymbol{A})\boldsymbol{\Delta}^{-1/2} = \boldsymbol{I} - \boldsymbol{S} \tag{10.6}$$

因此，对称规范化 Laplace 矩阵与对称相似矩阵 $\boldsymbol{S}$ 密切相关.

关于在多维空间中嵌入顶点，图的 Laplace 矩阵具有一些有意思的解释. 在最简单的情况下，考虑每个顶点 i 都嵌入到实数 x_i 的一种设置. 因此，我们可以建立一个规范化向量 $\overline{x} = [x_1, \cdots, x_n]^{\mathrm{T}}$ 使得 $\overline{x}^{\mathrm{T}}\overline{x} = 1$. 首先，检查一下式 (10.4) 的未规范化的 Laplace 矩阵 $\boldsymbol{L}$. 于是，可以得到如下结论：

引理 10.5.3 *如果 $\boldsymbol{L}$ 是无向邻接矩阵的非规范化 Laplace 矩阵，则 $\overline{x}^{\mathrm{T}}\boldsymbol{L}\overline{x}$ 正比于权重为 a_{ij} 的 (x_i, x_j) 的平方距离的加权和. 也就是说，下式成立：*

$$\overline{x}^{\mathrm{T}}\boldsymbol{L}\overline{x} = \frac{1}{2}\sum_{i=1}^{n}\sum_{j=1}^{n} a_{ij}(x_i - x_j)^2$$

证明 为了证明该引理，我们可以在引理中的等式两边展开表达式，并检查两边每一项的系数. 对于 $i \neq j$, 可以证明 $x_i x_j$ 项的系数在两边都是 $-(a_{ij} + a_{ji})$. 另外，对任意 i，可以证明 x_i^2 的系数为 $\frac{1}{2}\sum_{j=1}^{n}(a_{ij} + a_{ji})$. □

以下的观察可以由上述引理得到. 这些观察在关于图的机器学习算法中应用广泛:

1. 根据引理 10.5.3, 一个立即得到的结果是, 对任意 $\overline{x}$, $\overline{x}^{\mathrm{T}}\boldsymbol{L}\overline{x}$ 都是非负的. 因此, 它是半正定的.

2. 非规范化图的 Laplace 矩阵是半正定的这一事实可以很容易地扩展到对称规范化的 Laplace 图 (见问题 10.5.1). 尽管半正定的概念只用于对称图, 但也可以证明, 不对称规范化图的 Laplace 矩阵具有非负特征值, 且对任意 $\overline{x}$, 有 $\overline{x}^{\mathrm{T}}\boldsymbol{L}_a\overline{x} \geqslant 0$. 换句话说, 它满足广义的关于非对称图的半正定性. 每一类 Laplace 矩阵都有一个特征值为 0, 这是因为 Laplace 矩阵是奇异矩阵, 且其零空间秩至少为 1. 如果图是连通的, 则零空间的秩正好为 1. 由于图的 Laplace 矩阵总是具有非负的特征值, 故 0 是最小的特征值. 进一步, 如果图是连通的, 则其还是唯一的.

3. 找到一个使 $\overline{x}^{\mathrm{T}}\boldsymbol{L}\overline{x}$ 最小的单位向量 $\overline{x}$ 将会得到顶点的一维嵌入, 此由权重 a_{ij} 的边 (i,j) 连接的顶点对 $[i,j]$ 就 $(x_i-x_j)^2$ 的值而言是接近的. 这可以很容易地从引理 10.5.3 中 $\overline{x}^{\mathrm{T}}\boldsymbol{L}\overline{x}$ 的加权平方和的解释中推断出来. 也就是说, 该类型的目标函数给出了一个有利于聚类的嵌入, 这也是为什么它对谱聚类是有用的.

利用引理 10.5.3 和行列式的一些性质, 我们可以比较容易地得到如下结果.

问题 10.5.1 设 $\boldsymbol{L}$, $\boldsymbol{L}_a=\boldsymbol{\Delta}^{-1}\boldsymbol{L}$ 和 $\boldsymbol{L}_s=\boldsymbol{\Delta}^{-1/2}\boldsymbol{L}\boldsymbol{\Delta}^{-1/2}$ 分别是在边上具有非负权重的无向图的非规范化、非对称规范化和对称规范化 Laplace 矩阵. 证明如下结论: (i) 对任意 $\overline{x}$, $\overline{x}^{\mathrm{T}}\boldsymbol{L}_s\overline{x}$ 总是非负的; (ii) $\boldsymbol{L}_s$ 和 $\boldsymbol{L}_a$ 的特征值相同; (iii) $\overline{x}^{\mathrm{T}}\boldsymbol{L}_a\overline{x}$ 总是非负的.

谱聚类的大致方法可表述如下:

1. 从三个 Laplace 矩阵 $\boldsymbol{L},\boldsymbol{L}_a,\boldsymbol{L}_s$ 中选择一个. 求所选择的 Laplace 矩阵的最小 k 个特征向量. 将这些特征向量单位化后作为列向量, 并创建一个 $n\times k$ 矩阵 $\boldsymbol{Q}_k$. 矩阵 $\boldsymbol{Q}_k$ 的每一行对应一个顶点的 k 维嵌入.

2. 如果在第一步中选择了对称 Laplace 矩阵 $\boldsymbol{L}_s$, 则还需要执行额外的步骤将 $\boldsymbol{Q}_k$ 的每一行规范化为单位范数.

3. 对不同顶点的嵌入表示应用 k 均值算法.

重要的一点是, 对相似矩阵使用了大特征向量, 而这里使用的是 Laplace 矩阵的小特征向量. 基于两者之间的关系, 这并不奇怪. 例如, 对称规范化邻接矩阵 $\boldsymbol{S}$ 与对称 Laplace 矩阵 $\boldsymbol{L}_s$ 满足 $\boldsymbol{L}_s=\boldsymbol{I}-\boldsymbol{S}$. 于是, 这两个矩阵的特征向量是相同的, 所对应的特征值和为 1. 下面的引理总结了谱聚类的核视角与 Laplace 视角的等价性.

引理 10.5.4 (核视角与 Laplace 视角的等价性) 设 $\boldsymbol{A}$ 为一个 $n\times n$ 邻接矩阵, $\boldsymbol{P}$ 为其随机转移矩阵, 而 $\boldsymbol{S}$ 为其对称规范化邻接矩阵. 设 $\boldsymbol{L}_a=\boldsymbol{I}-\boldsymbol{P}$ 和 $\boldsymbol{L}_s=\boldsymbol{I}-\boldsymbol{S}$ 分别为不对称和对称的 Laplace 矩阵. 那么, 如下结论成立:

- 随机转移矩阵 $\boldsymbol{P}$ 的 k 个最大特征向量与非对称 Laplace 矩阵 $\boldsymbol{L}_a$ 的 k 个最小特征向量是相同的.
- 对称规范化邻接矩阵 $\boldsymbol{S}$ 的 k 个最大特征向量与对称 Laplace 矩阵 $\boldsymbol{L}_s$ 的 k 个最小

特征向量是相同的.

证明　这里只证明对称 Laplace 矩阵 $\boldsymbol{S}$ 的情形，而非对称 Laplace 矩阵的证明是类似的. 任意特征值为 λ 的矩阵 $\boldsymbol{S}$ 的一个特征向量也是特征值为 $(1-\lambda)$ 的矩阵 $(\boldsymbol{I}-\boldsymbol{S})$ 的一个特征向量. 这是因为 $\boldsymbol{S}\overline{x}=\lambda\overline{x}$ 成立当且仅当 $(\boldsymbol{I}-\boldsymbol{S})\overline{x}=(1-\lambda)\overline{x}$. 因此，矩阵 $\boldsymbol{S}$ 的大特征向量对应于 $\boldsymbol{L}_s=(\boldsymbol{I}-\boldsymbol{S})$ 的小特征向量. □

值得注意的是，非规范化 Laplace 矩阵 $\boldsymbol{L}$ 的小特征向量与邻接矩阵 $\boldsymbol{A}$ 的大特征向量并不完全相同. 无论如何，在大多数实际应用中，使用非规范化变量是相对少见的.

10.5.2.2　基于 Laplace 矩阵的优化模型

Laplace 矩阵的小特征向量用于嵌入的事实也可以通过使用一个基于 Laplace 矩阵的优化模型来推导出来. 事实上，这也是大多数教科书和文献中所普遍采用的方法 [84]. 根据引理 10.5.3 中的结论，$\overline{x}^{\mathrm{T}}\boldsymbol{L}\overline{x}$ 给出了一对数据点之间加权的平方和距离：

$$\overline{x}^{\mathrm{T}}\boldsymbol{L}\overline{x}=\frac{1}{2}\sum_{i=1}^{n}\sum_{j=1}^{n}a_{ij}(x_i-x_j)^2$$

这里，$\overline{x}$ 是一个 n 维向量，其包含每个顶点的一个坐标. 注意，使用 k 个向量 $\overline{x}_1,\cdots,\overline{x}_k$ 可以很容易地将该结果扩展到每个顶点的 k 维嵌入. 在这种情况下，n 维向量 $\overline{x}_i$ 包含了 n 个不同顶点的第 i 个坐标. 那么，k 个不同值 $\overline{x}_i^{\mathrm{T}}\boldsymbol{L}\overline{x}_i$ 的和为嵌入提供了加权平方和形式的欧几里得距离. 因此，所谓的集群友好嵌入可以通过如下优化模型来定义：

$$\text{最小化}\quad \sum_{i=1}^{k}\overline{x}_i^{\mathrm{T}}\boldsymbol{L}\overline{x}_i$$

$$\text{约束为：}\|\overline{x}_i\|^2=1,\ \forall i\in\{1,\cdots,k\},\ \text{且}\ \overline{x}_1,\cdots,\overline{x}_k\ \text{相互正交}$$

上述优化模型试图找到每个顶点的 k 维嵌入以使加权的欧几里得距离平方和达到最小.上面的模型也是 3.4.5 节所讨论的范数约束优化问题的一个特例.如 3.4.5 节所述,矩阵 $\boldsymbol{L}$ 的 k 个最小特征向量给出了该优化问题的解. 注意，我们可以在对称规范化 Laplace 矩阵中使用完全相同的模型，而方法是将上面的模型中的 $\boldsymbol{L}$ 替换为 $\boldsymbol{L}_s$. 然而，非对称 Laplace 矩阵的情况却略有不同，该问题可以归结如下形式：

$$\text{最小化}\quad \sum_{i=1}^{k}\overline{x}_i^{\mathrm{T}}\boldsymbol{L}\overline{x}_i$$

$$\text{约束为：}\overline{x}_1,\cdots,\overline{x}_k\ \text{为}\ \boldsymbol{\Delta}\ \text{规范正交的}$$

与初始的优化问题的唯一区别在于，向量是 $\boldsymbol{\Delta}$ 规范正交的，其中 $\boldsymbol{\Delta}$ 规范正交的定义如下：

$$\overline{x}_i^{\mathrm{T}} \boldsymbol{\Delta} \overline{x}_j = \begin{cases} 1, & i = j \\ 0, & i \neq j \end{cases}$$

使用 $\boldsymbol{\Delta}$ 规范正交不强调高度数顶点的影响．我们可以证明相应的最优解为 $\boldsymbol{\Delta}^{-1}\boldsymbol{L}$ 的最小 k 个特征向量．我们将这一结果的证明留作一个练习．

问题 10.5.2　证明非对称谱聚类优化模型的最优解对应于 $\boldsymbol{L}_a = \boldsymbol{\Delta}^{-1}\boldsymbol{L}$ 的最小特征向量．

上述问题的一个关键提示是，应用一个变量转换将每个 $\overline{x}_i = \sum_{j=1}^{n} \beta_{ij}\overline{p}_j$ 表示为 $\boldsymbol{\Delta}^{-1}\boldsymbol{L}$ 的单位特征向量基系的线性组合．随后求解系数 β_{ij}，同时利用这些系数变量转化目标函数和约束．接着证明特征向量 $\overline{p}_1, \cdots, \overline{p}_n$ 为 $\boldsymbol{\Delta}$ 规范正交的，利用它根据 β_{ij} 的不同值来进一步简化目标函数．可以看出：β_{ij} 的所有值要么为 $1/\sqrt{\boldsymbol{\Delta}}$，要么为 0.

10.5.3　谱聚类的矩阵分解视角

谱聚类是矩阵分解的一种形式．非对称谱聚类和对称谱聚类均可通过如下分解来得到：

$$\boldsymbol{S} = \underbrace{\boldsymbol{Q}_{(s)}}_{\boldsymbol{U}} \underbrace{\boldsymbol{\Lambda} \boldsymbol{Q}_{(s)}^{\mathrm{T}}}_{\boldsymbol{V}^{\mathrm{T}}} \quad [\text{对称}]$$

$$\boldsymbol{P} = \underbrace{\boldsymbol{Q}_{(a)}}_{\boldsymbol{U}} \underbrace{\boldsymbol{\Lambda} \boldsymbol{Q}_{(a)}^{-1}}_{\boldsymbol{V}^{\mathrm{T}}} \quad [\text{非对称}]$$

也就是说，这两种分解都可以表示为 $\boldsymbol{U}\boldsymbol{V}^{\mathrm{T}}$ 的形式．我们也可以应用第 8 章中的梯度下降法将 $\boldsymbol{S}$ 或 $\boldsymbol{P}$ 近似地分解为 $\boldsymbol{U}\boldsymbol{V}^{\mathrm{T}}$ 的形式．注意，$\boldsymbol{U}$ 和 $\boldsymbol{V}$ 均为 $n \times k$ 矩阵，其中 k 为分解的秩．矩阵 $\boldsymbol{U}$ 和 $\boldsymbol{V}$ 的 k 维行向量可以连接起来以创建每个顶点的 $2k$ 维嵌入表示．虽然该方法的结果与谱聚类方法并不完全相同，但通常可以得到与谱聚类方法类似的结果．在一些不能直接应用谱聚类的情况下，这种广义视角往往是非常有用的．例如，在有向图的情况下，邻接矩阵可能不能由实值特征向量和特征值来对角化．此时，我们可以使用有向图的广义分解形式．

设 $\boldsymbol{A}$ 是一个有向图的邻接矩阵．在无向邻接矩阵的情况下，通过只保留这些边，即两个顶点在其端点处的顶部 k 条入边和顶部 k 条出边来删除弱链接．注意，矩阵 $\boldsymbol{A}$ 在删除弱链接之前或之后都不是对称的 (因为图是有指向的)．设 δ_i^{in} 为第 i 个顶点的加权入度，这是通过对 $\boldsymbol{A}$ 的第 i 列的 (可能非二元) 元素求和而得到的．同样，设 δ_i^{out} 为第 i 个顶点的加权出度，这是通过对 $\boldsymbol{A}$ 的第 i 行的元素求和得到的．于是，我们可以创建相应的 $n \times n$ 对角矩阵，分别记为 $\boldsymbol{\Delta}_{\mathrm{in}}$ 和 $\boldsymbol{\Delta}_{\mathrm{out}}$，其对角线元素分别为 δ_i^{in} 和 δ_i^{out}．那么，每条边 (i, j) 可以

使用顶点 i 的出度和顶点 j 的入度的几何平均值来规范化：

$$a_{ij} \Leftarrow \frac{a_{ij}}{\sqrt{\delta_i^{\text{out}}}\sqrt{\delta_j^{\text{in}}}}$$

当然，我们也可以应用规范化矩阵 $\boldsymbol{N}$ 将这种关系写成如下矩阵形式：

$$\boldsymbol{N} = \boldsymbol{\Delta}_{\text{out}}^{-1/2}\boldsymbol{A}\boldsymbol{\Delta}_{\text{in}}^{-1/2}$$

一旦计算得到矩阵 $\boldsymbol{N}$, 则就可以用第 8 章中所讨论的方法将它分解为 $\boldsymbol{N} \approx \boldsymbol{U}\boldsymbol{V}^{\text{T}}$. 这里 $\boldsymbol{U}$ 和 $\boldsymbol{V}$ 是 $n \times k$ 矩阵，其中 k 为分解的秩. 矩阵 $\boldsymbol{U}$ 的第 i 行给出了第 i 个顶点的输出因子 (或发送因子)，并且与 10.6 节将要讨论的一些中心化度量有关. 矩阵 $\boldsymbol{V}$ 的第 i 行则提供了第 i 个顶点的传入因子 (或接收因子). 可以将这些表示连接起来创建每个顶点的 $2k$ 维表示，而这种表示可以用于聚类.

机器学习中的应用：有向链接预测

我们可以应用上述方法进行有向链接预测. 该类型的方法对于像 X (Twitter) 这样的定向关注者-被关注者网络的链接预测是很有用的. 一旦将规范化矩阵 $\boldsymbol{N}$ 分解为 $\boldsymbol{N} \approx \boldsymbol{U}\boldsymbol{V}^{\text{T}}$, 则可重构 $\boldsymbol{U}\boldsymbol{V}^{\text{T}}$ 来预测邻接矩阵的有向链接. 通常，在无向图中需要链接预测，尽管一些应用中可能也需要在有向图中进行预测链接. 重要的点是，需要注意到 $\boldsymbol{U}\boldsymbol{V}^{\text{T}}$ 中的第 (i, j) 项可能与 $\boldsymbol{U}\boldsymbol{V}^{\text{T}}$ 中的第 (j, i) 项并不相同. 也就是说，链接的预测对方向是敏感的. 毕竟，一个青少年在 X 上关注一个著名摇滚明星的概率和摇滚明星关注这个青少年的概率是不一样的.

10.5.4 哪种谱聚类视角最有用

本小节提供关于谱聚类的多种阐述. 我们下面将对这些谱聚类的不同视角提供一个更广泛的展望：

1. **基于邻接矩阵的核视角：** 谱聚类的规范化差异可以被视为具有显式特征工程的相似性聚类方法的特殊情况 (见 9.5.1.1 节). 谱聚类与该类方法的主要区别只在于如何预处理矩阵来删除弱链接. 核视角的主要优点在于，它可以提供一个与我们在第 9 章中所介绍的所有其他核方法相统一的观点. 谱方法只是众多核方法 (如核 k 均值) 家族中的一员而已. 其主要特点是相似矩阵的启发式稀疏化/规范化和工程特征的规范化 (白化).

2. **Laplace 视角：** 在常用的谱聚类方法中，Laplace 视角是谱聚类主要的处理方法 [84]. 由于这种处理方法与核分解或因子分解方法的性质不同，故谱聚类与其他相关的嵌入方法在看待问题时往往有很大的不同. Laplace 视角通常被解释为一个简洁的离散优化问题，即在一个规范化图中寻找最小切割点 [115]. 然而，谱聚类的实际优化问题只是该问题的连续逼近，其可能是离散版本的任意一个较差的逼近.

3. **矩阵分解视角及其扩展**：谱聚类的非对称形式可以被视为矩阵分解中的一部分. 最重要的是，该视角给出了对有向图聚类方法的广义化，这是谱聚类的普通版本所无法实现的.

较好地理解一种方法的一个重要原则是弄清它与其他类似方法的关系，这样更有益于研究该方法的拓展与应用. 谱聚类是一种基于显式特征工程和数据依赖核的核聚类方法的一个特例. 由于它需要在对特征应用 k 均值算法之前对从核提取的特征进行后处理，故其不能与核技巧 (如核 k 均值算法) 相结合使用.

10.6 图矩阵的左特征向量

如 10.5 节所述，邻接矩阵 A 的随机转移矩阵的右特征向量可以用来创建用于聚类的 Shi-Malik 嵌入. 这一节将探讨随机转移矩阵的左特征向量. 然而，与 10.5 节的论述有几个不同之处. 首先，我们将研究仅主 (即最大) 特征向量的特征. 根据 Perron-Frobenius 定理，该特征向量对应的特征值为 1. 其次，由于将研究与互联网图结构 (而不是聚类) 相关的应用，故我们重点将放在有向图而非无向图上. 毕竟，网页链接结构是不对称的. 最后，10.5 节所讨论的聚类应用总是修改邻接矩阵以删除弱链接. 此修正并不适用于本节所讨论的应用. 相反，本节提出一种不同类型的修正来聚焦于使有向图为强连通的.

在诸如互联网的许多应用中，人们需要寻找具有较高声望水平的顶点. 直观地说，如果有许多网页指向某个页面，那么该页面就具有较高的声望水平. 但是，简单地使用指向某个页面的网页的数量可能会误导用户，这是因为指向该页面的页面本身的质量可能很低. 于是，人们通常希望发现其他高级页面所指向的页面. 为此，我们可以应用图中*随机游走*的概念来为这种递归关系进行建模.

考虑一个有向图，其邻接矩阵为 $\boldsymbol{A}$，加权度矩阵为 $\boldsymbol{\Delta}$，而随机转移矩阵为 $\boldsymbol{P}=\boldsymbol{\Delta}^{-1}\boldsymbol{A}$. 假设浏览者根据转移概率向量 $[p_{i1}, p_{i2}, \cdots, p_{in}]$ 选择从顶点 i 向外转移，那么我们就可以将 $\boldsymbol{P}$ 中的每个元素 p_{ij} 解释为随机浏览者从网页 i 转到网页 j 的概率. 注意，这些转移概率和为 1. 基于 PageRank 的顶点 (网页) 的声望水平就被定义为一个随机浏览者访问该顶点 (网页) 的稳态概率. 有意思的是，刚才描述的过程正是*马尔可夫链*的转移过程. 马尔可夫链由一组状态 (顶点) 和其中的一组转移 (有概率的边) 组成. 因此，本节介绍的图结构可以很好地描述一个马尔可夫链. 此外，马尔可夫链有一个明确定义的过程，以其转移矩阵的特征向量来求稳态概率.

一个自然的问题是，马尔可夫链在何种条件下会具有与随机浏览者的起始顶点无关的稳态概率呢？事实上，我们称这样的马尔可夫链为*遍历链*，其需要满足如下条件：

定义 10.6.1 (遍历马尔可夫链) *如果马尔可夫链的转移矩阵是强连通的，则称它是遍历的.*

非强连通的图也可能具有稳态概率，这取决于游走的起点. 例如，考虑图 10.5b 所示的有向图，它不是强连通的. 在这种情况下，从顶点 1 开始随机游走将导致只分布在 $\boldsymbol{A}_1$ 中的顶点之间的稳态概率．然而，从顶点 6 开始游走可能会导致 $\boldsymbol{A}_1$ 或 $\boldsymbol{A}_2$ 两个中任何一个的稳态概率．

由于这一需求而产生的一个直接问题是，许多实际的应用中不会产生强连通的有向图．例如，互联网肯定不是一个强连通的有向图．当你建立一个新的网站时，很有可能你会指向许多其他的网站，但是没有人知道你的网站或指向它，这可能会导致计算稳态概率方面的问题．

这个问题可以通过应用*重启概率*来解决．在每一步中，随机浏览者被允许以概率 $\alpha < 1$ 重置到网络中的一个完全随机的顶点以及以概率 $(1-\alpha)$ 继续进行随机游走．参数 α 的值是一个超参数，其以特定于应用的方式来被选择．转移矩阵 $\boldsymbol{P}$ 可按照如下方式由原来的转移矩阵 $\boldsymbol{P}_o$ 来得到：

$$\boldsymbol{P} \Leftarrow (1-\alpha)\boldsymbol{P}_o + \alpha \boldsymbol{M}/n$$

这里 $\boldsymbol{M}$ 是一个元素全为 1 的 $n \times n$ 矩阵．矩阵 $\boldsymbol{M}/n$ 是一个转移矩阵，其中的一个顶点可以以 $1/n$ 的概率从任何一个顶点移动到另一个顶点．因此，这是一个强连通重启矩阵．于是，最终的转移矩阵 $\boldsymbol{P}$ 是原始转移矩阵和重启矩阵的加权组合．因此，我们将始终假设转移矩阵是强连通的，并且将重启矩阵作为一个预处理步骤．

10.6.1 作为转移矩阵的左特征向量的 PageRank

设 π_i 为随机游走模型中顶点 i 的稳态概率．那么，访问一个特定顶点 i 的概率 π_i 由每个进入的顶点转移到该顶点的概率和给出．从顶点 j 转移到顶点 i 的概率为 $\pi_j p_{ji}$．对每个顶点 $i \in \{1, \cdots, n\}$，我们可以将上述关系重新写为如下形式：

$$\pi_i = \sum_{j=1}^{n} \pi_j p_{ji}, \quad \forall i \in \{1, \cdots, n\}$$

注意到，这里是关于 n 个变量 $\pi_1, \cdots, \pi_n$ 的 n 个方程．我们可以用向量 $\overline{\pi} = [\pi_1, \pi_2, \cdots, \pi_n]^{\mathrm{T}}$ 来表示这 n 个变量．上述方程组可用向量形式表示如下：

$$\overline{\pi}^{\mathrm{T}} = \overline{\pi}^{\mathrm{T}} \boldsymbol{P}$$

这就是一个特征值为 1 所对应的左特征向量方程．由 Perron-Frobenius 定理，我们已经知道对于强连通图的随机转移矩阵存在一个唯一的对应于特征值为 1 的特征向量．

由于 $\overline{\pi}$ 是随机转移矩阵的主特征向量，故可以应用幂方法 (见 3.5.2 节) 来求解它．这种方法的原理是将 $\overline{\pi}$ 初始化为一个 0 到 1 之间的随机正向量，并规范化使其元素和为 1．随后重复如下迭代过程：

1. $\overline{\pi}^{\mathrm{T}} \Leftarrow \overline{\pi}^{\mathrm{T}} \boldsymbol{P}$.

2. 将 π 规范化使其元素和为 1.

该方法最终是收敛的.

问题 10.6.1 (有效计算) 使用重启的一个问题是，尽管底层图是稀疏的，但它仍会导致转移矩阵 $\boldsymbol{P}$ 是稠密的. 讨论如何更仔细地处理 $\boldsymbol{P}$ 的重启分量以便能够只使用稀疏矩阵来计算 $\overline{\pi}$.

求解上述问题的一个提示是，最终的转移矩阵可以由原始转移矩阵 $\boldsymbol{P}_o$ 将其表示为 $(1-\alpha)\boldsymbol{P}_o + \alpha\overline{1}_n\overline{1}_n^{\mathrm{T}}/n$. 这里 $\overline{1}_n$ 是元素全为 1 的 n 维列向量.

10.6.2 声望与中心化的相关度量

通过利用两个相反方向的有向边来替换每个无向边，PageRank 算法就可以很容易地应用于无向网络. 当应用于有向网络时，PageRank 就是一个声望度量；而当应用于无向网络时，PageRank 是一个中心化度量. 本质上，声望是刻画重要性的一个非对称度量. 当一个顶点可以从其他顶点到达时，该顶点的声望就会很高. 然而，如果一个顶点指向许多顶点时，但只有很少几个顶点可以到达，那么它的 PageRank 可能会非常低. 由于无向网络的对称性，无法区分入方向和出方向的可达性. 于是，它被认为是一种中心化度量. PageRank 只是网络中用于中心化和声望计算的众多机制之一. 这些机制中的首选是特征向量的中心化，它使用 (未规范化的) 邻接矩阵的主左特征向量，而不是随机转移矩阵的主左特征向量：

定义 10.6.2 (特征向量的中心化) 设 $\boldsymbol{A}$ 为一个无向图的 $n \times n$ 邻接矩阵，其主左特征向量的 n 个分量定义了顶点的特征向量的中心化. 也就是说，这 n 个顶点的特征向量的中心化为满足 $\overline{\pi}^{\mathrm{T}}\boldsymbol{A} = \lambda\overline{\pi}^{\mathrm{T}}$ 的 n 维向量 $\overline{\pi}$. 这里 λ 是 $\boldsymbol{A}$ 的最大特征值.

根据 Perron-Frobenius 定理，最大特征值位于矩阵的最大度与平均度之间. 像 PageRank 一样，特征向量的中心化可以用幂方法来计算. 对于有向图，我们也可以计算所谓的特征向量的声望.

定义 10.6.3 (特征向量的声望) 设 $\boldsymbol{A}$ 为一个有向图的 $n \times n$ 邻接矩阵，其主左特征向量的 n 个分量定义了顶点的特征向量的声望. 也就是说，这 n 个顶点的特征向量的声望为满足 $\overline{\pi}^{\mathrm{T}}\boldsymbol{A} = \lambda\overline{\pi}^{\mathrm{T}}$ 的 n 维向量 $\overline{\pi}$. 这里 λ 是 $\boldsymbol{A}$ 的最大特征值.

对于 PageRank 的情况，如果图不是强连通的，则最大特征向量可能并不是唯一的. 因此，矩阵 $\boldsymbol{A}$ 可能需要用重启矩阵 $\boldsymbol{M}/n$ 来求平均以使其强连通. 这里 $\boldsymbol{M}$ 是元素全为 1 的矩阵. 与 PageRank 一样，采用平滑参数 α 进行加权平均.

最后，探讨对称规范化矩阵的左特征向量也是非常有意思的. 设 $\boldsymbol{A}$ 为一个无向网络的邻接矩阵，而 $\boldsymbol{\Delta}$ 为其加权度矩阵，其第 i 个对角线元素为度 δ_i. 则对称规范化矩阵可由下式给出：

$$\boldsymbol{S} = \boldsymbol{\Delta}^{-1/2}\boldsymbol{A}\boldsymbol{\Delta}^{-1/2}$$

由于矩阵 $\boldsymbol{S}$ 是对称的，故它的左右特征向量是相同的. 该矩阵的主特征向量为顶点度的平方根．该结论在推论 10.5.1 中给出．一个顶点的度就是它的度中心化．

由于度中心化可以从邻接矩阵中简单地计算出来，故利用特征向量来计算是没有意义的．然而，有意思的是，所有的特征向量都以这样或那样的方式与中心化度量相关．相应的度声望概念是由有向图中每个顶点的入度来定义的．经过仔细的规范化，我们可以将度声望与邻接矩阵的特征向量联系起来，尽管这在实际中通常并没有用．然而，重要的是，只能用 $\boldsymbol{A}$ 的加权入度 (即列和) 而不是出度 (即行和) 来进行规范化．表 10.1 列出了不同特征向量的声望与中心化度量之间的关系．注意，矩阵 $\boldsymbol{S}$ 是不对称的，这是因为矩阵 $\boldsymbol{A}$ 从一开始就是不对称的．正如有向图将声望度量与顶点入度联系起来一样，我们也可以将所谓的群集度度量与顶点出度联系起来．直观地说，一个顶点的群集度是由该顶点通过有向路径到达其他顶点的容易程度来定义的．这是声望度量的一种补充，事实上，在声望度量中，其他顶点很可能通过有向路径很容易地到达声望高的顶点．换句话说，在这两种情况下，其关键的区别在于边的方向．我们将该问题的建模留作一个练习．

表 10.1　不同特征向量的声望与中心化度量之间的关系

	中心化 (无向)	声望 (有向)
非规范化矩阵 $\boldsymbol{A}$	中心化特征向量 $\lambda\pi^{\mathrm{T}} = \pi^{\mathrm{T}}\boldsymbol{A}$	特征向量的声望 $\lambda\pi^{\mathrm{T}} = \pi^{\mathrm{T}}\boldsymbol{A}$
左规范化矩阵 $\boldsymbol{P} = \boldsymbol{\Delta}^{-1}\boldsymbol{A}$	PageRank 的中心化 $\pi^{\mathrm{T}} = \pi^{\mathrm{T}}\boldsymbol{P}$	PageRank 的声望 $\pi^{\mathrm{T}} = \pi^{\mathrm{T}}\boldsymbol{P}$
Bi-规范化矩阵 无向的 $\boldsymbol{S} = \boldsymbol{\Delta}^{-1/2}\boldsymbol{A}\boldsymbol{\Delta}^{-1/2}$ 有向的 $\boldsymbol{S}_d = \boldsymbol{\Delta}_{\mathrm{in}}^{-1/2}\boldsymbol{A}\boldsymbol{\Delta}_{\mathrm{in}}^{-1/2}$	度中心化 $\pi^{\mathrm{T}} = \pi^{\mathrm{T}}\boldsymbol{S}$	度声望 $\pi^{\mathrm{T}} = \pi^{\mathrm{T}}\boldsymbol{S}_d$

问题 10.6.2 (群集度)　三种声望度量 (即特征向量、PageRank 与度) 中的每一个都具有相应的群集度度量．它们的不同之处在于，声望度量的是内链接顶点的值，而群集度度量的是外链接顶点的值．例如，度群集度是顶点的出度．如何适当选择一个矩阵，然后根据其特征向量定义一个有向图的不同的群集度度量呢？该矩阵应定义为关于 (有向) 邻接矩阵 $\boldsymbol{A}$、出度矩阵 $\boldsymbol{\Delta}_{\mathrm{out}}$ 和入度矩阵 $\boldsymbol{\Delta}_{\mathrm{in}}$ 的函数．

10.6.3　左特征向量在链接预测中的应用

一个随机转移矩阵的左特征向量也可用于链接预测．在链接预测中，我们试图找到一对之间没有链接的顶点，但在未来可能会建立连接 (基于这些顶点连接到类似的顶点的事实)．我们下面考虑无向链接预测的情况，尽管这种方法也可以用于有向链接预测 (见问题 10.6.3)．给定一个顶点 i，我们想要找到它将来可能连接到的所有顶点．它与 PageRank 的主要区别在于如何设置重启概率．我们只允许在一个顶点 i 处重启，而不是在任意顶点上重启．于是，我们首先需要计算一个 $n \times n$ 重启矩阵 $\boldsymbol{R} = [r_{ij}]$．矩阵 $\boldsymbol{R}$ 也是一个随机转移矩阵，其第 i 列的所有元素全为 1，其余为 0．然后，利用重启概率 $\alpha \in (0,1)$ 来修改无向图的当前转移矩阵 $\boldsymbol{P}$：

$$\boldsymbol{P} \Leftarrow (1-\alpha)\boldsymbol{P} + \alpha\boldsymbol{R}$$

接下来，矩阵 $\boldsymbol{P}$ 的左特征向量的分量为顶点 i 提供个性化 PageRank 值. 参数 α 的值则提供顶点的个性化程度和顶点的核心社会人气之间的权衡.

问题 10.6.3 (有向链接预测) 提出可以通过适当选择矩阵的左特征向量的一种方法来预测一个给定的顶点 (i) 进入的链接; (ii) 出去的链接.

10.7 可约矩阵的特征向量

Perron-Frobenius 定理成立的前提是需要一个强连通性的假设条件. 本节将讨论这种假设并不成立的情况.

10.7.1 无向图

考虑一个具有 $n \times n$ 邻接矩阵 $\boldsymbol{A}$、度矩阵 $\boldsymbol{\Delta}$ 和随机转移矩阵 $\boldsymbol{P} = \boldsymbol{\Delta}^{-1}\boldsymbol{A}$ 的无向图. 当无向图不连通时，其邻接矩阵和随机转移矩阵都可以用对角块形式来表示. 具体来说，含有两个连通分量的图的随机转移矩阵可以表示为如下形式:

$$\boldsymbol{P} = \begin{bmatrix} \boldsymbol{P}_{11} & \boldsymbol{O} \\ \boldsymbol{O} & \boldsymbol{P}_{22} \end{bmatrix}$$

一般来说,一个含有 r 个连通分量的图在对角线上有 r 个方阵块.沿着对角线的每个块 P_{ii} 是顶点子集的一个随机转移矩阵.

根据 Perron-Frobenius 定理，连通图的随机转移矩阵的最大特征向量是唯一的，且对应的特征值为 1. 当图不连通时，邻接矩阵的最大特征向量的唯一性不再成立. 例如，在含有两个分量的邻接矩阵的情况下，一个特征向量的第一个分量为 1，第二个分量为 0，其对应的特征值为 1. 这是因为块 $\boldsymbol{P}_{11}$ 自身就是一个转移矩阵，其是 $\boldsymbol{P}$ 中唯一会与特征向量的非零部分相互作用的部分. 类似地，我们可以构造一个特征向量，其第一个分量为 0，而第二个分量为 1. 这个特征向量对应的特征值也是 1. 换句话说，对应于特征值为 1 的特征空间的维数等于连通分量的个数. 对应于不同连通分量的特征向量构成该特征空间的一组基.

性质 10.7.1 一个无向图的随机转移矩阵的最大特征向量 (即特征值为 1 所对应的特征向量) 所对应的向量空间的维数等于其中连通分量的个数.

进一步，注意，我们可以用线性代数的方法来计算图中连通分量的个数.

性质 10.7.2 设 $\boldsymbol{P}$ 为一个无向图的随机转移矩阵. 那么 $(\boldsymbol{P} - \boldsymbol{I})$ 的零空间的维数等于图中连通分量的个数.

由性质 10.7.1 可知: 矩阵 $\boldsymbol{P}$ 的特征空间 (当特征值为 1 时) 是 $(\boldsymbol{P} - \boldsymbol{I})$ 的零空间. 我们应用奇异值分解可以很容易地计算出该矩阵的零空间.

10.7.2　有向图

对于有向图，其连通性的概念更为复杂，这是因为边的方向在强连通性等概念的定义中扮演着重要角色．就如同无向图的情况一样，我们将要假设所要处理的是随机转移矩阵．首先，根据有向邻接矩阵来创建一个随机转移矩阵并不总是可能的，因为有些顶点可能没有任何出的边．也就是说，尽管邻接矩阵的列向量包含非零项，但它相应的行包含 0．将这些行和规范化为 1 是不可能的．因此，下面的分析将假设这样的终端节点并不存在．当这样的终端节点确实存在时，我们可以添加一个概率为 1 的自环以便于下面的分析．在许多机器学习算法中，人们通常都会进行这种类型自环的添加，例如 PageRank 和协作分类 (存在终端节点时)．为了便于分析，我们作的另一个假设是，如果忽略边的方向，则图是完全连通的．

当一个图不是强连通的时候，对应的矩阵将是上三角块型的，其对角线包含强连通分量的方块，而这些对角块上还有一些非零项．这些额外的元素只允许在顶点块 (集合) 之间的单向游走．用随机游走来理解这种类型的块结构是最容易的．强连通图会产生遍历马尔可夫链，其中稳态概率不依赖于随机游走的起点．此外，所有顶点在稳定状态下都有非零的概率．

对于非强连通的图，其并不满足这些性质．这种图包含两种类型的顶点：

1．第一种是图中的*非常返顶点集* (transient vertex set)．非常返顶点集是使得属于非常返集合的顶点和其他所有顶点之间的边的方向总是从属于非常返集合的顶点出发的顶点的最大集合．注意，非常返集合中的顶点之间可能是连通/强连通的，也可能不是连通/强连通的，故非常返顶点子图上的边结构可以是任意的．这些顶点称为非常返的，因为随机游走永远不会在稳定状态下访问这些顶点．一旦游走退出该分量，则它就不再可能以稳定状态返回到该分量．例如，在图 10.5a 中，顶点 9 是唯一的非常返顶点．另外，在图 10.5b 中，顶点 1、4、5、6 和 7 都是非常返顶点．这些图中的非常返顶点用“T”来标记．读者应该花点时间来验证从这些顶点中的任意一个开始的随机游走最终会到达集合之外的一个顶点，这样就不可能再访问这些顶点了．非常返分量的存在是可约图的一个本质特征．如果连通图没有非常返分量，则它也是强连通的．

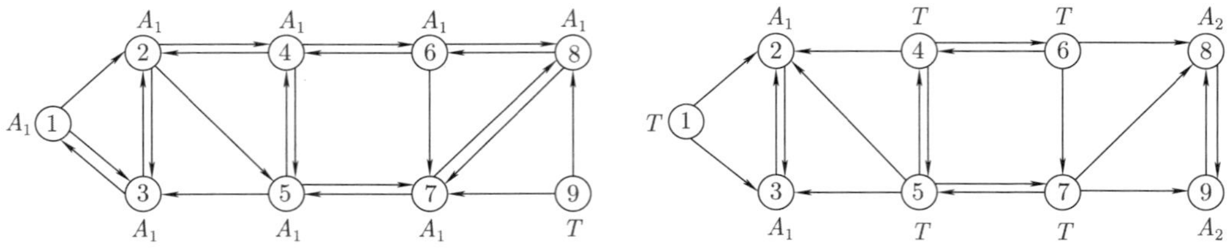

图 10.5　一个非强连通有向图的例子．非常返顶点被标记为“T”，而属于吸收分量的顶点则被标记为“A_1”和“A_2”

2. 除了非常返顶点集，图还包含 l 个顶点不相交分量，称其为*吸收分量*. 每个吸收分量以其顶点集所诱导的子图的形式强连通. 此外，一个吸收分量只有从非常返顶点来的入边，没有连接到其他吸收分量，也没有出边. 从网络中的随机顶点开始的随机游走中，每个吸收分量在稳态中被访问的概率都是非零的. 然而，稳态概率取决于随机游走开始的顶点. 在图 10.5a 中，存在一个吸收分量，它包含除顶点 9 之外的所有顶点. 另外，图 10.5b 还有两个吸收分量，我们分别标记为“A_1”和“A_2”. 注意到，从顶点 1 开始随机游走总是会到达吸收分量 A_1，但却永远不会到达吸收分量 A_2. 从顶点 4 开始游走则可以同时到达 A_1 和 A_2.

不失一般性，我们假设这样一个图，其顶点的顺序被安排如下. 该图的第一块包含了所有的非常返顶点. 对于这个集合中的每个非常返顶点 i，a_{ij} 可以是非零的，而 j 可以是 1 到 n 的任意值. 所有其他的 l 个吸收分量都以对角块形式排列，就像在无向矩阵的情况下一样. 例如，对于具有非常返集合和三个吸收分量的图，在对其顶点指标进行适当的重新排序 (将非常返顶点放在首位，而吸收分量的顶点连续排列) 后，其随机转移矩阵的块结构如下所示：

$$\boldsymbol{P}=\begin{bmatrix}\boldsymbol{P}_{11} & \boldsymbol{P}_{12} & \boldsymbol{P}_{13} & \boldsymbol{P}_{14}\\ \boldsymbol{O} & \boldsymbol{P}_{22} & \boldsymbol{O} & \boldsymbol{O}\\ \boldsymbol{O} & \boldsymbol{O} & \boldsymbol{P}_{33} & \boldsymbol{O}\\ \boldsymbol{O} & \boldsymbol{O} & \boldsymbol{O} & \boldsymbol{P}_{44}\end{bmatrix}$$

值得注意的是，方阵块 $\boldsymbol{P}_{22}$、$\boldsymbol{P}_{33}$ 和 $\boldsymbol{P}_{44}$ 对应于吸收分量内的边，并且是完全随机转移矩阵. 该矩阵在特征空间中有三个特征向量对应于特征值 1. 这些特征向量中的每一个都可以由一个吸收分量来定义. 事实上，讨论左特征向量更容易. 首先可以分别计算 $\boldsymbol{P}_{22}$、$\boldsymbol{P}_{33}$ 和 $\boldsymbol{P}_{44}$ (对应吸收分量) 的主左特征向量. 吸收子矩阵的每一个这样的特征向量都可以用来定义 P 的一个左特征向量，方法是将更大的特征向量的其余分量设为 0. 因此，由这类可约图所定义的马尔可夫链的稳态方程 $\pi^{\mathrm{T}}\boldsymbol{P}=\pi^{\mathrm{T}}$ 的解并不唯一.

尽管有向图可能是完全不连通的 (即无论边的方向如何断开)，但这种情况在机器学习的应用中却很少出现. 在本章中，我们将忽略这种情况，因为从应用的视角来看，它不是很有趣. 所有不可约的连通图都至少存在一些非常返顶点，但这些顶点与强连通分量之间存在单向连接. 在假设图不是完全不连通的情况下，可约图的基本结构总是以图 10.6 的形式出现. 注意，当考虑作为子图时，非常返顶点不需要强连通 (甚至不需要连通). 例如，图 10.5b 中的非常返顶点 (被标记为“T”) 在作为子图考虑时是不相互连通的. 图 10.6 中的每个分量都是一个吸收分量. 如果在全图上执行随机游走，并且随机游走碰巧进入一个吸收分量，则该游走永远不会退出该分量. 只要有些顶点是非常返的，那么一个可约网络可以只包含一个吸收分量. 事实上，邻接矩阵是可约的当且仅当有向连通图中存在非常返顶点.

下面给出了这类可约矩阵的一些扩展的性质. 设 $\boldsymbol{P}$ 为含有至少一个非常返顶点和 l 个吸收分量的连通 (但非强连通) 有向图的 $n\times n$ 随机转移矩阵. 那么，$\boldsymbol{P}$ 中的主特征空间有如下直观的解释：

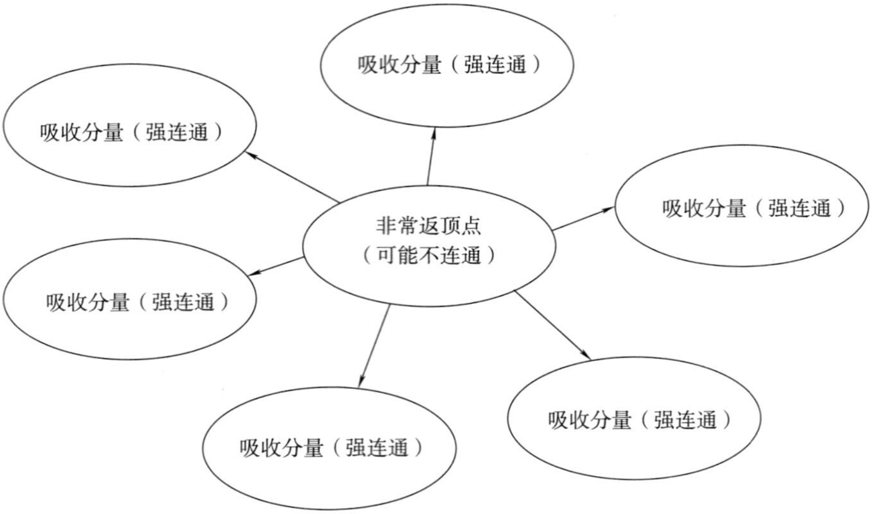

图 10.6　如果一个图不是强连通的，则它将至少存在一些单向连接到强连通分量的非常返顶点

1. 对应于 1 的主特征值的特征空间的总秩总是 l，这里 l 是吸收分量的个数.

2. 可以构造主左特征向量的特征空间基使每个特征向量“属于”一个吸收分量. 属于第 j 个吸收分量的左特征向量的第 i 个分量为从第 j 个吸收分量开始的随机游走中顶点 i 的稳态概率.

3. 可以构造主右特征向量的特征空间基使每个特征向量“属于”一个吸收分量. 属于第 j 个吸收分量的右特征向量的第 i 个分量为顶点 i 开始的游走在吸收分量 j 处结束的概率. 对于非常返顶点，该概率可以是分数，对于属于分量 j 的顶点，这个概率为 1. 注意，这些 l 个特征向量的和本身就是 1 的特征向量 (这是在不可约的情况下得到的). 这 l 个特征向量的基在*协作分类*等应用中非常有用 (见 10.8 节和问题 10.8.1).

10.8 在机器学习中的应用

本节将讨论图在机器学习中的一些应用.

10.8.1 应用于顶点分类

可约矩阵可用于图的顶点分类. 顶点分类的问题也被称为*协作分类*. 协作分类问题适用于具有对称邻接矩阵 $\boldsymbol{A}$ 的无向图. 在协作分类中，一个子集中的顶点被标记为 k 个标签中的一个，表示为 $\{1, \cdots, k\}$, 而有些顶点可能没有标记. 目标是根据图的结构和已知的标签对未标记的顶点进行分类. 该问题通常出现在社交网络中. 事实上，在社交网络中，人们试图根据其他 (已知) 具有这些属性的参与者来寻找具有特定属性的参与者 (例如，对特定产品感兴趣). 因此，已知的行动者可以用它们的属性来进行标记. 图 10.7a 给出了一个无向图的例子，其中该图中有一组标记为 "A" 或 "B" 的顶点. 于是，这个特殊的例子对应于 $k=2$ 的二元标签分类. 为了便于讨论，我们假设邻接矩阵 $\boldsymbol{A}$ 的边权重是二元的，而许多顶点在图 10.7a 中并没有标记. 最终的目标是对这些顶点进行精确分类.

求解这类问题的基本想法是利用社交网络中的同质性原则. 其思想是，顶点倾向于与具有相似属性的顶点相连接. 因此，从无标签顶点开始的随机游走更有可能首先到达标签顶点，因为标签值与自身匹配. 这样，求解该问题的概率方法可表述如下：

> *给定一个无标记的顶点，利用邻接矩阵的随机转移矩阵进行随机游走直到到达一个有标记的顶点. 将观察到的目标 (有标记的) 顶点的标签作为随机游走开始的源 (无标记的) 顶点的预测类标签.*

为了更好的稳健性，我们可以计算每一类的顶点到达的概率. 该方法的直觉在于游走更有可能终止在接近起点 i 的标记的顶点. 于是，当许多特定类的顶点位于起点附近时，顶点 i 更有可能被标记为这个类. 在图 10.7a 所示的特殊情况下，由于图的拓扑结构，任何从测试顶点 X 开始的随机游走总是首先到达标签 "A" 而不是标签 "B". 然而，也可以选择测试顶点使得到达标签 "A" 或标签 "B" 的概率非零. 例如，如果从测试顶点 Y 开始随机游走，那么可能会先到达对应于标签 "A" 或标签 "B" 的一个顶点.

这里的一个重要假设是图需要是*标记连通的*. 换句话说，每个无标记的顶点都需要在随机游走中能够到达一个有标记的顶点. 对于无向图，这意味着图的每个连通分量都需要包含至少一个标记的顶点. 在下面的讨论中，假设整个无向图是连通的，任何只有一个连通分量的无向图总是会得到一个修改过的标记连通的转移矩阵.

由于该方法是基于随机游走的，故第一步是由 $n \times n$ 无向邻接矩阵 $\boldsymbol{A}$ 来创建 (有向) 随机转移矩阵 $\boldsymbol{P}$, 而 $\boldsymbol{\Delta}$ 是主对角线的第 i 个元素为加权度 $\delta_i = \sum_j a_{ij} = \sum_j a_{ji}$ 的 (对角) 度矩阵. 与本章其他所有应用一样，邻接矩阵通过左规范化方法转换为随机转移矩阵：

$$\boldsymbol{P} = \boldsymbol{\Delta}^{-1} \boldsymbol{A} \tag{10.7}$$

由于该转移矩阵是由无向图导出的，因此它始终是一个不可约矩阵. 对应的强连通图如图 10.7b 所示，并明确地给出了各边的概率. 图 10.7c 显示了同样的图，但没有在边上的概率 (以避免混乱).

虽然可以利用这个转移矩阵来建模图中的随机游走，但该方法不会提供游走的第一个停止点. 也就是说，我们需要以这样一种方式来建模随机游走使得它们总是在第一次到达标记的顶点时终止．这可以通过从标记的顶点中删除出边并用自环替换它们来实现．这就产生了一个只包含一个顶点的单吸收分量，我们称之为*吸收顶点*．这样的顶点之所以被称为吸收顶点是因为随机游走进入它们之后就会被捕获．建立这种吸收顶点的目的是确保随机游走被它到达的第一个标记的顶点捕获．

此外，我们还需要对随机转移矩阵 $\boldsymbol{P}$ 进行修正从而考虑吸收顶点的影响．对于每个吸收顶点 i，矩阵 $\boldsymbol{P}$ 的第 i 行替换为单位矩阵的第 i 行．因此，假定由符号 $\boldsymbol{P}$ 表示的矩阵包含了这一修正 (因此由式 (10.7)，其不完全等于 $\boldsymbol{\Delta}^{-1}\boldsymbol{A}$)．最终转换图的一个例子如图 10.7d 所示．所得到的矩阵不再是不可约的，这是因为获得的图不再是强连通的，故没有其他的顶点可以从吸收顶点到达．注意到，该图的结构与图 10.6 完全一致，因为每个吸收分量都是一个单个 (标记) 顶点，而所有未标记的顶点都是非常返的．由于转移矩阵 $\boldsymbol{P}$ 是可约的，故它不具有唯一的对应特征值为 1 的特征向量．相反，它的特征值为 1 的主特征向量的数量与吸收顶点的数量相同．

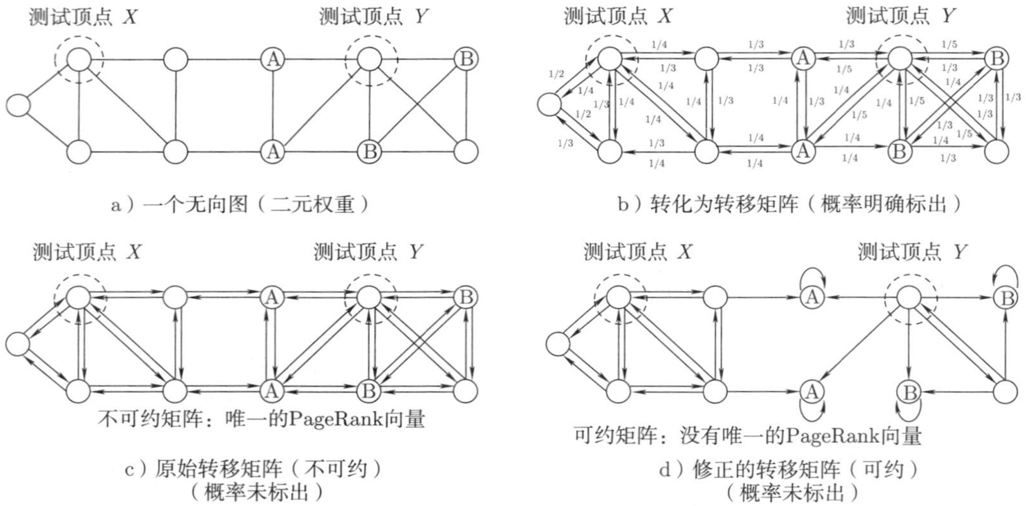

a）一个无向图（二元权重）

b）转化为转移矩阵（概率明确标出）

c）原始转移矩阵（不可约）（概率未标出）

d）修正的转移矩阵（可约）（概率未标出）

图 10.7　从无向图来创建有向转移图

对于任何给定的起始顶点 i, 稳态概率分布只有在标记的顶点上才有正的值．这是因为随机游走最终会到达标签连接图中的一个吸收顶点，而它永远不会从这个顶点出现．因此，如果可以估计从无标记的顶点 i 开始的标记节点的稳态概率分布，那么就可以计算每个类中标记顶点的概率值．具有最高概率的类作为无标签顶点 i 的相关标签．

注意，矩阵 $\boldsymbol{P}^r$ 的第 (i,j) 项元素表示从顶点 i 开始到顶点 j 结束的长度为 r 的随机游走的概率．由于吸收顶点的自环，故所有长度小于 r 的游走都自动包含在概率中 (因为其余步长可以在自环中完成)．因此，$\boldsymbol{P}^\infty$ 为稳态概率矩阵，其中 $\boldsymbol{P}^\infty$ 的第 (i,j) 项元素第给出了从顶点 i 开始到顶点 j 结束的游走的概率．对于每一行，我们希望聚合属于不同标签的类的概率. 正如我们下面将要看到的，这可以通过一个简单的矩阵乘法来实现.

设 $\boldsymbol{Y}$ 是一个 $n \times k$ 矩阵，如果其第 i 个顶点被标记为 $c \in \{1, \cdots, k\}$，那么第 (i, c) 项元素则为 1. 矩阵 $\boldsymbol{P}^{\infty}\boldsymbol{Y}$ 给出 $\boldsymbol{P}^{\infty}$ 中每一行标记顶点的概率的总和. 换句话说，我们可以得到如下所示的关于各种顶点的类概率的 $n \times k$ 矩阵 $\boldsymbol{Z}$：

$$\boldsymbol{Z} = \boldsymbol{P}^{\infty}\boldsymbol{Y} \tag{10.8}$$

对于无标签的顶点 (行) i，在 $\boldsymbol{Z}$ 中具有最大概率的类可以作为它的类标签. 称该方法为用于标记传播的*集合方法*[9]. 那如何计算 $\boldsymbol{P}^{\infty}$ 呢？一种可能是一直乘以 $\boldsymbol{P}$ 来计算 $\boldsymbol{P}^{\infty}$，但可以应用特征分解技巧来加速这个过程. 然而，我们不想处理大小为 $n \times n$ 的大型矩阵 (如 $\boldsymbol{P}^{\infty}$). 因此，一种更有效 (但等价) 的方法是*迭代标签传播*[143].

在迭代标签传播算法中，初始化 $\boldsymbol{Z}^{(0)} = \boldsymbol{Y}$，然后重复应用如下的更新步骤：

$$\boldsymbol{Z}^{(t+1)} = \boldsymbol{P}\boldsymbol{Z}^{(t)} \tag{10.9}$$

我们可以很容易看出 $\boldsymbol{Z}^{(\infty)}$ 与式 (10.8) 中 $\boldsymbol{Z}$ 的值相同. 此外，$\boldsymbol{Z}$ 的每一列在收敛后是 $\boldsymbol{P}$ 的一个主右特征向量. 每个主特征向量对应的标签有多个吸收分量，而不是一个吸收分量. 另外，在这种情况下，吸收分量是一个单顶点. 下面的练习将这一想法推广到寻找没有特殊结构的吸收分量的主特征向量的情况：

问题 10.8.1 (右主特征向量) *考虑一个含有 l 个吸收分量的有向图，其中这些吸收分量已经被标定. 讨论如何使用迭代标签传播中的想法来建立一个具有 l 个主右特征向量的基满足性质：第 j 个主特征向量的第 i 个分量应该等于从第 i 个顶点开始的游走最终结束在第 j 个吸收分量的概率.*

10.8.2 应用于多维数据

由于任何类型的多维数据集都可以建模为*相似图*，故图还可以应用到关于多维数据的各种机器学习应用中. 考虑一个含有用 $\overline{X}_1, \cdots, \overline{X}_n$ 来表示的 n 个数据实例的多维数据集. 第一步是计算每个数据点的 k 近邻，其中任意一对点 $\overline{X}_i$ 和 $\overline{X}_j$ 之间的相似性可以用如下的高斯核来计算：

$$K\left(\overline{X}_i, \overline{X}_j\right) = \mathrm{e}^{-\left\|\overline{X}_i - \overline{X}_j\right\|^2/\left(2\sigma^2\right)} \tag{10.10}$$

这里 σ 为高斯核的带宽 (见第 9 章中的表 9.1). 对于在监督学习中的应用，参数 σ 的值通常是使用样本外数据来调整的. 对于在非监督学习中的应用，参数 σ 的值则被选择为点之间所有成对欧几里得距离的中位数的次序.

构造一个图使其第 i 个顶点对应于数据点 $\overline{X}_i$. 正如 10.5 节所阐述的，相似性值可以用来计算相互 k 近邻图. 将边的权重设为式 (10.10) 中引入的核相似性值. 随后，诸如关于聚类或分类 (在本章中讨论) 的应用都可以在这个图上使用. 在分类的情况下，图是在有标签和无标签的顶点上构造的．因此，与传统的分类不同，这种分类得益于数据中未标记的样本．当带标签的实例数量很少时，这种类型的方法可能很有用．我们称使用无标签实例来进行更好的分类为*半监督分类*．此外，该方法不仅可以用于多维数据，还可以用于在对象之间计算相似函数的任何类型的数据．之后，各种形式的图嵌入 (如谱嵌入) 都可以看作是核方法的特殊情况．与任何核方法一样，相似图及其嵌入可用于任何数据类型．

10.9 总结

本章讨论了图中的线性代数.图的许多重要的结构性质,如顶点间的游走和连通性,可以从关于邻接矩阵的线性代数性质中推断得到. 关于图谱分析的基本结果是 Perron-Frobenius 定理．与图有关的一类特殊的矩阵是随机转移矩阵，它的主特征向量对应的特征值为 1. 随机转移矩阵的主左特征向量和主右特征向量具有不同的应用．事实上，主左特征向量可用于排序，而右特征向量通常用于聚类. 我们也可以利用对称规范化邻接矩阵来进行聚类，此大致相当于应用核方法．邻接矩阵的不同形式的规范化有助于提取不同的中心化和声望度量．为了对图进行协作分类，我们还可以计算随机转移矩阵修正版本的特征向量．所有基于图的机器学习应用都可以通过在底层对象上构造合适的相似图来推广到任意数据类型．

10.10 拓展阅读

关于谱图理论的基础知识，读者可参考文献 [25, 29]．特别地，文献 [40] 介绍了一种以应用为中心的方法．图 Laplace 矩阵和谱聚类的基础知识可以在经典的综述性文献 [84] 中找到．关于谱聚类的对称与非对称的变体算法已经在文献 [98, 115] 中提出．尽管对称的变体算法更容易与核方法建立联系，但这两种变体算法大致相同．初始的 PageRank 算法在文献 [24] 中提出．文献 [138] 讨论了不同类型的中心化度量，而关于标签传播算法的不同表述可以在文献 [9, 143] 中找到．关于图中顶点分类的综述，读者可参考文献 [17, 82]．

10.11 习题

10.1 考虑两个图的 $n \times n$ 邻接矩阵 $\boldsymbol{A}_1$ 和 $\boldsymbol{A}_2$. 已知这两个图是*同构的* (称两个图是同构的，如果一个图可以由另一个图的顶点重新排序而得到)．证明同构的图具有相同的特征值. [提示：它们的代数形式的邻接矩阵之间的关系本质是什么? 可以根据需要引入任何新的矩阵．]

10.2 已知无向图的随机转移矩阵 $\boldsymbol{P}$ 的特征向量和特征值．讨论如何利用这些特征向量和特征值快速计算 $\boldsymbol{P}^{\infty}$.

10.3 设 $\boldsymbol{\Delta}$ 为一个 $n \times n$ (无向) 邻接矩阵 $\boldsymbol{A}$ 的加权度矩阵，而 $\overline{e}_1, \cdots, \overline{e}_n$ 为随机转移矩阵 $\boldsymbol{P} = \boldsymbol{\Delta}^{-1}\boldsymbol{A}$ 的 n 个特征向量. 证明任意一对特征向量 $\overline{e}_i$ 和 $\overline{e}_j$ 为 $\boldsymbol{\Delta}$ 正交的. 也就是说，任何一对特征向量 $\overline{e}_i$ 和 $\overline{e}_j$ 一定满足如下条件：

$$\overline{e}_i^{\mathrm{T}} \boldsymbol{\Delta} \overline{e}_j = 0$$

10.4 证明：连通无向图的随机转移矩阵的所有特征向量 (除了第一个特征向量) 都具有正分量和负分量.

10.5 考虑一个无向图的 $n \times n$ 邻接矩阵 $\boldsymbol{A}$, 其也是一个二部图. 在二部图中, n 个顶点可以被分成两个分别含有 n_1 和 n_2 个顶点的顶点集 V_1 和 V_2 使得所有边都出现在 V_1 的顶点和 V_2 的顶点之间. 对于 $n_1 \times n_2$ 矩阵 $\boldsymbol{B}$, 这样的图的邻接矩阵总是具有如下形式：

$$\boldsymbol{A} = \begin{bmatrix} \boldsymbol{O} & \boldsymbol{B} \\ \boldsymbol{B}^{\mathrm{T}} & \boldsymbol{O} \end{bmatrix}$$

即使 $\boldsymbol{A}$ 是对称的，但 $\boldsymbol{B}$ 也可能不是对称的. 给定 $\boldsymbol{A}$ 的特征向量和特征值，说明如何快速执行 $\boldsymbol{B}$ 的奇异值分解 (反之亦然)?

10.6 一个完全有向图定义在 n 个顶点上，它包含每对顶点之间在两个方向上的所有 $n(n-1)$ 条可能的边 (自环除外). 设每条边的权重为 1.

(a) 简要说明为什么所有的特征值一定是实数.

(b) 简要说明为什么特征值的和一定为 0.

(c) 证明该图有一个特征值 $(n-1)$，且有 $(n-1)$ 个特征值为 -1 [将邻接矩阵表示为 $\overline{1}\,\overline{1}^{\mathrm{T}} - \boldsymbol{I}$].

10.7 一个完全二部图 (见习题 10.5) 定义在 4 个顶点上，其中每个分区包含 2 个顶点. 在从两个分区绘制的每对顶点之间的两个方向上都存在权重为 1 的边. 求这个图的特征值. 你能把该结果推广到一个包含 $2n$ 个顶点的完全二部图的情况吗，其中每个分区包含 n 个顶点?

10.8 假设要为一个无向邻接矩阵 $\boldsymbol{A}$ 创建一个对称规范化邻接矩阵 $\boldsymbol{S} = \boldsymbol{\Delta}^{-1/2}\boldsymbol{A}\boldsymbol{\Delta}^{-1/2}$. 你需要决定在一个类似于谱聚类的嵌入中一些顶点是“重要”的，它们会被赋予相对权重 $\gamma > 1$, 而其他顶点被赋予的权重只为 1.

(a) 提出一个加权矩阵分解模型用来建立一个嵌入，其中“重要”的顶点在目标函数中具有相对权重 γ. 矩阵分解模型应在 $\gamma = 1$ 处产生与对称谱聚类相同的嵌入.

(b) 如果图中的一些顶点被标记，说明如何用该方法创建一个类敏感嵌入.

(c) 给出一个用于多维数据的黑盒分类器. 说明如何适当地选择 γ, 并使用它对部分标记图的未标记顶点进行协作分类.

10.9 利用 10.8.2 节中所提出的相似图的概念，提出一种多维数据中基于嵌入的异常值检测算法．讨论如何选择合适的嵌入维数以及这种选择与聚类问题的情况有何不同．

10.10 假设有一个非常大的图，它的对称相似矩阵 $\boldsymbol{S}$ (用于谱聚类) 无法在可用的磁盘空间中被存储．讨论为什么该核矩阵的数据依赖性质使得 Nyström 抽样非常困难．提出一个粗略的用于谱聚类的近似 Nyström 抽样算法．[该习题最后一部分的答案并不唯一．]

10.11 给出一个不能对角化的有向图的 2×2 邻接矩阵的例子．

10.12 二部图定义为具有划分的顶点集 $V_1 \cup V_2$ 的图 $G = (V_1 \cup V_2)$ 使得 E 中没有边存在于单个划分的顶点集中．换句话说，对所有 $(i,j) \in E$, i,j 不能同时属于 V_1, 而 i,j 也不能同时属于 V_2. 证明：如果 λ 是一个无向二部图邻接矩阵的特征值，那么 $-\lambda$ 也是它的一个特征值．

10.13 **度调节**．假设 $\boldsymbol{A}$ 为一个无向图的邻接矩阵．应用 Perron-Frobenius 定理讨论为什么将每个顶点 i 的 (加权) 度加到第 i 个对角线元素会得到一个半正定矩阵．本章中已经证明：对 $\boldsymbol{A}$ 的每一项取负，然而再加上度矩阵会得到一个半正定 Laplace 矩阵．利用 Perron-Frobenius 定理给出非规范化 Laplace 半正定性的另一种证明．

10.14 假设给定一个无向 (可能有权重) 图邻接矩阵的对称分解 $\boldsymbol{A} \approx \boldsymbol{U}\boldsymbol{U}^{\mathrm{T}}$，其中 $\boldsymbol{A}$ 的所有元素都被 $\boldsymbol{U}\boldsymbol{U}^{\mathrm{T}}$ 很好地近似 (可能除了零对角线元素之外)．此外，已知 $n \times k$ 矩阵 $\boldsymbol{U}$ 的所有元素都是非负的．讨论如何利用该分解通过 $\boldsymbol{U}$ 将 $\boldsymbol{A}$ 表示为 k 个秩 1 邻接矩阵之和．讨论如何使用这种分解来通过检查 $\boldsymbol{U}$ 来创建可能重叠的图聚类．讨论非负矩阵分解的好处．

10.15 设 $\boldsymbol{P}$ 为一个无向连通图的随机转移矩阵．证明：除了主左特征向量 (即 PageRank 向量) 之外，$\boldsymbol{P}$ 的所有左特征向量总和为 0. [提示：一个矩阵的左特征向量与右特征向量的夹角是多少．]

10.16 设 $\boldsymbol{S}$ 为一个无向图的谱聚类的对称规范化邻接矩阵．在某些情况下，对 $\boldsymbol{S}$ 上提取特征向量得到的特征采用 k 均值算法并不能将聚类清晰地分离出来．使用第 9 章中的核算法来讨论在这种情况下用 $(\boldsymbol{C}+\boldsymbol{S}) \odot (\boldsymbol{C}+\boldsymbol{S})$ 代替 $\boldsymbol{S}$ 来进行特征向量提取的好处．这里 $\boldsymbol{C} \geqslant 0$ 是一个常数值矩阵．[提示：k 均值算法最适合于线性可分簇，可参考图 9.4．]

10.17 考虑两个 $n \times n$ 对称矩阵 $\boldsymbol{A}$ 和 $\boldsymbol{B}$, 其中 $\boldsymbol{B}$ 还是正定的．证明：$\boldsymbol{B}\boldsymbol{A}$ 不需要是对称的，但其可以用实特征值来对角化．[提示：设 $\boldsymbol{B}$ 为可逆度矩阵，而 $\boldsymbol{A}$ 为邻接矩阵，那么这是证明随机转移矩阵具有实特征值的一个推广．]

10.18 设 $\boldsymbol{A}$ 是含有 20 个顶点的有向图的 20×20 二元邻接矩阵．利用图的游走来解释矩阵 $(\boldsymbol{I}-\boldsymbol{A}^{20})(\boldsymbol{I}-\boldsymbol{A})^{-1}$. 该矩阵对于强连通图有什么特殊的性质吗？代数化地论证为什么下面等式是正确的：

$$(\boldsymbol{I}-\boldsymbol{A}^{20})(\boldsymbol{I}-\boldsymbol{A})^{-1} = (\boldsymbol{I}-\boldsymbol{A})^{-1}(\boldsymbol{I}-\boldsymbol{A}^{20})$$

10.19 上一章中的习题 10.13 介绍了对称非负矩阵分解，它也可以用来分解谱聚类中使用的对称规范化邻接矩阵 $\boldsymbol{S} \approx \boldsymbol{U}\boldsymbol{U}^{\mathrm{T}}$. 其中，$\boldsymbol{U}$ 为 $n \times k$ 非负因子矩阵. 讨论为什么图中 $\boldsymbol{U}$ 的每一列的最大 r 个分量直接给出了大小为 r 的顶点簇包.

10.20 找出如下两种情况中每个顶点的 PageRank (i) 由 n 个顶点组成的一个无向环; (ii) 单个中心顶点与 $(n-1)$ 个顶点中的每个顶点的无向边相连. 在每种情况下，计算重启概率为 0 下的 PageRank.

10.21 **签名网络嵌入**. 假设有一个图，它的边都有正权重和负权重. 提出修改算法用于删除“弱边”和对称规范化图的谱聚类. 所得到的图可以用正交特征向量和实特征值对角化吗？第一个特征向量有什么特别之处吗？[这是一个存在多种答案的开放式问题.]

10.22 **异构网络嵌入**. 考虑一个具有多种类型的有向/无向边的社交网络图 (例如，无向友情链接 (undirected friendship link)、有向消息链接和有向“偏好”链接). 提出一种共享矩阵分解算法 (参考第 8 章) 来提取每个顶点的嵌入. 如何优化参数？[这是一个有多种答案的开放式问题.]

CHAPTER 11

第 11 章 计算图中的优化

“科学是心灵的微分，而艺术是积分. 它们分开时可能很美，但只有结合在一起才是最美的.”

——罗纳德 · 罗斯 (Ronald Ross)

11.1 引言

计算图是一个连接节点的网络，其中每个节点都是一个计算单元并存储一个变量. 连接两个节点的每条边表示相应变量之间的某种关系. 图可以是有向的，也可以是无向的. 在有向图中，每个节点计算其作为具有传入边节点中变量的函数的关联变量. 在无向图中，函数关系在两个方向上都起作用. 尽管机器学习中的许多无向概率模型可以隐式地视为具有循环的计算图，然而大多数实际的计算图 (例如，传统的神经网络) 都是*有向无环图*. 类似地尽管大多数真实世界的计算图都使用连续的变量，但节点处的变量也可能是连续的、离散的或随机的.

在许多机器学习问题中，参数可能与边相关联，而这些参数可以作为连接到这些边的节点上计算得到的函数的附加变量. 这些参数以*数据驱动*的方式进行学习使得节点中的变量反映出的数据实例中属性值之间的相互关系. 每个数据实例都包含输入属性和目标属性. 输入节点子集中的变量固定为数据实例中的输入属性值，而所有其他节点中的变量则使用特定节点的函数来进行计算. 将某些计算节点中的变量与数据实例中的观测目标值进行比较，并修正特定边上的参数使得计算值与观测值尽可能接近. 人们通过数据驱动的方式来学习沿边上的参数，也可以学习与数据中的输入属性和目标属性相关的函数.

在本章中，我们将主要关注具有连续确定性变量的有向无环图. *前馈神经网络*是这类计算图的一个重要特例. 输入通常对应于每个数据点中的特征，而输出节点则可能对应于

目标变量 (例如，类变量或回归变量). 我们这里所考虑的优化问题的变量是边上的参数，而目标是使预测变量与相应节点中的观测值尽可能接近. 也就是说，计算图的损失函数会对预测值和观测值之间的差异进行惩罚. 在具有连续变量的计算图中，我们也可以使用梯度下降法来求解优化问题. 到目前为止，本书所介绍的几乎所有机器学习问题，如线性回归、Logistic 回归、支持向量机、奇异值分解、主成分分析和推荐系统，都可以建模为具有连续变量的有向无环计算图.

本章的内容安排如下. 11.2 节将介绍计算图的基础知识. 11.3 节讨论有向无环图中的优化问题. 11.4 节介绍计算图在神经网络中的应用. 11.5 节给出计算图的一般视角. 11.6 节是本章的总结.

11.2 计算图的基础知识

本节将介绍有向无环计算图的概念.

定义 11.2.1 (有向无环计算图) *有向无环计算图包含节点且使每个节点都与一个变量相关联. 一组有向边所连接节点表示节点之间的函数关系. 边可能与需要学习的参数相关联. 一个节点中的变量可以是外部固定的 (对于没有传入边的输入节点)，也可以作为传入节点边的尾部中的变量和传入边上可学习参数的函数进行计算.*

在技术上，我们也可以定义有环计算图，尽管该定义并不经常使用. 计算图包含三种类型的节点，分别为输入节点、输出节点和隐藏节点. 输入节点包含计算图的外部输入，而输出节点则包含最终的输出. 隐藏节点包含中间值. 每个隐含和输出节点计算关于传入节点变量的相对简单的局部函数. 在整个图上的计算的级联效应隐含地定义了一个从输入到输出节点的全局向量至向量的函数. 每个输入节点中的变量被赋予一个外部指定的输入值. 因此，在输入节点上并无函数可计算. 特定节点上的函数还可以使用与其传入边关联的参数，而这些边上的输入将根据相应权重进行缩放. 通过选择合适的权重，我们可以控制由计算图所定义的 (全局) 函数. 该全局函数通常通过计算图的输入-输出对 (训练数据) 和调整权重来进行反馈学习以便使预测输出与观测输出相匹配.

图 11.1 给出了具有两条加权边的计算图的示例. 该图具有三个输入，我们分别用 x_1，x_2 和 x_3 来表示. 其中两条边具有权重 w_2 和 w_3. 除了输入节点之外，所有节点都执行诸如加法、乘法或像对数这样函数的某个计算. 对于加权边，在计算特定节点的函数之前，边尾部的值将使用权重进行缩放. 该图只有一个输出节点，计算从输入到输出按正向级联来进行. 例如，如果选择权重 w_2 和 w_3 分别为 1 和 7，那么全局函数 $f(x_1, x_2, x_3)$ 可表示为

$$f(x_1, x_2, x_3) = \ln(x_1 x_2) \cdot \exp(x_1 x_2 x_3) \cdot \sqrt{x_2 + 7x_3}$$

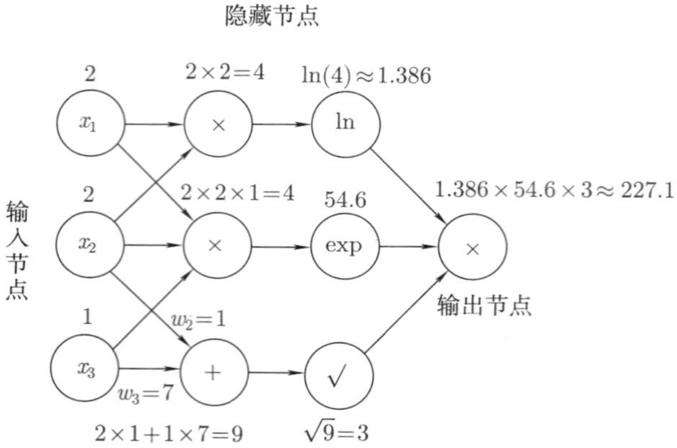

图 11.1　一个具有两条加权边的计算图示例

对于 $[x_1, x_2, x_3] = [2, 2, 1]$，根据图中所给出的计算级联序列，其最终输出值约为 227.1. 然而，如果输出的观测值仅为 100，这意味着需要重新调整权重来改变所计算的函数. 在这种情况下，我们可以从计算图的结构中观察到，减少权重 w_2 或 w_3 将有助于减少输出值. 例如，如果选择权重 w_3 为 -1，而保持 $w_2 = 1$，那么计算出的全局函数则变为

$$f(x_1, x_2, x_3) = \ln(x_1 x_2) \cdot \exp(x_1 x_2 x_3) \cdot \sqrt{x_2 - x_3}$$

在这种情况下，对于同一组输入 $[x_1, x_2, x_3] = [2, 2, 1]$，计算得到的输出变为 75.7，这更接近于实际输出值 100. 因此，很明显，我们必须使用预测值与观测输出的不匹配度来调整计算函数，以便在整个数据集的预测和观测输出之间有着更好的匹配度. 尽管我们在这里通过检查调整了权重 w_3，但这种方法在包含数百万权重的大型计算图中往往不会起作用.

机器学习的目标是利用输入-输出对的样本来学习未知参数 (如权重)，同时借助观测到的数据来调整权重. 关键点是将权重调整问题转化为一个优化问题. 计算图可与一个损失函数相关联，该损失函数通常用来惩罚预测输出与观测输出之间的差异，并以此来相应地调整权重. 由于输出是输入和特定边参数的函数，因此损失函数也可以视为输入和特定边参数的复杂函数. 学习参数的目的是使损失函数达到最小，以便用计算图中的输入-输出对来近似观测数据中的输入-输出对. 显然，如果原始的计算图规模很大且拓扑结构复杂，那么学习权重的问题很可能是一个具有挑战性的问题.

损失函数的选取取决于手头上具体的问题. 例如，我们可以通过使用与输入变量数量相同的输入节点和包含预测回归值的单个输出节点来建模最小二乘回归. 从每个输入节点到该输出节点都存在有向边，而每个此类边上的参数对应于与该输入变量相关联的权重 (见图 11.2). 输出节点计算关于 d 个输入节点中变量 $x_1, \cdots, x_d$ 的如下函数：

$$\hat{o} = f(x_1, x_2, \cdots, x_d) = \sum_{i=1}^{d} w_i x_i$$

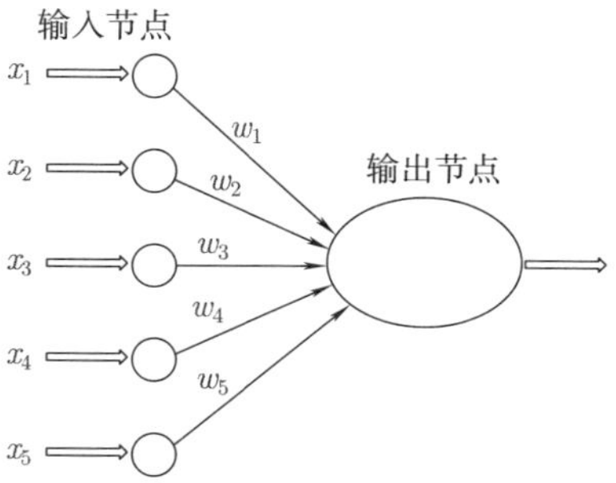

图 11.2　可以进行线性回归的单层计算图

如果观测到的回归值为 o，那么损失函数可简单取为 $(o-\hat{o})^2$，并调整权重 $w_1,\cdots,w_d$ 来减小该值. 通常，可以针对计算图中的每个权重来计算损失的导数，并根据该导数更新权重. 计算图对每个训练点一个接一个地处理，并同时更新权重. 所得算法与在线性回归问题中使用的随机梯度下降法完全相同 (见 4.7 节). 事实上，我们还可以通过改变输出节点对应的损失函数来建模 Logistic 回归和支持向量机.

问题 11.2.1 (基于计算图的 Logistic 回归)　*设 o 为观测到的取值于 $\{-1,+1\}$ 的二元类标记和 $\hat{o}$ 为图 11.2 中的计算图预测的实际值. 证明：对于每个数据实例，损失函数 $\log(1+\exp(-o\hat{o}))$ 与第 4 章中式 (4.56) 所给出的 Logistic 回归模型的损失函数相同. 这里忽略第 4 章中的正则化项.*

问题 11.2.2 (基于可计算图的支持向量机)　*设 o 为观测到的取值于 $\{-1,+1\}$ 的二元类标记和 $\hat{o}$ 为图 11.2 中的计算图预测的实际值. 证明：对于每个数据实例，损失函数 $\max\{0, 1-o\hat{o}\}$ 与第 4 章中式 (4.51) 所给出的 L_1 损失支持向量机一样.*

在图 11.2 的特定情况下，选择计算图进行模型表示似乎并没有用，因为单个计算节点对于模型表示是相当基本的. 事实上，我们可以直接计算损失函数关于权重的梯度，而不必考虑计算图！然而，当计算的拓扑结构更复杂时，计算图就会发挥其主要的作用.

图 11.2 的有向无环图中的节点分层排列，这是因为从输入节点到网络中任何节点的所有路径都具有相同的长度. 这种类型的结构在计算图中非常常见. 我们假设从输入节点以一个特定长度的路径可达的节点 i 属于层 i. 乍一看，图 11.2 看起来像是一个两层网络. 然而，我们视其为一个单层网络，因为非计算输入层并不计入层数中.

作为有向计算图的神经网络

当人们使用多层节点时才可以体会到计算图的真正强大之处. 最常见的情况是将多层计算图应用于神经网络中. 节点通常分层排列以便第 i 层的所有节点都连接到第 $i+1$ 层 (没有其他层) 中的节点. 每层的向量与上一层中的向量可以写成一个向量到向量的函数. 图 11.3a 给出了一个多层神经网络的示例. 在这种情况下，除了输入层，该神经网络还包含三个计算层. 例如，可以将输入层中输入节点的变量 $x_1,\cdots,x_d$ 写成一个函数用于计算第一个隐藏层的输出值 $h_{11},\cdots,h_{1r},\cdots,h_{1p_1}$，如下所示：

$$h_{1r}=\Phi\left(\sum_{i=1}^{d}w_{ir}x_i\right),\quad \forall r\in 1,\cdots,p_1$$

其中，p_1 的值代表第一隐藏层中的节点数目，而称函数 $\Phi(\cdot)$ 为激活函数. 有时，人们也将特定输入对应的特定节点中变量的最终数值称为该输入对应的激活值（例如，图 11.3a 中所示的 h_{1r}). 线性回归中缺失了激活函数，这种情况等价于说线性回归使用了恒等激活函数或线性激活函数. 然而，使用诸如如下的非线性的激活函数才能更好地展现计算图的主要效用：

$$\begin{aligned}
\Phi(v)&=\frac{1}{1+\mathrm{e}^{-v}} && \text{[S 型函数]}\\
\Phi(v)&=\frac{\mathrm{e}^{2v}-1}{\mathrm{e}^{2v}+1} && \text{[双曲正切函数]}\\
\Phi(v)&=\max\{v,0\} && \text{[ReLU: 修正线性单元]}\\
\Phi(v)&=\max\{\min[v,1],-1\} && \text{[硬双曲正切函数]}
\end{aligned}$$

值得注意的是，这些函数都是非线性的，可见为更好地展现更深层神经网络的强大效用，非线性要求是必不可少的. 事实上，只包含线性激活函数的神经网络的计算效果还不如单层神经网络.

为更好地理解这一点，我们考虑一个除了输入层之外，还有两层的计算图，其包括四维输入向量 $\overline{x}$，三维隐藏层向量 $\overline{h}$ 以及二维输出层向量 $\overline{o}$. 注意，我们正在用每层的节点变量来构建列向量. 设 $\boldsymbol{W}_1$ 和 $\boldsymbol{W}_2$ 分别为 3×4 和 2×3 矩阵，且它们满足 $\overline{h}=\boldsymbol{W}_1\overline{x}$ 和 $\overline{o}=\boldsymbol{W}_2\overline{h}$. 矩阵 $\boldsymbol{W}_1$ 和 $\boldsymbol{W}_2$ 包含每层的权重参数. 然而，不使用 $\overline{h}$ 也可直接用 $\overline{x}$ 来表示 $\overline{o}$，即 $\overline{o}=\boldsymbol{W}_2\boldsymbol{W}_1\overline{x}=(\boldsymbol{W}_2\boldsymbol{W}_1)\overline{x}$. 同时，用一个 2×4 矩阵 $\boldsymbol{W}$ 来代替矩阵 $\boldsymbol{W}_2\boldsymbol{W}_1$ 具备同样的表示效果. 换句话说，这对应于一个单层的神经网络！当使用非线性激活函数时，如果不在单个节点上建立极其复杂的函数从而增加特定节点的复杂性，则不可能应用上述方法轻松地消除隐藏层. 也就是说，只有在使用非线性激活函数时，神经网络深度的增加才会导致其复杂性的增加.

如图 11.3a 所示，该神经网络包含三层. 注意，因为输入层只传输数据且不执行任何计算，故它通常不被计算在内. 在一个 k 层的神经网络中，如果每层分别有 $p_1,\cdots,p_k$ 个单元，则将每层的输出记为 $\overline{h}_1,\cdots,\overline{h}_k$，于是由这些输出所构成的 (列) 向量分别具有维数 $p_1,\cdots,p_k$. 故称每层的单元数为该层的维数. 人们也可以创建这样的计算图，其中节点中的变量是向量，而连接函数是向量到向量的函数. 在图 11.3b 的计算图中，其用矩形替代圆形来表示节点. 也就是说，矩形表示包含向量的节点，而连接中包含矩阵. 相对应的连接矩阵的维数如图 11.3b 所示. 举例说明，如果输入层有 5 个节点，第一隐藏层有 3 个节点，那么连接矩阵的大小为 5×3. 然而，为方便矩阵运算，正如我们以后将要看到的，权重矩阵的维数要等同于转置后的连接矩阵的维数 (例如 3×5). 注意到，向量形式的计算图的结构更加简单，这是因为整个神经网络只有一条路径. 输入层和第一隐藏层的连接权重用一个 $p_1 \times d$ 矩阵 $\boldsymbol{W}_1$ 来表示，而第 r 个隐藏层和第 $(r+1)$ 个隐藏层的连接权重则由 $p_{r+1} \times p_r$ 矩阵 $\boldsymbol{W}_r$ 给出. 如果输出层有 s 个节点，那么最后一个权重矩阵 $\boldsymbol{W}_{k+1}$ 的大小为 $s \times p_k$. 需要注意的是，权重矩阵的维数是其对应的连接矩阵转置后的维数. 于是，d 维输入向量 $\overline{x}$ 将通过如下递归方程转换为输出：

$$\overline{h}_1 = \Phi(\boldsymbol{W}_1 \overline{x}) \qquad \text{[输入层到隐藏层]}$$

$$\overline{h}_{p+1} = \Phi(\boldsymbol{W}_{p+1} \overline{h}_p), \quad \forall p \in \{1, \cdots, k-1\} \qquad \text{[隐藏层到隐藏层]}$$

$$\overline{o} = \Phi(\boldsymbol{W}_{k+1} \overline{h}_k) \qquad \text{[隐藏层到输出层]}$$

这里，激活函数以作用于逐元素的方式应用于向量参数. 值得注意的是，最终的输出变量是输入变量的递归嵌套的复合函数，如下所示：

$$\overline{o} = \Phi(\boldsymbol{W}_{k+1}(\Phi(\boldsymbol{W}_k \Phi(\boldsymbol{W}_{k-1} \cdots))))$$

这种类型的神经网络比单层神经网络更难训练，这是因为人们必须计算一个嵌套的复合函数关于每个权重的导数. 特别地，由于嵌套内部 (即早期层) 的权重梯度的计算形式并不是显然的，尤其是在计算图具有复杂的拓扑结构时，故位于递归嵌套内部的早期层的权重更难通过梯度下降法来进行学习. 同样值得注意的是，由神经网络所计算的全局输入-输出函数更难以闭型简洁地被表示出来. 递归嵌套方法使闭型的表达式看起来非常麻烦，而烦琐的闭型表达式给参数学习中的导数计算带来了挑战.

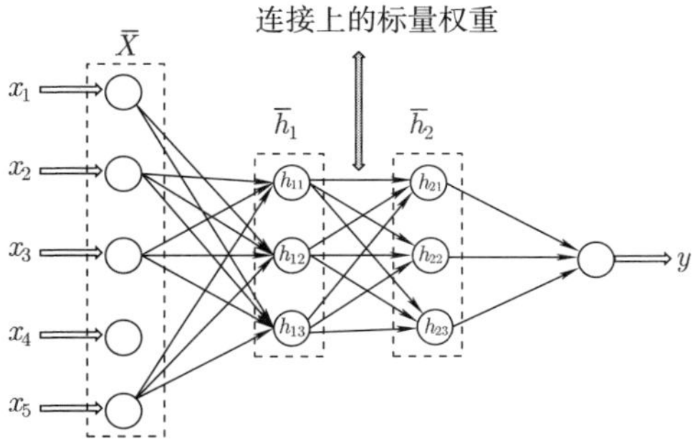

a）标量符号和结构

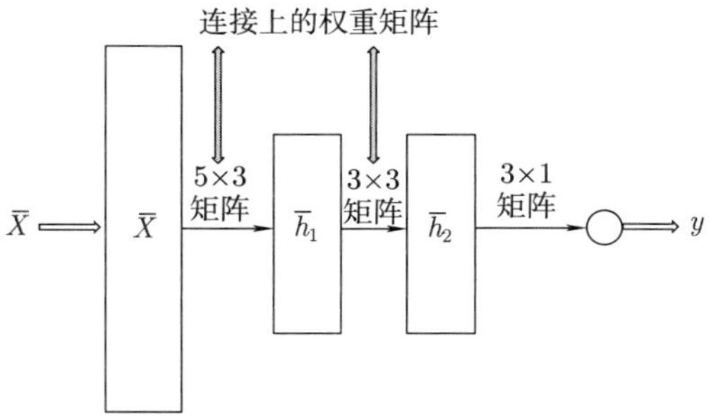

b）向量符号和结构

图 11.3　一个具有两个隐藏层和一个输出层的前馈网络

11.3 有向无环图中的优化

计算图中损失函数的最优化问题需要计算损失函数关于神经网络权重的梯度. 读者可以参考 5.8.4 节中的*动态规划*方法来完成此计算. 作为一种优化技术，动态规划可用于计算*有向无环图*中所有类型的基于路径的函数.

为了训练计算图，我们假设有与输入-输出对相对应的训练数据. 输入节点的数目与输入属性的数目相同，而输出节点的数目与输出属性的数目相同. 计算图可以根据输入预测输出，并将其与观测到的输出进行比较以检查由计算图得到的函数是否与训练数据保持一致. 如果未保持一致，则需要修正计算图中的相应权重.

11.3.1 计算图中的挑战

计算图的一个核心任务是估计函数的复合. 在一个只包含 3 个节点且路径长度为 2 的计算图中，输入节点中的变量是 x. 第一个节点应用函数 $g(x)$，而第二个节点应用函数 $f(x)$. 图 11.4 展示了如何应用这样的计算图来计算复合函数 $f(g(x))$. 在图 11.4 中，$f(y) = \cos(y)$ 和 $g(x) = x^2$. 因此，复合函数为 $\cos(x^2)$. 现在，考虑 $f(x)$ 与 $g(x)$ 都取为相同的 S 型函数，即

$$f(x) = g(x) = \frac{1}{1 + \exp(-x)}$$

那么，由计算图所推导出的全局函数如下所示：

$$f(g(x)) = \frac{1}{1 + \exp\left[-\dfrac{1}{1 + \exp(-x)}\right]} \tag{11.1}$$

该简单计算图已经推导出了一个相当难处理的复合函数. 随着计算图复杂度的增加，那么尝试计算此复合函数的导数也越发困难.

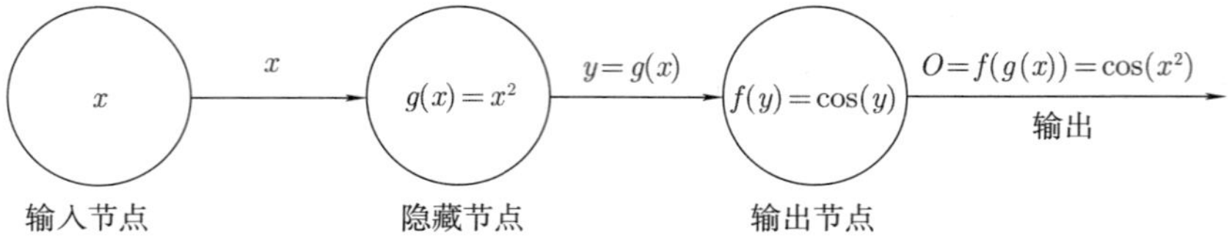

图 11.4 一个含有一个输入节点和两个计算节点的简单计算图

考虑这样一种情形，在 m 层中计算函数 $g_1(\cdot), g_2(\cdot), \cdots, g_k(\cdot)$，将得到的值输入 $(m+1)$ 层中的特定节点，并作为参数计算多元函数 $f(\cdot)$. 这样，$(m+1)$ 层需计算函数 $f(g_1(\cdot)\cdots g_k(\cdot))$. 这种类型的多元复合函数已经相当难处理了. 当我们增加层数时，计算多个下游计

算层的函数具有与从源头到最终输出的路径长度相同的嵌套层. 例如, 一个 10 层的计算图, 每层有 2 个节点, 那么整体复合函数将有 2^{10} 个嵌套的"项". 如此看来, 计算深度网络中的闭型函数是笨拙且不切实际的.

图 11.5 中的函数可帮助我们更好地理解这一点. 在图 11.5 中, 除了输出层, 每层还有 2 个节点. 输出层简单地对其输入进行求和. 每个隐藏层包含两个节点. 第 i 个隐藏层中的变量分别记为 x_i 和 y_i. 输入节点中的变量使用下标 0, 即记为 x_0 和 y_0. 第 i 层的两个计算函数分别记为 $F(x_{i-1}, y_{i-1})$ 和 $G(x_{i-1}, y_{i-1})$.

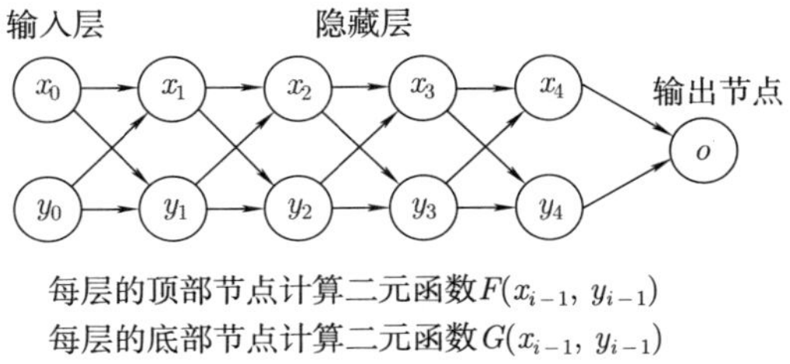

图 11.5 由一个计算图所产生的递归嵌套

我们下面写出每个节点中变量的表达式, 从而展示随着层数的增加而增加的复杂度:

$$x_1 = F(x_0, y_0)$$

$$y_1 = G(x_0, y_0)$$

$$x_2 = F(x_1, y_1) = F(F(x_0, y_0), G(x_0, y_0))$$

$$y_2 = G(x_1, y_1) = G(F(x_0, y_0), G(x_0, y_0))$$

上面的表达式已经开始显得很烦琐. 在计算下一层中的函数值时, 这一点就体现得更加明显:

$$x_3 = F(x_2, y_2) = F(F(F(x_0, y_0), G(x_0, y_0)), G(F(x_0, y_0), G(x_0, y_0)))$$

$$y_3 = G(x_2, y_2) = G(F(F(x_0, y_0), G(x_0, y_0)), G(F(x_0, y_0), G(x_0, y_0)))$$

一个直接的观察结果是, 随着计算图路径长度的增加, 闭型函数的复杂度和长度呈指数增长. 当优化参数与边有关, 且人们试图用边上的输入和参数来表示输出/损失时, 这种类型的复杂性会进一步增加. 如果我们尝试应用刻板的方法, 即首先用边上的优化参数来表示闭型的损失函数, 然后计算闭型的损失函数的导数, 计算将会非常复杂, 这显然是一个问题.

11.3.2 梯度计算的一般框架

11.3.1 节明确说明了在计算图中对闭型的表达式作微分运算是不切实际的. 然而，我们可以利用计算图的拓扑结构通过某种算法来计算关于边的梯度. 本节的目标是引入这个广义的算法框架，而具体的执行步骤将在后面的章节中作详细介绍.

为了学习计算图中的权重，人们需要从训练数据中选择一个输入-输出对，利用已知的输入值和计算图中的权重值来尝试预测输出值，并量化该值与已知的输出值的误差. 当误差较大时，则说明当前的计算图不能反映观测数据，故需要修正权重. 因此，损失函数的计算需要将其视为该误差的函数，并更新权重以减少损失. 这可以通过计算损失函数关于权重的梯度并执行梯度下降的更新步骤来实现的. 训练一个计算图的总体方案如下所示：

1. 使用训练数据点的输入部分的属性值来固定输入节点的值. 重复选择一个已计算所有传入节点值的节点，并应用特定节点函数来计算其变量值. 按照与输入节点的距离递增的顺序处理节点从而能够在有向无环图中找到这样的节点. 重复此过程直至计算完包括输出节点在内的所有节点值. 如果输出节点值与训练数据点中的输出值不匹配，则计算相应的损失值. 称此阶段为*前向阶段*.

2. 计算损失函数关于边上权重的梯度. 此阶段称为*后向阶段*. 当我们在后面介绍沿着 (有向无环) 计算图的拓扑结构从输出到输入进行反向工作的算法时，读者便能更清楚地理解为什么称此阶段为 “后向阶段”.

3. 在梯度的负方向上更新权重.

与任何随机梯度下降过程一样，算法循环遍历所有训练点直至收敛. 称通过所有训练点的一个单一循环为*训练轮数*.

在一个计算图中，计算损失函数关于权重的梯度是一个主要挑战. 然而，事实证明*节点变量关于另一个节点变量的导数可轻松用来计算损失函数关于边上权重的导数*. 为此，我们将聚焦于一个变量关于另一变量导数的计算. 随后，我们将要说明如何将这些导数转换为损失函数关于权重的梯度.

11.3.3 暴力计算节点关于节点的导数

正如前文所讨论的，人们可以根据早期层中的节点使用一个难以处理的嵌套复合函数的闭型来表示一个计算图中的函数. 如果真的要对这个闭型表达式进行求导，我们需要应用*微积分中的链式法则*来处理多重复合函数. 然而，由于内部嵌套的不同部分中的许多表达式都是相同的，这会导致重复计算相同的导数，故盲目应用链式通常会浪费很多时间. 关于计算图的自动求导的关键想法是意识到这样一个事实，即计算图的结构已经提供了关于哪些项被重复的所有信息. 这样，我们可以通过利用计算图自身的结构来存储中间结果 (从输出节点开始反向计算导数)，从而可以避免重复计算这些项的导数！这样的想法早已经出现在动态规划中，特别在控制理论中被频繁用到 (见文献 [26, 71]). 在神经网络领域中，称这样的算法为*反向传播* (见 11.4 节). 值得注意的是，早在 1960 年，经典的最优化理论就已经将这一想法应用到控制理论 (见文献 [26,71]) 中. 然而，从事人工智能研究的学者在一段时间内对其一无所知. 直到在 20 世纪 80 年代，他们才提出了 “反向传播” 这一术语，并在神经网络领域中独立地提出并阐述了这一想法.

关于一个单变量复合函数的链式法则的最简单版本如下所示：

$$\frac{\partial f(g(x))}{\partial x}=\frac{\partial f(g(x))}{\partial g(x)}\cdot\frac{\partial g(x)}{\partial x} \tag{11.2}$$

这种变体称为*单变量链式法则*. 注意，上式右侧的每一项都是一个*局部梯度*，这是因为它计算的是一个局部函数关于其直接参数的导数，而不是关于由递归导出的参数的导数. 基本的想法是对输入 x 应用复合函数来得到最终的输出，那么最终输出的梯度由沿该路径的局部梯度的乘积给出. 这样，每个局部梯度的计算只需关心特定的输入与输出，这简化了相应的计算. 如图 11.4 所示，函数分别为 $f(y)=\cos(y)$ 和 $g(x)=x^2$. 因此，复合函数为 $\cos(x^2)$. 应用单变量链式法则可得：

$$\frac{\partial f(g(x))}{\partial x}=\underbrace{\frac{\partial f(g(x))}{\partial g(x)}}_{-\sin(g(x))}\cdot\underbrace{\frac{\partial g(x)}{\partial x}}_{2x}=-2x\cdot\sin(x^2)$$

注意，我们在图中的两个连接上注释了上面两个乘法中的每一个，并简单地计算这些值的乘积. 因此，*对于包含单个路径的计算图，一个节点关于另一个节点的导数只是这两个节点之间的路径上的这些注释值的乘积*. 图 11.4 给出了一个相当简单的情况，其中的计算图仅具有单条路径. 一般来说，具有良好表达效果的计算图不会是单条路径. 相反，单个节点可以输出到多个节点. 例如，考虑单个输入 x 以及 k 个相互独立的计算节点用来计算函数 $g_1(x),g_2(x),\cdots,g_k(x)$. 如果这些节点被连接到一个单一的用于计算具有 k 个变量的函数 $f(\cdot)$ 的输出节点，那么所得到的函数为 $f(g_1(x),\cdots,g_k(x))$. 在这种情况下，我们需要用到如下的*多变量链式法则*：

$$\frac{\partial f(g_1(x),\cdots,g_k(x))}{\partial x}=\sum_{i=1}^{k}\frac{\partial f(g_1(x),\cdots,g_k(x))}{\partial g_i(x)}\cdot\frac{\partial g_i(x)}{\partial x} \tag{11.3}$$

显然，式 (11.3) 只是式 (11.2) 中的链式法则的一个简单推广.

人们还可以从基于路径而非基于节点的视角来理解多变量链式法则. *对任何源-库 (source-sink) 节点对，库节点中变量关于源节点中变量的导数只是应用于该对节点之间存在的所有路径的单变量链式法则所产生的表达式之和*. 这个视角直接表示了任意一对节点之间的导数 (而不是采用递归多元规则). 然而，这会导致过度计算，因为在一对节点之间，路径的数目往往关于路径长度呈指数关系. 为了显示运算的重复性，我们这里考虑一个非常简单的关于单一输入 x 的闭型函数：

$$o = \sin(x^2) + \cos(x^2) \tag{11.4}$$

所得到的计算图如图 11.6 所示. 在此情形下，我们应用多变量链式法则来计算输出 o 关于 x 的导数. 这是通过将图 11.6 中从 x 到 o 的两条路径的单变量链式法则的结果相加而实现的：

$$\begin{aligned}\frac{\partial o}{\partial x} &= \underbrace{\frac{\partial K(p,q)}{\partial p}}_{1} \cdot \underbrace{g'(y)}_{-\sin(y)} \cdot \underbrace{f'(x)}_{2x} + \underbrace{\frac{\partial K(p,q)}{\partial q}}_{1} \cdot \underbrace{h'(z)}_{\cos(z)} \cdot \underbrace{f'(x)}_{2x} \\ &= -2x \cdot \sin(y) + 2x \cdot \cos(z) \\ &= -2x \cdot \sin(x^2) + 2x \cdot \cos(x^2)\end{aligned}$$

在这个简单的例子中，两条路径都是计算函数 $f(x) = x^2$. 因此，对每条路径进行一次求导，即对函数 $f(x)$ 进行二次求导. 这种类型的重复对于包含许多共享节点的大型多层网络会产生严重影响. 在这些网络中，作为嵌套递归的一部分，相同的函数可能会被求导成百上千次. 正是这种重复且浪费的导数计算方法使得以闭型表示的计算图的全局函数且对其进行显式求导是不切实际的.

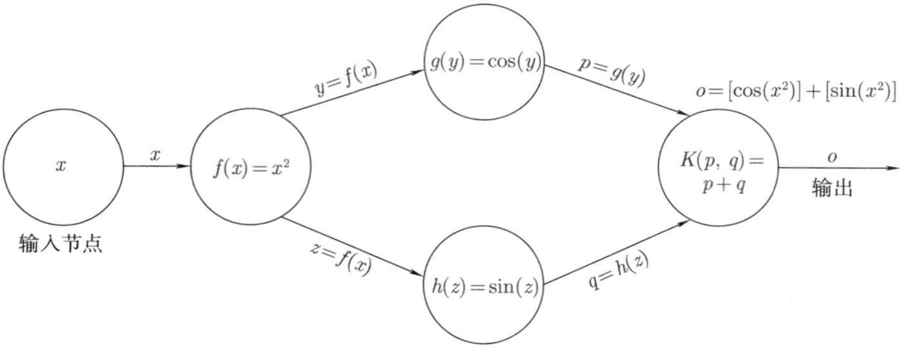

图 11.6 一个用于说明链式法则的简单计算函数

我们可以将基于路径视角下的多变量链式法则总结如下：

引理 11.3.1 (路径聚合引理) 考虑一个第 i 个节点包含变量 $y(i)$ 的有向无环计算图. 图中有向边 (i,j) 的局部导数 $z(i,j)$ 定义为 $z(i,j) = \dfrac{\partial y(j)}{\partial y(i)}$. 设在图中节点 s 到节点 t 存在一组非空路径集 $\mathcal{P}$. 那么，沿 $\mathcal{P}$ 中的每条路径计算局部梯度的乘积，并对 $\mathcal{P}$ 中所有路径的这些乘积求和，则可得到 $\dfrac{\partial y(t)}{\partial y(s)}$：

$$\frac{\partial y(t)}{\partial y(s)} = \sum_{P \in \mathcal{P}} \prod_{(i,j) \in P} z(i,j) \tag{11.5}$$

通过在计算图上递归地应用式 (11.3) 中的多变量链式法则则可以很容易地证明该引理. 尽管应用路径聚合引理来计算 $y(t)$ 关于 $y(s)$ 的导数是一种很浪费时间的方法，但它的确为导数的计算提供了一种简单且直观的指数时间算法.

指数时间算法

路径聚合引理提供了一种自然的指数时间算法，它大致类似于将计算的函数以闭型表示为特定变量的函数，然后对其进行求导的步骤. 具体而言，路径聚合引理导致了如下用于计算图中输出 o 关于变量 x 导数的指数时间算法：

1. 用计算图计算前向阶段中每个节点 i 的值 $y(i)$.

2. 计算图中每条边上的局部偏导数 $z(i,j) = \dfrac{\partial y(j)}{\partial y(i)}$.

3. 设 $\mathcal{P}$ 为从值为 x 的输入节点到输出节点 o 的所有路径的集合. 对于每条路径 $P \in \mathcal{P}$，计算该路径上每个局部导数 $z(i,j)$ 的乘积.

4. 把关于 $\mathcal{P}$ 中所有路径的这些值相加.

一般来说，计算图的路径数会随着深度呈指数增长. 这样，必须把所有路径的局部导数的乘积相加. 图 11.7 所示的例子，其有五层，每一层仅有两个单元. 那么，输入和输出之间的路径数为 $2^5 = 32$. 我们用 $h(i,j)$ 来表示第 i 层的第 j 个隐藏单元. 那么，每个隐藏单元定义为其输入的乘积：

$$h(i,j) = h(i-1,1) \cdot h(i-1,2), \quad \forall j \in \{1,2\} \tag{11.6}$$

在此情况下，输出可以闭型地表示为 x^{32}，且其关于 x 的导数计算也非常简单. 也就是说，我们并非真的需要利用计算图来进行求导. 然而，我们将应用指数时间算法来阐明其工作原理. 由于补充变量是两个变量乘积的偏导数，故每个 $h(i,j)$ 关于其两个输入变量的导数即为补充输入的值：

$$\frac{\partial h(i,j)}{\partial h(i-1,1)} = h(i-1,2), \quad \frac{\partial h(i,j)}{\partial h(i-1,2)} = h(i-1,1)$$

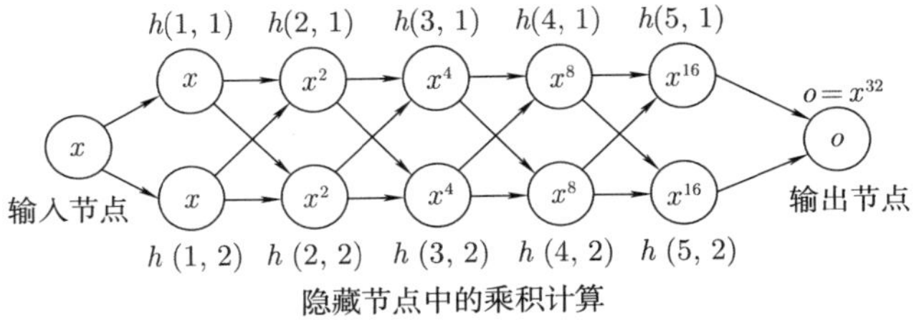

图 11.7 链式法则聚合沿着 $2^5 = 32$ 条路径的局部导数的乘积

由路径聚合引理可得 $\dfrac{\partial o}{\partial x}$ 的值是输入到输出之间所有 32 条路径的局部导数的乘积 (在这种特殊情况下，局部导数即为补充输入的值)：

$$\begin{aligned}\frac{\partial o}{\partial x} &= \sum_{j_1,j_2,j_3,j_4,j_5\in\{1,2\}^5} \underbrace{\prod h(1,j_1)}_{x}\underbrace{h(2,j_2)}_{x^2}\underbrace{h(3,j_3)}_{x^4}\underbrace{h(4,j_4)}_{x^8}\underbrace{h(5,j_5)}_{x^{16}} \\ &= \sum_{\text{所有 32 条路径}} x^{31} = 32x^{31}\end{aligned}$$

显而易见，该结果与直接对 x^{32} 关于 x 求导得到的结果保持一致. 然而，对于一个相对简单的图，以这种方式来计算导数需要应用 2^5 次路径聚合引理. 更重要的是，我们会在一个节点中重复计算相同函数的导数. 例如，变量 $h(3,1)$ 被求导 16 次，这是因为它出现在 x 到 o 之间的 16 条路径中.

显然，这是一种计算梯度的低效方法. 对于一个每层有 100 个节点且有三层的神经网络，我们就会有 100 万条路径. 然而，在传统的机器学习中，人们需要处理预测函数是一个复杂的复合函数的情况. 当超出一定的复杂度时，对复杂的复合函数进行手动计算是枯燥乏味且不切实际的. 为此，人们可以应用由计算图的结构指引的动态规划方法来存储重要的中间结果. 通过应用这种方法，我们可以最小化重复的计算量，并可以实现多项式级的复杂度.

11.3.4 计算节点关于节点导数的动态规划方法

在图论中，动态规划方法可用于计算有向无环图上所有类型的路径聚合值. 考虑一个有向无环图. 用 $z(i,j)$ 表示边 (i,j) 上节点 j 中的变量关于节点 i 中的变量的局部偏导数. 也就是说，如果 $y(p)$ 为节点 p 中的变量，那么则有：

$$z(i,j) = \frac{\partial y(j)}{\partial y(i)} \tag{11.7}$$

图 11.8 给出了此类计算图的一个示例. 在这种情况下，我们将边 $(2,4)$ 与相应的偏导数联系在一起. 为了获得偏导数 $S(s,t) = \dfrac{\partial y(t)}{\partial y(s)}$，那么先计算从源节点 s 到输出节点 t 的每条路径 $P \in \mathcal{P}$ 上 $z(i,j)$ 的乘积，然后将之相加：

$$S(s,t) = \sum_{P\in\mathcal{P}} \prod_{(i,j)\in P} z(i,j) \tag{11.8}$$

设 $A(i)$ 为节点 i 引出边端点处的节点集. 我们可以应用著名的动态规划来计算在每个 (源节点 s 和输出节点 t 之间) 中间节点 i 处的聚合值 $S(i,t)$：

$$S(s,t) \Leftarrow \sum_{j \in A(i)} S(j,t)z(i,j) \tag{11.9}$$

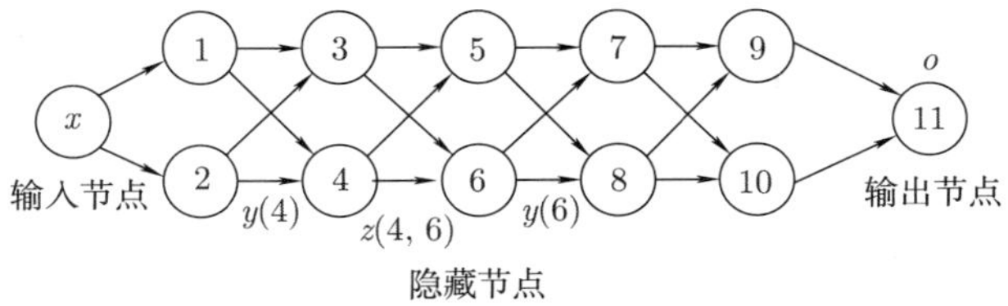

图 11.8 边用诸如 $z(4,6) = \dfrac{\partial y(6)}{\partial y(4)}$ 这样的局部偏导数来标记

由于变量对其自身的偏导数总是 1，故 $S(t,t) = \dfrac{\partial y(t)}{\partial y(t)} = 1$，那么上面的计算可以从直接发生在 o 上的节点开始向后执行. 于是，该算法的伪代码可以描述如下：

初始化 $S(t,t) = 1$;

repeat

选择一个未处理的节点 i 以使其所有传出节点 $j \in A(i)$ 上的 $S(j,t)$ 的值可用;

更新 $S(i,t) \Leftarrow \sum_{j \in A(i)} S(j,t)z(i,j)$;

until 所有的节点都被选择过;

注意，上述算法总是选择一个节点 i 使得 $S(j,t)$ 的值对所有节点 $j \in A(i)$ 都是可用的. 在有向无环图中，总是可以找到这样的节点，并且选择节点的顺序通常是从节点 t 开始向后选择. 因此，上述算法仅在计算图没有循环时有效，我们称之为*反向传播算法*.

网络优化领域应用上述算法来计算有向无环图上源-库节点对 (s,t) 之间的所有类型的以路径为中心的函数，否则需要指数时间. 例如，人们甚至可以运用上述算法的变体来找出有向无环图中的最长路径 (见文献 [8]).

有意思的是，*上述基于动态规划的更新步骤正是式 (11.3) 所给出的多变量链式法则，即从已知局部梯度的输出节点开始反向重复计算*. 这是因为我们首先用这个链式法则导出了损失梯度的路径聚合形式 (见引理 11.3.1). 主要区别在于，我们以特定的顺序应用此规则来达到最小计算量的目的. 我们将在下面强调这个要点：

> *应用动态规划可有效地聚合计算图中沿指数多条路径的局部梯度的乘积，从而得到与应用微积分中多变量链式法则相同的导数的动态规划更新步骤. 动态规划的要点是按特定顺序应用此法则，而不重复计算不同节点上的导数.*

这种方法是神经网络中反向传播算法的主干部分. 我们将在 11.4 节中讨论关于神经网络特定增强的更多细节. 在含有多个输出节点 $t_1, \cdots, t_p$ 的情况下，可以将每个 $S(t_r, t_r)$ 初始化为 1，然后对每个 t_r 应用相同的方法.

计算节点关于节点导数的例子

为了说明反向传播方法的工作原理，图 11.9 给出了一个在含有 10 个节点的计算图中计算节点-节点导数的例子. 这需要计算各节点中的各类函数，例如，求和函数 (用 ‘ + ’ 表示)、乘积函数 (用 ‘ * ’ 表示) 以及正弦/余弦函数等. 分别记 10 个节点中的变量为 $y(1), \cdots, y(10)$，其中变量 $y(i)$ 属于图中的第 i 个节点. 进入第 6 个节点的两条边也具有与其相关的权重 w_2 和 w_3，而其他边则没有与其关的权重. 各层中所需要计算的函数如下所示：

第一层： $y(4) = y(1) \cdot y(2)$，$y(5) = y(1) \cdot y(2) \cdot y(3)$，$y(6) = w_2 \cdot y(2) + w_3 \cdot y(3)$

第二层： $y(7) = \sin(y(4))$，$y(8) = \cos(y(5))$，$y(9) = \sin(y(6))$

第三层： $y(10) = y(7) \cdot y(8) \cdot y(9)$

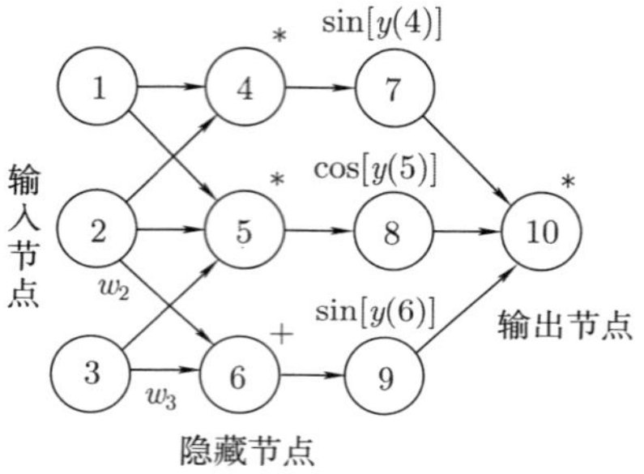

图 11.9　节点关于节点导数计算的例子

我们将计算 $y(10)$ 关于每个输入 $y(1)$，$y(2)$ 和 $y(3)$ 的导数. 一种可能是简单地用输入 $y(1)$，$y(2)$ 和 $y(3)$ 将 $y(10)$ 表示为闭型，然后计算导数. 通过上述关系递归，我们很容易证明 $y(10)$ 可以根据 $y(1)$，$y(2)$ 和 $y(3)$ 表示如下：

$$y(10) = \sin(y(1) \cdot y(2)) \cdot \cos(y(1) \cdot y(2) \cdot y(3)) \cdot \sin(w_2 \cdot y(2) + w_3 \cdot y(3))$$

如上所述，对于较大的神经网络计算闭型导数是不切实际的. 此外，由于我们需要计算输出关于神经网络中每个节点的导数，故该方法还需要诸如 $y(4)$，$y(5)$ 和 $y(6)$ 这些上游节点的闭型表达式. 所有这些都会增加重复的计算量. 幸运的是，由于 $y(10)$ 通过后向传输计算关于每个节点的导数，故反向传播将我们从这种重复计算中解放出来. 注意，算法首先初始化输出 $y(10)$ 关于其自身的导数，即 1:

$$S(10, 10) = \frac{\partial y(10)}{\partial y(10)} = 1$$

随后，计算 $y(10)$ 关于其传入节点中所有变量的导数. 这很容易做到，事实上 $y(10)$ 是根据传入变量 $y(7)$，$y(8)$ 和 $y(9)$ 来表示的. 为了与本章前面所使用的符号保持一致，分别记这些结果为 $z(7, 10)$，$z(8, 10)$ 和 $z(9, 10)$，也就是：

$$z(7,10)=\frac{\partial y(10)}{\partial y(7)}=y(8)\cdot y(9)$$

$$z(8,10)=\frac{\partial y(10)}{\partial y(8)}=y(7)\cdot y(9)$$

$$z(9,10)=\frac{\partial y(10)}{\partial y(9)}=y(7)\cdot y(8)$$

然后，我们利用这些值和递归反向传播更新来计算 $S(7,10)$，$S(8,10)$ 和 $S(9,10)$:

$$S(7,10)=\frac{\partial y(10)}{\partial y(7)}=S(10,10)\cdot z(7,10)=y(8)\cdot y(9)$$

$$S(8,10)=\frac{\partial y(10)}{\partial y(8)}=S(10,10)\cdot z(8,10)=y(7)\cdot y(9)$$

$$S(9,10)=\frac{\partial y(10)}{\partial y(9)}=S(10,10)\cdot z(9,10)=y(7)\cdot y(8)$$

接下来，我们计算与传入第 7、8 和 9 个节点的所有边相关的导数 $z(4,7)$，$z(5,8)$ 与 $z(6,9)$:

$$z(4,7)=\frac{\partial y(7)}{\partial y(4)}=\cos[y(4)]$$

$$z(5,8)=\frac{\partial y(8)}{\partial y(5)}=-\sin[y(5)]$$

$$z(6,9)=\frac{\partial y(9)}{\partial y(6)}=\cos[y(6)]$$

这些值可用于计算 $S(4,10)$，$S(5,10)$ 和 $S(6,10)$:

$$S(4,10)=\frac{\partial y(10)}{\partial y(4)}=S(7,10)\cdot z(4,7)=y(8)\cdot y(9)\cdot\cos[y(4)]$$

$$S(5,10)=\frac{\partial y(10)}{\partial y(5)}=S(8,10)\cdot z(5,8)=-y(7)\cdot y(9)\cdot\sin[y(5)]$$

$$S(6,10)=\frac{\partial y(10)}{\partial y(6)}=S(9,10)\cdot z(6,9)=y(7)\cdot y(8)\cdot\cos[y(6)]$$

为了计算关于输入值的导数，现在我们需要计算 $z(1,4)$，$z(2,4)$，$z(1,5)$，$z(2,5)$，$z(3,5)$，$z(2,6)$ 以及 $z(3,6)$ 的值：

$$z(1,4)=\frac{\partial y(4)}{\partial y(1)}=y(2)$$

$$z(2,4)=\frac{\partial y(4)}{\partial y(2)}=y(1)$$

$$z(1,5)=\frac{\partial y(5)}{\partial y(1)}=y(2)\cdot y(3)$$

$$z(2,5)=\frac{\partial y(5)}{\partial y(2)}=y(1)\cdot y(3)$$

$$z(3,5)=\frac{\partial y(5)}{\partial y(3)}=y(1)\cdot y(2)$$

$$z(2,6)=\frac{\partial y(6)}{\partial y(2)}=w_2$$

$$z(3,6)=\frac{\partial y(6)}{\partial y(3)}=w_3$$

于是，通过反向传播可以计算 $S(1,10)$，$S(2,10)$ 和 $S(3,10)$:

$$\begin{aligned}
S(1,10)=&\frac{\partial y(10)}{\partial y(1)}=S(4,10)\cdot z(1,4)+S(5,10)\cdot z(1,5)\\
=&y(8)\cdot y(9)\cdot\cos[y(4)]\cdot y(2)-y(7)\cdot y(9)\cdot\sin[y(5)]\cdot y(2)\cdot y(3)\\
S(2,10)=&\frac{\partial y(10)}{\partial y(2)}=S(4,10)\cdot z(2,4)+S(5,10)\cdot z(2,5)+S(6,10)\cdot z(2,6)\\
=&y(8)\cdot y(9)\cdot\cos[y(4)]\cdot y(1)-y(7)\cdot y(9)\cdot\sin[y(5)]\cdot y(1)\cdot y(3)+\\
&y(7)\cdot y(8)\cdot\cos[y(6)]\cdot w_2\\
S(3,10)=&\frac{\partial y(10)}{\partial y(3)}=S(5,10)\cdot z(3,5)+S(6,10)\cdot z(3,6)\\
=&-y(7)\cdot y(9)\cdot\sin[y(5)]\cdot y(1)\cdot y(2)+y(7)\cdot y(8)\cdot\cos[y(6)]\cdot w_3
\end{aligned}$$

注意，运用后向阶段计算输出节点变量 $y(10)$ 关于所有隐藏和输入节点变量的导数是有优势的．这些不同的导数有许多共同的子表达式，但不会重复计算这些子表达式的导数．相比于应用闭型表达式来进行导数计算，这是使用后向阶段的优势．

由于输出的闭型表达式冗长乏味，无论我们如何计算，导数的代数表达式都同样冗长且笨拙．即使对于本小节中很简单的含有十个节点的计算图也是如此．例如，如果检查 $y(10)$ 关于每个节点 $y(1)$，$y(2)$ 和 $y(3)$ 的导数，代数表达式将会写成很多行．此外，我们无法避免使用代数表达式计算的导数中存在重复的子表达式．这与使用反向算法的初衷恰恰相反，即我们希望避免在使用闭型表达式进行传统求导时会出现的重复计算．于是，在实际的神经网络中，人们不会用代数方法计算这些类型的表达式，而是首先对训练数据中特定的数值输入集合数值计算所有节点变量. 然后，再反向数值计算相应的导数. 这样就可以避免由于存在许多重复的子表达式而导致的反向计算冗长的代数表达式. 计算数值表达式的一个优点是，多项合并为一个针对特定输入的数值. 在数值选择之后，必须对每个训练点重复执行反向计算算法，但相比于一次性计算大量的符号导数并替换不同训练点的值，这仍是一个更好的选择. 因此，我们称该方法为*数值微分*，而非*符号微分*. 在许多机器学习的应用中，人们首先计算代数导数，即符号微分，然后对表达式中的变量赋值，用于求导，最终执行梯度下降的更新步骤. 这不同于计算图的情况，因为在计算图中，人们需要对每个训练点数值地应用反向算法.

11.3.5 把节点-节点导数转换为损失-权重导数

大多数计算图定义了关于依赖输出节点中变量的损失函数. 为了更新权重，人们需要计算关于边上权重的导数而不是节点变量的导数. 通常，额外应用单变量链式法则和多变量链式法则，节点-节点的导数可以被转化为损失-权重导数.

运用 11.3.4 节所引入的动态规划方法来计算索引为 $t_1, t_2, \cdots, t_p$ 的节点的输出变量关于节点 i 变量的节点-节点导数. 在此情形下，计算图含有 p 个输出节点，因为输出节点的索引是 $t_1, \cdots, t_p$，其对应的变量值分别为 $y(t_1), \cdots, y(t_p)$. 记相应的损失函数为 $L(y(t_1), \cdots, y(t_p))$. 我们想要计算损失函数关于节点 i 的传入边上权重的导数. 为了方便起见，设 w_{ji} 为节点 j 的到节点 i 边上的权重. 那么，我们想要计算损失函数关于 w_{ji} 的导数. 为此，为了公式书写的紧凑性，我们将 $L(y(t_1), \cdots, y(t_p))$ 简写为 L:

$$
\begin{aligned}
\frac{\partial L}{\partial w_{ji}} &= \left[\frac{\partial L}{\partial y(i)}\right] \frac{\partial y(i)}{\partial w_{ji}} && [\text{单变量链式法则}] \\
&= \left[\sum_{k=1}^{p} \frac{\partial L}{\partial y(t_k)} \frac{\partial y(t_k)}{\partial y(i)}\right] \frac{\partial y(i)}{\partial w_{ji}} && [\text{多变量链式法则}]
\end{aligned}
$$

这里值得注意的是，损失函数通常是关于索引为 $t_1, \cdots, t_p$ 节点变量的一个闭型函数. 如同第 4 章中的例子那样，其往往是一个最小二乘函数或一个对数损失函数. 因此，我们很容易计算损失 L 关于 $y(t_i)$ 的导数. 此外，对任意 $k \in \{1, \cdots, p\}$，还可以应用 11.3.4 节中所讨论的动态规划算法来计算每个导数 $\dfrac{\partial y(t_k)}{\partial y(i)}$ 的值. $\dfrac{\partial y_i}{\partial w_{ji}}$ 为每个节点上局部函数的导数，其通常具有简单的形式. 因此，只要使用动态规划计算节点-节点的导数，那么就可以相对容易地计算损失-权重导数.

尽管对每个 $k \in \{1, \cdots, p\}$，我们可以应用 11.3.4 节的伪代码来计算 $\dfrac{\partial y(t_k)}{\partial y(i)}$，但将所有的计算都嵌入一个反向算法来计算会更加有效. 在实际中，对每个 $k \in \{1, \cdots, p\}$，我们

可以将输出节点上的导数初始化为损失导数 $\dfrac{\partial L}{\partial y(t_k)}$，而不是值 1 (如 11.3.4 节的伪代码所示). 接下来，反向传播至整个损失导数 $\Delta(i)=\dfrac{\partial L}{\partial y(i)}$. 这样，计算关于节点变量和边变量的损失导数的改进算法表述如下：

初始化 $\Delta(t_r)=\dfrac{\partial L}{\partial y\left(t_k\right)}$，$\forall k \in \{1,\cdots,p\}$；

repeat

  选择一个未处理的节点 i 以使其所有传出节点 $j\in A(i)$ 上的 $\Delta(j)$ 的值可用；

  更新 $\Delta(i) \Leftarrow \sum\limits_{j\in A(i)} \Delta(j)z(i,j)$；

until所有节点被选择；

for each edge (j,i) 上的权重 w_{ji} **do** 计算 $\dfrac{\partial L}{\partial w_{ji}}=\Delta(i)\dfrac{\partial y(i)}{\partial w_{ji}}$；

在上述算法中，$y(i)$ 表示节点 i 中的变量. 该算法与 11.3.4 节的算法的一个关键区别在于初始化步骤以及增加了最后一步用于计算逐边的导数. 然而，计算节点-节点导数的核心算法仍然是该算法不可分割的一部分. 事实上，我们可以将边上的所有权重转换为包含权重参数的额外“输入”节点，还可以添加计算节点将权重与边尾部节点的相应变量的权重相乘. 此外，可以增加计算节点来计算输出节点的损失. 例如，图 11.9 的结构可以转换为图 11.10 的结构. 因此，一个具有可学习权重的计算图可以转换为一个 (在一个节点子集上) 具有可学习节点变量的无权重图. 仅执行图 11.10 中从损失节点到权重节点的节点-节点导数的计算相当于损失-权重导数的计算. 也就是说，加权图中损失-权重的导数计算等价于改进的计算图中节点-节点的导数计算. 损失关于每个权重的导数用矩阵微积分的形式可记为向量 $\dfrac{\partial L}{\partial \overline{W}}$，其中 $\overline{W}$ 表示权重向量. 接下来，我们可以执行标准的梯度下降更新步骤：

$$\overline{W} \Leftarrow \overline{W}-\alpha \frac{\partial L}{\partial \overline{W}} \tag{11.10}$$

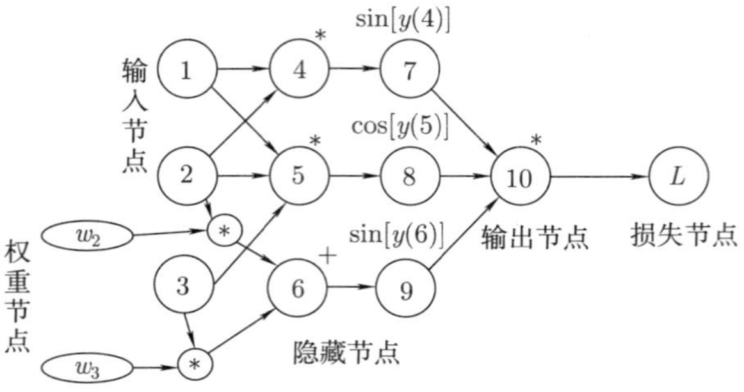

图 11.10 基于图 11.9，将损失-权重导数转换为节点-节点导数. 注意额外增加的权重节点和损失节点

这里 α 为学习率. 为了学习计算图的权重，这种类型的更新是通过使用不同的输入重复该过程直至收敛.

计算损失关于权重导数的例子

考虑图 11.9 中的损失函数 $L=\log[y(10)^2]$. 我们希望计算损失关于权重 w_2 和 w_3 的导数. 在这种情况下，损失关于权重的导数表述如下：

$$\frac{\partial L}{\partial w_2}=\frac{\partial L}{\partial y(10)}\frac{\partial y(10)}{\partial y(6)}\frac{\partial y(6)}{\partial w_2}=\left[\frac{2}{y(10)}\right][y(7)\cdot y(8)\cdot\cos[y(6)]]\,y(2)$$
$$\frac{\partial L}{\partial w_3}=\frac{\partial L}{\partial y(10)}\frac{\partial y(10)}{\partial y(6)}\frac{\partial y(6)}{\partial w_3}=\left[\frac{2}{y(10)}\right][y(7)\cdot y(8)\cdot\cos[y(6)]]\,y(3)$$

注意，根据 11.3.4 节所引入的节点-节点导数的例子，我们可以得到 $\dfrac{\partial y(10)}{\partial y(6)}$ 的值. 在实际中，这些量都不是通过代数方法计算得到的. 这是因为之前提到的代数表达式对于大型网络来说可能是极其复杂的. 然而，对于每个数值输入集合 $\{y(1),y(2),y(3)\}$，在前向阶段中计算不同数值的 $y(i)$. 随后，在后向阶段中计算损失关于每个节点变量和输入权重的导数. 同样，这些值是针对特定的输入集 $\{y(1),y(2),y(3)\}$ 进行数值计算的. 为了学习计算图的权重，数值梯度可以用来更新权重.

11.3.6 基于向量变量的计算图

11.3.5 节讨论了计算图中的每个节点仅含有一个标量值变量的简单情形，而这一节考虑含有向量变量的情况. 也就是说，计算图中的第 i 个节点含有向量变量 $\overline{y}_i$. 因此，作用在计算节点上的局部函数也是向量-向量函数. 对任意节点 i，其对应的局部函数都使用一个参数，而该参数对应于其所有传入节点的所有向量分量. 从该局部函数的输入的角度来看，该情形与前一种情形区别不大，其中参数是一个与所有标量输入所对应的一个向量. 然而，主要的区别在于该函数的输出是一个向量，而不是一个标量. 关于这样的向量-向量函数的一个例子就是第 4 章中的式 (4.64) 所示的 softmax 函数，其取 k 个实值作为输入，而输出 k 个概率. 一般来说，函数的输入个数不必与向量-向量函数中的输出个数相同. 那么，一个重要的观察如下：

> 我们需要应用 4.6.3 节中基于向量的链式法则，而非单变量链式法则来计算计算图中的向量-向量导数.

正如第 4 章中的式 (4.19) 所示的，向量-向量导数是一个矩阵. 如图 11.11a 所示，考虑两个向量 $\overline{v}=[v_1,\cdots,v_d]^{\mathrm{T}}$ 和 $\overline{h}=[h_1,\cdots,h_m]^{\mathrm{T}}$. 此外，可能会有节点传入 $\overline{v}$，并在后面层中计算出损失 L. 然后，通过矩阵微积分的分母布局得到向量-向量导数就是第 4 章中引入的雅可比矩阵的转置：

$$\frac{\partial \overline{h}}{\partial \overline{v}} = \text{Jacobian}(\overline{h}, \overline{v})^{\text{T}}$$

将上述向量-向量导数的第 (i, j) 项分量简单记为 $\dfrac{\partial h_j}{\partial v_i}$. 由于 $\overline{h}$ 是一个 m 维向量以及 $\overline{v}$ 是一个 d 维向量，故向量导数是一个 $d \times m$ 矩阵. 根据 4.6.3 节，当用雅可比矩阵代替局部偏导数时，基于单个向量路径的链式法则看起来几乎与标量的单变量链式法则一样. 换句话说，对于图 11.11a 中的单条路径，我们可以推导出如下形式的向量值链式法则：

$$\frac{\partial L}{\partial \overline{v}} = \underbrace{\frac{\partial \overline{h}}{\partial \overline{v}}}_{d \times m} \underbrace{\frac{\partial L}{\partial \overline{h}}}_{m \times 1} = \text{Jacobian}(\overline{h}, \overline{v})^{\text{T}} \frac{\partial L}{\partial \overline{h}}$$

因此，只要得到损失关于一层的梯度，那么通过将其乘以雅可比矩阵的转置便可以反向传播！由于矩阵乘法不满足交换律，故*矩阵的顺序也很重要*.

上面提供的链式法则只适用于具有单条路径的计算图. 当计算图具有任意结构时会发生什么呢？我们可能会遇到图 11.11b 所示的情况，即在节点 $\overline{v}$ 和后续层的网络之间存在多个节点 $\overline{h}_1, \cdots, \overline{h}_s$. 此外，交替层之间也存在连接，称其为*跳跃连接*. 假设向量 $\overline{h}_i$ 具有维数 m_i. 在这种情况下，偏导数就是前一种情况的简单推广：

$$\frac{\partial L}{\partial \overline{v}} = \sum_{i=1}^{s} \underbrace{\frac{\partial \overline{h}_i}{\partial \overline{v}}}_{d \times m_i} \underbrace{\frac{\partial L}{\partial \overline{h}_i}}_{m_i \times 1} = \sum_{i=1}^{s} \text{Jacobian}(\overline{h}_i, \overline{v})^{\text{T}} \frac{\partial L}{\partial \overline{h}_i}$$

大多数分层神经网络只含有一条路径，其很少需要处理分支的情况. 然而，这样的分支可能会出现在如图 11.11b 和图 11.13b 所示的具有跳跃连接的神经网络中. 但是，即使在像如图 11.11b 和图 11.13b 所示那样的复杂神经网络结构中，每个节点也只需考虑在反向传播时

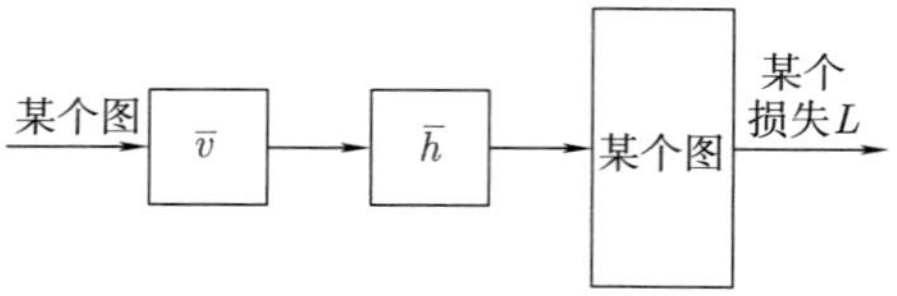

a）具有单一路径的基于向量的计算图

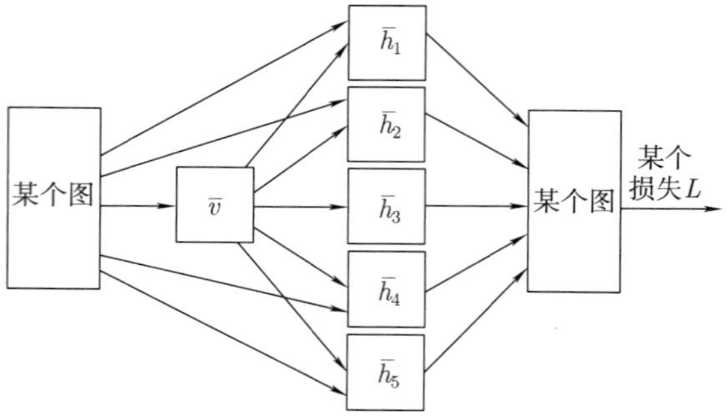

b）具有多条路径的基于向量的计算图

图 11.11 基于向量的计算图的例子

其局部传出的边. 因此, 我们下面提供一个基于向量的通用算法, 其甚至可以在存在跳跃连接的情况下工作.

考虑具有向量值变量的 p 个输出节点, 其索引被记为 $t_1, \cdots, t_p$, 而其上对应的变量分别记为 $\overline{y}(t_1), \cdots, \overline{y}(t_p)$. 在此情形下, 损失函数 L 可能是关于这些向量中所有分量的函数. 假设第 i 个节点包含一个列向量变量, 记其为 $\overline{y}(i)$. 此外, 根据矩阵微积分的分母布局, 每个 $\overline{\Delta}(i) = \dfrac{\partial L}{\partial \overline{y}(i)}$ 是一个列向量, 其维数与 $\overline{y}(i)$ 的相同. 正是这个损失导数向量将反向传播. 那么, 用于计算导数的基于向量的算法可表述如下:

对每一个输出节点 t_k, 初始化 $\overline{\Delta}(t_k) = \dfrac{\partial L}{\partial \overline{y}(t_k)}$, $\forall k \in \{1, \cdots, p\}$;

repeat

选择一个未处理的节点 i 以使其所有传出节点 $j \in A(i)$ 上的 $\overline{\Delta}(j)$ 的值可用;

更新 $\overline{\Delta}(i) \Leftarrow \sum_{j \in A(i)} \text{Jacobian}(\overline{y}(j), \overline{y}(i))^{\text{T}} \overline{\Delta}(j)$;

until所有节点被选择;

for传入每个节点 i 的边向量 $\overline{w}_i$ **do** 计算 $\dfrac{\partial L}{\partial \overline{w}_i} = \dfrac{\partial \overline{y}(i)}{\partial \overline{w}_i} \overline{\Delta}(i)$;

在上面伪代码的最后一步中, 我们计算向量 $\overline{y}(i)$ 关于向量 $\overline{w}_i$ 的导数, 其自身是雅可比矩阵的转置. 这最后一步将对关于节点变量的偏导数向量转换为关于节点处传入权重的偏导数向量.

11.4 应用: 神经网络中的反向传播

本节将描述如何将基于计算图的通用算法应用于执行神经网络中的反向传播算法. 关键的想法是将神经网络中的特定变量定义为计算图中的抽象节点. 同一个神经网络可以表示为不同类型的计算图, 这取决于神经网络中用于创建计算图中节点的变量. 执行反向传播更新步骤的精确方法在很大程度上取决于这种设计选择.

考虑一个神经网络, 其首先在输入端应用一个具有权重为 w_{ij} 的线性函数来建立预激活值 $a(i)$, 然后应用激活函数 $\Phi(\cdot)$ 来得到输出 $h(i)$:

$$h(i) = \Phi(a(i))$$

变量 $h(i)$ 和 $a(i)$ 如图 11.12 所示. 在该情况下, 值得注意的是, 存在几种方法可以建立相应的计算图. 例如, 一种方式是建立一个计算图使其每个节点都包含激活后的值 $h(i)$, 于是便可以隐式地设定 $y(i) = h(i)$. 第二种方式是建立一个计算图使其每个节点都包含预激活变量 $a(i)$, 那么则设定 $y(i) = a(i)$. 我们甚至可以创建一个同时包含 $a(i)$ 和 $h(i)$ 的解耦计算图. 在这种情况下, 计算图的节点数将是神经网络节点数的两倍. 在所有这些情况下, 可以使用 11.3 节中的伪代码的一个相对简单直观的特例来学习梯度:

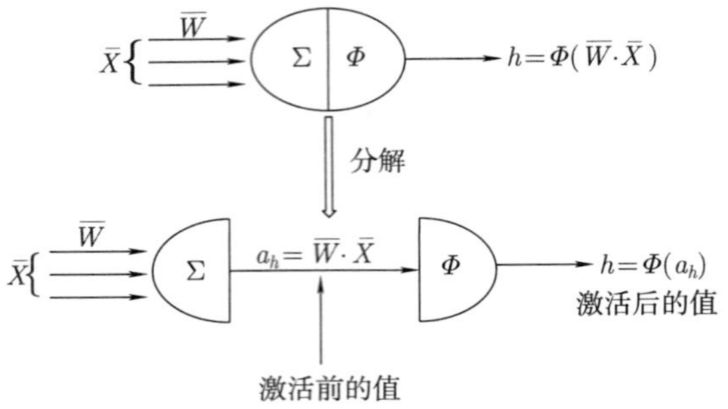

图 11.12　一个神经元激活前和激活后的值

1. 用激活后的值 $y(i)=h(i)$ 来表示图中第 i 个计算节点中的变量．这种图中的每个计算节点首先应用线性函数，然后再应用激活函数．激活后的值如图 11.12 所示．在这种情况下，11.3.5 节伪代码中 $z(i,j)=\dfrac{\partial y(j)}{\partial y(i)}=\dfrac{\partial h(j)}{\partial h(i)}$ 的值为 $w_{ij}\Phi_j'$．这里，w_{ij} 是从 i 到 j 的边上的权重，而 $\Phi_j'=\dfrac{\partial\Phi(a(j))}{\partial a(j)}$ 是节点 j 上的激活函数关于其参数的局部导数．每个输出节点 t_r 处 $\Delta(t_r)$ 的值仅是损失函数关于 $h(t_r)$ 的导数．于是，关于权重 w_{ji} 的最终导数等于 $\Delta(i)\dfrac{\partial h(i)}{\partial w_{ji}}=\Delta(i)h(j)\Phi_i'$ (见 11.3.5 节伪代码中的最后一行)．

2. 由 $a(i)$ 表示的预激活值 (应用线性函数后) 还可以表示计算图中每个计算节点 i 中的变量．需要注意计算节点与神经网络节点工作时存在的细微区别．在应用线性函数之前，首先将激活函数应用于每个计算节点的每个输入，而这些运算在神经网络中以相反的顺序来执行．除了第一层的计算节点不包含激活之外，计算图的结构与神经网络大致类似．在这种情况下，11.3.5 节的伪代码中 $z(i,j)=\dfrac{\partial y(j)}{\partial y(i)}=\dfrac{\partial a(j)}{\partial a(i)}$ 的值就为 $\Phi_i'w_{ij}$．注意，在这种情况下，对参数进行求导的是 $\Phi(a(i))$，而不是激活后情况中的 $\Phi(a(j))$．在计算第 r 个输出节点 t_r 关于预激活变量 $a(t_r)$ 的损失导数值时，我们需要考虑到这是一个预激活值，故不能直接使用关于激活后值的损失导数．相反，关于激活后损失导数需要乘以该节点中激活函数的导数 Φ_{t_r}'．于是，关于权重 w_{ji} 的最终导数等于 $\Delta(i)\dfrac{\partial a(i)}{\partial w_{ji}}=\Delta(i)h(j)$ (见 11.3.5 节伪代码中的最后一行)．

在反向传播中，使用激活前变量比使用激活后变量更常见．因此，我们这里给出基于预激活变量的反向传播算法的简洁伪代码．为此，设 t_r 为第 r 个输出节点的索引．于是，基于预激活变量的反向传播算法可表述如下：

对每一个输出节点 t_r，初始化 $\Delta(t_r)=\dfrac{\partial L}{\partial y(t_r)}=\Phi'(a(t_r))\dfrac{\partial L}{\partial h(t_r)}$，$\forall r\in\{1,\cdots,k\}$；

repeat

选择一个未处理的节点 i 以使其所有传出节点 $j \in A(i)$ 上的 $\Delta(j)$ 的值可用；

更新 $\Delta(i) \Leftarrow \Phi_i' \sum_{j \in A(i)} w_{ij}\Delta(j)$；

until 所有节点都被选择；

for each edge (j, i) 上的权重 w_{ji} **do** 计算 $\frac{\partial L}{\partial w_{ji}} = \Delta(i)h(j)$；

我们也可以将激活前变量和激活后变量同时作为计算图中的单独节点. 下一节将把这种方法与基于向量的表示相结合起来.

11.4.1 常见激活函数的导数

前文已经明确指出：反向传播需要计算激活函数的导数. 因此，本小节将讨论常见激活函数的导数计算：

1. Sigmoid (S 型) *激活函数*：当用 S 型的输出而不是输入来表示激活函数时，S 型激活函数的导数会特别简单. 设 o 是关于参数 v 的 S 型函数的输出：

$$o = \frac{1}{1 + \exp(-v)} \tag{11.11}$$

那么，我们可以写出该激活函数的导数：

$$\frac{\partial o}{\partial v} = \frac{\exp(-v)}{(1 + \exp(-v))^2} \tag{11.12}$$

关键的一点是，S 型激活函数的导数可以根据输出来更加方便地表示：

$$\frac{\partial o}{\partial v} = o(1 - o) \tag{11.13}$$

因此，S 型激活函数的导数通常被表示为关于输出的函数，而非关于输入的函数.

2. tanh *激活函数*：与 S 型激活的情况类似，tanh 激活通常被写为关于输出 o 而非输入 v 的函数：

$$o = \frac{\exp(2v) - 1}{\exp(2v) + 1} \tag{11.14}$$

于是，其导数可表述如下：

$$\frac{\partial o}{\partial v} = \frac{4 \cdot \exp(2v)}{(\exp(2v) + 1)^2} \tag{11.15}$$

同样，该导数也可以根据输出 o 来表示：

$$\frac{\partial o}{\partial v} = 1 - o^2 \tag{11.16}$$

3. ReLU 和硬 tanh 激活函数：ReLU 激活函数关于非负参数值的偏导数值为 1，否则为 0. 当参数值属于 $[-1,+1]$ 时，硬 tanh 函数关于参数的偏导数值为 1，否则为 0.

11.4.2 基于向量的反向传播

正如图 11.13 所示，任何逐层的神经网络结构都可以表示为一个具有单一路径向量变量的计算图. 我们这里在图 11.13a 中重复图 11.3b 的基于向量的说明. 注意，该结构对应于向量变量的单一路径，从而可以进一步分解为线性层和激活层. 尽管神经网络可能具有任意结构 (路径长度可变)，但这种情况并不常见. 近期，这种想法已经被应用于基于图像数据的专门神经网络的研究中，我们称之为 ResNet㊀ (参考文献 [6,58]). 我们在图 11.13b 中说明了这种情况，其中交替层之间有一条捷径.

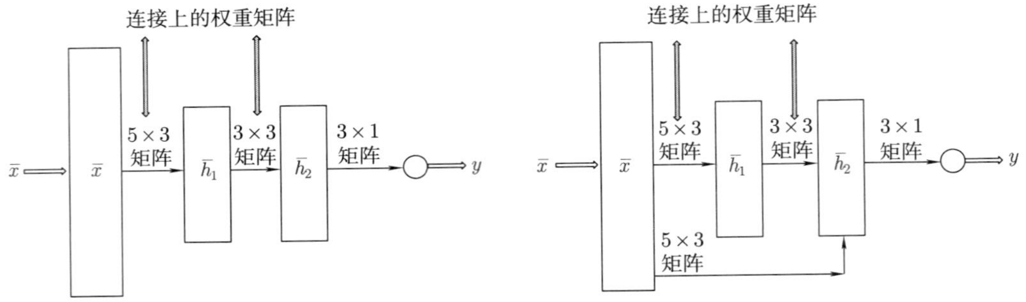

a）具有单一路径的基于向量的结构（普遍）　b）任意拓扑（不普遍）

图 11.13 大多数神经网络都具有分层结构，因此基于向量的结构具有单一路径. 然而，如果存在跨层的捷径，那么基于向量结构的拓扑可能是任意的

由于图 11.13a 中的分层情况更为常见，故我们将讨论在这种情况下如何执行反向传播方法. 如前所述，神经网络中的节点执行的是一个线性运算和一个非线性激活函数的组合. 为了简化梯度的计算，线性计算与激活函数计算被解耦为单独的 “层”，并通过两个层分别反向传播. 因此，我们可以创建一个如图 11.14 所示的激活层和线性层交替排列的神经网络. 激活层 (通常) 使用激活函数 $\Phi(\cdot)$ 对向量中的元素执行一对一的逐元素计算，而线性层通过乘以系数矩阵 $\boldsymbol{W}$ 来执行其他所有的计算. 如果 $\overline{g}_i$ 和 $\overline{g}_{i+1}$ 分别为第 i 层和第 $(i+1)$ 层的损失梯度以及 $\boldsymbol{J}_i$ 为第 i 层和第 $(i+1)$ 层之间的雅可比矩阵，那么则有如下的更新：设 $\boldsymbol{J}$ 是元素为 $\boldsymbol{J}_{kr}$ 的矩阵. 那么，层到层的反向传播更新步骤可以简单地表示为

$$\overline{g}_i = \boldsymbol{J}_i^{\mathrm{T}}\overline{g}_{i+1} \tag{11.17}$$

从基于实现的角度来看，将反向传播方程写为矩阵乘法通常是有益的. 例如，应用图形处理器单元进行加速，其特别适用于向量和矩阵之间的运算.

㊀ ResNet 是一种卷积神经网络，其层的结构是空间的，而运算是卷积.

首先，对输入执行前向阶段，从而可以计算每层中的激活函数. 接下来，按后向阶段计算梯度. 对于每对矩阵乘法和激活函数层，我们需要执行下面的正向步骤和反向步骤：

1. 当从第 i 层到第 $(i+1)$ 层的线性变换矩阵为 $\boldsymbol{W}$ 时，设 $\overline{z}_i$ 和 $\overline{z}_{i+1}$ 为向前方向中的激活的列向量. 梯度 $\overline{g}_i$ 的每个元素则是损失函数关于第 i 层中隐藏变量的偏导数. 那么，我们有：

$$\begin{aligned} \overline{z}_{i+1} &= \boldsymbol{W}\overline{z}_i \quad [\text{正向传播}] \\ \overline{g}_i &= \boldsymbol{W}^{\mathrm{T}}\overline{g}_{i+1} \quad [\text{反向传播}] \end{aligned}$$

2. 现在考虑一种情况，其中激活函数 $\varPhi(\cdot)$ 被作用于第 $(i+1)$ 层中的每个节点，从而获得第 $(i+2)$ 层中的激活. 于是，我们有：

$$\begin{aligned} \overline{z}_{i+2} &= \varPhi(\overline{z}_{i+1}) \quad [\text{正向传播}] \\ \overline{g}_{i+1} &= \overline{g}_{i+2} \odot \varPhi'(\overline{z}_{i+1}) \quad [\text{反向传播}] \end{aligned}$$

这里 $\varPhi(\cdot)$ 及其导数 $\varPhi'(\cdot)$ 以逐元素的方式作用于向量参数，而符号 $\odot$ 表示逐元素相乘.

注意，一旦在一个层中，激活可以从矩阵乘法中解耦，那么情况就变得非常简单. 正向计算和反向计算如图 11.14 所示. 表 11.1 中给出了关于各种正向函数的不同类型的反向传播更新. 因此，反向传播操作与正向传播相同. 给定一层中的梯度向量，我们只需应用表 11.1 的最后一列所示的运算即可得到损失关于前一层的梯度. 表中向量示性函数 $I(\overline{x}>0)$ 是一个作用于逐元素的示性函数，它将相同大小的二元向量返回为 $\overline{x}$. 当 $\overline{x}$ 的第 i 个分量大于 0 时，第 i 个输出元素则设为 1. 符号 $\overline{1}$ 表示元素均为 1 的列向量.

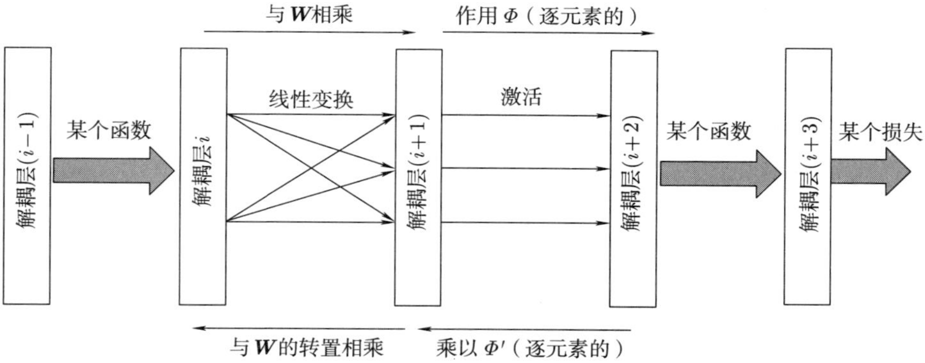

图 11.14　反向传播的解耦视角

表 11.1 在第 i 层和第 $(i+1)$ 层之间不同函数及其反向传播更新的例子. 第 i 层中的隐藏值和梯度分别由 $\overline{z}_i$ 和 $\overline{g}_i$ 来表示. 其中一些计算使用了 $I(\cdot)$ 作为二元示性函数

函数	类型	正向	反向
线性	多个-多个	$\overline{z}_{i+1}=\boldsymbol{W}\overline{z}_i$	$\overline{g}_i=\boldsymbol{W}^{\mathrm{T}}\overline{g}_{i+1}$
Sigmoid	1-1	$\overline{z}_{i+1}=\mathrm{Sigmoid}(\overline{z}_i)$	$\overline{g}_i=\overline{g}_{i+1}\odot\overline{z}_{i+1}\odot(\overline{1}-\overline{z}_{i+1})$
tanh	1-1	$\overline{z}_{i+1}=\tanh(\overline{z}_i)$	$\overline{g}_i=\overline{g}_{i+1}\odot(\overline{1}-\overline{z}_{i+1}\odot\overline{z}_{i+1})$
ReLU	1-1	$\overline{z}_{i+1}=\overline{z}_i\odot I(\overline{z}_i>0)$	$\overline{g}_i=\overline{g}_{i+1}\odot I(\overline{z}_i>0)$
硬 tanh	1-1	设为 ±1 ($\notin[-1,+1]$) 复制 ($\in[-1,+1]$)	设为 0 ($\notin[-1,+1]$) 复制 ($\in[-1,+1]$)
max	多个-1	输入的最大值	设为 0 (没有最大的输入) 复制 (最大的输入)
任意函数 $f_k(\cdot)$	任意	$\overline{z}_{i+1}^{(k)}=f_k(\overline{z}_i)$	$\overline{g}_i=\boldsymbol{J}_i^{\mathrm{T}}\overline{g}_{i+1}$ $\boldsymbol{J}_i$ 为 $\mathrm{Jacobian}(\overline{z}_{i+1},\overline{z}_i)$

初始化与最后的步骤

最终 (输出) 层的梯度被初始化为损失关于输出层中各输出的导数向量，这通常是一个简单的问题，这是因为神经网络的损失通常是关于输出的闭型函数. 然而，在执行反向传播时，人们只能获得损失-节点的导数，而无法得到损失-权重的导数. 注意，$\overline{g}_i$ 中的元素表示损失关于第 i 层中激活的梯度，故需要额外的步骤来计算关于权重的梯度. 我们可通过将 $\overline{z}_{i-1}$ 的第 p 个元素与 $\overline{g}_i$ 的第 q 个元素相乘的方法来计算在第 $(i-1)$ 层中第 p 个单元与第 i 层中第 q 个单元之间的损失关于权重的梯度. 当然，我们也可以应用基于向量的方法通过简单地计算 $\overline{g}_i$ 和 $\overline{z}_{i-1}$ 的外积来实现这一目标. 也就是说，损失关于第 $(i-1)$ 层与第 i 层间的权重的导数可由下面的整个矩阵 $\boldsymbol{M}$ 给出：

$$\boldsymbol{M}=\overline{g}_i\overline{z}_{i-1}^{\mathrm{T}}$$

由于 $\boldsymbol{M}$ 是由维数分别等于两个连续层中节点个数的列向量和行向量的乘积给出，故它与两个层之间的权重矩阵维数完全相同. 矩阵 $\boldsymbol{M}$ 的第 (q,p) 项元素表示损失关于 $\overline{z}_{i-1}$ 的第 p 个元素与 $\overline{z}_i$ 的第 q 个元素之间权重的导数.

11.4.3 基于向量的反向传播示例

为了解释基于向量的反向传播的原理，我们这里给出一个线性层与激活层已经被解耦的例子. 图 11.15 展示了一个含有两个计算层的神经网络，但由于激活层已作为单独层从线性层中解耦出来，故该神经网络显示为四层. 输入层的向量由三维列向量 $\overline{x}$ 来表示，计算层的向量为 (三维的) $\overline{h}_1$、(二维的) $\overline{h}_2$ 和 (一维的) h_3，而输出层是 (一维的) o. 损失函数则为 $L=-\log(o)$. 这些符号在图 11.15 中进行了注释. 输入向量 $\overline{x}$ 为 $[2,1,2]^{\mathrm{T}}$ 以及两个线性层间的边权重如图 11.15 所示. 设 $\overline{x}$ 和 $\overline{h}_1$ 之间缺失边的权重为零. 我们下面将详细阐述前向阶段和后向阶段的原理.

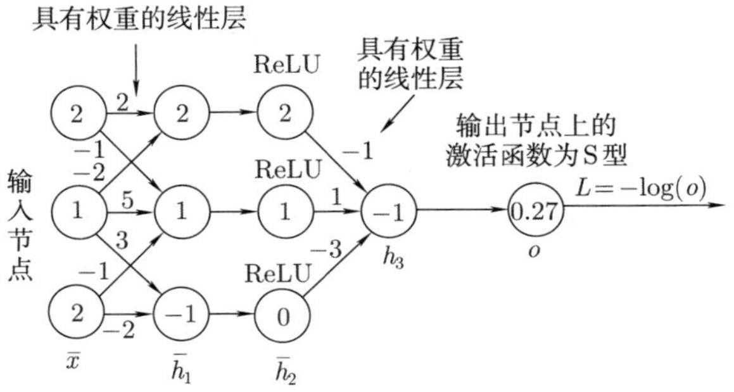

图 11.15　基于向量层 $\overline{x}, \overline{h}_1, \overline{h}_2, h_3$ 和 o 解耦的神经网络的示例．节点内显示相应的变量值

前向阶段：第一个隐藏层 $\overline{h}_1$ 与输入向量 $\overline{x}$ 通过权重矩阵 $\boldsymbol{W}$ 相关联，于是 $\overline{h}_1 = \boldsymbol{W}\overline{x}$. 我们可以重构权重矩阵 $\boldsymbol{W}$，然后通过如下方式正向传播来计算 $\overline{h}_1$：

$$\boldsymbol{W} = \begin{bmatrix} 2 & -2 & 0 \\ -1 & 5 & -1 \\ 0 & 3 & -2 \end{bmatrix}, \quad \overline{h}_1 = \boldsymbol{W}\overline{x} = \begin{bmatrix} 2 & -2 & 0 \\ -1 & 5 & -1 \\ 0 & 3 & -2 \end{bmatrix} \begin{bmatrix} 2 \\ 1 \\ 2 \end{bmatrix} = \begin{bmatrix} 2 \\ 1 \\ -1 \end{bmatrix}$$

在前向阶段，将 ReLU 函数以逐元素的方式作用于 $\overline{h}_1$，则可得到隐藏层 $\overline{h}_2$：

$$\overline{h}_2 = \text{ReLU}(\overline{h}_1) = \text{ReLU} \begin{bmatrix} 2 \\ 1 \\ -1 \end{bmatrix} = \begin{bmatrix} 2 \\ 1 \\ 0 \end{bmatrix}$$

接下来，我们使用 1×3 权重矩阵 $\boldsymbol{W}_2 = [-1, 1, -3]$ 将三维向量 $\overline{h}_2$ 转换为一维“向量” h_3:

$$h_3 = \boldsymbol{W}_2\overline{h}_2 = [-1, 1, -3] \begin{bmatrix} 2 \\ 1 \\ 0 \end{bmatrix} = -1$$

通过对 h_3 应用 S 型函数得到输出 o:

$$o = \frac{1}{1 + \exp(-h_3)} = \frac{1}{1+e} \approx 0.27$$

于是对应特定点的损失为 $L = -\ln(0.27) \approx 1.3$.

后向阶段：在后向阶段中，我们首先将 $\dfrac{\partial L}{\partial o}$ 初始化为 $-1/o$，其值为 $-1/0.27$. 那么，应用表 11.1 中关于 S 型函数的反向传播公式，则可获得隐藏层 h_3 的一维“梯度” g_3:

$$g_3 = o(1-o)\underbrace{\frac{\partial L}{\partial o}}_{-1/o} = o - 1 = 0.27 - 1 = -0.73 \tag{11.18}$$

将 g_3 乘以权重矩阵 $\boldsymbol{W}_2 = [-1, 1, -3]$ 的转置，从而得到隐藏层 $\overline{h}_2$ 的梯度 $\overline{g}_2$：

$$\overline{g}_2 = \boldsymbol{W}_2^{\mathrm{T}} g_3 = \begin{bmatrix} -1 \\ 1 \\ -3 \end{bmatrix} (-0.73) = \begin{bmatrix} 0.73 \\ -0.73 \\ 2.19 \end{bmatrix}$$

对于 ReLU 层，根据表 11.1，当 $\overline{h}_1$ 中元素为正时，将 $\overline{g}_2$ 的相应元素复制到 $\overline{g}_1$ 上，而梯度 $\overline{g}_2$ 可以反向传播到 $\overline{g}_1 = \dfrac{\partial L}{\partial \overline{h}_1}$；否则，将 $\overline{g}_1$ 的分量设为零. 由此，我们可简单地将 $\overline{g}_2$ 的第一和第二元素复制到 $\overline{g}_1$ 的第一和第二元素，并将 $\overline{g}_1$ 的第三元素设为 0 得到梯度 $\overline{g}_1 = \dfrac{\partial L}{\partial \overline{h}_1}$：

$$\overline{g}_1 = \begin{bmatrix} 0.73 \\ -0.73 \\ 0 \end{bmatrix}$$

注意到，我们也可以通过简单地计算 $\overline{g}_0 = \boldsymbol{W}^{\mathrm{T}} \overline{g}_1$ 来获得损失关于输入层 $\overline{x}$ 的梯度 $\overline{g}_0 = \dfrac{\partial L}{\partial \overline{x}}$. 然而，计算损失-权重导数时并不需要这样的操作.

计算损失-权重导数：到目前为止，我们仅展示了在这个特定例子中如何计算损失-节点导数. 然而，在将其转换为损失-权重导数时需要用额外的步骤来乘以一个隐藏层. 设 $\boldsymbol{M}$ 为两层之间权重矩阵 $\boldsymbol{W}$ 的损失-权重导数. 注意，$\boldsymbol{M}$ 和 $\boldsymbol{W}$ 元素的位置之间存在一一对应的关系. 那么，矩阵 $\boldsymbol{M}$ 定义如下：

$$\boldsymbol{M} = \overline{g}_1 \overline{x}^{\mathrm{T}} = \begin{bmatrix} 0.73 \\ -0.73 \\ 0 \end{bmatrix} [2, 1, 2] = \begin{bmatrix} 1.46 & 0.73 & 1.46 \\ -1.46 & -0.73 & -1.46 \\ 0 & 0 & 0 \end{bmatrix}$$

类似地，可以对 $\overline{h}_2$ 和 h_3 之间的 1×3 矩阵 $\boldsymbol{W}_2$ 计算损失-权重导数矩阵 $\boldsymbol{M}_2$：

$$\boldsymbol{M}_2 = g_3 \overline{h}_2^{\mathrm{T}} = (-0.73)\,[2, 1, 0] = [-1.46, -0.73, 0]$$

注意，尽管缺失边上的权重并不需要更新，但矩阵 $\boldsymbol{M}_2$ 的大小仍与 $\boldsymbol{W}_2$ 的相同.

11.5　计算图的一般视角

尽管在机器学习中，对连续值数据使用有向无环图是极为常见的 (神经网络是一个典型的用例)，但这类图还存在其他变体. 例如，计算图上可以定义边上的概率函数，可以具有离散值变量，也可以在图中有环. 事实上，整个概率图模型领域都致力于对这些类型的计算图的研究. 虽然在计算图中使用环在前向馈神经网络中并不常见，但它们在许多高级神经网络的变体中却很常见，例如，Kohonen 自组织映射、Hopfield 网络与 Boltzmann 机. 此外，这些神经网络 (隐式或显式地) 使用离散和概率数据类型作为其节点内的变量.

另一个重要的变体是使用无向计算图. 在无向计算图中，每个节点计算其中变量的函数，且节点间的连接没有方向. 这是无向计算图和有向计算图之间的唯一区别. 与有向计算图一样，我们可以对节点中的观测变量定义损失函数. 无向计算图的例子可参见图 11.16. 一些节点 (对观测到的数据) 是固定的，而其他节点是计算节点. 只要节点值不是外部固定的，就可以在边的两个方向上同时进行计算.

由于环的存在会对节点中的变量值产生额外的约束，故在无向计算图中学习参数会更加困难. 事实上，节点中甚至不需要存在一组变量值来满足计算图所暗含的所有函数约束. 例如，在一个具有两个节点的计算图中，每个节点的变量是通过在另一个节点上加 1. 由于两个变量值不能同时比另一个变量值大 1，故在两个节点中不可能找到一对可以同时满足这两个约束的值. 因此，在大多数情形中，人们不得不满足于最适合的求解方案. 这种情况与有向无环图不同，在有向无环图中，只要每个节点中的函数对其输入是可计算的，那总是可以在所有输入和参数的值中定义适当的变量值.

无向计算图常用于所有类型的无监督算法，因为这些计算图中的环有助于将其他隐藏节点与输入节点联系起来. 例如，假设图 11.16b 中的变量 x 和 y 为隐藏变量，那么应用该方法来学习权重则需要满足两个隐藏变量对应于五维数据的压缩表示. 通常学习权重是为了最小化损失函数 (或能量函数)，其中当连接的节点正向高度相关时，那么该函数会奖励较大的权重. 例如，如果变量 x 与输入 a 具有正向高度相关，则这两个节点之间的权重应该很大. 通过学习这些权重，人们可以通过将任意五维点作为网络输入来计算其隐藏表示.

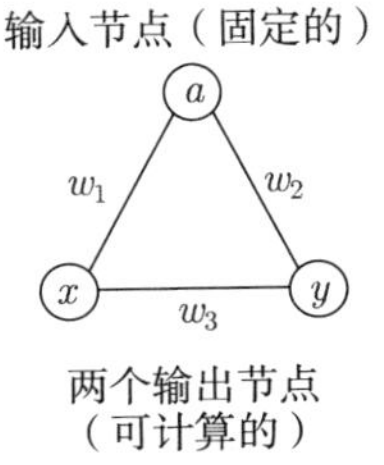

a）一个无向计算图

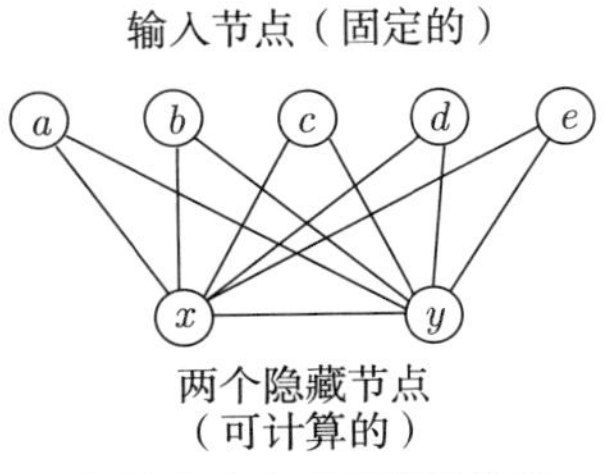

b）输入状态多于隐藏状态

图 11.16　无向计算图的例子

学习计算图参数的难度由图的三个特征来决定. 第一个特征是图自身的结构. 一般来说，学习无环 (总是有向的) 计算图的参数会更容易. 第二个特征是节点中的变量不管是连续的还是离散的. 具有连续变量的计算图可利用微积分来计算，其中参数进行优化会更加容易．最后，在一个节点处计算的函数可以是概率的，也可以是确定的．确定性计算图的参数总是更容易用观测数据来进行优化．所有这些变体都很重要，它们出现于不同类型的机器学习应用中．针对不同机器学习问题的计算图类型见表 11.2．以下是机器学习中不同类型计算图的一些示例：

1. **Hopfield 网络**：Hopfield 网络是无向计算图，其中节点总是具有离散的二元值．因为图是无向的，故它包含环．同时，变量的离散性使得问题更难以优化，这是因为它甚至无法使用微积分中的简单技术．在许多情况下，具有离散值变量的无向图的最优解被认为是 NP 难[㊀]的 (见文献 [49])．例如，应用 Hopfield 网络的一个特例是可以用来求解旅行商问题，这是一个 NP 难问题．求解这类优化问题的大多数算法都属于迭代启发式算法．

2. **概率图模型**：概率图模型 [74] 是表示随机变量之间结构相关性的图．这种依赖关系可以是无向的，也可以是有向的．有向依赖关系可能包含环，也可能不包含环．概率图模型与其他类型图的计算模型的主要区别在于，概率图模型中的变量在本质上是概率的．也就是说，计算图中的变量对应于从概率分布中抽样得到的输出结果，且该概率分布以传入节点中的变量为条件．在所有类型的模型中，概率图模型是最难求解的，通常需要像马尔可夫链蒙特卡罗抽样这样的计算密集型步骤．有意思的是，Boltzmann 机作为 Hopfield 网络的一个推广，其代表了一类重要的概率图模型．

3. **Kohonen 自组织映射**：一个 Kohonen 自组织映射在隐藏节点上使用二维晶格结构图．隐藏节点上的激活类似于 k 均值算法中的质心．这种方法是一种竞争学习算法．晶格结构确保了图中彼此靠近的隐藏节点具有相似的值．因此，将数据点与其最近的隐藏节点关联便可以获得数据的二维可视化．

表 11.2　针对不同机器学习问题的计算图类型．计算图的性质可能会依据不同的应用而发生变化

模型	有环/没有环	变量	函数	方法论
SVM Logistic 回归 线性回归 SVD 矩阵分解	没有	连续的	确定的	梯度下降
前馈神经网络	没有	连续的	确定的	梯度下降
Kohonen 自组织映射	有	连续的	确定的	梯度下降
Hopfield 网络	有 (无向的)	离散的 (二元的)	确定的	迭代 (赫布法则)
Boltzmann 机	有 (无向的)	离散的 (二元的)	概率的	蒙特卡罗抽样 + 迭代 (赫布)
概率图模型	不定	不定	概率的 (大多数)	不定

㊀ 当一个问题是 NP 难的时候，这意味着该问题的多项式时间算法未知 (甚至不知道是否存在)．更具体地说，若为此类问题找到了多项式时间算法，则将自动为数千个相关问题提供多项式时间算法，而没有人能够找到一个多项式时间算法．如果无法对一大类相关问题找到多项式时间算法，则通常得出的结论是整个问题集都难以求解，且其中任何一个问题都可能不存在多项式时间算法．

11.6 总结

本章介绍了机器学习应用中的计算图的基础知识.计算图通常含有与边关联且需要学习的参数. 从观测数据中学习计算图的参数则提供了从观测数据学习函数的一条途径 (无论该函数是否可以闭型表示).最常用的计算图类型是有向无环图,而传统的神经网络表示的一类模型则是这类图的一个特例. 然而,其他类型的无向图和循环图可用于表示诸如 Hopfield 网络和约束 Boltzmann 机等其他模型.

11.7 拓展阅读

计算图是定义与许多如神经网络或概率模式之类的机器学习模型相关计算的基本方法. 神经网络的详细讨论可参考文献 [6,35],而文献 [74] 则介绍了概率图模型. 计算图中的自动微分在控制理论中有着广泛的应用,例如可参考文献 [26,71]. 尽管有时会被人遗忘,但在神经网络领域,反向传播算法首先由 Werbos [131] 提出. 最终,该算法被 Rumelhart 等人在文献 [110] 中进行了推广. 文献 [6] 阐述了 Hopfield 网络与 Boltzmann 机,而有关 Kohonen 自组织映射的讨论也可以在文献 [6] 中找到.

11.8 习题

11.1 问题 11.2.2 给出了基于 L_1-SVM 在计算图中的一个损失函数. 如何修正此损失函数使得相同的计算图导出一个 L_2-SVM?

11.2 重复习题 11.1,但要使用相同的计算图模拟 Widrow-Hoff 学习 (最小二乘分类). 那么与单个输出节点关联的损失函数是什么?

11.3 本书讨论了基于向量视角的反向传播,其中线性层中的反向传播可以通过矩阵-向量的乘法来实现. 讨论如何应用矩阵-矩阵乘法一次处理成批的训练实例 (即小批量随机梯度下降法).

11.4 设 $f(x)$ 具有如下表示式:

$$f(x) = \sin(x) + \cos(x)$$

考虑函数 $f(f(f(f(x))))$. 写出此函数的闭型函数以了解这个冗长难懂的函数. 应用计算图计算该函数在 $x = \pi/3$ 处的导数.

11.5 假设你有一个计算图,其含有一个约束条件,即特定的权重集总是被约束为相同的值. 讨论如何计算损失函数关于这些权重的导数. [注意,关于神经网络的文献中经常使用此技巧来处理共享权重的问题.]

11.6 考虑一个计算图，其边上的变量满足 k 个线性等式约束．讨论如何训练这样一个计算图上的权重．如果变量满足边界约束，那又将如何训练权重．[建议读者在回答此问题时参考约束优化那一章．]

11.7 讨论为什么计算梯度的动态规划算法并不适用于计算图中有环的情况．

11.8 考虑如图 11.13b 所示的交替层之间含有连接的神经结构．假设该神经网络的递推方程如下：

$$\begin{aligned}\overline{h}_1 &= \mathrm{ReLU}(\boldsymbol{W}_1\overline{x})\\ \overline{h}_2 &= \mathrm{ReLU}(\boldsymbol{W}_2\overline{x}+\boldsymbol{W}_3\overline{h}_1)\\ y &= \boldsymbol{W}_4\overline{h}_2\end{aligned}$$

其中 $\boldsymbol{W}_1$，$\boldsymbol{W}_2$，$\boldsymbol{W}_3$ 和 $\boldsymbol{W}_4$ 是具有适当大小的矩阵．根据矩阵和中间层的激活值，应用基于向量的反向传播算法来推导 $\dfrac{\partial y}{\partial \overline{h}_2}$，$\dfrac{\partial y}{\partial \overline{h}_1}$ 和 $\dfrac{\partial y}{\partial \overline{x}}$ 的表达式．

11.9 一个神经网络含有隐藏层 $\overline{h}_1,\cdots,\overline{h}_t$，每层的输入为 $\overline{x}_1,\cdots,\overline{x}_t$，而来自最终层 $\overline{h}_t$ 的输出为 $\overline{o}$. 第 p 层的递推方程如下所示：

$$\begin{aligned}\overline{o} &= \boldsymbol{U}\overline{h}_t\\ \overline{h}_p &= \tanh(\boldsymbol{W}\overline{h}_{p-1}+\boldsymbol{V}\overline{x}_p),\quad \forall p\in\{1,\cdots,t\}\end{aligned}$$

输出向量 $\overline{o}$ 的维数为 k，每个 $\overline{h}_p$ 的维数为 m，而每个 $\overline{x}_p$ 的维数为 d. 以逐元素的方式应用“tanh” 函数．符号 $\boldsymbol{U}$，$\boldsymbol{V}$ 和 $\boldsymbol{W}$ 分别为大小为 $k\times m$，$m\times d$ 和 $m\times m$ 矩阵．设向量 $\overline{h}_0$ 为零向量．首先为这个系统绘制一个 (向量的) 计算图．应用如下迭代证明节点-节点的反向传播：

$$\begin{aligned}\frac{\partial\overline{o}}{\partial\overline{h}_t} &= \boldsymbol{U}^{\mathrm{T}}\\ \frac{\partial\overline{o}}{\partial\overline{h}_{p-1}} &= \boldsymbol{W}^{\mathrm{T}}\boldsymbol{\Delta}_{p-1}\frac{\partial\overline{o}}{\partial\overline{h}_p},\quad \forall p\in\{2,\cdots,t\}\end{aligned}$$

这里 $\boldsymbol{\Delta}_p$ 是以对角线元素为向量 $\overline{1}-\overline{h}_p\odot\overline{h}_p$ 中的分量的对角矩阵．你刚刚推导的包含一个循环神经网络的节点-节点反向传播方程是什么？每一个矩阵 $\dfrac{\partial\overline{o}}{\partial\overline{h}_p}$ 的大小是多少？

11.10 证明：如果应用习题 11.9 中的损失函数 $L(\overline{o})$，那么使用损失-节点梯度可以按如下方式来计算最终层 $\overline{h}_t$:

$$\frac{\partial L(\overline{o})}{\partial\overline{h}_t} = \boldsymbol{U}^{\mathrm{T}}\frac{\partial L(\overline{o})}{\partial\overline{o}}$$

除了每个 $\overline{o}$ 被 $L(\overline{o})$ 所替代,早期层的更新都与习题 11.9 保持一致.那么,矩阵 $\dfrac{\partial L(\overline{o})}{\partial \overline{h}_p}$ 的大小是多少?

11.11 改变习题 11.9 中神经网络的输出结构使得其在每一层含有 k 维输出变量 $\overline{o}_1, \cdots, \overline{o}_t$,且总体损失为 $L = \sum_{i=1}^{t} L(\overline{o}_i)$. 于是,输出迭代为 $\overline{o}_p = \boldsymbol{U}\overline{h}_p$. 假设其他的所有迭代都保持不变. 证明:隐藏层的反向传播迭代改变为如下形式:

$$\frac{\partial L}{\partial \overline{h}_t} = \boldsymbol{U}^{\mathrm{T}} \frac{\partial L(\overline{o}_t)}{\partial \overline{o}_t}$$

$$\frac{\partial L}{\partial \overline{h}_{p-1}} = \boldsymbol{W}^{\mathrm{T}} \boldsymbol{\Delta}_{p-1} \frac{\partial L}{\partial \overline{h}_p} + \boldsymbol{U}^{\mathrm{T}} \frac{\partial L(\overline{o}_{p-1})}{\partial \overline{o}_{p-1}}, \quad \forall p \in \{2, \cdots, t\}$$

11.12 在习题 11.11 的设定下,证明如下损失-权重导数:

$$\frac{\partial L}{\partial \boldsymbol{U}} = \sum_{p=1}^{t} \frac{\partial L(\overline{o}_p)}{\partial \overline{o}_p} \overline{h}_p^{\mathrm{T}}, \quad \frac{\partial L}{\partial \boldsymbol{W}} = \sum_{p=2}^{t} \boldsymbol{\Delta}_{p-1} \frac{\partial L}{\partial \overline{h}_p} \overline{h}_{p-1}^{\mathrm{T}}, \quad \frac{\partial L}{\partial \boldsymbol{V}} = \sum_{p=1}^{t} \boldsymbol{\Delta}_p \frac{\partial L}{\partial \overline{h}_p} \overline{x}_p^{\mathrm{T}}$$

那么这些矩阵的大小和秩分别是多少?

11.13 考虑一个神经网络,其向量节点 $\overline{v}$ 反馈到两个不同的向量节点 $\overline{h}_1$ 和 $\overline{h}_2$,并计算不同的函数. 在节点处计算的函数分别为 $\overline{h}_1 = \mathrm{ReLU}(\boldsymbol{W}_1\overline{v})$ 和 $\overline{h}_2 = \mathrm{Sigmoid}(\boldsymbol{W}_2\overline{v})$. 虽然不知道神经网络中其他部分的值,但我们知道 $\overline{h}_1 = [2, -1, 3]^{\mathrm{T}}$ 和 $\overline{h}_2 = [0.2, 0.5, 0.3]^{\mathrm{T}}$,且它们连接到节点 $\overline{v} = [2, 3, 5, 1]^{\mathrm{T}}$. 此外,损失函数关于节点的梯度分别为 $\dfrac{\partial L}{\partial \overline{h}_1} = [-2, 1, 4]^{\mathrm{T}}$ 和 $\dfrac{\partial L}{\partial \overline{h}_2} = [1, 3, -2]^{\mathrm{T}}$. 证明反向传播的损失梯度 $\dfrac{\partial L}{\partial \overline{v}}$ 可以根据 $\boldsymbol{W}_1$ 和 $\boldsymbol{W}_2$ 来表示成如下形式:

$$\frac{\partial L}{\partial \overline{v}} = \boldsymbol{W}_1^{\mathrm{T}} \begin{bmatrix} -2 \\ 0 \\ 4 \end{bmatrix} + \boldsymbol{W}_2^{\mathrm{T}} \begin{bmatrix} 0.16 \\ 0.75 \\ -0.42 \end{bmatrix}$$

那么 $\boldsymbol{W}_1$, $\boldsymbol{W}_2$ 和 $\dfrac{\partial L}{\partial \overline{v}}$ 的大小各是多少?

11.14 **向前模式的求导**. 反向传播算法需要计算输出节点关于其他所有节点的节点-节点的导数,因此反向计算梯度是有意义的. 11.3.4 节中的伪代码就是反向计算梯度. 然而,要计算所有节点对于源 (输入) 节点 $s_1, \cdots, s_k$ 的节点-节点的导数. 也就是说,我们要对网络中每个非输入节点变量 x 和每个输入节点 s_i 计算 $\dfrac{\partial x}{\partial s_i}$. 给出 11.3.4 节中的伪代码的一种变体来用于正向计算节点-节点的梯度.

11.15 **所有对节点-节点导数**. 在一个含有 n 个节点和 m 条边的有向无环计算图中，设 $y(i)$ 是第 i 个节点中的变量. 我们想要在计算图中对所有节点对计算 $S(i,j)=\dfrac{\partial y(j)}{\partial y(i)}$ 使得从节点 i 到节点 j 存在至少一条有向路径. 给出一个最多 $O(n^2m)$ 时间算法用于计算所有对导数. [提示：应用路径聚合引理. 为此，首先计算 $S(i,j,t)$，它是引理中 $S(i,j)$ 的路径长度恰好为 t 的部分. 如何根据不同的 $S(i,j,t)$ 来表达 $S(i,k,t+1)$ 呢?]

11.16 应用路径聚合引理以代数表达式的形式计算 $y(10)$ 关于 $y(1)$，$y(2)$ 和 $y(3)$ 的导数 (见图 11.9). 所得到的导数应该与本章正文中使用反向传播算法获得的导数相同.

11.17 考虑图 11.8 所示的计算图. 对于一个特定的输入 $x=a$，你发现一个异常情况：对于神经网络中的每条边 (i,j)，$\dfrac{\partial y(j)}{\partial y(i)}$ 的值为 0.3. 计算输出关于输入 x (在 $x=a$) 处的偏导数的数值. 应用路径聚合引理和反向传播算法来展示这个计算过程.

11.18 考虑图 11.8 所示的计算图. 关于两个输入，每层中的上节点计算 $\sin(x+y)$，而每层中的下节点计算 $\cos(x+y)$. 对于第一隐藏层，只含有一个输入 x，故只需要计算 $\sin(x)$ 和 $\cos(x)$ 的值. 最终输出节点计算两个输入的乘积. 单个输入 x 为 1 弧度. 计算输出关于输入 x (在 $x=1$ 弧度) 处偏导数的数值. 应用路径聚合引理和反向传播算法来展示这个计算过程.

11.19 **基于神经网络的矩阵分解**. 考虑一个含有一个输入层、一个隐藏层和一个输出层的神经网络. 输出节点的个数等于输入节点的个数 d. 每个输出值对应一个输入值，且损失函数是输出与其相对应的输入之间的平方差之和. 隐藏层中的节点个数 k 远小于 d. 为了训练该神经网络数据，矩阵 $\boldsymbol{D}$ 的 d 维行向量被逐个地输入神经网络中. 讨论为什么该模型与秩为 k 的无约束矩阵分解相同. 在矩阵分解的过程中，解释隐藏层中的权重矩阵和激活函数. 这里你可以假设矩阵 $\boldsymbol{D}$ 是列满秩的. 此外，定义权重矩阵和数据矩阵的符号会对回答该问题带来方便.

11.20 **基于神经网络的奇异值分解**. 在上面习题中，无约束矩阵分解找到了与奇异值分解所得到的相同的 k 维子空间. 然而，却没有像奇异值分解那样找到规范正交基 (见第 8 章). 通过逐渐增加 k 值，给出上题中计算图的迭代训练方法且可以找到一组规范正交基.

11.21 考虑如图 11.17a 所示的计算图，其每条边 (i,j) 的局部导数表示为 $\dfrac{\partial y(j)}{\partial y(i)}$，其中 $y(k)$ 表示节点 k 的激活函数. 输出 o 取值为 0.1，损失函数 L 则由 $-\log(o)$ 给出. 应用路径聚合引理和反向传播算法对每个输入 x_i 计算 $\dfrac{\partial L}{\partial x_i}$ 的值.

11.22 考虑如图 11.17b 所示的计算图，其每条边 (i,j) 的局部导数表示为 $\dfrac{\partial y(j)}{\partial y(i)}$，其中 $y(k)$ 表示节点 k 的激活函数. 输出 o 取值为 0.1，损失函数 L 由 $-\log(o)$ 给出. 应用路径聚

合引理和反向传播算法对每个输入 x_i 计算 $\dfrac{\partial L}{\partial x_i}$ 的值.

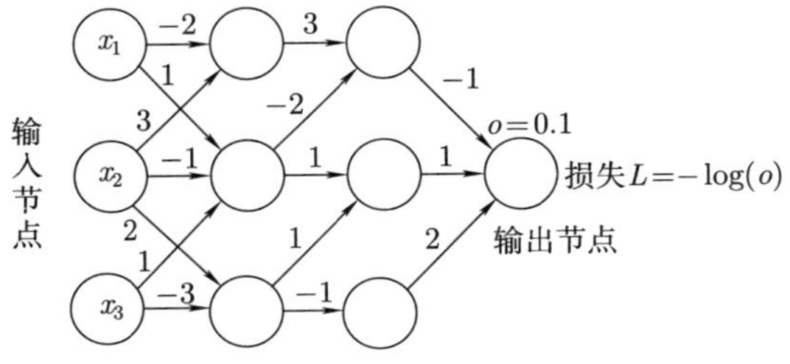

a）习题11.21

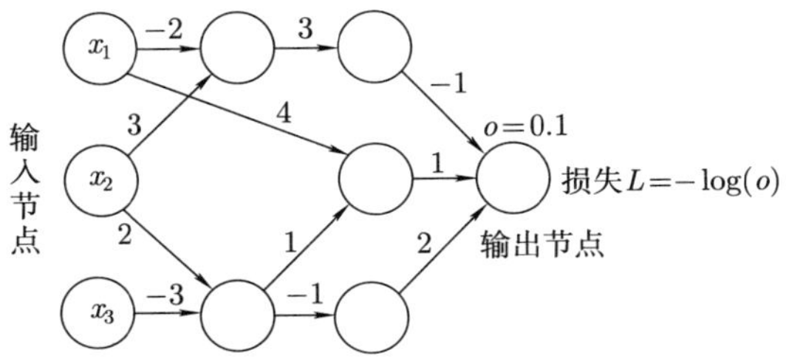

b）习题11.22

图 11.17 习题 11.21 和习题 11.22 中的计算图

11.23 通过定义含有 $w_1, \cdots, w_5$ 的额外节点和与其伴随的隐藏节点将图 11.2 所示的加权计算图转换为无权计算图.

11.24 **基于神经网络的多项式 Logistic 回归**. 提出一种使用 softmax 激活函数的神经网络结构和一个合适的损失函数使其可以执行多项式 Logistic 回归. 你可以参考第 4 章来了解有关多项式 Logistic 回归更多的细节.

11.25 **基于神经网络的 Weston-Watkins 支持向量机**. 提出一种与 Weston-Watkins 支持向量机等价的神经网络结构和一个合适的损失函数. 你可以参考第 4 章来了解有关 Weston-Watkins 支持向量机更多的细节.

参考文献

[1] C. Aggarwal. Data mining: The textbook. *Springer*, 2015.

[2] C. Aggarwal. Machine learning for text. *Springer*, 2018.

[3] C. Aggarwal. Recommender systems: The textbook. *Springer*, 2016.

[4] C. Aggarwal. Outlier analysis. *Springer*, 2017.

[5] C. C. Aggarwal and S. Sathe. Outlier Ensembles: An Introduction. *Springer*, 2017.

[6] C. Aggarwal. Neural networks and deep learning: A textbook. *Springer*, 2018.

[7] C. Aggarwal. On the effects of dimensionality reduction on high dimensional similarity search. *ACM PODS Conference*, pp. 256–266, 2001.

[8] R. Ahuja, T. Magnanti, and J. Orlin. Network flows: theory, algorithms, and applications. *Prentice Hall*, 1993.

[9] A. Azran. The rendezvous algorithm: Multiclass semi-supervised learning with markov random walks. *ICML*, pp. 49–56, 2007.

[10] M. Bazaraa, H. Sherali, and C. Shetty. Nonlinear programming: theory and algorithms. *John Wiley and Sons*, 2013.

[11] I. Bayer. Fastfm: a library for factorization machines. *arXiv preprint arXiv:1505.00641*, 2015. `https://arxiv.org/pdf/1505.00641v2.pdf`

[12] A. Beck and M. Teboulle. A fast iterative shrinkage-thresholding algorithm for linear inverse problems. *SIAM Journal on Imaging Sciences*, 2(1), pp. 183–202, 2009.

[13] S. Becker, and Y. LeCun. Improving the convergence of back-propagation learning with second order methods. *Proceedings of the 1988 Connectionist Models Summer School*, pp. 29–37, 1988.

[14] J. Bergstra and Y. Bengio. Random search for hyper-parameter optimization. *Journal of Machine Learning Research*, 13, pp. 281–305, 2012.

[15] D. Bertsekas. Nonlinear programming. *Athena Scientific*, 1999.

[16] D. Bertsimas and J. Tsitsiklis. Introduction to linear optimization. *Athena Scientific*, 1997.

[17] S. Bhagat, G. Cormode, and S. Muthukrishnan. Node classification in social networks. *Social Network Data Analytics*, Springer, pp. 115–148, 2011.

[18] C. M. Bishop. Pattern recognition and machine learning. *Springer*, 2007.

[19] C. M. Bishop. Neural networks for pattern recognition. *Oxford University Press*, 1995.

[20] E. Bodewig. Matrix calculus. *Elsevier*, 2014.

[21] P. Boggs and J. Tolle. Sequential quadratic programming. *Acta Numerica*, 4, pp. 1–151, 1995.

[22] S. Boyd and L. Vandenberghe. Convex optimization. *Cambridge University Press*, 2004.

[23] S. Boyd and L. Vandenberghe. Applied linear algebra. *Cambridge University Press*, 2018.

[24] S. Brin and L. Page. The anatomy of a large-scale hypertextual web search engine. *Computer Networks*, 30(1-7), pp. 107–117, 1998.

[25] A. Brouwer and W. Haemers. Spectra of graphs. *Springer Science and Business Media*, 2011.

[26] A. Bryson. A gradient method for optimizing multi-stage allocation processes. *Harvard University Symposium on Digital Computers and their Applications*, 1961.

[27] C. Chang and C. Lin. LIBSVM: a library for support vector machines. *ACM Transactions on Intelligent Systems and Technology*, 2(3), 27, 2011. `http://www.csie.ntu.edu.tw/~cjlin/libsvm/`

[28] O. Chapelle. Training a support vector machine in the primal. *Neural Computation*, 19(5), pp. 1155–1178, 2007.

[29] F. Chung. Spectral graph theory. *American Mathematical Society*, 1997.

[30] C. Cortes and V. Vapnik. Support-vector networks. *Machine Learning*, 20(3), pp. 273–297, 1995.

[31] N. Cristianini, and J. Shawe-Taylor. An introduction to support vector machines and other kernel-based learning methods. *Cambridge University Press*, 2000.

[32] Y. Dauphin, R. Pascanu, C. Gulcehre, K. Cho, S. Ganguli, and Y. Bengio. Identifying and attacking the saddle point problem in high-dimensional non-convex optimization. *NIPS Conference*, pp. 2933–2941, 2014.

[33] S. Deerwester, S. Dumais, G. Furnas, T. Landauer, and R. Harshman. Indexing by latent semantic analysis. *Journal of the American Society for Information Science*, 41(6), pp. 391–407, 1990.

[34] C. Deng. A generalization of the Sherman Morrison Woodbury formula. *Applied Mathematics Letters*, 24(9), pp. 1561–1564, 2011.

[35] C. Ding, T. Li, and W. Peng. On the equivalence between non-negative matrix factorization and probabilistic latent semantic indexing. *Computational Statistics and Data Analysis*, 52(8), pp. 3913–3927, 2008.

[36] N. Draper and H. Smith. Applied regression analysis. *John Wiley & Sons*, 2014.

[37] D. Du and P. Pardalos (Eds). Minimax and applications, *Springer*, 2013.

[38] J. Duchi, E. Hazan, and Y. Singer. Adaptive subgradient methods for online learning and stochastic optimization. *Journal of Machine Learning Research*, 12, pp. 2121–2159, 2011.

[39] R. Duda, P. Hart, and D. Stork. Pattern classification. *John Wiley and Sons*, 2012.

[40] D. Easley, and J. Kleinberg. Networks, crowds, and markets: Reasoning about a highly connected world. *Cambridge University Press*, 2010.

[41] C. Eckart and G. Young. The approximation of one matrix by another of lower rank. *Psychometrika*, 1(3), pp. 211–218, 1936.

[42] A. Emmott, S. Das, T. Dietterich, A. Fern, and W. Wong. Systematic construction of anomaly detection benchmarks from real data. *arXiv:1503.01158*, 2015. `https://arxiv.org/abs/1503.01158`

[43] M. Faloutsos, P. Faloutsos, and C. Faloutsos. On power-law relationships of the internet topology. *ACM SIGCOMM Computer Communication Review*, pp. 251–262, 1999.

[44] R. Fan, K. Chang, C. Hsieh, X. Wang, and C. Lin. LIBLINEAR: A library for large linear classification. *Journal of Machine Learning Research*, 9, pp. 1871–1874, 2008. `http://www.csie.ntu.edu.tw/cjlin/liblinear/`

[45] R. Fisher. The use of multiple measurements in taxonomic problems. *Annals of Eugenics*, 7, pp. 179–188, 1936.

[46] P. Flach. Machine learning: the art and science of algorithms that make sense of data. *Cambridge University Press*, 2012.

[47] C. Freudenthaler, L. Schmidt-Thieme, and S. Rendle. Factorization machines: Factorized polynomial regression models. *GPSDAA*, 2011.

[48] J. Friedman, T. Hastie, and R. Tibshirani. Sparse inverse covariance estimation with the graphical lasso. *Biostatistics*, 9(3), pp. 432–441, 2008.

[49] M. Garey, and D. S. Johnson. Computers and intractability: A guide to the theory of NP-completeness. *New York, Freeman*, 1979.

[50] E. Gaussier and C. Goutte. Relation between PLSA and NMF and implications. *ACM SIGIR Conference*, pp. 601–602, 2005.

[51] H. Gavin. The Levenberg-Marquardt method for nonlinear least squares curve-fitting problems, 2011. `http://people.duke.edu/hpgavin/ce281/lm.pdf`

[52] G. Golub and C. F. Van Loan. Matrix computations, *John Hopkins University Press*, 2012.

[53] I. Goodfellow, Y. Bengio, and A. Courville. Deep learning. *MIT Press*, 2016.

[54] I. Goodfellow, O. Vinyals, and A. Saxe. Qualitatively characterizing neural network optimization problems. *arXiv:1412.6544*, 2014. [*ICLR*, 2015]. `https://arxiv.org/abs/1412.6544`

[55] A. Grover and J. Leskovec. node2vec: Scalable feature learning for networks. *ACM KDD Conference*, pp. 855–864, 2016.

[56] T. Hastie, R. Tibshirani, and J. Friedman. The elements of statistical learning. *Springer*, 2009.

[57] T. Hastie, R. Tibshirani, and M. Wainwright. Statistical learning with sparsity: the lasso and generalizations. *CRC Press*, 2015.

[58] K. He, X. Zhang, S. Ren, and J. Sun. Delving deep into rectifiers: Surpassing human-level performance on imagenet classification. *IEEE International Conference on Computer Vision*, pp. 1026–1034, 2015.

[59] M. Hestenes and E. Stiefel. Methods of conjugate gradients for solving linear systems. *Journal of Research of the National Bureau of Standards*, 49(6), 1952.

[60] G. Hinton. Connectionist learning procedures. *Artificial Intelligence*, 40(1-3), pp. 185–234, 1989.

[61] G. Hinton. Neural networks for machine learning, *Coursera Video*, 2012.

[62] K. Hoffman and R. Kunze. Linear algebra, Second Edition, *Pearson*, 1975.

[63] T. Hofmann. Probabilistic latent semantic indexing. *ACM SIGIR Conference*, pp. 50–57, 1999.

[64] C. Hsieh, K. Chang, C. Lin, S. S. Keerthi, and S. Sundararajan. A dual coordinate descent method for large-scale linear SVM. *ICML*, pp. 408–415, 2008.

[65] Y. Hu, Y. Koren, and C. Volinsky. Collaborative filtering for implicit feedback datasets. *IEEE ICDM*, pp. 263–272, 2008.

[66] H. Yu and B. Wilamowski. Levenberg-Marquardt training. *Industrial Electronics Handbook*, 5(12), 1, 2011.

[67] R. Jacobs. Increased rates of convergence through learning rate adaptation. *Neural Networks*, 1(4), pp. 295–307, 1988.

[68] T. Jaakkola, and D. Haussler. Probabilistic kernel regression models. *AISTATS*, 1999.

[69] P. Jain, P. Netrapalli, and S. Sanghavi. Low-rank matrix completion using alternating minimization. *ACM Symposium on Theory of Computing*, pp. 665–674, 2013.

[70] C. Johnson. Logistic matrix factorization for implicit feedback data. *NIPS Conference*, 2014.

[71] H. J. Kelley. Gradient theory of optimal flight paths. *Ars Journal*, 30(10), pp. 947–954, 1960.

[72] D. Kingma and J. Ba. Adam. A method for stochastic optimization. *arXiv:1412.6980*, 2014. `https://arxiv.org/abs/1412.6980`

[73] M. Knapp. Sines and cosines of angles in arithmetic progression. *Mathematics Magazine*, 82(5), 2009.

[74] D. Koller and N. Friedman. Probabilistic graphical models: principles and techniques. *MIT Press*, 2009.

[75] Y. Koren, R. Bell, and C. Volinsky. Matrix factorization techniques for recommender systems. *Computer*, 8, pp. 30–37, 2009.

[76] A. Langville, C. Meyer, R. Albright, J. Cox, and D. Duling. Initializations for the nonnegative matrix factorization. *ACM KDD Conference*, pp. 23–26, 2006.

[77] D. Lay, S. Lay, and J. McDonald. Linear Algebra and its applications, *Pearson*, 2012.

[78] Q. Le, J. Ngiam, A. Coates, A. Lahiri, B. Prochnow, and A. Ng. On optimization methods for deep learning. *ICML Conference*, pp. 265–272, 2011.

[79] D. Lee and H. Seung. Algorithms for non-negative matrix factorization. *Advances in Neural Information Processing Systems*, pp. 556–562, 2001.

[80] C. J. Lin, R. C. Weng, and S. S. Keerthi. Trust region newton method for logistic regression. *Journal of Machine Learning Research*, 9, pp. 627–650, 2008.

[81] T. Y. Liu. Learning to rank for information retrieval. *Foundations and Trends in Information Retrieval*, 3(3), pp. 225–231, 2009.

[82] B. London and L. Getoor. Collective classification of network data. *Data Classification: Algorithms and Applications*, CRC Press, pp. 399–416, 2014.

[83] D. Luenberger and Y. Ye. Linear and nonlinear programming. *Addison-Wesley*, 1984.

[84] U. von Luxburg. A tutorial on spectral clustering. *Statistics and Computing*, 17(4), pp. 395–416, 2007.

[85] S. Marsland. Machine learning: An algorithmic perspective. *CRC Press*, 2015.

[86] J. Martens. Deep learning via Hessian-free optimization. *ICML Conference*, pp. 735–742, 2010.

[87] J. Martens and I. Sutskever. Learning recurrent neural networks with hessian-free optimization. *ICML Conference*, pp. 1033–1040, 2011.

[88] J. Martens, I. Sutskever, and K. Swersky. Estimating the hessian by back-propagating curvature. *arXiv:1206.6464*, 2016. `https://arxiv.org/abs/1206.6464`

[89] J. Martens and R. Grosse. Optimizing neural networks with Kronecker-factored approximate curvature. *ICML Conference*, 2015.

[90] P. McCullagh. Regression models for ordinal data. *Journal of the Royal Statistical Society. Series B (Methodological)*, pp. 109–142, 1980.

[91] T. Mikolov, K. Chen, G. Corrado, and J. Dean. Efficient estimation of word representations in vector space. *arXiv:1301.3781*, 2013. `https://arxiv.org/abs/1301.3781`

[92] T. Mikolov, I. Sutskever, K. Chen, G. Corrado, and J. Dean. Distributed representations of words and phrases and their compositionality. *NIPS Conference*, pp. 3111–3119, 2013.

[93] T. Minka. A comparison of numerical optimizers for logistic regression. *Unpublished Draft*, 2003.

[94] T. Mitchell. Machine learning. *McGraw Hill*, 1997.

[95] K. Murphy. Machine learning: A probabilistic perspective. *MIT Press*, 2012.

[96] G. Nemhauser, A. Kan, and N. Todd. Nondifferentiable optimization. *Handbooks in Operations Research and Management Sciences*, 1, pp. 529–572, 1989.

[97] Y. Nesterov. A method of solving a convex programming problem with convergence rate $O(1/k^2)$. *Soviet Mathematics Doklady*, 27, pp. 372–376, 1983.

[98] A. Ng, M. Jordan, and Y. Weiss. On spectral clustering: Analysis and an algorithm. *NIPS Conference*, pp. 849–856, 2002.

[99] J. Nocedal and S. Wright. Numerical optimization. *Springer*, 2006.

[100] N. Parikh and S. Boyd. Proximal algorithms. *Foundations and Trends in Optimization*, 1(3), pp. 127–239, 2014.

[101] J. Pennington, R. Socher, and C. Manning. Glove: global vectors for word representation. *EMNLP*, pp. 1532–1543, 2014.

[102] J. C. Platt. Sequential minimal optimization: A fast algorithm for training support vector machines. *Advances in Kernel Method: Support Vector Learning*, MIT Press, pp. 85–208, 1998.

[103] B. Perozzi, R. Al-Rfou, and S. Skiena. Deepwalk: Online learning of social representations. *ACM KDD Conference*, pp. 701–710, 2014.

[104] E. Polak. Computational methods in optimization: a unified approach. *Academic Press*, 1971.

[105] B. Polyak and A. Juditsky. Acceleration of stochastic approximation by averaging. *SIAM Journal on Control and Optimization*, 30(4), pp. 838–855, 1992.

[106] N. Qian. On the momentum term in gradient descent learning algorithms. *Neural Networks*, 12(1), pp. 145–151, 1999.

[107] S. Rendle. Factorization machines. *IEEE ICDM Conference*, pp. 995–100, 2010.

[108] S. Rendle. Factorization machines with libfm. *ACM Transactions on Intelligent Systems and Technology*, 3(3), 57, 2012.

[109] F. Rosenblatt. The perceptron: A probabilistic model for information storage and organization in the brain. *Psychological Review*, 65(6), 386, 1958.

[110] D. Rumelhart, G. Hinton, and R. Williams. Learning internal representations by backpropagating errors. In *Parallel Distributed Processing: Explorations in the Microstructure of Cognition*, pp. 318–362, 1986.

[111] T. Schaul, S. Zhang, and Y. LeCun. No more pesky learning rates. *ICML Confererence*, pp. 343–351, 2013.

[112] B. Schölkopf, A. Smola, and K.-R. Müller. Nonlinear component analysis as a kernel eigenvalue problem. *Neural Computation*, 10(5), pp. 1299–1319, 1998.

[113] B. Schölkopf, J. C. Platt, J. Shawe-Taylor, A. J. Smola, and R. C. Williamson. Estimating the support of a high-dimensional distribution. *Neural Computation*, 13(7), pp. 1443–1472, 2001.

[114] J. Shewchuk. An introduction to the conjugate gradient method without the agonizing pain. *Technical Report, CMU-CS-94-125*, Carnegie-Mellon University, 1994.

[115] J. Shi and J. Malik. Normalized cuts and image segmentation. *IEEE Transactions on Pattern Analysis and Machine Intelligence*, 22(8), pp. 888–905, 2000.

[116] N. Shor. Minimization methods for non-differentiable functions (Vol. 3). *Springer Science and Business Media*, 2012.

[117] A. Singh and G. Gordon. A unified view of matrix factorization models. *Joint European Conference on Machine Learning and Knowledge Discovery in Databases*, pp. 358–373, 2008.

[118] B. Schölkopf and A. J. Smola. Learning with kernels: support vector machines, regularization, optimization, and beyond. *Cambridge University Press*, 2001.

[119] J. Solomon. Numerical Algorithms: Methods for Computer Vision, Machine Learning, and Graphics. *CRC Press*, 2015.

[120] N. Srebro, J. Rennie, and T. Jaakkola. Maximum-margin matrix factorization. *Advances in Neural Information Processing Systems*, pp. 1329–1336, 2004.

[121] G. Strang. The discrete cosine transform. *SIAM Review*, 41(1), pp. 135–147, 1999.

[122] G. Strang. An introduction to linear algebra, Fifth Edition. *Wellseley-Cambridge Press*, 2016.

[123] G. Strang. Linear algebra and its applications, Fourth Edition. *Brooks Cole*, 2011.

[124] G. Strang and K. Borre. Linear algebra, geodesy, and GPS. *Wellesley-Cambridge Press*, 1997.

[125] G. Strang. Linear algebra and learning from data. *Wellesley-Cambridge Press*, 2019.

[126] J. Tenenbaum, V. De Silva, and J. Langford. A global geometric framework for nonlinear dimensionality reduction. *Science*, 290 (5500), pp. 2319–2323, 2000.

[127] A. Tikhonov and V. Arsenin. Solution of ill-posed problems. *Winston and Sons*, 1977.

[128] M. Udell, C. Horn, R. Zadeh, and S. Boyd. Generalized low rank models. *Foundations and Trends in Machine Learning*, 9(1), pp. 1–118, 2016. `https://github.com/madeleineudell/LowRankModels.jl`

[129] G. Wahba. Support vector machines, reproducing kernel Hilbert spaces and the randomized GACV. *Advances in Kernel Methods-Support Vector Learning*, 6, pp. 69–87, 1999.

[130] H. Wendland. Numerical linear algebra: An introduction. *Cambridge University Press*, 2018.

[131] P. Werbos. Beyond Regression: New Tools for Prediction and Analysis in the Behavioral Sciences. *PhD thesis, Harvard University*, 1974.

[132] B. Widrow and M. Hoff. Adaptive switching circuits. *IRE WESCON Convention Record*, 4(1), pp. 96–104, 1960.

[133] C. Williams and M. Seeger. Using the Nyström method to speed up kernel machines. *NIPS Conference*, 2000.

[134] S. Wright. Coordinate descent algorithms. *Mathematical Programming*, 151(1), pp. 3–34, 2015.

[135] T. T. Wu, and K. Lange. Coordinate descent algorithms for lasso penalized regression. *The Annals of Applied Statistics*, 2(1), pp. 224–244, 2008.

[136] H. Yu, F. Huang, and C. J. Lin. Dual coordinate descent methods for logistic regression and maximum entropy models. *Machine Learning*, 85(1-2), pp. 41–75, 2011.

[137] H. Yu, C. Hsieh, S. Si, and I. S. Dhillon. Scalable coordinate descent approaches to parallel matrix factorization for recommender systems. *IEEE ICDM*, pp. 765–774, 2012.

[138] R. Zafarani, M. A. Abbasi, and H. Liu. Social media mining: an introduction. *Cambridge University Press*, 2014.

[139] M. Zeiler. ADADELTA: an adaptive learning rate method. *arXiv:1212.5701*, 2012. `https://arxiv.org/abs/1212.5701`

[140] T. Zhang. On the dual formulation of regularized linear systems with convex risks. *Machine Learning*, 46(1-3), pp. 81–129, 2002.

[141] Y. Zhou, D. Wilkinson, R. Schreiber, and R. Pan. Large-scale parallel collaborative filtering for the Netflix prize. *Algorithmic Aspects in Information and Management*, pp. 337–348, 2008.

[142] J. Zhu and T. Hastie. Kernel logistic regression and the import vector machine. *Advances in Neural Information Processing Systems*, 2002.

[143] X. Zhu, Z. Ghahramani, and J. Lafferty. Semi-supervised learning using gaussian fields and harmonic functions. *ICML Conference*, pp. 912–919, 2003.

[144] `https://www.csie.ntu.edu.tw/cjlin/libmf/`